席泽宗 主编

科学编年史

上海科技教育出版社

图书在版编目(CIP)数据

科学编年史 / 席泽宗主编. —上海：上海科技教育出版社，2011.12

ISBN 978-7-5428-5052-2

Ⅰ. ①科… Ⅱ. ①席… Ⅲ. ①自然科学史：编年史—世界 Ⅳ. ①N091

中国版本图书馆 CIP 数据核字(2010)第 134682 号

科学编年史

席泽宗　主编

出版发行：上海世纪出版股份有限公司
上 海 科 技 教 育 出 版 社
(上海市冠生园路 393 号　邮政编码 200235)

网　　址：www.ewen.cc
www.sste.com

经　　销：各地新华书店

印　　刷：上海中华印刷有限公司

开　　本：889×1194　1/16

字　　数：1 860 000

印　　张：58

版　　次：2010 年 12 月第 1 版

印　　次：2011 年 12 月第 2 次印刷

书　　号：ISBN 987-7-5428-5052-2/N·791

定　　价：480.00 元

出版说明

《科学编年史》是列入"国家'十一五'重点图书出版规划"的项目，由我国著名科学史家、中国科学院院士席泽宗担任主编。

《科学编年史》是一部内容厚实、图文并茂的普及型编年体科学史。全书以时间先后为序设有1700余个条目、1000余幅插图，言简意赅地叙说人类历史上的重大科学进展。正文之后有附录4个，依次为学科词条总目、人名索引、外国人名译名对照表和主题词索引。

科学编年史的基本特色是按照历史的时间顺序来回顾、概括人类的科学活动。编年体易查易读，易于与人类文明其他领域的历史进程相互观照。广义地说，科学史不仅包括科学发现的历史，而且也包括科学机构的兴衰、科学教育的发展、科学社团的变迁等。本书明确重点，主述科学发现，就一部科普作品而言，当不失为一种明智的选择。

国内出版过多种"科学史"、"科学史年表"或"科学大事记"，但至今尚无一部既较具规模、又辅以丰富插图的科学编年史。出版这部《科学编年史》，既符合我国公众对普及型科学编年史的需求，又可起到填补空白的作用。不少著名学者认为，本书对于公众了解科学知识，领悟科学方法，弘扬科学精神，乃至对于提高国民的整体科学文化素养，都将起到积极的促进作用。

本书所设条目的时间跨度为约公元前19 000年至公元2000年，除具体年分外，本书还出现"××世纪"等多种时间称谓。为避免混乱，本书对这些时间称谓所设置的编排顺序依次为：世纪、世纪初、世纪前期、世纪上半叶、世纪中叶、世纪下半叶、世纪后期、世纪末，年代则穿插其中。

本书是百余位业有专攻而又热心科普的作者和审稿者集体努力的成果，本社谨向他们表示崇高的敬意。主编席泽宗先生为明确本书的宗旨和框架、确定编委和作者耗费了大量心血。不幸的是，2008年底席先生突然病故，未能看到此书面世。今天，此书的出版亦可作为对席先生的一种告慰吧。

上海科技教育出版社

2011年10月

《科学编年史》编撰委员会

条目撰写者（以汉语拼音为序）：

卞毓麟　陈　丹　陈国森　陈洪滨　陈蓉霞　陈　卫　陈泽宇
邓小丽　丁瑞强　丁一汇　董　杰　段　树　郭园园　胡俊美
胡文婷　胡奕瑶　胡永云　黄荣辉　贾能勤　金英姬　孔媛媛
匡志强　梁钊明　林星星　刘丹清　刘　念　刘　泉　刘献军
刘娅娅　刘　永　刘振达　刘正兴　卢　勇　卢　源　陆继宗
陆现彩　吕达仁　牟金保　聂淑媛　潘蔚娟　浦一芬　钱　匀
乔　琴　饶　毅　任冬雨　尚艳超　邵　茹　沈　葹　沈　岩
沈志忠　孙大志　孙嘉欣　孙振武　涂　泓　万立荣　王　昌
王恒山　王丽吉　王　林　王普才　王全来　王世平　王宵瑜
王艳灵　王　勇　王珍岩　文　颖　吴国雄　吴鹤龄　吴　俊
吴晓立　郄秀书　夏祥鳌　夏媛媛　徐士进　徐文艳　薛晨轶
薛思佳　阎晨光　杨党强　杨海峰　杨　捷　杨　玲　杨　楠
杨　显　杨　桢　尹宏伟　于金青　张红梅　张大庆　张体操
赵　斌　赵晨阳　赵佳媛　赵增逊　甄　橙　郑　洪　郑仁蓉
钟　扬　周　畅　朱惠霖　朱顺泉　朱文申　朱文超　祝　涛
邹振隆

特邀审稿者（以汉语拼音为序）：

曹光豪　戴豪良　范　氾　冯永清　高剑南　何妙福　黄彰栋
金德渊　戚　华　沈　岩　唐发铙　王纯之　王德勋　王家骥
徐在新　杨成功　赵君亮　诸一麟　郑石平

编辑组成员（以汉语拼音为序，有*者为组长）：

卞毓麟　蔡　洁　丁　祎　范本恺　侯慧菊　贾立群　焦　健
李向红　刘丽曼　刘正兴　卢　源　宁嘉炜　沈芝莉　孙佳鸣
王　波　王世平*　伍慧玲　吴　昀　许华芳　姚建国　叶　锋
叶　剑　殷晓岚　乐洪咏　张莉琴　张丽英　章艺冰　张英光*
郑晓林　朱惠霖

选题策划（以汉语拼音为序）

卞毓麟　王世平　张英光

装帧设计　汤世梁

序

科学与技术，两者都是人类文明的重要组成部分，都是社会实践的产物，也都是推动历史前进的杠杆。科学旨在认识自然事物的属性、揭示其运动和变化的规律，着重回答是什么和为什么的问题，并以此丰富人类的精神财富。技术旨在为满足社会需要而利用和改造自然、协调人与自然界的关系，着重解决做什么和怎么做的问题，从而丰富人类的物质财富。现代科学与技术的关系，比以往任何时候都更为密切，其中科学是技术的基础和源泉，技术是科学得以应用并造福人类的必要途径。科学技术向生产力凝聚的过程，推动了人类社会的进步与发展，由科学技术创造出的最具代表性的生产工具，也成为了一个时代的标志。

在过去近100年的时间里，世界科技发展的主要成就，在科学上主要是两项理论发现和五大理论模型的建立，在技术上主要是发展了五大尖端技术。其中两项重要理论是量子论和相对论，五大理论模型是关于基本粒子的夸克模型、关于DNA的双螺旋模型、关于宇宙大爆炸的学说、关于计算机的冯·诺依曼模型和关于地质板块的模型。五大尖端技术是核技术、航天技术、计算机技术、基因技术和激光技术。纵观科学和技术的发展历程，科学技术中的两大理论和五大理论模型均是对物质、能量的运动和相互作用基本规律，信息的存储、传输和变换规律，生命遗传的分子机制，固体地球与宇宙演化基本规律的揭示与探索，均属原始性、基础性的科学发现与理论创新；而五大尖端技术则多是满足人类基本需求，促进全球经济社会发展、创造新的市场需求的关键性、战略性的技术创新或集成。

“读史使人明智”，是17世纪的英国哲学家培根的一句名言。读史者必须要读出历史的真实，读懂历史发展的规律，领悟历史的经验与教训。读社会发展史固然如此，读科学技术史亦复如斯。历史表明，在科学领域中某一学科所达到的水准，不仅取决于该学科自身的传承与发展，而且取决于同一时代其他学科的进展程度，这一点，在近现代科学发展史中显得尤为突出。例如，19世纪末微观世界的三大发现(X射线、电子和天然放射性)，不仅为20世纪的物理学革命奠定了重要基础，而且为我们今天的科技革命奠定了重要基础：1895年伦琴发现X射线(起初被称为伦琴射线)，为人类研究物质的结构提供了非常重要的手段，也为医学成像探测等提供了重要方法；1897年，汤姆孙发现电子，打开了亚原子粒子世界的大门；1896年，贝克勒耳偶然发现天然放射性现象，1898年居里夫妇对此作出了严密的论证。上述发现使科学研究的对象由宏观低速领域推进到微观高速领域，改变了人们关于物质和物质特性的传统观念，影响到整个人类文明的进程。上述情况表明，学习科技发展史不仅可以掌握科普知识，更可以开拓科学研究的思路和方法，做到古为今用。

当今科学史著作中宗旨、视角、体例各异的相关读物已不可胜数，随着时代的前进，科学史著述的不断创新又始终保持着充分的发展空间。就写史的方法而言，历来不一而足。在用编年体撰写的科学史著作中，科学发展的上述特点往往体现得尤为直截了当，毕竟，在现实生活中科学正是按这样的顺序发展起来的。我国当前的科学史著述时有新篇，但编年体的科学通史类读物却依然踪迹难寻。就此而言，由席泽宗先生主编、上海科技教育出版社出版的这部《科学编年史》，堪称是一项填补空白之举。这是一部面向社会公众的大型普及型读物，是由国内120余位科学家和科普专家协力完成的原创作品。全书取材始于约公元前19 000年，迄于公元2000年；在叙述科学史实的同时，努力随文普及相关的科学概念和知识，并尽量辅以有历史价值或科学价值的精美插图。这些颇具匠心的考虑和举措，为读者顺利阅读提供了方便，因而很值得称道。

“前事不忘，后事之师”，历史上中国曾经数次与科技革命擦肩而过，而今世界正处于新一轮科技革命的前夜，中国面临着一次难得的历史机遇。科技的创新需要全体国民的参与和努力，作为一部有价值的科学史读物，《科学编年史》将能促进广大公众对科技知识、科学方法、科学思想和科学精神的理解，进一步提高国民的科学素养。进而言之，希望读者尤其是年青读者，在领略科学史实之际，更能感受科学发现背后“兼容并包”与“创新”之重要。有了对创新的追求并为之辟出一方沃土，我们才能拥有自己的科学大师。

是为序。

白春礼

于2011年10月23日

目 录

科学编年史

第 1 篇

公元 500 年之前的科学

人生的最终价值在于觉醒和思考的能力，而不在于生存。

——亚里士多德

约公元前 19 000—前 12 000 年
人类开始烧制陶瓷

人类烧制和使用陶瓷有悠久的历史，中国则是世界上最早使用陶瓷的国家之一。最古老的陶片发现于湖南省道县玉蟾岩遗址，约烧制于公元前 19 000—前 12 000 年。中国著名的早期文化遗址多有陶片出土，如裴李岗文化（约公元前 6000 年）的红陶和灰陶、仰韶文化（约公元前 5000 年）的红陶和彩陶、龙山文化（约公元前 2300 年）的黑陶，等等。陶瓷是一种无机非金属材料。烧结温度较低，获得的制品致密度也较低，称为陶；烧结温度较高，获得的制品致密度也较高，称为瓷。陶瓷的制备主要包括配料、混合、预烧、粉碎、加黏结剂、造粒、成型、排胶、烧结等步骤。若以优质黏土为原料也可直接加水混合成型，再用火焙烧即可制成陶瓷。

中国在陶瓷制造史上具有重要地位，China 一词就有瓷器的意思。中国的陶瓷工艺在唐宋达到鼎盛，已可以用金属氧化物配制出色泽斑斓的釉彩。当时，定窑、汝窑、官窑、哥窑、钧窑为五大名窑，瓷品形态优美，典雅凝重，即使后人仿制也鲜能匹敌。

陶器是人类最早制成并广泛使用的人工合成材料，用黏土烧制陶器是材料发展史上的第一个重大突破。

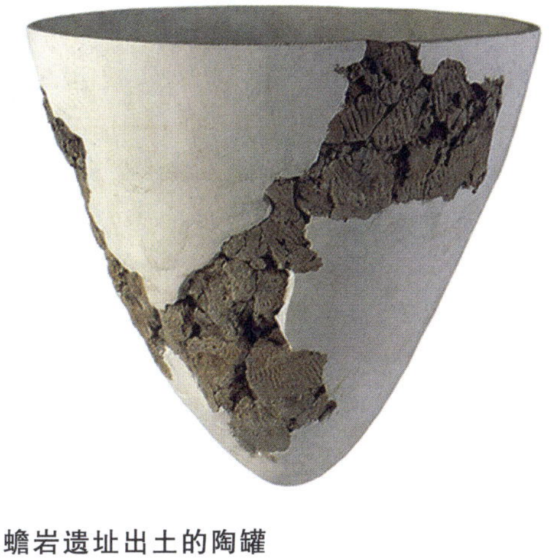

玉蟾岩遗址出土的陶罐

仙人洞遗址出土的蚌器和蚌饰品

约公元前 12 000—前 10 000 年
仙人洞和吊桶环出现类似栽培稻

仙人洞和吊桶环遗址位于中国江西省万年县，是两处洞穴遗址，坐落于小而湿润的大源盆地内，相距约 800 米。两处遗址的文化堆积丰富，出土遗物包括各种石器、骨器、穿孔蚌器、夹砂的褐色陶器、人骨和大量动物骨骼，其中夹粗砂条纹陶、绳纹陶为世界上目前已发现的年代最早的陶器标本之一。

在这两处属于新石器时代早期的遗址上层，发现大量野生稻植硅石和类似栽培稻稻属植硅石，经碳 14 法断代测定，其遗存年代约为公元前 12 000—前 10 000 年。结合花粉分析，从中可以看出仙人洞和吊桶环先民从采集野生稻到学会人工栽培水稻的漫长变化过程。由采集野生稻，到开始出现栽培稻时仍继续大量采集野生稻，两者比重随年代发生此长彼落的变化，直至栽培稻完全取代野生稻，经历时间达数千年之久。

仙人洞和吊桶环遗址虽然没有发现稻作遗存，但是为探讨人类如何从旧石器时代过渡到新石器时代这一世界性大课题，以及为探讨中国陶器和稻作农业的起源都提供了重要的实物资料。

表现原始人出猎的原始绘画

约公元前 9000—前 8000 年 西亚新月形地带出现原始农业

西亚（西方人习惯称之为近东或中东）包括小亚细亚及伊朗高原以南的地区。西亚的农业最早起源于托罗斯山和扎格罗斯山所构成的新月形（或伞形）的肥沃的丘陵地带。在这个区域里，普遍发现了距今 1 万年左右的由采集狩猎向农耕转化的遗址，这些遗址与野生小麦和大麦的分布地点相吻合。

在约公元前 9000—前 8000 年的沙尼达—萨威·克米遗址（沙尼达是冬季居住的洞穴，萨威·克米为夏季野营地，两者相距 4 千米），根据出土的兽骨分析，在当时绵羊是家畜，山羊和赤鹿是猎物。这是世界上最早驯化的绵羊。出土遗物中还有石杵、石臼、石磨、骨镰等工具，用于采集和加工食物。两处遗址先民还没有完全定居，处于农业最初发生时期。

约公元前 8500 年的耶利哥遗址，当时种植有大麦、小麦、豌豆、扁豆及无花果；先民住长方形茅屋，已形成定居村落，有城墙、城堡及壕沟，是世界上最早的农业村落。

约公元前 8000 年 玉蟾岩出现栽培稻

玉蟾岩遗址位于中国湖南省道县，是一处洞穴遗址。在那里发现了烧火堆，以石核、石片、砍砸器、刮削器为主的打制石器，骨锥、骨镞、骨铲、骨钩和角铲之类的骨角器；在文化层低层出土了少量火候低、厚胎的夹砂粗陶器（绳纹敞口尖底的釜形器），大量半石化的陆、水生动物遗骸和植物果核等。

最重要的是在近底层发现了 4 粒稻谷，经鉴定兼有野、籼、粳稻综合特征，为演化中的最原始的古栽培稻类型。这是迄今为止中国所发现的最早的古栽培稻实物，也是目前世界上最早的栽培稻实物标本。同时，土样分析也表明存在水稻硅酸体，说明当时已开始少量栽培最原始的水稻。经碳 14 法断代测定，稻谷遗存年代约为公元前 8000 年。

玉蟾岩遗址栽培稻种的发现，对探讨中国史前稻作农业的起源具有重要的价值。

约公元前 8000 年—公元 2 世纪 提取金和银

黄金光泽耀眼，在自然界主要以游离态存在，因而很早就被发现和利用。人们最早获得黄金的方法可能是淘洗河沙冲积物，这种方法可追溯到新石器时代（约公元前 8000—前 2000 年）。目前世界上发现的最早的金制品出现在公元前 5000 年。公元前 3400 年以前，在埃及和美索不达米亚，人们已经会提取黄金了。

自然界中有银矿存在。公元 2 世纪，中国就采用“灰吹法”提炼银，即将银矿石与金属铅混合或直接用银铅共生矿与木炭一起烧炼，两种金属被还原并互熔成铅银砣块；再通过草灰焙烧使铅被氧化，得到纯银。自然金中也含有银，含量甚至可达 20%以上。分离金银时，先将自然金打制成箔片，然后与黄矾石（硫酸铁）、树脂共热，干馏黄矾石获得的硫酸与树脂共煮可得硫黄，银在高温下与硫黄作用，生成脆性的黑色硫化银而从箔片上剥落。

黄金和白银均具有货币属性。黄金因性质稳定而成为理想的货币，但人们因其稀少

古埃及人洗涤、熔化和称量黄金

珍贵而舍不得拿出来流通，所以，曾经广泛流通的反而是白银。

金、银常用来制作饰品。此外，金耐腐蚀，可用于电子设备中的接触点；金可防辐射，可用于头盔玻璃镀膜，在航空与航天业上有重要用途。银可用于制镜，可用于制造导电性良好的导线，也可用于制造高容量的 Ag-Zn 电池和 Ag-Cu 电池。

约公元前 7000 年
南庄头和甑皮岩出现家猪

中国是世界上最早将野猪驯化为家猪的国家。在河北省徐水县的南庄头遗址和广西省桂林市的甑皮岩遗址都发现了约公元前 7000 年的家猪骨骼，这是迄今世界上最早的家猪遗存。在距今约 7000 年的浙江省余姚市河姆渡遗址中，也出土了家猪骨骼，同时还出土了陶猪模型。

河姆渡遗址出土的陶猪模型 长 6.7 厘米，距今约 7000 年。

猪是中国农区最主要的家畜。据研究，中国家猪的起源可分华南猪和华北猪两大类型，两者在体形、毛色、繁殖力等方面都迥然不同。这表明中国家猪的起源是多中心的，南北各地先后将当地野猪驯化为家猪。

野猪经过长期的人工圈养驯化、选择，在生活习性、体态、结构和生理机能等方面逐渐起变化，终于与野猪有了明显区别，典型的是体型方面的改变。野猪因觅食掘巢，经常拱土，嘴长而有力，犬齿发达，头部强大伸直，头长与体长的比例约 1:3。现代家猪则因长期喂养，头部明显缩短，犬齿退化，头长与体长之比约 1:6。

约公元前 7000 年
两河流域出现绵羊、山羊等家畜

两河流域是指幼发拉底河与底格里斯河流域。在遥远的古代，这里土地肥沃，雨量充足，气候温和，适宜农业生产，孕育了古代两河流域文明(又称美索不达米亚文明。“美索不达米亚”是希腊语，意即“两河之间”)。西亚两河流域是世界上最早发生原始农业的地区之一。

-6000

“乌尔之旗”木制画 这幅壮观而生动的画表明，对古代美索不达米亚人而言，饲养的绵羊、牛和山羊等家畜在人们的生产、生活中十分重要。这幅被称为“乌尔之旗”的木制画上面镶嵌了贝壳和彩色的石头，制作于 4600 年前。

在约公元前 7000 年的杰尔莫遗址，出土了石斧、石镰、石臼等经过磨制的石器。当时种植的栽培作物有大麦、小麦、扁豆和豌豆，驯养狗、山羊、绵羊，并大量采食蜗牛。

牧羊业在当时已经成为主要的生产部门。家羊分为绵羊和山羊，两者属于不同的种。驯化较早的是绵羊，由野生绵羊驯化而来，根据考古发掘材料得知，驯化中的变异是母畜失去角和粗毛皮而变为生有多绒毛皮。山羊的驯化时间比绵羊略晚，由野生山羊驯化而来，驯化中的变异是羊角的形状从钩镰状变为螺旋状。

约公元前 6000 年
八十垱出现早期稻作农业

以湖南省澧县的八十垱遗址、彭头山遗址为代表的彭头山文化，是中国长江中游地区目前已知年代最早的新石器时代文化。在约公元前 6000 年的八十垱遗址中发现了大量保存完好的炭化稻谷和稻米，总数约为 2 万多粒，是世界上目前已知最丰富的早期稻作农业资料。经过对 373 粒稻谷和稻米作形态分析研究，认定八十垱的稻谷遗存是一群籼、粳、野特征兼有的小粒种类型，而且是一个正在向籼、粳演化的多向分化群体。据此可以认为，彭头山文化已有了早期的稻作农业。

在八十垱遗址还出土了大量菱角、芡实、莲子，许多鹿、麂、鱼等野生动物的骨骼，以及牛、猪、鸡等家畜骨骼，反映出采集和渔猎在当时的经济生活中仍然占有一定的位置。在八十垱遗址中还发现了目前中国最早的聚落壕沟和围墙。聚落总面积超过 3 万平方米，壕沟沿遗址的边缘开挖，掘出的土堆在壕沟内侧筑成低矮的围墙。

彭头山文化出土的稻作遗存，对于研究稻作农业的产生和发展具有重要的价值。

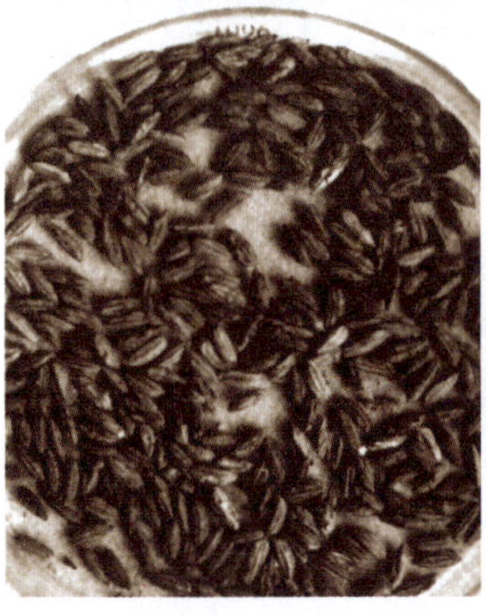

八十垱遗址出土的稻谷

约公元前 6000 年
黄土高原地区出现锄耕农业

中国黄土高原地区土壤肥沃、土层深厚、土质疏松、蓄水性好。在这一地区，发现了大量约公元前 6000 年的已经进入锄耕时代的农业遗址，最典型的有河南省新郑市的裴李岗遗址、河北省武安市的磁山遗址和甘肃省秦安县的大地湾遗址等。

其时种植业已是当地居民最重要的生活资料来源，使用的农具成龙配套，从砍伐林木、清理场地用的石斧，松土或翻土用的石铲，收割用的石镰，到加工谷物用的石磨盘、石磨棒，一应俱全，制作精良。主要作物是俗称谷子的粟和俗称大黄米的黍(如在大地湾遗址发现了迄今为止年代最早的栽培黍遗存)，并使用地窖储藏。采猎业是当时仅次于种植业的生产部门，人们使用弓箭、鱼镖、网罟等工具进行渔猎，并采集朴树籽、胡桃等作为食物的重要补充。畜养业也有一定发展，饲养的畜禽有猪、羊、狗和鸡，可能还有黄牛。在这一地区出土了目前最早的纺轮(史前唯一的纺纱工具)。与这种以种植业为主的综合经济相适应，人们过着相对定居的生活，其标志就是农业聚落遗址的出现。

裴李岗遗址出土的石磨盘和石磨棒

裴李岗遗址出土的石齿镰

约公元前 6000 年
早期酿酒工艺出现

人类酿酒的历史源远流长。约 5 万—4 万年前的旧石器时代“新人”阶段，已经有了最初的酒。最初的酒是含糖物质在酵母菌的作用下自然形成的。在自然界中存在着大量的含糖野果，而空气里、尘埃中和果皮上都有酵母菌。在适当的水分和温度等条件下，酵母菌就有可能使果汁变成酒浆，自然形成酒。

真正称得上有目的的人工酿酒生产活动，是在人类进入新石器时代，出现了农业之后开始的。这时，人类有了比较充裕的粮食，同时又有了盛物器皿(如青铜器和陶器)的制作技术，这两个条件使酿酒生产成为可能。约在公元前 6000 年，美索不达米亚地区就已出现雕刻着啤酒制作方法的黏土板。约公元前 4000 年，美索不达米亚地区已用大麦、小麦、蜂蜜等制作了 16 种啤酒。约公元前 3000 年，该地区已开始用苦味剂酿造啤酒。《中国史稿》认为仰韶文化时期(约公元前 5000—前 3000 年)是谷物酿酒工艺的“萌芽期”。当时是用糵(发芽的谷粒)酿酒。中国龙山文化遗址出土的约公元前 2800—前 2300 年的陶器中，有不少尊、斝、盉、高脚杯、小壶等酒器，表明酿酒在当时已进入盛行期。

酿酒的革命性变化是人类从自发地利用微生物到人为地控制微生物，制造酒曲。酒曲里含有使淀粉糖化的丝状菌(霉菌)及促成酒化的酵母菌。利用酒曲造酒，将淀粉质原料的糖化和酒化

战国早期的青铜冰鉴缶

两个步骤结合起来，这对酿酒技术是一个很大的推进。

关于酒曲的起源至今没有一致的考证结论，最早谈及酒曲的文字是周朝著作《书经·说命篇》中的“若作酒醴，尔惟曲糵”。原始的酒曲来自发霉或发芽的谷物，这些最初的酒曲经过多次的选优限劣工序，质量不断提高。酒曲的生产技术在北魏时代的《齐民要术》中第一次得到全面总结。制作酒曲的工艺十分繁杂，工序很多，包括炒谷物、拌曲、团曲、入密闭曲室、翻曲、晒曲等。酒曲是中国古代发酵技术的最大发明。有了酒曲，才由糵糖化（乙醇含量很低）发展到边糖化边发酵的双边发酵（复式发酵），直到出现今天的酿酒工业。

约公元前 5000 年
河姆渡出现较发达的史前稻作农业

河姆渡遗址位于中国浙江省余姚市，遗址的较大范围内普遍发现了稻谷遗存，有的地方稻谷、稻壳、茎叶等混杂的堆积最厚处超过 1 米。稻类遗存数量之多，保存之完好，都是中国新石器时代考古史上所罕见的。经碳 14 法断代测定，它们的遗存年代约为公元前 5000—前 3300 年。经鉴定，河姆渡遗址出土的稻谷主要属于籼稻种晚稻型水稻，但也有粳稻和中间类型。河姆渡遗址还出土了大量稻作农业的骨耜、木耜等生产工具和可能已经驯化的水牛遗骨，说明河姆渡文化已有较发达的史前稻作农业。

河姆渡遗址出土的骨耜

正是在发达的稻作农业生产的基础上，河姆渡的先民因地制宜创建了用榫卯结构连接起来的木构干栏式建筑，其木构件和榫卯接合方法成为后来中国传统木构建筑之祖。干栏式建筑是一种适应南方多雨、潮湿环境的典型建筑，它以桩木、地梁和地板，架构成高于地面的建筑基座，再在其上部立柱架梁，用席类材料围墙盖顶建成房屋。在已发现的 20 多排桩木中，较清楚的一座为总长度在 23 米以上的干栏式长屋。农闲之时，人们在干栏式长屋中制作漆木器，编织器，陶、石、骨、木质艺术品等，创造出丰富多彩的史前农耕生活。

河姆渡稻谷遗存

约公元前 5000 年
古印第安人开始世界上最早的玉米栽培

新大陆的农业是在与旧大陆隔绝的情况下独立发展起来的。约公元前 5000 年，以采集为主的中美洲的古印第安人，开始了世界上最早的玉米栽培。

在中美洲墨西哥中部的特瓦坎谷地一共发现了 400 多处遗址，发掘了其中主要的 12 处，在 5 个洞穴遗址——科斯卡特兰、普隆、圣马科斯、特科拉尔和埃尔·里戈中发现了史前玉米遗存，有 25 000 多件玉米植株和果穗。在发掘的这些遗址中，出土了数以万计的遗物，包括石器、陶器、编织品、动物骨骼和野生植物残体等。

印第安人除了种植玉米之外，以后又培育了甘薯、马铃薯、花生、南瓜、烟草、番茄、向日葵、辣椒和可可等一大批在世界上受到广泛利用的作物。此外，他们还驯化了羊驼和火鸡，但从未饲养、使役过旧大陆常见的役畜。印第安人没有发明冶铁术，也没有耕犁和铁制农具，直到公元 9 世纪以前，仍然以采集狩猎为主。从 9 世纪到 13 世纪才开始定居从事原始的农业生产，但畜牧业仍然十分落后。

印第安人玉米神陶香炉

约公元前 4500—前 4300 年 城头山和草鞋山出现水稻田

城头山遗址位于中国湖南省澧县，属于大溪文化时期，在其下层发现了面积约 100 平方米、由 3 条人工堆筑的田埂组成的长方形水稻田。稻田中淤积青灰色黏土，泥土中还保存着稻梗和根须，可辨识出当时采用的播种方式是撒播。与稻田配套的还有 3 个圆形圜底的蓄水坑和 3 条排水沟组成的原始灌溉设施。经碳 14 法断代测定，它们的遗存年代约为公元前 4500—前 4300 年，这是迄今为止世界上年代最早的水稻田遗迹。

在江苏省吴县属于马家浜文化的草鞋山遗址也发现了距今 6000 多年的古稻田。在遗址东区发现水稻田 33 块、水沟 3 条、水井 6 座。古稻田面积小的仅有 0.9 平方米，大的达 12.5 平方米，成西南—东北成行排列。水稻田之间有的用水口相通，并有水沟、蓄水井(坑)等设施。在遗址西区发现水田 11 块、水沟 3 条、水井 4 座和人工开挖的大水塘 2 个。稻田的形状、大小、排列方式等均与东区相同。

城头山和草鞋山遗址两处古稻田的发现，表明当时长江流域稻作农业已经从原始形态发展到规模经营，稻作农业生产已经日趋成熟，达到了相当高的水平，这是中国史前稻作农业考古的重大突破。

城头山水稻田遗迹

约公元前 4300 年 苏美尔人从游牧转入定居

约公元前 4300 年，西亚两河流域南部苏美尔人从游牧转入定居。农业生产已经由锄耕转向犁耕，用四头牛或驴为一组来拖拉；种植的作物以大麦为主，还有小麦、芝麻、椰枣和豆科作物等；饲养的家畜有山羊、绵羊、牛、驴和猪等，并用驴拉车。渔猎还占有重要的地位，羊毛是早期对外交换的项目，大麦充当交易媒介。

此时已经出现简单的人工灌溉，利用的是天然堤岸口流

在古器上反映的世界最早的文明之一——两河流域文明

出的河水和没有控制的泛滥水流。至公元前 4000 年，开始有了水利网的建设，灌溉在农业生产中发挥了重要作用。

苏美尔文明衰落以后，在美索不达米亚北方兴起了阿卡德王朝，第一次使南部两河流域得到统一，灌溉农业有了新发展，发明了吊杆吸水工具。

约公元前 3900—前 3200 年
崧泽出现三角形石犁和直筒形水井

崧泽遗址位于中国上海市青浦区，其遗存年代约为公元前 3900—前 3200 年，这里出土了大量的农业生产工具。可以看出，当时先民们已懂得用木千篰来捻取河泥，同水草混合发酵后，作为农田的底肥。当时的农具不仅多而且配套，同时还出现了戽水灌田和小型的引水或排水设施。

在崧泽遗址中，发现了迄今所知中国最早的三角形石犁。石犁是用石板打制成三角形的犁铧，上面凿钻圆孔，可以装在木柄上使用，说明当时的稻作农业已进入犁耕农业阶段。石犁的出现在中国农业史上具有重要意义。

在崧泽遗址也发现了中国目前最早的直筒形水井，出土了大量精美的玉器。当时已存在用猪下颌骨随葬的习俗，这些都是稻作农业成熟的重要标志。

约公元前 3800 年
冶铜技艺出现

继黄金之后，人类最早知道的金属或许就是铜，甚至有人认为埃及人知道铜比知道黄金还要早。在美洲，铜主要以天然矿形式出现；在埃及，人们使用木炭还原产自西奈半岛的孔雀石矿（碱式碳酸铜）来获得铜金属。矿石炼铜是人类社会发展的重要里程碑。现在已知的最早的人工冶炼铜器出土于伊朗叶海亚地区，产自约公元前 3800 年前。它们含有少量砷，其中有的经过了铸造、冷加工和退火等多道工序。在埃及和美索不达米亚出土的最古老的铜铸件遗物可追溯到约公元前 3500 年，特点是含砷和镍，使用时间相当长。中东的炼铜技术从约公元前 3000 年开始向它的近邻欧洲和印度传播。

湖北省黄石市铜录山春秋时期炼铜竖炉遗址

青铜的发明是冶金技术的一大进步，并且标志着人类对于金属的认识与使用上了一个台阶。青铜主要指铜锡合金，往往还含有铅或其他金属。加入锡可以使其熔点降低、便于铸造，并改善其性能，因而青铜逐渐成为古代铜器的主角。最早的锡青铜出现于约公元前 3000—前 2500 年的两河流域，已知最早的锡青铜器产于公元前 2800 年的乌尔第一王朝(位于现伊拉克)。埃及青铜时代则开始于约公元前 2600 年，公元前 2000 年前后青铜技术达到全盛。公元前 2500—前 2000 年的印度河流域哈拉帕文化出现了含砷或镍的锡青铜。欧洲在公元前 1800—前 1500 年先后冶炼出了砷铜和锡青铜。锡青铜在中国的出现时间和发展历史与两河流域相当，迄今发现的最早青铜器是甘肃省东乡族自治县马家窑文化的青铜刀，产于约公元前 3000 年。与中东和印度不同，中国早期的青铜不含砷和镍。

约公元前 3400 年 埃及用尼罗河洪水放淤灌溉

古代埃及的范围是尼罗河第一瀑布以北至地中海的河谷地带。由于尼罗河的定期泛滥，形成了肥沃的冲积平原。孟菲斯以南的尼罗河谷地为上埃及，以北为下埃及。

古埃及的原始农业大约开始于公元前 5000 年，首先发生于上埃及。在约公元前 4500 年，巴达里遗址的先民已经种植小麦、大麦，饲养绵羊、山羊，这些与西亚的作物和家畜很相似。那时以农业为主，辅之以渔猎，人们住在尼罗河附近的沙漠台地上，还未移至尼罗河冲积平原。

尼罗河是埃及的生命线，几乎是埃及唯一的地表水源。尼罗河水绝大部分来自干湿季分明的埃塞俄比亚高原，因而每年有明显的洪水期和枯水期，在埃及境内形成每年夏秋之交的定期泛滥。特别是尼罗河主要支流的青尼罗河和阿特巴拉河，挟带着高原上肥沃的冲积物与洪水俱下，逐渐沉积在尼罗河谷地和三角洲地段，形成肥沃的冲积层。约公元前 3400 年，埃及人已掌握了尼罗河每年 8、9 月间定期泛滥的规律，开始沿尼罗河谷地引洪漫灌，发展农业，使农业生产有了显著的进步。

古希腊历史学家希罗多德称“埃及是尼罗河的赠礼”。没有尼罗河水的灌溉，埃及文明可能只会昙花一现。

尼罗河干流鸟瞰

约公元前 3300—前 2600 年
钱山漾出现丝织品和麻织物

中国是世界上最早养蚕缫丝的国家。在约公元前 5000 年的浙江省余姚市河姆渡遗址中,发现了一件刻绘着 4 条蚕纹和编织纹的骨盅,表明当时可能已经开始了利用野生蚕丝并驯化家蚕的工作。

钱山漾遗址位于浙江省湖州市钱山漾,是原始社会晚期的一个村落。在这里出土了一批残绢片、丝带和丝线。经鉴定,绢片的表面细致光滑,丝缕平整,明显是以家蚕丝捻合的长丝为经纬交织而成的平纹织物。经碳 14 法断代测定, 它们的遗存年代约为公元前 3300—前 2600 年。这是世界上迄今为止所见最早的以家蚕丝为原料的丝织品。钱山漾遗址还出土了苎麻织物麻布残片和细麻绳,麻布为平纹,经纬密度为每平方厘米 16—24 根,与现代细麻布相当。

浙江钱山漾的丝织物遗迹

钱山漾遗址丝、麻织物实物的出土, 表明当时已经开始利用蚕丝和苎麻, 太湖流域丝麻纺织技术已经相当发达。

约公元前 3000 年
埃及象形数字形成

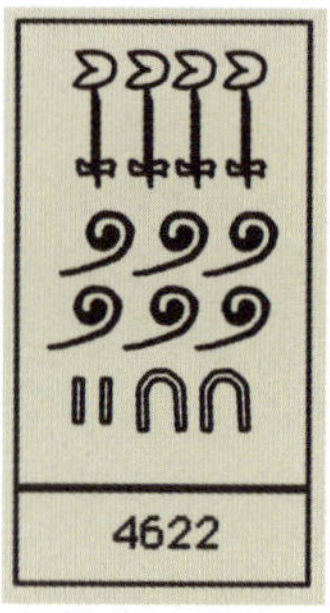

古埃及数字的十进非位值制记数法示例

古埃及的象形数字大约形成于公元前 3000 年。这是一种以十进制为基础的记数法,但没有位值的概念。这种记数法用不同的特殊记号分别表示 10 的前 6 次幂:一道竖线表示 1, 窗或骨表示 10, 套索表示 100,莲花表示 1000,弯曲的手指表示 10000,一条江鳕鱼表示 100 000,而跪着的人像(可能指永恒之神)则表示 1 000 000。其他的数是通过这些记号的简单堆积来表示的。这种记数法对后世产生了较大影响,古希腊字母记数法和至今尚在使用的罗马数字记数法继承了这一传统,它们都是十进非位值制。

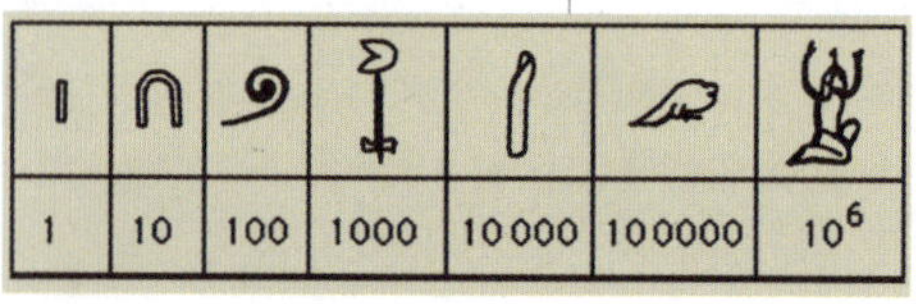

古埃及象形数字

约公元前 30—前 16 世纪
美索不达米亚早期天文学萌芽

美索不达米亚,也叫两河流域,在现今叙利亚东部和伊拉克境内,是世界古文明发祥地之一。古代此地的科学成果丰硕,数学和天文学尤为突出,例如,将圆周分为 360°, 1°分为 60′, 1′分为 60″, 将 7 天作为 1 个星期,将黄道带分为 12 个星座等,都在世界上一直沿用至今。据信在约公元前 30 世纪,当地苏美尔人已开始划分星座, 并有了历法。约在阿卡德王朝时期 (公元前 2371—前 2230 年)和新苏美尔时期(公元前 2230—前 2000 年),当地居民通过观测太阳视运动的轨迹建立了黄道面的概念, 发现有水星、金星、火星、木星、土星共五颗行星在群星中穿行。近代从尼尼微出土的泥板文书表明在公元前 20 世纪之前, 美索不达米亚的定居者已开始观测记录日月食,并用于占卜。公元前 19—前 16 世纪,阿摩利人在美索不达米

喀西特时代(前 1202—前 1188)的一块巴比伦石碑 此碑天文内涵丰富。右一为天空之神阿奴,右二为空气之神恩利尔,其形象都是竖立在一个底座上的崇高冠冕。右三为半是山羊半是鱼的伊阿神,上面有一只白羊头。上面一排是三尊天神,自右而左依次为月神辛、女神伊什妲尔之星和太阳神沙玛什。

亚建立古巴比伦王国，这一时期创立的古巴比伦历将 1 年分为 12 个月，大小月相间，大月 30 日，小月 29 日，每月以新月初见为第一天，一年共 354 日。古巴比伦历把春分固定作为岁首，故需用置闰来补足 354 日同 1 回归年之间的差额。但当时置闰尚无定规，而由国王酌情随时宣布，直到大流士一世时代才开始有固定的置闰法则。

约公元前 27 世纪
埃及建立旬星体系和历法

约公元前 3100 年，上埃及国王美尼斯统一埃及；直至公元前 332 年被马其顿王亚历山大征服，埃及共经历了 31 个王朝。其文化以第三王朝（约公元前 27 世纪）至第六王朝（约公元前 24—前 22 世纪）最为繁荣，金字塔即在此期间建造。最大的一座金字塔北面正中有一入口，由它前往地宫的通道与水平面倾斜成 30°角，恰好正对当时的北极星。古埃及人已建立包含天鹅、猎户、天蝎、白羊等星座的体系。他们还将赤道附近的恒星分成间距大致相等的 36 组，每组一颗或几颗星，分管 10 天，称为旬星。当某一组星偕日升——即黎明前恰好升上地平线时，就是这一旬的开始。今已发现属于第三王朝的旬星文物。埃及最早的历法以 3 旬为 1 月，4 月为 1 季，3 季（分别称为洪水季、播种季、收获季）为 1 年，共 360 天。古埃及人利用尼罗河泛滥后的沃土进行耕作，而一年之中尼罗河泛滥与天狼星偕日升基本同步。通过长期观测，他们发现天狼星偕日升的周期平均为约 365 天，而非 360 天。到约公元前 18 世纪，埃及人已在每年年末增加 5 个附加日，

美索不达米亚最早的天文观测记录之一 表中按当时采用的阴历列出汉穆拉比王朝阿米萨杜卡国王时代金星出没的情况。

上埃及一座神庙天花板上的天文图 系拿破仑远征埃及时的随军学者复制。天球由众女神支托，天球外圈是 36 旬星，内圈是黄道星座。

正式行用 1 年等于 365 天的埃及历。但是，天狼星偕日升的实际周期比 365 天还要长约 1/4 天。如果埃及历某年年首天狼星偕日升，那么经过约 122 年，就要到年首之后 1 个月才能看到天狼星偕日升；直到经过 1461 年，天狼星才又在年首偕日升。在埃及天狼星古称天狗，1461 埃及年遂称为“天狗周”。

约公元前 2686—前 1085 年
埃及发展灌溉农业

埃及古王国时期（约公元前 2686—前 2181年），尼罗河两岸灌溉农业已初具规模，多使用木锄耕地，也开始出现双牛牵引的原始木犁（后加横木把手）、碎土整地用的木耙和收割用的金属镰刀等。种植的作物有大麦、小麦、亚麻和多种蔬菜，种植的葡萄和橄榄用来酿酒榨油；饲养的役畜有能拉车的牛和可驮运的毛驴。法老经常派人清查全国人口、土地、牲畜等财产，编制成册，用以确定应征税额；为加强对尼罗河水的利用，经常征调人力兴修水利，派专人长年观测管理。埃及中王国时期（约公元前 2040—前 1786 年），青铜工具广泛应用，出现了横木把手的新犁，并改进了水利系统，对法尤姆绿洲进行了大规模的开发，灌溉农业获得较大发展。这时出现了纺织用的平式亚麻织布机，纺织工艺已经比较发达，能织出高质量的亚麻布。

埃及新王国时期（约公元前 1567—前 1085 年），开始推行轮作制，并普遍使用新式的梯形犁和骡马等大牲口的畜力，用多层桔槔连续提水，可把河水汲至高层，增加了灌溉的功效。

反映古埃及农业的壁画 古代埃及人用于农业的工具有犁、镰刀、锄头等，也会使用牛、驴、羊等动物来帮助耕作。

古埃及牛耕模型 这是埃及一座坟墓里的雕塑，描绘了一个人正在用两头牛拉犁耕地的情景。它制作于约公元前 2000 年，当时的人们将其安放在一个死去的富人的坟墓中，希望它能保佑墓主死后仍可获得充足的粮食。

公元前 2400 年
埃及使用靛蓝染色

化学的起源可以追溯到早期人类制造工具和生活用品的技艺，例如制造铁器、陶器和玻璃的技艺以及染色技艺。早在公元前 2400 年，古代埃及人就会用靛蓝进行染色了，这可以从古埃及底比斯墓穴中出土的蓝袍子得到佐证。经考证，该蓝袍子是公元前 2400 年的产物，这是当时埃及人能用靛蓝进行染色的重要依据。古代埃及人使用的染料来源于矿物、动物和植物。白色和黑色来源于象牙骨，它们是古埃及绘画的基本色调；蓝色则主要来自植物中的靛蓝。但究竟是谁首先开始了靛蓝的批量生产，至今仍是个谜。

此外，我们还能从古埃及莎草纸绘画中看到古埃及靛蓝生产的精妙工艺，并从莎草

古埃及人提取靛蓝的工场

纸上的文字中了解古埃及人的染色工艺过程。古埃及第二王朝时期（约公元前 2890—前 2686 年）的莎草纸上详细描写了靛蓝的制取过程。古埃及人大批种植蓼蓝，作为生产靛蓝的原料。他们将蓼蓝放入发酵池内，用水浸泡，让其快速发酵，需时大致在 10 至 15 小时。将浸泡液倒入发酵池的捶打层内，按比例加入石灰，用脚搅拌液体，或用棒猛烈击水，加快溶解于水中的靛苷与空气中氧气的接触，使之氧化成靛蓝。浸泡液由金黄色转化成绿色，然后变成蓝色。靛蓝以薄片状从溶液中析出，沉淀在池底。将池内物静置，然后弃去上层液体；将水倒入泥浆状的靛蓝中，煮几小时，除去杂质；用厚厚的羊毛袋，或者帆布袋进行过滤，尽可能地压干，然后将固体物切成方块；最后将靛蓝方块置于空气中干燥。

靛蓝具有神奇的特性，能够使许多物质着色，可以用来给羊毛、丝绸等动物纤维染色，也可用来给棉布等植物纤维染色。当今它被应用于纺织业、绘画和医药业，被认为是世界上最有价值的染料之一。

约公元前 2400—前 1600 年
美索不达米亚数学形成

美索不达米亚这片土地曾经孕育了苏美尔、巴比伦、亚述、迦勒底等文明。约公元前 3500 年，苏美尔人在泥版上用图画记录账目，后来这些图画渐渐演化为表意符号而成为文字。在苏美尔人的最早记录中，使用的符号约有 2000 个左右。到约公元前 2900 年，符号的数目已经削减到 600 个左右，并且符号进一步简化；大约到公元前 2400 年已演变为楔形刻痕的组合，这就形成了考古界所谓的楔形文字。楔形文字的笔画成楔状，颇像钉头或箭头，故也叫“钉头文字”或“箭头字”。楔形文字中包括楔形数字。

大多数古代文明采用十进制记数法，但

美索不达米亚的泥版文书

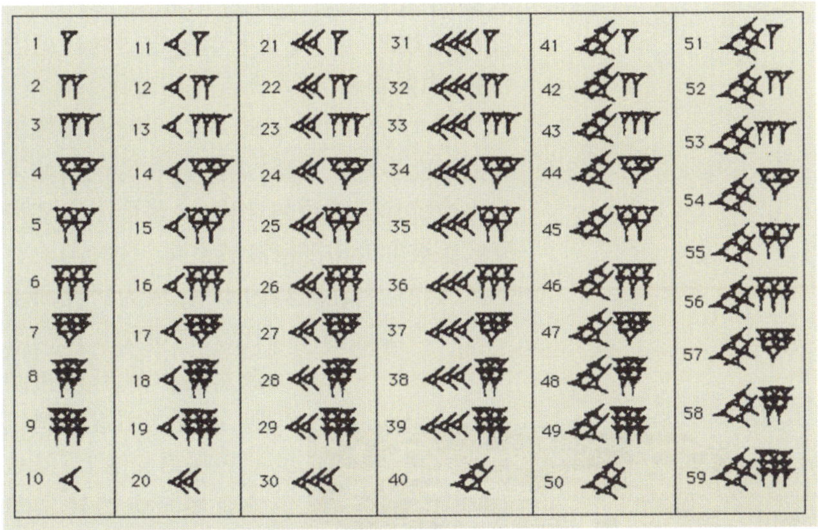

楔形数字

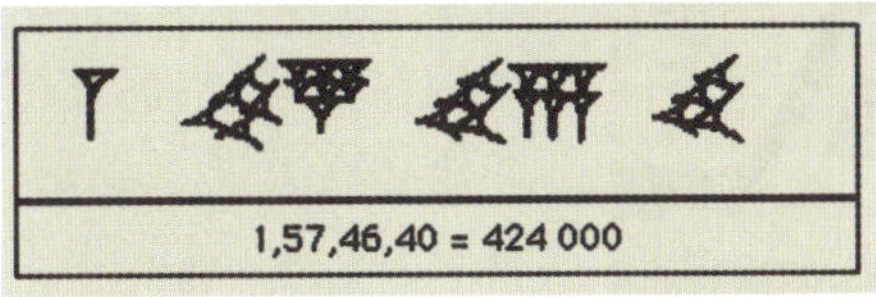

楔形文记数法 $1,57,46,40=1\times60^3+57\times60^2+46\times60+40=424\ 000$

美索不达米亚人大约在公元前 1600 年就使用了一套以六十进制为主的楔形文记数法。这种记数法是十进制和六十进制的混合物：60 以下用十进简单累数制，60 及 60 以上则用六十进位值制记数法。对于同一个记号，根据它在数字表示中的相对位置而赋予不同的值，这种位值原理是美索不达米亚数学的一项突出成就。六十进制记数法对后世有很大影响，现在计量时间、角度时仍采用的六十进位值制，就是由美索不达米亚的这种位值制传下来的。不过早期泥版数字中没有表示零的记号，所以这种古代的位值制不够完善。

此外，古巴比伦王国时代的泥版文书还表明勾股定理在当时的美索不达米亚已广泛使用。

约公元前 2350 年
印度河流域开始棉花栽培

约公元前 4500 年，生活在南亚印度河流域的居民开始进入新石器时代，他们种植大麦、小麦和枣树等，饲养牛、山羊、绵羊。至公元前 3500 年，那里开始了定居性质的农牧业，铜器增多，进入金石并用时代。

在大约公元前 2350 年，印度河流域出现了 100 多处城镇和村落。这些古代的城市文化被统称为哈拉帕文化，又因位于印度河流域而被称为印度河流域文化。这时的农业生产已经达到相当高的水平，成为居民的主要生产活动。当时人们已经能够加工用铜与青铜制作的工具和武器，出现了用青铜制作的鹤嘴锄和镰刀；但是带有燧石头的轻犁和木犁、掘棒等木、石农具仍在使用。主要种植的作物有大麦、小麦、豌豆、胡麻、甜瓜和枣树等，并开始了世界上最早的棉花栽培。

摩亨佐·达罗谷仓遗址

棉花可以织成细布，软而耐用，是印度历史上的主要贸易商品。根据考古资料，最早的棉织物出土于印度河文明的摩亨佐·达罗遗址的一个银瓶中。据研究，这些棉织物平均每平方米重 67.5 克，每平方厘米有 24 个线头，8 个漏线处。在洛特尔遗址的一个仓库里，出土了一批印章，印章外面有用席子和棉布包捆的明显痕迹。从阿拉姆遮普的哈拉巴地层中也出土了棉织物，棉纱纺得比较细，采用的是平纹纺织技术。新石器时代的遗址出土的陶纺轮有可能是纺棉线用的。

约公元前 21 世纪
大禹治水

禹是中国传说中的部落联盟领袖，相传生活在约公元前 21 世纪，那时洪水泛滥、久治不息。禹的父亲鲧奉命治水，用筑堤堵塞的方法治水 9 年，始终徒劳无功。鲧死后禹继任领导治水工作，一改其父“以壅塞而阻水”的方法，而以疏通河道和宣泄洪流为主，在治水 13 年中，三过家门而不入，终得治水成功。

传说禹在治水过程中还根据实地勘测，划定九州，深入调查各州的土壤和物产，规定各州的贡赋；同时还率领人民进行平治水土的工作，挖沟筑渠，辟土植谷，修建原始的排灌工程，使农业生产得到迅速的恢复和发展。

约公元前 2000 年
英格兰南部建造巨石阵

天文学史有一个分支领域，专门用考古学手段和天文学方法研究人类文明的遗址遗物，以探索有关古代天文学的种种内容，称为“考古天文学”。这是从 20 世纪中期对“巨石阵”的系统考察开始的。巨石阵，是指英格兰南部索尔兹伯里平原上那一大群排列有序的巨石。其主体部分是排成一大圈的巨型石柱，每根石柱高约 4 米，宽约 2 米，厚约 1 米。不少石柱顶端还架起横梁，构成拱门状。巨石阵是在公元前 2000 年前后长达好几百年的漫长岁月中分期建成的。20 世纪初，英国天文学家洛克耶曾指出，从巨石阵的中心向外围不同的巨石望去，正好对着一年中夏至、冬至以及其他一些日期的日出或日落的方位。他推断早在建造巨石阵之时，人们已能确定一年中太阳沿黄道运行到达 8 个特定位置的日期，它们分别对应于夏至、冬至、春分、秋分、立春、立夏、立秋和立冬这 8 个节气。此说激起了许多天文学家和考古学家的浓厚兴趣，有些科学家推测，巨石阵的功能可能相当于一座远古时代的“天文台”，它甚至可以用来预告日月食。另一方面，17 世纪的英国学者奥布里发现，在巨石阵四周还有 56 个坑穴排列成一个巨大的圆圈，后称“奥布里坑”。每个坑的直径约 1 米，坑内未找到任何同天文有关的物品，却发现不少骨灰、火石、骨针等似与宗教仪式或墓葬活动有关的物件。巨石阵也可能既是宗教活动场所，又是墓葬场所，同时兼具天文功能，对此至今尚无定论。

大禹治水图 图为开封禹王台石刻画局部，反映了当时大禹治水，三过家门而不入的场面。

巨石阵雄姿 左图显示夏至日这天巨石阵所在地日出的情景，从巨石阵的中心看去太阳直接从远方的“踵石”上升起。

约公元前 2000 年
巴比伦医学已具雏形

约公元前 2000 年，巴比伦人征服了美索不达米亚地区，他们继承发展了苏美尔人的文明，包括医学。巴比伦人崇拜天、地、海及日月星辰、风雨雷电等诸神，认为月神是最古老的医神，掌管药草生长；海神之子马都克是全能之神，能驱除病魔、保护健康，是卜师的首领。巴比伦人将人体比作“小宇宙”，认为一切自然现象都影响人体。巴比伦人把肝视作生命之本，“肝卜”盛行，除用以预卜国家兴衰、个人命运、战事胜负外，亦用于推断疾病。其方法为由患者向卜师所选的白羊吹口气，然后宰杀白羊，观察羊肝形态和胆囊位置，对照羊肝黏土模型上的记录，作出判断。巴比伦人认为疾病均由外界病魔入侵引起，故以祈祷、符咒、驱魔术为主要治疗方法。巴比伦人对动脉和静脉有一定认识，认为前者是鲜红的，后者是暗红的；还认为心主精神、耳主意志；有时会按照尿的外观判断疾病。据出土泥版记载，当时已按身体部位对疾病进行分类，如眼病、耳病、生殖器官疾病等，肺痨病记载尤为详细。治疗方面多采用植物药、动物药和矿物药，剂型有丸、散等。也采用冷敷、热敷、灌肠、绷带包扎法、压迫和按摩术等。

约公元前 2000—前 1550 年
埃及纸草书记有妇科病等

古埃及人用生长于尼罗河三角洲的一种莎草科植物为材料，取其茎髓切成薄片，压干后连在一起制成一种莎草纸。他们在这种纸上书写象形文字，形成“书”，后人称之为纸草书。

古埃及文化发达，约公元前 4000 年发明了原始象形文字。埃及文字除象形字多用于铭刻外，祭司体文字和民书体文字一般写在纸草上。许多埃及古代文献，包括医学史料，多以纸草书形式保存下来。康氏纸草书 1889 年发现于法尤姆，完成于古埃及第十二或十三王朝（公元前 2000—前 1800 年），主要记载了妇科疾病，如月经病、子宫脱出等。史密斯纸草书 1862 年发现于卢克索，完成于约公元前 1700 年，主要记载了 48 个外科病例，此外还记载了火棍疗法、冷敷疗法、外科手术、药物治疗等，可以说是最古老的外科学著作。书中还记载了脑损伤引起的痉挛，是关于脑的最早文字记录。埃伯斯纸草书 1873 年发现于卢克索，是一部治疗疾病的百科全书，包括内、外、妇、儿、眼、皮肤各科及卫生防疫等内容。

通过纸草书还可了解到埃及人已会配制药物。在公元前 2000—前 1550 年的纸草书中记有很多药方，仅埃伯斯纸草书中就有近 1000 种，其中的成分尚未完全阐明。埃及人最常用的药物有：蜂蜜、各种麦酒、酵母、油、枣、无花果、葱、蒜、亚麻子、茴香等。埃及的外科学也较发达，已有运用麻醉术和绷带的记载。埃及人用铜制作的手术刀，其锋利程度完全能够满足包皮环割等简单手术的需要。在古埃及，医生构成了一种特殊社会阶层，他们常常得到属于祭司一类人的头衔，享有显贵阶层所拥有的尊荣与特权。医学校附设于太庙内，学校的校长称为“太医”，同时又是赛伊斯（埃及人在各地建立的一种城邦）特设的女神尼滋的祭司长。学校还附设一家疗养院，其中的医师长称为“大先知”。由此可见，在古埃及很早就有了一个组织完善的医学阶层。

这些纸草医学文献是直接反映古埃及医学水平的珍贵史料，借此可以展示古埃及医药卫生文明的状况。

约公元前 1850—前 1700 年
两本埃及数学纸草书写成

现存古埃及纸草书中写有数学内容的主要有两本：一本称为莱因德纸草书，由苏格兰考古学家莱因德于 1858 年购得，现藏于伦敦博物馆；一本称为莫斯科纸草书，由俄国考古学家戈列尼谢夫于 1893 年购得，现藏于莫斯科博物馆。

莱因德纸草书相传是古埃及抄写员阿赫摩斯在约公元前 1700 年编撰的，书中记载了自埃及古王国第四王朝即大金字塔时代（约公元前 2680—前 2565 年）以来的一些数学问题。书名为《阐明对象中一切黑暗的、秘密的事物的指南》，全书分为三章，一是算术，二是几何，三是杂题，共有 85 个问题，包括等差、等比数列的知识。占重要地位的是分数算法，作者把所有的分数化成单位分数(即分子为 1 的分数)。为什么要这样做，现在还不知道。该书还给出了圆面积的近似求法。莫斯科纸草书写作年代较早(约公元前 1850 年)。它与莱因德纸草书一样，也是各种类型的数学问题集。莫斯科纸草书有 25 个问题，最著名的是求四棱台的体积，推测该书作者可能知道求这一体积的计算方法。这两本纸草书中的数学问题大部分来自现实生活，但作者们将它们作为示范性例子编集在一起，可见古埃及人积累了相当多的数学知识，只是并未上升为系统的理论。这两部纸草书无疑是关于古埃及数学的最重要的传世文献。

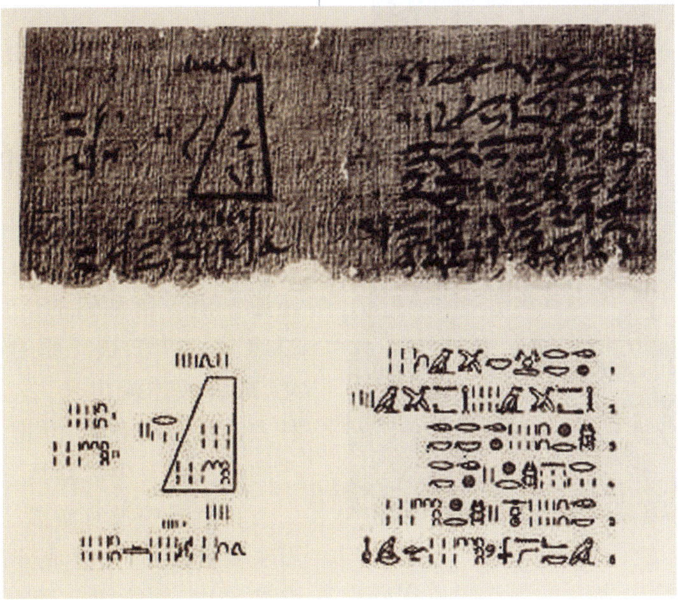
莫斯科纸草书

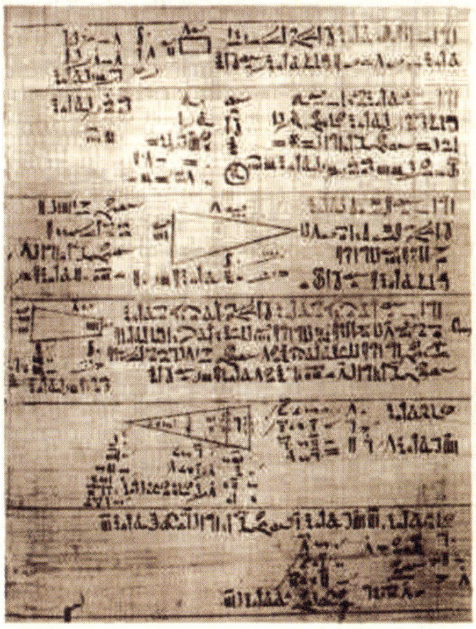
莱因德纸草书

在莫斯科纸草书与莱因德纸草书中，古埃及象形数字被简化为僧侣文数字。冗长的重复记号被抛弃了，引进了一些表示 1 至 9 及它们与 10 的乘幂之积的特殊记号。如 4 不再记成 4 条竖线，而是用 1 条横线表示；7 也不再记成 7 条竖线，而是用 1 个镰刀形符号来表示。

古埃及僧侣文数字

公元前 18 世纪
《汉穆拉比法典》颁布并载有医药条文

美索不达米亚早期的医学充满神话色彩，当时的人们认为，最古老的医神是月亮神，掌管药草的生长。公元前 4000 年，苏美尔人中已有从事医疗活动者，他们的治疗方法多与宗教仪式有关。大约在公元前 2000 年时，两河流域的医疗活动几乎都掌握在僧侣手中，他们以巫术、符箓来治病。古巴比伦王国第六代国王汉穆拉比在位(约公元前 1792—前 1750 年)时国势渐强。汉穆拉比统一巴比伦后，制定了一部比较完整的法典——《汉穆拉比法典》。《汉穆拉比法典》含有很进步的法律观念和惩罚观念，由此推知，古巴比伦的医生是在一定的法律约束下行医的。与医生相关的处罚内容表明，医生尤其是外科医生不属于僧侣阶层，外科医生经常施行手术。《汉穆拉比法典》记载医药的条文有 40 余款，约占整个条文的 1/7，是史上最早的医学法令，是研究古巴比伦医学法律的重要史料。据该法

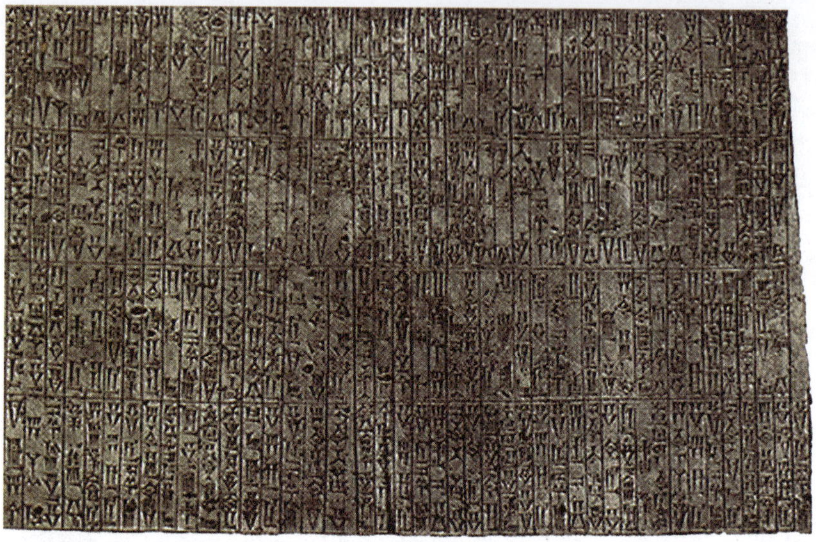

《汉穆拉比法典》石碑

典记载，古巴比伦医生已可用青铜刀实行难度较大的手术；涉及法律方面的主要是外科手术、正骨、眼科手术等成败的规定。在医疗事故的处理上，对发生在统治者身上的医疗事故处理严厉，而对发生在奴隶和平民身上的医疗事故处理较轻。

公元前 18 世纪
汉穆拉比兴修水利，开凿运河

古巴比伦王国第六代国王汉穆拉比极为重视水利建设，组织开凿了沟通基什和波斯湾的运河，灌溉系统有了扩大和改善。这一工程在当时不但使大片荒地变成良田，而且使南部许多城市告别水患。

汉穆拉比在统治之初，承继苏美尔—阿卡德时代各邦的法律，并结合当时当地的习惯法汇编成《汉穆拉比法典》，后来刻石公布于众。这是目前已知的世界上最古老最完整的成文法典。全文用阿卡德语写成，共 3500 行，刻在一根高 2.25 米的黑色玄武岩柱上。法典从维护奴隶主阶级利益出发，竭力保护奴隶主对奴隶及其他财产的所有权。其中有些条文与水利有关，也提到了耕犁和耕牛等役畜；此外，对有关出租和耕耘土地、放牧和管理牲畜以及修建、管理果园等，也作了具体规定。

公元前 17 世纪
锡铅分别冶炼技术出现

在远古时期，人们如在有锡矿或铅矿的地方燃篝火烤野味，锡石或方铅石会被木炭还原。由于锡和铅的熔点都很低，分别为 231℃和 327℃，被还原的锡和铅非常容易液化，成为液体流出来。古人最先就是利用这种方法提炼锡和铅，并把它们制成捕猎和生产的工具以及生活器具。

自然界中没有游离态的锡存在，锡的矿石主要是锡石（主要成分是氧化锡 SnO_2）。在自然界中，同样没有游离态的铅存在，铅的矿石主要是方铅石（主要成分是硫化铅 PbS）。早期，人们对锡铅分辨不清，锡石与铅砂往往一起冶炼。到了公元前 17 世纪，人们已能分辨锡和铅，开始分别冶炼。他们在冶炼的实践中发现，锡具有良好的延展性，可以展成极薄的薄片，在常温下还不易被氧化，这些性质使锡可用来包裹器具。埃及人和印度人很早就用锡来镀铜器。中国也曾从殷墟出土数具虎面铜盔，其中有一具很完整，内部的红铜保存尚好，外面镀了一层很厚的锡，镀层精美，至今光耀如新。这说明当时人们已经认识到铜外镀锡不仅美观，还可防腐，还说明当时人们已掌握了铸造锡器和

河南安阳殷墟出土的铜盔

镀锡的工艺。到了周朝，锡壶、锡烛台之类的锡器已是很普通了。先秦古籍《考工记》就记载了高超的炼锡浇铸技术。

铅的某些性质与锡不同。在空气中，铅表面很快被氧化，呈现暗淡无光的灰黑色；铅和它的化合物都有毒。古人开始不了解这些，后来在实践中发觉了，铅的使用范围就逐渐缩小，一般只做明器，不再做饮食器。商代晚期墓中发掘出的铅器，铸造也很精美，且铅的纯度很高，说明当时铅的冶炼技术具有一定水平。

约公元前 16—前 11 世纪
物候历《夏小正》出现

《夏小正》是古代将天文、气象、物候和农事结合叙述的月令式著作，是中国现存最早的文献之一，也是现存采用夏时最早的历书。隋代以前，它只是西汉戴德汇编的《大戴礼记》中的一篇，以后出现了单行本，在《隋书·经籍志》中第一次被单独著录。

《夏小正》以夏历一年 12 个月为序，分别记述每个月中的星象、气象、物候以及所应从事的农事和政事。其内容由“经”和“传”两部分组成，全文共 400 多字。书中反映当时的农业生产的内容包括谷物、纤维作物、染料作物、园艺作物的种植，蚕桑，畜牧和采集、渔猎。蚕桑和养马颇受重视。马的阉割，用作染料的蓼蓝和园艺作物芸、桃、杏等的栽培，均为首次见于记载。《夏小正》文句简奥不下于甲骨文，大多数是二字、三字或四字为一完整句子。其指时标志，以动植物变化为主，用以指时的标准星象都是一些比较容易看到的亮星，如辰、参、织女等。缺少 11 月、12 月和 2 月的星象记载。还没有出现四季和节气的概念。

据考证，《夏小正》的经文成书年代可能是商代或商周之际，最迟也是春秋以前居住在淮海地区沿用夏时的杞人整理记录而成的。其内容则保留了许多夏代的东西，为研究中国上古的农业和农业科学技术提供了宝贵的资料。《夏小正》的“传”则是战国时候所作。

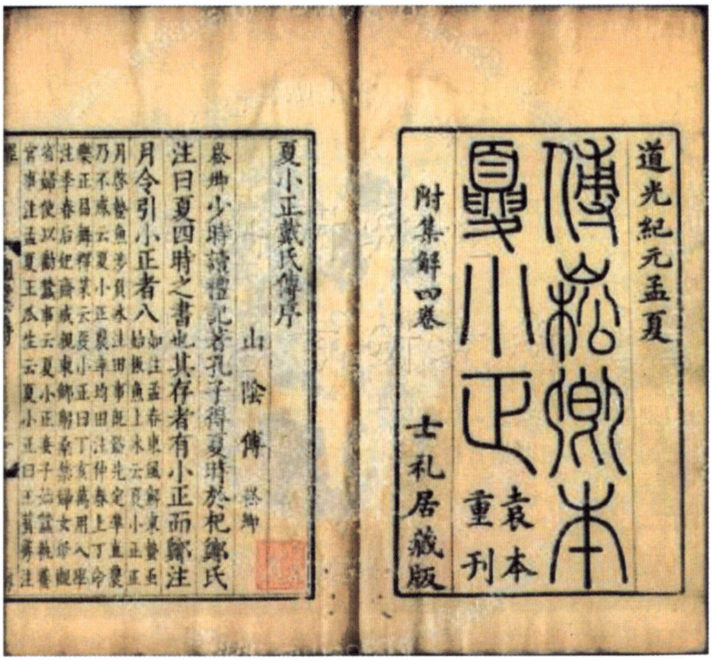

《夏小正》

约公元前 1500 年
《梨俱吠陀》始载医药知识

在漫长的历史年代中，印度各族人民创造并继承了传统的医药文化。《吠陀》是古印度人的诗集，也是最古老的印度文学典籍。“吠陀”(veda)的意思是“求知或知识”，也有解释为“圣经”。《吠陀》共 4 部，也称“四吠陀”，前两部所涉医学内容较多。雅利安文化及其医学的来源是 4 部《吠陀》。“四吠陀”中的第 1 部是《梨俱吠陀》，或译《赞诵明论》，大约于公元前 1500—前 900 年间陆续写

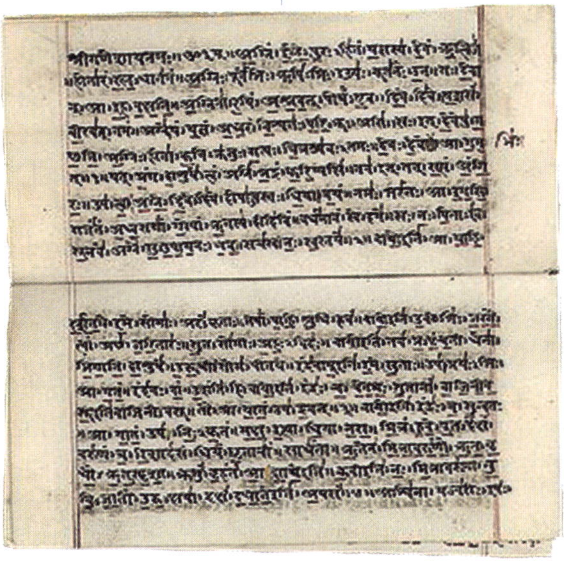

《梨俱吠陀》

-1500

中国古代冶铁图

成,是印度医学的起源,也是四吠陀中最早的作品。其中提到药用植物,并提及麻风、结核以及外伤等疾病。第 2 部是《娑摩吠陀》;第 3 部是《耶柔吠陀》;第 4 部称为《阿闼婆吠陀》,或译做《禳灾明论》。

约公元前 1500 年
冶铁技术出现

铁的出现已有 5000 多年的历史，但在很长一段时期里,人类使用的是陨铁。大约在公元前 1500 年，冶铁技术开始出现。这时,埃及开始普遍使用铁。从公元前 1400 年左右起,黑海附近小亚细亚的赫梯人和亚述人开始大规模使用铁制造工具和武器。从公元前 12 世纪起，铁器在地中海东岸地区日益增多;到公元前 10 世纪,铁工具的数量终于超过青铜工具，铁成为使用最多的金属。公元前 8 世纪,西亚的亚述军队已使用铁制武器,铁制农具、铁制工具也被普遍使用。公元前 8—前 7 世纪,北非和欧洲也相继进入铁器时代，并采用相对固定的工艺步骤炼铁,即块炼铁法。炼铁炉主要是地炉和竖炉,矿石在炉中冶炼后,取出全部炉料，先行破碎,分选后烧结锻造成锭,或直接经过锤打分离炼渣。这个时期的铁制品,有的较软,有的则经过渗碳和反复锤打,并经过快冷或淬火变得更硬。这种方法在远离华夏文明的地区一直沿用到 14 世纪后期。

有实物证据证明,至迟在公元前 512 年,中国已发明液态生铁冶炼技术。中国烧陶窑和冶铜炉温度较高,具备了高温冶铁的条件。铁矿石在温度较高的炼铁炉中被高温还原并渗碳，得到含碳达 3%—4%的液态生铁。这个发明解决了人类步入铁器时代之后遇到的最大的技术难题。人们能以廉价的方式批量生产铁器,对于人类使用工具的变革产生了深远的影响。战国初期,还出现了用热处理方法使白口铁中与铁化合的碳成为石墨析出的技术，发展了韧性铸铁的工艺。当时,中国在这一技术领域遥遥领先。应该说,中国古代重大发明领先于世界就是从发明液态生铁冶炼技术开始的。

约公元前 14 世纪
甲骨文中出现十进位值制记数法

1899 年，在中国河南省安阳市殷墟遗址出土的龟板兽骨上,人们发现了殷商时代的甲骨文。这种甲骨文中的数字表明,中国约在公元前 14 世纪就有了相当完善的十进位值制记数法,这是世界上最早的十进位值制记数法。虽然这种记数法没有零的概念和符号,但由于有 4 个表示数位十、百、千、万的特殊数字，能确切地表示出任何自然数,

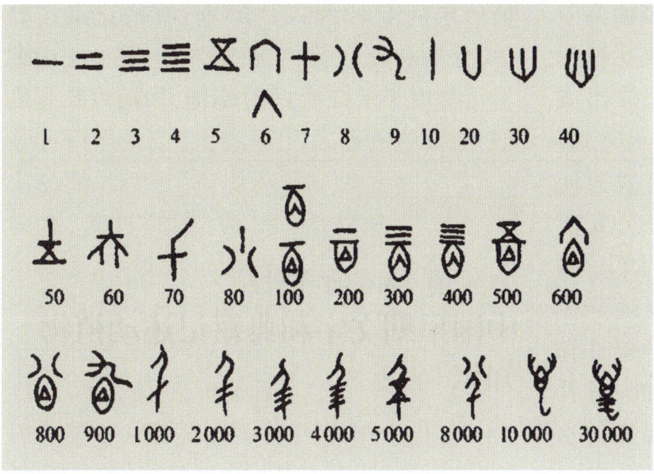

甲骨文中的数字

因而是相当成功的十进位值制记数法。

甲骨文数字与现代汉字中的数字出入并不太大，只是“四”写成四横而“十”是一竖。“万”是蝎子的形状，后来演变成“萬”。甲骨文在记数时常常用“合文”，即将两个字合起来写，如在“百”上加一横成二百，再加一横成三百，等等。但读起来还是两个音，只是写起来紧凑一些。在甲骨文中已发现的最大数是三万。

公元前 14 世纪 中国留存最早的新星记录

中国古代常把天空中新出现的星统称为“客星”。古代记载的客星多为彗星、新星、超新星，也包括一部分流星、极光等其他天象。中国留存的最早新星纪事见于殷墟出土的甲骨卜辞中，共有两条，时间都是公元前 14 世纪：一曰“七日己巳夕㞢□有新大星并火”，一曰“辛未酘新星”。英国科学史家李约瑟认为两者记录的当为同一新星。在后来的中国古籍中，有关新星的记述相当丰富。年代较早的，如有今本《竹书纪年》所载“周景王十三年春，有星出婺女”(公元前 532 年)，《汉书》所载“高帝三年七月，有星孛于大角，旬余乃入”(公元前 204 年)、“元光元年六月，客星见于房”(公元前 134 年)等。现代天体物理学业已阐明，新星并非新诞生的恒星，而是恒星演化到晚期时的一种爆发现象，其亮度往往可在数日内陡增上万倍，然后在数月至数年期间大致回复到爆发前的状态。

公元前 14 世纪 埃及留存最古老漏壶

漏壶是为计量 1 天以内的较短时段而发明的仪器。它主要有两种类型：通过观测容器中水泄漏减少的情况以计时的泄水型漏壶，以及通过观测容器中水流入增加的情况以计时的受水型漏壶，后者出现的时间稍晚于前者。巴比伦、埃及、中国等文明古国使用漏壶的历史都很悠久。世界现存最古老的漏壶，是公元前 14 世纪古埃及第十八王朝法老阿蒙霍特普三世时期的一只水钟。其形制是一个倒置的截头圆锥体，上口大，下底小，泄

这只公元前 14 世纪的古埃及水钟是世界现存最古老的漏壶

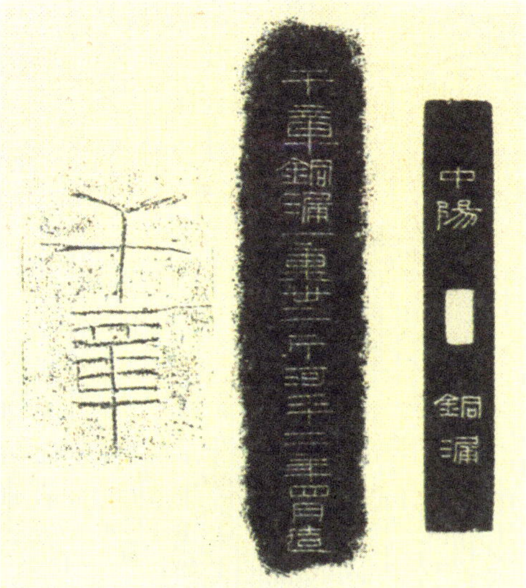

西汉河平二年(公元前 27 年)制造的千章漏壶 是保存最完整的西汉铜制漏壶，1977 年在内蒙古自治区伊克昭盟杭锦旗发现。通高 47.9 厘米，深 24.2 厘米，直径 18.7 厘米。(左)壶体；(右)铭文，自左而右的 3 列文字依次位于第二层提梁上、流管上方和壶内底面。

水孔接近底部。中国历史上用得最多的漏壶形式是箭漏。“箭”是插在漏壶中的一根标杆，下有箭舟承托而浮于水面上。水流出或流入壶中，箭随之下沉或上升以指示时刻。中国在周代已有漏壶，春秋时期已普遍使用。中国现存最早的几只漏壶都是公元前 2—前 1 世纪的，属西汉时期。早期的单只漏壶结构简单、使用方便，但水流速度随壶中水量多寡而异，直接有损于计时的准确性和稳定性。后来人们在漏水壶上面另加一只补给壶，用补给壶流出的水补充下面漏壶的水量，即可提高漏水的均匀性和稳定性。东汉天文学家张衡已经使用二级漏壶，即漏水壶加补给壶，不计最下面的受水壶。后来又有了更多级的漏壶。

约公元前 14 世纪
甲骨文记载医药知识

甲骨文是刻在龟甲和兽骨上的占卜文字，是中国目前所知的最早的成熟文字，始现于约公元前 14 世纪。甲骨文中有不少关于疾病和医药的内容，是了解中国早期的疾病概念和医疗状况的原始资料。其中，有对人体不同部位病痛的笼统描述，如疾耳、疾眼、疾鼻、疾口、疾齿、疾首等；也有少量的疾病专名，如龋、疟等；有的记载了怀孕、分娩和死亡等情况；还有些甲骨文记载了一些用于治疗疾病的药物，如用以治疟的枣、治瘀的鱼等。

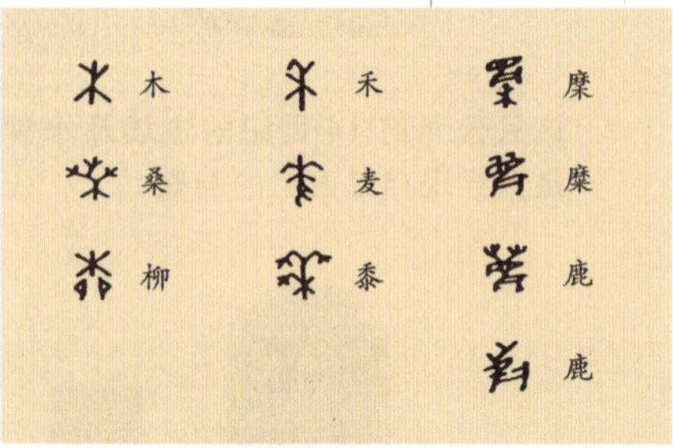

甲骨文和对应的现代汉字

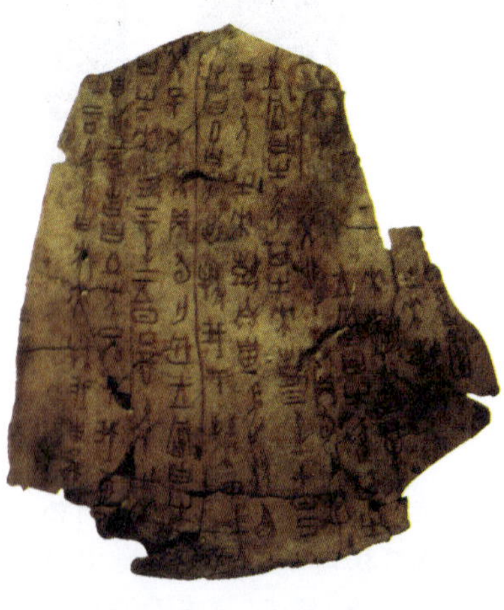

河南安阳殷墟出土的甲骨文

公元前 14—前 3 世纪
中国早期文字和典籍记述动植物知识

古代中国人民很早就在日常生活中开始了对动植物的探索。例如，公元前 14—前 11 世纪的甲骨文字的构型就体现了人们对动植物形态的认识：栽培的谷物大都属草本植物，所以麦、黍等字中都有下垂的“禾”形；而有关树木的字如桑、柳，则从“木”形。动物也是如此，如麋、麇等描述似鹿生物的字都包含“鹿”形部分。古人在造字时根据日常观察，给了这些相似生物相近的字形，反映出他们对自然界的初步认识和归类。

中国最早的诗歌总集《诗经》中那些大家耳熟能详的句子：“关关雎鸠，在河之洲”，“参差荇菜，左右流之”，也对各种动植物进行了形象的描绘。这些文字借物寄情，通过对动植物的比拟，暗示了古人深刻的情感和思考，是将自然艺术化的产物。成书于春秋之前的《夏小正》则对植物形态以及动物生活习性等有着准确的记述。包罗了上古时代的地理、风土、动植物等内容的奇书《山海经》，也描述了数百种动植物。尽管其中掺杂着不少传说与奇谭，未必足信，但一些珍禽异兽和奇草异木确有其实际参照，体现了古人对自然界的认识与想象。西汉初期，由学者们共同撰写汇编而成的《尔雅》，最早对动植物进行了系统分类，它第一次详细注释并区分了草、木、虫、鱼、鸟、兽、畜，成为古人了解动植物知识的教材。到了东晋，郭璞耗时 18 年，进一步对《尔雅》做了详尽的注解，添加了有关动植物的生动插图，使得《尔雅》更具可读性，推进了动植物的分类、利用等知识的普及。

虽然现代动植物分类学并不是直接建

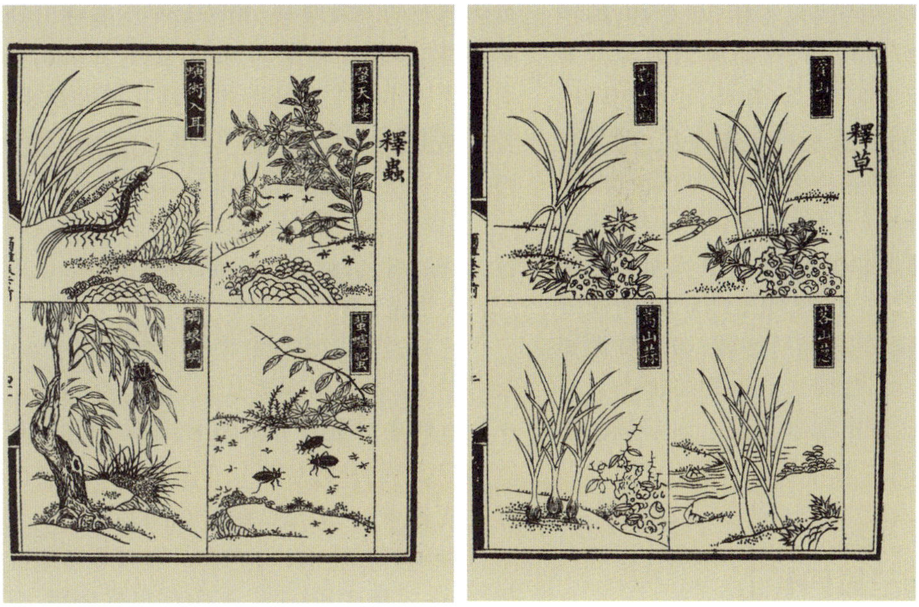

郭璞所著《尔雅音图》中的插图

古埃及第 18 王朝后期制作的玻璃珠

立在中国古代动植物知识的基础上，但古代中国人民的观察和记载仍然为后人留下了宝贵的财富。

约公元前 1370 年
埃及制作玻璃器具

玻璃是一种透明的、具有较高强度和硬度的、不透气的硅酸盐类无机非金属材料，主要成分是二氧化硅。它被广泛用于建筑和日用生活品的生产中。

很久以前，人们就知道如何制造玻璃，其历史可以追溯到约公元前 4000 年的古埃及。1891 年到 1892 年期间，英国古埃及考古专家彼特力对尼罗河东岸的阿马尔奈中心城进行了挖掘，发现了玻璃工厂的遗物，这些遗物详细地展示了大约公元前 1370 年古埃及人制造玻璃的全部过程。从对这些遗物的分析中，可以明确知道，当时古埃及人已经开始大规模制造玻璃。他们所采用的方法是用亚历山大城附近埃及湖中的碳酸钠和碎石英在坩埚中共熔。

在古埃及，人们不仅能制造几乎无色的玻璃，而且还能制造有色玻璃。他们曾把石英、孔雀石、石灰一起加热到 830—900℃，制成一种组成确定的深蓝色化合物埃及蓝（$CaO \cdot CuO \cdot 4SiO_2$），它同碳酸钠一起可用来做彩陶的蓝釉。埃及蓝因含铜而带蓝色。除了含铜蓝玻璃外，还发现了含钴蓝玻璃。

古埃及大批制作的玻璃不仅被广泛地用在本地区的工具和装饰之中，还被大量地输出到罗马帝国的所有地区。玻璃的出现部分取代了珍贵的宝石，玻璃生产工艺的不断革新也为化学学科的形成奠定了技术基础。

约公元前 13 世纪
殷商阴阳历开始使用

几千年来，世界各国的历法主要可分三类，即阳历、阴历和阴阳历。阳历 1 年中的日数平均约等于回归年——按季节变化确定的年的日数，1 年中的月数和 1 个月的日数则人为规定，例如现行的公历。阴历 1 个月的日数平均约等于朔望月——按月相变化确定的月的日数，1 年中的月数则人为规定，例如伊斯兰教历。阴阳历中 1 个月的日数平均约等于朔望月的日数，1 年中的日数又平均约等于回归年的日数，例如中国现仍保留使用的农历。中国早在约公元前 13 世纪的殷商时代，已在使用一种较粗略的阴阳历，年有平年、闰年之分，平年 12 个月，闰年在年终置一闰月，共 13 个月；每月以新月为始，月有大、小之别，大月 30 日，小月 29 日，大小月相间，间或插入一个连大月，可见当时已经知道 1 朔望月应略长于 29.5 日。那时已能测定分至(冬至、夏至、春分、秋分)，误差大约不超过±10 天，所以季节和月名的关系基本固定。但一年的开始，即岁首，尚需依据实际观测的天象随时调整，而非预先推算确定。

约公元前 11 世纪
商高掌握勾三股四径五

据约公元前 100 年成书的《周髀算经》记载，中国西周时期(始于公元前 1046 年)的学者商高已经知道勾股定理的一个特例：“勾广三，股修四，径隅五。”这句话可以理解为：一个直角三角形，如果较短直角边(勾)的长是 3，较长直角边(股)的长是 4，那么斜边(径)的长就是 5。商高还知道怎样使用一种形状为直角三角形的测量工具——矩：“平矩以正绳，偃矩以望高，覆矩以测深，卧矩以知远，环矩以为圆，合矩以为方。”从中可知，商高已掌握了相似直角三角形对应边成比例这一原理。

约公元前 11 世纪
箕子提出五行说

“五行说”是中国古代关于万物起源的一种学说，相传最早为殷商时期箕子提出。箕子名胥余，殷帝辛(纣)之叔，生活在约公元前 11 世纪。相传周武王灭商后，曾向他询问天道。据《尚书·洪范》记载，箕子向武王系统地讲授了“五行、五事、八政、五纪、皇极、三德、稽疑、庶征、五福”等九项内容，史称洪范九畴。不过，学术界也有人认为《尚书·洪范》系后人伪作。

五行说的主要思想是，宇宙万物由金、木、水、火、土五种元素构成，五行之间的相生相克造成了世间万物的多样性。“相生相克”是指，五行中的某一元素对另一元素的促进或约束。“相生”关系为：木生火、火生土、土生金、金生水、水生木。因为木材能燃烧，火烧万物成灰(土)，土中可提炼金属，金属遇冷可将水汽凝结成水，水又能使树木成长。“相克”关系为：木克土、土克水、水克火、火克金、金克木。因为木能破土而出，土能挡水，水能灭火，火能熔化金属，金属能制刀砍杀树木。

五行说与古希腊的四元素说(万物均由水、火、气、土四种元素构成)一样，都是人类对自然界的一种直观猜测，含有朴素的唯物主义因素。五行的相生相克还包含自发的辩证法思想，具有一定的哲学意义，是中国传统医学的理论基础。此外，五行说也是占卜、算命等活动的依据之一。

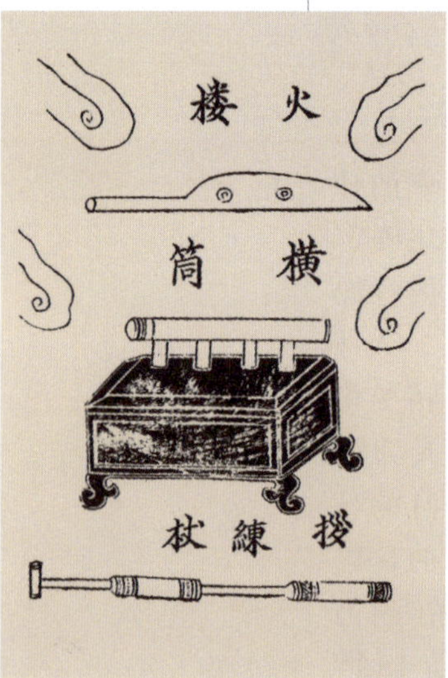

宋代《武经总要》中的猛火油柜图

复原的猛火油柜

约公元前 11 世纪
发现与开采石油

石油是一种黏稠的深褐色液体，储存在地壳上层，主要是各种烷烃、环烷烃、芳香烃的混合物。它是古代海洋和湖泊中的生物经过漫长的演化形成的混合物，与煤一样，属于化石燃料。

在中国古书记载中，石油又名石漆、石脑油、猛火油、雄黄油、硫黄油。最早使用石油这个名称的是中国宋代著名科学家沈括。他在百科全书式的《梦溪笔谈》中，把历史上沿用的各种名称统一为石油，并对石油作了极为详细的描述。

中国发现和使用石油的时间至迟在公元前 11 世纪，是世界上最早的。最早记载石油的采集和利用的是张华的《博物志》(成书于公元 3 世纪末)，当时称石油为石漆。《博物志》一书既提到了甘肃玉门一带有石漆，又指出这种石漆可以作为润滑油“膏车”(润滑车轴)和照明之用。中国宋代军事著作《武经总要》中记载了一种叫“猛火油柜”的武器，它实际上是一种利用石油作为燃料的火焰喷射器。

古希腊农业生产场景

中国古代人民采集石油有十分悠久的历史，特别是通过钻凿油井来开采石油的技术，在世界上也是最早的。据考证，中国早在 1100 年就钻成了 1000 米深的深井，说明在那时，中国的石油钻井技术就达到了比较高的水平。明代以后，中国石油开采技术逐渐流传到国外。明代科学家宋应星所著的科学巨著《天工开物》(1637 年刊行)，把长期流传下来的石油化学知识作了全面的总结，对石油的开采工艺作了系统的阐述。中国古代开采石油的许多技术环节和技术项目，皆赖此书而得以流传。该书于 17 世纪末传至日本，19 世纪传至欧洲，成为世界科技史的名著之一。

公元前 11—前 9 世纪
古希腊荷马时代农业发展

公元前 11—前 9 世纪，荷马时代的希腊人已经开始使用犁、锄、铲和镰刀等铁制农具。犁用双牛牵引进行深耕，栽培小麦、大麦等谷物，施用自然肥料；种植谷物的土地每年需要翻耕 2—3 遍，为了恢复地力采用隔年休耕的二圃制；收割时用镰摘穗，再以役畜践踏禾穗来脱粒，加工则用杵、臼等器物。此外还适当种植橄榄、葡萄和牧草，马、牛、羊、猪等家畜已由专人成群饲养，牲畜、皮革和铜、铁一起充当物物交换的媒介，手工业开始与农业分工。

随着农业的发展，私有财产与阶级分化开始出现。遍布各地的农村公社把土地分成小块份地，分配给各个家庭耕种。有权势的人逐渐成为贵族，占有较多和较好的土地，并从事经营田园和牧场。大批公社成员失掉份地，沦为乞丐或佣工。荷马时代后期，氏族部落的管理机构开始向国家统治机关过渡。

约公元前 1046—前 771 年
星象、物候、历法相结合确定农时

约公元前 1046—前 771 年，中国西周时期的人们已掌握用土圭测日影定季节和求回归年长度的技术，将星象、物候、历法结合起来作为确定农时的依据。

西周时期的历法主要见之于《诗经》和《尚书》。《诗经》中已有春、夏、秋、冬四季的全部名称。由于岁差的缘故，季节和恒星位置的关系是在不断变化的，只有用土圭观察太阳圭影在日中时的高度变化，才能较准确地反映季节变化的本质。《尚书·尧典》中有“日中”、“日永”、“宵中”、“日短”的描述，实际上已有春分、夏至、秋分、冬至等“二分”、“二至”4 个节气的概念，后来演变成二十四节气和七十二候，用以指导中国古代的农业生产。

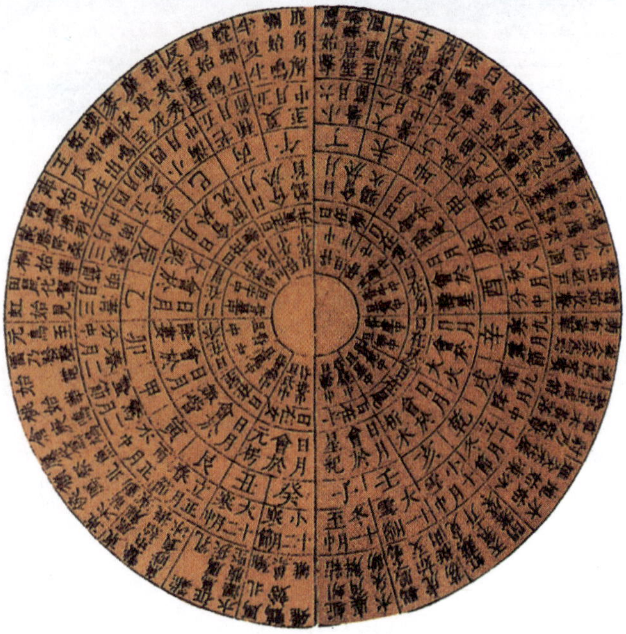

元代王桢《农书》中的授时指掌活法之图 该图将古代有关月令的内容，包括星象、干支、二十四节气、七十二候及农事活动等，浓缩在一圆形图中，体现了周而复始的特点，简明实用，标志着古代农时学的进步。

据《吕氏春秋》，战国时期，立春、立夏、立秋、立冬即"四立"已经出现。西汉初年的《淮南子·天文训》中已有完整的二十四节气名称的记载，说明二十四节气在秦汉时期已趋于完善，被作为指示时宜的重要指标，广泛运用于农业生产。东汉《四民月令》中的农事是按月令编排的，已全面利用二十四节气来指导农业生产了。

七十二候是汉代在先秦物候知识的基础上，结合二十四节气整理而成的，始见于《逸周书·时训解》。它以五日为一候，六候为一月，以候为表征，指导农事活动，使人们对农时的掌握更为准确。

约公元前10世纪 《易经》记载天然气的燃烧现象

天然气是天然蕴藏在地层中的烃类和非烃类气体的总称，主要成分是甲烷。天然气是现代人类生产、生活的重要能源材料。中国是世界上最早发现和利用天然气的国家。西周时期的文献《易经》中，就已有"泽中有火"、"上火下泽"等关于天然气自沼泽中逸出水面后着火燃烧现象的描述。《汉书·郊祀志》中，则记载了西汉宣帝神爵元年(公元前61年)，今陕西省神木地区天然气自地下逸出后着火的现象。

约公元前950年 《竹书纪年》最早记载北极光

北极光，确切地说应该叫极光，是出现在高纬度地区，特别是地球南北极附近夜空中的彩色光。约公元前950年，中国古籍《竹书纪年》对此现象有所记载："周昭王末年，夜清，五色光贯紫微。"西方的最早描述出自古希腊探险者。面对这种美丽的天象奇观，千百年来曾经有过各式各样的"解释"，如神的旨意、地球外缘燃烧的大火、冰雪在夜间释放白天储存的太阳能量等。直到19世纪，人们才逐渐认识到极光的本质。

现在知道，极光是太阳风中的高能带电粒子在地球磁场的作用下，边绕磁场线旋转边沿磁场线漂向南北两极，在靠近地球两极处进入大气层，

阿拉斯加上空的北极光

与地球外层大气中的原子、分子相碰撞,受激、电离而发出的光。因此,极光出现在两极。

约公元前 9—前 8 世纪
西周建立医事制度

据古代内籍《周礼》记载,约公元前 9—前 8 世纪,西周的官制中已建立了较完备的医事制度。在天官冢宰门下,有负责医药事务的最高行政长官“医师”,医师官府内有“士”,掌诊治疾病;又有府、史、徒等职官,负责管理、文书方面的工作。当时,医学分为食医、疾医(内科)、疡医(外科)和兽医四科,为中国最早的医学分科。在管理上注重考核,要求以平时详细记载的各个医生治病的情况为依据,岁终比较其得失为俸禄标准,“十全为上,十失一次之,十失二次之,十失三次之,十失四为下”;兽医也要根据牲畜死亡情况,“计其数,以进退之”,是最早的临床绩效考核制度。

约公元前 9—前 8 世纪
荷马史诗记载医疗活动和医药知识

荷马是古希腊著名的游吟诗人,相传著名的史诗《伊里亚特》和《奥德赛》均是他所作。充满大量史实的荷马史诗(约公元前 9—前 8 世纪),是记载早期希腊医学思想发展和医业实施的重要文献。在荷马史诗中记述了瘟疫、战伤、眼病、妊娠病、精神催眠法、止疼止血等治疗防病的经验,反映出古希腊人已具有较丰富的医药知识。荷马时代的医学是一门高贵的艺术,善于打仗的著名英雄往往是医学能手;但也有专门给人治病的医生。医生很受人尊重,因为根据诗人荷马所说,医生是“比其他任何人都有价值的人”。荷马史诗中记述了 140 种创伤,有体表创伤,也有深部创伤,还提到摘除体内异物。关于止血法,提到应用压迫法或敷以树根粉末,或使用绷带止血。荷马史诗中还提到魔术医疗,只是将其列于医学的次要地位。史诗中还记述用符咒辅助治疗。从荷马史诗之一的《伊利亚特》中可以知道,当时已有职业医生,并且认为医生是大众的公仆。

约公元前 8—前 6 世纪
古希腊城邦时期农业呈现新发展

约公元前 8—前 6 世纪是古希腊奴隶制城邦形成的时期。城邦(即城市国家)由一个中心城市和附近若干村落组成,最初是由原始公社演化而来的一种公民集体,后来逐渐发展成贵族政治,经过独裁的僭主政治,再演化成奴隶主民主政治。

古希腊的城邦经济使农业生产有了新的发展,铁锄、装有铁铧的犁和其他铁制农具的广泛使用,使希腊多山而贫瘠的土地成片地得以开垦和耕种。此时谷物的种植面积虽然进一步扩大,但是因为人口增加与土地不足,所产谷物仍然不能自给,需要通过对外贸易,用葡萄酒、橄榄油及其他手工业制品换取短缺的粮食,因而海外殖民与海外贸易逐渐发展。

到了大约公元前 6 世纪,古希腊的生产技术虽然没有得到根本变革,但是在细节上有所提高:在土地肥沃地区开始用谷物和蔬菜的轮种代替休耕,在陡峭的山坡上修筑梯田,用沟渠引水来浇灌旱地,以掺土和换土的方法来改良土壤,施用硝石、草木灰及人

古希腊橄榄种植 橄榄以及橄榄榨出的油,是古希腊经济中销路稳定的大宗商品。橄榄油是装在坛坛罐罐里出售的。

畜粪尿来肥田等。可见,当时的希腊人已经了解并能辨识土壤的类型、作物的习性和各种不同肥料的功用。

约公元前 770—前 476 年
中国春秋时期农业进一步发展

春秋时期(约公元前 770—前 476 年),中国发明了冶铁技术并用于农业生产,开始使用铁犁耕地,铁制农具有锄、锸、铲等;出现牛耕,创造了牛穿鼻的使役技术。如《左传·昭公二十九年》记载:晋国自民间征收"一鼓铁,以铸刑鼎",表明春秋时期已有冶铸生铁的技术。《国语·齐语》记载:管仲提到"美金以铸剑戟,试诸狗马;恶金以铸锄夷斤劚,试诸壤土"。表明当时"美金"(指青铜)已被用来制造刀剑,宰狗杀马;"恶金"(指铁)已被用来制造农具,耕地翻土。《国语·晋语》载:"将耕于齐,宗庙之牺,为畎亩之勤。"表明当时宗庙里作牺牲祭品的牛,已被转用来供田间耕作。牛耕的使用,是中国农业技术史上使用动力的一次革命。由于牛耕的推广,铁犁铧取代了青铜犁铧;出土的犁铧冠多数呈 V 字型,套在犁铧前头使用,以便磨损后更换。

由于农业和军事的需求,春秋时期出现了相畜术,即根据家畜的外形特征来选拔优良的个体,如:《周礼·夏官》中记载的"马质"一职,就负责评议马的价值,他们必须能够分辨各种类型马的优劣。春秋时期最著名的相马家是伯乐和九方堙,相牛家是宁戚,相传他们有著作《伯乐相马经》、《宁戚相牛经》。兽医技术也有了初步的发展,已出现医术精湛的兽医。当时的专业兽医还有了分工,《周礼·天官》中记载的"兽医"就包括疗兽病的内科和疗兽疡的外科。

春秋时期的铁锄

战国时期的铁镬(左)和铁犁铧(右)

公元前 7 世纪
巴比伦发现日月交食的沙罗周期

日食和月食在中国古代统称日月交食,简称交食,是由地球和月球的运动造成的天文现象。因为地球运动和月球运动都是周期性的,所以交食也会周期性地重现。早在公元前 7 世纪,建立新巴比伦王国的迦勒底人已发现,每次交食之后经过 6585.32 天,就会发生另一次与之相似的交食。在天文学中,月相循环变化一周,即从一次满月到下一次满月,所经过的时间称为一个朔望月,其长度为 29.53 天。6585.32 天相当于 223 个朔望月,或相当于公历的 18 年又 $11\frac{1}{3}$ 日,交食以此为周期——称为"沙罗周期",按同样的次序重复出现。"沙罗"的英语词

东汉冶铁画像石

Saros由巴比伦语音译而来，其原意是"重复"或"恢复"。有的科学史家对此说尚有异议，认为沙罗周期是若干世纪以后才总结出来的经验规律。

公元前 7 世纪
中国创立十九年七闰的置闰法

历法是推算年、月、日的时间长度，探究其相互关系，以制定时间序列的法则。按天象确定的年和月所包含的日数都不是简单的有理数，例如按季节变化确定的年——即回归年长度为 365.242 2…日，按月相变化确定的月——即朔望月长度为 29.530 5…日。实际制定的历法必须使 1 年所含的月数和 1 月所含的日数皆为整数，各国历史上制定的历法各有侧重和差异。中国约在公元前 7 世纪已基本掌握 19 年 7 闰的置闰规律。在战国时期，公元前约 480 年，出现了一类阴阳历，将回归年长定为 $365\frac{1}{4}$ 日，朔望月长定为 $29\frac{499}{940}$ 日，并在每 19 年中加入 7 个闰月——称为"闰周"。因其回归年所含日数的余数为 $\frac{1}{4}$，故称"四分历"。后来，在东汉时期又曾行用另一种四分历，故前者又称"古四分历"。古四分历采用的回归年长、朔望月长和闰周数据均为当时世上最佳值，其数量关系为：$19 \times 365\frac{1}{4} = (19 \times 12 + 7) \times 29\frac{499}{940}$。采用这一置闰法，可使季节和月名的关系基本固定。战国时期各诸侯国行用不同的历法，如黄帝历、颛顼历、夏历、殷历、周历和鲁历，后称"古六历"。它们都是四分历，惟各家所取历元和岁首不同而已。稍晚于此，古希腊也出现了类似的置闰法。公元前 5 世纪中叶以前，古希腊使用阴历，每年 12 个朔望月，大月 30 日与小月 29 日相交替，一年共 354 日。为使月份与季节相协调，古希腊天文学家默冬于公元前 432 年提出可在 19 个回归年中增设 7 个朔望月作为闰月，如此共含 235 个朔望月，其中大月 125 个，小月 110 个。与此相应的回归年平均长度为 365.263 2 日，朔望月长度为 29.531 91 日。后世称为"默冬章"。

公元前 7 世纪
《寿命吠陀》编成

公元前 7 世纪成书的《寿命吠陀》(一译《阿输吠陀》)，讲述了健康医疗或生命学等内容，是印度医学理论奠基之作。《寿命吠陀》中分医学为八科，唐代译为八医。以后印度医学家所编的医书，也大致根据此八科分类，即：拔除医方(拔除引起人体痛苦之物，如箭，属外科医学)、利器医方(使用利器治疗眼、耳等病，属外科医学)、身病医方(全身疾病治疗术)、鬼病医方(驱除因鬼而生的诸病)、童法(对胎儿、幼童、产妇的看护学)、恶揭陀药科论(解毒之学)、长命药科论(有关不老不死的药学)、强精药科论(强精催春，相当于性医学)。

《寿命吠陀》提出了关于健康与疾病的"三体液学说"。三种体液或叫做"三大"——指气、胆、痰三种因素。三者必须均衡才能保持人体的健康，某一体液太过或不足，平衡即被破坏，疾病由之产生。后来人们将此三者称为原素。此外尚有 7 种成分，即乳糜(消化之食物)、血、肉、脂、骨、骨髓、精，一切食物均要化解为此 7 种成分。后来，"三体液学说"又增加了血液，成为"四体液说"，但基本理论并未改变。

约公元前 7 世纪
尼尼微黏土版古医书编成

尼尼微为古代亚述帝国的首都，位于底格里斯河上游东岸，公元前 11 世纪起即成为亚述帝国的宫邸所在地。亚述文明的最大成就之一就是楔形文字的发明。1850 年代，

尼尼微黏土版

法国考古学家在伊拉克发现了由20 000多个残片组成的《尼尼微医书》，这些医书大约成书于公元前7世纪，用楔形文字写成，并刻在黏土版上。从亚述王图书馆出土的黏土版中，可以看到大量药物的名称，如罂粟、芦荟、薄荷、茴香等。亚述人曾对奴隶大规模地进行过阉割手术。巴比伦人除内服药外，还外用软膏、搽剂和浴剂，并进行按摩、灌肠等方法。目前在大英博物馆所收藏的名贵的库云基克集陶片，共有2.5万块，是我们关于巴比伦医学知识的主要来源。

公元前7—前5世纪
朴素唯物主义物质观产生

万物是由什么构成的？在古代，这是一个非常难以回答的问题。尽管如此，古代哲学家们还是进行了大胆的猜测和推断。公元前7—前5世纪，古希腊米利都的泰勒斯认为水是万物之源；阿那克西米尼认为万物由空气组成；赫拉克利特将火认作万物的根本；恩培多克勒认为事物有四"根"，即火、空气、水和土，并且有吸引与排斥这两种力量使它们结合或分离。在中国，大约在公元前5世纪，战国初期成书的《尚书·洪范》提到五行形成万物，五行指金、木、水、火、土。这是中国古代物质观的主要观点，认为这5个要素的盛衰不仅使自然界产生变化，而且还会影响到人的命运。这些是古代有关物质构成的朴素唯物主义的代表性观点。

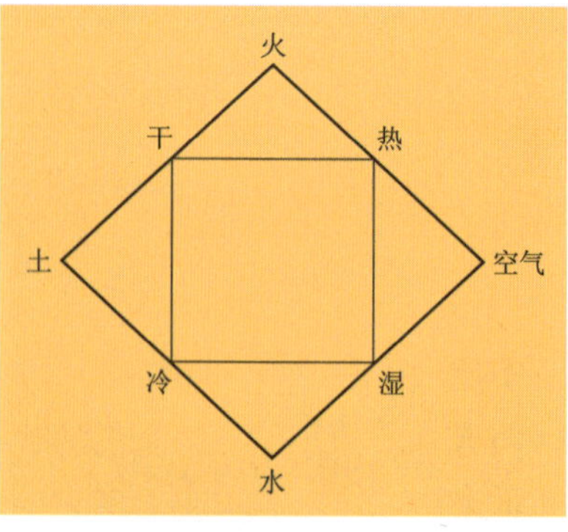

亚里士多德的四元素说

首先使用"元素"一词的是古希腊哲学家柏拉图，他假定每个元素有各自特殊的形状：火为四面体，空气为八面体，水为十二面体，土为立方体，这些元素可以分解成三角形，再按一定的比例重新组合，从而转变成新的物质。柏拉图的对话集《蒂迈欧篇》以谈话的形式论述了一些物质的组成，堪称最原始的化学论著。亚里士多德认为物质的基础性质为干、湿、冷、热，将它们成对组合得到所谓的四元素，如图所示：干与冷构成土，干与热构成火，湿与冷构成水，湿与热构成空气。除此以外，他还加上第5种非物质元素，相当于以太。一直到18世纪末，四元素说都被认为是正确的，而以太更是在现代电磁学理论建立以前"理所当然"地被当成光传播所"必不可少"的媒介。

公元前687年
中国留存最早的天琴座流星雨记录

在太阳系的行星际空间中，有不计其数的尘粒和固体块环绕太阳运行，称为流星体。流星体闯入地球大气层，同大气摩擦升温、燃烧发光而为人们所见，就成为流星。未燃尽的流星体落到地面，称为陨星或陨石。沿着同一轨道绕太阳运行的大群流星体称为流星群。当流星群同地球相遇时，人们往往可以看到天空中某一区域在几小时或几天时间内，流星数量剧增。这种现象称为"流星雨"。中国古代有着丰富的流星雨记录，在地方志中甚至多过正史。《春秋》记载了鲁庄公七年（公元前687年）"夏四月辛卯，夜，恒星不见。夜中，星陨如雨"，这是关于天琴座流星雨的首次记录。中国古代有的流星雨记录非常详细，例如《宋史》中有一条关于宝瓶座η流星雨的记载，发生在公元443年："有流星大如桃，出天津，入紫宫，须臾有细流星

美国波士顿地区所见狮子座流星雨的木刻画 1833 年 11 月 13 日黎明前的 4 小时中，流星雨照亮了波士顿地区原本漆黑的天空，流星数量多达每小时约 20 万颗。

或五或三相续，又有一大流星从紫宫出，入北斗魁，须臾又一大流星出贯索中，经天市垣，诸流星并向北行，至晓不可知数。”读来宛如身临其境。中国古代数以百计的流星雨记录，对于研究流星群的周期、轨道变迁以及流星群与彗星间的关系等，乃是非常宝贵的史料。

公元前 613 年
中国确切记载哈雷彗星

中国是世界上最早记录彗星且古代彗星记录最为丰富的国家，在正史和地方志中有成千条彗星记录。中国古代对彗星有多种别称，如孛星、星孛、蓬星、异星等。对于最著名的哈雷彗星，中国拥有世界公认最早最完整的记载。《春秋》记载鲁文公十四年(公元前 613 年)“秋七月，有星孛入于北斗”，就是世界上关于哈雷彗星的首次确切记载。此后，自秦始皇七年(公元前 240 年)至清宣统二年(1910 年)的两千多年间，哈雷彗星应出现 29 次，每一次在中国都有较详细的记录。这为研究哈雷彗星的轨道变化、起源与演化等提供了极宝贵的史料。特别值得一提的是，中国古人在两汉时期的天象观测已相当精细。例如，1973 年发掘的湖南省长沙市马王堆三号汉墓之下葬年代为汉文帝十二年(公元前 168 年)，从此墓出土的帛书中有 29 幅彗星图，其画法表明当时已观测到彗头、彗核和彗尾，而且彗头和彗尾又各有不同的类型。

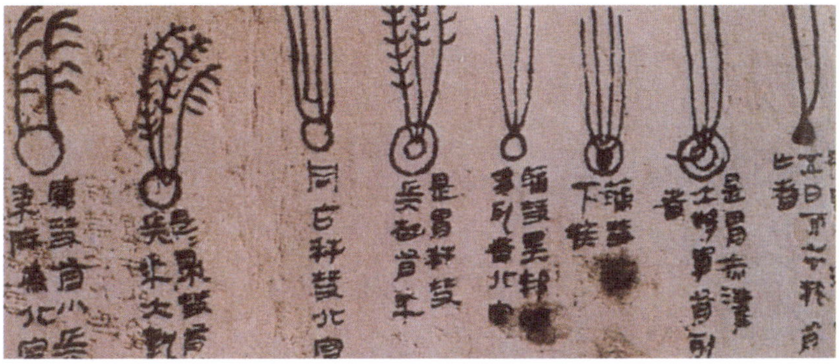

马王堆汉墓出土的帛书彗星图(局部)

约公元前 600 年
泰勒斯引入命题证明的思想

米利都的泰勒斯是有可靠历史记载的古希腊第一位自然科学家和哲学家，而且是希腊最早的哲学学派——爱奥尼亚学派的创始人。

泰勒斯在数学方面的划时代贡献是引入了命题证明的思想。命题证明，就是借助一些不证自明的公理和真实性已经确定的命题来论证某一命题真实性的思想过程，它标志着人们对客观事物的认识从经验上升到理论，这在数学史上是一次飞跃。在数学中引入逻辑证明，它的重要意义在于：保证了命题的正确性，使理论立于不败之地；揭示了各定理之间的内在联系，使数学形成一个严密的体系，为进一步发展打下基础；使数学命题具

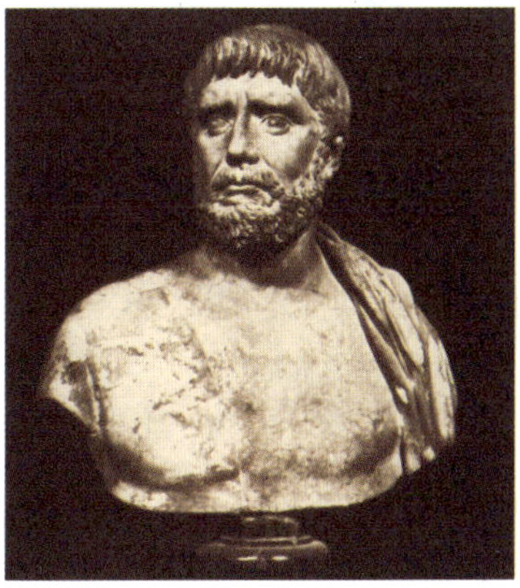

米利都的泰勒斯

有充分的说服力,令人深信不疑。从此数学从具体的、实验的阶段过渡到抽象的、理论的阶段,逐渐形成一门独立的、演绎的科学。

命题证明是古希腊几何学的基本精神,而泰勒斯就是古希腊几何学的先驱。他把古埃及的地面几何测量和计算技术演变成平面几何学,还发现了几何学的许多基本定理,如"直径平分圆周"、"等腰三角形底角相等"、"两直线相交形成的对顶角相等"、"半圆所对的圆周角是直角"、"有两角一边对应相等的两个三角形全等"等,并将几何学知识应用到实践中去。上述命题看起来并不复杂,有些仅凭直观就能判断,然而泰勒斯不满足于"知其然",还要穷究"其所以然"。历史学家坚信他证明了(至少是企图证明)这些命题。

约公元前 600 年
泰勒斯发现琥珀摩擦起电

米利都的泰勒斯被誉为古希腊七贤之一,他最早把科学从宗教、神话中分离出来。传说他预言了公元前 585 年 5 月 28 日古希腊地区的日全食。

琥珀是一种黄色树胶的化石,在古代用于装饰。约公元前 600 年,泰勒斯发现摩擦过的琥珀具有吸引小木屑或干草叶的特点,即具有摩擦起电的性质。实际上,英语中"电学"(electricity)一词最初就是由"琥珀"(electron)一词演化而来。另外,泰勒斯还发现某些天然矿石(磁石)能吸引铁质物体。

陆上的双壳类化石意味着沧海桑田的变迁

公元前 6 世纪
色诺芬尼开启对化石成因的科学认识

化石是存留于岩石中的石化的古生物遗体或遗迹,常见的有动物骸骨和贝壳等。保存在岩层中的化石不仅记录了地质历史时期生物的演化,还反映出地层形成时代的地质环境。早在公元前 6 世纪,古希腊哲学家色诺芬尼就在内陆的山上发现了贝壳化石,在意大利西西里岛的采石场发现鱼和海草化石,在马耳他岛发现了多种海洋动物化石。根据这些发现,他提出"山脉曾经位于大海中,地球在历史上曾多次交替性地出现世界性的大洪水和干涸环境",开启了人类对化石成因的科学认识。

在中国,较早以海陆变迁观点认识海洋生物化石的当属唐代书法家颜真卿。公元 8 世纪,他在《麻姑山仙坛记》中写道,"高石中犹有螺蚌壳,或以为桑田所变",即这些螺蚌壳化石原本是水中的动物,经过沧海桑田的变迁才出现在高山岩石之中。北宋科学家沈括在 11 世纪成书的《梦溪笔谈》中曾描述:"遵太行而北,山崖之间,往往衔螺蚌壳及石子如鸟卵者,横亘石壁如带。此乃昔之海滨,今东距海已近千里。所谓大陆者,皆浊泥所湮耳。"这说明他已认识到陆地上海相化石的成因,并将其作为判断海陆变迁的依据。

1517 年,文艺复兴时期杰出的意大利科学家和艺术家达·芬奇,观察到意大利北部亚平宁山脉的岩石中有大量的贝壳和珊瑚化石。他由此推论:当浑浊的河水流到大海时,河水中的泥沙不断沉淀下来,把贝壳等生物体埋藏在泥沙中;这些生物死去后,随着时间推移海平面逐渐降低,海水消退后这些沉淀下来的泥沙就变成了岩石,其中夹杂着的贝壳也随之变成化石。达·芬奇对化石成因和海陆变迁作出了较为系统的论述,已经相当接近于现代的科学认识。

公元前6世纪
阿尔克迈翁第一个实施人体解剖

克罗吞学派是古希腊四大医学流派之一,该学派最早产生于意大利南部的克罗吞,阿尔克迈翁是该学派的代表人物。他根据毕达哥拉斯的思想提出同律观念,即构成人体的所有物质是完全和谐的。按照这种观点,健康就是一种完全和谐的状态;疾病是和谐受到破坏的结果,而治疗的目的就是使人体恢复到和谐状态。公元前6世纪,他第一个实施人体解剖,并获得重要的发现。他认为感觉的部位和智慧的中心,不是像以前所说的在于心,而是在于脑。他是第一个研究视神经的人,他认为视觉有三种必需的物质:外光、眼的内火和眼内透光用的液体。他还首先对人体循环系统作了提示,区分了静脉和动脉。

公元前541年
医和提出六气致病说

医和是中国春秋时期秦国的名医,公元前541年为晋平公诊病时,详细论述了他对疾病形成的看法,其要点便是最早的病因理论。医和提出了"六气致病说",六气是指阴、阳、风、雨、晦、明这六种自然界气象的正常表现,认为它们的过度出现等反常情况是导致疾病的原因,不同的变化则可引起不同的疾病,因而人类应当顺应自然以避免伤害。"六气致病说"记载于《左传》中,与《黄帝内经》中风、寒、暑、湿、燥、火的"六淫"致病观念相似,但表述不同,反映了早期中医病因学说的演变过程。

约公元前540年
毕达哥拉斯学派证明勾股定理,并发现不可公度量

毕达哥拉斯是古希腊著名的数学家、哲学家、天文学家。毕达哥拉斯学派是由毕达哥拉斯创建的一个宗教、政治、数学合一的秘密团体。该学派企图用数来解释一切,认为抽象的数是万物的本原,研究数的目的不是为了实际应用,而是通过揭露数的奥秘来探索宇宙的永恒真理。这个学派还有一个特点,就是将算术和几何紧密联系起来,并在他们的探索中发现并证明了勾股定理。毕达哥拉斯学派还发现了可以作为直角三角形边长的三个正整数(即勾股数组)的计算公式:如果 $2n+1$,$2n^2+2n$ 分别是两直角边的长,那么斜边的长就是 $2n^2+2n+1$(不过这个公式并不能把所有的勾股数组表示出来)。

在寻找和研究勾股数组的过程中,这个学派发现了所谓的"不可公度量"。他们把那些能用整数之比表达的比例量称为"可公度量",意即相比两量可用一个公共的度量单位量尽,而把不能这样表达的比例量称为"不可公度量"。例如,正方形对角线与其一边之比不能用整数之比表达。对可公度量与不可公度量的研究,实际上导致了无理数的发现,这也许是这个学派最重大的贡献,但却与他们的信条相抵触。他们认为万物都可以用数来表示,所谓数,就是自然数与分数,除此以外,他们不承认有其他的数。不可公度量的发现对毕达哥拉斯学派的信仰来说是一个致命的打击,并因此造成了数学史上所谓的第一次数学危机,但他们对数的探索研究仍然是具有重大历史价值的。

毕达哥拉斯

约公元前6世纪后期
毕达哥拉斯提出宇宙和谐观念

毕达哥拉斯崇尚唯美主义。他发现长度

–500

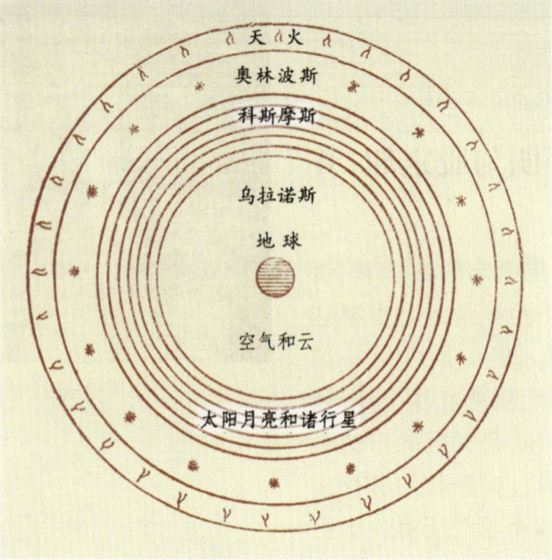

毕达哥拉斯的宇宙图景

为简单整数比的多根弦振动时可以产生优美的和声，并将其推广到整个宇宙，认为日、月和诸行星同地球的距离亦可用简单整数比表示。这些星球在天空中绕地球作匀速圆周运动，发出凡人听不见的天球和声。在此基础上，他逐渐形成了“宇宙和谐”观念：宇宙是一个和谐的整体，诸天体在其中运动具有简单的规律性。这一观念对后世天文学的发展有着深远的影响。毕达哥拉斯提出的具体宇宙图景是：球形的大地位于宇宙中心，其周围充满着空气和云的区域称为乌拉诺斯，意为天空。再往外的区域称为科斯摩斯，意为宇宙，日、月、行星均在其中环绕地球作匀速圆周运动。更外面的区域称为奥林波斯，是纯元素的聚集处，也是恒星的所在地。最外层是永不熄灭的天火。在毕达哥拉斯之后不久，希腊哲学家帕门尼德也提出了一种类似的宇宙图景：地球位于宇宙的中心，宇宙分为天空、以太和奥林波斯三层，太阳、月亮和金星在以太中沿各自的圆形轨道绕地球转动。他摒弃了毕达哥拉斯宇宙图景中最外层的天火。

约公元前 500 年
《绳法经》成书

《绳法经》，又称《测绳的法规》，是古印度婆罗门教的经典，内容涉及修建祭坛的法则，是研究古印度数学的重要资料。由于编者不同，此书有多个版本，成书年代亦各有异，估计最早的是在约公元前 500 年。

各种版本的《绳法经》中大约出现 20 个以有理数为边长的直角三角形，化简后，可得到方程 $x^2+y^2=z^2$ 的 5 组基本解（即勾股数组）：(3，4，5)，(5，12，13)，(7，24，25)，(8，15，17)，(12，35，37)。书中还给出单位正方形对角线之长为 $1+\frac{1}{3}+\frac{1}{3\times4}-\frac{1}{3\times4\times34}=1.414\ 215\ 686$，这是 $\sqrt{2}$ 的一个很好的近似值。对于圆周率，书中也给出了一个式子，经计算得出的近似值为 3.088。

《绳法经》中有勾股定理的叙述：“矩形的对角线所生成的正方形的面积等于矩形两边各自生成的正方形的面积和。”书中还包括一些修作祭坛的简单几何知识。但是后来的印度数学著作中却一直没有出现这些成果，它们似乎没有得到继承。

约公元前 5 世纪
中国开始普遍使用算筹

算筹是中国古人发明的一种数学工具，也称作筹、策、筹策、算子等，一般是一些具有同样长度和粗细的小棒，竹制或木制，也有骨质、玉质、铁质甚至象牙质的，在中国许多地方均有实物出土。算筹起源甚古，一般认为，约公元前 5 世纪中国开始普遍使用算筹。《汉书·律历志》载：“其算法用竹，径一分，长六寸，二百七十一枚而成六觚，为一握。”可见西汉时期的算筹长 13 厘米，直径 0.23 厘米，为

算筹

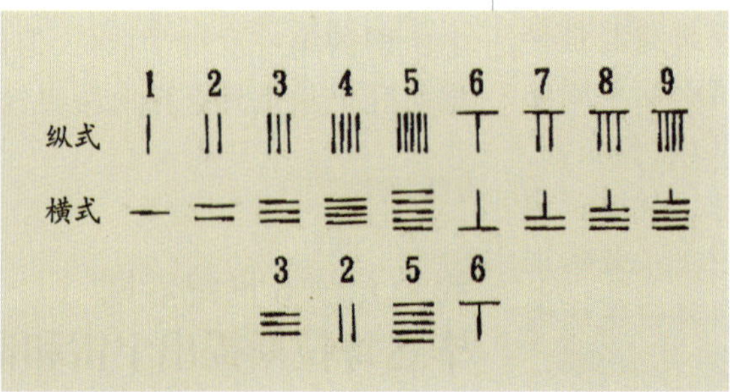

算筹的记数规则

圆柱形，与出土实物相符。隋代算筹小型化，采用三棱柱形和四棱柱形两种，其周长约0.59厘米，长约8.85厘米。中国古代数学中用算筹来记数、列式并用来进行多种数学计算。

用算筹记数的规则，最早记载在约公元300年成书的《孙子算经》上。算筹摆法有纵式和横式两种。在记数时，个位用纵式，十位用横式，百位用纵式，千位用横式，如此纵横相间，就不会错位。空位时空一格表示之。这显然是典型的十进位值制记数法。算筹不仅能用来进行数（整数和分数）的四则及开方运算，而且能用来布列筹式以表示许多复杂的内容，如用不同位置表示不同的未知数和未知数的不同次数，以及用来为一些特定的问题设计专门的筹式，如约分法、双设法、一次同余式组解法等。中国古代数学几乎未采用任何数学符号，仅依赖筹式解决了西方数学要用许多符号才能解决的问题。

算筹的广泛采用，使得中国古代数学具有算法化的特点，因此中国古代数学的主要内容就是算法，问题则是为引入算法或作为应用算法的实例而采用的。中国古代数学的发展因此主要体现为算法的建立和改进，这一特点使得在相当一段时期内，中国古代数学在实际应用方面位于世界前列。但是这种特点也妨碍了中国古代数学的抽象化和理论化。元、明以前，筹算一直是我国的主要计算方法。

约公元前5世纪 朴素原子论产生

物质是由原子组成的，这在今天是一个非常基本的认识，但在2000多年前，它只能处在思辨的层面。原子论的产生是出于古希腊哲学家对外在事物进行解释的需要。约公元前5世纪，古希腊哲学家留基伯和他的学生德谟克利特认为，物质是不连续的，是由无数不变的、不可穿透的、均质的、被称为原子的部分组成的；原子在虚空中作惯性运动。原子论在伊壁鸠鲁和他的后继者时代得到了发展，但柏拉图和亚里士多德有不同的看法，他们认为真空概念和物体自我运动的概念是错误的。另一方面，亚里士多德也承认分割物质时有一个实际的下限，即“最小物质”，类似于19世纪出现的分子概念。古代原子论和现代原子论虽然十分相似，但科学的“原子—分子论”的建立并不是一帆风顺的。实际上，一直到2000多年以后，科学的“原子—分子论”在经过众多科学家对大量实验结果进行细致分析和充分讨论后才逐步建立。

约公元前5世纪 《山海经》问世

《山海经》是中国古代的一部奇书，内容以神话传说为主，其间也记述了许多古代地理、物产、医药、宗教、民俗等知识。

《山海经》全书3万余字，共分18篇，其中《山经》5篇，《海经》9篇，《大荒经》4篇。就地学而言，《山经》价值最大。《山经》共记述400多座山，依山脉走向分为26列，分别介绍山名、水系、动植物、矿产等内容。据考证，《山经》所述区域不仅包括现今中国大部分地区，还远及东亚、中亚的部分国家和地区。据统计，《山经》中共记载植物140多种，动物110多种，金属矿物14种。《山经》中将矿产分为金、玉、土、石四大类，这也是世界上最早的矿物分类体系。《山海经》共记载120余种药物，论及药物的产地、效用和性能，反映出当时的药物知识已经相当丰富。

《山海经》中记载的动物

西汉末年，《山海

经》经刘歆整理后传世。目前普遍认为,《山海经》成书于战国初期,非一人所著,是长期流传后逐渐形成的著作。《山海经》原本可能是一部述图之作,后来古图亡佚,仅经文传世。《山海经》内容奇特荒诞,有人将其归为史籍,也有人认为它是一部神话小说,历来看法不一。在一定意义上,可将其视为中国最早的地学著作。

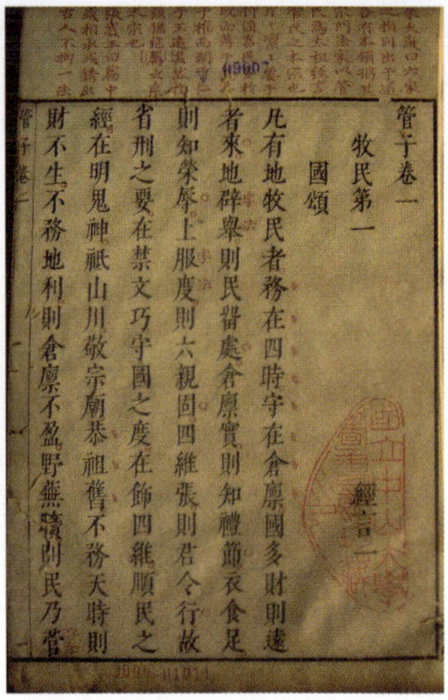
管子卷一
牧民第一
國頌
凡有地牧民者務在四時守在倉廩國多財則遠
者來地辟舉則民留處倉廩實則知禮節衣食足
則知榮辱上服度則六親固四維張則君令行故
省刑之要在禁文巧守國之度在飾四維順民之
經在明鬼神祇山川敬宗廟恭祖舊不務天時則
財不生不務地利則倉廩不盈野蕪曠則民乃菅
經言一
管子卷一

管仲和《管子》

公元前 5 世纪
恩培多克勒将呼吸与血液联系起来

恩培多克勒是公元前 5 世纪的希腊哲学家,其哲学思想遵循“四元素说”,认为不同量的四元素组合成不同性质的物质,四元素的统一决定生殖和生命的各种形式,而健康则是四元素的平衡。他认为,外界的气由体表的毛孔进入身体;呼吸不仅通过肺,而且通过皮肤上的毛孔。他还认为,心是循环的中心,血液来自心,而“灵气”则由血液输送到身体内部。恩培多克勒首次将呼吸与血液联系起来,他的思想是呼吸学说的雏形。他论述了有机体的发生和进化史,认为在有机体的家族中,最先出现的是植物,其次是动物,最后才是人;在生物的发展过程中,只有能适应环境的种类才能生存下来。因而,有人认为,这是达尔文进化论思想的萌芽。

恩培多克勒

公元前 5—前 3 世纪
《管子》成书

管仲是春秋中期齐国的名相,在他的辅佐下,齐国迅速强盛,成为春秋五霸之一。《管子》名为管仲的著作,经考证,实成书于战国时期,但其内容体现了管仲“富国强兵”的理念,是管仲学派的代表著作。

欲想富国强兵,必先发展生产,鼓励先进的科学技术。因此,《管子》一书涉及大量古代科学技术内容,其中《地员》、《地数》两篇记载了不少先秦地学知识。

《地员》篇中记述了一处山地不同海拔高度的植物生长状况,体现出植被垂直分布的规律。篇中还列举了 12 种植物及其生存环境,准确阐述了水生植物、湿地植物、中生植物和旱生植物的分布特征,以及它们与生存环境之间的关系。

《地数》篇中记述了先秦时期丰富的找矿经验:“上有赭者,其下有铁;上有铅者,其下有银……上有丹砂者,下有黄金。”赭即赭石,是铁矿石表面风化的产物,发现赭石,下面就会有铁矿。铅银共生是一种普遍存在的矿物学现象,找到铅矿,附近通常就有银矿。“黄金”指黄铜矿,与丹砂一样都是金属硫化物,发现丹砂,附近便可能会有黄铜矿。上述经验均符合现代成矿理论,表明当时的人们对矿产特性已有一定的认识。

约公元前 476—前 221 年
黄河流域开始形成传统的精耕细作技术

战国时期(约公元前 476—前 221 年),中国黄河流域已经普遍使用铁犁和牛耕,开始出现连年种植，轮作复种也已萌芽，出现深耕熟耰、深耕疾耰、深耕易耨的耕作技术，传统的精耕细作技术开始形成。

西周后期至春秋时期实行的是“田莱制”和“易田制”。“田莱制”中的“莱”即休闲地，“田莱制”的休耕时间已缩短为一二年。“易田制”的“易”即轮换，“易田制”与“田莱制”相比，所不同的是已有了“不易之地”，说明在肥沃之地已实行了连种制。

战国时代的秦国经过商鞅变法，极力提倡“垦草”和“治莱”，鼓励开垦荒地和利用撂荒地，并在政策上给予了一系列优惠，促进了轮荒耕作制向土地连种制的演变。东方六国也“辟草莱，任土地”。随着铁农具的普及和牛耕的推行，土壤耕作效率提高，加上施肥和土地用养结合的运用等，连种制已经占据了主导地位，逐渐成为中国耕作制度的主流。

战国时期，为了调节地力，防止病虫害，人们开始实行轮作制。《吕氏春秋·任地》指出，在深耕细作、消灭杂草和虫害的前提下，可达到“今兹美禾，来兹美麦”，即实行禾麦轮作。土壤耕作技术也有了进一步的发展，着重提倡深耕细作，形成了耕耨结合耕作体系。

约公元前460年
智人学派提出几何作图三大问题

约公元前465年，古希腊数学家和天文学家伊诺皮迪斯提出了几何作图的尺规限制，即几何作图只能用圆规（有任意开度）和直尺（无刻度，任意长）两种工具。他自己在这样的限制下解决了两个几何作图问题：由给定直线外一点求作该直线的垂线；求作一角等于已知角。

一般认为，提出尺规限制的原因在于：

(1) 古希腊数学的基本精神是从尽可能少的原始假设导出尽量多的结论，因此对于作图工具，也要求尽量少。

(2) 古希腊数学强调数学的思维训练作用而忽视其实用价值，作图作为一种思维训练，像体育训练一样，其工具要受到限制。

(3) 按毕达哥拉斯学派的观点，圆是最完美的图形。直线则是最基本的几何元素。因此圆和直线是最基本的几何对象，有了它们，应该得出所有的几何内容。

约公元前460年，古希腊的智人学派提出了“几何作图三大问题”：

(1) 三等分任意角。

(2) 倍立方，即求作一立方体，使其体积是已知立方体的两倍。

(3) 化圆为方，即求作一正方形，使其面积等于一已知圆。

该学派的代表人物安蒂丰、阿那克萨哥拉、希俄斯的希波克拉底、希皮亚斯等尽心尽力地研究了这三大问题，但未获成果。实际上，这些问题看似简单自然，却是一种“不可能问题”，它们在尺规限制下是不可能完成的。但是对这一“不可能性”的证明，远远超出了当时的数学发展水平。直到17—19世纪，这三大问题的不可能性才先后得到证明。

几何作图三大问题曾引起人们长久的研究热情。在数学史上，恐怕没有其他问题能使得那么多的数学家用那么多的时间去研究了。虽然在古代这些研究始终未获成功，但导致了一些新的数学概念和方法，开辟了一些新的数学领域，如圆锥曲线、割圆曲线及三、四次代数曲线等。几何作图三大问题的研究对古希腊数学的逻辑化、公理化起到了巨大的推动作用，对整个古希腊数学产生了深远的影响。

约公元前450年
芝诺提出关于运动的悖论

芝诺是古希腊著名的哲学家，埃利亚学派的代表人物。他提出了一系列反对运动的论点，旨在为其老师巴门尼德建立的万物为一且永不变化的学说辩护。芝诺的著作没有流传下来，他关于运动的悖论记载在亚里士

芝诺

多德的《物理学》中,一共有 4 个:

(1) 二分法:运动是不可能的。运动物体在到达目的地前必须到达其路程一半处的点,而要到达此点,必先到达其一半路程之一半处的点。如此分析下去,结论是此物体要到达目的地,必须在有限的时间内经过这无穷多个二分点,而这是不可能的。

(2) 阿喀琉斯追龟说:古希腊神话中的勇士阿喀琉斯与乌龟赛跑,让乌龟先爬一段距离,他再起跑。但是当他跑到乌龟原先所在的点时,乌龟已向前爬了一段距离;当他再跑完这段距离时,乌龟又已向前爬了一段距离。如此分析下去,乌龟总是超前一段距离,因此阿喀琉斯永远追不上乌龟。

(3) 飞矢不动:飞行的箭每一瞬间总是在一个确定的位置上,因此它是不动的。

(4) 运动场问题:运动场上有一排静止的物体 A,跑道上有一排物体 B 从 A 的终点排到 A 的中间点,另一排物体 C 从 A 的中间点排到 A 的起点:

```
A A A A A A A A
        B B B B
C C C C
```

B 和 C 以相同的速度相向运动,C 向右运动经过一个 A,同时却经过了两个 B:

```
A A A A A A A A
      B B B B
  C C C C
```

在同一段时间里,C 经过的 A 是一个,经过与 A 同样大小的 B 是两个,而经过一个 A 和经过一个 B 的时间应该是一样的,因此一半时间和整个时间相等。

芝诺提出的悖论,就运动和静止、有限和无穷、离散和连续等深层次的数学哲学问题提出了诘难,给学术界以极大的震动。对这些悖论的探讨,直接促进了古希腊数学的抽象化和公理化,并对西方哲学产生了深远影响,至今还令哲学家和数学家争议不止。

约公元前 430 年
安蒂丰提出穷竭法

安蒂丰,古希腊数学家,曾在雅典从事学术活动,是智人学派的代表人物之一。他在研究几何作图三大问题之一的“化圆为方”时,采用了一种独出心裁的“穷竭法”,即用圆内接正多边形逼近圆的方法。他从一个圆内接正方形出发,将边数逐步加倍得到圆内接正八边形、圆内接正十六边形……无限重复这一过程,随着圆面积的逐渐“穷竭”,将得到一个边长极微小的圆内接正多边形。安蒂丰认为这个内接正多边形将与圆重合,而且既然我们对任何一个已知多边形通常都能作出一个与其等面积的正方形,那么事实上我们就能作出面积等于一个圆的正方形。这种推理当然没有真正解决化圆为方问题,但安蒂丰却因此而成为古希腊数学中穷竭法的创始人。

古希腊的数学家后来将安蒂丰的这个方法发展成比较完善的穷竭法,这种方法的要义是:为了求出一个几何量,比方说一个图形的面积,可以利用这个图形的性质,构造出两列图形,它们分别从外部和内部逼近这个图形,而且这两列图形的面积是容易计算的;如果这两列中同序号图形的面积要多接近就有多接近,只要序号充分大,而且有一个值总是介于这两列图形的面积之间,那么这个值就是所求的图形面积。

穷竭法是古希腊数学中求几何量的典型方法,但后来阿基米德用力学方法给出了另一种求几何量的方法,即“平衡法”。正是在这两种方法的基础上,意大利的近代数学家卡瓦列里发展出不可分量原理,这是积分法的直接前驱工作。

约公元前 5 世纪后期
希波克拉底提出四体液病理学说

希波克拉底约公元前 460 年出生于科斯岛的医生世家,生活在伯里克利王朝时

希波克拉底的四体液病理学说

体液	词源	来源	特性	季节	疾病	治疗	气质
黏液	pituita	脑	冷	冬	感冒、肺炎、头疼、胸膜炎、卒中、尿急痛	热水浴、温粥、利尿剂、催吐药	黏液质
血液	sanguis	心	热	春	心绞痛、痢疾、风湿热、癫痫、麻风	放血术、冷却剂、灌肠药	多血质
黑胆汁	melanchole	脾、胃	湿	秋	水肿、肝炎、伤寒、疟疾、溃疡	驴奶、热水浴、烧灼剂、催吐剂	忧郁质
黄胆汁	chole	肝	干	夏	霍乱、黄疸、口腔溃疡、胃病	放血、灌肠、冷却剂、止痛剂	胆汁质

代，正值希腊文化的繁盛时期。他敏于观察，善于思考，严谨治学，同时吸取了东方医学成就和民间的医疗经验，形成了具有特色的医学学术流派。

希波克拉底学说摈弃各种神学思想，他认为，身体由四元素构成，即气（风）、土（地）、水、火，这四种元素结合起来组成机体整体。这四种元素中每一种都有自己的特性，即冷、热、干、湿，机体的每一部分也各有其主要性质。希波克拉底将四元素理论发展成为“四体液病理学说”，认为此四种体液配合正常时，身体就处于健康状态；此四种体液配合不当，便会发生疾病。同时他认为，一切都建立在体液统一汇合的基础上，一种统一的和谐、统一的交感的基础上。体液的支配力依季节而发生变化，这种变化着的支配力也可能成为某些疾病的起源。并且，他还在体液生理病理学说的基础上，提出气质与体质理论。

约公元前4世纪
《墨经》问世

墨家是中国先秦诸子百家中的一大学派，和儒家、道家一起并称显学，创始人是墨子。墨子名翟，春秋末战国初鲁国人。墨家主张“兼爱”、“非攻”、“尚贤”、“尚同”、“非乐”、“天志”、“明鬼”、“非命”、“节用”、“节葬”。《墨子》是墨子及墨家著作汇编，共71篇，现存53篇。《墨子》内容广博，包含政治学、哲学、伦理学、逻辑学、科技、军事等内容。其中的《经》上、下，《经说》上、下，《大取》、《小取》等六篇是《墨子》的精华，被称为《墨经》。

《墨经》约公元前4世纪问世，其中有大量的物理学知识，给出了不少物理学概念的定义。这在轻视科学和技术的中国古代是极其罕见的。

在静力学方面，《墨经》指出，秤平衡时的“本”（重臂）短、“标”（力臂）长。这已含有力×力臂（“标”）=重×重臂（“本”）的思想，比阿基米德提出杠杆原理早了200年。在动力学方面，墨子提出“止，以久也，无久之不止，当非牛马也”的观点，说明车停（止）的原因是阻力（久）作用，力是改变物体运动状态的原因，这已具有牛顿惯性定律的雏形。《墨经》还进一步指出，“力，刑之奋也。”这不但对“力”下了定义，还指出力是产生加速度（奋）的原因，这在观念上已接近牛顿第二定律了。

在光学方面，《墨经》提出了“景不徙”的著名命题，指出光是直线传播的，阐明了小孔成像的原理。墨子还通过对平面镜、凹透镜、凸透镜等的研究，得出了几何光学的一系列基本原理。正如李约瑟在《中国科学技术史》中指出的，墨子关于光学的研究“比我们所知的希腊的为早”，“印度亦不能比拟”。

在声学方面，《墨经》论述了声音的传

墨子

希波克拉底

约公元前460年，希波克拉底出生于爱琴海科斯岛上的一个医学世家。那时为伯里克利王朝时代，正值古希腊文化的鼎盛时期。希波克拉底的父亲是内科医师公会成员，祖父也是内科医生，母亲则是一名助产妇。希波克拉底从小跟随父亲学医，后来又遍访名师。他医术高明，而且培养了许多学生，被尊为西方医学的奠基人、“医学之父”。希波克拉底卒于约公元前377年。亚里士多德曾说过：在死后的数年之内，伟大的希波克拉底已经成为家喻户晓的人物。

年轻的希波克拉底在游历行医的过程中，积累了丰富的医学实践，也认识了许多著名哲学家，接触了各种哲学思想，为自己医学理论的提炼和形成打下了基础。希波克拉底医学理论的核心思想是“四体液病理学说”。他将疾病看作发展着的现象，从而改变了当时医学中以巫术和宗教为根据的观念。在诊断上他重视观察，强调整体，关心病人；在治疗上主张注意病人的个性特征、环境因素和生活方式对疾病的影响，并注重对症治疗和预后。他还提出了人体气质和体质理论。

在对《希波克拉底文集》研究和分析的基础上，后人将希波克拉底学派的医学观点归纳为6条：用体内实有物质即“体液”去解释疾病，避免了宗教观念；把人体观念与对宇宙的探索区分开来，避免了形而上学；强调环境和心理因素对健康的影响；提出“转变期”和“自愈”的概念，治疗上坚持“无害”的原则；主张对疾病要动态性观察；最早开始用动物实验考察人的生理现象。

相传在公元前430年，雅典发生瘟疫，城中随处可见来不及掩埋的尸体。希波克拉底观察到只有铁匠得以幸免，便在城中到处燃起火堆用于消毒，并配以其他疗法，平息了瘟疫。

和他谜一样的生平一样，希波克拉底传世的著作很少。众所周知的《希波克拉底文集》，其实是后人根据科斯岛上希氏图书馆保存的文稿汇总整理出版的，也是西方第一部以个人名字命名的医学专著。文集中约70篇论文其实并不全是希波克拉底所著，现在比较一致的意见认为，部分著作出自希波克拉底，其余作品是希波克拉底学派其他学者在不同时期撰写的。文集的论文可分为三类：第一类是重要的医学著作，如《流行病学一、三册》、《急性病的疗养法》以及《预后学》等；第二类为有关外科技术方面的作品，如《脑外伤》、《骨折》等；第三类则是随笔和一些未完成作品。

《希波克拉底誓言》也是托名希波克拉底的著作，其背景和具体撰写人已不可考。誓言内容可分为两部分，第一部分是契约，是学生对于老师的承诺：“我谨遵守此誓言及信条，尊崇教导我医术的恩师。”第二部分是从医的道德规范：“无论走到何处，我均以病人利益为先……不论与我职业有关或无关，我所听到或者看到一个人身体上的一切，绝不四处散播流言；应予保密的事情，我绝不泄露。”该著作流传2000多年，确立了医生对病人、对社会的责任以及从医者的行为规范，为后世的医德教育提供了范本。直到17世纪，西欧国家每个医生从业前还必须按照该誓言宣誓。

希波克拉底的医学观点及其学派的著作，对后世医学的发展具有深远的影响。长期以来，那些著作一直是欧洲许多国家医科学生必读的教科书。希波克拉底更为直接的影响是，令医学避免了迷信和陷入不着边际的猜测，为医学走上科学之路奠定了基础。

希波克拉底拒收礼物

播，指出可以利用“井”和“罂”放大声音，监听敌军是否在挖地道攻城。此外，《墨经》指出，“端”具有“非半”的性质，提出了宇宙万物、甚至时空本身也含有最小组元的思想。总之，《墨经》中的许多内容已超越当时世界的认知水平。可惜，这些都没有得到后世的重视和继承。

约公元前 4 世纪
《禹贡》问世

《尚书》是中国古代儒家经典之一，也是中国最古老的史籍。《禹贡》是《尚书》中的一篇，内容以大禹治水为主，兼及各地物产贡赋。因为《禹贡》中有“禹别九州，随山浚川，任土作贡”的文字，早先曾将其视为夏禹时代的文献。事实上，从内容看，《禹贡》不可能是夏代的著作。据中国历史地理学家顾颉刚考证，《禹贡》大约成书于战国（公元前476—前 221）中期，晚于另一部地学著作《山海经》。

《禹贡》全篇仅 1193 字，以自然地貌(山脉、水系等)为标记，将中国版图划分为九个州，分别对每个州的疆域、山脉、河流、植被、土壤、物产、贡赋、民族、交通等内容进行简要描述。虽然《禹贡》中地理内容非常简略，但真实性较强，科学价值远大于之前成书的《山海经》。《禹贡》九州分别为冀、兖、青、徐、豫、扬、荆、梁、雍，大致相当于今天黄河流域及长江中下游流域。九州之中，北方州数多于南方，这与当时的政治、经济中心位于黄河流域密切相关。

需要指出的是，《禹贡》中的九州都没有明确的疆域，并非当时的行政区划。以后，“九州”的概念逐渐人文化，成为“华夏大地”的代名词。公元前 104 年，汉武帝始立州制，州成为一级地方行政区划，有明确之疆域，许多州名沿用《禹贡》中的名称，但意义已完全不同。

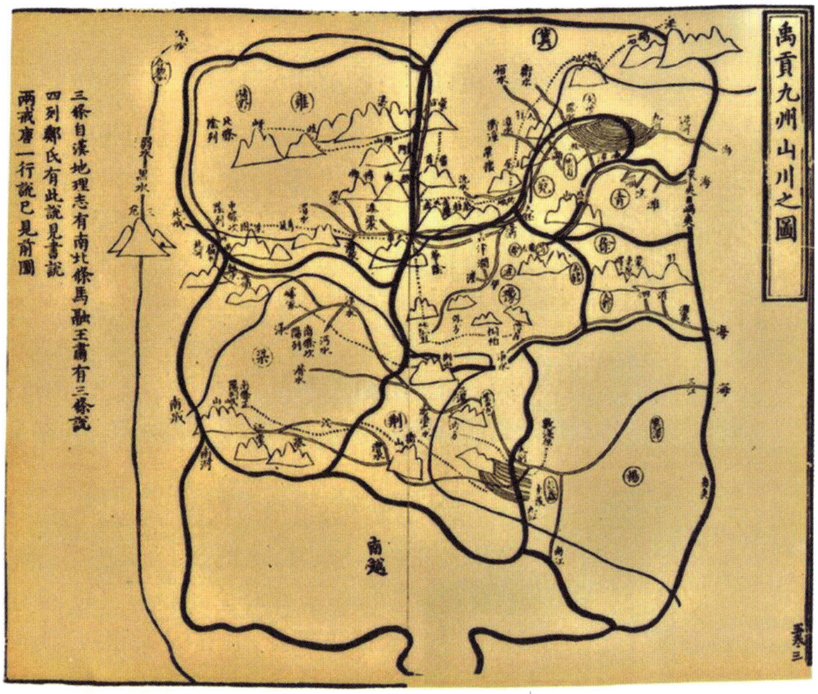

《禹贡》九州示意图

约公元前 4 世纪
扁鹊救治“尸厥”成功

扁鹊，又名秦越人，号卢医，战国时期医学家。据《史记》记载，他精于脉诊，擅长多个临床专科，遍游各地行医，在赵国为“带下医”(妇科)，至周国为“耳目痹医”(五官科)，入秦国则为“小儿医”(儿科)。有一次路过虢国，时太子暴病，国人认为已死，正在举行祈禳仪式。扁鹊问明了详细情况，认为太子所患只是“尸厥”，准确地辨别出“其耳鸣而鼻张”和局部尚有体温等生命指征，于是与弟子一起使用针刺、药熨和汤药等方法，将太子救治成功。这反映出当时的医生已有较成熟的休克急症诊治技术。后扁鹊因医治秦武王病，为秦国太医令妒忌而被杀害。

扁鹊

公元前 4 世纪
《黄帝内经》编成

《黄帝内经》是现存最早的中医理论经典著作，简称《内经》，共 18 卷，162 篇，由《素问》与《灵枢》两部分组成。黄帝是上古时代的圣人，中国众多学术与技术发明均传说发生于黄帝时期，《黄帝内经》也是这样的托名之作，其篇章往往以黄帝发问，臣子岐伯、雷公等应答来展开，对各类医学问题进行讨论。实际上全书并非一时一人之作，其基本内容成于战国中期。

《黄帝内经》堪称中国医学史上的第一次大总结，论述丰富，范围很广。其中《素问》9 卷着重于医学基本理论问题，《灵枢》9 卷偏重于针灸经络理论。它将天人相应、阴阳五行等哲学思想贯穿于医学理论之中，奠定了中医学术体系的基础。在人体结构方面，它以对人体的大致解剖认识为基础，形成了以脏象学说为中心，强调人体各部分在生理、病理上相互关联的整体观念；在疾病成因方面，形成了风、寒、暑、湿、燥、火的外感“六淫”致病以及七情、饮食、劳逸等内伤致病的理论；在诊断方面，通过细致分析疾病病证和发病因素，推断其内在病理变化，不强调打开人体实证观察；在治疗方面，注重因时、因地、因人制宜的个体化诊疗原则。另外，在医学思想上，《黄帝内经》注重疾病与医疗的社会因素，重视养生预防，批判鬼神致病观念，全面反映出当时的医学内容已趋于系统、成熟，对后世中医学的发展影响深远。它的成书标志着中医学理论体系的形成。医药之外，本书涉及的其他学科很多，例如天文、历法、物候、地理、气象等，均有高水平的论述。中唐时期由医家王冰补入的《五常政大论》等 7 篇文章，还构造了一种在干支记时基础上试图预测气候和疾病变化的“五运六气”学说，对医学理论也有深刻影响。

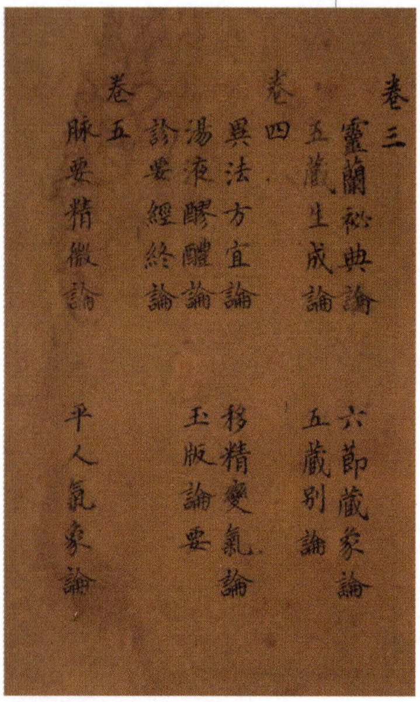

《黄帝内经·素问》

《黄帝内经》在古今均受到中外医学界的重视，除中国外，古代日本、朝鲜、越南等国都将其列为必读医书；现代世界各国也都注重对《黄帝内经》医学思想的研究。

约公元前 387 年
柏拉图创办雅典学园

柏拉图是古希腊伟大的哲学家，也是整个西方世界的最伟大哲学家和思想家之一。他曾师从古希腊著名哲学家苏格拉底，与毕达哥拉斯学派也有所交往。约公元前 387 年，他在雅典创办学园，讲授哲学与数学，形成了柏拉图学派。

柏拉图的教学思想是强调理性训练，他认为通过几何的学习可以培养逻辑思维能力。在教学过程中，柏拉图始终以发展学生的思维能力为最终目的。在他的著作《理想国》中，他多次使用了“反思”(reflection)和“沉思”(contemplation)这两个词，认为关于理性的知识唯有凭借反思和沉思才能真正融会贯通，达到举一反三；而感觉的作用只限于现象的理解，并不能成为获得理念的工具。因此，教师必须引导学生心思凝聚，学思结合，从一个理念到达另一个理念，并最终归结为理念。教师要善于点悟、启发、诱导学生进入这种境界，使他们在“苦思冥想”后“顿开茅塞”，喜获“理性之乐”。

柏拉图的数学思想是：数学概念是客观存在的，因而数学具有必然的真理性，数学中的创新是发现而非发明。他还认为世界是按数学设计的，因而只有通过数学才能真正掌握世界，只有受到数学训练的心灵才有可能认识永恒的“理念世界”，所以对人必须进行数学教育，而学习数学、研究数学主要应凭理性的推求而不必考虑物质世界的情况。他认为只有深入研究过几何学的哲学家才有能力领导国家。传说他的学园门前写着：“不懂几何学者禁入。”这一思想，形成了数学哲学上的柏拉图主义，至今仍影响极大。柏拉图的主要数学成就是提出分析的证明

柏拉图

方法，并将其提炼成普遍适用的合乎理性的形式。其实这就是把数学置于逻辑的基础之上。他对逻辑方法作了改进，提出必定要有不予证明的公理，而且他具体地引进了若干条公理，给出了数学中的一些定义，引入了术语"分析"和"综合"，并系统阐述了归纳法和反证法。此外，他和他的学派对立体几何学进行了专门的研究，取得了不少成果。

古希腊的许多著名学者，如亚里士多德、门奈赫莫斯、欧几里得等，或为柏拉图学派成员，或与该学派有密切关系。

约公元前 370 年
欧多克斯创立比例论

欧多克斯是古希腊数学家、天文学家和

雅典学园 文艺复兴时代的意大利著名画家拉斐尔创作于1510—1511年，为梵蒂冈教皇宫殿壁画。

地理学家。他曾在柏拉图的雅典学园学习。他最重要的数学工作,就是利用公理法建立起比例论。后来欧几里得的《几何原本》第 5 卷"比例论"大部分采自他的工作。用现代的数学语言,欧多克斯的比例论可描述为:

设有四个量 a,b,c,d(其中 a 与 b 或者 c 与 d 可以是所谓的不可公度量),如果对于每一对正整数 m 和 n,有

(1) $ma < nb$ 蕴含着 $mc < nd$,

(2) $ma = nb$ 蕴含着 $mc = nd$,

(3) $ma > nb$ 蕴含着 $mc > nd$,

那么 $a:b = c:d$。

欧多克斯的比例论打破了毕达哥拉斯学派只承认可公度量的限制。实际上,这正是实数理论的先驱性工作。实数理论中有一条重要的"阿基米德公理",即源于欧多克斯的工作。欧多克斯还证明了一个十分重要的命题:给定大小两个量,从较大量中减去其一半,再从所余量中减去其一半,如此重复下去,最后总可使所余量小于那个较小量。以此为基础,欧多克斯把德谟克利特的"原子法"(即几何体可以看作由有限多个不可再分的原子所构成)和安蒂丰的"穷竭法"建立在较稳固的基础上,并用归谬法证明了德谟克利特提出的这样一个命题:圆锥、棱锥的体积分别是与其等底等高的圆柱、棱柱的体积的 1/3。

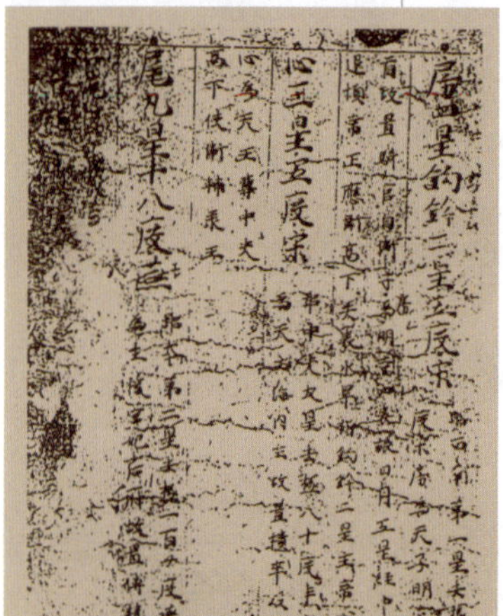

《石氏星经簿赞》(日本若杉家藏中国天文古籍)

公元前 4 世纪中叶
石申测编星表

中国古代为便于辨认和描述,将群星划分成组,每一组称为一个"星官",其含义与西方的"星座"相仿,各星官所含星数参差不一。公元前 4 世纪中叶,战国时代魏国天文学家石申(一名石申夫)作《天文》八卷,详细记载了当时的星官体系。约在西汉后期,该书被尊称为《石氏星经》。后原书佚失,惟《史记·天官书》、《汉书·天文志》等汉代史籍引有其零星片段。汉、魏以后,石氏学派的著述亦冠以"石氏"字样,如《石氏星经簿赞》等,但也多已失传。唐代《开元占经》中有《石氏星经》的大量辑录,其中最重要的是标有"石氏曰"的 121 颗恒星的坐标位置(今本《开元占经》中部分记载有缺失)。经后人研究,其中一部分坐标值可能系汉代所测,另一部分则确与公元前 4 世纪石氏所处的时代相符。《石氏星经》是世界公认最早的星表之一,其所载数据是中国古代许多天体测量工作的基础。它的星数虽不如古希腊依巴谷星表那么多,但时间却较后者早了两个世纪。1970 年,国际天文学联合会将月球背面的一座环形山命名为"石申环形山"。

公元前 4 世纪中叶
亚里士多德发展同心球宇宙体系

公元前 4 世纪,希腊哲学家柏拉图提出一种同心球宇宙体系:同心球中央是静止的地球,往外依次是月亮、太阳、水星、金星、火星、木星、土星和恒星,它们都绕着地球转动。由于该模型不能圆满解释行星时而顺行、时而逆行的现象,柏拉图的学生欧多克斯对它作了改进。欧多克斯认为恒星都处于一个半径巨大的球上,该球围绕通过地心的轴每天旋转一周,日、月、行星的运动皆可由一套同心球来表示。其中日、月各需 3 个球,每颗行星各需 4 个球,连同最外面的恒星天球,共有 27 个球。欧多克斯的同心球体系并不是物质实体,而是用以说明天体运动的几何模型,它首次成功地对复杂的天体视运动作出了定量解释。公元前 4 世纪中叶,柏拉图最有名望的弟子亚里士多德沿用欧多克斯的体系,但将各天体的顺序作了调整:自地球向外依次为月亮、水星、金星、太阳、火星、木星、土星和恒星。亚里士多德将同心球设想为实际存在的壳层,即一层层的天球。它们都像水晶那样透明,因此可以透过它们看到外层恒星天上的群星。恒星天以每天一周的速度绕地球运动,在恒星天的外面还存

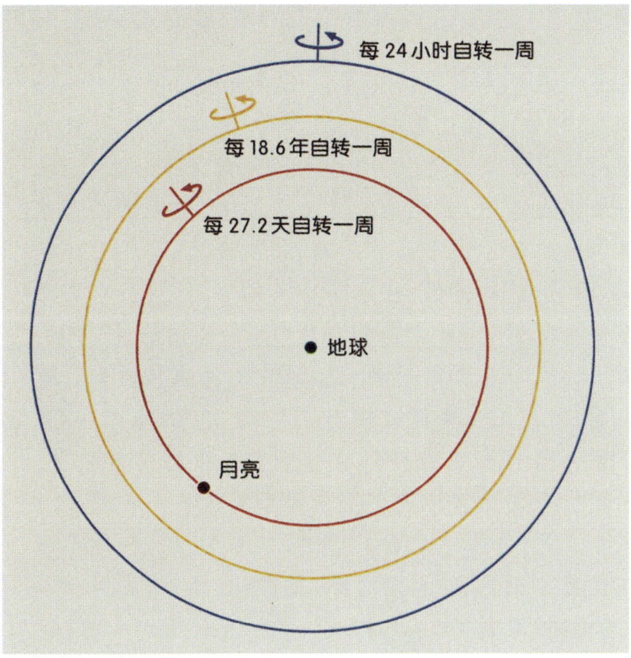

欧多克斯用来解释月亮视运动的同心球 月亮位于内层球（红色）的赤道上，该球每月自转一周，其两极嵌在中层球（黄色）里。中层球每18.6年自转一周，其两极嵌在外层球（蓝色）里，后者每日自转一周。

在一个由神推动的宗动天，所有天体的运动都由宗动天的运动依次传递而来。这一体系包括宗动天在内，共有56个天球。亚里士多德的同心球体系是一个著名的地心体系，但它过于繁琐，因而未能进一步发展。

公元前4世纪中后期 亚里士多德建立形式逻辑

公元前4世纪中后期，亚里士多德奠定数学的逻辑基础的工作主要有两个方面。

一是他开创了逻辑学，为数学提供了逻辑前提。例如他提出的逻辑学的二值原理，至今仍是数学证明的最基本的逻辑要求之一，而逻辑学的基本原理——矛盾律与排中律，便是数学中间接证法的核心；他提出的定义、推理、证明的原则现在大多仍然有效。

二是他建立了形式逻辑体系。这是人类历史上建构的第一个公理体系，为数学公理法提供了依据和范例；而数学公理法的形成对数学的理论化、系统化有着极其重要的意义。

亚里士多德的数学观对后世亦有重要的影响。他认为，数是实在之物的性质，这开启了西方唯名论数学观的先河。他也具体地研究过数学，给出了一些严谨简明的数学定义，如“点、线、面各是线、面、体的分界，有三维的是体”等；证明过若干数学定理，如“多边形的外角之和等于四直角，在包围给定面积的所有平面图形中，以圆的周长为最小”等；并研究过立方体、球体、圆锥体、圆柱体、螺线等几何图形的性质。

亚里士多德是西方历史上最有影响的思想家之一。他博学多才，在众多领域都有杰出成就，著述极多，却没有系统的数学著作。英国的古希腊数学史家希思把他的数学思想和成果总结在《亚里士多德有关数学的论述》一书中。

公元前4世纪中后期 亚里士多德撰写《动物志》等著作

尽管亚里士多德这位世界上的首位博物学家在诸多领域都有了不起的成就，但其最为人熟悉的身份还是哲学家以及“不太正确”的物理学家。大多数人并不清楚他对生物学也有过卓越的贡献，甚至推动了生物学的诞生。

亚里士多德用了3年时间，在莱斯沃斯岛上观察海洋生物，提出了对海洋哺乳动物与鱼类应该加以区分的正确观点。亚里士多德还观察了鸡胚胎的发育过程。除此之外，他至少解剖和观察了50种动物，并第一个提出比较方法在动植物分类中的意义。他将动物分为脊椎动物和无脊椎动物，对无脊椎动物的分类甚至优于2000年后的林奈。亚里士多德在雅典开设了一所名为吕克昂的学园，学园里有一流的图书馆、植物园和实

亚里士多德

古希腊哲学家柏拉图年逾花甲，忽有一名 18 岁青年来访。柏拉图遂问:“你叫什么名字?从哪里来?家世如何?”青年从容答道:“我叫亚里士多德。出生在爱琴海北部沿岸的斯塔吉拉城，现在那里由马其顿国王腓力二世统治。家父是医生，曾任腓力之父的御医。我小时父母双亡，由亲友抚育长大。一个人应该成家立业，久仰老师大名，特来拜见求学。”

在柏拉图的阿卡德米学园中，亚里士多德是最出色的弟子。柏拉图曾称亚里士多德为“学园的智慧”，并曾准备将来由他来掌管学园。谁知亚里士多德竟然批评了老师的“理念论”，这使柏拉图大为不悦。旁人无法理解亚里士多德的这种行为，他却坚定地回答:“吾爱吾师，吾尤爱真理。”

公元前 347 年，柏拉图临终时另立他人执掌学园。后来，亚里士多德离开学园，到希腊各地——特别是小亚细亚去旅行，在那里娶妻成家，并致力于生物学和自然史的研究。公元前 343 年，41 岁的亚里士多德应腓力二世之邀回到马其顿，担任少年王子亚历山大的教师，传授哲学、医学和科学。

公元前 336 年，20 岁的亚历山大继承马其顿王位。日后他以征服波斯著称于世，史称亚历山大大帝。因他并无进一步学习的打算，亚里士多德便于次年回到雅典，创办了自己的学园，它以附近一座纪念阿波罗神的神庙名字命名为“吕克昂学园”。他往往一面散步，一面给学生授课，因此他的学派又称为“逍遥学派”。他搜集保存学者们的手稿和书籍，并供查阅。这成了早期“大学图书馆”的范例。在亚历山大的支持下，吕克昂学园办得生气勃勃，重点在于自然哲学。公元前 323 年，亚历山大大帝在巴比伦去世，雅典的反马其顿势力随即生变，对亚里士多德也提出了“不敬神”的指控。前辈哲学家苏格拉底在雅典政治纷争中丧命的前车之鉴，使亚里士多德明智地决定避居母亲的故乡——爱琴海的优卑亚岛(今埃维厄岛)上的哈尔基斯。他说，他不能容许雅典一犯再犯“反对哲学”的罪行。翌年，亚里士多德在哈尔基斯逝世。

传说亚里士多德幼时说话口齿不清，但他一生的演讲收集起来约有 150 卷，堪称当时的百科全书，其中不少是他本人独创的思想和见解。他不仅谈论科学，还研究政治、文艺批评和伦理学。他传世的著作共约 50 种，《形而上学》、《物理学》、《论灵魂》、《尼各马克伦理学》、《工具论》、《政治学》、《诗学》等皆为其中的名篇。

亚里士多德的著作得以传世可谓幸运。约公元前 80 年，罗马统帅苏拉的军队在小亚细亚的一个深坑里发现了亚里士多德的许多手稿，后来带回罗马予以复制。在古希腊，亚里士多德是最后一位提出一个世界体系的人，也是最早广泛从事经验考察的人。尽管他在数学领域并不享有盛名，却是与数学密切相关的形式逻辑的实际创始人。他的推理方法被沿袭下来，一直没有很大变化，直到 19 世纪才由英国数学家布尔发展成符号逻辑学。亚里士多德主张严格地用数学来证明科学原理，这使后世一代又一代学者不断对自然界的基本法则进行深入的考察。

亚里士多德对自然哲学、科学分类学等贡献良多，他最出色的科学著述是在生物学方面。他研究了 500 多种动物，并解剖了近 50 种，以对它们进行分类和排出等级。他的某些分类方法与现代的认识符合到惊人的程度。亚里士多德形成生物分为等级的概念后，便认识到动物表现出一系列的发展变化，即后人所说的“进化”。关于进化的理论问题，直到亚里士多德之后

2200年，才由英国博物学家达尔文予以解决。亚里士多德提出，拥有灵魂乃是生命区别于非生命物质的分水岭。灵魂又有三个等级：植物只有一个植物性灵魂，适于生长和繁殖；动物还有感觉灵魂，适于感觉和运动；人类则除此之外还有一个理性灵魂。亚里士多德把动物的繁殖分为有性、无性和自然发生三类，但是他否认植物也有雌性和雄性之分。

亚里士多德的物理学成就不如生物学，但正是他创造了“物理学”这个学科名称。他接受并补充了欧多克斯和卡利普斯以地球为中心的同心天球学说。为了阐明日月和行星的视运动，亚里士多德设想的天球总数多达54个。他似乎认为这些球体是真正的自然存在，而欧多克斯可能仅认为这些球体是进行计算的辅助手段，这有点像后人在地图上画的经纬线。

亚里士多德赞同毕达哥拉斯的观点，认为天地各受不同的自然规律支配。地上的一切都是可变可朽的，而天上的一切是永恒不变的。他又接受恩培多克勒的四元素说，主张世间万物皆由水、土、火、气4种元素构成。这4种元素又由物质的4种基本属性——冷、热、干、湿组合而成。例如热与干结合成火，冷与湿结合成水。4种元素各有归宿，运动就是为达到归宿所作的努力。土居于中央，水在其上，空气又在水之上，火则在地上一切物质的最高处。所以，一个主要由土构成的物体如果悬浮在空中就会下落，而水下的气泡则向上升；再如雨要下落，火则上升。另一方面，天体却并不企图寻找任何归宿，只是作永恒、稳定、均匀的圆周运动，例如日月星辰的东升西落。所以，亚里士多德认为必有一种特殊的“第五元素”，他称之为“以太”，是一切天体的组成部分。近代科学证明，这种观念终究还是错了。

亚里士多德认为，较重物体下落的速度应该比较轻的物体快，例如石块的下落速度比羽毛快。遗憾的是，他虽然是严密的观察家，却不是一个实验家。他并未切实尝试观察不同重量的石块下落的速度究竟有何差异。亚里士多德之后1900年，意大利科学家伽利略在这方面得出了正确的结论。

亚里士多德反对德谟克利特的原子说，致使后者在整个古代和中世纪欧洲难以抬头。另一方面，他提出了论证大地呈球形的多种方法，最有力的论据是你走到北方去，就会看见新的星星出现在北方的地平线上，而原先可以看见的一些星星则隐没到南方的地平线下。倘若大地是平的，那么地面上任意一点就能同样看到所有的星星。由于亚里士多德的权威性，这种观点在日后欧洲最黑暗的时代仍能流传下来。

在古希腊时代，亚里士多德哲学体系的影响不如柏拉图体系那么大。柏拉图的大部分著作都留下来了，亚里士多德的著作可能在他去世后几个世纪内都未能出版。后来，他的大部分著述在欧洲都丢失了，只有关于逻辑学的《工具论》保留下来。他的作品在阿拉伯人中流传，并获得高度评价。再后来，欧洲人从阿拉伯人手中重新获得亚里士多德的著作，于12、13世纪将它们译成了拉丁文。从此，亚里士多德在哲学方面取代了柏拉图的地位。基督教会利用亚里士多德学说附会自己的教义，使之逐渐近乎神圣。虽然亚里士多德本人并不盲从权威，后人对他的学说的过分奉承，久而久之却使他成了谬误的象征。16、17世纪的科学革命，最初的胜利就是推翻亚里士多德派的物理学，这使他常常被视为科学的敌人。事实上，亚里士多德是一位了不起的古代科学家，后人将他神化而造成的恶果，不应归罪于他本人。

亚里士多德在讲授动物知识

验室供学生使用。公元前 4 世纪中后期，亚里士多德完成了大量的著作，包括《动物志》、《论动物生成》等，并培养了一批门生。其中，吕克昂的继任者狄奥弗拉斯图秉承了亚里士多德注重观察的思想，并且进一步丰富和完善了植物的分类与研究，成为植物学的奠基人。

如果亚里士多德只是一个闭门不出的哲学家，他还能对生物学作出如此之大的贡献吗？答案是否定的。或许是因为他那散步谈心式的"逍遥学派"风格，或许因为他恰好为避难去了莱斯沃斯岛，或许因为他愿意对周遭生物进行细致观察，他才能接触到自然，并从那些纷繁芜杂的线索中总结出科学经验，成为生物学的开创者之一。

《兆域图》(上)和《放马滩地图》

公元前 4 世纪末
中国工匠绘制《兆域图》

中国古代史籍中，早就有地图的记载，但留存至今的早期地图极少。1974—1978 年，考古工作者在河北省平山县发掘战国时期的中山国王陵时，意外发现了一幅镌刻在铜版上的地图。铜版长 94 厘米，宽 48 厘米，厚约 1 厘米，描绘的是中山国王陵的建筑规划平面图，称《兆域图》。图上绘有城垣、宫门、夯土台、殿堂的形状和位置，每处建筑均标明尺寸。经与遗址比对，地图的比例尺约为 1:500。

1986 年，考古工作者又在甘肃天水市放马滩的战国秦墓中发现了 7 幅绘制在木板上的古代地图。这些地图绘制的是墓葬所在地当时的山脉、水系、道路、关隘、居民点等信息。地图虽未标明比例尺，但水系形态比较准确，表明绘制时依据了一定的比例。

《兆域图》的绘制年代为公元前 4 世纪末，已有比例尺和抽象符号的概念，是中国古代留存至今的最早的地图。《放马滩地图》是公元前 3 世纪战国末期的物品。出土于两河流域的苏美尔人的黏土地图，则表明苏美尔人在至少 5000 多年前就开始了对地形的抽象刻画。

约公元前 300 年
欧几里得写成《几何原本》

欧几里得是古希腊著名的数学家和科学家。他早年在雅典受教育，后长期居住于埃及的亚历山大城，从事教育和研究工作，是古希腊数学史上所谓亚历山大前期(约公元前 300—前 146 年)的杰出人物。

欧几里得的主要数学成果就是《几何原本》，这是一部划时代的巨著。它在数学史上第一次给出了用公理法建立起来的演绎数学体系；它为公理法用于科学的表述体系提供了一个范例；它开创了公理化的方向，对数学以至于整个科学的发展的影响，超过了历史上任何其他著作。正因为如此,《几何原本》成为流传最广的科学著作。自它成书以后,以各种文字的手抄本流传了 1700 多年,15 世纪起又以各种文字印刷出版了 1000 多个版本。

《几何原本》全书 13 卷,第 1 卷给出 5 个公理和 5 个公设,是全书的基本出发点。各卷都给出一些定义和命题,并对命题加以证明。全书共给出 119 个定义和 465 个命题及其证明,它们是这本书的主要内容。所有这些公理、定义、命题及证明,构成了历史上第一个数学公理体系。《几何原本》涉及到当时数学的几乎所有成果,可以说是用公理法对当时的数学知识所作的系统化、理论化的总结。

这本书的第 1 卷研究平面几何基本知识和直线形;第 2 卷用几何语言研究若干代数恒等式;第 3 卷研究圆;第 4 卷研究圆内接多边形;第 5 卷是比例论,主要取材于欧多克斯的工作;第 6 卷将比例论用于平面图形;第 7、8、9 卷研究数论;第 10 卷讨论不可公度量;第 11、12、13 卷主要是立体几何方面的内容。

《几何原本》也有若干缺点。主要是公理系统不完备,也不完全独立,有许多证明不得不借助于直观,有些定义亦有问题。但无论怎么说,《几何原本》是数学史上的第一座理论丰碑。

公元 9 世纪的《几何原本》希腊文手抄本 为羊皮纸,现藏梵蒂冈图书馆。右页第一栏中部插图说明周围文字是勾股定理(书中列为第 47 号命题)的证明。

约公元前 300 年
欧几里得写成《光学》

古希腊数学家欧几里得撰写的《光学》一书是人类最早的光学著作。他在此著作中探讨了光的反射现象,最早论述了球面镜的焦点,提到了凹面镜对准太阳能点火。《光学》为几何光学奠定了基础。但欧几里得主张“视觉是眼睛本身发射某种东西,与被视物体发出的某种东西相遇后而产生的”,与我们现在的知识相背离。

约公元前 3 世纪
中国发明司南

司南,亦称指南器,是中国古代发明的一种指示南北方向的仪器。相传司南是战国时郑国人发明的。《鬼谷子》一书记载:“郑人之取玉也,载司南之车,为其不惑也。”说明郑国人去采玉时要在车上放司南,以免迷失方向。《韩非子》记载:“故先王立司南以端朝夕。”其中端为正,朝夕指东西方向。

欧几里得

欧几里得，又称亚历山大的欧几里得，以传世巨著《几何原本》彪炳史册的古希腊数学家。生平不详。据推测，大约生于公元前330年，卒于公元前275年。一般认为他早年曾在柏拉图创建的雅典学园学习，熟知早先希腊数学家欧多克斯和泰阿泰德的数学成果，可能信奉柏拉图主义。约公元前300年，应托勒密一世（古埃及托勒密王朝的第一位国王）之邀，来到埃及的亚历山大城，建立了一所学校，讲授数学。此后长期居住在那里。

据公元4世纪古希腊数学家帕普斯的描述，欧几里得"为人极其诚实，他善待所有对数学多少能有所促进的人，而且处世谨慎，决不得罪他人。尽管是一位真正的饱学之士，但从不吹嘘自己"。

公元5世纪的古希腊哲学家普罗克洛斯在他对《几何原本》第1卷的评注中说道：有一次，托勒密一世问欧几里得："学习几何学，除了通过《几何原本》外，是不是还有其他的捷径？"欧几里得答道："陛下，在几何学中，没有专为国王铺设的大道。"

同样是在公元5世纪，以编纂古希腊文献而闻名的马其顿学者斯托拜乌斯则说了这样一个故事：有一个人，跟欧几里得学习几何，刚学了第一个定理，就问欧几里得："我学这些东西能得到什么呀？"欧几里得叫来家奴，说："给他三枚钱币吧，因为他非得从他的所学中得到些什么。"

这些传说，都出自距离欧几里得的生活年代有七八百年之久的著述，其真实性自然被许多人怀疑。但不管怎么说，其中体现出来的欧几里得的处世方式和治学态度，是与《几何原本》的风格和理念相吻合的。

在《几何原本》中，欧几里得对公元前7世纪以来古希腊数学家所获得的丰富成果，包括爱奥尼亚学派的命题证明思想、毕达哥拉斯学派的数理论、智人学派的尺规作图和穷竭法、埃利亚学派的无穷思想、柏拉图学派的逻辑思想及欧多克斯的比例论等，用公理方法作了系统化、理论化的总结，把它们整理在一个严密的逻辑系统中，使几何学成为一门独立的、演绎的科学。

《几何原本》分13卷，其中第1卷至第6卷阐述平面几何，第7卷至第9卷讲解数论，第10卷研究不可公度量，第11卷至第13卷专论立体几何。全书包括5个公理、5个公设、119个定义和465个命题。它在结构上循序渐进，在内容上博大精深，因此2000多年来在西方一直是几何学的经典教本，也是流传最广、影响最大的一本数学书。

欧几里得还有不少著作，可惜大多失传。除《几何原本》外，保存下来的著作还有：《已知数》，其体例与《几何原本》前6卷相近，包括94个命题，考察在图形的某些性质已知的情况下，可以推导出另外哪些性质；《图形的分割》，考察怎样通过作图方法将一个图形分割为面积成给定比例的两部分；《光学》，第一部研究透视现象的古希腊著作；《现象》，关于数学天文学的一部入门性著作，给出了关于某些位置上的星星升起和降落时间的一些结果。还有一些仅知其名而内容失传的著作：《曲面轨迹》（2卷本）、《衍论》（据帕普斯说，这是一部3卷本，包括171个定理和38个引理）、《圆锥曲线》（4卷本）、《辨伪术》和《音乐原本》。

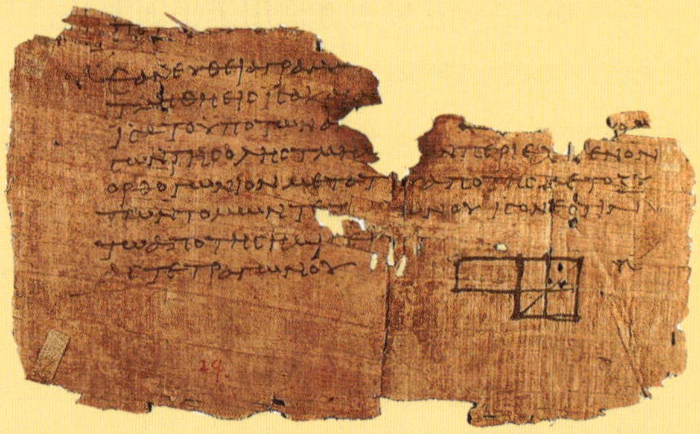

《几何原本》残片

司南模型

据史料记载，司南由一个用天然磁石雕成的汤勺和光滑的青铜底盘组成，勺柄指的方向就是南方。不过，真正的古代司南现已不存，现在的司南模型是根据《韩非子》、《论衡》等古籍的描绘复制而成的。

司南是世界上最早的利用磁性来指示方向的仪器，但不是指南针，后者是11世纪中国北宋时期在司南的基础上发明出来的。

约公元前3世纪 炼丹术产生

古人一直企盼炼出取之不尽的黄金与能让人长生不老的仙丹。相比较而言，西方更看重炼金，称为“炼金术”；东方则更看重炼丹，称为“炼丹术”。炼丹术起源于中国，出现于约公元前3世纪。由于帝王们渴望长生不老，所以炼丹活动与社会政治活动联系紧密，一度兴盛。《黄帝九鼎神丹经诀》、《三十六水法》是早期的丹经，晋代葛洪所著《抱朴子·内篇》使炼丹理论形成相当完整的体系。炼丹于唐代达到鼎盛，宋代开始衰退。

黄金、丹砂和水银是炼丹术中最基本的三种物质。黄金耐蚀不朽，为万物之宝，炼丹方士们认为服之可保护肌肤，益于五脏，长生不老。丹砂(HgS)始终是方士们最感兴趣的物质，丹砂与血同色，鲜血被认为是生命的源泉和灵魂的载体，因而丹砂也被视为与灵魂有关。水银在古人看来神奇至灵：它具金之光泽，似水之性状，遇热轻飞玄化，服之可轻举飞升，羽化成仙。炼丹活动中产生了非常革命的想法：人为地创造一种环境，使自然进化的速度加快。丹鼎、丹釜、炼丹炉就提供了这种环境，实际上就是反应器和升华器，类似于现代水热法使用的反应釜。另外，炼丹之处须建丹房和丹井，相当于现在的实验室和水处理装置；还要建造符室用于供奉丹经和储存炼丹药物，类似于现在的资料室和试剂储存室。

中国古代炼丹炉

在近代化学建立之前，化学曾在炼丹(金)术中徘徊了好几个世纪。对永生和财富的渴望，使人们百折不回地进行各种试验。当然，永生与通过化学手段使贱金属变成贵金属，都是不可能的。然而，长期的炼丹活动使人们认识了很多天然矿物，了解了一些元素（如S、Hg、Pb、As、Fe、Cu)与化合物(如铁矿、硼砂、苛性钠、草木灰、食盐)的性质；炼丹方士也生产出了黄色和白色的合金，如黄铜(锌铜合金)、白铜(镍铜合金)、砷白铜(砷铜合金)、白锡银(砷锡合金)以及汞合金等；炼丹活动中发明出了一些新物质，其中包括中国古代四大发明之一的火药；炼丹活动积累了化学操作的经验，如溶解、过滤、结晶、升华、灼烧、蒸馏、熔融、称重等。因此，恩格斯说“炼金术是化学的原始形式”。

公元前3世纪 阿里斯塔克测量日月距离和大小比例

希腊天文学家阿里斯塔克是一位优秀的观测家，又是一位天才的理论家。他的著作大多已失传，但《论日月的大小和距离》一文却流传至今。文中提出上弦月时，日、月、地三者构成一个直角三角形，月亮位于直角顶点。他由观测确定此时太阳和月亮在天穹上相距87°，并据此推算出太阳要比月亮远19倍。他又指出日全食时月亮恰好挡满太阳，所以两者的视角直径必定相等，因此太阳的线直径必定也是月亮的19倍。他进而通过观测月食时的地影，计算出地球的影

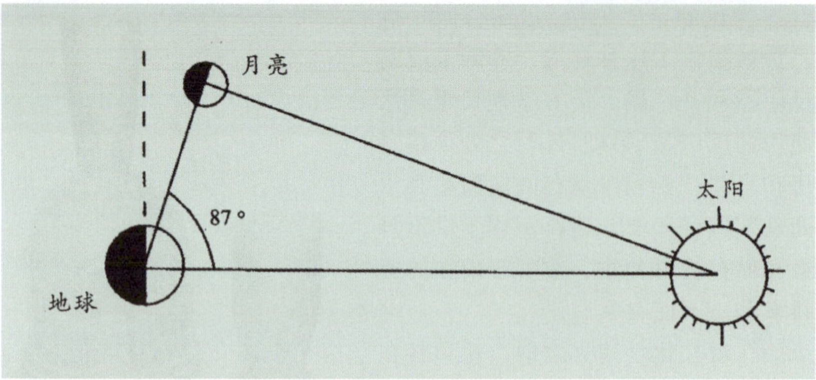

阿里斯塔克测量日、月到地球距离之比值的方法

宽，推算出月亮直径是地球直径的$\frac{1}{3}$，太阳直径是地球的 $19\times\frac{1}{3}=6\frac{1}{3}$倍，太阳的体积则是地球的 200 多倍。虽然某些数据的误差太大，导致他得出的日地距离只及实际数值的$\frac{1}{20}$左右，但其运用的数学原理却无懈可击。这是 2000 多年前测定天体距离的第一次大胆尝试。也许正因为认识到太阳比地球大得多，阿里斯塔克早在波兰天文学家哥白尼之前 17 个世纪就天才地猜测到不是太阳绕着地球转，而是地球环绕太阳运行。他走在时代的前面过于遥远，因而得不到人们的理解，反被指责为亵渎神灵。他还想出一个巧妙的办法，可用以测量月地的实际距离，这在一个半世纪后才由希腊天文学家依巴谷付诸实践。

公元前 3 世纪
狄奥弗拉斯图为植物学奠基

公元前 3 世纪，第一位真正意义上的植物学家在他的植物园中观察着、思考着，他的“藏品”不仅包括古希腊本土的各种植物，还包括亚历山大大帝的手下从亚洲带来的棉花和肉桂等。他就是被誉为“分类学之父”的古希腊学者狄奥弗拉斯图。

狄奥弗拉斯图细致观察了植物发芽的过程，并注意到气候和土壤对植物的影响。他编纂了当时最重要的植物学著作《植物志》（原为 10 卷，现存世 9 卷），对各种植物做了系统的分类和较详尽的植物生理研究，并论述了各种植物的用途。他的另一部重要著作《论植物的起因》(原为 8 卷，现存世 6 卷)，主要论述了植物的经济作用和栽培方法。

狄奥弗拉斯图

狄奥弗拉斯图的工作为古代西方的植物学研究奠定了基础，使之逐步发展成一门系统的学科。

公元前 3 世纪
希罗菲卢斯提出人体器官的功能，并认为脑是神经系统的中心

希罗菲卢斯是古希腊亚历山大时期的名医，是古希腊记述解剖学的创始者。公元前 3 世纪，他曾大胆地进行人体解剖，观察和研究人体内脏。他发现小肠起始端的长度约有 12 个指头并列的宽度，遂将其定名为十二指肠。他发现了男性尿道起始处的腺体，并命名为前列腺。他还研究了眼睛的构造，记述了睫状体、玻璃体、视网膜和脉络膜，从而使他有可能改进白内障手术。他研究了肝、胰、涎腺，发现了舌骨、乳糜管和淋巴。他是最早研究脑、脊髓和神经解剖的人，论述了脑是神经系统的中心，鉴别了感觉神经和运动神经，记述了脑脊髓膜、第四脑室、窦汇。他还是当时唯一研究过女性生殖器的人，曾描述卵巢与输卵管，并探讨妇女病问题。他发明了一种水钟，试图用以测量病人的脉搏次数，观察脉搏搏动的情况，并把脉搏与各种音阶相比。他看到动脉和静脉之间

的差别，动脉管壁厚、弹性大，而静脉管壁则相对薄一些。动、静脉内都是血液，人生病时和健康时的脉搏是不同的。他认为，作为一个临床医生，应该熟悉营养学、药物、手术和助产术。

约公元前 3 世纪
中国大豆传入朝鲜

中国是大豆的起源地，已有 4000 年驯化栽培大豆的历史。秦代以前大豆一般称“尗”，后假借为“叔”，或作“菽”。西周时，“菽”在《诗经》中多处出现，说明大豆已是重要的粮食作物。从周代金文中“菽”字的写法，有学者认为当时人对于大豆根瘤已有所认识。“豆”在古代原指食器，战国时少数文献中已用以代替“菽”字，但到秦、汉时才普遍用“豆”字。秦、汉以后，又因豆粒色泽的不同，而在大豆的名称前加上了黑、白、黄、青等字，作为某一品种的专名，大豆则成为其统称。

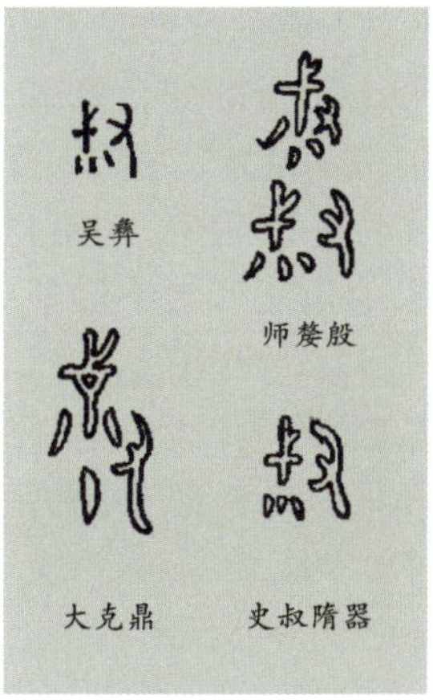

金文中“菽”字的写法

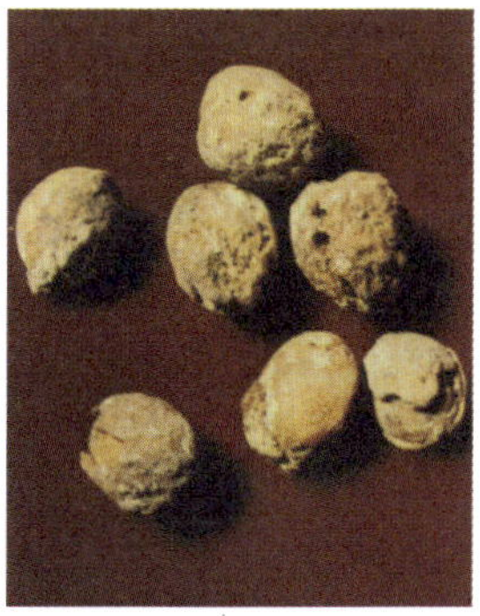
山西侯马出土的战国时期的大豆

全世界的大豆共有 9 个种，分布于亚洲、澳洲及非洲，其中中国的野生大豆被公认是栽培大豆的祖先种。所以世界各国栽培的大豆，都是直接或间接从中国传播过去的。大约在公元前 3 世纪，大豆由中国华北传入朝鲜，而后又从朝鲜传到日本；公元 6 世纪前后，又通过商船自中国华东传播到日本九州一带；公元 712 年，日本《古事记》中开始有大豆的记载；18 世纪开始传往欧洲。1740 年，法国传教士从中国带回大豆种子在巴黎植物园种植；1786 年，大豆传到德国；1790 年，英国皇家植物园也引进了大豆，但长期没大量种植。直到 1873 年，中国的大豆在奥地利首都维也纳举办的万国博览会上第一次展出，才引人注意，被视为珍品。自此，中国的大豆名闻四海，传播四方。

公元前 3 世纪
二进制在中国萌芽

公元前 3 世纪，《易经·系辞下》中表示阴阳的符号是爻。爻是一个只有两个元素的集合，后人分别称之为阳爻和阴爻，相当于二进制。阳爻(—)就是中文数字一，阴爻(--)则是一个断裂的一，表示一已经不存在或者一已虚无。如果把阳爻写成阿拉伯数字 1，阴爻写成 0，则伏羲八卦中的坤、艮、坎、巽、震、离、兑、乾可写成二进制的 000、001、010、011、100、101、110、111，八卦就变成了大家熟悉的十进制数字 0、1、2、3、4、5、6、7。

八卦图

公元前 3 世纪上半叶
爱拉吉斯拉特创立精气学说

爱拉吉斯拉特是亚历山大大帝时代的第一位解剖学家，生活于公元前 3 世纪上半叶。他很推崇亚里士多德的教导，认为医生应该掌握身体结构及其正常功能的一般知识，并试图通过定量和实验的方法来解决生物学上的问题。他设计了一个研究新陈代谢的实验，把一只鸟放在一个罐子里，记载喂饲重量和消化后的重量，用以计算能看到的和看不到的排泄物质。这个实验使他成为第一个实验生理学家。他把人的心脏比做“风箱”，认为心脏收缩和舒张是由其内在力量所致。他给三尖瓣命名，记述了半月瓣的功能和室壁间的腱索。他否认体液病理说，认为疾病产生的原因主要是组织和血管的改变，并认为体内血液过多则形成“多血症”，放血可减少身体的抵抗力，主张用结扎治疗动脉出血。治疗则采用压迫局部以减少血液供应和放血等方法。他是西方“精气学说”的创始人，认为世界上存在生命的精气，“生命之精”包含在吸入的空气之中，由肺进入左心，再进入动脉，成为心脏搏动和产生体温的原动力，借以维持人体的消化和营养。“动脉之精”产生于脑，通过神经到达身体各部，给人以感觉和帮助运动。他的主张对以后罗马和欧洲的医学产生了深远的影响。

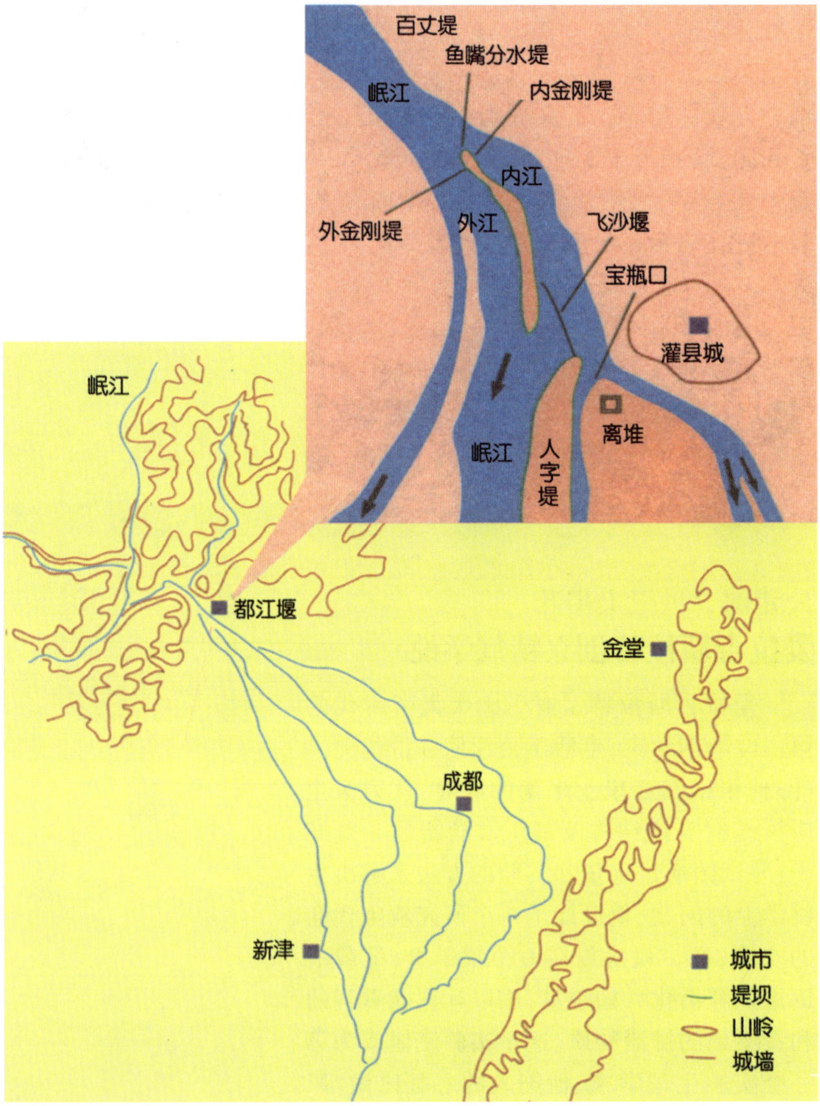

都江堰示意图

约公元前 256—前 251 年
李冰主持修建都江堰

都江堰水利工程位于中国四川省灌县，地处岷江流域的成都平原，是世界上历史最悠久的无坝引水灌溉工程。

战国时期，蜀地非涝即旱。约公元前 256—前 251 年，秦昭王任用李冰为蜀郡守，希望解决岷江经常泛滥的水患问题。李冰是一位杰出的水利学家，通晓天文地理，精通治水。他经过实地调查，设计了完备的工程结构，发动当地人民修建了都江堰，解决了防洪、排灌和运输的多种问题，并使用至今。

都江堰的修建有完善的规划和合理的布局，其枢纽工程主要由鱼嘴、飞沙堰和宝瓶口等组成。鱼嘴控制水流，又便于分水引流和自流灌溉；飞沙堰起溢洪排沙的双重作用；宝瓶口则是控制内江流量和引流灌溉的咽喉工程，不使洪水危害下游的成都平原农田。这样都江堰通过以上三者的配合使用，调整流量，达到少雨年份不缺水，大水年份不成灾的效果。都江堰水利工程还有一系列的配套设施，如百丈堤、金刚堤和人字堤等，它们都起到约束和导引水流的作用。

2000 多年来，都江堰水利工程一直发挥着重要作用，使成都平原渠系密布，灌区辽阔，溉田万顷，成为“水旱从人，不知饥馑”的“天府之国”，其本身更成为世界水利史上的一个奇迹。

公元前 3 世纪中叶
中国开始凿井取盐

盐有海盐、池盐和井盐三种。井盐来自埋藏于地下的盐卤，需经钻井开凿方能取得，生产技术最为复杂。

中国古代，井盐生产多集中于今天的四川地区。《华阳国志·蜀志》中记载：“周灭后，秦孝文王(原文误，应为秦昭襄王)以李冰为蜀守，冰能知天文地理……又识齐水脉，穿广都盐井、诸陂池，蜀于是盛有养生之饶焉。”据此可知，四川地区的井盐生产，始于公元前3世纪中叶李冰为秦蜀郡守之时。

由于钻井技术的限制，早期盐井口径较大，井壁容易坍塌，井深较浅，只能开采地表附近的盐卤。即便如此，早期盐井的产盐规模已相当可观。位于今四川省仁寿县的陵井始凿于东汉时期，唐《元和郡县图志》记载：“陵井纵广三十丈，深八十余尺，益都盐井最多，此井最大。”

凿井取盐图

公元前3世纪中后期
阿基米德取得一系列重要数学成果

阿基米德是古希腊物理学家和数学家，是静力学和流体力学的奠基人。阿基米德对数学的伟大贡献在于他既继承和发扬了古希腊数学的抽象研究方法，又使数学的研究与实际应用相联系。

阿基米德有多部著作流传于世，其中反映了他所取得的一系列重要数学成果，主要有以下几个方面：

（1）在《抛物线图形求积法》、《论球与圆柱》、《论螺线》、《劈锥曲面和旋转椭圆体》、《圆的度量》等著作中，他确定了计算抛物线弓形、螺线形、圆形的面积以及球、圆柱、椭球、旋转抛物面体等几何体的表面积和体积的方法。

（2）在《圆的度量》中，他在历史上第一次科学地研究了圆周率。他提出将内接多边形与外切多边形的边数增多，从而使它们面积逐渐接近圆面积的方法来求出圆周率。他求出的圆周率大小范围为：$\frac{223}{71} < \pi < \frac{22}{7}$。

（3）在《数沙者》中，他以当时的希腊字母记数法为基础，提出了一种可以表示很大数的记数法。希腊字母记数法一般只能记到10^4，经某种扩展可以记到10^8，但他的记数法远远地突破了这个界限。阿基米德的记数法有点像10^8进位值制，原则上它能表示任意大的正整数。但是阿基米德只讨论到$10^{8\times10^{16}}$为止，他认为这样大的数足以对宇宙万物进行计数了。

（4）在《论球与圆柱》中，他提出了著名的阿基米德公理，这是现代实数理论的基本公理之一。用现代的数学语言表述，阿基米德公理是说：对于任何两个正数a和b，如果$a<b$，则必有正整数n，使得$na>b$。

特别是，在20世纪初，人们还发现了阿基米德的一部非常重要的著作，后以《阿基米德方法》为名流传于世，其中阐述了一种通常被称为“平衡法”的求积方法：将需要求积的量（面积、体积等）分成许多微小单元（如微小线段、薄片等），再用另一组其总和比较容易计算的微小单元来进行比较，而这种比较是借助于力学上的杠杆定律来实现的。这种平衡法，其实是近代数学的不可分量原理乃至积分法的思想起源之一。

公元前3世纪中后期
阿基米德著《论浮体》

阿基米德是古希腊的科学巨人。他从小就对数学非常感兴趣，成年后又对数学应用于物理学进行了开创性的研究。阿基米德对物理学最重要的贡献是我们沿用至今仍然

阿基米德

阿基米德，古希腊数学家、力学家。公元前 287 年生于西西里岛的叙拉古(现意大利锡拉库萨)，公元前 212 年卒于同地。父亲是一位天文学家。阿基米德早年曾去埃及的亚历山大城，跟欧几里得的学生们学习数学。回叙拉古后，他与亚历山大城的数学家朋友们仍保持着通信联系。

据阿基米德在《论螺线》这部著作的序言中说，他习惯于把自己新发现的数学定理写信告诉亚历山大城的数学家们，但是不说证明。那儿的一些数学家会宣称这些结果是他们自己得出的。于是阿基米德最后一次给他们寄定理时，在其中夹了两个错误的定理，以让那些人因妄言发现了不可能存在的东西而被人们耻笑。联系到阿基米德在洗澡时顿悟到浮力定律而赤身裸体跑到街上大呼“尤里卡”(即“我找到了”)这个脍炙人口的故事，以及他的那句豪言壮语：“给我一个支点，我就能撬起地球！”可以想见阿基米德是个敢说敢为、不拘小节、性情豪爽的人。

阿基米德以发明设计各种巧妙的机械而在当时的叙拉古享有崇高的声誉。据说，为了让叙拉古国王相信他能移动地球的说法，他设计了一套滑轮装置。利用这套装置，他几乎不费什么力气，就把一艘满载的轮船在陆地上平稳地拖动了一段距离。

或许最让人惊叹的是阿基米德发明的军事机械了。在公元前 212 年的第二次布匿战争中，这些军事机械诸如投石炮、投火器等发挥了堪称神奇的作用，使前来进攻叙拉古的罗马军团遭受惨重的伤亡。

但是阿基米德本人认为最值得研究的还是数学。特别是，他对于几何学可以说达到了一种痴迷的程度。据说，阿基米德常因思考几何问题而不愿洗澡，结果被仆人们强拉到浴盆里。就是在这种情况下，他也在画着几何图形，甚至画在壁炉里的余烬上。当仆人在他身上涂抹油和香料时，他就用手指在自己赤裸的身体上画着几何线条。

阿基米德在上面提到的第二次布匿战争中不幸被杀害。关于他遇害时的情况，有一种流行的说法是这样的：当叙拉古被罗马人攻陷时，这位 75 岁的老者正在家中对着沙盘上的几何图形出神地思索着，外面的情况全然不知。一名罗马士兵冲了进来，鲁莽地踩坏了几何图形。阿基米德怒斥道：“不许碰坏我的圆！”这名士兵随即挥剑将这颗人类数千年才能一遇的智慧头颅砍了下来！

阿基米德一生著述极其丰富，如今存世的有《圆的度量》、《抛物线图形求积法》、《论螺线》、《论球与圆柱》、《劈锥曲面和旋转椭圆体》、《引理集》、《阿基米德方法》、《论平面图形的平衡或其重心》、《论浮体》、《数沙者》和《牛群问题》。

阿基米德在数学方面的主要成就是：他确定了计算抛物线弓形、螺线形、圆形的面积以及球、圆柱、椭球、旋转抛物面体等几何体的表面积和体积的方法；他科学地研究了圆周率，得出圆周率的大小范围为 $\frac{223}{71}<\pi<\frac{22}{7}$；他以当时的希腊字母记数法为基础，提出了一种可以表示很大数的记数法；他提出了著名的阿基米德公理，这是现代实数理论的基本公理之一；他阐述了一种被称为“平衡法”的求积方法，这是近代数学的不可分量原理乃至积分法的思想起源之一。

在其他方面，阿基米德则以他的浮力定律以及杠杆定律、平面图形重心求法、天文仪器和螺旋水泵的制作等成就而名垂史册。

正确的杠杆原理和浮力定律。

阿基米德在他的名著《论平面图形的平衡或其重心》中阐明了杠杆原理："两重物平衡时，所处的距离与重量成反比。"阿基米德的名言"给我一个支点，我就能撬起地球"虽然夸张，其理论依据就是杠杆原理。

阿基米德在另一部名著《论浮体》中，描述了著名的浮力定律，又称阿基米德定律。该定律源自解决皇冠是否纯金的难题。叙拉古的海罗王让金匠制作了一顶纯金的皇冠，却有人告发说皇冠被掺了白银，并非纯金的。国王请阿基米德作鉴定。阿基米德冥思苦想，洗澡时也不停止。他突然发现，身体浸入澡盆越多，水从澡盆里溢出就越多，这使他想到排出水的体积等于浸入水中的物体的体积。他用此法，从溢出水的多少算出皇冠的体积，皇冠的重量除以此体积就是皇冠比重，然后与纯金的比重相比较。由此，确定了皇冠是否纯金。在经过进一步的实验与运算之后，阿基米德又发现了浮力定律：物体在水中所受的浮力等于它排开水的重量。

公元前 3 世纪后期
埃拉托色尼估测地球周长

公元前 3 世纪后期，希腊地理学家、天文学家埃拉托色尼曾任当时最先进的科学机构——埃及的亚历山大城图书馆馆长。他发现 6 月 21 日夏至这天正午，太阳在塞恩城(今埃及阿斯旺)正当头顶，阳光可直射井底。但此时在其正北的亚历山大城，太阳相对于铅垂线却倾斜了 7.2°，即圆周的 $\frac{1}{50}$。埃拉托色尼认识到，这种差异的起因必是地球表面的弯曲。他派人用徒步测量的方法得知，从塞恩到亚历山大城的距离约为 5 000 希腊里(1 希腊里=158.5 米)。地球表面经过这段距离已弯曲了一个圆周的 $\frac{1}{50}$，可见整个地球周长就是 25 万希腊里，即 39 600 千米。这与现代测得地球周长约为 40 000 千米惊人地一致，但当时未被希腊人普遍接受。公元前约 100 年，希腊天文学家波西冬尼斯用船底座 α(老人星)取代太阳，以同样的方法重复埃拉托色尼的工作，得出地球周长仅 18 万希腊里，即 28 800 千米。这一过小的数值远不如埃拉托色尼的准确，但从希腊天文学家托勒玫到意大利航海家哥伦布都采用了它。直到 1522 年葡萄牙航海家麦哲伦船队的幸存者们完成环球航行回到欧洲，才纠正了这一错误。

约公元前 225 年
阿波罗尼乌斯写成《圆锥曲线论》

阿波罗尼乌斯是古希腊数学史上亚历山大前期(约公元前 300—前 146 年)的又一位杰出人物。他的贡献主要在几何学和天文学，但最为重要的数学成果是约公元前 225 年他以欧几里得式的严谨风格写出了一部传世之作《圆锥曲线论》，在前人工作的

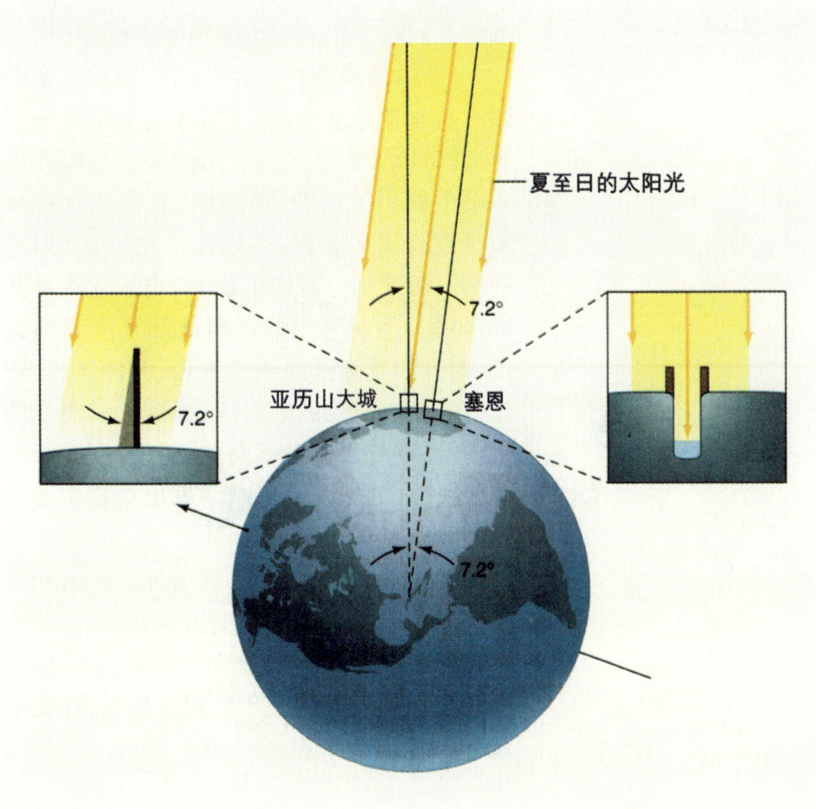

埃拉托色尼估测地球周长示意图

-201

1710年《圆锥曲线论》拉丁文译本的扉页

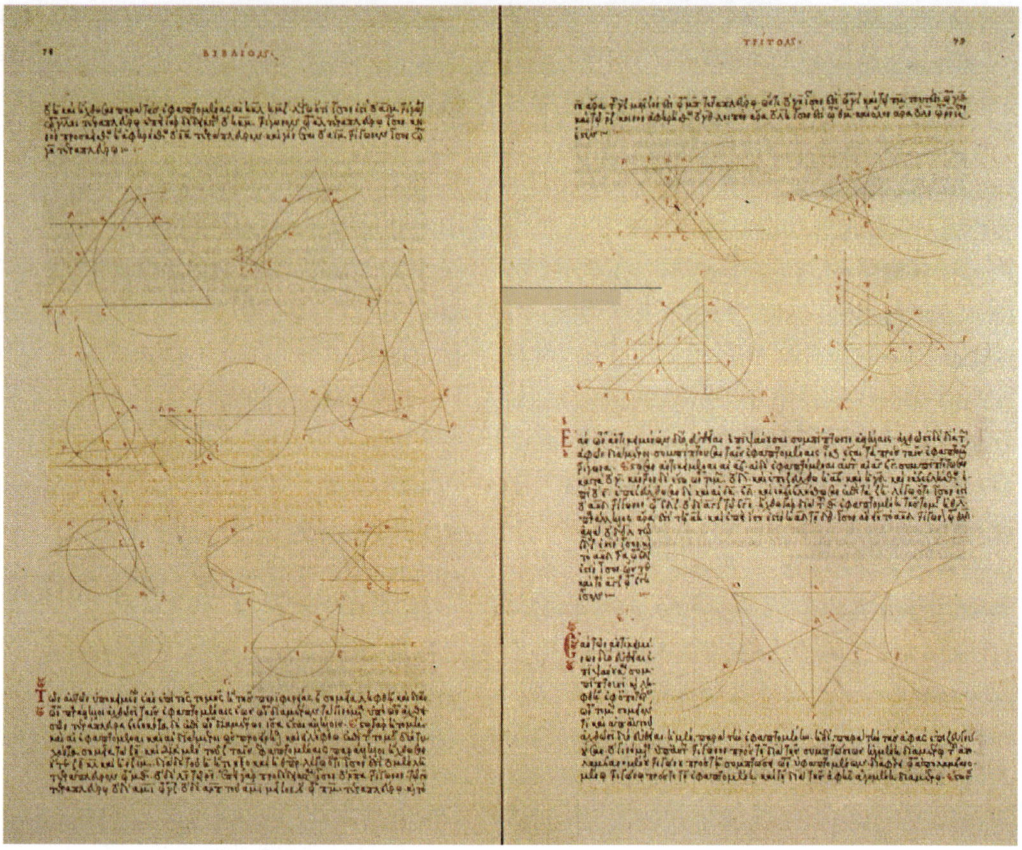

1536年《圆锥曲线论》希腊文手抄本中的一页

基础上创立了相当完美的圆锥曲线理论。

《圆锥曲线论》全书共8卷，含487个命题。前4卷是基础部分，后4卷为拓广的内容，其中第8卷已失传。阿波罗尼乌斯在这本书中提出了椭圆、抛物线、双曲线这些后来得到公认的名称，并用统一的方式（即用一个平面截割一对圆锥面）引出了这三种圆锥曲线。他对它们的性质展开了广泛的讨论，内容涉及圆锥曲线的直径、共轭直径、切线、中心，双曲线的渐近线，椭圆和双曲线的焦点，以及处在各种不同位置的圆锥曲线的交点数等。此外，坐标制的思想在这本书中已见端倪。

《圆锥曲线论》可以说是古希腊演绎几何的最高成就。阿波罗尼乌斯用纯几何的方法获得了现今解析几何学的一些主要结论，他在圆锥曲线研究上所达到的高度，在此后近2000年中无人能够超越。

约公元前3世纪末
阿波罗尼乌斯提出本轮—均轮说

通常，行星在天穹上总是自西向东穿行于群星之间。然而，每颗行星都会发生这种情况：其视运动渐渐减慢，直到某一时刻完全停住；然后倒退着从东往西移动一段，尔后再度停顿；接着又重新朝正常的方向前行。行星在天穹上自西向东运动称为“顺行”，自东往西运动称为“逆行”。由顺行到逆行，以及由逆行到顺行之间“停住”的瞬间则称为“留”。古希腊人有一种强烈的信念，认为惟匀速圆周运动才是揭开和谐宇宙之谜的钥匙。但单一的匀速圆周运动显然无法解释行星何以时而顺行、时而逆行。古希腊数学家、天文学家阿波罗尼乌斯遂于约公元前3世纪末提出一种“本轮—均轮说”：行星在一个较小的圆周——即“本轮”上匀速转动，而本轮的中心则在另一个更大的圆周——即“均轮”上匀速转动，地球就位于均轮的中心。如果相对于本轮在均轮上运动而言，行星在本轮上运动得足够快的话，那么行星就会发生逆行。提出本轮—均轮组合，是古希腊地心宇宙体系的一项重要发展。它被包括托勒玫在内的后世天文学家不断发展，变得日益精致但又日趋复杂。差不多直到 17 世纪初德国天文学家开普勒提出行星运动三定律，本轮—均轮体系才彻底退出历史舞台。

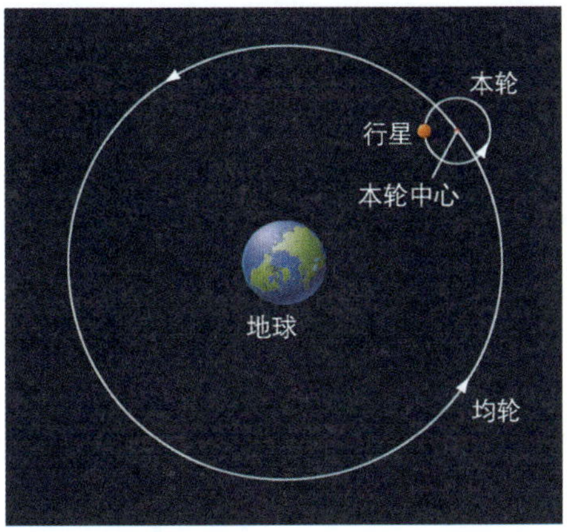

行星运动的本轮—均轮模型示意图

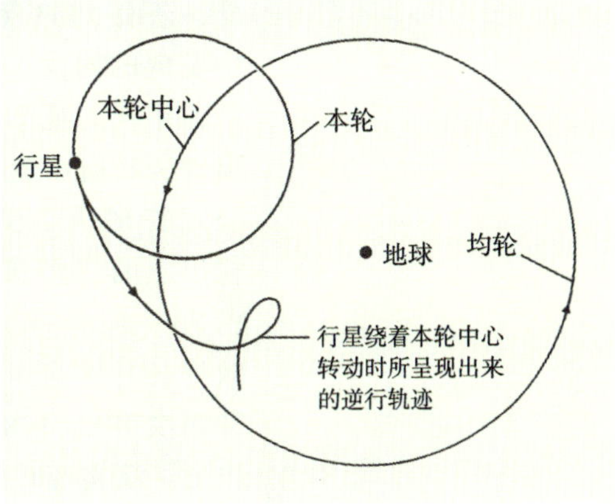

用本轮—均轮模型解释行星逆行之起因

约公元前 200 年
波斯人发明世界上最早的风力机——立轴式风车

世界上最早的风力机是西亚波斯人在约公元前 200 年发明的立轴式风车，这些风车主要用于磨碎谷粒。公元 7 世纪时，波斯人利用风车磨粮食和汲水。11 世纪，风车在中东已获得广泛的应用。阿拉伯半岛上，一年有几个月的风季，人们用 12 片棕榈树叶或编织材料做的风帆驱动磨盘和水车，增强生产能力。

12 世纪，风车由东征班师的十字军从波斯传至欧洲，荷兰人发展了水平转轴、螺旋桨式的风车。14 世纪，荷兰人广泛利用风车排除莱茵河三角洲沼泽地的积水和在沿海排水造田，也进行磨谷、榨油和锯木等其他作业，故荷兰有“风车之国”之称。15 世纪时，风车已经在欧洲得到广泛应用。只是由于蒸汽机的出现，才使欧洲风车数目急剧下降。

希腊早期石制风车 它面向海岸边常年盛行风向，只有从这个方向吹来的风才能使风车开始工作。

约公元前 2 世纪
中国发明造纸术

1957 年 5 月，在陕西省西安市灞桥一座汉武帝时代（公元前 141—前 87 年）的古墓中出土了世界上最早的植物纤维纸，该纸制作于 2000 多年前，比蔡伦发明造纸术还早了 200 多年。专家们把它定名为“灞桥纸”。

灞桥纸纸色暗黄，经化验分析，原料主要是大麻，掺有少量苎麻。在显微镜下观察，纸中纤维长度 1 毫米左右，绝大部分纤维为不规则异向排列，有明显被切断、打溃的帚化纤维，说明在制造过程中经历过被切断、蒸煮、舂捣和抄造等处理。但目前在如何看待灞桥纸这个问题上，有关专家有不同的看法。灞桥纸是否真为最早的纸，还有待科学界作进一步研究和讨论。

除灞桥发现的麻纸

1973年在甘肃金关出土的西汉麻纸

外，还有 1933 年在新疆罗布淖尔古烽燧亭中发现的西汉古纸，它是最早被发现的古纸，年代不晚于公元前 49 年；1973 年在甘肃省居延肩水金关发现的两块麻纸，不晚于公元前 52 年；1978 年在陕西省扶风县中延村出土的三张麻纸，是西汉宣帝时期（公元前 73—前 49 年）的古纸；1979 年在甘肃省敦煌县马圈湾西汉烽燧遗址出土了五件八片西汉麻纸；1986 年甘肃省天水市放马滩出土了汉文帝时期（公元前 179—前 157 年）的纸质地图残片。所有这些表明了中国造纸术产生的时间不晚于公元前 200 年，也表明当时的造纸工艺已经基本成熟。

历史上关于汉代的造纸技术的文献资料很少，因此难以了解其完整、详细的工艺流程。后人虽有推测，也只能作为参考之用。但无论怎样，造纸技术是包含多个环节的工艺，在其发展的过程中，隐含着中国劳动人民长期经验的积累和智慧的结晶。造纸术是中国古代科学技术的四大发明之一，它给中国古代文化的繁荣提供了物质技术的基础。纸的发明结束了古代简牍制作繁复的历史，大大地促进了文化的传播与发展。

公元前 2 世纪
依巴谷测定月地距离和研究太阳周年视运动

约公元前 190 年，希腊天文学家依巴谷出生于尼西亚（今土耳其伊兹尼克），其众多著作已佚，后人只是通过托勒玫的《天文学大成》一书才对他略有所知。依巴谷通过从两地观测同一次日食，推算出月地距离在59至 $67\frac{1}{2}$ 个地球半径之间，这同月地距离的真值——60 个地球半径相当吻合。他还得出地球直径是月球直径的 3 倍，也同实际情况比较接近。依巴谷估测太阳视差为 7′，这远远大于现代测得的真值 8.8″，故其求得的日地平均距离为 490 个地球半径、太阳直径为地球直径的 $12\frac{1}{3}$ 倍都很不准确。但即便如此，也已得知太阳要比地球大得多。依巴谷又发现太阳在天球上从春分点运动到夏至点需 $94\frac{1}{2}$ 日，夏至点到秋分点需 $92\frac{1}{2}$ 日，秋分点到冬至点需 $88\frac{1}{8}$ 日，冬至点到春分点需 $90\frac{1}{8}$ 日。他对此解释为：太阳在环绕地球的圆轨道上匀速运动，但地球并不在圆心，而在偏离中心 $\frac{1}{24}$ 半径处，于是造成从地球上看去太阳周年视运动的不均匀性。这种偏心圆模型后为托勒玫载入《天文学大成》。依巴谷测得的回归年长为 $365\frac{1}{4}-\frac{1}{300}$ 日，与真值仅相差约 6 分钟。他仔细研究月球的运动，确定了黄白交角——黄道面同月球公转轨道面的交角，而且发现了黄白交点的运动。他求出在 126 007 $\frac{1}{24}$ 日中包含 4267 个朔望月，相当于 1 朔望月长 29.530 59 日，与真值的误差不超过 0.000 01 日。

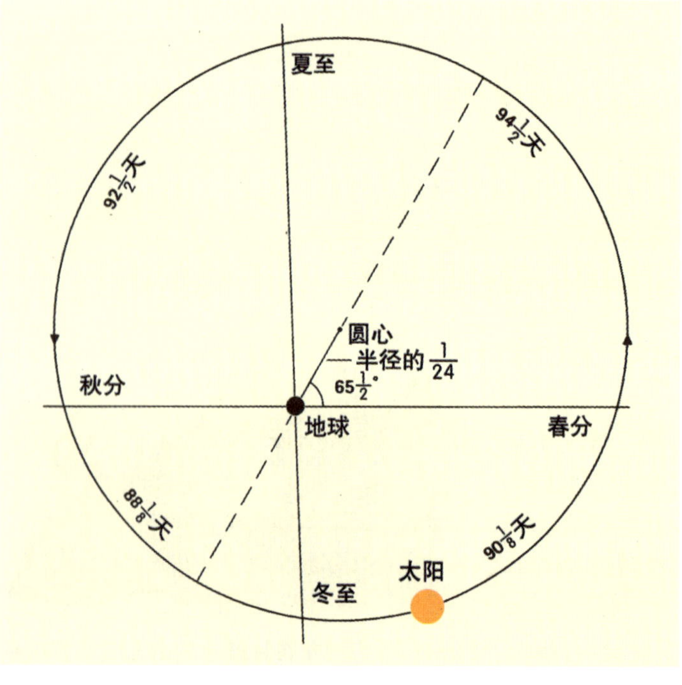

依巴谷的太阳运动偏心圆模型 太阳在圆周上匀速运动。从地球到圆心的距离是半径的 $\frac{1}{24}$，图中明显夸大了这一比例。

公元前 2 世纪
依巴谷编制星表和发现岁差

天文学中用“星等”表征天体的亮度，可上溯到希腊天文学家依巴谷。公元前 134 年，依巴谷在天蝎座中观测到一颗新星，这促使他决心编制一份精确的星表，以利后人辨别星空景象的变化。该表编成后包含 850 颗恒星的黄道坐标值和亮度。他把天空中最亮的 20 颗恒星定为“1 等星”，较暗一些的依次为“2 等星”、“3 等星”……直到正常人目力勉强能及的 “6 等星”。直到约两千年后，19 世纪的英国天文学家普森才制定一种更精确的星等标尺，并沿用至今。依巴谷把自己观测恒星的结果同比他早约 150 年的希腊天文学家阿里斯提鲁、蒂莫恰里斯留下的记录相比较，发现恒星的黄经都增加了约 1.5°，而黄纬变化却不明显。他对此作出了正确的解释：这其实反映了黄经的起算点——春分点，即天赤道和黄道的交点——正在黄道上缓慢地移动，称为春分点的岁差。依巴谷确定的岁差值是每百年 1°，约为近代测定值的 70%。17 世纪英国科学家牛顿首先阐明岁差的起因：太阳和月球对地球赤道隆起部分的吸引，造成地球自转轴绕着黄道轴进动。这在天球上表现为天极绕黄极描绘出一个半径约为 23.5°的小圆，每绕一周历时约 26 000 年。与此相应，春分点也沿着黄道不断西移，每 26 000 年转完一圈。

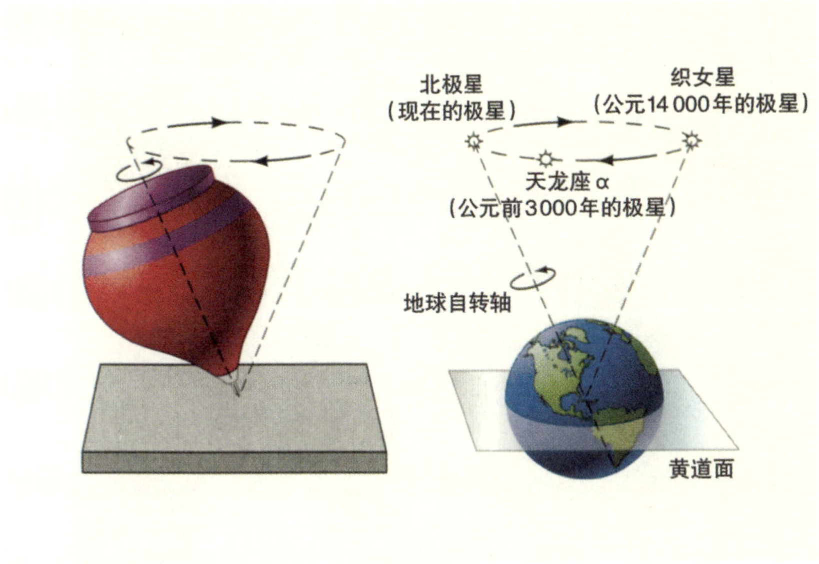

岁差示意图 地轴的进动类似于陀螺自转轴的进动。地轴在 5000 年前指向天龙座α，目前指向北极星（小熊座α），再过 11 000 多年则将指向织女星（天琴座α）。

公元前 2 世纪
淳于意撰《诊籍》

淳于意，又称太仓公、仓公，是西汉时掌管仓库的官员，兼以医术闻名。汉文帝四年（公元前 176 年）因被控告看管仓库失职，他被逮至京都长安问罪。他的小女儿随同前往，并上书皇帝，愿荐身为官婢，以赎父刑。公元前 167 年，汉文帝赦免淳于意，同时宣布废除部分肉刑。在此期间，淳于意曾多次回答朝廷的询问，详细陈述了学医及为人治病的经历，经史官记录在案，即《诊籍》。后由司马迁将其收录在《史记·扁鹊仓公列传》中，是中国现存最早见于文献记载的医案。《诊籍》中有 25 个病例，均记载了患者姓名、职业、里籍、疾病症状、脉象、诊断、治疗、预后等情况，包括治疗成功和失败的案例，并有对案例的理论分析，反映了汉代医生临床医疗的实际情况。

淳于意

公元前 2 世纪前期
中国绘制马王堆汉墓地图

1973 年，湖南省长沙市马王堆汉墓出土大批精美文物，其中有三幅绘制在缣帛上的彩色地图。根据地图描绘的对象，分别定名为《地形图》、《驻军图》和《城邑图》。经考证，这三幅地图的绘制时间均不晚于公元前 168 年。

西汉初年，岭南地区为南越国控制，西汉长沙国与南越国接壤，《地形图》描绘的对象就是两国边界地区，大致为今天湖南、广东、广西三省交界处的地形。《地形图》长宽各 96 厘米，图上绘有 30 多条水道，分别标

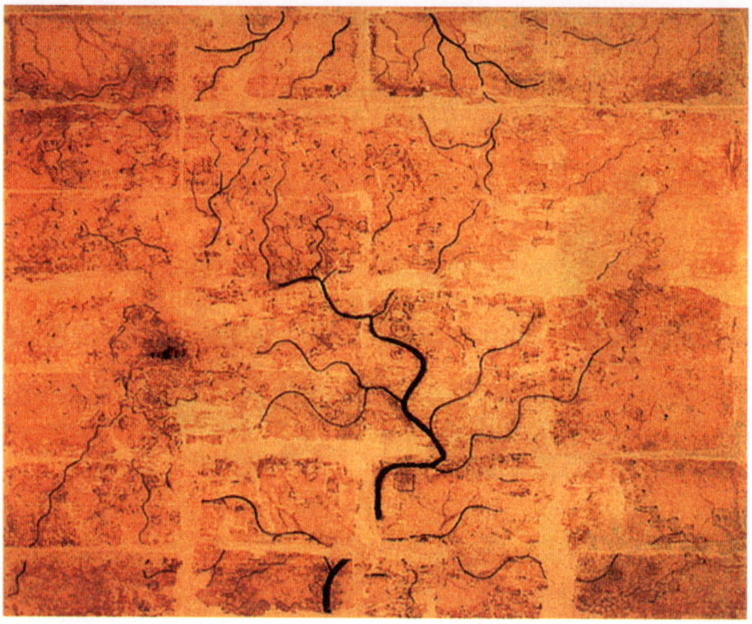

《地形图》

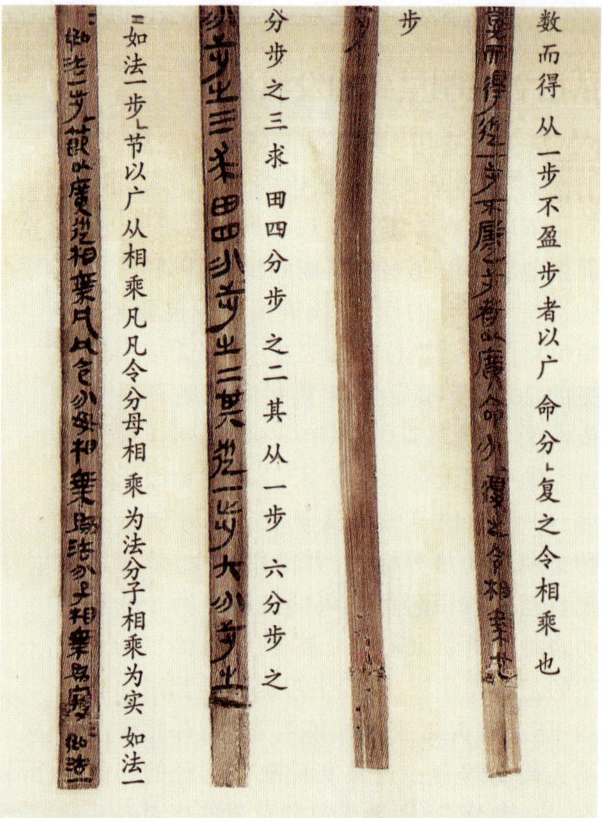

汉简《算数书》的一部分

出名称。水道以曲线表示，干流粗、支流细，下游粗、上游细，与今天地图的水道表示方法基本相同。《地形图》中以闭合曲线表示山脉，用虚、实两种线条表示大道和小路，用方框和圆圈两种符号代表不同等级的居民点。地图上南下北，左东右西，与今天的地图绘制方位正好相反。图中没有标出比例尺，经测算，《地形图》的比例尺约为 1:180 000。

《驻军图》高 96 厘米，宽 78 厘米，所绘区域为《地形图》东南部分，图中突出了要塞、驻军点、防区等信息，是世界上最早的一幅彩色军事地图。《城邑图》破损严重，残高约 40 厘米，宽 45 厘米，绘有城垣、城门、街道、宫殿等内容。

约公元前 170 年《算数书》成书

1983 年，在中国湖北省江陵县张家山出土了一批西汉时期高后至文帝初年（公元前 187—约前 170 年）的古代竹简，其中数学竹简约 200 支（180 余支较完整，10 余支已残破，但编痕犹存）。有一支背面有“算数书”三字，学术界因此将其定名为《算数书》。经研究，它与约公元 100 年成书的《九章算术》有许多相同之处，体例也是“问题集”形式，大多数题都由问、答、术三部分组成，而且有些概念、术语也与《九章算术》的一样。全书总共约 7000 多字，有 60 多个小标题，如“相乘”、“分乘”、“增减分”、“约分”、“合分”、“经分”、“金价”、“春粟”、“息钱”、“贾盐”、“程禾”、“方田”、“少广”等，但未分章或卷。其内容涉及整数和分数的运算、几何级数、利息计算、税率计算、几何计算、兑换、产量、用盈不足术求平方根近似值等。

在《算数书》出土之前，《九章算术》被认为是现存最古老的中国数学书。《算数书》的发现，将现存最早中国古代数学著作的年代推前了约 300 年。

2007 年 12 月，湖南大学岳麓书院在香港古董市场购得一批秦简，其中与数学有关的部分，被考古学家命名为《数》。据初步推断，其成书年代最晚为公元前 212 年。若此推断成立，那么现存最早中国古代数学著作的年代还可前推数十年。另，2006 年 11 月，湖北省孝感市云梦县睡虎地一汉代墓葬出土竹简 2000 余支，其中包括一部完整的数学著作《算术》216 支。据报道，其成书年代最晚为公元前 141 年，虽晚于《算数书》，但它无疑也是中国古代数学的珍贵文献。关于这两部书的可靠成书年代和内容价值，史家们正在研究之中。

约公元前 160 年
加图著《农业志》

《农业志》是古罗马历史上第一部农书，其作者加图是古罗马共和时代有名的政治家和作家，尤其是一位亲身从事农业管理的农学家。加图一生著述颇多，内容涉及法律、文学、军事、医学和农学。《农业志》著于约公元前 160 年，比较具体而集中地反映了公元前 2 世纪意大利中部农业生产的状况和奴隶制经济的特点，是研究古罗马共和制时期奴隶制庄园经济的重要资料。在《农业志》中，加图吸取了当时先进的农业经验，又系统地总结了自身的实践经验，整理和推广了先进的农业技术，对当时和后世的农业进步都起了积极的作用。

《农业志》不仅论及农业，还涉及古罗马人的建筑技术、手工业技术、医疗技术、宗教信仰、生活习俗等各个方面。特别是详细论及庄园的管理组织、阶级结构、剥削关系、奴隶主阶级的思想面貌与物质生活状况、奴隶阶级的处境与待遇等等，为研究公元前 2 世纪的古罗马社会史提供了宝贵的资料。

公元前 2 世纪中后期
刘安等著《淮南子》

《淮南子》又被称为《淮南鸿烈》或《鸿烈》，由西汉时期淮南王刘安和众门客集体编写而成。刘安是汉高祖刘邦之孙，西汉思想家、文学家。

《淮南子》有《内书》21 篇、《外书》33 篇、《中书》8 卷，流传至今的只剩下《内书》21 篇。全书以道家思想为主线，吸收了诸子百家学说中的精华，内容涉及诸多领域，是汉代道家学说最重要的一部代表作。

在自然科学方面，《淮南子》提出了系统的宇宙生成论，倡导阴阳五行学说。其中《天文训》指出：“道始于一，一而不生，故分而阴阳。阴阳合和而万物生，故曰：一生二，二生三，三生万物。”这些观点说明了自然界事物之间相生相克的关系，含有较完整的中国古代朴素的唯物主义思想，是自然科学的早期萌芽。

另外，《淮南子》中有最早的关于冰透镜的记载：“削冰令圆，举以向日，以艾承其影，则火生。”其意是，把冰削成圆形后，它就能够会聚太阳光，并可用来取火。这是世界上关于冰透镜的最早记录。后来，晋朝张华的《博物志》中也有类似记载。清代科学家郑复光曾根据《淮南子》的记载进行实验，证明冰透镜完全可以取火。

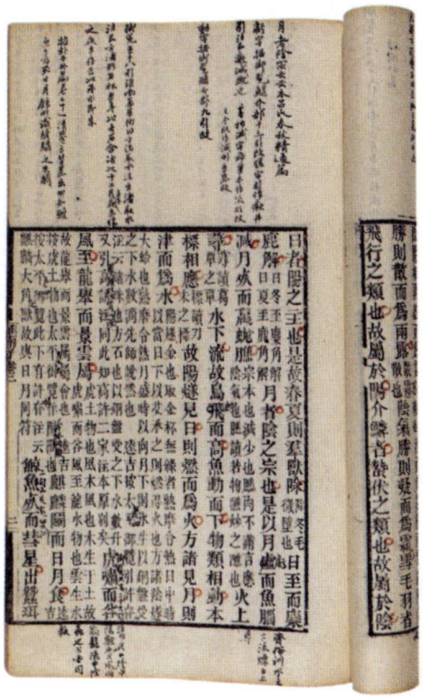

清代印刷的《淮南子》

公元前 139—前 115 年
张骞出使西域

西汉初年，匈奴强盛，时时侵扰中原。汉武帝即位后，着手征伐匈奴。公元前 139 年，侍从官张骞受命出使西域。汉初，河西走廊西端曾经生活着一个名为大月氏的部族。后来，匈奴击败大月氏，迫使他们远走西方。张骞此行的目的就是联络大月氏人，共同进攻匈奴。

张骞一行出发后不久即被匈奴俘获。在匈奴居住 10 年后，张骞成功逃脱，到达西域诸国。但此时，大月氏人已适应了咸海边安定的生活，不愿再与匈奴征战。张骞返回途中再次被匈奴俘获。直到公元前 126 年，张骞才回到长安（今陕西省西安市）。

公元前 119 年，张骞二度出使西域，数年后返回。尽管张骞最初的外交使命未能完

-104

唐壁画《张骞出使西域》(甘肃敦煌莫高窟第 323 窟)

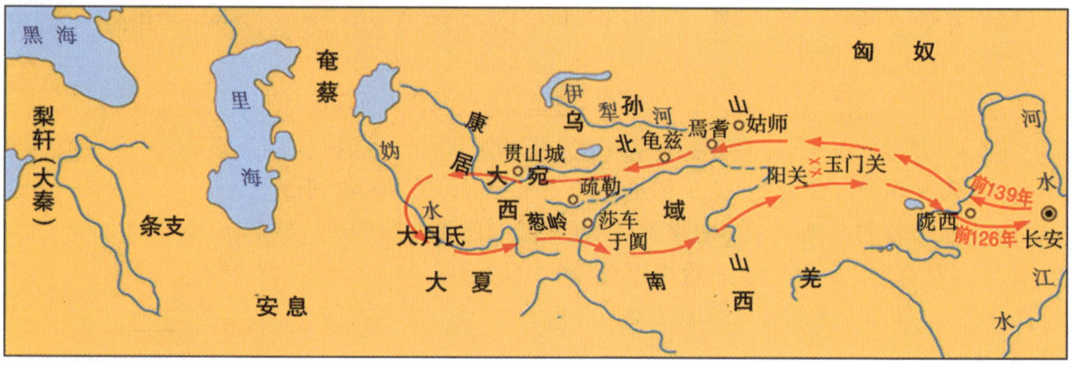

张骞首次出使西域路线图

成,但与西域诸国建立起密切的联系,为“丝绸之路”的开通奠定了基础。张骞的旅行前无古人,因深入未知之地而被称为“凿空之旅”。甘肃省临洮县是秦长城西端的终点,张骞之前,中国人的地理知识大都尽于此。张骞的足迹远及中亚,大大增进了中国人对世界的了解,他所带回的信息记载于《史记》和《汉书》,成为今人研究中亚和西域早期历史地理的重要文献资料。

明正德二年(1437 年)仿元代仪器制造的浑仪
现陈列于南京中国科学院紫金山天文台。

公元前 104 年
落下闳制造浑仪

中国古代天文仪器种类很多,通常以“仪”专指测量天体坐标的仪器,以“象”称呼表演天体视运动的设施,例如“浑仪”和“浑象”,一些史籍中又合称为“浑天仪”。浑仪主要用于测定天体的赤道坐标,有的也可测量黄道坐标和地平坐标。浑象用以演示天体的运动,其功能可类比于现代的天象仪。浑仪最基本的部件是:一个赤道环和一个与之同心安装、可绕南北极轴旋转的四游环,以及装在四游环上可俯仰转动以照准天体的窥管。中国古代的浑仪最初究系何人何时发明，今已难以查考。据《史记索隐》注所引《益都耆旧传》称，汉武帝元封七年(公元前 104 年)落下闳于“地中(洛阳)转浑天”，《新唐书·天文志一》亦载“汉落下闳作浑仪”，这些是对制造和使用浑仪的具体年代的最早明确记述。汉宣帝甘露二年(公元前 52 年)西汉天文学家耿寿昌制造了浑象。汉顺帝阳嘉元年(公元 132 年)东汉天文学家张衡创制水运浑天仪，首次利用二级漏壶的水力来控制仪象的运转，对后世创制利用水力转动的计时仪器颇多启发。

约公元前 100 年
《周髀算经》成书

《周髀算经》，作者不详，成书于约公元前 100 年。原名《周髀》，是中国西汉或更早时期的天文历算著作，唐代初期规定它为“算经十书”之一，为国子监的教材之一，故改名《周髀算经》。《周髀算经》主要是用数学方法阐明当时的“盖天说”(即认为“天象盖笠，地法覆盘”的宇宙学说)和“四分历法”(即以 $365\frac{1}{4}$ 日为一个回归年而编制的历法)，因而包含了相应的数学内容。

《周髀算经》全书分为上下两卷，有关数学的论述载在卷上之一和之二，其余部分是天文和历法。其数学内容主要有三方面：

(1) 指出了勾股定理的一个特例；

(2) 阐明了勾股测量术，即用勾股定理和相似直角三角形的边长关系测量远处物体的距离和高度的技术；

(3) 进行了相当繁复的分数计算。

对于勾股定理，书中记曰：“数之法，出于圆方，方出于矩，矩出于九九八十一，故折矩，以为勾广三，股修四，径隅五。”原书没有对勾股定理进行证明，其证明由三国时期吴国人赵爽在《周髀注》一书的“勾股圆方图注”中用出入相补原理给出。

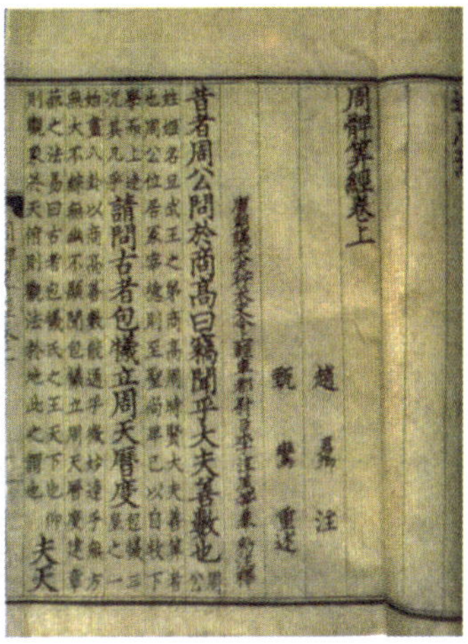

赵爽注《周髀算经》 南宋嘉定六年(1213 年)鲍澣之汀州刻本，是此书存世之最早刻本，现藏上海图书馆。

约公元前 100 年
罗马帝国出现维特鲁维亚水磨

公元前 110 年前后，罗马桔槔式提水工具和吊桶式水车使用范围扩大，创制了涡形轮和诺斯水磨等新的流体机械。前者靠转动螺纹形杆，将水由低处提到高处，主要用于城市的供水；后者用来磨谷物，靠水流推动方叶轮而转动，其功率不到 0.5 马力(1 马力 = 0.735 千瓦)。

约公元前 100 年，罗马功率较大的维特鲁维亚水磨出现，水轮机靠下冲的水流推动，通过适当选择大小齿轮的齿数，就可调整水磨的转速，其功率约 3 马力，后来提高到 50 马力，成为当时功率最大的原动机。

公元前 1 世纪
中国利用天然气煮制井盐

中国是世界上最早利用天然气的国家，中国先民开发利用天然气的历史至少可追溯至 2000 多年前的秦汉时期。

《华阳国志·蜀志》中记载：“临邛县郡西南二百里……有火井，夜时光映上昭。民欲其火，先以家火投之。顷许，如雷声，火焰出，通耀数十里……井有二，一燥一水。取井火煮之，一斛水得五斗盐。”火井即天然气井。

汉画像砖《煮盐图》

临邛县即今四川省邛崃市，是古代四川地区天然气重要产区之一。这段文字未指明时间，大约为秦汉时期。

西汉文学家扬雄的《蜀王本纪》中记载："临邛有火井一所，纵广五尺……井上煮盐。"扬雄生活于西汉末年，由此可知，中国人最迟在公元前 1 世纪就已开始利用天然气煮制井盐。从东汉画像砖上所刻画的《煮盐图》可以看到，当时的成都地区利用天然气来煮卤制盐的技术已非常成熟。

晚至 1659 年，欧洲人才在英国发现天然气，1668 年开始将天然气作为照明和烹饪的燃料。北美地区直到 1821 年才开始开发利用天然气。

公元前 1 世纪 阿斯克雷庇亚斯提倡实体病理说

阿斯克雷庇亚斯出生于俾西尼阿的普卢萨，是公元前 1 世纪罗马享有很高威信的希腊医生。阿斯克雷庇亚斯受爱拉吉斯拉特医学思想的影响，是个唯物论者，认为人体由原子组成，并用原子说解释人体的生理、病理现象。

他注重临床观察，正确地描述了疟疾，清晰地区别了急性病和慢性病，记述了某些疾病的节律性病程，但否认转变期的学说。对于精神病他进行过周密的观察，能区别幻想和幻觉。对精神病病人他反对当时施行的粗暴方法，而主张用较为阳光与和蔼的态度，以及用音乐去治疗。他还是第一个提到气管切开术的人。

他不仅是一位有成就的医生，而且是一位有成就的教师。他编撰了大约 20 部书，其中有推崇严格的饮食营养学的，也有论述各种物理治疗的。阿斯克雷庇亚斯具有多方面的才能，他的学说后来演变、发展为方法学派。

公元前 1 世纪 《妙闻集》撰成

妙闻，音译名为苏斯拉他，大约出生于公元前 5 世纪，是古印度伟大的外科学家。他的著述被后人辑录为《妙闻集》，于公元前 1 世纪撰成。该著作为阿输吠陀系医学的外科学代表性典籍。全书分 6 篇，共 186 章。书中所记载的外科手术包括切割、截除、划痕、截石、摘除、缝合、正骨、穿耳孔美容术、白内障切除、疝修补、鼻成形等手术，还包括剖腹取胎，治疗肠梗阻、胎儿倒转等。书中还讲述了应怎样学习医学，以及什么样的学生适合于研究医学。《妙闻集》的第 1 篇第 7 章中，述及各种外科用器械，分为镊子类、钳子类、管状器械类、探子类、刀子类及剪子类。《妙闻集》中记载植物药达 760 种。内服药主要有吐剂、下剂、喷嚏剂。除了丰富的植物药外，动物类和矿物类药也常用来治疗疾病。《妙闻集》强调医学道德，认为"正确的知识、广博的经验、敏锐的知觉，以及对患者的同情，是医生的四德"。

约公元前 90 年
赵过创制耧车

耧车是世界上最早出现的独立的播种机，其发明者是中国汉武帝末期主管农业生产的搜粟都尉赵过。

耧车主要由耧斗、耧腿和耧架组成。耧斗用作盛种子，有一个带播种量调节板的出口，还附有一个防止种子阻塞的悬垂重物。耧斗下是三条中空的耧腿，下边装有铁制耧铧。其余部分便是由耧辕、耧柄以及安装耧斗的几根横木组成的耧架。播种前，先将调节板调至适当位置，控制好播种量。播种时，一面由牲畜驾耧辕前进，一面由扶耧人用手左右摇耧，种子便由耧斗进入耧腿，再经铁铧后方落入种沟。为防止种子与土壤接触不实，耧车后还拖拉一个用树枝编成的叫挞的农具，或在耧车后面用两根绳子拉一根横木，进行覆土、镇压。耧车既能调节播种量和深浅，又能将开沟、播种、覆土三道工序合而为一，省时省力，故其效率可以达到“日种一顷”。

耧车的发明，是中国农具发展史上的一件大事。它和中国古代的犁一样，对世界有深远的影响。欧洲农学家普遍认为，欧洲在 18 世纪从亚洲引进了曲面犁壁、畜力播种和中耕的农具耧犁以后，改变了中世纪的二圃、三圃休闲地耕作制度，是近代欧洲农业革命的起点。

汉代耧车复原模型

公元前 46 年
罗马颁行儒略历

古罗马人早先采用阴历。公元前 59 年罗马共和国儒略·恺撒执政时，罗马阴历已经相当混乱。他采纳希腊天文学家索西泽尼的建议，于公元前 46 年颁行新历，世称儒略历。儒略历是纯粹的阳历，将冬至之后 10 日定为岁首，每年 12 个月，单数月为大月含 31 日，双数月为小月含 30 日，但 2 月仅 29 日。它规定“每间空三年置闰一次”，即每 4 年设一个闰年，在 2 月份加上一日成为 30 日。这样每年平均有 365.25 日，与回归年的实际长度 365.2422 日相当接近。恺撒还将他出生的 7 月重新命名为 Julius（儒略）。两年后恺撒遇刺身亡，执行历法的僧侣们将“每间空 3 年置闰一次”误解为“每 3 年置闰一次”，致使公元前 42—前 9 年期间共比原规定多置闰 3 次。恺撒的继承者奥古斯都发现后，下令从公元前 8 年至公元 4 年这 12 年不予置闰，以抵消早先多置的 3 次闰年，而从公元 8 年起恢复每 4 年置闰一次的法则。他还效仿恺撒，把自己出生的 8 月改用 Augustus（奥古斯都）命名，并将它从 30 日改为 31 日，同时从 2 月减去 1 天。于是平年的 2 月只有 28 日，闰年也仅 29 日。8 月改为大月后，奥古斯都又将 9 月和 11 月改为小月，10 月和 12 月改为大月。这些变动在格里历——即现行公历中都保留了下来。

公元前 36 年
瓦罗著《论农业》

《论农业》是古罗马农学家瓦罗的一部重要作品，集中反映了古罗马奴隶制全盛时期的农业状况，是有关农业经营和技术的专著，为古罗马农书的代表作。

《论农业》是瓦罗在公元前 36 年 80 高龄时所著，全书采用对话体，共分 3 卷。第 1

卷“农业”，论述农业的目的、要素、农业科学分科、生产管理，从整地、播种、收割、脱粒一直论到加工、销售。其中还论述了一年的农事安排、主要作物的生长习性和栽培技术等；第二卷“家畜”，论述家畜的起源及山羊、绵羊、猪、牛、驴、骡、狗的饲养技术及制奶酪、剪羊毛的技术；第三卷“小家畜”，论述家禽（鸡、鸭、鹅）、兔及蜜蜂、鱼的饲养，还专门论述了孔雀、斑鸠、蜗牛、睡鼠等。

《论农业》是西方数部著名古典农业文献之一，比较忠实地记录了公元前 1 世纪意大利的经济生活状况，是研究当时意大利生产实践状况和奴隶制发展状况不可多得的一部好书。书中反映出当时的农业生产已经十分广泛并已发展到了较高的水平，发达的古罗马传统农业奠定了古罗马文明和欧洲传统农业的基础。

公元前 32—前 7 年
氾胜之著《氾胜之书》

《氾胜之书》是西汉晚期的一部重要农学著作，一般认为是中国最早的一部农书。作者氾胜之，汉成帝时为议郎，知农事。他曾在关中平原地区教民耕种，获得丰收。

《氾胜之书》是氾胜之对西汉黄河流域的农业生产经验和操作技术的总结，原书约在北宋初期亡佚，现存的《氾胜之书》是后人从《齐民要术》等古书摘录原文辑集而成，约 3500 字。主要内容包括耕作的基本原则、播种日期的选择、种子处理、个别作物的栽培、收获、留种和贮藏技术、区种法等。就现存文字来看，以对个别作物的栽培技术的记载较为详细，这些作物有禾、黍、麦、稻、稗、大豆、小豆、枲、麻、瓜、瓠、芋、桑等 13 种。区种法（即区田法）在该书中占有重要地位，所记载的区种瓠法，即葫芦栽培使用靠接技术，是中国使用嫁接技术的开端。此外，书中提到的溲种法、耕田法、种麦法、种瓜法、种瓠法、穗选法、调节稻田水温法、桑苗截干法等，都不同程度地体现了它们的科学价值。其中所述溲种法是世界上最早的包衣种子制作法，在农业发展史上具有重要意义；穗选法是见于文献的最早记载。

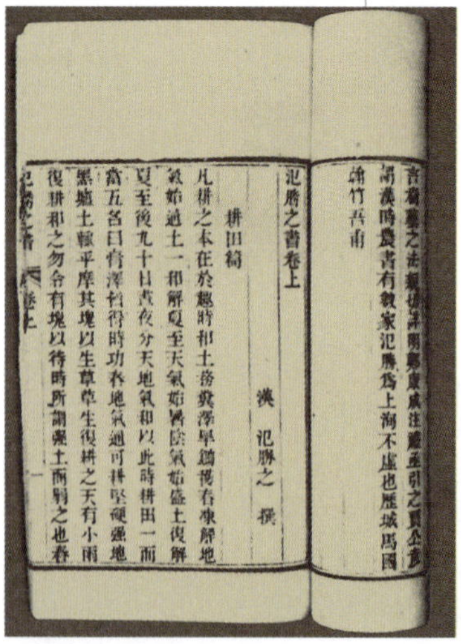
謂漢時農書有數家氾勝爲上溝不虛也歷城馬國
翰竹吾甫

氾勝之書卷上
漢 氾勝之 撰
耕田篇
凡耕之本在於趣時和土務糞澤早鋤早穫春凍解地
氣始通土一和解夏至天氣始暑陰氣始盛土復解
夏至後九十日晝夜分天地氣和以此時耕田一而
當五名曰膏澤皆得時功春地氣通可耕堅硬強地
黑壚土輙平摩其塊以生草草生復耕之天有小雨
復耕和之勿令有塊以待時所謂強土而弱之也春

氾勝之書 卷上 一

《氾胜之书》（清洪颐煊辑本）

《氾胜之书》对促进中国农业生产的发展产生了深远影响，由此闻名于世。

公元前 28 年
中国留存最早的太阳黑子记录

黑子是太阳表面经常出没的暗黑斑点，也是太阳活动的基本标志。通常因太阳光过

1989年中国发行的特种邮票小型张《马王堆汉墓帛画》 该帛画系公元前 2 世纪西汉时期的随葬品。画中左上方的月亮内有蟾蜍，右上方的太阳内有乌鸦。

于灼眼，故肉眼见到太阳黑子的机会不多。但在日出或日落时分，或有大雾、风沙的时候，日光减弱，就有可能看见日面上的大黑子。中国古代观测太阳黑子有着悠久的历史。例如，1972 年从长沙马王堆一号汉墓中出土的帛画上方，绘有一轮红日内蹲着一只乌鸦，可与同时代成书的《淮南子·精神》所载“日中有踆乌”相呼应。这应是对太阳黑子现象的艺术性再现。中国史书中常将观测到的太阳黑子记为“日中有黑气”、“日中有黑子”等。例如，《汉书·五行志》载：西汉成帝河平元年（公元前 28 年）“三月乙（经考证“乙”应为“己”）未，日出黄，有黑气大如钱，居日中央”。这被世界公认为最早的太阳黑子记录。它对黑子出现的时日、形状、大小以及在日面上的位置均作了简明、可靠的描述。中国古代数以百计的太阳黑子记事是十分珍贵的史料，对于研究历史上太阳活动的状况及其对地球气候的影响等，具有重要的科学价值。

公元前 25—公元 35 年 塞尔苏斯撰《论医学》

罗马帝国重要的医学文献多出自百科全书派的作家之手，该学派中最有成就的代表人物塞尔苏斯，被誉为“万能博士”。塞尔苏斯所著《论医学》（公元前 25—公元 35 年）在 15 世纪成为第一批印刷的医书，影响广泛。《论医学》分为 8 卷，第 1 卷——饮食治疗和摄生法；第 2 卷——病因学、症状学和预后；第 3 卷——发热及其治疗；第 4 卷——解剖学；第 5 卷——药物治疗和外伤；第 6 卷——皮肤病和溃疡；第 7 卷和第 8 卷——外科病、骨折和脱臼。塞尔苏斯记述的外科技术比希波克拉底时期有显著进步。塞尔苏斯还详细记述了当时使用的外科器械，有各式各样的解剖刀、杯、探子、钩、钳等 100 多种。塞尔苏斯还在其著述中详细而精确地记述了一些疾病的症状，如对疟疾的记载有日发、间日发、三日发之不同类型。他指出炎症的 4 种主要征象为红、肿、热、痛，至今仍在引用。从塞尔苏斯开始，古罗马人开始用本国文字——拉丁文写医书，因此塞尔苏斯的著作是欧洲古代医学论著中最易阅读的。《论医学》勾画出一幅当时医学所处地位的清晰的图景，显示了古罗马医学所达到的较高水准，是除《希波克拉底文集》以外现存最早、最有影响的古拉丁文医籍。

约公元 1 世纪 肥皂发明

关于肥皂起源的传说很多，其中一个据说发生在古埃及的王宫中。有一次国王举行盛大的宴会，一位厨房伙计忙中出错，将羊油打翻，恰好落在一堆草木灰中。他情急之下，一面将混有羊油的草木灰捧出去扔掉，一面担心满手的油污不能在别人发现前清洗掉。但是奇怪的事情发生了，他将手放到水中只轻轻搓了几下，就洗得干干净净，连以前洗不掉的污垢也一扫而光。后来王宫里就流传着用羊油和草木灰的混合物洗手、洗脸的“秘方”，这混合物就是最早的肥皂。

考古学家在对庞贝古城的发掘过程中发现了古罗马人制作肥皂的作坊，说明早在公元前人们已经开始了原始的肥皂生产。文字记载有关肥皂的发明与生产则始于公元 1 世纪前后。公元 70 年，罗马学者普林尼所著的《博物志》中首次记载了用草木灰、生石灰和山羊脂肪混合制成的肥皂。在中国，人们很早就知道可以将猪胰腺与天然碱混合在一起洗涤衣物，称其为“胰子”。公元 6 世纪，北魏贾思勰在农业历史文献《齐民要术》中提及猪胰可以去垢。唐初孙思邈的著作《千

西非使用数百年的黑皂

金要方》和《千金翼方》中又记载了将洗净的猪胰研磨成糊，拌以大豆粉、香料等添加剂的改良配方。明清时期的"胰子"配方中又增添了砂糖、猪油等成分，其洗涤功能也得到进一步提高。

早期的肥皂由于其昂贵的价格而只能供王公贵族们使用。14世纪以后西班牙和法国开始兴建化学制皂厂，特别是1791年法国化学家吕布兰通过电解食盐法成功制取火碱，大大地降低了制作肥皂的成本，肥皂才逐渐成为平民百姓家中的日常洗涤用品。19世纪起，肥皂进入大规模工业生产时代。

随着科技的发展，洗涤用品发生着日新月异的变化，各种新型洗涤产品走进人们的生活，但有着悠久历史的肥皂还是大多数家庭离不开的日常用品，为我们营造着洁净的生活环境。

公元1世纪
中国大规模治理黄河

黄河流域是中华文明的主要发祥地。由于黄土高原水土流失严重，黄河是世界上含沙量最大的河流。早期黄河两岸堤防不多，河流基本呈漫流状态。秦汉时期，黄河下游出现堤防。但河道被约束后，泥沙沉积，河床抬升，溃堤决口情形逐渐增多。

西汉末年，针对黄河治理有过数次讨论。待诏贾让提出"治河三策"，主张不筑堤，将河道两侧居民迁离，让河道自定是上策。这表明，当时人们已认识到黄河河道容易淤积的特点，只是没有很好的解决方法。稍后，大司马史张戎进一步提出黄河泥沙的定量概念，指出黄河一石水中约有六斗泥沙，水流急则泥沙易徙，水流缓则泥沙易淤。为此他提出，应禁止沿岸引水灌溉，保持河道内较大的水量和较快的流速。

但是，中国古代主要为农耕社会，以上举措都无法施行，历史上始终以筑堤的方式固定黄河河道。公元11年，黄河于今河北省南部决口。此后数十年，黄河迁徙不定。公元69年，王景受命治理黄河。他率众十万，修筑下游大堤1000余里，同时疏浚河道，截弯取直。次年，工程完工。此后近千年间，黄河下游河道基本稳定，再未出现大规模的溃堤决口情形。

公元1世纪
班固编撰《汉书》

《周易·系辞上》记载："仰以观于天文，俯以察于地理"，"地理" 一词由此而来。然而，中国古人所谓"地理"与西方的地理学有很大的不同。中国古代重归纳考据而轻观察实证，这种研究方式源于《汉书·地理志》，并在儒家思想影响下不断得以强化。

公元1世纪，东汉史学家班固编撰了中国历史上第一部断代史《汉书》。《汉书》首创的许多栏目体例被后代史家遵从不辍，其中就包括《地理志》。《汉书·地理志》包括三部分内容。第一部分转录了《禹贡》和《周礼·职方》的全文，第三部分转录了西汉学者刘向的著作《域分》及朱赣的著作《风俗》。第二部分描述西汉帝国的疆域，是《汉书·地理志》的精华。它以西汉末年103郡(王国)及其所辖1587县、邑、道、侯国为目录，一一记述。郡国条目中记载名称、建置沿革和户口数目，县级条目中记载山川、水利、特产、工矿、

班固

关塞、祠庙、古迹等信息。

《汉书·地理志》开创了中国古代地理学的主要研究方向，此后历代正史及方志大多沿袭其例，中国古代地理学也因此被称为“方舆之学”。

约公元 1 世纪
《神农本草经》成书

《神农本草经》是我国现存最早的药物学专著，具有重要的学术价值和实用价值，被后世奉为中医药物学的经典之作。“神农”一说即上古时期的炎帝，传说他为了给百姓寻找治病药物而亲尝百草，一日而遇七十毒，不幸牺牲，被尊为药学的始祖，本书故托名神农所著；因为收载的药物以植物类为主，故以“本草”概指。后来“本草”这一名词成为中药学的代称。《神农本草经》的实际作者不详，可能是多人编集之作，约成书于 1 世纪。

作为中国药物学的开山之作，《神农本草经》确立了中药学特有的理论，包括用寒、热、温、凉“四气”（又称“四性”）和辛、甘、酸、苦、咸五味来分析药物性能，以及用七情和合、君臣佐使的原则来配伍药物等。全书共收载了药物 365 种，按照对人体的毒副作用轻重，分为上、中、下三品。书中记载的药物及其主治功效，大多为后世医药学沿用，如麻黄止喘、大黄泻下等，但也有不少夹杂道家观念的记述，如夸大某些药物的所谓“轻身延年”、“不老神仙”作用，忽视矿物药的毒性等。《神农本草经》现无独立存世的古本，仅有后世医家从文献中辑录的多种辑本。

公元 1 世纪
阇罗迦著《阇罗迦集》

阇罗迦是公元 1 世纪印度最负盛名的内科学家，是古印度内科学的奠基人。《阇罗迦集》是阿输吠陀系医学典籍内科学方面的代表作，全书共 8 篇，计 119 章，包括通论 30 章、解剖 8 章、病理 8 章、药物 12 章、治疗术 30 章、论感觉 11 章、洁治法 12 章等。全书记载了千余种药物，并对其形态、功效、主治等详细论述。阇罗迦认为良药有四种特性，即药力强大，适合疾病，能与其他药物混合，经久不变质。除论述临床治疗之外，《阇罗迦集》尤注重卫生与保健，认为营养、睡眠、节食是维持健康的三大要素，并且强调精神调摄。阇罗迦还指出，医生治病应该既不为己，亦不为任何利欲，而是纯粹为人类谋幸福，所以医业高于一切。这些思想曾长期影响着古印度医学。

公元 1 世纪前期
斯特拉波《地理学》成书

古罗马地理学家斯特拉波曾在亚历山大城图书馆任职，著有《历史学》(43 卷)和《地理学》(17 卷，公元 1 世纪前期成书)。

公元前 3 世纪，古希腊地理学家埃拉托色尼首创了“地理学”这个词，他也因此及在地理学和测量地球周长等方面的杰出贡献，被西方地理学家推崇为“地理学之父”。斯特拉波的《地理学》开西方区域地理学的先河，是西方古代地理学的一部经典之作，对西方地理学的发展有长期的影响。

斯特拉波不同于埃拉托色尼、喜帕恰斯等古希腊前辈学者，他认为地理学是对人类居住世界的描述，不仅要研究一个地方的自然属性，还要研究它们之间的相互关系。《地理学》中记录了存在于地面的人、动植物和陆地、海洋，为描述地理学奠定了基础；对已知世界进行了区划和分类，成为区域地理研究的代表；把海岸分为岩岸、沙岸和潟湖等类

斯特拉波

型;研究了陆地上升、下沉和三角洲的形成;率先描述了非洲沙漠中的绿洲,并将尼罗河的泛滥正确归因于埃塞俄比亚夏季丰沛的雨水;指出火山土、碎屑土和冲积土的肥力不同;提出自然因素对人文现象(如聚落、人口密度和风俗习惯)有很大影响,注意到了历史对地理的作用。

约公元 60 年
科卢梅拉《论农业》成书

科卢梅拉是古罗马帝国后期杰出的农学家,他的《论农业》约成书于公元 60 年,是当时的一部重要农学著作,也是所有古罗马农业著作中最系统最全面的一部。全书共分为 12 章,对古罗马的大庄园农业进行了仔细的研究;前 6 章详细介绍作物种植,后 4 章介绍家庭饲养,最后 2 章论述了管家的职责。书中不仅叙述了农牧业生产技术和管理方面的经验,而且还就如何改善和提高农业生产等问题提出了自己的独特见解,对后世尤其是中世纪庄园管理影响重大。

科卢梅拉是精耕农业的拥护者,提倡因地制宜发展农业。作为一位经验丰富的农庄主,科卢梅拉在书中描述了公元 1 世纪意大利农业衰落的现象和原因,论述了农业的重要性,认为农业是一门需要精心研究的专门学问,要热心研究过去的耕作方法并使之适合当代农业。

公元 77 年
迪奥斯科里季斯《药物学》成书

迪奥斯科里季斯出生于西里西亚的阿纳查勃斯,是当时著名的药物学家。他把全部药物知识汇集整理,于公元 77 年写成了《药物学》一书,共 5 册。迪奥斯科里季斯在书中对 600 多种药物,特别是矿物药如醋酸铅、氢氧化钙、氧化铜以及其他铜盐类等都有正确的记述。此外,他还最早记述了乌头、姜和藜芦的治疗作用;并推荐用鸦片治疗慢性咳嗽,用曼陀罗药酒治疗失眠和剧痛,并用于手术时麻醉。由于他综合了当时的药物知识,被誉为西方古代药物学的先驱。

公元 77—79 年
普林尼著成《自然史》

普林尼(即大普林尼)是古罗马时期百科全书式的作家和博物学家,其最有名的巨著《自然史》于公元 77—79 年成书。全书分 37 卷,涉及宇宙形成、地理学、人种学、动物学、植物学、药物学、矿物学和艺术等门类,参考了 400 多位作家的 2000 多本著作,是当时自然科学知识的集大成者。不过,由于作者和时代的

迪奥斯科里季斯

《自然史》中的蛇怪

局限，书中对一些错误及荒谬观点也兼收并蓄。例如谈到人类和动物时，许多怪诞故事夹杂其中，甚至还认为中国的蚕丝是从树上长出来的……尽管如此，《自然史》仍激发了后世无数人对自然的好奇和关注，对科学知识的普及起了巨大的推动作用。公元 79 年 8 月维苏威火山喷发，56 岁的普林尼在观察火山状况时身亡，如同神农氏尝百草一样，他的事迹也充满了殉道者的色彩。

约公元 86 年 王充著成《论衡》

《论衡》为王充所著，是一部不朽的古代唯物主义哲学文献，现存文章 85 篇。王充字仲任，会稽上虞人，东汉时期唯物主义思想家和教育家。

《论衡》针对当时盛行的神秘主义的谶纬说进行批判。"衡"的本义就是天平，《论衡》就是用天平来评判当时的言论和观点。《论衡》指出，天和地都是无意志的物质实体，"天地合气，万物自生"，并非天的有意安排。天、人都是自然的产物，"天人感应"只是人们以自己的想法去比拟天的结果。王充还认为，有生即有死，"人死血脉竭，竭而精气灭，灭而形体朽，朽而成灰土，何用为鬼？"否定了鬼的存在，批驳了谶纬说的"善恶报应"。

《论衡》在中国封建王朝处于统一和强盛、儒学与神学相结合成为正统思想的重要历史时期，敢于宣称世界是物质的，敢于不承认鬼神的存在，并确立了一个比较完整的古代唯物主义体系，在历史上起到了划时代的作用。

王充

约公元 86 年 王充解释潮汐成因

很早以前，人类就对潮汐水位周期性涨落现象产生了兴趣，并提出种种解释。中国古籍《山海经》里记载"鲸出洞时则退潮，入洞时则涨潮"，认为海潮的涨落是由于一种叫"鲸"的巨大动物出洞入洞所引起的水位变化。公元前 3 世纪前后印度的《大藏经》则认为，"潮水涨落是龙神变化"所形成的现象。

公元前 325 年左右，古希腊航海家皮西亚斯从地中海航行到不列颠群岛沿岸，发现那里存在明显的涨落潮现象，并对当地的潮汐变化情况进行观测，记载了望月时为大潮、朔月时为小潮的变化情况。公元前 1 世纪，古希腊哲学家波西东尼斯对西班牙加的斯港的潮汐现象进行了长期观测，不仅发现了潮汐的大小潮变化，即满月时为大潮、半月时为小潮，而且还发现了潮汐的年变化特征，即在春分、秋分时会有最大的大潮，夏至、冬至时会有最小的小潮，提出潮汐的时间和潮高变化与月球运行的轨道和周期有关。

中国东汉唯物主义思想家王充在其《论衡·书虚》一篇中提出："涛之起也，随月盛衰，大小满损不齐同"，阐述了潮水涨落同月亮盈亏的密切关系，并针对民间流传的伍子胥冤魂驱水形成涌潮的迷信说法，指出潮水"其发海中之时，漾驰而已；入三江之中，殆小浅狭，水激沸起，故腾为涛"，即涌潮现象的形成是因为河口海域地形变"浅狭"而引起的。王充等人把潮汐现象与天文过程、地形变化等自然因素联系起来的科学思想，为后世学者进行进一步的潮汐成因、规律和预报研究指明了方向。19 世纪末，英国物理学家牛顿根据万有引力定律，定量分析了太阳、月球等天体运行对地球上潮汐过程的影响，从理论上为潮汐现象的成因及变化规律提供了系统的科学解释。

公元 98—117 年
鲁弗斯撰写《论身体各部位名称》等著作

鲁弗斯是著名的解剖学家和医生，他的主要著作有《论身体各部位名称》等多种。《论身体各部位名称》是第一部详细记述解剖名称的专著，在这部书中，鲁弗斯最早记述了视神经束交叉，正确记述了眼球结膜与晶状体的形状和位置，记述了喉、食管、胸腺、小肠、结肠等。在《论肾和膀胱疾病》中，他记述了肾的炎症和化脓、肾结石、血尿、膀胱炎、膀胱结石等疾病；在“论肾硬结”一章中，指出患此病的人无痛、少尿、水肿，无疑是对慢性肾炎的一种记述；在“论询问病人”一章中，鲁弗斯特别强调询问病史的重要性，因为人的疾病和多种因素有关，如家族遗传史、生活习惯、居住条件、气候和水质等。因此，医生在诊治病人时要详细询问这些情况。此外，鲁弗斯对脉搏有较深入的研究，他在《论脉》中记述了脉率的快慢、脉搏的强弱、脉的紧张度等。更有意义的是，他认为脉是因心脏收缩而产生的，并描述了间歇脉、重搏脉、震动脉等。

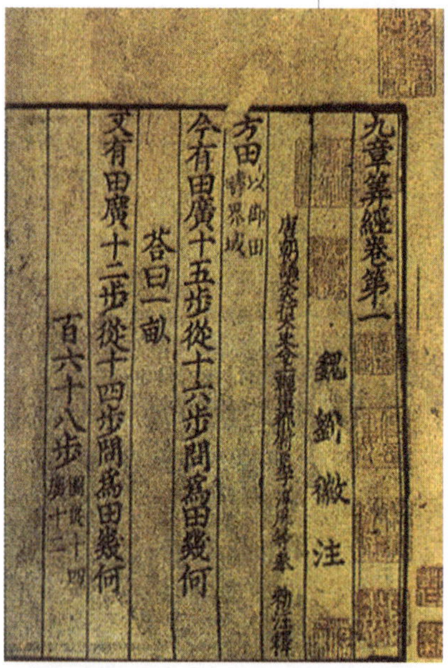
九章筭經卷第一
魏 劉 徽 注
方田以御田疇界域
今有田廣十五步從十六步問爲田幾何
答曰一畝
又有田廣十二步從十四步問爲田幾何
答曰 百六十八步

刘徽注《九章算术》 南宋嘉定六年(1213 年)鲍澣之汀州刻本，是此书存世之最早刻本，现藏上海图书馆。

约公元 100 年
《九章算术》成书

《九章算术》约公元 100 年成书，作者不可考。现代学者认为它上承先秦数学发展的源流，到汉代又经许多学者的删补才最后成书。《九章算术》是“算经十书”中最重要的一种，标志着中国古代数学独特体系的形成。

《九章算术》采用“实用问题集”的表述形式，全书共收入 246 个数学问题，分为九章：第一章“方田”：分数四则算法和各种面积公式；第二章“粟米”：粮食交易的比例方法；第三章“衰分”：比例分配的算法；第四章“少广”：开平方法和开立方法；第五章“商功”：各种体积公式和工作量的分配算法；第六章“均输”：赋税的平均负担的计算法及各种算术难题；第七章“盈不足”：盈亏类问题解法及其应用；第八章“方程”：线性方程组解法和正负术；第九章“勾股”：直角三角形解法和一些测量问题的解法。

《九章算术》中的数学成就是多方面的：

(1) 算术方面，系统地叙述了分数运算、比例问题和所谓的“盈不足术”。

(2) 几何方面，主要是面积和体积的计算。

(3) 代数方面，主要有线性方程组的解法、开平方、开立方、一般二次方程的解法等。“方程”一章还在世界上首次引入了负数及其加减运算的法则。

《九章算术》开创了中国古代数学的独特体系，其主要特点是：以数学应用为框架结构，以算法为主要内容，以数学模型为广泛采用的方法。

《九章算术》对中国古代数学产生了巨大的影响，唐宋两代都由政府明令规定为教科书。中国古代的数学家也大多从《九章算术》开始学习和研究数学。后世的许多中国古代数学著作，有许多就是《九章算术》的注释或研究，其中以魏晋时期刘徽的注最为著名。《九章算术》在隋唐时就已传入朝鲜、日本，现在更被译成日、俄、德、法等多种文字，它是中国为世界数学发展作出的一项杰出贡献。

约公元 100 年
门纳劳斯写成《球面学》

门纳劳斯是古希腊数学家和天文学家，公元 75 年后在亚历山大和罗马等地工作过，公元 98 年在罗马建立天文台。他的著作很多,内容涉及天文学、力学、几何学和三角学,但最有影响且唯一流传下来的就是《球面学》。

《球面学》一书分三卷,内容包括球面三角学及其在天文学上的应用。在第 1 卷,他一开始就给出了球面三角形的定义:“球面上由大圆的圆弧所包围的部分”,又限定“这些圆弧都小于半圆”。这是世界上第一次对球面三角形所作的明确表述。这一卷是为研究球面三角学建立基础。他采用球面上大圆的圆弧而不是平行圆的圆弧,这是球面三角学发展的一个转折点。第 2 卷是球面几何学在天文学上的应用。第 3 卷才正式对球面三角学展开论述,其第一个命题就是球面上的“门纳劳斯定理”: 设 X, Y, Z 分别是球面三角形 ABC 三条边 BC, CA, AB 或其延长线上的点,则此三点共大圆的充要条件是:

$$\frac{\sin XB}{\sin XC}\cdot\frac{\sin YC}{\sin YB}\cdot\frac{\sin ZA}{\sin ZB}=1。$$

门纳劳斯从这个定理还导出很多有用的结果。

《球面学》是已知最古老的球面三角学专著,门纳劳斯因这本书而成为球面三角学的奠基者。

公元 2 世纪
张衡发明漏水转浑天仪

中国汉朝关于宇宙结构的理论,主要有盖天说、浑天说和宣夜说三派。东汉天文学家张衡是浑天说的代表人物, 主张天如蛋壳,地如蛋黄,天大地小,天地各乘气而立,载水而浮。他设计制造了漏水转浑天仪,简称浑天仪。此仪的核心部分是一具直径 4 尺多的铜制浑象。浑象原系西汉时耿寿昌所发明,张衡作了改进,作为浑天说的演示仪器。浑象上绘有黄道、赤道、南极、北极、恒显圈、恒隐圈、二十八宿和全天星官。浑象外设有地平环,浑象绕南北极轴旋转,半露于地平环之上,半处于地平环之下。浑象外还附设日月行星的模拟物,可随时移动以示它们所处的实际位置。他用一套齿轮系机械传动装置将浑象同漏壶联系起来,以漏壶滴水推动浑象均匀地绕轴旋转,并使之与天体的周日视运动同步。人在屋中观浑象,即可知天空中哪颗星正在哪个位置上。水运浑象还带动一个称为瑞轮蓂荚的装置,它能每日开启或关闭一张叶片,按月亮盈亏表示阴历月的日期,相当于一个机械自动日历。该仪器使用的漏壶是迄今所知最早的两级漏壶。漏水转浑天仪对后来的中国天文仪器影响很大,唐宋以来在其基础上又研制出更加精致和复杂的天象表演仪器和天文钟。为了纪念张衡的功绩,国际天文学联合会先后将月球背面的一座环形山和 1802 号小行星命名为 “张衡”。

中国人民邮政 1955 年发行的纪念邮票“纪 33 中国古代科学家”之张衡

张衡博物馆 位于张衡出生地——今河南省南阳市卧龙区石桥镇,是国家重点文物保护单位。图为当地在 2009 年举行纪念张衡逝世 1870 周年大典盛况。

公元 2 世纪
托勒玫撰写《天文学大成》

托勒玫是古代希腊天文学的集大成者,特别是总结了依巴谷取得的成就。托勒玫把自希腊天文学家阿波罗尼乌斯以来用偏心圆或本轮—均轮体系解释天体运动的地球中心说进一步系统化,提出了一个完整的地心宇宙体系, 后世称为托勒玫地心体系,或托勒玫地心说。他在亚历山大城完成的《天文学大成》一书,堪称古希腊天文学的百科全书,也是中世纪欧洲和阿拉伯天文学家的经典读物。全书共 13 卷,头两卷叙述基本天文观测事实和数学基础; 论证大地为球形,静止于宇宙中心, 其他天体皆绕其旋转。第三、四卷分别讨论太阳、月球的运动。第五卷由月球的视差求得月地距离为地球半径的 59 倍,很接近于真值;又由月食推算日地距

托勒玫

离，但结果比真值小得多。第六卷讨论日月食的计算。第七、八卷讨论恒星和岁差；书中列出 48 个星座、1028 颗恒星的黄道坐标，并用星等表示恒星的亮度，世称“托勒玫星表”。最后 5 卷利用本轮—均轮体系详细讨论 5 颗行星——水星、金星、火星、木星和土星的运动。《天文学大成》于公元 9 世纪初译成阿拉伯文，12 世纪又转译成拉丁文。此书曾于元朝传入中国，但未译成中文。直至明末科学家徐光启主持编撰《崇祯历书》才对其作了简介。托勒玫体系明确肯定大地为球形，试图对天体运动的观测资料进行理论概括，并能预告太阳、月球、行星等的位置，在历史上曾起到一定的进步作用。

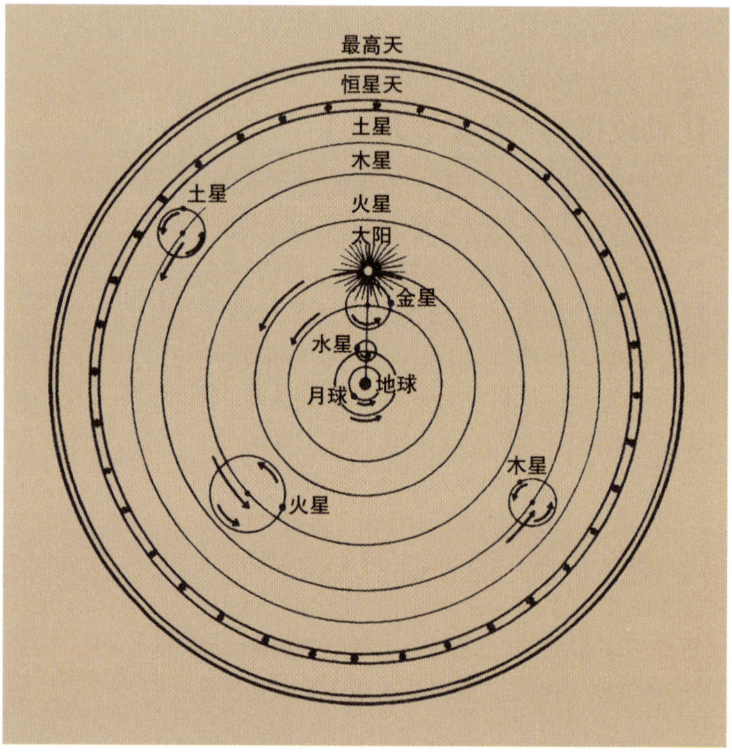

托勒玫的地心宇宙体系概貌

公元 2 世纪
托勒玫发展三角学

为了论证地心说，托勒玫在《天文学大成》中详细给出了关于月球、太阳和行星的运动的数学理论。特别是，他引进了基于所谓“弦函数”的三角学方法，并给出了一张弦表。事实上，他的弦函数是一种变相的正弦函数，这张弦表就相当于正弦三角函数表。更重要的是，托勒玫还说明了编制这种表的数学原理，即一条现称“托勒玫定理”的几何命题：圆内接四边形中，两条对角线长度的乘积等于两对对边长度乘积之和。这张弦表及其编制原理可以说是《天文学大成》对三角学的最有意义的贡献。托勒玫在《天文学大成》中还以门纳劳斯定理为基础，推导出许多球面三角学定理，用以解决特定的天文学问题。《天文学大成》对三角学的贡献使托勒玫在数学发展史上也有一定的地位。

公元 2 世纪
托勒玫著《光学》

公元 2 世纪，古希腊学者托勒玫研究了

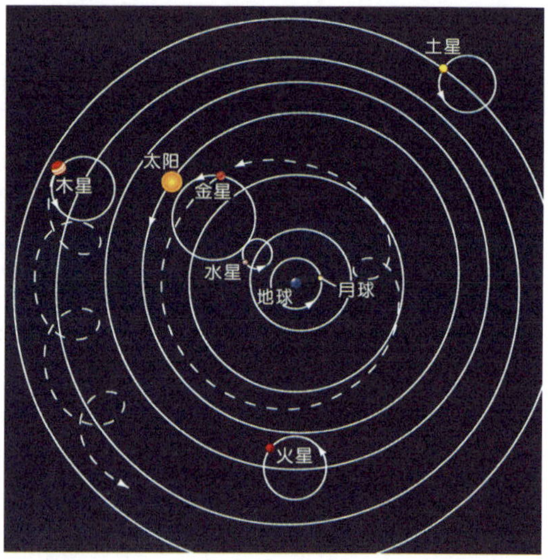

地心说用本轮—均轮体系解释行星运动基本特征示意图 5 颗行星——水星、金星、火星、木星和土星在各自的本轮上运行，本轮中心又在均轮上转动。为了避免画面过于复杂，图中仅用虚线画出两颗行星——金星和木星的实际运行轨迹。

光的折射现象。他发现,空气中的光线经水折射后,折射角与入射角成正比。按照今天我们知道的折射定律,入射角与折射角的正弦之比对于确定的媒质是常数。因为正弦值与角的弧度值在角度很小时近似相等,所以托勒玫的结论只是在角度很小时才是正确的。而精确的折射定律是直到 17 世纪才由荷兰数学家斯涅耳所发现。

托勒玫指出,改变光的路径有两种方式。除上面讨论的折射外,还有光的反射。他把这些研究结果总结在《光学》一书中。

公元 2 世纪
托勒玫著《地理学指南》

古希腊学者托勒玫一生著述甚多,最著名的当属《天文学大成》。托勒玫的另一重要著作《地理学指南》(8 卷),主要论述地球的形状、大小、经纬度的测定,以及地图的投影方法,是古希腊有关数理地理知识的总结。书中附有 27 幅世界地图和 26 幅区域图,后人称之为托勒玫地图。他制造了供测量经纬度用的类似中国浑天仪的仪器和角距仪。他通过系统的天文观测,编制了包含 1028 颗恒星的恒星位置表。他测算出月球到地球的平均距离为 29.5 倍于地球直径,这个数值在古代是相当精确的。他还著有《光学》(5 卷)等,并对几何学也有研究。

约公元 2 世纪
索拉努斯著《论妇女病》

索拉努斯,古罗马妇产科学家。他是法规学派最著名的代表,著有《论急慢性病》、《论骨折》等,主要以《论妇女病》一书闻名,此书在其后 1500 年一直是妇产科教材的范本。索拉努斯在此书中对女性生殖器官的解剖生理有非常详尽的介绍。他明确地区分了阴道和子宫,讨论了月经、生育、妊娠、产前处理、新生儿护理、子宫出血以及妇女的其他多种疾病。在产科方面,他记述了产椅、阴道窥器等。他对难产下了比较恰当的定义。他记述的妊娠、分娩后的护理以及新生儿护理也很有意义。索拉努斯在该书的第二部分论述了停经、痛经、月经不调以及子宫的各种疾患。《论妇女病》不仅富于科学性,内容丰富,而且清晰易懂,被医史学家称为早期妇产科和儿科学的经典著作。

约公元 2 世纪
华佗施行全身麻醉手术

华佗,字元化,东汉末年的医学家。据记载,他通晓内、外、妇、儿各科,尤精于外科及针灸。后世常以"华佗再世"、"元化重生"称誉医家,足见其影响之深远。他最重要的医学成就之一,就是创用麻醉药"麻沸散"。病人服药后"如醉死无所知"。华佗为病人打开腹腔,切除病变部位,缝合后涂上膏药,四五日伤口便愈合。这是世界医学史上最早在全身麻醉下进行外科手术的记载。《后汉书》和《三国志》均列有《华佗传》,记载了他的多个治疗案例,但未记载麻沸散的配方。华佗又提倡积极养生,曾发明仿生体操"五禽戏",模仿虎、鹿、熊、猿、鸟五种动物的动作进行锻炼。后来华佗因触怒三国时当权者曹操而被处死,医学手稿也被焚毁,其医术不幸失传。

公元 2 世纪
盖仑写成《论解剖》

盖仑是古罗马医学大师。在科学上是个注重观察与客观描述的实验家,但在信仰上是个目的论与神创论者。他认为器官的生成与其功能是完全一致的,机体各部分都与某种预定的目的相适应。

盖仑有丰富的比较解剖学知识。有关骨学的记述是盖仑根据人体标本而写成的,特别是他对手、肩等部位的描述,堪称杰作;肌

盖仑

学的记述也比较突出；在神经学方面，盖仑研究了脑，描述了 12 对脑神经中的 7 对，并已知道脑是神经系统的中心。在循环系统方面，盖仑记述了心脏的四个腔和四个孔及瓣膜，清楚地记述了卵圆孔和动脉导管；盖仑已知道大多数静脉与动脉并行，并把由小肠到肝的静脉称为“门静脉”。他写成了有史以来第一部系统研究人体解剖的著作《论解剖》，这是他最有影响的著作。他关于人体结构和功能方面的论述，在许多方面都胜过前人。

对于治疗，盖仑推崇正治法，具体疗法包括饮食、药物、体操、按摩、气候疗法等。他更重视药物治疗，曾记述 540 种植物药、180 种动物药、100 种矿物药，多用复方制剂。

盖仑用实验证实动脉内含血，否定了当时流行的动脉内含气的说法；也最早用实验观察到动脉的搏动。但他将柏拉图的“三种灵气说”作为其生理思想的基础，提出了血液运动的“潮汐说”。

盖仑的朴素唯物主义观点中混有“目的论”观点，这后来被中世纪经院哲学所利用，作为教条。由于盖仑是西方医学史上继希波克拉底之后最有影响的医学家，他的著述曾长期被医学界视为经典，盖仑因此被誉为“医圣”。

约公元 2 世纪
《难经》成书

《难经》全名《黄帝八十一难经》，共 3 卷，原题秦越人（即扁鹊）撰，为托名之作，成书于约公元 2 世纪。“难”是“问难”之义，全书以问答形式论述中医理论问题。共分八十一难，论及人体脏腑功能形态、诊法脉象、经脉针法等诸多问题。不少内容对后世医学有重要影响。例如，首倡“独取寸口”诊脉法，提出对命门和三焦的学术见解，命名人体七冲门（消化道的 7 个要冲部位，包括幽门、阑门等）和八会（脏、腑、筋、髓、血、骨、脉、气等精气会合处），阐述“虚则补其母”、“实则泻其子”的治疗法则等。

公元 132 年
张衡发明候风地动仪

据《后汉书·张衡传》记载，东汉阳嘉元年（公元 132 年），张衡制造了世界上第一台地震监测仪器——候风地动仪。地动仪以精铜制成，中央有一“都柱”，都柱通过机关与器壁上的八条龙相连。每条龙的龙口中均衔一枚铜丸，龙首下各有一只蟾蜍，张口承丸。地震时，受地震波震动，内部机关触发，龙口张开，铜丸落入蟾蜍腹中。根据落丸龙首的位置，即可确定地震方位。《后汉书·张衡传》还提到，有一次铜丸落下，众人皆无震感，数日后方知陇西地震，足见候风地动仪的灵敏程度。

正如《后汉书》所说：“其牙机巧制，皆隐在尊中，覆盖周密无际。”加之张衡所造之器早已无存，千百年来，候风地动仪的内部结构及工作原理始终无人知晓。近几十年来，不断有人尝试复原候风地动仪，并已取得一

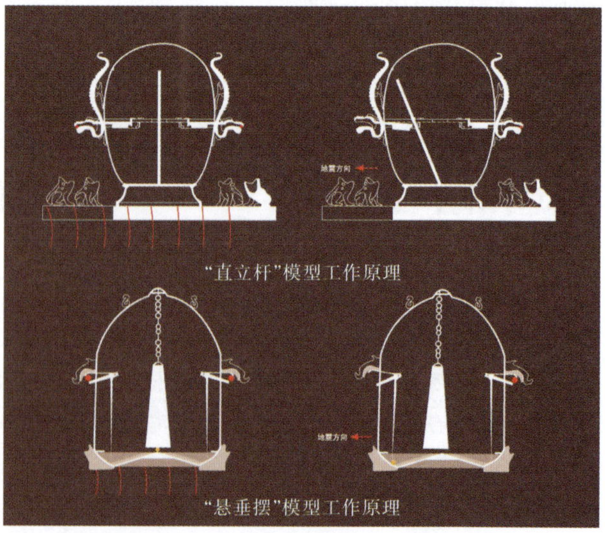

今人推测的候风地仪动工作原理示意图

定成果。“直立杆原理”和“悬垂摆原理”，就是今人推测的地动仪可能的两种工作方式。

“直立杆”模型中，中心都柱是一根下细上粗的圆柱体，有八条通道通达八只龙首。控制龙口的机关分别卡在“八道”中部。地震发生后，受地震波推动，都柱倒向地震波方向。受都柱压迫，这一方向上的机关触发，杠杆转动，将龙口撬起，铜丸滑落。这种模型有一定缺陷：若都柱下端太粗，灵敏度不够；若都柱下端太细，灵敏度又可能过高，且尖端容易磨损。

“悬垂摆”模型中，都柱悬挂在地动仪内部中央，下方八条轨道汇聚成“米”字形。一只小球位于轨道汇聚点上，恰好轻轻卡在都柱正下方。地震时，地动仪底座随地表轻微移动，悬挂的都柱因惯性作用保持不动，从而将小球拨向地震波方向。小球滑至轨道另一端，触碰竖杆，令龙口张开，珠落蟾口。这种复原模型工作稳定，可能更接近张衡地动仪的原理。

公元 3 世纪
裴秀提出地图制图规范“制图六体”

中国古代，地图虽然很早就已出现，但直到公元 3 世纪，才由地图学家裴秀提出一整套科学的制图规范。

裴秀，河东闻喜（今山西省闻喜县）人，西晋时官至司空。司空负责管理国家户籍、地图等，因此裴秀得以接触到不少前代地图。仔细研究后，裴秀认为这些地图“虽有粗形，皆不精审，不可依据”（《晋书·裴秀传》），于是着手建立统一的地图制图规范。

裴秀提出的地图制图规范总共 6 条，称为“制图六体”。“六体”中，一曰分率，用以反映对象面积、长宽之比例，相当于今天地图的比例尺；二曰准望，用以确定地貌、地物间的方位关系；三曰道里，用以确定地图上两地之间的距离；四曰高下，即地图对象间的相对高程；五曰方邪，即地面坡度起伏程度；六曰迂直，即道路的弯曲情况。

“分率”、“准望”和“道里”也是现代地图制作中的三个基本要素，“高下”、“方邪”和“迂直”则是绘制地图时因地制宜的误差校正处理。“制图六体”的出现，标志着中国地图学正式步入规范化的时代。直到明末西方制图技术传入前，“制图六体”一直是中国古代地图绘制的理论基础。

公元 3 世纪
张华撰写《博物志》

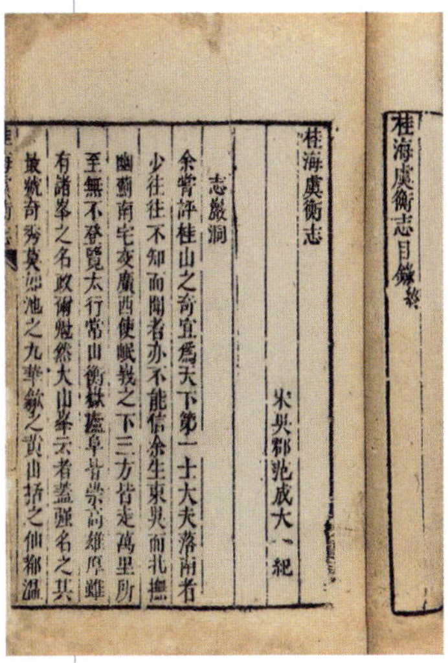
桂海虞衡志目錄終

桂海虞衡志
宋吳郡范成大 撰
志巖洞
余嘗評桂山之奇宜爲天下第一士大夫落南者
少往往不知而聞者亦不能信余生東吳而北撫
幽薊南宅交廣西使岷峩之下三方皆走萬里所
至無不登覽太行常山衡嶽廬阜皆崇高雄厚雖
有諸峯之名政爾魁然大山峯云者蓋彊名之其
拔然奇秀莫如池之九華歙之黃山括之仙都溫

《博物志》

《博物志》为西晋人张华编撰，成书于公元 3 世纪。张华，字茂先，博物学家。史书上说他有“包罗万象蕴藏海纳百川之志”，“好读图纬、方伎之书，于经方、本草亦有研究。”

《博物志》是继《山海经》后我国又一部包罗万象的奇书，填补了我国自古无博物志类书籍的空白。该书共 10 卷，原书散佚，今本系后人搜辑而成。前 3 卷记地理动植物，第 4、5 卷为方术家言，第 6 卷是杂考，第 7 至 10 卷是异闻、史补和杂说。该书另一大贡献是保存了我国古代不少神话材料，书中还有对我国西北地区石油和天然气的记载，颇有资料价值。

约公元 3 世纪初
张仲景著《伤寒杂病论》

张仲景

《伤寒杂病论》是流传至今的第一部有明确作者的中国医学著作，成书于约公元 3 世纪初。作者张仲景，名机，东汉南阳郡涅阳（今河南省南阳市）人。他著书的直接动因，与当时严重的疫病流行及张氏家族惨痛的伤亡有关。张氏宗族的人在不到 10 年中死去近七成，主要病因都是“伤寒”，即受寒邪所伤而导致的发热及其并发症。张仲景悲痛之余，以“勤求古训，博采众方”的精神，吸收《黄帝内经》、《阴阳大论》等诸书精义，撰成《伤寒杂病论》。书成后在战乱中原稿散失，后由晋代王叔和收集整理，改编成《伤寒论》、《金匮玉函方》二书。到北宋中期，校正医书局又依据几种传本，重新整理成《伤寒论》、《金匮玉函经》、《金匮要略》三种书籍；后两者内容大致相同。

张仲景的《伤寒论》提出了“六经辨证”体系，依据伤寒发热整个病程变化以及病邪侵害脏腑经络程度，结合患者正气盛衰，总结成三阳（太阳、少阳、阳明）和三阴（太阴、少阴、厥阴）六纲，用“证候”的概念来归纳疾病不同阶段中的症状特征及人体综合反应，从而采取相应的治法，对确立中医的“辨证论治”具有典范性意义。《金匮要略》则以脏腑为纲讨论各系统内科杂病，以及一些外科疮痈、妇女妊娠和各种急救症。两书共记载了 269 首方剂，尤其是《伤寒论》中的 113 方，组方合理，用药精当，被后世称为“经方”。张仲景也被后世尊为“医圣”。历代学习、研究和应用他的著作及理论的医家众多，形成了“伤寒学派”。除中国外，他还受到日本、朝鲜医药学界的推崇。

公元 227—239 年
马钧改进翻车和旧式绫机

马钧，中国三国时期曹魏人，在机械设计制造上有多方面的成就，被时人誉为“天下之名巧”。在农业机械方面，以改进翻车（即龙骨水车）最为著名。翻车是一种灌溉机械，最早由东汉灵帝时的毕岚发明，魏明帝（公元 227—239 年在位）时经马钧改进后，效率提高了很多。它由手柄、曲轴、齿轮链板等部件组成。最先以人力为动力，后扩展到利用畜力、水力和风力。它制作简便，提水效率高，操作搬运方便，还可及时转移取水点，一直使用到现在。中国古代链传动的最早应用就是在翻车上，是农业灌溉机械的一项重大改进。

马钧改造旧式绫机的成就也很突出。经他设计的新式绫机不仅更精致，更简单适用，而且生产效率也比原来的提高了四五倍。织出的提花绫锦，花纹图案奇特，花型变化多端，受到了广大丝织工人的欢迎。旧式绫机的改造，是中国古代纺织工具的一项重大改革。

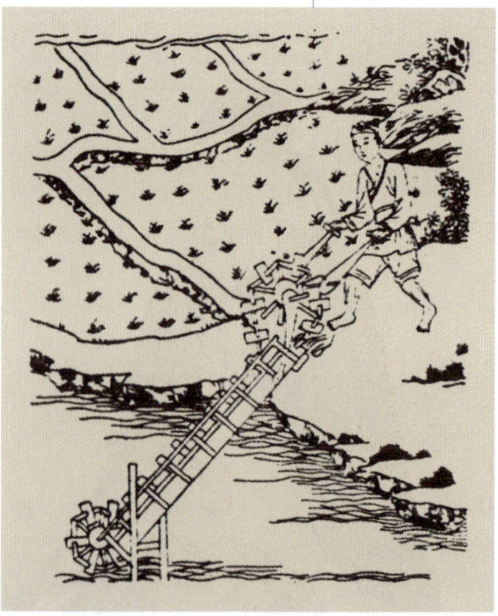

(a)《天工开物》中的拔车

(b) 王祯《农书》中的翻车　马钧改进的翻车是用手摇的，后世称为拔车。自唐以后，又出现了功效更高的脚踏翻车和牛转翻车、水转翻车等。在实际使用中，以脚踏翻车最为常见。

约公元 250 年
丢番图写成《算术》

丢番图是古希腊数学史上亚历山大后期（公元前 146—公元 641 年）的数学家。他给我们留下的数学遗产，主要就是《算术》一书（成书于约公元 250 年）。

《算术》是一本问题集，其中有不少是求解方程，特别是求解不定方程的问题。所谓“不定方程”，就是未知数个数多于方程个数的代数方程（组）。这类问题在丢番图以前已有人接触过，但丢番图是第一位对不定方程作广泛深入研究的数学家，以至我们今天通常把求整系数不定方程整数解的问题称为"丢番图问题"，而将不定方程称为"丢番图方程"。

除了在方程上的贡献外，丢番图还有一个重大的贡献，就是创建了一套缩写符号。特别是他使用了特殊记号来表示未知数。另外，他把未知数的平方、立方、四次方、五次方、六次方都用符号来代替。虽然这些符号还只具缩写性质，却不失为代数符号的滥觞。有人称丢番图的代数为"简写代数"，是真正的符号代数学出现之前的一个重要阶段，它奠定了数学符号化的基础。

公元 259 年
皇甫谧著成《针灸甲乙经》

皇甫谧为晋代著名学者、医学家，其成长过程堪称浪子回头的典型。据载，他自幼顽劣失学，后被收养他长大的叔母痛斥一番才幡然悔悟。17 岁始刻苦就学，中年有成，著有《帝王世纪》等一系列学术著作。后因中年患风痹症，才专心自学医术，就针灸学术汇集了《素问》、《针经》(即《灵枢》)和《明堂孔穴针灸治要》三书精要，并结合自己的临证经验，撰成《黄帝三部针灸甲乙经》，也称《针灸甲乙经》，共 10 卷，为中医第一本针灸专著。书中首次整理了人体穴位的数量(649 个)，对 349 个穴位(300 个双穴，49 个单穴)的名称、位置和主治功能进行论述；记载了各种取穴法以及进针、留针手法；针对常见病提出针灸处方，对针灸学发展有重要影响。

公元 263 年
刘徽注《九章算术》

刘徽是中国魏晋时期的数学家，于公元 263 年注《九章算术》，对《九章算术》中的方法和算法作了全面的论述，指出并纠正了原书中的错误，在数学方法和数学理论上作出了杰出的贡献。

《九章算术注》的主要数学成果有：

(1) 运用极限思想创立"割圆术"，以证明圆面积公式，求出圆周率的近似分数 $\frac{157}{50}$，并提出计算圆周率的方法。

(2) 用无限分割的方法解决了锥体体积的计算问题，提出并证明了"刘徽原理"：将一个"壍堵"(即用一平面沿长方体相对两棱切割而得到的楔形立体)分解为一个"阳马"(即直角四棱锥)与一个"鳖臑"(即四个面均为直角三角形的四面体)，则阳马与鳖臑的体积之比恒为 2:1。以此为基础，解决了许多多面体的体积问题。

(3) 在开方不尽的问题中提出求"微数"的思想，这种方法与后来求无理根近似值的方法一致，它不仅是圆周率精确计算的必要条件，而且促进了十进小数的产生。

(4) 指出解决球体积问题的方向。《九章算术》给出一个关于球体积的错误公式，刘徽指出错误起因于把球与其外切圆柱的体积之比看成了 $\frac{\pi}{4}$。他设计了一个"牟合方盖"(即球的两个相等的外切圆柱体正交时的公共部分)，指出球与牟合方盖的体积比才是 $\frac{\pi}{4}$。虽然他未能求出牟合方盖的体积，

刘徽

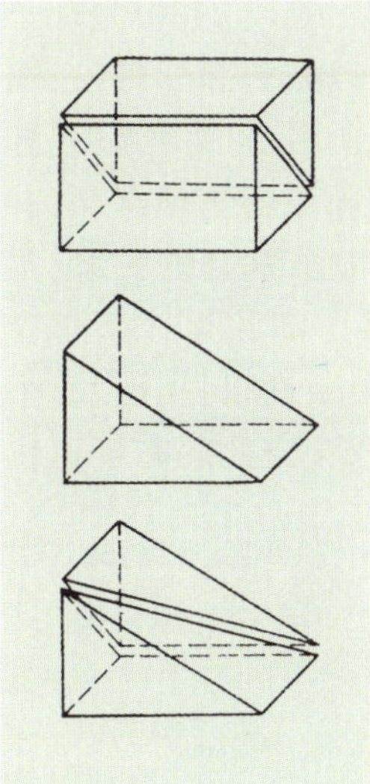

将一个"壍堵"分解为一个"阳马"与一个"鳖臑"

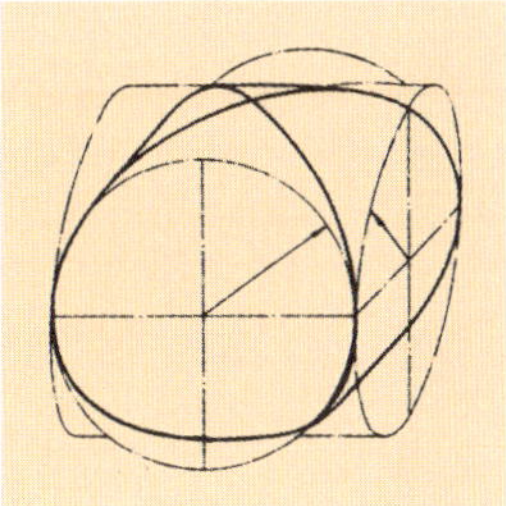

牟合方盖

但指出了解决球体积问题的方向。

(5) 提出了许多公认正确的判断作为证明的前提，大多数推理和证明都合乎逻辑，十分严谨，还采用了图形类比的方法，从而把《九章算术》及刘徽自己的解法和公式建立在必然性的基础之上，对后世数学的发展产生了重要影响。

(6) 发展了天文观测中的重差术，即利用相似直角三角形对应边成比例的原理测量不可达距离的方法。刘徽自撰“重差”，作为《九章算术注》的第 10 卷，后单独印行，即《海岛算经》，为“算经十书”之一。刘徽在其中总结了重差法，提出了重表法、连索法、累矩法这三种基本测量方法，为地图学、航海学的发展奠定了数学基础。

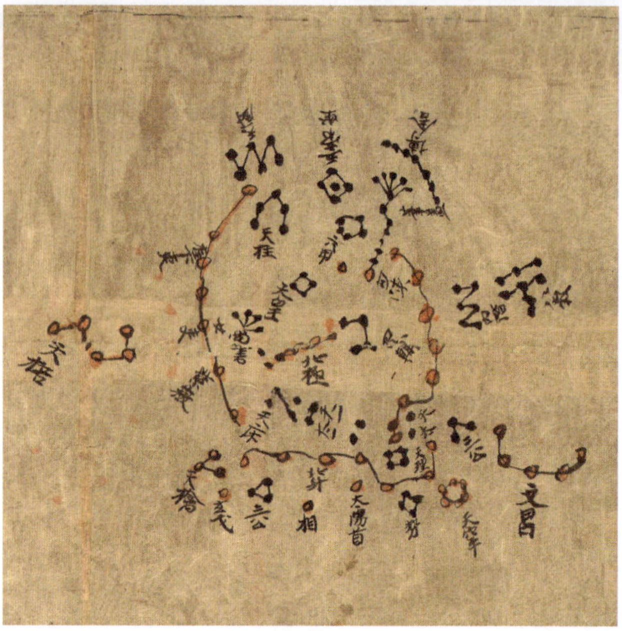

公元 8 世纪初的绢制敦煌星图 发现于敦煌经卷中，20 世纪初流失到英国，现藏英国伦敦博物馆。共含 13 幅分图，这是其中的最后一幅——北天极附近的紫微垣，其下部北斗七星赫然在目。

公元 266—282 年
王叔和著《脉经》

“熟读王叔和，不如临证多”，是一句中国古代医学谚语，虽然其意思是强调临床实践，但也可见王叔和在医学理论方面的地位。他是魏晋之际的著名医学家，曾任太医令。他精通经史，穷研方脉，因见脉诊理论纷乱，诸家依据不一，所以著成《脉经》，共 10 卷。书中整理了自《黄帝内经》以来的脉学理论，厘定了 24 种脉象名称及其指下标准，阐述各种脉象的病理意义，并讨论了脉象与临床病证的关系，是中医学史上第一部脉学诊断学专著。中医脉诊经验性很强，但“心中易了，指下难明”，自此起有了可供参照的标准。

王叔和

约公元 270 年
陈卓整合中国古代星官体系

中国古代对恒星的命名，可上溯到殷商时代。到战国时期，已出现专门的天文著作。如魏国天文学家石申所著《天文》8 卷。三国时代，约公元 270 年，吴国太史令陈卓综合先秦以来战国时齐国天文学家甘德、石申和商代天文学家巫咸三个学派所观测的恒星，总结为一个规范化的星官体系，列出一份标准的星表，共含 283 星官、1464 颗星，并著录于图。虽然此星图早已失传，但仍可从唐中宗时期约公元 705—710 年间绘制的敦煌星图上知其大概。敦煌星图是世界现存古星图中星数较多又较为古老的一幅，图上绘出约 1350 颗星，用圆圈、黑点、圆圈涂黄三种方式区别不同来源。由两颗以上恒星组成的星官，每颗星都有编号。例如，星官“天津”共包括 9 颗恒星，“天津四”(天鹅座 α)就是其中的第 4 颗星。敦煌星图共含 13 幅分图，其画法是按照每月太阳的位置，大致沿黄道和赤道带分 12 段用类似麦卡托投影的方法(在欧洲直到 1596 年才发明麦卡托投影法)

画出紫微垣以南的恒星，最后再将紫微垣画在以北极为中心的圆形平面投影上。陈卓的星官体系对后世影响巨大，沿用了 1000 多年，直到明末以后才有较显著的发展和变化。

约公元 300 年
《孙子算经》成书

《孙子算经》是成书于约公元 300 年的数学著作，唐代被列为“算经十书”之一。全书分 3 卷，上卷叙述了筹算记数法和筹算乘除法则；中卷举例说明筹算分数算法，开平方和面积、体积计算；下卷是各种应用问题。

《孙子算经》中最著名的是下卷的“物不知数”问题：“今有物不知其数，三三数之剩二，五五数之剩三，七七数之剩二，问物几何？”这相当于求解一次同余式组：

$N \equiv 2 (\mathrm{mod}\,3) \equiv 3 (\mathrm{mod}\,5) \equiv 2 (\mathrm{mod}\,7)$。

《孙子算经》给出的答数是最小正数解 $N=23$。“物不知数”问题的解答指明了解题方法，列成现代的算式就是：

$N = 70 \times 2 + 21 \times 3 + 15 \times 2 - 2 \times 105$。

《孙子算经》还说明对任意余数 R_1, R_2, R_3，只要将上述算式中的 2，3，2 换成 R_1, R_2, R_3，并调整 105 的系数就行了，这是现今关于一次同余式组一般解的剩余定理的特殊形式。“物不知数”问题又称“孙子问题”，它引导宋代的秦九韶发明了求解一次同余式组的一般算法——大衍求一术。现在往往把这种算法的原理称为“中国剩余定理”，或径称“孙子定理”。

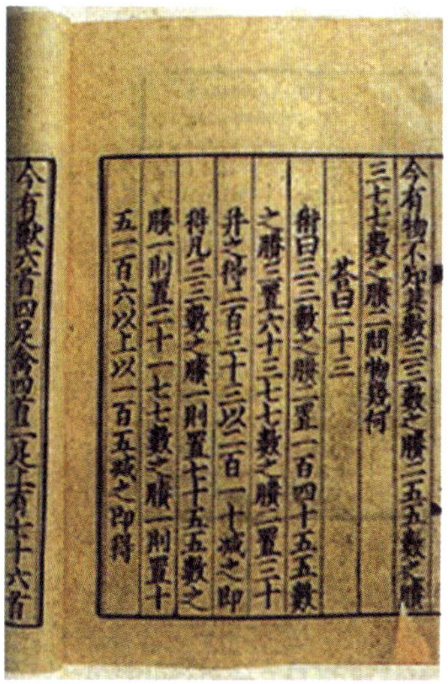
今有物不知其數三三數之賸二五五數之賸
三七七數之賸二問物幾何
荅曰二十三
術曰三三數之賸二置一百四十五五數
之賸三置六十三七七數之賸二置三十
并之得二百三十三以二百一十減之即
得凡三三數之賸一則置七十五五數之
賸一則置二十一七七數之賸一則置十
五一百六以上以一百五減之即得

《孙子算经》中“物不知数”问题　南宋嘉定六年（1213 年）鲍澣之汀州刻本，是此书存世之最早刻本，现藏上海图书馆。

公元 304 年
《南方草木状》成书

公元 304 年成书的《南方草木状》是中国最早的地方植物志，也是世界上现存最早的植物学文献之一，宋代以来一直认为是西晋嵇含所著，但清代以后有人怀疑其为后人伪托。据说嵇含在军旅中每到一处就悉心谘访当地风土习俗，将别人讲述的岭南一带的奇花异草、巨木修竹笔记下来，加以整理和编辑。该书所记植物名称，多数至今仍在沿用。

《南方草木状》介绍了中国热带、亚热带地区的植物，其中上卷草类 29 种，中卷木类 28 种，下卷果类 17 种、竹类 6 种，共计 80 种，第一次把竹类从草类中分出，自成一类。书中描述了植物的形态特征、生活环境、用途、产地等。书中所记在水浮苇筏上种蕹菜的方法，是世界上有关水面栽培（无土栽培）蔬菜的最早记载；所记南方橘园利用黄猄蚁防治柑橘害虫，是世界上利用生物界相互制约的现象防治农业害虫的最早先例。书中记载：“交趾人以席囊贮蚁鬻于市者，其窠如薄絮囊，皆连枝叶，蚁在其中，并窠而卖。蚁赤黄色，大于常蚁。南方柑树，若无此蚁，则其实皆为群蠹所伤，无复一完者矣。”这种方法，大概是中国南方少数民族所创始，

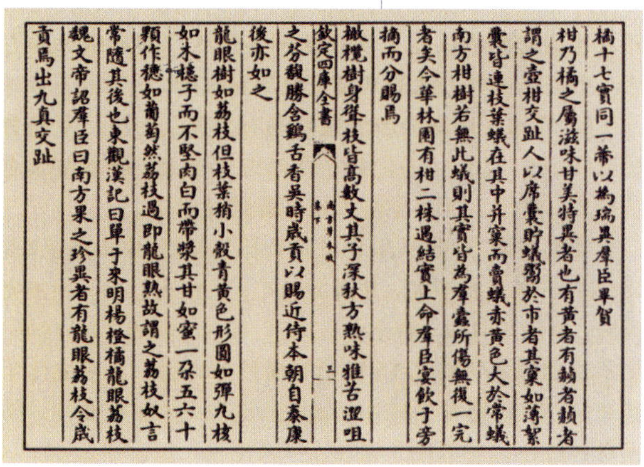
橘十七實同一蔕以為瑞異羣臣畢賀
柑乃橘之屬滋味甘美特異者也有黃者有赬者
謂之壺柑交趾人以席囊貯蟻鬻於市者其窠如薄絮
囊皆連枝葉蟻在其中并窠而賣蟻赤黃色大於常蟻
南方柑樹若無此蟻則其實皆為羣蠧所傷無復一完
者矣今華林園有柑二株遇結實上命羣臣宴飲于旁
摘而分賜焉
橄欖樹身聳枝皆高數丈其子深秋方熟味雖苦澀咀
欽定四庫全書
之芬馥勝含雞舌香吳時歲貢以賜近侍本朝自泰康
後亦如之
龍眼樹如荔枝但枝葉稍小殼青黃色形圓如彈丸核
如木梡子而不堅肉白而帶漿其甘如蜜一朶五六十
顆作穗如蒲萄然荔枝過即龍眼熟故謂之荔枝奴言
常隨其後也東觀漢記曰單于來朝賜橙橘龍眼荔枝
魏文帝詔羣臣曰南方果之珍異者有龍眼荔枝令歲
貢焉出九真交趾

《南方草木状》中有关以蚁治虫的记载

且在岭南柑橘生产中一直采用。唐末的《岭表录异》、清初的《广东新语·虫语》等书皆有类似记载,目前仍在闽、粤等省橘园中应用。这是中国也是世界上应用生物防治的创举。

约公元 310—341 年
炼丹书《抱朴子》问世

《抱朴子》成书于约公元 310—341 年。作者葛洪,字稚川,两晋时文学家、医学家。他精通道教方术,对炼丹术有深入研究,晚年居于广东罗浮山炼丹。《抱朴子》分内、外两篇,其中内篇 20 篇,论述神仙、炼丹、符箓等事,自称"属道家";外篇 50 篇,论述"时政得失,人事臧否",自称"属儒家",内容相当丰富。其中有关医学养生及炼丹化学记载的价值尤其突出。养生方面,《抱朴子》重视"养生不伤本"的原则,提倡"耳不极听,目不久视"等道教"啬精气"的思想,但对金丹"令人不老不死"的论述助长了后世服食丹药的风气。书中不少篇章就是讨论金丹炼制的,其中包含了多种化学原理。例如,葛洪描述了化分、化合和可逆反应,他提到"丹砂烧之成水银,积变又还成丹砂",是指汞(Hg)与硫(S)化合成赤色的硫化汞(HgS);描述了氧化还原反应,如"铅性白也,而赤之以为丹",指铅白即白色碱式碳酸铅,加热可变成四氧化三铅,反之"丹性赤也,而白之为铅";还记载了能溶解黄金的"金液方"、能溶化天然丹砂中的杂质氧化铁获取纯净丹砂的"丹砂水"配方。此外,葛洪另一医学专著《肘后备急方》在科学史上也有重要影响,其中首次记载了天花等传染病在中国流行的情况;还提及以狂犬脑敷被咬伤口来预防狂犬病发作,具有免疫意义;有关青蒿绞汁治疗疟疾的记载,则成为现代发明抗疟新药青蒿素的源头。

葛洪

约公元 320 年
帕普斯写成《数学汇编》

帕普斯是古希腊数学史上最后一位伟大的几何学家,但他的主要著作只有《数学汇编》一书留存至今。

《数学汇编》共 8 卷,其中第 1 卷以及第 2 卷的一部分已遗失。这部著作成书于约公元 320 年,总结了古希腊的数学成果,介绍和分析了古希腊的重要数学著作,并附有一些历史材料和原始资料,还加入了帕普斯自己的研究成果。例如,他把古希腊数学家芝诺的《论等周》作一番加工后编入第 5 卷,而且补充了两个新命题:周长相等的所有弓形中以半圆面积最大;球的体积比表面积与其相等的任何圆锥、圆柱或正多面体都大。在第 7 卷中,他讨论了平面图形绕平面内一条不与此图形相交的轴旋转而形成的立体体积问题,并证明了这个体积等于图形面积乘以图形重心绕轴一圈所形成的圆周长。(这个结论到 17 世纪被瑞士数学家古尔丁独立地重新证得,故称"古尔丁定理"。)他还提出了对合、非调和比等概念,为 1000 多年后射影几何学的生长发展埋下了"种子"。现代关于古希腊数学的许多材料都来源于这部《数学汇编》,一些古希腊数学名著正是由于被收入这部书中才得以留存下来。

公元 399 年
法显西行印度

法显俗姓龚,东晋时期平阳郡(今山西省临汾市西南)人,幼年出家为僧。公元 399 年,法显西行印度,寻求佛法真谛。

法显等人自长安(今陕西省西安市)出发,出敦煌,越沙漠(塔克拉玛干沙漠),逾葱岭(今帕米尔高原),渡过印度河,到达今印度北部。公元 409 年,法显自印度东海岸启程,经今天斯里兰卡和印度尼西亚等地,于公元 412 年抵达今山东半岛南岸。

法显是中国古代经陆路到达印度,又经

海路回国的第一人，他的旅行大大拓展了古代中国人的地理视野。归国后，法显将所见所闻编成《佛国记》一书，记载了中亚、南亚30多个国家的地理、气候、物产、政治、经济、文化、风俗等内容，是研究公元5世纪中亚及南亚历史地理的重要文献。

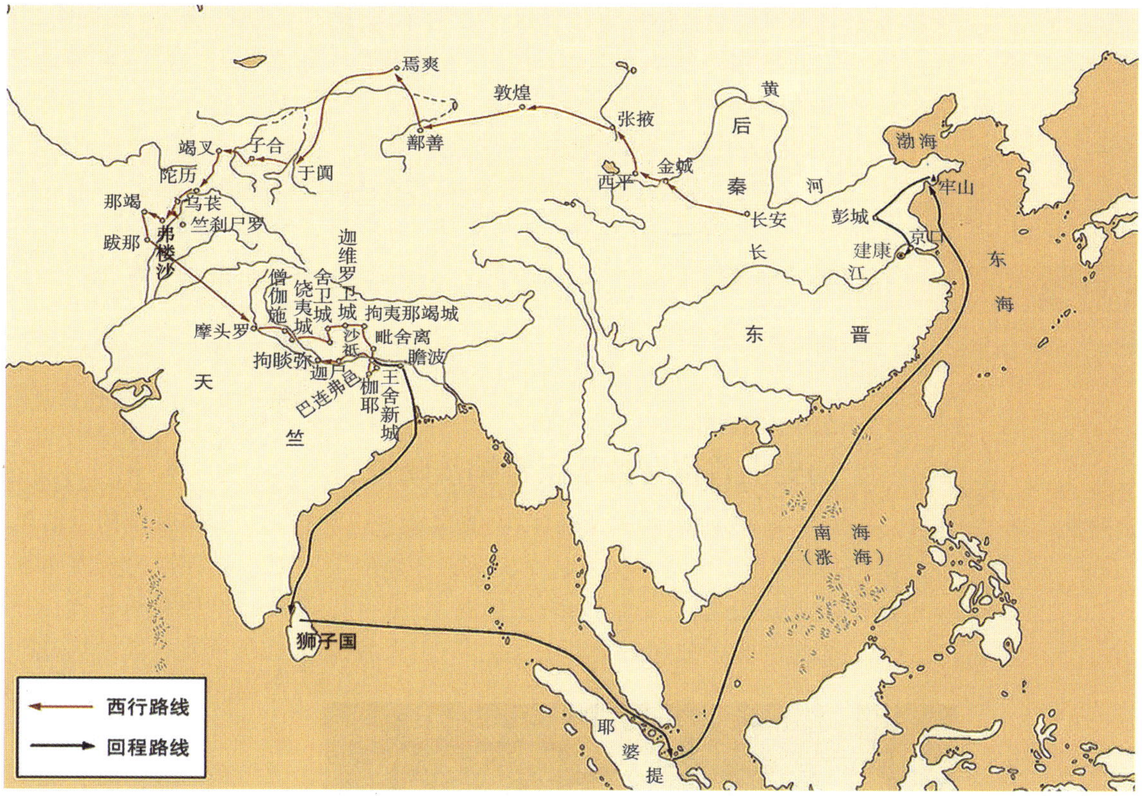

法显西行路线图

公元 4 世纪末
东罗马帝国建立最早的医院

随着希腊医学的引进，东罗马医学有了长足的进步。东罗马的富人一般都在家中接受住在家中的医生或上门医生的诊治。不过，大部分医生是为公众服务的，负责为所有人看病，他们的报酬由当地市政会支付。很多东罗马医生在自己的家中开设诊所和医护室，但东罗马人首创了公共医疗设施——“医院”。这些医院常常为两类社会成员提供服务：一类是家奴，另一类是新征服领地上永久要塞的士兵。东罗马重视医院建设，尤其是军医院。东罗马帝国扩张时期在许多较大的要塞内设立了军医院，在军医院内设有伤员接收中心以及供行政人员、医务人员和后勤人员使用的区域。在很多情况下，庭院都被用来种植药用植物。军团士兵在养伤期间可以到周围的柱廊里休息。像切斯特（英格兰）或因奇塔瑟尔（苏格兰）那样的大要塞医院，都是为军队建立的。医院设计成一排排方形的与走廊相通的房间。由于这些医院常常位于离前线较远的后方，它们收治的往往是病人，而不是战场上受重伤的士兵。一些较小的要塞医院则只收治要塞士兵，而不收治患病居民，如苏格兰的弗伦多奇。这些要塞医院的规模不断缩小，当后来政策转向依靠野战部队时，要塞医院的使命就结束了。在城市中，先是出现了专为贵族服务的医院，以后才设立了具有慈善性质的民众医院。最早的慈善医院，是一位老妇人于公元 4 世纪末在罗马创建的。

公元 5 世纪
中药炮炙专著《雷公炮炙论》刊行

《雷公炮炙论》原书共三卷，南朝刘宋时雷敩编撰，胡洽重订，成书于公元 5 世纪。原书早佚，其内容散见于《证类本草》等后世医书中，现有的辑佚本为近人张骥所整理，它是中国第一部制药学专著。

“炮炙”是指对药物的加工和制作方法。传统中药主要来自动物、植物和矿物，它们往往需要经过各种加工，才便于保存和应用，有时炮炙还可以起到减少毒副作用、转变或增加药性功效的作用。本书记述了约 300 种药物的炮炙，应用了蒸、煮、炒、焙、炙、炮、煅、浸、飞等 17 种加工方法，被称为“雷公炮炙十七法”。书中还着重描述药材性状，以及与易混淆品种的区别要点，对中药鉴定也很有价值。

公元 415 年
历史上首位女数学家希帕蒂娅被害

希帕蒂娅，古希腊哲学家、数学家、天文学家，历史上第一位著名女数学家。她出生在亚历山大城，父亲泰昂（又译赛翁）是一位卓越的数学家和天文学家，在亚历山大城博物馆任教，曾修订欧几里得的《几何原本》。在父亲的教导下，希帕蒂娅成长为一位才华横溢的学者，也在博物馆讲授数学和哲学。她曾独立写了一本《丢番图〈算术〉评注》，书中有她自己的不少新见解，并补充了一些新问题，有的评注写得很长，足可看作一篇论文。希帕蒂娅还评注了阿波罗尼乌斯的《圆锥曲线论》，并在此基础上写出适于教学的普及读本。希帕蒂娅写过好几篇研究圆锥曲线的论文。此外，希帕蒂娅还研究过托勒玫的著作，与父亲合写了《〈天文学大成〉评注》，独立写了《天文准则》等。

希帕蒂娅的生活年代，正值罗马人与激进的基督徒为权力而争斗的动荡时期。希帕蒂娅不信奉基督教，她的学识和科学成就又被基督徒看成异端，加上一些人际关系上的原因，她不幸而成为这场争斗的中心人物。公元 415 年 3 月的一天，希帕蒂娅在亚历山大城被一群狂热的基督徒残忍杀害。她的死使许多学者逃离亚历山大城，古希腊数学开始走向衰落。

希帕蒂娅 19 世纪末英国拉斐尔前派画家查尔斯·威廉·米切尔的著名作品，现藏英国纽卡斯尔的莱恩美术馆。

约公元 5 世纪下半叶
祖冲之计算出圆周率的高精度值

祖冲之，中国南北朝时期南朝的数学家、天文学家。他在数学上的主要贡献是关于圆周率的计算。据《隋书·律历志》载，他算出圆周率在 3.141 592 6 与 3.141 592 7 之间。这是当时世界上最先进的成就。他还得出圆周率的两个近似分数——约率 $\frac{22}{7}$ 和密率 $\frac{355}{133}$。其中密率 $\frac{355}{133}$ 是分母小于 16 604 的分数中最接近 π 值的分数。密率是一项具有世界历史意义的成就，直到 16 世纪，西方人才重新发现它。为纪念祖冲之在圆周率计算方面的杰出成就，现在人们把密率 $\frac{355}{133}$ 称为“祖率”。他的主要数学著作为《缀术》，唐代被列入“算经十书”，惜已佚。

祖冲之

约公元 5 世纪下半叶
祖冲之和祖暅给出祖暅原理

祖暅，祖冲之之子，中国南北朝时期南朝数学家、天文学家。他的主要数学成就是与父亲共同解决了球体积的计算问题，并提出中国古代数学中体积理论的一个重要原理——祖暅原理。祖氏父子按刘徽指出的“球与其外切‘牟合方盖’的体积之比为 π:4”的方向，首先去求牟合方盖的体积。为此，他们明确提出了“幂势既同，则积不容异”（两立体在等高处的截面面积有一定的关系，则这两个立体的体积也一定有相同的关系）的原理，后称之“祖暅原理”。这是初等几何中解决体积问题的重要原理之一。在西方，直到 17 世纪，这个原理才为意大利数学家卡瓦列里所发现，称之“卡瓦列里原理”。

利用祖暅原理，可将牟合方盖的体积化成一正方体与一个四棱锥的体积之差，从而求出牟合方盖的体积是 $\frac{2}{3}d^3$（d 为球的直径），于是球的体积为 $V=\frac{1}{6}\pi d^3$。

公元 499 年
《阿耶波多文集》成书

阿耶波多是古印度数学家、天文学家。他于公元 499 年所著之《阿耶波多文集》，总结了印度至公元 5 世纪末在天文和数学上的知识，反映了他在数学上的成就。此书曾长期失传，于 1864 年被印度学者发现一抄本。

《阿耶波多文集》是一本诗歌形式的著作，共有诗 121 行，分为 4 篇。其中数学方面的主要内容为：求平方根和求算术级数和的方法；给出二次方程和一次方程的解法，并研究用一种所谓“库塔卡”方法求二元一次不定方程的通解（库塔卡，kuttaka 之音译，义“弄碎”，因为这种方法是逐步将方程分解为系数越来越小的方程，其本质是用辗转相除法求方程系数的最大公因数）；指出 $\pi=(104\times 8+62\,000)\div 20\,000=3.1416$。书中还列有一张正弦表，其特点是计算半弦的长，而不是全弦的长。与托勒玫的弦表不同，这是一张真正的正弦函数表，在三角学发展史上具有重要的意义。《阿耶波多文集》天文方面的主要内容为：谈历法，论述天球和地球，提出用地球自转来解释天球周日运动的思想，并论及日食。

阿耶波多

第2篇

公元500—1500年的科学

真理只有一个，它不在宗教中，而在科学中。

——达·芬奇

公元 6 世纪
《本草经集注》问世

陶弘景是南北朝时期著名的道教思想家、炼丹家和医药学家,他虽长年隐居茅山修道,但常蒙梁武帝以国事相询,故有“山中宰相”之称。道教学者研求养生服饵,素来注重对本草学的研究。陶弘景因见《神农本草经》辗转流传中错讹日多,于是在公元 6 世纪撰修了《本草经集注》,在校订《神农本草经》原有 365 种药物的基础上,又参考汉魏以来著名本草《名医别录》等,增添新药 365 味,并改原来的三品分类为自然属性分类,分为玉石、草木、虫兽、果、菜、米食、有名未用等 7 类,使《本草经集注》成为我国古代药物学又一集大成之著作。

公元 6 世纪
艾休斯编撰《四卷集》

艾休斯生活于公元 6 世纪的拜占庭,他写了许多希腊作家的传记。他曾编辑注释古代医书,编撰有《四卷集》,因本书的稿本分为四部分,每部分又分为四段,故称《四卷集》,实为 16 卷。这部作品后成为外科、妇科、产科方面的文献来源。艾休斯的著作涉及各个领域,包括药剂、一般疗法,以及卫生、体操、小儿病、老人营养、预后、诊断、头部疾病、整容术、消化疾病、寄生虫病、皮肤病、一般外科、妇产科等。其中,他对眼、耳、鼻、喉、齿病的描述可以称得上是最简练、准确的“经典式描述”。此外,他对尿道切开术、痔瘘手术的说明尤为详尽,并首次记载了肱动脉瘤结扎术。他还记述了狂犬病、白喉的流行情况。

公元 6 世纪初
郦道元撰《水经注》

郦道元,字善长,北魏范阳郡涿县(今河北省涿州市)人。郦道元出身官宦家庭,长期担任北魏中央及地方官吏。郦道元博览群书,尤其喜欢阅读古时地理书籍。他长期宦游北方各地,深感“昔《大禹记》著山海,周而不备;《地理志》其所录,简而不周;《尚书》、《本经》与《职方》俱略;都赋所述,裁不宣意;《水经》虽粗缀津绪,又阙旁通。”(《水经注·序》)于是,公元 6 世纪初,郦道元决定为《水经》作注。

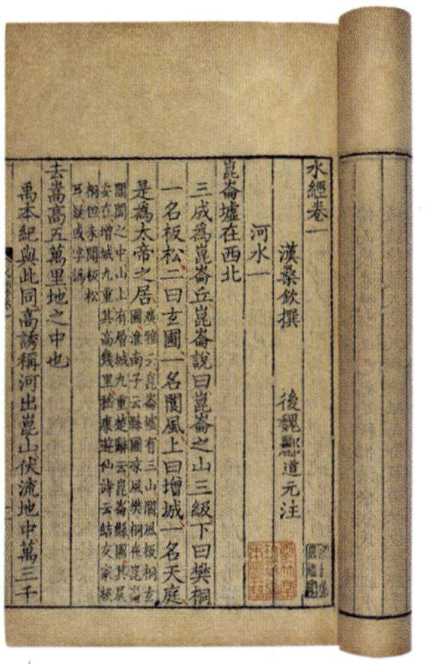
水經卷一
漢桑欽撰　後魏酈道元注
河水一
崑崙墟在西北
三成為崑崙丘崑崙說曰崑崙之山三級下曰樊桐
一名板松二曰玄圃一名閬風上曰增城一名天庭
是為太帝之居
去嵩高五萬里地之中也
禹本紀與此同高誘稱河出崑山伏流地中萬三千

《水经注》

《水经》大约成书于汉魏时期,是中国历史上第一部记载全国水系的专著。但《水经》仅记载水道 137 条,内容简略且有错漏。《水经注》共记载水道 1252 条,30 余万字,注文 20 倍于原文,虽名为注,实为新著。《水经注》中,每条河流均记载发源地、流经地区、河道特征,以及沿岸山川、植物、物产、交通、历史、人物等信息,是一部综合性地理著作。

郦道元生活的时代,中国南北分裂,但《水经注》内容却不限于北方,所述水系北及河北,南达越南中部,东濒于海,西南远及印度。当然,由于无法实地勘查,所述内容北详南略,对塞外水系的记载过于简略,这些都是《水经注》美中不足之处。此外,《水经注》文笔隽永,写景生动,是一部优秀的山水散文集,堪称中国游记文学的鼻祖。

公元 533—544 年
贾思勰著《齐民要术》

贾思勰,中国北魏时期山东益都(今山东省寿光市)人,曾任高阳郡(今山东省淄博市)太守,具有广博的农学知识。他一生致力于农业研究,以收集的大量文献资料和自己的经验所得,于公元 533—544 年写成了《齐民要术》一书。《齐民要术》由序、杂说和正文三大部分组成。正文共 92 篇,分 10 卷。全书内容丰富,涉及面广,包括农艺、园艺、畜牧、渔业及农副产品制造加工等项,总结了汉至北魏时期黄河中下游一带的农业生产经验,反映了北魏时期的农业经济和农村生活,标

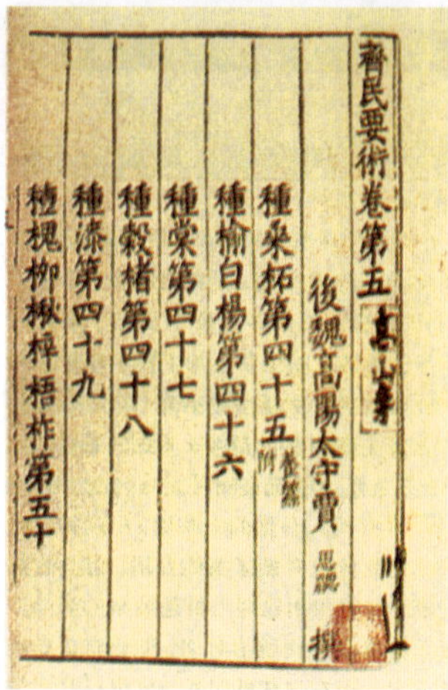
齊民要術卷第五
後魏高陽太守賈思勰撰
種桑柘第四十五 養蠶附
種榆白楊第四十六
種棠第四十七
種穀楮第四十八
種漆第四十九
種槐柳楸梓梧柞第五十

《齐民要术》

志着以耕、耙、耱为核心的北方旱地精耕细作技术体系的形成。《齐民要术》是中国最早最完整的综合性农业百科全书，也是世界上最早最有价值的农业科学名著，目前已成为国际上研究中国农业发展最重要的文献之一。

此书的科学价值很高，其中的许多记载比世界上其他先进地区的相同的农业经验要早三四百年，甚至 1000 多年。

《齐民要术》对世界农业也有一定影响。日本宽平年间(公元 889—907 年)编的《日本国见在书目》中已有《齐民要术》，说明该书在唐代已传入日本，当时传去的是手抄本，今已不存。现存最早的刻本——北宋天圣年间(1023—1031 年)皇家藏书处的崇文院本，就是在日本京都以收藏古籍著称的高山寺发现的，被日本当作“国宝”，珍藏在京都博物馆中。

在中世纪的很长时期内，欧洲的农书几乎绝迹，而《齐民要术》则填补了世界农业史中这一时期农书的空白。至迟 19 世纪末，《齐民要术》传到欧洲，英国博物学家达尔文在其名著《物种起源》与《动物和植物在家养下的变异》中援引有关事例作为他的著名学说——进化论的佐证。他在《物种起源》中谈到人工选择时说：“在一部古代的中国百科全书中，已有关于选择原理的明确记述。”这部“百科全书”，可能就是指《齐民要术》。

公元 552 年
中国蚕种传入罗马

中国丝绸西传之初，被西方人视为最上等的衣料，极受追捧，其价贵比黄金。据古罗马作家普林尼称，罗马帝国为购买丝绸、珍珠等奢侈品，每年的支出约占当时罗马帝国每年商品进口总额的一半。巨大的财政压力，迫使当权者要想尽快掌握养蚕缫丝的方法。但直到公元 6 世纪以后，中国的蚕种和养蚕法才传入欧洲。

公元 552 年，东罗马帝国皇帝查士丁尼通过经常出入中国的波斯人和印度僧侣，将蚕种和养蚕法由中国引入东罗马帝国的首都君士坦丁堡。从此，东罗马人掌握了蚕丝生产技术，君士坦丁堡也出现了庞大的皇家丝织工场，独占了东罗马的丝绸制造和贸易，并垄断了欧洲的蚕丝生产和纺织技术。直到 12 世纪中叶，十字军第二次东征后，意大利才通过掳劫而来的丝织工人开始了丝绸的生产。13 世纪以后，养蚕织丝技术陆续传至西班牙、法国、英国、德国等西欧国家，丝绸生产在欧洲广泛传播开来。

约公元 600 年
刘焯首创等间距二次差内插法公式

刘焯，中国隋代天文学家、数学家。他的主要数学成就是于约公元 600 年在《皇极历》中创立了等间距二次差内插法公式，用于日、月视运动不均匀性的改正及月球离黄道南北距度的计算等。这一公式在世界上属首创。

后唐代天文学家一行(高僧，俗名张遂)在公元 721 至 727 年主持修订《大衍历》时，发展了刘焯的方法，建立了不等间距二次差内插法公式。至元代，又有天文学家王恂、郭守敬等人，于 1276 至 1280 年编制《授时历》时，创建平立定三次差内插法公式，时称“平立定三差术”。

所谓内插，就是根据一未知函数在某些点上的值(或有关信息)来估算这个函数在其他点上的值。中国的这些内插法研究，在当时都具世界领先水平，后来属于计算数学这一分支。

公元 7 世纪
火药发明

火药是一种以爆燃或爆炸形式进行化学反应的物质，是由中国炼丹家发明的。在公元 7 世纪时医学家孙思邈所著的《丹经》

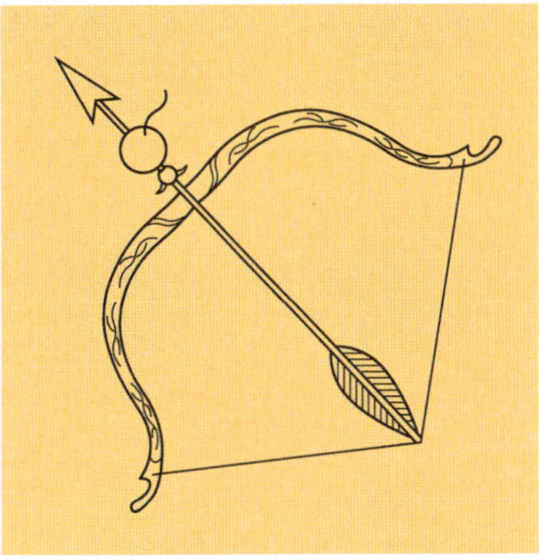

北宋火药箭

里就有关于火药的最早记载。火药于 12—13 世纪传入阿拉伯国家，然后传到希腊和欧洲乃至世界各地。

火药是一个阴差阳错的发明，因为人们并没想发明火药，火药只是人们在追求长生不老的炼丹活动中的意外收获。火药(或称黑火药)的主要成分是硝酸钾、硫黄和炭等。炼丹家经常把多种矿物混合起来放入火中烧炼，他们注意到，不少矿物，如“四黄”(雄黄、雌黄、砒黄和硫黄)受强热时不稳定，易挥发，此时可用炭灰将其吸附，以利于控制反应的进行。因此，硝酸钾、硫黄和炭这三种物质经由炼丹家之手而被制成火药是顺理成章的事。火药的组成随用途不同稍有差异，一般的比例为硝酸钾 75%、炭 15%、硫黄 10%，其中硝酸钾为氧化剂，炭是可燃剂，硫黄则起到可燃和胶粘的双重作用。

火药是中国古代四大发明之一，火药的发明引发了武器史上最为重要的革命。如果火药燃烧产生的推力只在一个方向上释放，便能制成枪弹。如果火药是在一个密闭的容器里点燃爆炸，当爆炸的压力超过容器能承受的极限压力时，容器就会瞬间变成碎片，杀伤敌人，这就是炸弹。如果火药在一个壳体里燃烧，并让火药产生的热气向后喷射，那么这个壳体就会沿着相反的方向前进，这就是火箭。可见火药的发明不仅结束了冷兵器时代，而且为人类制造新武器提供了条件，并为今天的航天技术奠定了最为重要的技术基础，对人类社会的进步与发展产生了极为深刻的影响。

约公元 7 世纪
炼丹家炼制成补牙剂——银锡汞剂

约公元 7 世纪，唐代《新修本草》中记载了牙齿充填用的银锡汞剂，名为“银膏”，“用白锡和银箔及水银合成之，凝硬如银……亦补牙齿缺落”。这与现代牙齿充填所用的汞合金(由水银、银、锡、铜、锌以一定比例配制而成)有相似之处，较 1837 年英国人应用银汞合金作牙齿充填剂早 1000 多年。1896 年，美国人格林·布莱克对银汞合金的组成、性质、调和及充填方法进行了大量的研究和改进，使其逐渐成为较理想的充填材料。

公元 7 世纪
保罗著《医学概要七卷》

埃伊内的保罗生活在公元 7 世纪，是拜占庭帝国时期的名医。他在亚历山大城学习，后来到了罗马。最早翻译他的著述的是阿拉伯人。其代表著作是《医学概要七卷》，共 7 卷。第 1 卷营养卫生；第 2 卷一般病理学；第 3 卷头发、脑、神经、耳、鼻和口腔的疾病；第 4 卷麻风、皮肤病、烧伤、一般外科和出血；第 5 卷毒物；第 6 卷外科；第 7 卷药理学。其中专论外科的第 6 卷最有价值。1528 年，该书首次刊印于威尼斯，从中我们可以清楚地了解自塞尔苏斯以来外科学进展的情况。该书表明，虽然当时对解剖学的了解不多，但外科医生在许多繁难的手术中有相当的成就。书中记载了金属导尿管、截石术、疝气手术、睾丸摘除术、女性生殖器湿疣和阴道闭锁手术等。根据保罗的记述，癌的最常见部位是子宫和乳腺。他认为，对于子宫癌施行手术是没有用处的，因为子宫癌极易复发。对于乳腺癌他则主张切除，反对有些医生所主张的烧灼疗法。他精确地描述了由膀胱放尿，随后注入各种药剂的治疗方法。他正确地指出用金属导尿管通过尿道时所应当遵循的曲线。保罗也写到女性生殖器湿疣和阴道闭锁的手术，并描述了手术时病人应采取的姿势。关于肛瘘、痔、肛门湿疣和静脉曲张的治疗，他介绍得相当详尽。此书反映了东罗马帝国后期的医学水平及当时外科学的进展。

公元 610 年
巢元方等编撰《诸病源候论》

巢元方为隋代太医，大约生活于公元 6—7 世纪。他在隋大业六年（公元 610 年）奉诏主持编撰《诸病源候论》50 卷。全书分 67 门，载列证候 1739 论，详细地描述了临床上各种疾病症状的特征、预后和鉴别等，堪称首部系统论述各种疾病病因证候的巨著，对疾病史有重要意义。全书用中医病因、病理观念分析讨论症状的成因和病理意义，内容涉及内、外、妇、儿、五官、口齿、骨伤等各个临床专科，但集中于理论探究，不述及临床方药。唯独对数百种证候专列“养生方导引法”，论述其养生预防原则及运动导引疗法，对中医养生学和康复医疗领域有重要价值。

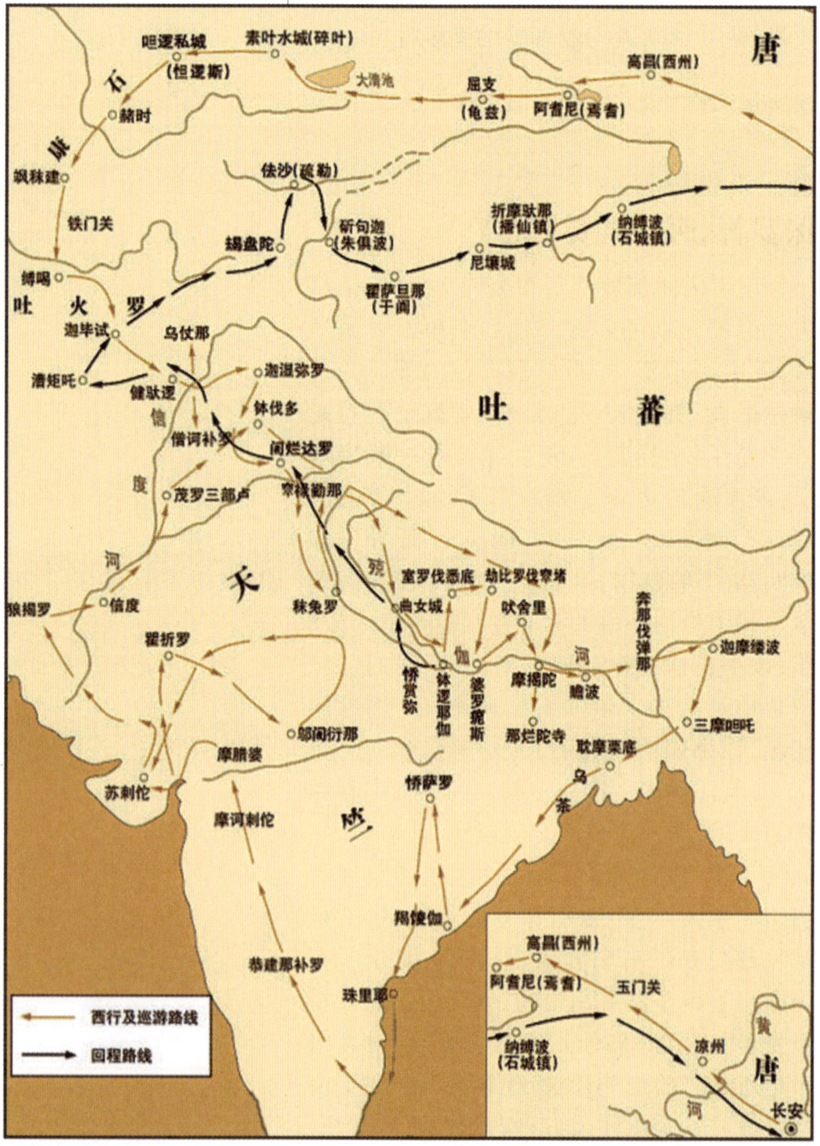

玄奘西行路线图

公元 627 年
玄奘西行取经

玄奘俗姓陈，唐代洛州缑氏（今河南省偃师县缑氏镇）人，13 岁出家。公元 627 年，玄奘自长安（今陕西省西安市）出发，出玉门关，穿越塔克拉玛干沙漠，取道西域诸国，于公元 630 年到达今印度北方。旅居印度期间，玄奘潜心研习佛法。公元 645 年初，玄奘回到长安，晚年致力于佛经翻译。译经期间，他将十几年中所见所闻口授出来，整理编成《大唐西域记》一书。书中记录了当时中亚、南亚 100 多个国家的自然地理及政治经济信息，至今仍是研究公元 7 世纪中亚、印度历史和地理的重要文献。

公元 628 年
婆罗摩笈多写成《婆罗摩历算书》

婆罗摩笈多，印度天文学家、数学家。他于公元 628 年所著之《婆罗摩历算书》，是一本诗歌形式的天文著作，全书 24 章，其中第 12 章、第 18 章专论数学，反映了一批当时来说相当先进的数学成果：关于圆内接四边形的两个定理，一是其面积为 $\sqrt{(s-a)(s-b)(s-c)(s-d)}$（其中 a,b,c,d 为边长，s 为半周长），另一是

其对角线长为 $\sqrt{\frac{bc+ad}{ab+cd}(ac+bd)}$ 和 $\sqrt{\frac{ab+cd}{bc+ad}(ac+bd)}$；给出了一个求圆内接四边形的有理数边长的方法，即如果(a,b,c)和(α,β,γ)是两个勾股数组，那么$(a\gamma,c\beta,b\gamma,c\alpha)$和$(a\gamma,b\gamma,c\alpha,c\beta)$都可以是某个圆内接四边形的顺序边长；在印度较早地使用了负数，提出了负数的四则运算法则；研究了二次不定方程 $y^2=ax^2+1$(其中 a 是非平方正整数，这类方程后来被称为佩尔方程)，并得出了一些结果，后人称之为婆罗摩笈多结论；求出了一次不定方程 $ax+by=c$(其中 a,b,c 是整数)的整数解。《婆罗摩历算书》于公元 8 世纪传入阿拉伯世界，对阿拉伯的天文学和数学产生了一定的影响。

公元 640 年
马奶葡萄和葡萄酒酿制技术传入中原地区

葡萄酒酿造历史悠久。据考证，葡萄酒起源于公元前 3000 多年的古巴比伦。公元前 2000 年，埃及人也用葡萄酿酒。中国新疆地区在汉代时也已大量酿造葡萄酒，司马迁在《史记》中就有生产葡萄以及酿酒的记述。至于中国其他地区酿造葡萄酒，则是在汉武帝时张骞从西域带回葡萄之后。但在较长的时期里，葡萄酒都被视为“珍异之物”。直到南北朝，葡萄仍为难得之物。有人向北齐皇帝献一盘葡萄，居然得到一百匹绢的重赏。

唐太宗是一个葡萄酒爱好者。据《太平御览》记载，唐太宗贞观十四年(公元 640 年)，唐军在李靖的率领下破高昌国(今新疆吐鲁番)，唐太宗从高昌国获得马奶葡萄种和葡萄酒酿制法后，不仅在皇宫御苑里大种葡萄，还亲自参与葡萄酒的酿制，酿成的葡萄酒色味很好。唐人酿葡萄酒风气甚盛，爱喝葡萄酒竟达到“会须一饮三百杯”的地步，可见当时的葡萄酒酿造工艺及产量水平之高。

葡萄虫草图 作者林椿，生卒年不详，宋孝宗淳熙（1174—1189年）时为画院待诏。本图为葡萄史料中较少见的图像资料。

公元 652 年
孙思邈著成《千金要方》

孙思邈是生活于南北朝末期至唐初的医学家，京兆华原(今陕西省耀县)人，享龄 101 岁。他自幼多病，但学习刻苦，博读经史及佛道著作，尤其注重学习医学知识。青年时期即开始行医于乡里，其学术和医术都闻名于世。在隋唐时多次受朝廷征召，但他固不受封，坚持在民间修道及行医。公元 652 年，孙思邈著成《千金要方》，公元 682 年又完成《千金翼方》，各 30 卷，合称《千金方》。

《千金方》的名称包含着孙思邈“人命至重，有贵千金，一方济之，德逾于此”的医德思想，书中对后世影响最大的是《千金要方》中的“大医精诚”篇，结合了传统儒家的“仁”术和佛道宗教的慈悲观念，提出以“精”、“诚”为核心的医学道德轨范，后成为中医伦理学的基础。在医学内容上，《千金方》的成就也很突出。其理论中内科以脏腑为纲，统括各种病证，深化了脏腑辨证理论；首次专卷论述妇、儿科，奠定妇、儿科独立分科的基

孙思邈

础;系统论述针灸孔穴,首创"阿是穴"(以痛点为穴位);详论中药的地道出产、野生品种的驯化,以及药物的采、种、炮制、保藏等,还有专篇论述"食治"。《千金翼方》还收录了晋唐时期已经散失到民间的《伤寒论》条文,对《伤寒论》的传播帮助很大。此外,书中还有丰富的方剂、食治、养生、按摩和咒禁等内容。《千金方》被誉为古代的"医学百科全书"。

公元656年
李淳风等为"算经十书"作注

李淳风,中国唐代天文学家、数学家,时任太史令,即掌管天文历法的长官。在天文学上成果颇丰,在数学上主要成就是于公元656年奉唐高宗之命作为主要负责人与他人合作注释"算经十书"。

"算经十书",即中国汉代以后陆续出现的10部数学著作:《周髀算经》、《九章算术》、《孙子算经》、《五曹算经》、《夏侯阳算经》、《张丘建算经》、《海岛算经》、《五经算术》、《缀术》和《缉古算经》。唐朝政府在国子监设立算学馆,以李淳风等注释的这10部算经作为教本,用以进行数学教育和考试。后来《缀术》在唐末至宋初失传,宋刻"算经十书"中便以东汉徐岳撰、南北朝时期北周甄鸾注(一说由甄鸾自撰自注)的《数术记遗》来替补。

在算经十书中,除了前已述及的《周髀算经》、《九章算术》、《孙子算经》和《海岛算经》外,其余几部著作也各有千秋。例如《张丘建算经》(成书于公元5世纪中叶,作者不可考)中有著名的"百鸡问题":"今有鸡翁一,值钱五;鸡母一,值钱三;鸡雏三,值钱一。凡百钱买鸡百只,问鸡翁母雏各几何。"这是一个解不定方程组的问题,对其解法的讨论延续了好几百年。《缉古算经》(成书于公元7世纪初,唐代王孝通著)中有三次方程的解法,特别是用几何方法列三次方程,颇具特色。《五曹算经》(公元566年颁行,北周甄鸾著)是一部为地方行政人员所写的应用算术书,全书分为田曹(丈量土地)、兵曹(军队给养)、集曹(谷物互换)、仓曹(征收、运输)、金曹(货物买卖)等五个部分,分别针对负责相应管理工作的五类官员,故称"五曹"。所述解法都浅显易懂,数字计算都尽可能避免分数。《五经算术》(甄鸾著)主要是应用数学知识或计算技巧,对我国古代经典《易经》、《诗经》、《尚书》、《周礼》、《礼仪》、《礼记》、《论语》、《左传》中与数字有关的地方详加注释,对保护中国古代数学遗产甚有贡献。《数术记遗》的主要成就是大数记法,另外叙述了筹算法、心算法等13种算法。算经十书中所用的数学名词,如分子、分母、开平方、开立方、正、负、方程,一直沿用到今天,有的已有近2000年的历史。

公元659年
苏敬等编撰《新修本草》

《新修本草》又称《唐本草》,分为54卷,由唐朝苏敬等编撰于公元659年。有学者认为,该书是世界上第一部由政府编集和颁布的药典。

唐王朝建立起统一和强盛的帝国,疆域空前扩大,医学家于是提出了调查、编集全国药物的建议,为唐太宗所准许。在皇帝诏令之下,各地均派人将当地所产药物采集标本、绘制图样并撰述说明,集中送到京城长安;由苏敬等医家将所有这些资料进行整理和分类,最终编成《新修本草》。全书收录有药物850种,分为玉石、草、木、禽兽、虫鱼、果、菜、米谷及有名未用等9类;有正文20卷、目录1卷、药图25卷和图经7卷。记述了各种药物的性味、主治及用法;保存了一些古本草著作的原文;首次绘制了药物的形态图,系统总结了唐朝以前的药物学成就。

唐朝以后,此书正文均收录于《经史证类备急本草》等书中。单独抄行的,目前仅有流传到海外、由日本仁和寺收藏的10卷残卷,以及敦煌出土、现分别存于英国和法国的两种残卷断片,而图谱部分已经亡佚。

约公元700年
印度形成包括零的数码及相应的十进位值制记数法

公元1世纪至8世纪,印度数学有了较大的发展。印度人引入了零这个数及其记号。在这之前,亚历山大时期的古希腊人已经使用零这一概念,但他们只是用零表示相应数位上没有数。印度人最先认识到零是一个数,可以参与运算。到约公元700年,包括零记号在内的数码及相应的十进位值制记数法已在印度定型。此外,印度人还有了分数的表示法。他们把分子、分母上下放置,但中间没有横线。后来阿拉伯人加了一道横线,成了今天分数的一般表示方法。

我们通常称1,2,3,4,5,6,7,8,9,0这些数码为阿拉伯数码,实际上它们是古印度人发明的,应该称为“印度数码”。后来,这种印度数码(及相应的十进位值制记数法)从印度传到阿拉伯,12世纪初又从阿拉伯传到欧洲,故欧洲人称之为“阿拉伯数码”。阿拉伯数码的优点是:笔画简单、结构科学、形象清晰、组数简短。如今,这种数码及相应的记数法已为各国通用。

公元8世纪
欧洲出现铧式犁

铧式犁是世界上使用最广的耕作机械。公元8世纪,欧洲出现了带有木制犁铧和犁壁的铧式犁(撒克逊犁)。16世纪初,发展成为由十几匹马牵引的大型畜力犁。1730年,装有木制犁壁的荷兰犁传入英国,经过改进后成为欧洲著名的若泽罕犁。1785年,英国开始生产铁制犁铧。1851年,英国制成了用蒸汽机带动钢丝绳牵引的双向式铧式犁,是农业生产上用机械动力代替畜力的开始。1868年,美国开始使用中层较软、外层较硬的3层复合钢板制造犁壁,使其兼有必要的强度和耐磨性。直至19世纪末使用内燃机的拖拉机出现后,铧式犁仍始终是最主要的配套农具之一。1922年,英国制成了第一台悬挂铧式犁,使犁与拖拉机形成一体,最终改变了由拖拉机牵引畜力犁的作业方式。

欧洲中世纪耕作图

公元724年
一行等首次实测地球子午线长度

唐代高僧一行原名张遂,一生对天文学作出许多重要贡献,成就遍及历法、天文仪器、大地测量等各个方面。公元724年,一行发起并领导一次大规模的天文大地测量,共有北起铁勒(今贝加尔湖附近)、南达林邑国(今越南中部)的13个测点。其中,在河南平原地区大致位于同一经度上的滑县、开封市、扶沟县和上蔡县4个测点的一组观测最为重要,由当时执掌天文的职官太史丞南宫说负责。测量项目包括当地北极出地高度(即地理纬度),冬至、夏至、春分、秋分时的晷影长度,以及冬至和夏至的昼夜时间长度。在河南还测量了上述4个测点之间的距离。最后由一行归算得出“大率三百五十一里八十步,而极差一度”,即南北两地相距351里80步,北极高度就差1度(中国古代将圆周等分为$365\frac{1}{4}$度)。因唐制1里为

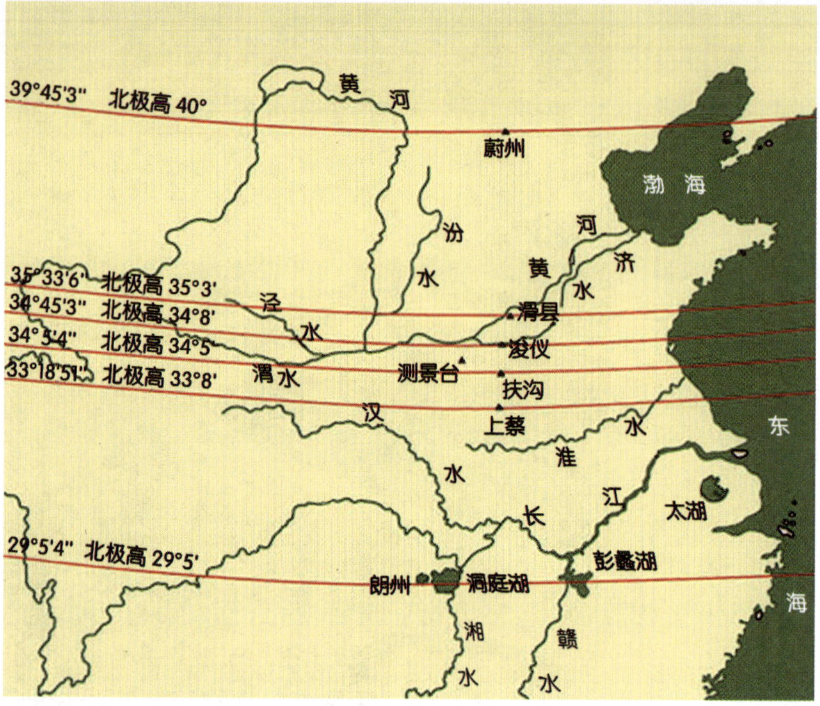

一行子午线测量示意图

300步，1 步合今 1.514 米，故一行的结果就相当于子午线 1 度的实际弧长为 131.11 千米。这虽然比现代准确值大了约 20%，却是世界上首次实测子午线长度。其他国家首次实测子午线是公元 814 年由阿拔斯王朝哈里发马蒙领导在美索不达米亚平原进行的，那时一行已经去世 86 年。

公元 8 世纪中叶—9 世纪中叶
阿拉伯帝国农业繁荣

公元 8 世纪中叶—9 世纪中叶，是阿拉伯帝国阿拔斯王朝（公元 750—1258 年，中国史书称之为“黑衣大食”）最繁荣的时期，也是阿拉伯帝国国势极盛的“黄金时代”。在这一时期，阿拉伯帝国较少发动大规模侵略战争，哈里发政府比较注重农业生产，改善和扩大水利灌溉系统，同时，调整剥削政策：把田赋的最高额，从收获量的 1/2 改为 2/5，并且禁止向农民额外征税。在农民和手工业者的辛勤劳动下，农业、手工业和商业有了显著的发展，经济和文化出现了繁荣的局面。叙利亚大马士革地区、美索不达米亚南部、波斯湾东岸和阿姆河流域，是阿拔斯时代的四大谷仓，土地肥沃，农产丰饶，号称鱼米之乡。

农业的发展带动了经济的发展，这一时期的“黑衣大食”手工业也很发达，国际贸易十分活跃，中国的丝绸和瓷器、印度的香料、中亚的宝石、东非的象牙和金砂等，都经阿拉伯商人转销世界各地，使首都巴格达长期成为东西方国际贸易的中心之一。中国的广州、泉州、扬州等沿海城市，都是阿拉伯商人经常来往的地方；巴格达也有专卖中国货物的市场。由于阿拉伯商人穿梭各地，在客观上起到了传播文化的使者的作用。中国古代“四大发明”中的纸、指南针和火药就是在这个时候由阿拉伯商人传到欧洲去的。

公元 753 年
中国豆腐制作法传入日本

相传豆腐是西汉的淮南王刘安发明的。1959—1960 年，考古工作者在河南密县打虎亭发掘了两座汉墓，该墓为东汉晚期遗址（约公元 2 世纪），其墓中画像石上有生产豆腐的场面，因此，豆腐起源的时间被确定为汉代。豆腐的发明，是大豆利用中的一次革命性的变革，是古代中国人对食品的一大贡献。利用大豆为原料制作的豆腐，富含蛋白质及钙、磷等多种微量元素，营养丰富，物美价廉，素有“植物肉”的美誉，又因为源于中国，因此被称为“中国豆腐”。

豆腐不但在中国得到很大的发展，还随着民间交流逐步流布海外。最先传入豆腐的是东邻日本。据史书记载，唐代鉴真和尚在公元 753 年东渡日本宣扬佛法时，也随之带去了豆腐制作技术和制糖、制酱技术。因此日本人把鉴真奉为豆腐业的始祖，并称豆腐为“唐符”和“唐布”。据《李朝实录》记载，中国豆腐在宋代末年传入朝鲜。当地人所喜食的“馒头汤”，类似中国的饺子，是用豆腐等作馅捏成的，再用汤煮，味道鲜美。

1873 年，在奥地利首都维也纳举办的

鉴真和尚干漆夹纻像

万国博览会上，中国大豆及豆腐等豆制品受到各国人士的交口称赞。此后，豆腐、豆乳酱、豆芽菜等豆制品，也传到了英国、葡萄牙、意大利、美国等西方国家，被称为“20 世纪全世界之大工艺”，古老的中国豆制品成了世界性食品。

公元 760 年
陆羽著《茶经》

陆羽，中国唐代复州竟陵（今湖北省天门市）人，公元 760 年为避安史之乱，隐居浙江苕溪（今湖州），在亲自调查和实践的基础上，认真总结、悉心研究了前人和当时的茶叶生产及饮用经验，完成了创始之作《茶经》，被尊为“茶神”。

《茶经》是世界上现存最早的茶叶专著，分 3 卷 10 节，约 7000 字，对中国唐代及唐代以前的茶叶历史、产地，茶的功效、栽培、采制、煎煮、饮用的知识技术都作了阐述，是一部关于茶叶生产的历史、源流、现状、生产技术以及饮茶技艺、茶道原理的综合性论著。《茶经》系统地总结了当时的茶叶采制和饮用经验，传播了茶业科学知识，促进了茶叶生产的发展，开中国茶道的先河，推动了中国茶文化的发展。

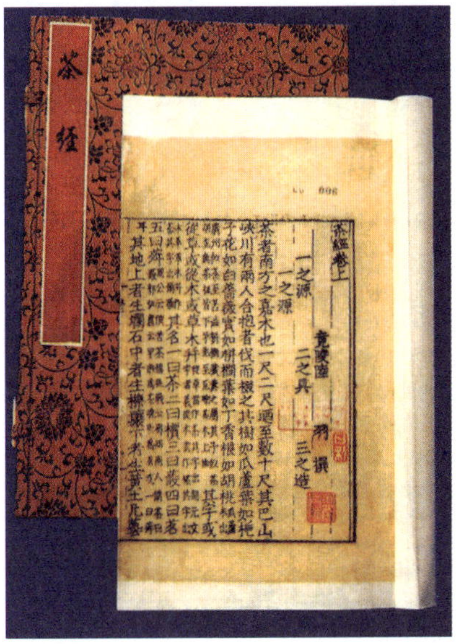

《茶经》

《茶经》的出现并不是偶然的。中国是茶的原产地，是茶的故乡。中国人不仅在世界上最先发现了茶的功效，也最早发明了茶叶加工技术以及把茶树驯化培育为一种重要的栽培作物。有关古籍表明，四川巴蜀一带是最早的茶叶产区。这里在周代时已将茶叶作为贡品，在汉代已出现了茶叶买卖市场。从唐代开始，西北边疆地区的少数民族，纷纷驱赶马匹，来到中原地区换取茶叶，开展茶马互市。与此同时，中国的种茶和制茶技术，也开始漂洋过海，传到了日本和朝鲜。到了明清两代，茶叶则开始传到欧洲乃至世界各地，成为风靡全球的三大饮料（茶、咖啡、可可）之一。

公元 766—779 年
窦叔蒙撰《海涛志》

中国古代最早的潮汐学专论，是三国时期东吴学者严畯所著的《潮水论》，但该文已经佚失。现存最早的潮汐学专著是唐代学者窦叔蒙所著的《海涛志》（又称《海峤志》）。

窦叔蒙是浙东人，长期生活在今浙江省东部沿海地区，对当地非常明显的潮汐现象十分熟悉。他在东汉思想家王充提出的“涛之起也，随月盛衰”基础上，提出“潮汐作涛，必符于月”的原理，并利用天文历算方法进行潮时推算，编制出涛时推算图，编写了《海涛志》一书。

《海涛志》成文于唐大历年间（公元 766—779 年），全书分为 6 章，“一曰海涛志，二曰涛历，三曰涛日时，四曰涛期，五曰朔望体象，六曰春秋仲月涨涛解”，分别讨论了海洋潮汐的成因、运行规律、潮时推算、大小潮变化以及一年之内大潮出现时间等问题。他运用天文历算法，计算出从唐宝应二年（公元 763 年）冬至上推 79 379 年的冬至

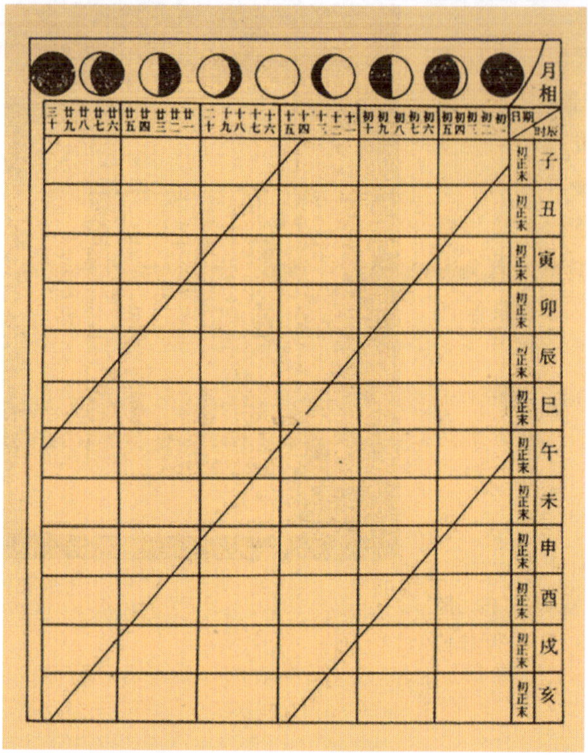

窦叔蒙编制的涛时推算图(复原图)

之间的“积日”数(日数累计)和“积涛”数(潮汐次数累计),分别为28 992 664日和56 021 944次,二者相除得出半日潮的周期为12小时25分14.02秒,两个半日潮周期比一个太阳日推迟的时间为50分28.04秒,这个数字已与现代计算的半日潮每日推迟50分钟的结果非常接近。

为便于潮汐推算的应用,窦叔蒙编制了涛时推算图,用于推算每个朔望月期间每日各次潮汐的时辰。涛时推算图采用纵横两轴坐标表示法,上边的横轴上依次列出月相变化,按朔、朏、上弦、盈、望、虚、下弦、魄、晦等排列;纵轴上则是每次高潮的时间,用十二时辰表示;把实测的潮时标在图表上,然后用斜线连接起来,便成为一个朔望月中的高低潮涛时推算图。使用涛时推算图可以完整地获得每个朔望月内高低潮的完整变化情况,也可以根据每天的月相查出相应的高潮时刻。窦叔蒙发明的涛时推算图是世界上最早使用的潮汐表,比欧洲最早使用的“伦敦桥涨潮时刻表”(1213年)早400多年。

公元9世纪
萨拉诺医学校开始教授医学

欧洲医学在公元400—999年时是掌握在僧侣手中的,医学教育是在修道院中进行的。当时医学尚未形成一个专业,而是和算学、天文学、音乐等合在一起传授。中世纪后期,有些学校脱离了修道院的控制,其中最著名的是拿波里南方的萨拉诺医学校。自公元9世纪起萨拉诺医学校已教授医学,及至11、12世纪,萨拉诺已成为欧洲最著名的医学教育中心。在那里,希腊、罗马、犹太、阿拉伯的学问是兼收并蓄的。教师虽多数还是僧侣,但医学教育开始摆脱了宗教的束缚,着重教授实用的内容。萨拉诺医学校最主要的人物中有一位康斯坦丁诺斯,他把许多医书由阿拉伯文译成拉丁文。此外,还有来自阿拉伯、犹太、希腊等各地的医学家到该校任教。萨拉诺医学校虽在推动医学进步方面少有建树,但它在继承古代医学、使医学科学摆脱宗教束缚、促进医学自由研究方面作出了贡献,为以后医学院的兴办打下了基础。

公元9世纪初
伊本·伊舍克将希腊、罗马医书译成阿拉伯文

公元9世纪初,巴格达创办了集图书馆、科学院和翻译局为一体的学术机构——智慧馆。哈里发亲自修书给拜占庭皇帝,要求允准派人去拜占庭帝国搜集科学书籍,并将大量的有关哲学、医学和数学的著作集中放在智慧馆里。智慧馆中最出色的翻译家为老伊本·伊舍克。他是阿拉伯人,又是景教徒。曾跟随著名医生伊本·马萨维学医,任哈里发的宫廷医师。他精通希腊文,创造了许多阿拉伯文的科学和技术名词,一直为后世所沿用。他翻译了大量的医学著作,尤其是希波克拉底和盖仑的著作。他将约90部盖仑的著作由希腊文译为古叙利亚语,将40部由希腊文译为阿拉伯文;翻译了15部希波克拉底的著作;另外还有3篇包括《蒂迈欧篇》在内的柏拉图的著作;并翻译了亚里士多德的《形而上学》、《论灵魂》、《论生与朽》及《物理学》的一部分。由于许多希腊文的古代典籍不复存在,他的译本倒使得这些重要医著得以流传,至今仍有其文献学意义。

公元 801 年
贾耽绘制《海内华夷图》

西晋时期，地图学者裴秀创立了中国古代地图的绘制规范“制图六体”。由于国家长期分裂，这套制图规范一直没有受到重视。直到唐代中期贾耽绘制地图时，这一制图理论才得以进一步实践和发展。

贾耽是唐代制图学家。由于职务关系，贾耽经常接待外国使者，并有条件接触到宫廷所藏历代图籍。《旧唐书·贾耽传》中记载：“凡四夷之使及使四夷还者，必与之从容，讯其山川土地之终始。是以九州之夷险，百蛮之土俗，区分指画，备究源流。”利用以上便利，贾耽掌握了许多第一手的地理资料。

贾耽一生绘制过多幅地图，《海内华夷图》便是他倾毕生精力于公元 801 年绘制的一幅巨型地图。该图宽 3 丈（约 7.4 米），高 3 丈 3 尺（约 8.1 米），是中国古代尺幅最大的地图。地图范围东起今朝鲜半岛、日本，西达中东，西南至今克什米尔、印度河流域。《海内华夷图》“率以一寸折成百里”，比例尺约相当于 1:1 500 000，是第一幅明确标明比例尺的古代地图。贾耽绘图时“古郡国题以墨，今州郡题以朱”，首创了以不同颜色标注地名的历史地图制作规范。

遗憾的是，《海内华夷图》早已亡佚，仅西安碑林中尚保留着一块南宋初年根据《海内华夷图》缩绘的石刻《华夷图》。

公元 805 年
中国茶籽传入日本

中国是茶的原产地，也是茶文化的发祥地。古代日本没有原生茶树，也没有喝茶的习惯，饮茶的习惯和茶文化是公元七八世纪时从中国传去的。

公元 729 年 4 月，日本天皇曾召集僧侣进禁廷讲经，事毕，各赐以粉茶，人人皆感到荣幸，这是日本关于饮茶的最早记载。公元 804 年，日本高僧最澄赴中国浙江天台山学佛求法，公元 805 年返回日本时，带去浙东茶籽，在日本广为播种，其中京都比睿山麓的日吉茶园延续至今，为日本最古的茶园。公元 804 年与最澄同船入唐学佛的日本高僧空海，于公元 806 年回国时，除带去大量佛经外，还带回茶籽献给嵯峨天皇。今奈良宇陀郡佛隆寺仍保留着由空海带回的碾茶用的石碾。公元 815 年 4 月，嵯峨天皇路过崇福寺，品尝了在中国学佛 30 年的永忠法师按唐代茶道所献茶汤后，印象至深，认为比此前最澄、空海所献之茶滋味更美，两月后下令在关西地区种茶，以备每年进贡。从此，日本出现了贡茶，茶道作为一种文化被宫廷接受。

1168 年和 1187 年，日本高僧荣西禅师两次入宋学佛，在中国居住了 24 年之久。除了在佛教方面有很深的造诣，他对陆羽的《茶经》和中国茶文化也颇有研究，回国后全面传播了在中国所学的制茶和饮茶技艺，使仅限于贵族阶层的饮茶文化广及佛寺、武士阶层。荣西所著《吃茶养生记》是日本第一本茶文化专著，在日本广为流传，奠定了日本茶道的基础，荣西也被尊为日本的“茶祖”。

日本的茶道可以说是中国唐宋茶文化与日本传统文化相结合，根据日本民族特点加以改造发展而成的。

公元 813 年
李吉甫编成《元和郡县图志》

中国古代官修史书制度始于唐代。作为史书的一种，地舆方志也在官修之列。唐朝初年，曾经出现过一部大型全国性地理总志——《括地志》。《括地志》全书正文 550 卷，详载各政区建置沿革及山川、物产、古迹、风俗、人物等内容。可惜此书南宋时便已亡佚。公元 813 年地理学家李吉甫编撰的《元和郡县图志》，是魏晋以来留存至今年代最早的一部全国性地志。

唐初行政区划实行州、县两级制。唐中期后，各地广置节度使、观察使，实际形成州以上的一级政区。《元和郡县图志》就是在这一时代背景下，依当时唐朝的 47 个节镇，分述各府州县的建置沿革、户口贡赋、山川古迹等内容。

隋唐之前 300 多年，中国始终处于分裂状态，行政建置混乱，存废不一。《元和郡县图志》虽为唐代地志，但详细记述了政区的沿革，是对魏晋南北朝时期行政区划资料的有效补充。自然地理方面，《元和郡县图志》的内容也很丰富。全书共记载水道 550 余条，湖泽陂池 130 多处，有些资料前代地志及《水经注》均失载。

此志原每镇篇首均附插图，故名《元和郡县图志》。南宋以后，地图亡佚，文字部分也有残缺，遂更名《元和郡县志》。《四库全书总目提要》称"其体例亦为最善，后来虽递相损益，无能出其范围"。

约公元 820 年
花拉子米写成《代数学》和《算法》

花拉子米，阿拉伯数学家、天文学家。他长期生活在巴格达，一生创作了许多重要的科学著作，涉及数学、天文学、地理、历史等众多领域。在数学方面，花拉子米有两本著作传世，成书于约公元 820 年。

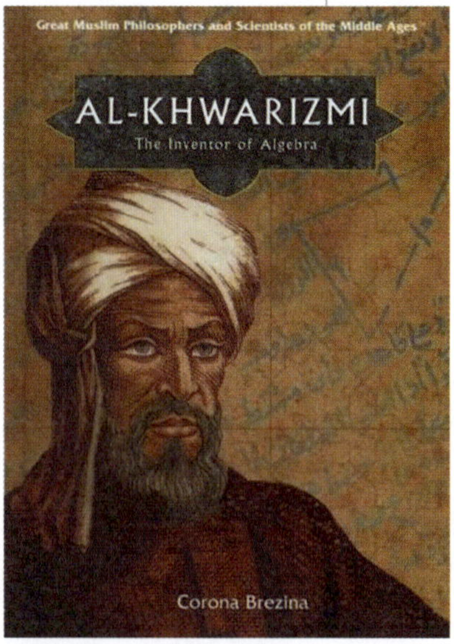

图书封面上的花拉子米

一本是《代数学》，它的阿拉伯文书名直译应为《还原与对消计算概要》。一般认为现在英文中 algebra（代数学）一词是由此书名中的 al-jabr（还原）演变而来的。《代数学》中所讨论的数学问题本身大多比丢番图的问题简单，也比此前印度数学家的简单，但它探讨的是一般性解法，因而远比前者更接近于近代初等代数。书中用代数方式处理了线性方程组与二次方程，用十分简单的例题系统地讲述了解一次、二次方程的一般原理。花拉子米把解方程求未知数称为求"根"，这种说法一直流传至今。他在书中用文字叙述了解法，相当于给出了一元二次方程的求根公式。他还采用类似于现在解方程时的移项与合并同类项这两种变形，给出了现在称为根的判别式的几何证明。《代数学》在 12 世纪被译为拉丁文传到欧洲，对欧洲数学的发展产生了巨大影响。它作为标准的数学课本使用了几个世纪，花拉子米也被人们誉为"代数学之父"。

花拉子米的另一本数学著作是《算法》（又译《印度的计算术》）。这是第一部用阿拉伯语言在阿拉伯世界介绍印度数码和记数法的著作，但它的真本没有流传下来，数学史家根据几份不完整的拉丁文手稿复原了它的内容。它首先讲述如何用包括零记号在内的 10 个印度数码记数，即十进位值制记数法；然后介绍如何用这些印度数码进行各种算术运算，每种运算的法则都用例子解释得清清楚楚，并给出验算的法则。《算法》问世后，印度数码和十进位值制记数法开始在阿拉伯国家普及。后来印度数码从阿拉伯传入欧洲，被欧洲人称为"阿拉伯数码"。如今在数学史研究领域，人们把这种数码称为"印度—阿拉伯数码"，以明确其发源地和传播途径。

公元 829 年
日本仿制中国水车

唐代时，中国的水车及其制造方法传入日本。日本淳和天皇天长六年（公元 829 年），令各地方仿制唐式手推、脚踏和牛拉各类型水车，用于农业生产。各种形制的龙骨水车，用于渠堰不便之处，使缺水高远之地也能正常地种植水稻。

日本《类聚三代格》卷 8 载，天长六年五月《太政府符》称："耕种之利，水田为本，水田之难，尤其旱损。传闻唐国之风，渠堰不便之处，多构水车。无水之地，以斯不失其利。

此间之民，素无此备，动若焦损。宜下仰民间，作备件器，以为农业之资。其以手转、以足踏、服牛回等，备随便宜。若有贫乏之辈，不堪作备者，国司作给。经用破损，随亦修理。”这一记载，不仅确实无疑地反映日本使用的水车是由中国引入的，而且还透视出当时中国龙骨水车已比较普遍，且已有手转、足踏、牛转等多种类型。

公元 9 世纪下半叶
拉齐鉴别天花与麻疹

拉齐，一译累塞斯，波斯人，生活在公元 9—10 世纪，是中世纪阿拉伯最有影响的医家之一。他的长篇巨著《医学纲要》是本百科全书，书中收集了希腊、阿拉伯、印度医学的知识，并用典型的病历加以说明。他对病人的观察与描绘生动细致，堪与希波克拉底相媲美。其代表作《论天花和麻疹》(公元 9 世纪下半叶)在世界上享有盛名。其中对天花和麻疹的临床症状、鉴别诊断和治疗的记述，被公认为医学史上的杰作。拉齐指出：“天花出痘前，先有持续发热、背痛、鼻痒、睡眠中惊恐。这些是发病前较为独特的症状，尤其是背痛，并伴发热；病人继之出现周身刺痛感，面部发胀，时来时去；面部色红而肿，双颊壮红，双眼发红；周身沉重感，极度不安，打哈欠，伸懒腰；嗓子和胸部痛，并伴有轻度呼吸困难和咳嗽；口干，流稠涎；音哑；头痛而有沉重感；焦躁、心烦、恶心、不安；全身发热；结肠炎症；全身出现发光性红色，尤其是齿龈红色更深。”拉齐是希波克拉底的信徒，他反对任何形式的江湖医术，他是第一个反对夸大验尿术重要性的阿拉伯人。当时的医生都声称只须验尿，不用见到病人，就可以诊断是否怀孕；甚至凭借尿液检查几乎可以诊断任何疾病。拉齐的著作还涉及医学心理学、医患关系、医生专业化等问题，反映出他是一位比较全面的医家。

公元 9 世纪下半叶
《天文学大成》译成阿拉伯文

巴塔尼

托勒玫之后，古希腊天文学后继乏人，大批经典之作渐因无人识荆而束诸高阁，甚至佚失。公元 750 年，穆斯林阿拔斯王朝建立，其统治者很重视文化科学事业。该王朝的哈里发拉希德下令翻译古希腊典籍，其子马蒙继位后更是加紧推进。公元 9 世纪下半叶，阿拉伯翻译家老伊本·伊舍克偕子将希腊文原著《天文学大成》译成阿拉伯文。公元 9 世纪末—10 世纪初，阿拉伯天文学家巴塔尼积数十年之观测，发现《天文学大成》中有些数据有问题，遂在《萨比历数书》一书中予以订正，“萨比”是巴塔尼冗长的阿拉伯全名中的最后一个词。该书述及天文学和数学的基本知识、托勒玫理论中日月行星的黄经运动、月球视差和月球距离理论、有关星占学的一些内容，以及日晷、浑仪、象限仪等天文仪器。书中侧重天文实测，通过观测证实太阳远地点确实存在进动。《萨比历数书》日后在欧洲影响广泛，被译成多种文本，一译《论星的科学》。哥白尼在《天体运行论》中至少有 23 次提及该书作者。12 世纪上半叶，阿拉伯人伊什比利用阿拉伯文修订《天文学大成》，取名《增订天文学大成》，但与原书并无本质差异。1175 年，意大利翻译家克雷莫纳的杰拉尔德将《增订天文学大成》译成拉丁文。在托勒玫和哥白尼之间的漫长岁月中，阿拉伯天文学家起了承前启后的重要作用。

公元 879—880 年
陆龟蒙著《耒耜经》

唐代陆龟蒙所著《耒耜经》(公元 879—880 年) 是中国现存最早的农具类农书，全篇 640 多字，记述了唐代末期江南地区的农

950

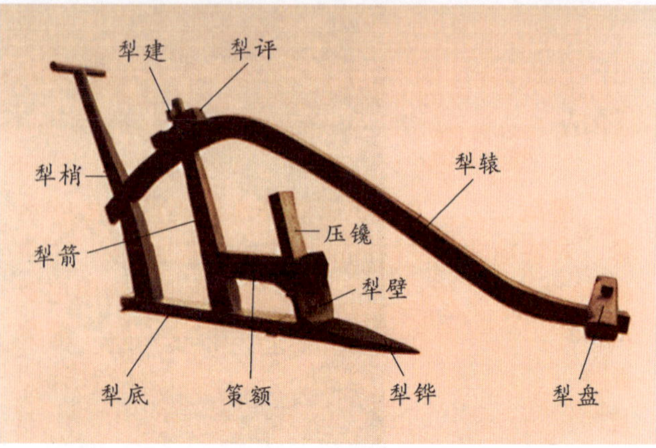

江东犁复原模型

具，如江东犁（曲辕犁）、耙、砺碎和碌碡。

书中所记耕犁由铁制的犁铧、犁壁和木制的犁底、压镵、策额、犁箭、犁辕、犁评、犁建、犁梢、犁盘等 11 个部件组成。这种耕犁的辕是弯曲的，所以后世称之为“曲辕犁”；又因文末有“江东之田器尽于是”，所以又称之为“江东犁”。犁铧用以起土；犁壁用于翻土；犁底和压镵用以固定犁头；策额保护犁壁；犁箭和犁评用以调节耕地深浅；犁梢控制宽窄；犁辕短而弯曲；犁盘可以转动。整个犁具有结构合理、使用轻便、回转灵活等特点，各部件的形状、尺寸等也有详细记述，十分便于仿制流传。

唐代长江下游最早出现的曲辕犁，是中国农具史上的一个里程碑，标志着传统的中国犁已基本定型。曲辕犁在华南推广以后，逐渐传播到东南亚种稻的各国。17 世纪时荷兰人在印度尼西亚的爪哇等处看到当时移居印尼的中国农民使用这种犁，很快将其引入荷兰，以后对欧洲近代犁的改进有重要影响。

公元 10 世纪中叶
苏菲著《恒星图象》

阿拉伯天文学家苏菲曾在波斯和巴格达工作，其时代稍晚于巴塔尼。苏菲所著《恒星图象》一书，是公元 10 世纪中叶伊斯兰天文学的杰作。书中列出当时已定名的 48 个星座中各星的位置（黄经与黄纬）和星等，又以相当大的篇幅将恒星的阿拉伯星名同托勒玫星表中的星名加以对照，并从天文学角度对阿拉伯诗歌和哲学著作中出现的几百个古老星名作出鉴定。书中记载的许多星名如今已成国际通用名，例如天鹰座 α（中名河鼓二）称为 Altair，天鹅座 α（中名天津四）称为 Dereb，金牛座 α（中名毕宿五）称为 Aldebaran。《恒星图象》中绘有精美的星图，星等数据源于苏菲本人的观测，因而是关于恒星亮度的早期珍贵资料。

苏菲《恒星图象》中的英仙座 图中希腊神话中的人物形象在很大程度上已经“阿拉伯化”了。在被砍下的美杜莎的脑袋上，最亮的那颗星标记为“魔星”（中名大陵五），意为“恶魔之首”。

公元 10 世纪中后期
指南鱼问世

指南鱼是中国古代用于指示方位的一种器械，大约出现于公元 10 世纪中后期。

北宋官员曾公亮在《武经总要》中第一次详细记载了制作和使用指南鱼的方法：“用薄铁叶剪裁，长二寸，阔五分，首尾锐如鱼型，置炭火中烧之，候通赤，以铁钤钤鱼首出火，以尾正对子位，蘸水盆中，没尾数分则止，以密器收之。用时，置水碗于无风处平放，鱼在水面，令浮，其首常向午也。”指南鱼

1001

比司南使用起来要方便许多，只要有一碗水就可以了，而且比司南更灵敏、更准确。制作指南鱼的过程中使用了人工磁化法，这是世界上人工磁化方法的最早实践，说明中国人民在 1000 多年前就已具有相当丰富的磁铁知识。

指南鱼

11 世纪
中国最早记录磁偏角和磁倾角现象

指南针是中国古代“四大发明”之一。古代中国人不仅制造出各种各样的指南针装置，还最早发现了磁偏角和磁倾角现象。

地球内部有一个由地核形成的巨大磁体，地磁轴北极位于地理北极点附近，地磁轴南极位于地理南极点附近。指南针静止时，磁针南极指向地磁北极方向，磁针北极指向地磁南极方向。地磁南极和地磁北极虽然与地理上的南北极点距离很近，但位置并不重合。因此，指南针指示方向就与地理上的正南正北方向有一定偏差，这一偏差角度称为磁偏角。北宋科学家沈括 11 世纪末编撰的《梦溪笔谈》中记载：“方家以磁石磨针锋，则能指南，然常微偏东，不全南也。”这是世界上最早的磁偏角现象记录。

磁针南极永远与地磁北极方向平行，但由于地表为球形，在北半球，以地表水平面为参照系，磁针总是指向地表水平面的斜上方。磁针与地表水平面之间的夹角称为磁倾角。11 世纪成书的北宋兵书《武经总要》中介绍了一种指南鱼的制作方法：加热铁片，使其在地磁场中人工磁化；然后冷却，将磁性固定下来。值得注意的是，书中提到，铁片入水冷却时要将指北的鱼尾稍微向下倾斜。这表明至少北宋时期，中国人就已经发现了磁倾角现象，并在制作指南鱼时适当予以校正。

11 世纪
中国发明人痘接种术

人痘接种术的发明，基于对患过天花的人终身不再染天花这一现象的观察。人们从中探索出让健康人适度接触天花传染源，引起轻度、可控的感染，从而获得免疫力的人痘接种方法。据朱纯嘏《痘诊定论》记载，人痘接种术最早始于北宋，当时有峨眉神医为宋仁宗时丞相王旦之子种痘，获得成功，成为第一个有记载的种痘案例。这一说法还缺乏足够文献佐证，但人痘接种术确凿的起源

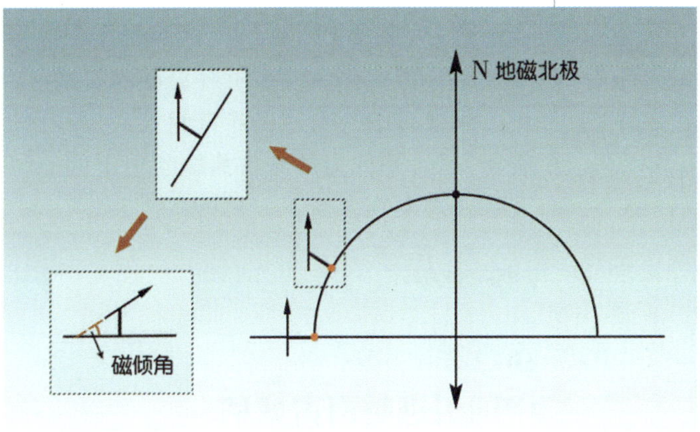

磁倾角

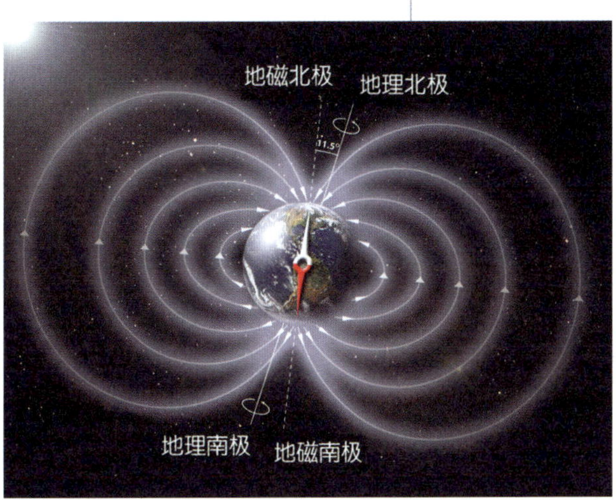

磁偏角

时间最迟不会晚于明代。清初俞茂鲲的《痘科金镜赋集解》明确记载，“闻种痘法起于明朝隆庆年间”，明、清医书中有多处记载了人痘接种术。根据文献，人痘接种的方法早期有痘衣法（接触患者的衣服）、鼻苗法（将患者疱浆点入健康人鼻腔）；后来又出现了干苗法、水苗法（将痘痂研末直接吹入，或水调后点入鼻腔）；后来还发明了经多代相传、毒力减弱、更为安全的“熟苗法”。明、清时期在社会上形成了一批以种痘为职业的医生群体。17 世纪时，为使从北方进入中原的满族和蒙古贵族免于遭受天花侵袭，清朝康熙皇帝将人痘接种术引入宫廷，并在满、蒙八旗中推广应用。不久此术被俄罗斯使臣带回其国内，后来又经土耳其传至英国。1795 年，英国医学家詹纳发明了牛痘接种术。

11 世纪初
海桑著《光学》

阿拉伯科学家海桑是揭示人眼结构的第一人。他曾官至大臣之位，后因在执行治理尼罗河计划中的失误而失宠，为避灾祸一直装疯。以后他以抄写稿本为生，毕生著述甚多，但大多散失，留存的有天文、数学和光学方面的著作。

11世纪初，海桑在《光学》一书中介绍了视觉源于被视物体的认识，提出了与眼睛相关的术语，如网膜、角膜、玻璃状液（玻璃体）、前房液。在重新考察并改进了托勒玫有关折射现象的实验后，海桑发现折射角与入射角成正比的断言并不正确。他虽没有得出折射定律，但是完善了反射定律。他提出了著名的“海桑问题”：给定发光点和眼睛的位置，便可求得球面镜、圆柱面镜或圆锥面镜上发生反射的某一点。这实际上是要寻求物、镜、像的位置关系。

海桑

阿维森纳

11 世纪初
阿维森纳著《医典》

阿维森纳，又译伊本·西拿，不仅是 11 世纪初的著名医家，而且是阿拉伯国家乃至在欧、亚两洲具有很大影响的科学家、哲学家，在世界医学史上占有重要地位。他除写出 20 部关于科学、哲学、天文学、语言、诗歌的书籍外，还写出等量的医学著述。他的医学代表作当推《医典》，多次被译成拉丁文，很长一段时间内，被作为研究医学的必读书。《医典》分 5 卷，约 100 万字。卷一为总论；卷二介绍各种药物；卷三论述从头到脚各种疾病的治疗；卷四论全身病；卷五为药学。《医典》既有理论，又有丰富的临床论述，包罗万象，富有系统性，是当时医学的总结性著述。除此以外，《医典》中还吸收了当时中国和印度的医学成就，并加以整理和注释，对沟通欧、亚两洲各民族的医学知识起了重大作用。本书编排合理、内容准确、文句富说服力。直到 17 世纪末，这部著作在各国医生的心目中仍为几乎不容争辩的权威。

阿维森纳与希腊的希波克拉底、罗马的盖仑一起，并称为西方古典医学史上的三位里程碑式人物。

1012 年
中国引进越南占城稻

占城稻又称早禾或占禾，属于早籼稻，

原产越南中南部，北宋初年首先传入中国福建地区。根据古书记载，占城稻有很多优点，以耐旱、生长期短、适应性强著称。1012 年，江淮两浙大旱，水田无粮可产。宋真宗遣使到福建，取占城稻种三万斛（旧量器，一斛为 10 斗），分给江淮两浙地区播种，获得成功。不久，今河南、河北一带也种上了占城稻。南宋时期，占城稻遍布各地，成为早籼稻的主要品种，也成了广大农民常年食用的主要粮食。占城稻的引进，是中国历史上一次大规模的水稻引种。

1022 年
燕肃撰《海潮论》

燕肃是北宋时期的著名学者，青州益都（今山东省青州市）人，官至龙图阁直学士、礼部侍郎。他利用多年在广东、浙江等东南沿海州县做官的机会，对各地潮汐进行了长期的观测和比较分析，于乾兴元年（1022 年）在浙江明州（今浙江省宁波市）任内写出《海潮论》，并根据海潮理论绘制了《海潮图》。

《海潮论》对前人有关潮汐成因的各种说法予以厘清。燕肃结合十多年的观测结果，提出潮汐的形成"随日而应月，依阴而附阳"，明确指出太阳和月球的作用是形成潮汐的两个主要因素。同时，还对宁波沿海的潮候情况进行了详细推算，精确计算出当地每天海潮涨落的时间，计算结果已可精确到几刻几分。另外，《海潮论》中还对钱塘江大潮的形成进行分析，认为"盖以下有沙潬，南北亘连，隔碍洪波……波浪推带，后水溢来，于是溢于沙潬，猛吼顿涌，声势激射，故起而为涛耳"，科学地阐明了泥沙淤积、河床抬升对钱塘江口形成大潮的关键作用。

《海潮论》全文 700 余字，原文匿名刻录在石碑上。南宋文学家姚宽认为该文"极有理……复恐遗失"，将其全文辑录在《西溪丛语》一书中，经后世学者考证为燕肃所作。《海潮图》则已失传不可考。燕肃学识渊博，擅长机械制造，曾发明双轮指南车、记里鼓车、莲花漏等计量仪器。

1026—1027 年
王惟一撰《铜人腧穴针灸图经》并铸针灸铜人

王惟一为北宋时期的翰林医官，于天圣四年（1026 年）奉诏编成《铜人腧穴针灸图经》3 卷，记载人体 14 经脉的循行排列，收录腧穴 657 个。1027 年，又奉诏设计并主持铸造两具针灸铜人。铜人与真人等大，由精铜铸成，中空，其躯体、脏腑可合可分，体表有穴位孔，刻有穴位名称。据记载，铜人平时用于教学，考试时以黄蜡涂封表面，内灌以水（一说汞），应试者能准确取穴，则针入水出，以为应验。铜人铸成后一尊置于宫中，一尊置于开封大相国寺。北宋亡后铜人归于金，至明正统年间（1436—1449 年）因见字迹湮灭不清，由太医院仿造了一具，此后原铜人下落不明。王惟一的《铜人腧穴针灸图经》在北宋时曾被刻为石碑，与铜人同置于大相国寺，后来也被金人掠去。1972 年，在北京古城墙中发现其残碑 5 块。针灸铜人是形象教具的重要创造，是工艺技术与针灸学术的精妙结合，有重要影响。以后历朝都有铸造铜人的做法。

约 1050 年
贾宪写成《黄帝九章算术细草》

贾宪，中国北宋时期的数学家，他在约 1050 年写成一部叫做《黄帝九章算术细草》的著作，共 9 卷，已失传，但其部分内容被南宋数学家杨辉于 1261 年著的《详解九章算法》所录，故传世。

《详解九章算法》是在《黄帝九章算术细草》的 246 题中取 80 题进行详解。除按九章作 9 卷外，杨辉又增添 3 卷，一卷是"图"，一卷讲乘除，一卷是"纂类"，共 12 卷。但目前

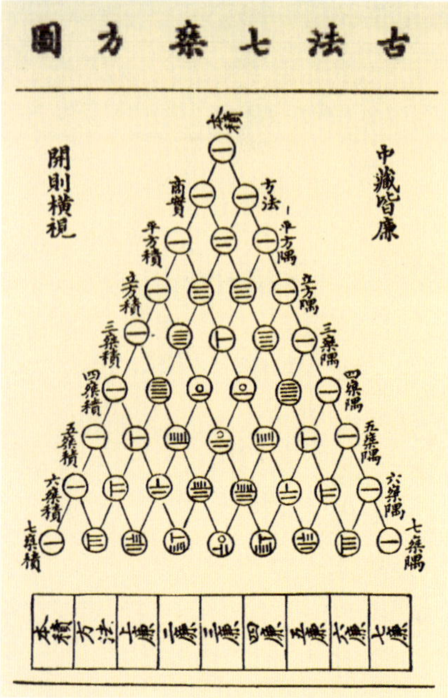

贾宪三角 载元代数学家朱世杰于 1303 年所著之《四元玉鉴》。

存世的《详解九章算法》中，多数卷残缺不全。

杨辉在“纂类”中录有贾宪的“增乘开平方法”和“增乘开立方法”，在对《黄帝九章算术细草》所作的“详解”中，录有贾宪的“开方作法本源图”、“增乘方求廉法” 和用增乘开方法开四次方的例子。

开方作法本源图，现称“贾宪三角”或“杨辉三角”，就是一张二项式系数表，即 $(a+b)^n$ 展开式中各项系数以 n 为行序，每行按 a 的升幂序排列而成的一张三角形表，这在西方叫做“帕斯卡三角”，但贾宪三角比帕斯卡三角早提出 600 多年。这是贾宪的第一项成就。

在贾宪三角中，左侧斜线和右侧斜线上的数“一”分别是“积”(a^n)和“隅算”(b^n)的系数，而中间的数则称为“廉”。在贾宪三角后面，附有增乘方求廉法，说明了贾宪的求廉方法。这种方法，是一个从隅算的系数“一”出发的算法程序。这就是所谓的 “增乘过程”。这个过程，可以直接用来进行开方，从而开辟了高次方程数值解法的新途径。这就是贾宪的另一成就——增乘开方法。

贾宪的这两项成就，在当时具有世界领先水平，而且对宋、元的数学发展产生了全面的重大影响。

11 世纪中叶
中国利用小口深井技术生产井盐

战国秦汉时期，今四川地区就已开始凿井取盐。但限于当时的技术水平，盐井多以挖掘形成，口大而井浅，只能汲取距离地表较近的地下盐卤，而大量封存于基岩以下的盐卤无法开采。

11世纪中叶，中国井盐生产工艺进入“小口深井”时代，其标志就是“卓筒井”的出现。北宋苏轼的《蜀盐说》中记载：“用圜刃凿山如碗大，深者数十丈，以巨竹去节，牝牡相衔为井，以隔横入淡水，则咸泉自上。又以竹之差小者，出入井中为筒，无底而窍其上，悬熟皮数寸，出入水中，气自呼吸而启闭之，一桶致水数斗。”从中可以看出，卓筒井是一种小口深井，井口只有碗口大小，井口小，井壁便不容易坍塌。“用圜刃凿山”表明开凿时使用了专门的圆形凿井工具，已能击碎基岩。井中还使用了粗、细两种毛竹，前者用于支护井壁，后者用于汲取盐卤。

凿井时，先人工挖掘至岩层位置，放下一组石圈以支护井壁。用石碓悬吊金属钻头，以舂捣方式击碎岩石。放入粗毛竹，进一步保护井壁。最后放入细竹，竹内置皮钱。在盐卤压力下，皮钱自动开启。装满盐卤后，皮钱在重力作用下缓慢关闭，转动绞车将盛盐卤的细竹提出。

卓筒井的出现，标志着中国古代钻井技术和钻井机械都已发展到很高的水平。

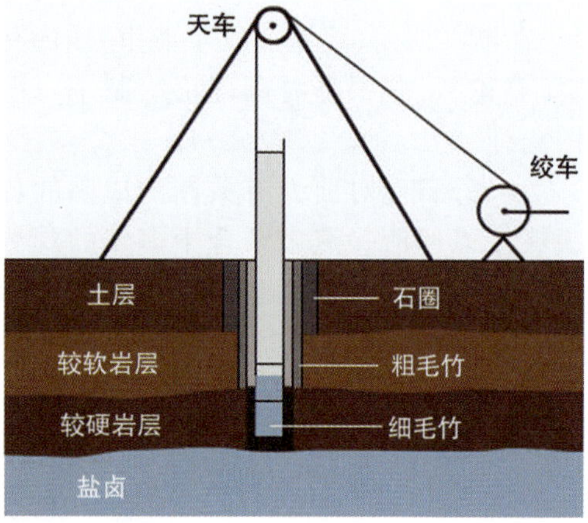

卓筒井结构示意图

1054 年
中国记录天关客星

中国古代记录的“客星”是对新出现的星的统称，主要是指彗星、新星、超新星等天象。其中北宋至和元年在天关星(即金牛座 ζ)附近出现客星，是历史上最著名的超新星爆发记录。据《宋史·天文志》、《宋会要辑稿》

等古籍记载，宋仁宗至和元年五月己丑(1054 年 7 月 4 日)，在天关星附近出现一颗客星，如同金星那样白昼都可显现，光芒四射，颜色赤白，持续了 23 天。而直到 643 天之后的宋仁宗嘉祐元年三月辛未(1056 年 4 月 6 日)，此星才隐没不见。该星如此之亮、出现时间如此之久，都足以表明这是一次超新星爆发。日本古籍中也留下了这颗客星的记录。当时欧洲正处于中世纪宗教统治的黑暗时期，关于 1054 年超新星未留下任何记载。

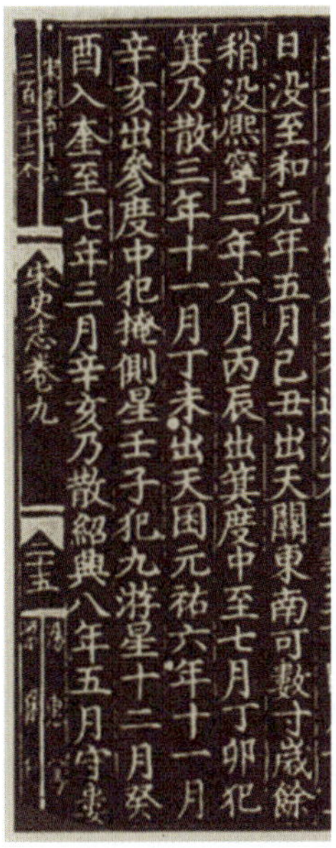
日没至和元年五月己丑出天關東南可數寸歲餘稍没熙寧二年六月丙辰出箕度中至七月丁卯犯箕乃散三年十一月丁未出天囷元祐六年十一月辛亥出參度中犯掩側星壬子犯九游星十二月癸酉入奎至七年三月辛亥乃散紹興八年五月守婁

宋史志卷九

《宋史》中有关天关客星的记载

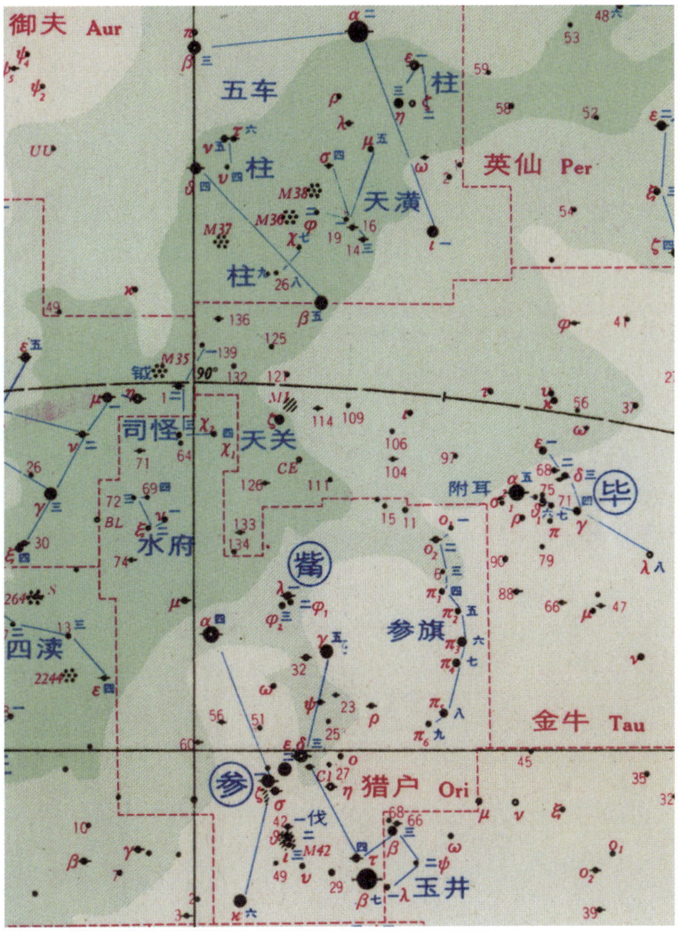

天关星和蟹状星云 M1 的位置

超新星是大质量恒星演化到晚期发生的整个星体剧烈爆发的现象，爆发抛出的大量物质迅速向四面八方膨胀，扩散成星云状的超新星遗迹。18 世纪的法国天文学家梅西叶在其观测编制的星云表中列为第 1 号的天体 M1——后来称为“蟹状星云”，正好处于 1054 年超新星的位置上。1921 年，美国天文学家邓肯发现蟹状星云在膨胀。1928 年，美国天文学家哈勃测出蟹状星云的膨胀速度，并据此推断它正是 1054 年超新星爆发的遗迹。1942 年，荷兰天文学家奥尔特等进一步证实了这一论断。天关客星同蟹状星云的联系，强烈地激发了国际天文界广泛研究中国古代天象记录的兴趣。

1057 年
校正医书局成立

为开办官方医学教育需要，北宋仁宗皇帝于嘉佑二年(1057 年)八月诏令编修院置校正医书局，命直集贤院、崇文院检讨掌禹锡等 4 人为校正医书官。校正医书局收集前代重要医书的各种传本，进行校正、重编等整理工作，先后历时 12 年，所校医书有《素问》、《甲乙经》、《本草图经》、《脉经》、《伤寒论》、《千金要方》、《千金翼方》、《金匮要略方论》、《外台秘要》、《金匮要略经》等。所校医书由国子监等官办刻书机构雕版刊行，供太医局应用并分发各地，促进了医学知识的传播。校正医书局的成立是中国医政史上的一个创举，它利用印刷技术的进步，较为系统地整理和刊行了中医基本著作的标准版本，纠正了历代传抄造成的许多错讹，但其中也有不符原意或随意增删、改动文献的情况。

1092 年
苏颂等建成水运仪象台

宋元祐元年(1086 年)，天文学家苏颂开始组织天文仪器制造家韩公廉等人设计一座集浑仪、浑象和报时装置于一体的大型综合性天文仪器“水运仪象台”，元祐七年(1092 年)制成。台高约 12 米、宽约 7 米，为一座上狭下广、呈正方台形的木结构建筑。

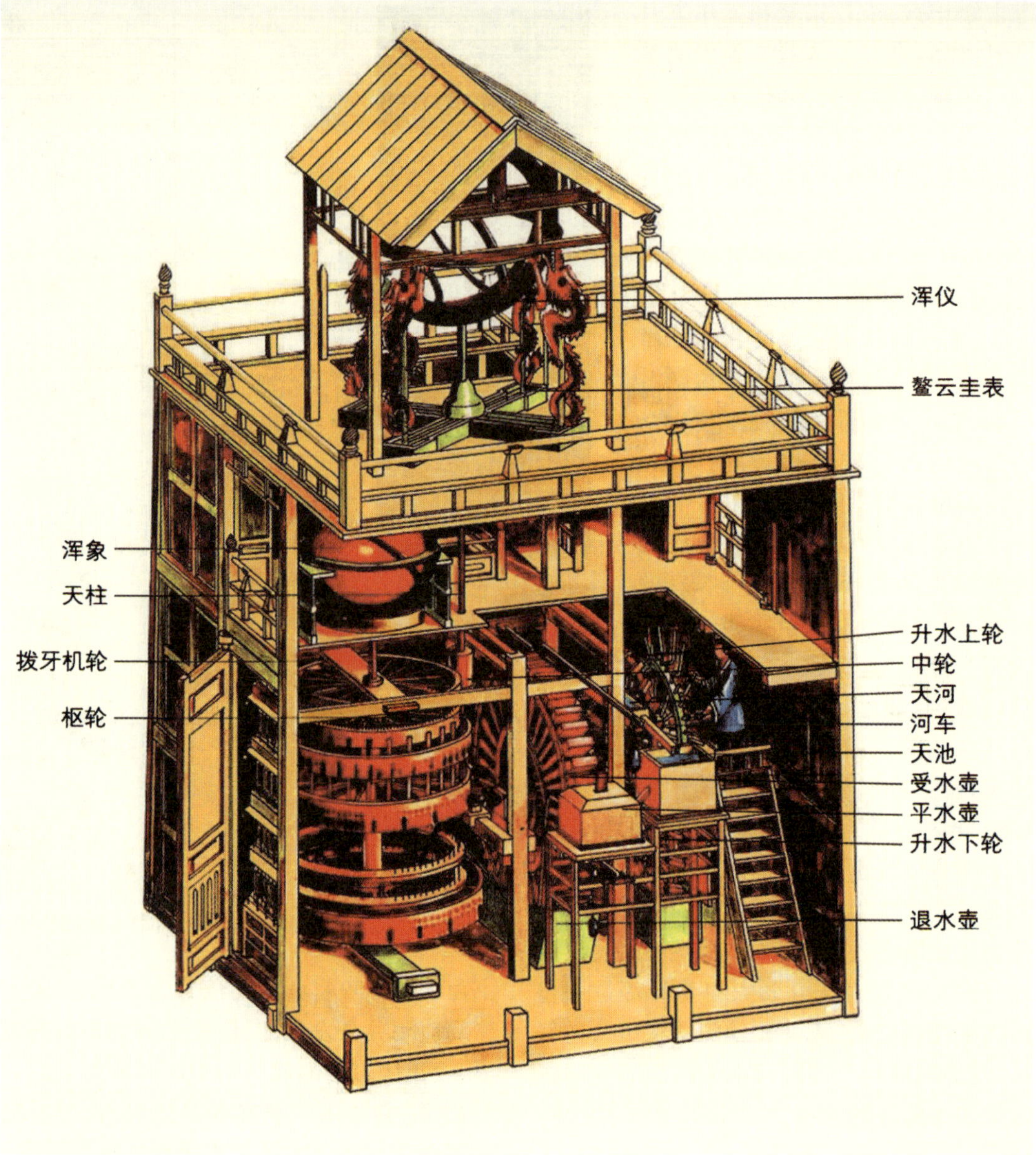

水运仪象台复原图

台分3层:上层是个板屋,置铜制浑仪,用于测量天体的位置。板屋顶部由9块活动面板组成,可随意摘除,是近代望远镜观测室活动屋顶的先驱。中层为一密室,内置浑象。下层包括一套计时报时系统和全台的动力机构。整个仪器以漏壶的流水为动力,通过复杂的齿轮系传动和一组类似近代钟表擒纵器的杠杆装置的控制,使浑仪、浑象、计时报时系统均自动地与天体周日运动同步运转。浑仪自动跟踪天体的装置堪称后世转仪钟的雏形;浑象可自动地演示星辰的位置;计时报时系统通过敲钟、打鼓、击钲或轮番出现木人等形式,自动地显示时、刻、更、筹的推移,它是世上最早的天文钟。水运仪象台建成后,苏颂又为之撰写图文并茂的说明书《新仪象法要》。该书既给出水运仪象台的整体结构图象,又条理分明地绘制出各个部件,并附文说明它们的尺寸及彼此间的关系。水运仪象台是中国古代的杰出创造,《新仪象法要》则是一部相当完整、科学的天文仪器机械图集,也是后世复原水运仪象台的极重要依据。

十字军攻打耶路撒冷(1099 年)

1096—1291 年
东方先进生产技术及多种作物传入西欧

1096—1291 年,西欧基督教(天主教)国家对地中海东岸的国家发动了 8 次十字军东征。十字军东征占领了以耶路撒冷和君士坦丁堡为中心的东方广大地域。西欧封建统治者通过战争和殖民掠夺,获得大量土地和财富,极大地改善了西欧社会经济状况,不仅克服了社会经济危机,并且促进了农业、手工业和商业的发展。

十字军东征以后,意大利、法兰西、西班牙等国同东方贸易增多,东方不少先进的生产技术如纺织、丝绸、印染、制糖以及多种作物如稻、棉花、甘蔗、芝麻、甜瓜、杏传入西欧,使之大大丰富了物质生产,提高了生产力水平。在商业方面,意大利商人取代了阿拉伯和拜占庭商人在东方贸易中的垄断地位,独占了地中海商业霸权,有力地推动了西欧的商业发展。

十字军东征结束时,由东方输往欧洲的商品比以前增加了 10 倍。贸易的发展,促进了城市的繁荣和市场的扩大,从而导致西欧封建社会的深刻变化,开始进入一个新的发展时代。

11 世纪末
沈括著《梦溪笔谈》

《梦溪笔谈》是北宋著名政治家和科学家沈括晚年所著的笔记体著作,成书于 11 世纪末,包括《笔谈》、《补笔谈》和《续笔谈》三部分,共 26 卷 609 条,其中 255 条属于科学技术范畴。全书涉及天文学、数学、物理、地理、生物、医学、军事、文学、史学、考古及音乐等学科,是一部集大成之作。沈括是一位具有“实业兴国”思想的技术官僚,他关心科学技术,在很多科技领域都有真知灼见。

在物理学领域,《梦溪笔谈》记录了世界上最早的指南针实验和磁偏角,比欧洲人观测到磁偏角早 400 多年。该书有许多光学方面的观察和实验记录及分析,介绍了凹面镜成像和小孔成像的原理,对光的直线传播、光的折射和虹的形成进行了研究。该书还介绍了很多声学方面的知识,包括乐律、古乐钟的发声以及古琴的制作等,并记载了声音共振实验。

沈括

另外,该书在数学方面开创了隙积术和会圆术;在天文学方面得出冬至日短、夏至日长等结论,介绍了浑仪、漏刻、圭表等天文仪器的研制,在历法上大胆创新,提出了《十二气历》;在地理学方面以流水侵蚀作用解释奇异地貌的成因。该书还记载了大量的科学发明创造,如活字印刷术、炼铜术、炼钢术、炼油术,其中许多科学成就达到了当时的世界最高水平,并被沿用至今。因此该书受到中外学者的高度重视,被誉为“中国科学史上的坐标”。

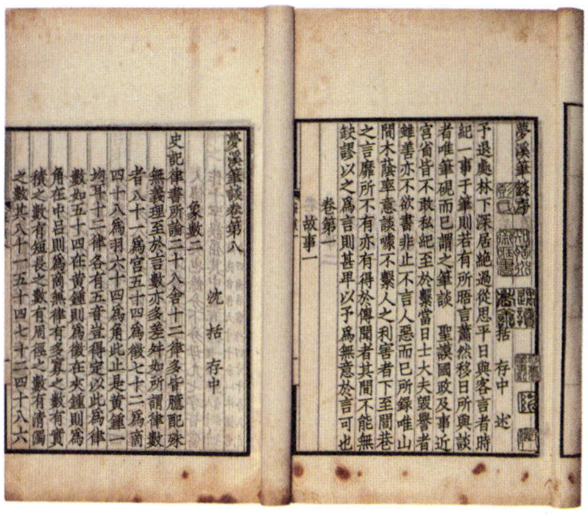

《梦溪笔谈》

约 1100 年
海亚姆用圆锥曲线的交点确定三次方程的根

奥马·海亚姆是 11 世纪末、12 世纪初阿拉伯的天才数学家、天文学家和诗人。他出生于波斯的内沙布尔(今伊朗呼罗珊省内沙布尔),曾在内沙布尔天文台工作,和其他学者一起对当时的历法进行了一次改革。他的诗集,如《鲁拜集》,是世界文学的瑰宝,被人们颂扬至今。

海亚姆最著名的数学著作是他的《代数问题的证明》(阿拉伯文书名直译为《还原与对消问题的论证》),其阿拉伯文手稿和拉丁文译本已被保存下来。

在这本书中,他定义代数学为"解方程的科学",这一定义精辟地归纳了到当时为止的代数学历史,明确了代数学的发展方向,被一直保持到 19 世纪末。

在这本书中,海亚姆首创用圆锥曲线来解三次方程的方法。他考虑了所有形式的三次方程,并将一、二、三次方程根据它们的缺项情况和方程中各项在等号两侧的分布情况(因为他只取正根,系数也只限于正数)而归结为 25 类,其中三次方程有 14 类。他对每一类方程都给出了几何解法,即用两条圆锥曲线的交点来确定方程的根。他还专门阐述了用圆锥曲线解三次方程的一般性方法,他的思想与解析几何学的思想相合,预示了代数学的发展方向。

奥马·海亚姆

1119 年
中国最早记载在航海中使用指南针

1119年成书的宋代史料笔记《萍洲可谈》最早记载了航海中使用指南针的情况:"舟师识地理,夜则观星,昼则观日,隐晦观指南针。"文中指出,当时只在见不到日月星辰的时候才使用指南针,可见刚开始时对指南针的使用还不熟练。据 1225 年成书的《诸蕃志》记载:"舟舶来往,惟以指南针为则,昼夜守视惟谨,毫厘之差,胜似系焉。"可见这时指南针已成为海上指航最重要的仪器。人们不论昼夜晴阴都用指南针导航,还编制出被称为"针路"的在不同航行地点指南针针位的连线图。船行到某处时,采用何针位方向,航线上都一一标识明白作为航行的依据。

用于航海的指南针通常被称作罗盘。北宋末期(约 1180 年),中国的罗盘通过阿拉伯商人传入欧洲。此后,罗盘在世界航海事业上被广泛应用,才有 15、16 世纪欧洲人的世界地理大发现。

罗盘

1123 年
圣巴托罗缪医院建立

欧洲最早的医院往往建在寺院周围。中世纪时宗教团体承担接待和救助伤病员的职责,修道院成为安全的避难所,这使修道院修士获得社会的尊重。另外，对于被社会抛弃的传染病病人，如麻风病人和鼠疫病人，教会也主动热诚地相助。修士们在修道院和大教堂设立医院，对这些病人进行护理和治疗工作。

拉丁文 *hospitalia*，原意是指旅馆、客栈，最初收留老人、孤儿和残疾人，以及被社会和家庭抛弃的病人，后来演化为专供病人居住的地方，此即为英文中 hospital 的由来。能确证的最早的基督教医院，是公元 6 世纪位于君士坦丁堡的桑普松医院。

到 12、13 世纪，医院模式作为一种医疗建制在欧洲迅速展开，在欧洲几乎所有的小镇上都能发现医院。这些医院或大或小，有的有几百个床位，有的只能收容几个病人；有教会办的，也有普通人办的。医院有专职医生。在伦敦，教会资助的圣巴托罗缪医院就是在 1123 年创建的，成为这一时期最具代表性的医院。

1127—1162 年
中国南方形成水田耕作体系

中国在唐代中期以后，随着经济重心的南移，稻作的勃兴，一大批与稻作有关的农具相继出现，出现了以江东犁为代表的水田整地农具，包括水田耙、碌碡和砺礋。宋代由于北方时有战争，局势不稳，兵役繁重，大批北人离乡背井，流落南方。南北人口之比出现显著变化，影响农业生产形成南北新格局。东南人口的迅速增加，迫使人们努力开发水土资源，与山争地，与水争田，梯田、圩田等土地利用方式有了长足进步，中小型农田水利大量修建，除扩大耕地外，还讲究精耕细作，提高土地生产率。

宋代，耖得以普及，还出现了秧马、秧船等与水稻移栽有关的农具，标志着水田整地农具的完善。宋高宗时期（1127—1162 年），逐渐形成了耕、耙、耖、耘、耥相结合的水田耕作技术体系，并带动了育秧、施肥、选种等许多技术环节的进步。陈旉《农书》的出现，是中国南方水田精耕细作技术体系成熟的标志。

耖田图 耖是中国南方水田耕作使用的一种专门的农具，它的作用和北方的耢差不多，即在破碎土块的同时，还具有平整田面的作用。但由于是在水田使用，形制与耢相差较大，耙、耢都是平放着使用，而耖则是竖着使用，下部有列齿，上部则有横把，耖田时扶横把操作。

1132—1134 年
楼璹制成《耕织图》

楼璹是中国南宋时浙江鄞县人，在任浙江于潜县令时，深感农夫、蚕妇之辛苦，遂于 1132—1134 年编制了一套《耕织图》。《耕织图》系统描绘了江南农耕、蚕桑生产的各个环节，是最早的农业技术推广挂图，成为后人研究宋代农业生产技术最珍贵的形象资料。

《耕织图》包括耕图 21 幅，内容有浸种、耕、耙耨、耖、碌碡、布秧、淤荫、拔秧、插秧、一耘、二耘、三耘、灌溉、收割、登场、持穗、簸扬、砻、舂碓、簏、入仓等；织图 24 幅，内容有浴蚕、下蚕、喂蚕、一眠、二眠、三眠、分箔、采桑、大起、捉绩、上簇、炙箔、下簇、择茧、窖茧、缫丝、蚕蛾、祝谢、络丝、经、纬、织、攀花、剪帛等；每图皆配以一首五言律诗。

1210 年，楼璹之孙以石刻《耕织图》传

《耕织图》 是中国古代有关耕织方面最早的一本以诗配图供普及用的图册。现真本已不可见,不过后代的临摹翻刻本,仍保留有楼璹原图的韵味。

于后世。15 世纪以后,中国的《耕织图》流传到了日本、朝鲜。

1149 年
陈旉著成《农书》

南宋农学家陈旉 1149 年所著《农书》,是中国现存最早的论述江南水田耕作栽培技术和农桑生产技术的农书,约 1.2 万余字,分上、中、下 3 卷。上卷是全书的重点,主要讲述土地规划和水稻栽培技术;中卷主要论述水牛的饲养、管理、役用和疾病防治;下卷论述蚕桑的生产和技术。

《农书》是陈旉总结农民耕作经验、结合自己种药治圃的心得体会写作而成的。书中首次提出了“地力常新壮”的理论,指出只要适当施肥,便可使土地精熟肥美,保持新壮肥沃的地力,批判了地力衰退的悲观论调;首次介绍了制造火粪、饼肥发酵、粪屋积肥、沤池积肥等经验,提出了“用粪犹用药”的合理施肥思想;指出要根据土壤性质和作物生长情况,选用适宜的肥料种类、数量、施用时间和施用方法;首次系统论述了南方水稻的耕作栽培技术,对耘耨、烤田和育秧技术的记载尤为详尽,总结出“种之以时,择地得宜,用粪得理”的培育壮秧要诀,对秧田水深的控制也有精辟的论述。

陈旉《农书》反映出宋代江南地区农业生产高度发展的水平和成就,书中有关土壤肥料的论述,代表了中国古代关于土壤学说的最杰出的思想。

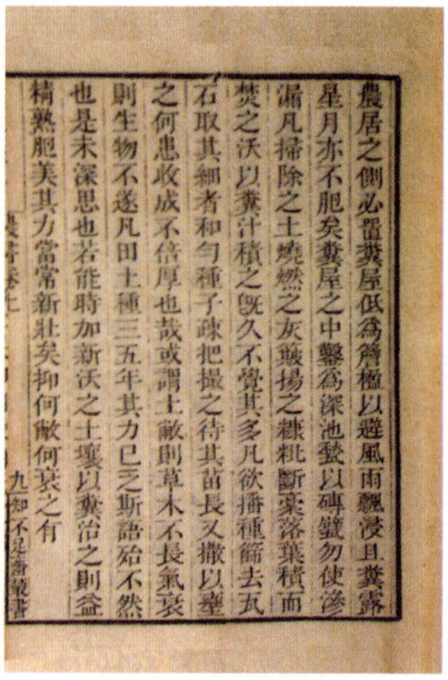

農居之側必置糞屋低為簷楹以避風雨飄浸且糞露
星月亦不肥矣糞屋之中鑿為深池甃以磚甓勿使滲
漏凡掃除之土燒燃之灰簸揚之糠粃斷稾落葉積而
焚之沃以糞汁積之既久不覺其多凡欲播種篩去瓦
石取其細者和勻種子疎把撮之待其苗長又撒以壅
之何患收成不倍厚也哉或謂土敝則草木不長氣衰
則生物不遂凡田土種三五年其力已乏斯語殆不然
也是未深思也若能時加新沃之土壤以糞治之則益
精熟肥美其力當常新壯矣抑何敝何衰之有
九 知不足齋叢書

陈旉《农书》

约 1150 年
婆什迦罗第二写成《莉拉沃蒂》和《算法本源》

婆什迦罗第二是中世纪印度最重要的数学家、天文学家,长期在乌贾因(位于今印度中央邦境内,为印度教圣城之一)负责天

婆什迦罗第二

文台工作。约 1150 年,他的两本代表古印度数学最高水平的著作《莉拉沃蒂》和《算法本源》问世。

《莉拉沃蒂》的书名据说取自婆什迦罗第二的女儿(一说妻子)的名字。此书在印度作为教科书使用了好几个世纪,至今仍在一些梵语学校使用。它有多种注译本,大多分为 13 章。2008 年据日译本转译的中译本分为 8 章:第 1 章是规约(关于诸单位),介绍印度当时的度量衡单位及换算标准;第 2 章是数位之确定,介绍采用印度数码的十进位值制记数法;第 3 章是基本运算,介绍正整数、分数和零的加、减、乘、除、平方、开平方、立方、开立方等 8 种运算;第 4 章是各种算法,有逆算法、任意数算法、不等算法、平方算法、乘数算法以及以三率法(即比例算法)为基础的各种算法;第 5 章是实用算法,有关于混合计算、数列、平面图形、立体图形、堆垛问题、锯割木材问题、堆积物体积、勾股测量问题的实用算法;第 6 章是求解二元一次不定方程的"库塔卡"方法(其核心是辗转相除法);第 7 章是数字连锁,即排列组合问题;第 8 章结语强调了此书的有效性和重要性。与古印度的许多数学著作一样,这本书中有很多数学问题是用诗歌形式给出的。

《算法本源》主要探讨代数问题,共 8 章,内容涉及正负数法则、线性方程组和低阶整系数方程的求解等,还给出了勾股定理的两个漂亮证明。尤其值得注意的是,婆什迦罗第二在这本书中引入了朴素而粗糙的无穷大概念:"一个数除以零便成为一个分母是符号 0 的分数。例如 3 除以 0 得 3/0。这个分母为符号 0 的分数,称为无穷大量。在这个以符号 0 作为分母的量中,可以加入或取出任意量而无任何变化发生……"

婆什迦罗第二比较系统地讨论了负数,把负数叫做"负债"或"损失",并正确地叙述了负数的运算法则。他还和其他印度数学家一起,广泛使用无理数,在运算中与有理数作同样处理。

约 12 世纪中后期
迈蒙尼德著《论饮食和个人卫生》等

迈蒙尼德是 12 世纪中后期的犹太哲学家及犹太法规学者。他所遗留的著作,如对"希波克拉底誓言"的评注和许多论及饮食的作品,反映出他的医学知识非常渊博。其中,《论饮食和个人卫生》被认为是论述卫生的文章的早期典范。迈蒙尼德的医学著作汇集在《医学原理》一书中,此书约著于 1190 年,曾被译为希伯来文和拉丁文;还有一部分汇集在《养生法》一书内。此外,迈蒙尼德还写了许多论文,其中,《论性交》一篇共计 19 章,在他生前这篇论文已获得极大的声誉。他的《论毒物》一文包括关于狂犬病、有毒的螫刺和各种毒物与解毒剂的观察,并附有临床病例。据说,著名的"医师祈祷文"也是迈蒙尼德所写,其中所列出的道德标准是很高的,对规范和提高从医人员的职业道德很有启迪。

12 世纪下半叶
伊本·阿瓦木著《农书》

12世纪下半叶,阿拉伯人伊本·阿瓦木撰成《农书》,反映了中世纪曾经影响西欧的东方文化成就,是伊斯兰世界最为杰出的农学专著。

这部著作的部分材料，得自较古的希腊著作和阿拉伯著作；另一部分材料，是西班牙穆斯林农民生产经验的总结。该书的技术特点是适应夏季少雨的地中海气候，强调深耕细耘，并记载有引入豆科作物的轮作体系。书中论述了 585 种植物，并且说明了 50 多种果树的栽培方法；就嫁接及土壤和肥料的特性，提出了许多新颖的见解；论述了许多果树和葡萄患病虫害后出现的症状，并提出了治疗的方法。

这部书用阿拉伯语写成，虽然非常重要，但曾一度湮没无闻，18 世纪才在马德里被发现，19 世纪初及中期先后出版了西班牙文和法文译本。

约 1180 年
弗鲁伽迪写成《外科实践》

帕尔马的弗鲁伽迪约于 1180 年写成《外科实践》一书。该书简明、清晰而且实用，并且与其他长期被引用的医学权威的著作相比，有其独特的风格和内容。该著作中包含有解剖学，根据病理创伤分类，包括对每一损伤的简要治疗方法。弗鲁伽迪是一个独立的观察者，是他第一次使用“狼疮”这一术语来描述典型的面颊皮疹。弗鲁伽迪的著作牢固地保持了萨勒诺医学校的传统，直到 19 世纪，它都是解剖学与外科学研究的首选著作。1299 年前，许多欧洲城市都要求医生在开业前接受几年的学习和训练。作为传统，外科学的地位比内科学要低，直到弗鲁伽迪完成了他的专著，奠定了西方外科学的基础，外科学的地位才得以提高，其影响直至近代。

约 1180 年
蒙彼利埃医学院建立

约 1180 年，蒙彼利埃医学院建立。该医学院是仅次于萨勒诺医学校的西欧最早的医科学校，最初的学生大多为来自西班牙的犹太人。蒙彼利埃医学院有良好的学风，在中世纪的医学史上大放光彩，人才辈出。蒙彼利埃学派中最突出者为阿诺尔德·德·比利亚·诺瓦，他敢于打破教会的陈规陋习，代之以临床经验和理性的思考，促进了医学的进步和发展。其次为蒙德维勒，他是一位富有阿拉伯色彩的外科学家，擅长手术，1310 年曾在蒙彼利埃医学院讲学。此外，该校教授中还有知名的外科学家肖利亚克。蒙彼利埃医学院到 13、14 世纪时发展达到巅峰。

约 13 世纪
《亨利农书》撰成

约 13 世纪，英国农学家沃尔特·亨利撰成《亨利农书》，全书 20 页，分为 23 节，以内容翔实著称于世。正文前有简短前言，说明撰写的目的是向拥有土地及房产的人进言，使其了解应该如何管理庄园、耕种土地、饲养牲畜，从而实现聚财致富的目的。该书有关管理的部分如“如何选择你的奴仆”、“监督服劳役者”、“按季节出售”、“检查账目”，反映出英国庄园处于全盛时期的管理水平；随着生产的发展、消费水平的提高，封建生产的管理也更加复杂化。在农业生产技术方面，该书通过诸如“关于播种”、“关于每一英亩播种量”、“牲畜管理”、“牛的饲养法”、“猪的选择法”、“羊的选择法”和“奶牛的产乳量”，说明当时的谷物种植和牲畜饲养技术的一些具体情况。书中用“播种量对产量比”作为测定中世纪农业生产的指标，直到现代也为一些历史学家所沿用。

《亨利农书》最初是用英国化的诺曼—法兰西语写成，有拉丁文及英文译本，以手抄本流传，内容互有出入，是 16 世纪开始大量涌现的英国农书的先驱。

1202年
斐波那契写成《计算之书》

斐波那契是中世纪欧洲的主要数学家之一,在算术、代数和几何等方面有很多贡献。他生于意大利的比萨,但早年是在北非接受的教育,因为他父亲是比萨共和国在布吉亚(今阿尔及利亚东北部港口城市贝贾亚)的商务代表。后来他游历了一些阿拉伯国家,认识到了印度—阿拉伯数码及相应十进位值制记数法的优越性。

约1200年,斐波那契回到比萨,潜心著作。1202年,他写成了《计算之书》(又译《算盘书》)。这是一本内容广博的工具书,其中说明了怎样使用印度—阿拉伯数码,以及如何用它们进行加、减、乘、除和解题,此外还对代数和几何进行了进一步的探讨。

那时,意大利仍然在使用罗马数字计算,《计算之书》把印度—阿拉伯数码介绍了进来。尽管人们一时不愿意改变老习惯,但通过对印度—阿拉伯数码的不断接触,加上斐波那契和其他数学家的工作,印度—阿拉伯数码终于在欧洲得到推广。

在《计算之书》的1228年版中,还引入了著名的"兔子问题"(后称斐波那契问题):假定一对成年兔子总是每个月生一对小兔子,而小兔子总是在出生后两个月就成年,问从一对小兔子开始,一年下来一共能有多少对兔子。由此得出了著名的斐波那契数列:1,1,2,3,5,8,13,21,…。其规律是从第3项起每一项都是前两项之和。这个数列的有关问题不仅在其后的800年中一直引起人们的兴趣,至今还不断出现在数学的许多分支领域中。

斐波那契

1247年
秦九韶写成《数书九章》,发明大衍求一术和正负开方术

秦九韶,中国南宋时代的数学家。他于1247年写成的《数书九章》是一部世界数学名著。

《数书九章》,南宋时称为《数学大略》,或《数术大略》,明朝时又称《数学九章》。全书18卷,分为9章,每章一类:大衍类、天时类、田域类、测望类、赋役类、钱谷类、营建类、军旅类、市物类。每类9题,共计81题。这部书内容丰富至极,许多计算方法和经验常数直到现在仍有很高的参考价值和很强的实践意义,被誉为"算中宝典"。其著述方式,大多由"问曰"、"答曰"、"术曰"、"草曰"四部分组成。"问曰",是从实际生活中提出问题;"答曰",给出答案;"术曰",阐述解题原理与步骤;"草曰",给出详细的解题过程。《数书九章》不仅代表着当时中国数学的先进水平,也标志着中世纪世界数学的最高水平。

秦九韶在《数书九章》的大衍类中系统地阐述了他的成就——大衍求一术,即求解一次同余式组的一般性算法,这是他总结了历算家计算上元积年(即从历法起算时刻"上元"到编历年份所积累的年数)的方法,在《孙子算经》中"物不知数"问题的基础上提出来的,是中世纪世界数学的最高成就。有关的定理被称为"中国剩余定理"。著名德国数学家高斯于1801年建立了一次同余式理论,给出了关于"物不知数"问题的

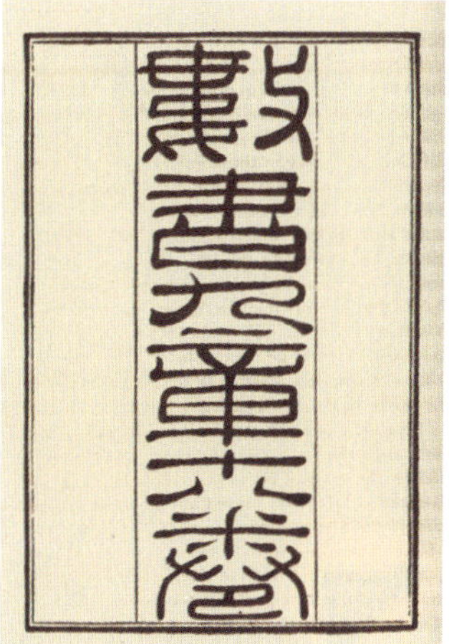
1842年的《数书九章》宜稼堂丛书本

一般性定理,但秦九韶的成就要比这早 554 年。

《数书九章》的后八类是按应用分类,秦九韶在其中创拟了正负开方术,即一种以贾宪的增乘开方法为主导求高次方程正根的数值解法,这也是中世纪世界数学的最高成就。比起英国数学家霍纳于 1819 年提出的同样解法,正负开方术要早 572 年。

1247 年
宋慈撰成《洗冤集录》

宋慈,字惠父,建阳(今属福建省南平地区)人。早岁以儒入仕,历任十余地官员,先后担任 4 次高级刑法官,对诉讼和断案经验丰富。1247 年,宋慈撰成并刊刻《洗冤集录》5 卷,系统地论述了刑狱断案中的法医鉴证问题。宋慈认为:“狱事莫重于大辟(死刑),大辟莫重于初情(现场勘察),初情莫重于检验(法医鉴定)。”主张通过细致的鉴定来避免冤狱。书中论及尸体观察相当细致,对尸体的早晚两期变化、尸斑与其分布及发生机制有正确的描述;对疑难案例的检验方法与死因作了分析、讨论,如缢死者绳套的分类、缢沟的特征及影响条件、勒死的特征与缢死的鉴别。还记载了各种合理的检验技术,如红油伞遮尸验伤法,利用了紫外线检验骨伤;检滴骨亲法即滴血法,包含着血清检验法鉴定亲权法的萌芽;还利用苍蝇趋尸性和嗜血性的生物学特性进行破案;并根据骨折部位是否形成骨荫来判断是生前伤还是死后伤等。《洗冤集录》集宋代以前尸体外表检验知识之大成,是世界最早的法医学专著,1799 年以后传到欧洲,有多种译本。

1248 年
李冶写成《测圆海镜》

《测圆海镜》由中国金、元时期数学家李冶所著,成书于 1248 年。全书共 12 卷。这是中国古代论述容圆问题的一部专著,更是天元术的代表作。

所谓容圆,就是内切圆和旁切圆。这部书主要是讲勾股容圆问题,就是已知一直角三角形的有关边长的数据而求其内切圆和旁切圆的直径。所谓天元术,就是设“天元一”为未知数,根据问题的已知条件,用算筹式符号列出一个一元高次方程式,称为天元开方式。这在本质上与现代设 x 为未知数列方程是一样的。在中国古代数学的发展中,天元术起着重要的作用。在《测圆海镜》问世之前,中国虽有用文字代表未知数以布列方程和多项式的工作,但是没有留下很有系统的记载。李冶在《测圆海镜》中系统而概括地总结了天元术,使文词代数开始演变成符号代数。欧洲的数学家要到 16 世纪以后才完全做到这一点。

《测圆海镜》全书 170 题,基本上都是列出天元式,以求出勾股容圆问题的解。《测圆海镜》虽然仍采用了问题集的形式,但这些问题已不是来自实际生活,而是出于数学研究的需要;而且从内容看,这部书给出了一些专门的概念和公式,采用了演绎推理。这在中国古代数学思想史上无疑是一个重要的突破。

约 1250 年
图西写成《论完全四边形》

图西,中世纪阿拉伯数学家、天文学家、哲学家,出生于波斯的图斯(今伊朗呼罗珊省境内),是一位知识渊博的学者。在蒙古的旭烈兀(成吉思汗之孙)统治波斯时期,他建议在马拉盖(今伊朗东阿塞拜疆省主要城市)建造天文台,得到旭烈兀的允许和支持。这座天文台于 1259 年开始建造,1262 年开始运行,此后他长期在那里进行天文观测和学术研究。

图西著述甚丰,有 150 多部。在数学方面,他翻译注释了欧几里得的《几何原本》、《现象》(又译《观测天文学》)、《光学》,阿基

1974年伊朗为纪念图西逝世 700 周年而发行的邮票

米德的《圆的度量》、《论球与圆柱》,阿波罗尼乌斯的《圆锥曲线论》,门纳劳斯的《球面学》等。他最重要的数学著作是《论完全四边形》(约 1250 年),这是一部系统的三角学著作,正是这部书,使得三角学不再仅仅是天文学的应用工具,不再是天文学的附属,而开始成为一门独立的数学学科。此外,他在《令人满意的论著》一书中,还先于欧洲探讨了欧几里得第五公设即平行公理。

1252 年
西班牙刊布《阿尔方索天文表》

天文学史上通常将公元 7—15 世纪各伊斯兰文化地区的天文学统称为阿拉伯天文学,或伊斯兰天文学。它有三大学派:巴格达学派、开罗学派和西阿拉伯学派。西阿拉伯学派形成于西班牙的哈里发王朝(亦称后倭马亚王朝,中国史书又称其为白衣大食),其第一位重要的天文学家是阿拉伯人查尔卡利。他于 1080 年编成的《托莱多天文表》,在欧洲行用了约 200 年。他否定托勒玫用本轮—均轮体系对水星运动所作的解释。此后西阿拉伯学派的天文学家又不时对托勒玫理论提出怀疑和修正,乃至 12 世纪下半叶形成一股怀疑托勒玫理论的强劲思潮。例如,有人提出一种不需要使用偏心轮和本论的行星运动理论,有人认为托勒玫理论纯系数学构想而非物理现实,有人认为行星应环绕一个实在的物质中心体而不是环绕一个几何点运行,如此等等。1252 年,西班牙国王阿尔方索十世组织修订《托莱多天文表》,名曰《阿尔方索天文表》。它用托勒玫体系解释天体的运动,列有日月和行星的平均轨道及位置差、日月食、恒星位置等,并介绍了计算天体位置的三角学。此后 300 年间,该表在欧洲广泛应用。据说阿尔方索十世对托勒玫体系之繁琐很不满,曾说上帝创世时如果征求他的意见,那么他就会建议把世界设计得简单些。所有这些对后世天文学冲破托勒玫地心体系的藩篱都具有积极的影响。

一份中世纪手稿中描绘的阿拉伯天文学家工作情形

1259 年
伊尔汗国建造马拉盖天文台

历史上,最著名的伊斯兰天文台有两座:一是 1259 年建造的马拉盖天文台,一是

1420年建造的撒马尔罕天文台。1258 年，蒙古大汗成吉思汗之孙旭烈兀率蒙古军灭阿拔斯王朝，在西亚一带建立伊尔汗国。翌年，这位迷恋星占术的统治者下令，在地处今伊朗西北部大不里士城南的马拉盖为波斯天文学家图西建一座天文台。台内装有半径超过 4 米的大型墙象限仪、直径约 3 米的浑仪，以及一些较小的仪器，如二至圆浑仪、平经环，还有一个宽敞的图书馆。该台建成后，天文学家们在图西领导下进行了 12 年的辛勤观测和计算，于 1271 年完成一部《伊尔汗历数书》，阿拉伯人称为 Zij-i Ilkhani。中国元代将 Zij 音译为“积尺”，西方则称为“表”或“天文表”。阿拉伯天文学家留下了多部《积尺》，即依据托勒玫的传统编纂的天文表集，并说明用法。欧洲人称《伊尔汗历数书》为《伊尔汗天文表》，书中测定的岁差常数已相当准确，为每年 51″。此书于 17 世纪被译成拉丁文，取名为《附有行星假说的波斯天文学》。1274 年，图西离开马拉盖前往巴格达，马拉盖天文台的创作性时期随之告终，但其天文观测活动一直延续到了 14 世纪。

13 世纪后期
郭守敬建成登封观星台

1279 年，元世祖忽必烈下令建造太史院——相当于国家天文台。它位于元大都东城墙下（今北京市建国门附近），占地宽 150 步、长 200 步。主体建筑称为“灵台”，高 7 丈，分 3 层：上层置简仪、仰仪等观测仪器；中层为研究用房，置图书、资料、浑象、漏壶等；下层为办公用房。灵台之东有一小台，上置玲珑浑仪；西立木质 4 丈高表，表北置石圭。太史院由郭守敬、王恂等负责设计、筹建和运营，下设推算局、测验局、漏刻局等，分别负责计算、观测和报时等。元太史院规模庞大、组织完备、仪器精良，在当时世界上堪称先进。在此前后，郭守敬又在河南登封告成镇建成城墙式的 4 丈高表，城墙上面放置漏壶等仪器。起高表作用的是墙北正中的凹槽，凹槽顶端置一横梁，横梁中线至圭面相距 4 丈，梁下悬一铅垂线，其垂足即为圭面的起始原点。圭面从南向北水平延伸，长 128 尺，其使用方法与木质 4 丈高表相同，但更加稳固，且能更准确地确定圭面的零点以及横梁中线至该点的距离。登封观星台是中国现存可靠的最早天文台建筑，也是重要的世界天文古迹之一。相传它是西周周公观测日影之故址，有周公测景台之称。唐代天文学家一行等也曾在此观测日影。

河南登封观星台

约 1280 年
郭守敬创制简仪等天文仪器

元世祖忽必烈为修改历法，于至元十三年（1276 年）将数学家王恂、天文学家郭守敬调到新成立的太史局。王主要负责计算，郭负责天文仪器制作和观测。同时着手的工作有 4 项，即建造新天文台、制造天文仪器、进行天文观测和开展理论研究。至元十七年（1280 年）底，这些任务基本完成，并在此基础上编出了新历法《授时历》。郭守敬创制的新天文仪器有简仪、高表、候极仪、仰仪、景符、窥几等十余件，皆构思巧妙，制作精良。其中最重要的是简仪，其要旨系革新简化唐宋两代结构复杂的浑仪，故名。中国传统浑仪环圈众多，易相互遮蔽天区，运转不够灵便，且安装众多同心环圈技术上也很困难。

简仪保留了最基本的环圈，将其分开安装成二组，且以窥衡替代传统的窥管。窥衡是两端各有一根细线的铜条，观测时，令两细线与天体处于一个平面内，这就提高了仪器的照准精度。英国科学史家李约瑟曾评论："对于非常广泛地应用于现代天文望远镜的赤道装置而言，郭守敬的简仪所采用的装置乃是当之无愧的先驱。"300 年后，丹麦天文学家第谷才在欧洲率先采用同样的装置。为了纪念郭守敬的功绩，国际天文学联合会于1970 年将一座月球环形山命名为"郭守敬"；1978 年又将中国科学院紫金山天文台发现的第 2012 号小行星正式命名为"郭守敬"。

明英宗正统二年(1437 年)仿制的简仪 郭守敬原制仪器现已无存，该仿制品陈列在南京紫金山天文台，其巧妙的科学构思和高超的制造工艺令参观者赞不绝口。

1280 年
郭守敬等制定《授时历》

中国自殷商时期起就采用阴阳历。迄清朝末年止，中国先后编制的阴阳历有百余种之多，其中有许多可贵的创新。例如，南北朝时期科学家祖冲之于公元 463 年制定《大明历》，将岁差引入历法计算；隋代天文学家刘焯于公元 604 年制定《皇极历》，用等间距二次差内插法处理日月运动的不均匀性；唐代天文学家一行于公元 728 年制定《大衍历》，用定气编排太阳运行表，并创立不等间距二次差内插法；南宋天文学家杨忠辅于 1199 年制《统天历》，定回归年长为 365.242 5 日，是当时世界范围内的最佳值，与现行公历的历年平均长度相等。尤为突出的是元代天文学家郭守敬和数学家王恂在进行实测并汲取前代历法精髓的基础上于 1280 年制定的《授时历》。该历法的冬至时刻值、五星近日点黄经、每日昼夜时间长度表、月亮运动不均匀改正表等均达到了中国古代的最高水平。其回归年长度取 365.242 5 日，以实测历元取代传统的上元积年法，以万分法(取10 000 为分母)替代传统的以分数表示天文数据的方法等，都是非常明智的选择。《授时历》创立三次差内插法计算日、月、五星的位置，创立类似球面三角的方法计算太阳视赤纬、黄赤道宿度变换和白赤道宿度变换，提高了计算精度。《授时历》是中国古代行用时间最长的历法，前后行用达 364 年之久。

1280 年
中国组织第一次官方黄河河源考察

黄河是中华文明的摇篮，宋代以前，黄河中下游地区始终是中国的政治、经济与文化中心。但限于山川阻隔，古人一直不清楚黄河真正的源头在哪里。《山海经》中记载，"昆仑之丘……河水出焉"，首先提出黄河源出昆仑山的观点。《尚书·禹贡》则记载，"导河积石，至于龙门"，认为黄河出于今青海省境内的阿尼玛卿山。西汉外交家张骞出使西域，否定了"河出昆仑"之说，但也因此产生了"伏流重源说"，认为罗布泊湖水潜行地

郭守敬

1622 年,著名耶稣会传教士汤若望来华。当他获悉郭守敬取得的天文成就时,便情不自禁地夸他是"中国的第谷"。对当时的欧洲人而言,这是一种至美的赞誉。

郭守敬,字若思,顺德邢台(今河北省邢台市)人,是中国元代天文学家、水利专家、数学家和仪器制造家。他生于 1231 年,比第谷早 3 个多世纪。郭守敬幼年随祖父研习水利、天文、算学;后随邢台同乡、忽必烈的谋臣刘秉忠读书;31 岁时由刘秉忠的同窗张文谦推荐出仕元廷。郭守敬十五六岁时就独自制成工艺已失传的计时仪器"莲花漏",20 岁率众修复家乡的石桥、填补堤堰的缺口,31 岁首次晋见忽必烈就提出 6 条水利工程建议,此后又领导完成修浚西夏古河渠等多项重要任务,并根据实测结果编制了黄河流域相当范围的地形图。在大地测量方面,郭守敬首创了相当于今天所说的"海拔"的概念,在世界上拔了头筹。

郭守敬 45 岁开始全力投身天文事业,陆续创制了大批构思巧妙、精密可靠的天文仪器,如简仪、高表、候极仪等。郭守敬制造的水力机械时钟的传动装置相当先进,也走在 14 世纪诞生的欧洲机械时钟的前头。

郭守敬在阳城(今河南省登封市告成镇)建造的观星台,是重要的世界天文古迹。他主持的"四海测验",是中世纪世界上规模空前的一次大范围地理纬度测量。他编制的星表所含的实测星数突破了历史记录,而且在 3 个世纪后仍无人超越——甚至包括第谷。他测定的黄赤交角数值非常精确,直到 500 年后还被法国科学家拉普拉斯用以证明黄赤交角随时间而变化。

1280 年,郭守敬同王恂等制定了当时世上最先进的新历法《授时历》。该历取回归年平均长度为 365.242 5 天,直到 1582 年罗马教皇格利高里十三世改历,欧洲才开始采用与之相同的历年长度。在数学上,王恂和郭守敬创造的"弧矢割圆术",大体相当于西方的球面三角学;约在 400 年后,欧洲才出现同郭守敬等运用的"三差内插法"相类似的计算方法。

1291 年,年已花甲的郭守敬重又受命领导水利工作,两年后从大都(今北京)到通州(今北京市通州区)的运河"通惠河"即竣工通航。今天从密云水库直通北京的"京密运河",自昌平经昆明湖到紫竹院的一大段,基本上还是沿着郭守敬当年规划的路线。他主持的水利工程,对农业、交通和大都城的繁荣作出了历史性的贡献。

1316 年,郭守敬与世长辞,享年 85 岁,身后留下大量天文和数学著作。700 年来,人们对他的赞誉可谓众口一词。1970 年和 1978 年,国际天文学联合会先后将月球背面的一座环形山和第 2012 号小行星命名为"郭守敬"。1986 年,邢台市的"郭守敬纪念馆"正式开放。周培源教授题词曰:"观象先驱,世代景仰。"卢嘉锡教授也题词赞扬郭守敬:"治水业绩江河长在,观天成就日月同辉。"该纪念馆有一座高 4.1 米、重 3.5 吨的郭守敬铜像。郭公昂首阔视,气度非凡。如果当初汤若望先知道了郭公,后来才知晓第谷,他会不会将后者誉为"欧洲的郭守敬"?这应该是一种合乎逻辑的推测。

郭守敬铜像

下，南出积石，形成黄河。这一错误观点一直流传了 1000 多年。

1280 年，元世祖忽必烈(1271—1294 年在位)派遣旅行家都实率队考察黄河河源，这是中国历史上第一次官方组织的河源考察行动。都实率领考察队溯黄河而上，历时 4 个月，到达黄河河源地区。同年底，都实一行回到大都(今北京市)复命，并将河源地区的地理情况绘制成图。都实认为，黄河源于今扎陵湖、鄂陵湖一带，从而彻底否定了“伏流重源说”。虽然都实仍然没有到达黄河最上端的源头，但已确定了黄河的正源，为后来的黄河河源考察奠定了基础。

约 1295 年
黄道婆推广棉纺织技术

中国长江、黄河流域本不产棉花，大约从 13 世纪后期开始，棉花由边疆分南北两路传入内地(南路是滇、桂、粤、闽，北路是由新疆向东传播)，并很快成为重要的衣着原料。约 1295 年，黄道婆在松江地区革新、推广棉纺织技术，推动了棉花在中国的广泛种植。

黄道婆是中国古代杰出的棉纺织技术革新家，被联合国教科文组织称为“世界级的科学家”。相传她是宋末元初松江府乌泥泾人，出身贫苦，幼年流落到海南岛南端的崖州。海南岛黎族种棉较早，黄道婆向黎族人民学得一手精湛的棉纺织技术。元朝元贞年间(1295—1296 年)，黄道婆自崖州重返阔别 30 多年的家乡乌泥泾。她回乡后，见到当地已种植棉花，但纺织技术还相当落后，便毫无保留地把自己学得的纺织技术传授给故乡人民。她将海南黎族的棉纺织技术与江南的丝、麻纺织技术相结合，开创了先进的乌泥泾棉纺织技艺，并对去籽、弹花、纺纱、织布的工具和工艺进行了系统改革，使家乡从“初无踏车、椎弓之制”，发展到推广了在当时领先于世界的“捍(搅车，即轧棉机)、弹(弹棉弓)、纺(纺车)、织(织机)之具”。其中，由她发明的脚踏式三锭纺车是当时世界上最先进的纺织工具，一次能纺三根纱，比手摇一次只能纺一根纱的功效提高了 3 倍，这是世界棉纺织史上的一次重大革新。在织造方面，黄道婆借鉴和汲取“崖州被”的经验和技术，在汉族民间传统织造工艺基础上，发展了手工棉纺织的色织和提花工艺，总结出一套较先进的“错纱、配色、综线、挈花”等织造技术，织制出名闻全国、远销各地的乌泥泾被，上有折枝、团凤、棋局、字样等各种美丽的图案。经黄道婆的革新和推广，松江地区的棉纺织技术水平迅速提高，到了明代，松江已成为全国棉纺织业的中心，赢得“松郡棉布，衣被天下”的赞誉。各地富商巨贾争相购买松江布，并运销十余省。18 世纪乃至 19 世纪，中国棉布更远销欧美，一度成为英国绅士崇尚的时髦衣料。2006 年，乌泥泾手工棉纺织技艺被列入中国第一批国家级非物质文化遗产名录。

黄道婆回归故里后的晚年画像

黄道婆对棉纺织技术作出了巨大的贡献，在中国和世界古代科技史上都占有重要的地位，被后人尊称为“先棉”。黄道婆死后，当地人民修建了“先棉祠”来纪念她。

14 世纪
珠算在中国普及

珠算是以算盘为工具进行数字计算的一种方法。“珠算”一词，最早见于东汉徐岳撰、北周甄鸾注(一说由甄鸾自撰自注)《数术记遗》，其中说：“珠算，控带四时，经纬三才。”大意是：把木板刻为三部分，上下两部分是停游珠用的，中间一部分是作定位用的；每位五颗珠，上面一颗珠与下面四颗珠用颜色来区别；上面一珠当五，下面四珠，每珠当一。可见当时的“珠算”与现今通行的珠

中国古代算盘 根据《数术记遗》中的记载制作。陈宝定制。

算有所不同。

至宋代，已有现代形式的算盘，而且文献中也出现“算盘”、“盘珠”等词。而在元代朱世杰的《算学启蒙》中，可以看到大量适于珠算的算法口诀。

至明代，商业繁荣，珠算普遍得到推广，逐渐取代了筹算。现存最早载有算盘图的书是1371 年新刻的《魁本对相四言杂字》，现存最早的珠算书是明代徐心鲁于 1573 年订正的《盘珠算法》。流行最广、在历史上起作用最大的珠算书则是明代程大位编的《直指算法统宗》。

而且他还指出了三角垛公式与贾宪三角之间的关系，以及与招差术之间的联系。

所谓招差术，其实就是一种高次内插法。《四元玉鉴》中其实给出了通过函数的若干差分值求出函数本身的一个公式，即四次招差公式。这个公式虽然只列到四次，但从公式中各差分项系数与垛积术中各三角垛之和相合这一点来看，完全可以列出任意高次的招差公式。这种招差公式与现在通用的牛顿—格雷戈里插值公式一致，但朱世杰要早提出 300 多年。

《四元玉鉴》是一部成就辉煌的数学名著，是宋元数学的集大成者。元代之后，整个明清两代，中国再也没有什么数学著作能与它媲美了。

1303 年
朱世杰写成《四元玉鉴》

朱世杰，中国元代数学家和数学教育家，主要著作有 1299 年写成的《算学启蒙》和 1303 年写成的《四元玉鉴》。《算学启蒙》是一部通俗数学名著，曾流传海外，影响了朝鲜、日本数学的发展。《四元玉鉴》则是中国宋元数学高峰的又一个标志，其中最杰出的数学创造有“四元术”、“垛积法”与“招差术”。

在朱世杰之前，中国古代数学已有了用算筹式符号列出一元高次方程的方法——天元术。朱世杰则把天元术从一元方程推广到二元、三元甚至四元的高次联立方程组，这就是四元术。四元术用算筹式符号列出四元高次联立方程组，然后消元求解。在欧洲，解联立一次方程组始于 16 世纪，关于多元高次联立方程组的研究则是 18、19 世纪的事了。

垛积术就是求高阶等差数列之前 n 项和的方法。在这方面，朱世杰得出了一系列所谓“三角垛”公式，实际上就得到了 p 阶等差级数求和的一般公式。

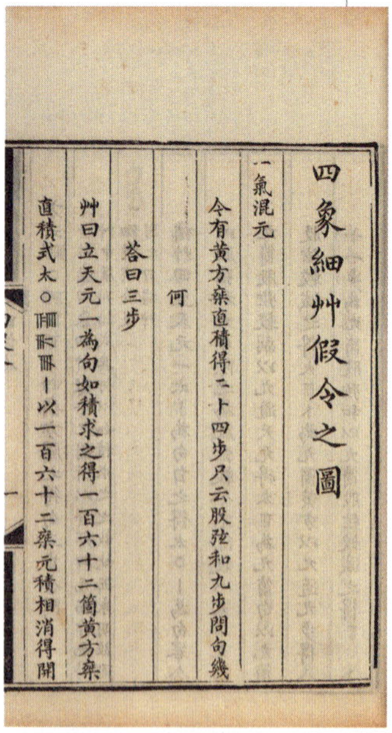
四象細艸假令之圖
一氣混元
今有黃方乘直積得二十四步只云股弦和九步問句幾何
荅曰三步
艸曰立天元一爲句如積求之得一百六十二箇黃方乘直積式太○ 以一百六十二乘元積相消得開

《四元玉鉴》卷首之一页

1313 年
王祯《农书》成书

王祯《农书》是中国第一部贯通南北农业的农书，于 1313 年成书，书中有中国现存最早的农器图谱。作者王祯，山东东平(今山东省东平县)人，曾任旌德(今安徽省旌德县)、永丰(今江西省广丰县)等县县尹。

王祯《农书》全书约 13 万余字，分三大部分。第一部分“农桑通诀”相当于农业总论。第二部分“百谷谱”属各论，逐一介绍当时的栽培植物。第三部分“农器图谱”是全书的重点，篇幅几占全书的 3/5，并附有农器图 270 余幅，可以和文字叙述对照阅读；分 20 个门类，对当时中国农村所使用或曾经使用过的农具和农用机械进行了全面系统的介绍。这些机械不仅仅局限于农田中使用的耧车、翻车和加工农产品的水轮、连磨，还包括冶铁鼓风用的水排、纺织用的三锭脚踏纺车等当时世界最先进的手工业机械。

“授时指掌活法之图”和“农业地域图”也是王祯《农书》的首创。后图的原图已佚失，无法知其原貌，现在书中出现的一幅是后人补画的。“授时指掌活法之图”是对历法和授时问题所作的简明小结。该图以平面上

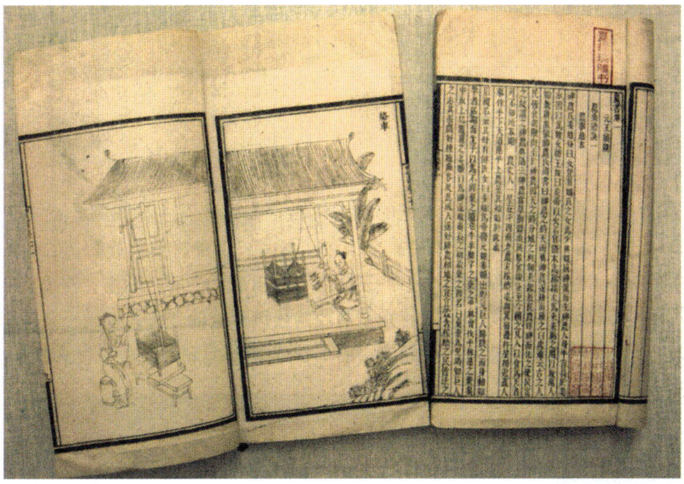
王祯《农书》

同一个轴的八重转盘，从内向外，分别代表北斗星斗杓的指向、天干、地支、四季、十二个月、二十四节气、七十二候，以及各物候所指示的应该进行的农事活动。把星躔、季节、物候、农业生产程序灵活而紧凑地联成一体。像这样把“农家月令”的主要内容集中总结在一个小图中，明确、经济、使用方便，不能不说是一个令人叹赏的绝妙构思。

约 1325 年
布雷德沃丁将正切、余切引入三角计算

布雷德沃丁，英国数学家、自然哲学家。他早年就学于牛津大学，后在该校教授哲学、神学和数学，人称“思想深邃的饱学之士”。1333 年起担任宫廷附属教堂牧师、坎特伯雷大主教等重要神职。

布雷德沃丁在数学上的突出贡献是在三角学方面。作为欧洲最早研究三角学的数学家，他提出了正切［称之“反阴影”(umbra versa)］和余切［称之“正阴影”(umbra resta)］的概念，并在约 1325 年把它们引入三角计算。他还在他的哲学著作中讨论了有关无穷大和无穷小的问题。著有《理论算术》、《理论几何》、《论化圆为方》、《论运动中的速度比》等数学著作。在中世纪科学停滞不前的情况下，他的著作弥足珍贵，也较有影响，因此他被公认为 14 世纪英国最有成就的数学家。

1330 年
忽思慧著《饮膳正要》

忽思慧，一译和斯辉，蒙古族人(一说为回族人)。在元仁宗延祐年间(1314—1320 年)被选任饮膳太医一职。中国古代十分重视饮食的调养作用，元代蒙古统治者性喜豪宴，更重视食医与食官。自成吉思汗时就设有食医，元世祖忽必烈时起设置执掌饮膳的太医，负责宫廷的补养调护和饮食百味，每日都要记录饮膳太医的配膳，以验后效。忽思慧在任多年，于 1330 年总结经验编撰成《饮膳正要》一书。此书共 3 卷，主要记述元代皇室贵族的食谱，收录的药膳方和食疗方非常丰富，特别注重阐述各种饮馔的性味与滋补作用，并有妊娠食忌、乳母食忌、饮酒避忌等内容。书中特别注重饮食卫生，首次使用了“食物中毒”这一术语，列举了许多有效的解救食物中毒的方法。卷三还载有食物本草的内容，分为米谷、兽、禽、鱼、果、菜和料物 7 类，约 200 种，分别介绍其性味和主治，并附绘图，其中有不少外来药物。书中还首次记载了蒸馏法烧酒的工艺。此书是中国现存最早的饮食卫生和食疗专著。

1346—1353 年
欧洲黑死病暴发

黑死病即鼠疫，也称淋巴腺鼠疫综合征，是由鼠疫杆菌引起的一种急性传染病，曾经造成人类历史上的巨大灾难。从中世纪开始到结束，人们始终处在鼠疫的灾难性袭击中。最严重的鼠疫暴发于 1346—1353 年，这次的鼠疫使欧洲人口锐减了 1/4，大大影响了欧洲的经济发展。中世纪鼠疫流行范围

欧洲鼠疫流行 发生于 14 世纪中叶的鼠疫，波及欧、亚两洲。

之广，延续时间之长，死亡人数之多，在历史上实为罕见。基督教和伊斯兰教两大宗教在医学框架下诠释了当时的鼠疫大流行，各自推出了一套相仿的预防和治疗措施，如保障公共卫生、一定范围内的隔离等。这些措施成为日后欧洲检疫制度的雏形。

1353 年
法国马赛建立海港检疫站

1353 年，法国马赛建立特设的海港检疫站，禁止有疫病嫌疑的船只进港，断绝与疫区的交通。由于这种方法对控制传染病很有效，不久被全欧洲采用，并推广至全世界。威尼斯及其他沿海城市将这些防御传染病的措施用法律形式固定下来：对有传染嫌疑的房屋进行通风和熏蒸；对可疑病人使用过的家具给予日光曝晒，其衣物全部烧毁；对街道和水源也加以管制。在这些措施的影响下，威尼斯建立起卫生法规，设立了世界上第一个水务官，1338 年增设水源供应员，1358 年增设特殊卫生官员职位。海港检疫制度不仅限制了传染病的流行，而且促进了卫生法规的建立，是人类在防止传染病流行方面取得的巨大进步。

约 1360 年
奥雷姆引进坐标思想和分数指数、无理数指数的概念

奥雷姆，法国数学家、物理学家、天文学家、哲学家。早年就学于巴黎大学，主要学神学，后在该校教神学，曾任该校纳瓦拉学院院长。1362 年去鲁昂大教堂担任神职。后又奉法王查理五世之召，在巴黎将亚里士多德的一些著作由拉丁文翻译成法文。1377 年起任利雪（今法国东北部卡尔瓦多斯省境内）的主教。

奥雷姆在许多领域都有杰出贡献。在数学方面，奥雷姆有两项突破性的工作（约 1360 年）：一是引进坐标思想，为解析几何学的创立做好了准备；二是引进分数指数和无理数指数的概念，突破了幂指数只能是正整数的限制。

奥雷姆在他的《论形态幅度》等著作中为研究变化与变化率而创建了形态幅度原理（或称图线原理）。他借用“经度”和“纬度”这两个地理学术语来描述他的“图线”。例如，为了表示随时间而变的速度，他用一条水平线上的点表示不同的时刻，称为经度；不同时刻的速度用一条条长度正比于速度大小的竖直线段表示，称为纬度；竖直线段顶点所连成的线则称为“顶点坐标”。显然，经度相当于现在的横坐标，纬度相当于纵坐标，而“顶点坐标”则相当于函数图像。

奥雷姆在他的另一本著作《比例算法》中引进了分数指数的概念，并规定了分数指数的记法（尽管他的记法不同于现在）和一些使用规则。他甚至还把指数推广到无理数的情形。奥雷姆的这些成就，对中世纪的欧洲数学产生了深远的影响。

1363 年
肖利亚克著《大外科》

法国外科医生肖利亚克出生于比利时布鲁塞尔一个农民家庭。他曾学习医学和解

剖学等，并成为先后三个教皇的医生。他是那个时代最重要的医生，而且他的思想主宰了外科学 200 多年。

肖利亚克对外科的开创性工作是 1363 年完成于阿维尼翁的《大外科》。全书共 7 册，涵盖了解剖、放血、腐蚀、毒品、麻醉剂、伤口、骨折、溃疡、特殊疾病、解毒及其他等内容，是当时最全面详尽的外科临床著作。他的治疗方法较系统，包括使用石膏。其骨折的治疗方法至今仍有临床价值。肖利亚克还认为，化脓是感染愈合过程中所必需的。

肖利亚克经常引述古今名医的作品，他认为外科从希波克拉底和盖仑开始，并进一步通过哈利·阿巴斯、阿尔布卡西斯和阿勒-拉齐在阿拉伯发展。他经常引用盖仑和阿维森纳的著作。他的著作非常受欢迎，被译成英文、法文、希伯来文、荷兰文、意大利文和普罗旺斯文。

1377 年
拉古萨共和国实行海港检疫

中世纪传染病的流行造成的后果极为可怕，不仅夺去了无数人的生命，而且严重影响了人们的生活。但另一方面，传染病的流行也促进了医学家对传染病本质的探讨，以及寻找应对传染病流行的办法。人们从传染病的流行中得到教训，知道直接接触病死者的衣服、器具，或直接接触从疫区来的旅行者都可能使疾病蔓延，于是在城市施行了严格的卫生措施，如清扫街道，禁止向街道倾倒垃圾、动物尸体和废弃物，对传染病或疑似传染病的病人实行严格隔离，规定病人的尸体只能在晚上运出城市，连同死者衣物、用具一同销毁。当时，米兰、威尼斯等港口城市实行了更为严格的方法，禁止病人进入港口或城内。后来其他地方争相效仿，如 1377 年，亚得里亚海东岸的拉古萨共和国颁布了对海员的管理规则，指定在距离城市与海港足够远的地方为登陆处。所有可疑的旅客须在空气新鲜、阳光充足的环境里停留30天后才准入境，并且与可疑旅客接触者也必须严格隔离，这种办法被称为 trentina（检疫 30 天）。后来唯恐 30 天不够长，又延长了 10 天，称为 quarantina（检疫 40 天），这就是“海港检疫”的来历。

1405—1433 年
郑和七下西洋

1368 年明朝建立后，实行严格的海禁政策。15 世纪初，随着雄才大略的明成祖（1402—1424 年在位）登上皇位，中国开始主动对外联络。

郑和本姓马，云南昆阳（今云南省晋宁县昆阳镇）人，早年入宫，靖难之役中屡立战功，深受明成祖信赖。从永乐三年（1405 年）到宣德八年（1433 年）的 28 年间，郑和率领船队先后七下西洋，到达今天中南半岛、印度尼西亚、马来半岛、印度次大陆、阿拉伯半岛和东非沿岸的 30 多个国家和地区。

郑和远航穿越印度洋，开创了中国古代海上远航的新记录。在明朝末年编撰的军事百科全书《武备志》中，保存了一套比较完整的《郑和航海图》，它可能是郑和船队某一次或几次下西洋所使用的。《郑和航海图》详细记录了郑和船队下西洋的航线，图上仅古地名就有 500 余处，大多为外域地名。

指南针出现前，海上航行主要通过测量特定星辰高度和辨识沿途标识物确定航向。这两种导航方式极易受天气影响，指南针出现后，逐渐退居次要地位。使用指南针导航时，将每一航段对应的罗盘指针方位记录下来，所有的针位信息就构成了一幅完整的导航图，中国古代称为“针路”。《郑和航海图》中标出自太仓（今江苏省太仓市）至忽鲁谟斯（今伊朗阿巴丹附近）的针路 56 线，从忽鲁谟斯返回太仓的针路 53 线。往返针路不同，表明船队在远航中已灵活采用多种针路，具备高超的海上导航技术。此外，郑和船队的随行人员还编撰有《瀛涯胜览》、《星槎胜览》、《西洋番国志》等书，记述了所经各国

1420

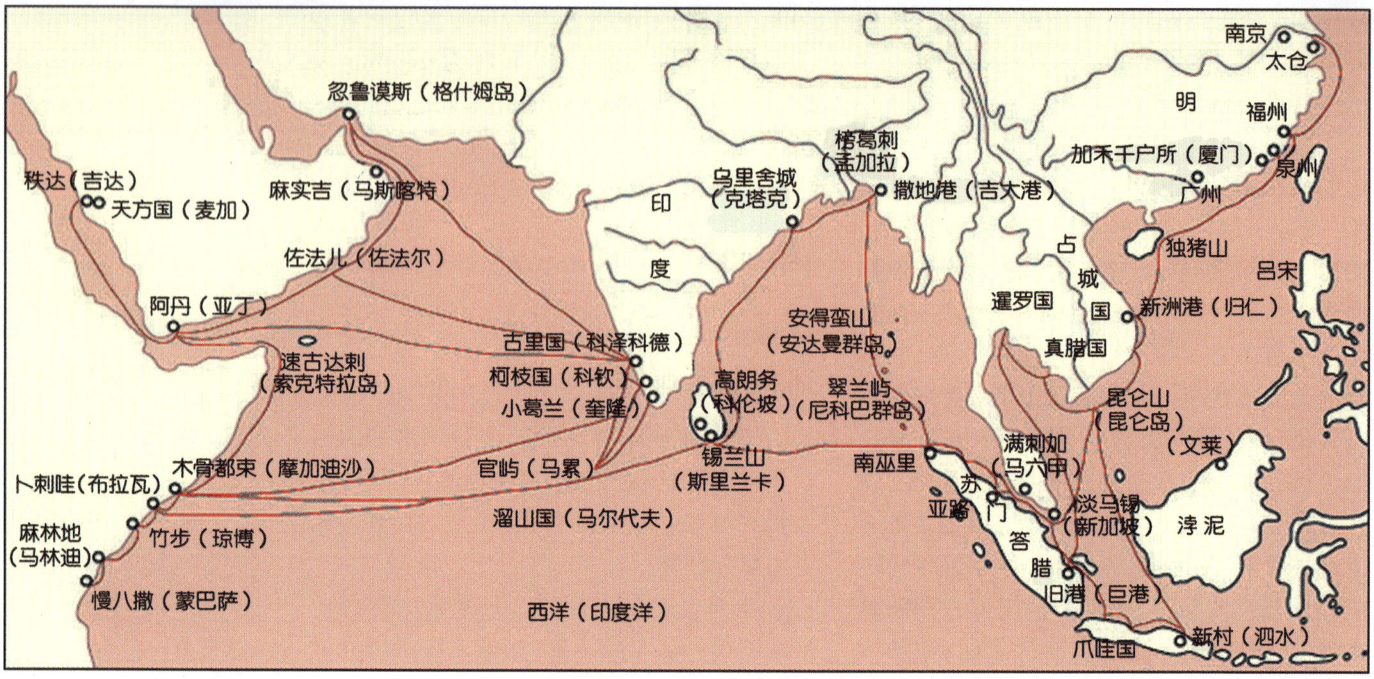

郑和下西洋航线示意图

的政治、经济、军事、文化、地形、风物等内容，是关于东南亚、南亚、中东等地区的珍贵古代文献资料。

1420 年
乌鲁伯格建造撒马尔罕天文台

乌鲁伯格是蒙古帖木儿帝国创建者帖木儿的孙子。1409 年，其父将撒马尔罕城（今乌兹别克斯坦共和国境内）赐给他，他则使此城发展成为伊斯兰文化的一个中心。乌鲁伯格写作诗篇和历史，研究《古兰经》，但最大的兴趣还是天文学。他于 1420 年建造当时世上最优秀的撒马尔罕天文台。该台装有世上最大的古六分仪，半径达 40 米，可用以精确测定黄赤交角、春分点位置、回归年长度等天文学基本数据。台内还装有浑仪、三角仪、星盘、象限仪等。乌鲁伯格用这些仪器观测推算，求得黄赤交角为 23°30′17″，黄经岁差值为 51.4″，这些数据都相当精确。该台的最大成就是乌鲁伯格于 1447 年编成《新古拉干历数书》，又名《乌鲁伯格天文表》，其中列有历法计算用表、行星计算用表、三角函数表和一部含 1018 颗恒星的星表。这部恒星星表是希腊天文学家托勒玫之后千余年间，在西亚与欧洲通过实测编制的第一部同类星表，也是当时最精确的恒星星表。乌鲁伯格于 1447 年继承王位，1449 年为其子所杀，撒马尔罕天文台的观测工作随之告终。两个世纪后，《乌鲁伯格天文表》才于 1665 年被译成拉丁文，那时第谷星表已经超过了它，而 1609 年天文望远镜的诞生已使它显得过时。

撒马尔罕天文台的巨型古六分仪 在乌鲁伯格的时代，这些墙面铺满了光滑的大理石。

约 1427 年
卡西写成《算术之钥》等

卡西是中世纪阿拉伯国家最后一位著名的数学家和天文学家。他出生于波斯的卡尚(现伊朗中部伊斯法罕省境内)。当时波斯地区在帖木儿帝国统治下,1405 年帖木儿死去,帖木儿之子沙哈鲁平服内争,于 1409 年即位。沙哈鲁致力于经济繁荣,支持文化和学术活动。这一时期卡西在家乡进行天文观测,撰写天文著作。

沙哈鲁的儿子乌鲁伯格也是一位天文学家。他在撒马尔罕建造了一座天文台,并邀请各方学者前来工作,卡西就是其中的佼佼者。在撒马尔罕,卡西协助乌鲁伯格编制了著名的《乌鲁伯格天文表》,并在约 1427 年完成了自己一生中最有价值的数学著作:《算术之钥》、《圆周论》和《弦与正弦之书》。

《算术之钥》共 5 卷 38 章,论述了各种算术运算,还有开高次方、解方程、盈不足术(其中称之为"契丹算法")等内容。书中有一张二项式展开系数表,与 11 世纪中国贾宪用过的"开方作法本源图"一致,而且表中各数的计算方法也相同。书中给出的开 n 次方根的近似计算公式是当时的世界领先成果。这本书内容丰富,逻辑严谨,被誉为中世纪初等数学的代表作。在《圆周论》中,卡西引进了小数的概念,成为除中国之外的系统使用小数的第一人;他还从圆内接正四边形出发,依次使边数加倍,算出了精确到 16 位小数的圆周率值,打破了中国祖冲之保持了近千年的精确到 7 位小数的记录。在《弦与正弦之书》中,卡西给出了间隔为 1°的精确到 10 位小数的正弦函数值表。他的这些著作,特别是《算术之钥》,在世界数学史上占有重要的地位。

伊朗于 1979 年发行的纪念卡西的邮票

1464 年
雷格蒙塔努斯写成《论各种三角形》

雷格蒙塔努斯是德国数学家、天文学家。他早年就学于莱比锡大学,1452 年到维也纳学习天文学和数学,并协助老师翻译、校对托勒玫的著作。1462 年以后到罗马等地收集和研究希腊数学手稿。后定居纽伦堡,翻译、注释并出版了托勒玫、阿波罗尼乌斯、阿基米德等古希腊数学家的著作。这些工作对欧洲数学的发展起到了重要的推动作用。

雷格蒙塔努斯的主要数学著作是他在 1464 年完成的《论各种三角形》。这本书一共 5 卷,框架结构模仿欧几里得的《几何原本》。在第 1 卷中,雷格蒙塔努斯首先给出了基本定义:量、比、相等、圆、弧、弦以及正弦函数,然后给出了他所假设的一系列公理,接下来就是关于几何的 56 个定理。第 2 卷是对三角学的严格阐述,包括一般三角形的正弦定理(并用来解三角形)和已知两边一夹角求三角形面积的公式。第 3、4、5 卷则是关于球面三角形的讨论。《论各种三角形》是欧洲第一本独立于天文学的三角学著作,是欧洲三角学的渊源。

雷格蒙塔努斯

1482 年
欧几里得《几何原本》的拉丁文译本出版

欧几里得本人的《几何原本》手稿早已失传,此后 1000 多年中流传的是经修订、注释、翻译的各种文字的手抄本。这些文字主

1490

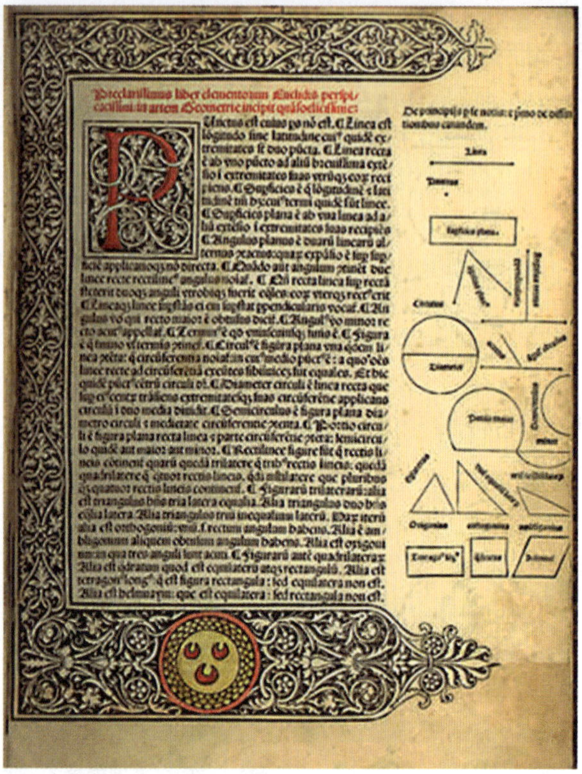

1482年出版的《几何原本》拉丁文本

要是希腊文、阿拉伯文和拉丁文。

在中世纪，《几何原本》的各种希腊文手抄本都以古希腊学者泰昂的修订本为蓝本。阿拉伯文本的手抄本则有3种，也都是以泰昂的修订本为蓝本翻译过来的，它们的译者分别是阿拉伯学者哈贾杰、小伊本·伊舍克和纳西尔丁·图西。其中小伊本·伊舍克的版本后来由阿拉伯数学家塔比·伊本·库拉作了进一步修订，一般称为伊舍克—塔比本。现存最早的拉丁文本是1120年左右由英国学者阿德拉德从阿拉伯文（据说是哈贾杰本）译过来的。过了30多年，意大利翻译家杰拉尔德又根据伊舍克—塔比本译了一个拉丁文本。100多年后，意大利学者坎帕努斯于1255年至1259年间第三度翻译《几何原本》，新译参考了多种阿拉伯资料以及阿德拉德的最早拉丁文译本，其后成为权威定本。200多年后的1482年，坎帕努斯本终于以印刷本的形式在威尼斯出版。这是历史上首次将《几何原本》印刷出版，为《几何原本》在欧洲的推广传播起到了不可估量的作用。

此后不久，威尼斯的翻译家赞贝蒂将《几何原本》从泰昂的希腊文本直接译成拉丁文，于1505年在威尼斯出版。最早的完整英文本是英国商人比林斯利从希腊文本译出的，于1570年出版。目前最流行的标准英文本是英国数学史家希思的《欧几里得几何原本13卷》，1908年初版。

约 1490 年
达·芬奇研究人体解剖

欧洲文艺复兴时期，许多著名画家认识到人体解剖知识的重要性，对人体作了精细的描述和研究，尝试真实地表现人体。在这些艺术家中，达·芬奇对人体结构及其功能的研究甚至表现出比对艺术更大的兴趣。达·芬奇不仅是画家、科学家、工程师、哲学家，也是一位解剖学家。他对艺术的执著和精益求精的工作态度，使他走上了对人体解剖学研究的道路。达·芬奇曾经制订了一个宏伟的计划，要把人体从头到脚的解剖结构都仔细地描绘出来。虽然这个夙愿没有最终完成，但是他依然为后人留下了许多珍贵的解剖绘画图。

约1490年，达·芬奇进行了极仔细的人体解剖研究。据说，他曾解剖过30具尸体，不仅画下每一根骨头的位置，而且还研究这些骨骼的功能；对于每一块肌肉，不仅清晰描记，而且还研究这些肌肉的作用。达·芬奇绘制了许多人体解剖图，包括心脏、消化道、生殖器官和子宫内胎儿的情况等，甚至绘出了非常复杂的神经系统解剖图。他不盲从解剖学权威及其理论，为了验证经典的心肺相连说，他曾将蜡注入心脏，以观察房室的形

达·芬奇

状，否定了古罗马医学家盖仑“由肺静脉将空气输入心脏”的说法，以实验证明静脉的根源在心脏，并非盖仑所说的静脉起源于肝脏。达·芬奇一生绘制了 700 多幅人体解剖图，保存至今的不足 200 幅。

1492 年
哥伦布发现美洲大陆

15 世纪，欧洲资本主义开始出现，许多国家竞相寻找海外市场，地处东方的亚洲是他们探险的目标。在许多探险家纷纷远航的时代背景中，意大利航海家哥伦布在西班牙大金融家和国王的支持下，开始了寻找东方的航行。

哥伦布一生从事航海活动，相信大地球形说，认为从欧洲向西航行可达东方的印度和中国。他先后 4 次出海远航(1492—1493 年，1493—1496 年，1498—1500 年，1502—1504 年)，到达了美洲大陆，也因此成为名垂青史的航海家。哥伦布开辟了横渡大西洋到美洲的航路，先后到达巴哈马群岛、古巴、海地、多米尼加、特立尼达等岛，于 1492 年在帕里亚湾南岸首次登上美洲大陆。他考察了中美洲从洪都拉斯到达连湾 2000 多千米的海岸线，认识了巴拿马地峡，发现和利用了大西洋低纬度吹东风、较高纬度吹西风的风向变化规律。他误认为到达的大陆是印度，并称当地人为印第安人。当时，哥伦布并不知道到他的发现有多么重要，后来人们才意识到发现美洲大陆是一个了不起的成就。

在后三次向西航行中，哥伦布登上了美洲的许多海岸。直到 1506 年逝世，他一直认为到达的是印度。后来，意大利航海家亚美利哥经过更多的考察，才知道哥伦布到达的这些地方不是印度，而是一个原本不为人知的“新大陆”。

继哥伦布之后，西方世界的航海探险进入高峰期，后有葡萄牙航海家达·伽马通往印度海路的发现，以及葡萄牙航海家麦哲伦的环球航行。人类在航海探险过程中，第一次用实践行动证明大地是一个圆球，地球上的海洋是连通的。

1492 年
甘薯由美洲传入西班牙

甘薯，旋花科甘薯属一年生或多年生蔓生草本，又名番薯、山芋、红薯、白薯、地瓜、红苕等，原产中、南美洲，块根可作粮食、饲料和工业原料。据史书记载，1492 年，哥伦布初谒西班牙女王时，将由新大陆带回的甘薯献给女王。16 世纪初，西班牙已经普遍种植甘薯。西班牙水手将甘薯携带至菲律宾的马尼拉和印度尼西亚的马鲁古群岛，再传至亚洲各地。16 世纪末叶，甘薯通过多种渠道传入中国，明代的《闽书》、《农政全书》，清代的《植物名实图考》等都有相关记载。甘薯最先引种到中国的广东和福建等地，后来一直推广到北方京师等地。

宋元以前的中国文献中屡见有关“甘薯”的记载，但那时所说的甘薯是指薯蓣科植物的一种，而我们现在所说的甘薯则属旋花科植物。它被引种到中国以后，因其形似中国原有的薯蓣科的甘薯，有人便称之为“甘薯”。久而久之，“甘薯”一词反而被旋花科的番薯所占用。

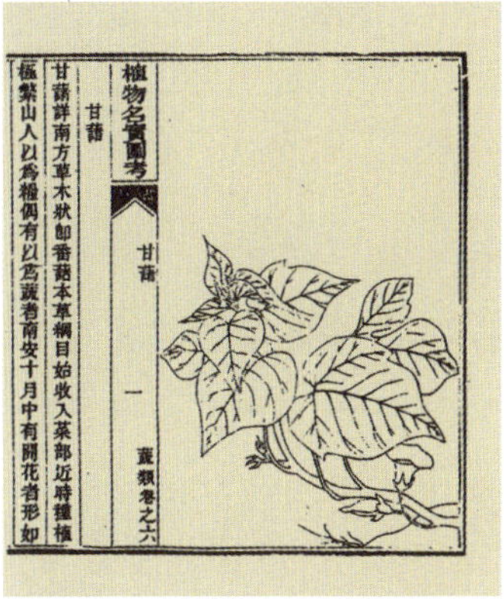

《植物名实图考》中的甘薯图

1493 年
辣椒由美洲传入欧洲

辣椒，茄科辣椒属一年生草本，在热带地区可为多年生灌木，别名番椒、海椒、秦椒、地胡椒、辣茄，以果实供食用。辣椒原产于南美洲的秘鲁，在墨西哥被驯化为栽培种，1493 年传入欧洲，1593—1598 年传入日本，明朝后期传入中国。传入中国有两条途径：一是经由古丝绸之路传入甘肃、陕西等地；一是经海路引入广东、广西、云南等地。

中国关于辣椒的记载始见于 1591 年明

哥伦布

哥伦布是人类历史上最出色的航海家之一，也是一名殖民地开拓者，他发现“新大陆”的故事为人们所熟知，但是人们对他的功过是非却褒贬不一。

1451年，哥伦布出生在意大利热那亚的一个纺织工匠家庭，从小跟着父亲在家帮工。1473年，哥伦布开始从商当学徒，随后跟船出海，到过英国的布里斯托尔、爱尔兰的戈尔韦、葡萄牙的里斯本，还到过非洲西海岸等地进行商贸活动。

15世纪，欧洲资本主义开始萌芽发展，许多国家竞相寻找海外市场，地处东方的亚洲成为他们探险的目标。以往，来自中国和印度的货物通过“丝绸之路”进入欧洲。但自1453年奥斯曼土耳其帝国征服君士坦丁堡后，通往亚洲的陆路受阻。于是，葡萄牙的航海家希望绕过非洲到达亚洲。1487年，葡萄牙航海家巴尔托洛梅乌·迪亚士成功绕过南非南端的好望角，但海路路途遥远且很危险。

此时的哥伦布却在制订不同的计划到达亚洲，他坚信地球是球形的，只要一直向西航行，也能到达亚洲。哥伦布还估算了自欧洲向西航行到亚洲的距离，但他低估了地球的大小，高估了欧亚大陆的陆地面积，并且坚信日本等国家离东边的中国很远。他估算的地球周长约为2.5万千米，但实际上却约为4万千米。因此，哥伦布估算从加那利群岛到日本大概也就相当于3700千米，而事实上，有1.96万千米。

为了实现向西航行到达东方的计划，哥伦布先后向葡萄牙、西班牙、英国、法国等国的国王请求资助，但都遭拒绝。哥伦布到处游说了十几年，直到1492年，终于得到了西班牙王室的资助。

1492年8月3日，受西班牙国王派遣，哥伦布带着给印度君主和中国皇帝的国书，率领三艘载重仅百吨左右的帆船，从西班牙西南的一个小海港——帕洛斯港起锚扬帆西航。由于长期在海上漂流，多次以为看到了陆地结果却不过是种种假象，引起水手们强烈的焦躁不安，几近暴动。经历了险象丛生的70个昼夜，船队于10月12日凌晨2点，在巴哈马群岛水域发现“陆地”。哥伦布以为到达了印度，将该岛命名为“圣萨尔瓦多”。1493年3月4日，哥伦布回到里斯本，并于4月底回到巴塞罗那。他得到了重赏，从此声名远扬。此后，他又于1493—1496年、1498—1500年、1502—1504年分别进行了3次西航。

1506年5月20日，哥伦布过世，到死他还一直以为自己到过的地方是印度。哥伦布去世时，一个名叫亚美利哥·韦斯普奇的意大利学者已经断言，哥伦布到达的这些地方不是印度，而是一块原来不为西方人所知的“新大陆”；在这块新大陆同亚洲之间，一定还有另一个大洋。这块新大陆日后被称为亚美利加洲。哥伦布的尸体后来被迁往那里，葬在如今的多米尼加共和国境内。

哥伦布4次出海远航开辟了横渡大西洋到美洲的航路；认识了巴拿马地峡；发现了大西洋上的信风，并利用它来航行。他的发现成为美洲大陆开发和殖民的新纪元，是历史上一个重大的转折点。15世纪欧洲人口急剧膨胀，美洲大陆的发现使欧洲人有了可以移民的场所，也有了欧洲经济发展需要的矿石和原材料。新航路的开辟，还进一步推动了世界各地之间的文化交流。

《遵生八笺》:“番椒丛生,白花,果俨似秃笔头,味辣,色红。”辣椒一名最早见于 1764 年清《柳州府志》。

1494 年
玉米由美洲传入西班牙

玉米,禾本科玉米属一年生草本,又名玉蜀黍,俗称包谷、棒子、珍珠米等,是重要的粮食作物和饲料作物。玉米原产美洲的墨西哥、秘鲁,栽培历史已有 5000 年左右。1492 年,哥伦布在古巴发现玉米,后知整个南、北美洲都有栽培。1494 年,他将玉米带回西班牙,以后逐渐传至世界各地。

中国栽培玉米已有 400 多年历史,约于 1511 年传入。传入途径,一说由陆路从欧洲经非洲、印度传入中国云南;或从麦加经中亚细亚沿着丝绸之路传入中国西北部,再传至内地各省。一说由海路传入,先在沿海种植,然后再传至内地各省。玉米具有高产、耐饥、适应性强的特点,明清以后中国人口的快速增长,很大程度上有赖于玉米等作物的引进。

成书于 1560 年的甘肃《平凉府志》卷 11 有关于玉米的具体记载:“番麦,一曰西天麦,苗叶如蜀秫而肥短,末有穗如稻而非实。实如塔,如桐子大,生节间,花炊红绒在塔末,长五六寸,三月种,八月收。”此外,明代《留青日札》和《本草纲目》均有记载。

《本草纲目》中的玉蜀黍

1498 年
第一部欧洲药典在佛罗伦萨出版

《佛罗伦萨药典》由意大利佛罗伦萨医师学会于 1498 年编撰出版,被认为是欧洲最早的药物汇编集。该药典也被称为《新编处方集》,它是欧洲第一部复方药物制备和配制标准的药典,被佛罗伦萨医师和药师协会所认可。在该药典的版权页上特别注明了药典的编撰是根据药师行会执行官的要求,而且加盖了该行会的印章。《佛罗伦萨药典》的问世不仅为医师和药师的处方药物制备确定了标准,而且也作为国家观念形成的一种标志。该药典包括三个主要部分。第一部分是药物治疗的简单说明、选择和建议、储存和制备、复方的配制规则以及用法和剂量。第二部分是专门的配方清单。第三部分除了阿拉伯度量衡的技术说明外,还有从常见植物中提取有效成分的方法。半个世纪后,在 1550 年,《佛罗伦萨药典》发行第 2 版,新版增补了发现的新药,对原来的药物制备和配制进行了审查,对一些有新的功能或新配方的药物作了简短清楚的说明。1567 年,《佛罗伦萨药典》发行第 3 版,该版的特点是更换了新封面,封面呈现了文艺复兴时期的艺术风格,该版一直沿用到 17 世纪。

1567年出版的《佛罗伦萨药典》第 3 版封面

第 3 篇

1500—1600 年的科学

人的天职便是勇于探索真理。

——哥白尼

16 世纪初
花生由南美洲传入非洲

花生，豆科落花生属一年生草本，地上开花，地下结果，故有落花生、落地参之称；又名长生果、万寿果、番豆等。是一种人们喜爱的食品，也是一种重要的油料作物。

花生原产美洲，玻利维亚南部、阿根廷西北部和安第斯山麓的拉波拉塔河流域可能是花生的起源中心地。据近年的考古发现，在4000年前的秘鲁就有了花生的人工栽培种。从公元前200年到公元700年这段时期，花生的种植利用已有了一些发展。在15世纪末哥伦布航渡美洲、开创地理大发现时代以前，花生大量种植于南美的巴拉圭、乌拉圭、巴西、阿根廷等地区。

16世纪伊始，葡萄牙人将花生从巴西传入非洲。欧洲文献中最早的有关花生的记载见于1526年出版的《西印度博物志》一书，可见16世纪初花生也已传入欧洲。

中国有关花生的最早记载见于元末明初的《饮食须知》，其后许多书籍不但记载了花生的生物学特性，而且还载有地理分布等。19世纪后期，中国又从美洲引进了大粒花生。

1502 年
中国金鱼传入日本

金鱼起源于中国，是野生红鲫在长期人工饲养及选育下家化而成的观赏鱼。早在北宋时期，杭州兴教寺等寺庙的水池内已有红鲫饲养，可认为是原始的金鱼。南宋时，建池饲养金鱼已形成一种社会风气。当时还出现了一批从事“鱼儿活”的养金鱼技工，他们用水蚤喂养金鱼，还注意研究培育金鱼的新奇品种。有意识的人工选择促使金鱼新的变异品种能够得到繁殖和发展。

到了明代，金鱼的饲养技术有了很大的发展，开始由池养改为盆养。金鱼也较普遍地被作为室内的一种陈设，以供玩赏。由于生活环境的改变，更由于采用分盆育种，特异的优良品质比较容易保存。经过长期的选种和杂交遗传，金鱼在颜色、外形、器官、习性等各方面的变异逐渐增多，新的品种不断涌现。《硃砂鱼谱》(1596年) 是中国最早的一本论述金鱼生态习性和饲养方法的专著，其中所记金鱼达29种之多。

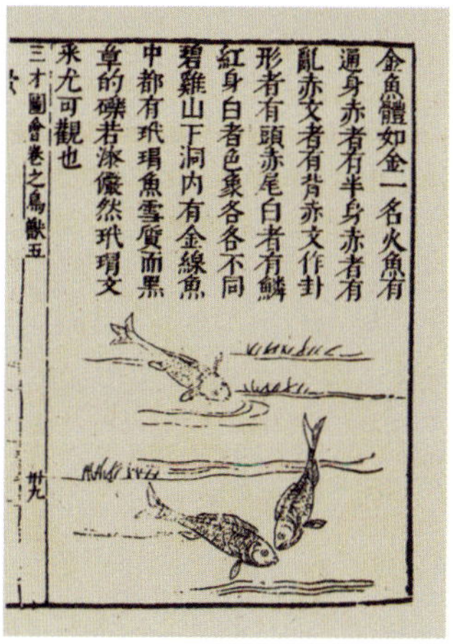

《三才图会》中的金鱼图

金鱼及其培育技术在明代开始外传。1502年中国金鱼由福建泉州传入日本；1611年前后被运往葡萄牙；1691年前流传到英国；1728年在荷兰阿姆斯特丹人工繁殖成功，从而遍及整个欧洲；19世纪中叶经由美国传到美洲其他国家。此后，金鱼成为遍及全球的著名观赏鱼。

金鱼对科学的发展也有重要影响。达尔文的《物种起源》等书都提到了中国有关动、植物的人工选择及变异，其中就包括金鱼培育。现在，金鱼已成为研究生物遗传变异的重要科学材料之一。

1510 年
向日葵由北美洲传入欧洲

向日葵，菊科向日葵属一年生草本，又名西番菊、迎阳花、葵花等，因幼苗和花盘有向日性而得名，是主要油料作物之一，也可直接食用。

向日葵原产于北美，1510年被西班牙探险队引入欧洲，种植在西班牙马德里的皇家植物园，作为观赏植物。16世纪末，向日葵已传遍欧洲。17世纪末，欧洲人才开始采摘向日葵花盘上的嫩花朵，加上佐料做凉拌生菜吃，并采摘籽粒作为咖啡代用品和鸟饲料。1716年，英国人首次从向日葵种子中成功提取油脂。18世纪初，向日葵从荷兰传入俄国。到19世纪中叶，经俄国科学家育种改良的榨油品种又从俄国传回美国和加拿大。1974年，全世界向日葵油脂产量已仅次于大豆，跃居食用油产量的第2位。

向日葵约在16世纪末或17世纪初由

南洋传入中国。有关记载最早见于 1621 年明代王象晋所著的《群芳谱》，当时称西番菊。“向日葵”之名首见于明朝的《长物志》(约 1630 年代)一书。但明代的《本草纲目》和《农政全书》尚未提到向日葵，可推知那时它的栽培还不普遍。据《群芳谱》的记载，向日葵估计主要用作观赏植物和药用作物。

1513 年
德·莱昂发现墨西哥湾流

海流又称洋流，指海洋中流速和流向相对稳定的大规模的水体运动。海流在海洋能量和物质传输过程中起着重要的作用，对海洋中的多种物理、化学、生物和地质过程，以及海洋上空天气和气候的形成和变化等，都有影响和制约作用。

1513 年，西班牙探险家德·莱昂率领由 3 艘航船组成的船队从波多黎各出发，到佛罗里达海岸开展探险活动。当船队航行到佛罗里达海峡时遇到了强大海流，船队被冲散，难以前进，最后不得不靠近海岸才得以缓慢航行。这股海流就是后来被命名的著名的墨西哥湾流。德·莱昂和他的船队领航员一起，作为墨西哥湾流的发现者被载入史册。

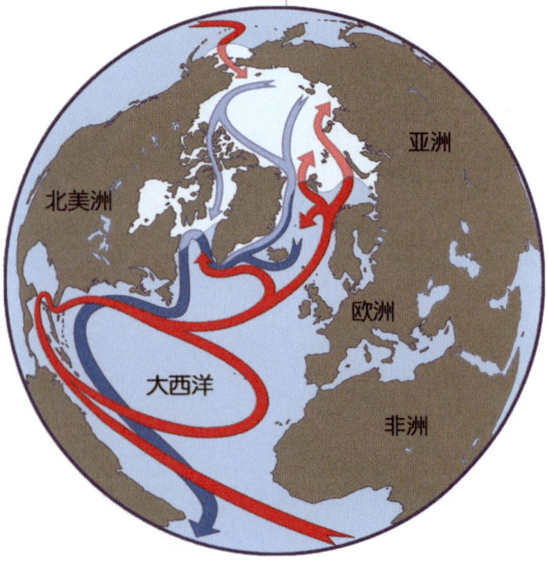

墨西哥湾流示意图

墨西哥湾流是全球海洋系统中规模最大的暖流，它经大西洋北赤道流和越过赤道的南赤道流汇合后，沿着南美洲北海岸进入加勒比海和墨西哥湾，经佛罗里达海峡流出。此后，墨西哥湾流沿北美大陆架北上，在美国东海岸的哈特勒斯角附近(约北纬 35°)转向东北方向，进入水深 4000—5000米的深水区；到北纬 45°的纽芬兰浅滩外缘后，因受盛行西风的影响而折向东流，直到西经 40°附近，然后转为北大西洋暖流。

墨西哥湾流是北大西洋西边界流中流势最强盛的部分，规模巨大，流程超过 2000 千米，海面宽度 100—150 千米，影响深度超过 1000 米，最大流速可达每分钟 150 米，流量可达 6.5×10^7—9.3×10^7 米^3/秒。湾流水温较高，在冬季比周围海水高出约 8℃。如此规模的热水流携带着巨大的热量，浩浩荡荡地流向北大西洋高纬度海域，特别是西北欧沿岸海域。湾流上方的湿热空气在西风带的吹送下，与西风带共同温暖着西北欧。据估算，湾流每年向西北欧输送的热量大约相当于平均每千米海岸燃烧 6000 万吨煤，可见湾流对西北欧气候的影响有多么巨大。

1519 年
墨西哥开始栽培烟草

烟草，茄科烟草属叶用一年生草本。叶片含烟碱(尼古丁)，采收后经加工处理用于制作卷烟、雪茄烟、斗烟、旱烟、水烟和鼻烟等，是世界性栽培的嗜好类工业原料作物。烟草的别称还有相思草、金丝烟、芬草、返魂烟等。

烟草原产于中、南美洲。建于公元 432 年的墨西哥帕伦克一座神殿里的浮雕，表现了玛雅人的祭司在举行典礼时以管吹烟的情形，这是人类利用烟草的最早证据。1519 年，烟草开始栽培于墨西哥的尤卡坦。欧洲的探险家们随后将烟草带回了本土。1531 年，西班牙人在西印度群岛的海地种植烟草，继而传播到葡萄牙和西班牙，以后逐渐传向世界各国。当时人们对它十分好奇，并且心存疑虑。然而这种情况很快就得到改变。16 世纪时，烟斗和雪茄已遍及整个欧洲。

1573 年，烟草从菲律宾传入中国。最早记录烟草的文献是明代张景岳的《景岳全书》(成书于 1624 年)：“此物自古未闻，近自我明万历时始出闽、广之间。”

美洲土著将视如珍宝的烟草作为礼物馈赠给到访的欧洲客人

1520 年
麦哲伦船队详细描述麦哲伦云

公元 10 世纪的阿拉伯人以及 15 世纪的葡萄牙人航行到赤道以南时，都曾注意到南天星空中有两个云雾状天体，并曾称其为“好望角云”。1520 年冬（南半球时值夏季），葡萄牙航海家麦哲伦率领远洋船队从大西洋绕过南美洲南端的一个海峡——现称麦哲伦海峡，进入太平洋。在此过程中，他们首次对这两个醒目的云雾状天体作了详细的描述。后来，这两个星云就分别称为大麦哲伦云和小麦哲伦云，简称大麦云和小麦云。大麦云位于剑鱼座与山案座之交，小麦云位于杜鹃座中，两者在天球上相距约 20°。如今知道，它们是银河系的两个伴星系。大麦云和银河系相距 16 万光年，小麦云则相距 19 万光年。它们连同仙女座星系一起，是肉眼能够看见的仅有的 3 个河外星系。

1523 年
菲茨赫伯特著《农业全书》

16世纪以后，英国农村经济发展较快，而反映处于技术变革前夕特点的农书，也以

夜空中的大麦云和小麦云　大麦云在图中略偏左，小麦云在右侧略偏下。左上方的老人星（船底座 α）是全天第二亮星，亮度仅次于天狼星。右上方的水委一（波江座 α）是一颗 1 等星。

英国的为多。1523 年，英国拥有自主土地、从事独立经营的约曼农（14—19 世纪英国农民的一个阶层）菲茨赫伯特，在积累了 40 多年实践经验的基础上撰写、刊行了《农业全书》。

《农业全书》从讨论农具——犁开始，涉及到犁的种类及犁操作上应该注意的事项等，进而讨论与耕种、饲养有关的农事。全书重点探讨了与三圃制有关的一些技术管理措施，已提出把豌豆、蚕豆等豆类作物引入轮作体系，使之成为临时牧草地。这种牧草地不是和永久性敞地分开，而是将个人占有的条田当作临时的采草地，几年后再耕翻恢复原样，标志着当时英国有的地方已经从三圃制向改良三圃制转变。书中也提到，受市场需求增加的刺激，为了提高产量而开始在大田施用厩肥。

《农业全书》被公认为英国近代农书的先驱，其内容体例已经符合严格意义上的农学著作，是英国近代早期农书的代表作。

哥白尼在弥留之际看到了刚印好的《天体运行论》

1530 年
帕拉塞尔苏斯用汞剂治疗梅毒，开创化学制药方法

中世纪时，人们只知道梅毒是一种与性行为有关的传染病——不仅具有传染性，而且名誉不佳，对于梅毒的生物学病因并不了解，很长一段时间内对其束手无策。瑞士医生兼化学家帕拉塞尔苏斯在 1530 年最早提出用汞剂治疗梅毒。

帕拉塞尔苏斯生活在中世纪晚期，那时经院哲学统治着科学界，迷信权威的风气笼罩着全欧洲。在医学领域，盖仑和阿维森纳成为绝对的权威，对于他们的学说无人敢反对。但帕拉塞尔苏斯是一位时代的改革者，他曾当众烧毁阿维森纳的著作，表示要与中世纪的传统医学决裂。

帕拉塞尔苏斯认为人体是一个化学体系，人体内的变化就是化学变化，因此可以像分析化学药品那样分析疾病。帕拉塞尔苏斯注意到矿泉水可以治疗疾病，提倡将铅、硫黄、铁、砷、硫酸铜、硫酸钾等化学物质作为药物使用，开创了化学制药的方法，甚至把汞剂也作为药物，对于利用汞剂治疗梅毒起到了推动作用。

1543 年
哥白尼《天体运行论》出版

古希腊时代的亚里士多德—托勒玫“地球中心说”，在中世纪被基督教会改造、利用，作为其教义的支柱。随着天文观测技术的进步，该体系不断暴露出所推算的行星动态与观测结果不甚相符。及至 15 世纪，为了不致与天文观测明显相悖，在地心体系中引入的“均轮”和“本轮”竟多达 80 来个，且其数目仍有增无已。

波兰天文学家哥白尼对此穷究不舍，终于意识到造成如此复杂局面的根源，正在于认为地球是固定不动的宇宙中心。他基于30多年的天文观测和数学推算，建立了一种全新的宇宙体系，世称日心地动说。其核心内容是：太阳静止于宇宙中心，包括地球在内的行星皆绕着太阳转动。离太阳最近的是水星，其次是金星、地球、火星、木星和土星。只有月球环绕地球运行。恒星位于离太阳非常遥远的一个天球表面上，静止不动。地球每天绕自转轴旋转一周，形成了天体的周日视运动。哥白尼在其不朽巨著《天体运行论》中详尽地阐释了这一学说。

维萨里的助手们按照他的教导，亲自进行人体解剖

1542年秋，哥白尼因中风而陷入沉疴。翌年5月24日，当一本刚印好的《天体运行论》送达时，他已处于弥留之际。日心学说从根本上动摇了“上帝将地球安排在宇宙中心”的说教，自然科学从此开始从神学中解放出来。地球在运动的观念奠定了近代天文学的基石，使天文学首先跨入了近代科学的大门。

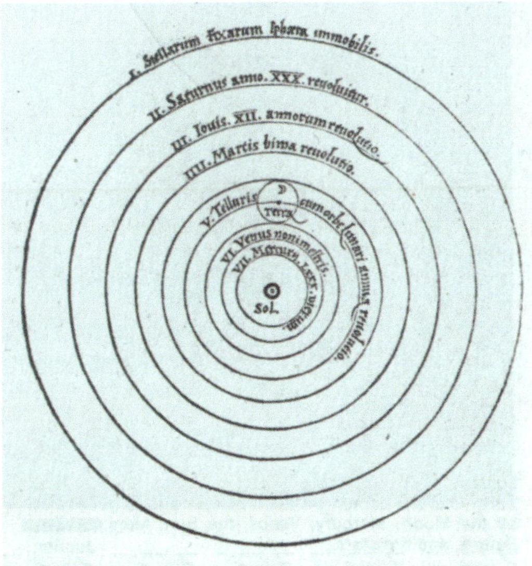

1543年《天体运行论》初版中的日心体系图

1543年
维萨里《人体的构造》出版

人体解剖学是现代西方医学最早的基础学科，在其基础上才建立起了医学的其他基础学科和临床学科。人体解剖学的创始人是出生于比利时的维萨里。维萨里出身于医生家庭，受古典主义的影响，热爱自然科学，年轻时赴欧洲多个国家学习。1533年，在法国蒙彼利埃大学和巴黎大学学医时，他目睹了解剖课仍由仆人来操作的局面，决定自己动手做解剖。1537年底，维萨里前往欧洲最负盛名的意大利帕多瓦大学任教，开始了自由的解剖学研究。

1541年，维萨里在翻译盖仑的著作时，发现了盖仑的解剖学错误。年轻的维萨里无惧盖仑的解剖学权威地位，提出人体解剖学必须重新诠释，他决心通过自己的实践来更正盖仑的错误。在大量人体解剖学实践的基础上，1543年，维萨里的代表性著作《人体的构造》得以出版。《人体的构造》是近代科学解剖学的奠基之作，全书共633页，维萨

维萨里

哥 白 尼

1473年2月19日，哥白尼诞生在波兰维斯拉河畔的托伦城的一个富裕家庭。哥白尼10岁丧父，之后由舅父抚养，享有良好的教育。从1489年起出任瓦尔米亚主教的舅父希望哥白尼也成为一名神职人员，但哥白尼本人的志趣却是自然科学。1491年，18岁的哥白尼进入克拉科夫大学学习，学过天文学、数学和地理学，但是否取得学位已无从查考。1496年秋，哥白尼进入意大利博洛尼亚大学攻读教会法规，1501年初离校时未取得学位，后在帕多瓦大学攻读医学仍未获得学位。1503年5月，哥白尼在费拉拉大学取得了教会法规博士学位。之后不久，哥白尼回到波兰，在瓦尔米亚定居。此后40年中，除了在波兰和普鲁士境内短期旅行外，从未离开过他所说的这个“地球上的遥远角落”。在舅父的帮助下，他一直领取天主教堂的薪俸，直至1538年才终止。哥白尼从未成为一名神父，但他终身未婚。

德国天文学家雷纪奥蒙坦的著作使哥白尼对天文学产生了浓厚的兴趣。雷纪奥蒙坦是托勒玫宇宙体系的忠实信徒。但是，基于托勒玫的宇宙体系无法长期准确预告行星的位置，雷纪奥蒙坦所作的改进也只具有暂时的价值。

早在1507年，哥白尼就曾想到，倘若宇宙的中心是太阳，而不是地球，那么计算行星的位置就会简单得多。虽说古希腊天文学家阿里斯塔克也提出过类似的猜想，但从未有人对此进行详尽的数学论证。哥白尼花费30多年心血，进行大量的观测和计算，系统地建立了日心地动学说，并写成一部阐述该学说的巨著。此书原无书名，最后由出版者定名为《关于天球旋转的六卷集》，后人简称《天体运行论》。

哥白尼指出，所有的行星——包括地球本身都绕着太阳运行，只有月亮绕着地球转动。与此同时，地球还每天自转一周。《天体运行论》详细解释了天体运动的种种情况，提出了预告天体未来位置和运动状况的方法，并阐明夜空中的恒星要比月亮、太阳和行星遥远得多。

1530年代后期，《天体运行论》已基本写就。手稿在欧洲学者中流传，引起相当大的兴趣。由于担心关于地球运动的论述会被教会视为异端，哥白尼一直不愿出版全书，以免招惹麻烦。最后在数学家雷蒂库斯的强烈要求下，他才改变了想法。雷蒂库斯以哥白尼的第一信徒著称。他协助哥白尼修订书稿，并自愿担任《天体运行论》的出版监督。后来他因故离开，出版监督由路德派教长奥西安德尔继任。由于路德派创始人马丁·路德曾表示坚决反对哥白尼的理论，奥西安德尔为稳妥起见便擅加了一篇未署名的序言，大意是说哥白尼的理论主要是为简化计算而采用的一种手段，这就大大削弱了此书的意义。直到1609年，德国天文学家开普勒才发现并公布了事情的真相。

1543年5月24日，哥白尼与世长辞。与地心宇宙体系的相比，他的日心体系的确是一次革命性的飞跃。但由于行星并不沿着完美的圆周环绕太阳运行，哥白尼不得不保留了一些地心宇宙体系的做法，即使这样，仍无法彻底阐明行星运动的全部复杂性，日后解决这一问题的是开普勒。

16世纪末，《天体运行论》在思想界的影响开始引起教会的恐慌。1616年，罗马教廷将其列为禁书。1807年，拿破仑在远征中来到波兰的托伦城。使他深感惊讶的是，当地竟然没有一座哥白尼的纪念像。1839年，在华沙举行哥白尼塑像的揭幕典礼，却没有天主教神父愿意来主持仪式。

天文学的新进展不断证实哥白尼日心学说的正确性。1835年，教会终于在禁书目录中删除了《天体运行论》。后来它被译成德、英、法、俄、波兰、西班牙、印地等多种文字在世界各地流传。1992年，中国首次出版《天体运行论》中文全译本。

里请画家卡尔卡绘制了 278 幅人体解剖学插图。该书对人体的骨、软骨、肌肉、韧带、血管、神经、内脏等器官作了细致而真实的描述，详细地说明了胸骨的结构、骶骨的数量，正确地描述了杓状软骨及腕、膝的关节面，还描述了黄体，改正了盖仑关于肝、胆管、静脉、心脏、子宫和颌骨的错误认识。《人体的构造》纠正了盖仑 200 余处错误，人体解剖学知识因其而面目一新，更趋于实际。《人体的构造》的出版挑战了盖仑的学说，维萨里因此遭到盖仑主义者和教会的联合攻击。不久，维萨里辞去了帕多瓦大学的职位，应诏做了查理五世的侍医，后又任腓力二世的侍医。虽然他再无机会亲手进行解剖学研究，但在宫廷中，他仍关心人体解剖学的进展，经常阅读后继者的解剖学著作。

维萨里十分强调人体解剖的重要性，他在《人体的构造》序言中提到：医生必须要有人体解剖学知识，解剖医生必须亲自操作。他尖锐地批评了盲目崇拜权威的风气，并以自己的实际行动向权威发出挑战。

虽然维萨里最后被反动势力迫害致死，但是他的革新精神及研究方法成为后世科学家的楷模。他的伟大著作《人体的构造》的出版标志着人体解剖学正向着正确方向发展。

1544 年
明斯特尔写成《宇宙志》

德国地理学家明斯特尔于 1544 年用希伯来语写成的《宇宙志》，是德国最早描述欧洲世界的地理书，推动了 16 世纪地理学思想的复兴。1544—1628 年间，总共出现了大约 40 种不同版本的《宇宙志》，明斯特尔的工作影响欧洲的地理学研究长达 200 年。

明斯特尔以 3 种方式获得写书的材料。首先，他利用所有可用的文学资料；其次，他尝试使用描述欧洲各国的原始资料，获取村庄及城镇的说明资料；最后，他用旅行的方式获得进一步资料（主要在德国西南部、瑞士和法国阿尔萨斯）。《宇宙志》不仅包含当时最新的地图以及对许多著名城市的评述，而且还包括一些对已知和未知世界的百科全书式的详细描述，是当时读者最多、影响最大的书籍之一。

1545 年
卡尔丹《大术》出版，公布三次方程的解法

卡尔丹（又译卡尔达诺）是一位百科全书式的意大利学者。早年学习古典文学、数学和天文学，后于 1526 年获医学博士学位。先后在米兰、博洛尼亚等地行医，当过数学教师，又先后在帕维亚大学和博洛尼亚大学任医学教授，晚年作为医生供职于罗马教皇皇宫。卡尔丹在法学、医学、天文学、数学等领域都有建树，据说他一生写了 200 多部著作。

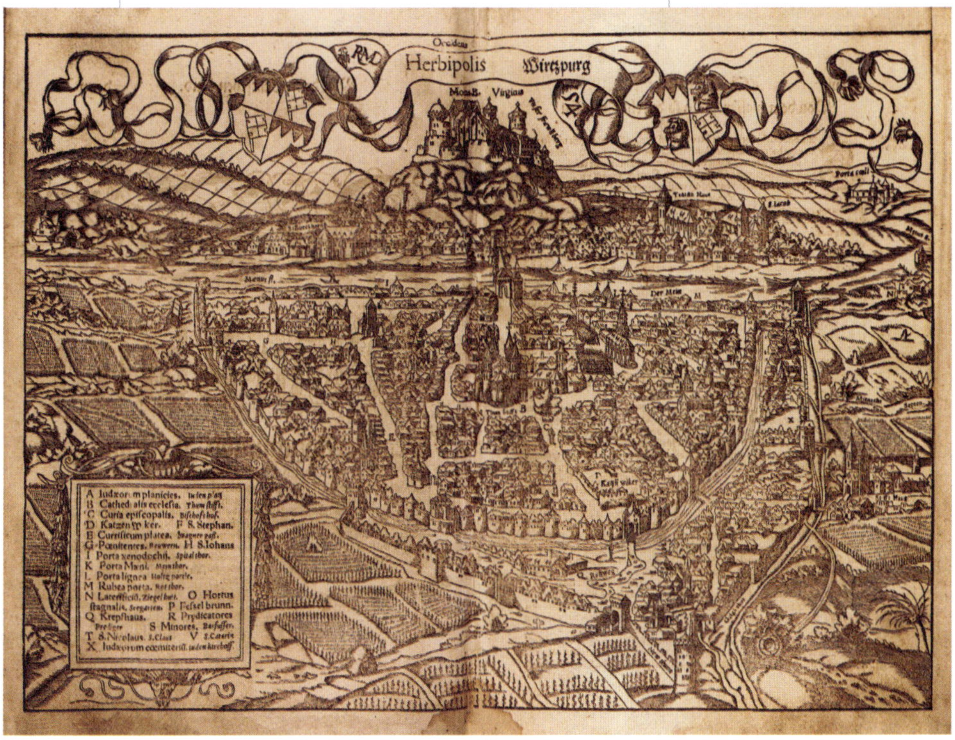

《宇宙志》中的地图

1545

卡尔丹(左)与塔尔塔利亚(右)

在数学方面，卡尔丹的最大贡献是在 1545 年出版《大术》一书，其最精彩之处是将三次方程的解法公诸于众。说“公诸于众”，是因为这个解法在很大程度上应归功于另两位意大利数学家费罗和塔尔塔利亚。

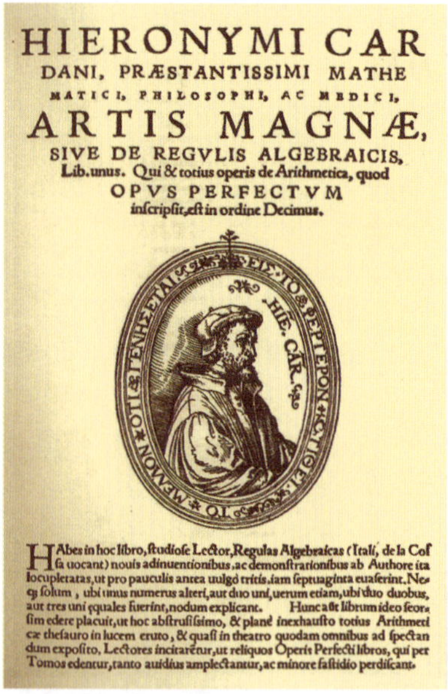

HIERONYMI CAR
DANI, PRÆSTANTISSIMI MATHE
MATICI, PHILOSOPHI, AC MEDICI,
ARTIS MAGNÆ,
SIVE DE REGVLIS ALGEBRAICIS,
Lib. unus. Qui & totius operis de Arithmetica, quod
OPVS PERFECTVM
inscripsit, est in ordine Decimus.

HAbes in hoc libro, studiose Lector, Regulas Algebraicas (Itali, de la Cossa uocant) nouis adinuentionibus, ac demonstrationibus ab Authore ita locupletatas, ut pro pauculis antea uulgò tritis, iam septuaginta euaserint. Neq; solum, ubi unus numerus alteri, aut duo uni, uerum etiam, ubi duo duobus, aut tres uni equales fuerint, nodum explicant. Hunc aũt librum ideo seorsim edere placuit, ut hoc abstrusissimo, & planè inexhausto totius Arithmeticæ thesauro in lucem eruto, & quasi in theatro quodam omnibus ad spectandum exposito, Lectores incitarentur, ut reliquos Operis Perfecti libros, qui per Tomos edentur, tanto auidius amplectantur, ac minore fastidio perdiscant.

1545年版的《大术》

关于一次方程和二次方程的解法，到约公元 820 年花拉子米写成《代数学》时已经完全成熟。接下来对三次方程解法的探讨，情况却并不乐观。1494 年，一位名叫帕乔利的意大利数学家宣称，解三次方程“就像化圆为方一样，以目前的科学水平是不可能的”。然而，没过 10 年，博洛尼亚大学的数学教授费罗就找到了缺少二次项的三次方程的解法。按现在的写法，这种方程的一般形式是：

$$x^3 + px + q = 0。$$

费罗把这种缺项三次方程的解法秘而不宣，这是因为当时的数学家要靠解出别人解不出的题目来谋生。到 1526 年，费罗临逝世之前，才把这个解法传给了他的学生菲奥尔。

1534 年，正在威尼斯教数学的塔尔塔利亚宣布自己发现了缺少一次项的三次方程即 $x^3 + px^2 + q = 0$ 型方程的解法。菲奥尔听到这个消息颇不服气。1535 年，他向塔尔塔利亚提出挑战，要求比赛解三次方程的本领。塔尔塔利亚接受了挑战，连夜苦思，终于独立地发现了这类方程的解法。比赛结果，塔尔塔利亚大获全胜。

这场比赛引起了卡尔丹的强烈兴趣。1539 年，他向塔尔塔利亚求教这种解法。在立下誓言保证不外泄的前提下，卡尔丹得到了隐藏在一首晦涩的诗中的解法，但没有推导过程。后来，卡尔丹觉得没有必要遵守保密誓言了，就在 1545 年出版的《大术》中将自己从那首诗中破解出来的解法以及自己得出的推导过程公诸于众，并表明费罗和塔尔塔利亚都是这种解法的独立发现者。尽管如此，相应的求根公式后来还是被称为卡尔丹公式。卡尔丹在这个问题上的贡献是在《大术》中证明了一般形式的三次方程 $x^3 + a_1x^2 + a_2x + a_3 = 0$ 可以通过未知量代换 $x = y - \frac{1}{3}a_1$ 而化成那种缺项三次方程 $y^3 + py^2 + q = 0$。这样，解一般三次方程的问题在形式上就算解决了。

《大术》中还包含了卡尔丹的许多独特创造。例如，他最早认真地讨论了虚数，特别是记录了其学生兼助手费拉里所发现的四次方程一般解法，这一解法的关键是把问题转化为一个三次方程。

1545 年
德·梅迪纳《航海的艺术》问世

16 世纪早期，随着葡萄牙人在大西洋的航海探险经验和航海技术不断传播，大多数欧洲国家的海洋探险者都已对此有所了解和掌握，并陆续出版了一些海洋探险的书

意大利文版的《航海的艺术》

籍和图件。西班牙宇宙学家、航海学家德·梅迪纳在收集、整理各种航海文献和图件的基础上，于1545 年以西班牙文编制、出版了《航海的艺术》一书。该书是第一部具有实用价值的航海学论著，首次向世人展示了大西洋和美洲大陆的轮廓，以及西班牙和葡萄牙在美洲大陆的殖民地分界线；介绍了大西洋沿岸国家的疆界和地理情况；明确标示出西班牙的海上贸易路线，提供了在欧洲和美洲之间进行海上航行的可靠信息。书中还详细介绍了罗盘导航和天体导航等航海技术。《航海的艺术》出版后，很快被翻译成意大利文、法文、荷兰文和英文等版本，在随后的百余年间被数十次出版，成为16 世纪航海学发展过程中具有里程碑意义的著作。

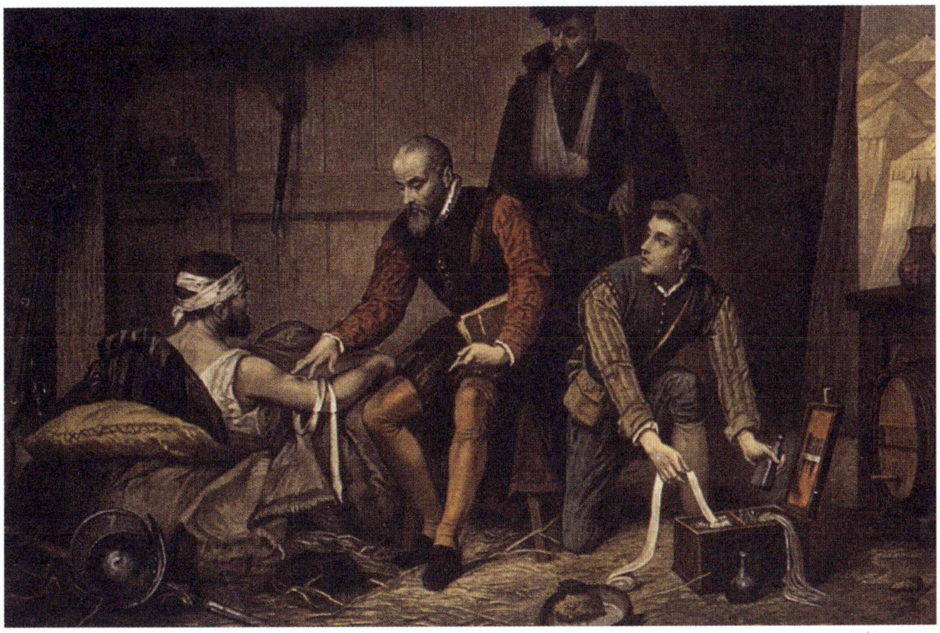

巴雷不主张在手术中用烧灼法来止血，提倡用结扎法

1545 年
巴雷改进枪伤治疗方法

中世纪以前的很长时间里，通常由理发师来完成一些后来由外科医生所做的工作，如包扎伤口、清洁创面等小手术。因此，当时人们习惯上称其为“理发师外科医生”。法国人巴雷就是一位理发师外科医生。

巴雷曾经长期在军队中服役，军医的战争经历使他总结出许多战伤处理经验。他认为枪弹伤没有毒性，不必用传统的热油治疗；主张枪弹伤造成的出血不必用烧灼法止血，结扎法同样可以达到止血的效果。1545年，巴雷用法文出版了《创伤治疗法》，详细介绍了他的治疗经验和发明。巴雷不仅熟悉人体解剖学的知识，而且还能熟练地将人体解剖学知识应用到外科治疗中去。他还提出了人造假肢、人造关节的设想，设计出许多精巧的外科器械，使传统外科在治疗技术和医学理论方面都有重大的突破，大大提高了外科医生在社会中的地位，并因此而成为近代外科学的主要奠基人之一。

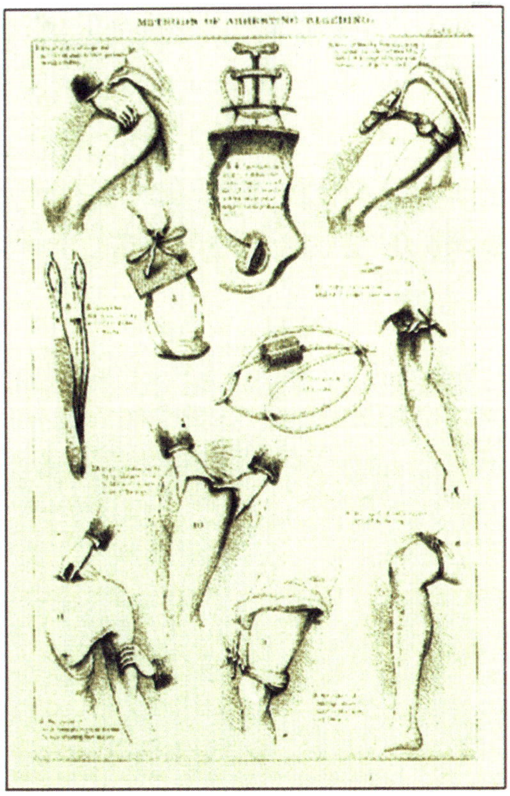

巴雷发明的最早的假肢和假牙

1546 年
弗拉卡斯托罗《论传染和传染病及其治疗》出版

弗拉卡斯托罗是意大利维罗那的医生。1546 年，他出版了重要的医学著作《论传染和传染病及其治疗》。在这本著作中，弗拉卡斯托罗解释了传染病的原因。他认为传染病是由传染原引起的，他把传染原解释为一种看不见的小粒子。这种小粒子具有繁殖能力，可使健康人致病。人们对这种小粒子有不同的亲和力，因此不同的人与小粒子接触后会有不同的感染表现。弗拉卡斯托罗还揭示了传染病的三种传播途径：第一种是单纯接触，如疥癣、麻风、肺痨；第二种为间接接触，即通过衣服、被褥等媒介物；第三种为远距离传染。弗拉卡斯托罗的想法在 19 世纪以后逐一得到证实。

16 世纪中叶
欧洲出版关于冶金的重要著作

16 世纪以前，冶金操作基本依赖于个人经验或师徒传授的技艺，技术水平低，生产规模小。由于缺乏文献记载和技术保密，从开始冶铜到 16 世纪，虽然人类从事冶金活动已有 5000 多年的历史，但能够炼制的金属只有七八种，冶金技术发展十分缓慢。

16 世纪中叶，欧洲最早的两本冶金著作——意大利比林古乔的《火法技艺》和德国阿格里科拉的《论冶金》（又译《论金属》）——先后问世。冶金学家比林古乔青年时期曾游历意大利和德国，考察冶金作业，后在铁矿、锻造厂和兵工厂工作。《火法技艺》于 1540 年出版，共 10 卷，保存了早期的许多冶金实用资料。阿格里科拉是一名德国医生。他生活在冶矿附近，对采矿、冶金的兴趣非常浓厚。他查阅了古代冶矿学文献，写成了一部巨著《论冶金》，并于 1556 年在欧洲出版。全书共 12 卷，其中第 9 卷论述了矿石溶解法，第 10 卷介绍了分离金属和精炼银的技术，第 11 卷阐述了将金、银从铜和铁中分离出来的方法。

《火法技艺》和《论冶金》被公认为欧洲冶金文献的先导。它们从文献和实际调查两方面较完整地记载了当时欧洲的冶金生产技术操作，影响深远。

16 世纪中叶
番茄由美洲传入欧洲

番茄，茄科番茄属一年生草本，在热带为多年生，又名西红柿、番柿、六月柿、洋柿子等，主要以成熟果实作蔬菜或水果食用。番茄原产南美洲安第斯山地带的秘鲁、厄瓜多尔等地，在安第斯山脉至今还有原始野生种，后来传播至墨西哥，驯化为栽培种。

16世纪中叶，番茄由西班牙和葡萄牙商人从中、南美洲带到欧洲，再由欧洲传至北美洲和亚洲各地。初始时以其鲜红的果实作为庭园观赏用，后来才逐渐食用。番茄大约在明代万历年间传入中国。中国有关番茄的最早记载，见于成书于 1621 年的《群芳谱》，其中记载："番柿一名六月柿。茎似蒿，高四五尺，叶似艾，花似榴，一枝结五实，或三四实，一树二三十实……草本也，来自西番，故名。"

16 世纪中叶
西班牙美利奴羊传入美洲

美利奴羊译自西班牙文 Merino，是细毛绵羊品种的统称。原产于西班牙，以后输往其他各国，通过不同自然条件的影响和系统选育，遂成为各种不同的美利奴品种，如法国兰布耶、澳洲美利奴等。据史书记载，西班牙美利奴羊的祖先源于公元前几百年从腓尼基运到西班牙的一些细毛羊。在罗马帝国时期，繁育细毛羊和用其毛制造呢绒，是西班牙经济收益最多的部门之一。细毛羊的专利和一些奖励措施对于西班牙的美利奴羊

美利奴羊

养羊业和毛纺工业起到了推动作用。16 世纪养羊业得到进一步发展，数量显著增加，并建立了高质量的种用畜群。当时以游牧和定点放牧方式经营，国王、贵族和教会拥有较多的头数。西班牙曾经严禁美利奴羊输出，违者除国王以外处以死刑。

16 世纪中叶，西班牙美利奴羊传入美洲，18 世纪又相继传入瑞典、德国、法国、意大利、澳大利亚、俄国、南非及其他一些国家，至 19 世纪遍布世界各地。

1551—1558 年
格斯纳《动物志》出版

格斯纳也许是 16 世纪瑞士最博学的人了。他不仅精通希腊文、拉丁文和希伯来文，还是医学家和博物学家。格斯纳最重要的贡献是奠定了现代动物学的基础。

格斯纳一生的大部分时间都用于整合他所了解的各种知识。据说，他编纂的一本书所包括的内容就涵盖了 1555 年以前欧洲所有出版物 1/5 的内容。在动物学方面，他第一次尝试在一部书中描述所有已知的动物，甚至包括《圣经·旧约》和用希伯来文、希腊文、拉丁文写成的民间传说中提及的动物，以及古代和中世纪神话中的动物（如独角兽）。无论这些动物是实际存在的还是虚构的，格斯纳都对它们加以描述。这部巨著就是于 1551—1558 年出版的 5 卷本的《动物志》，正是这部书奠定了现代动物学的基础。

《动物志》中的独角兽

1553 年
塞尔维特阐述肺循环

血液循环理论不仅包括大循环，即体循环，而且也包括小循环，即肺循环。后者是由西班牙医生塞尔维特发现的。为了揭示和传播这一理论，塞尔维特付出了生命的代价。

塞尔维特是人体解剖学的奠基者维萨里的学生，在治学方法上他与维萨里一样，不迷信权威。塞尔维特认为生命精气是由物质产生的，这一观点与盖仑的“灵气说”相悖。塞尔维特认为，精气来源于左心室，依靠肺的功能而产生。他第一次提出关于血液经肺的循环过程，指出血液由右心室经肺动脉的分支血管，经过肺脏时流入与肺相连的肺静脉分支，然后流入左心房。他认为，肺动脉分支和肺静脉分支通过一些很巧妙的装置相互连接，并预见了血液心肺循环流动的生理意义。塞尔维特认为，左、右心室中的血液是可以相通的，但并不是盖仑所说的，经心室的“间隙”直接相通。他指出，血液流经肺血管得到澄清。这些看法与今天人们所知的肺循环理论是基本相符的。

1553 年，塞尔维特秘密出版了他的著作《基督教的复兴》。在

《动物志》中描绘的主教鱼

这是传说中与鮟鱇鱼类似的一种鱼，书中将其描绘为身着牧师服的人鱼。

书中，塞尔维特阐述了有关肺循环的看法。他的观点被天主教徒与基督教徒视为异端邪说。尽管生命受到威胁，但是塞尔维特始终捍卫他的学术观点。最后，宗教裁判所对他和所有他的著作处以火刑。刽子手用铁链把塞尔维特绑在火刑柱上，点燃潮湿的木柴，慢慢地把他烧成灰。塞尔维特为真理而献身的精神令后人敬佩。由于认识所限，塞尔维特未使用“循环”一词。但后人为了纪念他的功绩，常将肺循环称为“塞尔维特循环”。

1556 年
阿格里科拉《论冶金》出版

欧洲文艺复兴时期，随着工业的发展和对矿产资源的需求，矿物学和岩石学的知识有了发展。德国矿物学家阿格里科拉对矿物学和金属矿脉做了大量研究。他对矿物外部特征如晶形、硬度、重量、颜色、光泽等的描述，为矿物学研究树立了典范，被誉为“矿物学之父”。

1556 年，阿格里科拉的遗作《论冶金》出版，被认为是集当时地质学、矿物学、采矿学及冶金学大成的著作。这本书大体上反映了文艺复兴时期欧洲的冶金成就，具有重要的文献价值。阿格里科拉对铅、铜、锡、汞、铁、铋的分析技术及相应的化学原理的论述，是当时独创性的成果，而研究化学史的人往往忽视了这些在 16 世纪初进行的分析化学探索。

《论冶金》中的插图

1559—1621 年
法布里修斯奠定胚胎学的基础

生物个体是怎样形成的？生物是怎样被赋予生命的？自古以来，人们就对生命的形成过程充满了好奇。早在古希腊时代，亚里士多德就对鸡胚胎的发育过程进行了详细的观察和描述。但此后由于封建神学的统治，科学备受禁锢。

1000 多年后，文艺复兴运动在意大利如火如荼地进行，人们对科学的热情也重新迸发。1559 年起，意大利解剖学家希罗尼穆斯·法布里修斯在汲取前人经验的基础上，对多种动物的胚胎进行了解剖研究，并对亚里士多德的一些观念进行了更正。1600—1621 年，《胎儿的形成》以及《鸡卵的发育》等著作相继出版，书中总结了他对许多动物（包括人）的胚胎发育的研究，并首次详细描述了胎盘的情况，牢牢巩固了他作为胚胎学奠基人的地位。

此外，法布里修斯还发现了静脉瓣膜，可惜与发现血液循环失之交臂。最终，他杰出的学生、英国医生哈维建立了血液循环理论。

1565 年
芜菁和三叶草引入英国

从 16 世纪开始，芜菁、马铃薯、胡萝卜等块根作物和三叶草、驴喜豆、黑麦草等牧草被引入英国。其中，影响较大的是荷兰移民于 1565 年将芜菁和三叶草引入英国，首先在英格兰西南部开始种植。

芜菁和三叶草开始是作为饲料而引进的。但是在种植这些作物的过程中，人们发现，种过三叶草的地方小麦生长得更好，因而认为三叶草以某种方式给小麦准备好了土壤。同样的经验也使他们相信，小麦为芜菁，芜菁为大麦，大麦为三叶草准备了土壤。这样便导致了被称为“诺福克轮作制”的小麦、芜菁、大麦和三叶草的四圃农作制的出现。这种农作制度，使休闲的频率降低，因为三叶草加速了硝化过程，而三叶草的栽培又清除了地上的杂草，加速了土地利用的周转，提高了土地的利用率。

芜菁和三叶草的引进不仅增加了动物的饲料，提高了土地的载畜能力和利用率，改变了英国的农作制度，而且对于耕地面积的扩大和单位面积产量的提高也起到了积极的作用。芜菁和三叶草的引种增加了载畜量，同时也就增加了肥料的供应。畜肥是当时主要的肥料。畜肥量的增加，提高了土壤肥力和谷物的产量。除此之外，芜菁和三叶草还直接作用于土壤。芜菁和中耕结合在一起可以起到抑草作物的作用；三叶草作为一种固氮的豆科作物，增加了粮食作物所必需的营养供应，对于提高谷物的产量发挥了重要作用。

1569 年
墨卡托发明正轴等角圆柱投影法，用于航海绘图

航海图的历史可以追溯到 13 世纪在西欧地区开始使用的波托兰海图。这种海图实际上是由海员们根据实际航海经验绘制出的海岸和港口示意图，制图范围主要集中在地中海及大西洋沿岸，图上用来导向的方向线也不精确。从 15 世纪开始，西欧探险家的活动范围开始跨越大洋，波托兰海图的绘制方法已经不能满足在地球表面弯曲洋面上航行的导航需求。

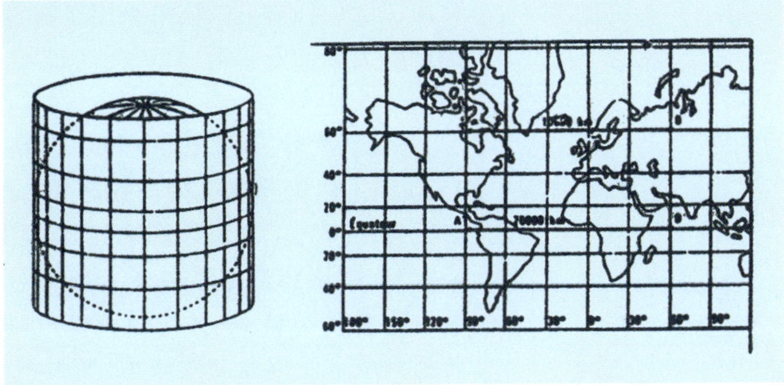
墨卡托投影法

地球是近圆形的椭球体，将球面上地物的方位标示在平面图上，必须解决地物之间相对方位的变形问题。由于导航操作的实际需要，航海图上的恒向线必须保持为直线，方位角也要保持为等角。为满足上述要求，荷兰地图学家墨卡托在 1569 年设计了正轴等角圆柱投影法，被称为墨卡托投影法：设想将地球放置在一个与地轴方向一致的圆柱体中，使其赤道线与圆柱面相切；在地球中心放一盏灯，沿光线方向把球面上的图形投影到圆柱面上；把圆柱面展开后，即得到以赤道为标准纬线、用墨卡托投影法绘制出的地图。

墨卡托投影法奠定了现代海图编绘的数学基础，其特点是：没有角度变形；由每一点向各方向的长度比相等；图上的经线和纬线为各自平行的直线且相交成直角；经线间隔相等，纬线间隔从标准纬线向两极逐渐增大。在采用墨卡托投影法绘制的地图上，尽管长度和面积变形显著，但由于地图具有等角投影和等角航线保持为直线的特性，因此导航十分准确。墨卡托第一次将整个地球表面描绘在了平面上，画成了一幅适于航海导航的世界全图。

1570 年
马铃薯由南美洲传入西班牙

马铃薯，茄科茄属一年生草本，又名洋芋、土豆、山药蛋、地蛋、荷兰薯等。块茎可供

食用，是重要的粮食、蔬菜兼用作物。马铃薯原产南美洲的安第斯山区，为印第安人所驯化。

马铃薯于 16 世纪后半叶传到欧洲。1570 年，西班牙海员把马铃薯当作储备粮食无意中带到了西班牙塞维利亚，后来经过意大利、德国传遍中欧各国。1590 年，马铃薯被引种到英格兰，并遍植英伦三岛，后来传播到威尔士以及北欧诸国，又引种至大不列颠王国所属的殖民地以及北美洲。马铃薯约在 17 世纪传入中国，在生态环境恶劣、不适合其他谷物生长的高寒地域，马铃薯传入后成为当地人民赖以生存的重要粮食作物。现在，马铃薯已在全世界被广泛种植，成为全球除谷物外，用作人类主食的最重要的粮食作物。

1572 年
邦贝利《代数学》前 3 卷出版

意大利数学家、工程师邦贝利出生于博洛尼亚，没有受过大学教育，曾跟随私人学习工程建筑技术。一般认为当时他家乡周围地区兴起的探讨方程解法的热潮对其产生了很大影响。1555 年，邦贝利参加的基亚纳河谷沼泽地开发工程因故停工，他决定利用这段空闲时间写一本内容全面、阐释清晰的代数书。他从 1557 年开始动笔，至 1560 年那项工程复工时尚未全部完成。后来他去罗马大学看到了古希腊数学家丢番图的《算术》手抄本，颇受启发。1572 年，《代数学》前 3 卷在博洛尼亚出版，1579 年重版。但他本人于 1572 年逝世，这本书的其余部分被搁置。直到 1923 年，此书后 2 卷的未完成手稿才被重新找到，并于 1929 年出版。

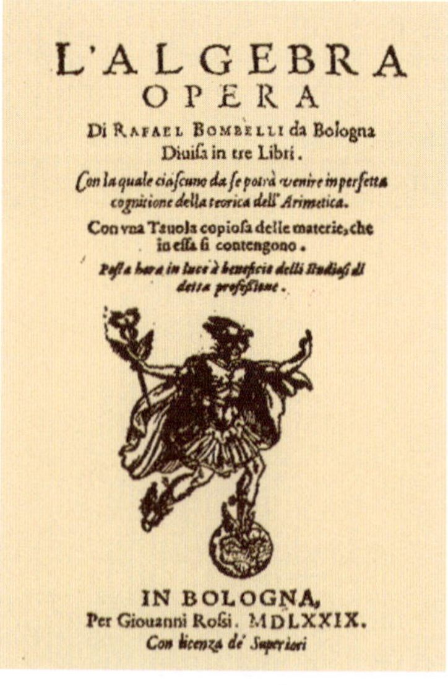

1579年版的《代数学》

《代数学》全书共 5 卷。第 1 卷包括基本概念及基本运算。第 2 卷引入代数幂及其符号，并讨论了一至四次方程的解法。第 3 卷是第 2 卷中方法的应用，一共给出了 272 道练习题，其中 143 道取自丢番图的《算术》。第 4 卷和第 5 卷是该书的几何部分，其中第 4 卷是将几何方法应用于代数，第 5 卷则致力于用代数方法解几何问题。书中，邦贝利对三次方程的不可约情况进行了与今天几乎同样的处理。用卡尔丹公式解三次方程遇到不可约情况时，不但要对负数开平方，即承认复数，而且要对复数开立方。邦贝利成功地解决了这个问题，并证明在这种情况下方程必有 3 个实根。

此外，在这本书中，邦贝利给出了计算复数的公式，并给出了表明其应用的实例。他指出三等分角问题可以化为解不可约三次方程，从而为证明这一尺规作图问题的不可能性打下了基础。他采用一些较先进的符号，这是对代数学的突出贡献。他还在历史上首次采用连分数来逼近平方根。《代数学》是 16 世纪数学的最杰出成就之一，邦贝利则被称为文艺复兴时期意大利的最后一位代数学家。

1572 年
第谷发现超新星

1572 年 11 月 11 日黄昏，丹麦天文学家第谷发现在仙后座中有一颗前所未见的亮星，并开始详细观测、记录其亮度和颜色的变化，一直持续到 1574 年 2 月。第谷对该星亮度的估计可概括为：初见时与金星的亮度不相上下，几乎整个 11 月份保持同样的亮度，然后逐渐变暗，12 月份亮度约相当于木星，1573 年 2 月亮度为 1 等星，4 月为 2 等星，7 月为 3 等星，10 月为 4 等星，12 月已几乎不及 5 等星，1574 年 2 月降到 6 等及更暗，3 月不复可见。第谷测量了该星与仙后座中其他 9 颗星的角距离，以确定其准确位置。他还断定此星比所有的行星更远。1573 年，第谷出版《论新星》一书，介绍了自己的观测研究成果。这颗星在中国也有记

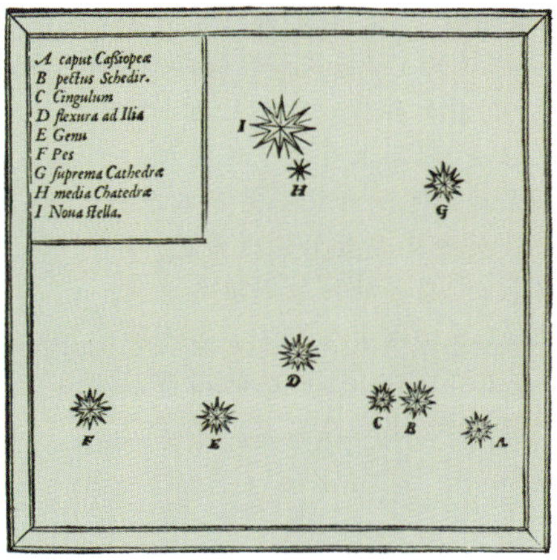

第谷画的 1572 年新星与几颗邻近恒星的相对位置草图 图中以字母 I 标记该新星。本图使用的星名体系,几十年后即为更先进的拜尔命名法所取代。

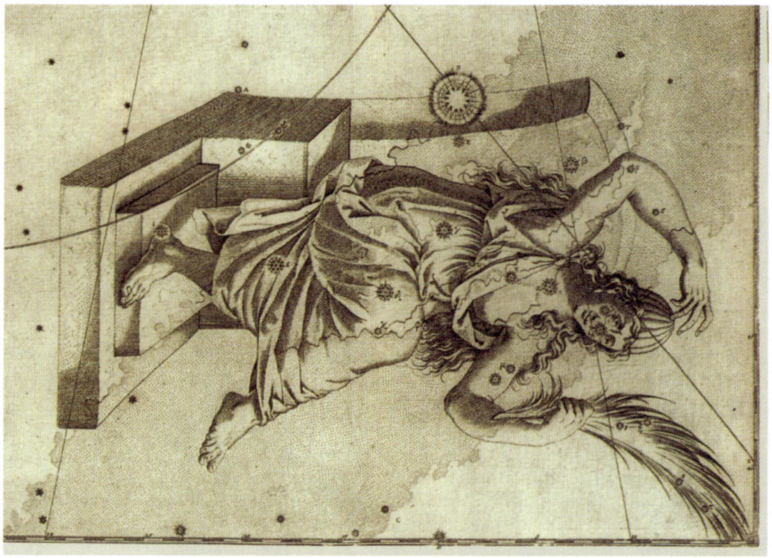

第谷新星在仙后座中的位置 本图是 1603 年问世的 48 幅一套的拜尔星图之仙后座图。极亮的那颗星代表第谷新星,注意此图出版时该星实际上早已不复可见。

录,如《明实录》载:明穆宗“隆庆六年十月初三日丙辰,客星见东北方,如弹丸。出阁道旁,壁宿度,渐微芒,有光,历十九日壬申夜其星赤黄色,大如盏,光芒四出”;明神宗“万历元年二月光始渐微,至二年四月乃没”。上述发现日期即 1572 年 11 月 8 日,较第谷还早 3 天。朝鲜《李朝实录》也有关于该星的简短记载。此外,欧洲也有人比第谷早几天发现此星,但记述远不如第谷详尽。此星早先称为第谷新星,现代根据第谷对其亮度和光变特征的描述已断定它是一颗超新星,遂又称第谷超新星。射电源 3C10 是它的遗迹,同时它还是一个弱 X 射线源。

16 世纪后期
潘季驯提出束水攻沙的治黄理论

早在汉代,大臣张戎等人就已经认识到黄河多泥沙的特性,主张禁止灌溉,保持较高的水流速度,防止泥沙淤积。但这只是一种被动的应对之策,事实上也无法实行。直到 16 世纪,以明代水利学家潘季驯为代表,提出“束水攻沙”理论,变被动围堵为主动清淤,才开创了中国古代黄河治理的新局面。

潘季驯字时良,浙江乌程(今浙江省湖州市)人。1565 年,潘季驯任右佥都御史,总理河道,从此开始了近 30 年的治河生涯。1570 年、1576 年和 1588 年,潘季驯又曾经 3次总督河政。明代黄河下游与淮河相通,潘季驯主张以黄河清淤为主,“以河治河,以水刷沙”,综合治理黄河与淮河。这一治河理论最早出于明代水利学家万恭的《治水荃蹄》,后为潘季驯吸收并加以完善。潘季驯设计了缕堤、遥堤、格堤和月堤等一系列堤防,集束水、防洪和防淤功能于一体,在保证河道安全的前提下,约束河道,束水攻沙。经他治理后,“两河归正,沙刷水深,海口大辟”。至清代中期,黄河治理仍以“束水攻沙”理论作为基础,黄河下游河道因此保持了 300 多年的稳定。

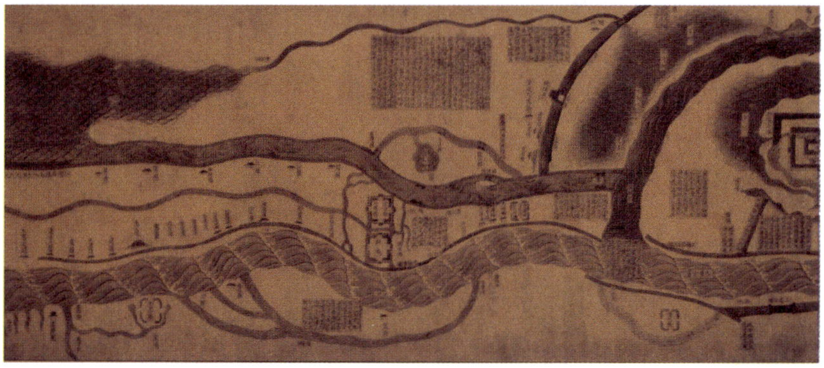

潘季驯组织编绘的《河防一览图》(局部)

1576

第谷的“大型墙象限仪” 它安置在一道南北方向的墙上，黄铜制造的1/4圆周的半径约1.8米，刻度精细到10″，左上角圆心所在处的小窗口有一个固定的准星，圆周上有两个可滑动的照准器。图中最右边的观测者就是第谷本人，他调整好照准器，将要从度盘上读出角度。钟前的助手正准备报时，桌旁的助手则准备将角度和时间记录下来。装饰画中绘有第谷本人和他的爱犬，背景底层是实验室，中层的图书馆里有一个巨大的天球仪，上层是助手们正在用各种仪器进行观测。

第谷 1584 年建造的“星堡”

1576 年
第谷在汶岛始建“天堡”

出身贵族的丹麦天文学家第谷，是望远镜发明以前最优秀的天文观测家。1573 年他 25 岁时出版的《论新星》一书，使之闻名遐迩。1576 年 5 月，丹麦国王腓特烈二世将位于丹麦海峡中的汶岛赐予第谷，并拨款供其在岛上建造天文台，购买大量仪器设备。同年，第谷在汶岛兴建“天堡”，开始了专职天文生涯。天堡是欧洲第一座堪称规模宏伟的天文台，于 1580 年竣工。1584 年，第谷又在其南面建造了第二座天文台——规模稍小的“星堡”。他在天堡和星堡都配备了大量天文仪器，如赤道浑仪、大浑仪、墙式象限仪、纪限仪、方位仪、天球仪等，它们均由第谷亲自设计，并由专职工匠制成。第谷在那里坚持天文观测达 21 年之久，积累了极其宝贵的观测资料，特别是对火星的观测数据后来成为德国天文学家开普勒发现行星运动定律的基础。1597 年，第谷因与新国王不和而举家离开汶岛，天堡和星堡从此废弃。1599 年 6 月，第谷到达当时神圣罗马帝国皇帝的驻地布拉格，任鲁道夫二世的御前天文学家。他在 1598 年出版的《新建天文仪器》一书中，描述和图示了曾在天堡和星堡使用的 17 种主要天文仪器。可惜仅仅 20 多年后，这些仪器就在三十年战争（1618—1648 年）中被彻底焚毁了。

1578 年
李时珍著成《本草纲目》

李时珍，明医药学家，字东璧，湖北蕲州人，自幼从父学医。在读书和临床实践中他深感古代本草多有错讹，于是立志修订。为此李时珍花了 27 年的光阴，博读 800 多种古代著作，行走万里，寻访和采集药物。为了确定药物的功效，他还经常亲身验药，最终于 1578 年完成了 52 卷的巨著《本草纲目》。该书收载药物达 1892 种，比以前的官方本草新增 374 种新药，另外附录有医方 11 096 条，绘制了药物图 1160 幅。

在《本草纲目》中，李时珍对每一种药物首先解释和考订其名称及别名，然后汇集前人的论述，探讨其出产、形状、采集和炮制，讨论其性味和主治。最有特色的是每种药物下的一项“说明”，主要是李时珍本人对该药的认识，包含不少有价值的应用心得或临床案例。每个药物后有一些简验的附方，便于临床应用。李时珍的科学精神还体现在对炼丹术的批判上。明朝各代君主都喜好炼丹，而《本草纲目》中对炼丹常用的矿物如水银、铅等，不但一一指出其毒性，更斥责了官员和术士的迎合之风。但是，李时珍本人并没能见到这部伟大科学著作的出版。在他去世后 3 年(1596 年)，他的儿子才获得资助，首次在金陵(今南京)将《本草纲目》刊刻印行，引起巨大反响。

由于《本草纲目》记载动植物及矿物的品种、形态和产地均考证严谨，因此对了解古代生物学、矿物学和化学等领域的知识都有重要的价值。《本草纲目》的药物分类原则也包含着先进的科学思想，全书秉“从贱至贵”、“从微至巨”之旨，将药物依序分为十六部，分别是水、火、土、金、石、草、谷、菜、果、木、虫、鳞、介、禽、兽、人，体现了生物进化的序列。

1582 年
格雷果里十三世颁布格里历

公元前 46 年颁行的儒略历通过每 4 年置闰一次，使每年的平均长度保持为 365.25 日。这比回归年的实际长度多了 0.0078 日，因此大约每 128 年就要长出一天。从公元 325 年尼斯宗教大会决定欧洲采用儒略历到 1582 年，累计误差已达 10 天，春分所在的日期已从尼斯宗教大会规定的 3 月 21 日提前到 3 月 11 日。于是，罗马教皇格雷果里十三世在 1582 年颁布了改历令，规定 1582 年 10 月 4 日之后的那一天为 1582 年 10 月 15 日，以使春分回到 3 月 21 日。同时规定平常的年份能被 4 整除者即为闰年，但世纪年只有能被 400 整除者才是闰年。这种历法称为“格雷果里历”，简称“格里历”，其平均年长为 365.2425 日，要过 3000 多年才会和实际天象相差 1 日。格里历先在天主教国家施行，后推行到新教国家，20 世纪初在全世界普遍应用，故亦称“公历”。中国于 1912 年起使用公历。

1583 年
切萨皮诺开创植物形态分类学

如果要你将这个世界上所有的植物进行分类，你会怎样做呢？是按照植物名称的首字母顺序，或是按照命名植物的时间顺序，还是按照植物的药用价值？在植物分类学的发展史上，上述情况都曾发生过。因为无标准统一的分类方法，所以极有可能混淆植物之间亲缘关系的远近。第一个对植物进行科学分类的人是 400 多年前的意大利植物学家、比萨植物园园长切萨皮诺，他首先提出用植物的果实和种子作为分类的标准。1583 年，在其献给美第奇家族的弗朗切斯科一世的 16 卷巨著《论植物》中，他就描述了 1500 多种植物，并用这一标准对其进行了

立于意大利佛罗伦萨乌菲齐美术馆的切萨皮诺雕像

分类。虽然切萨皮诺提出的很多标准如今已不再适用，但他仍然为后世的植物分类学家引领了方向。

1591 年
韦达《分析方法入门》出版

法国数学家韦达早年在普瓦捷大学学习法律，1560 年获学士学位后执律师业，后在政府部门和宫廷中担任法律方面的高级职务。1590 年，在法国第八次宗教战争期间，曾帮助法王亨利四世破译了西班牙国王腓力二世（敌方天主教“神圣同盟”的支持者）所用的密码。数学是韦达的业余爱好，但他完成了多部重要的代数学和三角学著作。

韦达

韦达最重要的代数学著作是出版于 1591 年的《分析方法入门》，这是世界上最早的符号代数专著。韦达用“分析”这个词来概括当时代数的内容和方法，认为代数是一种由已知结果求条件的逻辑分析技巧，并自信古希腊的数学家已经应用了这种分析方法。他就是根据帕普斯的《数学汇编》第 7 卷和丢番图的《算术》，重新组织这种方法，写成了《分析方法入门》。他引入字母来表示量，用辅音字母 B，C，D 等表示已知量，用元音字母 A（后来用过 N）等表示未知量，而用 A quadratus 和 A cubus 分别表示 A^2 和 A^3，并将这种代数称为“类的运算”，以区别于用来确定数目的“数的运算”。这样，代数就成为研究一般的类和方程的学问。这是数学史上的重要进步。

韦达是 16 世纪法国最有影响的数学家之一。他的《应用于三角学的数学定律》可能在欧洲历史上第一次系统地阐述用所有 6 种三角函数来解平面三角形和球面三角形的方法；《截角术》中给出了 $\sin nx$ 和 $\cos nx$ 的展开式；《论方程的识别和订正》改进了三次和四次方程的解法，记载了人们如今熟知的关于根与系数之间关系的韦达定理，给出了不可约情况下三次方程的三角解法；《各种问题解答》中用无穷乘积给出了 π 的第一个解析表达式，还将圆的内接和外切正多边形计算到 393 216 边形，从而得出 π 的精确到 10 位小数的近似值 3.141 592 653 5。

1592 年
程大位《算法统宗》出版

程大位是中国明代数学家，新安（今安徽省休宁县）人。少时读书甚广，20 岁起开始经商，其间因商务计算需要而留心数学，遍访名师，搜集古籍。40 岁时返家潜心钻研，用 20 年时间完成《直指算法统宗》（一般简称《算法统宗》）17 卷，于 1592 年在安徽屯溪刊刻。后又取此书切要部分，另成《算法纂要》4 卷，于 1598 年印行。

《算法统宗》以《九章算术》的体例为宗，“参会诸家之法，附以一得之愚，纂集成编”。全书共 17 卷，列算题 595 个，题目大部分取自传本数学书，但解题时的数字计算都在珠算盘中进行，与筹算有所不同。此书第 1 卷和第 2 卷介绍基本算法和珠算常识，第 3 卷至第 12 卷是应用问题解法汇编，各卷以《九章算术》篇名为标题，只是“粟米”改为“粟布”，“盈不足”改称“盈朒”。第 3 卷“方田”中介绍了程大位本人发明的“丈量步车”。这

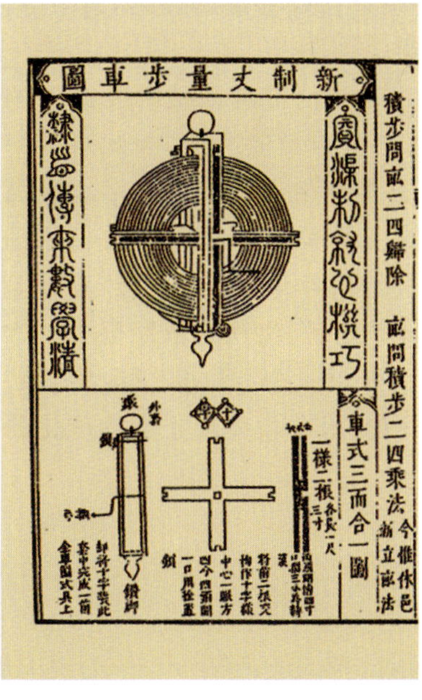

《算法统宗》中的“文量步车”图

是世界上最早的卷尺，丈量、读数、携带都很方便。第 6 卷中第一次提出了开平方、开立方的珠算方法。第 13 卷至第 16 卷为“难题”汇编，仍依《九章算术》分类，用诗歌形式表达算题。第 17 卷为“杂法”，是一些不能归入前几卷的算法。最后附有“算经源流”，收录了 1084 年（北宋元丰七年）以来刊刻的 51 种数学书目，很有价值。

《算法统宗》是明代数学的代表作，对中国古代计算技术从筹算向珠算的转变起了决定性的作用。此书一出版即受到欢迎，明末已多次重印，入清以后又出现多种翻刻本及改编本，成为中国古代流传最广的一部数学书。此书明末传入朝鲜和日本，对日本数学的发展亦有较大影响。

1593 年
伽利略发明空气温度计

早在古希腊时期，就有人设想利用空气的热胀冷缩原理制作测温器件。意大利物理学家伽利略决心解决温度测量这个问题。在一次实验中，他用手握住试管底部，让管内的空气渐渐变热，然后把试管口的一端倒插入水中，松开握着试管的手，发现水被试管慢慢地吸上去一截；而当他再握住试管的时候，试管中的水又渐渐降下去一些。这表明，水位的上升与下降可以反映试管内温度的变化。

伽利略经过多次改进，终于在 1593 年制成了世界上第一支温度计。其做法是：一根一端开口的细玻璃管，其封闭端呈膨大的泡状；细管部分刻上刻度并注入一些水，形成一段水柱，然后开口端向下将玻璃管竖直插入水槽。玻璃泡中的空气受热或遇冷，体积会发生变化，细管中水柱所对应的刻度即与温度相关联，从而可定量地测得温度。从此，人们对温度高低的感知告别了只能依靠经验和感官的历史。

1595 年
范·林斯霍特出版最早的航海志

由于不断爆发战争，15—16 世纪的欧洲各国及航海家们大都对自己使用的航海资料保密，海上调查资料的收集和整理仍然以研究海洋地理、编制海上航线资料为目的。在这个背景下，荷兰旅行家范·林斯霍特于 1596 年出版了最早的航海志。

1563 年，范·林斯霍特出生于荷兰哈勒姆，早年曾在西班牙和葡萄牙等地经商和游历。1583 年，他远赴位于印度的葡萄牙属殖民地果阿，担任大主教书记员，接触到大量有关葡萄牙庞大的海外殖民帝国的海图和地理资料。范·林斯霍特在果阿生活的 6 年中，广泛收集、查阅葡萄牙众多海外殖民地的地理、历史、人文、贸易和航海等资料，复制了大量的图件，进行考证和研究。1589 年，范·林斯霍特离开果阿回到葡萄牙，并于 1592 年返回荷兰。

1596 年，范·林斯霍特在荷兰阿姆斯特丹出版了根据他在果阿任职期间收集、整理的资料和图件所编写的航海志。他编写的航海志不仅详细介绍了欧洲至印度以及亚洲各大港口的航线情况，还提供了沿程海域精确的水深、海流、海岛、浅滩等有关海上安全航行所需的航海资料，并附有大量精度前所未有的精美岸线图和海图。其后的 100 多年间，他的航海志成为欧洲航海者必备的海上航行指南和航海教材，极大地促进了欧洲航海事业的发展。

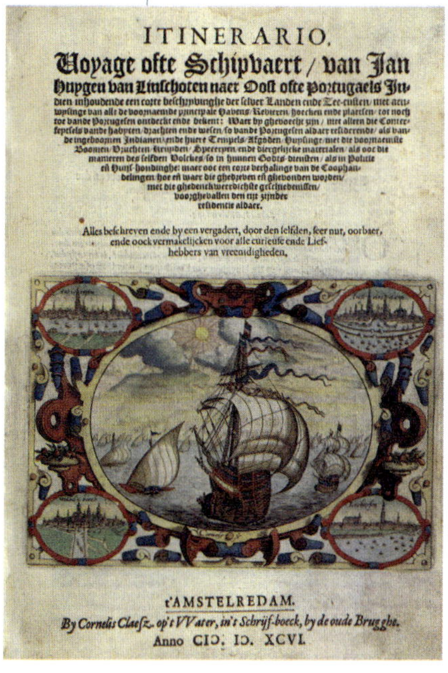

范·林斯霍特编写的航海志

第 4 篇

1600—1750 年的科学

无知识的热心，犹如在黑暗中远征。

——牛顿

1600 年
吉伯《论磁石、磁体和地球大磁石》出版

英国物理学家威廉·吉伯 1600 年出版的《论磁石、磁体和地球大磁石》(简称《磁石论》),是物理学史上第一部系统阐述磁学的科学专著。当时的意大利物理学家伽利略称它“伟大到令人妒忌的程度”。

《磁石论》共有 6 卷,书中的所有结论都是建立在观察与实验基础上的。《磁石论》中记录了磁石的吸引与排斥、磁针指向南北等性质,以及烧热的磁铁磁性会消失、磁石被铁片遮住后其磁性将减弱等现象。吉伯研究了磁针与球形磁体间的相互作用,发现磁针在球形磁体上的指向和磁针在地面上不同位置的指向相仿,还发现了球形磁体的极,并断定地球本身是一个大磁体,提出了磁轴、磁子午线等概念,首次讨论了地球磁场的性质。

吉伯的著作中也叙述了他对电现象的研究。他率先指出,电现象是与磁现象有本质区别的另一类现象,并第一个称电吸引的原因为电力。吉伯关于磁学的研究,为电磁学的产生和发展创造了条件。在电磁学中,磁通势的单位“吉伯”就是以他的名字命名的,以纪念他的贡献。

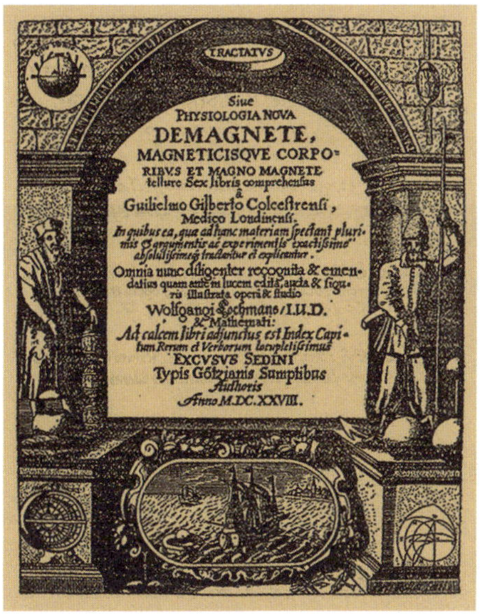
TRACTATVS
Siue
PHYSIOLOGIA NOVA
DE MAGNETE,
MAGNETICISQVE CORPO-
RIBVS ET MAGNO MAGNETE
tellure Sex libris comprehensus
à
Guilielmo Gilberto Colcestrensi,
Medico Londinensi.
In quibus ea, quæ ad hanc materiam spectant pluri-
mis & argumentis ac experimentis exactissime
absolutissimeq; tractantur et explicantur.
Omnia nunc diligenter recognita & emen-
datius quam antè in lucem edita, aucta & figu-
ris illustrata operâ & studio
Wolfgangi Lochmans / I.U.D.
& Mathemati:
Ad calcem libri adjunctus est Index Capi-
tum Rerum et Verborum locupletissimus
EXCVSVS SEDINI
Typis Götzianis Sumptibus
Authoris
Anno M.DC.XXVIII.

1628年版《论磁石、磁体和地球大磁石》

1607 年
徐光启与利玛窦合作翻译的《几何原本》前 6 卷出版

明代数学家、天文学家、农学家徐光启是松江府上海县徐家汇(今属上海市)人,1604 年(万历三十二年)中进士,后在翰林院、礼部任职,1633 年官至文渊阁大学士。

1600 年徐光启与意大利天主教耶稣会传教士利玛窦在南京结识,随即共同合作研究西方自然科学。1606 年起,由利玛窦口述,徐光启执笔,合作翻译欧几里得的《几何原本》,采用的底本是利玛窦在罗马学院的老师、德国数学家克拉维乌斯于 1574 年编辑出版的拉丁文本,含《几何原本》原 13 卷加上后人增补的关于正多面体的第 14、15 卷。徐光启和利玛窦只翻译了这 15 卷的前 6 卷,即原书中全部平面几何部分,可自成体系,于 1607 年在北京出版。1610 年,利玛窦去世,留下校订的手稿。徐光启据此将前 6 卷旧稿再次加以修改,于 1611 年重新刊刻传世。他在《题〈几何原本〉再校本》中叹道:“续成大业,未知何日,未知何人,书以俟焉。”约 250 年后的 1857 年,这一任务由清代数学家李善兰和英国基督教传教士伟烈亚力合作完成。

这前 6 卷中译本首次将欧几里得几何学及其严密的公理化体系和逻辑推理方法引入中国,而且译文文字简练,意思准确,全部数学译名都是首创,其中大部分沿用至今,如点、线、面、平面、曲线、曲面、直角、钝角、锐角、垂线、平行线、对角线、三角形、四边形、多边形、圆、圆心、相似、外切等。徐光启在《几何原本杂议》中说:

上海徐家汇光启公园内的徐光启和利玛窦雕像

“能通几何之学，缜密甚矣，故率天下之人而归于实用者，是或其所由之道也。”但实际上却“习者盖寡”，直到 300 年后清末废科举兴学堂时，几何学才成为学校的必修科目。

1608 年
望远镜在荷兰诞生

1300 年前后，在意大利已开始用凸透镜制作用于矫正远视的眼镜，俗称“老花镜”。1450 年前后，用凹透镜制作的近视眼镜也开始使用。相传 1608 年的某一天，在荷兰眼镜制造商利帕希的店铺里，有个学徒将两块透镜一近一远放在眼前窥视四周，聊以自娱。结果，他惊讶地发现，远处的物体仿佛变得又近又大了。利帕希立刻明白了这项发现的重要性，并将两块透镜装入一根金属管中加以固定。这种装置曾有过许多不同的名称，但惟有“望远镜”一词沿用到了今天。

利帕希的发明出名后，又有其他人宣称自己在此之前就已经造出了望远镜，其中最有名的是另一位荷兰眼镜制造商扬森。虽说这并非不可能，但后者却未用望远镜做什么真正有用的事情。利帕希将望远镜献给政府用于战争，从而使荷兰海军在与强大的西班牙海军对抗中占据了有利地位，并导致望远镜逐渐在欧洲传播开来。因此，后人通常都说是利帕希于 1608 年发明了望远镜。

1655年版《望远镜的真正发明者》一书所载利帕希肖像

将一凸一凹两块透镜一远一近置于眼前就构成了最简单的望远镜

1609 年
开普勒公布行星运动第一、第二定律

德国天文学家开普勒因 1596 年出版《宇宙的神秘》一书而受到第谷的赏识，并于 1600 年成为后者的助手。翌年第谷去世，开普勒成为其事业的继承人。

开普勒用很长时间分析第谷遗留的观测资料，特别是火星的运动。起初他按照传统观念认为行星都作匀速圆周运动，但最终发现对于火星来说，无论基于托勒玫的地心体系，还是基于哥白尼的日心体系，都无法推算出同第谷的观测相符合的结果，尽管偏差仅为 8″。开普勒坚信第谷的观测准确可靠，遂猜测问题可能出在火星的运动轨道并非正圆。于是，他假设火星轨道是诸如卵形线之类的其他曲线，经过非常繁复的计算，终于发现仅当火星轨道是某一偏心率的椭圆时，理论推算才能与第谷的观测资料相吻合。把这一结论推广到其他行星，就得到开普勒的行星运动第一定律（亦称椭圆轨道定律）：

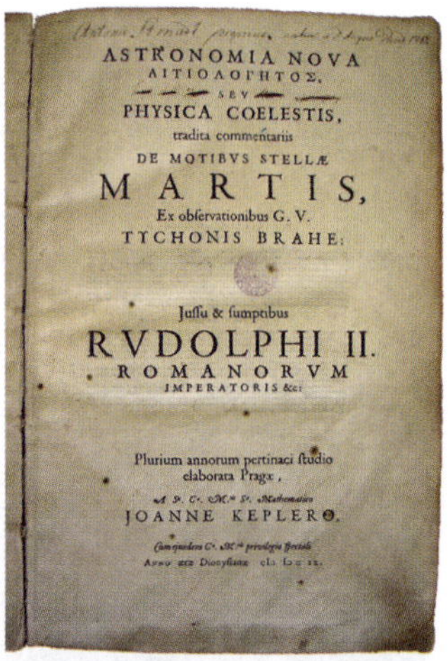

《新天文学》封面

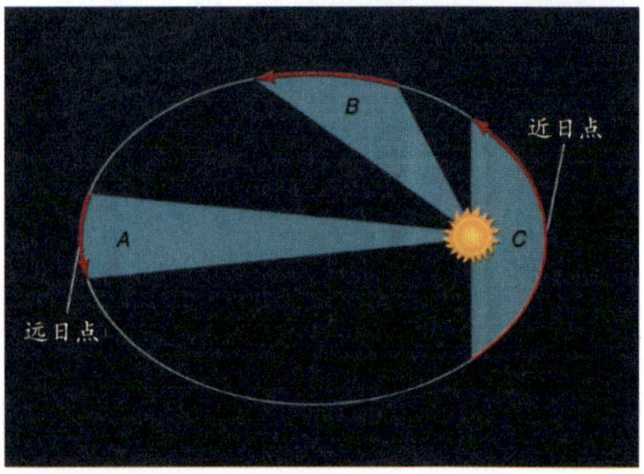

行星运动第二定律示意图　*A*、*B*、*C* 面积相等。

“行星的轨道是一个椭圆，太阳位于它的一个焦点上。”再者，虽然行星运行的速度并不均匀，在近日点时速度最快，在远日点时速度最慢，但“行星同太阳的连线在相等的时间里总是扫过相等的面积”，这就是开普勒的行星运动第二定律(亦称面积定律)。1609年开普勒在其《新天文学》一书中正式公布了这些定律，它们同10年后公布的第三定律一起，统称开普勒行星运动定律。

1609 年
伽利略制成第一架天文望远镜

1609年春，45岁的意大利科学家伽利略听说荷兰有人把两块透镜装进一根管子，从而发明了望远镜。他经过独立思考，很快就研制成功自己的第一架望远镜：在一根直径约4厘米的铅管一端置入一块平凸透镜作为物镜，另一端置入一块平凹透镜作为目镜，可将远处的物体放大3倍。伽利略很快又懂得：为了获得更高的放大倍率，作为物镜的凸透镜曲率应该较小，作为目镜的凹透镜曲率则应较大。据此，他又制成一架放大率为8—9倍的望远镜，其性能远胜于荷兰人的产品。1609年8月21日，伽利略到威尼斯圣马可广场钟楼顶上向一群显贵展示这架仪器。3天后，他又将该望远镜捐赠给威尼斯总督，并详述了它的重大军事意义。伽利略不断改善他所使用的透镜，最后于1609年底制成一架直径4.4厘米、长1.2米，可放大33倍的望远镜。他用此镜进行天文观测，作出许多革命性的发现，并著书详加描述。伽利略是使用望远镜进行天文观测的第一人，他的望远镜是人类历史上最早的天文望远镜。

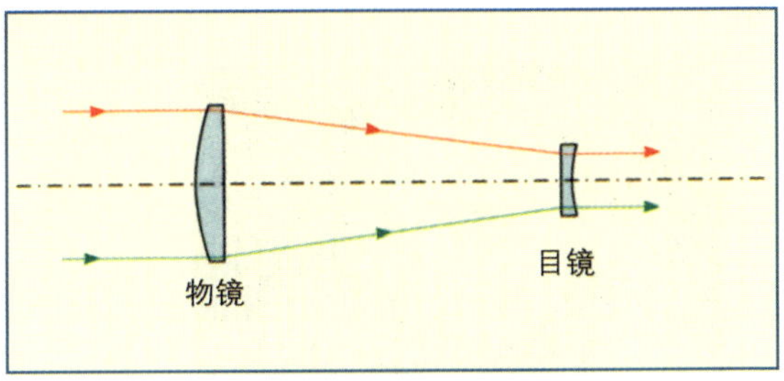

伽利略望远镜的光路图

意大利佛罗伦萨科学史博物馆收藏的伽利略早期的两架望远镜

1610 年
伽利略公布首批天文发现

1609年，意大利科学家伽利略通过天文望远镜看到月面上有大量的环形山，又看到月面上肉眼可见的一些斑块原来是较为平坦的区域，他称之为“海”。从1609年底开始，伽利略用望远镜观测星空，发现了肉眼无法看到的大批暗星，还画出了一些星图。例如，肉眼只能看到昴星团中的六七颗星，伽利略用望远镜却看到了其中的30多颗星。他还发现，即使最亮的恒星在望远镜中仍然只是一个光点，而不像行星那样显示出视圆面，这表明恒星要比行星远得多。伽利略用望远镜观看银河，发现这条雾蒙蒙的光带被分解成了不计其数的星星。1610年1月，伽利略用望远镜

开普勒

开普勒1571年12月27日出生于德国符腾堡州魏尔德施塔特市，父亲是个对家庭很不负责的职业军人，母亲的性情暴躁古怪。开普勒幼时体弱多病，一场天花几乎使他丧命。他视力不好，但善于思索，少年时代的兴趣是神学。

1588年，开普勒在蒂宾根大学通过学士学位考试，1591年获硕士学位。他出众的数学才能很快得到公认，并从数学教授马斯特林那里接受了哥白尼的日心说。1594年，开普勒到奥地利格拉茨的路德派学校教数学，并放弃了做牧师的想法。

开普勒具有强烈的神秘主义气质。他希望从占星术中得到真正的科学结果，这当然不会成功。他在后半生似乎有点为把才能用于占星术而抱愧，但其庇护人对他的占星才能也许比对他的科学成就更有兴趣。

1597年，在格拉茨激烈的宗教争端中，新教徒开普勒离开了。他应第谷之邀前往布拉格工作。1601年第谷去世，开普勒继任神圣罗马帝国皇帝鲁道夫二世的御前天文学家。他继承了第谷那些价值连城的观测资料，包括后者对火星的几千次观测记录。1604年9月，开普勒在蛇夫座中发现一颗新星。现在知道，它实际上是一颗银河系内的超新星。1607年，他又观测了后世所称的哈雷彗星。

开普勒对毕达哥拉斯学派的“天球音乐”观念深感兴趣，甚至试图定出每个行星在运动中发出的准确音调。他曾力图把柏拉图的5种正多面体嵌入自古代希腊以来一直沿用的行星天球中去。例如，使一个正八面体外切于水星天球，而其各个顶点则落在金星天球上。1596年，他在《宇宙的神秘》一书中提出这种想法，并因此得到第谷的赏识。然而，这并不符合事实。

开普勒用多年的时间分析第谷的观测资料，最终认识到火星的运行轨道并不是一个圆，而是一个椭圆，太阳则位于该椭圆的一个焦点上；其他行星的轨道也是如此。他在1609年出版的《新天文学》一书中公布了这个结果，后称开普勒第一定律。书中还包含了他的第二定律，即一颗行星与太阳的连线在相等时间里必扫过相等的面积。开普勒猜想，行星之所以这样运动，是因为它们都受到太阳的某种控制。半个世纪以后，牛顿对此作出了真正令人满意的解释。

开普勒曾写信把自己的理论告诉伽利略，但伽利略在其著作中并未提及开普勒定律。也许伽利略觉得这些定律如同天体音乐之类的念头一样，不值得认真对待。他们的通信在1610年就中止了，这或许表明两人已丧失了认同感。

1611年，开普勒出版《折光学》一书，正确地诠释了望远镜的原理，并提出用一块小的凸透镜代替伽利略的凹透镜作为目镜，这在后来被称为开普勒望远镜。

1612年鲁道夫二世被迫退位，新皇帝保留了开普勒的御前天文学家职位。1619年开普勒发表又一部著作《宇宙谐和论》，其中充满着冗长的神秘主义叙述。可是，仿佛一团海藻中藏着一颗珍珠，他在这部书中公布了行星运动第三定律，即行星公转周期的平方与它们的轨道半长径的立方成正比。这再次表明太阳是行星运动的支配者。

开普勒根据第谷的观测资料和自己的椭圆轨道理论，编制了新的行星运动表——享有盛誉的《鲁道夫星表》，于1627年出版。他的最后一项贡献是计算水星和金星凌日的时间。1631年11月7日，法国天文学家伽桑狄根据开普勒的预告观测到了水星凌日，这是人类的首次水星凌日观测。

开普勒还写过一本名叫《梦》的小说，其主人公在梦中到月亮去旅行。书中对月亮表面作了科学的描写，因此《梦》可以看作第一部有科学依据的科幻小说。

1630年，为贫困所迫的开普勒长途跋涉前往朝廷索讨欠薪，在途中突发高烧，于当年11月15日在巴伐利亚的雷根斯堡病逝。他留下的主要遗产——行星运动三定律，既奠定了经典天文学的基石，也为数十年后牛顿发现万有引力定律打下了基础。开普勒死后一个多世纪，俄国的叶卡捷林娜二世买到了他的手稿，此后这些手稿一直保存在著名的普尔科沃天文台。

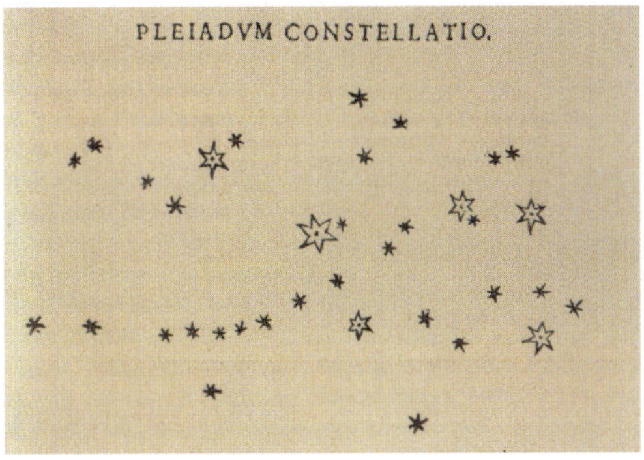

伽利略在《星际使者》一书中画的昴星团

观看木星，发现木星近傍有 4 颗小星，它们都在不断移动，时而出现在木星左侧，时而又在右侧，有时又被木星所遮掩，但始终近乎处于同一直线上。他由此推断这 4 颗星都在环绕木星转动，后来它们被统称为“伽利略卫星”，并按离木星由近及远的顺序，依次用希腊神话人物命名为爱奥、欧罗巴、加尼梅德和卡列斯托，汉语中依次称为木卫一、木卫二、木卫三和木卫四。1610 年 3 月，伽利略在《星际使者》一书中宣布了上述这些新发现，在欧洲知识界引起了强烈反响。同年 8 月起，他又用望远镜持续观测金星达数月之久，发现金星的形状存在着周而复始的圆缺变化——即金星位相变化，且其视大小也随之而变化。托勒玫的地心说无法解释这一现象，哥白尼的日心说却很容易对此作出说明，因此该发现有力地佐证了哥白尼日心说的正确性。

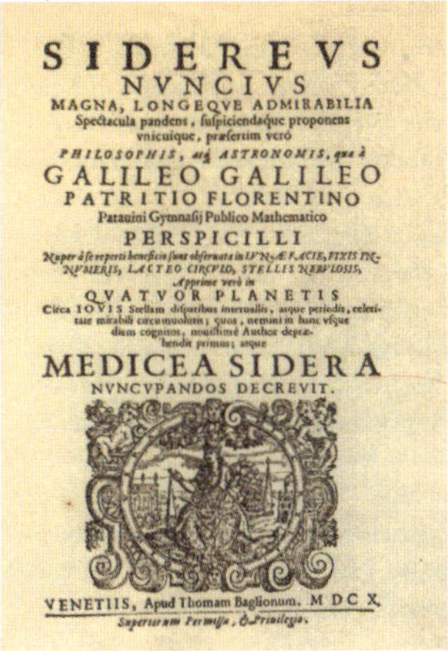
SIDEREVS
NVNCIVS
MAGNA, LONGEQVE ADMIRABILIA
Spectacula pandens, suspiciendaque proponens
vnicuique, præsertim verò
PHILOSOPHIS, atq; ASTRONOMIS, quæ à
GALILEO GALILEO
PATRITIO FLORENTINO
Patauini Gymnasij Publico Mathematico
PERSPICILLI
Nuper à se reperti beneficio sunt obseruata in LVNÆ FACIE, FIXIS INNVMERIS, LACTEO CIRCVLO, STELLIS NEBVLOSIS,
Apprime verò in
QVATVOR PLANETIS
Circa IOVIS Stellam disparibus interuallis, atque periodis, celeritate mirabili circumuolutis; quos, nemini in hanc vsque diem cognitos, nouissimè Author depræhendit primus; atque
MEDICEA SIDERA
NVNCVPANDOS DECREVIT.
VENETIIS, Apud Thomam Baglionum. M DC X.
Superiorum Permissu, & Priuilegio.

《星际使者》扉页

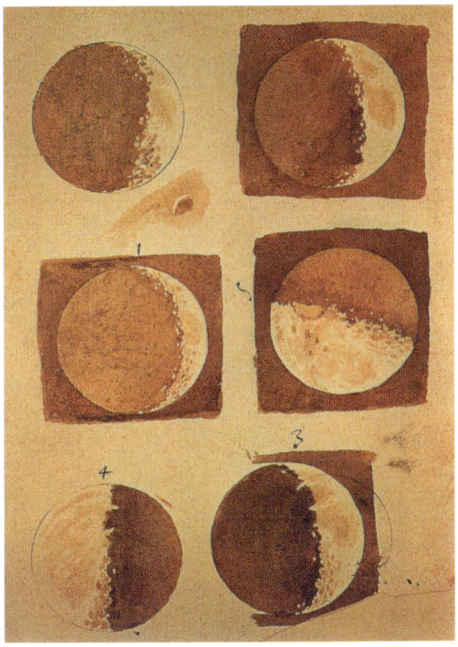

《星际使者》中的水彩画月球

1610 年
伽利略观测黑子，发现太阳自转

1610 年末，意大利科学家伽利略开始用望远镜观测太阳。他发现太阳上常有黑子出没，而且发现它们在日面上自东向西渐渐移动。伽利略认为这表明太阳正在自转，并根据黑子在日面上的移动速度，推算出太阳的自转周期约为 25 天。1611 年，德国天文学家沙伊纳独立地发现了太阳黑子，他认为黑子可能是一些环绕太阳打转的不透明物体。1612 年，伽利略收到一本沙伊纳写的关于太阳黑子的小册子。但伽利略发现，黑子在日面东边缘时移动缓慢，趋近日面中心时移动速度逐渐加快，然后移向西边缘时又逐渐变慢。而且，在日面东西两边缘时，黑子的形状按透视规律变窄。这些现象有力地表明，太阳确实带着它的黑子正绕着自转轴转动。德国天文学家戴维·法布里修斯及其子约翰·法布里修斯也通过望远镜发现了太阳黑子，并对它们进行持续观测。1613 年，约翰写了一本小册子，论证黑子在日面上随太阳转动。同年，伽利略出版《关于太阳黑子的通信》一书，介绍自己的发现和见解。这些发现打破了传统宇宙理论中将太阳视为完美无

沙伊纳用望远镜投影法测量太阳黑子在日面上的位置 沙伊纳对太阳黑子的研究持续了很久，成果集中体现在 1626—1630 年间出版的《乌尔西纳之玫瑰》一书中。书名中的“玫瑰”象征太阳，乌尔西纳则是一位公爵，沙伊纳的赞助人。

伽　利　略

1564 年 2 月 18 日，欧洲文艺复兴“三杰”中最长寿的米开朗基罗告别人世。仿佛象征着时代从追求艺术向探索科学的过渡，此前 3 天，近代实验物理学的鼻祖伽利略在意大利的比萨降生。

伽利略的父亲是数学家，因家道中落，他希望伽利略去学医。当时医生的收入可以超过数学家的 10 倍。然而，青年伽利略偶尔听了一次几何课，自己又做了些研究，便独立得出了阿基米德曾经得到的结果。因他的请求，父亲勉强同意了他学习数学和科学。伽利略的这一选择，使人类获益匪浅。

伽利略不仅重视观察，而且努力探究可以鉴别理论是否正确的决定性实验，并寻找可以概括地描述某种现象的数学关系。他很有文学才华，能清晰而优美地描述自己的实验和理论。

1580 年代初，伽利略还是比萨大学一名学医的学生。他去教堂做礼拜，注意到枝形吊灯在气流影响下的晃动。他数着自己的脉搏进行测量，结果发现了摆的等时性：无论吊灯的摆动幅度是大是小，摆动一次的时间都相等。1586 年，伽利略发表论述他所发明的比重秤的小册子，首次引起学术界的注意。1593 年，他设计了一种利用空气的膨胀和收缩来测定温度的温度计，但是并不精确。

当时，人们仍普遍信奉亚里士多德的教条：物体下落的速度与其重量成正比。伽利略指出，这种误解源自空气阻力使面积较大的轻物下落变慢；如果物体足够重和足够密，以至于可以忽略空气阻力的影响，它们就会以相同的速度下落。他让物体沿斜面滚下，改变斜面的坡度，就可以随意减缓物体下滚的速度，由此证明了物体下滚的速度与其重量毫不相干。相传伽利略曾从比萨斜塔上同时丢下重量相差 10 倍的两个铅球，结果它们同时着地。虽然这个故事的真实性难以获证，但是关于落体问题本身，由斜面实验已可作出评判。

亚里士多德曾主张，为使一个物体不断运动，就必须不断对它施加作用力。一些中世纪的哲学家由此得出结论：不断运动着的天体必须由天使不停地推动。反之，中世纪晚期的另一些哲学家则认为，天体一旦开始运动，就无需再对它施力了；要是连续不断地施加作用力，运动就会越来越快。伽利略的实验证明，沿斜面下滑的物体的速度是以恒定的比率增加的。为此伽利略首先引进了加速度的概念，然后通过实验证实，沿斜面下滑的物体的运动是一种匀加速运动，这有利于后一种观点。在地球引力的不断作用下，落体的速度稳定地增加，其下降的距离则与时间的平方成正比。

伽利略又指出，物体可以在两个力同时作用下运动。在水平方向施加的初始力，可以使物体沿该方向保持匀速运动。重力在垂直方向上不断起作用，又使同一物体加速下落。这两种运动叠加的结果，便使物体沿着抛物线运动。

伽利略的发现标志着力学的开端，并为 100 年后牛顿提出力学运动三定律奠定了基础。伽利略还论述了材料的强度问题，并首先作出理论解释：如果一个结构的所有尺寸按同一比例增大，它的强度就会变弱，这是因为体积与线尺度的立方成正比，但强度仅随线尺度的平方而增大。因此，一头鹿若按比例膨胀成一头象的大小，那就会被自己压垮。它的腿必须超比例地加粗，才能支承自己的身体。

伽利略不想贸然指责亚里士多德的物理学，他需要一个有利的时机。1604年出现的“开普勒新星”提供了这样的机会。伽利略据此驳斥了亚里士多德关于天体一成不变的看法，实际上也就是在驳斥亚里士多德学派的整个体系。

在比萨，伽利略的这些工作很不受欢迎。于是他前往威尼斯的领地帕多瓦。当时威尼斯有良好、自由的学术氛围，伽利略的薪俸也成倍地提高。但他花销阔绰，结果总是负债。他才华横溢，谈吐犀利，又不肯巴结权贵，因而树敌甚广。他是一名出类拔萃的教师，学生们成群结队去听他讲学，这更使一些相形见绌的同僚恼怒不已。

伽利略曾在给开普勒的信中承认，自己早在1597年就相信哥白尼的理论了。但他出于谨慎，暂时未公开宣扬。1600年，公开捍卫哥白尼学说的意大利哲学家布鲁诺被罗马教廷处以火刑，伽利略继续保持着克制。

1609年，伽利略听说荷兰有人利用透镜制成了一种可以看清远处物体的器具——即望远镜。不久他就独立研制出了自己的望远镜，并用它观察天体，从而开创了望远镜天文学的时代。他用望远镜发现月球上有众多的环形山，太阳上有不断变化着的黑子，从而再次否定了亚里士多德的天体完美无瑕的论点。他通过跟踪观测太阳黑子揭示了太阳的自转，但是却损伤了自己的眼睛，老年时终至双目失明。

伽利略发现，在望远镜中行星都呈现出小小的圆面，恒星却仍然只是一个个小光点。他据此推断，恒星必定比行星遥远得多。他看到了许许多多单凭肉眼无法看见的暗星，银河正是由无数这样的恒星组成的。

伽利略发现木星周围有4颗卫星绕着它运行，宛如一个微型的哥白尼日心体系。这就清楚地证明，决不是所有的天体都绕着地球转。他还观测到金星有周而复始的圆缺变化，其变化方式正好与哥白尼学说的预期相符，同时这也肯定了行星因反射太阳光而发亮。伽利略发现月球的暗部其实是微微发亮的，他认为这是受到地球反射的太阳光照射的缘故。这就进一步缩小了地球和其他行星的差异。

伽利略在《星际使者》一书中宣布了自己的发现。威尼斯的贵族们登上塔顶，用伽利略的望远镜观赏远方的海船。威尼斯和佛罗伦萨都愿向伽利略提供待遇优厚的职位，他选择了自己心仪的佛罗伦萨，这令威尼斯人颇为不快。

1611年，伽利略到达罗马，受到热烈欢迎。然而，他的那些发现却让思想保守的人们深感不安。他还轻率地对《圣经》提出自己的看法，并广泛地谈论神学问题，因而触怒了神学家。保守派力谏教皇于1616年宣布哥白尼学说为异端，迫使伽利略缄口不言。1632年，伽利略相信当时的教皇乌尔班八世是善意的，于是大胆发表了自己的杰作《关于托勒玫和哥白尼两大世界体系的对话》，书中他让哥白尼学派在论战中获得辉煌的胜利。有人遂向教皇进谗，诬告书中的托勒玫派人物乃是蓄意影射教皇本人。

伽利略被以异端罪推上宗教法庭。当时他已年届七旬，又有布鲁诺的前车之鉴，于是被迫于1633年6月22日认错，声明放弃违背托勒玫体系的一切观点。相传伽利略作完皈依声明站立起来时，曾喃喃低语道“然而它(地球)仍在转动”，这实际上是学术界的一种情感和愿望。风烛残年的伽利略在软禁中隐居并保持沉默，1642年1月8日悄然逝世于佛罗伦萨附近的阿切特里村。他死后，保守分子拒绝让他埋葬在宗教圣地。

历史的车轮滚滚向前，真理终究是禁锢不住的。1835年，教会禁书目录中删去了《天体运行论》和《关于托勒玫和哥白尼两大世界体系的对话》。1889年，罗马鲜花广场上竖起了布鲁诺的铜像。1965年，教皇保罗六世访问伽利略的故乡比萨时赞扬了这位科学家。1979年，教皇约翰·保罗二世宣称伽利略因天文观点而遭审判有失公正，并决定成立6人委员会重审伽利略一案。1992年，这位教皇在梵蒂冈最终宣布，教廷对伽利略的谴责的错误的，并为伽利略彻底正名平反。

伽利略被推上宗教法庭

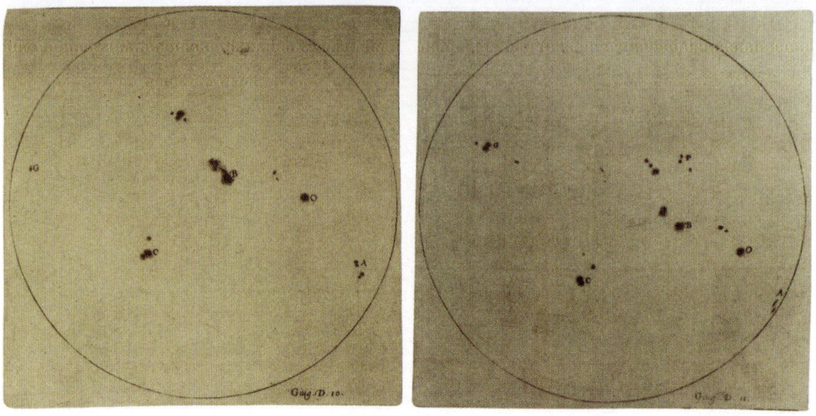

《关于太阳黑子的通信》中的两幅图 (左)1612 年 6 月 10 日,(右)1612 年 6 月 11 日。

暇的观念。与此同时,巨大的太阳在自转这一事实,也使地球正在自转的想法变得不那么难以接受了。

1610 年
圣托里奥发明流速仪

流速仪是用于测量水流速度的仪器。最早的流速仪是 1610 年由意大利生理学家圣托里奥发明的。圣托里奥是意大利著名的生理学家,以善于观察自然现象并予以定量化描述而闻名于学界,曾发明包括温度计、风速计和流速仪等一系列医用和非医用测量仪器。他设计的桨叶式流速仪,主要由悬吊在平衡臂上、垂直探入水流中的平板,以及与其连接的砝码测量装置所构成,使用时可通过移动砝码将作用在平板上的水压大小测量出来,但圣托里奥没有进一步给出将水压转换为流速大小的转换关系。1683 年,英国科学家罗伯特·胡克设计出与现在用的旋桨式流速仪非常相似的横轴螺旋桨流速仪。

圣托里奥发明的流速仪

1611 年
开普勒《折光学》出版

开普勒是文艺复兴时期的德国天文学家和数学家,行星运动三大定律的发现者。

受到当时刚刚发明的望远镜和显微镜的激励,开普勒对光学展开了深入研究,1611 年出版了《折光学》一书。开普勒认为,光的强度与到光源的距离平方成反比。他利用光线的投影,结合已有的几何知识,重新设计研究了光线折射入玻璃的实验,发现只有在入射角小于 30°时,折射角的大小才与入射角的大小成正比。(可惜的是,他还是没有发现折射定律。)当光从空气入射到玻璃中,折射角不可能超过 42°。利用光路的可逆性,开普勒逆推得到,当光线由玻璃向空气传播时,入射角大于 42°就会发生全反射现象。他找到了曲率相等的双凸透镜和平凸透镜焦距的计算方法,对望远镜的原理作出了正确的解释;又用凸透目镜代替原来的凹透目镜,改进了望远镜的设计。

1612 年
徐光启和熊三拔合译《泰西水法》

明朝后期,随着西方传教士来华传教,西方水利技术也开始传入中国。1612 年,徐光启和意大利传教士熊三拔合译了《泰西水法》,这是中国第一部系统介绍西方农田水利技术的著作。

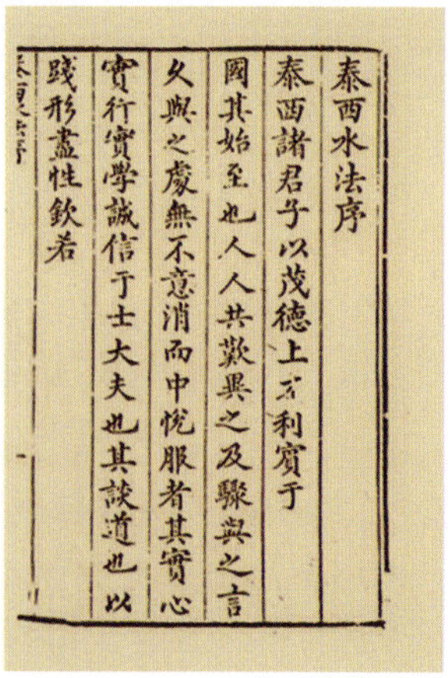

泰西水法序
泰西諸君子以茂德上才利賓于
國其始至也人人共歎異之及驟與之言
久與之處無不意消而中悅服者其實心
實行實學誠信于士大夫也其談道也以
踐形盡性欽若

《泰西水法》

《泰西水法》共 6 卷,分别介绍螺旋式提水机具龙尾车;利用气压原理提水的玉衡车和恒升车；小型水库；凿井找水技术；水力学原理；水力机械图谱。书中所讲的寻泉、凿井和检验水质的方法，切实可用。

《泰西水法》包容欧洲古典水利工程学的精粹，内容翔实，图文并茂，集中体现了17 世纪欧洲的先进科学技术，对于指导农田水利工作具有极大的现实作用。

1614 年
纳皮尔《奇妙的对数规则的说明》出版

英国数学家纳皮尔出生于苏格兰爱丁堡附近梅奇斯顿的一个贵族家庭，1563 年13 岁时就进入圣安德鲁斯大学学习，1566 年开始留学欧洲大陆，1571 年回国。

大约从 1594 年起，纳皮尔在寻求一种球面三角简便计算方法的过程中将算术数列与几何数列对应起来，萌发了对数的思想。他借助于运动学，假设有两个同时开始运动的质点，初速度相同，第一个质点沿一条无限长的射线做匀速运动，第二个质点沿一条有限长的线段运动，运动速度与所剩距离成正比。他称第一个质点所走距离是同时刻第二个质点所剩距离的“对数”。他发现第二个质点的所剩距离随时间按几何数列递减，而其对数则按算术数列递增。纳皮尔将这种思想收入《奇妙的对数规则的说明》中，于 1614 年出版。书中列出了他用这种对数思想算出的一张球面三角正弦对数表，角度从 0°到 90°，间隔为 1′。1619 年，纳皮尔的遗作《奇妙的对数规则的结构》出版，其中又详述了对数计算和构造对数表的方法。

纳皮尔的对数涉及自然对数，在实际计算上有不便之处。于是，英国数学家布里格斯提出了以 10 为底的对数，即现在所称的常用对数。1624 年，布里格斯出版《对数算术》，书中给出了从 1 到 20 000 和 90 000 到 100 000 的常用对数表，精确到 14 位小数。而 20 000 到 90 000 的常用对数则由荷兰出版商弗拉克于 1628 年补上。此后，对数计算得到了广泛的使用。对数将乘除化为加减，大大简化了天文学的复杂计算，被誉为延长天文学家寿命的方法和计算技术的一大革命。对数发明后不久，由波兰传教士穆尼阁于 1646 年传到中国，立即在历法计算上得到应用。

纳皮尔

1614 年
桑克托留斯《静态学》出版

新陈代谢是指生物体与外界环境之间以及生物体内物质和能量的转变过程，这是一个重要的生理学概念。17 世纪时，意大利学者桑克托留斯最早发现了人体的新陈代谢现象。桑克托留斯 14 岁时进入帕多瓦大学，与当时意大利的著名学者希罗尼穆斯·法布里修斯、伽利略等交往甚密，经常与他们讨论物理学和医学问题。桑克托留斯受伽利略物理学观念的影响，设想利用机械学与力学的原理来研究人体的生命现象。他为此设计了一种特殊的大型体重计，里面放置了工作台、睡床及生活必需品。桑克托留斯数十年如一日地生活在这台“大秤”中，测量身体在各种活动如饮食、睡眠、休息、精神变动甚至性生活前后的体重变化。

经过 30 年的观察和测量，桑克托留斯发现，人体排泄量总是小于摄入量，他认为这是不易察觉的出汗现象造成的。桑克托留斯描写了人体体液出入的三个变量，食物与饮料为可见的摄入，小便与大便为可见的排出，出汗现象造成不可见的体重损失。当皮肤和肺的功能发生障碍时，“不易察觉的出汗”就会减少，人体则会发生疾病。根据这一原理，桑克托留斯常用发汗剂来治疗疾病。桑克托留斯最早对人体的基础代谢进行了控制性实验研究。1614 年，他将研究成果以《静态学》为书名出版，解释了新陈代谢现象的原理，奠定了近代医学物理学派的基础。

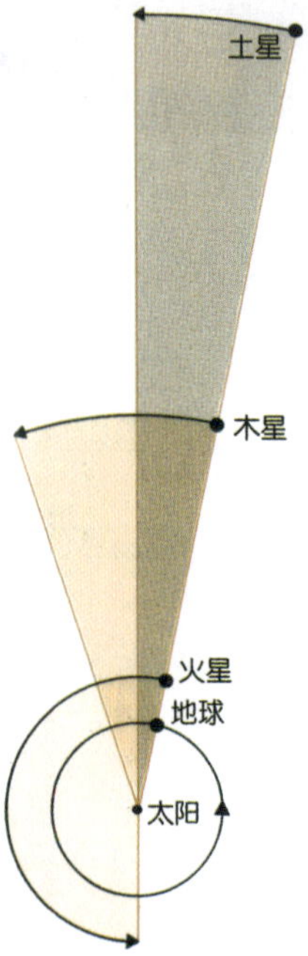

开普勒的行星运动第三定律 行星离太阳越远，绕太阳转一周所需的时间就越长。

1615 年 开普勒《酒桶的新立体几何学》出版

德国数学家、天文学家开普勒以行星运动三大定律而著称于世。他在数学方面的贡献之一是 1615 年出版的《酒桶的新立体几何学》，其中给出了求曲面立体的方法。

据说在 1613 年，开普勒举办他的第二次婚礼，买了好多桶葡萄酒。他无意中发现，酒商用一根棍子斜插进酒桶的注酒孔(将酒桶看作一圆柱体，此孔在其侧面一条母线的中点)，抵达酒桶底部的对面边缘，再量一下棍子插进部分的长度，便可估算出酒桶的容积。他觉得奇怪，于是进行了一番研究，结果形成了《酒桶的新立体几何学》这本书。他在书中用通俗的语言引入了无穷大和无穷小的概念，指出圆是由顶点在圆心的无数个三角形构成的，而圆周则是由这些三角形的无穷小底边构成的。他类似地解释了球的情况。这种思想是阿基米德平衡法的进一步扩展，是近代积分法的雏形，后为意大利数学家卡瓦列里发展成不可分量原理。书中研究了各种旋转体的性质，讨论了 90 多种立体的体积问题，还研究了等周问题。1616 年开普勒又将此书重新编辑，用德文出版，书名为《阿基米德测量术》。

1619 年 开普勒公布行星运动第三定律

开普勒深受古希腊毕达哥拉斯“宇宙和谐”观念的影响，认为诸行星同太阳的距离与它们的公转周期必有某种简单的关联。1596 年他在《宇宙的神秘》一书中提出，两行星的公转周期之比等于它们同太阳距离的平方之比，但这与观测数据不很吻合。1609 年开普勒发表行星运动第一和第二定律之后，以更高的热情继续探究这类关系。最终他发现，“行星公转周期的平方与它们的轨道半长径的立方成正比”。1619 年，他在《宇宙谐和论》一书中正式公布了这项重要发现，世称行星运动第三定律，亦称调和定律。1617—1621 年，开普勒分 3 卷 7 册出版了《哥白尼天文学概要》一书，其中再次探讨了行星运动定律。此后半个世纪左右，该书一直是欧洲最受欢迎的天文理论著作。开普勒的行星运动定律，是日后牛顿发现万有引力定律的先声。

1621 年 斯涅耳提出光的折射定律

折射定律，又称斯涅耳定律，是一条描述光的折射现象规律的定律，由荷兰物理学家、数学家斯涅耳于 1621 年提出。其内容为：光入射到不同介质的界面上会发生反射和折射，入射光和折射光位于同一个平面上，并分别在界面法线的两侧，它们与界面法线的夹角满足如下关系：

$$n_1\sin\theta_1 = n_2\sin\theta_2$$

其中，n_1 和 n_2 分别是两个介质的折射率，θ_1 和 θ_2 分别是入射角和折射角。

折射定律是几何光学最重要的基本定律之一，斯涅耳的发现为几何光学的发展奠定了基础，使几何光学的精确

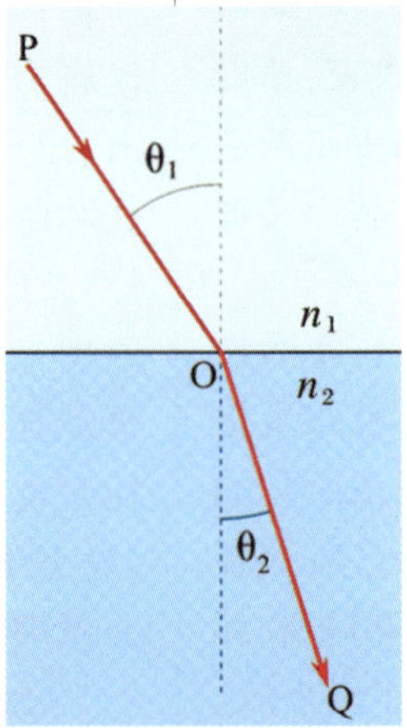

光的折射定律示意图

HARMONICIS LIB. V. 207

mnia (infinita in potentiâ) permeantes actu : id quod aliter à me non potuit exprimi, quam per continuam seriem Notarum intermedia-

开普勒的宇宙和谐谱 开普勒认为天体的运动犹如一些声音的连续演奏，它不能耳闻，却可心领。例如，他认为土星的音调必定比木星的低得多。

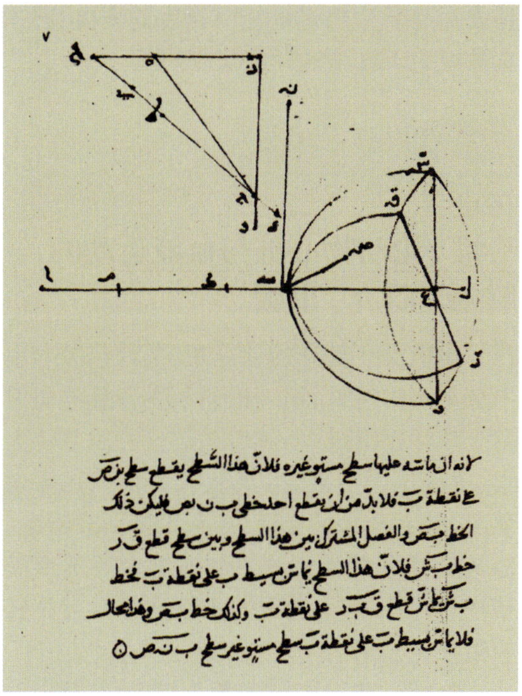

斯涅耳发现折射定律的手稿

计算成为可能。但斯涅耳生前从未正式公布过折射定律，后人在整理其遗稿时才看到这方面的记载。

1624—1644 年
太湖地区和珠江三角洲地区出现生态农业雏形

中国的太湖地区既是湖羊的主产区，又是全国蚕桑业的重心所在，1624—1644 年，这里的人民创造出了粮、畜、桑、蚕、鱼相结合的“桑基鱼塘”。据方志记载，所谓“桑基鱼塘”就是把低洼地挖深为塘，把挖出的泥土覆于四周成基，塘内养鱼，基面植桑种作物，形成一个“基种桑，塘养鱼，桑叶饲蚕，蚕屎饲鱼，两利俱全，十倍禾稼”的生产格局，从而成为一个基塘式人工生态系统。“桑基鱼塘”是中国水乡人民在土地利用方面的一种创造，也是中国建立合理的人工生态农业的开端。它既能合理地利用水陆资源，又能合理地利用动植物资源，不论在生态上，还是在经济上都取得了很高的效益，曾被联合国粮农组织列为最佳农业生态模式之一。

珠江三角洲地区是广东的主要产粮区，但是全区的 1/3 耕地地势比较低洼，水患严重，有的还受咸水的威胁。为了克服这些不利因素，当地人民创造出果、鱼、桑相结合的“果基鱼塘”，在基面上种植荔枝、柑橘、龙眼、香蕉等南方水果。后来随着商品经济和对外贸易的发展，珠江三角洲地区在“果基鱼塘”的基础上又发展出“菜基鱼塘”、“稻基鱼塘”、“蔗基鱼塘”、“花基鱼塘”等多种形式并存的基塘生态。

珠江果基鱼塘

1627 年
开普勒发表《鲁道夫星表》

1600 年，德国天文学家开普勒到达布拉格，投奔前几年从丹麦来的天文学家第谷。他们拟以大量天文观测为基础，编制一份新的星表。为报答神圣罗马帝国皇帝鲁道夫二世的支持，该星表将命名为《鲁道夫星表》。1601 年第谷临终前，曾嘱托开普勒以第谷宇宙体系为理论依据，完成星表的编制任务。开普勒对此很重视。但由于种种客观原因，《鲁道夫星表》直到 1627 年才得以面世，而鲁道夫二世已于 15 年前逝世，开普勒本人则于 3 年后在贫病交加中去世。该星表最

开普勒向鲁道夫二世介绍自己的发现

1628

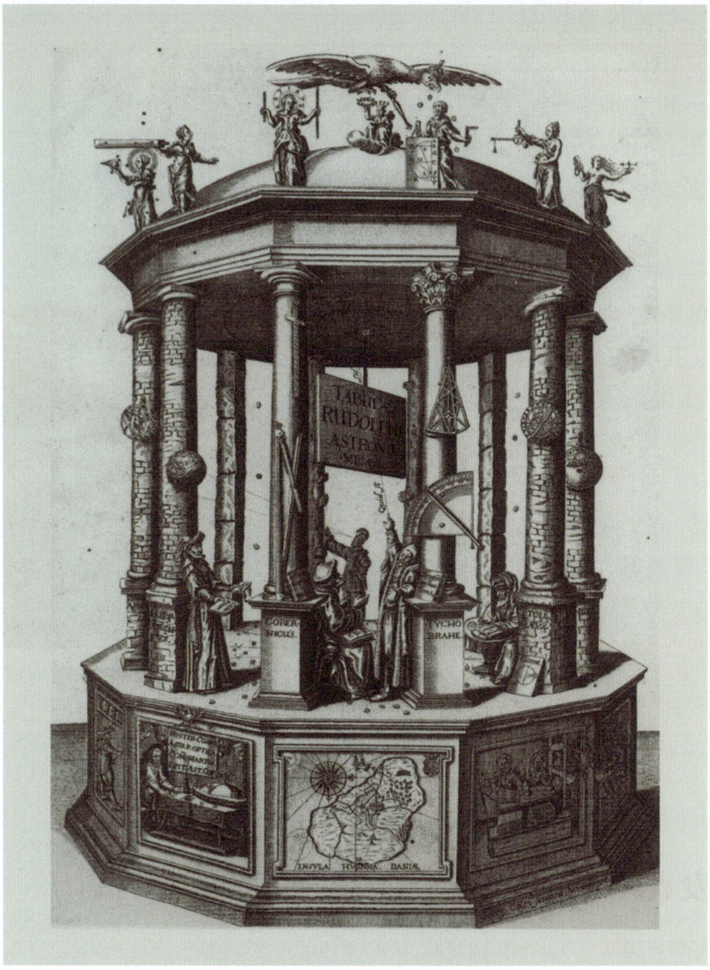

《鲁道夫星表》的卷首插图 这座天文学神殿中,从左到右的 4 个人物顺次是依巴谷、哥白尼、第谷和托勒玫。穹顶上环立的 6 位女神,象征开普勒工作的各个方面:最左边的物理女神手持一个带影的球,寓意开普勒曾出版《天文光学》一书;与她相邻的光学女神握着一架望远镜,因为开普勒对光学系统有创造性的贡献;第三位女神象征对数,因为开普勒曾发表过《一千个对数》;第四位女神拿着一幅交食图;第五位手持两臂不等长的天平,象征行星运动第二定律;最右边的一位拿着磁铁,因为开普勒相信太阳的磁力控制着行星的运动。神殿底座中央的图案是汶岛地图,其左方的图案是开普勒本人正在烛光下工作,旁边写着其 4 部著作的书名。

终并未采纳第谷宇宙体系,而是以哥白尼日心宇宙体系为基础并运用开普勒行星运动定律编算而成。《鲁道夫星表》中除行星表、月亮表以及有关的对数表外,还包括由第谷测定的 1000 多颗恒星的星表及其他几种附表。它并没有直接按日期排定行星位置,而是给出一种以表格方式推算过去和未来行星位置的方法,并给出一种由行星的平均角运动求解行星实际位置的近似解法。由此推算的行星位置精度,超过了先前所有的各种星表。此后一个多世纪中,《鲁道夫星表》一直被视为天文学的标准星表。

1628 年
哈维《论动物心脏与血液运动的解剖学研究》出版

血液循环理论的创立是 17 世纪医学史上最重要的事件,该理论的创立者是英国著名生理学家哈维。哈维曾就读于英国剑桥大学,攻读医学专业,后到意大利帕多瓦大学学习,成为希罗尼穆斯·法布里修斯的学生。他从老师那里了解到静脉血管内静脉瓣膜结构的存在,但老师并没有说明静脉瓣存在的生理学意义。

哈维以前的许多学者, 如盖仑、达·芬奇、塞尔维特等,在不同时代不同地点都对血液运动进行过研究,但得出的结论却各不相同。在大学学习期间,哈维曾经目睹受伤者的血液从血管内喷出的情景,促使他经常思考血液运动的问题。哈维在大量动物活体解剖与尸体观察的基础上,首先对心脏的结构有了正确的了解。他根据实验计算了心脏的容量,以及从心脏流出的离心血量和回心血量,并计算了血液的流动时间。他假定:左右心室各能容纳血液 56.7 毫升,脉搏 72 次/

哈维创立"血液循环"理论 1603 年,哈维在他的笔记本上写道:"血液以循环的方式不断地流动,这种流动是心脏跳动的结果。"

分，1 小时从左心室流入主动脉的血量和从右心室流入肺动脉的血量分别约为 24.5 万毫升。如此大量的血液远远超出食物的供给量，同时也远远超出人的体重。哈维利用各种动物反复进行实验研究，终于在 1628 年出版了他的名著《论动物心脏与血液运动的解剖学研究》。在这本 67 页的著作里，哈维以大量的实验观察和科学计算为依据，论证了心脏、动脉血管和静脉血管的形态和功能，阐明了血液循环运动的道理，并证明心脏是血液循环的原动力。哈维的新学说虽然在当时受到保守势力的攻击，但是真理终究会战胜谬误，他的学说最终被人们所接受。恩格斯高度评价了哈维的贡献，认为“由于哈维发现了血液循环，而将生理学确立为一门科学”。

1629 年
张伯伦发明产钳

17世纪早期，英国医生彼得·张伯伦看到在分娩过程中，不少胎儿的头部迟迟不能娩出，许多胎儿因此夭折，甚至有些产妇也因产程过长而死亡，就想制造一种工具来改变这种悲剧。

1629 年，张伯伦终于制成了一种有孔的且与婴儿头形相合的弯曲状产钳，在分娩过程中能起到夹拉胎儿头部、协助胎儿娩出的作用。产钳的发明挽救了许多产妇和婴儿的生命。但张伯伦家族视产钳为宝贝，对其严格保密，只在家族内代代相传，秘密使用。家族中数人因有产钳之助，在伦敦开业极为成功，并因此致富。张伯伦欲在巴黎以高价出售产钳，但因故未能成功。直至 1670 年，张伯伦家族将此传家宝秘密出售给了荷兰阿姆斯特丹的医生，产钳这一发明才逐渐被世人所知。

费马

约 1629 年
费马得到解析几何学的要旨

法国数学家费马出生于法国南部图卢兹附近博蒙-德洛马涅的一个富商家庭。早年在图卢兹大学学习法律，1620 年代后半期去波尔多认真研究数学。后又去奥尔良大学学习法律，1631 年成为一名律师，并当上了图卢兹议会的议员。他因业余研究数学成就卓著而被誉为“业余数学家之王”。

费马在波尔多期间，着手重写古希腊几何学家阿波罗尼乌斯已失传的《平面轨迹》一书。他用代数方法对阿波罗尼乌斯关于轨迹的一些失传的证明作了补充，总结和整理了阿波罗尼乌斯的圆锥曲线论，并对一般的

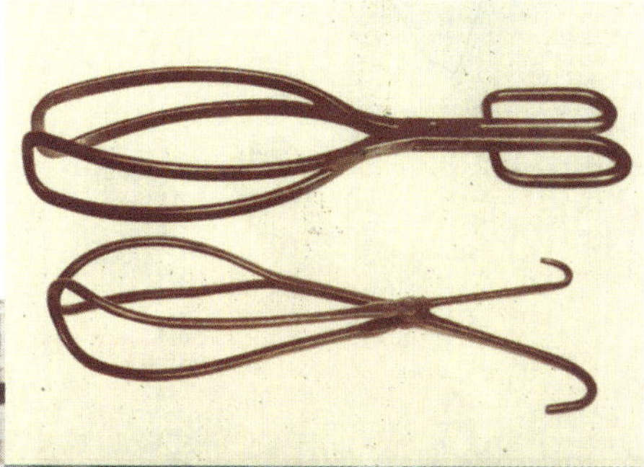
张伯伦和他的家族使用过的两副产钳

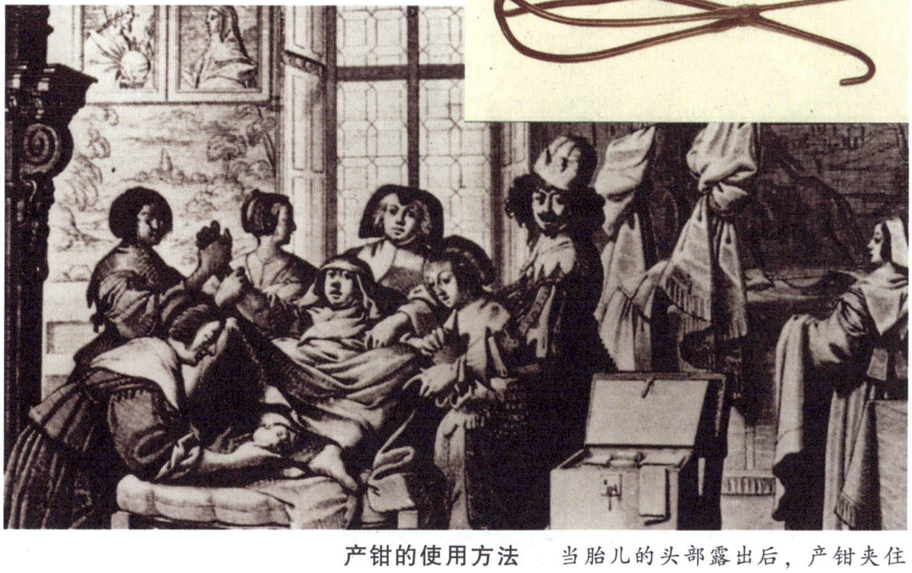
产钳的使用方法 当胎儿的头部露出后，产钳夹住头部，胎儿身体的其他部位就很容易顺势娩出。

曲线作了研究。他在《平面与立体轨迹引论》一文中明确指出,方程可以描述曲线,可通过对方程的研究来推断曲线的性质。这样,费马就与法国数学家笛卡儿同时甚至比笛卡儿更早得到了解析几何学的要旨。

也正是在波尔多期间,费马在求函数极值的问题上取得了重要成果。他在约 1637 年完成的《求最大值和最小值的方法》中阐述了一种方法,相当于给出了现代微分学中函数取极值的必要条件。他用这种方法能求出曲线的切线,确定多项式曲线的极值点和拐点。在与法国数学家马兰·梅森的通信中,费马指出他求函数极值的方法还"可以推广应用于一些优美的问题",并说自己已经获得了求平面与立体图形重心的方法等一些其他结果。费马还研究过曲线 $x^m y^n = k$ 下方的面积,这是积分学的前期工作。他的这些思想和方法为后来微积分学的建立开辟了道路。

伽利略在展示如何使用望远镜观察木星的卫星

1632 年
伽利略提出力学相对性原理

伽利略对物理学的一个重要贡献是提出了力学相对性原理。该原理亦称伽利略相对性原理,是指"在所有的惯性系中,物理定律是相同的"。他在 1632 年出版的《关于托勒玫和哥白尼两大世界体系的对话》一书中,最早描述了这一原理。惯性系是指彼此相互作匀速运动的参照系。他给出了两个惯性参照系之间坐标变换的关系,即伽利略变换。伽利略不变性是指在伽利略变换下,物理规律是不变的。

伽利略相对性原理和伽利略变换的概念,不但在牛顿建立经典力学体系时起到了重要作用,对爱因斯坦创建狭义相对论也有贡献。

正如英国理论物理学家霍金所说:"自然科学的诞生要归功于伽利略,他这方面的功劳大概无人能及。"

1632 年
伽利略《关于托勒玫和哥白尼两大世界体系的对话》出版

1632 年,意大利科学家伽利略出版了他采取对话体形式撰写、历时 8 年完成的重要著作《关于托勒玫和哥白尼两大世界体系的对话》。书中总结了他的科学新发现,如月面结构、金星位相、木星卫星、太阳自转等,并以此论证哥白尼日心宇宙体系的正确,批判亚里士多德—托勒玫地心宇宙体系之谬误。参加对话者有 3 人,提问者叫沙格列陀,主张哥白尼日心说的叫萨尔维阿蒂,维护亚里士多德观点的叫辛普利丘。对话共进行了 4 天,第 1 天以新星、太阳黑子的出没等现象,批判"天地不变"、"天地之间有根本区别"的错误观念;第 2 天运用伽利略在力学领域取得的研究成果论证地球的自转;第 3 天通过分析行星的运动论证太阳是宇宙的中心;第 4 天讨论潮汐现象。书中明确主张

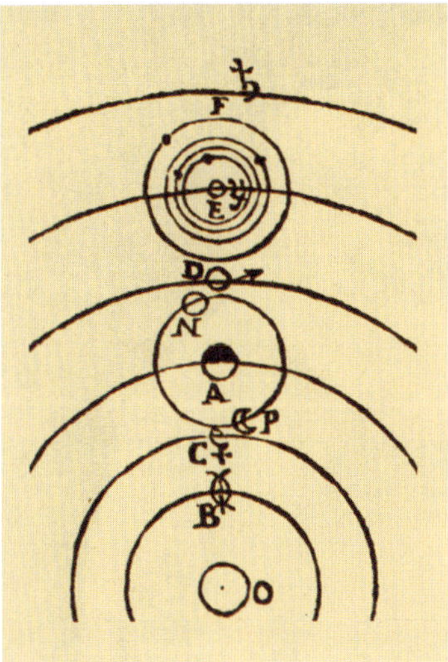

《关于托勒玫和哥白尼两大世界体系的对话》插图之一（局部） 本图与哥白尼《天体运行论》中的日心说示意图基本相同：诸同心圆的中心O是太阳，往外依次是水星(B)、金星(C)、地球(A)、火星(D)、木星(E)和土星(F)，重要改进则在于木星周围有4颗卫星。

科学必须立足于实验和观察，而不能依仗权威和传统。此书写得生动活泼，广受欢迎。它沉重地打击了阻挡科学思想自由发展的经院哲学和教会的思想统治，宗教裁判所因此于1633年2月将伽利略押赴罗马受审，将该书列为禁书，并判处他终身在家监禁。

1635 年
卡瓦列里提出不可分量原理

卡瓦列里，意大利数学家。生于米兰，少年时加入天主教耶稣会，1616年入比萨修道院，在那里潜心学习几何学，研究古希腊数学名著，并结识了意大利著名物理学家伽利略。后辗转数家修道院，或讲授神学，或任院长。1629年经伽利略推荐，任博洛尼亚大学数学教授。

卡瓦列里的主要数学成就是建立了不可分量原理，代表作就是他1629年撰写、1635年发表的《用新方法促进的连续不可分量的几何学》。他认为线是由无穷多个点组成；面是由无穷多条平行线段组成；立体是由无穷多个平行平面组成。他分别把这些组成元素叫做线、面和体的“不可分量”。他建立了一条关于这种不可分量的普遍原理，后称“卡瓦列里原理”：“两同高的立体，如果在等高处的截面积恒相等，则体积相等；如果截面积成定比，则体积之比等于截面积之比。”这一原理对平面图形也适用。其实这就是中国南朝数学家祖暅于5世纪下半叶建立的祖暅原理。依靠这一原理，卡瓦列里用几何方法求得若干曲线图形的面积，证明了旋转体表面积及体积的公式。这些工作对微积分学的建立有重要影响。

卡瓦列里

1637 年
笛卡儿《几何学》出版，解析几何学正式诞生

法国哲学家、数学家笛卡儿出生于一个贵族家庭。他从1629年开始定居荷兰，潜心研究哲学、数学等各门科学，完成了许多重要的著作。1637年，笛卡儿写了一篇关于科学方法的论文《科学中正确运用理性和追求真理的方法论》，提出一种以数学为基础来获得知识的理性方法；又将他的3部著作《折光学》、《气象学》和《几何学》附于其后，合成一书，以这篇论文的名称为书名在荷兰莱顿出版，史界简称为《方法论》。他说：“我打算用我的《折光学》和《气象学》来证明我的这种方法胜于平庸，而用我的《几何学》来演示这种方法。”

笛卡儿在其唯一的数学著作《几何学》中首先讨论怎样把几何问题化为代数问题，这需要把线段与数量联系起来。显然，这种数量应该是线段的长度，而作为代数，还要利用这种数量定义线段之间的运算。如果两条线段的长度分别为a和b，利用长度对线段定义加减运算是没有问题的。为了定义乘除运算，笛卡儿引入单位线段，即长度为1的线段，然后把ab看作比例式$1:a=b:ab$

的第四项，通过一种尺规作图方法即可作出一条长度为 ab 的线段。类似地，还可以定义线段的除法、开方等。有了这些概念，当遇到一个几何问题时，就“用最自然的方法表出这些线段间的关系，直到能找出两种方式表达同一个量，这将构成一个方程”，再根据方程的解（未知线段的长度）的表达式作出所求线段，或根据方程所表示的线段间关系作出所求图形。这里隐含了解析几何学的基本思想和方法，反映了解析几何学的实质。笛卡儿据此得出了许多重要结论。他断言曲线方程的次数与坐标轴的选择无关，因此可以根据方程的次数对曲线分类。他还考虑用同一坐标系写出两条不同曲线的方程，联立求出这两个方程的公共解来找出相应两条曲线的交点。笛卡儿展开了对代数方程的讨论，并直觉地证明了代数基本定理：代数方程可能有着同它次数一样多的根。他提出了著名的笛卡儿符号法则：多项式方程的正根个数不超过其系数的变号次数，而负根个数不超过其同号系数连续出现的次数。

笛卡儿的《几何学》是数学史上的一座里程碑，它标志着解析几何学的正式诞生。从此，人类进入了变量数学的时代。

约 1637 年
费马大定理问世

大约是 1637 年，法国数学家费马在研读丢番图的《算术》时，在第 2 卷第 8 命题“将一个平方数分为两个平方数”旁边的空白处写道：“相反，要将一个立方数分为两个立方数，一个四次幂分为两个四次幂，一般地，将一个高于二次的幂分为两个同次的幂，都是不可能的。对此，我确信已发现一种美妙的证法，可惜这里空白的地方太小，写不下。”用现代的数学术语，就是：不定方程 $x^n + y^n = z^n$ 当 n 为不小于 3 的整数时没有正整数解。后人称这个命题为“费马大定理”，或“费马最后定理”。称它为“大定理”，是因为要与另外一条也是数论方面的“费马

法国图卢兹市政厅美术馆内的雕像“费马和他的缪斯” 缪斯是古希腊神话中掌管文艺和科学的女神，一共 9 位。一般又把缪斯作为激发灵感的女神。

小定理”相区别，更是因为这个定理在数学史上的影响确实很大。它在此后的 300 多年间一直是数学家的一块“心病”，但也催生了数学的一些新领域。称它为“最后定理”，是因为在费马的手稿中留有一些没有给出证明的命题或猜想，它们或对或错后来基本上有了明确的结论，最后只有这个命题长期悬而未决。

费马大定理形式简单，意思明确，内容初等，但其证明难度超出了几乎所有人的想象。因此在它提出后的 300 多年中，吸引了无数的数学家和业余爱好者，其中不乏当时最优秀的数学家，但他们都未能取得成功。直到 1994 年，英国数学家怀尔斯在前人成果的基础上，综合运用现代数学中的椭圆曲线理论和伽罗瓦理论等工具，才最终证明了这个定理。现在一般认为，费马当年自称得到的证明中很可能隐藏着某种致命的漏洞，事实上他并没有证出这个定理。

笛 卡 儿

笛卡儿1596年3月31日生于法国图赖讷地区的拉艾(今图尔市附近的拉艾—笛卡儿),一岁时母亲就去世了。他自幼体弱,学生时代多病却又聪颖,遂被特许免上早操和晨课,清早卧床沉思也成了他的终生习惯。他于1612年到普瓦捷大学攻读法律,1616年毕业,从军数年后回乡继承家产,从此生活无忧。接着他又外出游历,1629年最终定居荷兰。

笛卡儿的拉丁化名字是卡提修斯,但他用法文写作,这象征着欧洲学者通用的拉丁文渐趋废弃。笛卡儿素来谨慎,1633年听到伽利略被罗马教廷宣判有罪,他随即停止了持哥白尼观点的《论世界》一书的写作。

笛卡儿试图建立一个由形而上学、物理学以及各门具体科学构成的庞大的哲学体系。这里的形而上学,是指研究超自然、超经验的所谓上帝、心灵以及物质的学说;物理学是关于自然界的学说;各门具体科学则带有实用性,如医学、力学、伦理学等。他认为这一体系必须从大家都能接受的无可争辩的事实开始。为此,他提出了普遍怀疑的法则,通过怀疑寻找认识的基础。我在怀疑,证明了我的存在,这一无可争辩的事实就是笛卡儿的出发点。他将这一原则表达为"我思,故我在"。这种怀疑精神动摇了宗教信仰的基础,奠定了唯理论认识的基石。在方法论上,笛卡儿认为数学是其他一切科学的理想和模型,提出了以数学为基础、以演绎法为核心的方法论,对后世影响巨大。

笛卡儿秉持"精神实体"与"物质实体"各自独立存在的二元论世界观。他主张心灵在肉体之外、独立于肉体而存在,两者以松果腺为媒介相互作用。他以为只有人有松果腺而低等动物则没有,因而低等动物缺乏心智及灵魂。不过,后来的事实证明,有的低等动物的松果腺甚至比人的松果腺发育得更好。

笛卡儿的物理学表现出机械唯物主义的思想,认为宇宙可以通过广延和运动构成。他甚至把机械观用到人体上,试图用一套机械装置来表述纯粹身体的活动。在生理学方面,他研究过多种器官的构造和胚胎的发育,首次提出了神经传导和反射机能的理论。在天文学上,他提出了一套旋涡理论,主张在太初的混沌中,充满空间的物质微粒形成许多转动着的旋涡,太阳、地球和行星都在旋涡中形成。此说的科学价值虽然不大,却给宣扬上帝创世的说教以很大震动,其启蒙作用不可低估。

笛卡儿对科学的最重要贡献在于数学。他最先用拉丁字母表的头几个字母 a、b、c 等表示已知量,用末几个字母 x、y、z 等表示未知量,此法至今仍在沿用。他用两个坐标来表示平面上的点。一个代数方程中的数组 (x,y) 转化为笛卡儿坐标系中的点,就得到一条曲线;反之,每一条曲线就代表了一个方程。将数与形如此结合起来,就创立了平面解析几何学。这是数学发展史上的一个转折点,此后人类进入了变量数学时代。他把几何问题转化为代数问题,给出了统一的作图方法,实际上已把切线视为割线的极限位置,为微积分的创立起了奠基作用。

17世纪的欧洲王室热衷于炫示智力的荣耀。1649年9月,笛卡儿应瑞典女王克里斯蒂娜之邀来到斯德哥尔摩。精力充沛的年轻女王让笛卡儿每星期3次在清晨5点——脑子特别清醒的时候,去教她哲学。结果,瑞典的严冬夺走了笛卡儿的健康。1650年2月11日,他在斯德哥尔摩病逝,遗体运回法国,但脑袋除外。1809年,瑞典化学家贝采里乌斯得到笛卡儿的头颅后,把它奉还法国。正是这个头颅,造就了《方法谈》、《沉思集》、《论心灵的各种感情》、《哲学原理》等传世名著。

约 1638 年
加斯科因发明测微器

天文望远镜的诞生为精确测量天体位置创造了十分有利的条件。为了测量微小的角距，英国天文学家加斯科因于 1638 年前后发明了一种装在望远镜上的附件——测微器。测微器中有一对可移动的金属薄片，它们彼此相对的两个刃都经过精密加工，被安装在望远镜的焦平面上，因而可以在众多星像之间清晰地看到它们。转动一个螺距极小的测微螺旋，可以使这两个金属片相互靠近或分开，直到将它们的两个刃调节到正好分别触及两颗靠得很近的恒星，由此即可根据螺旋的转动量得知这两颗星之间的微小角间距。1644 年，加斯科因在英国内战中效忠国王，随着保皇党人之失败而丧命。他的测微器由一位友人保存下来，但其发明一时并未传开。1666 年，法国天文学家奥佐和让·皮卡尔合作，独立发明了一种与加斯科因的测微器很相似的装置，但是用细丝代替了金属片的刃。使用细丝的测微器称为动丝测微器。差不多与此同时，英国科学家罗伯特·胡克也造出了一个类似的装置。大约也就在此时，加斯科因的发明才为人所知。望远镜配上动丝测微器可谓如虎添翼，天文观测的精度随之有了大幅度提高。

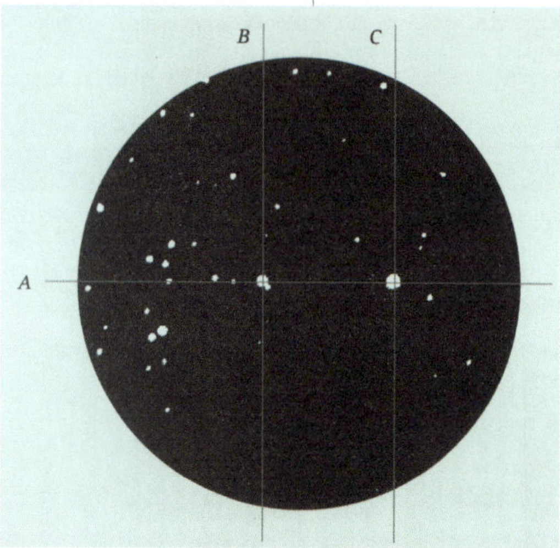

动丝测微器原理图 测量两颗星的角间距时，可以将测微器定位到使固定的丝 A 正好通过这两颗星，然后用测微螺旋调节动丝 B 和 C，使之分别通过一颗待测星，由螺旋的调节量即可推算出两颗星的角间距。

德萨格

马兰·梅森

1639 年
德萨格《试论处理圆锥与平面相交情况的初稿》出版

法国数学家德萨格出生在里昂的一个富有家庭，做过军事工程师和建筑师。他曾因一桩为家庭追回一笔巨额债务的诉讼而多次在巴黎逗留，并在此期间加入了以数学家马兰·梅森为中心的数学圈子，其中包括笛卡儿、费马等人。

德萨格对数学的贡献是为射影几何学的创立奠定了基础，其代表作是《试论处理圆锥与平面相交情况的初稿》，1639 年在巴黎出版。在这本书中，他引用德国天文学家、数学家开普勒关于无穷远点的说法，导入无穷远点和无穷远线的概念，将直线看作具有无穷大半径的圆，而切线是割线的极限。在他的几何系统中，任何两条直线都是相交的，要么相交于普通的点，要么相交于无穷远点(此即传统欧几里得几何中的“平行”)，从而把平行和相交统一了起来。他讨论了极点、极线、投射、透视等问题；建立了调和点列的定义，获得了调和点列经射影变换仍是调和点列等结果；首先利用他的射影方法，统一处理了圆锥曲线。这些成果都是射影几何学最基本的内容。德萨格的这部著作当时只印了 50 本，分赠朋友和熟人，流传范围很小。而且书中内容密集，又借用了一些植物学名词来表示数学对象，如线或线段用根或根条表示，点用结、根株表示等，令人费解。

加之当时新兴的解析几何学具有更大的吸引力，他关于射影几何学的新思想在很长时间内并没有引起注意。直到1845年，法国数学史家沙勒在巴黎的一家旧书店里发现了由德萨格的学生拉伊尔抄录的一份手稿，人们才认识到它的价值。

1639年
徐光启《农政全书》问世

《农政全书》是中国历史上关于农业科学技术的一部百科全书，总结了17世纪以前中国传统农政措施和农业科学技术发展的历史成就，在中国和世界农学史上均占有重要的地位。其编撰者徐光启是明代著名科学家，具有广博的科学知识，是将西方近代科学技术介绍到中国并使之与中国传统科学技术相融合的先驱之一。他的科学研究涉及天文、历法、数学、测量、农学、水利和军事等方面，尤以农学、天文学、数学成就最为突出。徐光启曾主持《崇祯历书》、《农政全书》等巨著的编撰，并翻译过大量的西方著作，主要有《几何原本》、《测量法义》、《泰西水法》等。

《农政全书》是徐光启一生所做农业科学研究的总汇。该书编著于1625—1628年间，在徐光启生前未能出版，后来经他的学生陈子龙删改(大约删者十之三，增者十之二)，于1639年刊行。全书共60卷，70余万字，内容包括农本、田制、农事、水利、农器、树艺、蚕桑、种植、牧养、制造、荒政等，其科学性和实践意义都远远超过其他整体性传统农书，是中国农业科学技术史上一部不朽的著作。

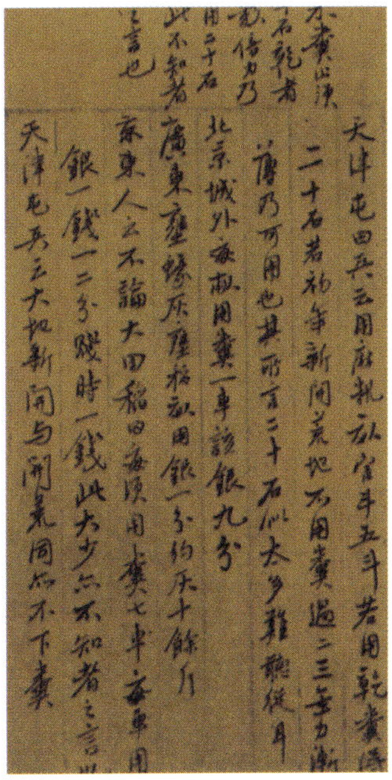

《农政全书》手稿

1639年
金鸡纳树皮传入欧洲

金鸡纳树皮或称秘鲁树皮(其有效成分为奎宁)，作为一种治疗发热的特效药物于1639年首次从秘鲁传入西班牙，不久又传遍整个欧洲。秘鲁印第安人应用这种药物有悠久的历史。1560年，西班牙医生、植物学家莫纳德斯描述过秘鲁原住民使用的秘鲁油膏有退热疗效。1620—1630年，在秘鲁的西班牙耶稣会传教士从当地人那儿学会了用秘鲁树皮治疗热病。1638年，西班牙秘鲁总督的妻子金琼伯爵夫人在利马染上疟疾，病情危重。她的医生维加在当地执政官的建议下用秘鲁树皮进行治疗，伯爵夫人不久便痊愈。伯爵夫人康复后收购了大量的秘鲁树皮，并亲自或通过利马圣保罗书院的耶稣会传教士分发给疟疾患者，用它治愈了许多发热病人。1639年，维加返回西班牙时，随身带了许多这种具有治疗热病作用的秘鲁树皮。从新大陆向西班牙引入秘鲁树皮的贸易随之展开，并逐步扩展到欧洲其他地区。还有另一种说法，认为是耶稣会传教士科博最早将秘鲁树皮带回西班牙的。1742年，植物学家林奈以金琼的名字将该药物命名为金鸡纳树皮(cinchona)，以纪念她的贡献。

由于金鸡纳树皮是通过耶稣会传教士们传播到世界各地的，所以它还有“耶稣会传教士树皮”和“耶稣会传教士粉”之名。1646年、1650年和1652年赴罗马参加第8、第9、第10届修道会大会的代表返回自己的家乡时，都带上了金鸡纳树皮粉，促进了该药物的传播。此后，该药物又随着耶稣会传教士的传教活动被带到世界各地。例如，在中国，耶稣会传教士用该药物治愈了清朝康熙皇帝的疟疾。

1640 年
帕斯卡《圆锥曲线论》出版

法国数学家、物理学家、哲学家帕斯卡出生于法国中部奥弗涅地区的古城克莱蒙（现称克莱蒙费朗），父亲是一位律师，也是一位业余数学家。母亲在他 3 岁时去世。1632 年，父亲举家迁居巴黎。帕斯卡聪颖早慧，他父亲决定自己负责对儿子的教育。父亲认为他在 15 岁之前不应该学习数学，就把家中所有的数学书全部转移出去。不料这反而激起了帕斯卡的好奇心。他 12 岁时开始研究几何，并发现三角形内角之和等于两直角。父亲知道后，放弃了原先的想法，允许他研读《几何原本》。

帕斯卡 14 岁时便陪伴父亲参加法国数学家马兰·梅森为核心的讨论会，认识了许多著名的数学家，如笛卡儿、费马、德萨格等。15 岁在德萨格的敦促下开始研究射影几何学。他 16 岁就向梅森的数学圈子提交了一篇仅一页的论文，其中有许多射影几何学定理，包括著名的"帕斯卡六边形定理"：内接于一圆锥曲线的六边形的三双对边的交点共线。据说后来他由此推出了 400 多个推论。1640 年 2 月，帕斯卡的第一本数学著作——只有 8 页的《圆锥曲线论》在巴黎出版。这其实是他正在构思并准备撰写的一部关于圆锥曲线的重要著作的概要，但该著作始终未能发表。不过，看来在 1640 年帕斯卡已从自己的定理中成功地推导出阿波罗尼乌斯《圆锥曲线论》中的大部分定理。他的成功说明在几何学领域中，解析几何方法和射影几何方法有着等效的作用。

法国卢浮宫内的帕斯卡雕像
18 世纪法国新古典主义雕塑家奥古斯坦·帕茹创作。

1640 年代
《徐霞客游记》整理成书

中国传统地理学强调归纳考据，不重实地考证。因此，中国历史上地理学者很多，旅行家却凤毛麟角。中国古代最著名的旅行家当数明朝末年的徐霞客。

徐霞客，名弘祖，字振之，别号霞客，明代江阴（今江苏省江阴市）人。徐霞客出身于书香门第。据记载，他自幼便"特好奇书"，欲"问奇于名山大川"。徐霞客 21 岁开始出游，30 多年间历尽艰险，足迹遍及今江苏、浙江、安徽、山东、河北、山西、陕西、河南、湖北、福建、广东、江西、湖南、广西、贵州、云南等 16 个省区。徐霞客每到一地，便将所见所闻及所感以日记的形式记录下来。1640 年代，后人将这些原始资料加工整理成书，名为《徐霞客游记》。

《徐霞客游记》共 62 万多字，日记 1050 天，内容涉及地貌、地质、水文、气候、动植物、历史地理、政治经济、城镇聚落、民族风俗等诸多方面。它对中国古代地学的贡献主要有以下 4 个方面：第一，对中国西南喀斯特地貌的类型、分布、地区差异，尤其是喀斯特洞穴的特征、类型及成因，进行了详细考察和科学论述；第二，以实地考察纠正了古代文献记载中的一些重大错误，如否定"岷山导江"旧说，指出金沙江才是长江的上源；第三，记录了很多植物品种，明确提出地形、气温、风速对植物分布和开花早晚的影响；第四，调查了云南腾冲的火山遗迹，记录并科学地解释了火山喷发物的质地及成因。

徐霞客堪称中国古代最具实践精神的学者，他的很多真知灼见都是中国乃至世界第一。然而，受制于传统文化，徐霞客身上体现出来的实证思想未能在他身后得到延续。也正因为如此，中国传统地理学始终没有突破引经据典的藩篱，未能演变为现代意义上的地理科学。

徐霞客旅行路线图

1642 年
帕斯卡发明机械式加法器

法国数学家、物理学家、哲学家帕斯卡少年时每天看着父亲费力地进行税务计算，决心为父亲制作一台可以用来计算的机器。1642 年，帕斯卡设计并制作了一台能自动进位的加减法计算装置。他的计算器是一种由一系列齿轮组成的机械装置，外形像一个长方盒子，用钥匙旋紧发条后能转动，可以做加法和减法。为了解决“逢十进一”的进位问题，帕斯卡采用了一种小爪子式的棘轮装置，当定位齿轮朝 9 转动时，棘爪便逐渐升高；一旦齿轮转到 0，棘爪就会跌落下来，推动前一位数的齿轮前进一档。该装置被世人称为“帕斯卡加法器”。

帕斯卡加法器

1643 年
托里拆利发明水银气压计

1643年，意大利物理学家托里拆利做了一个著名的实验：在长约 1 米、一端封闭的玻璃管（后称托里拆利管）内，装满水银，用手指封住管口而将管倒立于水银槽内，然后放开手指，则原来达到管顶的水银柱会下降到高于槽中水银面 760 毫米左右处，与管外大气压强的作用相平衡。托里拆利还发现，管中水银柱的高度会因地面的高度、阴晴及气温的变化而变化，由此得出大气压强会随地面高度、阴晴及气温的变化而变化的结论。根据这个原理，他发明了水银气压计，可以直接用水银柱的高度表示气压的大小。现在，人们把相当于 1 毫米汞柱的压强称为 1 个托里拆利，以纪念他的这一重要贡献。

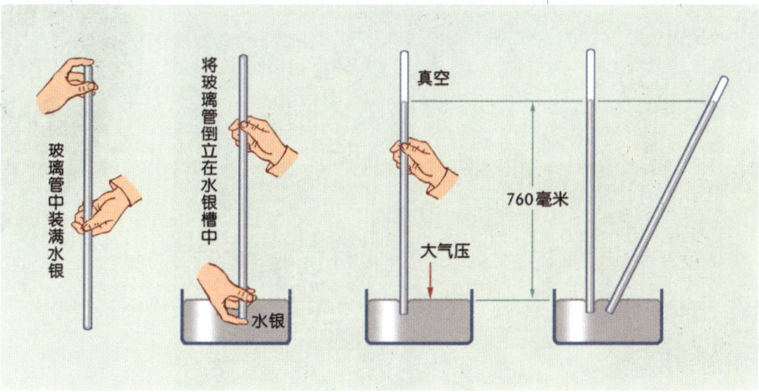

托里拆利实验示意图

1644 年
笛卡儿提出碰撞规则

法国科学家笛卡儿对物理学的研究，主要集中在碰撞现象，这是牛顿力学出现以前的热门研究领域。这种研究源于笛卡儿认为机械运动是物质运动的唯一形式，而物体间的相互作用都是通过挤压和碰撞实现的。笛卡儿认为，空间中充满了旋涡状的细微物质以太，以太各部分相互作用产生圆周运动，形成许多大小、速度和密度不相同的旋涡。正是太阳周围巨大旋涡的回旋运动带动了地球和其他行星的运动。这种理论在 18 世纪中叶以前得以广泛传播。这种理论的进步意义在于，力图用力学而不是宗教来解释宇宙。

在 1644 年出版的《哲学原理》一书中，笛卡儿提出了 3 个运动规律，并演绎出 7 条碰撞规则。笛卡儿还认为：“上帝在创造物质时，就赋予物质各部分不同的运动，而且使所有物质保持创造出来时所处的方式和状态。所以，上帝也使这些物质保持原来运动的量。” 这有点像我们熟知的牛顿第一定律和动量守恒原理的雏形。

1647 年
赫维留斯发表第一幅月面详图

波兰天文学家赫维留斯年轻时周游欧洲，1641 年 30 岁时在故乡但泽（今波兰格但斯克）建造了一座当时欧洲最好的天文台。他基于多年的辛勤观测，绘制出有史以来的第一幅可清楚辨认许多特征的月面详图。1647 年，赫维留斯在其出版的《月图》一书中，系统地为月球上的山脉、环形山和其他结构命名，其中有些一直沿用至今，如阿尔卑斯山脉、亚平宁山脉等。月球始终以固定的一面朝向地球，但也存在着某种轻微的摆动，称为“月球天平动”。人们由此可以看到月球背面的一些边缘部分，从而使地球上可见的月面达到整个月球表面的 59%。赫维留斯描绘了月球天平动的各种状态，并提出如何利用月面上一对细微结构的视距离变

赫维留斯在但泽的天文台观测月球和行星

赫维留斯绘制的满月图

化来判断天平动的状况。

自 1657 年起，赫维留斯又开始观测恒星，打算编制一部比第谷星表更加完善的星表。不料，1679 年一场火灾将其仪器焚毁殆尽，他用幸存的资料编成星表，载有 1564 颗恒星的赤道坐标和黄道坐标，其定位精度比第谷星表提高了一倍。该表在赫维留斯逝世后于 1690 年出版，名为《天象图志》，有 56 幅精美的星图，命名了 11 个新的星座，有 7 个沿用至今。赫维留斯用望远镜观测月球、太阳黑子和行星，但却是最后一位不愿用望远镜测量恒星位置的重要天文学家，其《天象图志》是最后一部基于肉眼观测编成的重要星表。

17 世纪上半叶 海耳蒙特发现多种气体

17—18 世纪，人们对科学的认识逐渐从蒙昧中苏醒过来。比利时化学家海耳蒙特就是那个时代从炼金术转向现代科学的先驱者之一。海耳蒙特反对亚里士多德的四元素说。他认为气体和水是两种最原始的元素，物质是由水和气体构成的；水参与化学反应，而气体不参与化学反应；不同的物质含有不同的气体，这些气体与空气不同，有自己独特的性质。海耳蒙特把它们称为“gas”。当时，人们刚发现气体，对它所知甚少。海耳蒙特认为自然中的每一个生物体都含有气体，在特殊的条件下，例如加热，气体就会释放出来。海耳蒙特描述了气体的产生过程。当他燃烧 62 磅煤炭后，发现只留下 1 磅的灰分。他认为那 61 磅煤炭转化成了气体，离开了容器。现在我们知道这种气体就是二氧化碳。

17 世纪上半叶，海耳蒙特考察和描述了许多气体，例如木炭燃烧、酒发酵时产生的二氧化碳气体，硝酸和银反应时生成的红色有毒的二氧化氮气体，二氧化硫燃烧时释放出的三氧化硫气体，从小肠中收集的可燃性气体(甲烷、硫化氢等)。

在海耳蒙特之前，人们只有空气的概念，并没有多种气体的概念，是他首先发现空气和气体的差异。正因为海耳蒙特率先对气体做了大量的研究，所以人们称海耳蒙特为“气体化学之父”。

海耳蒙特

17 世纪上半叶 海耳蒙特完成柳树生理实验

17 世纪上半叶，比利时化学家海耳蒙特所做的著名的柳树实验，迈出了光合作用研究的第一步。

当时，人们都认为植物靠吸收土壤中的营养生长，而海耳蒙特却质疑这一看法。他先分别称取了土壤及柳树苗的重量，然后将树苗种下并只浇水不施肥。5 年后，柳树长成，加上落叶，总重量增加了几百千克，而土壤只减重不到 30 克(海耳蒙特认为这 30 克还是称量误差所致)。据此海耳蒙特认为，植物重量的增加来源于水而不是土壤中的营养。当然，植物生长主要靠光合作用，吸收、固定空气中的二氧化碳，因此海耳蒙特的观点并不正确，但他的工作迈出了光合作用研究的第一步。

除柳树实验之外，海耳蒙特还引入了“气体”一词，并首创了一些化学实验。不幸的是，海耳蒙特在一次实验中因一氧化碳中毒而身亡。

1650 年 居里克发明抽气机

德国物理学家、政治学家居里克在大学时就对与“真空”有关的争论有兴趣，如空间的本质是什么，天体如何通过空间相互作用等。1646 年，他得知了笛卡儿关于物质与空间等价、真空不能存在的论点后，决心用实验来加以验证，并产生了获得“真空”的想法。居里克认为，只要能够制造出真空装置，

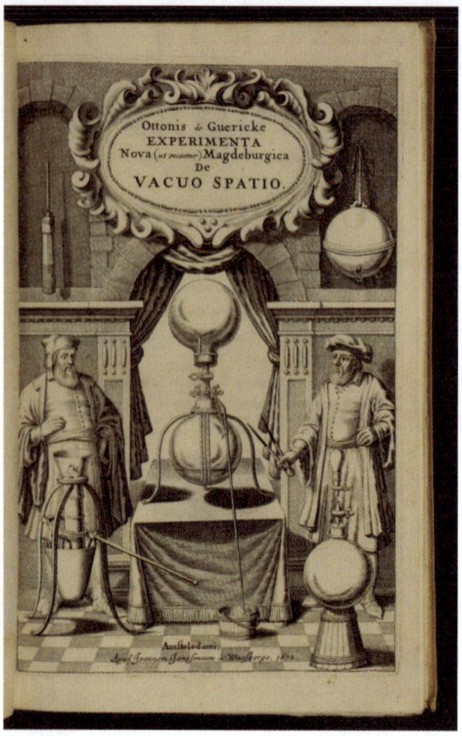

居里克的抽气机

大气压力就会创造奇迹。他设计的第一台抽气机是一只木桶，缝隙用沥青妥善填密，里面充入水，再用有两个活门的黄铜泵把水抽空。可当水抽空后，仍可听到空气穿过木桶微孔的声音。当他把该木桶完全密闭在一个更大的也盛有水的木桶里时，结果仍旧这样。随后，他采取了各种措施，如改进抽水唧筒、增加活门、改用铜球、加固密封等，终于在 1650 年制造出了第一台抽气机。同时，居里克还进行了一系列有关空气、真空、大气压等各种性能的实验，如真空不能传声，真空中的蜡烛会熄灭，真空中的鸟和鱼会死亡等。其中最著名的马德堡半球实验吸引了社会对实验科学的广泛兴趣与支持。

17 世纪中叶
玻意耳使用植物色素作为酸碱指示剂

中世纪，中国与欧洲的外贸来往使中国丝绸进入了欧洲。丝绸的引入促进了欧洲染色工艺的发展。当时，染色匠发现某种植物汁液能使某种染液转为红色，使另一种染液转成蓝绿色。然而，作为工匠，他们并没有去追究是什么造成了这种变化。

17 世纪中叶，英国著名物理学家和化学家玻意耳着迷于德国化学家格劳伯制备酸碱盐的工作。当时，格劳伯已经由大量实验得出物质可分为酸、碱和盐的结论，但不知如何鉴别酸、碱和盐。玻意耳知道染色匠的工作，于是他最先开始用某种植物汁（石蕊汁）进行酸的实验。他注意到，当把酸滴到盛有紫色植物汁液的瓶中时，溶液变红；同样，当他让碱与该紫色植物汁液反应时，溶液则转变成蓝绿色。这是一个伟大的发现。玻意耳由此揭示了 100 多年前就已经为染色匠注意到的植物汁使染液变色的缘由。玻意耳通过大量实验获知，所有的酸都能使蓝色植物汁液变红，而碱能使红色植物汁液变蓝。他还注意到，有些物质不会引起植物汁液的颜色变化。玻意耳认为它们既不是酸，也不是碱，而是“中性”的盐。通过这些实验，玻意耳对酸和碱有了更深刻的认识。他还做了大量关于如何使用指示剂来鉴别酸和碱的实验。

玻意耳最先为酸碱下了明确的定义，最早发现了酸碱指示剂，开创了物质鉴别的方法，还第一个引入并使用“化学分析”一词。后人把玻意耳称为“分析化学之父”。

石蕊地衣提取物

石蕊地衣

1653 年
帕斯卡提出流体压强传递定律

法国物理学家帕斯卡对物理学最重要的贡献是提出静态液体压强传递定律，即帕斯卡原理。1653 年，他在《液体平衡的论述》一文中写到：“一个灌满水的容器，它上面有

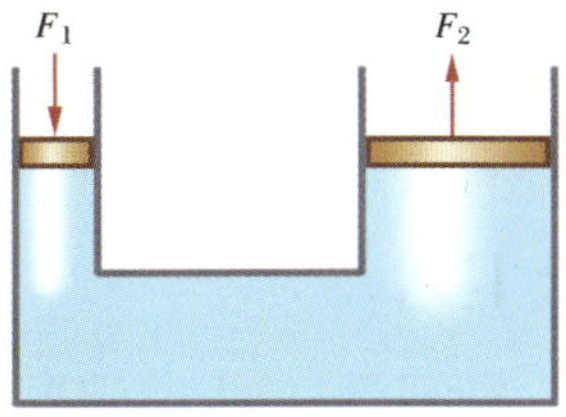

帕斯卡原理示意图

两个开口，每个开口配上紧密的活塞。当施加在两个活塞上的力平衡时，力和开口的大小成比例。因此充满水的容器是一架新机器，只要你需要，就能把力扩大到任何程度。”这实际上就是说，在密闭容器内，施加于静止液体上的压强将等值地同时传到各点。1653 年，帕斯卡经过多年的研究和思考后提出了帕斯卡原理，但该原理直到 1663 年、他死后一年才正式发表。

最能说明该原理应用的例子，就是液压千斤顶。它常应用于汽车轮胎更换，甚至房屋的整体挪动。

1653 年
第一个气象观测站建成

世界上第一个气象观测站，是在托斯卡纳大公斐迪南二世的领导下，于 1653 年在今意大利北部的佛罗伦萨建立的。同年，他建成了一个包括 10 个观测站的欧洲气象观测网，观测工作一直持续到 1667 年。到 18 世纪，又有一些国际性气象观测网相继在欧洲建成。其中，组建于 1780 年代，由欧洲、北美洲和西伯利亚共 20 个国家的 57 个气象观测站构成的观测网，每个观测站都采用统一的仪器、规范、观测时次和记录格式来进行观测和记录，并对所得气象资料进行集中整理。气象观测网的建立和逐渐扩大，观测项目、观测时间和记录格式的逐步趋于统一，对大气科学研究的进展具有非常重要的意义。

1654 年
居里克演示马德堡半球实验

马德堡半球是用来演示大气压强的仪器。1654 年，德国易北河马德堡市的市长、物理学家居里克表演了一个惊人的实验。他制造了两个直径约 50 厘米的红色空心铜制半球，半球的两侧各装有一个巨型铜环，两个半球之间垫有一层浸透了油的皮革，让两个半球完全吻合。他用自制的真空泵将球内的空气抽掉，此时两个半球紧密地合二为一。为了证明这两个半球的结合是多么牢固，居里克在半球两侧的巨型铜环上各套上 8 匹马向相反的方向拉此球体，但拉不开。什么力量能够与 16 匹高头大马的拉力相抗衡呢？答案是大气压力。球内的空气被抽出，没有了空气，外面的大气压就将两个半球紧紧地压在一起。马德堡半球实验不仅证明了大气压的存在，从而推翻了亚里士多德提出

马德堡半球实验描绘图

的“自然界厌恶真空”的假说,还证明了大气压很大。

虽然该实验是在德国雷根斯堡进行的,但由于居里克是马德堡市市长,因此人们通常称这两个半球为马德堡半球,而称该实验为马德堡半球实验。现在广泛使用的吸盘式塑胶挂衣钩,就是根据上述实验及其原理制成的。当年进行实验的两个半球现在仍保存在慕尼黑的德意志博物馆中。

1655 年
沃利斯《无穷算术》出版

英国数学家沃利斯出生于肯特郡阿什福德的一个牧师家庭。1632 年末入剑桥大学,学习神学、哲学、地理学、医学、天文学和解剖学。1640 年获硕士学位后成为神职人员。在 1642 年爆发的英国内战中,为议会党破译了保皇党的密码,显示了他在数学上的天分。1647 年他读了英国数学家奥特雷德的《数学之钥》后,对数学产生了浓厚的兴趣,并很快有所成果。1649 年起在牛津大学任著名数学家才能担任的萨维尔几何学教授。1655 年,他的著作《无穷算术》在牛津出版。沃利斯在书中引进了无穷级数、无穷乘积,使用了虚数、负指数和分数指数,还创用了无穷大符号 ∞。他实际上完成了相当于 $\int_0^1\sqrt{1-x^2}\,dx$ 的积分,并得到 π 的无穷乘积表达式 $\frac{4}{\pi}=\frac{3\cdot3\cdot5\cdot5\cdot7\cdot7\cdots}{2\cdot4\cdot4\cdot6\cdot6\cdot8\cdots}$。他提出了函数极限的算术概念,指出它是被函数逼近的数。这个数与函数之间的差能够小于任一指定的数。如果这个逼近过程无限继续下去,差最终将消失。这一思想发展了意大利数学家卡瓦列里的不可分量原理,被称为牛顿、莱布尼茨发明微积分的前奏。《无穷算术》在微积分产生过程中有重大影响,而沃利斯则被誉为在牛顿和莱布尼茨之前在创建微积分上贡献最突出的数学家。

沃利斯

1655 年
惠更斯发现土卫六

荷兰数学家、物理学家、天文学家惠更斯在青少年时代就受到当时科学界著名人物的直接影响。他 1645 年至 1647 年在莱顿大学求学,1647 年至 1649 年又去荷兰南部城市布雷达的奥兰治学院深造。毕业后他有很长一段时期在家研究数学和望远镜制造方面的问题。1610 年,意大利科学家伽利略发现木星有 4 颗卫星,当时尚无人知晓其他行星是否也有卫星。1655 年,26 岁的惠更斯制成其第一架重要的仪器:口径 5 厘米、长 3.6 米、放大率为 50 倍的折射望远镜。1655 年 3 月 25 日,他用这架望远镜发现土星近旁有一个小小的恒星状天体。月复一月,惠更斯仔细跟踪其从土星的一侧移动到另一侧,直到 1656 年终于宣布发现了土星的一颗卫星,它每 16 天就绕土星转一周。后来,亦如伽利略发现的木卫皆以希腊神话人物命名那样,这颗新卫星被命名为泰坦(Titan)。在希腊神话中,泰坦是一个神族,其成员统称为泰坦,但每个成员又各有自己的名

“卡西尼—惠更斯号”探测器前往土卫系统艺术构思图 该探测器由美国国家宇航局于 1997 年发射的“卡西尼号”土星探测器(图中央)和它携带的由欧洲空间局研制的“惠更斯号”土卫六着陆器(图中左侧)组成,于 2004 年到达土星(图中右侧)附近。然后“惠更斯号”向土卫六(图中左下方)降落,“卡西尼号”则继续在轨道上探测土星的卫星、光环、大气和磁场。

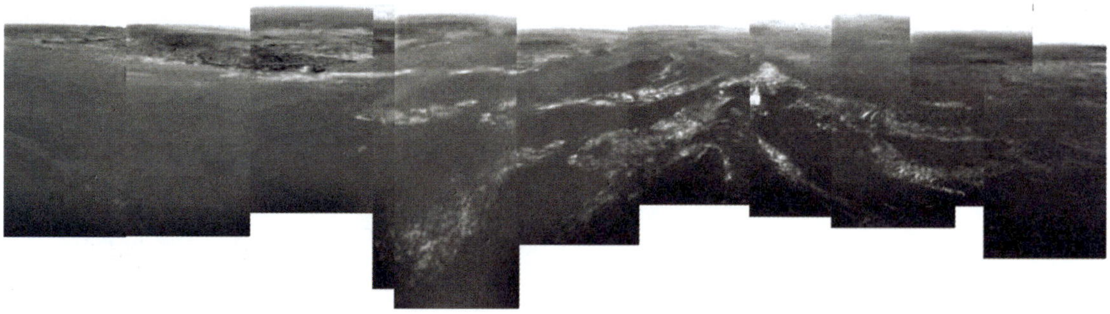

“惠更斯号”向土卫六着陆期间拍摄的照片拼接图　拍摄这些图像时“惠更斯号”探测器在土卫六上空的高度约8千米，图像分辨率约为每像素20米。图中的白色条纹也许是土卫六表面上的甲烷或乙烷蒸汽“雾”，暗区可能是其中仍含有液态物质的沟道。

字。后来发现的土卫逐渐增多。在汉语中泰坦被编号定名为“土卫六”。它是土星最大的卫星，直径5150千米，在太阳系的全部卫星中大小仅次于木卫三。土卫六与土星相距122万千米，约相当于土星半径的20倍。在17世纪后期，意大利—法国天文学家卡西尼又于1671年10月发现了土卫八、1672年12月发现了土卫五、1684年发现了土卫三和土卫四。至此，人们所知的太阳系中的卫星数已显著超过了行星数。

1656 年
惠更斯发现土星光环

1610年，意大利科学家伽利略用他刚发明的天文望远镜，发现土星的形状奇特而多变，宛如一个球体两侧各有一个小小的附属物，一段时间后这两个附属物又似乎隐匿不见了。他和后来的一些观测者对此都深感困惑。1656年，荷兰数学家、物理学家、天文学家惠更斯用放大率为50倍的自制望远镜，发现土星被一个与之同心的扁平圆环围绕着。他按当时科学界的流行做法，用一个拉丁文的字谜宣告自己已有所发现。1659年，他确定自己的发现正确无误，遂在同年出版的《土星系统》一书中揭晓谜底：“有环围绕，又扁又平，不与土星接触，而与黄道斜交”，并附图说明由于土星同地球的相对位置不断变化，地球上所见的土星光环形态如何随之而变化。1856—1859年，英国物理学家麦克斯韦运用天体力学理论证明，土星光环由环绕土星运行的无数固体质点构成，而不是一个固态的整块，该理论后来为观测所证实。此后长达3个世纪之久，土星光环一直被视为大自然中独一无二的奇迹，直到20世纪后期人们才陆续发现天王星环、木星环和海王星环。

土星及其光环　(上)惠更斯1698年的素描，(下)哈勃空间望远镜1998年4月拍摄的照片。

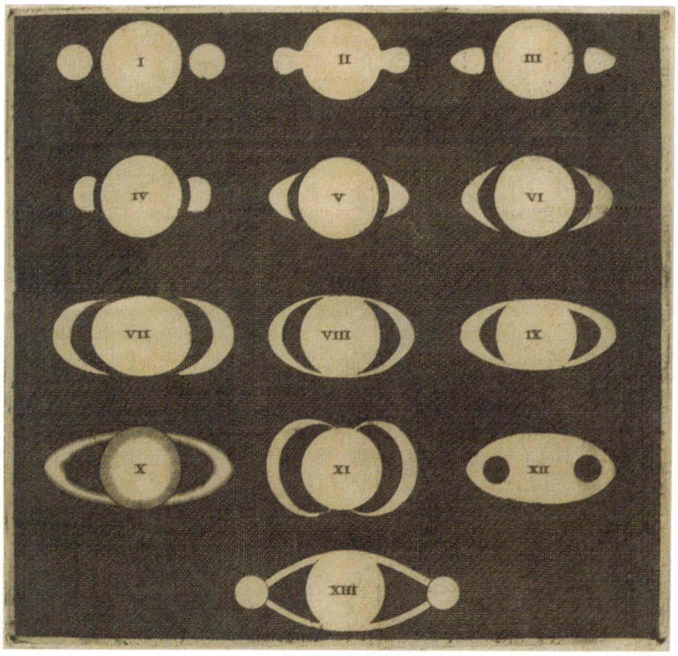

《土星系统》一书中描绘的17世纪前期天文学家对土星光环的认识

1657 年
惠更斯《论骰子游戏的推理》出版

1655年荷兰数学家、物理学家、天文学家惠更斯在巴黎得知了帕斯卡与费马在一次关于概率论的通信中所进行的工作，回荷兰后写了《论骰子游戏的推理》一书，于1657 年出版。书中首次引进了数学期望的概念。此书先从关于公平赌博的一条公理出发，推导出有关数学期望的 3 个基本定理，然后根据这些定理，利用递推公式，解决了点子问题及其他一些赌博问题。最后提出 5 个问题让读者解答，并给出了其中 3 个问题的答案。通常所谓惠更斯的 14 个命题，指的就是此书中的 3 个定理另加 11 个问题。

惠更斯关于公平赌博的公理是：参加公平赌博的每个参与者愿意拿出经过计算的公平赌注冒险而不愿拿出更多的数量，即赌徒愿意押的赌注不大于其可能赢得金额的数学期望。惠更斯由此得到关于数学期望的 3 个命题，它们是：

命题 1 若在一次赌博中或赢得金额 a，或赢得金额 b，二者概率相等，则其数学期望为 $\frac{1}{2}(a+b)$。

命题 2 若在一次赌博中或赢得金额 a，或赢得金额 b，或赢得金额 c，三者概率相等，则其数学期望为 $\frac{1}{3}(a+b+c)$。

惠更斯

命题 3 若在一次赌博中仅能以概率 p 和 q $(p\geqslant 0, q\geqslant 0, p+q=1)$ 分别赢得金额 a 和 b，则赢得金额的数学期望值为 $ap+bq$。

《论骰子游戏的推理》是历史上第一本关于概率论的印刷出版物，是 1713 年瑞士数学家雅各布·伯努利所著《猜度术》的基础；而数学期望的概念，则为 1812 年法国数学家拉普拉斯定义古典概率时所用。

1657 年
惠更斯创制第一台摆钟

尽可能准确地测定一个天体在什么时刻处于天球上的什么位置，是天文观测的一项重要任务。这需要有精确的计时器，而自古以来一直使用的日晷和漏壶，并不能满足精确计时的要求。14 世纪机械钟问世，但其误差仍大到若干分之一小时。1580 年代伽利略发现了摆的等时性原理：一个长度固定的摆，只要摆动的幅度不是太大，那么其摆动周期就是一定的，即与摆幅无关。1656 年，荷兰数学家、物理学家、天文学家惠更斯初步试制成功靠下落的重锤提供动力，使摆锤维持长时间摆动的机械装置。他于 1657 年据此制造出第一台摆钟，又于 1658 年出版了关于精确计时器的第一部著作《时钟》。惠更斯发现，其实只有当摆锤沿着“摆线”——而不是圆弧摆动时，摆动周期才严格地不随摆幅大小而变化。他设计了种种巧妙的机构，造出了使摆锤沿摆线摆动的钟。另一方面，为了克服摆钟过于笨重的缺点，惠更斯又将弹性很强的金属丝弯成一个松松的螺旋，制成一种“摆轮”，或称“游丝”。它

荷兰莱顿波哈夫博物馆展出的惠更斯的摆钟

占的地方很小，能够很有规律地卷紧和松开，并可由主发条提供动力。1673 年，惠更斯在其第二部关于精确计时器的著作《摆式时钟》中详尽地叙述了自己的发明。摆钟计时可以精确到秒，在将近 3 个世纪中始终是重要的天文计时器。与此同时，带游丝系统的钟做得越来越小巧而精致，进而演变成了“表”。

1657—1679 年
博雷利用力学原理解释肌肉运动和其他生理现象

如果精通多门学科，并将不同学科的知识融会贯通，就很有可能获得意想不到的成果。意大利科学家博雷利就是一个极好的例子。

博雷利身为比萨大学数学教授，却对生理学和动物解剖学有着浓厚的兴趣。1657—1679 年，他对动物肌肉运动进行了系统的研究。尽管没接受过系统的生理学训练，但博雷利竟能将生理学同自己的老本行结合起来，用力学原理解释动物的运动现象，这在当时算是一个创举。他认为动物骨骼的架构可视为一种杠杆系统，依靠肌肉收缩的力量来进行操纵，而动物肌肉收缩的力量来自于肉质纤维而非肌腱。博雷利还第一次发现了人类行走的秘密——人体重心前倾导致下肢前跨从而避免跌倒。正是博雷利将力学引入生物学，从而揭示了许多现在已家喻户晓的生物学常识。遗憾的是，博雷利没有看到自己在此方面的研究成果成书出版。在他去世后的 1680 年，其著作《动物的运动》才得以面世。

约 1658 年
张履祥《补农书》成书

《补农书》由《沈氏农书》和《补农书》合编而成，分为上、下两卷，是中国明末清初真实反映浙江嘉湖地区农业生产状况的农书。《沈氏农书》为浙江归安沈氏(名字及生平不详)所作，成书时间约为 1640 年。《补农书》是浙江桐乡人张履祥的著述，约于 1658 年成书，旨在补充《沈氏农书》之不足。

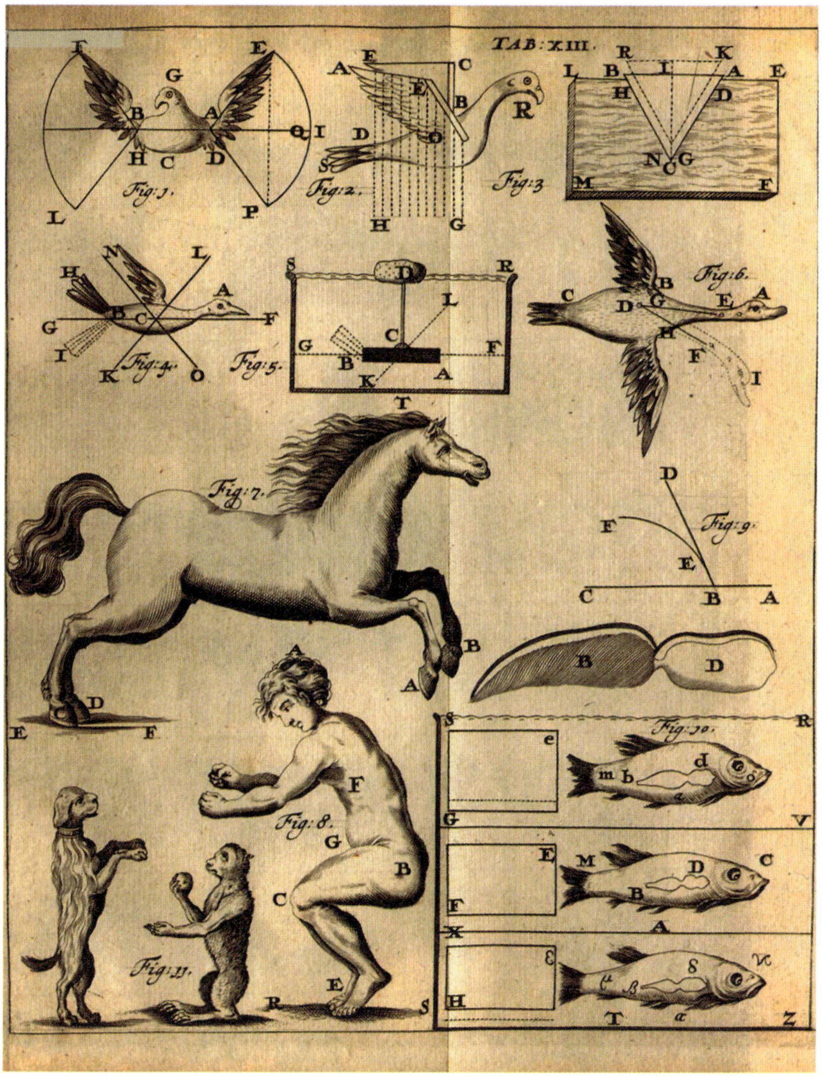

《动物的运动》一书中的插图

《沈氏农书》由“逐月事宜”、“运田地法”、“蚕务”和“家常日用”4 篇组成。“逐月事宜”是农家月令提纲，按月列举重要农事、工具和用品置备等；“运田地法”主要记载水稻和桑树栽培；“蚕务”除养蚕外，还包括丝织和六畜饲养；“家常日用”讲述农副产品的加工和贮藏知识。《补农书》主要论述有关种植业、养殖业的生产和集约经营等知识，记载了桐乡一带较重要的经济作物如梅豆、大麻、甘菊和芋艿等的栽培技术，内容广泛，切实可行。

1874年，《杨园先生全集》(张履祥世居桐乡杨园村，人称杨园先生)重刊时，把《沈氏农书》也一并列入了《补农书》中。从此，《补农书》的内容也包括《沈氏农书》在内。《补农书》在农业技术和农业经营方面都有突出的贡献。

1661 年
玻意耳《怀疑派化学家》出版

玻意耳是 17 世纪英国物理学家、化学家，他既重视理性思维，又强调科学实验，有许多重要发现，最突出的贡献则在化学方面。

1661 年，玻意耳出版了《怀疑派化学家》一书。该书用对话体形式，通过几位代表人物的激烈辩论，对当时占统治地位的元素说进行了全面批判。书中描述的 4 位代表人物分别是：古代四元素说的捍卫者，认为宇宙万物是由土、水、气和火 4 种元素组成；三要素说的代言人，认为万物都是由硫、汞和盐 3 种要素按不同比例组成的；怀疑派化学家，代表了玻意耳本人的观点，认为物质的形成是复杂的，非四元素说和三要素说所能包含；最后一位是不偏不倚的中立派化学家，保持中立。玻意耳通过这 4 位代表人物的辩论，使人们认识到：化学要发展，必须拨开笼罩在化学上的各种神秘面纱，摆脱传统哲学思辨的束缚，以精确可靠的观察和实验为基础建立新的化学理论，将化学确立成科学。

玻意耳

玻意耳敏锐地察觉到以往笼统粗浅的观察造成了理论上的混乱，认为必须抛弃古代传统思辨的方法，立足于严密的实验基础。他改进了许多仪器，制备了酸碱指示剂，发现了许多显色反应和沉淀反应，能够鉴别大量不同的物质。他将元素理解为：它们是一些原始和简单的物体，混合的物体由它们组成并且能分解成它们；它们不能用任何其他物体构成，也不能彼此相互构成。他以可靠的实验事实为依据，指出黄金不能分解出水、火、土、气等元素或硫、汞、盐等要素。玻意耳对火能将一切物质分解成元素的错误观点也进行了批判。

玻意耳摧毁了旧元素论，并利用微粒说解释物质的生成和变化：物质的基本材料是一种细小致密、不可分割的粒子，粒子结合成粒子团，物体的性质由粒子团的结构与运动决定。这已孕育着原子学说的雏形。这种机械论的微粒哲学得到了牛顿的赞赏与全面继承。

1662 年
西尔维斯提出生命活动的"发酵"学说

西尔维斯是 17 世纪荷兰化学家、生理学家和临床医生，是当时盛行的化学医学派的代表人物，1637 年毕业于巴塞尔大学，1658 年任莱顿大学医学教授，并在莱顿大学首先建立了化学实验室。

西尔维斯试图用化学原理解释人体的生理和病理现象，1662 年提出生命活动的"发酵"学说。这种发酵泛指机体内的一切化学过程，包括消化、呼吸以及新陈代谢。西尔维斯认为，人体的生命活动完全遵从发酵过程，唾液和胰液是酸性的，胆汁是碱性的，酸碱性不同的体液相遇时即引起发酵。酸性与碱性物质在血液中适度混合，则构成人体健康的基本条件。当体内某种腺体的分泌、血液流动的速度和黏度等发生变化时，都会导致酸碱失衡，体内的化学过程亦发生紊乱。依据"发酵"理论，西尔维斯将疾病分为酸性疾病和碱性疾病两大类，在治疗上提出对抗疗法。

1665—1681 年
显微镜开始应用于生物学研究

据记载，1610 年前意大利伟大的物理学家伽利略就已用自制的显微镜观察了昆

罗伯特·胡克的显微镜

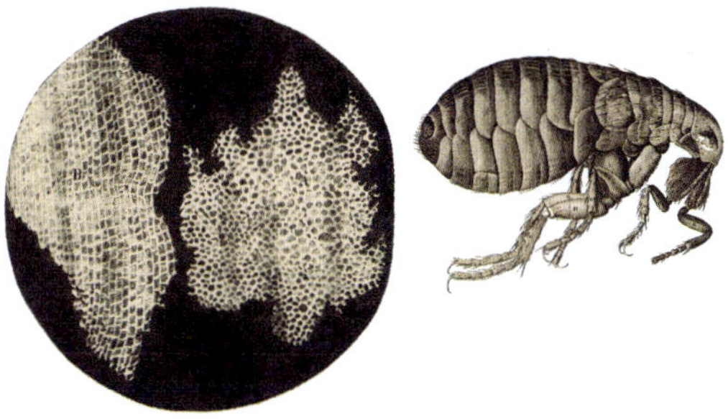

罗伯特·胡克于1665年出版的巨著《显微图谱》中所绘的软木中的“小室”(左)和跳蚤(右)

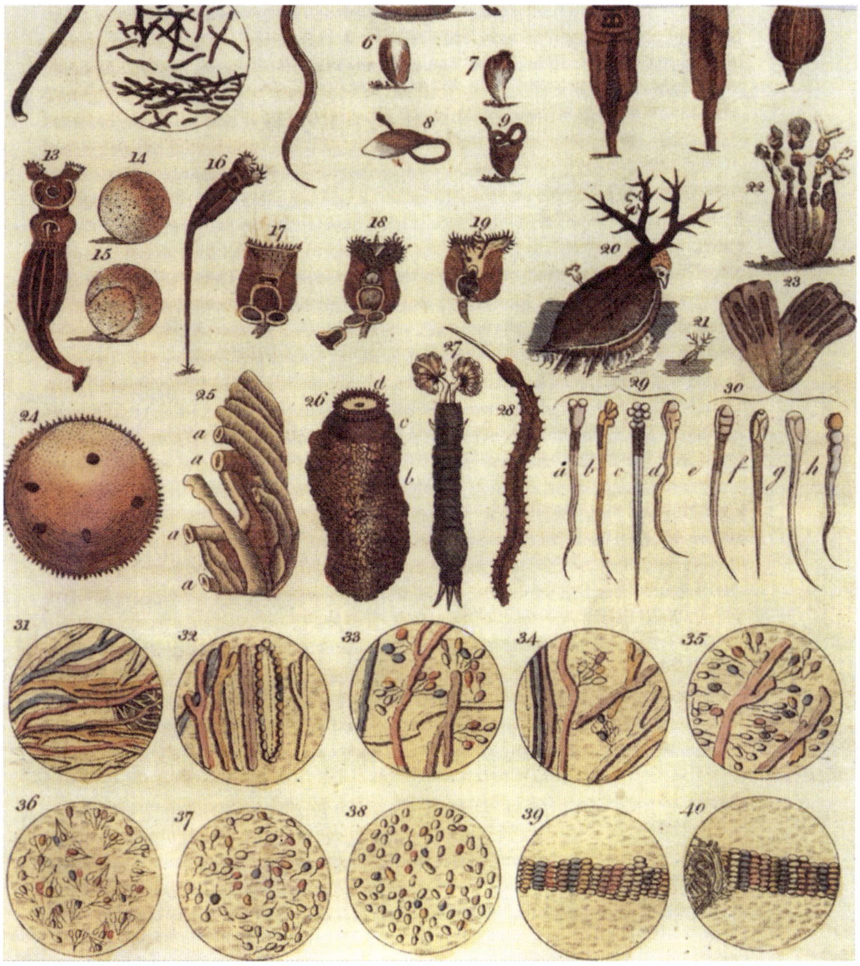

列文虎克所绘的显微镜下观察到的物体

虫的复眼。不过,显微镜在科学研究中的广泛应用直到半个世纪后才真正实现。1665年,英国物理学家罗伯特·胡克出版了《显微图谱》一书,书中的图片精确地描绘了他在显微镜下看到的神奇世界:蜜蜂的刺、苍蝇的复眼、鸟的羽毛、鱼的鳞片,以及跳蚤、蜘蛛、荨麻等。通过显微镜,他发现那些平时毫不起眼的小东西原来竟是如此精细和复杂!他还观察到软木的蜂窝状腔室结构,从而提出了“细胞”(cell,当时意为“小室”)的概念。胡克不仅开创了显微镜研究之先河,还使得一大批人对奇妙的微观世界产生了浓厚的兴趣。

与胡克几乎同时,荷兰人列文虎克几乎将毕生精力都花在了磨制更好的显微镜镜片上。他磨制成了放大率达270倍的镜片。1674—1681年,这个没有受过正规教育的科学门外汉不仅观察到了水中的微生物,还发现了许多低等动物和昆虫不是人们之前设想的那样从沙子、露水中直接自发产生,而是由卵孵化而来的。他肯定了连接静脉与动脉的毛细血管的存在,描述了血液中的红细胞,使得困扰人们许久的血液循环之谜终于定论。列文虎克由于在显微观察方面的杰出贡献而当选为英国皇家学会会员。

显微镜技术为人类打开了微观世界之门。诸多学科中,受其影响最大的当属生物学。借助显微镜,人们解开了一个又一个关于生命的谜团。

莱布尼茨

1666 年
莱布尼茨发表《论组合术》，始创数理逻辑

莱布尼茨，德国数学家。出生于德国莱比锡。父亲是莱比锡大学伦理学教授，去世后留下丰富的藏书，为莱布尼茨的学习创造了良好条件。他于1661年进入莱比锡大学学习法律，1667年在纽伦堡附近的阿尔特多夫大学获法学博士学位，时年仅21岁。他在学生时期就对数学颇感兴趣，系统研习过欧几里得的《几何原本》，并信奉毕达哥拉斯的学说。

1666年，莱布尼茨发表了他的第一篇数学论文《论组合术》，其中陈述了“推理计算”的思想，提出了关于推理的通用系统的早期规划，目的是以经济的、行之有效的符号将语言的推理过程表述出来，把理论的真理性归结为一种计算的结果，从而开创了符号逻辑和数理逻辑的研究。莱布尼茨于1679年至1690年间又多次补充完善他的这种符号逻辑思想，这使他成为数理逻辑的创始人之一。

1666 年
马尔皮基发现肾小体

肾脏是人体泌尿系统中重要的器官，肾单位是肾脏结构与功能的基本单位，每个肾脏包括100万个以上肾单位。肾单位由肾小体和肾小管两部分组成，发现肾小体的科学家是意大利的胚胎学家、组织学家、比较解剖学家马尔皮基。马尔皮基曾经在意大利著名的博洛尼亚大学、比萨大学和莫西纳大学等多所大学任教。他利用改进的显微镜对多种动物的器官进行了观察，并于1660年发现蛙的气管分支的末端是一些膨大的肺泡，肺泡表面分布着毛细血管，从而在组织结构上证实了哈维的血液循环理论。1666年，马尔皮基出版《论内脏结构》，报道了他对脾、肾、淋巴结的观察结果。他首先发现了肾小体，明确了肾血管在泌尿系统的作用。至今，组织学上仍将肾小体称为马尔皮基肾小体。

1666 年
西登哈姆《对热病的治疗法》出版

欧洲文艺复兴后，医学的迅速发展引发了很多人的兴趣，但很多医生把大量的精力投入到医学基础学科的研究中，忽视了医生的首要责任是直接解除病人的病痛。17世纪英国临床医学家西登哈姆注意到这种情况，他指出：“与医生最有直接关系的既非解剖学之实习，也非生理学之实验，乃是被疾病困扰的患者。故医生的任务首先是探明痛苦的本质，即要多观察患者的情况，然后再研究解剖、生理等知识。”西登哈姆对临床常见的发热性疾病进行了细致的观察研究。1666年，西登哈姆在他的著作《对热病的治疗法》中指出，“根据我的意见，无论致病因素对身体多么有害，人体内总有一种自然抵抗力，可以将致病因素驱逐至体外，使人体恢复健康。”1675年，西登哈姆发表了《关于急性疾病的发生及其治疗的观察》，记录了15年来流行病的发生情况和治疗经过，提倡根据疾病的不同症状分类治疗。

1666—1671 年
牛顿完成一系列关于微积分的论文

英国科学家牛顿出生于英国林肯郡格兰瑟姆附近的伍尔索普村。1660年入剑桥大学三一学院，受教于英国数学家、物理学家巴罗，受笛卡儿《几何学》和沃利斯《无穷算术》的影响甚深。1665年为避瘟疫回家乡两年，其间制定了一生大多数重要科学创造的蓝图。

据牛顿自述，（依照英国旧历）他于1665年11月发明正流数术（微分法），1666年5月建立反流数术（积分法）。1666年10

月，他把这些成果整理成《1666年10月流数简论》一文，简称《流数简论》，仅在朋友与同事中传阅（到1962年才印刷出版）。其中以速度形式引进了流数概念（尽管并未使用"流数"这个术语），采用了时间 t 的无穷小瞬 o 的概念，建立了"微积分基本定理"，并讨论了正、反流数术的各种应用。这是历史上第一篇系统论述微积分的文献。

1669年牛顿写成《运用无穷多项方程的分析学》一文，简称《分析学》（于1711年发表）。文中叙述了计算曲线 $y=f(x)$ 下方从0到 x 的面积的法则，还给出了相当于逐项积分的定理。这篇论文体现了牛顿的微积分与无穷级数方法紧密结合的特点。

1671年，牛顿完成了《流数法与无穷级数》一文，简称《流数法》（1736年发表）。这篇论文是对流数法的系统叙述，其中首次使用了"流数"这一术语。《流数法》对以物体运动速度为原型的流数概念做了进一步提炼，将微积分基本问题表述为：已知流量间关系，求流数关系；反之，已知表示量的流数间关系的方程，求流量间关系。与《流数简论》类似，此文从时间的无穷小瞬 o 出发来推导流数的算法，并在应用方面获得更大成功。

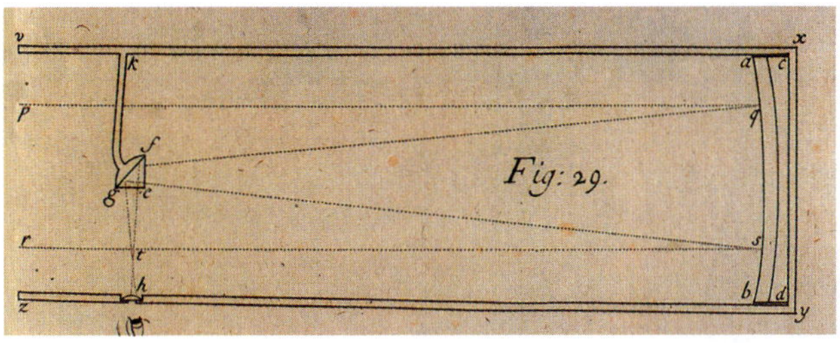

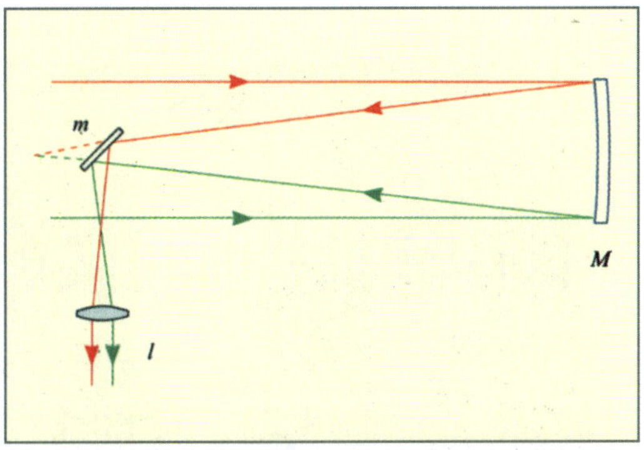

牛顿反射望远镜的光路 （左）牛顿在其所著《光学》一书中的插图，一块棱镜（图中的三角形efg）起着平面反射镜的作用，（右）简化的光路线条图。

1668年
牛顿制成反射望远镜

伽利略的望远镜以光线的折射为基础，称为"折射望远镜"。玻璃对不同颜色的光具有不同的折射率，称为色散。色散致使不同颜色的入射光经折射后不能会聚到同一焦点上，这称为色差，它使所观测的目标成像模糊。另一方面，平行光线从凹面镜上反射也能聚焦，以此为基础制成的望远镜称为"反射望远镜"。反射镜以相同的方式反射所有颜色的光，因此不会产生色差。1668年，26岁的英国科学家牛顿制成第一架反射望远镜。其主镜直径仅约2.5厘米，镜筒仅长15厘米，外观犹如一个玩具。但它却可以放大38倍，产生的物像清晰程度不亚于当时那些长1—2米的折射望远镜。星光从镜筒前端进入，投射到反射镜上，又返回到同一端，俯身察看物像的观测者本身就会挡住入射光线。为此，牛顿用了两面镜子：星光进入望远镜射到后端的球面主镜上，经它反射的光在汇聚到达焦点前又射到一小块平面副镜上。副镜的取向与主镜交成45°角，射到副镜上的光线转过90°反射出来，进一步会聚进入装在镜筒边上的目镜。1672年1月11日，牛顿将第二架反射望远镜送到伦敦皇家学会展示，其主镜口径为5厘米。此镜至今犹存。当时的反射镜用金属制造，反射率不高，例如牛顿本人的镜面只能反射16%的入射光。其次，金属反射镜还容易逐渐失去光泽，故常需重新抛光。

牛顿于1672年向伦敦皇家学会展示的反射望远镜

牛 顿

牛顿诞生的时间，按儒略历计算是1642年12月25日圣诞节那天，但按格里历——即现行的公历计算却是1643年1月4日，出生地是英国林肯郡的伍尔索普。1727年3月20日，85岁的牛顿在伦敦逝世。英国是1752年才开始使用公历的，牛顿的生卒日期都用儒略历记录在案。

牛顿是早产儿，又是遗腹子。3岁时母亲改嫁，把他留给了外祖父母。在学校里，他对周围的一切充满好奇，但并不显得很聪明。十来岁时，他在学习上好像还相当迟钝，但后来明显地成了学校里最好的学生。1650年代后期，家里叫他到母亲的农场去帮忙。他的舅舅是剑桥大学三一学院的，发现了牛顿的学识，极力主张送他到剑桥大学去读书。1660年此事兑现，1664年牛顿取得学士学位，成绩不算突出。为了躲避伦敦的瘟疫，他再次回到母亲的农场。这时，他已经研究出数学上的二项式定理，同时在摸索后来发展成为微积分的一些初步思想。

从古代到中世纪，人们普遍信奉亚里士多德的哲学，认为天体和地上的万物遵循着不同的自然法则，与运动有关的法则更是如此。但是牛顿认为，控制月球运动与控制自由落体的应该是同一种力，这在当时是一种非常大胆的设想。

在母亲的农场，牛顿推导出落体的加速度与重力的大小成正比，重力大小则与到地心距离的平方成反比。在比较自由落体与月球的下落速率时，必须知道月球究竟有多远。所谓的月球下落，实际上就是月球偏离直线运动的程度，它使月球保持在自己的轨道上环绕地球运行，而并非越来越接近地球。结果，牛顿算出月球下落的加速度只是实际观测值的7/8左右，这使他大失所望。然后，这个问题被搁置了18年。

同是在1665—1666年，牛顿做了一项实验：让一束阳光通过一个棱镜，由于不同成分的光折射的程度不同——这称为色散，投到屏上就形成一条按彩虹的色序排列的“光谱”，白光就是由这些色光合成的。这项实验使牛顿一举成名。

1667年，牛顿回到剑桥，在那里一住就是30年。1669年，他的数学老师巴罗辞职，由27岁的牛顿补缺，于是他就当上了剑桥大学的卢卡斯教授——此职以出资设立者卢卡斯冠名。牛顿一年大约只需作8次讲演，其余时间就用来研究和思考。

牛顿和德国数学家莱布尼茨几乎同时独创了微积分。当两人的名气越来越大之后，微积分究竟是英国人还是德国人首先发明的，似乎成了争论的焦点。其实，牛顿和莱布尼茨都是足以独立发现微积分的一流人物。英国数学家固执地继续使用牛顿的记号，而无视方便得多的莱布尼茨表示法。这样，他们就把自己孤立在欧洲大陆的数学进展之外，落伍长达一个世纪。

当时有些科学家——例如荷兰的惠更斯，认为光和声一样是一种波动。然而牛顿觉得光沿直线运动是无可非议的事实，要是没有反射镜，转个弯儿就看不见它了。因此，他认为光是从发光体运动到眼睛的微粒流。他的声望使光的“微粒说”在与“波动说”的争论中占了百余年的上风。

牛顿认为，在用折射望远镜观测星体时，由于色散，必然会在星像四周形成一圈带色的环，这称为色差。它使本该明锐的星像变得模糊不清。为此，他于1668年研制成一架反射望远镜，而通过反射来汇聚光线是不存在色差的。1670年代初，牛顿又造了一架稍大的反射望远镜，口径虽然仅5厘米，但成像质量上佳。不久，他被选为皇家学会会员。现代最大的那些天文望远镜都是反射式的，但牛顿认为折射望远镜的色差永远无法消除毕竟还是错了。他去世不久，就有人造出了消色差的折射望远镜。

1684年，英国皇家学会主席克里斯托弗雷恩悬赏寻解天体运动规律问题。天文学家哈雷带着问题去问他的好友牛顿，天体之间若有与距离平方成反比的引力，行星将会如何运动？牛顿脱口而出："按椭圆轨道运动。"他讲起自己在1666年所作的理论推测，哈雷不禁大喜，建议牛顿继续尝试。

这时，牛顿知道法国天文学家让·皮卡尔已求出较精确的地球半径值，而牛顿本人创立的微积分又可供算出地球不同部分的引力产生的总效果。牛顿重新进行18年前的计算，越算越感到前景美妙。据传这使他激动得无法再继续往下算了，只好让一位朋友来代劳。

牛顿用拉丁文写了一本书，详尽地阐述所有这一切，于1687年出版。这部不朽的著作，就是《自然哲学的数学原理》，常简称《原理》。尽管当时牛顿已经发明了微积分，《原理》却是史上最后一本用古希腊风格写就的科学巨著，始终用老式的几何方法证明命题。书中将物体的运动归纳为三大定律。

牛顿阐明了两个物体间的引力与它们的质量乘积成正比，而与两者之间距离的平方成反比，这就是如今众所周知的万有引力定律。牛顿曾估测地球的质量值，并据此估算木星和土星的质量，结果都相当准确。他还在书中画了一张图，说明引力如何控制如今称为"人造卫星"的这类物体的运动。

《原理》初版只印了2500册，但其价值立即被许多科学家所认同，它标志着由哥白尼开创的科学革命达到了顶峰。牛顿展示的宇宙体系比任何古代学者设想的都更为优美。牛顿的体系是从极少数简单的设想开始，通过极清晰的数学论证构筑起来的。欧洲大陆的学者们对《原理》的作者肃然起敬，例如惠更斯便专程前往英国会见牛顿。

哈雷曾问牛顿，为什么他能有那么多的发现，而别人却做不到。牛顿答道，他解决问题不是靠灵机一动，而是靠持久的苦苦思索，直到解决为止。有人戏言，如果脑子会出汗的话，牛顿一定早就被这样的汗水浸透了。

仿佛自己做的事情还不够多似的，牛顿在晚年花了大量时间徒劳地寻找将贱金属变成黄金的诀窍，还写了50万言的化学著作，但价值不大。他没完没了地思索神学问题，并对《圣经》中那些最玄虚的章节写了150万字的考证文章。

由于长期的高强度脑力劳动，1692年牛顿的精神崩溃了，不得不休息了将近2年。相传病势加剧起因于他家的狗碰翻蜡烛，烧毁了他年复一年的计算手稿。不过，牛顿是否真的养过狗却并不能完全肯定。

年逾半百的牛顿再未恢复如初，可他仍比十个寻常的科学家还要强得多。1696年，瑞士数学家约翰·伯努利提出两个问题挑战欧洲数学家。牛顿匿名给皇家学会寄去了答案。伯努利见到答案一眼就看穿了秘密，说："我从利爪认出了这头狮子。"1716年莱布尼茨提出一个问题，主要就是想难住牛顿。但74岁的牛顿当晚就把问题解决了。

1689年，牛顿当选国会议员，但他开会从不发言。1696年，牛顿被委任造币局总监，1699年又晋升为局长，这在当时被视为很大的荣誉，而且薪俸优厚。牛顿辞去教授职务，全力投身新职，改善了造币工艺。1703年，牛顿当选为皇家学会主席，以后年年连任，直至逝世。他于1704年用英文写了《光学》一书，不久被译成拉丁文。1705年，英国女王册封牛顿为爵士。

牛顿30岁开始头发花白，但到80岁时仍眼明耳聪，一生只掉过一颗牙，记忆力也很好。他在世时备受人们尊崇，逝世后8天入葬威斯敏斯特大教堂，英国的王公大臣、文人学士纷纷前往吊唁。法国大文豪伏尔泰曾羡慕地评论：英国给予一位数学家的荣耀宛如其他国家给予一位国王那样隆重。

牛顿在1676年给罗伯特·胡克的一封信中写道："如果我比别人看得远些，那是因为我站在巨人们的肩上。"另外，据说他曾讲过："我好像只是一个在海滨嬉戏的孩子，不时为找到一块更光滑的卵石或一只更美丽的贝壳而感到高兴。而我面前浩瀚的真理之海，却还完全是个谜。"耐人寻味的是，其他科学家同样也是站在巨人的肩上，在同一个海滨嬉戏，却唯独牛顿能看得更远，捡到更美丽的贝壳。

1668 年
雷迪通过实验挑战自然发生说

在生命起源问题上，流传时间最长、影响最大的是自然发生说。该学说认为生命体可从无生命的物质自发地产生。在各个古老文明中都能找到关于自然发生说的类似表述。例如，中国古代有“肉腐生虫，鱼枯生蠹”、“腐草化萤”的说法；古埃及人认为青蛙、蛇、鼠等是因尼罗河水泛滥而淤积的肥土经太阳晒后生出来的；古希腊的亚里士多德则认为生物可由无机物直接产生。自然发生说在现代人看来荒谬之极，但在长达1600年的时间内，人们一直对此深信不疑。

到了文艺复兴时期，意大利物理学家伽利略带动了实验科学的兴起，欧洲众多科学家开始尝试对一切依靠推理和哲学得来的知识进行实验检验。用实验方法对自然发生说提出置疑的第一人是17世纪的意大利宫廷医生、佛罗伦萨实验科学院成员弗朗切斯科·雷迪。1668年，他设计了一个巧妙的实验：将同样重的肉放在两个罐子里，一个罐子用纱布封闭，仅使空气通过；另一个罐子则不封闭。结果前一个罐子中没有出现蛆，后者则出现了蛆。他继续观察，发现蛆渐渐发育成为苍蝇。将死的蛆或苍蝇放进肉中不会有新的苍蝇产生，而将活蛆或苍蝇放进肉中就会产生新的苍蝇。

雷迪的实验首次否定了人们先前认为的空气中有“活力”、腐肉中存在能够自发形成生命的物质的观点，并引发了关于“生命来源于什么”的科学大论战。

约 1669 年
布兰德制取白磷

德国汉堡商人布兰德是个炼金术士，他阅读了大量关于怎样将贱金属转化为贵金属的书籍。他对用尿液将贱金属转化为银的研究十分感兴趣。大约在1669年，他把浓缩的尿液放进曲颈甑，想通过蒸馏进一步浓缩尿液。他把曲颈甑放在炉子上加热时，先看到曲颈甑变红热，然后突然冒出一股发光的烟，充满了曲颈甑，随后有液体溢出，伴随着火焰。他赶紧把溢出的液体收集到一个瓶子中，然后用盖子盖上。液体随后冷凝固化，并继续发出淡绿色的光。他把这个会发光的物质称为“phosphor”。该词来源于希腊单词，意为“发光者”。布兰德发现磷后，并没有告诉别人，而是把它当成一个秘密。他努力地研究磷，试图用磷来最先得到金子。但他辛勤的工作并没有为他带来一丝一毫的金子。

用布兰德的方法制磷的得率非常低，大约5500升尿液只能制得120克磷。该实验的反应机理并不复杂。尿中含有磷酸根离子和大量有机分子。在强热下，磷酸根离子中的氧与碳化合，生成一氧化碳，在高温下被还原的单质磷以气体状态释放出来。在280℃下，磷开始液化；大约在44℃时，又固化成白色的磷。这是当时布兰德制磷的基本过程，至今人们还在应用，只不过用磷矿石和焦炭代替了尿液，用电炉代替了曲颈甑。

磷是人体必不可少的元素，在诸如安全火柴、烟花、燃烧弹和化肥的生产中也都需要磷。

1669 年
斯泰诺提出地层层序律

丹麦地质学家斯泰诺担任过帕多瓦大学的教授，还做过私人医生、解剖学家、牧师等。在他有限的研究科学的时光中，他写了一本书——《关于固体自然包裹于另一固体问题的初

斯泰诺

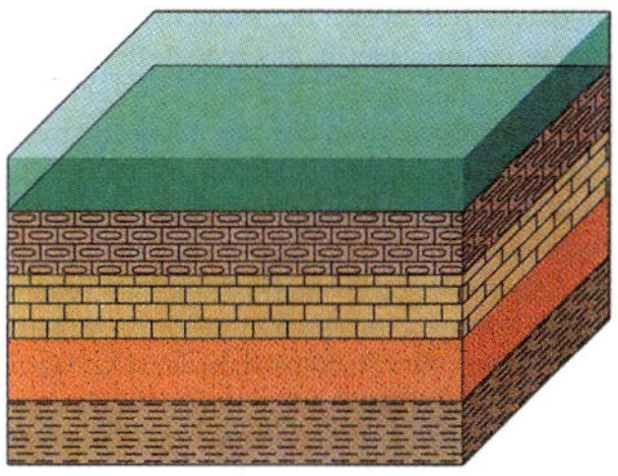

地层层序律模式图

步探讨》，这本 1669 年出版的如同地层学“引子”的书，给他带来了“地层学之父”的美誉。

斯泰诺从研究岩石中的鲨鱼牙齿开始思考一个问题：某些固体是怎样被包裹到另一个固体中的？斯泰诺不仅在岩石里看到了固态的牙齿，还看到了矿物、晶体、岩脉等固体也在岩石中栖身。斯泰诺首先假定组成地层的岩石和岩石中的其他固体都形成于水中，当水中的颗粒沉到水底形成一层沉积物时，形态上是呈水平延展的。如果最终地层固化为岩石，一个固体被另一个固体所包裹，一定是首先固化的那个固体的形状将影响、制约后形成的固体。

斯泰诺认为，在一系列地层中，盖在上面的地层的形状往往受到躺在下面的地层的影响，所以从时间上看，最年轻的岩石是最上面的一层，最古老的岩石是最下面的一层。火成岩则例外，因为它们不是从水中诞生的。这样，从鲨鱼的牙齿入手，斯泰诺首先发现了地层层序律——早的地层先形成，最后堆积的是最晚的地层。地层层序律亦被称为斯泰诺定律。

1670 年
巴罗《几何学讲义》出版

英国数学家巴罗出生于伦敦，1643 年入剑桥大学三一学院，1648 年获学士学位，1649 年当选为三一学院院委，1662 年兼任伦敦大学格雷沙姆学院的几何教授，1664 年任剑桥大学第一任卢卡斯教授，1672 年任三一学院院长。巴罗最重要的数学著作是 1670 年出版的《几何学讲义》，这是微积分创建过程中的重要历史文献，其中包含了他对无穷小分析的卓越贡献，特别是通过计算求切线的方法已十分接近于现代的求导过程。他提出的微分三角形概念对微积分的产生有一定影响。他还觉察到切线问题与求积问题的互逆关系，这已十分接近微积分基本定理。巴罗最先发现了牛顿的天才，并于 1669 年主动辞去卢卡斯教授职位，举荐牛顿继任。

巴罗

1671 年
皮卡尔测出地球半径

法国天文学家让·皮卡尔既是首先将测微器广泛用于专业天文观测的人，也是首先在天文观测中实际使用摆钟的人。从 1667 年开始，他用配备了测微器的望远镜以及他改进后的象限仪，通过较长基线的多点综合观测，在巴黎附近进行精密的大地测量。他在亚眠和马尔瓦西纳之间约 110 千米的距离中安排了 17 个测地三角形，其测量基线长度略超过 10 千米，是用铁杆进行精细的丈量得到的。皮卡尔由此测出了子午线 1°的弧长，并于 1671 年发表了测量结果。他还得出赤道上经度 1°之长为 111.18 千米，与此相对应的地球半径是 6370.2 千米。这是当时最精确的地球半径值，很接近今天采用的数值。早先，英国科学家牛顿曾在 1666 年采用地球表面大圆 1°弧长为 60 英里(约 96.5 千米)的数值，来计算地球和月球间的引力，结果发现计算所得月球绕地球转动的周期与实际不符。牛顿获悉皮卡尔得到的结果后，于 1682 年重新进行计算，终于证实月球绕地球运动的向心力就是地球引力。

1674 年
莱布尼茨发明乘法器

帕斯卡逝世后不久，德国数学家莱布尼茨发现了一篇由帕斯卡撰写的描述“加法器”的论文，这勾起了他强烈的发明欲望，他要把这种机器的功能扩大到乘除运算。莱布尼茨聘请到一些著名机械专家和能工巧匠来协助自己工作，终于在1674年发明了一台可做四则运算的机械式计算器。

这台机器叫“乘法器”，约1米长，内部安装了一系列齿轮机构。其设计以帕斯卡“加法器”为基础，增添了一种名叫“步进轮”的装置。步进轮是一个长圆柱体，9个齿依次分布于圆柱表面；旁边另有一个小齿轮可以沿着轴向移动，以便逐次与步进轮啮合。小齿轮每转动一圈，步进轮可根据它与小齿轮啮合的齿数，分别转动1/10圈、2/10圈……或9/10圈，这样它就能够连续重复地做加减法。在转动手柄的过程中，这种重复的加减运算就转变为乘除运算。

莱布尼茨的乘法器除了可以做四则运算外，甚至还能够进行开方运算，其运算结果的最终长度可达16位，曾被用于计算全国人口。虽然莱布尼茨的乘法器仍然采用十进制，但它对现代计算机的设计与发展起到了不可替代的作用。

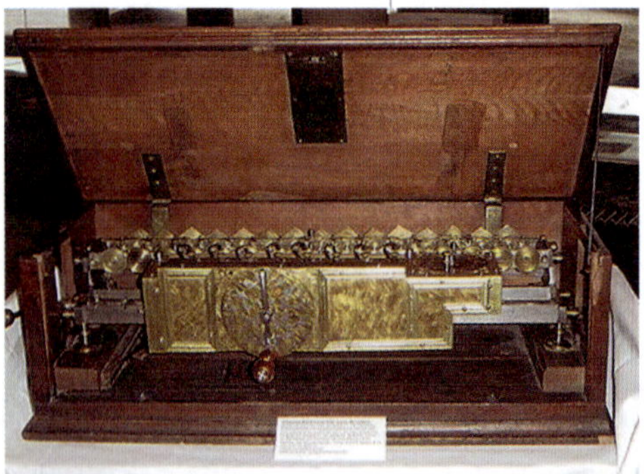

乘法器

1675 年
英国建成格林尼治天文台

17世纪初天文望远镜发明后，数十年间欧洲陆续建成了一批近代天文台，如1640年前后丹麦建造的哥本哈根天文台，1667—1671年法国建造的巴黎天文台，1675年英国建造的格林尼治皇家天文台等。兴建这些天文台的动机不尽一致，例如巴黎天文台的直接目标是改善大地测量精度，格林尼治天文台的目标则是满足航海需求。在法国国王路易十四的赞助下，巴黎天文台于1667年奠基，1671年落成后隶属法国科学院，首任台长是1669年应路易十四之邀来到法国的意大利天文学家卡西尼。此后300多年间，该台在世界上有着广泛的影响。

格林尼治天文台首次乔迁的新址——苏塞克斯郡的赫斯特蒙苏 第二次世界大战结束后不久，格林尼治天文台因伦敦城大气污染而迁址。图中右侧的大圆顶内装有一架1967年落成的口径2.5米反射望远镜，它被命名为艾萨克·牛顿望远镜。画面前景就是英国著名的古迹赫斯特蒙苏城堡。

1675—1676 年格林尼治天文台初建时的主楼

17世纪，英国的航海业非常发达，但当时的星表所载恒星位置之精度却远不能满足准确测定船舰在海上的经度之需求。1675年，英国国王查理二世下令在地处伦敦郊外的格林尼治修建皇家天文台，并任命弗拉姆斯蒂德为皇家天文学家、该台首任台长，以“专心致力于订正天体运行表和恒星位置表”，使人们了解“对于完善航海至为重要的那些地方的经度”。格林尼治天文台在世界上影响广泛。1884 年召开的国际子午线会议决定，采用该台的艾里中星仪所在的子午线作为计量地理经度的“本初子午线”。第二次世界大战后，格林尼治天文台曾两度迁址，但台名不变。1998 年 10 月，作为天文研究机构的格林尼治天文台被撤销，伦敦旧址重新命名为格林尼治皇家天文台，但实际上只是一处博物馆和旅游胜地。

1676 年
罗默测定光速

17 世纪以前，人们以为光的传播是超距的，其运动速度为无限大，星光都是瞬时到达地球的。意大利科学家伽利略首先对此质疑，并做了粗糙的实验，试图测出光的传播速度，但未成功。1668 年，日后成为巴黎天文台台长的卡西尼编制了木卫的星历表——以一定的时间间隔列出木卫在天球上所处位置的表格。1672 年，来自丹麦的天文学家罗默在巴黎天文台观测木星掩食木卫的现象，并发现卡西尼的木卫星历表时常与观测不符。他注意到当地球运动的方向为接近木星时，木卫一连续两次被木星掩食的时间间隔变短；而当地球运动的方向为远离木星时，木卫一连续两次被食的时间间隔变长。罗默对此作出了正确判断：这是光以有限的速度传播所致。1673 年，卡西尼等人测出日地距离约为 1.4 亿千米。罗默采用这一数据，经过几年的观测和计算，于 1676 年发表论文，宣布光线穿过地球轨道直径约需 22 分钟，相当于光速约为 210 000 千米/秒。虽然这一数值仅为现代测定值的 70%，却打破了光速无限的传统观念，并成为日后英国天文学家布拉德雷发现光行差的前提。

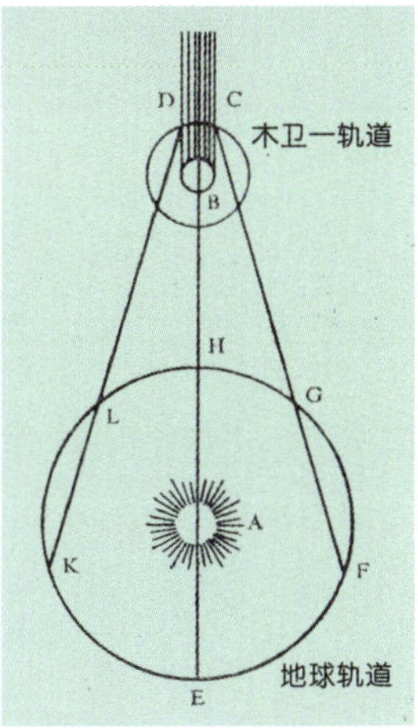

罗默测定光速原理图
图中 A 为太阳，B 为木星，C 为木卫一进入木星影子处，D 为木卫一跑出木星影子处，E、F、G、H、L、K 为离木星不同距离时的地球。木卫一在 CD 区内即被食。由于光速有限，当地球从 F 向 G 运动时，观测者将看到木卫一被食时刻提前；从 L 向 K 运动时，则看到其被食时刻推迟。光速即可由此测定。

1678 年
惠更斯解释双折射现象

双折射现象，指一束自然光入射到某些透明晶体后会分裂为两束沿不同方向折射的线偏振光的现象，其中一束遵循折射定律，称为寻常光（*o* 光），另一束不遵循折射定律，称为非常光（*e* 光）。

1669 年，丹麦数学家、天文学家巴托兰发现，将一块很大的冰洲石（又称方解石）放在书上，石头下的每个字都变成了两个。经过反复实验后，他确定这是因为冰洲石晶体对光有两种折射，即双折射。

最早对双折射现象作出理论解释的，是光的波动说的代表人物荷兰物理学家、天文学家、数学家惠更斯。1678 年，惠更斯向巴黎科学

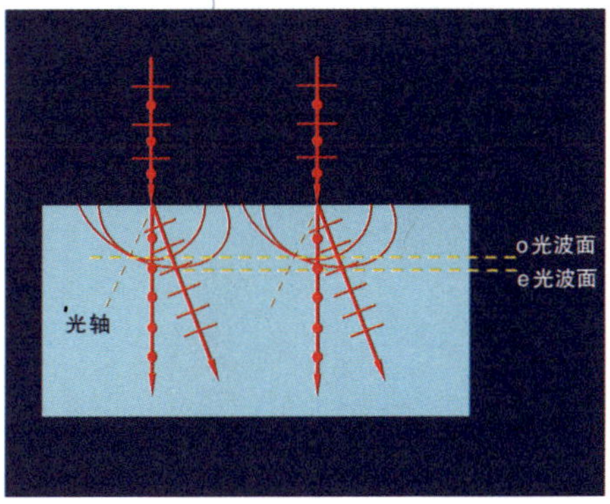

双折射现象

院提交了他的光学论著《光论》，该书于1690年正式出版。在《光论》一书中，惠更斯较系统地阐述了光的波动理论，建立了著名的惠更斯原理。在此原理基础上，他推导出光的反射和折射定律，还解释了光进入冰洲石后所产生的双折射现象，认为这是由于冰洲石晶体具有各向异性结构，当光波通过时，在某一方向上的传播速度比另一方向更快，从而出现了不同的折射。

约 1680 年
关孝和为和算奠基

关孝和是日本数学史上最著名的数学家。他出生于日本群马县滕冈的一个武士家庭，但从小就被送给一个贵族家庭。早在童年时代，他就因其数学天才而被称为“神童”。他收藏了许多日本和中国的数学书，收了许多学生，以“算圣”而远近闻名。

和算是指日本传统数学，常特指笔算代数以后与西方数学不同的内容。关孝和是和算的奠基人，他创立的“关流”是和算的最大流派，其中有多位贡献颇大的和算家。关孝和生前仅在1674年出版了一部《发微算法》，逝世后由其学生荒木村英于1709年整理出版了一部遗稿《括要算法》。关孝和的主要数学贡献是建立笔算代数和开创圆理（径、弧、矢之间关系的无穷级数表达式）研究，以及建立行列式概念及其初步理论。这些早期的和算将日本数学由算术时代推进至（笔算）代数时代。

关孝和

关孝和提出了解线性方程组的消元法，并由此创立了行列式理论，通过行列式变换来求解方程。他还在其《解伏题之法》中给出了两种求行列式的值的方法。这一成就比起瑞士数学家克拉默于1750年出版包含其行列式研究结果的《代数曲线的分析引论》来，要早数十年。关孝和在他的《解隐题之法》中给出了求椭圆周长的近似算法。在其他著作中，他还给出了圆环体、弧环体和十字环体的体积。在圆与球的相关计算方面，他的“求圆周率术”、“求弧矢弦率术”和“求立圆（球）积率术”都具有独创性。

1682 年
格鲁《植物解剖学》出版

相比于动物解剖学，人们对植物解剖学感到陌生。植物组织的精细结构隐藏在它那看似简单的外表之下。有几个人看到过大树粗壮根系末端那些纤细的根毛呢？

直到显微镜发明之后，人们才有可能一探植物的奥秘，发现看似平常的植物原来是那么五彩缤纷、复杂多变。植物解剖学应运而生。

1682年，“植物生理学之父”、英国植物学家格鲁所著的《植物解剖学》在英国出版，书中展示了格鲁在显微镜下看到的各种精细图案，如根、茎、叶片、花、果实和种子等植物各个部分的解剖结构图等，巨细靡遗。这本书奠定了植物解剖学的基础。

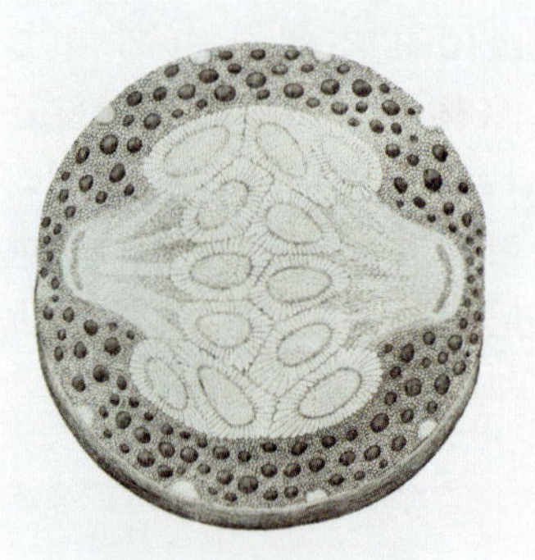

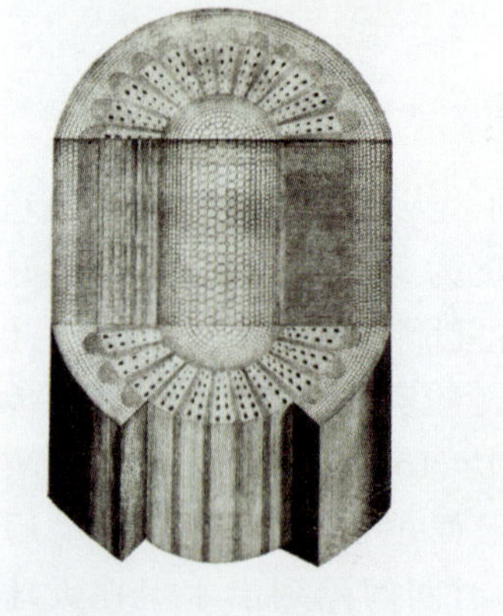

《植物解剖学》中的插图 上图为剖开的醋栗果实；下图为葡萄藤的剖面，同时展示了横剖和纵剖的结果。

1684 年和 1686 年
莱布尼茨发表第一篇微分学论文和第一篇积分学论文

1684 年，莱布尼茨在汉诺威担任图书馆馆长等公职期间，发表了论文《一种求极大值、极小值和切线的新方法》。这是世上第一篇公开发表的微分学论文，刊登在莱布尼茨和德国科学家门克于 1682 年创办的拉丁文科学杂志《教师学报》1684 年第 3 期上。此文概括总结了他 1673 年至 1677 年间关于微分的研究，叙述了微分的基本定理，指出无限分割求和是微分的逆运算，广泛使用了 dx，dy 符号，给出了函数的和、差、积、商、幂和开方根的微分法则。此外，还给出了微分法在求切线、求最值以及求拐点等方面的应用。

1686 年，莱布尼茨又在《教师学报》上刊出《深奥的几何与不可分量和无限的分析》一文，这是世上第一篇公开发表的积分学论文。文中初步论述了积分或求积问题与微分或切线问题的互逆关系，并指出超越曲线也可以通过一个方程表示，例如旋轮线（摆线）的方程可表示为 $y=\sqrt{2x-x^2}+\int\frac{dx}{\sqrt{2x-x^2}}$，通过它可以证明旋轮线的所有性质。他的理论和所采用的微积分符号 d 和 $\int$ 对后世产生了很大的影响。

1686 年
莱布尼茨引入动能概念

在 17、18 世纪，人们对“力”等概念和物理量的各种效应、意义和使用范围的认识不清楚。笛卡儿把物体的质量和速率的乘积 mv 作为“力”或物体“运动多少”的量度，这一概念得到了当时科学界的普遍承认。mv 就是现在的动量。

1686年，德国数学家莱布尼茨发表了《关于笛卡儿和其他人在自然定律方面的显著错误的简短证明》一文，通过研究自由落体运动，揭示了笛卡儿的运动量与运动量守恒之间的矛盾，证明了动量 mv 不能作为运动的量度。他引入荷兰物理学家惠更斯在 1669 年提出的“活力”mv^2 作为运动的量度，并第一次认为活力（即动能）守恒是一个普遍的物理原理。这是最早引入的“动能”概念。

莱布尼茨引入的动能概念打破了把动量看作运动唯一量度的传统，促进了对运动的量度问题的研究。不过，莱布尼茨当时还没有真正了解动能的本质意义，也不了解“动能”和“动量”之间的根本区别。现在动能的表达式 $mv^2/2$ 是法国科学家科里奥利给出的，表示物体因运动而具有的能。

1686 年
哈雷发现信风

17 世纪的大航海时代，帆船的行进均以风力为动力。人们在航海活动中很早就发现，地球上有些地带的风向几乎是全年恒定不变的。低纬度盛行东风，且在南北半球都有；北半球以东北风为主，南半球以东南风为主，年年如此，很守“信用”，因此被人们称为信风。当时的商人们掌握了规律，便借助信风往来于海洋上进行贸易活动。

首先发现信风的是英国天文学家哈雷。1686 年，哈雷在英国皇家学会的一本杂志上发表了他的信风理论，综述了三大洋盛行的风，并附了一张信风图，正确地描述和刻画了热带风的基本特征：赤道无风，赤道以北盛行东北信风，赤道以南则为东南信风。他认为信风的形成与太阳供给赤道较多的热量有关。1688 年，他又根据收集来的资料，绘出了北纬 30°和南纬 30°之间第一幅信风和季风分布图（季风是大范围区域冬夏季的盛行风向相反或接近相反的现象），认为信风和季风的形成与地球表面接收的太

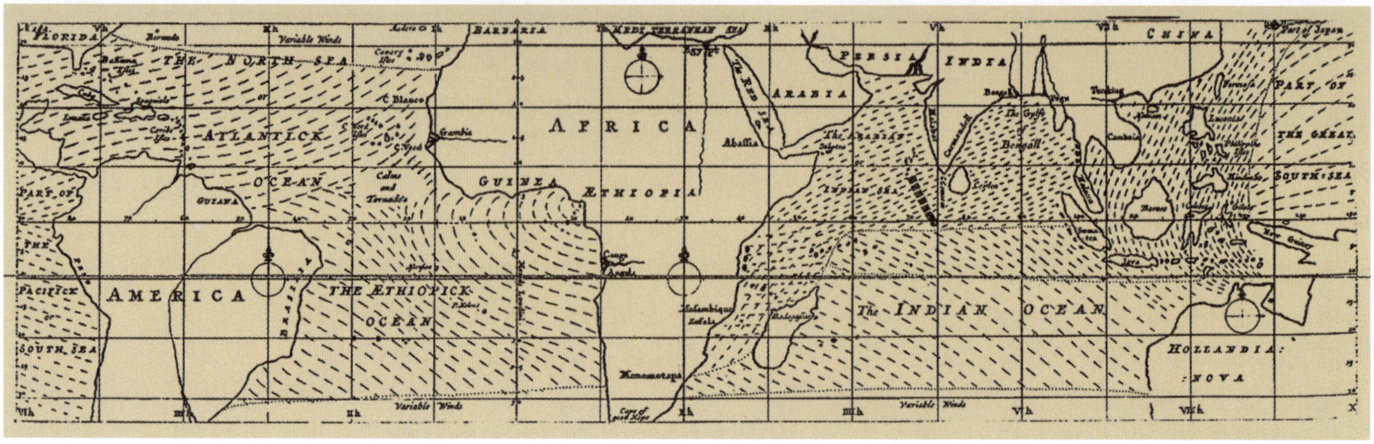

哈雷 1686 年发表的信风图

阳热量有关。

这种全球信风分布图来自于实践，有观测资料作为基础，因此在航海中发挥了很大作用。当时人们参照信风图科学地安排航行，把从英伦三岛到澳大利亚之间的航期由 250 多天缩短到 150 天左右。这激起了人们进一步研究信风的兴趣。

1686 年
雷提出物种分类新思想

英国博物学家雷在剑桥大学三一学院获得的本是文学硕士学位，但他不安于教授文学，反而对生物分类学产生了兴趣，遂与朋友结伴游历欧洲，采集动植物标本。由于政局不稳，雷只好放弃大学的教职回到故乡，全身心地投入到动植物分类研究中。在《植物史》(1686—1704)、《四足动物分类纲要》(1693)等一系列生物学著作中，他提出分类学应尊重实际观察到的动植物的结构特征，甚至是内部解剖特征。他第一次区分了单子叶植物与双子叶植物，第一次明确定义了“物种”的概念。雷的生物分类观念影响了包括林奈在内的崇尚自然分类法的一批生物分类学家，他也被誉为“英国自然史之父”。

1687 年
牛顿《自然哲学的数学原理》出版

牛顿是英国伟大的数学家、物理学家、天文学家和自然哲学家。1687 年 7 月，他在英国天文学家哈雷的敦促和资助下出版了不朽巨著《自然哲学的数学原理》(简称《原理》)。该书从各种运动现象出发，探究了自然现象中的力，再用这些力说明各种自然现象。全书结构如下：开头和第 1 篇首先定义了物质的量、时间、空间、向心力等概念，然后介绍了力学的 3 个基本运动定律，即惯性定律、力与加速度的关系以及作用力和反作用力定律。第 2 篇讨论了物体在阻尼介质中的运动情况，提出阻力大小与物体速度的一次及二次方成正比的公式，还研究了气体的弹性和可压缩性以及空气中的声速问题。第 3 篇论宇宙体系，讨论了太阳系的行星、行星的卫星和彗星的运行以及海洋潮汐的产生，涉及多体问题中的摄动。《原理》第一次把使天体运行的力与使物体落地的重力统一了起来，提出了万有引力定律。

《原理》是人类文明进步划时代的著作，奠定了经典力学体系和近代科学的基础，被誉为“17 世纪物理学、数学的百科全书”，其影响遍及自然科学的所有领域。就人类文明史而言，它成就了英国工业革命，在法国诱发了启蒙运动和大革命，在社会生产力和基本社会制度两方面都产生了直接或间接的重大影响。《原理》一书达到的理论高度前所未有，其后也不多见。正如爱因斯坦所说的：

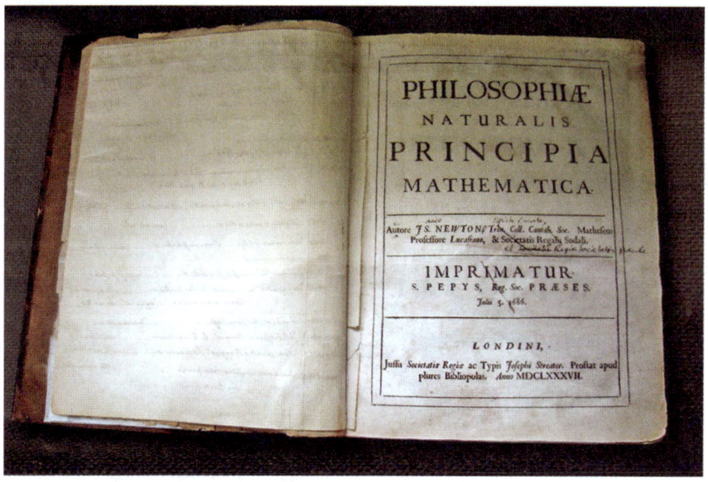

1713年版的《自然哲学的数学原理》

“至今还没有可能用一个同样无所不包的统一概念，来代替牛顿关于宇宙的统一概念。而要是没有牛顿明晰的体系，我们到现在为止所取得的收获就会成为不可能。”

1690 年
帕潘发明活塞式蒸汽机

蒸汽机是利用蒸汽在汽缸内膨胀、推动活塞运动而产生动力的一种往复式发动机。

1679年，法国著名物理学家帕潘无意间

根据帕潘 1707 年的设计制造的水动力蒸汽机

发明了世界上第一台高压锅，锅上还装有他发明的防爆安全阀。帕潘发现锅密封后蒸汽经常顶起锅盖，在受到欧洲当时的炼铁场广泛使用的活塞式风箱的启发后，他就设想可以利用蒸汽推动气缸里的活塞运动，从而于 1690 年发明了活塞式蒸汽机。但他并未实际制造。1705 年，在莱布尼茨的帮助下，帕潘改进了活塞式蒸汽机的设计，于 1707 年出版了《利用蒸汽抽水的新技术》一书。尽管帕潘的蒸汽机效率很低，但他的设计为后来的蒸汽机奠定了基础。早期蒸汽动力的发展向人类预告了即将兴起的第一次工业革命的信息，特别是蒸汽时代的到来。

1694 年
卡默拉留斯发现植物有性别

植物是否有性别？18 世纪以前，这还是个谜。很多植物仅靠一棵植株就能繁衍后代，而有些植物则必须成对才行。直到德国植物学家卡默拉留斯完成了一系列令人信服的实验之后，人们才确信植物有雌雄之分。

卡默拉留斯使一株开“雌性花”(不含产花粉的柱头)的桑椹植株远离“雄性花”植株，结果雌性花植株所结果实中没有种子。在蓖麻和玉米实验中，他将雄性花切除后也获得了相同的结果。卡默拉留斯不仅在雌雄异株的植物中证实了植物有性别，还在雌雄同株的植物中发现了证据。这一结果于 1694 年发表后，立刻在当时的科学界引起了轰动。同时，卡默拉留斯的实验也说明，实验虽简单，只要目标明确，往往就能获得极有意义的科学发现。

雌雄异株植物——银杏的雄花(上)和雌花(下)

1695 年
伍德沃德提出化石成因的洪积说

文艺复兴时期,许多学者都曾对化石和地层的成因提出自己的看法。意大利科学家达·芬奇就曾将贝类化石和现代贝类进行比较,得出化石是过去生物的遗体的正确结论。他还在其笔记中反复论述,是地壳运动把含有生物化石的岩层抬升到了高处。持有类似观点的还有意大利医生弗拉卡斯托罗。意大利博物学家科隆纳则区分了化石的保存类型,并将化石分为陆生、海生两大类。

在持化石生物成因观点的学者中,不少人都将化石与诺亚大洪水联系起来。1695 年,英国博物学家约翰·伍德沃德在《地球自然历史初探》一书中,提出全球性大洪水造成了大部分生物死亡,化石就是它们的遗体。18 世纪,人们普遍接受了伍德沃德的洪积说观点。

1697 年
宫崎安贞编成《农业全书》

1639年徐光启所著的《农政全书》刊印,不久便传到日本,农学家宫崎安贞依照《农政全书》的体系和格局,于 1697 年编成了《农业全书》。

《农业全书》共 10 卷,记叙了 148 种作物的栽培方法,也简单地涉及家畜、家禽和鱼类的饲养繁殖技术。此书编写时虽然参考了中国的《农政全书》,但是能体现、突出日本自然环境和技术措施的特点。书中强调兴修水利是提高和保证水稻丰产的首要条件,地力培育可以通过施用优质肥来解决。油粕、鱼粉等优质速效肥被认为是种植经济作物时必不可少的,反映出商品肥料在生产中占有一定的比重。《农业全书》还提出水田与旱地同时种植经营便于人力的安排。对农具的记载较为简略,乃至认为锄草时用手操作胜过用手工农具。这些记叙体现了以多劳多肥为特点的日本传统农业技术成就,适应当时日本商品经济的发展。书中对木棉、蓝靛、烟草等经济作物已有记叙。

《农业全书》记述了明治维新前的农业生产技术,对当时的农业生产及后来撰写的一些农书都有一定的影响,被公认为日本农书的代表作。

1697 年
伯努利解决最速降曲线问题

瑞士数学家约翰·伯努利出生于历史上著名的伯努利家族,这个家族的祖孙三代出过十多位数学家,其中以雅各布·伯努利和约翰·伯努利兄弟俩以及后者的儿子丹尼尔·伯努利最为杰出。约翰·伯努利于 1683 年就学于巴塞尔大学,主修医学,同时研习数学。1691 年他前往巴黎,曾任法国数学家洛必达的私人教师。1695 年任芬兰格罗宁根大学教授,1705 年接替其兄雅各布·伯努利任巴塞尔大学教授。

1696 年,约翰·伯努利在当年 6 月份的《教师学报》上提出了一个最速降曲线问题,向其他数学家挑战。最速降曲线问题是说:一个质点受地球引力的作用,自较高点下滑至较低点,不计摩擦力,问沿着什么曲线下滑时间最短。约翰提出这个问题后,半年未有回音,他遂于 1697 年元旦发表著名的《公告》,再次向"全世界最有才能的数学家"挑战。同年,牛顿、莱布尼茨、洛必达、雅各布·伯努利和约翰·伯努利本人都发表了正确的解答。答案是连接两点的唯一一条下凹旋轮线(摆线)。这些数学家的答案相同,但解法各异。除雅各布·伯努利外,其他人的解法都刊登在同年 5 月份的《教师学报》上。约翰·伯努利的解法思路是:利用费马最小时间原理,将这个力学问题转化为光学问题,根据光的折射定律推出这条旋轮线的微分方程。后来,瑞士数学家欧拉和法国数学家拉格朗日给出了这类问题的一般解法。这个问题与同时期出现的等周问题(求具有给定弧长的曲线，使其所围面积最大）、测地线问题（求曲面上两点之间的最短路径）等一起，标志着变分法的诞生。

1698年
萨弗里制成蒸汽泵

1698年，为了解决煤矿排水的难题，英国工程师萨弗里根据帕潘等人提出的原理制成了世界上第一台实用的蒸汽泵，实现了近代蒸汽动力技术的第二次突破。萨弗里的这个发明实际上只是一种把动力装置和抽排水装置结合在一起的蒸汽泵。

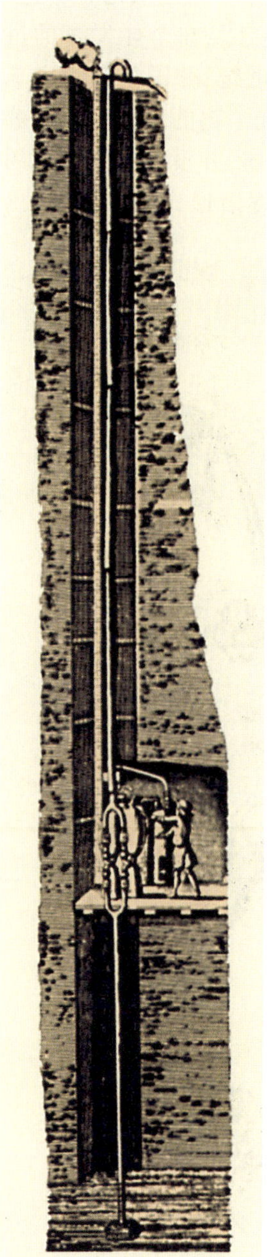

第一台蒸汽泵
“矿工之友”

这个被称为“矿工之友”的蒸汽泵有一个带进气阀、进水阀和排水阀的密封容器。使用时，先关闭进水阀，打开排水阀和进气阀，让高压水汽把容器中的空气通过排水阀排走，再关闭排水阀和进气阀；在容器外喷洒冰水，使容器内蒸汽冷凝，产生真空；此时，打开进水阀，把水吸满容器。为了尽可能使之连续工作，萨弗里在蒸汽泵中安装了两个这样的容器。如此反复循环，交替工作，连续排水。

萨弗里的蒸汽泵依靠真空的吸力汲水，汲水深度不能超过6米。为了从几十米深的矿井汲水，须将蒸汽泵装在矿井深处，用较高的蒸汽压力将水抽到地面上，这在当时无疑是困难而危险的。另外，该蒸汽泵的热效率太低，基本上还只是一种水泵，而不是典型的动力机。

17—18世纪
机械论与活力论相抗衡

生命究竟是什么？只是由化学元素构成的肉体吗？思想从何而来？来自灵魂吗？这些问题困扰着世世代代的人们。古希腊人认为灵魂和肉体是不可分割的整体；凌驾于物质之上的灵魂控制着躯体，赋予生命意义和目的。亚里士多德认为植物有司营养和繁殖的灵魂，动物还有司感觉的灵魂，而人类除了这些之外还有理性的灵魂。他的这种“活力论”思想在文艺复兴之前，统治西方一千多年，并为神学所利用。

被称为“近代科学始祖”的笛卡儿出生于文艺复兴末期（1596年）。伽利略等人的实验科学、哥白尼的日心说等都深深地触动了笛卡儿，他开始质疑神学理论，认为上帝是否存在、生命的本质之类的问题都应该用理性的尺度去考量。随着在机械学和医学等方面研究的深入，笛卡儿认为肉体和灵魂是截然分开的，生命体本身更像一部机器，只要将其一一分解成足够简单的部分，那

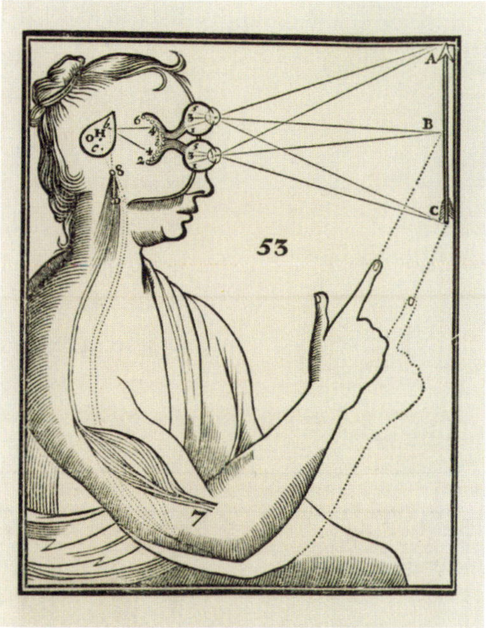

笛卡儿的生物学 笛卡儿认为可以从生理机能上寻找心理活动的基础。他相信根植于大脑中的松果体（图中所示松果状结构）能产生各种意识和情感，并指挥身体的各种物理运动。

生命的运行就是可以理解的——这就是笛卡儿的“机械论”。他还认为动物是纯粹机械的，人才拥有理性的灵魂，人大脑中的松果体就是身体和灵魂的接触点。17—18世纪，机械论与活力论进行了旷日持久的争论，机械论逐渐占了上风。尽管随着科学的进展，笛卡儿的观点被证明是错误的，但他的思想推动了人们开始用唯物主义的观点去认识和研究生命，从而奠定了近现代生物学的哲学基础。

17—18世纪 预成论和渐成论相抗衡

鸡蛋中本来就有已经成形的小鸡吗？这个问题对现在的人们来说似乎非常幼稚，但在18世纪以前，它还是个谜团。

17世纪，有一种观点认为，生物以微缩的方式预先存在于微小的精子或卵子中，之后逐渐扩展，长成成熟的个体，这就是预成论。预成论包括两种形式——精源论和卵源论。列文虎克是主张精源论的代表，他于1677年在显微镜下观察了人和动物的精液，声称自己在其中观察到了两种精子，一种里面有小男孩，一种里面有小女孩。事实上，以当时显微镜的精度，仅仅能看到精子的形态而已，根本不可能看清其内部结构。意大利解剖学家马尔皮基等人则支持卵源论，认为卵子中已具备胚胎发育所需的一切物质，精子的作用只是刺激卵子的发育。马尔皮基声称，他在尚未孵过的鸡蛋中看到了有头和四肢的小鸡。

与预成论针锋相对的是渐成论，认为生物体的各种组织和器官是在个体发育的过程中逐渐形成的。18世纪，德国生理学家卡斯帕·沃尔夫仔细研究了鸡的发育，指出鸡卵中充满不定形的液体，并没有预先成形的小鸡；以后从液体中逐渐形成胚胎，逐步出

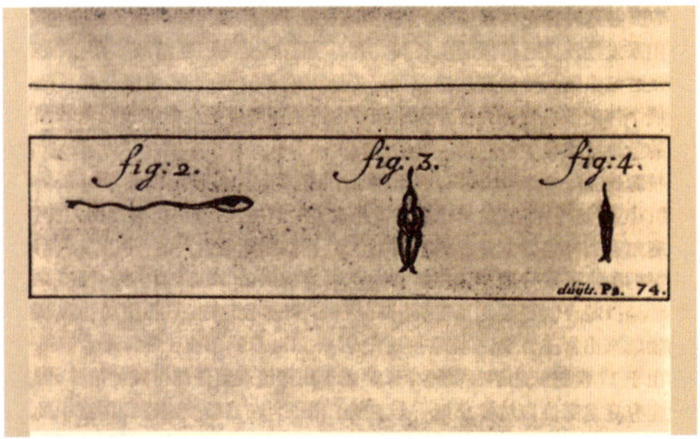

列文虎克的信件中所绘的3个精子

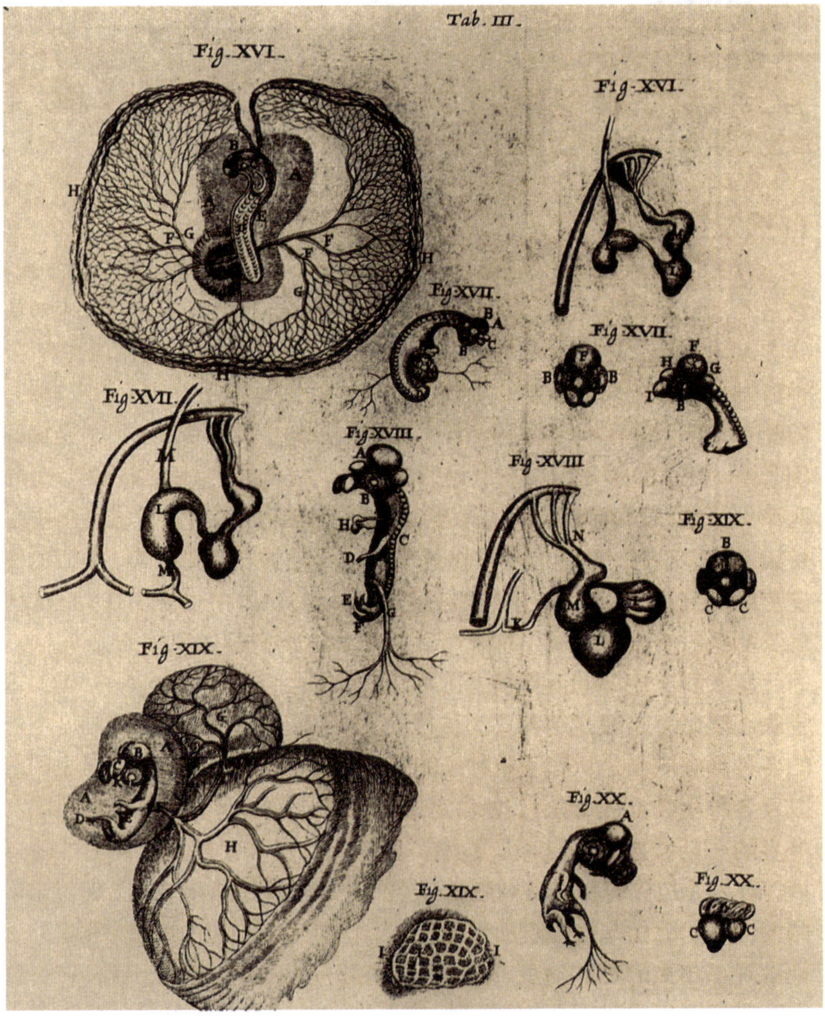

马尔皮基绘制的鸡胚图

现血管、内脏、翅膀和脚等组织和器官。

随着胚胎学的不断发展，科学家通过观察胚胎发育和胚胎比较，进一步证实了渐成论。

1700 年
拉马齐尼《论手工业者的疾病》出版

随着工业化进程的深入开展，在工厂里从事劳动的工人日渐增多，于是许多相关的疾病在职业工人中蔓延开来。令人敬佩的是，在工业革命还没有到来之前，已经有人注意到职业与疾病的关系，并对之进行了专门的研究，他就是意大利著名的职业病学家拉马齐尼。

拉马齐尼出生于意大利，早年在帕尔马大学学习哲学和医学，1659 年获得医学博士学位，毕业后在罗马的一家医院工作。1671 年后他在意大利多所大学执教。拉马齐尼生活的年代正是欧洲资本主义迅速发展的时期，他深入实地调查访问，对许多职业病获得了丰富的知识，1700 年完成了名著《论手工业者的疾病》。在书中，拉马齐尼根据自己的观察，详细介绍了矿工、石匠、陶器工、印刷工、纺织工、漂布工、首饰匠、铁匠、掘墓人、农民、士兵，以及外科医师、助产士、护士、化学师等 50 余种不同职业者的常见疾病。他注意到外科医生所用的水银软膏、化学师及药剂师所用的汞制剂、镀金师用的汞都会对身体造成危害；发现油漆匠常常出现铅中毒。在《论手工业者的疾病》一书中，拉马齐尼还提供了防护建议，如指出在充满灰尘环境中工作的工人要注意掩住口鼻。他还提倡用经常洗澡、勤换衣服、保持姿势、坚持锻炼等措施预防职业病。拉马齐尼已经注意到空气、水对人体健康的影响，并把地理学、流行病学、个人卫生学、药物学与人体的健康联系起来。

《论手工业者的疾病》是医学史上第一本职业病学专著，该书出版后曾 7 次发行拉丁文版，并被译成法文、英文、德文、荷兰文等多国文字。由于拉马齐尼对职业病学的贡献，他被后人尊称为“职业病学的鼻祖”。他的成就为大规模工业革命的到来作好了医学上的准备，他的工作直接推动了 17 世纪以后职业病学的发展。

1701 年
牛顿提出冷却定律

1701年，牛顿通过实验确定了冷却定律：当物体表面与周围存在温度差时，单位时间从单位面积散失的热量与温度差成正比，比例系数称为传热系数。这是温度高于周围环境的物体向周围媒质传递热量逐渐冷却时所遵循的定律。现在，该定律已成为传热学的基本定律之一。

1701 年
塔尔发明马拉谷物条播机

16—17 世纪，荷兰的轻便犁传入英国，英国开始了农具改革。其中取得重大进步的是英国农具改革的先驱、近代农学奠基人之一塔尔于 1701 年发明的马拉谷物条播机。该播种机由一个车轮状结构以及装满种子的盒子等构成。当沿着农田拖动该机器时，由车轮驱动的棘轮能够均匀地将种子播撒下去，显著地提高了作业效率和播种质量。

在田间管理上，塔尔鉴于人力中耕的不足而改用畜力中耕，又设计、制作并推广了马拉中耕机（马拉锄），用来除去田间杂草。后来他又改进、创制了具有 4 个犁刀的双轮犁。

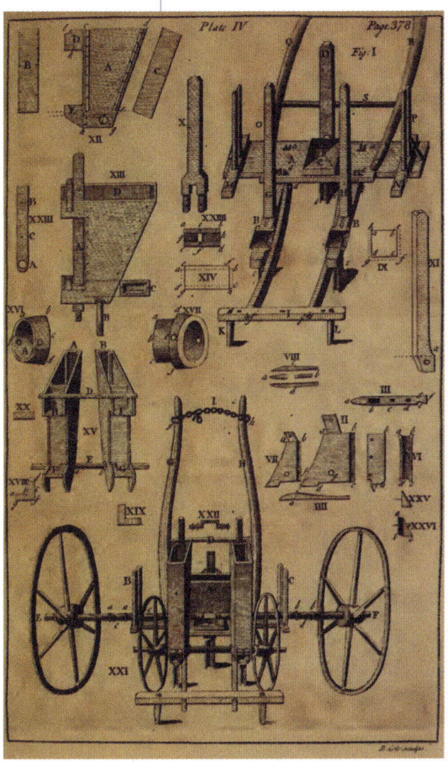

塔尔发明的播种机示意图

在创造和总结的基础上，塔尔于 1733 年在伦敦出版了《马拉农法》，全书共 19 章。1739 年出版了最后审定本，增补了 6 章，共 25 章。依其内容大体可以分为 3 个部分：一是理论部分(1—4 章)，叙述论证植物形态、营养及栽培原理等；二是实践部分(5—18 章)，有关品种施肥、整地、中耕、除草及病害防治等；三是农业器械部分(19—25 章)，关于犁、条播机及其在小麦、芜菁等作物中的应用等。该书在塔尔逝世后曾多次再版。《马拉农法》倡导以马力条播中耕为特点的新式农法，即通称的“塔尔农法”，其主要原理为英国农业革命奠定了基础。

1702 年
哈雷绘制第一幅磁偏角等值线图

磁偏角是地球表面通过任一点处的磁子午线同地理子午线之间的夹角，即地球表面任一点地磁场的磁感应强度矢量所在平面与通过该点的子午面之间的夹角。根据规定，磁针的 N 极向东偏时，磁偏角为正；向西偏时，磁偏角为负。各个地方的磁偏角一般不同。此外，由于地球的磁极处于变化之中，同一地点的磁偏角也会随时间而改变。

中国北宋时期的科学家沈括是第一个注意到磁偏角的科学家，他在《梦溪笔谈》中记载并验证了磁针“常微偏东、不全南也”的磁偏角现象。

由于航海的需要，人们很早就开始了对磁偏角的测量，尤其是海上磁偏角的测定。指南针、磁罗盘是测定磁偏角的最简单装置，后来又发明了磁偏测量仪。地球表面磁偏角的变化呈现出一定的规律。在绘图时，将磁偏角的测量值标在地图（特别是海图）上，并将数值相等的点连接起来，就得到了磁偏角等值线图。

1702年，英国科学家哈雷发表了第一幅大西洋磁偏角等值线图。1768 年，德国物理学家维尔克又绘制了世界磁倾角等值线图（磁倾角是地球表面任一点处磁感应强度的方向与水平面之间的夹角）。

1704 年
牛顿《光学》出版

牛顿在 1663 年开始热衷于光学研究，1704 年出版《光学》。该书的副标题是“关于光的反射、折射、拐折和颜色的论文”，描述了许多巧妙的实验。

《光学》一共分为 3 篇。第 1 篇是几何光学和颜色理论。牛顿通过仔细观察和反复实验得出“白光本身是由折射程度不同的各种彩色光所组成的非均匀的混合体”，推翻了

哈雷绘制的第一幅磁偏角等值图

从亚里士多德到笛卡儿都认为光是白色的理论，并通过实验指出，日光是七色的。牛顿还改进了望远镜的结构，至今的巨型天文望远镜仍采用牛顿式的基本结构。第 2 篇描述了可产生的“牛顿环”现象的各种实验。第 3 篇讨论了“拐折”(即衍射)、双折射实验和牛顿的 31 个疑问。这 31 个疑问非常具有启发性，从中可以看出牛顿在实验事实和物理思想成熟前并不先下结论。由于当时波动说还解释不了光的直线传播，牛顿倾向于微粒说，但他认为微粒说与波动说都还只是假设。

《光学》一书系统阐述了牛顿 20 年光学研究的成果，是光学研究从几何光学向近代光学转变的标志之一。爱因斯坦在为牛顿《光学》1931 年重印本所作的序言中说：“牛顿的时代早已被淡忘了……牛顿的各种发现已进入公认的知识宝库。尽管如此，他的光学著作的这个新版本还是应当受到我们怀着衷心感激的心情去欢迎的，因为只有这本书才能使我们有幸看到这位伟大人物本人的活动。”

1704 年
迪斯巴赫发明普鲁士蓝

普鲁士蓝是一种古老的具有较高着色力的深蓝色颜料，是三价铁盐与亚铁氰化钾反应得到的蓝色沉淀，可以用来上釉和做油画颜料。

普鲁士蓝是在 1704 年一个偶然的场合下，由德国艺术家迪斯巴赫发明的。当时，迪斯巴赫在德国炼金术士迪佩尔的实验室工作。作为颜料调配艺术家，迪斯巴赫想调出用于绘出胭脂红色的湖畔阴影的颜料。他想从迪佩尔处拿一些用于调配该阴影的碳酸钾，可迪佩尔给他的不是纯碳酸钾，而是混有迪佩尔油(一种能绘出深棕色阴影的骨油)的碳酸钾。他将这种不纯的碳酸钾与其他染料一起焙烧，然后溶解、过滤、蒸发，得到黄色晶体，再将这黄色晶体与三氯化铁反应，试图得到他所需要的颜料。然而反应后，出现在他眼前的是并非他原本想得到的、可却也让他兴奋不已的漂亮的深蓝色沉淀。迪斯巴赫又做了许多实验，发现该蓝色沉淀是一种性能优良的颜料。无意之中，迪斯巴赫合成了一种新颜料。这样，艺术家们就多了一种漂亮且易着色的颜料；化学界也多了一个氰化物研究领域。

用普鲁士蓝作颜料的油画

在普鲁士蓝被发明之前，人们用蓝色的植物色素进行着色。蓝色的植物色素太昂贵，也不易着色，而普鲁士蓝则相反。所以，这一独特颜料对欧洲绘画和染色产生了巨大影响。这也就是 18 世纪晚期至 19 世纪蓝色变得如此流行的缘由。今天，普鲁士蓝仍被广泛应用在文教用品、绘画颜料、染料、印刷油墨、有色玻璃和陶瓷的生产中。

1705 年
哈雷发现周期彗星

英国天文学家哈雷是牛顿的挚友，其经济资助使牛顿的《自然哲学的数学原理》得以顺利出版。他 20 岁时到南大西洋的圣赫勒拿岛建立了南半球的第一座天文台，并测编了第一份南天星表，包含 341 颗南天恒星的黄道坐标。

哈雷编纂了大量彗星观测记录，并首先运用牛顿的万有引力理论来严格计算彗星的轨道。他于 1705 年发表了专著《彗星天文学论说》，阐述了从 1337 年到 1698 年观测到的 24 颗彗星轨道的计算结果。这些轨道虽然被看作严格的抛物线，却并不排除某些彗星的轨道实际上是椭圆的可能性。哈雷发现 1531 年、1607 年和 1682 年出现的 3 颗

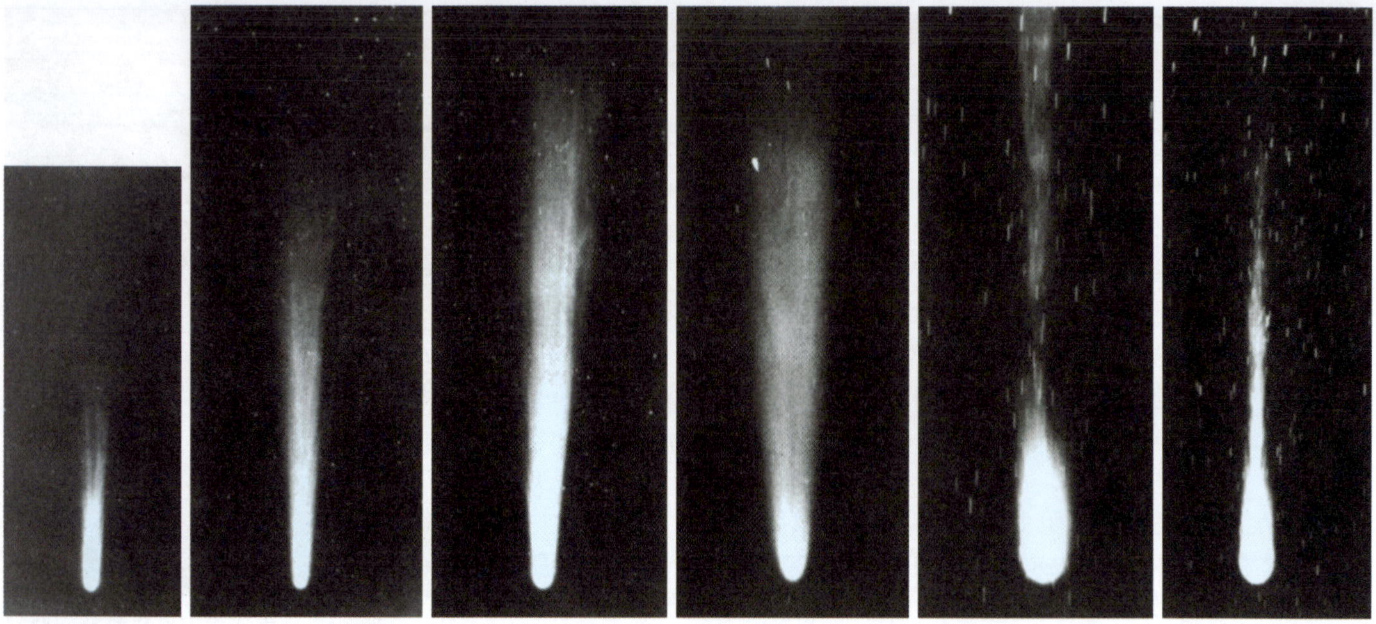

1910年哈雷彗星回归 5月份拍摄的系列照片，其亮度于当月中旬达到极大。

大彗星的轨道非常相似，相邻两次出现的时间间隔均为75—76年。他由此推断它们实际上可能是在扁长的椭圆轨道上绕太阳运行的同一颗彗星，"因此我认为可以大胆地预言：它将于1758年再度归来"。后来该彗星果然如期而至，其过近日点的日期与哈雷预言的前后仅差1个月。后人将此彗星命名为"哈雷彗星"，它是人类发现的第一颗"周期彗星"。这一发现表明，原先貌似行踪不定的彗星，其实也同行星一样是太阳系的成员。更重要的是，它为万有引力理论提供了令人信服的证据，有力地促使欧洲学术界普遍接受了这一理论。对于判断天体力学方法的正确性而言，这也是一个决定性的案例。

1707 年
牛顿《广义算术》出版

1707年，牛顿在担任英国皇家学会会长期间出版了《广义算术》一书。这是以他1673年至1683年间在牛津大学任卢卡斯数学教授时所用讲义为基础编成的，主要论述他在代数学领域的一系列重要发现以及它们在解决各类问题中的应用。书中对方程的根及其性质进行了深入的探讨，引出了方程论方面的丰富结果，其中最突出的有所谓"牛顿恒等式"。

这个恒等式为代数方程根的对称函数理论奠定了基础。牛顿在书中运用这个恒等式建立了方程 $f(z) = a_0z^n + a_1z^{n-1} + a_2z^{n-2} + \cdots + a_n = 0(a_0 > 0)$ 的正根的上限定理，进而讨论了如何利用这个定理去逼近方程的根。

《广义算术》还在历史上第一次给出了实系数代数方程的虚根成对出现的证明，并推广了笛卡儿的符号法则，使它能判断多项式方程的虚根的个数，并具体确定正、负实根的个数。此外，书中还主张代数与算术相结合而形成数学的基础。

1707 年
弗洛耶《医生诊脉表》出版

弗洛耶是一位英国医生，在牛津接受了医学教育。弗洛耶将中医脉学的论述转译成英文，连同自己的著述合编为《医生诊脉表》一书，于1707年在伦敦出版。脉搏计数器是弗洛耶一生中最重要的发明。另外，他还发明了与脉搏计数器相匹配的计时器。此项发明得益于中医脉学知识的启发。

1708 年
布尔哈夫《疾病的诊断和治疗箴言》出版

1699 年以前，系统的医学教育在欧洲尚未建立，也未曾出现过有组织的临床教学。医学生到医学院学习，只是阅读书本知识，考试合格就可毕业。17 世纪中叶，荷兰莱顿大学开始实行临床教学，并取消宗教派别的限制，吸收了不少外国留学生。到 18 世纪，临床教学开始兴盛，莱顿大学在医院中设立教学床位。布尔哈夫成为当时欧洲最著名的临床医学家。1708 年，布尔哈夫出版了《疾病的诊断和治疗箴言》。布尔哈夫充分利用病床教学，在做病理解剖之前，尽量给学生提供临床症状与病理变化的关系，使重视临床的风气在欧洲重新得到确立。

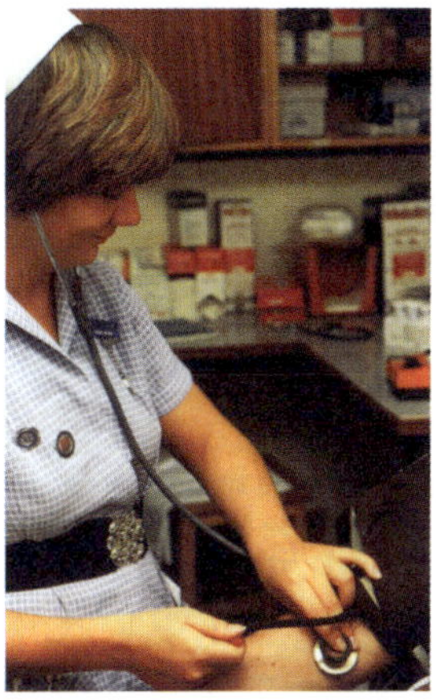
护士在用听诊器听病人的脉搏

1709 年
华伦海特发明酒精温度计

世界上第一个真正实用的温度计是由德国物理学家华伦海特发明的。1709 年，华伦海特制造了一支有读数的酒精温度计；1714 年，他改用水银为测温物质，制成了水银温度计。此外，他还发明了净化水银的方法，使水银能在温度计中普遍使用。华伦海特还创立了历史上第一个经验温标，即华氏温标，至今仍在美国和加拿大等地通用。华氏温标规定：在标准大气压下，冰的熔点为 32℉，水的沸点为 212℉。华氏温标使温度测量第一次有了统一的标准。

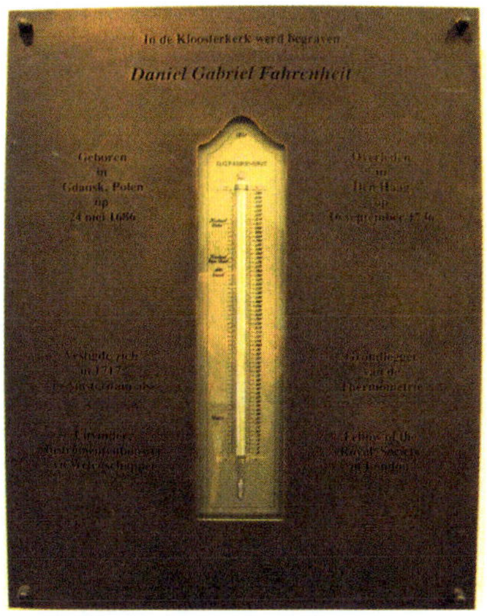

镶嵌在华伦海特墓碑上的水银温度计

1711 年
黑尔斯测量动物血压

英国医生黑尔斯最著名的成就是发明了测压计，并用之测量血压，他在《止血方法》一书中具体描述了测量血压的方法。血压是指血液在血管内流动时对血管壁造成的侧压力。人的血压有一定的正常范围，超出了这个范围就会引起疾病，临床上最常见的就是高血压病。人类对血压的最早测量，并不是测人的血压，而是测马的血压。

1711 年，在离伦敦约 24 千米的泰丁通镇，年轻的黑尔斯进行了一项划时代的生理学实验——直接测量马的血压。黑尔斯进行动物血压测量的实验条件非常简陋。他把马厩的旧门板卸下来，放在地上用作解剖台，然后选择一匹白色母马作为试验对象，将其绑在门板上固定。黑尔斯首先分离出白马的颈动脉，再用活结结扎颈动脉，然后将一根铜管沿心脏方向插入颈动脉，并将铜管的另一端与一根标有刻度的玻璃管相连接，使玻璃管与地面保持垂直。松开颈动脉上的活结，玻璃管内瞬间就有血液喷出。血液的液面对应于玻璃管的刻度就是白马的颈动脉血压。黑尔斯首次测得的马的颈动脉血压为 2.44 米高。黑尔斯还用同样的方法测量了马的静脉血压。这是医学史上第一次对血压进行测量。

黑尔斯采用的向动、静脉血管内直接插管测量动物血压的方法，显然不适合于临床应用。只有不破坏血管、在血管外部间接测定血压的方法才符合临床应用的要求。从黑尔斯最初的测血压方法开始，经过许多科学家的不断改进，才创造出沿用至今的动脉血压间接测定法。

1712

1712 年 纽科门蒸汽机成功安装

1680年代，英国工程师、发明家纽科门与助手合伙经营铁路，后共同研制蒸汽机，于 1705 年取得了蒸汽冷凝减压和活塞—连杆结构的专利权。之后，纽科门继续改进蒸汽机，于 1712 年成功安装了第一台大气式蒸汽机，即纽科门蒸汽机。这台蒸汽机的汽缸活塞直径为 30.48 厘米，每分钟往复 12 次，功率约 4000 瓦。工作时先将蒸汽引入汽缸，关闭阀门，蒸汽冷凝使汽缸内气压降低，就可以把水吸上来。然后，再把蒸汽引入汽缸，进行下一个循环。由于蒸汽进入汽缸在冷凝时会损失掉大量热量，这种蒸汽机热效率低，燃料消耗量大，仅适用于煤矿等燃料充足的地方。

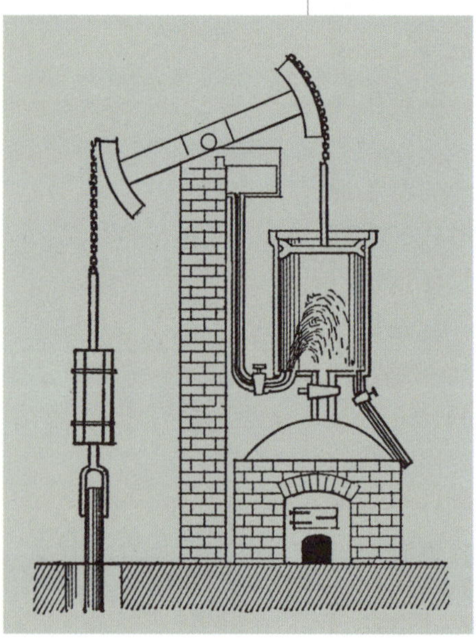

纽科门蒸汽机示意图

纽科门蒸汽机是第一台实用的蒸汽机，被广泛应用了 60 多年，在英国发明家瓦特完善蒸汽机后很长时间还在使用，为后来蒸汽机的发展和完善奠定了基础。

雅各布·伯努利

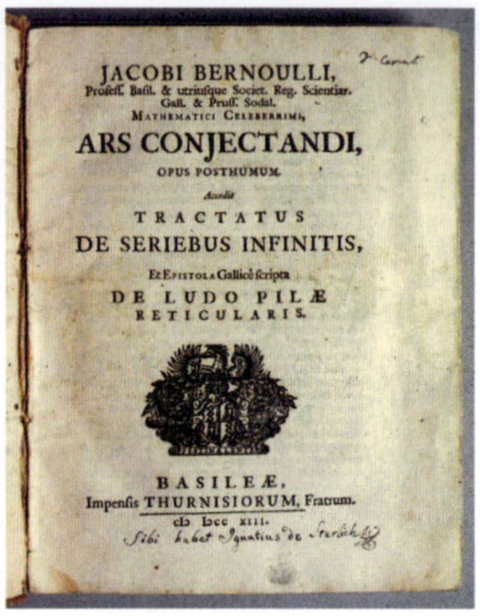

JACOBI BERNOULLI,
Profess. Basil. & utriusque Societ. Reg. Scientiar. Gall. & Pruss. Sodal.
MATHEMATICI CELEBERRIMI,
ARS CONJECTANDI,
OPUS POSTHUMUM.
Accedit
TRACTATUS
DE SERIEBUS INFINITIS,
Et EPISTOLA Gallicè scripta
DE LUDO PILÆ
RETICULARIS.
BASILEÆ,
Impensis THURNISIORUM, Fratrum.

《猜度术》首页

1713 年 伯努利《猜度术》出版

瑞士数学家雅各布·伯努利是约翰·伯努利的兄长，早年在巴塞尔大学就学，按父亲的意愿修神学。但他读了笛卡儿和沃利斯的著作之后转向了数学。1676 年他前往芬兰、英国等地，结识当地学者。1687 年起任巴塞尔大学教授。

1713 年，在雅各布·伯努利逝世 8 年之后，他的巨著《猜度术》出版。这本书是概率论史上重要的经典著作之一，共有 4 个部分。第 1 部分基本上是对惠更斯《论骰子游戏的推理》的精彩评注。第 2 部分是对组合理论的详尽论述，主要结果是给出关于指数级数的严格推导。第 3 部分给出了“机会对策”中所产生的各种新问题的解答。第 4 部分是关于概率论在行为道德和经济等问题上的应用。就是在这个部分中，首次提出了伯努利大数律，这个定律表明了通过充分多次试验而达到任意统计精确度的可能性，在现代概率论中扮演着极为重要的角色。

《猜度术》中还引进了著名的“伯努利数”与“伯努利多项式”，并给出了计算伯努利数的递推公式。伯努利数与伯努利多项式在现代数论与分析中有着广泛的用途。

1715 年 泰勒《正的和反的增量方法》出版，开创有限差分理论

英国数学家布鲁克·泰勒出生于米德尔塞克斯郡埃德蒙顿（现属大伦敦郡）的一个富有家庭。父亲爱好音乐和绘画，对他管教甚严。结果，泰勒不仅在音乐和绘画方面达到了很高的水平，而且后来还把自己的数学才能应用到这些领域中。他 1703 年入剑桥大学圣约翰学院，1709 年毕业，此前一年写出了第一篇重要数学论文。1712 年，他被选

布鲁克·泰勒 水彩画，可能由法国 18 世纪画家路易·古皮所作，现藏英国伦敦国家肖像美术馆。

为英国皇家学会会员，1714 年任皇家学会秘书。

泰勒最重要的数学著作是 1715 年出版的《正的和反的增量方法》，书中陈述了他在 1712 年提出的将函数展开成无穷幂级数的方法，即泰勒定理。泰勒定理是从格雷戈里-牛顿内插公式而来的，它在分析学上的重要性可能直到 1772 年通过法国数学家拉格朗日的研究才为人们所认识。拉格朗日称它为微分学基本定理。该定理使满足一些常规性条件的任意单变量函数都能展开成幂级数，使这种函数在一点的值可以由其邻近点上的函数值和导数值来表示。这开创了一门新的数学分支——有限差分理论，而泰勒就是这门分支的奠基人。

1717 年
哈雷发现恒星自行

天文望远镜辅以随后发明的测微器和摆钟，使天体测量学的观测手段大为改善，从而在 18—19 世纪发现了影响天体视位置的诸多因素，其中首先是英国天文学家哈雷发现的恒星自行。1717 年，他把自己观测的恒星位置同古希腊托勒玫在《天文学大成》中记载的位置进行比较，发现大犬座 α（天狼星）、小犬座 α（南河三）和牧夫座 α（大角星）的位置有了显著差异，而几位古希腊天文学家的观测结果却较为一致。尤其是天狼星，哈雷测得的位置甚至同第谷星表相比也有了偏差。他由此推断，恒星是在空间运动的，而年代相隔越远其位置变化就越显著。上述 3 颗星特别明亮，因而可能距离地球较近，故其运动容易被觉察。恒星自行的发现，打破了自古以来关于恒星固定不动的传统观念。

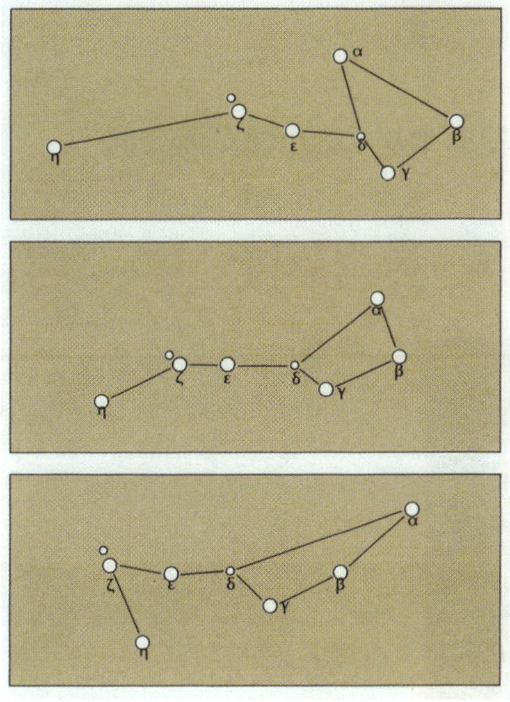

恒星自行使北斗的形状发生变化 （上）10 万年以前，（中）现在，（下）10 万年以后。

哈雷 英国画家穆里作于约 1687 年，英国皇家学会藏，哈雷时任该学会秘书。

1717 年
蒙塔古把人痘接种术带到英国

天花是一种古老的传染病。几千年来，全球的每一个角落几乎都受到过天花的侵袭，几乎每一个世纪都会发生天花流行。

早在 16 世纪，甚至更早些时候，中国人就已经用种人痘的方法来预防天花，这种方法的安全性虽然有待考证，但是在当时欧洲人面对天花束手无策的时候，中国人的发明显然令人羡慕。周边国家都派人到中国来专门学习种人痘的技术。后来，人痘接种术传到阿拉伯，又传到土耳其。英国驻土耳其公使的夫人蒙塔古把在君士坦丁堡学到的种人痘的方法应用到自己的孩子身上，从而使他们免遭天花的侵害。1717 年，蒙塔古夫人随丈夫回国时，将人痘接种术带到英国和欧洲大陆。此后，人痘接种术又越过大西洋传入美洲，在那儿出现了专门种人痘的医生。18 世纪后半叶，应用人痘接种术预防天花的方法已很普遍。

1722 年
棣莫弗基本推出棣莫弗公式

法国数学家棣莫弗出生在法国香槟省维特里-勒弗朗索瓦的一个小康之家。由于早年所读的学校里没有数学课程，他就在课外自习数学。大约在 1684 年，他到巴黎的哈考特学院学习，才第一次受到了正规的数学训练。但他很快在当时法国的新旧教斗争中因自己的加尔文教派身份而被投入监狱。1688 年他出狱后去了伦敦，并与牛顿及天文学家哈雷结识；后一边以担任家庭教师和保险事业顾问谋生，一边潜心学术研究。1692 年当选英国皇家学会会员。

棣莫弗

棣莫弗在数学上的成就不少，但以他名字命名的只有在复数理论的早期发展中十分重要的棣莫弗公式，即

$$(\cos\theta \pm \mathrm{i}\sin\theta)^n = \cos n\theta \pm \mathrm{i}\sin n\theta,$$

其中 $\mathrm{i} = \sqrt{-1}$。

在 1707 年发表的一篇研究三角学的论文中，棣莫弗得到了与此密切相关的一个公式。但他始终未写出过这个明确的结论。明确的棣莫弗公式是瑞士数学家欧拉在他 1748 年出版的《无穷小分析引论》中给出的，欧拉还将其中的 n 推广到任意实数，并给出了完整的证明。

1723 年
施塔尔《化学基础》出版

燃素说是化学史上解释物体燃烧的一种学说，它形成于 17 世纪末、18 世纪初。1669 年，德国化学家贝歇尔在《土质物理》一书中提出燃烧是一种分解作用，以及“油土”的概念。

贝歇尔的学生、德国哈雷大学的医学与药理学教授施塔尔继承了老师的观点，并将其发展成一个完整、系统的理论。1723 年，施塔尔在《化学基础》一书中提出了系统的燃素说。施塔尔认为，燃烧是一种分解过程，一切可燃烧的物质都含有燃素。物质燃烧时，会分离出燃素，燃烧时产生的热、光、火焰都是燃素逸出时的剧烈现象。物体失去燃素后，就变成死的灰烬。

施塔尔的燃素说解释了一些当时不能解释的现象，把大量的化学事实统一在一个概念之下，获得了当时很多科学家的赞同，成为 18

施塔尔

世纪占统治地位的化学理论。特别是燃素说认为的化学反应是一种物质转移到另一种物质的过程,以及化学反应中物质守恒的观点,奠定了近现代化学的基础。

1756年,俄国化学家罗蒙诺索夫用实验证明,化学反应前后物质的质量相等,由此证明燃素并不存在。1777 年,法国化学家拉瓦锡向巴黎科学院提出了一篇报告《燃烧概论》,系统阐述了关于燃烧的氧化学说,指出只有在氧存在时物质才会燃烧,从而彻底推翻了燃素说。

1725 年
弗拉姆斯蒂德星表正式出版

1675 年,29 岁的弗拉姆斯蒂德奉诏就任英国皇家天文学家,负责筹建格林尼治皇家天文台,并成为首任台长。他在职时间长达 44 年,直至 1719 年逝世。面临王室长期积欠经费,弗拉姆斯蒂德将自己的全部财产都奉献给了天文台,以置备仪器。1676—1689 年,弗拉姆斯蒂德用格林尼治天文台的六分仪作了约 20 000 次的恒星相对位置观测,后来又用摆钟配合墙体象限仪测得 40 颗参考星的坐标。弗拉姆斯蒂德极其耐心地进行观测和归算资料,总是希望不断提高星表的精度,在达到自己预定的标准之前绝不愿意匆忙出版。牛顿和哈雷都力劝他尽快发表新的星表,但每次都遭到断然拒绝。

在英国皇家学会的支持下,哈雷等人未经弗拉姆斯蒂德同意,于 1712 年出版了他的星表。为此,弗拉姆斯蒂德勃然大怒,于 1714 年烧毁了他能找到的所有副本——不下 300 份,并加紧进行修订工作,但直至去世尚未竣工。1725 年,弗拉姆斯蒂德的助手和律师分 3 卷出版了他的遗著《英国天文志》,最后编成的星表亦在其中。该星表包含 2935 颗恒星的位置,精度达 10″,表中每个星座内的恒星均按赤经递增的顺序编排。1729 年,以该星表为基础绘制的星图集出版,名为《天文图集》,共有星图 28 幅。弗拉姆斯蒂德星表乃是用望远镜观测编成的第一部大型星表,其精度之高堪称空前。

1725—1728 年
布拉德雷发现光行差

运动中的观测者所见到的某一天体的方向,与观测者静止时所见同一天体的方向有着微小的差异,这就是“光行差”现象。这可以用行人打着伞在雨中前行来类比。行人若将雨伞垂直地撑在头上,他就会走进前面正在下落的雨点中;但若将雨伞稍稍往前进方向倾斜,他就能免遭雨淋。人走得愈快,雨伞就必须往前倾斜得愈厉害。地球在自转和公转,地球上的观测者亦随之运动,观测到的恒星视方向就与恒星的真方向有差异。这种恒星光行差,最初是英国天文学家布拉德雷在 1725—1728 年间发现的,其数值约为 40″。发现光行差的历史功绩主要在于:首先,它明确地证实了地球在绕太阳公转,从而进一步支持了哥白尼的日心地动学说;其次,光行差的大小取决于地球运动速度与光速之比,从而进一步支持了丹麦天文学家罗默于 1676 年确定光速有限的结论;最后,天文学家在观测天体位置的结果中扣除光行差之后,就有可能进而探测数值更加微小的“恒星视差”。

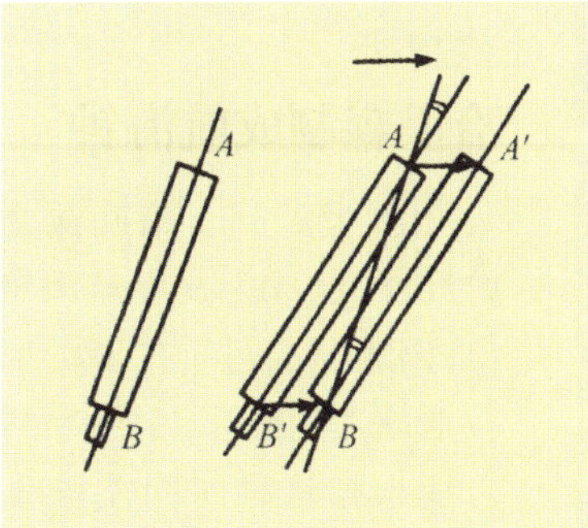

光行差原理示意图 (左)如果观测者是静止的,那么他看到的星光入射方向就是星光前进的真正方向;(右)如果观测者沿横向 AA' 移动,那么他就会觉得星光是由 AB' 或 $A'B$ 方向射来的。

1727—1733 年
黑尔斯将力学实验法引入生理学

动植物的生理活动对人们来说曾是一个个难解之谜。英国生理学家黑尔斯是一个设计实验的天才，他设计了许多开创性的实验，通过这些实验解开了诸多生理学谜团。

1727 年，黑尔斯的著作《植物静力学》出版，他在书中共记载了 124 个实验，以力学实验的方法确定了根系在一天中力的变化、树液的流动、失水和空气交换等生理活动。其中最著名的是通过测量向日葵重量和体积的减少来测量蒸腾作用(水分从活的植物表面以水蒸气的形式散失到大气中的过程)，并指出正是这种作用使植物树液持续向上流动。1733 年，黑尔斯的另一部著作《动物静力学》出版，书中同样设计了许多前人从未尝试过的实验，对动物血液的流动、压力、流速以及不同血管的承受力等开展最早的生理力学实验研究。例如，黑尔斯将管子插入动物的血管，根据血液在管子中的升降来判断出血管中压力的变化。

正是黑尔斯教会我们如何实时观察各种生物的生理过程，他那无拘无束的想象力使得科学实验成为世界上最具挑战性且又最有趣的工作。

约翰·哈里森 1759 年制成的航海钟 H-4　(上)正视图，(下)后视图。

1728 年
哈里森制成航海钟

18 世纪初，精确测定船舶在海上的经度，已成为发展航海事业的当务之急。因为恒星过子午圈的时刻随观测者在地球上的经度而异，所以在海上就有可能根据这种时间差推算出不同地方的经度差。因此必须要有一只钟，能在航行全程中始终保持准确的时间。当时普遍使用的摆钟不能达到这一要求，它禁不起船舶的摇摆俯仰。为此，英国经度局于 1713 年悬赏寻求一台准确的船用计时仪，奖金高达 20 000 英镑。它在海船上必须仍然走得很准，随时都能指示准确的伦敦时间。

英国仪器制造家约翰·哈里森从 1728 年到 1759 年，先后研制成功 4 只航海钟，后来依次被称为 H-1、H-2、H-3 和 H-4。它们的精度一台比一台高，体积和重量一台比一台小。其中 H-4 的日差还不到 0.1 秒，用以测定经度时，其定位误差仅约 2000 米。哈里森实现了经度局的要求，于 1765 年得到一半奖金。经度局要求哈里森再造两台 H-4 的复制品，才能兑现奖金全额。1770 年，77 岁的哈里森完成了结构与 H-4 完全相同的 H-5，但他再也没有精力造出一架同样的钟了。最后，英国国会在 1773 年给了他一笔奖励，其数额与经度局拖欠的奖金大体相当。航海钟使航海进入了一个新时代，直到无线电通信将整个世界连成一体，它才被最终取代。

1728 年
福夏尔《外科牙医学》出版

对于野生动物而言，某种程度上牙齿的寿命决定它的寿命。对于人类而言，保护牙齿也是维系健康的重要方面。一旦牙齿出现损伤，常常会造成牙龈肿胀、牙齿剧痛。18 世纪以前，遇到这种情况，通常的处理方法就是拔掉病牙。而成人的牙齿一旦拔掉是不会再生的。拔掉的牙齿越多，胃肠道的消化负担就越重，从而有损健康。

1728 年，法国牙医福夏尔根据其积累了 20 多年的牙科治疗经验，完成了著作《外科牙医学》。该书是第一部比较全面的牙科教科书，首次将口腔医学看作一门科学和职业。书中系统地总结了口腔医学的知识，并详细介绍了使用桩或根管桩修复牙齿缺损的方法。这种方法至今仍然是修复严重缺损牙齿的有效办法。《外科牙医学》的出版，是口腔医学发展史上的一座里程碑，福夏尔也因此被认为是现代口腔医学的先驱者。

1729 年
布格定律提出

光度学的奠基人、法国科学家布格首先试图用测日计定量测量太阳及月亮的发光强度。他发现太阳光的光强是月亮光强的300倍,并研制出了一批最早的光度测量仪器。他绘制了一份大气折射年表,研究光在空气中的吸收,并提出光束通过透明介质时衰减的布格定律。该定律和他的研究成果于1729年发表。

瑞士—德国天文学家、数学家、物理学家朗伯与布格同为光度学的奠基人,亮度的单位朗伯就根据他的姓氏而来。他于1760年提出了:当一束平行单色光垂直通过某一均匀非散射的吸光物质时,其吸光度与吸光物质的浓度及吸收层厚度成正比。该定律被称为朗伯—布格定律,适用于所有的电磁辐射和各种吸光物质,包括气体、固体、液体、分子、原子和离子等,是吸光光度法、比色分析法和光电比色法的定量基础。

1731 年
克莱罗《关于双重曲率曲线的研究》出版

法国数学家、力学家、天文学家克莱罗出生于巴黎,父亲是一位数学教师,而且是柏林科学院的通信院士。克莱罗从小接受父亲的启蒙教育,9岁就学习解析几何和微积分学。1726年13岁时,他在法国科学院宣读了第一篇论文《关于新曲线的四个问题》。1729年完成了他对双重曲率曲线的研究,1731年出版论著《关于双重曲率曲线的研究》,并因此于1731年成为法国科学院有史以来最年轻的院士。在《关于双重曲率曲线的研究》中,克莱罗通过在两个垂直平面上的投影来研究空间曲线,首先提出空间曲线有两个曲率的想法。他认识到一条空间曲线在一个垂直于切线的平面上可以有无穷多条法线,同时给出了空间曲线的弧长公式与某些曲面的面积求法。克莱罗开创了空间曲线的研究,为微分几何的建立奠定了基础。此外,他在变分法、微分方程、天体力学等方面也有诸多重要贡献。

1734 年
贝克莱主教抨击牛顿等人的微积分学

贝克莱主教

英国哲学家贝克莱出生于爱尔兰的基尔肯尼。1700年进都柏林的三一学院学习。曾醉心于数学研究。1707年获硕士学位后在这所学院担任学术和教学职务,直至1724年。他的一些哲学名著就是在此期间完成的。后去英国担任圣公会的宗教职务。1734年任爱尔兰的克洛因主教。

就在1734年,贝克莱出版《分析学家》一书,猛烈抨击牛顿等人的微积分学。贝克莱在书中认为,数学家们在用归纳代替演绎,并没有为他们的方法提供合法性依据。他认为流数理论的许多结论虽然正确,但它们是“错误的抵消”,“通过双重错误而获得的真理”。以求瞬时速度为例,流数术是先取 $\Delta s/\Delta t$,这里的 Δt 当然不可以为零,但然后又令 Δt 为零来求得瞬时速度。那么这个 Δt 到底是不是零?这里的概念显然是不清楚的。其实,在18世纪初叶微积分学获得广泛而有效的应用的同时,其理论不严密、基础不扎实的缺陷也表现得越来越明显。这就是数学史上的“第二次数学危机”,虽然这一危机的萌芽可追溯到古希腊的芝诺悖论。

贝克莱对微积分学的攻击主要出于宗教动机,但他的许多批评是切中要害的。这在客观上揭露了早期微积分学的逻辑缺陷,从而促使数学家针对第二次数学危机的症结所在，为微积分学基础的严格化而努力。当时有许多数学家撰写了为牛顿流数理论辩护的著作，其中以麦克劳林的《流数论》最为著名。但所有这些辩护都因坚持几何论证而显得软弱无力。欧拉、拉格朗日、达朗贝尔等通过代数化途径来克服微积分学基础的困难，取得了一定成效，但微积分学基础的真正严格化是在 19 世纪由法国数学家柯西和德国数学家魏尔斯特拉斯等人完成的。

1734 年
迪费提出双流质假说

人类对电现象本质的认识经历了漫长而曲折的过程。1731 年，英国物理学家斯蒂芬·格雷发现导体和绝缘体的区别，并提出在正常的物体中存在着等量的两种“流质”，一种是“正流质”，另一种是“负流质”。当两个不同的物体相互摩擦时，就会有流质转移。

1733 年，法国化学家迪费发现了电荷间的相互作用，认为任何物体都可以通过摩擦带电，并得出重要结论：带同种电的物体互相排斥，带不同种电的物体彼此吸引。1734 年，迪费明确提出了电的“双流质假说”（也叫二元电液理论）：电分为“树脂电”和“玻璃电”两种，这两种电的特性是同种电相斥、异种电相吸。通常的物体因为所含的两种电数量相同且互相抵消呈电中性，带电的物体则具有多余的“树脂电”或“玻璃电”。

与迪费相反，美国物理学家本杰明·富兰克林主张“单流质说”。他认为电只有一种“流质”，没有重量，弥漫于整个空间，并能毫无阻挡地渗透于任何物体之中。如果物体中这种流质的密度正常时，物体为中性；如果物体中流质的密度低于正常量，物体带负电；如果大于正常量，物体带正电。富兰克林同时还认为，电流质是守恒的，只能被重新分配而不能创造和消失。

1735 年
哈得来创立经向环流理论

1735 年，英国气象学家哈得来发表了《关于信风之起因》一文，首次考虑了地球自转对大气环流的影响，修正了哈雷的信风理论，创立经向环流理论，从而正确地解释了信风现象。

哈得来认为，赤道地区接受的太阳热量要比极地多得多，因而赤道地区的空气受热而密度变低，产生上升运动，极地的空气受冷而密度变高，产生下沉运动。于是，高空空气就由赤道向极地补充，低层空气则由极地流向赤道，形成一个沿经线方向运动的闭合的大环流圈。由于地球自转的影响，水平运动的物体都会发生偏向，在北半球向右偏，在南半球向左偏。因此，低层由极地流向赤道的气流就分别偏折成北半球的东北信风和南半球的东南信风；高空由赤道流向极地的气流也发生偏折，形成高空的西风带，同时还因下沉作用而形成中纬度的地面西风带。

这种环流理论在今天看来虽然相当粗糙，在当时却很快成为气象学家研究大气环流的重要基础之一。为了纪念他的功绩，人们至今还把低纬度的经向环流称为哈得来环流。

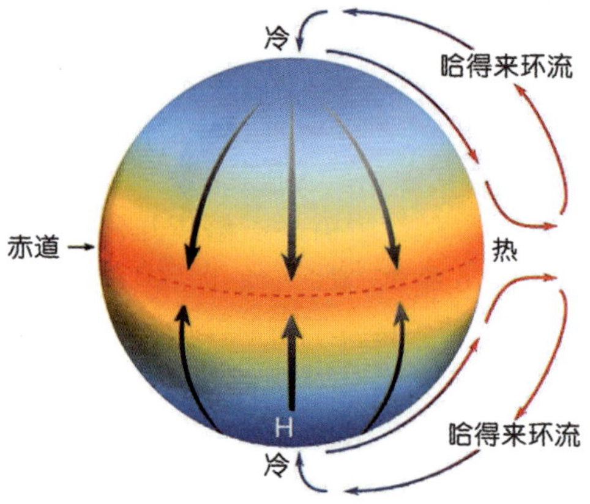

哈得来提出的经向环流

1735 年
林奈《自然系统》出版

2007年被瑞典政府定为“林奈年”，以纪念瑞典杰出的植物学家林奈诞辰 300 周年。世界上恐怕没有哪个生物学爱好者不知道林奈，因为正是他开创了现代动植物命名的双名法，为世人统一了在生物学王国交流的语言。

17 世纪之后，随着大量新种的发现，人们对植物的分类非常混乱，往往同一种植物有好多个名字，有用不同语言和不同分类系统命名的，有按照发现的时间顺序命名的，还有一些名字冗长无比……这些都让植物学研究陷入了泥潭。林奈深感发明一种简洁明了、精确科学的分类法迫在眉睫。在经过长期的野外调查、观察，以及分析了大量前人资料的基础上，林奈所著的《自然系统》于 1735 年出版，他提出了以植物的生殖器官(即雄蕊和雌蕊)为据，归类到界、纲、目、属、种、变种的分类方法，并以拉丁语这种古老语言作为命名文字。植物名由两个拉丁词组成，第二个词通常用来对植物进行描述，如植物的颜色、大小或食用它的动物的名字等。林奈用这一方法第一次将 7000 多种植物以一种从未有过的简洁而优雅的方式分门别类，为植物学的发展扫清了障碍。植物分类双名法也令林奈声名远扬。

林奈的分类法沿用甚久，直到被更符合自然规律的分类法所取代。而他开创的双名法沿用至今，方式是：植物拉丁文属名加上种名。

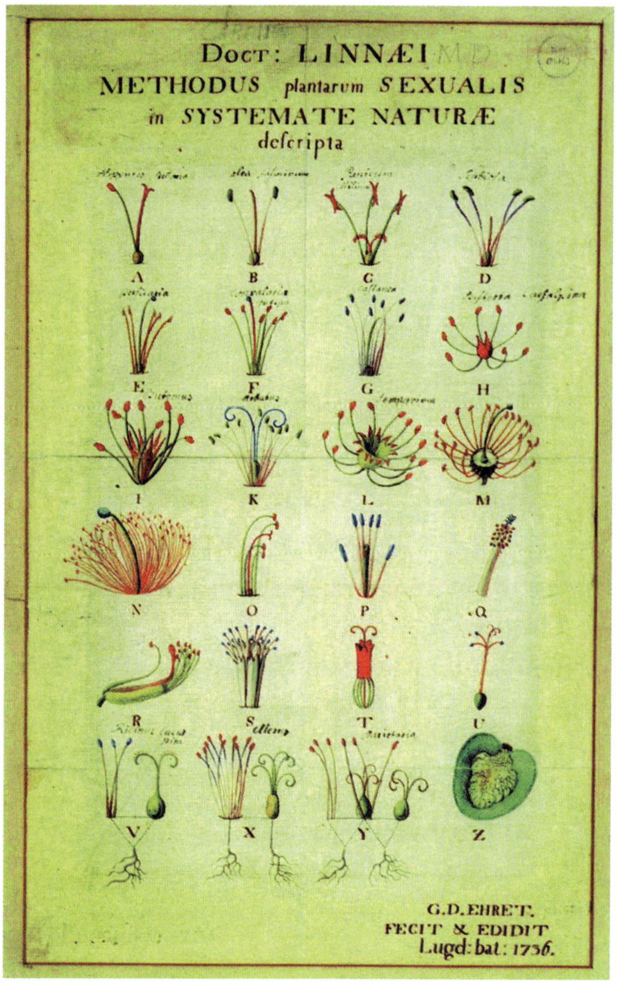

《自然系统》中的插图 林奈根据花粉囊和雄蕊的数目，将植物分为 24 个主纲。

1736 年
欧拉《力学或运动科学的分析解说》出版

瑞士数学家欧拉是 18 世纪数学界最杰出的人物之一，出生于瑞士巴塞尔的一个牧师家庭。欧拉自幼受父亲教育，于 1720 年进巴塞尔大学学习，其数学天才很快被约翰·伯努利发现，于是受到特别指导。1727 年经丹尼尔·伯努利举荐，去俄罗斯的圣彼得堡科学院工作，1731 年任物理学教授，1733 年接替丹尼尔任数学教授，1741 年受普鲁士腓特烈大帝邀请去柏林科学院任物理数学研究所所长，长达 25 年之久。在此期间，欧拉在微分方程、曲面微

欧拉

林 奈

林奈 1707 年 5 月 23 日出生于瑞典南部，从小就对植物表现出痴迷,8 岁就被人们称为“小植物学家”,但他对上学却兴趣不大,尤其是父亲要他学的神学。在大学里,一次他逃课去植物园里看花,遇见一位同样热爱植物的神学家,此后,林奈不仅和这位老人住在一起,还从他那儿学到了大量植物学知识。

1732 年,林奈有幸得到一次机会,去拉普兰进行野外考察。那是一片荒凉之地,位于北极圈内,其自然条件之恶劣可以想象。林奈徒步穿行于寒冷的沼泽地,带回了数量可观的标本。经历这次风险重重、硕果累累的考察,林奈不仅收获了名声,也收获了爱情。因为在此期间他结识了未来的妻子。但这对恋人 8 年后才得以完婚,因为他未来的岳父要求他必须具备医生资格才能迎娶新娘。由于瑞典没有医学教育课程,林奈不得不到荷兰的一所大学去完成医学课程。

林奈始终对植物学情有独钟。伴随着航海大发现,大量动植物新品种被带回欧洲,令人眼花缭乱。研究的第一步就是要对它们进行分类和命名,但当时却缺乏一种恰当的分类体系和命名方式。林奈认为,“通过有条理的分类和确切的命名,我们可以区分并认识客观物体;分类和命名是科学的基础。”1735 年,林奈出版《自然系统》,创立生物分类体系,并由此奠定了其学术地位,成为生物分类学的奠基人。首先,他把生物分成由界、纲、目、属和种组成的等级体系(后人再添门和科两个分类单元)。其次,也是他最重要的贡献,他确立并完善了双名法，即以属名加种名来命名一个物种。比如,马和斑马因其相似而同归“马属”;又因其细节上的相异而分属“家马种”和“斑马种”。鉴于当时拉丁文是欧洲学术界通用的语言，因此命名时林奈使用了拉丁文。林奈还规定,在双名的最后还应加上第一个为之命名的人的姓氏。由于林奈在《自然系统》一书中首次用自己定下的标准为大量常见物种(主要是植物)命名,因此我们至今仍可见到这些植物名字的后面都附有“Linn”这一姓氏。林奈创立的分类方法沿用至今。

林奈认为自己最重要的工作是对植物生殖过程的研究。林奈在前人认识的基础上,不仅确信植物也有雌雄,并且还以植物生殖器官(即花)的特征作为分类依据。他认为,生殖象征着造物主的设计蓝图。他按照花是否可见(这样的植物如今称为显花植物)、雄蕊和雌蕊的数目、雄蕊和雌蕊是否连生、雄蕊和雌蕊是否在同一朵花上等特点,将植物分成不同的纲和目。相对于植物的营养器官(如叶),花是一种更为稳定的器官,因此用花作为分类依据,方便实用又可靠。

值得一提的是，正是林奈首次把人类也纳入生物分类体系之中,他把猿及人都归入灵长目,把人命名为 *Homo sapiens*。正如达尔文所赞誉:“可见林奈当初的见地是何等的卓越了。”林奈的见地还不止于此。他率先把人分成 4 个不同的种族,而且还分别概述了各自不同的行为:1)美洲印地安人种,活动受习惯支配;2)欧洲人种,活动受法律支配;3)亚洲人种,活动受他人意见支配;4)黑色人种,没准脾气。

后人对于林奈最大的批评是，他坚持认为物种自出现以后未有任何变化，这种典型的物种不变论恰恰是进化论的对立面。如果说,对于林奈而言,他从分类体系中看到的是上帝创世的蓝图的话,那么,达尔文从中看到的则是生物间亲缘关系的自然反映。

林奈成为国家的骄傲,并被册封为贵族(卡尔·冯·林奈),还被任命为瑞典贵族院议员。1778 年 1 月 10 日林奈逝世。安葬时,这个平民之子得到了只有皇族才能获得的全部荣誉。但林奈死后,在他所收集的标本的所有权问题上却发生了争议。对瑞典人来说不幸的是,他的标本收藏居然已经卖给了一个英国人。据说瑞典派了一艘军舰去追赶,但英国船逃得太快,未能追上。

分几何等领域做了许多开创性的工作。1766 年应俄罗斯女皇叶卡捷琳娜二世的邀请，重回圣彼得堡科学院，直至去世。欧拉是数学史上最多产的数学家，论著几乎涉及当时所有的数学分支，硕果累累。他 1735 年右眼失明，1771 年左眼失明，此后全凭惊人的记忆力和心算技巧进行科学研究，堪称奇迹。

凭借着丰厚的数学功底，欧拉于 1736 年发表了一本很有影响力的著作《力学或运动科学的分析解说》，这本著作是人类历史上第一次用分析的方法来处理物理问题。流传至今的欧拉动量定理（揭示无黏性流体中质点的动量守恒的一组非线性偏微分方程）、欧拉运动学方程（表达转动刚体的角速度、角加速度和力矩之间关系的微分方程）以及与之相关的转动坐标系中的欧拉角等都是欧拉在这本书中给物理学留下的永久痕迹。

欧拉的工作为日后法国数学家拉格朗日的工作指出了方向。后者发展了欧拉的方法，以一部高度概括的《分析力学》影响了物理学界 100 多年。

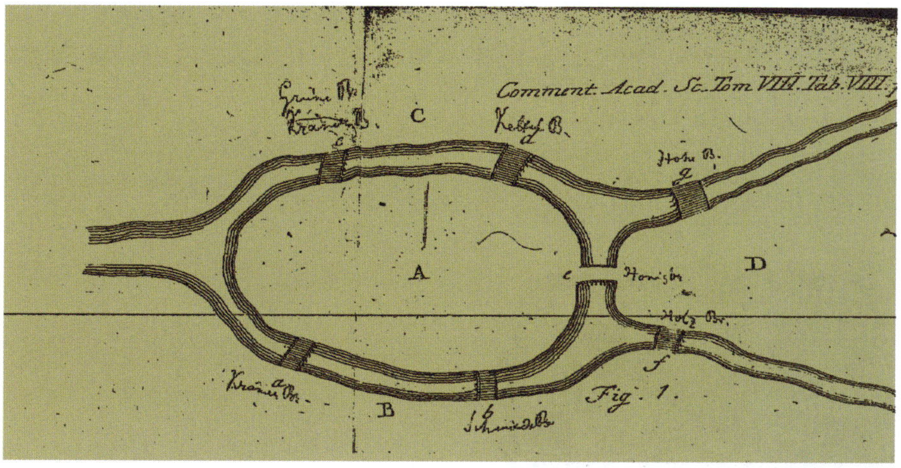

欧拉关于柯尼斯堡七桥问题的论文中的插图

1736 年
欧拉解决柯尼斯堡七桥问题

在欧拉的众多成就中，最为脍炙人口的是他对柯尼斯堡七桥问题的圆满解决。柯尼斯堡（现俄国加里宁格勒）是 18 世纪普鲁士的一座主要城市，在城市中的一座小岛与其周围的河岸之间，一共架设了 7 座桥。当时在柯尼斯堡流传着这样一个问题：你能不能走过每座桥仅一次而回到你的出发点？

1736 年欧拉得知并研究了这个问题，于当年即向圣彼得堡科学院提交了论文《一个位置几何问题的解法》，不但圆满地解决了这个问题，而且创建了解决这类问题的一般法则。欧拉把一座桥看作一条线段，而把桥所连接的区域看作点。于是柯尼斯堡七桥问题就化成了在一幅由一些点和点间相连线段组成的网络状图中能不能找到一条经过每条线段仅一次而回到出发点的路径。欧拉把有偶数条线段与之相连的点称为偶点，有奇数条与之相连的称为奇点。欧拉的结论是：存在这种路径的充分必要条件是，图中没有奇点；如果图中有两个奇点，那么存在一条从一个奇点出发到另一个奇点终止的路径，它经过每条线段仅一次。在柯尼斯堡七桥问题的图中，一共有 4 个点，都是奇点，因此这个问题没有解，而且去除“回到出发点”这个要求也没有解。欧拉的这一成果开创了一门叫做图论的数学分支，而且被认为是拓扑学正式建立之前对图形拓扑性质进行成功研究的一个基本实例。

1738 年
伯努利定理提出

瑞士数学家丹尼尔·伯努利是著名的伯努利家族中最杰出、最博学的一位，是约翰·伯努利的第二个儿子。

1738年，丹尼尔·伯努利出版了一生中最重要的著作《流体动力学》，提出了关于运动流体（液体或气体）的压力、流速和落差之间关系式的伯努利定理。该定理指出，运动流体的总机械能，即包括与流体内压强有关的能量、重力势能以及流体运动动能在一起的总能量保持恒定。按照伯努利定理，如果

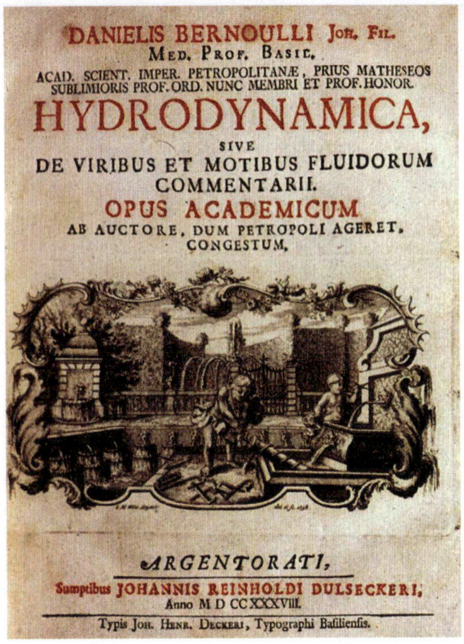

1738年出版的《流体动力学》封面

流体水平流动，重力势能则无变化，而流体内部压强则随流速的增加而降低。伯努利定理是现代飞机起飞原理的根据，是机翼动力学的基础，在水力学和应用流体力学方面也有广泛的应用。丹尼尔·伯努利还设想气体的压力是由于气体分子与器壁碰撞的结果，由此可导出玻意耳定律。

丹尼尔·伯努利一生最出色的工作是将微积分、微分方程应用到物理学，用来研究流体问题、物体振动和摆动问题，被认为是数学物理方法的奠基人。

1740 年
沃德用硝化法制取硫酸

1740 年，英国人沃德将硫黄和硝石的混合物置于铁容器中加热，将产生的气体导入玻璃器皿中用水吸收制得硫酸，此即硝化法制取硫酸的先导。但这种方法中的玻璃器皿容易破碎，无法实现大规模生产。

1746 年，英国人罗巴克用铅室代替玻璃器皿，建成世界上第一座铅室法硫酸厂，利用硫黄和硝石混合物经焚烧产生的氮氧化物气体使二氧化硫气体氧化成三氧化硫，然后用水吸收三氧化硫制得硫酸。这种方法设备庞大，耗铅多，投资高，制得的硫酸浓度仅可达 65%。

1827 年，法国化学家盖-吕萨克建议在铅室之后设置吸硝塔，用铅室产品（65%的硫酸）吸收废气中的氮氧化物；1859 年，英国人又在铅室之前增设脱硝塔，成功脱除了含硝硫酸中的氮氧化物，使出塔硫酸浓度达到 76%，这就是后人所称的塔式法。

铅室法工厂多以意大利西西里岛的硫黄为原料。18 世纪中叶，迅猛发展的纺织、印染工业对硫酸的需求量迅速增加，硫黄原料供应日益紧张。从 19 世纪 30 年代起，英、德等国相继改用硫铁矿作为生产硫酸的原料。1831 年，英国商人佩里格林·菲利普斯发明接触法，即二氧化硫和空气混合后，通过装有铂粉或铂丝的炽热瓷管，产生的三氧化硫用水吸收，得到硫酸。1840 年代起，接触法逐渐在硫酸工业中居于主导地位。1875 年，德国人在克罗伊茨纳赫建成第一座生产发烟硫酸的接触法装置。1881 年起，德国巴斯夫公司对接触法进行了历时 10 年的研究，系统测试了各种工艺条件下铂及其他催化剂的性能，在工业装置上全面解决了以硫铁矿为原料制备硫酸的关键技术。当时的接触法装置均使用低温下呈现优良活性的铂催化剂，但其价格昂贵，容易中毒而丧失活性。因此，早期的接触法装置都必须对进入转化工序的气体预先进行充分净化，以去除各种有害杂质。1906 年，美国物理化学家科特雷耳发明的高压静电捕集矿尘和酸雾的技术在接触法工厂获得成功，成为净化技术上的重要突破。1913 年，巴斯夫公司发明了添加碱金属盐的钒催化剂，活性较好，不易中毒，且价格较低，在工业应用中显示了优异的成效。此后，性能不断改进的钒催化剂相继涌现并迅速获得广泛应用，最终完全取代了铂及其他催化剂。

1950 年代初，联邦德国和美国同时开发成功硫铁矿沸腾焙烧技术；1964 年，联邦德国的法本拜耳公司率先实现了两次转化工艺。

1742 年
麦克劳林《流数论》出版

英国数学家麦克劳林出生于苏格兰阿盖尔郡（现并入阿盖尔-比特郡）泰纳布鲁厄赫附近的基尔莫丹。他自幼聪慧，1709 年入格拉斯哥大学，读了一年神学后受该大学数学教授、英国数学家西姆松的影响而转向数学，特别是几何学。毕业后于 1719 年任阿伯丁大学马里沙尔学院数学教授。1725 年任

麦克劳林　苏格兰第 11 代巴肯伯爵厄斯金创作，藏于英国爱丁堡的苏格兰国立美术馆肖像画廊。

爱丁堡大学数学教授。

1742年，麦克劳林出版了两卷本的《流数论》，这是第一部系统地为牛顿的流数术作出符合逻辑的解释的著作，目的是反驳贝克莱主教对牛顿的微积分学原理的攻击。他在书中从若干“无例外的原则”出发，以熟练的几何方法和穷竭法来推演流数理论，在建立微积分严格理论方面做了许多前驱性工作。他还把级数作为求积分的方法，并以几何形式给出了关于无穷级数是否收敛的积分判别法。后来人们把泰勒定理中的级数当 $a=0$ 时的特例称为麦克劳林级数，是因为麦克劳林在《流数论》中提到了它，并用待定系数法给出了证明。

1742 年
《医宗金鉴》编成

1739 年，清乾隆皇帝诏令太医院右院判吴谦主持编纂一套大型的医学丛书。吴谦奉诏征集全国的各种新旧医书，并挑选了精通医学兼通文理的 70 余人共同编修，历时 3 年完成，由乾隆皇帝钦定名为《医宗金鉴》。全书分为 14 种，共 90 卷，囊括了中医理论及临床各科，形式上图、说、方、论俱备；有的以歌诀形式编写，以便于记诵。本书反映了清中期中医学的成就，具有一定的权威性，一直被皇家医疗机构——太医院作为教材应用，在民间也流传广远。

1742 年
《授时通考》问世

《授时通考》是中国清代官修的全国性大型综合性农书，也是中国封建社会最后一部整体性的传统农书，于 1737 年开始编写，1742 年编成并刻印。本书汇辑前人关于农业方面的著述，搜集古代经、史、子、集中有关农事的记载达 427 种之多，并配有 512 幅精致的插图，图文并茂。

《授时通考》篇幅巨大，共 78 卷，98 万字，分为天时、土宜、谷种、功作、劝课、蓄聚、农余、蚕桑等 8 门：天时门论述农家四季的农事活动；土宜门讲辨方、物土、田制、水利等内容；谷种门记载各种农作物的性质；功作门记述从垦耕到收藏各生产环节所需工具和操作方法；劝课门是有关历朝重农的政令；蓄聚门论述备荒的各种制度；农余门记述大田以外的蔬菜、果木、畜牧等种种副业；蚕桑门记载养蚕缫丝等各项事宜。

全书结构严谨，征引周详，汇集和保存了不少宝贵的历史资料，不但对清代农林牧副渔各业生产的发展起到了指导和促进作用，而且对国内外农业生产和农业科学的研究也具有深远的影响。《授时通考》有英、俄等多种外文译本在国外流传。

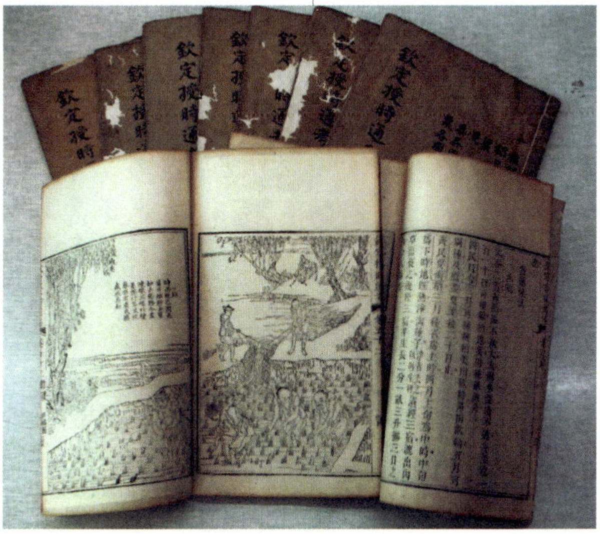

《授时通考》

1742 年
摄尔修斯发明摄氏温度计

瑞典物理学家、天文学家摄尔修斯于1742年设计了一种温标，以水银作为测温物质，将水的沸点作为0度，冰点作为100度，水的沸点与冰点之间的温度差均匀地分成一百份。后来他把两端的值对调了过来，这就是如今广泛使用的百分温标，也称为摄氏温标。摄尔修斯发明的温度计则称为摄氏温度计，在各个领域广泛使用，为科学研究带来极大的便利。在医学上，用摄氏温度计测量体温已成为诊断疾病的一种常见辅助手段。

1743 年
欧拉完整解决常系数线性齐次常微分方程的求解问题

18世纪中叶，欧拉与其他数学家创立了微分方程理论。在常微分方程方面，欧拉于1743年给出了下述常系数线性齐次常微分方程的古典解法：

$$a_0y + a_1\frac{\mathrm{d}y}{\mathrm{d}x} + a_2\frac{\mathrm{d}^2y}{\mathrm{d}x^2} + \cdots + a_n\frac{\mathrm{d}^ny}{\mathrm{d}x^n} = 0,$$

其中 $a_0, a_1, a_2, \cdots, a_n$ 均为常数。

欧拉指出这种 n 阶常微分方程的通解是其 n 个特解的线性组合。他是最早明确区分“特解”与“通解”的数学家。1753年，欧拉又发表了常系数非齐次线性常微分方程的解法，其要点是将方程的阶数逐次降低。1774年至1775年，法国数学家拉格朗日把欧拉关于常系数齐次方程的结果推广到变系数情况，证明了变系数齐次方程的通解可用一些独立的特解乘上任意常系数相加而成；而且在知道了方程的 m 个特解后，可以把方程降低 m 阶。

达朗贝尔

1743 年
达朗贝尔发现自由质点运动规律

法国数学家、物理学家、天文学家和哲学家达朗贝尔是一位炮兵军官和一位贵族夫人的私生子，出生时父亲在国外，他被母亲遗弃在巴黎圣让勒隆教堂的台阶上，后由一位玻璃匠收养。由于有其生父暗中资助，他从小受到良好教育，后进入巴黎的四国学院学习。早先学神学、法学和医学，最终改学数学。

达朗贝尔在1743年发表的杰出著作《论动力学》中，将处于平衡态的物体所受的合作用力为零，推广到自由质点的运动。达朗贝尔引进了开普勒首先提出的“惯性力”概念并指出一个质点所受的“惯性力”与这个质点所受的主动力和约束力相平衡时，此质点所受的合力为零。这个简单的推广，把牛顿第二定律的动力学问题变成了静力学问题，不仅简化了思路和计算，也使动力学问题和静力学问题可统一在同一框架之中，这就是著名的达朗贝尔原理最初的叙述方式。达朗贝尔原理增强了人们对力学的兴趣，促进了牛顿力学体系的进一步发展。

1744 年
欧拉《寻求具有某种极大或极小性质的曲线的技巧》出版

欧拉从1728年开始从事变分法的研究。1734年，他推广了最速降曲线问题，然后着手寻找解决这类问题的更一般的方法。1744年，欧拉出版《寻求具有某种极大或极小性质的曲线的技巧》一书，系统地总结了17世纪以来人们在变分法方面的研究成果，给出了变分问题的一般处理方法，标志着变分法正式成为一个新的数学分支。他导出了使得积分 $J = \int_a^b f(x,y',y)\mathrm{d}x$ 取极值的函数 $y(x)$ 必须满足的一个二阶常微分方程，这个方程后以欧拉方程著称，至今仍为变分法之基本方程。

欧拉在这本书的附录中阐述了变分法在物理学中的广泛而巧妙的应用，但过多依赖于几何论证是欧拉变分法的局限。1755年，法国数学家拉格朗日以欧拉的思路和结果为依据，但从纯分析的方法出发，创造了应用于变分演算的新算法和新符号，得到了更完善的结果。欧拉认为拉格朗日的方法是一种新的计算方法，并在自己的论文中正式将它命名为“变分法”。后来，欧拉又提出了变分运算的另一种解释方法。他早期在变分法研究中使用的直接方法，一个半世纪后在寻找变分问题及相应微分方程的精确解或近似解中也获得应用。

1745 年
罗蒙诺索夫提出热动说

17—18 世纪，随着热学的发展，人们开始探讨热现象的本质。当时，占据统治地位的热质说认为，热是由渗透在物体中的“热质”引起的；热质被看作是一种没有重量、可以在物体中自由流动的物质，它的粒子彼此排斥而为普通物体的粒子所吸引。法国化学家拉瓦锡甚至把“热质”列入化学元素表之中。

俄国化学家罗蒙诺索夫不同意热质说的观点。1745 年，他创立了热的动力学说，即热动说，指出热的本质是物质本身内部的运动。罗蒙诺索夫认为，物质是由极小的微粒构成，热是物质本身微粒的运动。这里的“微粒”就是后来的“分子”和“原子”概念。但是，这一学说当时还不能定量地解释热现象，因此未能得到公认。

19 世纪中叶，能量转化与守恒定律的建立否定了热质说，确认了热是能量的一种形式，而不是一种特殊物质。于是，热来源于物质微粒的运动这一观点重新受到重视，并发展成为分子运动论。与此同时，德国物理学家克劳修斯、奥地利物理学家玻尔兹曼和英国物理学家麦克斯韦等人建立了分子运动论的数学形式，促进了统计物理学的发展。

1745 年
莫森布鲁克发明莱顿瓶

莱顿瓶是存储静电的器件，是一种电容器。1745 年，荷兰莱顿大学的物理学家莫森布鲁克在电学实验中偶然发现，带电钉子掉进玻璃瓶后，钉子所带的电并没有跑掉。受该实验启发，莫森布鲁克成功地利用盛水的玻璃瓶存储电荷。差不多与此同时，德国发明家克莱斯特也独立发明了莱顿瓶。早期的莱顿瓶是一只盛有部分水的玻璃瓶，瓶口用软木塞封住，用导线或钉子穿过木塞并插入水中。现在的莱顿瓶是一只里外都贴上金属箔的绝缘瓶，外层金属薄片与地连接，有一穿进瓶口的黄铜棒，其上端附一金属球，下端附金属链，使之与里层的金属薄片接触。

莱顿瓶的发明为电的集中使用和进一步研究提供了条件，促进了当时的电学实验，电学示范表演也成为当时一种时尚的娱乐形式。其中最为壮观的一次是法国人诺莱在巴黎圣母院外向路易十五皇室成员展示的表演。他让 700 名修道士手拉手站成一排，队伍全长约 275 米，然后让排头的修道士手握莱顿瓶，排尾的人握住与金属球相连的引线。莱顿瓶放电时，这 700 人瞬间因受电击几乎同时跳了起来，在场观众无不目瞪口呆。

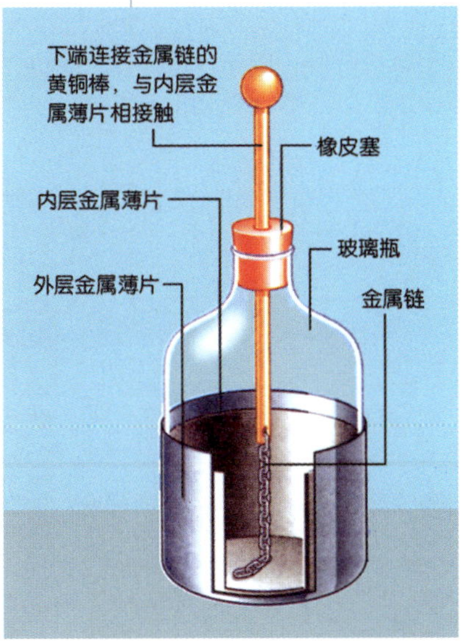

莱顿瓶

1747 年
达朗贝尔《弦振动研究》发表，始创偏微分方程理论

达朗贝尔 1747 年向柏林科学院提交论

文《张紧的弦振动时形成的曲线研究》，简称《弦振动研究》，首次明确导出了弦振动方程 $\frac{\partial^2 u}{\partial t^2}=c^2\frac{\partial^2 u}{\partial x^2}$，并给出了 $c=1$ 时形如 $u=\varphi(x+t)+\psi(x-t)$（φ,ψ 为任意的二次可微函数）的通解，后称为达朗贝尔解。他坚持18世纪标准的函数概念（即某种解析表达式），区别了偏微分方程的特解和通解，认为通解更为重要。在达朗贝尔之前，布鲁克·泰勒和约翰·伯努利也曾对弦振动进行过数学描述，但都未采用偏导数概念，因此达朗贝尔的上述论文成为偏微分方程研究的发端。达朗贝尔在论文中还证明了复数可以化成 $a+b\sqrt{-1}$（a,b 为实数）的形式，发现了三角函数和对数函数之间的关系。

弦振动方程在18世纪是数学家们关注的热点问题之一。达朗贝尔、欧拉、丹尼尔·伯努利、拉格朗日等许多数学家围绕弦振动初始曲线及可允许解的问题展开了激烈争论，促进了函数概念的深化，也成为三角级数研究的前奏。

1747 年
布拉德雷确认地轴章动

1728年，英国天文学家布拉德雷发现他观测所得的恒星同北天极的角距离经过岁差和光行差改正后仍有细微的变化。他分析了天球各处恒星这种变化的分布规律，推测可能是月球的影响使地球的自转轴发生了颤动，他称之为地轴章动。他说："我猜想月球对地球赤道隆起部分的作用可能会产生这些影响。因为按照牛顿爵士的原理，如果岁差是由日月作用在地球赤道部分引起的，而月球的轨道平面对赤道平面的交角在某一时间要比另一时间大10°，因此有理由推断，由月球作用引起的这部分周年岁差，在不同的年份里大小不同。"月球轨道面（白道）与黄道的交点在天球上绕行一周约需18.6年，因而月球对地球赤道隆起部分的引力作用也有相同周期的变化，这也正是地轴的章动周期。布拉德雷进行了近20年的观测研究，终于证实了上述判断的正确性，并于1747年底宣布了这一发现。他能够测定幅度仅为10″的角度偏差，足以说明天文望远镜发明后的百余年间天体测量学的巨大进步。1749年，法国数学家达朗贝尔通过严格的理论分析，证明章动确实是由月球对地球赤道隆起部分的引力作用的周期变化所致。他对岁差和章动的计算结果与布拉德雷的观测结果很一致。

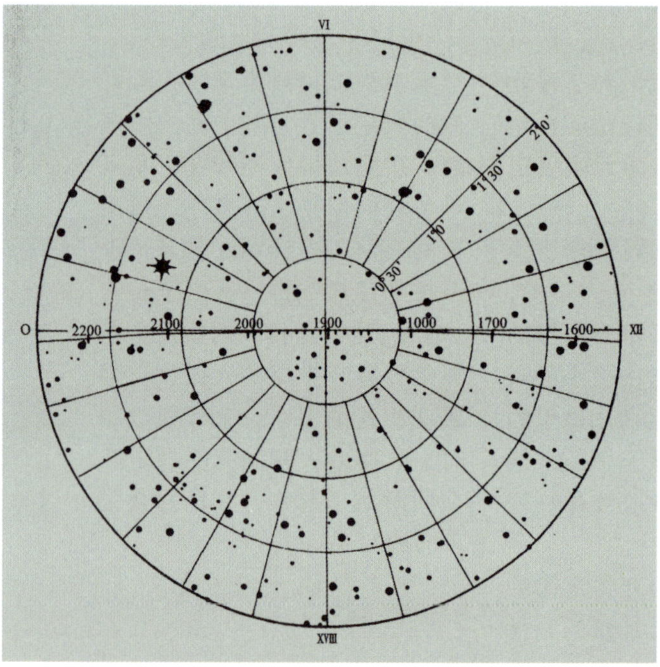

北天极在1600—2200年间的移动轨迹 图中的圆心是1900年北天极所在的位置，内圆的半径是30′，外圆的半径是2°，左方最亮的那颗星是小熊座α（今北极星）。微微弯曲的弧线是由岁差引起的北天极在1600—2200年间的移动轨迹。章动造成的波动非常小，在本图中甚至无法按比例显示出来。

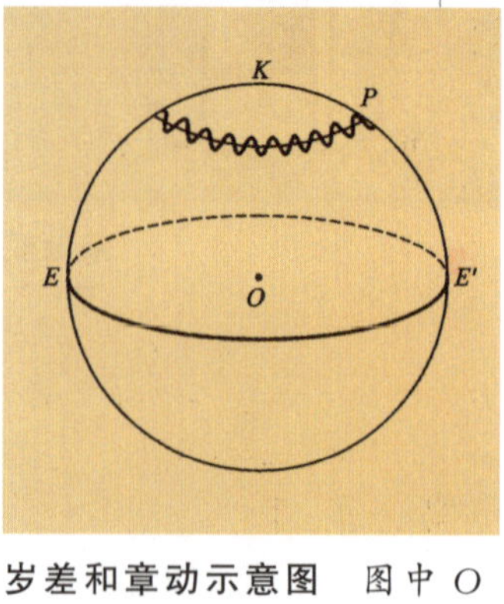

岁差和章动示意图 图中 O 是天球中心，K 是北黄极，P 是北天极，大圆 EE' 是黄道。

1748 年
欧拉《无穷小分析引论》出版

欧拉的《无穷小分析引论》于 1748 年出版。此书分为两卷：第 1 卷是初等函数论，介绍微积分的基础知识；第 2 卷是关于解析几何的内容。第 1 卷中突出强调函数概念，明确宣称“数学分析就是关于函数的科学”。欧拉定义函数是“由变量与若干数字或常量通过任意方式组成的解析表达式”，并把函数分成两个基本函数类：代数函数和超越函数。前者是只有自变量间代数运算的函数，后者则包括指数函数、对数函数、三角函数、无理数次幂函数及某些用积分表达的函数。在讨论指数函数、对数函数和三角函数时，欧拉介绍的符号和概念是现代数学同类思想的源泉。他把三角函数涉及的量作为函数且具有数值，而不同于以往把它们看作固定半径的圆的内部线段，并给出了三角函数的现代常用的简写方法。他还通过二项式定理和复数推出正弦和余弦的幂级数，认为一切解析表达式必能表示成无穷幂级数或有分数指数和负指数的广义幂级数形式。他区分了隐函数和显函数，尤为重要的是允许函数的独立变量取复数值。第 1 卷中还包括一些其他的重要结果和发现，如 $e^{ix}=\cos x+i\sin x$，$e^{z}=\lim\limits_{i\to\infty}\left(1+\dfrac{z}{i}\right)^{i}$，无穷乘积与无穷级数，连分数，$\zeta$ 函数及其在数论中的应用，B 函数和 Γ 函数等。第 2 卷中首先对二次和三次曲线进行分类，随之论述了 146 种不同形式的四次曲线，讨论了曲线的各种性质，其中包括渐近线、曲率和奇异点等。对某些曲线使用了极坐标，还引进了曲线的参数表示。其中的空间解析几何附录包含了欧拉对曲面研究的创新性贡献。

欧拉一反牛顿以来的传统，拒绝把几何学作为微积分的基础，并纯粹形式地研究函数，即从它们的分析表达式来论证，从而将微积分建立在算术和代数基础上，为基于实数系统的分析学的严格化开辟了正确的道路。他的《无穷小分析引论》与 1755 年出版的《微分学原理》及 1768 年至 1770 年出版的《积分学原理》组成了 18 世纪分析学的三部曲，标志着微积分发展的新阶段。

1748 年
欧拉提出光压概念

光照射在物体上会把动量传递给物体，表现为对被照射物体产生作用力。光对被照射物体单位面积上所施加的压力叫光压，也称为辐射压强。光压与光的动量密度、物体表面的反射系数和光的入射角有关。

1748年，欧拉首先指出光压的存在。1860 年代，英国物理学家麦克斯韦创立了电磁理论，从理论上预言光照射到物体表面时会对物体表面施加压力。1899 年，俄国物理学家彼得·列别捷夫在实验中观察到了光压，证实了麦克斯韦的理论。1905 年，爱因斯坦提出光量子(后来称为“光子”)概念，进一步说明了光压存在的合理性。当光子撞击到物体表面上时，可以像从墙上反弹回来的乒乓球一样改变运动方向，并给被撞击物体以相应的作用力，从而形成光压。

一般强度的光(如太阳光)所产生的光压很小，可是强度很大的光(如高强度激光)能产生相当大的光压。现在科学家正在不断地探讨如何利用光压，例如用光压推动“太阳帆”驱动飞船在星际间航行，利用光压驱动纳米机械，或利用高强度激光产生核聚变等。

第5篇

1750—1850年的科学

我们所知的非常有限，我们未知的却无穷尽。

——拉普拉斯

18世纪下半叶
布丰《自然史》出版

18世纪是各种观念互相冲撞的年代，尤其是神学与新兴的自然科学之间产生了巨大的冲突。不少科学家苦苦思索如何将《圣经》内容与科学实验相结合，但也有人敢于冲破桎梏。后者中就有法国人布丰。

法国数学家、博物学家布丰生于法国科尔多省蒙巴尔的一个富有家庭。早年在第戎的一所耶稣会学院学习神学，1723年遵父命改学法学，但他更喜欢数学。1728年他去昂热学习数学，并学习医学和植物学。后又去南特和法国南部及意大利。1732年得到母亲逝世的消息，回到蒙巴尔，继承了母亲大笔遗产，便在蒙巴尔潜心研究学术。因帮助法国海军改进战舰建造而在木料抗张强度研究上取得卓越成果，于1733年当选为法国科学院院士。1739年任巴黎植物园园长。

布丰优越的家境和良好的教养让他能全身心投入科学研究，并且拥有广博的见闻和敢于藐视教会的胆识。布丰摒弃了神创论，认为环境对物种形成具有很大影响。他提出不同地理环境中各自具有特有的动植物物种，这成为生物地理学的头条原理。布丰还认为所有的四足动物都是由少数几种四足动物通过迁移演化而来的。他甚至提出猿和人的差别仅在于灵魂，所以两者应当具有共同的祖先，但他们之间不是进化的关系，猿可能是退化的人。这种完全颠覆过去人类中心论的想法，让教会大为不满。布丰在1749—1788年间陆续推出36卷的巨著《自然史》，将其所有的生物学新理论尽收其中。

1799年荷兰出版的《自然史》遗本中的粗尾猿插图

虽然布丰的许多观点在今天看来是离奇和错误的，他也不能算是一位进化论者，但他是开始探讨关于进化的种种问题的第一人，其思想影响了后世许多生物学家。

布丰　法国18世纪新古典主义画家杜拉斯作，藏于法国蒙巴尔的布丰纪念馆。

1751—1789年
发现镍、钨、铀等元素

虽然人们早已在应用金、银、铜、铁等十几种元素，但只有在近代化学的元素学说确立以后，人们才开始有意识地寻找新元素。自18世纪后期开始，随着化学分析方法的发展，经过化学家们的不懈努力，一系列新元素相继被发现。

1751年，瑞典化学家克龙斯泰特发现了金属镍。他将“假铜”(红镍矿)表面呈绿色的部分($NiCO_3$)与木炭共热，得到一种白色金属。他仔细研究了这种金属的物理和化学性质后，确定它为一种新元素。这种金属因不便提纯而令人头疼，克龙斯泰特将其命名为“Nickel”，即“小鬼”的意思。随后，瑞典化学家舍勒于1781年在一种长期被误认为是锡矿或铁矿的白矿石中发现了不同于锡和铁的新物质，即钨酸，并断定还原钨酸可得到一种新金属——钨。然而，纯净的单质金属钨是67年后才获得的。

1789年，德国化学家克拉普罗特发现了一种重要的元素——铀。他以硝酸溶解沥青铀矿，再加碳酸钾中和，得到黄色沉淀，接着加木炭进行高温还原，得到具有金属光泽的黑色粉末。他认为这就是金属铀（实为氧化铀）。事实上，金属铀在51年后才由法国的彼利高特通过密闭加热还原氧化铀获得。与以前发现的元素有很大的不同，铀具有放射性。

铀矿石

在这场寻找元素的竞赛中，金牌应授予瑞典化学家舍勒。他独立发现了氟、氯、锰、钼、钡、钨 6 种元素，还和普里斯特利各自独立地发现了氧元素。贝采里乌斯发现了铈、硒、硅、钍 4 种元素，屈居第二。

1752 年
富兰克林用风筝探测雷电

本杰明·富兰克林是美国《独立宣言》的起草人之一，伟大的政治家、物理学家。生于波士顿，只受过 2 年学校教育，但他一生从未停止学习。他 40 岁时开始研究电现象。1749 年，他在一次电学实验中把几个莱顿瓶连接在一起，一旁观察的妻子因碰到莱顿瓶上的金属杆而被电击倒，这使富兰克林推测，闪电和室内的放电实验在诸多方面可能有共同的特征。

1752 年 6 月，一个电闪雷鸣的上午，富兰克林将一个风筝放到雷雨云中，风筝下有一段铁丝，铁丝下连接一根麻绳，麻绳的下端接一根丝线，绳线接触处系了一把铜钥匙。他发现，当发生闪电时，风筝下端的铜钥匙可以给莱顿瓶充电，与摩擦生电的性质完全相同，从而证实了天上的闪电和人间的电具有相同的性质。风筝实验破除了当时人们对雷电所持的迷信观念，因此英国皇家学会给富兰克林颁发了金质奖章，并聘他为皇家学会会员。

本杰明·富兰克林从天上引电

风筝实验给富兰克林以新的启迪：既然风筝上的金属能将电引下，如果将金属棒安装在建筑物顶部，以金属线连接到地面，就可以在雷雨天将雷电引到地下，以避免建筑物被雷击。1753 年，富兰克林发明了避雷针，并推广使用。避雷针是早期电学研究中第一项具有重大应用价值的技术成果。

根据风筝实验的原理，1960 年代美国、法国、中国、日本和巴西等国相继发明了人工引发雷电技术。在雷暴天气时，将拖带金属导线的小火箭向起电的云体发射，通常当火箭达到几百米的高度时即可引雷成功。人工引发雷电技术可以使雷电在可预知的时间和地点发生，使得雷电放电通道中电流和近距离电磁场波形的直接同步测量成为可能，不仅为雷电放电物理过程和雷害防控机制的研究开辟了有效的途径，而且也为防雷技术的发展和验证提供了有效的手段。那些冒着生命危险去揭示雷电本质的先驱们，应当永受世人铭记。

富兰克林在多次莱顿瓶实验之后进一步揭示了电的性质，提出了电的“单流质说”。他还认为，电不能因摩擦而创生，只是因摩擦而转移，因摩擦得到和失去的电荷必须严格相等。这就是电荷守恒定律。

1753 年
林德《论坏血病的研究》出版

詹姆斯·林德是 18 世纪英国海军的一名军医。他发现，海员长年在海上生活，很容易患上坏血病，常常不治身亡。作为一名医生，林德高度重视这一现象，于是对坏血病进行了认真的观察。1753 年，林德出版《论坏血病的研究》。林德根据研究认为，常吃蔬菜和柠檬汁可以预防坏血病的发生。此外，淡水是海上生活的一大必需品，林德想出利用蒸馏海水获得淡水的方法。他还提出预防

詹姆斯·林德

海上传染病原则。18 世纪，英国著名的探险家詹姆斯·库克采纳了林德的研究成果，完成了他的海上探险。在 110 名海员历时 3 年半的航行中，只有一人没能顺利返航，这个成绩在近代远洋航海史上是没有先例的。

1755 年
欧拉流体力学方程提出

流体力学是力学的一个分支，主要研究流体（液体和气体）在各种力的作用下所发生的现象与规律。我国早期的墨家经典著作《墨经》中就有关于浮力规律的探讨，但把流体力学真正当作一门科学进行研究则始于西方。阿基米德等人都曾研究过流体问题。

18世纪，许多数学家、力学家忽略流体的黏性，把流体当作无黏性的理想流体来研究，使流体力学得到了发展。1755 年，欧拉建立了描述理想流体运动规律的微分方程组，即著名的欧拉流体力学方程。他采用连续介质的概念，把静力学中的压力概念推广到运动流体中，并将牛顿第二定律应用于流体的运动。用微分方程描述流体运动是流体力学史上的重大突破，从此开始了对流体运动的定量研究阶段。

1755 年
康德《自然通史和天体论》出版

1755 年，德国哲学家康德出版了《自然通史和天体论，或根据牛顿原理试论宇宙的结构及其力学上的起源》一书，简称《自然通史和天体论》。该书共分三大部分，第一部分论述银河和全天的恒星构成一个巨大的恒星系统，并认为这种恒星系统在宇宙中大量存在；第二部分讨论太阳系的形成；第三部分探讨其他行星上的生命问题。书中有关我们这个恒星系统——今称银河系——的结构，以及存在其他类似的恒星系统——今称河外星系——的猜测，对后世天文学的发展影响深远。康德还利用当时的天文观测资料，从牛顿力学原理出发，首次提出了太阳系起源的星云假说。他想象原始的太阳系是由大量微粒构成的稀薄星云，在引力和斥力的作用下，产生围绕中心的圆周运动，并通过碰撞形成一些物质团块。其中最大的团块是太阳的“胚胎”，小的团块则生成行星。这一学说把地球和整个太阳系视为物质运动发展的产物，认为它们都有起源和演化的历史，从而冲破了当时形而上学自然观的藩篱。康德的学说当时并未引起人们的注意，直到 1796 年法国科学家拉普拉斯在其《宇宙体系论》一书中独立提出一个星云假说，《自然通史和天体论》才获得重视，并产生了广泛的影响。

《自然通史和天体论》

1755—1772 年
发现二氧化碳、氢气和氮气

18 世纪后期，几种重要气体陆续被发现。

1755 年，苏格兰化学家约瑟夫·布莱克发现了二氧化碳。他发现加热碱式碳酸镁会放出一种气体，他称之为“固定空气”。它的性质像酸，碱溶液对它有吸收力，可由呼吸、发酵和燃烧木炭产生。布莱克曾在课堂上通过管子向石灰水中呼气使石灰水变混浊，由此证明呼出的气体中含有“固定空气”。

1766 年，英国化学家卡文迪什发现了氢气。他用金属锌或铁，与稀硫酸或稀盐酸作用获得氢气，发现相同体积的普通空气比它重 11 倍，并且它遇火即燃，不溶于水和碱，与已知的其他气体性质相异，从而断定它是一种新的气体。氢气球可以升空，使燃素论者一度认为找到了负质量的燃素。然而，卡文迪什根据浮力原理测出了氢气具有质量，使燃素论者再次失望。

1772 年，苏格兰化学家丹尼尔·卢瑟福发现了氮气。他先让老鼠吸玻璃罩里的空气，然后用苛性钾溶液对剩余的气体进行吸收，再通过蜡烛和磷的燃烧消耗剩余空气中的助燃气，发现最终得到的气体可灭火，不能维持生命，因此将之命名为“浊气”或“毒气”。后来，拉瓦锡给它取名为“氮”。

1756 年
斯米顿发现水硬性石灰

埃迪斯通航标灯塔位于英国港口城市普利茅斯的临海口埃迪斯通礁石附近。该灯塔指引着过往普利茅斯的船只，使它们避免与埃迪斯通礁石相撞。18 世纪中叶，一场大火烧毁了第 2 座埃迪斯通木结构航标灯塔。灯塔损坏严重地影响了过往英吉利海峡船只的安全。英国皇家学会委派斯米顿去建造第 3 座埃迪斯通航标灯塔。斯米顿设计了一座以花岗岩为主要建筑材料的石结构灯塔。在此之前，地下建筑物的施工是很费劲的，砌石或砌砖的浆料是用江米煮成糊状后混入石灰而成，墙基还要用暗沟排水。至于在水下筑灯塔那就更困难了。在水下不能用石灰砂浆砌砖，因为砂浆一见水就成了稀汤。将花岗岩放入水下，还没来得及固定，湍急的水流就将花岗岩冲走了。经过无数次的试验，1756 年，他发现含有黏土的石灰石，经煅烧和细磨处理后，加水制成的砂浆能慢慢硬化，这就是水硬性石灰。这种水硬性石灰在水中不但没有被冲稀，反而越来越牢固。1759 年 10 月 16 日，一座由 24 盏蜡烛灯辉映的埃迪斯通灯塔终于矗立在埃迪斯通礁石旁，它照亮着英吉利海峡，引领着过往船只，极大地改善了当时的航海交通。

埃迪斯通灯塔

这是世界建筑史上最著名的建筑工程之一，因为它标志着灯塔从木结构时代步入了水下混凝土结构时代。由于斯米顿的创造性工作，后来该灯塔被称为斯米顿灯塔。斯米顿的贡献远不止一座灯塔，他的伟大之处还在于水硬性石灰的发现为近代水泥的发明奠定了基础，推动了水泥的研制和发展。

1757 年
布莱克提出比热容和潜热的概念

同样质量的物质吸收同样多的热，有的升温较高，有的升温较低，而有的则不升温，这是为什么呢?1757 年，苏格兰化学家约瑟夫·布莱克开始对这个问题进行系统的研究，提出了比热容和潜热的概念。

比热容是单位质量的物质改变单位温度时吸收或释放的内能。约 1760 年，布莱克确认物质有不同的比热容，水的比热容较大。利用这一特性，可以制作冬季供热用的散热器与发电机和汽车发动机的水冷系统。在春天育苗时节，傍晚时分往秧田中灌水过夜，可为秧苗防霜保温。

潜热是物质发生相变时吸收或放出的热量，此时温度不发生变化。潜热用于克服分子间的引力和在膨胀过程中反抗大气压强做功。水沸腾时吸收热，但不升温，这是个吸收潜热的过程。水结冰则是放出潜热的过程。熔化热、汽化热和升华热等都是潜热。具有潜热的相变为一级相变,其特点是两相共存,在体系与环境之间有热量传递,但温度保持不变。布莱克的潜热概念对瓦特发明改进的冷凝蒸汽机有很大帮助。

1757 年
哈勒《人体生理学纲要》首卷出版

哈勒出生于瑞士的一个律师家庭,1725 年来到荷兰莱顿大学,师从著名医学家布尔哈夫。1736 年,被格丁根大学聘为解剖学、生物学和医学教授。哈勒的著作非常丰富,不仅涉及医学,而且包括传记、小说等多个领域。

1757 年,哈勒的 8 卷本生理学著作《人体生理学纲要》首卷出版,一直到 1766 年,8 卷才出齐,这是他最具代表性的著作。在这部著作中,哈勒不仅研究了呼吸运动、骨骼运动和胎儿的生长发育,还重点研究了神经系统的生理功能。在哈勒以前,人们对神经生理学的研究只限于罗列简单的现象,并且还笼罩着浓厚的迷信色彩。哈勒研究后发现,肌纤维在受到刺激时会发生收缩,刺激消失后又恢复正常。他将肌纤维的这种特殊性能称为刺激感应力。他还发现,心脏、肠道等器官也具备这种刺激感应力。哈勒发现,肌肉除具备这种固有的刺激感应力之外,也通常接受来自神经中枢的某种力量的支配。哈勒把肌肉固有的力与来自神经传导的力区别开来,进一步阐明了这两种力引起的肌肉收缩与其他原因所致的肌肉收缩,在本质上是不同的。哈勒发现,皮肤和某些脏器组织本身没有感觉功能,只有借助神经的帮助才会产生感觉。哈勒通过损害动物脑神经的实验,证实大脑是神经中枢所在,一切神经集中于脑,脑是意识和行动的支配者。由于哈勒出色的研究成果,他被尊称为近代生理学之父。

1758 年
林奈用双名法将人类归于动物界

作为当今地球的绝对霸主,人类相信自己比其他动物高等。历史上,关于人类地位和起源众说纷纭。古希伯来人根据《希伯来圣经》认为人类是一种活着的灵魂,古希腊的柏拉图认为人类是“没有羽毛的二足动物”,亚里士多德则定义人类为“理性动物”或“政治动物”。教会统治下中世纪的欧洲人认为人类都是诺亚三个儿子的后代,所以当他们发现美洲大陆上的土著时竟认为他们是没有灵魂的动物。

瑞典植物学家林奈在他 1758 年出版的《自然系统》第 10 版中第一次运用双名法将人类归入动物界,与鲸、大猩猩、猴子等一同归入四足动物纲,并命名为 *Homo sapiens*。林奈对人类的分类在早期受到了教会的谴责,但 18 世纪已进入了人类思想逐渐开明的年代,科学开始蓬勃发展,教会的精神统治不再牢不可破,加上卢梭等一批思想家宣扬自然神论,人们开始用一种理智的观点看待自然界的一切,而且逐渐接受这样一种思想:上帝创造了人和这个世界之后,就不再插手世界上发生的事,所以之后的世界由一定的自然法则所支配,而自然法则是可以去研究和掌握的。因此,即使教会公开反对林奈的观点,他也敢于正面回应教会的质询:人作为动物是毫无疑问的,到底叫什么名字根本无关紧要,毕竟我没有将人和猿猴称为同一种东西。这种说法宣告了林奈对教会思想统治的不满,而林奈自己的名声不仅未受到影响,反而更加响亮。

林奈对动物的分类方法总体而言是科学的,在当时来说亦是先进的,尽管在细节上不乏错误。林奈在动物分类学史上的贡献是他人无可比拟的。

1759 年
阿尔杜伊诺将成层岩石分系

1759 年，意大利博物学家阿尔杜伊诺在研究意大利北部地质时，把组成山系的地层分为 3 个系：第一系为结晶岩；第二系为含化石的成层岩石；第三系为半胶结状的层状岩石，常含海相贝壳。三个系之上为火山层（即后来的第四系）。阿尔杜伊诺的工作奠定了地层学的基础。

1829 年，法国地质学家德努瓦耶在研究巴黎盆地时，把第三系之上的松散沉积层称为第四系。第一系、第二系的名称已废弃不用，第一系大致相当前寒武系地层，第二系相当于古生代和中生代的地层。地球历史最近 6500 万年的地质时代称为新生代，是继古生代、中生代之后最新的一个代。新生代包括第三纪和第四纪，第三纪又可分为老第三纪和新第三纪，新制订的地质年代表将老第三纪改称古近纪，新第三纪改称新近纪。纪可再划分为几个世，如第四纪又分为更新世、全新世。

1760 年
贝克韦尔开创家畜育种工作

英国的圈地运动和诺福克轮作制为牲畜的改良提供了良好的条件。1760 年，英国早期的家畜改良和育种学家贝克韦尔开始系统地、科学地进行家畜改良和育种工作，成为这一方面研究的开拓者之一。他不仅率先对绵羊、牛和马进行专门改良，也对人工选择的知识作出了贡献。

在家畜的改良中，贝克韦尔首先应用科学的育种方法，选择良种母畜，进行同质选配；又采用杂交和近亲繁育，尤其是多代的近亲交配，培育了马、牛和绵羊良种，取得明显效果。贝克韦尔被认为是近代家畜育种的创始人，他的一些技术和方法对后来的家畜育种工作具有深远影响。

1761 年
奥恩布鲁格发明叩诊法

诊断是治疗疾病的前提。18 世纪以前，虽然医学上已经发明了体温计和脉动计，但当时这些仪器远没有达到适合临床应用的要求。直到 18 世纪后半叶出现了叩诊法，西医临床诊断学才得以推进。

奥地利医生奥恩布鲁格是叩诊法的发明者。幼年时，奥恩布鲁格在父亲的酒店里做学徒，看到父亲经常用手指敲击盛酒的木桶，根据声音推测桶内的酒量，这种方法既方便又实用；成年后，奥恩布鲁格对此事仍记忆犹新。从维也纳医学院毕业后，奥恩布鲁格留在维也纳医院工作。受父亲叩击酒桶的启发，奥恩布鲁格开始对叩击方法进行研究。他发现，叩击胸部得到的不同声音，能反映胸部存在的不同病灶。奥恩布鲁格经过多年研究，在 1761 年出版了《由叩诊胸部而发现的不明疾病的新观察》一书，介绍了用叩诊法来诊断疾病的新方法。可惜，他的研究在当时并没有引起足够重视。直到 19 世纪以后，叩诊法才被临床普遍接纳推广。

1761 年
莫尔加尼建立病理解剖学

病理解剖学是研究疾病的病因、发病机制、病理变化结局和转归的医学学科。病理解剖学是连接基础医学与临床医学之间的桥梁学科，为认识疾病的本质开辟了一条新道路。它的创建者是意大利医学家、被尊奉为“病理学之父”的莫尔加尼。

莫尔加尼早年既从事解剖学研究，又是临床医生。这种双重身份促使莫尔加尼联想到人体解剖学上的改变必然与疾病有关，他试图通过尸体解剖来寻找疾病的原因及其反映在器官上的变化。莫尔加尼经过数十年的探索，完成了 640 例尸体解剖报告。1761

莫尔加尼

年，在 79 岁高龄时，他出版了一生中最具代表性的著作《论疾病的部位与原因的解剖学研究》。受当时盛行的机械唯物论思想影响，莫尔加尼主张从物质的实体寻找疾病的原因。这本著作标志着器官病理学的诞生。

莫尔加尼断定，一切疾病的发生都有一定的位置，器官的改变是疾病发生的原因。这样就把“病灶”与临床症状联系起来，西医诊断学从此开始寻找病灶的历史。《论疾病的部位与原因的解剖学研究》是以书信的形式写成，莫尔加尼详细记载了病人的生活史、患病史、治疗经过以及病理解剖时发现的病理改变。这部书反映了莫尔加尼的全部解剖学研究成果，多次再版，并被译成英文和法文。

1761—1766 年
克尔罗伊特提出植物有性生殖观点

驴和马杂交产生的后代是骡子，这种杂交动物既有父母的特征，也有自己的独特优势。比如骡子比驴和马更为吃苦耐劳。类似的情形其实也会发生在植物身上。德国植物学家克尔罗伊特正是最早将植物杂交构想付诸实践的人。

1761—1766 年，克尔罗伊特将烟草、石竹和紫茉莉等与同属但不同种的植物进行杂交，发现杂交后代比亲本的生命力更强，但很难稳定传代。通过这些杂交实验，克尔罗伊特发现提供花粉的植株的特征也在子代中显现出来。于是他认为，提供花粉的植株和产生果实的植株对后代性状的影响不分伯仲，这在当时是个令人难以置信的观点。虽然 1694 年卡默拉留斯就发现植物有性别，但花粉的作用一直被认为仅仅是刺激雌蕊发育，对子代的特征没有影响。克尔罗伊特不仅大胆地提出了植物有性生殖的新观点，还详细研究了花粉怎样被引入雌蕊的柱头，以及花蜜吸引昆虫是为了让其为植物传粉，风也能帮助花粉传播等现象。

克尔罗伊特通过杂交实验第一次提出了植物有性生殖的观点，它虽然没有马上为人们普遍接受，但后续的研究最终证明克尔罗伊特的观点是正确的。

1765 年
瓦特改良蒸汽机

英国发明家、工程师瓦特生于英国格拉斯哥附近的格林诺克，童年时没有受过系统的正规教育。

1757年，瓦特被聘为格拉斯哥大学的机器制造和仪器修理工。1764 年，在帮学校修理纽科门蒸汽机的过程中，瓦特发现了这种蒸汽机动作慢、耗煤量大、效率低的原因：蒸汽在汽缸中膨胀推动活塞后，要等待一段时间让它冷却，然后再进行下一次作业，这使得 80%的热量都耗费在使汽缸升温过程中。经过多次试验，瓦特终于在 1765 年发明了采用分离式冷凝器的新型蒸汽机。1769 年，瓦特获得了第一台蒸汽机的专利权，并发明了单动作蒸汽机，使机器的断续动作变为连续动作。该机器的耗煤量只有纽科门蒸汽机的

瓦特的工作室

瓦特蒸汽机模型

1/4。1782 年,瓦特又发明了双动作蒸汽机。此外,为了进一步改进蒸汽机的工作,他还发明了活塞阀、曲轴连杆机构、离心节速器,并增加了飞轮。至此,瓦特完成了对蒸汽机的整体改进。

瓦特发明的蒸汽机很快获得了广泛的应用。1785 年应用于纺织工业,1807 年应用于造船业,1825 年应用于火车……蒸汽机的应用使人类摆脱了以人力和畜力为主要动力的时代,特别是在工业社会的前期,蒸汽机几乎成为主要的动力来源。

1766 年
提丢斯提出行星距离定则

1766 年,德国维滕贝格大学物理系教授提丢斯提出:若将土星到太阳的距离作为 100,则其他行星到太阳的距离便可表示为 4(水星)、4 + 3 = 7(金星)、4 + 6 = 10(地球)、4 + 12 = 16(火星)、4 + 24 = 28(?)、4 + 48 = 52(木星)、4 + 96 = 100(土星),在距离 28 处似乎“缺失”了一颗行星。1772 年,25 岁的德国天文学家波得重提上述规律,它才逐渐为世人所知,后遂称“波得定则”或“提丢斯—波得定则”。1781 年,英国天文学家威廉·赫歇尔发现位于土星以外的新行星——天王星,它同太阳的距离与提丢斯—波得定则的预测 4 + 192 = 196 相当吻合。1801 年,意大利天文学家皮亚齐发现第一颗小行星“谷神星”,正好填补了距离 28 处的空隙。但是 1846 年发现的海王星和 1930 年发现的冥王星却完全不遵守提丢斯—波得定则。对该定则的探究,曾大大激发了天文学家搜索新行星的热情,并促进了对太阳系演化的研究。但这一定则的实质和起因至今尚无定论。

1768 年
绍瓦热斯《疾病分类学方法》出版

对疾病进行分门别类的研究是认识疾病的一种方法。绍瓦热斯是 18 世纪法国医生和植物学家。1731 年,绍瓦热斯出版《根据次序和植物学的疾病分类》(第 1 版),此书的出版时间比瑞典植物学家林奈在《自然系统》中提出生物双名法还早了 4 年。在疾病分类学后来的修订版本中,绍瓦热斯调整了主要疾病的分类,其疾病分类方法的基本结构形成被公认在 1763 年。绍瓦热斯的疾病分类学利用的是局部植物学传统。他根据不同标准分类,共鉴定了约 2400 个不同的疾病种类。依据绍瓦热斯的疾病分类观点,发热、炎症、瘫痪、疼痛性疾病、精神疾病、消耗性疾病以及痉挛性紊乱都属于疾病的范畴。1768 年,绍瓦热斯的 5 卷本著作《疾病分类学方法》出版,确立了以临床症状为依据的疾病分类标准。

1768—1779 年
库克进行海洋科学考察

詹姆斯·库克是 18 世纪英国最著名的航海探险家,也是最早开展海洋科学考察的海洋学家。1768—1779 年间,库克三次率领考察队远赴太平洋海域,开展海洋探险、岸线测绘以及海洋地理环境调查等工作。

1768—1771 年航次,他率领科考队观测了南太平洋可见的一次金星凌日天象;发现并命名了社会群岛;绘制了新西兰群岛的海岸线图;考察了新西兰、澳大利亚以及附近的岛屿、海岸、海峡和海湾的自然地理环境和人文情况;采集了南太平洋地区特有的大量动植物标本,并对太平洋上最大的珊瑚礁暗礁区大堡礁海域进行了海洋环境考察。

1772—1775 年航次，他率领科考队向南航行进入南极圈，到达了南纬 71°10′海域，这是当时人类所到过的地球最南端；首次完成了人类环绕南极大陆的海上考察，调查了南极冰冻圈的范围，证实了南极大陆的存在；发现、考察了新赫布里底群岛、复活节岛等一系列岛屿。根据这次考察结果，他撰写、发表了有关南极大洋潮汐和海流的论文，以及预防坏血病的论文。

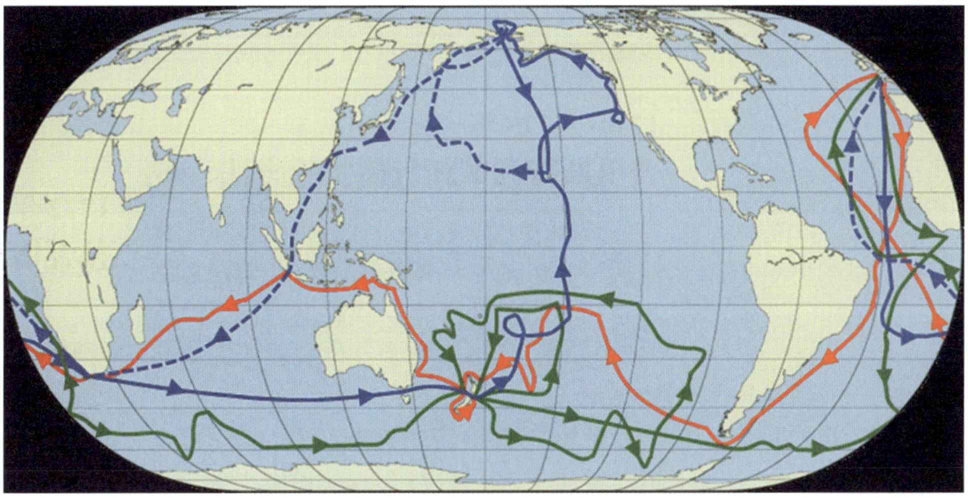

库克船长的航线 红线为第一次航行，绿线为第二次航行；蓝线为第三次航行，其中虚线为库克遇难后考察队的航线。

1776—1779 年航次，他率领科考队寻找从北大西洋通往亚洲的西北航道。他们的科考船往南航行，绕过好望角后横渡印度洋，经新西兰进入北太平洋，先后发现圣诞岛和夏威夷群岛。后经北美洲沿岸由白令海峡进入北冰洋，探寻经北冰洋通往北大西洋的航道，并考察了阿拉斯加北部海域。在北冰洋航行遇阻后，考察队返回夏威夷群岛，但库克不幸死于与土著居民的冲突中。

在数十年的航海实践中，库克编绘了许多精确的海图，留下大量翔实的航海日志，完成了众多的海洋地理发现，发明了用于航海测定船位的经度仪，为人类的航海事业作出了巨大贡献，被人们尊称为库克船长。

1770 年
富兰克林编绘墨西哥湾流海图

1513 年墨西哥湾流被发现后，湾流并没有被正式命名，也没有引起太多关注，只是一些长期在欧洲和美洲之间航行的商船，逐渐开始借助或避开横跨大西洋流动的湾流来缩短航行时间。直到 1768 年，时任波士顿邮政局副局长的美国科学家本杰明·富兰克林在英国伦敦访问，听到一些英国驻波士顿海关的工作人员向英国殖民地海关委员会投诉：从伦敦寄往美洲新英格兰的邮件，总要比随商船托运的货物迟到两星期，这引起了富兰克林的关注。

本杰明·富兰克林编绘的墨西哥湾流海图

富兰克林的一位表兄是捕鲸船的船长，当时正好在伦敦停留。富兰克林就向他询问邮政船和商船在大西洋上航行的情况。表兄告诉富兰克林，从英国开往美洲的商船一般都会选择避开湾流的航线行驶，而邮政船则总是在流速达 3 节的湾流中逆流行驶，因此邮政船在海上的航行时间一般要比商船长一些。于是，富兰克林请表兄把墨西哥湾流的草图绘在大西洋海图上，并采用投放漂流瓶的方法对湾流运动的路径进行验证。根据漂流瓶拾到者反馈的发现时间和地点，富兰克林确认墨西哥湾流始于佛罗里达海峡，沿大西洋西海岸北上，绕过百慕大群岛的西北侧后向东偏南方向流向大西洋的东海岸。1770 年，富兰克林编绘的海图在英国发表，并将这股海流命名为“湾流（gulf stream）”。墨西哥湾流海图也成为世界上最早的海流图。

1770—1775 年
普里斯特利革新气体实验方法

1760 年代—1770 年代，英国化学家普里斯特利住在一家啤酒厂的隔壁，他注意到发酵桶中不停地有“空气”放出。对这种“空气”的探索，让他开始了气体实验研究的伟大创举。

啤酒厂提供给普里斯特利足够的“空气”，他于 1770—1775 年在实验室里做了大量的科学实验，在 5 年中发现了三种氮的气态氧化物（包括笑气）和氯化氢气体。在他之前，化学界只知道氢气、二氧化碳等少数几种气体。1774—1777 年间，普里斯特利分 3 卷先后出版了他 5 年来关于“空气”实验的长篇论文《对各种“空气”的实验与观察》。他在该论文中详细描述了他的实验装备、实验设计和实验过程，还描述了碱性空气（氨，1774 年发现）、氧气（1774 年 8 月发现）、矾酸空气（二氧化硫，1774 年 11 月发现）、氟酸空气（氟化硅，1775 年 11 月发现）等气体的发现、制备和某些性质。此外，该论文还描述了一些意外的发现。例如，发现矾酸空气是一次意外的不幸事件的结果。那天他正在加热浓硫酸。突然，水银从水槽中被吸到热的浓硫酸瓶中，慌忙中他的手被严重烧伤，不过，他也由此发现了矾酸空气。普里斯特利的详细记载为其他化学工作者提供了非常有价值的参考，并立刻使他跻身于最伟大的化学家行列。普里斯特利娴熟、精巧的实验技能和创造性的、不断革新的实验方法，以及敏锐的观察力，是他实验成功的保证。在他的实验中，最为与众不同的是用水银替代水来收集气体。这样就能够分离和得到能够溶解在水中的气体，并进而研究它们。他的实验革新使他及其追随者在之后几年奇迹般地获得大量不同种类的气体。

普里斯特利的实验室一角

1772 年
拉瓦锡测定海水成分

早在史前时期，人类就掌握了利用太阳曝晒从海水中提取食盐的方法。但对海水为什么是咸的，人们长期以来都无法作出明确的解释。直到 1670 年，英国化学家玻意耳发表了《关于海水盐度的观测和实验》，研究了海水含盐量与海水密度之间的关系，并给出了测量盐度的化学实验方法，开创了海洋化学研究的历史。1776 年，近代化学的奠基人之一、法国化学家拉瓦锡进一步测定了海水所含的盐类成分。

拉瓦锡在实验中发现水是由氧和氢组成的，认为海水是一种复杂的矿物水，用海水盐类分析法求出的盐度要比使用比重计测得的海水盐度更精确。为此，他开始寻找各种方法对海水中所含的盐类进行分析。1772 年，拉瓦锡采用分步提取的方法，对一定量的英吉利海峡的海水进行缓慢蒸发，获得盐类沉淀；用水和酒精的混合物作为溶剂对获得的盐类混合物进行溶解后再分离，从而获得了海水中各主要盐类组分的含量。拉瓦锡的实验结果显示，海水中的主要盐类组分为氯化钠、碳酸钙、硫酸钙、硫酸钠、硫酸镁、氯化镁和氯化钙。

1773 年
斯帕朗扎尼发现胃液的消化作用

斯帕朗扎尼是 18 世纪意大利著名的生理学家和自然科学家。早年在波伦亚大学学习法律，后来学习数学和物理学。1769 年任帕维亚大学的自然史教授和自然博物馆指导，1775 年当选为瑞典皇家科学院外籍院士。

斯帕朗扎尼在实验生理学领域有诸多

拉瓦锡

1743 年 8 月 26 日，在法国巴黎的一个律师家庭里诞生了一位日后对化学的发展作出巨大贡献的人物，他就是拉瓦锡。十七八岁时，科学激起了拉瓦锡极大的好奇。他带着对科学的热情学习过天文学、植物学和地质学，并对化学有特殊的兴趣。

1764 至 1767 年，拉瓦锡研究了生石膏和熟石膏之间的转变，并向法国科学院递交了第一篇学术论文《关于煅石膏(脱水硫酸钙)的化学和物理性质》。1768 年，年仅 25 岁的拉瓦锡当选为法国科学院院士。同年，他购买了一个农场的股份。1771 年，拉瓦锡与该农场一位大股东的女儿成婚。日后，夫人成了他科学生涯中的好帮手。

1772 年的下半年，拉瓦锡开始将注意力转到对燃烧现象的研究，并向科学院密呈了他的研究结果：磷燃烧时，与大量的空气化合，其残渣的质量大于燃烧前磷的质量，他推断这种现象可能会发生在金属物质的燃烧或焙烧中。与 1703 年德国医生施塔尔提出的燃素说相比，这是个具有革命性意义的结论。

1774 年，拉瓦锡用自己设计的钟罩设备做了锡和铅的燃烧实验，证明了他的研究推断。那么，金属是和普通的大气化合了，还是只和大气中的部分物质化合了呢？同年 10 月，英国化学家普里斯特利在实验中发现，用放大镜加热红色氧化汞时，会释放出一种气体。拉瓦锡随后对该气体进行了研究。他发现，这些气体既不帮助燃烧也不帮助呼吸，并由此得出普通空气有两种完全不同性质的组分，一种帮助燃烧，另一种不助燃烧。

1777 年 9 月，拉瓦锡向法国科学院提交了具有划时代意义的论文《燃烧概论》。论文针对燃素说提出另外一个假说：火质在空气里，即占空气 1/5 的氧气。燃烧是物质和空气中约占 1/5 的氧气反应的结果。1779 年，他将空气中支持燃烧的组分命名为“oxygen”(希腊语：形成酸的)，即氧气；另一种组分命名为“azote”(希腊语：无生命的)，即氮气。拉瓦锡燃烧氧化学说的建立是一种巨大的创新，它推翻并取代了误导化学研究与发展长达 75 年的燃素说。

1787 年，拉瓦锡与合作者出版了《化学命名法》，提出以科学原理为基础的化学物质命名系统，开创了对化学实验描述和交流的新方法。1789 年，拉瓦锡又出版了他最重要的著作《化学纲要》。该书是第一本近代化学的教科书，对近代化学的影响十分深远。

在法国大革命的动荡岁月中，拉瓦锡于 1793 年被作为税农抓了起来。当他申辩自己是一名科学家时，逮捕人员说出了一句臭名昭著的名言：“共和国不需要科学家。”1794 年 5 月 8 日，拉瓦锡被送上了断头台。就在 2 个月之后，处死拉瓦锡的激进党倒台了。在他死后不到两年，抱憾的法国人为他的半身像正式揭幕。

拉瓦锡的一生为化学作出了不可磨灭的贡献。他之所以能够作出如此重要的贡献在于他能够补充和深化别人(如约瑟夫·布莱克、普里斯特利和卡文迪什)的实验工作，并通过严格的合乎逻辑的步骤，对所得的实验结果进行正确的解释。拉瓦锡研究工作的特点还在于系统的定量性。他凭借仔细的量化实验和有思考的实验设计将古代的工匠式的化学纳入科学领域。他第一个清晰地提出了化学元素的概念，第一个列出元素一览表。除此以外，拉瓦锡还是第一个清晰解说和运用质量守恒定律的人。正是由于这些，拉瓦锡被认为是“近代化学之父”。

贡献。1773 年，斯帕朗扎尼对胃液的消化作用进行研究，观察到实际上是不同的消化液在消化不同的食物。对这一现象，他先解释了消化过程不是单纯的机械性地磨碎食物，而是有化学的作用，其作用场所主要发生在胃。

他还对生殖生理进行过系列研究，是第一个进行体外受精研究的人。他将蛙的精液稀释后用滤纸滤过，经此处理后的稀释液丧失了授精能力。这项实验表明动物的受精需要精液和卵子的直接接触。他还用青蛙的卵进行人工授精获得成功。1786 年，斯帕朗扎尼还成功地进行了狗的人工授精实验。

1773—1774 年
发现氧气

在众多的化学物质中，氧气的重要地位是毋庸置疑的。在发现氧气的历程中，真正通过周密计划制取氧气的科学家当属瑞典化学家舍勒。1773 年，正是燃素说鼎盛时期，为了把热分解成设想的组分——燃素和火空气，舍勒认为要找到一种对燃素有很大吸引力的物质。他选中了硝酸，以为它能与金属反应，取出燃素。为了使硝酸能够吸收热中的燃素，舍勒先使其同钾碱化合形成硝酸钾，然后和硫酸一起高温蒸馏，再用动物膀胱吸收放出的气体。这种气体能使点着的小蜡烛发出耀眼的光芒。他认为这就是他要寻找的火空气，其实这就是氧气。氢气也可在这种气体中燃烧。他还发现，如果在充满火空气的烧瓶中燃烧磷，然后将瓶放入水中冷却后，瓶塞会被倒吸入瓶中。现在知道，这是因为瓶中氧气被燃烧，使瓶中气体压强下降的缘故。舍勒还用许多其他方法制备火空气，如将二氧化锰与硫酸一起加热，加热氧化汞、硝酸汞、碳酸银等。

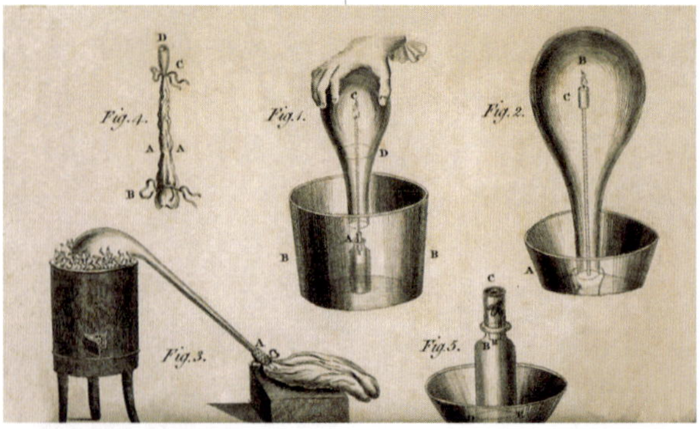

舍勒气体实验图解

1774 年，英国化学家普里斯特利在加热氧化汞时发现了一种气体，他呼吸了这种气体后，“胸部长时间感到特别轻松畅快”。他的论文比舍勒后呈送，却幸运地得以先发表，但他对结果的解释远不如舍勒来得深刻。1777 年，法国化学家拉瓦锡发现加热液态汞可使空气体积缩减并生成一种红色粉末，这种红色粉末分解时放出一种比一般空气更适合呼吸和助燃的气体，其体积正好等于加热液态汞过程中空气减少的体积。拉瓦锡首先将该气体命名为氧。

有意思的是，舍勒和普里斯特利都是燃素说的坚定支持者，但他们的实验却为推翻燃素说作了铺垫。拉瓦锡没有第一个发现氧，但他第一个理解了这一发现，并建立了氧化说。

1774 年
亨特《妊娠子宫解剖》出版

威廉·亨特是 18 世纪英国著名的解剖生理学家、外科医生和产科医生。他生于苏格兰的拉那克郡。早年学习神学，14 岁入格拉斯哥大学，后改学医学。1748 年成为产科医生，1749 年被聘为英国产科医院医生。1750 年获格拉斯哥大学医学博士学位。1768 年成为英国皇家学院解剖学教授。作为产科医生，亨特对子宫的解剖颇有研究，1770 年第一个描述了子宫后倾。1774 年，亨特出版《妊娠子宫解剖》，将他 25 年产科医生的经验汇集于此书中。书中描述了妊娠子宫的解剖结构、子宫蜕膜的改变、骨盆的骨质软化变形等，对卵巢囊肿也作了介绍。

1774—1785 年
发现氨气并确定其元素组成

1774 年，英国化学家普里斯特利在加

热氯化铵与消石灰的混合物时发现了氨气。由于氨气易溶于水，所以不能用排水法来收集。他借助自己设计的气槽，用排汞集气法首次得到了纯氨气。由于氨气产生于碱性物质，所以他把它称为碱性空气。他在研究氨气的性质时，用电火花分解氨气，得到了氢气和氮气，从而确定了氨气的元素组成，即氨气由氢和氮两种元素组成。但是他没有对氨气进行定量研究，这个任务后来由法国化学家贝托莱完成。

普里斯特利

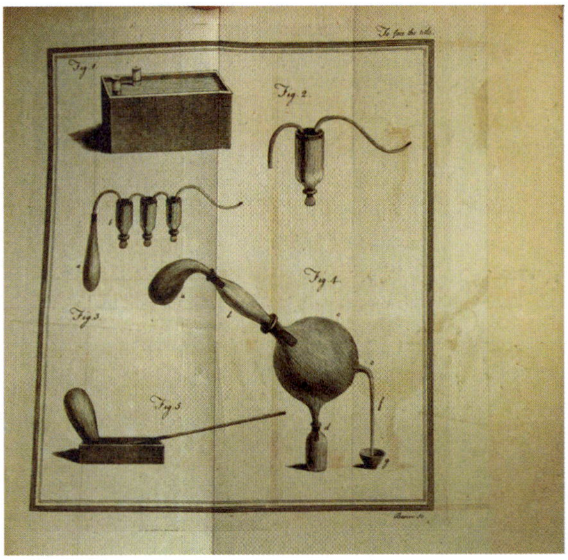

普里斯特利所用仪器

18 世纪后期，化学家们已经开始进行定量研究，定量分析的理念逐渐在某些化学家的脑海中扎下了根，贝托莱便是其中之一。他最重要的工作是研究化学反应和反应产物的组成。1785 年，他定量地确定了氨气的元素组成。氨气元素组成的确定为后来氨气的大规模制备奠定了基础。

1774—1824 年
发现卤素

1774 年，瑞典化学家舍勒将盐酸和黑锰矿混合加热，制得一种气体。它呈黄绿色，气味刺鼻，可溶于水，具有漂白作用。不过当时未能确定它是一种新元素。直到 1810 年，英国化学家戴维确定了无氧酸的存在后，才肯定了它是一种由新元素氯组成的物质，该物质就是氯气。

碘的发现则应归功于法国化学家库图瓦。1811 年，库图瓦在用海藻灰提取钠和钾的化合物时，一只猫撞倒了盛浓硫酸和海藻灰母液的瓶子，当两种液体混合后产生了一种紫色烟雾。库图瓦马上重复了这个反应，发现该物质的蒸气有刺激性气味，在冷凝时不变成液体，而是直接形成晶体。他还发现该物质在高温下不分解，也不易和氧或碳反应，但能与氢和磷以及一些金属反应，因而库图瓦推断该物质是一种新的元素，它就是可以防治大脖子病的碘。

溴发现于 1824 年。法国化学家巴拉尔向盐湖水中通入氯气时，溶液分为两层，下层可确认是碘，而红棕色的上层是何物还不得而知。巴拉尔认为无非有两种可能，要么是一种与氯形成的化合物，要么是一种新元素。随后他采用多种方法分解该物质，但都无功而返。因此，他断定这是一种与氯和碘性质类似的新元素。本来溴的发现还可以提前几年，李比希曾将氯气通入海藻灰母液中得到一种红棕色液体，但由于太忙而没有做详细的分析，从而与一种新元素的发现失之交臂。

1775 年
贝格曼《论选择性吸引》出版

化学发展到 18 世纪，已经从实用的、工匠式的、经验式的道路走上了理性思考化学反应本质的道路。物质之间是如何进行反应的？构成物质的组分之间是如何相互作用的？为什么有些组分间特别容易结合？对这些问题的思考导致了化学亲和力概念的产生。

最先提出化学亲和力思想的是德国化学家格劳伯。当时，他正在制备各种酸、碱和盐，进行各种类型的置换反应。他感到在复杂的物质中有一种能使物质的各个部分聚集在一起的力，他想用这个力来讨论酸、碱和盐的置换反应。在他的论文中，他用化学亲和力思想解释了卤砂同氧化锌的加热反应。1718年，法国化学家日夫鲁瓦公布了第一张亲和力表，试图比较各种不同的酸和碱的亲和力。半个世纪以后，瑞典化学家贝格曼给日夫鲁瓦的亲和力表注明了反应条件，并增加了一些内容，使其更加完善。

贝格曼广泛地研究了酸和碱在它们的盐中相互置换能力的大小。他认为亲和力最大的物质能够把所有亲和力较小的物质从它们的化合物中置换出来，亲和力小的物质不能把亲和力大的物质从一种盐中置换出来。他用该理论解释了许多化学反应。例如，将苛性重土[$Ba(OH)_2$]加入到酒石矾(K_2SO_4)中，就生成了重晶石($BaSO_4$)。他解释该反应之所以发生，是因为硫酸对钡比对钾碱有更强的亲和力。他还用同样的方法得出了许多其他酸、碱化合物的相对亲和力。1775年，贝格曼出版了《论选择性吸引》一书。书中有一些表，按元素参与化学反应时与其他元素化合的能力大小排列而成，这种能力也被认为是元素的亲和性。这些表成为参考标准，一直用到下一个世纪。贝格曼研究的化学亲和力问题具有重要历史意义。他认为亲和力源于互相作用的微粒之间的吸引力，这正是化学键概念形成的前奏。

1775年
纯碱工业兴起

制碱工业是最早的几种化学工业之一，因为其产品不仅为人们日常生活所需，而且还是其他化工生产的原料。制碱工业包括纯碱(碳酸钠)和烧碱(氢氧化钠)两大领域，它们有各自的发展线索。纯碱工业始于18世纪末。在纯碱工业史上，法国人吕布兰、比利时人索尔维、中国人侯德榜等作出了突出的贡献。

18世纪中叶，肥皂和玻璃制造业的发展使纯碱的需求量增加，天然碱已不能满足要求。1775年，法国科学院悬赏巨金征求实用的制碱方法。吕布兰以普通食盐为原料，用硫酸处理得到芒硝，再与石灰石、煤粉混合，放入炉中煅烧，制得纯碱，此即生产纯碱的吕布兰法。吕布兰法是化学工业兴起的重要里程碑，但其生产过程为固相操作，难以实现连续化生产，效率低，成本高，产品纯度也低。1861年，索尔维用食盐、氨水和二氧化碳混合，成功制取碳酸钠，这种方法称为索尔维法，又称氨碱法。氨碱法所用原料易得，易于实现大规模连续生产，产品纯净，成本低廉。索尔维法逐步取代了吕布兰法，成为生产纯碱的主要方法。但是，索尔维法仍存在不足之处，其盐利用率低，废液废渣多。1943年，中国天津永利碱厂厂长兼总工程师侯德榜提出了侯氏联合制碱法。此法克服了氨碱法废液的排放难题，将纯碱生产与合成氨生产联合在一起，利用合成氨厂的氨和二氧化碳，仅加入盐即可实现氯化铵和纯碱的生产。可连续化操作的侯氏联合制碱法在生产1吨纯碱的同时，可副产1吨氯

贝格曼

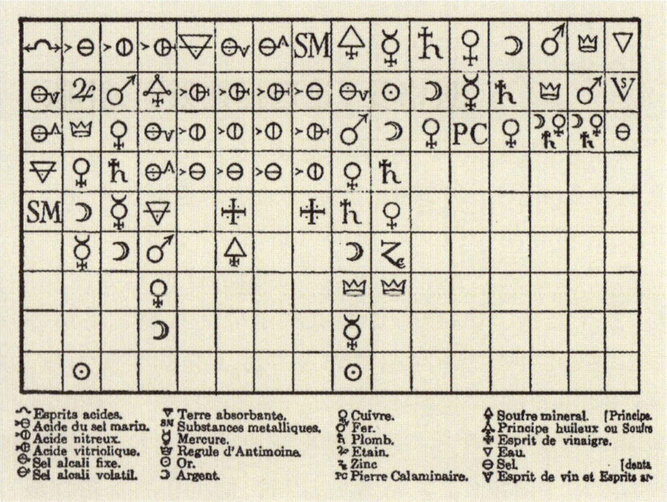

日夫鲁瓦亲和力表

天津永利碱厂

化铵,因此盐利用率高达 95%以上。侯氏联合制碱法此后完全取代索尔维法,成为生产纯碱的主要方法。

1775 年
布鲁门巴赫开创体质人类学研究

黄种人、白种人、黑种人等等这些现代广为人知的说法是怎么来的?它们又是如何被定义的?这可以追溯到 1775 年德国人类学家布鲁门巴赫在其著作《论人的先天差异》中关于人种起源和分类的研究。

家境富裕、父亲又是校长的布鲁门巴赫,出于兴趣而选择了一个冷僻的课题:人类学研究。他测量了各种人群颅骨的大小,将人分为五大种系:高加索人种(白色人种)、蒙古人种(黄色人种)、马来人种(棕色人种)、埃塞俄比亚人种(黑色人种)和亚美利加人种(红色人种)。他揭示了比较解剖学在研究人类历史中的价值,开创了体质人类学研究的先河,其工作后来被许多 19 世纪的生物学家和比较解剖学家应用于人类起源研究。

尽管布鲁门巴赫晚年发表言论说人种之间并没有优劣之分,但其早期理论还是被一些种族主义者利用,作为宣扬种族歧视的所谓"科学"证据。

1776 年
伏打发现沼气

沼气是一种形成于沼泽底部的可燃性气体,主要成分是甲烷,占 60%—70%(体积),其次是二氧化碳,还有少量氮气。沼气是 1776 年意大利物理学家伏打首次发现的。

1776 年,伏打在意大利北部科摩湖中用木棒搅动淤泥,收集到一种气体。他点燃这一气体,火焰呈青蓝色,燃烧较慢,不同于氢气的燃烧,需要 10—12 倍体积的空气才会爆炸。不久,英国化学家道尔顿也收集到了沼气,并进行了研究。

1776 年
多布森发现糖尿病是全身性疾病

糖尿病,原意是指病人尿液中含有蜂蜜的味道。该名词将糖尿病与其他原因所引起的多尿区分开来。现代医学认为,糖尿病是由多种致病因素作用于机体、导致胰岛功能减退,出现胰岛素抵抗,继而引发糖类、蛋白质、脂肪、水和电解质等一系列代谢紊乱的综合征。在古代,人们已经认识到糖尿病的存在,但只限于对糖尿病的临床症状进行记录,"三多一少"症状(吃得多、喝得多、尿得多、体重减少)成为糖尿病的经典描述。公元 5—6 世纪,两名印度医生发现糖尿病患者的尿液很黏稠,患者的尿液对蚂蚁有着非常强的吸引力,随后发现病人的尿液具有甜味。16 世纪,瑞士医生帕拉塞尔苏斯发现蒸发糖尿病患者的尿液,会留下一种异常的白色粉末。帕拉塞尔苏斯认为这种物质是盐,因此推测糖尿病是由于盐在肾脏的异常沉积而引起的。17 世纪,英国医生韦利斯再次发现糖尿病病人的尿液有甜味。1776 年,英国医生马修·多布森发现，糖尿病病人的血清和尿液一样含有过多的糖分，从而肯定了糖尿病是一种全身性的疾病，并认为糖尿病病人尿中的甜味是由糖引起的，为后人对糖尿病的进一步研究奠定了基础。

1777 年
布丰提出投针问题

布丰在科学上的最重要贡献是完成了巨著《自然史》，在数学上，则以设计投针问题而闻名。他在 1777 年出版的《或然性算术试验》中提出：设平面上有一组间距为 d 的平行线，将一根长度为 $l(l<d)$ 的针任意投掷在平面上，求这根针与任一平行线相交的概率 p。布丰给出了正确的计算公式 $p=2l/\pi d$。投针问题是几何概率的典型例子，其结果可用来计算圆周率 π 的近似值，因此也是近代蒙特卡洛法的经典例子。《或然性算术试验》则是第一本明确处理几何概率问题的著作。这本书还讨论了如果把一个小圆薄片投入一个被分为若干小正方形的矩形区域中，那么小圆片完全落入某小正方形内部的概率是多少的问题，以及投掷正方形薄片的类似概率问题。这些都称为布丰问题，它们是最早用频率来近似估计概率的随机试验方法的实例。

1777 年
卡文迪什提出平方反比定律

卡文迪什

受万有引力定律的启发，英国物理学家和化学家卡文迪什 1773 年开始用两个同心金属球研究平方反比关系。卡文迪什认为，静电力服从平方反比定律。1777 年，他向皇家学会提出报告说："电的吸引力和排斥力很可能反比于电荷间距离的平方。"但直到大约一个世纪后，卡文迪什的许多研究工作才得以发表。法国物理学家库仑则在 1785 年通过扭秤实验研究了这个问题，并建立了库仑定律。1798 年，卡文迪什通过著名的扭秤实验测量了两个球体的引力，算出了地球的质量和密度，并由此推算出万有引力常量 G。这一工作后来被誉为"开创了弱力测量的新时代"。剑桥大学为了纪念卡文迪什，于 1871 年设立了卡文迪什实验室，这个实验室造就了不少世界闻名的科学家。

1777 年
拉瓦锡提出新的燃烧学说

1777 年，法国化学家拉瓦锡出版《燃烧概论》，提出新的燃烧学说，系统而彻底地否定了燃素说。拉瓦锡的燃烧学说认为，物质只能在氧气中燃烧，且燃烧时均有火质或光放出；由于氧气存在于空气中，燃烧时空气成分将有所改变，其中的氧气被燃烧的物质吸收，吸收的量正好等于燃烧物体质量的增加量。这些现在看来如此明显的事实，在此前却并不为化学家们所察觉，因为盛极一时的燃素说看上去还是相当完美，对燃烧现象解释得相当好，也十分容易理解。然而，燃素说却存在致命的缺陷，它要求燃素具有负质量。这完全违背了质量守恒定律。

拉瓦锡的实验证明，燃素具有负质量只是一种臆想。拉瓦锡对大量燃烧实验进行了定量分析。他在空气中燃烧红磷，发现部分空气被消耗，而剩下的空气不助燃，当加入"上等空气"补足到原来的体积，则得到的气体的所有性质与普通空气相同。吸入后可使人"特别轻松畅快"的"上等空气"可以通过加热氧化汞得到。

拉瓦锡在别人以为燃烧是分解反应的时候就意识到它是可燃物与氧的化合反应，将长期"倒立"的化学正立了过来。从燃素说到氧化说，这场化学革命不仅是对燃烧理论的变革，而且是对化学基本概念和基本方法的变革。拉瓦锡以他系统、严格、定量的实验方法和缜密的逻辑推理方法(主要是归纳法和公理化方法)对化学方法的发展作出了重大贡献。

1777年
拉瓦锡确定空气组成并验证质量守恒定律

在舍勒发现氧气、丹尼尔·卢瑟福发现氮气之后，拉瓦锡于1777年水到渠成地确定了空气的组成。拉瓦锡明确指出，空气是两种气体的混合物，其中的一种性质稳定，命名为氮(无益于生命的意思)；另一种则能助燃和供呼吸，命名为氧(意为成酸)。他在曲颈甑中加热水银，发现空气的体积减少16%，剩下的气体“有臭味”，称之为“大气的碳气”。然后将水银烧渣收集起来进行分解，可得到“上等空气”，其体积与加热水银过程中空气减少的体积相同，这种气体更适于呼吸和助燃，将“上等空气”加入到“大气的碳气”就组成了空气。

为什么拉瓦锡能发现空气组成和建立正确的燃烧学说呢?原因之一在于拉瓦锡的研究注意到了定量的重要性，而应用定量方法必须假定物质不灭或质量守恒，拉瓦锡特别将其描述为：“由于人工的或天然的操作不能无中生有地创造任何东西，所以每一次操作前后存在的物质总量相等，且其要素的质与量保持不变，这可以看成公理。”

拉瓦锡在磷的燃烧和锡、铅等的焙烧实验中，发现密闭体系中物质的量没有发生燃素说所预期的变化，从而推翻了玻意耳关于可称量的火粒子的学说。

1778年
梅斯梅尔发明催眠术

催眠术是指运用暗示等手段使病人进入特殊的类似睡眠又非睡眠的意识恍惚的状态，从而使被催眠者减弱或丧失自主判断、自主意愿行动，感觉和知觉发生歪曲甚至丧失，从而产生奇特的效应。

最早应用催眠术的是奥地利人梅斯梅尔。1778年，他应用所谓的“动物磁气说”来解释催眠原理，发明了一套复杂的催眠方法。实施催眠时，要选择幽暗的房间，预先要准备特殊的磁力棒。治疗时一手紧握磁力棒，一手紧握病人的手，不停地与病人对话，使病人逐渐进入催眠状态。据说，当时的法国政府准备花巨资购买他的治疗仪器和治疗方法，但他没有同意，因为他自己对这种治疗方法的原理也说不清楚。直到19世纪，一位苏格兰医生才对催眠现象作了比较科学的解释，认为这是治疗者利用病人一种被动的、类睡眠状态，达到治疗某些疾病的手段，并借用希腊神话中睡眠之神“Hypnos”的名字，将这种治疗方法定名为催眠疗法(hypnosis)。催眠疗法从此得到更广泛的传播。

法国画家大卫的名作《拉瓦锡及夫人》(局部)

贝祖

1779 年
贝祖《代数方程的一般理论》发表

法国数学家贝祖生于法国塞纳-马恩省的内穆尔。其父亲和祖父都是地方法官，家人自然期望他也成为一名地方法官。但是欧拉的魅力远大于父母的期望，因为贝祖读了欧拉的著作，立即决定献身数学事业。他分别于 1763 年和 1768 年在海军舰船学校和皇家炮兵学校任数学教师和主考官。

贝祖自 1762 年开始发表关于求解高次多项式方程组的结果。他 1779 年发表论文《代数方程的一般理论》，系统论述了消元法理论，其中包含用消元法解两个高次二元方程问题。贝祖在求解由 $f(x,y)=0$ 和 $g(x,y)=0$（未知量次数均大于 1）组成的方程组时，构造多项式 $R(y)=F(x)f(x,y)+G(x)g(x,y)$，以从方程组中消去一个未知量。他还寻求使得 $R(y)$ 的次数尽可能低的 F 和 G。贝祖证明了一个关于方程次数的定理（后称贝祖定理）：由一些未知量个数相同而次数任意的完全方程所组成的方程组，经消元后得到的仅含一个未知量的方程 $R(x)=0$ 的次数等于各方程次数的乘积。这里的“完全”，是指方程中包含着所有可能的未知量乘积项，但各个乘积项的次数都不超过方程的次数。他同时研究了方程个数少于未知量个数的情形，给出许多重要的法则。他的工作对现代消元法理论有很大影响。

1780 年
贝格曼提出重量分析法

重量分析法是以质量为测量值的化学分析方法。这种方法将被测组分与其他组分分离，并对被测组分称重，进而计算其含量。它最早由瑞典化学家贝格曼提出。

贝格曼是无机定性分析和定量分析的奠基人。他一生做了大量分析工作，对化学分析方法做过很多改进。此前为了测定化合物中金属的含量，必须先将它还原为金属单质，十分烦琐、费力。贝格曼提出了一种新的方法，只须将金属成分以沉淀的形式分离出来，如果事先已测知沉淀的组成，即可算出金属的含量。他在 1780 年出版的《矿物湿法分析》一书中，提供了那一时期矿石重量分析法的丰富历史资料。这本著作涉及银、铅、锌和铁的矿物的湿法重量分析，所介绍的测定组分包括金、银、铂、汞、铅、铜、铁、锡、铋、镍、钴、锌、锑、镁和砷。

1781 年
卡文迪什测定水的组成

英国皇家学会会员卡文迪什一直热衷于空气组成的研究。1781 年，普里斯特利宣称做了一个“无法解释”的实验：他在一闭口瓶中将氢气和脱燃素空气（即氧气）混合，然后用电火花燃爆，发现瓶中有露珠生成。由于无法解释这一现象，他怀疑自己的实验结果是否正确。而上述实验结果引起了卡文迪什的兴趣。在征得普里斯特利同意后，卡文迪什设计了更精确的定量实验方案，重复了普里斯特利的氧气—氢气燃爆实验，并在他的论文《关于空气的实验》中给出了合理的实验结论：氢气和普通空气混合进行燃爆，几乎全部氢气和 1/5 的空气凝成露珠，这露珠就是水；若用脱燃素空气（氧气）代替空气进行实验，同样获得了水。他进一步证明氢气和氧气化合成水时所需体积比为 2.02:1。由此，卡文迪什确认了水是由氢气和氧气化合而成的，它不是单质。

1781 年
拉瓦锡初步建立碳、氢元素定量分析法

绝大多数有机化合物中含有碳、氢元素。为了确定有机化合物的组成和结构，元素的含量是必需的基本数据。

有机分析作为一门学科出现于 19 世纪初，在近代化学史上功绩卓著的拉瓦锡对有机分析作出了奠基性贡献。1781 年，他把燃烧理论用在了有机化合物的分析上。他将有机化合物完全燃烧，用钾碱液吸收生成的气体。在分析了大量有机物后，他发现有机物燃烧后都生成了二氧化碳和水，据此初步建立了碳、氢元素的定量分析法。但拉瓦锡的有机物定量分析结果还比较粗糙。后来，盖-吕萨克、贝采里乌斯、李比希在拉瓦锡工作的基础上，逐渐建立并完善了沿用至今的有机物中碳、氢元素的定量测定方法。其基本原理是让有机物在氧气流中燃烧，碳、氢元素分别被氧化为二氧化碳和水，然后用无水高氯酸镁吸收水，用烧碱石棉吸收二氧化碳，最后根据各吸收剂增加的重量分别计算碳和氢的含量。

1781 年
梅西叶发表第一份星云星团表

18 世纪的法国天文学家梅西叶一生共发现了 21 颗彗星。他在系统搜寻彗星的过程中，为避免将天空中的各种云雾状天体误认为彗星，在 1771 年将其中的 45 个天体编制成表，于 1774 年刊布。后又于 1780 年和 1781 年两次增订，并在 1781 年发表著名的《梅西叶星云星团表》，其所载天体总共 103 个，记为 M1、M2、M3……统称“梅西叶天体”。这些天体其实包含着几种截然不同的类型：星云、星团和星系。例如，著名的蟹状星云 M1 是一个气体星云，位于武仙座中的 M13 是一个巨大球状星团，仙女座大星云 M31 则是一个比银河系更大的星系，如今它已正式改称为“仙女星系”。现代天文学的历史一再表明，梅西叶天体对于人类认识宇宙所起的作用，已大大超越了编表者的初衷。

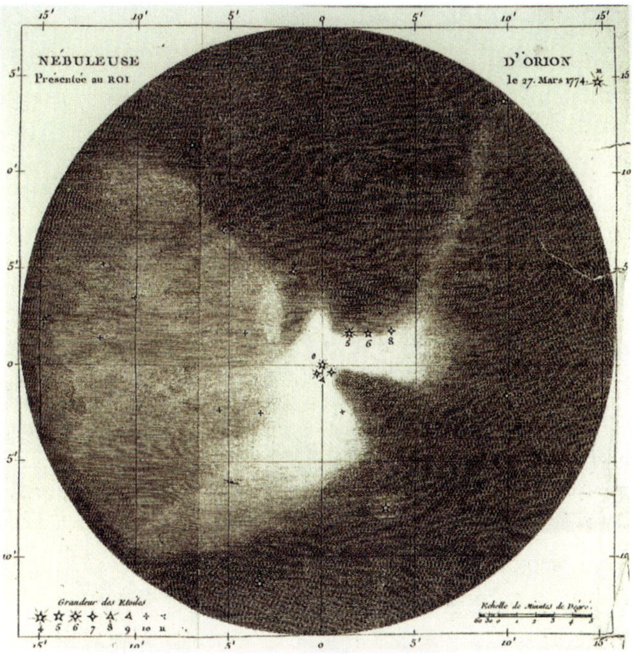

梅西叶表中编号为 M42 的猎户座大星云 猎户座内构成“宝剑”的那 3 颗星中的第 2 颗，其实是一个著名的亮星云，即猎户座大星云 M42。它距离太阳约 1400 光年，直径约 16 光年。此处上图是梅西叶当初的手绘图，下图是现代拍摄的彩色照片。

1781 年
赫歇尔发现天王星

1781 年 3 月 13 日夜，英国天文学家威廉·赫歇尔在进行巡天观测时，发现金牛座中有一颗 6 等星呈现为一个很小的圆面。随后的跟踪观测证实它在恒星背景上缓缓移动，赫歇尔遂推测它是一颗尾巴不明显的彗星。4 月 26 日他在英国皇家学会宣读了发现新天体的论文。8 月，瑞典天文学家莱克

1782

威廉·赫歇尔 历史上最卓越的天文学家之一。他原是一名职业音乐家，发现天王星之后成了御前天文学家，但薪俸却很有限。他把钱都花在制作望远镜上，直到 1788 年娶了一位富有的寡妇，才真正摆脱经济上的窘境。

塞尔、法国科学家拉普拉斯等不约而同地计算出该天体的轨道，确认它是一颗比土星离太阳还要远一倍的新行星。该星其实肉眼勉强可见，在赫歇尔之前它至少已被天文学家观测记录到 17 次，但每次都被误认为恒星了。赫歇尔欲将新行星命名为“乔治星”，以示对英国国王乔治三世的敬意。其他英国天文学家提议命名其为“赫歇尔”，别的国家的天文学家则希望恪守用神话人物命名天体的传统。德国天文学家波得用天神乌拉诺斯命名新行星的建议最终被世人采纳，汉语定名为天王星。人类破天荒发现了一颗新的行星，这既使原先熟知的太阳系疆域大为扩展，也激起了社会公众关注宇宙奥秘的巨大热情。

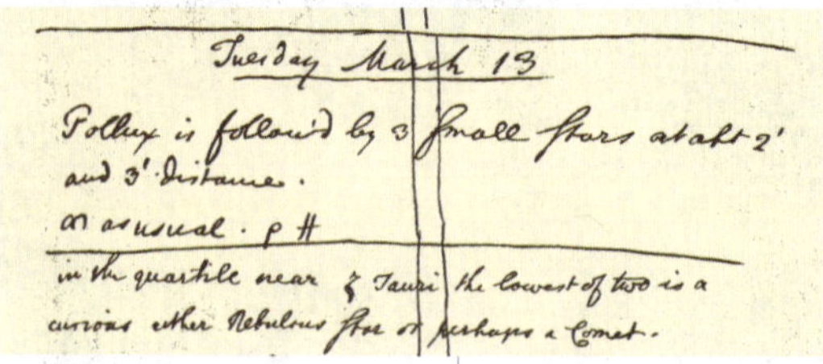

Tuesday March 13
Pollux is followed by 3 small stars at abt 2' and 3' distance.
as usual. p H
in the quartile near ζ Tauri the lowest of two is a curious either Nebulous star or perhaps a Comet.

威廉·赫歇尔 1781 年 3 月 13 日那天的原始观测记录 其中写道在金牛座 ζ 附近有一颗星“很奇特，它要么是云状的恒星，要么是一颗彗星”（见最后两行文字）。

1782 年
蒙戈尔费耶兄弟发明热气球

热气球是利用加热后的空气或特殊气体的密度低于常温空气密度而产生浮力的原理飞行的一种航空器。1782 年 11 月，法国人约瑟夫·蒙戈尔费耶和雅克·蒙戈尔费耶兄弟将一个椭圆形气球升空。在经过几个月的实验之后，他们于 1783 年 6 月 4 日在法国南部的阿诺奈升起了一只更大的圆形气球，并停留了 10 分钟，宣告了热气球的诞生。1783 年 9 月 19 日，他们又在凡尔赛宫升起一只载有羊、公鸡和鸭的圆形气球，并安全降落。同年 10 月，实现了人类第一次离开地面的空中飞行。

蒙戈尔费耶兄弟的发明实现了人类第一次自由飞行，推动了航空事业的发展，开辟了探索地球上空空间的道路。

蒙戈尔费耶热气球升空

1782 年
赫歇尔刊布第一个双星表

人们常将天空中视位置很靠近的两颗恒星称为双星。有时两颗恒星之间的空间距离其实很遥远，它们彼此间并没有什么联系，只是从地球上看去几乎在同一方向上，这称为光学双星。另一方面，彼此在万有引力作用下互相绕转的两颗恒星则称为物理双星。英国天文学家威廉·赫歇尔从 1770 年代末开始，在其胞妹卡罗琳·赫歇尔的全力配合下，开始用自制的反射望远镜巡测双星。1782 年，他刊布了天文学史上第一个双星表，共载双星 269 对，其中 227 对是新发现的。1785 年刊布第二个双星表，载有双星 434 对。1821 年又刊布了载有 145 对双星的第三个双星表。表中列出每对双星的位置、两子星间的角距离、两子星连线的方向以及每颗星的亮度。所有入选的双星两子星间的

威廉·赫歇尔的胞妹和终生助手卡罗琳·赫歇尔 她的日记非常详细地记录了威廉整整50年的工作史。卡罗琳本人也是一名优秀的天文学家，1835年以85岁高龄当选英国皇家天文学会名誉会员，1846年96岁时接受普鲁士国王授予的金质奖章。她终身未嫁，1848年逝世，享年98岁。

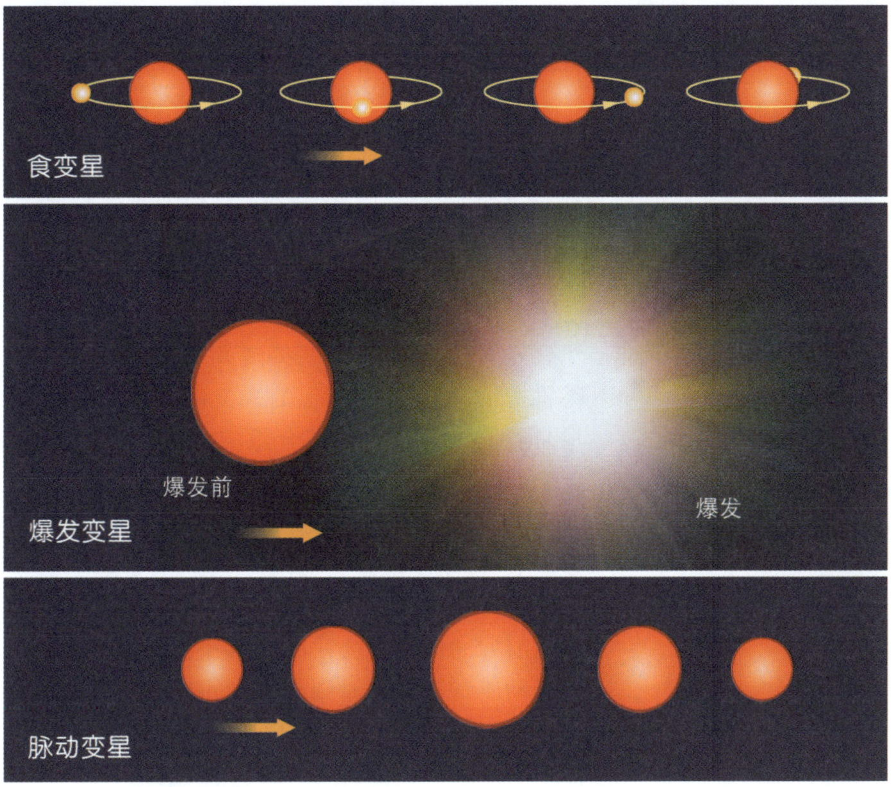

三类变星 （上）“食变星”因两颗子星互相遮掩导致总亮度发生变化；（中）新星和超新星因星体爆发而迅速增亮故称“爆发变星”；（下）“脉动变星”的亮度随整个星体周期性地膨胀和收缩而变化。

角距离均不超过2′。表中除双星外，也包括一些由三颗恒星组成的集团——三合星，以及由多颗恒星组成的聚星。赫歇尔的这些成果不仅揭开了近代双星研究史的序幕，而且通过物理双星中两子星互相绕转的轨道运动，表明了万有引力定律同样适用于远离太阳系的恒星系统。

1782年
古德里克测定英仙座 β 的光变周期

除偶尔一见的新星或超新星爆发外，古人对恒星的亮度变化几乎一无所知。直至1596年，德国天文学家戴维·法布里修斯才注意到一颗3等星——鲸鱼座o（中国古名“蒭藁增二”）变暗消失，后来重又出现。1782年11月，18岁的英国聋哑青年古德里克观测到英仙座β（中名“大陵五”）逐渐变暗，当亮度降至正常值的1/3时重又增亮、复原，再开始下一轮的变暗和增亮。他测得该星的光变周期是2天20小时45分，仅比今测值短4分钟。古德里克正确地推断：一定有一颗暗得看不见的伴星，像发生日食那样周期性地遮掩大陵五，才导致亮度的周期性变化。后来同类的变星便统称“食变星”或“大陵型变星”。1784年古德里克又发现仙王座δ星（中名“造父一”）是变星，最亮与最暗时亮度相差1.9倍，并准确测出该星的光变周期为5.37天。描绘变星亮度随时间变化的曲线叫做光变曲线，凡光变曲线的形状与造父一相似者皆称“造父变星”。1914年美国天文学家沙普利提出，造父变星是一类“脉动变星”，其光变的起因是星体沿半径方向的脉

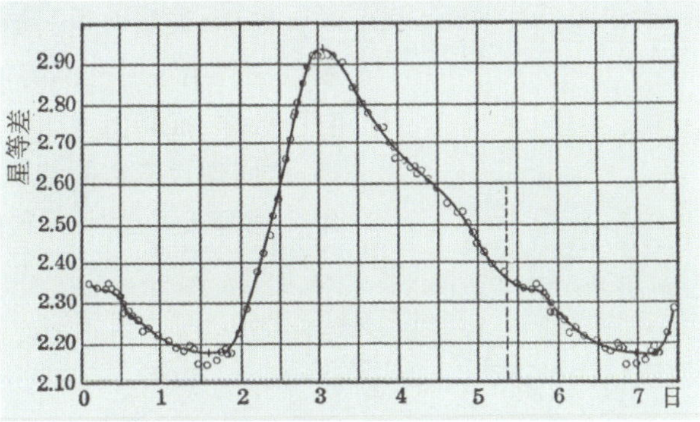

造父一（仙王座δ）的光变曲线 造父一的光变周期为5.37天。每一周期开始时亮度迅速增大，然后缓缓下降，这是所有造父变星的共同特点。

动。在研究恒星演化和测定遥远天体距离等方面，造父变星起着举足轻重的作用。

1783 年
赫歇尔发现太阳本动

恒星自行是英国天文学家哈雷于 1717 年首先发现的。1748 年，英国天文学家布拉德雷指出，恒星在天球上的视位移可能是恒星自行同太阳自行的综合效应。此后，德国天文学家约翰·迈尔曾利用恒星的自行探索太阳的空间运动，但未获成功。英国天文学家威廉·赫歇尔设想，如果恒星各自运动的方向是随机的，那么从地球上看去，在太阳运动前方的恒星就会往四处散开；反之，太阳运动所背离的恒星则会往中间聚拢。1783 年，赫歇尔通过分析英国天文学家马斯基林测定的 7 颗亮星的自行，发现太阳正朝着武仙座方向运动。这种运动称为太阳的“本动”，其方向所指的天球上的那一点称为“太阳向点”，简称“向点”；天球上与之相对的那一点则称“太阳背点”，简称“背点”。同年，赫歇尔又利用当时已测得的另外 13 颗恒星的自行数据，推算出太阳向点位于武仙座 λ 附近，这同现代确定的结果相差不到 10°。1837 年，德国天文学家阿尔格兰德进一步分析390颗恒星的自行，证实了赫歇尔的结论。太阳本动的发现直接证明了太阳并非静止不动，而是一颗不断运动着的普通恒星。

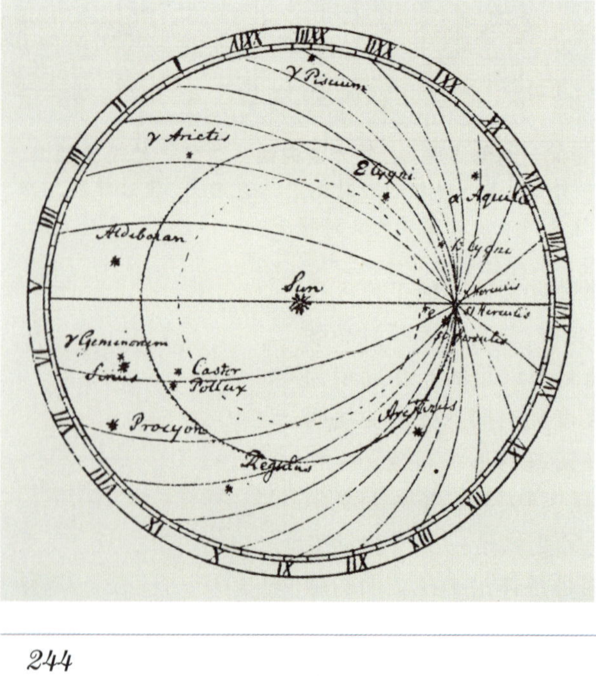

威廉·赫歇尔画的太阳向点示意图 赫歇尔将北半天球投影到通过天赤道的一个平面上，并在上面标出若干已知自行的恒星。图中许多大圆交汇于武仙座 λ 处，倘若它正好处于太阳运动的方向上，那么诸恒星自行的方向就是沿着这些大圆离开武仙座 λ。

1784 年
阿维提出晶体结构理论

大多数固体的原子都是按一定的规则重复排列的，从而形成晶体。对晶体宏观结构的观测和研究可以追溯到 1000 年前。中国北宋时期的《本草衍义》就记载了如何利用晶形、解理和色泽来鉴定矿物。但是，人类早期对晶体的研究只局限于观察天然晶体的形态。

1784 年，法国矿物学家阿维在其著作《晶体结构理论》中强调，晶体是由内在的一些基本单元依照一定的规律在空间排列的实体，这种基本单元称为“组成分子”。依照这个概念，不管这些基本单元是什么，它们在空间的排列服从一定的对称性规律。这是晶体学上第一次就晶体由外表到内部结构的猜想，为晶体学奠定了基础。

1784 年
扬创办《农业年刊》

世界上最早的农业期刊《农业年刊》是英国农业经济学家阿瑟·扬于 1784 年创办的，并由他担任主要撰稿人。阿瑟·扬于 1763 年起从事农业经营，1767 年起考察英国、法国等地的农村，根据当地的农业状况写了一系列的游记。他是英国农业革命的先驱，对农业的贡献涉及许多方面：他提倡条播、马拉犁；认为英国诺福克郡的轮作制是合理的，利用种植块根作物可以减少土地休闲；认为生产手段的合理配合是农业经营中重要的原则，由此提出大经营胜于小经营的理论。他对农业革命理论的宣传和解释，对其他国家农业革命的兴起起到了促进作用。

1785 年
库仑定律提出

在卡文迪什提出平方反比定律后，英国化学家普里斯特利提出，静电力也遵循平方反比规律，但未作严密的论述。

1783年，法国物理学家库仑开始用扭秤实验来研究普里斯特利提出的平方反比规律。1784 年，他在一篇研究报告中详细叙述了自己的实验装置、实验过程以及实验结果，指出，真空中两个静止点电荷之间的相互作用力与它们电量的乘积成正比，与它们之间距离的平方成反比。1785 年，库仑发表了 3 篇关于电和磁的报告。在第一篇论文中，他根据扭秤实验的结果，正式阐述了库仑定律的内容。库仑定律是电学发展史上的第一个定量定律，成为电学发展史上的一个重要里程碑。从此，电学研究就从定性阶段进入定量阶段。后人为了记念他，把电量的国际单位命名为库仑。

1785 年
赫歇尔由恒星计数推断银河系结构

1750 年，英国天文学家托马斯·赖特猜测天穹上的银河和满天恒星组成一个扁平状的庞大天体系统，太阳只是其中的一员。不久，德国哲学家康德和天文学家兰伯特也各自提出类似的思想，这便是银河系概念的雏形。1780 年前后，英国天文学家威廉·赫歇尔首创通过恒星计数研究银河系结构的方法。当时人们对恒星的距离尚一无所知，赫歇尔遂假定恒星在空间均匀分布、所有恒星的光度相等——即具有相同的发光能力、不存在星际物质造成的消光，而且其望远镜在各个方向上都足以看到银河系内最遥远的恒星。他选定在天球上均匀分布的 683 个区域，用口径 46 厘米的反射望远镜逐一统计每个选区中的恒星数目，以及亮星和暗星的比例。在胞妹卡罗琳·赫歇尔的通力配合下，他们总共计数了 117 600 颗恒星，最终得出一幅银河系结构图：形状扁平，宽度约为厚度的 5 倍，盘面轮廓参差，太阳位居中心。该结果于 1785 年发表在《论星空的结构》一文中。尽管赫歇尔的那些假设，乃至太阳居于银河系中心的结论均有悖于事实，但重要的是他开启了用科学方法研究银河系的先河。证实银河系的存在，是继哥白尼的日心宇宙体系之后，人类认识宇宙的又一座重要里程碑。

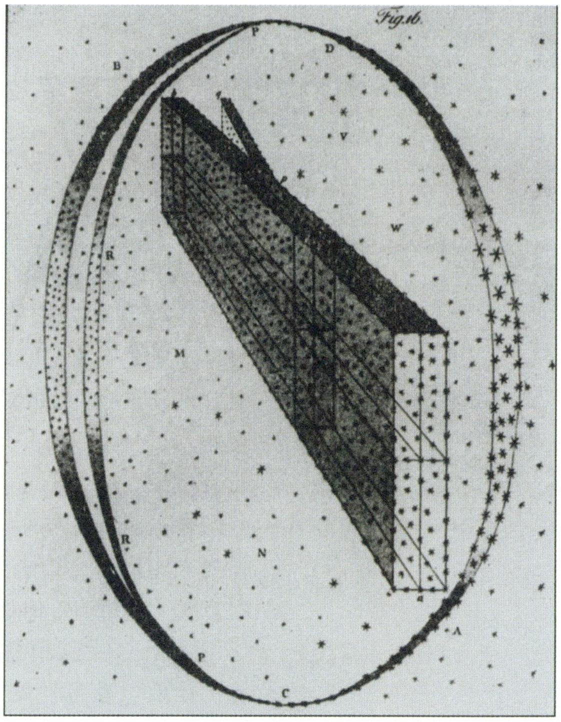

威廉·赫歇尔对银河所作的解释 太阳和其他恒星组成一个层状结构，天穹上的银河乃是地球上的观测者沿着薄层朝各个方向往外看造成的光学效应。

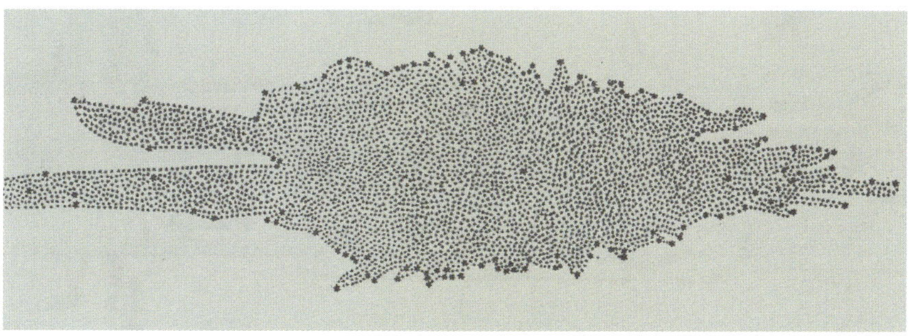

威廉·赫歇尔根据恒星计数推断的银河系截面图 现代天文学业已查明，图中左侧的巨大分叉实际上是由星际物质的消光作用所致。

1785 年
威瑟林《洋地黄及其医疗用途》发表

威瑟林出生于英国什罗普郡的惠灵顿。1762—1766 年在爱丁堡大学医学院学习，1767 年进入斯塔福德皇家医院工作。大约在 1770 年，威瑟林在什罗普郡行医时，从一位精通草药的女病人那里得知，洋地黄具有治疗水肿的作用。1775 年，威瑟林进入伯明翰医院任医师后，继续应用洋地黄治疗因心衰而水肿的病人，并取得显著疗效。在随后的 9 年中，他对不同季节采集以及不同部位的洋地黄进行了试验，记录了治疗 156 例水肿病人的经验，并阐述了最好和最安全的使用方法。1785 年，他发表了《洋地黄及其医疗用途》一文，其中载有关于临床试验和洋地黄疗效以及毒性反应的报告。

1786 年
伽伐尼发现生物电

18世纪末，电学从静电领域发展到电流领域。这一飞跃发端于生物电的研究。

1771年，意大利医生和物理学家伽伐尼发现，死去青蛙的腿受到电火花刺激时会发生抽搐。1786 年，伽伐尼在实验室解剖青蛙，刀尖碰到了蛙腿上外露的神经时，蛙腿发生了剧烈的痉挛，同时还出现电火花。1791 年，伽伐尼设计了神经肌肉实验。他将一根铜棒和一根锌棒分别与青蛙的腿和脊神经相连，当两根金属棒接触时，立即引起蛙腿肌肉收缩。如果将蛙腿和脊神经分别放置于铜箔上或浸于溶液内，当金属棒接触铜箔或溶液时，也可以引起蛙腿肌肉收缩。伽伐尼认为，蛙腿肌肉收缩现象的产生，是由于神经肌肉组织产生了瞬时电流。后来，人们把这种从实验中诱发电流的现象，称做伽伐尼现象，并把这种电称为“生物电”。伽伐尼被认为是生物电生理学的奠基人。同年，他发表了论文，公布了自己长期从事蛙腿痉挛研究的成果，引起了科学界的轰动。伽伐尼关于生物电的发现开辟了电生理学研究的新领域，引起了

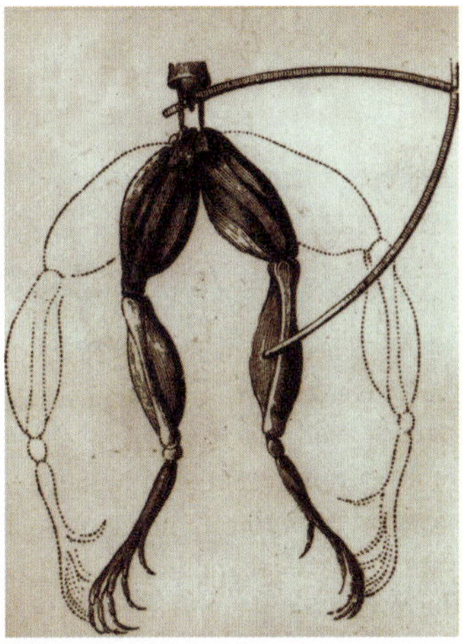

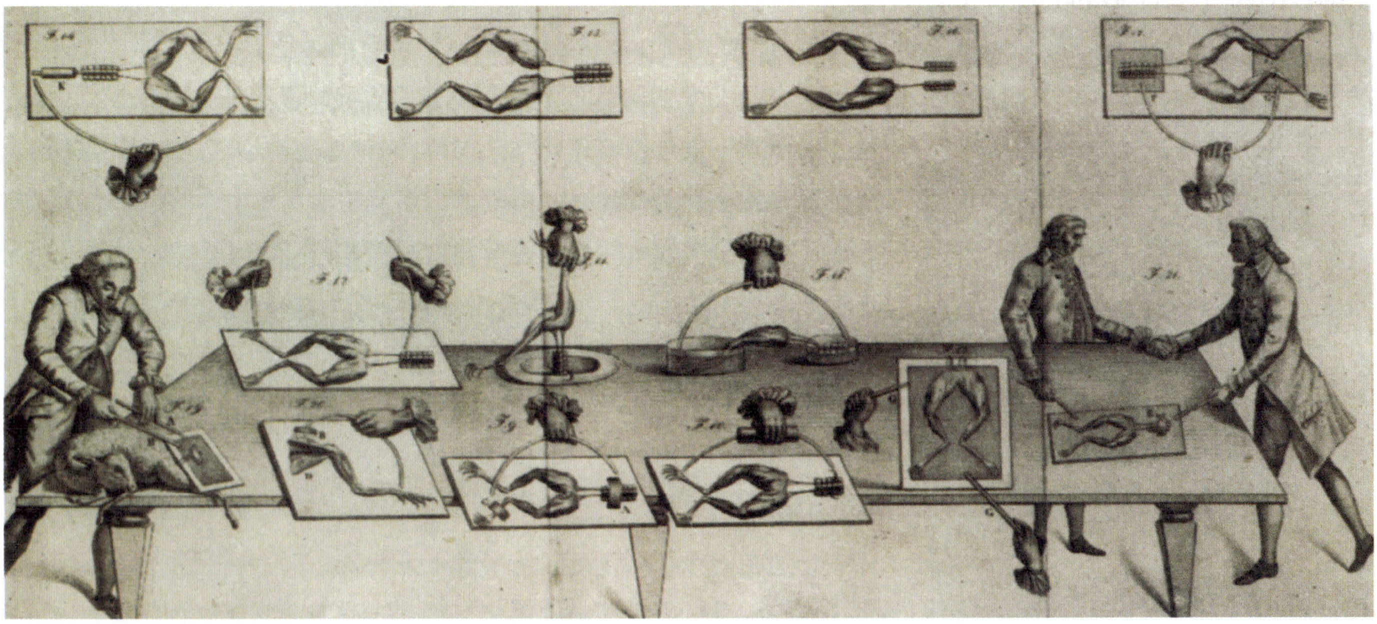

令死蛙腿部肌肉收缩的伽伐尼实验

意大利物理学家伏打的注意，并导致了伏打电堆的发明。

1786 年
德克劳西发明滴定管

1786 年，法国化学家德克劳西在酸碱滴定中采用体积量度，发明了“碱量计”。“碱量计”是一个标了刻度的细长管状圆筒，筒底部是窄口管，窄口管壁上开一透气小孔，用手指开闭小孔来控制滴定液的流动。可以说这是最原始的滴定管。德克劳西的滴定管诞生后，经过几代人的技术改进，滴定管日趋完善并推动了滴定分析法的迅速发展。滴定管现已成为常见的化学分析仪器，用于简易、快速的定量分析。

1786 年
米克尔发明脱粒机

谷物收割后，还有一个除壳、去秆的脱粒过程。传统的脱粒方法是用连枷敲打谷物脱粒，这样做费工费时，0.4 公顷麦子的脱粒至少要 5 天。苏格兰人米克尔于 1786 年发明的脱粒机改变了这种状况。它装有一个在滚筒上转动的木构架。木构架上安装着狭条皮带，当构架转动时，就形成了一股气流，借此吹走谷物上的外壳。米克尔脱粒机的最大优点是可以利用各种动力：人力、马力、水力、蒸汽动力，因此生产效率很高，若用蒸汽机带动只需 1 天的时间便可完成 0.4 公顷麦子的脱粒。但是，脱粒机的广泛使用是一个世纪以后的事，而且购买脱粒机的不是农场主，而是一些帮工。从 1780 年代起，这些帮工带着脱粒机，走南闯北，一家一户地招揽农活，以日计酬，出租他们的技术和脱粒机。

到 20 世纪早期，脱粒机经过改进之后，其结构和性能已比较完善。但这时的脱粒机和收割机还是互不相连的独立机械，在谷物收获时各自分别作业。后来，脱粒机与收割机结合为一体，便成为了联合收割机。

查理是第一个搭乘氢气球升空的人

1787 年
查理定律提出

1787年，法国物理学家、数学家和发明家查理通过实验发现，在压力不太大时，一定量的气体从 0℃升高到 100℃，体积增加 37%。也就是说，一定量的气体每升高 1℃，它的体积就膨胀了 0℃时体积的 1/273，而且这个膨胀率对任何气体来说都一样。这一发现后来被称为查理定律，不过当时查理并没有发表他的结果。1802 年，法国科学家盖-吕萨克在发表自己的研究结果时，才发现查理的研究，并在自己的论文中提到了他。

查理定律是普适气体定律的一个特例，当假定气体是理想气体时，可由气体分子运动论导出。查理不仅发现了查理定律，还发明了一系列精巧的物理仪器，如测温计、比重计、反射测角仪等。

1787 年
拉瓦锡等完成《化学命名法》

18 世纪的化学家们已经不满足于做实验，他们需要交流，需要描述他们的实验和化学思想，以便与同行分享实验成果。他们盼望有一种通用语言系统，这个系统能够让所有化学家都能互相交流实

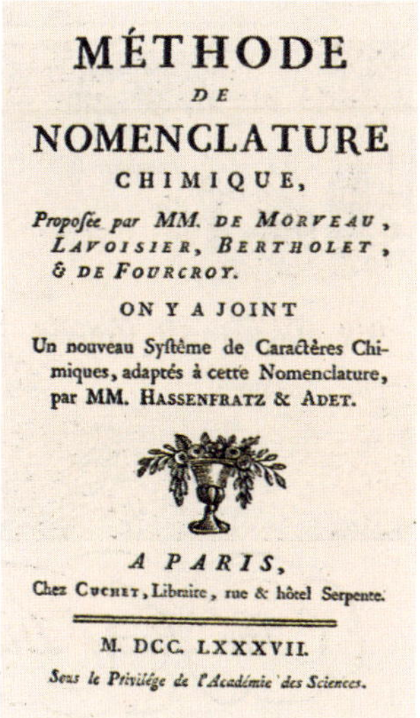

MÉTHODE
DE
NOMENCLATURE
CHIMIQUE,
Propofée par MM. DE MORVEAU, LAVOISIER, BERTHOLET, & DE FOURCROY.
ON Y A JOINT
Un nouveau Syftême de Caractères Chimiques, adaptés à cette Nomenclature, par MM. HASSENFRATZ & ADET.
A PARIS,
Chez CUCHET, Libraire, rue & hôtel Serpente.
M. DCC. LXXXVII.
Sous le Privilége de l'Académie des Sciences.

《化学命名法》内封

验和思想。

拉瓦锡在撰写他的《化学纲要》时，想将他所有有价值的实验和他的新理论以一种让尽可能多的人都能看懂的方式描述出来。在撰写过程中，他深感化学语言的重要性。在炼金术时期，许多物质的名称都是偶然制定的，并且不同的人有不同的叫法，人们常常按照传统随便给新物质起名，这些命名物质的方法是不成系统的、混乱的。为了扭转这个局面，拉瓦锡和法国化学家莫尔沃、贝托莱、富尔克鲁瓦联手完成了关于化学语言的项目。1787 年，拉瓦锡与合作者出版了《化学命名法》，提出以科学原理为基础的化学物质命名系统。在这个系统中，化合物的名称不再用产地名或俗名，而是以其组成元素来取名。例如，三仙丹改称氧化汞，石膏改称硫酸钙，食盐改称氯化钠。这样，化合物之间的可能反应就一目了然。拉瓦锡系统既具有逻辑性又具有系统性，成为描述化学物质的公认方法。这个拉丁文系统简便可行，促进了不同背景的化学家之间的交流。例如，该系统用后缀的变化来区分盐类和亚盐类物质，如硫酸盐和亚硫酸盐分别用 sulfate 和 sulfite 表示。

拉瓦锡对化学有许多贡献，但这个贡献或许是他最伟大的贡献之一，因为这套语言体系至今还被广泛使用。

反映“水火之争”的漫画

1787 年
维尔纳提出水成论

18 世纪下半叶，地质学在野外实际观察各方面有诸多进展，但地层层序与岩石成因的研究仍较落后。德国地质学家亚伯拉罕·维尔纳 1775 年受聘为弗赖堡矿业学院采矿和矿物学讲师。他在那里从事教学 40余年，创立了水成学派，培养了大批学生。

1787 年，维尔纳出版了一部仅 28 页的著作《岩层的简明分类和描述》，将萨克逊地区的地层由老到新划分为：原生岩（含花岗岩、片麻岩、板岩、玄武岩、斑岩等），过渡岩（含硬砂岩、砂质板岩、灰岩等），盖层岩（含砂岩、灰岩、石膏、岩盐、煤等），以及冲积岩（现代粉砂、黏土、砾石、泥炭等）。

维尔纳有一个基本的假定，即全球各地存在着所谓“普遍的层系”。他认为地球最初为“原始大洋”所包围，外力作用使大洋面下降，陆地是水下高地的出露。他设想，位于地层层序下部的花岗岩、玄武岩等各种结晶岩石是深水沉积物，灰岩和砂岩是浅水沉积物，砂、砾和泥炭之类是陆地沉积物。维尔纳认为这个层序适用于全球。

水成论的内容由两部分组成：一部分是思辨——哲学性地讨论地层的起源和成因；另一部分是观察——实证性地划分地层的先后次序。但水成论的缺陷是显而易见的，首先是作为地层起源的原始大洋的存在得不到证实，再是地层的划分没有更多观察事实的支持，尤其是轻视了火山的作用，甚至把典型的火成岩玄武岩也说成是水成的结果，无法令人信服。维尔纳的学说在各处传播，但是在英国遭到以英国地质学家赫顿为首的火成学派的激烈反对，从而掀起了地质学史上著名的“水火之争”。

1788 年
拉格朗日《分析力学》出版

法国数学家、力学家、天文学家拉格朗日出生于意大利都灵，父亲是当地政府部门的财务主管，但家境并不富裕。父亲打算让他将来做律师，看来他也接受了这种意愿。但当他读了英国天文学家哈雷 1693 年的一本将代数学应用于光学的著作后，对数学产生了极大的兴趣，遂决定以数学为自己的终生事业。他与欧拉建立了通信联系，在探讨等周问题的过程中，用纯分析的方法发展了

拉格朗日

欧拉开创的变分法。他很快就被公认为欧洲第一流的数学家。1766 年,受腓特烈大帝邀请,拉格朗日去柏林科学院工作,长达 20 年。1788 年,他出版了《分析力学》一书。

此书是继牛顿《自然哲学的数学原理》之后的一部重要的经典力学著作。书中使用广义坐标和变分法,建立了一套同牛顿的向量力学等效的力学表达式,并借助变分法证明力学可以建立在单独的最小作用量原理基础之上。从这个原理出发,拉格朗日推导出力学系统的运动方程,现称(第 2 类)拉格朗日方程。这个方程推广了牛顿第二运动定律,使得在任意坐标系下运动方程有统一的形式,且具有便于处理各种约束条件等优点。这本书的最大贡献是把变分原理和最小作用量原理具体化,显示了分析学的巨大威力。

18 世纪的数学家力图用纯分析方法进行推理,《分析力学》是这种倾向性的代表作。拉格朗日在序言中称:"我叙述的方法既不需要作图,也不需要任何几何的或力学的推理,只需要统一而有规则的代数(分析)运算。喜欢分析的人将高兴地看到,力学变成了它的一个新分支。"

1788 年
赫顿提出火成论

英国地质学家赫顿早年曾先后学习法律、化学、医学和农业,1768 年放弃农业,从事地质科学的研究。1785 年,他在爱丁堡哲学学会宣读了论文《地球的理论:对陆地组成、瓦解和复原规律的研究》,此文已经包含了火成论和均变论的思想。由于该文实证不多,受到攻击,尔后赫顿致力于野外地质考察和搜集资料,补证自己的观点,并在 1788 年以《地球的理论》为题发表。1795 年,他以专著形式重新发表《地球的理论》,震动了地质界。年逾古稀的赫顿可谓是大器晚成。

赫顿认为,在地表看到的岩石是一系列地质变化的结果,由于内力作用,某些地区可能上升,然后遭受侵蚀,而另一些地区可能下降,成为沉积物淤积的盆地。在他之前亚伯拉罕·维尔纳的水成论认为所有岩石都是在一个全球性的大洋中形成的。赫顿通过审慎的观察和推理,认为玄武岩和花岗岩曾经是熔体。熔体发生侵位后来到了地表,这些岩石是火成的而不是水成的,赫顿因此成

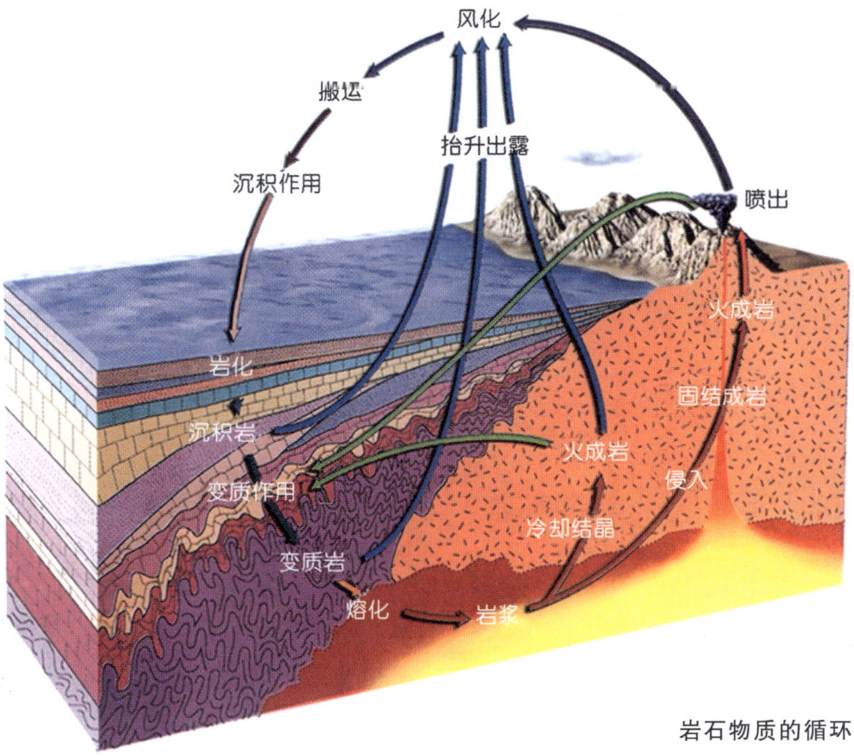

岩石物质的循环

为火成论的代言人，与水成论者展开了激烈的论争。火成论的提出，产生了运动的地球的观念，这就为现代地质学的产生奠定了基础。

在 1785 年宣读的论文中，赫顿认为现代地质过程在整个地质时期内，以同样的方式发生过，并且基本上有相同的强度；因此，可以用现在观察到的现象去解释过去的地质事件。后来，英国地质学家查尔斯·赖尔发展了这种均变论思想，为均变论的形成和确立作出了贡献。1788 年，赫顿对陆地形成、消失和再生的规律进行了研究，指出在漫长的地球历史中，“造山—侵蚀—沉积—造山”的循环不断地重复，地球是一个永恒存在的星球，“在自然界中我们既没有发现开始的踪迹，也没有找到结束的前景”。从此，赫顿的思想在地学界赢得了广泛的支持，并成为地质科学的基础。

赫顿的地球物质循环思想，发展至现在就是板块构造理论；他的地球时间无限的思想，则对摆脱《圣经》创世说的桎梏和正确认识地球的年龄，起了积极的推动作用。

1789 年
拉瓦锡揭示呼吸作用的本质

今天我们知道，哺乳动物用肺呼吸，吸入的氧气在体内参与有机物质的反应后，产生的二氧化碳经肺排出。但在 18 世纪，人们对动物呼吸的本质尚在探索之中。

当时，英国化学家梅奥、瑞典化学家舍勒、英国化学家普里斯特利和法国化学家拉瓦锡都觉察到燃烧和呼吸极其相似。为了验证这种相似性，拉瓦锡用冰量热计测量燃烧热，以研究燃烧与呼吸的关系。他用冰量热计测定豚鼠的呼吸作用产生的热量，证明豚鼠在呼吸过程中有热量产生。这个过程类似于蜡烛燃烧的过程，即蜡烛和氧气反应，产生二氧化碳，并有热放出。为了证明呼吸过程中有氧气吸入，并有二氧化碳放出，拉瓦锡于 1789 年做了著名的呼吸实验。通过实验，拉瓦锡认为吸入肺中的氧气氧化血液中的含碳物质，产生二氧化碳，随后由肺呼出。动物体热就是这个氧化过程的结果。拉瓦锡对呼吸作用本质的研究，有力地推动了生物学领域对动物的呼吸代谢的研究。

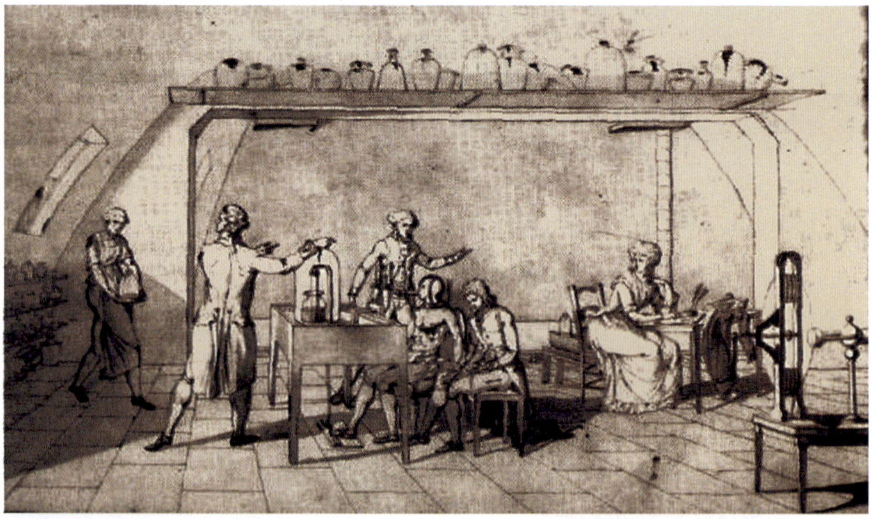

拉瓦锡呼吸实验（拉瓦锡夫人画）

1789 年
拉瓦锡《化学纲要》出版

1789 年，法国化学家拉瓦锡出版了《化学纲要》。该书使 18 世纪相当混乱的化学思想得到澄清与统一，在法国出版一年后，便由克尔翻译成英文，成为许多欧洲国家的化学教科书。《化学纲要》是第一本近代化学教科书，由三部分组成：第一部分展示了拉瓦锡的化学新理念，包括他对质量守恒定律所进行的基于实验证据的解说、关于燃烧本质的理论和实验，以及关于元素概念和化学元素列表等；第二部分详细讨论了酸和碱生成盐的反应；第三部分详细描写了他的化学实验仪器和操作。

《化学纲要》是拉瓦锡前期实验工作和理论的总结，展示了他对化学学科发展所作的贡献。其中第一个贡献是对质量守恒定律的验证。拉瓦锡在《化学纲要》中总结他的实验时写道：“在所有操作中，其前后存在着等量的物质。”他用简单的实验，定量地证明了这条早先由俄罗斯化学家罗蒙诺索夫提出的带有哲学含义的质量守恒定律。对于拉瓦锡来说，称量不仅证明他在实验和思维中持质量守恒的思想，而且反映了他的实验方法的一大特点，即精确定量和条理清晰。

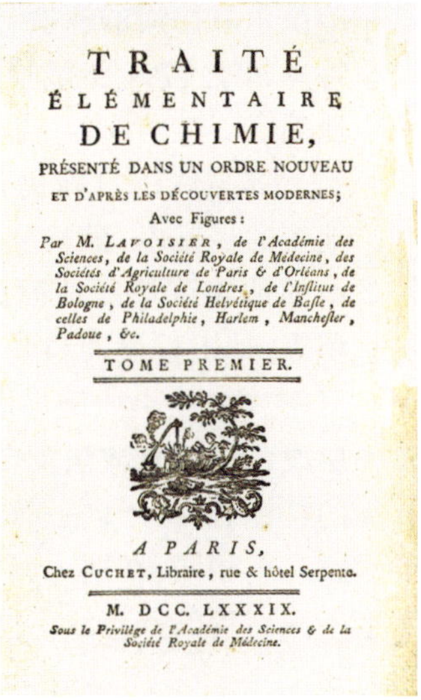

TRAITÉ ÉLÉMENTAIRE DE CHIMIE,
PRÉSENTÉ DANS UN ORDRE NOUVEAU ET D'APRÈS LES DÉCOUVERTES MODERNES;
Avec Figures:
Par M. LAVOISIER, de l'Académie des Sciences, de la Société Royale de Médecine, des Sociétés d'Agriculture de Paris & d'Orléans, de la Société Royale de Londres, de l'Institut de Bologne, de la Société Helvétique de Basle, de celles de Philadelphie, Harlem, Manchester, Padoue, &c.
TOME PREMIER.
A PARIS,
Chez CUCHET, Libraire, rue & hôtel Serpente.
M. DCC. LXXXIX.
Sous le Privilège de l'Académie des Sciences & de la Société Royale de Médecine.

《化学纲要》内封

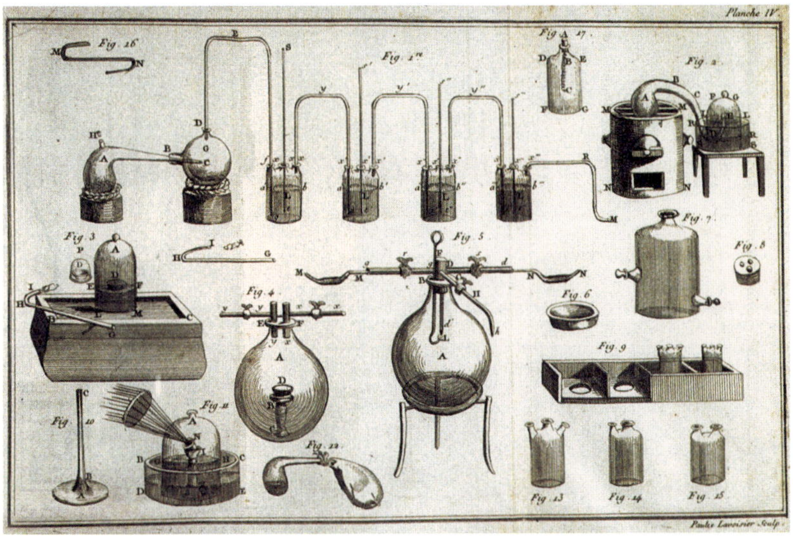

拉瓦锡的实验仪器

拉瓦锡对化学的第二个贡献是他对燃烧本质的研究。拉瓦锡认为燃烧的本质是物质与空气中的氧气发生了化学反应；物质在燃烧过程中的增重恰好等于空气中氧气的失去量。这一发现推翻了燃素说，使化学摆脱了与炼丹术的联系，摆脱了神秘，取而代之的是科学实验和定量研究。

拉瓦锡对化学的第三个贡献是否定了古希腊哲学家的四元素说和三要素说，建立了基于科学实验的化学元素的概念，并随之创立了化学物质分类新体系。拉瓦锡在《化学纲要》中对元素的概念是这样表述的：“如果元素表示构成物质的最简单组分，那么目前我们可能难以判断什么是元素；如果相反，我们把元素与目前化学分析最后达到的极限概念联系起来，那么，我们现在用任何方法都不能再加以分解的一切物质，对我们来说，就算是元素了。”在《化学纲要》里，拉瓦锡列出了第一张由 33 个元素构成的元素一览表。

拉瓦锡的伟大之处在于他给化学理论体系和化学语言体系带来的新范式。这种范式带来了化学学科的革命。拉瓦锡所提出的新观念、新理论、新思想，为近代化学的发展奠定了重要基础，因而后人称拉瓦锡为近代化学之父。

1789 年
赫歇尔制成大型反射望远镜

1668年，牛顿制成人类历史上第一架反射望远镜。18 世纪后期，英国天文学家威廉·赫歇尔对这种反射望远镜作了改进。1789 年，他建造了一架口径 1.22 米、焦距 12.2 米的大型金属反射面望远镜。直到 1840 年代初，它始终是世界上最大的天文望远镜。赫歇尔也是制造望远镜最多的天文学家，一生研制了 400 多架望远镜。英国皇家天文学会的会章图案，就是赫歇尔那架巨炮似的大型望远镜。值得一提的是，赫歇尔早先是一位作曲家，曾创作过 24 部交响曲。

威廉·赫歇尔发现天王星所用的望远镜的复制品

威廉·赫歇尔 1789 年建造的口径 1.22 米反射望远镜

1791 年
里希特提出当量定律和定比定律

德国化学家里希特应用质量守恒定律研究了一系列化合物中的元素相互结合的相对量，他把这种相对量称为当量。1791年，他在《化学计算法纲要》一书中，明确提出以下观点：(1)化合物都有确定的组成；在化学反应中，反应物之间存在定量关系。(2)两种物质发生化学反应时，一定量的一种物质总是需要确定量的另一种物质，这种性质是恒定的。可以根据各反应物的组成来计算生成物的化学组成。例如，假如碳和氧结合，其质量比是 3:8，则生成物中碳与氧的质量比也是 3:8，这正是二氧化碳中碳与氧的质量比。这样，里希特提出了各物质相互化合时彼此之间存在着定质量比的当量定律，同时提出了组成化合物的元素在发生化学反应时比例不变的定比定律。

1802 年，德国化学家恩斯特·戈特弗里德·费歇尔把里希特的当量关系加以发展，选择 1000 份硫酸作为酸碱中和反应的基准，得到了酸碱中和反应的第一张当量(所需的不同碱的份数)表，为道尔顿论证原子的性质奠定了基础。当量定律和定比定律在揭示化合物的组成以及反应过程中量的变化规律方面向前迈进了一大步。

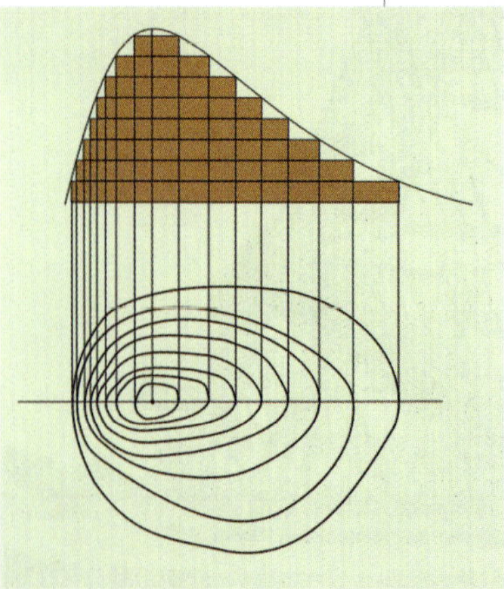
等高线示意图

1791 年
都彭－特里尔用等高线表示陆地地貌

等高线法即水平曲线法，是地图上表示地貌的一种方法。等高线法将地面上高程相等的相邻点连成闭合曲线，用来表示地面的起伏形态，等高线上标注的数字为该等高线的海拔高度。荷兰制图学家克鲁圭于 1729 年首先使用等深线描绘茂尔威德河的深度，法国地理学家都彭–特里尔于 1791 年最早用等高线来表示陆地地貌。

等高线法目前仍是各种地形图上表示地貌的最基本、最精确的方法。用此法所表示的地貌可量测地面高程、坡度、面积和体积等，是工程设计与开发规划中的重要基础资料。在中、小比例尺地图上，常用此法同分层设色法或晕渲法配合表示地势。等高线法的特性有：位于同一等高线上的地面点的海拔高度相同；在同一幅图内，除了悬崖以外，不同高程的等高线不能相交。

1794 年
巴黎综合工科学校和巴黎师范学校建立

1794年，法国大革命期间，新成立的法兰西共和国政府面临着极度缺乏科学技术干部的困难，于是国民议会颁布法令，创建了中央公共工程学院，次年更名为巴黎综合工科学校(又译巴黎理工科大学)。学校开设了画法几何学、化学、分析与力学、物理学四门基础课和一门工程制图课，其教学方法、教科书及考试制度均与旧式大学截然不同。这所学校不仅是一所工程学校，其宗旨还包括培养高素质国民，激励优秀的人才发展科学。

同样在 1794 年，法国国民议会还颁布法令，创建了巴黎师范学校。但由于政权更迭，学校维持了没多久就停办了。1808 年，根据拿破仑的敕令，在巴黎师范学校的原有基础上建立了巴黎高等师范学校，重在培养两类教师人才：人文科学和自然科学人才。这所学校还提供较高深的课程，引导学习较好的学生去做研究。

法国大革命之前的欧洲，数学研究大部分局限在主要靠宫廷支持的科学院，数学教育与研究呈现分离、脱节的状况。18 世纪晚期，人们已经开始注意到并努力改变这种状况，但真正的冲击是来自巴黎综合工科学校和巴黎高等师范学校这两所学校。它们重视数学研究：拉格朗日、拉普拉斯、蒙日、勒让德等均受聘出任那里的数学教授。蒙日还是综合工科学校的积极创建者并任校长。他们的任职，使这两所学校成为新一代法国数学家的摇篮，如柯西和泊松，都毕业于巴黎综合工科学校。而巴黎高等师范学校，对理论科学的影响看来更为深远：200多年来，这所学校一共出了12位诺贝尔奖者得主和10位菲尔兹奖得主。

1805—1976 年的巴黎综合工科学校

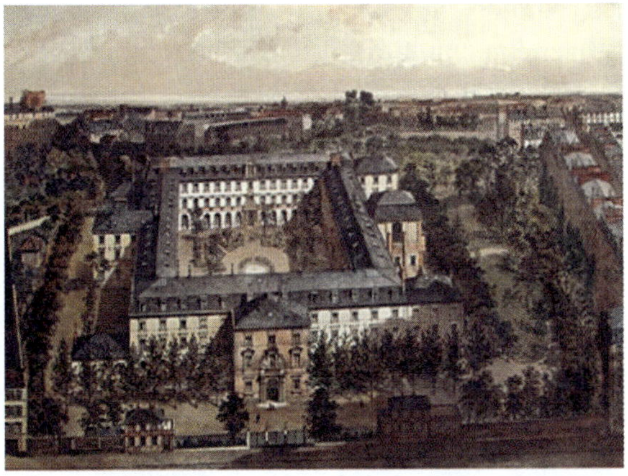

早年的巴黎高等师范学校

1795 年
蒙日《关于分析的几何应用的活页论文》发表

法国数学家、化学家、机械理论学家蒙日出生于科尔多省博讷的一个商人家庭。早年就聪敏出众，1762 年去里昂的三一学院学习，1763 年就被校方指派负责一门物理学课程的教学。1765 年到阿登省梅济耶尔皇家工程兵学校任职，1769 年任该校数学教授。1794 年参与创办巴黎综合工科学校，此后任该校数学教授。1795 年发表的《关于分析的几何应用的活页论文》就是他的授课讲义，1801 年正式出版时名为《关于分析的几何应用论稿》。这是第一部系统讲述微分几何的著作。蒙日极大地推进了法国数学家克莱罗和欧拉等人关于空间曲线与曲面的理论，将曲线与曲面同偏微分方程紧密结合。蒙日根据这些偏微分方程对曲面族、可展曲面及一般曲面进行研究，获得了大量深刻的结果，并因此成为空间微分几何的奠基人之一。这份讲义中还给出了直纹面所满足的三阶微分方程。蒙日利用这些方程的积分，证明了欧拉未能证明的事实——可展曲面是特殊的直纹面，并且知道相应的逆命题不成立。

蒙日不仅将分析应用于几何，同时也反过来用几何来解释微分方程，从而推动了微分方程理论的发展。他开创了非线性一阶偏微分方程的特征理论，引进了探讨偏微分方程的几何工具——特征曲线与特征值（亦称蒙日锥）等概念。

蒙日

1796 年
拉普拉斯《宇宙体系论》出版

1755 年，德国哲学家康德以天空中存在众多“云雾状天体”的观测事实和牛顿的引力定律为出发点，提出了太阳系起源的星云说，但当时未引起人们的关注。1796 年，法国数学家、天文学家拉普拉斯出版《宇宙体系论》一书，阐述当时取得的天文学成就和天文学史，并在附录中独立提出太阳系起源的另一种星云说。拉普拉斯认为，太阳系由一个转动着的灼热气体星云形成。星云气体因冷却而收缩，由于角动量守恒，导致自转加快，离心作用增强，外形逐渐趋向扁盘状。当旋转着的外层气体所受的离心力与引力相等时，就停止收缩，并与仍在继续收缩的星云内部分离，形成一个环。星云继续收缩，这样的分离过程便一次次重演。每个环内的物质互相吸引，最后各凝聚成一颗行星，星云中心部分则凝聚成太阳。行星周围的卫星系统，形成的过程也与此相仿。拉普拉斯的学说统一解释了太阳系行星运动的共面性、近圆性和同向性，在物理学上比康德的星云说更加合理。但这两种学说的基本观念——太阳系由原始星云演化而来却是一致的，因此后来常被合称为“康德—拉普拉斯星云说”。星云说首次具体地研究了不同形态的天体——星云和恒星、行星等之间的质的转化，在当时形而上学的自然观上打开了第一个缺口。它的一些基本论点为现代的太阳系起源学说所继承和发展。

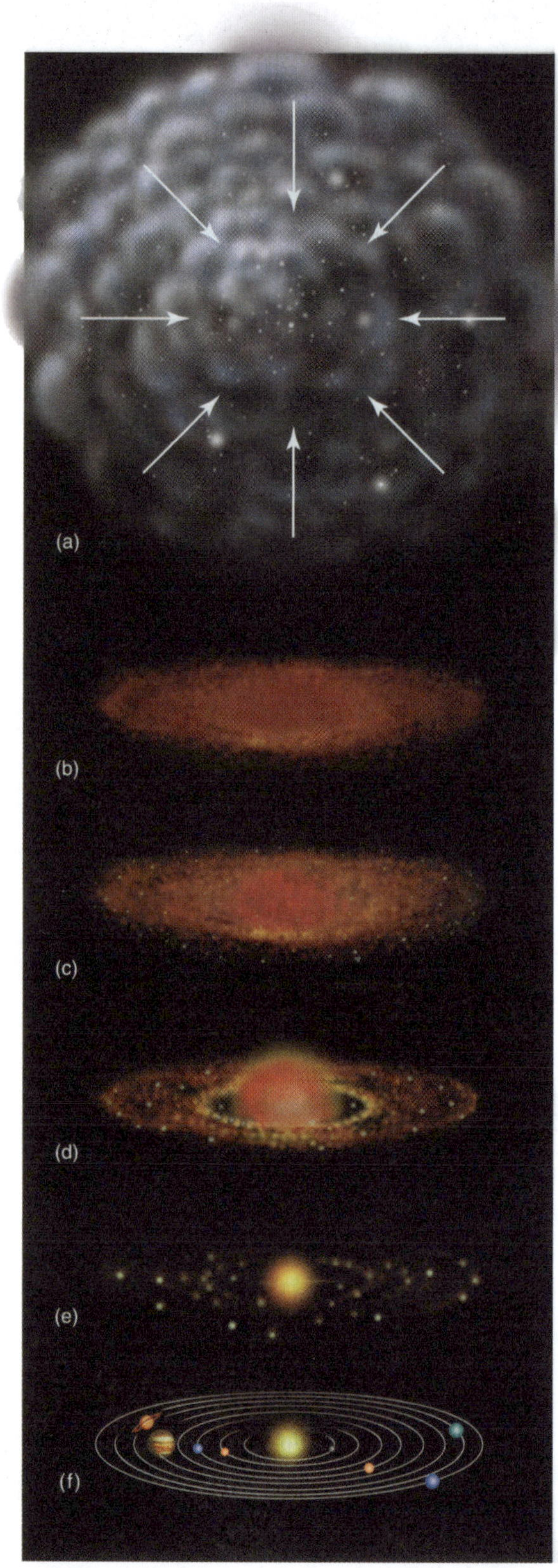

太阳系起源的现代星云说示意图 (a)和(b)太阳星云收缩、变扁，成为自转着的圆盘，其中心的大团物质将变成太阳，外围较小的物质团将变成行星；(c)尘埃颗粒起着凝聚核的作用，逐渐形成的物质团块互相碰撞、粘合，成长为月球大小的“星子”；(d)形成中的太阳产生的强烈星风推斥星云气体；(e)星子继续碰撞和成长；(f) 经过上亿年的时间，星子形成少数几颗在近圆轨道上运转的大行星。

1796 年
史密斯提出按化石划分地层的层序

对地层系统的研究和观察得到一个普遍规律：在任何沉积地层(包括喷出岩)的层序中，当其没有被后期的运动所逆掩或倒转时，最年轻的地层应位于层序的顶部，而最老的地层则位于层序的基底。较老的地层之上连续覆盖着越来越年轻的地层，称为“叠覆律”。这一法则是地质年代学赖以建立的一个普遍规律，是丹麦地质学家斯泰诺于1669 年提出来的。而真正把斯泰诺的思路完全展开的，则是威廉·史密斯。

1769 年，史密斯生于一个铁匠家庭，他幼年在农村学校读书时就喜爱收集山中的化石。史密斯 1793—1799 年参加运河的勘测和开凿工作。当时尚未发明蒸汽机，开凿运河对交通运输起着重大作用。在这项工作中，他逐渐发现地层的结构是有规律的，每一层都含有特殊的化石。1796 年，史密斯当选为一个协会的会员，从而有机会跻身专家之列，同其他对岩石感兴趣的学者交流，开始提出按化石来划分地层层序的思想。他是世界上第一个按照沉积岩中所含动物和植物化石来决定地层顺序的人。1799 年，他公布了自己绘制的巴斯地区的地层结构图和测

威廉·史密斯

拉普拉斯

拉普拉斯1749年3月23日生于法国诺曼底地区的博蒙昂诺日。他十几岁时已显示出特殊的数学才能。1768年，他带着一封推荐信拜访巴黎科学院负责人达朗贝尔。首次晤面时，达朗贝尔给他一个题目，嘱他一周后交卷，但拉普拉斯一个晚上就完成了。达朗贝尔又给他一个关于打结的难题，拉普拉斯当场就解决了。达朗贝尔非常高兴，做了他的教父，还介绍他到巴黎军事学校执教数学和力学。

1770—1773年，拉普拉斯完成了13篇论文，涉及数学和天文学的许多最新研究领域，诸如极值问题、差分方程、循环级数、微分方程的奇异解、行星轨道倾角变化等，他由此逐渐受到科学界的重视。1773年，24岁的拉普拉斯成为巴黎科学院副院士，次年出版了第一部论文集。

拉普拉斯的科学生涯大致可分4个时期：29岁以前初露锋芒，29—40岁取得许多重大成果，40—56岁主要从事科学组织和教育事业，晚年以总结成果和组织管理为主。他是天体力学的主要奠基者，是分析概率论的主要创始人，是应用数学的先驱，也是科学地探讨宇宙演化理论的先行者之一。

1780年，拉普拉斯与法国化学家拉瓦锡一起证明，一种化合物分解为其组成元素所需的热量等于这些元素形成该化合物时释放的热量。这是热化学的开端，也是向发现能量守恒定律迈进的一块里程碑。1787年，拉普拉斯证明月球正在缓慢地加速。先前的理论不能对此作出解释，他将此归因于地球轨道的偏心率正在其他行星的引力影响下缓慢地减小，因而地球对月球的引力影响也在缓慢地变化。他还研究了木星和土星运动的某些反常，并证明可以用各个行星对其他行星的万有引力来解释。

拉普拉斯和比他年长13岁的拉格朗日合作，推广了上述结果。例如，证明只要所有的行星都沿同一方向绕太阳运行——实际情况确实如此，那么太阳系所有行星轨道的总偏心率便保持常数。倘若一个行星的轨道偏心率增大了，那么其他行星的轨道偏心率一定会减小至与之平衡。行星轨道对黄道面的倾角也具有类似的恒定性，所以只要太阳的性质不急剧地变化，那么在未来相当长的时期内，太阳系仍将在很大程度上保持现状。

拉普拉斯在其五大卷的《天体力学》中总结了引力理论，于1799—1825年陆续出版。这一时期席卷法国的政治变动，包括拿破仑的兴衰，都未打断他的工作。尽管他与政治有染，但他的威望及其将数学用于军事问题的才能保护了他。《天体力学》一书中经常说，由方程A"显而易见"可以得到方程B，但研究它的人却往往须花上好几天才能弄明白那是如何个"显而易见"。据说，拿破仑翻遍全书，注意到它从未提到上帝，拉普拉斯则说："我不需要这个假设。"

拿破仑让拉普拉斯当内政部长，但他完全不能胜任，拿破仑便提升他为元老院议员——一个纯装饰性的头衔。拿破仑下台后，波旁王朝复辟，拉普拉斯非但没有获罪，反而被封为侯爵。1816年，他当选为法兰西学院院士，1817年成为该学院的院长。

1812—1820年，拉普拉斯出版的《概率的解析理论》，使概率论进入运用分析方法的新阶段。不过，他更为常人所知的，还是有关太阳系起源的星云假说——这作为附录编入了一本不使用数学的通俗天文读物《宇宙体系论》中。也许他并不知道，德国哲学家康德早在40年前就已提出类似的主张。后人遂将这类理论称为太阳系起源的康德—拉普拉斯星云说，它在整个19世纪都很流行。

拉普拉斯的品行有两个方面历来争议颇多。一是他变化不定的政治立场，主要表现在对拿破仑和波旁王朝的态度上；二是对荣誉过于计较。拉普拉斯很少赞扬别人，但他还是认为牛顿的《自然哲学的数学原理》堪称有史以来最伟大的科学著作。

1827年3月5日，拉普拉斯卒于巴黎。1878年，法国开始出版14卷本的《拉普拉斯全集》，1912年才出齐。这部"全集"并不完整，但篇幅已超过8000页。"我们所知的非常有限，我们未知的却无穷尽"，拉普拉斯这一名言永远耐人寻味。

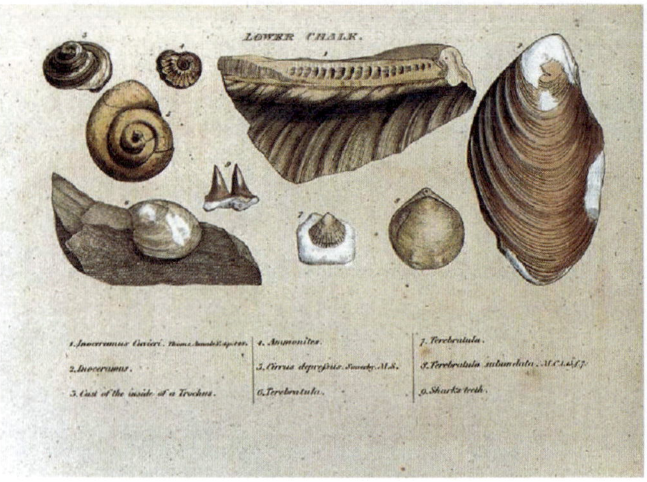

威廉·史密斯根据化石划分地层的专著中的插图

詹纳为儿童接种牛痘

定地层的方法。1804年史密斯赴伦敦，从事化石收集和绘制地质图的工作。1824年前后，史密斯先后出版了《有机物化石鉴定地层》、《化石地层层位》两本书，成为地层学的主要创始人。

1880年以后，人们就能对欧洲所有的沉积地层进行分析对比了。当时的地层年代表，实际上是一种相对时间的划分。

1796年
詹纳发明牛痘接种术

天花是由天花病毒引起的一种烈性传染病。一旦感染上天花，几乎无药可治；侥幸活下来的人痊愈后脸上会留有麻点，此病因此得名"天花"。天花是迄今为止在世界范围内唯一被消灭的传染病。在消灭天花的进程中，英国医生詹纳作出了重要的贡献。

詹纳出生在英国的格洛斯特郡，是英国著名医生约翰·亨特的学生。詹纳能够发明牛痘接种术，一是受到中国人接种人痘的启发；二是在一次偶然机会中，他听说挤牛奶的女工一旦出过牛痘，就不会再被感染天花。"天花和牛痘之间的关系"这个问题一直萦绕在詹纳的脑海中。他就此事请教约翰·亨特，询问是否可从中得到预防天花的启示。老师由于忙于自己的研究，没能给予具体的帮助，但是他鼓励詹纳坚持研究。1788—1796年，詹纳一直致力于接种牛痘的观察和实验。1796年5月14日，詹纳从挤奶女工手背上的牛痘里，吸取少量脓汁，接种给一名儿童。两个月后，他再次给这名儿童接种天花脓汁，结果儿童没有发病。经过这次试验，詹纳更有信心了。从1796年到1798年，詹纳积累了23名牛痘接种成功的实例。1798年，詹纳发表了论文《牛痘的起因与结果——英格兰西部某些郡的调查》。在文中詹纳阐明了牛痘的特征，指出了从牛痘中采集浆液的适当时机和方式，介绍了接种牛痘的正确方法，以及接种后人体的正常反应。

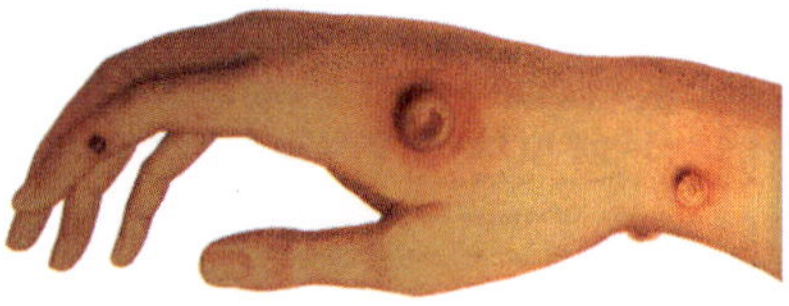

天花病人的手

虽然接种牛痘预防天花的方法在最初的推广阶段遭遇了嘲讽和反对，但是实践证明，牛痘不能被称为疾病，它是预防天花的一种有效措施，接种牛痘预防天花是安全可靠的。牛痘接种术的成功让越来越多的人认识到了它的价值。19世纪初，牛痘接种术已经传播到欧洲的大多数国家。1803年2月17日，以消灭天花为目的的皇家詹纳学会成立，并得到英国皇室的丰厚资助。詹纳被任命为该学会的主席。1823年2月3日，詹纳因卒中去世。他在遗言中说："我没有创造奇迹，是大家给予我太多的荣誉，我是上帝赐给人类的礼物。"

1797 年
拉格朗日《解析函数论》出版

拉格朗日于 1787 年应法王路易十六的邀请,从柏林回巴黎定居。1795 年出任巴黎师范学校的数学教授。1797 年又兼任巴黎综合工科学校的几何学教授,同年出版《解析函数论》。这是第一本试图重建微积分基础的著作,在分析严格化过程中起了极为重要的作用。

在拉格朗日所处的时代,微积分理论基础由于缺乏严密性而陷入极大困难。拉格朗日认为:无穷小是不严格的;牛顿的流数由运动而产生也无法接受;极限概念是几何的而非代数的,因而不可靠。他写这本书的目的是将微积分归结为无穷级数的代数,从而给微积分提供所有必要的严密性。本书的副标题在某种程度上也清楚地反映了这个目的:"远离无穷小或消失的量,或极限,或留数的任何考虑,而归结为有限量的代数分析。"书中特别强调了幂级数对微积分基础的重要性,假定任何一个函数都能表示成幂级数,并定义任何一个函数 $f(x)$ 都要用 $f(x+h)$ 的泰勒展开式中的系数来表示。由于没有考虑导数的存在性和级数的收敛性,拉格朗日的计划未能实现,但他对函数的这种抽象处理为后人树立了榜样。书中还第一次得到了微分中值定理 $f(b)-f(a)=f'(c)(b-a)$ $(a \leqslant c \leqslant b)$,并给出泰勒级数的余项表达式,后称为拉格朗日余项。

拉格朗日努力通过代数途径使微积分严格化,这对于让分析摆脱几何束缚有着重要影响。

1797 年
韦塞尔首创复数的几何表示

韦塞尔出生于挪威南部德勒巴克附近的韦斯特比。当时挪威被丹麦并吞,而且韦塞尔一生中大多数时间是在丹麦度过的,故一般称他为丹麦数学家。韦塞尔的父亲和祖父都是教堂里的牧师。他兄弟姐妹一共 13 人,因此家庭经济十分拮据。但他仍然受到了良好的中等教育,并于 1763 年至 1764 年在丹麦哥本哈根大学念了一年。此后便长期任丹麦皇家科学院的测量员。1797 年,他向丹麦皇家科学院递交了论文《方向的解析表示》,首创复数的几何表示。他把复数作为平面上的向量,用 $+1$ 表示从原点出发的单位正向量,用 $+\varepsilon$ 表示与 $+1$ 始点相同但与之垂直的单位向量,并规定 $(+\varepsilon)\times(+\varepsilon)=-1$,即 $\sqrt{-1}=+\varepsilon$。复数 $a+\varepsilon b$ 相当于平面上以原点为始点、以 (a,b) 为终点的向量。他还定义了向量的四则运算。这种复数表示法,除单位虚数的符号不同外,与现代的复数几何表示完全一致。复数的几何表示有助于人们接受复数概念,为 19 世纪复变函数论的发展奠定了基础。但韦塞尔的文章是用丹麦文发表的,直到 100 年后的 1897 年被译成法文后才引起人们的重视。

1797 年
纽博尔德发明单面铸铁犁

1780 年代,美国人出于耕地面积的扩大和生产发展的需要,陆续发明和改良了农具和机器。当时刃部包铁的木犁是主要的耕作机具。1797 年,纽博尔德把犁铧、犁壁等铸成为一个整体,从而发明了单面铸铁犁并获得专利。但是,当时的使用效果并不理想,如果犁的任何一个部分断裂,它就没法修理。1819 年,伍德设计出了一架零件可以替换的铸铁犁并取得专利权。几年内,成千架这种铁犁得到广泛采用。但是,无论是这种铁犁还是传统的木犁都耕不动坚硬的草原地。1837 年,2 名伊利诺伊州的铁匠分别制造出用锯条钢和高光洁度的锻铁制作的犁头和模板。后来在此基础上制造出了二铧犁、三铧犁。从 19 世纪 30 年代起,铁犁以及钢犁迅速取代木犁并被普遍采用,广泛应用于各种土壤的翻耕。

1798 年
马尔萨斯《人口论》出版

有一种理论认为，人口增长是指数式的($2^0,2^1,2^2,2^3$……)，而食物供应的增长只是线性的(1，2，3，4……)，所以总有一天人口会超过食物供应的极限，到时大多数人的生活将降至糊口的水平，甚至出现战争、瘟疫和饥荒。这就是英国经济学家马尔萨斯于1798年出版的《人口论》(第1版)的主要思想。

在后来几版《人口论》中，马尔萨斯对自己的理论作了一些修改，但仍以其第1版影响最广、争议最大。一方面，由于马尔萨斯认为贫困是人类不可避免的命运，提出社会福利终归无用的悲观论调，因而受到强烈批评，例如马克思和恩格斯就认为这是最冷酷无情的野蛮理论；另一方面，从进化论创始者达尔文到后来著名的英国经济学家凯恩斯，许多研究者都从马尔萨斯的理论中获得了灵感和启发。

今天来看，马尔萨斯的人口理论仍有诸多可供借鉴之处。虽然现代社会由于实行计划生育和避孕等措施，人口增长得到有效控制，一些富裕国家甚至出现了人口负增长，同时随着科技进步，食物供应得到了长足发展，但全球人口的快速增长仍然给粮食、淡水、土地等资源的供给带来沉重压力。在非洲和亚洲的许多国家，贫困、饥荒仍然与人口过度增长相伴。科学地用马尔萨斯的人口理论指导相关的公共政策，当有利于保护地球生态环境的稳定，实现人类的长久可持续发展。

马尔萨斯

1799 年
蒙日《画法几何学》出版

蒙日的《画法几何学》是他在1795年任巴黎师范学校教授时讲课所用讲义的基础上整理而成的。其实蒙日对画法几何学的构想大约始于1755年。由于内容涉及军事技术而对外保密，蒙日在这方面的著作一直不能出版，直至1798年禁令解除。本书是画法几何学的第一本专著，它的出版标志着画法几何学成为几何学的一个专门分支。

在书的开头，蒙日即阐明写作目的：为在二维平面上表现三维物体提供方法；根据准确的图形推导出物体的形状和相互位置的真相。继而他以严格的几何分析对文艺复兴以来各种实用图法进行统一处理。使用的图法主要是利用两个正交投影面定位的正投影法，后称蒙日法。书中还包括了运用空间曲线与曲面的作图法，以及蒙日在综合几何方面的新发现(如现称为蒙日定理的三球公切面定理等)。蒙日系统地使用投影观点(如柱投影及中心投影)，引进了反极变换和虚元素等，为19世纪射影几何学的发展开拓了道路。他还指出了画法几何学作图与代数消元法的关系，要求把作图方法与解析几何学的运算联系起来。这本书的高度独创性和它独辟的新途径重新引起了人们对综合几何学的研究兴趣。书中的实例都是蒙日在长期教学和科研中积累起来的，有的至今仍为人们采用。

《画法几何学》(1847 年第 9 版)

1799 年
高斯证明代数基本定理

早在 1629 年，法国—荷兰数学家吉拉尔就断言：对于 n 次多项式方程，如果把不可能的(复数)根考虑在内，并包括重根，则应该有 n 个根。此即代数基本定理。吉拉尔没有给出证明。这个定理后被笛卡儿、牛顿等众多著名学者反复陈述和应用，但均未给出证明。欧拉、拉格朗日等人力图证明，也未能成功。首先给出证明的是被人们誉为“数学王子”的高斯。高斯生于德国不伦瑞克(时属不伦瑞克公国)，从小就显出惊人的数学天才。他于 1795 年进入格丁根大学，第二年便找到正十七边形的尺规作图法，解决了 2000 年来悬而未决的难题。1799 年，高斯向黑尔姆施泰德大学提交博士论文《每个单变量有理整函数均可分解为一次或二次实因式积的新证明》，给出了代数基本定理的第一个实质性证明。

要证明代数基本定理，其实只要证明任何一个 n 次多项式方程至少有一个根即可。因为如果这个结论成立，那么就可以将这个 n 次多项式分解为一个一次多项式和一个 $n-1$ 次多项式的积，于是用数学归纳法即可证得代数基本定理。高斯用的是几何方法，即把多项式方程的根与平面上的点对应起来。他指出 $P(x+iy)=0$ 的复根 $a+ib$ 对应于平面上的点 (a,b)。如果 $P(x+iy)=u(x,y)+iv(x,y)$，其中 $u(x,y)$ 和 $v(x,y)$ 分别是 $P(x+iy)$ 的实部和虚部，那么 (a,b) 必定是曲线 $u(x,y)=0$ 和 $v(x,y)=0$ 的交点。高斯对这些曲线做了定性研究，证明一条曲线上的一段连续弧连接着两个不同区域上的点，而这两个区域是被另一条曲线隔开的，所以曲线 $u=0$ 必定与曲线 $v=0$ 相交。这个证明多少用了一点几何直观性，不算很完美。后来高斯又给出了代数基本定理的另外 3 个不同的严格证明。

1799 年
拉普拉斯《天体力学》前 2 卷出版

1687 年，牛顿出版《自然哲学的数学原理》一书，为研究天体运动的力学机制奠定了基础。在此后的百余年间，不少科学家致力于研究太阳系天体的运动，陆续提出并解决了天体运动的许多力学问题。拉普拉斯全面深入地综合和发展了前人的所有成果，于 1799—1825 年先后分 5 卷 16 册出版了《天体力学》。其中前 2 卷于 1799 年分 5 册出版，论述天体力学的基本问题、引力理论和均匀流体自转时的平衡形状，以及潮汐、岁差章动、月球天平动和土星环等理论。第 3 卷分 2 册于 1802 年出版，论述摄动理论、各大行星的球坐标分析公式、月球运动方程的积分方法和主要摄动项。第 4 卷分 3 册于 1805 年出版，讨论木星卫星的运动、周期彗星的运动、三体问题特解、介质阻尼等问题。第 5 卷分 6 册于 1825 年出版，为上述各卷之补充，包括其晚年的研究成果，阐明了天体力学的发展状况。天体力学的诞生是人类认识宇宙的一次飞跃，《天体力学》则首次系统地总结了这门学科的理论和方法，其中不少关键问题正是拉普拉斯本人解决的。对天体力学而言，他既是集其大成之综合者，又是贡献卓著的发展者。

1799 年
戴维解析真空摩擦实验

1799年，英国化学家戴维发表了一篇论文《论热、光和光的复合》。在文中，他叙述了一个巧妙而富于独创性的实验。他把两块温度为−2°C 的冰固定在一个由钟表改装的机械上，然后把它们放进大玻璃罩内再抽成真空。外面用低于−2°C 的冰块与周围环境隔离开。两块冰在玻璃罩里通过几分钟剧烈摩擦而慢慢地融化为水，温度达到 2°C。戴维

高 斯

高斯 1777 年 4 月 30 日生于不伦瑞克公国的不伦瑞克(现属德国),父亲是一名工匠。高斯很小就表现出过人的天资,10 岁时因巧解从 1 加到 100 的算术题而受到老师注意。

1788 年,高斯开始在高级文科中学学习高地德语和拉丁语。他于 1792 年进入不伦瑞克的卡罗琳学院学习。在这所学院中,高斯独立地发现了天文学上的波德定则,数学中的二项式定理、算术—几何平均、二次互反律和素数定理。

1795 年,高斯离开不伦瑞克去格丁根大学学习。1798 年,他离开格丁根(现属德国),回到不伦瑞克。这时他已经找到了正十七边形的尺规作图方法,这是自古希腊时代以来这个领域的最重要进展。1799 年,应不伦瑞克公爵的要求,高斯向黑尔姆施泰德大学提交了一篇证明代数基本定理的博士论文,获得该校博士学位。1801 年夏,他的《算术研究》出版,这是一部标志着近代数论发端的重要著作。这一期间,高斯也热心于小行星轨道的计算,用的就是他发明的最小二乘逼近方法。1801 年 12 月,在对谷神星轨道位置的 7 个预测中,高斯的预测被证实为最准确。

1806 年,不伦瑞克公爵在与拿破仑军队的战斗中负重伤,不久逝世。高斯失去了资助人,不得不寻找一份工作。1807 年,他南下任格丁根大学天文台台长,此后一直在格丁根大学从事研究和教学,直到 1855 年逝世。

高斯的科学成就主要在数学领域。他在其他领域中的研究基本上是将数学成果有效地应用于这些领域。例如他于 1809 年出版的《天体运动理论》,一共 2 卷,第 1 卷就是讨论微分方程、圆锥曲线和椭圆轨道,第 2 卷才阐述怎样估算行星轨道以及怎样使这种估算精确化。

高斯在其他科学领域中的探索也促进了他在数学领域中的研究。例如,1818 年起,高斯受汉诺威政府的委托,进行大地测量工作,并在此过程中创立了关于曲面的新理论,于 1828 年发表了《关于曲面的一般研究》。在这部著作中,高斯提出了曲面内蕴几何的思想。这一思想后来被他的学生黎曼所发展,成为爱因斯坦广义相对论的数学基础。

1832 年起,高斯与德国物理学家韦伯合作,致力于物理学方面的研究,成果不胜枚举。特别是磁学方面,主要体现在他分别于 1839 年和 1840 年发表的《地磁概论》和《关于与距离平方成反比的引力和斥力的普遍定理》中。后者是 19 世纪位势理论的主导性文献。

高斯的数学成就遍及各个领域,在数论、代数学、非欧几何、微分几何、超几何级数、复变函数论以及椭圆函数论等方面均有一系列开创性贡献。特别是非欧几何,高斯早就意识到除欧氏几何外还存在着一个逻辑上无矛盾的几何,到 1813 年左右已形成了较完整的思想。但他生怕不为世人所理解而受到攻击,就未予发表。后来,匈牙利数学家亚诺什·波尔约和俄罗斯数学家罗巴切夫斯基得到了同样的成果,高斯在私人通信中都给予了充分的肯定。如今,人们已经公正地把他们三人并列为非欧几何的创立者。高斯是一个心态平和、沉默寡言、生活简朴的人。他在学术上十分谨慎,认为学术成果只有达到尽善尽美的程度才可以发表,这使得他发表的作品比起他一生中实际得到的成就来说要少得多。

高斯灵敏的头脑似乎永远也不肯停歇。到 62 岁时,他还在自学俄语。1855 年 2 月 23 日,78 岁的高斯在汉诺威王国的格丁根与世长辞。他死后,汉诺威国王制作了他的纪念章。他的出生城市不伦瑞克竖起了他的雕像,雕像的底座是一个正十七边形,以纪念他发现正十七边形的尺规作图法。

在论文中写道："如果热是一种物质的话，它一定是从这几种方式之一产生的：或者是由于冰的热容量减少，或者是两物体的氧化，或者是从周围的物体吸引了热质。"而从实验条件可知，这些可能性都不能实现，由此他断言：热质是不存在的。他认为，摩擦和碰撞引起了物体内部微粒的特殊运动或振动，这种运动或振动就是热。戴维的真空摩擦实验有力地打击了热质说，对否定热质说具有重要意义。

1799 年
普鲁斯特提出定组成定律

化合物的定量分析最早可追溯到 17 世纪。德国化学家孔克尔在《化学实验室》一书中详细描述了焙烧金属的称量工作；英国化学家玻意耳在《怀疑派化学家》一书中也记述了焙烧金属的称量工作。到了 18 世纪和 19 世纪之交，对"一种化合物的组成是不是一定的"这个问题，化学家们曾有过激烈的争论。论战的一方以在化学界享有权威地位的法国化学家贝托莱为代表，主张化合物的组成可随制备条件而异；论战的另一方以年轻的法国化学家普鲁斯特为代表，主张纯化合物中各元素的质量比是确定的。论战一直持续了 8 个年头。贝托莱虽然在当时比普鲁斯特有名得多，但他并没有以势压人。普鲁斯特也并没有忘记他与贝托莱之间的争论对他学术进展的意义，在 1808 年给贝托莱的信中表达了他的感谢之情："要不是您质疑问难，我是难以深入研究定组成定律的。"

普鲁斯特研究了碱式碳酸铜、两种锡的化合物和两种硫化铁，用实验数据表明这些物质都有确定的组成，组成物质的各种元素的质量是恒定的，不存在连续的中间状态。1797 年，他递交了这份实验研究论文，陈述了他的定组成定律，即一种化合物不论是天然存在的还是人工合成的，也不论是用哪种方法制备的，它的化学组成总是确定的。普鲁斯特在论文中说："我们必须承认：化合物生成时，有一只不可见的手掌握着天平。化合物就是造物主指定了固定比例的物质。简言之，造物主除非有天平在手称重并量度，否则就不能创造化合物这种东西。"1799 年，他的论文公开发表。但是，该定律在当时并没有得到广泛的接受，直到英国化学家道尔顿根据这些事实提出了原子论，定组成定律才得到化学家的普遍承认。

定组成定律是分析化学的基本原理，是近代化学的三大基本定律之一。它的发现加快了化学成为一门真正的科学的速度，在化学发展史上有着重要的意义。

1799 年
贝托莱提出化学反应可达成平衡的思想

1798 年，法国化学家贝托莱随拿破仑远征埃及，他发现当地盐湖沿岸有一些碳酸钠结晶，便假想这是湖水(其中盐的主要成分氯化钠)与岩石(主要成分碳酸钙)作用的产物。而按化学常识，应该是碳酸钠与氯化钙作用生成氯化钠和碳酸钙。他因此推断：当产物过量时，一个化学反应也可以沿逆反应的方向发生。次年，贝托莱在开罗学院的学术会议上提出化学反应可达成平衡这一创新性想法。

1803 年，贝托莱在其著作《论化学静力学》中比较全面地指出了化学反应中的"质量效应"：首先，化学反应可以达到平衡状态，在这种状态下，存在着产物变成反应物的趋势；其次，反应物和产物的质量(浓度)都会对反应产生影响，产物过量可以使反应向相反方向进行；最后，物质的挥发性和溶解度等影响物质浓度的性质对反应会产生影响。因此，贝托莱认为一些化学反应是可逆的。

贝托莱的发现为半世纪后勒夏特列提出化学反应平衡移动原理奠定了基础。

1799 年
拉普拉斯建立潮汐方程

大气热力潮汐是指球面大气在具有日变化性质的热源驱动下形成的全球尺度大气波动，其典型特征是，它们的周期都表现为一个完整的日循环时段(24 小时)，或者是这种 24 小时周期的谐波。根据时变性质，周期为 24 小时的潮汐统称为周日潮，而周期为 12 小时的潮汐为半日潮，等等。大气(热力)潮汐在中高层大气运动变化中也起着重要作用。

早在 1687 年，英国物理学家牛顿就提出，月球通过引力诱发海洋潮汐的机制也有可能在大气中起作用，引起大气引力潮汐。法国数学家拉普拉斯于 1799 年从球面薄层大气的角度进行考虑，建立了描述球面大气波动的拉普拉斯潮汐方程，这个方程后来成为潮汐动力学研究的理论基础。1882 年，英国物理学家威廉·汤姆孙在爱丁堡皇家学会的会长演说中，讨论了大气压力和温度的太阳日变化谐波分量，其中引用了三个不同地点的周日潮、半日潮和 8 小时潮汐表格数据，提出了太阳加热对驱动大气潮汐的作用。

1940 年代末，火箭系列探空推进了当代大气热力潮汐理论的发展。进入 1960 年代后，以拉普拉斯潮汐方程为基础，英国地球物理学家查普曼等从周期热力强迫角度寻求本征解的工作，最终奠定了经典潮汐理论的框架。

1799 年
美国出现马拉圆盘割刀收割机

在大型农业机器的发明中，谷物收割机的进步非常重要。1799 年，美国出现了最早的马拉圆盘割刀收割机；1826 年，美国出现采用往复式切割器和拨禾轮的现代收割机雏形。1828 年，英国发明家帕特里克·贝尔发明了马拉玉米收割机。1831 年，美国工业家和发明家麦考密克研制出用两匹马牵引的收割机，并于 1834 年取得专利。1845 年，麦考密克发明自动收割机，这种收割机还装有一组滚轮，接收刚割下的麦子，然后沿着机器有规律地自由旋转，形同一条传送带。1847 年，麦考密克在芝加哥市建立工厂，开始大规模生产收割机。

1833 年，美国工程师赫西发明了另一类型的收割机，经过 1847 年的改进之后，该机器在割草以及加工干草方面的性能甚至比麦考密克的收割机要好很多。不过很可惜，赫西没有麦考密克庞大的公司运作体系，同时也没有敏感的商业嗅觉，并未将他的设计付诸大规模生产。因此，在 1851 年的伦敦万国博览会以及 1855 年的巴黎国际博览会上，麦考密克收割机均位于显著的展览位置，大出风头。

1799 年
贾卡发明提花机

法国著名的织机工匠贾卡是纹板提花机的主要改革家。1799 年，贾卡综合前人的革新成果，制成了整套的纹板传动机构，配置成更为合理的脚踏机器提花机，只需要一人操作就能织出 600 针以上的大型花纹来。这种提花机在 1801 年巴黎展览会上获青铜奖章。它的机构特点是采用提花纹板(即穿孔卡片)代替纸带，通过传动机件带动一定顺序的顶针拉钩，根据花纹组织协调动作提升经线织出花纹。1860 年以后，提花机改用蒸汽动力代替脚踏传动，遂成为自动提花机。自动提花机后来广泛传播于全世界，并改用电动机驱动。为了纪念贾卡的贡献，这种机器被称为贾卡(提花)机。

这种机器尽管并不被认为是一台计算器，但是它的出现确实是现代计算机发展过程中重要的一步。

18 世纪末
李元刊印《蠕范》

早在林奈的生物分类学理论传入中国之前，清朝乾隆年间(1735—1799 年)的学者李元在 18 世纪末就刊印了《蠕范》一书，将 420 种鸟兽虫鱼分列在 8 卷 16 章 751 个条目之下，分门别类，有条不紊。《蠕范》可谓是当时一部相当完整的动物志，其体例与现代分类学的检索已颇为类似。不过，受时代所限，《蠕范》的内容仍未脱传说奇谭的意味，亦不乏用阴阳五行来解释所见现象。尽管如此，李元在阅尽《山海经》、《尔雅》和《禽经》等古书之后，消化吸收并归纳总结出在当时最为全面的动物泛论，使得此书仍成为动物学史上值得称道的著作之一。

然而，此书未被《四库全书》所收也没能广为流传，可谓沧海遗珠。直到 1937 年，《蠕范》才被商务印书馆收入《丛书集成》出版。

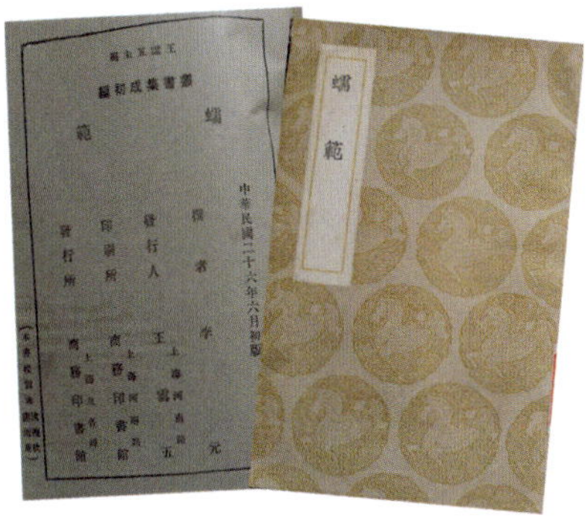

1937年商务印书馆出版的《丛书集成》中的《蠕范》一卷

18 世纪末
诺福克轮作制在英格兰各地推行

由于芜菁和三叶草的引进，18 世纪初期，在英格兰东南部的诺福克郡开始用四圃轮栽方式取代从中世纪延续下来的三圃制或二圃制。四圃轮栽方式就是将耕地分为四区，依次种植芜菁、小麦、三叶草和大麦，这种四年轮作制因为最早在诺福克郡推广开来，所以又称为“诺福克轮作制”。

诺福克轮作制作为近代西方新轮栽制的“原型”，可以不借助休闲，引进牧草和块根等饲料作物，既提高土地利用率和维持地力，又保证家畜全年所需要的青粗饲料，不仅有利于扩大畜群，也便于改放牧为舍饲。舍饲既能有效地收集厩肥，增进田间肥力，也有助于推动家畜品种改良工作，从而显著地提高家畜的体质和生产性能。

约 1770 年，诺福克轮作制在诺福克郡又一次掀起新的改革浪潮，即在农场中运用了改进的新式播种机，它比塔尔的马拉条播机先进许多，可以用于播种所有谷物、牧草及根菜类种子。到了 18 世纪末，诺福克郡各地的农场，基本上都已推行了四圃轮栽式的土地利用方式。该方式开始在英格兰各地推行，诺福克郡从而取得了有“农业革命”之称的改革历程中的核心地位。

诺福克轮作制此后在欧洲大陆一些国家得到推广普及，受到普遍赞誉，因而不只对当时的英国，甚至对整个欧洲都产生了深远的影响。

18 世纪末
戴维研究吸入氧化亚氮的效应

1778 年 12 月 17 日，戴维出生于英国康沃尔郡的彭赞斯。他曾做过外科医生的学徒，19 岁时到布里斯托尔学习科学。在那里他开始研究气体。1798 年，他进入牛津大学化学教授贝多斯创建的医疗气体研究所，研究通过吸入气体的方法来治疗疾病。他制备了氧化亚氮(笑气)，并研究了吸入氧化亚氮后的作用，于 1799 年出版了一本专门研究氧化亚氮的书。该书出版后戴维名声大振，次年，他被聘为英国皇家化学学会的助理讲师。1803 年，他当选为皇家学会会员，1805 年获科普利奖。此外，戴维还是一些化学元素的发现者，他发现的元素有：钠、钾、镁、锶、钡等。1818 年，戴维被册封为男爵。1820—1827 年，戴维担任英国皇家学会主席。戴维于 1829 年 5 月 29 日在瑞士去世。

他的助手法拉第后来成为比戴维更具声望的著名科学家。

约 18 世纪末
欧洲农业革命开始

18 世纪末至 19 世纪中叶，随着资本主义生产关系在农业中的发展，欧洲农业生产技术发生了巨大变革。英国的大农场生产进一步发展和农业技术进一步提高，进而影响和推动了欧洲大陆各国的农业技术的进步，主要表现在：(1)推行作物轮栽制：作物连续轮栽是农业技术变革的重要内容。科学的轮作制首先遍及英国，进而兴盛于德、法等欧洲国家。这个制度通过种植不同作物以保持和恢复地力；还包括种植饲料，以扩大牲畜饲养，从而增加了肥源。农耕与畜牧有机结合最后消灭了休耕地。(2)新作物的引种和推广：种植新作物在很大程度上是实行轮作制的直接结果。当时在欧洲大部分地区种植的新品种中，主要有芜菁、三叶草、胡萝卜、马铃薯等作物。(3)传统农具的改进和引进新农具：首先是对犁的改进，改进犁的结构和增加铁的使用，其他革新产物有长柄镰刀、播种机和马拉锄等。扩大使用马匹耕种，使耕种速度超过牛力牵引速度的 50%。17 世纪使用牛每天可耕地 0.4 公顷，采用马耕可达 0.6 公顷；18 世纪末，由于犁的改进达到 0.8 公顷；到 19 世纪中叶，采用蒸汽机牵引，每天可耕地 5 公顷。(4)选择良种和改良畜种：开始了作物选种和培养优良畜种，从而使肉产量和奶产量有了迅速增加。(5)耕地的扩大和改良：土地开垦速度加快，特别是湿地排水法开始引进或广泛使用。1820—1880 年期间，欧洲耕地面积从 1.47 亿公顷迅速增长为 2.21 亿公顷。

洪堡

以后的革新主要包括新式农业机器、使用非畜力的牵引机和化学肥料。农具的改进和肥料的增加，使欧洲农业在 19 世纪中期发展较快。不过，农业机械的发明和应用热潮已经由英国转向美国，农业的半机械化和机械化首先在美国发展起来。

18 世纪末 19 世纪初
洪堡考察美洲

18 世纪末 19 世纪初，德国博物学家、地理学家洪堡走遍了西欧、北亚和南北美洲，所到之处，高山大川无不登临，奇花异草无不采集。他具有中国明末旅行家徐霞客不惮艰险跋涉山川的好奇心，而且学识渊博。他涉猎的科目非常广泛，而且对每个所涉猎的领域又都有所贡献，所以气象学、地貌学、火山学和植物地理学等领域都推他为创始人之一。世界上以他的名字命名的有澳大利亚和新西兰的山、美国的湖泊和河流、南美洲西岸的洋流、甚至月球上的山等。

洪堡首创等温线、等压线概念，绘出世界等温线图；他指出气候不仅受纬度影响，还与海拔高度、离海远近、风向等因素有关；他研究了气候带分布、温度垂直递减率、大陆东西岸的温度差异性、大陆性气候和海洋性气候、地形对气候形成的作用等；他发现了植物分布的水平分异性和垂直分异性；他根据植被景观的不同，确立了植物区系的概念，创建了植物地理学；他率先绘制地形剖面图，进行地质学和地理学研究；他指出火山分布与地下裂隙的关系，认识到地层愈深温度愈高的现象，发现美洲、欧洲、亚洲在地质上的相似性，根据地磁测量得出地磁强度从极地向赤道递减的规律；他发现了秘鲁寒流（又名洪堡寒流）；此外，他还促进了沸点高度计的发明和山地测量学的发展。

1808—1827 年，洪堡与法国植物学家邦普朗用近 20 年时间，写成 30 卷的《新大陆热带地区旅行记》，这是近代地理学最为重要的著作。书中阐述了植物的水平分布和垂直分布及其与气候的关系、植物形态随海拔高度变化的规律，建立了植物生态学的基本观点。洪堡将世界上的植物分为 16 个区

伏打于 1801 年在巴黎向拿破仑展示伏打电堆

伏打电堆

系，创立了植物区系理论。他晚年写成《宇宙：物质世界概要》，以及《植物地理学论文集》、《中央亚细亚》等著作。洪堡的科学成就和著作影响深远，为纪念他，德国建有洪堡基金会，资助世界各国的自然科学研究。

1800 年
伏打发明电堆

意大利医生和物理学家伽伐尼 1786 年关于"生物电"的发现引起了另一位意大利物理学家伏打的注意。但伏打认为蛙腿痉挛只是放电的一种表现，它的起因是"金属电"，而不是"生物电"。两种不同金属的接触才是产生电流的真正原因。为了阐明自己的观点，伏打进行了大量实验。他发现，一种金属与另一种金属贴合在一起时，就可能产生电。经过反复实验，伏打给金属排出了序列：锌、铅、锡、铁、铜、银、金，只要将这个序列中前面的金属与后面的金属相接触，前者就带正电，后者带负电；两种金属在序列中的距离越远，产生的电流就越强。1800 年，伏打用锌片与铜片夹以盐水浸湿的纸片叠成电堆，并产生了电流。这个装置后来被称为伏打电堆。

伏打电堆是最早能够提供持续电流的电源，使人们有可能对电流的规律以及电流的各种效应进行研究，从而导致了欧姆定律及电流磁效应的发现，开创了电学发展的新时代。

1800 年
赫歇尔发现红外辐射

太阳光谱是具有许多吸收线和发射线的极为宽阔的连续谱，它的辐射光谱包括无线电波、红外线、可见光、紫外线、X 射线、γ 射线等几个波谱范围，其中红外辐射是由英国天文学家威廉·赫歇尔发现的。

1800 年 2 月 11 日，赫歇尔透过测试滤光片观测太阳黑子。当用到红色滤光片时，他发现产生了大量的热。于是他将太阳光通过一个三棱镜，使不同波长的太阳光散射开形成光谱，然后用温度计测量可见光红光一端以外的温度。他把温度计放在此处原意是要测量室温，但令他感到惊奇的是，这里的温度竟然比可见光谱范围中的温度还要高。在进行了一系列实验后，赫歇尔最后得出结论：在可见光谱以外还存在某种不可见的光，这种波长介于红光和微波之间的电磁辐射称为红外辐射或红外线。

为了纪念这一发现，欧洲空间局将 2009 年 5 月发射的世界上最大的远红外空间望远镜命名为"赫歇尔望远镜"。

1800

赫歇尔空间望远镜

1800 年
杨提出光的干涉概念

在 19 世纪以前，关于光的组成是粒子还是波的争论一直没有停息。主张微粒说的学者在争论中占据一定优势，著名物理学家牛顿就是其中之一。

1800 年，英国物理学家托马斯·杨在向英国皇家学会提交的一篇报告中，对光的微粒说提出异议。他认为，声和光都是波的传播，光是一种在充满整个空间的以太流体中传播的弹性振动，由于以太极稀薄，所以光以纵波形式传播；光的不同颜色类似于声音的不同频率。托马斯·杨还分析了水波的叠加现象，认为在声的叠加和光叠加的情况下，会产生声和光的加强和减弱，即“干涉”。

次年，托马斯·杨提出了著名的干涉原理：“同一束光的两个不同部分，以不同的路径要么完全一样地，要么在方向上十分接近地进入眼睛，在光线光程差是某个长度的整数倍的地方，光就增强，而在干涉区域的中间部分，光将最强。对于不同颜色的光束来说，这个长度是不同的。”为了验证自己的理论，托马斯·杨让太阳光透过一条狭缝，成为一束光，然后让这束光通过另一屏上的两条狭缝，结果发现，由这两条狭缝射出的光在远处的屏幕上因为干涉现象而形成明暗相间的条纹。这就是著名的杨氏干涉实验，该实验不仅证明了光的波动性，还可以测定光的波长。

1807年，托马斯·杨在《自然哲学和机械技术讲义》中详细介绍了双缝干涉实验。值得一提的是，他还在书中首先以“能量”概念代替“活力”，并赋予能量这个词以现代意义，即定义能量是描写某个物体做功能力的物理量，与物体的质量和速度的平方的乘积成正比。

1800 年
比沙首创“组织”一词

比沙是 18 世纪法国的病理学家，曾经在蒙彼利埃、里昂、巴黎等地著名的大学求学。比沙开创性地将显微镜引入解剖学研究中。他将马尔皮基的观察更深入地进行，于 1800 年出版《论一般组织与特殊组织》，首创“组织”(tissue)一词。比沙提出正常结构和病理结构都建立在“组织”的基础上，“组织”可以被视为生命的基本单位。比沙将人体的组织分为神经组织、细胞组织、软骨组织、血管组织、骨骼组织、淋巴组织、纤维组织等 21 种不同组织。随着显微镜的应用，病理解剖学也深入到组织学水平，使人们认识到组织的病理改变是疾病的原因所在。比沙被公认为组织病理学的奠基人，虽然他英年早逝，却完成了大量的病理解剖，留下了《论一般组织与特殊组织》等组织学的奠基之作。

1800—1805 年
居维叶《比较解剖学讲义》出版

法国博物学家拉马克的生物进化理论问世后，一直未能成为主流思想。由于当时古生物学证据匮乏，再加上有“亚里士多德

居维叶

第二”之称的法国博物学家居维叶的极力反对，拉马克的理论最终被摒弃了。居维叶从小被称为神童，出众的才能让他似乎毫不费力就一步步成为国立自然博物馆教授、法兰西科学院院士。他在政治上也是平步青云，官高位重，历经动荡的法国大革命时期、拿破仑时期和君主复辟时期而屹立不倒。

居维叶在多个学科领域都有建树。1800—1805 年，他的五卷本著作《比较解剖学讲义》出版，书中提出了“器官相关”理论，认为生物体各个器官在功能上是有联系的。例如，反刍动物的牙齿、咀嚼肌、瘤胃等在功能上彼此关联，构成一个整体，最终实现反刍这一功能。生物体各器官的结构与功能是生物与环境交互影响的结果，生物性状则是各器官功能的综合体现。居维叶的理论在很大程度上启发了人们对形态学进行研究。根据这一理论，居维叶成功利用古代生物的少数化石将其复原，他本人也成为近代古生物学的奠基者之一。

居维叶推论，由于物种各器官对环境的适应极为精确，以致任何变异都将使得个体不能存活，因此生物是不可能进化的。例如，他解剖了拿破仑从埃及带回来的猫和鸟的木乃伊，发现几千年前的动物与现存动物在结构上没有什么差异，这一发现更坚定了他对生物进化理论的反对。虽然居维叶在古生物学和解剖学上成果颇丰，并提出不少开创性的思想，但他固守灾变论，毫不接受进化的观点，再加上他极富影响的科学权威地位，令其在科学史上也起到了相当大的负面作用。

1801 年
高斯《算术研究》出版

高斯于 1799 年获得黑尔姆施泰德大学的博士学位后，由于有不伦瑞克公爵斐迪南的资助，他不必寻找职业，而是潜心研究数学。1801 年，他的代表作《算术研究》出版，标志着近代数论的发端。这部著作将数论记号标准化，系统处理并推广了 19 世纪以前数论中大量孤立的成果，把要研究的问题和解决问题的方法进行分类，并引进了新的方法。《算术研究》形成了一批概念，解决了一批著名的难题，直接影响了此后一个世纪数论的研究模式和基本方向，是数学史上第一部结构严谨的数论巨著。《算术研究》共 7 节。前 3 节“一般的同余数”、“一次同余式”、“幂的剩余”属导论性质，介绍初等数论的基本概念及其简单性质。如引进了可除性法则；阐述了以一个自然数为模的整数的同余概念及相应的运算；证明了整数的素因子唯一分解定理；指出了利用连分数代替欧几里得算法的可能性；讨论了欧拉函数 $\varphi(m)$（即小于 m 且与 m 互素的整数的个数）；用同余式术语证明了费马小定理；给出了包含威尔逊定理在内的一些结果等。第 4 至 6 节“二次同余式”、“二次型和二次不定方程”、“前面讨论结果的各种应用”是全书的中心。高斯首次证明了二次互反律；给出了二次型的基本性质、二次型的变换及等价概念，将二次型理论系统化并加以发展；证明了有关二次型的复合的重要定理；讨论了用二次型表示数的问题。应用部分涉及分数、循环小数和解同余方程等，如应用于求不定方程 $ax^2+by^2=m$ 的整数解。第 7 节“分圆方程”探讨将圆周等分以确定正多边形的尺规作图问题，将前几节的结果应用于二项同余方程 $x^n\equiv 1(\mathrm{mod}\ p)$，借助于这个同余方程与二项方程 $x^n=1$ 的联系，得到了可尺规作图的正 n 边形的一个充要条件：$n=2^l p_1 p_2\cdots p_i$，其中 p_i 是形如 $2^{2^m}+1$ 的不同素数，l 为任意正整数或零。但高斯只证明了这个条件的充分性，其必要性直到 1837 年才由法国数学家汪泽尔给出证明。

《算术研究》用拉丁文写成，加之内容深奥，异常难读。1863 年德国数学家狄利克雷在自己的《数论讲义》中对之做了明晰的阐释，才使高斯的思想得到广泛传播。

2号小行星“智神星”。两个世纪来，随着观测方法的不断进步，新发现的小行星越来越多，到20世纪末为数已以十万计。它们大多位于火星和木星的轨道之间，构成一个小行星带。2006年，当初的第一颗小行星“谷神星”被重新分类为矮行星。

小行星三例 (1)第243号小行星艾达长60千米，是首先被发现拥有一颗卫星的小行星；(2)第951号小行星加斯普拉直径18千米，富含与地球上类似的硅酸盐岩石；(3)第4号小行星灶神星是最大的小行星之一，直径500千米，其南极有一个巨大的撞击坑。

1801 年
皮亚齐发现第一颗小行星

1781年发现的天王星与太阳的距离同按提丢斯—波得定则推算的非常接近，这促使一些天文学家决心对位于火星轨道和木星轨道间的那颗“缺失的行星”进行系统的搜索。但正在此时，它却被意外地发现了。1801年1月1日晚，意大利天文学家皮亚齐在进行常规观测时，偶然发现一颗星表中未载的8等星。继而又发现它在群星间不断移动，遂对其跟踪观测至2月中旬，并发表了观测结果。此后，该星因在天空中过于靠近太阳而无法继续观测。后来它就失踪了。德国数学家高斯用自己刚创立的根据3次观测确定天体运动轨道的方法，计算出这颗星的轨道，并对其位置作出预告，致使该星重又被找到。它是太阳系中原先未知的一种新天体——“小行星”，被命名为“谷神星”，后又编号为1号小行星。谷神星的直径约1000千米，比原先所知的那些行星小很多。它与太阳的平均距离为2.77天文单位，同提丢斯—波得定则预言的2.8天文单位很接近。1802年，德国天文学家奥伯斯发现了

1801 年
皮内尔改革精神病治疗方法

1801年，法国医生皮内尔在塞普利泰医院开展了著名的精神病院改革。皮内尔认为，道德治疗是综合的人性化治疗方法，可使95%的精神病患者恢复生活能力，找回自由而独立的人格。他主张对精神病病人进行严格的观察、分析，研究他们的行为及活动状况，强调给他们以尊重和自由。皮内尔对解放精神病人作过许多努力，并曾以自身的生命和自由做赌注，在他的监督之下解除了精神病人身上的枷锁。他在著作《精神病治疗哲学》中阐明了治疗精神疾病的观点。

1802 年
蒙蒂克拉与拉朗德《数学史》出版

法国数学史家蒙蒂克拉出生于法国里昂的一个商人家庭，早年在里昂的耶稣会学校学习，兴趣极其广泛。1745年他去图卢兹

学习法学。后去巴黎,结识了一批包括达朗贝尔在内的顶级数学家,从而决定把自己的兴趣集中在数学史的研究上。1754 年出版《化圆为方问题的研究历史》,这使他当选柏林科学院通讯院士。1758 年蒙蒂克拉的两卷本《数学史》出版。其中第 1 卷从古代讲到 1600 年,第 2 卷专讲 17 世纪。他原打算写第 3 卷,写到 18 世纪中叶,但要把近期发生的事情写成历史文本是很难的,只好暂时放弃。从 1761 年起,他开始在政府任职。

1789 年爆发的法国大革命使蒙蒂克拉失去了财产,也失去了职业。他的朋友们劝他出新版的《数学史》。1799 年 8 月,他在贫困状态中全面修订的两卷本《数学史》第 2 版在巴黎出版。他想在第 3 卷中把覆盖面扩展到 18 世纪末。但就在第 3 卷有一部分已经付印的时候,他却在 1799 年 12 月去世了。他的好友、法国天文学家拉朗德接过这项工作,经过 3 年的努力,终于在 1802 年出版了四卷本的《数学史》。其中第 3 卷讲 18 世纪的纯粹数学、光学和力学,第 4 卷讲 18 世纪的天文学、数学地理学和航海学。拉朗德本人在第 4 卷中对天文学的内容做了许多补充。

蒙蒂克拉和拉朗德的《数学史》是第一部全面的数学史专著。书中将数学分成由“纯粹的抽象的东西”组成的部分和“更通常地叫做物理—数学的那些东西”的“混合物”,即能用数学方法研究处理的领域,如力学、光学、天文学、音乐等。它在 100 多年中一直被奉为数学史的经典,至今也仍有重要的参考价值。

蒙蒂克拉

拉朗德 油画,法国 18 世纪画家弗拉戈纳尔作,藏于法国巴黎小皇宫博物馆。

1802 年
盖–吕萨克定律提出

1802 年,法国物理学家盖–吕萨克通过实验发现,一定量气体的体积不变时,其压力和温度成线性关系,当温度每升高(或降低)1℃时,其压力也随之增加(或减少)其 0℃时压力的 1/273。这就是盖–吕萨克定律。

在盖–吕萨克之前,法国物理学家阿蒙顿在实验测量中曾发现,气体的温度与气压成正比,并预言气体的温度有一最低值。盖–吕萨克根据实验结果认为这个最低温度应为 −273℃。这一温度现在称为“绝对零度”,它的值相当于−273.15℃。绝对零度是热力学温标的原点,所以这个温度也可记为 0 开,这也是热力学理论所断言的自然界中可能存在的最低的极限温度。绝对零度不可能达到,但可设法尽量接近。

1834 年,法国物理学家克拉珀龙把玻意耳定律、查理定律和盖–吕萨克定律合在一起,得到了理想气体定律:任何气体的压强和体积的乘积与温度之比为一常数。再加上阿伏伽德罗定律(在相同体积中,任何气体都有相同的分子数)就可得到理想气体状态方程。

1802 年
亨利定律提出

1802 年，英国化学家威廉·亨利向英国皇家学会递交了一篇实验报告，描述了他对一系列气体所做的溶解度测定实验，实验结论是：在一定温度下，气体被液体吸收的量与压力成正比。这就是著名的亨利定律。

亨利的实验报告由两部分组成。第一部分是在常压和恒定温度下，一氧化氮、氧气、磷化氢、硫化氢和氢气等气体在水中溶解的情况，气体的溶解量通过注入的气体量和经水吸收后剩下的气体量的差值来确定。第二部分描述了压强与气体溶解度的关系。在亨利之前，还没有人报道过溶液浓度与液面上溶质蒸气压大小的关系。亨利做了 50 多个实验，得出这样的结论：“在温度相同的情况下，增加一个、两个或更多个大气压，被水吸收的气体量等于在常压下水吸收的气体量的两倍、三倍……”他在实验报告中写道：“通过反复检验，尽管我也得到了与以上所阐明的普遍原理不同的结果，但我意识到，这可能是我的实验误差所致，但这些瑕疵不会影响实验的最终结论，我所得出的这一定律是足够准确的。”今天我们知道，当溶液很稀，且溶质在气相中和液相中的分子状态相同时，通过亨利定律得到的计算值与实验值具有很好的一致性。

整个 19 世纪，研究者们用许多不同的溶剂和溶质对亨利定律进行了验证，试图证明或反驳亨利定律。直到 19 世纪后期，该定律才得到普遍承认。亨利定律是物理化学的基本定律之一，至今仍在继续使用。虽然现在有使计算结果更符合实际的理论和计算方法，但其基础理论在本质上并没有改变。

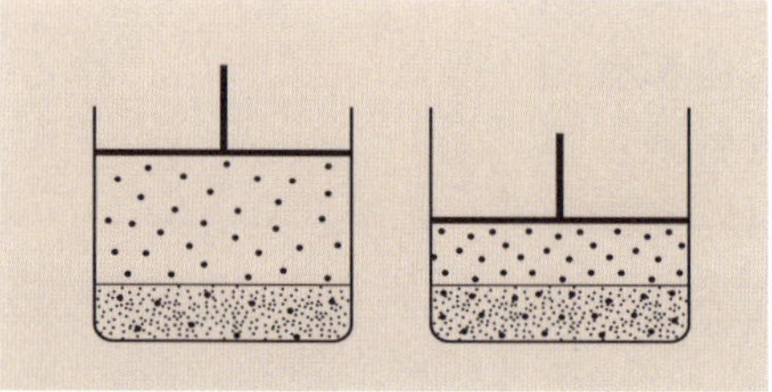

亨利定律示意图

1803 年
道尔顿提出原子论

1803年，英国化学家、物理学家道尔顿首次提出了近代科学意义上的原子论：一切元素都是由微小的、具有相同原子量的不可分割的原子构成。

道尔顿的科学生涯始于气象观测。在长期记录气象数据的过程中，道尔顿思考了大气的组成成分，进而想到各种成分混合的原因和性质，发现了著名的道尔顿分压定律。此定律使道尔顿认识到物质具有微粒结构，并把这种微粒称为原子。道尔顿还认为，在一切化学变化中原子不可再分；不同元素化

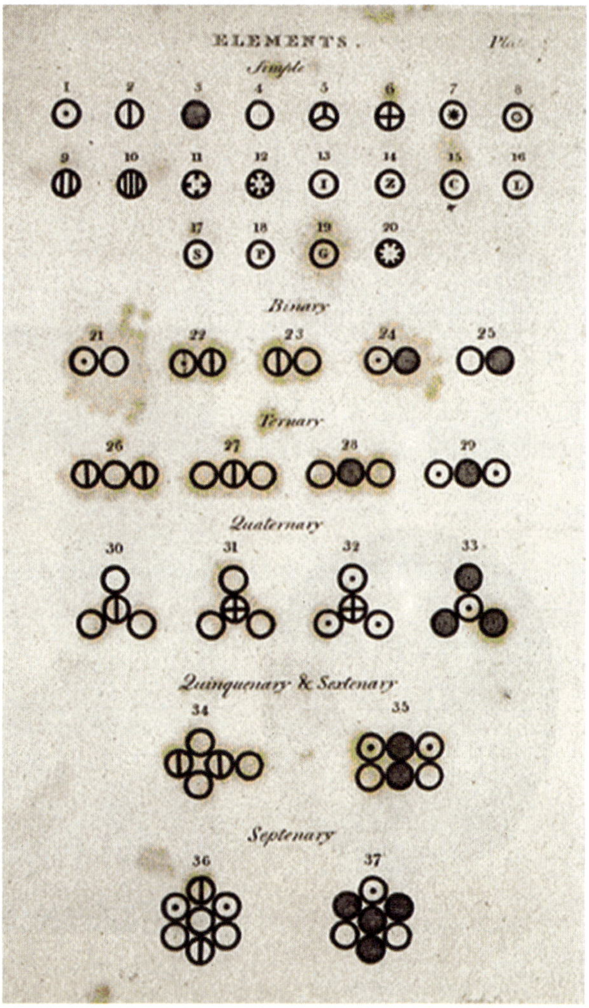

道尔顿著作中对分子和原子的描述

合时，它们的原子按简单的整数比结合成化合物，化合物分解所得的原子与化合物中同种原子的性质相同。他还指出，原子的相对质量是可以测量的。因为当时并不知道原子与分子的区别，道尔顿在晚年拒绝使用别人倡导的分子式，只使用"最简单原则"进行排列组合，并猜测一些组合规则来解释原子量。因此，他得到的原子量与现在的有很大的差别。道尔顿提出的原子论尽管被后人发现存在许多错误，但他对原子的描述及原子量的计算却具有深远意义。

1803 年
道尔顿提出倍比定律

化合物的组成是连续的还是有固定比例的？这个问题困扰了化学界很久。能否正确回答这个问题，直接关系到原子论能否确立。当时，法国化学家贝托莱认为化合物的组成是连续可变的。而英国化学家道尔顿在思考原子学说时，通过对一氧化碳、二氧化碳、甲烷和乙烯的组成进行分析，提出了倍比定律，并于 1803 年在曼彻斯特发表了该定律：如果 A、B 两种元素能够相互化合形成几种不同的化合物，将 A 的质量固定，则在这些化合物中 B 元素的质量互成简单的整数比。例如，碳和氧可以生成一氧化碳和二氧化碳两种化合物，在一氧化碳中，碳与氧的质量比为 3:4，在二氧化碳中，碳与氧的质量比为 3:8。由此可见，在这两种碳的氧化物中，与等量碳化合的氧的质量比为 1:2，是一个简单的整数比。倍比定律揭示了化合物中不同元素间的简单数量关系，为科学原子论的建立打下了第一块重要的基石。

道尔顿用作原子模型的木球

1803 年
霍华德对云进行分类

当空气中的水汽达到过饱和状态，水分子会聚集在空气中的微尘（凝结核）上，由此形成的水滴或冰晶，会将阳光散射到各个方向，从而产生了云的外观。云的外形特征与其生成过程有关，各种各样的云反映了不同的大气状况。

科学上云的分类最早是由法国博物学家拉马克于 1802 年提出的。1803 年，英国气象学家霍华德将云分为 3 种基本类型——积云、层云和卷云，同时提出了一系列关于这三种云的交叉和复合的云类，如卷层云和层积云。霍华德还强调大气具有突变性，意识到了云对气象的重要性，指出各种云对应了各种大气状态，因此可以通过对云的观测识别来预测大气状态的变化。霍华德对云的分类，标志着描述气象学的问世。

现在通用的国际云图是由国际气象组织于 1956 年公布的，它是以霍华德对云的分类为基础发展起来的。它按高度将云划分为高云、中云、低云和直展云 4 族，在此基础上再按形状、组成和形成原因把云分

不同类型的云

道 尔 顿

道尔顿1766年9月6日出生于英国西北部坎伯兰的一个贫困乡村。他父亲是一个纺织工人，母亲出身于自由民家庭，有刚毅的性格。道尔顿在自学道路上的坚强毅力，可能就来自母亲的影响。他在童年没有条件读书，只勉强接受了一点初等教育，十岁就去给人当仆役。他的主人有科学方面的造诣，教他数学，并允许他阅读家中的书籍，道尔顿在此期间增长了很多知识。

1781年，道尔顿成为一名中学教师。在工作之余，他一边系统地自学科学知识，一边进行气象观察。四年后，他成为那所中学的校长，教学之余研究语言和数学。经人推荐，他于1793年被任命为曼彻斯特的新学院的数学和自然哲学教授。在那里，他出版了第一本科学著作——《气象观察与研究》。翌年，他在罗伯特·欧文的推荐下成为曼彻斯特文学哲学会会员。

1799年，道尔顿辞去新学院的教职，成为私人教师。他当时对气体和气体混合物的研究着了迷，认为压强是气体的重要特性。他找来两种很容易分离的气体，分别测量混合气体和各部分气体的压力，发现装在容积一定的容器中的某种气体压力是不变的，引入第二种气体后压力增加，但总压等于两种气体的分压之和。于是道尔顿归纳得出结论：混合气体的总压等于各组成气体的分压之和。这就是道尔顿气体分压定律。为了解释这个现象，道尔顿把元素学说和物质微粒的思想结合起来，从微观角度对气体进行了研究，此时他的数学功底发挥了作用。

他假定气体都由小球般的原子组成，不同的原子组成不同的气体。在同一体积内，物质质点增加，压强就增强。他又进一步思考化合物的问题，假定元素都由原子组成，组成物质的原子的个数和品种不会发生变化，那么质量守恒定律便能成立了。他进一步假定，凡由两种元素组成的化合物，最小微粒都是由两个原子组成的，这样他就很容易得出不同元素的原子质量之比。

1803年9月6日，道尔顿在笔记中写下了原子论的要点。他把最轻的元素氢定为基本单位，大大简化了原子质量的测量。道尔顿利用这种简约的方法计算出了氧、氮、硫、碳的相对原子质量，并用圆形符号来表示这些元素的原子及其化合物的粒子。由于化合物的化学式是由组成元素的符号组成的，从而能表示分子中存在有多少原子。

1803年10月21日，道尔顿在曼彻斯特哲学会上宣布了他的原子论，会上还宣读了《第一张关于物体的最小质点的相对质量表》。道尔顿的理论引起了科学界的广泛重视，因为以往的原子概念都只是哲学上的推测，而道尔顿的原子则是化学实验的客观实在。它使化学从宏观研究迈向了微观。

道尔顿的原子论抓住了化学的核心和最本质的问题——原子的化合和化分，揭示了一切化学现象的本质都是原子运动，对化学真正成为一门学科具有重要意义。它是继拉瓦锡的氧化学说之后化学上的又一次重大进步，化学的新时代由此肇始。1808年，道尔顿的主要著作《化学哲学的新体系》正式出版。书中详细记载了他关于原子论的主要实验和主要理论。至此，道尔顿的原子论正式问世，道尔顿也因此成为近代化学的奠基人。

原子论使道尔顿名震英国乃至整个欧洲，各种荣誉纷至沓来，道尔顿逐渐变得骄傲、保守，最终走向了思想僵化。法国化学家盖-吕萨克在原子论的影响下发现了气体反应的体积定律，却遭到道尔顿的反对。意大利物理学家阿伏伽德罗建立了分子论，也遭到了道尔顿无情的反驳。瑞典化学家贝采里乌斯创立了用字母表示元素的新方法，而道尔顿直到1844年7月27日去世都是这种新元素符号的反对派。

成 10 属，分别为卷云、卷积云、卷层云、高积云、高层云、层积云、雨层云、层云、积云和积雨云。

1837 年，霍华德撰写了历史上第一本气象学教材《气象学七讲》，对大气的组成和特征、温度、风、湿度和气压的变化，以及大气中的雷电现象等进行了探讨。

1804 年
索叙尔阐述光合作用的过程

如同动物进食一样，绿色植物在可见光的照射下，可以将二氧化碳当作“食物”，再“喝”点水，就可以制造出有机物同时释放氧气，这个过程就叫做光合作用。植物又是许多动物的食物，因此，光合作用是几乎所有生物赖以生存的基础。人们对于光合作用的认识则经历了漫长的过程。

早在 1774 年，著名英国化学家普里斯特利在研究空气成分时发现，放在密闭容器中的小鼠会很快死去，但同时放入绿色植物小鼠就可以长时间存活。他据此提出植物可以优化空气的观点。1779 年，荷兰生物学家英根豪斯指出，绿色植物在光照条件下才能改善空气，在黑暗中则造成空气恶化。1782 年，瑞士牧师塞尼比耶证实，绿色植物在光照下释放出氧气。他还发现，绿叶在煮沸过的水中无法放出氧气，但在水中通入二氧化碳之后则可以放出氧气。他因此认为，只有在二氧化碳存在的条件下植物才可以生成

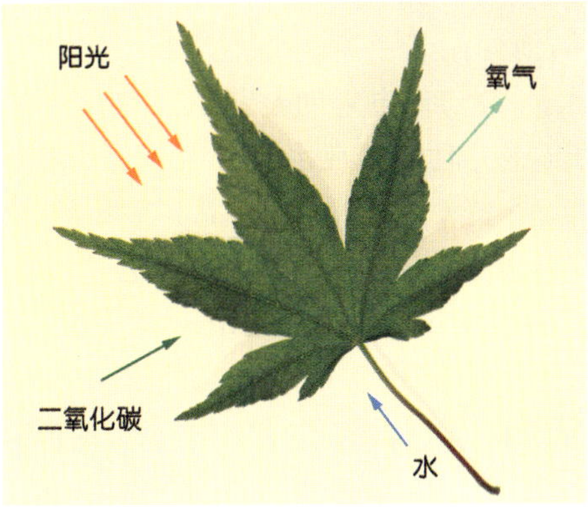

索叙尔阐述的光合作用过程

氧气。1804 年，瑞士化学家索叙尔发表《对植物的化学分析》，首次详细阐述了光合作用的过程。他通过精密的定量实验，发现在光照条件下，植物叶片干重增加的量大约是叶片摄取的碳量的 2 倍，因此断言，植物在光照时同化水和二氧化碳，释放氧气，并且释放的氧气体积与吸收的二氧化碳体积大致相等。至此，光合作用的过程还只是刚刚揭开神秘的面纱，其化学本质仍然模糊不清，甚至“光合作用”这个词也在多年之后才会出现。直到 1939 年，美国发明家塞缪尔·鲁宾和物理学家卡门利用同位素示踪技术证明了光合作用产生的氧气主要来自于水，光合作用的本质才真相大白。

植物光合作用的总量有多大呢？据估计，地球上的绿色植物每年能利用二氧化碳中的 1500 亿吨碳和水中的 250 亿吨氢，并释放出 4000 亿吨氧。其中 10%由陆地绿色植物完成，90%则由海洋植物完成。

1805 年
泽蒂尔纳分离出吗啡

1805 年，德国化学家泽蒂尔纳在帕德博恩做药剂师的学徒时，成功地从鸦片中分离出吗啡。鸦片是从罂粟的种子中获取的，具有麻醉作用，自史前起就被用于医疗。1527 年，著名医学家帕拉塞尔苏斯研制出鸦片酊，成为当时非常流行的一种药物。18 世纪后期，随着化学的发展，许多化学家开始尝试分离植物的有效成分。1806 年，泽蒂尔纳在《物理学年刊》上发表了他成功地从鸦片中分离出这种物质的报告，并将其命名为“吗啡”(morphium)，源自古希腊的睡梦之神 Morpheus。

当时，一些化学家不相信泽蒂尔纳分离出吗啡，于是泽蒂尔纳进行公开实验，证明确实分离出了吗啡。在随后几年中，他又进一步研究了吗啡的各种作用。直至 1815 年，吗啡才开始被广泛使用。

1806 年
贝采里乌斯引入“有机化学”概念

19 世纪初，瑞典化学家贝采里乌斯试图冲破无机物和有机物的界限，花费整整 15 年的时间，努力用无机物来合成有机物，结果失败了。于是，他认为有机物只能在生物的细胞中受一种特殊的力量——活力——的作用才会产生，人工合成是不可能的。这种“活力论”一度牢固地统治着有机化学界，阻碍了有机化学的发展。当时化学家们发现，有机化合物不太稳定，加热后即行分解，这跟矿物与动植物的区别相似，因此，他们把有机物与无机物截然分开。1806 年，贝采里乌斯首先引入“有机化学”的概念，以区别于矿物质化学——无机化学。

1828 年，德国化学家维勒发现无机物氰酸铵很容易转变成尿素，他把这个重要的发现告诉了贝采里乌斯：“我制造出尿素并不求助于肾或动物——无论是人还是犬。”因为当时氰酸铵尚未能从无机物制备，所以这一重要的发现未被贝采里乌斯和其他化学家承认，维勒本人也持怀疑态度。直到 1845 年法国有机化学家柯尔柏合成了醋酸，1854 年法国化学家、科学史学家贝特洛合成了油脂等，活力论才被彻底否定。从此，有机化学进入了合成时代。

傅里叶

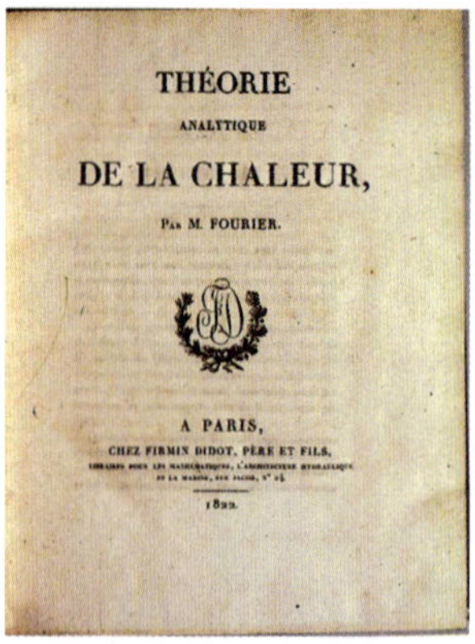

《热的解析理论》1822 年初版首页

1807 年
傅里叶级数提出

法国数学家、物理学家傅里叶出生于法国约讷省欧塞尔，父亲是一名裁缝。傅里叶 9 岁丧母，10 岁丧父，被家乡的一位主教收养。他自幼聪颖好学，1780 年进欧塞尔皇家军事学院读书，热爱数学。1794 年傅里叶进巴黎师范学校就读，1795 年到巴黎综合工科学校执教，1798 年又随拿破仑远征埃及，1801 年回国，被任命为伊泽尔省的行政长官。在伊泽尔省任职期间，傅里叶利用业余时间进行学术研究，在数学和物理上作出了杰出的贡献。

1807年，傅里叶向法国科学院提交论文《热的传播》，提出了热传导方程 $\frac{\partial^2 v}{\partial x^2}+\frac{\partial^2 v}{\partial y^2}+\frac{\partial^2 v}{\partial z^2}=k\frac{\partial v}{\partial t}$，解决了较特殊的热传导问题。其中涉及将任意函数展开成三角函数的无穷级数（后称傅里叶级数）以及展开式中系数的构成法则，这些正是现今傅里叶级数理论的基本概念。但他没有讨论这种级数的收敛性问题。论文评审人中的拉普拉斯、蒙日和拉克鲁瓦表示接受傅里叶的论文，但拉格朗日强烈反对，因此论文未能发表。法国科学院 1810 年为热传导问题设立奖金，傅里叶上述论文的修改稿于 1812 年获得此奖，其中给出了傅里叶积分及相关的定理。

此后傅里叶继续对热传导进行研究，1822 年出版了《热的解析理论》一书，系统地运用傅里叶级数和傅里叶积分，处理各种边界条件下的热传导问题，是物理学中分析学应用的最早典型例证之一。傅里叶因此成为 19 世纪法国分析学派的重要代表。

1807 年
戴维提取钾和钠等金属

1807 年，英国化学家戴维利用伏打电堆（电池）提取了钾和钠等金属。水被电解成功之后，戴维就萌发了建立“电化学假说”的想法。他认为，当电池的电力大于化合物中组分的亲和力时，化合物就会被分解。基于该假说，他开始着手离析那些隐藏在化合物中的元素。最初他电解的是苛性钾和苛性钠的饱和溶液，但是发现水被分解了，而碱仍然是碱。多次失败后，他终于意识到水会妨碍碱的分解。于是难题迎刃而解，他直接电解熔融苛性钾并见到了有趣的一幕：银白色的金属小珠在阴极上出现，立即燃烧并爆炸。这就是金属钾。不久，戴维用同样的方法得到了钠、钙、锶、钡和镁等金属。戴维利用伏打电池将这么多活泼金属“一网打尽”，堪

贝采里乌斯

1779年8月20日，贝采里乌斯出生在瑞典南部东约特兰省一个景色宜人的小镇。贝采里乌斯的双亲都是农民，4岁时父亲去世，母亲带着他和妹妹改嫁一位神职教师。5年后他母亲又去世了，所幸继父心地善良，待他们如自己的亲生孩子，给予教育和关心。

贝采里乌斯的继父并不富有，但他尽力筹措了相当大一笔钱，为7个孩子请了一位博学的家庭教师。他常带孩子们去郊游，去观察和体会大自然的无穷魅力。贝采里乌斯对大自然的兴趣与日俱增，这种兴趣造就了他以后对科学的热情和执着。

中学时期的贝采里乌斯对自然科学表现出极大的兴趣。他在一位刚从西印度群岛做学术旅行回来的博物学教师的指导下，对林彻平地区的动植物进行了较为系统的研究。1796年他中学毕业，进入乌普萨拉大学医学系学习。

1799年，他开始研究化学，最初的动机只是为了不使自己的化学成绩落在全班之尾。他开始研读德国教科书《反燃素化学基础原理》，此书使他对化学的兴趣变得越来越浓。贝采里乌斯在他的一本回忆录中写道："有一次，我正忙着制取硝酸，突然发现放出了一种气体。为了弄清这是什么气体，我就把它收集在玻璃瓶里。我认为这种气体就是拉瓦锡所说的氧，当我把一根火苗刚熄灭的小木条放入玻璃瓶中时，瓶内立刻燃起了一团明亮的火焰。这时，我体验到了一种从未有过的喜悦。"

1802年5月，贝采里乌斯以他对矿泉水的出色研究获得医学博士学位。同年，瑞典皇家医学会聘任刚满23岁的贝采里乌斯为斯德哥尔摩医学院讲师。从此，他一边教学一边积极投入到科研活动之中。

贝采里乌斯同他人合作，进行矿物分析，用电流分解物质，将化学亲和力与电的吸引力相关联，最后发展成为系统的电化二元学说，并于1814年公布。他把各元素按所带电荷的正负性大小加以排列，将全部化学反应都归结为原子所带电荷的相互作用。这种理论能够较好地解释酸、碱、盐等化合物的反应。

贝采里乌斯花了近20年的时间，在极其简陋的实验室里测定了大约两千种化合物的化合量，并据此在1814—1826年的12年里连续发表了三张原子量表，所列元素多达49种，其中大部分元素的原子量已接近现代原子量数值。

贝采里乌斯对化学语言的贡献也是革命性的。他提出用元素拉丁文名称的第一个字母作为它的化学符号。这是一项重要的改革，这套化学符号系统简单明了，便于书写和印刷，用来表示化合物的组成及化学反应的方程式既科学又实用，使化学家能够清晰地记录实验现象，也使化学家们的交流更加便捷。

贝采里乌斯对有机化学也进行了许多研究，有机化学的名称就是他提出来的。他对有机物进行元素分析，确定其百分组成，分析了许多有机酸，测定了一些有机物的成分。他发现了同分异构现象，还提出了"催化作用"的概念。这些在当时有机化学迅速发展的过程中都起过一定的作用。

贝采里乌斯不仅是一位优秀的实验科学家，而且善于从各种实验事实中总结规律，提出新见解。他在科学著述方面成就同样伟大。研究生涯开始后，他一直都在从事撰写出版论文、教科书以及期刊的工作。1806年，贝采里乌斯编写了生理化学教科书。1808年，他出版了《化学教科书》，这部教科书影响了许多国家的几代化学家。从1821年开始，他着手组织出版《物理、化学进展年报》，该年报是19世纪上半叶化学、物理学和矿物学方面最具权威性的文摘性刊物。

1843年，贝采里乌斯进行了自己最后一次大规模的实验研究，研究磷与硫酸和硒的化合物。实验中发生了事故，贝采里乌斯中了硒化氢毒，一度丧失嗅觉和味觉，从此只得放弃实验，把精力投到年报出版和《化学教科书》修订上。

1845年，贝采里乌斯因健康状况恶化卧床不起，于1848年8月7日去世。应他生前的要求，他被葬在斯德哥尔摩近郊的一处平民公墓里。贝采里乌斯为化学的多个领域作出了巨大贡献，被尊为现代化学的奠基者。

称无机化学史上的“经典战役”。

1808—1827 年
道尔顿《化学哲学新体系》出版

1808 年，英国化学家道尔顿出版了他的代表作《化学哲学新体系》。该书是近代化学史上的一部经典学术专著，它的出版标志着科学原子理论体系的建立。全书分为两卷，第 2 卷的第二部分拟包含较为复杂的化合物，诸如盐类、酸类、植物领域里的其他化合物等，但由于道尔顿认为收集到的数据和资料还不足以可信地阐述这些内容，治学严谨的他放弃了这个计划。

该书第 1 卷的第一部分于 1808 年问世，着重论述物体的构造，阐明了科学原子论观点及其由来，包含了“论热和热质”、“论物体的构造”和“论化学结合”等 3 章。第 1 卷的第二部分出版于 1810 年，包含了“论基本元素”和“二元素的化合物”2 章。他结合丰富的化学实验事实，运用他提出的原子理论阐述化学元素中的一些基本元素（氧、氢、氮、碳、硫、磷和一些金属元素）的性质；阐述二元素化合物（氧和氢分别与氮、碳、硫和磷，以及它们之间互相组成的化合物）的性质。第 2 卷第一部分则是在 1827 年出版的，重点论述金属的氧化物、硫化物、磷化物以及合金等物质的性质的规律性，对原子论思想作了进一步阐述。在系统论述以上内容的过程中，道尔顿除介绍自己的实验和理论成果外，还引证同时代许多化学家的大量实验资料，进行分析比较，并对他们的见解作出评述，这对人们了解当时化学进展的状况以及化学家的科学研究方法的特点及其演变，都有重要的参考价值。

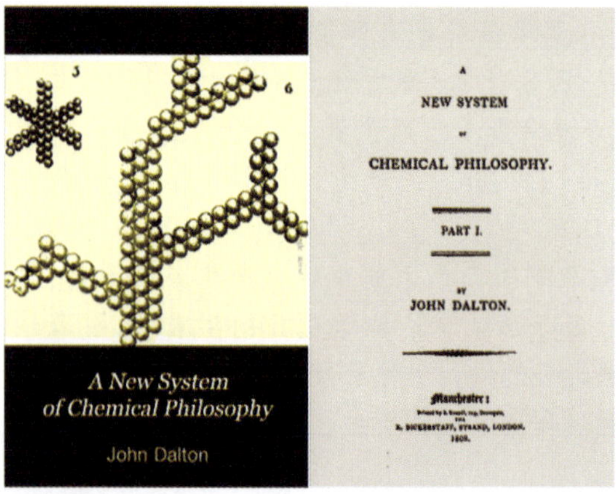

《化学哲学新体系》封面和内封

《化学哲学新体系》包含了道尔顿的原子论思想和他的主要成果。他赋予不同元素的原子以固定的且各不相同的重量，使古希腊哲学家的抽象原子概念成为现实的、有用的假说。恩格斯对道尔顿的化学成就给予高度评价，他写道：“化学的新时代是随着原子论开始的。”

1809 年
盖-吕萨克发现气体反应体积简比定律

法国化学家盖-吕萨克于 1809 年发现了气体反应化合简比定律：同温同压下，气体在相互化合时，参加反应的各种气体的体积互成简单的整数比。例如，一氧化碳和氧气反应生成二氧化碳，三者之间的体积比为 2:1:2。

盖-吕萨克认为，是原子的整数比造成了气体体积的整数比，因而支持道尔顿的原子论。令人匪夷所思的是，气体反应体积简比定律却遭到道尔顿本人的坚决反对。道尔顿认为原子是绝然不可分割的，因此，不可能把一个氧原子劈成两半，分别分配到两个“二氧化碳原子”中去。虽然气体反应体积简比定律已经经过反复验证，但道尔顿仍持怀疑态度。简单的定律看来并不那么简单。确实如此，这一矛盾直接导致阿伏伽德罗提出了“不简单”的分子学说。

1809 年
拉马克《动物哲学》出版

地球上为何有如此繁多的动植物种类？造成它们之间千差万别的原因又是什么？随着人类对自然的认识不断深入，各类学科知识不断积累，人们越来越不满足于“上帝创造一切”的宗教解释。19 世纪初，法国博物学家拉马克在继承前人思想的基础上，提出了物种不断发展进化的学说，认为物种是由低级向高级进化来的，环境变化则是造成物种变化的原因。

拉马克对动植物进行了长期而系统的研究。1778 年，他著成《法国植物志》，并于次年成为法国科学院院士。1801 年，他出版了《无脊椎动物系统》一书，第一次将动物分为脊椎动物和无脊椎动物，"无脊椎动物"一词就是由他发明的。此后，拉马克又发表了多篇古生物学论文，被公认为古无脊椎动物学的创立者。1809 年，拉马克最重要的著作《动物哲学》出版，第一次将脊椎动物分为鱼类、爬行类、鸟类和哺乳类 4 个纲，并将这个次序视为动物由简单到复杂的进化顺序。这本书首次系统地阐述了进化的观点：一是用进废退，二是获得性遗传。前者是指在特定的环境下，生物体某些器官由于经常使用而变得发达，另一些器官由于不经常使用而逐渐退化；后者则是指这种后天得来的性状能通过遗传传递给下一代。拉马克认为正是变化的逐渐积累最终导致了新物种的产生。

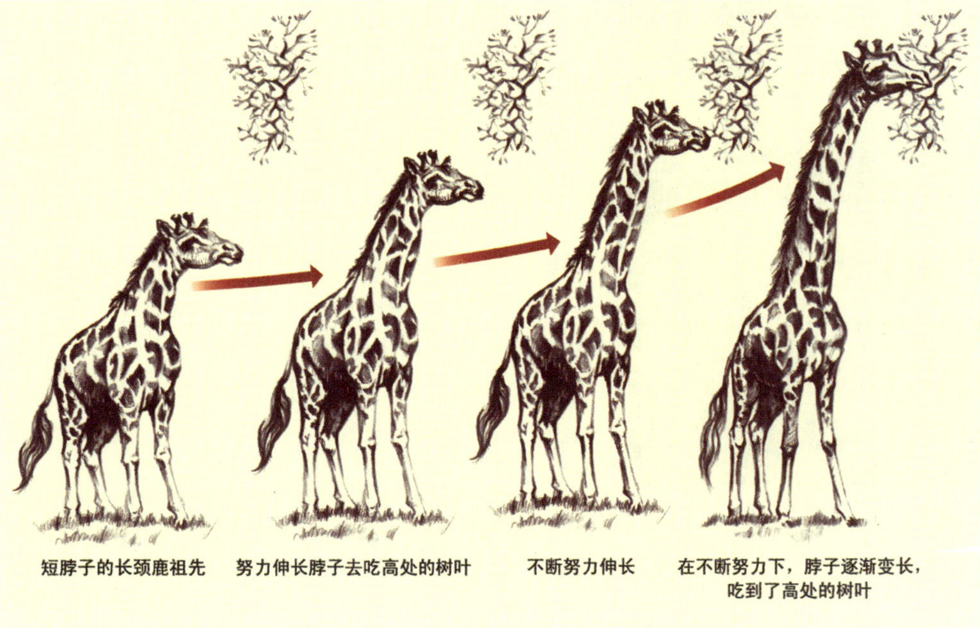

拉马克的进化学说应用于长颈鹿

随着《物种起源》的发表及达尔文进化论的发展，拉马克的理论逐渐被人们所摒弃。但不可否认的是，拉马克首次提出了生物的进化学说，反对当时流传已久的物种不变论和物种突变说，为达尔文进化论的提出奠定了基础。1908 年，巴黎植物园向各界募捐，为拉马克建立了一块纪念碑，以纪念这位伟大的进化论学者，以及他的著作《动物哲学》出版 100 周年。

1809—1812 年
泰尔《合理农业原理》刊行

1809—1812 年刊行的《合理农业原理》是近代农学理论的开创性著作之一，涉及农业经营和农业各学科，其作者是近代农学的奠基人、德国的泰尔。书中认为，农业科学应该建立在经验的基础上，而获得经验的手段，除了观察还有实验。实验是为了回答自然提出的疑问，如果实验合理就能作出正确的回答。书中强调合理的农业不仅在方法上要采用实验手段，在内容上也要吸收自然科学和社会科学两个方面的积极成果。作者认为合理农业的具体形式就是已经在英国盛行的四圃轮栽式农业。因为它不仅符合科学原理，而且收益也是最大的，所以在德国当时的农业变革过程中，就应该以之取代三圃制农业。书中说明农学应该借助于自然科学和社会科学两大学科体系，还具体指出作为农业的辅助学科（即基础学科）有物理学、化学、植物生理学、植物学及动物学、数学，特别是应用数学也是十分重要的。

1810 年
热尔岗创办《纯粹与应用数学年刊》

法国数学家热尔岗生于法国的南锡，父亲是一位建筑师，同时是一位画家。热尔岗早年在南锡学院学习，后积极投身法国大革

热尔岗

命活动，先后参加国民自卫军和反普鲁士志愿军，历经南征北战。1795 年，热尔岗随军队来到法国南部城市尼姆，被安排在刚成立的中央学校任数学教授。到这时，他才开始安心研究数学。1816 年在蒙彼利埃大学任天文学教授，1830 年任校长。

热尔岗是射影几何学解析方向的开拓者之一。他通过解析途径独立发现对偶原理，并首创“对偶”一词，于 1825 年至 1826 年间开始以平行的两栏形式发表一系列对偶的定理。

在数学史上，热尔岗的名字常同他 1810 年创办的杂志《纯粹与应用数学年刊》联系在一起，这是世界上最早的数学专业期刊，常被称为“热尔岗年刊”。这本杂志从创刊到 1831 年停刊的 21 卷中，共发表了包括数学哲学在内的数学各领域的论文和通信共 948 篇，提出并解决了九点共圆定理等许多有价值的问题。在它的影响下，19 世纪陆续出现了数十种数学专业期刊，改变了 18 世纪数学成果靠数学家之间的个人交流才得以传播的状况。

1811 年
阿伏伽德罗提出分子学说

1811 年，当英国化学家道尔顿和法国化学家盖-吕萨克因原子论和气体反应体积简比定律争论得不可开交时，意大利化学家阿伏伽德罗发现了矛盾的焦点，对盖-吕萨克的假说进行了修正，提出了阿伏伽德罗定律：“在同温同压下，相同体积的不同气体具有相同数目的分子。”他明确提出了分子的概念，认为分子是能够独立存在的最小粒子，原子是参加化学反应的最小粒子。

阿伏伽德罗在他的论文中声明自己的观点来源于盖-吕萨克的气体实验事实，与道尔顿体系具有一致性。但分子学说当时并不为人接受，原因之一是它假设气体单质分子均为双原子分子，不具有普遍性。另外，当时取得辉煌电解实验成就的瑞典化学家贝采里乌斯提出了原子都带电、靠异性电荷的吸引而形成化合物的电化二元论，完美解释了电解现象，认为同种原子必然带有同种电荷，因此同种原子结合成分子是不可能的。

在原子论和分子学说提出后的五十余年里，尽管很多元素的原子量被准确测定，但仍有很多元素的原子量没有能够被准确测定，而且几个原子量体系共存，原子量、当量、化学式、分子式、分子量等基本概念搅成一团乱麻，造成了很大的混乱，甚至在 1860 年专门为此召开的国际化学大会上也没能形成统一的意见。在这关键时刻，意大利化学家坎尼扎罗撰写并散发了名为《化学哲学教程提要》的小册子，对有关工作作了客观公正的评述，对当时争论之点作了清晰的阐述，并在原子量测量和计算等方面进行了重要修正和拓展，终于使分子学说得到公认，且被认为是整个化学的基础理论和对科学发展具有特别重大意义的学说。此时，阿伏伽德罗已不在人间。为了纪念阿伏伽德罗的伟大功绩，1 摩尔物质所含的结构粒子数被命名为阿伏伽德罗常量。

1811 年
哈内曼推出顺势疗法

德国医生哈内曼是顺势疗法的发明者。哈内曼在翻译英国医学家卡仑的药物学著作时，对药物学发生了浓厚的兴趣。哈内曼认为药物既可治疗疾病，也可导致疾病，类似的疾病可以采用能引发类似症状的药物来治疗。1811 年，哈内曼提出了与传统方法相反的治疗方法，并将这种疗法称为同型疗法（homeotherapy），后来被人们称做顺势疗法。顺势疗法有两个要点：第一，治疗要用药性与病症相似的药物，例如，热性病症要用可引起发热的药物来治疗；第二，药效强度与药物浓度成反比，浓度越低药效越强。哈内曼提出：一般用药要经 30 倍的稀释。据说这些原则是哈内曼通过在自己身上实验得到的。19 世纪时，一些剧毒药物按照这样的原则稀释以后，虽不可能发挥任何作用，但药物的毒性已大大降低，同当时医生常用的治疗方法相比，危险性明显减小了。因此，顺势疗法显示出一定的好处，一经推出即受到病人的欢迎。

1811 年
贝尔《脑解剖学的新概念》出版

查尔斯·贝尔是一位多才多艺的研究者和作者。1811 年，他出版了《脑解剖学的新概念》，书中首次详细论述了神经系统和大脑。他描述了动物实验，并第一次区分出感觉神经和运动神经。此书被认为是临床神经学的开创性著作。

贝尔是最早将临床实践与神经解剖学结合进行科学研究的医生之一。1821 年，他在一篇提交给英国皇家学会的论文《论神经：关于神经结构与功能的实验报告，一个新系统的分类》中，描述了面神经及其疾病所导致单侧面部肌肉麻痹(瘫痪)，该论文后来成为神经学的经典。他还结合自己艺术、科学、文学和教学等多方面才能，制作了生动、精细的解剖蜡制标本；在他自己的解剖学和外科著作中，亲自绘制了精致的图谱，

查尔斯·贝尔

这类著作中最为有名的是《外科手术插图：环锯、疝气、截肢、动脉瘤和取石》。

1812 年
拉普拉斯《概率的分析理论》出版

拉普拉斯自 1774 年开始发表关于概率论的论文。1812 年，他出版《概率的分析理论》一书，总结了到那时为止概率论的研究成果。全书共 2 卷。第 1 卷“生成函数的计算”，主要阐述概率计算的数学方法，涉及无穷级数、微分方程等；第 2 卷“概率的一般理论”，主要讨论这些方法在概率论中的应用，提供了具体概率问题的解，探讨了概率论的应用领域，包括数理统计的一些内容。书中首次明确给出概率的经典定义，系统阐述了概率论的基本定理，建立了观测误差理论，并将概率论用于人口统计。书中大量运用拉普拉斯变换、生成函数等概念与方法，给出了后来称为“中心极限定理”的结果。

1814 年这本书出第 2 版，拉普拉斯以一篇题为“关于概率的哲学探讨”的论文为序言，重新阐释了概率的定义及发展历史，强调概率的应用，提出“概率论终将成为人类知识中最主要的组成部分，生活中那些最重要的问题绝大部分正是概率问题”。这本书后来增加了 4 个附录，分别是“关于概率在自然哲学中的应用”、“关于概率计算在测地活动中的应用”、“概率测地公式在巴黎子午线测量中的应用”和“生成函数的四点补充”。《概率的分析理论》集古典概率论之大成，为近代概率论的发展开辟了道路并提供了方法，是概率论历史上起承上启下作用的经典著作。

1812 年
居维叶提出灾变论

法国博物学家居维叶在研究巴黎盆地的白垩纪和新生代地层时，发现不同的堆积

有不同的化学性质、层理类型和化石种类。在 1811 年和 1812 年出版的两本关于化石的著作中，他这样写道："这些动物的死去和冰河对那里的袭击，是瞬时发生的事。这种变化是突然的、激烈的……由于未知的原因而发生的突然爆炸的作用使之（指生物）死亡，在下一个阶段，新的生物被创造出来。"居维叶根据各大地质时代与生物各发展阶段之间的"间断"现象，提出了灾变论，认为是自然界中存在全球性的大变革，造成了生物类群的大灭绝，而残存的部分经过发展和传播又形成以后各个阶段的生物类群。他的这一科学假设基本上与现代地质学、古生物学的研究结论相一致。

同一时期，英国地质学家威廉·史密斯绘制成了英格兰和威尔士的地质图，却从未想过生物灭绝和进化问题；德国地质学家亚伯拉罕·维尔纳，则还在讲授老掉牙的水成论。因此，居维叶关于地球演化的思想使法国的地质学在欧洲处于领先一步的地位，开创了地质学的一个英雄时代。

1813 年
有机物旋光性发现

只能在一个平面内振动的光叫平面偏振光。平面偏振光是 1808 年由法国物理学家马吕斯发现的。1813 年，法国物理学家毕奥发现有些石英石的结晶将偏振光按顺时针方向旋转（右旋），有些则将偏振光按逆时针方向旋转（左旋）。他还发现某些有机化合物（液体或溶液）也具有旋转偏光的作用，即具有旋光性。当时他提出，这可能是由分子结构本身存在着不对称性（现称为手性）造成的。1835 年，他发现根据偏振光的强度变化判断蔗糖水解程度的方法，从而创立了测偏振术。

左旋和右旋酒石酸钠铵晶体

1848 年，法国生物学家和化学家巴斯德在研究酒石酸钠铵的晶体时，发现酒石酸钠铵有两种不同的晶体。这两种晶体互呈物体和镜像的对映关系，好像左手和右手的关系一样，非常相似，但不能重叠。巴斯德将这两种晶体仔细分开并分别溶于水，测它们的旋光度，发现一种是右旋的，另一种是左旋的，且两者旋光度相等。巴斯德还注意到左旋和右旋酒石酸钠铵的晶体外形是不对称的。巴斯德从晶体的外形联想到分子内部的结构，认为酒石酸钠铵的分子结构一定也是不对称的。当时他明确提出，在左旋和右旋异构体分子中，原子在空间排列的方式是不对称的。巴斯德的这些观点，为对映异构现象的研究奠定了理论基础。

对映异构现象与人类关系密切。具有对映异构现象的分子称为手性分子，DNA、酶、抗体与激素等与生物体有关的化合物都是手性分子。两种手性分子可能具有明显不同的生物活性。绝大多数药物由手性分子构成，两种异构体中往往仅有一种是有效的，另一种无效甚至有害。

1813 年
德堪多提出对生物采用自然分类法

在沿用至今的物种命名法中，常能看到末尾有"Linn."或"DC."字样，前者表示该物种命名人是双名法的创始者林奈，而后者则表示该物种命名人是瑞士植物学家奥古斯丁·德堪多。

19 世纪之前的植物分类法出于实用，带有强烈的人为色彩。即使广为使用的林奈分类法也仅关注果实和花的形态，这就产生了将一些原本亲缘关系很远的植物归类在一起的谬误。德堪多是最早注意到这种缺陷的科学家之一，他在 1813 年发表的《植物学初级理论》中，首次提出植物分类应当遵从自然原则，主张把植物解剖学数据作为分类的唯一标准。德堪多的《植物界自然体系序论》于 1824 年得以出版，书中总结了他的分类观点，并对已知植物予以分类。可惜该书工程浩大，德堪多在有生之年只完成了 7 卷。德堪多之子继承父亲遗志将此书补至

17卷。虽然德堪多的植物分类法在现在看来仍存在一些不足，但它影响了当时及其后的一大批植物学家，并逐步取代了林奈的分类法。德堪多将双子叶植物分为 161 个科，其科名多数延用至今。

1813—1814 年
贝采里乌斯提出化学符号和化学式的书写规则

早在炼金术时代，炼金术士就想到用符号表示各种物质，这不光出于书写简便的需要，更出于保密的需要。后来，化学家们也用各种符号表示元素和化合物，道尔顿甚至想到用元素符号的组合表示化合物，这样，化合物的元素组成就一目了然。但不同的化学家使用的符号不同，极不便于交流。因此，设计一套便于使用和交流的化学符号，就成为一个迫切的任务。

瑞典化学家贝采里乌斯第一个用化学元素拉丁文名的第一个或头两个字母作为元素符号。例如，用 S 表示硫（sulfur），用 Si 表示硅（silicon），用 C 表示碳（carbon）。他的元素符号系统公开发表在 1813 年的《哲学年鉴》上。一年以后，在同一刊物上，他又撰文论述了化学式的书写规则。在表达最简单的化学式时，他采用二元论原则，用加号把化合物的两部分分开。例如，铜的两种氧化物分别写作 Cu + O 和 Cu + 2O。后来，他又简化了化学式的书写方法，在其他元素的符号上打点表示氧和硫原子，在原子的符号当中画一横表示两个原子。他还用标在元素符号右上角的数字表示各原子的数目，例如 CO^2、SO^2、H^2O。

贝采里乌斯提出的化学符号简单明了，便于书写和印刷。这一套化学符号系统很快就被当时的科学界接受。他的元素符号设计原则基本上沿用至今，他的化学式书写规则也为后来国际通用的书写规则奠定了基础。

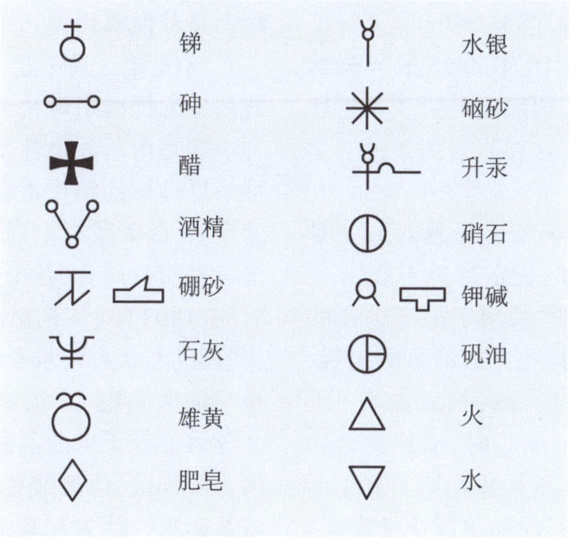

炼金术士的符号

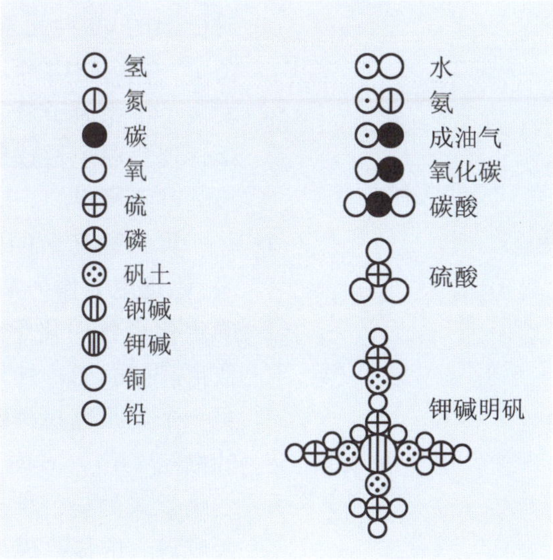

道尔顿的符号

1814 年
柯西开创复变函数论

柯西

法国数学家柯西出生于巴黎一个高级官员家庭，拉普拉斯和拉格朗日是他家的常客。柯西 1805 年进入巴黎综合工科学校，1807 年又进入桥梁和公路学校。1809 年毕业后去瑟堡任工程师，1815 年被聘任为巴黎综合工科学校分析学助理教授，1816 年任教授。同年任法国科学院院士。1817 年任法兰西学院教授。1830 年受法国七月革命的影响，离开巴黎。1838 年回巴黎，恢复学术上的职务和活动。

柯西自 1811 年起就开始向法国科学院提交论文。1814 年，他在法国科学院宣读论文《关于定积分理论的报告》，开创了复变函数论的研究。文中考虑复数域上的积分问题，主要是计算定积分。他试图将由欧拉及拉普拉斯研究过的求二重定积分的问题及方法严格化，以把积分路径拓展到复平面中，实现“用直接的严格的分析方法建立从实到虚的移植”。他在文中讨论了在流体力学研究中出现的二重积分更换次序问题，引进了两个二元函数 $V(x,y)$ 及 $S(x,y)$，使其满足 $\frac{\partial V}{\partial y}=\frac{\partial S}{\partial x}$，$\frac{\partial V}{\partial x}=-\frac{\partial S}{\partial y}$，后称柯西–黎曼方程。柯西指出这两个方程包含了由实到虚(复)过渡的全部理论。文中还提出被积函数有无穷型间断点时主值积分的观念，并计算了许多广义积分。这篇论文在 1827 年发表时，增加了两个注解，反映了 1814—1825 年在复变函数论研究上的新进展，表明这一理论已趋成熟。

1814 年
贝采里乌斯发表第一张原子量表

道尔顿首创的确定原子量的工作，在当时的欧洲引起了普遍的关注和反应。各国化学家认识到确定原子量的重要性，纷纷加入测定原子量的行列中，使这项工作成为 19 世纪上半叶化学发展的一个重点。在这期间，成绩斐然的当属瑞典化学家贝采里乌斯。他在 1810 年至 1830 年的 20 年中，对当时已知的 49 种元素中的 45 种元素进行了测定，并在 1814 年、1818 年和 1826 年相继发表了三张原子量表。他测定的原子量已经接近现代原子量数值，这在当时的条件下是极其难能可贵的。

贝采里乌斯的原子量表是相对原子量表，他选定氧作为基准，设定其为 100，并在确定化合物的化学式时采用了最简单比的假定。据此，当一种氧化物中氧的量确定后，另一个就很容易测定了。这种构思使原子量的测定工作大大简化。在当时，确定化合物的化学式是一个难点。贝采里乌斯为此不断吸收他人的科研成果，比如法国化学家盖–吕萨克的气体反应体积简比定律，法国物理学家杜隆和珀蒂的原子热容定律，以及他的学生密切利希的同晶型规律。大约在 1828 年，贝采里乌斯结合原子热容定律和同晶型规律把他长期弄错的钾、钠、银的原子量纠正过来。正是由于他能够博采众长，持之以恒，才得出了比较准确的原子量，为后来门捷列夫发现元素周期律开辟了道路，在化学发展史上写下了光辉的一页。

贝采里乌斯发表原子量表以后，原子量的精确测定仍在继续。法国化学家杜马从 1826 年开始研究原子量的测定，创立了通过测定物质气态密度计算原子量的方法，即著名的杜马蒸气密度测定法。比利时分析化学家斯塔从 1860 年前后开始，用了十几年的时间对原子量进行精密的测定。他测定的若干元素的原子量已非常接近现代的测定值。

1814 年
贝采里乌斯提出电化二元学说

在法国化学家拉瓦锡的化合物体系中，氧是中心元素，酸是一个基和氧的化合物。英国化学家戴维把它加以推广，证明碱是金属和氧的化合物。瑞典化学家贝采里乌斯进一步发展了物质的组成体系，他假定：在所有情形下，盐是酸(实际上是酸酐)和碱(实际上是碱性氧化物)的化合物。

1814 年，贝采里乌斯又在电化学实验的基础上提出了电化二元学说。他认为，化合物都是由两种电性质相反的组分构成的。贝采里乌斯的结论得益于 1800 年伏打电堆的发明，因为伏打电堆为他提供了恒定的电流，使他有可能从各个方面研究电流的各种效应。1803 年，贝采里乌斯根据大量电化学实验证明，伏打电堆会将化合物分解成电性相反的两个组分。例如，水在电堆的作用下会分解为带正电的氢和带负电的氧，盐会分解为酸和碱。他把酸和碱的概念与电的极性联系起来，认为碱是由金属的氧化物形成，它带正电；而酸是由非金属氧化物形成，带

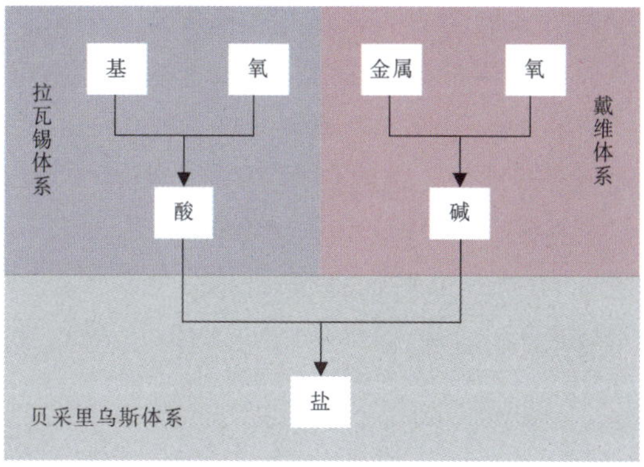

物质的组成体系

负电。这两种氧化物之间由于电性相反，所以能够紧密结合成盐。

按照贝采里乌斯的假定，物质粒子总是带电荷的，即使化合以后仍带电荷，物质相互作用的亲和力就是电的吸引力。他把电看作物质粒子的本性，这种认识比戴维只停留在表象的认识深刻得多。贝采里乌斯把物质的化学性和电性都统一在同一的物质属性内，通过物质的电性变化来认识物质的化学变化，把这两种变化有机地联系起来，这是对化学物质、化学过程的认识的一个重要的思想发展。

1814 年
夫琅禾费发现太阳光谱中的暗线

1666 年，牛顿让太阳光先通过一个小孔，再投射到棱镜上，最后在远处的屏幕上形成光谱。1802 年，英国物理学家沃拉斯顿将小孔改用细缝，避免了太阳光谱中各种颜色的重叠，发现其中有 7 条暗线，并误以为它们是各种颜色之间的自然边界。1814 年，德国光学家夫琅禾费发明了一种简单的分光镜：让太阳光通过一条极细的狭缝，再透过一块光栅，最后通过一架望远镜检测所得的光谱。他用分光镜发现太阳光谱中存在着数以百计的暗线，并认识到它们具有固定的位置。夫琅禾费设法测出这些谱线的波长，编制成一份包含 576 条暗线的表，并用字母 A、B、C、a、b、c……命名其中主要的谱线，后来它们被称为“夫琅禾费线”，太阳光谱也因此被称为“夫琅禾费光谱”。这些暗线的性质和起源引起了 19 世纪科学家们的广泛兴趣。

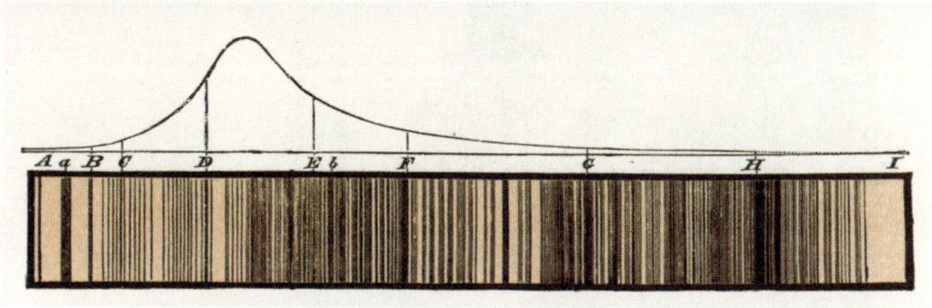

夫琅禾费 1814 年画的太阳光谱图 图中标出 324 条暗线，日后的事实证明这些“夫琅禾费线”乃是获得太阳和其他恒星的巨量信息之关键。

夫琅禾费及其分光镜

1815 年
惠更斯—菲涅耳定律提出

惠更斯原理是一个以波动论为基础解释光传播规律的基本原理。1678 年，惠更斯提出，波面上的任何一点都可以看作新的波源，这种波源发出的波称为子波，从波面上各点发出的许多次波所形成的包络面就是原波面传播后形成的下一个新的波面。惠更斯原理可以解释光的反射定律、折射定律和双折射现象。但要解释衍射现象还需要解决不同方向上光的强度的分布问题，而惠更斯原理并未涉及光的强度，也没有涉及波长的概念，故不能解释光的衍射现象。1815 年，法国土木工程师、物理学家菲涅耳在惠更斯原理的基础上补充了次波相干叠加原理，认为光场中任一点的光振动是这些次波在该点相干叠加的结果，从而把惠更斯原理发展为惠更斯—菲涅耳定律，圆满地解释了光的衍射现象。

1815 年
史密斯绘制第一幅近代地质图

英国地质学家威廉·史密斯从 1787 年

1815

威廉·史密斯1815年绘制的地质图

起成为测量员学徒，开始了地质学研究生涯。1804 年赴伦敦，任地质工程师，从事化石收集和绘制地质图的工作。作为一名地质工程师，他常常外出考察，有时一年的行程就超过 1.6 万千米。1815 年，史密斯完成了划时代的杰作《英格兰、威尔士和苏格兰部分地区的地层概述》，编绘了第一份英格兰和威尔士彩色地质图。1819—1824 年间，他又绘制了许多地区的地质图。他于 1831 年荣获伦敦地质协会颁发的奖章，1832 年获得皇室给予的年金。1839 年 8 月，他在赴伯明翰出席科学会议途中去世。

史密斯不仅具有敏锐的观察力，而且善于通过观察进行分析综合。他在发现不同的地层具有不同的化石之后，就千里追踪去仔细观察地层的结构。他创立的方法至今仍为地质学家采用，目前英格兰的地质图与他当初绘制的相比较也只有细微的改动。他生前获得的荣誉至今不衰，被公认为地层学的奠基者。

1816 年
拉埃内克发明听诊器

听诊器是西医诊断胸、腹部疾病的重要辅助工具，也是表明西医医生身份的一种标志。听诊器是 19 世纪才发明的，其发明者是法国医生拉埃内克。拉埃内克是法国巴黎医学院的教授，他从希波克拉底的著作中得到对于心肺可以听诊的启示，又从儿童敲击枕木的游戏中获得启发，从而萌生了发明一种听诊工具的想法。拉埃内克最初是用耳朵直接听诊病人，这种方法有很多不便，于是他制作了一种简易的听诊工具。这种听诊工具起先是用厚纸卷成的。1816 年，他又制作了木质听诊器。拉埃内克利用他发明的听诊器检查了许多患者，记录下由听诊发现的病人体内的各种细微变化。拉埃内克还进行了多例尸体解剖，他把解剖结果与临床表现相对照，积累了大量的听诊知识，并逐渐改进了听诊方法。1819 年，拉埃内克发表《心肺疾病间接听诊法》，指出借助听诊器可以诊断肺和心脏的疾病。听诊器的发明和应用，奠定了物理诊断方法的基础，直到现在听诊器仍是临床医生不可缺少的诊断工具。

医生利用听诊器听诊病人

1817 年
波尔查诺《纯粹分析的证明》出版

捷克数学家、逻辑学家、哲学家波尔查诺出生于布拉格，1796 年入查尔斯大学哲学院学习哲学、物理学和数学，1800 年入该校神学院学习神学，1804 年成为一名教士，1805 年任查尔斯大学的宗教哲学教授，1815 年成为波希米亚皇家学会会员，1818 年任查尔斯大学哲学院院长。

作为一位爱好数学的哲学家，波尔查诺对数学基础问题尤为关注。在 1817 年出版于布拉格的《纯粹分析的证明》一书中，他以证明连续函数的介值定理为目的，首次给出不涉及无穷小的函数的连续性和导数的恰当定义。这个定义清楚地表明，连续性概念的基础存在于极限概念中。他证明了多项式函数是连续的，试图为代数基本定理给出一个纯算术的证明。他还证明有界实数集存在最小上界的结论，这后来成为实数理论的基石。书中提到了聚点定理，但没有给出证明，后来德国数学家魏尔斯特拉斯严格证明了它，因此人们称之为“波尔查诺—魏尔斯特拉斯定理”。此外，书中还专门讨论了无穷级数的收敛性问题。《纯粹分析的证明》首次将严格的论证导入分析学，是分析严格化过程中的一个里程碑。

波尔查诺

1817 年
帕金森《论震颤性麻痹》出版

英国人帕金森在多个领域均有建树，既是医生，也是地质学家和政治活动家。在医学上他最杰出的贡献是在 1817 年出版了《论震颤性麻痹》一书。在该书中帕金森首次描述了震颤麻痹现象，其病理改变源自成人黑质和黑质纹状体通路的病变，临床症状主要表现为震颤麻痹。后来人们以帕金森的名字将此病命名为帕金森病。《论震颤性麻痹》是一部经典的神经分类学著作，学术价值极高，后来成为神经疾病领域里程碑式的著作。

1818—1822 年
圣伊莱尔提出动物器官补偿原则和相互关系原则

1818—1822 年，进化论先驱者之一、法国博物学家圣伊莱尔的两卷本著作《解剖学原理》出版，书中阐述了他在研究脊椎动物的胚胎发育、解剖结构之后提出的动物器官的补偿原则及相互关系原则。动物器官补偿原则认为，动物若有一个器官发达，就必会有另一器官不够发达；如果养料过多地供给身体某一部分或某一器官，那么提供给另一部分或器官的养料就不会很多甚至会很少。比如，很少能见到一头产乳又多身体又肥胖的牛。这种想法后来被阐释为进化上的“选择压力”。动物器官相互关系原则认为，不同动物在相同位置上的器官都互有关联，比如人的手和鸟的翅就有关联。圣伊莱尔可谓是最早提出了与当今“同源器官”(有相同进化来源，可是功能不一定相同的器官)相似概念的人。圣伊莱尔所提出的不少独创性观点，激发了后人对于进化理论的灵感。

1819 年
杜隆—珀蒂定律提出

杜隆—珀蒂定律是物理学中关于晶体固态物质的比热容的经典定律。比热容简称比热，是表示物质热性质的一个物理量，其值等于使单位质量物体改变单位温度时吸收或释放的热量。

1819年，法国化学家杜隆和珀蒂在实验中发现，对于任何固态纯物质，其比热容与原子量的乘积是一个常数，约等于 25.12 焦耳。这就是杜隆—珀蒂定律。在室温下，杜隆—珀蒂定律对大多数金属近似成立，但对某些物质，如金刚石、硼等要在足够高的温度时才成立。

杜隆—珀蒂定律可用分子运动论作出解释。构成固态物质的各个原子都在各自平衡位置附近作微小的简谐振动，在假定各个简谐振动是彼此独立的基础上，根据能量均分定理，可导出杜隆—珀蒂定律。在低温下，由于量子效应逐渐明显，该定律不再适用。

1820 年
奥斯特发现电流磁效应

电流磁效应是由丹麦物理学家奥斯特于 1820 年发现的。在此之前，人们一直把电现象和磁现象分别对待，如库仑、安培等都认为电和磁之间没有任何联系，但是奥斯特却坚信，客观世界的各种力具有统一性，并一直坚持对电和磁的统一性进行研究。1820 年，奥斯特在实验中发现，小磁针位于通电的金属丝旁边会发生偏转。随后，他又细致地考察了电流对磁针作用的方向和强弱，从而揭开了电磁学的序幕。奥斯特发现电流磁效应后短短的四个多月，经过安培等人的努力，电流的磁场以及磁场对电流的作用等理论就建立了，从此电磁学就形成了。

奥斯特的发现揭示了长期以来认为性质不同的电现象与磁现象之间的联系，把电磁学带入了一个崭新的发展时期。人们为了纪念这位博学多才的科学家，从 1934 年起用“奥斯特”作为磁场强度的单位。

1820 年
安培提出安培定则和电流相互作用定律

安培是法国著名的物理学家，对物理学、数学和化学的发展都作出了重要贡献，在电磁作用方面的研究成就尤为卓著。

1820年 7 月，在奥斯特发现电流磁效应的第二天，安培就重复了奥斯特的实验，很快就报告了实验结果：通电的线圈与磁铁相似，并提出了安培定则，即表示电流与由它所产生的磁场方向关系的右手螺旋定则。紧接着，他又在 9 月 25 日提出，两根载流导线存在相互作用，相同方向的平行电流彼此相吸，相反方向的平行电流彼此相斥。同时，他还讨论了两个线圈之间的相互作用力。这种力就称为安培力。

在一系列的实验之后，安培逐步形成了一个观念：磁是由电流产生的。1821 年，安培提出分子电流假说。安培认为，在磁体内部存在许许多多环形电流，即分子电流，每个分子电流相当于一枚小磁体。通常情况下，磁体内部分子电流的取向是杂乱无章的，它们的磁性互相抵消，因此整个物体对外不显示出磁性。当受到外界磁场影响时，

安培

物体内部的分子电流将定向取向，从而显示出宏观磁性，这时就说该物体被磁化了。

安培对电磁作用的研究，进一步确认了此前电磁相互关联的认识，为之后电磁学的发展打下了基础。

1820 年
施韦格尔和波根多夫发明电流计

在奥斯特发现电流磁效应之后，德国物理学家施韦格尔与波根多夫合作，通过在多匝线圈中放置磁针，于 1820 年制成了最早的检测电流的装置——检流计或电流计。由于使用多匝线圈使电流磁效应增强了许多倍，电流计的灵敏度大为提高。1820 年代，电流计又得到进一步的发展和改进。1839 年，法国物理学家普耶制作了正切电流计和正弦电流计。此后，科学家们发明的动圈式电流计和镜式电流计又进一步大大提高了对电流及其灵敏度的测量。

1820 年
毕奥—萨伐尔定律提出

在奥斯特发现电流磁效应半年后的 1820 年 10 月 30 日，两位法国科学家毕奥和萨伐尔发表了《运动中的电流传递给金属的磁化力》一文，公布了他们关于“悬挂的小磁体受到通电长直导线作用力”的定量实验结果。按照现在的说法，他们实际上通过实验测量了通电长直导线周围的磁场。其后，法国物理学家拉普拉斯根据其数学上的洞察力，将通电长直导线的磁场这一特殊情况下的结果推广得到普遍的电流与它所引起的磁场之间的关系式：对于电流 I 回路中的元段 Δl 来说，在其周围距离为 r 的点处所产生的磁感强度 ΔB 与 $I\Delta l$ 以及 Δl 与 r 之间夹角的正弦 $\sin\theta$ 的乘积成正比，而与距离 r 的平方成反比。这就是毕奥—萨伐尔定律，或称为毕奥—萨伐尔—拉普拉斯定律。

毕奥—萨伐尔定律表明，两个电流源之间的作用力亦是一种平方反比的力。

1820 年
布兰德斯绘成第一张天气图

1820 年，德国气象学家布兰德斯根据气象观测资料，将 1783 年各地同一时刻的气压和风的记录填在地图上，绘成了世界上第一张天气图。天气图的诞生标志着近代气象学研究的起点，现代的天气图就是在此基础上发展起来的。电报的发明，为各地气象观测资料的迅速传递和集中提供了条件，使绘制当日天气图成为可能。1851 年，英国气象学家格莱舍利用电报传送资料绘制了当日天气图。

天气图是当今气象部门分析和预报天气的重要工具，但真正推动天气预报开展的却是一次天气灾害事件。1853 年，英、法同俄国发生了瓜分土耳其的克里米亚战争。1854 年 11 月 14 日黑海出现风暴，英法联军损失了 20 多艘舰艇，尤其是法军舰队引以为豪的“亨利四世号”遭重创沉没，令联军遭受沉重的精神打击继而大败。法国政府命

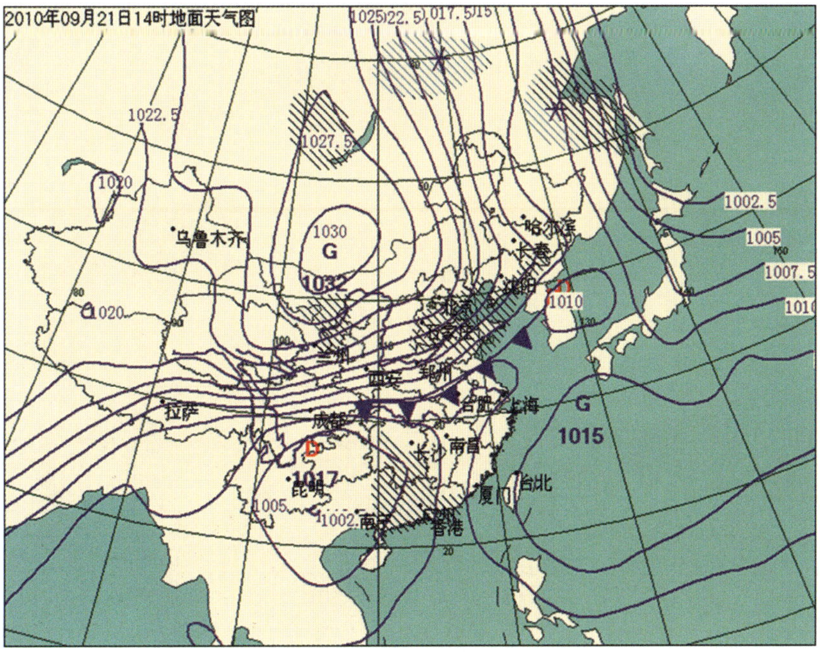

天气图

巴黎天文台台长勒威耶总结造成此事故的天气原因。勒威耶收集了 11 月 12—16 日的气象资料，发现该风暴 12—13 日还在西班牙和法国西部，14 日就东移到了黑海地区。若能及时预告风暴动向，就可能避免损失。因此，他提出了组织气象台站网、开展天气图分析和天气预报的建议。法国政府采纳了他的建议，于 1856 年组织起了气象观测网。从此，绘制天气图成为一项日常气象工作，并陆续推广到各国。

1820 年代—1830 年代
大气重力波概念提出

大气重力波是波长为几千米到几百千米的中尺度大气波动。在各种日常中尺度天气过程中，都可以见到它们的表现。例如，由于山脉的阻挡效应，过山气流可以在山脉的下游产生背风波，形成整齐排列的云带。1820 年代—1830 年代，针对这种天气现象开展的早期动力学分析工作，奠定了大气重力波的概念。除了上述背风波现象外，下坡风环流、地形边界层稳定性变化、中尺度强对流系统触发等，都与重力波活动有关。

从流体动力学角度，可以将重力波分为两类：重力外波和重力内波。对于均质的单层流体，或两层具有明显密度差异的流体界面上，在流动的过程中其表面受连续性原理控制形成波动，其传播受到流体深度的控制，称为重力外波。重力外波取决于流体密度的上下配置，而波动的性质则取决于密度的差异。对于大气过程而言，通常关注的是重力内波，它是局部空气微团的垂直振动诱发的波动。在连续变化但稳定的层结大气中，受到垂直扰动的空气微团在偏离平衡位置后，将受到环境浮力的作用。考虑到自身重力的作用，这个微团最终受到的是一个具有回复力性质的净浮力，从而在垂直方向上发生振动，最终形成向外传播的波动。考虑到浮力在驱动微团振动中的关键作用，重力内波又被称为浮力波。

大气重力波的传播不仅造成环境状态的扰动，还在空间中实现了动量和能量的搬移。1960 年代，关于重力波与背景流相互作用的临界层理论的发展，进一步表明与背景流发生相互作用可以导致波动的耗散，最终产生湍流扩散效应和动量沉积效应，后者本质上是作用于背景流的动力强迫。

重力波传播的性质和效应，一直是高层大气动力学研究的重要内容。许多高空观测现象，如传播性电离层扰动现象等，都具有重力波活动的性质。对流层的扰动可以激发出重力波，进而通过传播影响高层大气的状态。由于有效地考虑了重力波强迫的效应，1980 年代在中层大气环流形成机制方面取得了实质性的进展。重力波传播导致环境变量扰动，重力波与环境相互作用产生作用在背景流上的动力强迫，以及伴随重力波耗散而产生的湍流混合等，是当前重力波研究的核心内容。

重力波云起伏的纹理源于空气在垂直平面上的移动

1821 年
发现塞贝克效应

1821年，德国物理学家塞贝克发现，把两种不同的金属导体（如锑与铜）接成闭合回路，如果两个接头处存在温度差，其周围就会出现磁场。后来，他又通过进一步的实验发现，这是因为回路中出现了电动势从而产生了电流所致。在接下来的两年里，塞贝克将他的观察不断地报告给普鲁士科学院，并把这一发现描述为“温差导致的金属磁化”，即塞贝克效应，这时的电路叫做温差电偶，电路中的电动势叫做温差电动势。

塞贝克效应的实质在于，两种不同金属互相接触时会产生接触电势差，该电势差取决于金属中自由电子的逸出功和有效电子密度这两个基本因素。由于不同金属材料所具有的自由电子的密度不同，当两种不同的金属导体接触时，在接触面上就会发生电子扩散。电子的扩散速率与两导体的电子密度有关，并和接触区的温度成正比。在接触区形成一个稳定的电位差，即接触电势差。塞贝克效应的发现为测温热电偶、温差发电和温差电传感器的制作奠定了基础。

1821—1823 年
柯西初步完成分析学的严格化

1821 年，柯西在巴黎综合工科学校任教期间，发表《皇家综合工科学校分析教程》（简称《分析教程》），引进了微积分基础中的新方法。1823 年，他又发表《在皇家综合工科学校课程中关于无穷小计算的概要》（简称《无穷小计算教程概要》），初步完成了分析学的严格化。

柯西在《分析教程》的开篇给出了极限的定义：“当一个变量逐次所取的值无限趋近于一个定值，最终使变量的值和该定值之差要多小就多小，这个定值就称为所有其他值的极限。”他还定义了无穷小量和无穷小量的阶。关于连续性，柯西的定义是：“称函数 $f(x)$ 是在变量 x 的两个给定值之间的这个变量的连续函数，是指对 x 在这两个界限之间的每个值，差 $f(x+\alpha)-f(x)$ 的（绝对）值随着 α 无限地变小。”柯西还定义了级数的收敛和发散，陈述了现在关于收敛性的所谓“柯西判别准则”。关于具体的级数收敛判别法，柯西给出了比较判别法，并用这种方法证明了根式判别法和比率判别法。对于既有正项也有负项的级数，柯西以绝对收敛的思想予以处理，证明了交错级数判别法。他还指出了如何计算两个收敛级数的和与积，特别是如何求出一个幂级数的收敛区间。

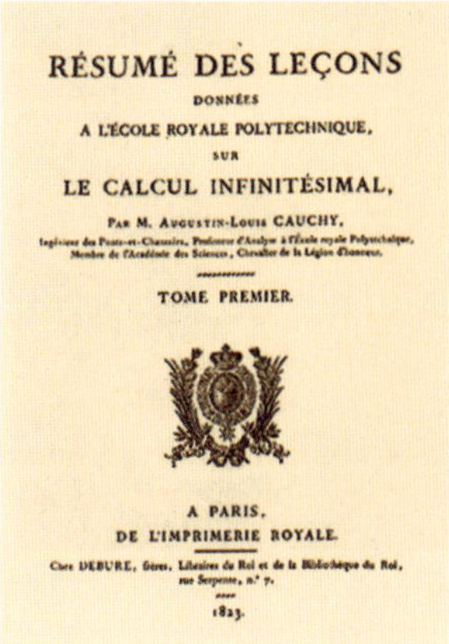
RÉSUMÉ DES LEÇONS
DONNÉES
A L'ÉCOLE ROYALE POLYTECHNIQUE,
SUR
LE CALCUL INFINITÉSIMAL,
PAR M. AUGUSTIN-LOUIS CAUCHY,
Ingénieur des Ponts-et-Chaussées, Professeur d'Analyse à l'École royale Polytechnique, Membre de l'Académie des Sciences, Chevalier de la Légion d'honneur.
TOME PREMIER.
A PARIS,
DE L'IMPRIMERIE ROYALE.
Chez DEBURE, frères, Libraires du Roi et de la Bibliothèque du Roi, rue Serpente, n° 7.
1823.

《无穷小计算教程概要》首页

在《无穷小计算教程概要》中，柯西用他关于极限的新思想研究了导数和积分，定义了“导函数”：当 i 趋向于 0 时，$[f(x+i)-f(x)]/i$ 的极限，只要这个极限存在。在这部著作中，他还对定积分作为和的极限给出了明确的定义。

柯西的这些工作，向分析学的全面严格化迈出了关键的一步，推动了整个分析学的发展。但他的理论还存在许多漏洞，分析学的全面严格化还要通过 19 世纪下半叶的“分析算术化”运动来完成。

1821—1845 年
纳维—斯托克斯方程提出

纳维

斯托克斯

法国数学家、力学家纳维出生于第戎，1802 年进入巴黎综合工科学校，1804 年进桥梁和公路学校，两年后以优异成绩毕业。他从 1819 年起在桥梁和公路学校讲授应用力学，1830 年任该校教授，1824 年当选法国科学院院士，1831 年任巴黎综合工科学校教授。

英国数学家、物理学家斯托克斯出生于爱尔兰斯莱戈郡斯凯林，1835 年去英国布里斯托尔学院学习，1837 年进剑桥大学彭

圣韦南

布罗克学院,1841 年以极其优异的数学成绩毕业,开始从事流体力学的研究。1849 年他就任剑桥大学卢卡斯教授,1851 年当选英国皇家学会会员,1885 年任会长。

早在 1755 年,欧拉建立了关于理想流体(即不可压缩无黏性流体)的运动方程。1821 年,纳维通过与弹性理论在形式上的类比,以分子间的作用力为依据,在欧拉方程的基础上得到了适用于具有一定黏性的不可压缩流体的运动方程。该方程本质上是牛顿第二运动定律在流体中的应用结果。牛顿力学考虑的是孤立的、离散的物体,而流体在数学上的模型是无穷多个无穷小质点的聚集体,这些无穷小质点的运动不但在时间上是连续的,而且在空间上也是连续的。在数学上统一把握这两种连续性的工作是瑞士数学家丹尼尔·伯努利于 1738 年完成的。纳维的这个方程继承了丹尼尔和欧拉的工作,描述了更接近于现实的流体,而且可以根据实际情况作各方面的推广。

不过,纳维对这个方程的推导是有缺陷的。1843 年,法国力学家圣韦南在他的论文《流体动力学研究》中,考虑流体内部的黏性应力,严格地推导出了这个方程。1845 年,斯托克斯在不知道他人有关工作成果的情况下,通过考虑运动流体的内部摩擦力,也严格地推导出这个方程,并发表在他的论文《关于运动流体内部摩擦的理论》中。不知什么原因,这个方程被人们称为纳维—斯托克斯方程,而未提及圣韦南。

纳维—斯托克斯方程是非线性偏微分方程,在流体动力学中占据着中心地位,但它的求解问题却至今尚未解决,甚至连它是不是有三维解都不知道。目前只在某些简约的情况下(如简约到二维情况)才能求得精确解或近似解。因此,美国的克莱数学促进会于 2000 年悬赏 100 万美元征求精确地解出纳维—斯托克斯方程的方法。

1822 年
彭赛列《论图形的射影性质》出版

法国数学家、力学家、工程师彭赛列出生于法国摩泽尔省的梅斯,父亲是一名富有的庄园主。彭赛列 1807 年进巴黎综合工科学校,受教于蒙日等著名数学家。1810 年毕业后参加工程兵部队,并去梅斯炮兵和工程兵学校深造,1812 年毕业。同年参加拿破仑对俄国的远征,11 月在克拉斯内战役中被俄军俘虏。在战俘营中,他努力回忆与思考学过的几何学知识,通过研究圆锥曲线的射影性质,得出了射影几何学的基本原理。1814 年获释回到法国后研究继续,1822 年把获得的成果总结成《论图形的射影性质》一书,在巴黎出版。此后,他在军事工程界和学术界担任各种职务,1848 年以将军军衔任巴黎综合工科学校校长。

彭赛列的《论图形的射影性质》是第一部系统阐述射影几何学的著作。所谓射影性质,就是几何图形在投射和截影下保持不变的性质。这部著作提出了三个主导性的观念。一是图形的透射:如果一个图形能从另一个图形经一次投射和截影或一连串投射和截影而得到,那么这两个图形就是透射

彭赛列

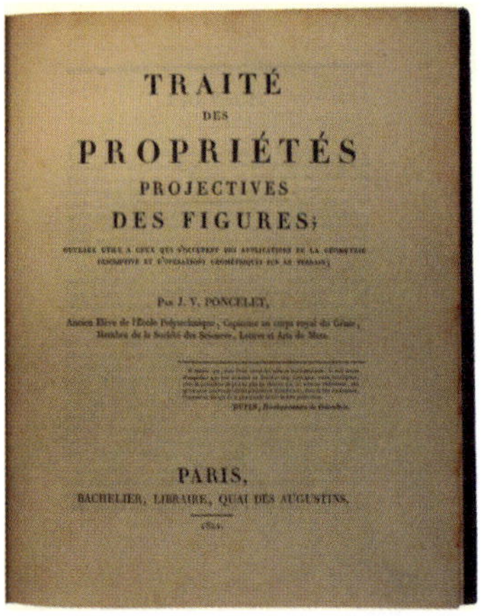

《论图形的射影性质》

的。用现代的术语，这种图形变换就是射影变换。二是连续性原理："如果一个图形从另一个图形经过连续的变化得出，且后者与前者同样地一般，那么马上可以断定，第一个图形的任何性质第二个图形也具有。"书中用这个原理证明了许多定理。三是关于圆锥曲线的极点与极线的概念。彭赛列用这两个概念研究圆锥曲线的配极，充分肯定了射影几何学中重要的对偶原理。这部著作将射影几何学真正变革为一个有着自己独立的目标和方法的数学新分支，开创了射影几何学的光辉时代。

恐龙化石

1822 年
奥马利达鲁瓦提出白垩纪的名称

白垩纪是中生代的最后一个纪。白垩纪这一名称是由比利时地质学家奥马利达鲁瓦在 1822 年研究巴黎盆地时提出的，在拉丁文中意为"黏土"，意指上白垩统地层里常见的白垩。白垩纪因其地层富含白垩而得名。白垩是石灰岩的一种类型，主要由方解石组成，颗粒均匀细小，用手可以搓碎。白垩纪形成的地层叫白垩系。白垩系地层是一种极细而纯的粉状灰岩，是生物成因的海洋沉积，主要由钙质超微化石和浮游有孔虫化石构成，在英法海峡两岸常形成美丽的白色悬崖。

白垩纪缩写记为 K，源于德文的白垩纪名 Kreidezeit 的缩写。白垩纪始于 1.37 亿年前，结束于 6500 万年前。无论是无机界还是有机界，在白垩纪都经历了重大的变革。

1822 年
曼特尔发现恐龙化石

地球在 46 亿年漫长的历史中，不断演化出新的生物，也不断有旧的生物被淘汰，化石是它们曾经存在过的唯一证据。令人不可思议的是，恐龙这样一类极其庞大、盛极一时的生物的化石，迟至 19 世纪才被人们认识。很大一部分原因是人们对这一类化石熟视无睹，根本想不到动物中会有如此巨大的个体出现过。所以，最早注意到恐龙的人不仅具有相当的知识，而且极富科学的灵感，他就是英国古生物学家曼特尔。

曼特尔本是一名外科医生。1822 年，在英国南部的苏塞克斯郡，他夫人在当地筑路用的石材中发现了一颗牙齿的化石。喜欢刨根问底的曼特尔多次前往采石场，果然又找到了几颗类似的牙齿。带着疑问的曼特尔找到了法国的博物学家、有着"古生物学之父"美称的居维叶，化石被居维叶鉴定为犀牛的上颚门齿。牛津大学的英国古生物学家巴克兰也得出了相同的结论。最后，曼特尔带着这些化石来到罕特利安博物馆。馆中有一位研究鬣蜥的年轻学者，曼特尔和他一起将牙齿化石和鬣蜥的牙齿进行比较，发现两者居然非常相似。他由此认定，自己手中的牙齿化石属于曾经出现过的巨型鬣蜥。

于是，曼特尔在 1825 年发表论文报道了这个发现，并把鬣蜥和牙齿的拉丁文合并起来，为这种动物定下了一个学名，那便是人们现在所知的禽龙。但他并不是第一位给这类爬行动物命名的人，早在 1824 年，巴克兰已经命名了一种已灭绝的巨大的爬行动物巨齿龙，并对巨齿龙化石作了完整描述。

1830 年开始的英国产业革命，促进了自然科学的大发展。曼特尔在发现禽龙之后，又于 1833 年发现了林龙，以后又在英国陆续发现了鲸龙、槽齿龙等。1842 年，在英国自然历史博物馆工作的古生物学家欧文，创造了“恐龙”这一名称，意为“恐怖的蜥蜴”，用来描述这类史前生物。

1822—1834 年
巴比奇设计差分机和分析机

英国数学家、机械工程师巴比奇从法国织机工匠贾卡发明的提花机和穿孔卡片获得灵感，于 1822 年设计制造了第一台差分机。它能够按照设计者的指令，自动处理不同函数的计算过程，运算精度达到 6 位小数。实际运用证明，它非常适合于编制航海和天文方面的数学用表。

1823 年，巴比奇得到英国政府的支持，要设计一台容量为 20 位数的计算器，制造它要求有较高的机械工程技术。巴比奇专心从事于这方面的研究，于 1834 年设计了分析机(现代电子计算机的前身)。他首先为分析机构思了一种齿轮式的“存储库”，每一个齿轮可存储 10 个数，总共能够存储 1000 个 50 位数，且既能存储运算数据，又能存储运算结果。分析机的第二个主要部件是“运算室”，其基本原理与帕斯卡的转动齿轮相似，从存储库取出数据进行加、减、乘、除运算，其乘法运算以累次加法的方式来实现。巴比奇还改进了进位装置，使得 50 位数加 50 位数的运算可完成于一次转动齿轮的过程之中。此外，他也构思了送入和取出数据的机构，以及在“存储库”和“运算室”之间传输数据的部件。他甚至还考虑到如何使这台机器根据运算结果的状态改变计算的进程，用现代术语来说，就是处理依条件转移的动作。

巴比奇的设计非常超前，特别是利用卡片输入程序和数据的设计被后人广泛采用。1840 年，他实现了 40 位的操作位数，并基本实现了控制中心和存储程序的设想，而且程序可以根据条件进行跳转，能在几秒内做一般的加法，几分钟内做乘、除法。一个多世纪后，现代电子计算机的结构几乎就是巴比奇分析机的翻版，只是主要部件换成了大规模集成电路。因此，巴比奇当之无愧地成了计算机系统设计的“开山鼻祖”。

差分机

分析机

1824 年
卡诺循环和卡诺定理提出

19世纪初，蒸汽机已得到广泛应用，但当时蒸汽机的效率一般只有5%。如何提高热机效率的问题提到了研究者面前。

任何热机的工作过程都是周而复始的循环过程，在每次循环中，从高温热源吸热，也要向低温热源放出部分的热，余下的能量在汽缸中对外做功。

1824年,法国物理学家、工程师卡诺在著名论文《关于火的动力及专门产生这种动力的机器的思考》中,首先提出:“单独提供热不足以给出推动力,必须还要有冷。没有冷,热将是无用的。”在这个思想的指引下,卡诺提出了一个由两个等温过程和两个绝热过程所组成的没有摩擦、没有热损失的理想循环,即“卡诺循环”,按卡诺循环工作的理想热机称为“卡诺机”。然后,卡诺提出了一条至关重要的定律,即“卡诺定理”:所有工作于同温热源与同温冷源之间的热机,以卡诺机的效率为最大。卡诺机的效率正比于高温与低温热源的温度差。

卡诺定理表明,热机的效率与工作物质无关,仅取决于两个热源的温度差。因此该定理原则上指明了提高热机效率的正确途径:尽量提高高低温热源间的温度差,并使实际热机的工作循环尽量接近卡诺循环。卡诺循环和卡诺定理的提出,在理论上为20余年后热力学第二定律的建立提供了基础,在实际上为其后以空气与燃气混合物作为工作物质的汽油机、柴油机以及燃气轮机等各类热机的发明提供了指导。

1824 年
夫琅禾费创制带转仪钟的赤道式望远镜

17 世纪初天文望远镜问世后,在约两个世纪的时间里,由于难以制备大块均匀优质的玻璃,致使消色差透镜的口径长期未能突破 10 厘米。19 世纪初,瑞士工匠吉南德从多方面改善了光学玻璃制造工艺。1824年,德国光学家夫琅禾费发展了吉南德的方法,制成一个直径 24 厘米的优质消色差透镜,并用它作为物镜,建成一架焦距 4.3 米的折射望远镜。这是当时世上最大最好的折射望远镜,起初安装在俄国的多尔巴特(今属爱沙尼亚)天文台,后又安装在圣彼得堡南边的普尔科沃天文台。这架赤道式装置望远镜的一大创新,是配备了一种恰能补偿地球自转的钟表机构——转仪钟。望远镜的镜筒可上下调节到观测所需的赤纬固定下来,然后靠转仪钟自动跟踪观测目标。带转仪钟的赤道式装置望远镜,结构灵巧,操作方便,配备动丝测微器后,赤纬观测精度可达 0.01″,赤经观测精度达 0.001 时秒。它的诞生是望远镜机械结构上的长足进步,为天体测量学取得一系列新成就创造了必要条件。1830 年代,俄国天文学家瓦西里·斯特鲁维用夫琅禾费的这架望远镜测出了织女星的视差。

夫琅禾费的口径 24 厘米带转仪钟的赤道式消色差折射望远镜

1825 年
法拉第发现苯

英国物理学家和化学家法拉第于 1825 年 6 月 16 日,在英国皇家学会的一次学术会议上,宣读了关于发现苯的论文,介绍了苯的性质及测定其组成的方法和结果。

法拉第用来分离苯的原料是一种油状混合物,该混合物来自当时由鲸油和鳕油制成的燃气的液化过程。法拉第对这种混合物发生了兴趣,几乎花了 5 年时间来研究它。为了从混合物中分离出想要得到的组分,他细心地反复进行蒸馏,发现在 80—87℃区间内蒸馏时,沸点比较恒定,蒸出大量的液体,收集到的馏分就是苯。

苯是结构最简单的芳香化合物,无色、易燃,具有挥发性和芳香气味,对中枢神经和血液有较强的毒害作用。苯是重要的化工原料和工业溶剂。

法 拉 第

1791年9月22日，法拉第出生在英国首都伦敦南面的纽因顿，当时这个小镇属于萨里郡，现在则已是大伦敦市的一部分了。法拉第的父亲是个铁匠，也是一名虔诚的桑德曼派教徒。在父亲的影响下，法拉第长大后也成了一名桑德曼派的教徒，还担任过两任长老。

由于家境贫寒，法拉第只读了2年小学就再也没有进过学校了。14岁那年，他来到当地的一个书店老板兼图书装订商那里当学徒。没想到，这段长达7年的学徒生涯却给法拉第的一生带来了巨大的影响。法拉第利用工作之便，阅读了大量的图书。他由此对科学产生了浓厚的兴趣，尤其是电学。在工作之余，法拉第常常自己动手，做些简单的实验，以验证书上的内容。法拉第还参加了由学者约翰·塔特姆创立的青年科学组织——伦敦城市哲学学会，并在学会的活动中了解了许多科学知识。

1812年，书店的一位老主顾被法拉第的好学精神所感动，赠送给他几张由杰出的化学家汉弗里·戴维爵士开设的自然哲学系列讲座的门票。法拉第十分喜欢戴维的讲座，他认真听讲，记录下了整整300页的笔记，并把这些笔记装订成一本精美的书册，附上一封渴望做科学研究工作的信，于1812年圣诞节前夕寄给了戴维。戴维被法拉第对科学的热情打动了。不久，戴维不幸在一次实验中发生意外，视力受损，他就雇用了法拉第作自己的秘书，稍后又任命法拉第担任英国皇家研究所的化学助理。这是法拉第一生的转折点，从此他踏上了献身科学研究的道路。

同年10月，法拉第跟随戴维去欧洲大陆作了一次历时一年半的科学考察旅行。这次旅行使法拉第上了一次“社会大学”，不但增长了见闻，开阔了眼界，而且结识了盖-吕萨克和安培等许多著名科学家。1815年5月回到皇家研究所后，法拉第已能在戴维指导下做独立的研究工作。1816年，法拉第发表了第一篇科学论文。1824年1月，他当选为皇家学会会员。1825年2月，他接替戴维担任皇家研究所实验室主任。

法拉第的科学贡献是多方面的。他首创金相分析方法，采用低温加压方法液化了氯化氢、硫化氢、二氧化硫、氢等气体，发现了苯，还总结出了两个电解定律（这两个定律现在均以他的名字命名），开创了电化学这一新的学科领域。他还发现了“磁光效应”，用实验证实了光和磁的相互作用。

但是，真正让法拉第名垂史册的，是电磁感应的发现和场概念的提出。人们知道，静止的磁铁不会使附近的线路内产生电流。1831年，在经历了10年的艰苦探索后，法拉第发现，当一块磁铁穿过一个闭合线路时，线路内就会有电流产生，这就是电磁感应。利用这个原理，法拉第创制出了世界上第一台感应发电机的雏形。电磁感应的发现使人类获得了打开电宝库的金钥匙，宣告了电气时代的到来。

法拉第还提出，物质之间的电磁相互作用是通过“场”来进行的，否定了存在所谓的“超距作用”。正如爱因斯坦所说，引入“场”的概念，是法拉第最富有独创性的思想，堪称牛顿以来最重要的发现。

法拉第非常热心科学普及工作。他在任皇家研究所实验室主任后不久，即发起举行星期五晚间讨论会和圣诞节少年科学讲座。1850年代后，由于健康状况恶化，法拉第被迫停止了研究工作，但他仍经常作科普演讲。70高龄时，法拉第仍给青少年作通俗科学讲座，并且把讲稿编成了一本著名的科普读物《蜡烛的故事》。

法拉第个性淡泊，不慕名利。他两次回绝了英国皇家学会聘请他担任皇家学会会长这一荣誉职务的请求，还谢绝了英王室授予他爵士称号，而以身为平民为荣。

1867年8月25日，法拉第在平静中去世。按照他的遗愿，墓碑上只刻有他的名字和出生年月。后来，人们选择“法拉”作为电容的国际单位，以纪念这位杰出的物理学大师。

1825 年
塔尔博特提出发射光谱分析

发射光谱分析是利用元素在受外界激励后发出的特有光谱线分析元素的方法。早在 18 世纪，人们就发现从植物中获得的碳酸钾会在火焰里呈现紫色，而天然的苏打碱(碳酸钠)火焰的颜色是黄色。后来，人们发现不仅钾盐和钠盐如此，许多金属盐在燃烧时都会产生各自特殊的颜色，如铜盐的焰色是翠绿色的，钡盐的焰色是草绿色的，钙盐的焰色是砖红色的，锶盐的焰色是洋红色的，锂盐的焰色是紫红色的。于是，人们用这种叫做“焰色试验”的方法定性鉴定金属离子的种类。

1825 年，英国物理学家塔尔博特制造了一台可以进行焰色试验且具有光栅分光功能的仪器。他把灯芯浸在一种金属盐的溶液中，干燥后点燃灯芯，观察其火焰分光后颜色的种类(即光谱)。他注意到不同的金属盐发出的光谱不同，而且都由不连续的亮线组成。例如，锶和锂盐的焰色虽然都是红色，但呈现的光谱却迥异。于是，他大胆假设每种元素都有自己的一组特征光谱，从而形成了发射光谱分析的设想，为今后该重要分析技术登上历史舞台奠定了理论基础。

塔尔博特

1825 年
路易用数字与图表总结临床资料

路易是 19 世纪的法国医生和数学家，被誉为医学统计学的奠基人之一。路易是当时巴黎临床学校研究人员中的佼佼者，也是利用数学方法研究医学问题的坚定支持者。受到法国大革命的影响，巴黎临床学校反对权威的体液理论和个人的临床实践行为，取而代之的是重视基于大量临床病例的经验总结，强调观察疾病和诊断疾病的准确性，以及对常见疾病如肺结核的细致描述。路易长期从事肺结核的研究，1825 年发表《肺痨的病理解剖研究》，统计了多个病例，用数字和图表总结临床观察资料。1835 年，路易对依据不同的医学机制治疗不同病人的效果进行比较研究，发表《炎性疾病静脉切开放血疗效的研究》，通过数据统计，表明对肺结核病人实施放血治疗并不能提高治疗效果。路易当年所做的工作与今天的循证医学非常相似，试图通过科学的数据统计分析，对疾病的治疗作出评判。这种研究方法至今仍为人们所采用。

1826 年
阿贝尔《关于一类极为广泛的超越函数的一个一般性质》发表

挪威数学家阿贝尔生于挪威西南部港口城市斯塔万格附近的弗林德，童年时代家境贫困。他于 1815 年进克里斯蒂安尼亚(现奥斯陆)的一家天主教学校，课余自学欧拉、牛顿、达朗贝尔和拉朗德的数学著作，初显数学才华。1821 年他进入克里斯蒂安尼亚大学，1823 年开始发表数学论文，1824 年证明了一般五次代数方程不可能用根式求解，1825 年得到挪威政府的一笔奖学金去欧洲大陆深造，在德国结交了德国数学家克雷尔，在法国遇见了法国数学家柯西和勒让德，并发表了一些重要的论文，但未能谋得教授职位。他于 1827 年回到挪威，1829 年在贫病交加中去世。

阿贝尔的数学成就是多方面的，其中一项主要成就是奠定了椭圆函数论的基础。椭圆函数来自诸如求椭圆弧长时遇到的一些积分，它们不能用初等函数表示，例如

阿贝尔

$$u=\int_0^x \frac{dx}{\sqrt{(1-x^2)(1-k^2x^2)}}$$

$$=\int_0^{\varphi} \frac{d\varphi}{\sqrt{1-k^2\sin^2\varphi}}\text{（其中 } x=\sin\varphi\text{）},$$

这种积分称为椭圆积分。欧拉、高斯、拉格朗日和勒让德都研究过这种积分。

1826 年，阿贝尔向法国科学院提交了论文《关于一类极为广泛的超越函数的一个一般性质》。柯西是审稿人之一，但他把这篇论文丢失了。后于 1830 年才找到，于 1841 年才发表。文中研究了形如 $\int R(x,y)dx$ 的积分，其中 $R(x,y)$ 是 x 和 y 的有理函数，而 x 和 y 满足 $f(x,y)=0$，这里 $f(x,y)$ 是 x 和 y 的一个二元多项式。这种积分后来称为阿贝尔积分，它是椭圆积分的一种推广形式。阿贝尔证明了后来以他名字命名的定理：n 个这种形式的积分之和可以用 p 个这样的积分加上一些代数的与对数的项表示出来，其中 p 是方程 $f(x,y)=0$ 的"亏格"，这意味着 p 只依赖于这个方程。

1827 年，阿贝尔发表《椭圆函数研究》，提出了椭圆函数的概念，并建立了椭圆函数的加法定理。他还发现椭圆函数是双周期的、单值的，并且有极点。椭圆函数与三角函数有着某种程度的相似性，在理论上和实践上都有着重要的意义。而阿贝尔的这些工作，为椭圆函数论的研究开拓了道路。

1826 年
克雷尔创办《纯粹与应用数学杂志》

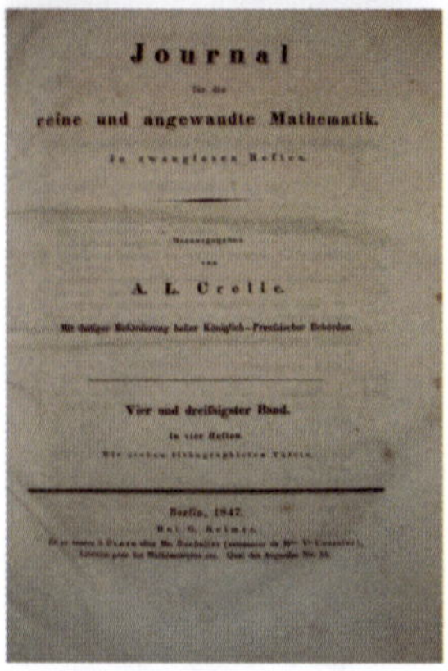

克雷尔和他的杂志

德国数学家、工程师克雷尔出生于德国东北部弗里岑附近的艾希韦德，父亲是建筑工人，因此没法让他接受良好的教育，他主要靠自学而成为一名工程师，为普鲁士政府工作。但他业余花大量时间研究数学，并且达到了相当高的水准。1816 年他 36 岁时，向海德堡大学提交了一篇数学论文，获得博士学位。

克雷尔或许不是一位富有创造性的数学家，但他有三个特质，使他在数学史上留名。一是他对这门学科的极大热情，二是他的组织能力，三是他那双能在青年数学家中发现超常天才（如阿贝尔）的慧眼。

1826年，在好朋友阿贝尔等人的建议下，克雷尔在柏林创办了《纯粹与应用数学杂志》。虽然这不是第一份这样的杂志，但这份杂志与众不同，因为当时其他的杂志基本上都是报道科学院和权威学会的论文，而克雷尔把他的杂志办得"必须努力面向一个较广大的人群，以首先保证它的长久性和达到自我完美的可能性"。从创刊到 1855 年为止，克雷尔一直负责编辑这份杂志。许多青年数学家都把自己的处女作发表在这份杂志上，如在它的第一卷中，就刊有阿贝尔的 7 篇论文。近 30 年里，在这份杂志上发表的论文有许多被证明具有重大历史意义，发表论文的数学家也有许多后来名扬天下，因此它以"克雷尔杂志"这个简称而名垂史册。

1826 年
欧姆定律提出

1826年，德国物理学家欧姆通过实验发现，通过一段金属导体电路中的电流与这段导线两端的电压成正比，即著名的欧姆定律。这是一条重要的电学定律，应用极其广泛。欧姆定律中电压与电流的比值称为电阻，因此该定律也可表述为，通过电路中的电流跟这段电路两端的电压成正比，而跟这段电路的电阻成反比。

欧姆关于导体中稳恒电流规律的研究是在法国数学家和物理学家傅里叶热传导理论的启发下进行的。1822 年，傅里叶在热传导现象中引进了热流、热阻、热导率等概念，并建立了稳恒热传导现象中的基本规律（称为傅里叶定律）。欧姆于是用电流代替热流，电压代替温度差，通过实验找出其间的规律。当时欧姆实验的关键是选择稳定的电源以及测量电流的仪器。在塞贝克发明了温差电偶之后，欧姆用更稳定的温差电偶代替了伏打电堆,并巧妙地设计了电流扭秤来测量电流。此外,欧姆还研究了电池的串联和并联,为电源的研究和发展提供了理论和实验依据。

1826年
法拉第确定天然橡胶的化学组成

19世纪上半叶,随着西方国家工业化步伐的加快,天然橡胶的品种和数量已远远不能满足人们的需要,科学家开始考虑人工合成橡胶的问题了。人工合成橡胶的首要工作是了解待合成橡胶的化学组成和分子构造。1826年,法拉第首先对天然橡胶进行化学分析,确定天然橡胶的实验式为C_5H_8。1860年,英国化学家查尔斯·威廉斯从天然橡胶的热裂解产物中分离出C_5H_8。天然橡胶的基本化学成分为顺-聚异戊二烯。某些天然橡胶如古塔波胶、马来树胶、杜仲胶,其化学成分为反-聚异戊二烯,但产量很少。天然橡胶具有弹性好、强度高、加工性能优良等一系列优异的性能,是用途最广的通用橡胶。

1827年
默比乌斯《重心的计算》出版

德国数学家奥古斯特·默比乌斯出生于萨克森公国的舒尔普福格(现德国萨克森-安哈尔特州瑙姆堡附近),1809年进莱比锡大学学习法学,但很快便改学数学、天文学和物理学,1813年去格丁根受教于高斯,后又去哈雷受教于德国天文学家和数学家普法夫,1815年获博士学位,1816年在莱比锡大学教天文学和高等力学,1844年升教授,1848年任莱比锡大学天文台台长。

默比乌斯在数学上最为闻名的贡献是默比乌斯带。但他的数学代表作却是1827年发表的《重心的计算》。在这部著作中,默比乌斯引进了齐次坐标。其基本思想是:在平面上设一个固定的三角形,对于任意点p,在这个三角形的三个顶点上各放一个质点,使这三个质点的质心恰好在点p,即取这三个质点的质量值为p的坐标,这就是所谓齐次坐标。对于平面上的点,齐次坐标的分量有3个。对于空间中的点,可类似地定义齐次坐标,其分量则有4个。在齐次坐标下,曲线和曲面的方程都是齐次的,处理起来有其方便之处。默比乌斯据此讨论了射影几何学的一些基本问题,特别是射影变换的一些性质。他还揭示了对偶原理与配极之间的关系,并对交比概念作出完善的处理。

默比乌斯带

奥古斯特·默比乌斯

后来齐次坐标被德国数学家普吕克发展成更一般的形式,它相当于把笛卡儿坐标x,y通过$x=\frac{x_1}{x_3}, y=\frac{x_2}{x_3}$换成$x_1,x_2,x_3$,这使得齐次坐标成为代数地推导包括对偶原理在内的许多射影几何学基本结果的有效工具。与彭赛列等人的综合几何学方法不同,默比乌斯和普吕克研究射影几何学用的是像解析几何学那样的代数方法,他们是射影几何学代数方向的开拓者。

1827年
发现布朗运动

1827年,英国植物学家罗伯特·布朗在用显微镜研究微生物时,首次观察到悬浮在水中的花粉颗粒(直径约为10^{-5}米)不停地作无规则的运动,而且粒子愈小,运动愈剧烈。布朗最初认为这可能是因花粉

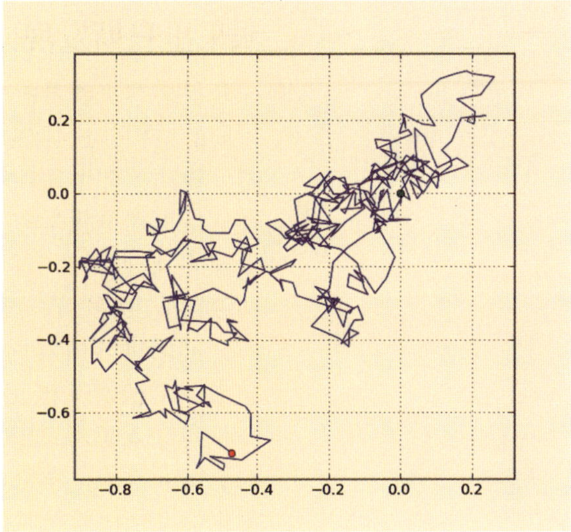

微小粒子的二维布朗运动

有生命而造成的，但当他用经酒精浸泡、晒干的花粉做实验时，仍观察到有此现象。用无机颗粒重复实验时，也观察到了同样现象。这说明此运动并不是由于微粒有生命而引起的。布朗把实验结果详细记录下之后，于 1828 年发表论文说：“在经过多次重复的观察以后，我确信这些运动既不是由于液体的流动，也不是由于液体的逐渐蒸发所引起的，而是属于粒子本身的运动。”后来人们就把此现象命名为布朗运动。当时的许多科学家，包括麦克斯韦、克劳修斯等都没有找到导致这类运动产生的原因。直到 1877 年，才有人指出，布朗运动是由于微粒受到水分子不平衡的碰撞所致。

1905 年，爱因斯坦在他的博士论文中首次提出了布朗运动的理论解释。该理论定量解释了布朗粒子的运动规律，总结了关于计算在恒定时间间隔内布朗微粒位移平均值平方的爱因斯坦公式。通过相继测量这个值还可推算出阿伏伽德罗常量 N_A，从而证明了分子论的正确性(在当时分子论还没有被广泛接受)。爱因斯坦在建立布朗运动理论时所创立的“随机行走”的统计学方法现已被广泛应用于许多领域，如计算机科学、经济学等。

1827 年
贝采里乌斯发现同分异构现象

很多有机物具有相同的分子式，但具有不同的结构，这种现象称为同分异构现象。同分异构化合物往往具有不同的性质。这一现象是由瑞典化学家贝采里乌斯于 1827 年发现的。他列举的实例主要有：雷酸和氰酸、两种锡酸、两种酒石酸和各种磷酸。

贝采里乌斯对同分异构现象的正确认识来源于他对其他化学家所做工作的认真分析与深入思考。当时，德国化学家维勒分析了氰酸银的化学组成，结果竟与另一位德国化学家李比希对雷酸银的分析结果相同，而两者是两种性质不同的化合物。为此，维勒与李比希又共同研究了氰酸、雷酸和三聚氰酸，发现它们尽管性质不同，但化学组成竟完全相同。贝采里乌斯最初对实验结果持怀疑态度，但越来越多的研究表明，组成相同的化合物未必具有相同的性质。随后他十分明确地转变了观点，承认了这种现象的存在：“仿佛组成物质的简单原子彼此以不同的方式相结合。” 这导致了有机化合物经典结构理论的建立和发展。毋庸置疑，贝采里乌斯以科学态度作出的明智转变，为有机结构理论的发展画出了坐标原点。

1827 年
布赖特描述肾脏疾病

肾脏是人体泌尿系统的重要器官，肾脏发生病变会引起排泄功能障碍，继而引发全身症状。肾炎是较常见的一种肾脏疾病，19 世纪英国医生布赖特最早给出关于肾炎的描述。

1808 年，布赖特进入英国爱丁堡大学学医，1810 年转学至伦敦盖伊医院。在此期间他对病理解剖学产生了浓厚的兴趣。1811 年，他首次报道 1 例慢性肾炎的尸体解剖情况，此后继续对肾脏炎症进行研究。毕业后布赖特先后到柏林、维也纳、布达佩斯等地访问。1820 年开始在盖伊医院工作，同时开展临床病理学研究。1827 年，他完成《病案报告》一书，报道了 24 例慢性肾炎患者的发病过程、临床表现及尸体病理解剖学检查的特点，并将肾脏病的临床表现与病理解剖结果联系起来，注意到肾脏病患者常出现水肿和蛋白尿。后来人们把具有“水肿、蛋白尿和肾脏病理改变”三联征的肾脏疾病称为“布赖特病”。布赖特对肾脏疾病研究细致，已鉴别出急性肾炎、亚急性肾炎、慢性肾炎，并能够区别肾小球肾炎和肾硬化等疾病，还隐约地认识到高血压与肾炎之间的潜在关系。

1828 年
高斯《关于曲面的一般研究》出版

1828年,正在格丁根大学任教的高斯出版了《关于曲面的一般研究》。他在这部著作中采用欧拉的方式,用两个参数 u 和 v 将曲面方程表示为:

$$x = x(u,v),\ y = y(u,v),\ z = z(u,v)。$$

于是任意曲面上的基本量弧长元素 ds 可以写成:

$$\mathrm{d}s^2 = E\mathrm{d}u^2 + 2F\mathrm{d}u\mathrm{d}v + G\mathrm{d}v^2,$$

其中 E,F,G 是 u,v 的函数。高斯定义了曲面上任一点的总曲率 k(后或称高斯曲率),并证明它就是欧拉早先提出的曲面上该点的两个主曲率之积。然后他证明了:曲面的某些几何量,例如高斯曲率,仅由上式中的 E,F 和 G 决定。又因 E,F,G 是 u,v 的函数,所以说这些几何量仅根据点在曲面上的位置参数 u,v 的变化而变化,或者说这些几何量仅与曲面的度量有关,而与点在空间的位置坐标 x,y,z 无关。这种性质,就是曲面的内蕴性质;这种几何量,就叫做内蕴几何量。高斯曲率、曲面上曲线的弧长、曲面上曲线所围区域的面积、曲面上两方向的夹角等,都是内蕴几何量。在此观念下,一个曲面本身就是一个空间,有它自己的内蕴几何结构。如果两个曲面之间可以建立保距的一一对应关系,那么这两个曲面就具有同样的内蕴几何结构。特别是,如果一个曲面可以展成一个平面,那么这个曲面的高斯曲率处处为零。这部著作中还证明了一条关于高斯曲率的著名定理:设 $k(u,v)$ 是一个曲面的高斯曲率,A 是这个曲面上由三条测地线围成的三角形区域,那么曲面积分 $\iint_A k\mathrm{d}A$ 等于这个三角形的三角之和减去 π。这实际上是平面上三角形内角之和等于 π 在曲面上的推广。1844 年,法国数学家博内把它推广到曲面上任一闭曲线所围成的单连通区域,成为著名的高斯—博内公式。

《关于曲面的一般研究》开创了曲面的内蕴几何学,是微分几何学史上的一座里程碑。高斯的几何思想后来为德国数学家黎曼所继承和发展。

1828 年
格林《数学分析在电磁理论中的应用》发表

英国数学家、物理学家格林出生于诺丁汉,9 岁起就在父亲的面包房工作。1807 年他父亲又建了一座磨坊,格林便到磨坊工作,业余自学高等数学。直到 1833 年 40 岁时,他才进剑桥大学学习。此前的二十几年中,他基本上与学术界隔绝。在这样的环境下他是如何取得杰出成就的,可以说是一个谜。

1828 年,格林发表了论文《数学分析在电磁理论中的应用》,发展了位势论。此文证明(用现代记号):设 U,V 是 x,y,z 的任意两个连续函数,它们的导数在一个任意物体的任何点上都不为无穷大,那么有

$$\iiint U\Delta V\mathrm{d}v + \iint U\frac{\partial V}{\partial n}\mathrm{d}\sigma$$

$$= \iiint V\Delta U\mathrm{d}v + \iint V\frac{\partial U}{\partial n}\mathrm{d}\sigma,$$

其中 Δ 是拉普拉斯算子,n 是物体表面指向内部的法向;dv 是体积元,相应的体积分在这个物体的内部进行;dσ 是曲面元,相应的面积分在这个物体的表面进行。这个定理后来被称为格林定理。

格林

将上述公式中的两个体积分放到等号的一边,将两个面积分放到另一边。我们看到,关于 U,V 的某种体积分(这涉及它们在物体内部的值)等于它们的某种面积分(这基本上只涉及它们在物体表面的值)。根据这一事实,可

以适当地设计一个函数 U,使得 V 在物体内部的情况可以通过 V 在物体表面上的值和 U 表示出来。这个函数被格林称为位势函数,后来又被黎曼称为格林函数。它是现代偏微分方程理论的一个基本概念,并被广泛应用于现代物理的许多领域。

《数学分析在电磁理论中的应用》是近代位势论的经典文献之一。它初印时数量很少,很快就几乎绝迹了。直到 1845 年(格林逝世后 4 年),英国物理学家威廉·汤姆孙找到这篇论文,加上自己写的导言,于 1850 年至 1854 年把它发表在克雷尔杂志上,这才产生了很大的影响。

1828 年
维勒《论尿素的人工合成》发表

在化学史上,德国化学家维勒的名字总是与尿素的合成同在,因为是他首次利用无机物氰酸铵合成了有机物尿素。

18世纪至 19 世纪初,生物学和有机化学界中流行着一种“活力论”,认为无机物与有机物之间具有根本性差异:自然界的矿物等无机物亘古不变,是没有生命的;有机物则不同,是有生命的,它们只能在动植物体内依靠一种特殊的力量——“活力”产生。因而,化学家不可能在实验室中合成有机物,尤其是由无机物合成有机物更不可能。

早在 1773 年,法国化学家鲁埃勒就发现了自然界中的尿素,但他绝对没有想到 50 多年后,有人会因为人工合成尿素而开辟了一个新的科学领域。1824 年,维勒在实验室用氰酸银作用于氯化铵的水溶液,滤去氯化银沉淀后,蒸发溶液制得尿素。此后,维勒进行了长达 4 年的潜心研究,用不同的方法制取尿素,并进行一系列的定性分析和定量研究,最后确证这种化合物正是哺乳动物新陈代谢的产物——尿素。1828 年,维勒发表《论尿素的人工合成》,公布了这一重大发现,介绍了人工合成尿素的方法,并明确指出:“这是一项以人力从无机物制造有机物即所谓动物性物质的范例。”他以事实否定了有机物与无机物之间有着不可逾越的界限以及有机物只能从生物体中得到的观点。

维勒

人工合成尿素在化学史上具有重大意义。这一发现提供了同分异构现象的早期实例,成为有机结构理论的实验证明。这一发现强烈地冲击了形而上学的活力论,开创了一个新兴的研究领域——有机合成。维勒提出有机合成的新概念,促使了乙酸、脂肪、糖类物质等一系列有机物的成功合成。

1828 年
贝尔创立比较胚胎学

比较胚胎学是胚胎学的一个分支学科,主要研究各种生物间的个体发育差异,比较各门类动物胚胎发育过程中形态的变化,探讨其在系统发生上的关系。

早期的胚胎学以描述为主,主要是观察少数几种动物的胚胎,而比较胚胎学逐渐将研究范围扩大到不同门类的多种生物。早在 16 世纪,希罗尼穆斯·法布里修斯便解剖了人、鼠、猫、狗和牛等十多种动物的胚胎并进行比较,这可以看作比较胚胎学的萌芽。俄国博物学家卡尔·贝尔经过多年比较和总结,在 1828 年出版的《动物发生史——观察与思考》一书中提出了著名的贝尔定律,开创了比较胚胎学。贝尔定律主要包括:一,在动物胚胎发育过程中,一般特征先出现,特殊特征后出现。例如,所有脊椎动物门动物的早期胚胎看起来非常相似,都有鳃裂、脊索等结构,而纲、目和种的特征在发育后期才出现。二,一般特征先发育成较特化特征,较特化特征最后发育成完全特化的特征。例如,所有脊椎动物开始都有同样类型的“皮肤”,这“皮肤”后来发育成鱼类和爬行类的鳞、鸟类的羽毛、哺乳类的毛发和爪等特化的结构。三,对某个物种而言,其胚胎发育并不历经其他物种的成年期特征,而是逐渐远离它们的成年期特征。例如,鱼类胚胎期鳃裂进一步发育成成体的鳃，哺乳动物胚胎期鳃裂则发育为成体的咽鼓管等结构。四，高等动物的胚胎与低等动物的成体无相似之处，而只与其早期胚胎相似。例如，哺乳类的胚胎与鱼类和鸟类的胚胎在早期有着共同的特征，之后则向不同方向发展，哺乳动物的胚胎发育不会经历鱼类和鸟类的成体时期。

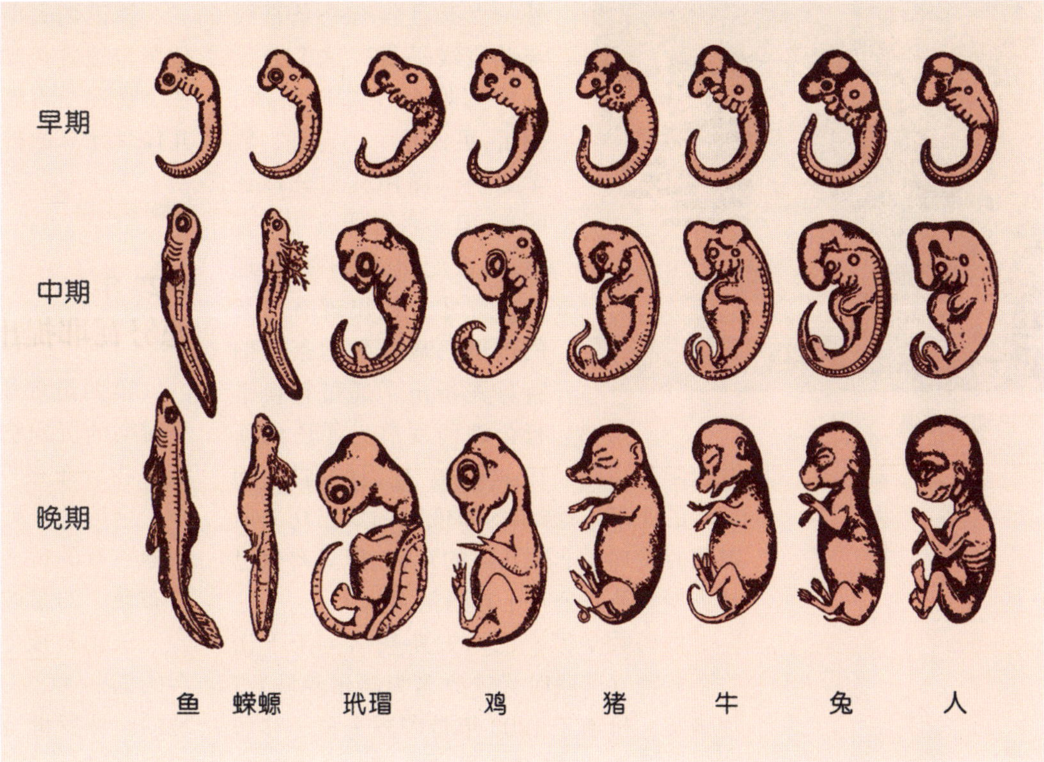

脊椎动物胚胎发育各阶段比较图

贝尔的研究为生物学的发展作出了贡献，甚至达尔文也借贝尔在比较胚胎学中的发现来支持自己的进化论。不过，尽管贝尔认为近似动物间有亲缘关系，还在 1859 年撰文指出不同人种可能有共同来源，但始终强烈反对《物种起源》中关于所有生物来自一个或少数几个共同祖先的观点。

1829 年
雅可比《椭圆函数论新基础》出版

德国数学家雅可比出生于普鲁士(现德国)的波茨坦，父亲是银行家，因此家境富裕。雅可比从小聪慧，1821 年入柏林大学，1825 年获博士学位，1826 年到柯尼斯堡大学任教长达 18 年，形成了以他为首的数学学派，1844 年到柏林大学任教。

雅可比在数学上的最主要成就是与阿贝尔相互独立地奠定了椭圆函数论的基础。这主要体现在他 1829 年出版的著作《椭圆函数论新基础》中。

这部著作由两部分组成。第一部分主要处理椭圆函数的变换。雅可比以第一类椭圆积分为起点，通过结合两种变换，得到了第一类椭圆积分的乘积。然后，雅可比利用椭圆积分的反函数，通过三角函数引进了一些椭圆函数，并建立了这些函数间的关系。他又引入复数，经过一些推导，得到了椭圆函数的双周期性、零值、无穷值及在半周期上值的变化等结果。第二部分处理椭圆函数的表示，意在把椭圆函数展开成各种无穷乘积和无穷级数。最后，雅可比以关于椭圆函数论在数论中应用的讨论结束全书。

雅可比

1829 年
罗巴切夫斯基《论几何原理》发表

解析几何学改变了几何学的研究方法，但没有从实质上改变欧几里得几何本身。欧氏几何作为数学严格性的典范，始终保持着神圣的地位。然而，从公元前 3 世纪开始，就有一件事始终让数学家们耿耿于怀，那便是欧几里得《几何原本》中的第五公设，又称平行公理。它的一种等价表述是：过一条直线

1829

罗巴切夫斯基

外一点有且仅有一条直线与此直线平行。这个公设不像其他公设那样简洁、明了,更像是一个定理。数学家们试图用其他公理证明它,但一直未能成功。直至 18 世纪末,对平行公理的研究才开始出现有意义的进展:瑞士数学家兰伯特首先指出了通过替换平行公理而发展无矛盾的新几何学的道路。19 世纪初,德国的高斯、匈牙利的亚诺什·波尔约和俄国的罗巴切夫斯基同时发现了非欧几何的存在,但只有罗巴切夫斯基及时公布了自己的发现。

俄国数学家罗巴切夫斯基出生于下诺夫哥罗德(苏联时代曾改名为高尔基城),7 岁丧父,母亲于 1800 年带着三个孩子移居喀山。他于 1807 年入喀山大学,1811 年获硕士学位并留校任教,后在该校任教授、物理数学系主任和校长等职。从 1816 年开始,罗巴切夫斯基便尝试证明平行公理。他将几何命题分成依赖于平行公理和不依赖平行公理的两类。后一类现在称为绝对几何学,其中有一个命题:“在一个平面内,过直线 AB 外一点至少可以作一条直线与 AB 不相交。”如果假设仅可作一条直线与 AB 不相交,那就是平行公理,将导出欧氏几何。罗巴切夫斯基假设可作不止一条直线与 AB 不相交,试图由此推出矛盾,从而证明平行公理。但是他不仅没有导出任何矛盾,反而得到了一系列在逻辑上相容的命题,它们构成了一个无矛盾的、与绝对几何不冲突但与欧氏几何不相同的新几何体系。因为当时对这种几何学尚无现实世界的印证,他就称之为“虚几何学”(又译“想象几何学”)。1826 年,罗巴切夫斯基在喀山大学发表“简要论述平行线定理的一个严格证明”的演讲,阐述他的非欧几何思想,但未得到与会者的赞同。1829 年,他又把这一发现写成论文《论几何原理》,发表在《喀山通报》上。这是历史上第一篇公开发表的非欧几何文献。

罗巴切夫斯基遭到了一些人的嘲讽,但他坚定地宣传和捍卫新几何学,并用法文、德文著述。直到他逝世之后十余年,这种新几何学才开始得到较普遍的确认。

1829 年
德努瓦耶提出第四纪的名称

第四纪沉积物是指形成于最晚一个地质时期的沉积物,一般呈松散状态。第四纪沉积物分布极广,除岩石裸露的陡峻山坡外,全球几乎到处都被第四纪沉积物覆盖。中国独有的黄土地貌——黄土高原,是中国分布最广的第四纪沉积物。

法国地质学家德努瓦耶是法国地质学会的创办人之一。1829 年,他对法国巴黎盆地的晚侏罗世、白垩纪和第三纪的地层进行研究,针对第三系之上的松散沉积层提出了第四纪这一名称,作为地质年代表的最新部分。后来,第四纪地质学得到蓬勃发展。

1829—1832 年
伽罗瓦确立群论基本概念

求解高次代数方程问题占据着 19 世纪前期代数舞台的中心。意大利数学家鲁菲尼和挪威数学家阿贝尔等人都为此作出了重要贡献,但都没有完全解决代数方程根式可解性问题。法国数学家伽罗瓦继承并超越了他人的研究成果。他系统地研究了方程根的置换性质,首次定义了“群”的概念。群是配有一种运算的集合。群的元素不一定是数,可以是函数、矩阵、位移或其他东西,群的运算也不一定是寻常算术、代数中的运算,但它必须满足封闭性、结合律、有单位元、有逆元这 4 条性质。1829 年,伽罗瓦把关于群论的初步研究写成论文提交给法国科学院,1830 年又写了一篇论文参加该科学院数学大奖的评选,但这两篇论文都被遗失了。

伽罗瓦利用群论的方法彻底解决了代

伽罗瓦

数方程根式可解性问题。他注意到每个方程都可以与一个置换群，即它的根之间的某些置换组成的群联系起来。现在称这种群为伽罗瓦群。1832 年，伽罗瓦证明了一元 n 次方程能用根式求解的一个主要条件是该方程的伽罗瓦群为可解群。其想法大致是：将每个方程对应于一个域，即含有该方程全部根的域(现称为方程的伽罗瓦域)，这个域又对应一个群，即这个方程的伽罗瓦群。这样，他就把代数方程根式可解性问题转化为与方程相关的置换群及其子群性质的分析问题。这一重大突破可用群论的语言表述如下：一个方程式在一个含有其系数的数域中的群若是可解群，则此方程式是可以用根式解的，而且只有在这个条件下方程式才能用根式解。

1832 年 5 月，21 岁的伽罗瓦卷入了一场决斗。自知难逃厄运的伽罗瓦连夜给朋友写信，仓促地写下了自己的数学研究心得。5 月 30 日清晨，伽罗瓦在决斗中倒下。他的坟墓已无迹可寻，但他的著作——两篇被遗失的论文和临死前的不眠之夜写下的手稿，却成为不朽的纪念碑。

1830 年 黑塞尔发现晶体的宏观对称类型

晶体的对称性有宏观对称性和微观对称性之分，前者指晶体的外形对称性，后者指晶体微观结构的对称性。晶体的宏观对称操作的集合，称为点群。

晶体独立的宏观对称元素只有 8 种，但在某一晶体中可能只存在一个独立的宏观对称元素，也可能有由一种或几种对称元素按照组合程序及其规律进行合理组合的形式存在。这些对称元素组合时必须受以下两条的限制：(1)晶体多面体外形是有限图形，因此对称元素组合时必通过质心，即通过一个公共点。(2)任何对称元素组合的结果不允许产生与点阵结构不相容的对称元素。

1830 年，德国物理学家黑塞尔首先发现，按照以上程序及限制进行组合，晶体外形对称元素的一切可能组合方式(即晶体的宏观对称类型)共有 32 种，也就是说，晶体共有 32 种不同类型的点群，对应于 32 种晶体类型。

1830 年 李比希创立有机物快速定量分析技术

1781 年，法国化学家拉瓦锡发现有机化合物燃烧后产生二氧化碳和水。这一发现为有机化合物中元素的定量分析奠定了基础。1810 年，法国化学家盖-吕萨克和他的同伴改进了有机分析方法，把有机物与氯酸钾混合干燥后，放在加热管中加强热使其燃烧，然后通过测量生成气体的体积来计算元素含量，得出了比较满意的结果。1814 年，瑞典化学家贝采里乌斯进一步改进了分析方法，用钾碱吸收二氧化碳，用氯化钙吸收水，并在氯酸钾和有机物的混合物中加入食盐以减缓反应，以免发生爆炸。将有机分析发展成为精确、系统的定量分析技术则是由德国化学家李比希于 1830 年完成的。他改进并完善了由盖-吕萨克等提出的有机物燃烧分析法，让有机物的蒸气通过赤热的氧化铜，使之完全氧化成水和二氧化碳，然后分别被氧化钙和氢氧化钾吸收，从而快速测定有机物中

李比希

碳、氢、氧的含量。这一方法成了有机化学中至今仍然使用的常规分析标准。他对许多有机化合物的分析结果相当精确。后来,法国化学家杜马发明测定有机氮方法,这样就形成了完整的有机分析体系。

1830—1833 年
赖尔《地质学原理》出版

1790—1830 年被称为盛产地质学家的时代。通过这些地质学家的实地考察,人们总结出地球演化的灾变论 (认为在整个地质发展的过程中, 地球经常发生各种突如其来的灾害性变化, 代表人物为法国博物学家居维叶)和渐变论(认为地质变化是一个长期、平稳而缓慢的渐变过程, 漫长的时间足以使微小的改变逐渐积累,产生惊人的效果)。在两者的争论中,渐变论逐渐取得了胜利,其杰出代表就是英国地质学家查尔斯·赖尔。

"就像 1642 年伽利略逝世的同年牛顿诞生, 后者使前者的力学得到发展那样,1797 年伟大的赫顿逝世,同年赖尔诞生,并进一步发展了前者的业绩。" 科学史学家的这段话, 足以说明赖尔在地质科学形成中的作用。赖尔出生于苏格兰,1814 年,进入牛津大学,学习古典文学和数学,并选修了昆虫学课程。在大学期间,《地质学引论》一书使他对地质学着了迷。赖尔从 20 岁起开始地质考察活动,多次勘察欧洲和美洲,地质过程的缓慢变化给他留下了深刻印象。他认为地壳的变化是一个十分漫长的自然过程,与《圣经》上说的洪水无关。他强调"现在是了解过去的一把钥匙", 主张地史时期的事件无论在量方面还是质方面都与现在无异。

1826 年, 赖尔被选为英国皇家学会会员。1830 年 1 月,他的《地质学原理》第 1 卷出版, 书中正式提出地球演化的渐变论。1831 年该书第 2 卷出版,1833 年第 3 卷出版。他在书中用当前仍在继续起作用的自然营力去说明过去的地质现象。也就是说,要认识地球的历史,用不着求助超自然的力和灾变,因为通常看起来"微弱"的地质作用力,如降水、风、河流、潮汐,在漫长的地质历史中慢慢起作用,就能使地球的面貌发生很大的变化。他认识到了陆地的升降运动,便把意大利塞拉比寺院曾部分被海水淹没的三根石柱作为《地质学原理》的刊头画,还用斯德哥尔摩附近高于海平面以上 70 米的贝壳来说明陆地的上升。

达尔文对赖尔的《地质学原理》十分推崇,乘坐"贝格尔号"作环球考察时就将其带在身边,并赞叹说:"读完每一个字,我心中都充满了钦佩之情。"《地质学原理》为近代地质学奠定了科学的理论基础, 赖尔本人也被尊称为"地质学之父"。

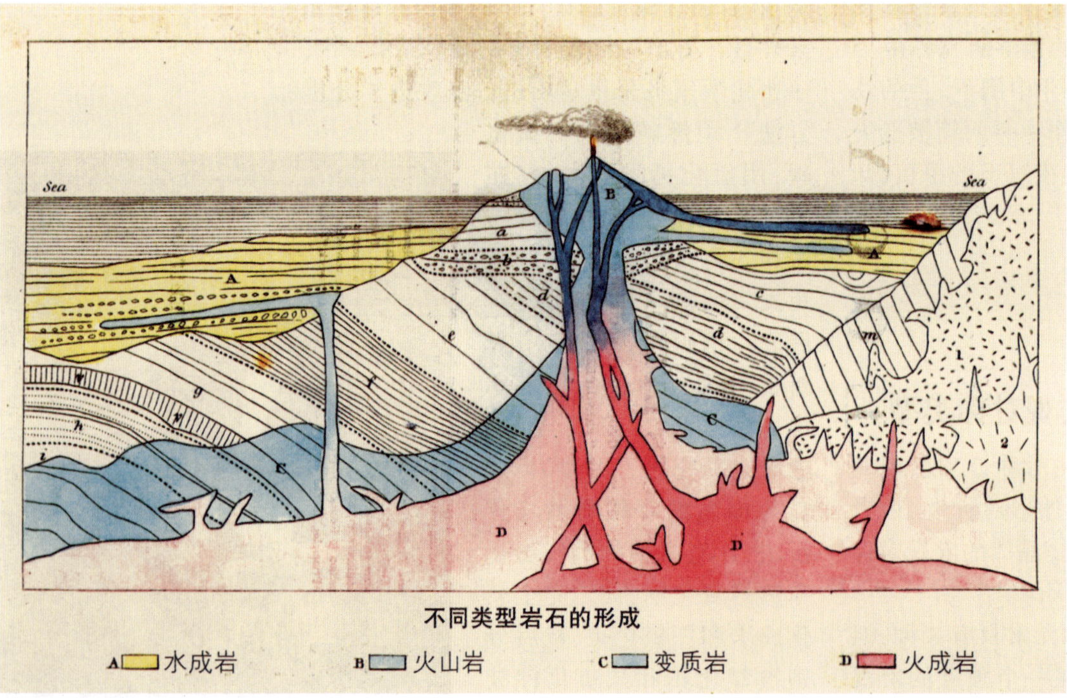

《地质学原理》扉页上的插图

1831 年
法拉第发现电磁感应现象

法拉第在实验室

通过闭合回路面上的磁通量发生变化时，在回路中产生电动势的现象称为电磁感应现象，它是英国物理学家法拉第于1831 年首先发现的。

1821 年，即丹麦物理学家奥斯特发现电流磁效应后的第二年，当时还是英国大化学家戴维助手的法拉第就注意到了这个发现，但他并没有满足于重复奥斯特的实验，而是产生了一个想法，既然电会产生磁，那么磁也可能产生电。1822 年，他在日记中写下了这一光辉思想："磁能转化为电。"之后，法拉第进行了不少探索，但均无结果。1831 年 8 月，法拉第在经历了10 年之久的反复实验后，终于取得了突破。在 8 月 29 日，法拉第发现了电磁感应现象的第一个效应。在随后的 3 个月里，为了核实这个发现并找出规律，法拉第共做了几十个实验，终于认识到如下事实：电磁感应现象是与某种"变化"相联系的。法拉第发现了电磁感应现象，但他并没有说明如何确定感应电流的方向，以及电磁感应中的定量规律。1834 年，俄国科学家楞次对感应电流的方向给出了明确的叙述；1845 年，德国物理学家诺伊曼定义了电动势概念，并建立了法拉第电磁感应定律。

电磁感应现象是电磁学中最重大的发现之一，这个发现将沉闷的静场课题推进到包含大量新奇现象的、十分激动人心的动场课题，为其后麦克斯韦电磁理论的建立奠定了基础。法拉第的发现还在欧洲和全世界掀起了一阵发明浪潮，发电机、变压器、电灯、电话、电报、电力机车等相继发明，诱发了第二次工业革命，使人类步入了电器化时代。

1831 年
布朗发现细胞核

英国植物学家罗伯特·布朗最广为人知的成就是发现了布朗运动。发现布朗运动靠的是敏锐的观察，而同样的原因使得布朗又成为细胞核的发现者。

布朗发现细胞核首先要归功于显微镜技术的发展。最早的显微镜在 16 世纪末就已制造出来，罗伯特·胡克在 17 世纪就发现了软木中的"小室"(实际上是死细胞的细胞壁)，但对活细胞的观察一直没有取得进展。更先进的显微镜出现后，人们才真正能够观察到细胞的内部结构。当时担任军医的布朗得到了一个去澳大利亚进行科学考察的机会，他花了 5 年的时间搜集植物、进行分类，并用新式显微镜观察植物的微观结构。他成功发现了 1200 种新物种，并且观察到了细胞核。在 1831 年的林奈学会会议上，布朗宣读了自己的论文，并对"细胞核"正式命名。虽然布朗并不是第一个看到细胞核的人，但他通过观察多种植物，确认细胞核在各种植物细胞中普遍存在，并由此推断细胞核是细胞不可或缺的成分。

随后，德国植物学家施莱登和德国动物

学家施旺在布朗发现的基础上提出了完整的细胞学说，否定了之前关于生命组成单元的其他猜测，指出几乎所有的生命，不管低级还是高级，都是由细胞构成的。

1831 年
格思里发现氯仿的麻醉作用

塞缪尔·格思里是 19 世纪美国化学家和医生，曾在美国纽约内外科学院（今哥伦比亚大学医学院）攻读医学。他早年曾经在化学实验室工作，后在纽约行医。1831 年，他用蒸馏的办法提取出氯仿（化学式 $CHCl_3$，学名三氯甲烷），并在一次截肢手术中，利用氯仿为病人实施麻醉获得成功。1831 年夏，格思里将他的发现写成论文发表。尽管后来法国科学家索贝兰和德国化学家李比希都发现了氯仿的麻醉作用，但格思里依然被公认为是最初的发现者。

1847 年，苏格兰产科医生辛普森将氯仿用于临床上对产妇的麻醉，以减轻其分娩时的疼痛。辛普森 14 岁进入爱丁堡大学，21 岁获得医学学位，28 岁任爱丁堡大学产科教授，1835 年成为爱丁堡皇家医学学会会员。辛普森后来被任命为维多利亚女王的御医，1853 年他用氯仿解除了维多利亚女王的分娩之痛，为她接生了利奥波德王子。此后，在维多利亚女王的帮助下，氯仿在医疗中作为缓解疼痛以及用于全身麻醉的药物被医学界所接受。但由于氯仿有较大的毒性，20 世纪以后逐渐不再作为麻醉剂使用。

1832 年
波尔约独立提出非欧几何思想

匈牙利数学家亚诺什·波尔约在其当数学教师的父亲福尔考什·波尔约的指导下，学习了微分几何和分析力学等高深课程。亚诺什·波尔约试图用欧几里得《几何原本》中的其他公理来证明平行公理，但到 1820 年，

波尔约父子雕像 位于今罗马尼亚特尔古穆列什。

他得出结论：这种证明也许是不可能的。于是他开始致力于发展一种不依赖欧几里得公理的几何学。

1823年，亚诺什·波尔约完成了《绝对空间的科学》的草稿，稿中讨论了一个完整的、无矛盾的非欧几何系统。然而，不久他就得知自己的大部分工作结果高斯早已经得到了。尽管高斯并没有要求什么优先权，这对亚诺什·波尔约仍是一个重大打击。1832 年，《绝对空间的科学》被作为附录发表在他父亲的一本讨论数学基础的著作中，但没有引起重视。此后，亚诺什·波尔约继续研究绝对空间中的三角形和球面三角形的关系、绝对空间中四面体的体积等问题。由于和罗巴切夫斯基在同一时期独立地对欧氏几何的平行公理作了批判性的研究，亚诺什·波尔约也被公认为非欧几何学的创始人之一。

1832 年
亨利发现自感现象

自感现象是指电路中因本身电流变化而产生感生电动势的现象，此时的感生电动势称为自感电动势。自感现象在具有铁芯的线圈中特别明显。当电路断开时的瞬间，自

感电动势的方向与电路中原来电流的方向一致，所以将出现电流突然增大的瞬间过程；当电路接通时的瞬间，自感电动势的方向与电路中原来电流的方向相反，所以将出现电流从零逐渐增大的过程。美国物理学家约瑟夫·亨利于 1832 年在论文中首先报道了自感现象。实际上，亨利于 1830 年就观察到电磁感应现象，但当时的美国远离欧洲科学中心，所以他的工作并不为人们所知。亨利还发明了继电器，为电报机的发明作出了贡献。

1832 年
斯特金发明整流器

整流器是大多数现代电动机不可缺少的组成部分，是将交流电信号变换为直流电信号的装置，它能够利用整流元件的单向导电性能，将外加交流电压变为直流电压。按照整流方法不同，整流器可分为机械整流器和电子整流器，无线电技术中多采用电子整流器。

1832年，英国物理学家斯特金发明了机械整流器，并改进了美国物理学家约瑟夫·亨利的振荡电动机，制造了世界上第一台能产生连续运动的旋转电动机。整流器的发明，使交流电信号变直流电信号成为可能，这对电工、电子技术的发展起到很大的推动作用。

1832 年
霍奇金描述霍奇金病

托马斯·霍奇金是 19 世纪英国著名临床医生和病理学家，被认为是 19 世纪英国预防医学的先锋人物。1819 年 9 月，霍奇金进入伦敦圣托马斯和盖伊联合医院实习，1 年后进入爱丁堡大学，1821 年到意大利和法国游学，并利用显微镜进行观察，开始了他的病理学研究生涯。1832 年，他在《内外科学报》杂志上发表论文《论脾脏和可吸收腺体的致病性表现》，首次介绍了自己的研究成果。1865 年，另一位英国医生塞缪尔·威尔克斯发现了霍奇金所描绘的疾病，并以霍奇金的名字来命名，此后该病名被广泛使用，霍奇金也因此而闻名。霍奇金病主要侵犯脾脏、肝脏、淋巴组织，后来，其良性形式被称为霍奇金病，恶性形式改称为霍奇金淋巴瘤。

1833 年
博蒙特《胃液的实验观察以及消化生理》出版

博蒙特是一名美国军医，曾对消化过程进行认真的研究。事出有因，一位多处受伤而且胃壁有穿通伤的士兵找到博蒙特要求治疗。4 周后，他的伤口虽然愈合，但未完全封闭，在腹部形成一个胃瘘。博蒙特就利用这个胃瘘对胃液的消化过程进行观察。1825—1833 年，博蒙特历经 8 年，通过瘘管在该病人的胃中置入试管和衬垫，以采集胃液。博蒙特收集了进食前后的胃液，发现进食后由于食物刺激胃壁，胃黏膜立即有大量胃液分泌；而当胃内并无食物刺激时，胃黏膜也会分泌少量的胃液。博蒙特将收集来的胃液分别寄给两所大学的化学家去分析，分析结果认为胃液里含有酸性成分，而该酸性成分是盐酸。据此博蒙特推定，胃黏膜可以分泌盐酸。1833 年，博蒙特完成了专著《胃液的实验观察以及消化生理》，这是历史上第一部描述胃的运动、胃液分泌和消化功能的生理学著作，影响广泛，被翻译为德文和法文。博蒙特创立的实验方法和获得的研究结果为消化生理学奠定了基础。

1834 年
哈密顿方程建立

哈密顿方程是爱尔兰数学家、物理学家

及天文学家哈密顿爵士于 1834 年在拉格朗日方程的基础上发展出来的。尽管拉格朗日方程有许多优点，但它是一个二阶微分方程，求解比较麻烦。哈密顿用广义坐标和广义动量作为独立变量，推出一组方程，即哈密顿方程。虽然这组方程的数目是拉格朗日方程的两倍，但因为是一阶微分方程，所以求解较为方便。

哈密顿通过变换把拉格朗日力学体系中的广义速度变换为广义动量，把拉格朗日函数变换为哈密顿函数。哈密顿函数就是保守体系的总能量。将力学系统用哈密顿方程表示的方法不仅在经典物理学中很重要，在量子力学的创建中也起到了非常重要的作用。德国物理学家海森伯就是直接把坐标、动量、哈密顿函数等物理量改换成算符，从而建立了矩阵力学。哈密顿方程此时也就是量子力学中力学量算符随时间演化的方程。

1834 年
楞次定律提出

法拉第于 1831 年发现了电磁感应现象后，虽然对产生感应电流的方法作了一定的说明，但未能归纳出简单而普遍的定律。俄国物理学家楞次详细分析了法拉第和其他物理学家的有关实验结果后，于 1834 年提出了一个能判断感应电流方向的定律，即楞次定律。电磁感应是由于磁通量的变化而引起的，所以楞次定律通常可表述为：闭合回路中感应电流的方向，总是使它所产生的磁场阻碍引起感应电流的磁通量的变化。

楞次定律与能量守恒定律相符，是能量守恒定律在电磁感应现象中的反映。感应电流的磁场阻碍引起感应电流的磁通量的变化，因此，为了维持原来磁通量的变化，就必须有外力来克服感应电流磁场的阻碍作用，从而做功，将其他形式的能量转变为感应电流的电能。

1834 年
杜马提出取代学说

19世纪中叶，化学家们开始探索有机物的内部结构——分子中原子的排布和组合方式。许多有机化学家认为，在有机化合物分子中存在一些化学性质相当稳定的原子团——基团，有机化合物由这些基团组合而成，在一般的有机反应中这些基团不变，只是发生基团间的重新组合。法国化学家杜马也认为："无机化学中的原子团简单，有机化学中的原子团复杂，两者的差别仅限于此。"基团理论在当时归纳和解释了一些有机反应，在有机化学的系统化方面起到了一定作用，但它没有揭示有机化合物的本质。

1833 年，一次舞会上的"蜡烛冒烟"事件使杜马开始研究取代反应。当时，蜡烛燃烧放出了一种让宾客们难以忍受的刺激性烟雾。经研究后，杜马发现，这是由于用氯漂白蜂蜡时，氯部分取代了蜡中的氢，这些含氯的蜡烛在燃烧时产生呛人的氯化氢气体。1834 年，他在实验中发现氯与松节油相互作用时，松节油中的氢被同体积的氯取代。他认为，这些事实说明氯具有一种从某种物质中排除氢并将氢原子逐个取代的能力。杜马将这一过程命名为取代作用。其实，早在 1815 年和 1821 年，盖-吕萨克和法拉第等人都曾提及过取代作用，不过当时并未引起人们的注意。杜马却抓住了这些现象，将其总结为取代学说。

杜马的取代学说是近代有机化学发展过程中的一个很重要的理论，它宣告了基团理论的破产，使近代有机化学又向前迈进了一大步。

1834 年
法拉第提出电解定律

人们很早就认识到，化合物可以靠异性电荷的相互吸引而形成，而通过相反的过程——电解，则可以使化合物分解。那么，在这个过程中，析出物质的量与电量之间具有怎样的定量关系呢?1834年，法拉第提出电解定律，对这个问题作出了解答：电解时各电极上析出(或溶解)的物质的量与通过电解液的电量成正比，1 法拉第电量产生相当于 1 摩尔电子起氧化还原反应的物质的量。当以相同的电量分别通过几个串联的电解槽时，在各电极上析出(或溶解)的物质的量与 $\frac{M}{z}$($\frac{A}{z}$)成正比，式中 M、A 分别为分子或原子的摩尔质量，z 为电极反应进行时电荷数的变化。法拉第电解定律是电化学中的重要定律，是电解反应定量计算的基础，它将电量和化学反应过程中涉及的物质的变化量定量地联系起来，成为架设在经典物理量和多种化学物质变化量之间的一座桥梁。

法拉第在皇家学会作圣诞演讲 这个由法拉第发起的"圣诞演讲"，一直延续到今天。

1834 年
布森戈创办首个农事试验场

法国农业化学家布森戈是农业化学的奠基人之一，他建立了植物氮素营养学说，并于 1834 年在自己的庄园里创办了世界上最早的、以其名字命名的农事试验场。

布森戈通过对氮素营养的研究，证明了氮对于生命的极端重要性。为了给施肥提供依据，布森戈分析了各种肥料的化学成分，并绘制成图表。他测定了作物从土壤中吸收的磷酸、钾、石灰和其他无机物的数量，并换算成相当的肥料数量。他以氮为标准，测定各种牧草的营养价值，比较不同饲料的效果，研究食物被家畜消化后化学成分上的变化。这是早期家畜营养学方面难得的研究。布森戈还对不同食物中的氮含量、不同品种小麦中谷蛋白的含量、植物叶子的功能等做了卓有成效的研究。布森戈的主要著作有《农学、农业化学和生理学》。

1835 年
盖-吕萨克提出银量法

银量法是一种重要的容量分析法，它以硝酸银溶液作为标准溶液，根据滴定液的浓度和消耗的体积，测定可与 Ag^+ 生成沉淀的离子(如 Cl^-、Br^-和 I^-)的含量。该方法是由法国化学家盖-吕萨克于 1835 年提出的。

早在 1663 年，英国化学家玻意耳就将植物色素用作酸碱指示剂，开了容量分析的先河。但真正的容量分析法的建立应归功于盖-吕萨克。1824 年，他发现可以用磺化靛青作指示剂来测定漂白粉中有效氯的含量，随后他又用硫酸滴定草木灰、用氯化钠滴定硝酸银。这三项工作分别代表了氧化还原滴定、酸碱滴定和沉淀滴定。到这一时期，滴定分析法的发展达到极盛，其应用范围显著扩大，准确度大为提高，接近了重量分析法所能达到的水平。

银量法作为最成熟的沉淀滴定分析法，具有快速、简便、准确等优点，迄今还有很高的实用价值。

1836 年
贝采里乌斯提出“催化”一词

瑞典化学家贝采里乌斯在他的化学生涯中独创了两个名词，一个是“异构体”，另一个是“催化”。

最早发现催化现象的是俄国化学家戈特利布·基尔霍夫，他在 1811 年研究了酸催化淀粉水解为葡萄糖的反应。3 年后，英国化学家戴维发现酒精在铂上进行氧化反应，其反应速率远大于酒精单独燃烧。他详细描述了这个反应过程。在以后一段时间里，一些人继续研究铂上的氧化反应。1834 年，法拉第发表了一篇关于氢气和氧气在铂箔上反应的著名文章，他表征并评价了铂的催化活性以及失活、中毒和活化性质，同时进行了一些反应动力学研究。他认为氢气和氧气在铂表面上聚集而相互接近，从而导致反应的发生。铂本身不能使任何微粒结合，铂的作用仅仅是把反应物紧密地吸引到它的周围。

1835 年，贝采里乌斯在研究某类反应时，发现有些痕量物质能使得化学反应速率加快，而其在化学反应前后并不被消耗，他提议用催化(catalysis)这个名词来解释这类反应。该提议于 1936 年以论文形式发表在《物理学与化学年鉴》杂志上。他在论文中首次用催化一词来解释淀粉受酸催化水解为葡萄糖的反应、金属离子对过氧化氢分解的影响、铂在氢气和氧气反应中的作用等。

1836 年
丹尼尔发明隔膜电池

世界上第一种电池是伏打电堆(其实是串联的电池组)，每一电池由锌作为阳极，银作为阴极，中间是吸满饱和电解质的隔离布。但是，伏特电堆不能反复充电，且使用过程中电极易极化而产生氢气，影响电池寿命。

1836 年，英国物理学家丹尼尔对伏打电堆进行了改良，将铜片作阴极插在硫酸铜溶液中，将锌片作阳极插在硫酸锌溶液中，两种溶液之间用多孔隔膜(如素瓷片)隔开。他使用稀硫酸作电解液，解决了电池极化问题，制造出能提供平稳电流且可反复充电的锌—铜电池，即著名的丹尼尔电池。隔膜电池是人类第一个实际应用的电池，早期用在铁路信号灯上。

1836 年
爱伦贝格描述钙质超微化石

钙质超微化石是指形体非常微小(1—35 微米)的一类碳酸钙质化石，包括颗石藻类产生的颗石，以及一些类似的化石。钙质超微化石个体微小，数量极多，分布广泛，演化迅速，是深海钻探和海上石油勘探中主要的生物地层学依据。

最早发现钙质超微化石并对其进行描述的是德国科学家爱伦贝格。1836 年，爱伦贝格对采自

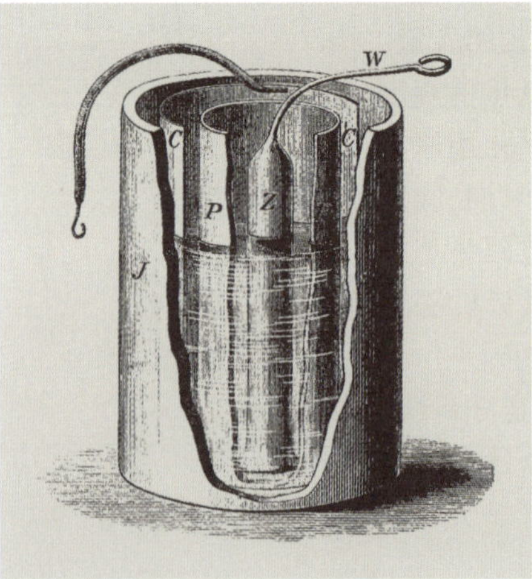

丹尼尔电池

电子显微镜下的颗石藻

波罗的海吕根岛白垩系地层的白垩岩样进行显微观察，发现上面有许多呈扁平椭圆盘状的细小颗粒。他认为这些细小的颗粒是无机成因的，并把它们的形状绘制下来，命名为“钙质结晶盘石”。1858 年，英国博物学家托马斯·赫胥黎在北大西洋深海软泥中，观察到大量爱伦贝格所描述的晶形物，并给它们起了个新的名字“颗石”，但他也错误地认为颗石是无机成因的。1861 年，英国地质学家索比发现颗石在偏光显微镜下具有独特的光学特征，而这种特征不可能存在于无机物中，因此推断颗石是由有机物演变而来，从而奠定了颗石的有机成因学说。

后来，科学家开始把颗石作为古生物化石来研究，提出了超微化石和超微古生物学的概念。1954 年，美国地质学家布拉姆莱特和雷德尔阐述了钙质超微化石的地层学意义，使其开始作为生物地层标志被广泛应用于海洋地质学研究中，成为中生代、新生代海相地层学与古海洋学的重要研究材料。

1837 年
汪泽尔证明三等分角与倍立方体为不可能作图问题

早在古希腊时期，就出现了著名的几何作图三大问题，分别是：(1)三等分角问题，即将一个任意角三等分；(2)倍立方体问题，即作一个立方体，使其体积是已知立方体体积的两倍；(3)化圆为方问题，即作一个正方形，使它的面积等于已知圆的面积。千百年来，这些尺规作图问题一直困扰着无数的数学家。

17世纪解析几何建立以后，尺规作图的可能性才有了准则。1837 年，法国数学家汪泽尔在代数方程论的基础上证明了三等分角问题和倍立方体问题不可能用尺规作图解决。而化圆为方问题则要等到 π 被确认为超越数后才被证明为不可能作图问题。

1838 年
贝塞尔成功测出恒星视差

地球环绕太阳公转，必会引起恒星的视差位移——简称“视差”。早在 16 世纪，哥白尼已通过实测意识到恒星十分遥远，故用当时的仪器无法探测到其视差。英国天文学家布拉德雷在探测恒星视差的过程中，曾于 1725 年发现光行差，又于 1748 年发现地轴章动，但测量视差本身却未成功。

从统计意义上说，视亮度越大或自行越大的恒星应离地球越近，两子星间距越大、互相绕转周期越短的双星系统也应离地球越近，它们是检测视差的优先目标。19 世纪天文望远镜的测角精度已达 0.01″，为测量恒星视差创造了重要

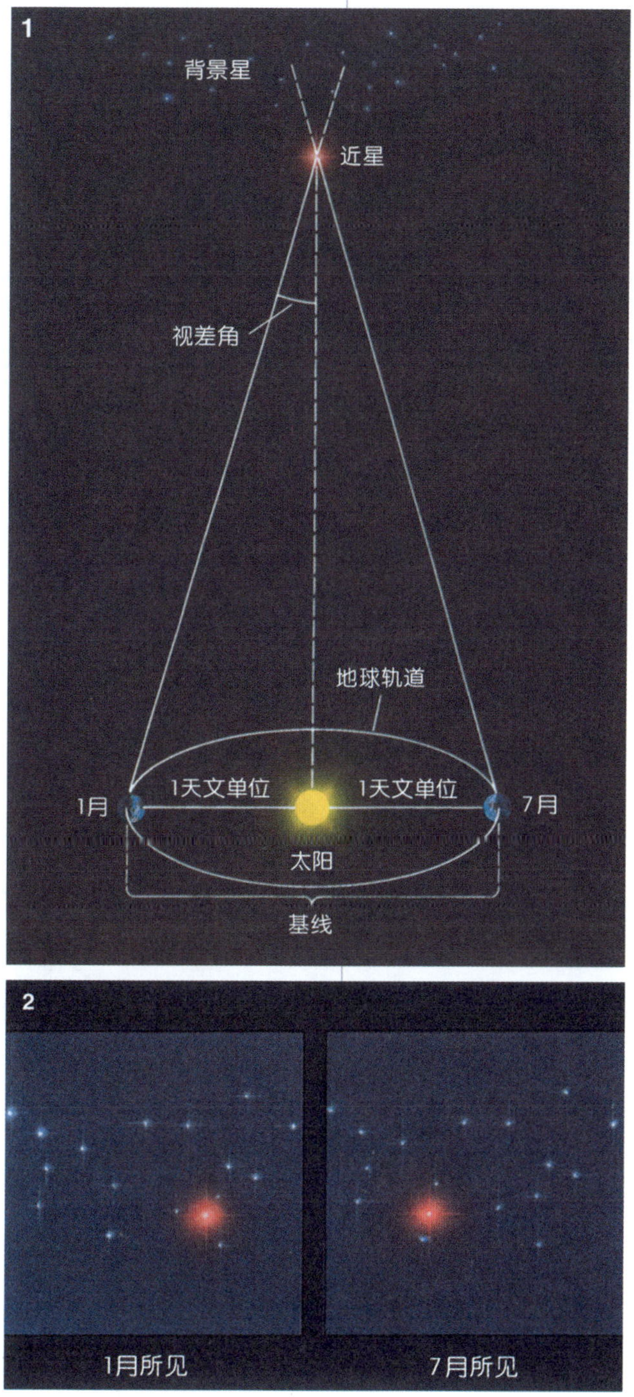

恒星视差示意图 (1)相距 6 个月的观测，基线长度是日地距离的 2 倍，即 2 个天文单位。(2)通常总是通过对比不同时刻拍摄的照片来测定视差。

的有利条件。1837 年，德国天文学家贝塞尔选择对天鹅座 61 进行观测。它是当时所知自行最大的恒星，每年移动 5.2″，又是两子星间距颇大的双星。一年后，贝塞尔排除了光行差、章动等其他因素，终于肯定该星的位置确实在细微地变化，而且变化的方式表明这正是该星的视差位移。1838 年 12 月，他宣布天鹅座 61 的视差是 0.31″，日后更精确的测量值则是 0.294″，相应的距离约为 11.2 光年。两个月后，英国天文学家亨德森发表了对全天第三亮星半人马座 α 的测量结果。该星的自行达每年 3.7″，而且是子星间距很大的短周期双星。它的视差是 0.91″，距离太阳 4.3 光年。后来又发现该系统还有一个较暗的成员，距离太阳 4.22 光年，是离太阳最近的恒星，故被称为半人马座比邻星。俄国天文学家瓦西里·斯特鲁维测量织女星亦获成功，于 1840 年宣布其视差为 0.26″，这比今天的公认值大了一倍。这种基于三角学原理测得的视差称为“三角视差”。成功测定三角视差揭示了恒星的真实距离，扫除了哥白尼日心说的最后一道障碍，为日后恒星天文学的发展奠定了基础。

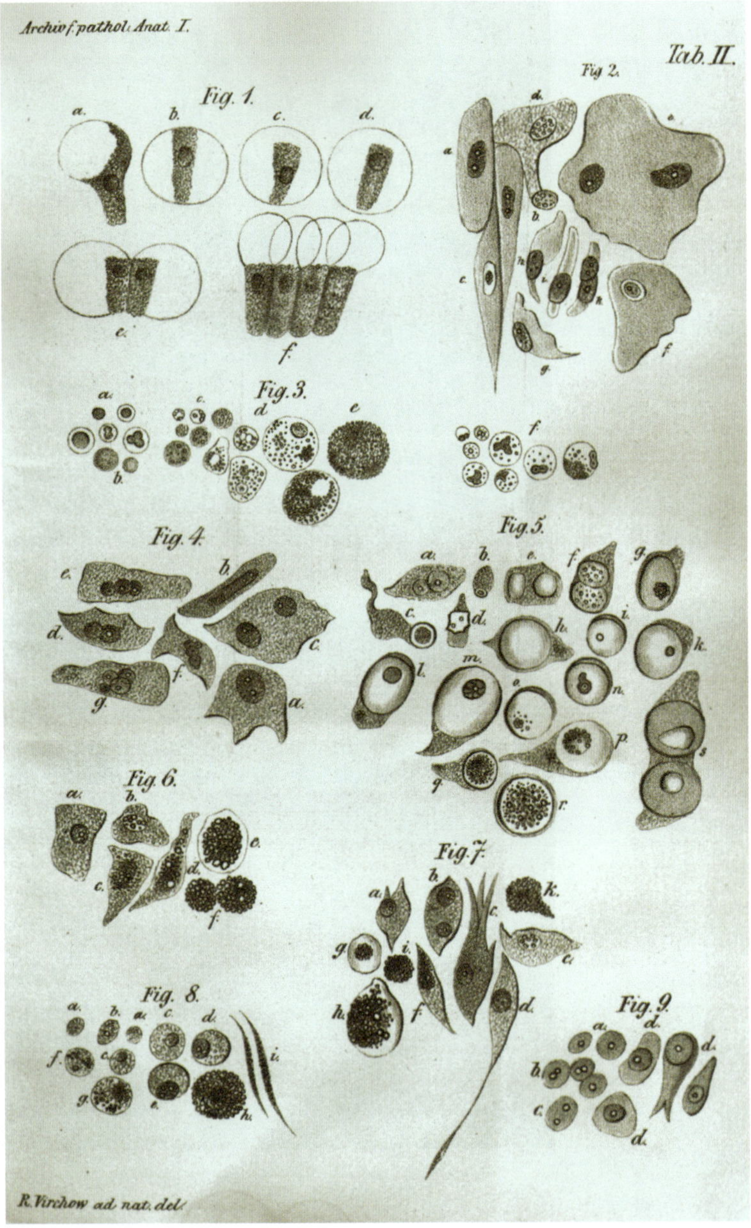

菲尔绍描绘的各种细胞

1838—1839 年
施莱登和施旺创立细胞学说

少有人能在年近三十、一事无成后，还有热情从头再来。施莱登就是这少数人中的一个。施莱登脾气火爆，心理脆弱，20 岁时开始学习法律，毕业后成为律师，但事业十分糟糕，这让他沮丧之极，甚至试图饮弹自

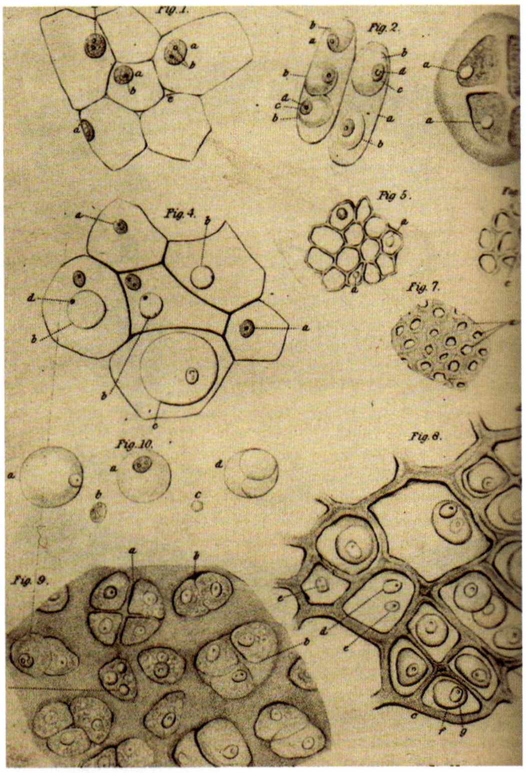

施莱登和施旺描绘的各种细胞

杀，幸好只是在脑门上留下一个伤疤。此后他打消了自寻短见的念头，转而寻求其他精神寄托。他先是对植物学产生了兴趣，后来罗伯特·布朗关于细胞核的发现启发他开始从事当时新兴的细胞研究。于是，31 岁的施莱登再度踏入大学。他在科学研究方面的天分让他信心大增。

当时欧洲学术界对生命的结构单元有种种猜测。有人认为叶子是植物的基本结构，脊椎骨是动物的基本结构。细胞的发现，尤其是布朗发现细胞核以及德国植物学家莫尔发现细胞分裂启发了施莱登——所有植物可能具有共同的结构单元，这就是细胞！施莱登的这一发现于 1838 年发表。随后，他的好友施旺由此联想到了自己正在观察的动物细胞，并激动地告诉施莱登，动物肯定也和植物一样由细胞组成！施旺的成果发表于 1839 年。施莱登和施旺共同创立了细胞学说，提出生物都是一个或多个细胞所构成的，细胞是生命的基本单位。这成为现代细胞生物学的认识基础。

但是，当时对“新细胞如何产生”这个问题，他们的认识仍然不清晰。比如施旺就认为新细胞是由老细胞周围流动的颗粒生成的，施莱登则认为细胞能自由生成。直至 1858 年，德国病理学家菲尔绍才确认新细胞来自于已存在的细胞。细胞学说颠覆了人类对自身特殊性的幻想，令人类转而将自己归于自然界统一的结构组成中。换句话说，我们和常见的动植物一样都是由细胞构成的，并无特别之处。这一发现被恩格斯誉为 19 世纪自然科学三大发现之一。

1839 年
米尔德发现蛋白质的化学组成

蛋白质是构成生物体、支持生命活动不可或缺的物质。19 世纪，人们已发现动植物的体液或组织中存在一类特殊的物质，它们溶于水，但其水溶液被加热或加入酸后会产生沉淀。荷兰化学家米尔德分析了这类物质的化学组成，发现这些复杂的大分子化合物都有相似的组成，他用一个含有碳、氢、氧、氮的化学式作为它们的通式，认为只要在这个基础上加入一些含硫或含磷基团，就可以形成各种这类化合物。1839 年，他发表了自己的研究成果，并将这类分子命名为蛋白质(protein，该词源于希腊语，意为“头等重要的”)。他还提出，动物可以通过食用植物获取蛋白质。1842 年，德国化学家李比希出版的《动物化学》将蛋白质的地位大大提高，认为其对生命的作用比糖类或脂肪更为重要。今天人们已知道，蛋白质的种类和结构非常丰富，它们对于生命而言是极其重要的。

1840 年
泊肃叶定律提出

黏滞性是流体内部阻碍其相对流动的一种特性。当黏滞系数确定的不可压缩流体流经半径与长度确定的圆管时，单位时间内流过管中任一圆截面的流体体积与该管两端的压力差和圆管半径的四次方的乘积成正比，与该管的长度成反比。此定律是由法国科学家泊肃叶和德国科学家哈根于 1840 年分别独立地从实验中发现的，因此被称为哈根—泊肃叶定律，简称泊肃叶定律。流体力学中常把黏性流体在圆管道中的流动称为泊肃叶流动。泊肃叶定律对流体力学的发展起了重要作用。

毛细管黏度计就是利用泊肃叶定律制成的通过测量流量来确定流体黏度的仪器。此外，泊肃叶定律还可以近似地用于讨论人体内血液的流动。事实上，泊肃叶本人也正是通过长期研究血液在血管内的流动过程而得出这条定律的。

1840 年
焦耳定律提出

英国物理学家焦耳年青时曾师从著名

化学家道尔顿，在其鼓励下开始从事电学和热学方面的研究。1840 年 12 月，焦耳在英国皇家学会上宣读了关于电流热效应的论文，提出了电流通过导体时产生热量的定律，即焦耳定律。不久，俄国物理学家楞次也独立发现了同样的定律，故也称焦耳—楞次定律。该定律可表述为：电流通过一段导体时所放出的热量与电流的平方、导体的电阻及通电时间成正比。焦耳定律是能量守恒与转化定律在电能转化为热能情况下的体现。

1840 年
赫斯发现化学反应总热量恒定定律

1840 年，出生于瑞士的俄国化学家热尔曼·赫斯提出化学反应总热量恒定定律。这来源于他在热化学领域进行的开创性研究。

19 世纪初期，随着蒸汽机的发明和推广，迫切需要研究热和功的关系，以提高热机效率。完成学业回到俄国的赫斯，在伊尔库茨克一边行医一边从事与矿物和天然气相关的研究工作。在炼铁的过程中，赫斯做了大量的量热实验，准确测量了许多化学反应中的热量，结果发现：由特定的化学反应物生成特定的化学产物时，不管反应途径是什么，也不管经历多少步骤，生成或吸收的总热量相同。1836 年，他提出初步的热量守恒思想："不论用什么方式完成化合，由此发出的热总是恒定的。"1840 年，他将这一实验结论整理发表，这就是著名的化学反应总热量恒定定律，后被称为赫斯定律。这是热化学领域发现的第一个定律，它的发现标志着热化学科学的诞生。同时，它也是自然科学领域第一个有关能量守恒和转化的规律性结论。

1840 年
第一张天文照片拍摄成功

1830 年代，法国发明家达盖尔发明一种银版照相技术，用受光后分解较快的碘化银作为感光材料，曝光 30 分钟即可成像，世称达盖尔型照相术。1839 年 1 月 7 日，巴黎天文台台长阿拉戈宣布了这一发现，并预言照相术将为天文学作出伟大的贡献。1840 年，英国—美国化学家约翰·德雷伯用达盖尔型照相术拍摄成功一幅月球照片。这是有史以来的第一幅天文照片，开启了在天文观测中用照相底片代替人眼作为接收器的先河。1850 年，美国哈佛大学天文台的威廉·邦德和乔治·菲利普·邦德父子俩采用达盖尔型湿片，拍摄织女星照片获得成功，这是天文学史上的第一张恒星照片。1851 年，英国发明家阿切尔发明湿版珂罗酊法照相术，使曝光时间大为缩短，且拍摄细节可以十分清晰。后来人们又发明了干版珂罗酊法照相术，使用时比湿版法更加方便。1865 年，乔治·菲利普·邦德指出：一颗恒星越亮，在照相底片上所成的像就越大，这样的照片可以用来估计恒星的星等。1872 年，约翰·德雷伯之子亨利·德雷伯拍摄织女星光谱获得成功，是为第一张恒星照相光谱。百余年来，照相术对于天体物理学的发展作用极为巨大，直到 1970 年代电荷耦合器件(CCD)成为天文观测的主要探测器，天文照相技术才逐渐退出历史舞台。

1851年伦敦万国工业博览会上
美国哈佛大学送展的月球照片

1840 年
阿加西全面阐述冰期学说

北欧平原上分布着大大小小的砾石，大的甚至超过几千米。18 世纪至 19 世纪上半叶，人们普遍认为这些砾石是大洪水搬运而来的。以英国地质学家查尔斯·赖尔为首的少数派，则认为是冰川搬运的结果，并得到达尔文的支持。两派争论激烈。1837 年，瑞士古鱼类学家阿加西在欧洲的一次会议上提出，地球上存在过冰期，那些砾石就是由冰川搬运而来的。1840 年，阿加西在另一次会议上全面阐述了他的冰期学说，从而成为冰川学的奠基人。同年，他在阿尔卑斯山的阿尔冰川旁，建立起世界上第一个冰川研究站。阿加西的著作有《化石鱼类研究》(5 卷)、《冰川研究》、《冰川体系》、《美国自然史》(4 卷)等。

1840 年
高斯和韦伯绘出首张地球磁场图

地球是一个巨大的天然磁体，它的磁场与条形磁体的磁场一样。地磁场对人类的生产、生活都有重要意义。1600 年，英国物理学家吉伯首先提出地磁场概念。德国数学家高斯和物理学家韦伯在电磁学领域合作，于 1832 年设计出了测量磁场方向和磁场强度的仪器。1833 年，通过受电磁影响的罗盘指针，高斯向韦伯发送了电报。这是世界首创的电磁电报系统，尽管线路只有 8 千米长。1834 年，高斯和韦伯组织了格丁根磁学联合会，创建地磁观测网，这一工作后来使韦伯发明出了多种灵敏的磁强计和其他磁学仪器。1840 年，高斯和韦伯绘出了世界第一张地球磁场图，而且定出了地球磁南极和磁北极的位置，并于次年得到美国科学家的证实。

在此后的研究中，科学家们逐渐掌握了地磁场的分布与变化规律。越来越多的证据表明，地球磁极每过一段时期就会发生一次倒转现象，距今最近的一次倒转发生在大约 70 万年前。而在过去的 7600 万年间，地球曾发生过 171 次磁极倒转。

1840 年
李比希《化学在农业及生理学上的应用》出版

近代实验农业科学的第一门大学科是农业化学，其创始人为德国化学家李比希，他把化学应用到农业生产上，提出了植物的矿质营养学说和归还学说。李比希在 1840 年出版的《化学在农业及生理学上的应用》一书，是农业化学的经典论著，对农业革命产生了很大影响。

在该书中，李比希否定了当时盛行的腐殖质营养学说，提出了“矿质营养学说”。他指出腐殖质是在地球上有了植物以后才出现的，因此植物的原始养分只能是矿物质；植物以不同方式从土壤中吸收矿质养分，要彻底保持地力必须首先把土壤中最缺乏的养分归还，因为作物的产量是受数量最少的养分所制约的。他用实验方法证明：植物生长需要碳酸、氨、氧化镁、磷、硝酸以及钾、钠和铁的化合物等无机物；人和动物的排泄物只有转变为碳酸、氨和硝酸等才能被植物吸收。这些观点是近代农业化学的基础。1940 年，在该书出版 100 周年之际，美国科学促进会专门召开了纪念会，出版了纪念专集，对这本书作了极高的评价，称：“100 多年来，从来没有一本化学文献在农业科学革命方面比这本划时代的文献起更大的作用。”

李比希还通过对中、日、英、德等国农业经营方式的比较研究，把当时仍然利用自然有机肥的中国和日本称为合理农业的模范。

李比希对无机化学、有机化学、生物化学、农业化学都作出了卓越的贡献，他提出的植物矿质营养学说和归还学说，为化肥的诞生提供了理论基础，促进了化学肥料工业的迅速发展。

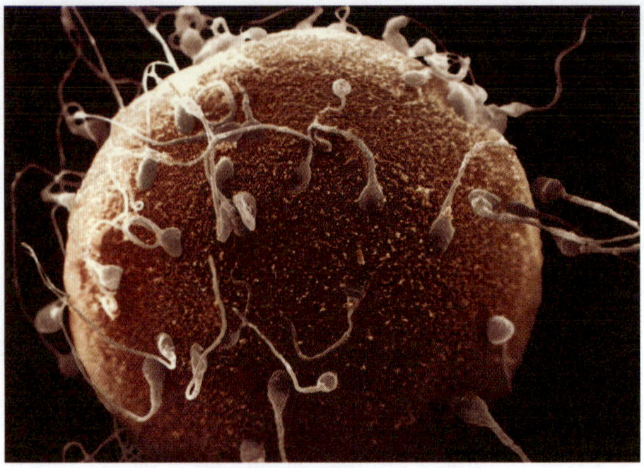

电子显微镜下拍摄到的受精照片 从中可以看出人类精子细胞与卵子细胞的相对大小。

1841 年
弗雷泽纽斯提出阳离子系统定性分析法

德国化学家弗雷泽纽斯是19世纪杰出的分析化学家。1841年，作为实验室助理的他出版了教科书《定性化学分析导论》，对已有的阳离子定性分析法提出了修订方案。

由于当时缺乏系统的元素定性实验方法和文献，人们分析元素仅从其各自的性质出发，因此，所用试剂繁芜复杂，难以鉴定混合物中的元素种类。弗雷泽纽斯通过实验，对当时大量的元素化学反应进行筛选和优化。在《定性化学分析导论》一书中，将阳离子硫化氢系统定性方法分为6组，同组离子生成的硫化物在某特定的溶剂中有相同的沉淀（或溶解）特性；还描述了酸碱度对金属硫化物沉淀的影响。该阳离子硫化氢系统定性方法可实现金、银、铜、镉、汞、铋、铅、镍、锰、铁、锌、铬、钴、铝、钙、钡、镁、锶、钠、钾和铵离子的系统分离和鉴定。弗雷泽纽斯提出的分组法与当今定性分析教科书中所采用的5组方法基本类似。1883年，中国近代科学先驱徐寿和徐建寅父子将《定性化学分析导论》译成中文，取名《化学考质》，共8卷，附图47幅。该书在分析化学学科系统化进程中具有重要地位。

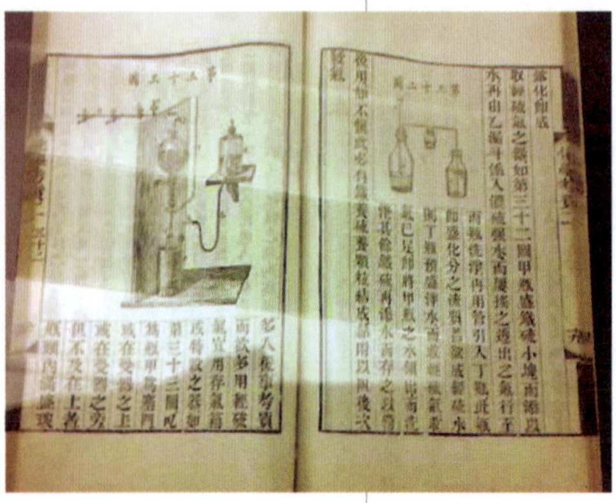

《化学考质》

1841 年
克利克证明精子和卵子都是细胞

1677年，列文虎克用自制的显微镜观察到了精液中有会游动的小东西——精子，但当时有人认为那不过是精液中的寄生虫。1827年，俄国胚胎学家卡尔·贝尔使用了“精子”一词，并描述了卵子。但人们仍然不知道它们究竟是什么，甚至认为这是难以解开的谜团。

但是，不久之后就证明，只要有台好的显微镜，加上成熟的动物组织固定技术，将动物组织切片放在显微镜下观察一番，谜底就能揭晓。1841年，瑞士生理学家克利克就做了这样的工作。他细致观察了精子在睾丸中的形成，确证了精子不是精液中的寄生虫，而是变了形的具有运动能力的细胞。他还通过观察证明了卵子也是一种细胞。克利克的发现为受精过程（精子与卵子融合为合子）和胚胎发育（合子经过细胞分裂和运动形成生命个体）的研究打下了基础。

1841 年
亨勒《普通解剖学》出版

亨勒是19世纪的德国病理学家，由于他的工作，19世纪德国处于医学科学的领先地位。亨勒发现了肾小管、血管内皮和平滑肌，描写了喉的结构与发育以及大脑各叶之间的关系。作为最早认识到细胞学说重要性的学者之一，他描述并评价了机体内各种不同类型的上皮细胞，并为比较解剖学和病理学作出了许多重要贡献。他于1841年出版了《普通解剖学》,该书描绘了许多显微镜下微细结构的观察结果,并以此作为进一步了解其功能的基础。

1841 年
法正林理论发展为完整学说

法正林(normal forest)就是理想的森林,或标准的森林,是指实现永续利用的一种古典理想森林。这种森林是在各个部分都达到和保持着完美的程度,能满足完全和永续利用的经营目的。

这种森林永续利用理论可以追溯到 17 世纪中叶。1669 年,法国率先颁布了《森林与水法令》,木材的极限和永恒生产首次被列入国家法规。1713 年,德国森林永续利用理论的创始人卡洛维茨首先提出了森林永续利用原则,提出了人工造林思想。这一理论的出现也为近代林业的兴起与发展拉开了序幕。1826 年,洪德斯哈根在总结前人经验的基础上创立了法正林学说,建立了森林永续利用的理论基础。1841 年,德国森林科学家卡尔·海尔对这个学说作了进一步补充,使法正林理论发展成为一个完整的学说。

木材永续利用的法正林思想的诞生,表明人类具有恢复森林的能力,人工林的营造和经营使人类不再纯粹依靠原始森林获得木材,缓解了当时的木材供需矛盾。但是,以追求经济利益为主的木材永续利用,导致大批同龄针叶纯林的出现,造成地力严重衰退,破坏了森林的生态结构,这是目前造成生态危机的根源之一。

1841—1856 年
魏尔斯特拉斯使数学分析严格化

德国数学家魏尔斯特拉斯早年在波恩大学学习法律和财政,1838 年转学数学。1839 年到明斯特学院准备教师资格考试,在此期间研究了椭圆函数论。1841 年取得教师证书后,魏尔斯特拉斯开始了 15 年的中学教师生涯。

魏尔斯特拉斯

1841—1856 年,作为中学教师的魏尔斯特拉斯给出了现今大学教科书中所采用的关于连续性的 ε-δ 定义,以及一套完整的表示法,为数学分析的严格化作出了不可磨灭的贡献。他第一次证明了“若一个连续函数在定义区间上的一阶导数处处为零,则它等于常数”;他第一次完全抛弃无穷小量,采用 ε-δ 技术,使微分定义算术化;他给出了无穷级数一致收敛的定义。他还考虑多元函数及函数级数的微分问题,特别是他已经认识到由函数的连续性不一定推出可微性。魏尔斯特拉斯还用幂级数来定义解析函数,并建立了一整套解析函数理论,为复变函数论作出了奠基性贡献。

1842 年
济宁用硝基苯制成苯胺

1842 年,俄国化学家济宁发现,用硫化氢处理硝基苯可得到苯胺。同年,他发表了将 α-硝基苯还原为 α-苯胺的方法,并证明生成的苯胺为弱碱,能与各种酸生成结晶状态的苯胺盐。1844 年,济宁成功地将间二硝基苯还原成间苯二胺。1845 年,他用偶氮苯合成联苯胺及其他许多芳香胺。苯胺、间苯二胺、联苯胺等芳香胺都是合成染料的重要原料,也是生产树脂和涂料的原料,并用作橡胶硫化促进剂。济宁的发现为人造染料和颜料工业的发展准备了条件,也为炸药、药物、橡胶硫化促进剂工业奠定了基础。

1842 年
达尔文提出珊瑚礁成因的沉降学说

1831 年 12 月,英国博物学家查尔斯·达尔文搭乘英国海军“贝格尔号”考察船,开

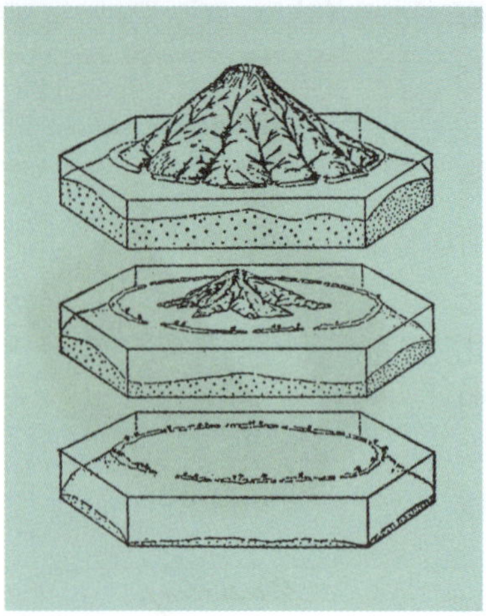

达尔文的珊瑚礁沉降成因学说示意图

始了历时 5 年的航海探险和环球考察。达尔文随“贝格尔号”先后到达了太平洋的加拉帕戈斯群岛、大溪地、科科斯群岛，以及印度洋的查戈斯群岛、毛里求斯等地，考察了许多不同类型的珊瑚礁群。通过大量的观察、对比、思考以及查阅文献，达尔文于 1842 年出版了《珊瑚礁的结构与分布》一书，提出了有关珊瑚礁成因的沉降学说。他在该书中系统地提出：珊瑚礁是由腔肠动物门的珊瑚虫和藻类共生所形成的，由于藻类的生存需要光合作用，所以珊瑚礁只能在透明度较高的浅海中生长；根据与岸线的关系，珊瑚礁可分为岸礁、堡礁和环礁。

达尔文进一步指出，珊瑚礁的发育一般要经历三个阶段：第一阶段，在火山岛沿岸形成环绕海岸并与岛屿相连的岸礁；第二阶段，岛屿缓慢沉降，珊瑚礁向上生长的速率与岛屿沉降速率保持同步，因为礁体外缘的海况条件更好，导致珊瑚礁外缘的增长速率高于内侧，珊瑚礁与海岸逐渐分开，中间以潟湖相隔，形成堡礁；第三阶段，岛屿全部沉入海面，珊瑚继续向上生长，进而形成环绕潟湖的环礁。达尔文提出珊瑚礁成因沉降理论的地质背景是海洋中的火山岛不断下沉，所以该理论又称为“礁基沉降学说”。1950—1952 年，地质学家在马绍尔群岛的比基尼岛和埃尼威托克环礁进行钻探，对所获岩心的分析，验证了达尔文的珊瑚礁成因沉降学说。

1842 年
劳斯生产过磷酸钙，开创化学肥料工业时代

在农业生产中施用肥料（主要是施用有机肥料，也施用一些天然的无机肥料如石膏、硫磺）已经有数千年的历史。人们开始施用人工化学合成的无机肥料，并把施肥真正建立在科学基础上，使之有突飞猛进的发展，却只有 160 多年的历史，这是以李比希 1840 年提出的植物矿质营养学说和 1842 年劳斯成功生产出首批过磷酸钙为标志的。

化肥发展的顺序是磷肥最早，钾肥次之，氮肥最后。用硫酸处理骨粉大约始于 1830 年。1842 年，英国农学家约翰·劳斯在长期试验研究施肥对盆栽植物及大田作物的效果之后，成功地用硫酸处理磷矿石生产出过磷酸钙，并获得专利。同年他开设了第一座用骨粉和硫酸生产过磷酸钙的肥料厂，从而开创了化学肥料工业时代。次年，化学家约瑟夫·吉尔伯特与他合作，共同研究各种肥料对作物的肥效，还研究动物营养，包括各种饲料的营养价值以及牲畜长膘的来源。他们的合作持续了 50 多年。

氮肥、磷肥、钾肥这类只含有一种作物营养元素的肥料，被称为单元肥料。随着土壤肥料学和农业施肥技术的发展，要求能根据土壤类型、肥力水平、作物种类和气候条件等因素，同时施用多种肥料，为此产生了复合肥料。1950 年代以后，复合肥料发展十分迅速。

随着农业大发展，大量使用化肥也会带

化肥的作用 化肥能有效促进农作物的生长，图为使用化肥（上）和未使用化肥（下）的两块小麦田的对比。

来一些副作用。为了保持农业生态平衡，应提倡有机肥料和化学肥料合理配合使用，并发展生物肥料等肥料新品种。

1843 年
哈密顿发现四元数

19世纪早期，数学家们一直试图将复数扩展到更高维的空间上去。1837 年，爱尔兰数学家哈密顿在《共轭函数及作为纯粹时间的科学的代数》一文中，首先对复数符号的实质作出了解释。哈密顿指出，复数 $a+bi$ 不是 $2+3$ 意义上的和，加号的使用是历史的偶然，而 bi 是不能加到 a 上去的。在澄清了复数的概念之后，哈密顿开始思考如何引进它的三维空间类似物。他首先想到把这种“类似物”表示为 $a+bi+cj$ 的形式，但很快发现复数的模法则对这种三维“类似物”不成立，于是他开始思考别的形式。

1843 年 10 月的一天，哈密顿携夫人去都柏林出席爱尔兰皇家科学院会议。当步行到布鲁厄姆桥的时候，他突然有了灵感。由于找不到纸笔，他随手取了颗石子，在桥墩上写道：此时此地，我感到思想的电路接通了，而从中落下的火花，就是 i，j，k 之间的基本方程，恰恰就是我此时使用它们的样子。哈密顿发现自己被迫作出两个让步：第一，他的新数必须包含四个分量；第二，他必须放弃乘法交换律。这两条对于代数学都是革命性的。他把这种新数 $a+bi+cj+dk$ 称为“四元数”，其中 $i^2=j^2=k^2=-1$，$ij=k=-ji$，$jk=i=-kj$，$ki=j=-ik$，而 a,b,c,d 为实数。a 称为四元数的数量部分，其余的 $bi+cj+dk$ 称为向量部分。这是历史上首次构造的不满足乘法交换律的数系，也是最简单的超复数。同年哈密顿在爱尔兰皇家科学院会议上发表了这一理论。

布鲁厄姆桥侧的铭牌

四元数理论一经问世，便引起了数学家和物理学家的讨论。它本身虽无广泛应用，却成为向量代数、向量分析及线性代数理论的先导。

哈密顿

1843 年
劳斯创立罗桑试验站

英国罗桑试验站是一所综合性农业研究机构，是世界上最古老的农业研究站，被称为“现代农业科学发源地”。该站于 1843 年由英国农学家约翰·劳斯私人出资创建，总部坐落在伦敦北部哈彭登镇附近的罗桑庄园上。1911 年起除私人捐助基金外，由英国政府每年定期拨款资助。

罗桑试验站拥有一批农业科研领域的精英人才、世界一流的实验室设备，更是以其在许多农业领域、尤其是可持续农业和环境科学方面领先的科学地位而闻名于世，历任站长多为著名土壤学家。建站初期主要进行土壤肥料方面的田间试验，以后研究范围不断扩大，包括连作对土壤结构、土壤肥力、微生物区系的影响，不同肥料对土壤发育和植物发育的影响等。1970 年代以来，开始对冬小麦、油菜等进行多学科研究，研究课题涉及土壤生物学、土壤化学、土壤植物营养和土壤矿物学等领域，是世界上进行土壤肥料试验最早和最有影响的研究中心之一。

“二战”后，罗桑试验站还大力开展国际培训和教育项目，每年都接受来自发展中国家的技术人员来试验站学习、研究，开展合作项目，以此推广试验站的科研成果，改善全球的农业和生态环境。

1843 年
施瓦贝发现太阳黑子周期

德国天文爱好者施瓦贝是一名药剂师，特定的工作时间使他只能在白天从事天文研究。从 1826 年开始，每逢晴天他都坚持使用一架小型望远镜描绘太阳黑子图。经过 17 年的观测，他于 1843 年宣称，太阳黑子数以 10 年为周期而增减。但直到 1851 年，此发现才因德国博物学家洪堡在其著作《宇宙》中提及而引起人们注意。1852 年，瑞士天文学家沃尔夫分析自 1610 年来的所有黑子观测资料，推算出黑子周期平均约为 11.1 年。几乎与此同时，德国天文学家拉蒙特发现，地磁强度的升降也具有 10 年左右的变化周期，与太阳黑子周期恰好相符。此外，人们还陆续发现了地球气候变化、磁暴活动、极光盛衰等都与太阳黑子周期有关。20 世纪人们逐渐领悟到这类联系的本质在于，太阳黑子的盛衰表征了太阳活动的强弱，并通过太阳的电磁辐射和带电粒子造成对地球的影响。

1894 年，英国天文学家蒙德深入探讨了 1645—1715 年间太阳上极少出现黑子的现象，并称其为“拖长的极小期”。1976 年，美国天文学家埃迪再次确认这一现象的客观性，并改称其为“蒙德极小期”。他指出近 7000 年来，太阳活动的水平经历了一系列的极小期和极大期，蒙德极小期只是其中之一。他还认为太阳活动的 11 年周期是近几百年才有的，而不是太阳活动的基本规律。这些论点在国际天文界引起的热烈争论至今犹未平息。

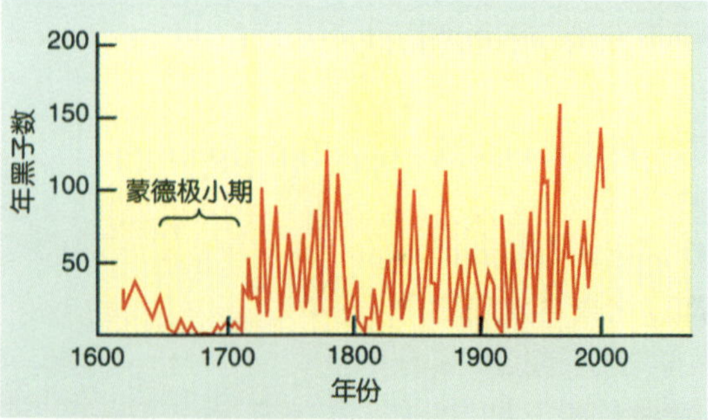

黑子周期和蒙德极小期

1844 年
库默尔创立理想数理论

为证明费马大定理，德国数学家库默尔曾把 $x^p + y^p$（p 为奇素数）分解成 $(x + y)(x + \alpha y)\cdots(x + \alpha^{p-1}y)$，其中 α 是 $\alpha^{p-1} + \alpha^{p-2} + \cdots + \alpha + 1 = 0$ 的根，由此引进形如 $f(\alpha) = a_0 + a_1\alpha + \cdots + a_{p-1}\alpha^{p-1}$ 的被他称为复整数的数，其中 a_i 是普通的整数。复整数和整数一样，也涉及素数、可除性及类似概念。1843 年，他错误地假设，对他所引进的复整数，唯一素因子分解定理成立，并以此为前提证明了费马大定理。另一位德国数学家狄利克雷知道后，指出这种假设并不成立。

库默尔逐渐认识到狄利克雷批评的正确性。为了重建唯一素因子分解，他从 1844 年开始发表了一系列论文，创立了理想数理论。在库默尔的新理论中，理想数满足唯一分解的要求。库默尔用他的理想数成功地证明了费马大定理对许多素数是成立的。在 100 以内的素数中，只有 37，59 和 67 不为库默尔的证明所包括。库默尔在 1857 年的一篇文章中将他的结果扩展到了这些例外素数。在库默尔理想数理论的基础上，德国数学家戴德金创立了一般理想理论，为现代代数数论的发展开辟了道路。

1844 年
格拉斯曼建立有 n 个分量的超复数几何学

19 世纪中叶，用几何方法解决代数问题的有效性已被人们充分认识。但如果未知数多于 3 个，三维空间就不够用了。为此，人们引入了抽象的 n 维空间，空间中的点由 n 个坐标决定。

德国数学家格拉斯曼首先提出了 n 维空间的系统理论。在 1844 年发表的《线性扩张论》中，他讨论了 n 维几何学，建立起他称为“扩张”的量（即一种具有 n 个分量的超复数）的基本概念及运算法则。格拉斯曼认识到他的理论的意义，在 1845 年的一篇札记中指出“它建立了空间理论的抽象基础；即它脱离了一切空间的直观，成为一个纯粹数学的科学；只是在对物理空间作特殊应用时才构成几何学”。

由于《线性扩张论》内容抽象，表达不够清晰，人们长期无法了解格拉斯曼的思想。这项高度独创性的工作到他晚年才逐渐为数学家所关注与承认。他的思想引导数学家建立了张量理论，并催生了线性矩阵代数。

1844 年
热拉尔提出有机化合物同系列概念

1844 年，法国化学家热拉尔在对有机化合物进行分类的工作中，首次提出有机化合物同系列的概念。他认为碳氢化合物的同系列都有自己的代数组成式。例如，烷烃、烯烃和炔烃系列的结构通式（代数组成式）分别为 C_nH_{2n+2}、C_nH_{2n} 和 C_nH_{2n-2}。同系列是有机化学中的普遍现象，同系列中的化合物，由于分子结构有规则地改变，其物理和化学性质的变化也呈现一定规律，这给研究和学习有机化学带来很大的方便。19 世纪后半叶以来，许多科学工作者为了寻找同系物间性能递变的定量规律，测定了大量的性能数据，总结出许多经验公式，丰富了人们对同系物结构与性能关系的认识，并能比较精确地预测同系物的性能，对某些有机物（如染料、药物）的生产起了重要的指导作用。

1844 年
贝塞尔提出天狼星应有一颗暗伴星

德国天文学家贝塞尔于 1838 年成功测定天鹅座 61 星的视差之后，又尝试测量夜空第一亮星大犬座 α（天狼星）的视差。出乎意料的是，他于 1844 年发现，天狼星的自行轨迹不是直线，而是一条略呈波浪形的曲线，这不可能由视差所致。据此，贝塞尔猜想天狼星实际上是一个双星系统的成员，其伴星（后称天狼 B 星）的质量应该可与天狼星本身（称为天狼 A 星）相比，否则其引力就不足以使天狼 A 星的行动如此“出轨”。波浪形的自行应该是双星系统质心的直线式自行与两颗子星互相绕转的合成效应。由于在天狼 A 星附近并未见到那样一颗伴星，贝塞尔意识到它一定非常暗弱。1862 年，美国望远镜制造家阿尔万·克拉克和阿尔万·格雷厄姆·克拉克父子在测试他们行将竣工的一架口径 47 厘米的折射望远镜时，发现天狼星近旁有一个微弱的光点，就处于那颗暗伴星应在的位置，从而证实了贝塞尔的预言。此外，贝塞尔还曾预言亮星小犬座 α（南河三）亦有一颗暗伴星，并在 1892 年为观测所证实。1915 年，美国天文学家沃尔特·亚当斯确认天狼 B 星是一颗白矮星。

天狼 A 星和 B 星 （上）在可见光波段天狼 A 星是夜空中最亮的恒星，其光辉彻底压倒了左下方的天狼 B 星。（下）在 X 射线波段天狼 B 星却比右上方的 A 星更亮。

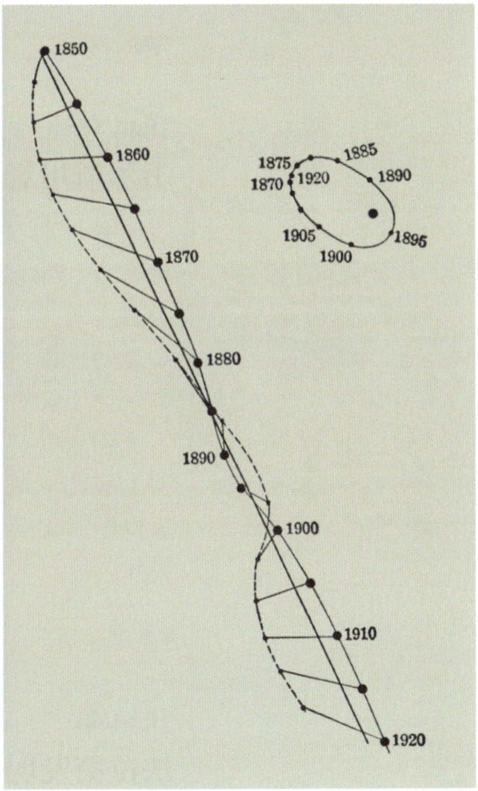

天狼星的波浪式运动 每 5 年标示一次天狼 A 星（实线）和 B 星（虚线）的位置，它们公共的引力中心沿直线前行。右上方的小图示意天狼 B 星相对于 A 星的运动。

1844 年
韦尔斯用氧化亚氮施行无痛拔牙术

韦尔斯是 19 世纪美国的一名牙医。1844 年，韦尔斯从吸入氧化亚氮的表演中受到启发，认为可以利用氧化亚氮达到无痛拔牙的效果。他首先选择他的学生、同时也是一位牙医的里格斯为实验对象，为他实施了氧化亚氮麻醉拔牙。手术很成功，充分证明了氧化亚氮的麻醉效果。此后，韦尔斯积极推广氧化亚氮麻醉，一生为病人实施无痛拔牙。

1845 年
法拉第发现磁致旋光效应和抗磁性

1845年 8 月，法拉第在研究电和磁对偏振光的影响时用过去研制的重玻璃做实验。他发现原来没有旋光性的重玻璃在强磁场的作用下会产生旋光性，当线偏振光透过这种放置在强磁场中的物质，沿着磁场方向传播时，光的偏振面会发生旋转。这是人类第一次认识到磁和光之间的关系。磁致旋光效应也称为法拉第效应。

第三代罗斯伯爵的口径 184 厘米的金属镜面反射望远镜

1845年 11 月，法拉第发现了物质的抗磁性。他用线把玻璃悬挂在强磁场中，发现玻璃受到两个磁极的排斥，其取向垂直于磁极的连线，他立即把手头所有的物质放置在强磁场中观察，发现这些物质对磁都有些反应，或多或少都具有了磁性。法拉第将往磁场较强的方向运动的物质，如铁，称为顺磁性物质；而将往磁场较弱的方向运动的物质，如玻璃，称为抗磁性物质。

1845 年
罗斯发现首例旋涡星云

19 世纪中叶，天文望远镜在口径和质量两方面都已取得长足进步。爱尔兰贵族、由业余爱好者成为天文学家的第三代罗斯伯爵决心超越威廉·赫歇尔，建造一架世上最大的金属镜面反射望远镜。1845 年 2 月，该望远镜建成，口径 184 厘米，焦距 16.5 米，重 3.6 吨。约翰·赫歇尔盛赞其为“一项巨大成就……我希望能找到恰当的词汇来表达我对它的赞美”。同年 3 月，罗斯用这架望远镜观测《梅西叶星云星团表》中的天体，发现星云 M51 有着某种旋涡状的结构，并详加描绘。这便是人类发现的首例“旋涡星云”。此后 5 年中，他又陆续发现 10 多个同类天体，从而表明旋涡星云乃是一种普遍现象。这类星云的本质曾令天文学家困惑了大半个世纪，直到 1924 年美国天文学家哈勃才证明，它们乃是类似银河系的庞大恒星集团——河外星系。罗斯还发现，《梅西叶星云星团表》中第 1 号天体 M1 的形状很不规则，其中贯穿着许多明亮的细线，外观宛如一只螃蟹，这就是著名的“蟹状星云”。

1845—1864 年
迈尔等发现光合作用过程中物质和能量的转化

绿色植物进行光合作用时，利用二氧化

碳和水来制取糖类，同时释放出氧气。完成这一过程需要能量，这能量便来源于阳光。

早在 1804 年，瑞士化学家索叙尔就通过定量研究证实了植物在光照条件下可以同化二氧化碳和水。此时，光合作用过程中的物质和能量转化才初为人们所识。1845 年，德国物理学家尤利乌斯·罗伯特·迈尔在阐述能量转换时指出，阳光是生物最终的能量来源，同时，他也第一次明确提出了绿色植物将光能转变成化学能的观点。1864 年，德国植物学家萨克斯完成了关于光合作用产物的著名实验。他先将绿色植物置于暗处几小时，消耗掉叶片中的营养，再将植物叶片的一部分用锡箔遮盖起来，然后将植株重新置于阳光下。几小时后，他用碘蒸气熏蒸叶片，发现叶片见光的部分呈蓝色，遮光的部分则不变色。萨克斯由此认为，植物在有光的条件下才能合成淀粉(淀粉遇碘变蓝)。1914 年，捷克—奥地利植物学家莫利施又对萨克斯的工作进行了扩展、补充，明确无误地证明了光合作用的产物是淀粉。

之后，对光合作用过程中的物质和能量转换的研究不断深入。今天我们知道，植物细胞中的叶绿体是光合作用的场所，叶绿体中所含的叶绿素可以利用光能，将二氧化碳和水同化为糖类，同时释放氧气。草食性动物以植物为食，肉食性动物以草食性动物为食，正是植物不间断地进行光合作用，才为地球上的生物提供了生存所需的物质和能量。

人类发现的首例旋涡星云 M51 (上)罗斯伯爵 1845 年 4 月的素描，(下)一幅现代拍摄的照片。

1846 年
舍恩拜因制得硝酸纤维素

1846 年，瑞士化学家舍恩拜因公布了一项研究成果：他用天然高分子纤维素与硝酸和硫酸的混合酸进行反应制得硝酸纤维素。随后，他确立了硝酸纤维素的工业生产基础。根据含氮量，硝酸纤维素分为火棉(含氮量为 12.5%—13.8%)和胶棉(含氮量为 10.5%—12%)。火棉可用于制造炸药，胶棉可用于制造赛璐珞和用作纸张、织物、木材、皮革、金属材料的涂层。

赛璐珞是用硝酸纤维素制造的第一种人造塑料，它的发明与台球有关。19 世纪的美国盛行台球运动，那时的台球是用象牙做的，显得很高雅。但当时非洲的大象不断减少，美国很难得到象牙来制作台球。美国化学家海厄特本是一位印刷工人，但对台球很感兴趣，他决定发明一种代替象牙制作台球的材料。经过多年反复的试验，他终于在 1869 年发现，当在硝酸纤维素中加进樟脑时，硝酸纤维素竟变成了一种柔韧性相当好的硬材料，在热压下可做成各种形状的制品，当然可以用来做台球。他将它命名为“赛璐珞”，并设计制造了生产赛璐珞的专用设备，1870 年获得了专利。

1872 年，海厄特在美国纽瓦克建立了一个生产赛璐珞的工厂，除用来生产台球外，还用来制造马车、汽车的风挡和电影胶片，开创了人类制造高分子材料的新纪元。

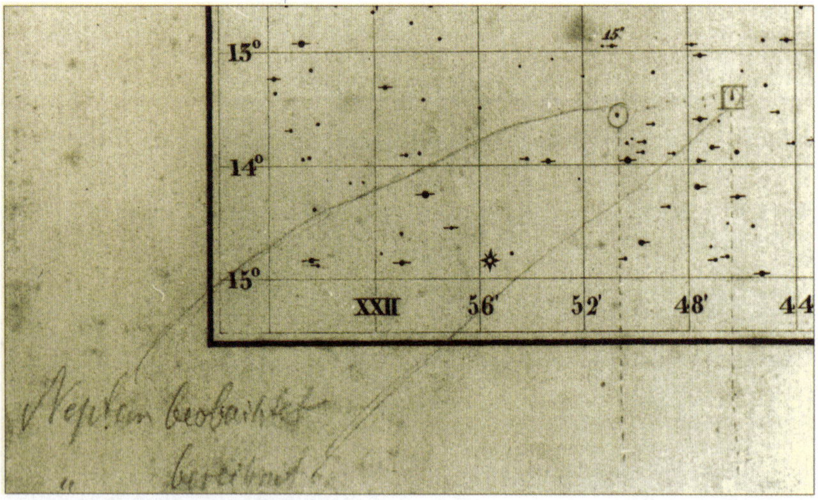

1846年 9 月 23 日加勒发现海王星时所用的星图 图中以小方块标记勒威耶预告的未知行星的位置，小圆圈标记加勒发现的新天体——海王星当时所处的位置。

“旅行者 2 号”宇宙飞船于 1989 年拍摄的海王星近景 (1)在距离海王星约 100 万千米处所摄，(2)分辨率约为 10 千米的局部照片显示出许多宽 50—200 千米的云纹。

1846 年
加勒发现海王星

1781 年英国天文学家威廉·赫歇尔发现天王星之后，人们运用以牛顿力学和牛顿引力理论为基础的摄动理论计算它的位置，结果总是与观测不甚相符。有人对理论本身产生了怀疑，更多的天文学家则猜想天王星以外或许还有一颗未知的行星，其引力摄动造成了天王星的位置偏离。英国天文学家约翰·亚当斯于 1845 年推算出这颗行星的轨道和质量，并给皇家天文学家艾里留下一份简短的说明，但未正式发表研究论文。此时法国天文学家勒威耶也在独立进行研究，并于 1846 年 6 月和 8 月先后发表两份报告。同年 9 月 18 日他将研究结果寄给德国柏林天文台的加勒，后者于 9 月 23 日收到来信的当晚即进行观测搜索，并且果真在同勒威耶的预告相差不足 1°的位置上找到了这颗新的行星——海王星。海王星是太阳系的第八颗行星，它的发现不仅使天王星的运动得到了合理的解释，而且使牛顿力学、牛顿引力理论和摄动理论再次经受了强有力的实践检验。

1846 年
莫顿用乙醚作为麻醉剂

莫顿是 19 世纪美国的牙科医生，也是现代麻醉学的创始人之一。莫顿出生在一个普通农民家庭。他在巴尔的摩牙科学院学习后，立志通过行医来改变自己的命运。

莫顿首先遇到的难题就是，为病人拔牙时病人因疼痛难忍，无法配合医生。美国化学家杰克逊向他建议试用乙醚缓解疼痛。莫顿将乙醚涂抹在病人的牙齿上，然后为其拔牙。这样做虽有一定止痛效果，但麻醉持续时间很短，莫顿决定将麻醉方式改为吸入麻醉。最初，他用小动物进行试验，但都以失败而告终。他查阅化学书，发现乙醚有不同种类。于是，他改用硫酸乙醚做麻醉剂。他选用自己的爱犬作试验，终于明确了麻醉、昏迷、昏睡的不同状态，并确定了利用乙醚麻醉的最佳方法。以后莫顿又在病人身上试用吸入乙醚拔牙，都获得了成功。莫顿还在自己身上体验了乙醚麻醉效果和麻醉持续时间，证实乙醚可以使人达到无痛状态。1846 年，莫顿在麻省总医院与一名外科医生配合，成功地为一位颈部肿瘤患者切除了肿瘤，麻醉很顺利，手术很成功。这次手术的成功，证实了乙醚的麻醉效果，宣告了人类经受疼痛的手术时代已经结束。

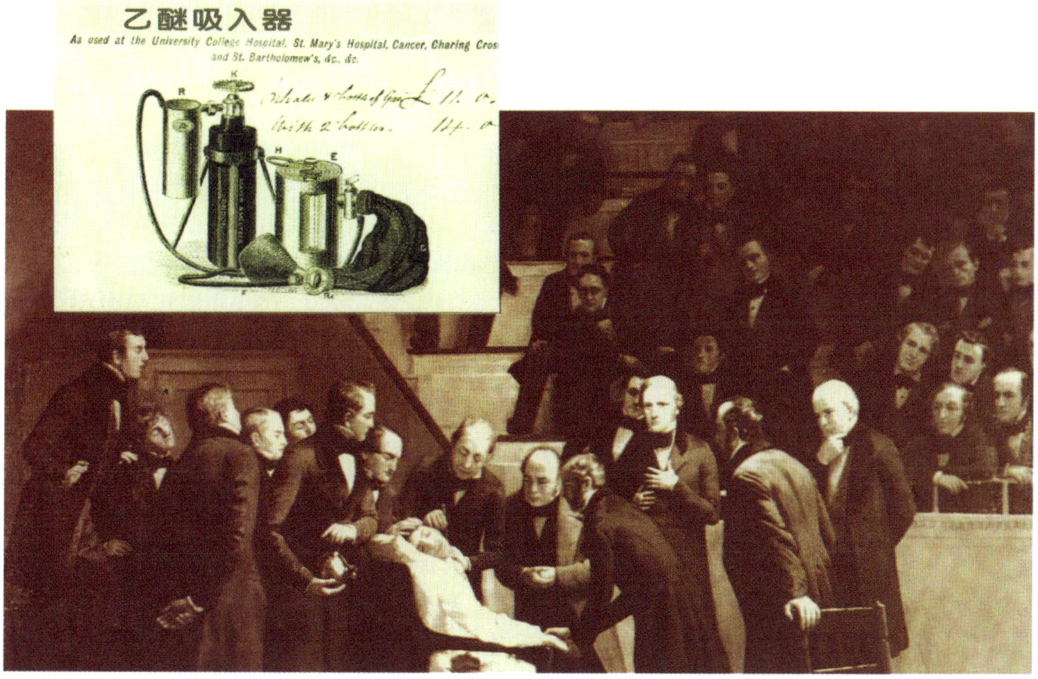

莫顿用乙醚给病人进行全身麻醉

1846 年
路德维希发明计波器

路德维希是 19 世纪德国的生理学家。他主张用物理和化学的规律来解释生理现象。在《人体生理学教科书》一书中，他明确地表达了这种思想。1842 年，鲍曼提出尿液是由肾小管细胞分泌出来的；路德维希则提出肾小球滤过和肾小管重吸收的学说。路德维希认为肾小球好像是一个过滤器，肾小球毛细血管内的血压使血浆中的水分和晶体物滤出，而胶体物不能滤过，这样就形成了稀薄的滤液。滤液中的水分在肾小管处又通过渗透作用重新进入血液，使滤液浓缩成尿。路德维希对腺体分泌现象十分关注。1851 年，他发现支配颌下腺的分泌神经。以后他又发现颌下腺的分泌压力可以高于血压，并证明腺体活动时有热量产生，这就说明分泌液不是简单地从血液过滤出来的，而是腺细胞主动分泌的结果。他还发明了许多实验器械。1846 年，他发明了计波器，这是一种可以旋转的记录器，可以用来观察呼吸运动、测定动脉血压的变化，后来成为生理学研究中不可缺少的仪器。他还设计了用水银检压计在记纹鼓上记录血压变化的方法。1867 年，他发明了血流速度计。路德维希不仅对血液循环、呼吸、消化及排泄等方面的研究具有巨大贡献，而且还培养了许多杰出的学生。

1847 年
巴洛观测到大地电流

地球内部的电场是由大地电场和自然电场组成的，前者主要是大气层中的各种电流体系在地球内部所产生的感应电场；后者是由地壳中的某些物理、化学作用引起的电场。

1830 年，英国地质学家福克斯首先在黄铜矿上观察到了自然电场。由于当时科学水平的限制，他未能认识到这种电场的本质。1847 年，英国工程师巴洛从电话线中最先发现了大地电流。1859 年，大磁暴引发了强烈的极光和大地电流，大地电流影响到了许多通信工作,从此大地电流观测被通信部门重视。1865 年,在英国的格林尼治天文台建立了第一个地电观测点,在东西和南北两个方向布极,极距约 15 千米。1889 年,英国物理学家舒斯特首先尝试用地球电磁场的日变化来确定地球深部的电性。1920 年代,地电场被应用于勘探矿床。

1847 年
塞麦尔维斯发现产褥热病因

产褥热是指产妇在生产后因感染而引起的发热,曾经是导致产妇死亡的一个常见原因。维也纳产科医生塞麦尔维斯首先发现了导致产褥热的原因。

塞麦尔维斯出生于匈牙利首都布达佩斯,1844 年获得医学博士学位,1846 年成为维也纳产科医院的助理产科医生。年轻的塞麦尔维斯也是产褥热的受害者,他的妻子在医院分娩后因发生产褥热而死亡。这个意外打击促使塞麦尔维斯决心找出产褥热的真正原因。经过认真的观察,塞麦尔维斯发现当时严重威胁产妇生命的产褥热竟是由于医生不洁净的手造成的。在他工作的医院,医学院的学生常常是在上完解剖课之后,没有洗手就去给产妇接生或做检查。自 1847 年 5 月起,塞麦尔维斯要求在他管辖的第一病房内,无论医生还是医学生,在检查产妇前都必须用漂白粉溶液洗手,并用刷子仔细刷洗指甲缝。这项简单的措施实行 2 个月就大显成效,第一病房的产褥热死亡率骤降。一年后,3557 名产妇中死于产褥热者只有 45 人,死亡率仅为 1.3%;而且还曾创下连续两个月没有产妇死亡的记录,这在当时算是奇迹。塞麦尔维斯凭经验预防和减少了产褥热的发生,虽然当时他还不知道什么是微生物,但实际上他已经利用消毒的方法控制住了感染。

1848 年
汤姆孙(开尔文勋爵)提出绝对温度和绝对温标

英国物理学家威廉·汤姆孙是热力学的奠基人之一,在热力学的发展中作出了一系列的重大贡献,1892 年被授予开尔文勋爵称号。

温标是温度的表示法,以往温标中温度的确定都与测温物质的属性有关。1848 年,威廉·汤姆孙根据卡诺定理制定了一种温标,将温度定义为正比于理想可逆机与外界交换的热量的物理量。这样的温标与测温物质无关,叫做热力学温标,其零点称为绝对零度,故热力学温标也称绝对温标,其中的温度叫绝对温度,单位为开尔文,符号为 K。1954 年,国际计量大会确定了这一温标

医务人员卫生习惯的改善使产褥热的发生率大大下降

威廉·汤姆孙(开尔文勋爵)

为标准温标，定义 1 开为水三相点温度的 1/273.16。开成为国际单位制(SI)中 7 个基本单位之一。绝对温度 T 与摄氏温度 t 的数值转换关系为 $T = t + 273.15$。尽管绝对温标与国际实用温标在定义上是不同的，但绝对温度和摄氏温度仅差一个常数，在国际实用温标中同样都可使用。

威廉·汤姆孙对科学兴趣广泛，除热力学外，还研究了电磁学和流体力学，对海潮、地球形状、大气电学、地热等与地球物理相关的许多问题也都有兴趣。他在 19 世纪中期在海底电缆方面的诸多发明和对海底电报的理论研究，使英国的海底电报通信处于世界领先地位。

1848 年
杜布瓦-雷蒙测定肌肉和神经受刺激时的电流变化

18 世纪末，意大利医生伽伐尼发现了一个神奇的现象(当然，这在现在的生物实验课上已很普通了)：用两种金属触碰死蛙的坐骨神经，蛙腿会发生抽搐。伽伐尼认为这是电流所致。但当时科学界信奉生命体的活力论，连牛顿都相信生命体与非生命体的区别在于前者体内存在着“原力”，而原力的扰动随着神经向外传播。这一说法听上去很像天方夜谭，可当时的人们的确愿意相信这种神奇的说法，甚至著名的德国生理学家弥勒也坚信生命体中存在这种从未真正被发现过的物质。

最后，弥勒的学生、德国生理学家杜布瓦-雷蒙将这一臆想打破。他发现了电流在神经和肌肉中的刺激作用，并改进和发明了一系列用于测量电压的实验装置，包括电流计、距离测量仪等。他在 1848 年进行的那次实验成为现代生理学实验课的经典内容：测量横纹肌细胞发生收缩时施加到细胞表面的刺激电压。这种电压被称为阈电压，是让肌肉细胞发生收缩的最小刺激电压，而电流的传入在动物体内受到神经纤维的控制。所有的运动、感觉实际上都以动物体内的电流传导为基础，而这种电流与在电线中传导的电流本质上完全相同。

杜布瓦-雷蒙的发现不仅推翻了“原力”的说法，还推翻了认为生物电与物理电不同的错误观点。杜布瓦-雷蒙甚至通过实验证明引起细胞膜上电位差的原因与膜内外的离子带电量不同有关。他的《动物电研究》问世之后虽然不受某些人的欢迎，但其严密的实验和无可争议的结果让人不得不承认活力论的失败。

1848 年
英国制定《公共卫生法案》

1832 年，霍乱降临英国。这是一种新的疾病，以前从未在欧洲出现过。霍乱流行使英国人开始关注公共卫生问题。公共卫生改革的先驱埃德温·查德威克对伦敦、曼彻斯特、格拉斯哥及其他城市的贫民窟作了系统调查，以研究贫困、不良生活环境与疾病之间的关系，提出了一整套改革纲领。但是，直到 1848 年霍乱再次爆发，英国才开始匆忙制定了世界上第一部旨在改善工业城镇环境的《公共卫生法案》，设立国家卫生委员会，重视都市的排水系统，修建许多下水道，并开始定期收取垃圾。要求把污水和废弃物集中处理，规定在中央统一管理下，由地方当局负责供应清洁水。由于该法令是在查德威克推动下制定的，因此，又被称为《查德威克法案》。1875 年，英国议会通过《公共卫生法》，将此前 30 年数十个互不协调的卫生法案综合起来，内容包括供水、排水，街道房屋管理，垃圾清理，食品卫生监督，疾病预防，殡葬、污染行业的管理等，涉及英国以后 60 年所做的大多数卫生改革项目，成为当时最有效、最广泛的公共卫生体制的支柱。

1848—1868 年
华莱士创立动物地理学

英国博物学家艾尔弗雷德·华莱士出身于一个中产阶级家庭，但随着家道中落，他不得不中途退学，到伦敦帮助兄长做测绘和建筑工作。虽然没有接受过正规的大学训练，但自学、勤奋外加天赋，使得华莱士在科学研究方面显示出超人的才华，甚至被大学邀请授课。

在达尔文等人探险经历的诱惑下，1848 年，华莱士开始了对南美洲亚马孙河流域的科学探险。一次火灾让他收集的大部分标本沉入了海底，但他没有气馁，反而用富有激情的文字将探险期间的各种见闻发表出来。1854—1862 年，华莱士到马来群岛考察，经过细致的观察和采样，他认为马来群岛东部岛屿与西部岛屿上的动物群完全不同，并首次提出两个区域的分界线——华莱士线。华莱士的《马来群岛》一书也成为 19 世纪最畅销的游记之一。

在积累了大量的实地考察经验后，华莱士借鉴了英国动物学家斯克雷特的分区方法（根据鸟类分布将全球分为 6 个区），并加入了哺乳类、爬行类和昆虫，修订和拓展了斯克雷特的成果。1868 年他又对岛屿动物分布进行了详细的分类，将岛屿分为 3 种：孤立的，很久以前与大陆分开的，近期与大陆分开的。这实际上已经包括了动物在环境隔离后各自分化的趋势，与达尔文的进化论不谋而合。

华莱士曾在《物种起源》出版前将自己关于生物进化的文章寄给达尔文，这促使达尔文下决心发表自己的观点。后世的一些评论家认为，华莱士应当和达尔文一道被视为进化论的最初缔造者。

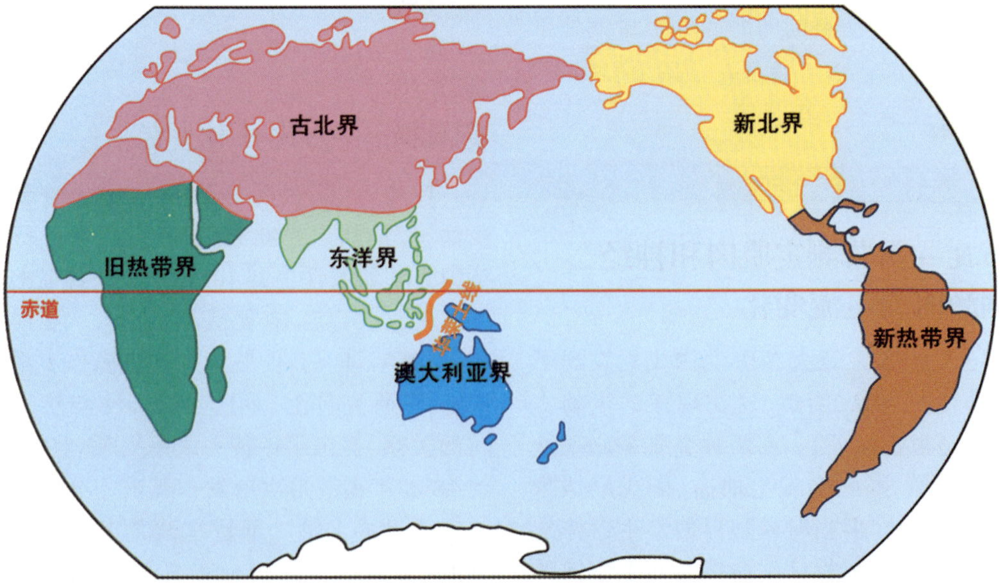

六大动物区系

1849 年
艾迪生描述艾迪生病

艾迪生是 19 世纪的英国医学家。1812 年入爱丁堡大学学医，1815 年获医学博士学位。先后在伦敦洛克医院和盖伊医院工作。与布赖特是同事，1840 年布赖特退休后，艾迪生接任他的工作。1838 年，艾迪生当选为皇家内科医师学会会员。他研究过许多疾病，如脂肪肝、阑尾炎、肺炎、肺结核（痨病），并注意到很多疾病的皮肤表现。1849 年，艾迪生向南伦敦医学会提交了《论贫血与肾上腺囊性疾病》一文，提出恶性贫血与肾上腺疾病相关。1855 年，他又发表《论肾上腺疾病对全身和局部的影响》，重点介绍了以进行性贫血、皮肤褐色素沉着、肌无力、身体衰弱、血压下降等为特征的疾病。后来，人们将这种激素缺乏性疾病命名为“艾迪生病”（即肾上腺皮质功能减退症）。艾迪生的发现为内分泌疾病学奠定了基础。

1849—1854 年
凯莱提出抽象群概念

在伽罗瓦及同时期的数学家开展的群论研究中，置换群居于中心地位，甚至有人认为群论就是研究置换群的。第一个改变这种状况的人是英国数学家凯莱。他在 1849 至 1854 年间发表的若干篇论文中，推广了置换群的概念，引进了抽象群的定义。他考虑一般的算子 θ，它作用于一组对象 x，$y,z,\cdots$，即产生 $x,y,z,\cdots$ 的一组函数 x',y'，$z',\cdots$。抽象群即由众多的这类算子 $\theta,\varphi,\cdots$ 组成，群的运算即算子间的复合。复合总满足结合律，但不一定可交换。一个抽象群中的算子各不相同，其中任何两个算子在任一次序下的复合结果及任一算子同它自己的复合结果皆属于这个群。此外，必须有一个恒等算子 I，它与群中任何算子 θ 的复合结果仍然为 θ，即 $I\theta=\theta I=\theta$；且每个算子 θ 都有一个逆算子 θ^{-1}，使得 $\theta\theta^{-1}=I$。

非奇矩阵在乘法下及四元数在加法下显然都是凯莱的抽象群的特例。由于矩阵和四元数在当时尚不为人所熟知，凯莱的抽象群概念并未引起人们的注意。直到 1880 年代，在各种具体的群得到深入研究以后，抽象群理论才得到迅速发展。

凯莱

19 世纪上半叶
罗比凯发现多种生物大分子物质

罗比凯是 19 世纪法国化学家，1780 年出生于法国雷恩。在法国大革命期间，他先在法国军队里担任药剂师，后来成为巴黎高等药学院的教授。罗比凯主要的科学成就是发现了多种生物物质，如第一种被确定的氨基酸——天冬酰胺（1806 年），以及斑蝥素（1810 年）、鸦片生物碱（1817 年）、咖啡因（1821 年）、苦杏仁苷（1830 年）、可待因（1832 年）。1808 年，罗比凯成为注册药剂师，1814 年任法国高等理工学院药物史教授，1824 年担任巴黎高等药学院管理司库，1826 年任法国药学会（后更名为法国国家药学会）主席，1833 年当选为法兰西科学院院士。

第 6 篇

1850—1945 年的科学

能够生存下来的，既不是最强壮的，也不是最聪明的，而是最能够适应变化的物种。

——查尔斯·达尔文

1850 年
焦耳《论热功当量》发表

摩擦生热表明,机械功可转化为热。这种转化说明了什么?有何规律性?这是 19 世纪中期不少物理学家所感兴趣的问题。对这些问题的研究,尤其是英国物理学家焦耳所作的 400 多次各种类型的测量热功当量的实验表明,反映功转化为热的热功当量是一个普适常量,与做功的方式无关,证明了热是一种能(现称为内能),且机械能、电能通过做功可与热之间作等量的转化。这为能量守恒与转化定律建立了牢固的基础。

1847 年,焦耳做了测定热功当量的著名实验,即焦耳实验。在这个实验中,他让重砝码缓慢下降,通过滑轮和转轴带动桨叶搅拌容器里的水,将功转化为热,使水温升高。通过这种简单而巧妙的实验,焦耳得到了较准确的热功当量的值。

1850 年,焦耳发表了论文《论热功当量》,概括总结了这方面的工作。他所得到的结果是,使 1 克水温度升高 1℃需做 4.157 焦的功。热量的单位用卡表示,1 克水温度升高 1℃所需的热量为 1 卡。焦耳的结果表明,卡与焦由一个普适常量,即热功当量(焦耳测定的结果为 4.157 焦/卡)相联系,因此,它们应当是同一类型物理量(即能量)的单位。

1850 年
克劳修斯提出热力学第二定律

热力学第一定律的建立彻底否定了建造第一类永动机的可能性,但该定律并没有阐明能量转化过程的方向性。如果能从低温物体吸取热量传给高温物体,那就可以造出既不违背能量守恒、又能实现“永动”的第二类永动机。19 世纪中叶,法国化学家贝特洛提出一个判据:任何反应过程总是沿着生成最大热能的方向进行。不过,这仅是一个经验判据。

1850 年,德国物理学家克劳修斯在他的著名论文《论热的动力以及由此推出的关于热学本身的诸定律》中指出,卡诺定理与能量守恒的概念不一致。为了克服这个矛盾,克劳修斯提出了热力学第二定律的最著名形式:“热不能自发地从较冷物体传递给较热物体。”“不能自发地”是一个非常重要的限制,否则就有可能制造出第二类永动机。例如,在冰箱和空调机的工作过程中,有热量从低温传向高温,但此过程中要消耗电能,有外力做功,所以不是一种自发过程。在任何自发过程中热量不可能从低温物体传给高温物体。热力学第二定律也可表述为:不可能制造第二类永动机。1854 年,克劳修斯在一篇文章中提出了变换的等价性概念,试图给出热力学第二定律的数学形式。这里的“变换”有“熵”的含义,但不严格。直到 1865 年提出“熵”的概念后,克劳修斯才给出了热力学第二定律严格的数学表达式。

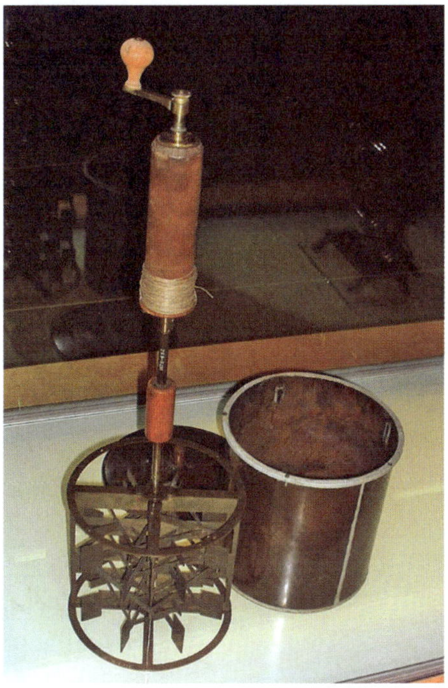

焦耳测定热功当量所用的实验装置

1850 年
布拉维提出晶体空间点阵学说

1850年,法国物理学家布拉维在对晶体的点阵特性作了深入细致的研究之后,提出晶体空间点阵学说。按此学说,组成晶体的原子、分子或离子是按一定的规则排列的,这种排列形成一定形式的空间点阵结构。他首先推证出在三维空间中只可能存在 14 种布拉维点阵,亦称布拉维格,对应着 32 种对称类型,囊括了所有的 2000 多种晶体。按照布拉维点阵形状,布拉维点阵可分为七大晶系,即三斜、单斜、正交、正方(四角)、立方、三角和六角晶系。每一类晶系包括一种或数种特征性的布拉维点阵。布拉维首次将群的概念应用到物理学，为固体物理学作出了奠基性的贡献。

1850 年
威廉密提出动态平衡概念

几乎所有的化学反应都有一定的可逆性，正逆反应同时进行，反应速率由反应物和产物的浓度、温度、压力等多种因素决定。

化学平衡的动态特征由德国化学家威廉密于 1850 年提出：在外界条件不变的情况下，可逆反应不可能进行完全，而是达到一个长时间保持不变的组成比，这种状态称为化学平衡状态。达到平衡时，正向反应与逆向反应的速率相等，反应物与产物的浓度不再发生变化。当时，威廉密研究了在酸存在下蔗糖转化的反应速率，发现蔗糖量的变化速率总是与蔗糖浓度成正比，而反应永远不会完成。这是化学动力学定量研究的开始。

动态平衡的特点在于：虽然宏观上观察不到化学组成发生变化，但对于体系中的每一个微观的分子来讲，却可以不断发生反应。因此，当外界条件发生变化时，平衡就会被打破，反应速率发生相应的改变，直到达成新的平衡。

1850 年
福布斯《英国海洋生物分布图》出版

福布斯是英国海洋生物学家，海洋生态学的开拓者。从 1832 年开始，年轻的福布斯经常到爱尔兰海等海区采集底栖海洋生物标本，逐渐对棘皮动物研究产生了兴趣。受当时欧洲陆生动物分布研究的影响和启发，福布斯开始着手研究英国海洋生物的地理分布。

1841—1842 年，他作为博物学家乘坐“比康号”考察船，对地中海进行海洋调查，获得了大量的海洋生物标本和数据。1841 年，他发表了专著《英国海星类研究》。他根据在爱琴海的海洋生物调查结果，第一次提出海洋生物垂直分布的分带现象，并将爱琴海按不同水深分为 8 个生物带。他指出，随着海洋深度的增加，海洋生物将越来越少，进而得出在水深超过 300 英寻（约 550 米）的海域将是无生命带的推论，但这个推论后来被证明是错误的。

1850 年，福布斯发表了《英国海洋生物分布图》，开创了海洋生物地理学研究。1859 年，福布斯与英国地质学家戈德温–奥斯汀合著的《欧洲海的自然史》，被公认为海洋生态学领域的第一部论著。

1850—1855 年
贝尔纳发现肝脏有合成及转化肝糖原的功能

1850 年代以前，人们认为动物所需的糖分是从食物中吸收的，通过肝、肺或其他组织分解。然而，法国生理学家克洛德·贝尔纳发现，即使断食数天，人及动物的血液中仍可以检测出糖分。为了寻找体内糖分的来源，贝尔纳检测了断食动物腹部各血管中的血液，发现在离开肝脏的肝静脉中存在大量糖分，入肝的门静脉中也有部分糖分。贝尔纳对此感到困惑，因为机体断食后，门静脉不可能从胃肠道中得到营养物质。随后他认为是肝脏合成了糖，其中大部分被肝静脉运出，少部分扩散到门静脉。1850—1855 年，贝尔纳通过进一步的实验，证实了肝脏具有肝糖原合成与转化功能，可调节血糖水平，使其处于相对稳定的状态。

19 世纪中叶
中国凿出超千米深井磨子井

早在 2000 年前的汉代，今四川地区就已开采地下天然气作为煮盐的燃料。此后，天然气井规模不断扩大。截至 1949 年，四川自贡盐区天然气井达数千眼。其中，19 世纪中叶建成的磨子井日产天然气达百万立方米，被称为“火井王”。

磨子井的诞生与自贡盐业的兴盛及“川盐济楚”政策密切相关。据史料记载，1758 年，自贡已有盐井 424 眼、盐锅 1001 口。以每锅日煎盐 100 斤计，自贡盐区年产盐 3600 万斤(18000 吨)。如此大的产量，必然需要大量的燃料。1853 年，太平天国起义爆发，江淮一带的海盐无法运达湖南、湖北等地。清政府遂采取“川盐济楚”政策，要求四川增加盐产量，供应两湖地区。1835 年，自贡盐区钻出世界上第一口超千米的盐井——燊海井，深井开凿技术日益成熟。磨子井就诞生于这一背景下。

由于史料缺失，磨子井的出气时间有 1840 年、1850 年、1855 年等多种说法。据推测，磨子井深 1000 米左右(一说 1200 米)，钻井已达三叠系嘉陵江组主气层。磨子井初期日产量估计高达 100 万立方米，至 1936 年气竭停产时，估计累计产气 19 亿立方米。磨子井是中国古代产量最大的天然气井，在中国乃至世界天然气开采史上，都具有重要的地位。

19 世纪中后期 炸药开始工业化生产

炸药的源头可追溯到中国古代发明的黑火药，但其后很长时期内都没有出现其他炸药品种。1846 年，瑞士化学家舍恩拜因发现，火棉(硝酸纤维素)遇到火星、高温、氧化剂会发生燃烧和爆炸，而且在爆炸过程中不会产生大量的烟。很快，它就引起科学家们的注意。

1847 年，意大利化学家索布雷罗把甘油加到浓硝酸和浓硫酸的混合液中，成功地合成了一种烈性炸药——硝化甘油，它具有强爆炸力，但不稳定，稍受碰撞立即爆炸。1863 年，索布雷罗的学生、瑞典化学家诺贝尔发明了硝化甘油的引爆剂，进行了硝化甘油的工业生产。由于硝化甘油极易爆炸，诺贝尔的火药库经常发生爆炸。为消除爆炸隐患，1866 年，诺贝尔用硅藻土吸收硝化甘油，得到了震动时不易爆炸的达纳炸药。1867 年，达纳炸药开始了工业规模的生产。1875 年，诺贝尔将火棉与硝化甘油混合起来，得到一种爆炸力更强的胶状物质，即炸胶，并马上投入生产，代替了达纳炸药。诺贝尔不仅是一个伟大的发明家，还是一个有卓越组织才能的产业家。他立下遗嘱，用自己的巨额财富设立了诺贝尔奖。

诺贝尔

1880 年，德国化学家将甲苯跟浓硝酸和浓硫酸作用，得到了一种淡黄色粉末，化学名称为 1,3,5-三硝基甲苯，常称为 TNT。TNT 在常温下非常稳定，经锤打也不会爆炸。但是，如果用雷管引发，它的体积就会在十万分之一秒内增大几万倍。TNT 在爆炸瞬时能产生几十万个大气压，足以摧毁巨大的山岩和坚固的碉堡。TNT 是一种安全性高、性能优良的烈性炸药，于 1891 年投入军用，一直沿用至今。

19 世纪中后期 人工合成苯胺紫与靛蓝

人类丰富多彩的生活离不开染料。在远古时代，人类已经知道从天然植物和动物提取有色物质(染料)为各种物品着色。然而，随着人类对染料需求的增加，天然的染料已经不能满足需要，于是人们期盼着人工合成的染料问世。

人类历史上第一次合成出来的化学染料是苯胺紫。1856 年，年仅 18 岁的英国人珀金在合成抗疟疾特效药物金鸡纳霜(奎宁)时意外地得到了美丽夺目的苯胺紫。随后，他将苯胺紫用在对丝绸和毛料的染色上，结

用靛蓝染色的蓝印花布

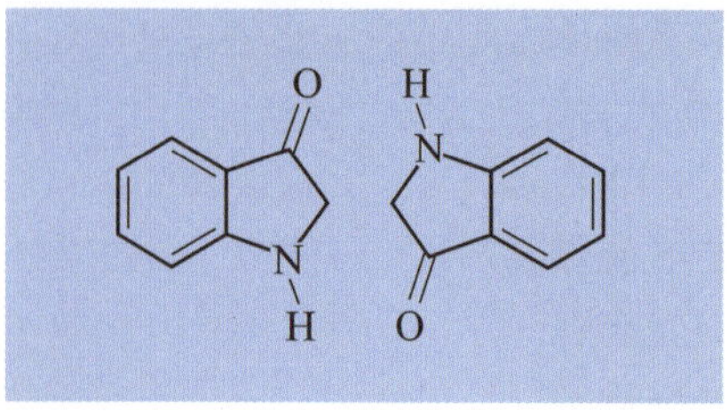
靛蓝结构式

果比当时的各种植物染料的颜色都鲜艳，放在肥皂水中搓洗也不褪色。珀金虽然没有制造出奎宁来，却获得了合成苯胺紫的发明专利。

在珀金之后，化学家们纷纷进行有意识的探索和试验。20 多年后的 1880 年，德国化学家拜耳成功合成靛蓝，并于 1883 年确定靛蓝的结构。拜耳因合成靛蓝有机染料和研究芳香族化合物方面的成就，获得 1905 年诺贝尔化学奖。成功合成靛蓝之后，拜耳和他的同事们研究出了以甲苯为原料工业生产靛蓝的方法，但这种方法用于工业规模生产则很不经济。一直到 1890 年，苏黎世工业学院教授休曼通过苯基甘氨酸合成靛蓝的新方法问世后，才有了完善的、便宜的生产靛蓝的工业方法。1897 年，合成靛蓝已经能够在市场上同天然产物竞争；到 20 世纪初，靛蓝就以人工合成为主了。休曼的方法至今还在全世界使用。

1851 年
黎曼《单复变函数的一般理论基础》发表

德国数学家黎曼 1846 年进入格丁根大学神学院，后改学数学，中途到柏林大学学习两年后，又回到格丁根大学攻读博士学位。1851 年，他在高斯指导下完成博士论文《单复变函数的一般理论基础》，并取得博士学位。

黎曼在这篇论文中严格定义了单值复解析函数。其中提到作为复解析函数，其实部和虚部必须满足两个偏微分方程，它们曾被柯西用于构建自己的复变函数理论，故后称柯西—黎曼方程。黎曼还在该论文中引进黎曼曲面的概念，给多值函数以几何直观。他对多值函数所作的单值化处理，使得关于单值函数的定理可以推广到多值函数。利用狄利克雷原理，黎曼证明：每一个有边界的单连通区域，可通过一个复可微函数一对一地映射成一个单位圆。这个定理现被称为黎曼映射定理，它是复变函数几何理论的基础。此文蕴含的丰富思想成为后世数学家许多创造性工作的源泉。由于在处理复变函数方法上的贡献，黎曼与柯西一起被公认为复变函数论的主要奠基人。

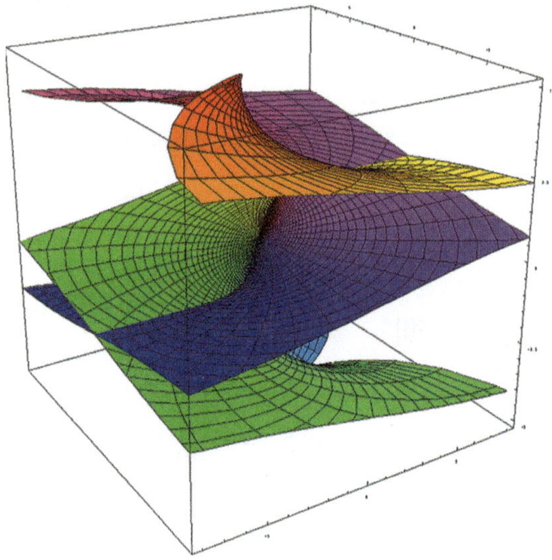
黎曼曲面

1851 年
菲佐测量光在流水中的速度

1848年，法国物理学家菲佐解释了恒星的光的波长移动，指出可以利用这一点测量在同一条视线上各个恒星的相对速度。1849 年，菲佐利用旋转齿轮法首次在地面上成功地测量了光速，得出了较为精确的结果($3.16×10^8$ 米/秒)。1851 年，菲佐又做了另一个著名实验，现在被称为菲佐实验。在这个实验中，菲佐用光干涉的方法测量了光在流水中的速度，企图探测出当时大家相信存在的，光传播的媒质——光以太。这个实验在当时被认为是证实了菲涅耳关于光以太被运动媒质拖曳的公式。但菲佐在认真考虑了该实验结果之后，认为其基本假定可能有问题，从而为爱因斯坦狭义相对论的创立提供了实验基础。

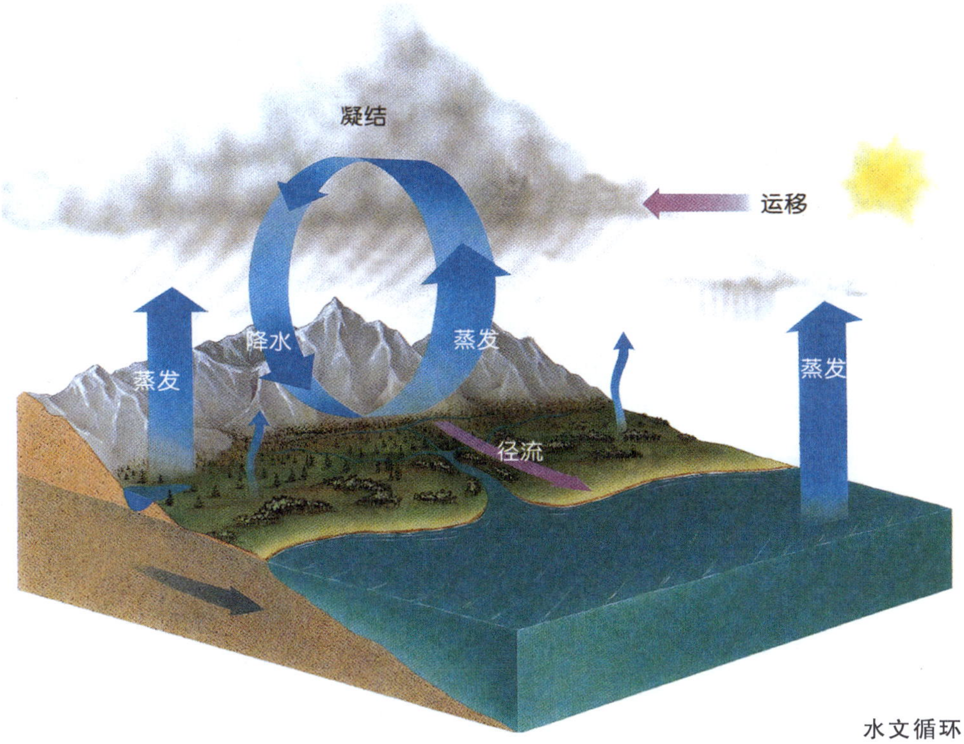

水文循环

1851 年
热力学第二定律的开尔文说法提出

钻木取火时，钻木所作的功可以全部转变为热。那么反过来，同样的热能否转变为钻木时所作的全部功呢？克劳修斯在提出热力学第二定律时只是指出，热量不能自发地从低温向高温物体传递，因此并未回答这个问题。1851 年，威廉·汤姆孙(开尔文勋爵)对此作出了明确回答：从单一热源吸收的热量在循环过程中全部转化为功而不引起任何其他影响是不可能的。这称为热力学第二定律的开尔文说法，这种说法直接否定了第二类永动机的可能性。

威廉·汤姆孙本来有可能早于克劳修斯从卡诺定理导出热力学第二定律。但由于热质说的困扰，他错过了时机。当看到克劳修斯的文章后，他再仔细研究了卡诺定理，从而提出了上述的表述。

1851 年
莫万尼提出汇流时间和径流系数的概念

汇流指产流水量在某一范围内的集中过程。径流指降雨及冰雪融水在重力作用下沿地表或在地下流动的水流。1851 年，爱尔兰工程师莫万尼提出了汇流时间和径流系数的概念，并发表了计算最大流量的推理公式，用于河川径流研究。1856 年，法国水力工程师达西发表了描述孔隙介质中地下水运动的达西定律。这些科学理论的创立，为水文科学在河道水流、蒸发、地下水运动、径流形成和水文循环等领域的发展奠定了理论基础，表明人类对水文现象的认识已由萌芽时期那种肤浅、零星的知识，发展到了比较深刻系统的知识；也表明人类对地球上水的运动、变化规律的探索，已发展为以大量观测事实为基础进行假说、演绎和推理，进而建立理论体系的近代科学方法论。

1851

亥姆霍兹

1851 年
亥姆霍兹发明检眼镜

19 世纪检眼镜的发明和使用，使西医眼科成为一门独立的临床学科。检眼镜的发明人是德国著名的物理学家和生物学家亥姆霍兹。亥姆霍兹就读于柏林大学医学院，1842 年毕业后担任军医。1850 年以后，先后在柯尼斯堡大学、波恩大学和海德堡大学任生理学教授。1871 年回到柏林大学，担任物理学教授。

亥姆霍兹根据物理光学原理，研究了人眼的光学结构，发展了色视觉理论，并于 1851 年首次发明了检眼镜。亥姆霍兹发明的检眼镜是一种间接检眼镜，依靠反射外部光源照明，由多重光学镜片重叠组成，并利用凹透镜镜片使眼底像呈现。虽然医生通过检眼镜观察到的是眼底放大的倒立虚像，但由于能见范围较大，因此这种检眼镜有其独到之处。亥姆霍兹在他的论文《用检眼镜检查活人眼睛视网膜》中详细论述了检眼镜的结构、使用方法及临床意义。利用检眼镜，亥姆霍兹测定了晶状体表面曲度的变化，还对眼睛的调节机制作出了比较满意的解释。检眼镜使人类第一次能够在不损伤机体正常器官的情况下，清楚地看到眼底神经、血管等组织的正常形态和异常变化，从而区分正常和异常的视网膜，还能检查眼睛的屈光是否正常。

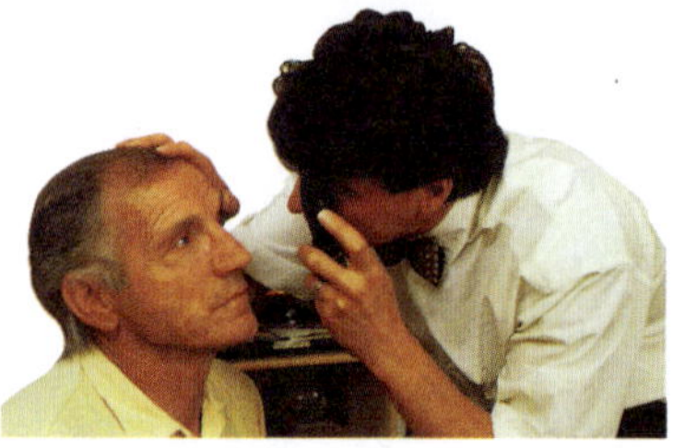

医生利用检眼镜检查病人的眼底

1852年
发现焦耳—汤姆孙效应

焦耳—汤姆孙效应指气体通过多孔塞膨胀时所引起温度变化的现象。对于理想气体，经绝热节流过程后，温度应保持不变。但是，1852 年，英国物理学家焦耳和威廉·汤姆孙在实验中发现，在绝热条件下，管道中的高压气体经多孔塞节流阀流向低压一边时，气体的温度可能降低或升高，这个现象称为焦耳—汤姆孙效应。温度降低的效应称为正效应或致冷效应，温度升高的效应称为负效应或致热效应。经绝热节流过程后气体温度保持不变的效应则称为零效应，相应的温度称为焦耳—汤姆孙效应的转变温度。焦耳—汤姆孙效应是实际气体偏离理想气体的结果。这一效应已成为获得低温和制造液态空气的主要方法之一。

1853 年
白蜡虫由中国引入英国

蚕、蜂与白蜡虫是中国著名的三大养殖昆虫。白蜡虫俗称蜡虫，为昆虫中的一种介壳虫，雌雄异形。白蜡(也称虫白蜡)即白蜡虫的分泌物，为中国特产。中国放养白蜡虫，始于公元 9 世纪前，宋、元间已有翔实的文献记载，其饲养范围已自华北淮河一带扩展到了江南，饲养技术也已相当成熟。

中国是最早利用白蜡虫和虫白蜡的国家，公元 3 世纪前后中国已有自白蜡虫收蜡的记载。欧洲人最先知道中国有白蜡虫的是耶稣会传教士金尼阁，他在 1651 年记述过中国东南各省取白蜡的事情。18 世纪中叶，中国饲养白蜡虫的消息传到了欧洲。1853 年，英国传教士雒魏林从上海将白蜡的样品连同白蜡虫送到英国以供研究。

初期东西方的白蜡贸易可能经日本转口，因为当时的欧洲人认为日本也是白蜡生产国，而且是由一种树木所产，是一种“植物蜡”。后来经过在华耶稣会传教士的介绍和欧洲昆虫学者的研究，始弄清楚白蜡由昆虫所产，因来自中国，特称为“中国蜡”。

白蜡虫是中国特产资源昆虫之一，收取白蜡是中国劳动人民对昆虫认识和利用的一项重大贡献，至今放养白蜡虫与生产白蜡仍然是中国西南各省农村、山区的重要副业。

1854 年
黎曼几何学创立

德国数学家黎曼为谋求格丁根大学的讲师资格，需要按规定准备一篇授课资格论文和一次演讲。1853 年底，他完成了一篇关于三角级数的资格论文，并向高斯提交了三个演讲题目，请高斯从中指定一个。前两个题目都是关于电力学的，第三个题目是关于几何学基础的。高斯对第三个题目已思考良久，遂指定其为演讲题目。

1854 年，黎曼在格丁根大学发表演讲《论作为几何学基础的假设》。全文共分为三部分：第一部分提出 n 维流形的概念，第二部分给出 n 维流形的度量关系，第三部分是对现实空间的应用。黎曼的研究着眼于连续流形，讨论了流形的拓扑关系和度量关系。他认为拓扑关系可以是先验的，但有关几何空间的知识，尤其是度量关系，必须从经验中得出。

黎曼的工作受到高斯的重大影响。高斯在 1828 年的论文《关于曲面的一般研究》中，引进了曲面内蕴几何的思想，被看作微分几何学发展的里程碑。黎曼继承了高斯的研究方法和思想，并把它们推广到任意维空间。他认为流形不依赖于所处的外部空间，其本身可以是弯曲的。为了刻画局部度量关系，黎曼选取具有最简单度量（即局部近似满足勾股定理）的流形，后称为黎曼流形。他还提出了流形的曲率这一重要概念，并考虑了常曲率流形。黎曼指出，曲率为负常数或零的情形，分别对应于罗巴切夫斯基的非欧几何学和通常的欧氏几何学。而曲率为正常数的情形，则对应于黎曼本人创造的另一种非欧几何学，后称为狭义黎曼几何或椭圆几何。而广义的黎曼几何学，就是指研究黎曼流形的几何学，它把上述三种几何囊括其中。黎曼的 1854 年演讲，成为广义的黎曼几何学的开端。

黎曼

1854 年
布尔创建逻辑代数

英国数学家布尔出生在一个贫穷的家庭，没上过大学，但他在数学上有着独特的洞察力。布尔的主要贡献就是用一套符号来进行逻辑演算，即实现了逻辑的数学化。莱布尼茨曾经探索过这个问题，但最终没有找到精确有效的表示方法。19 世纪初，由于代数学向抽象化发展，有的代数学家把代数学看作一种关于符号及其组合规律的科学。受此启发，布尔研究了逻辑关系和某些数学运算间的关系，发觉逻辑关系与某些数学运算甚为相似。

1847 年，布尔出版了《逻辑的数学分析》，这是逻辑代数方面的第一本书。在这种代数中，符号对应着类和类运算，等式对应着命题，变换对应着推理。布尔指出：符号代数的有效性不依赖于符号的解释，而只依赖于符号的组合规律。1854 年，布尔出版了《思维规律的研究》，进一步阐释了他的逻辑代数。布尔的逻辑代数建立在两个逻辑值“0”、“1”和三个运算符“与”、“或”、“非”的基础上，它为计算机的二进制数、开关逻辑元件和逻辑电路的设计铺平了道路，并最终为计算机的发明奠定了数学基础。人们为了纪念布尔，常把逻辑代数称作“布尔代数”。布尔代数在代数结构、数理逻辑、集合论、拓扑空间理论、测度论、概率论、泛函分析等数学分支中均有应用，近几十年来又在自动化技术、电子计算机的逻辑设计等工程技术领域中起着重要的作用。

单晶硅

1854 年
德维尔制成单晶硅

计算机的发展和普及离不开单晶硅。法国化学家德维尔于 1854 年首先得到了片状单晶硅。

在地壳中，硅的含量仅次于氧，它主要以氧化物和硅酸盐形式存在。硅的单晶体具有基本完整的点阵结构，是一种良好的半导体材料，可用于制造半导体器件、太阳能电池等。硅的制备可以追溯到 1810 年，当时瑞典化学家贝采里乌斯在加热石英砂、炭和铁时，得到一种金属，他根据拉丁文 silex（燧石）将其命名为 silicon（硅）。实际上当时得到的是硅铁。1824 年，贝采里乌斯第一次用金属钾还原氟化硅得到单质硅。但这种方法得到的不是纯净的硅晶体。真正获得较纯单晶硅的科学家是德维尔。1854 年，德维尔通过电解熔融的含有 10%硅的钠铝氯化物时，得到了硅化铝，水解后铝被除去，在滤液中得到了单晶硅。后来，人们又发现了很多制备硅单质的方法，例如以钠、镁、铝、钾或氨基钠还原四氯化硅、四氟化硅，在硅烷中放电制备硅。硅的纯度对于微电子技术的发展至关重要。目前，通常先提纯液态四氯化硅或三氯氢化硅，然后以氢还原或热分解的手段制得高纯度多晶硅，再由多晶硅制得单晶硅，其纯度已经可以达到 99.999 999 999 9%，为提高计算机存储器件的存储能力、减小存储器的体积奠定了基础。

1854—1855 年
普拉特与艾里分别提出地壳均衡模型的雏形

英国物理学家牛顿在他不朽的著作《自然哲学的数学原理》中作过一个推测：一根挂在大山附近的铅垂线，受到大山和地球质量的影响会稍稍向大山倾斜。

1854 年，英国大地测量学家普拉特分析喜马拉雅山南麓的印度大地测量结果时，发现实测的垂线偏差值比由可见地形质量算得的数值要小得多。为了解释这种现象，普拉特假设地壳的密度随地形高度的增加而减少，并认为山脉像发酵的面包一样，是由地下物质从某一深度向上膨胀形成的。针对普拉特的观点，英国皇家学会请天文学家艾里对此进行评议，结果艾里于 1855 年提出新的观点，认为像喜马拉雅山这样大的山脉，物质的质量是无法由地壳来支持的，必定是从地壳以下的某一深处就开始得到支撑；因此，地壳物质就像浮在水中的木块，木块高出水面越多，相应地陷入水中越深，这就是他提出的“山根”的概念。1889 年，美国地质学家达顿提出“地壳均衡”这个词，并作了详细的讨论。20 世纪初，芬兰大地测量学家海伊斯卡宁和荷兰地球物理学家韦宁迈内兹等人进一步完善了普拉特和艾里的假想，形成了地壳均衡学说。

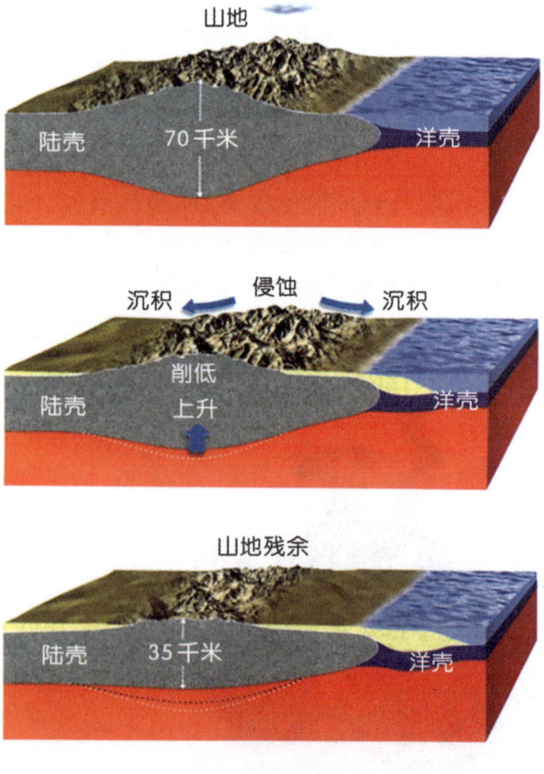

山地持续侵蚀时的地壳均衡

1854—1897 年
发现酵母发酵液中存在酶

酶是活细胞产生的具有催化效力的蛋白质(少数为 RNA),能提高特定化学反应的速率。细胞内绝大多数反应都由酶来催化。酶的研究历史与酵母有着千丝万缕的联系,希腊语中酶的原意就是“在酵母中”。

早在 18 世纪,意大利生理学家斯帕朗扎尼就发现鹰的胃液中含有能消化肉类的物质,但他并不清楚这种物质是什么。1854 年,微生物学奠基人巴斯德在研究发酵过程时发现,发酵液中有酵母不断出芽生长,同时产生酒精和二氧化碳,这一过程可以在无氧条件下发生。经过一系列实验,巴斯德认为,自然界中的发酵必须在有酵母或其他生物存在的条件下才能发生。不过,巴斯德对发酵的化学过程和内在原因并不了解。他推测,酵母可能以糖为食,并排出酒精和二氧化碳,也许酵母在生长过程中产生一种酶来分解糖类。由于在发酵液中没有发现这种酶,巴斯德没有对此下结论。

随后,许多科学家开展了酵母发酵研究。为了研究酵母细胞中的化学成分,必须想办法破碎酵母细胞。这在当时并非易事,因为为了保证酶有活性,破碎既不能使用化学溶剂和高温,又必须在短时间内完成。1897 年,德国化学家布赫纳等人用沙研磨酵母细胞,再过滤除去沙子及细胞残渣,然后往新鲜滤液中加入糖溶液,发现混合溶液中很快产生了二氧化碳和酒精,且生成的二氧化碳和酒精的比例恰好与活酵母体系中的相同。若将滤液加热到 37℃左右,发酵现象还能持续更长时间。之后,布赫纳等人从破碎酵母滤液中提取出酶并制成干品。将酶的干品加入糖溶液中即可观察到明显的发酵现象,这证明酶可以离开活细胞起作用。布赫纳由此开创了酶学研究的新领域。1907 年,布赫纳因其关于酶的生物化学研究和无细胞发酵工作而荣获诺贝尔化学奖。

1855 年
凯莱定义矩阵的基本概念与运算

矩阵这个词由英国数学家西尔维斯特首先使用,其概念来自行列式。它作为表达一个线性方程组的简单记法而出现。脱离线性变换和行列式,对矩阵本身作专门研究,则始于英国数学家凯莱。

1855年起,凯莱发表了一系列研究矩阵的文章,引进了有关矩阵的一些定义,例如矩阵相等、零矩阵、单位矩阵、矩阵的和、矩阵的积、矩阵的逆、转置矩阵、对称矩阵等。他还借助行列式定义了矩阵的特征方程和特征根。1858 年,凯莱证明了一个重要结果:任何矩阵都满足它的特征方程。此结果现在被称为凯莱—哈密顿定理。凯莱是矩阵理论的创始人。此后,经过法国数学家埃尔米特、若尔当及德国数学家克莱布什、弗罗贝尼乌斯等人的进一步研究,矩阵理论的经典内容逐渐趋于完善。矩阵及其相关理论现在已广泛地应用于现代科技的许多领域,发挥出巨大的作用。

1855 年
盖斯勒发明水银真空泵

德国发明家盖斯勒是一个技艺精湛的吹玻璃工。1854 年,他在德国波恩创办了一个科学仪器工场,为科学家制造化学和物理仪器。1855 年,盖斯勒制造了一台可以使水银柱往复运动以形成真空效果的抽气泵,即盖斯勒水银真空泵。这一发明促进了真空技术的发展。

1857 年,盖斯勒又制成了被称为盖斯勒管的低压气体放电管。他在一根玻璃管的两端各封上一根铂金丝作为电极,再用水银真空泵把管中的空气抽掉,充以各种不同成分的气体,做成不同气体的放电管。然后在这两根铂金丝上通上感应线圈发出来的高

1856

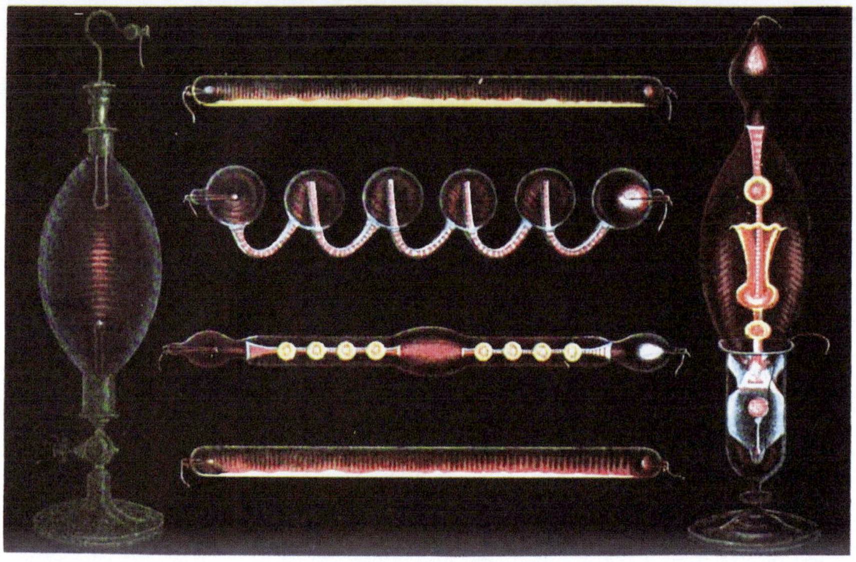

盖斯勒管

压电，管中的低压气体就发出了各种颜色的辉光。盖斯勒管的发明直接导致了阴极射线的发现。

1856 年
贝塞麦发明转炉炼钢法

18 世纪，人们主要采用搅拌炼钢法将铁冶炼成钢。这种方法是将一根铁棒由炉门插入炉中，不停地搅拌铁液与炉渣，以促进气体与铁中杂质的氧化作用。搅拌炉中的熔铁逐渐凝聚，且慢慢趋近钢的本性。随后，铁匠将糊状的铁团切成数块，一块块地取出炉外进行锤打，到铁团中的炉渣被锤打挤出后，铁便炼成了钢。

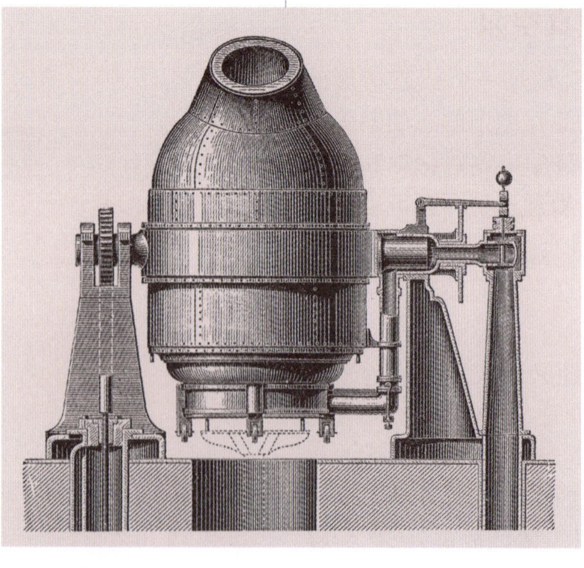

贝塞麦转炉

19 世纪初，工业革命的迅速发展对钢铁的数量和质量提出了越来越高的要求，效率较低的搅拌炼钢法已远远不能满足需求，人们开始寻求新的更加有效的炼钢方法。英国军事工程师贝塞麦于 1856 年在英国科学协会发表题为“不使用燃料、只吹入空气就可以变铁水为钢”的演讲，提出转炉炼钢法：将高压酸性空气直接由底部吹入熔化的生铁转炉中便可使生铁中所含的硅、锰、碳、磷等元素被氧化脱除。贝塞麦发明的梨形可动式转炉只需花 10 分钟就可将 10—15 吨铁水炼成钢，而过去搅拌炼钢法要花几天时间才能完成。这种冶炼速度快、能耗少、成本低的炼钢方法开创了大规模炼钢的新纪元。

1856 年
德国杜塞尔多夫附近发现尼安德特人遗骨

尼安德特人简称尼人，因化石发现于德国杜塞尔多夫附近尼安德特河谷的一个山洞中而得名，是 20 万—3 万年前生活在欧洲、近东和中亚地区的古人类，通常认为尼安德特人是一种早期智人。

自 1856 年人们第一次发现尼安德特人的化石以来，尼安德特人一直是一个公众兴趣浓厚的谜，对尼安德特人的各种猜测和研究一直不断。3 万多年前，随着冰川蔓延过整个欧洲大陆，尼安德特人便灭绝了。一般

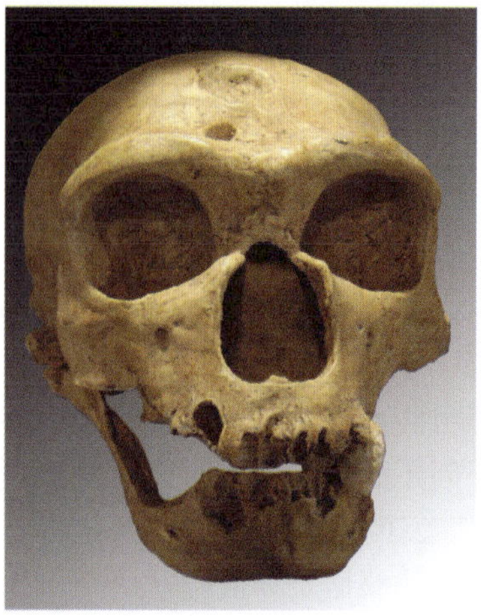

尼安德特人头骨

认为尼安德特人在与非洲迁移来的现代人类的竞争中没有优势，所以走向了灭绝。还有一些观点认为，尼安德特人之所以走到末路，是因为不能适应在摄取食物方面的变化，或是因为不再能适应当时的环境。新近的一些研究表明，尼安德特人在一定程度上很可能是被遗传和文化上占优势的现代人同化了。

1856年
费雷尔提出大气三圈经向环流模型

1830年代，法国数学家科里奥利提出科里奥利力：因地球自转运动而作用于地球上运动质点的偏向力。科学界开始意识到，科里奥利力也会影响大气环流；加之观测资料日益丰富，英国气象学家哈得来的单圈环流模型已经显示出了局限性。1856年，美国气象学家费雷尔发表文章，首次将科里奥利力正确应用于解释大气环流，并用数学方法证明了风因受地球自转的影响而发生偏向。他指出，正是科里奥利力的作用，才使北半球低纬度地面的盛行风由北风右偏为东北风，南半球则由南风左偏为东南风。

当时的观测资料，已经远比哈得来时期多得多。在这些数据的基础上，费雷尔提出了大气三圈经向环流模型。和哈得来的模型类似，在费雷尔的三圈环流模型中，大气也是从赤道地区上升，从高层流向极地。但在30°纬线附近，费雷尔假设高层大气已足够冷却开始下沉，空气从地面一部分流向赤道，一部分流向极地。而流向极地的这部分空气在60°纬线附近与极地来的冷空气汇合上升，在高层分割成两部分，一部分流向赤道，一部分流向极地。于是，高层流向赤道那部分空气在30°纬线附近下沉，从而形成中纬度地区的一个经向环流圈，这一环流圈被称为费雷尔环流；高层流向极地的那部分空气在极区下沉，从而形成高纬度闭合经向环流圈。这样，就形成了费雷尔提出的大气三圈经向环流。

1856—1866年
贝特洛合成甲烷、乙烯、乙炔等有机物

如果说活力论被维勒等人摧毁，那么可以说法国化学家和科学史学家贝特洛把它碾成了碎屑。1856年，贝特洛将CS_2与H_2S的混合气通过红热的铜，得到了甲烷。他认为在这个过程中是铜跟CS_2和H_2S中的硫结合而使高活性的碳和氢游离出来，并化合成甲烷。接着他又将乙醇在硫酸催化下脱水，制得乙烯。

1860年，贝特洛发表专著《有机合成化学》，陈述了有机合成的一般原则和方法，并于1862年合成了乙炔，这是人类第一次合成自然界不存在的有机物。他的工作是继维

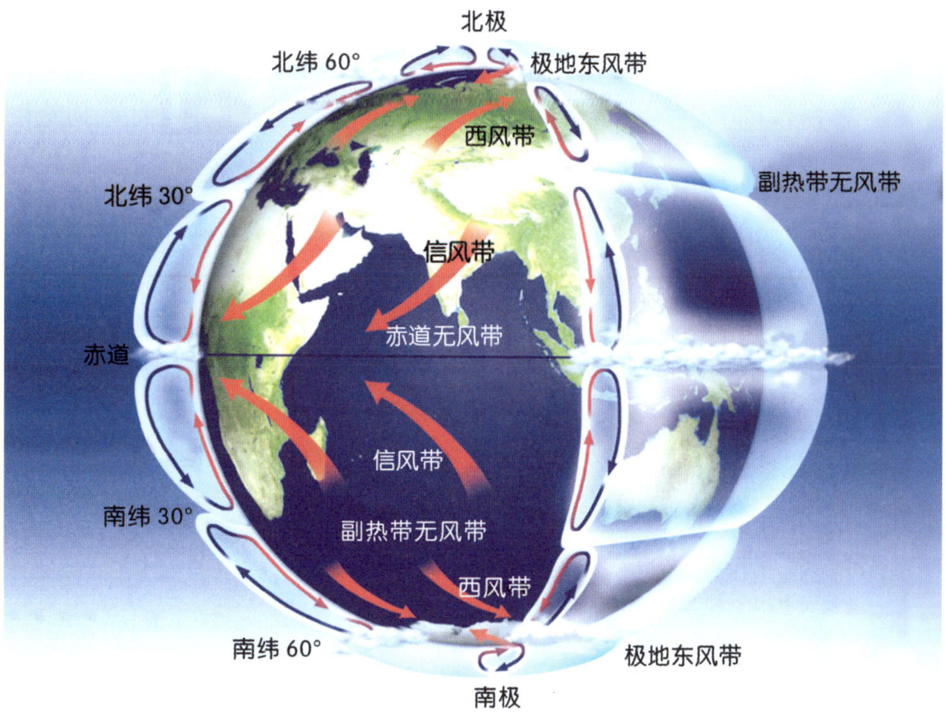

大气三圈经向环流

勒之后对活力论最大的冲击，并使他坚信可以通过非有机的来源制得各类自然界存在或不存在的重要的有机化合物，于是他最先提出采用“合成”(synthesis)这个词来表达这种过程。

除了合成甲烷、乙烯、乙炔外，贝特洛还合成了樟脑(1859 年)、冰片(1859 年)、苯(1866 年)等。

有机化学从研究大自然存在的物质到合成大自然不存在的物质是一个质的飞跃，贝特洛在这个飞跃中功不可没。

1857 年
凯库勒提出原子价学说

1852 年，英国化学家弗兰克兰发现：“各种元素的原子在形成化合物时总是倾向于与确定数目的其他原子结合，而当处在这种比例时，其化学亲和力得到最好的满足。”这是原子价概念的萌芽。1857 年，德国化学家凯库勒通过对一系列化学反应的归纳，进一步指出：“化合物的分子由不同原子结合而成，某一原子与其他元素的原子或基团相化合的数目取决于它们的‘亲和力单位数’。”凯库勒提出的“亲和力单位数”相当于现在所说的原子价(化合价)。他指出，H、Cl、Br、K 是“一原子的”(即一价的)，O、S 是“二原子的”(即二价的)，N、P、As 是“三原子的”(即三价的)，亲和力单位数分别为 1、2 和 3。他又在研究沼气型化合物时得出：碳原子与 4 个氢原子或 2 个氧原子是等价的。这样，他就把原子价的思想引入碳化合物的研究。1858 年，凯库勒进一步提出碳是四价的学说，并提出碳原子间可以连成链状的碳链学说。他指出：1 个碳原子能用 1 个亲和力单位与另外 1 个碳原子相连，每个碳原子然后又能各用 3 个亲和力单位与其他原子相连，这样就构成了有机化合物的碳链骨架，而碳链骨架结构正是有机化合物的基础。

同年，英国化学家阿奇博尔德·库珀也提出碳四价学说。他根据碳、氢、氮等元素的原子价提出有机化合物中的碳原子可以相互结合成链，并用点线代表价键，写出了人们容易理解的结构式。

1864 年，德国人尤利乌斯·洛塔尔·迈尔建议将“原子数”和“原子亲和力单位”用“原子价”代替。至此，原子价学说便正式建立了。原子价学说的建立揭示了各种元素化学性质的一个极其重要的方面，阐明了各种元素相互化合时在数量上遵循的规律。

1857 年
萨克斯开创植物生理学

光合作用、蒸腾作用、植物的运动和生长发育等，这些堪称经典的植物生理学知识实际上为人们所了解的时间并不长。虽然对植物光合作用的研究从 17 世纪海耳蒙特时期就已开始，但真正将植物生理学从植物学中独立出来还要归功于 19 世纪的德国植物学家萨克斯。

萨克斯从小就善于观察，也十分热爱植物学。除收集植物标本外，他还为标本绘图。在担任著名捷克生理学家浦肯野的助手时，萨克斯开始对植物生理学产生了兴趣。兴趣和专注使萨克斯日后在植物生理学研究方面获得了惊人的成就——温度、光照等因素对植物的影响，植物对无机盐的吸收，植物的向光性、向地性和向水性，植物根、茎、花的形成，叶绿体中因发生光合作用而产生淀粉，植物对环境有最低、最适、最高要求，等等。这些都是今天我们在植物生理学课程中要学习的基础知识。

1857 年，萨克斯在大学里开设植物生理学课程，标志着这门学科正式创立。他还精心编撰了《植物实验生理学手册》(1865)、《植物学教程》(1868)、《植物学史》(1875)等多本教科书。他为这门课程所花费的全部心力，所著的每一本书，都值得后世每个学习植物学的人尊称其一声老师。

1857—1858 年
亥姆霍兹提出流体涡旋运动理论

涡旋是指流体中作旋转运动的流动形态。最早对涡旋运动进行系统研究的是德国物理学家亥姆霍兹。1857 年,亥姆霍兹发表了关于有涡旋的流体的论文,建立了亥姆霍兹第一定理和第二定理(即涡管守恒定理),为研究流体动力学提供了重要的理论基础。1858 年,他又从流体动力学原理推出了被称为亥姆霍兹第三定理的理想流体的涡旋运动定律(即涡旋强度守恒定理)。

亥姆霍兹第一定理说明,在理想的正压性流体中,涡管既不能开始,也不能终止,但可以自成封闭成环状,或开始于边界、终止于边界。亥姆霍兹第二定理可表述为:理想的正压性流体在保守力作用下,流场中的涡管始终由相同的流体质点组成。而亥姆霍兹第三定理表明,理想的正压性流体在保守力作用下,任一涡管的强度不随时间变化。

亥姆霍兹关于涡旋的三个定理,解释了涡旋的基本运动规律,是研究理想流体有旋流动的基本定理。现代流体涡旋理论正是在亥姆霍兹的研究基础上发展起来的。

1857—1885 年
巴斯德创立细菌学说

巴斯德的父亲曾是拿破仑军队的士兵,退役后当了皮匠,而巴斯德不到 30 岁就成了有名的化学教授。1857 年的一天,一名酿酒厂老板来请他解决酒的酸败问题。巴斯德首先用显微镜观察正常酒和酸败酒之间的差异,发现后者中有一种特殊的杆状细菌。然后他又通过实验断定:正是这种细菌导致了酒的酸败,而只要将酒在 50℃保温 30 分钟即可杀灭这种细菌,酒就不会酸败了。直到现在,牛奶等饮品都是用类似的巴斯德法灭菌的。此法不能杀灭所有的细菌,但可以杀死其中的病原菌,并且保持饮品风味。

在巴斯德的年代,自然发生说非常流行,人们认为微生物可以从食物中自发生长出来。如果确实如此,那么就算为酒杀菌,细菌还是可以从酒中再生长出来。但事实证明巴斯德的消毒法非常有效,这促使巴斯德思考其中的原理。他设计了一个巧妙的曲颈瓶,空气可以进入,细菌却不能,瓶中肉汤经高温灭菌后,一直没有腐败。只有打破曲颈,让空气中的细菌进入,肉汤才会腐败。这一精妙的实验终于否定了自然发生说,让关于它的持久争论尘埃落定。

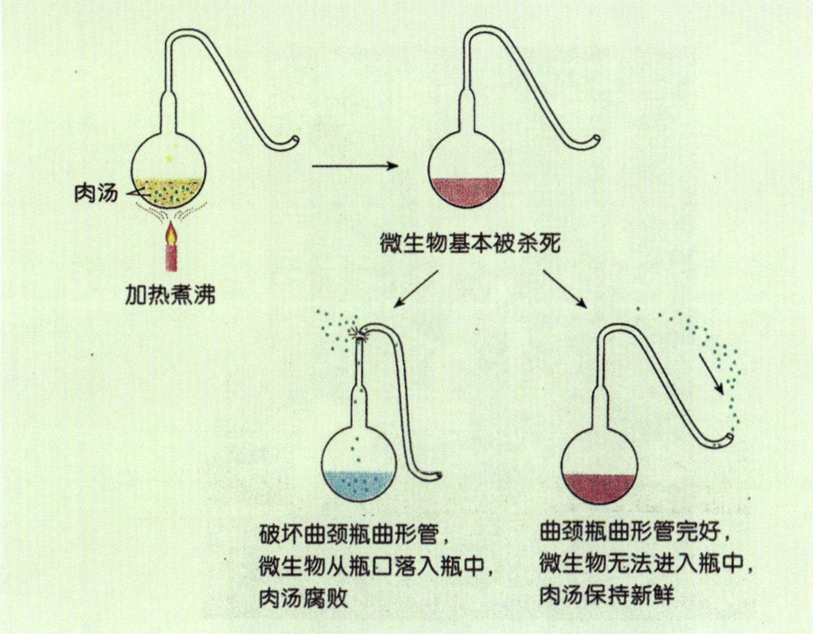

巴斯德否定自然发生说的著名实验——曲颈瓶实验

灭菌法让巴斯德的名气越来越大,1865 年,连制蚕业人士也来求他帮着医治病蚕。巴斯德发现还是微生物导致了蚕的病变,并提出了相应的防治措施。后来,又有人请他治疗鸡霍乱,他在无意中发现将病原体反复传代之后再注射到鸡体内,可以使鸡获得对霍乱的免疫力。受此启发,巴斯德用经高温培养、致病性被弱化了的炭疽杆菌进行实验,结果取得了预期的防治效果。他还以患狂犬病的狗的脑组织为基本材料,在兔子身上接种传代。这种经过传代后使原菌株或病毒株毒性减弱而制成的疫苗就是减毒疫苗。今天,减毒疫苗已经成为人类预防传染病的强有力的手段,巴斯德为人类医疗与健康事业所作出的贡献值得人们永久铭记!

巴斯德

1822年12月27日,巴斯德出生于法国东部的多尔市,父亲是制革工人,家境甚差。巴斯德1829年入学,1838年进入位于贝桑松的皇家学院深造,1842年获得科学学位,但一直都成绩平平。1843年,巴斯德考进巴黎高等师范学校,随着对化学的兴趣日益高涨,成绩不断进步。

巴斯德的科学生涯是从物理学开始的,随后迅速转向化学、微生物学,并最终成为医学史上举足轻重的人物。1848年,巴斯德接受了第戎国立高等学校的物理学教授之职,开始研究酒石酸晶体的光学性质。在此过程中,他揭示了酒石酸的同分异构现象,后来还发现了微生物对同分异构体的选择作用。这项研究为立体化学的发展奠定了基础,也令巴斯德的研究重心逐渐转移至微生物学领域。他日后在微生物发酵和病原微生物方面的研究,奠定了工业微生物学和医学微生物学的基础,并开创了微生物生理学。

1854年,巴斯德被聘为新成立的里尔大学化学系主任。里尔大学所在的法国北部是重要的酿造工业区,在参观当地一家工厂过程中,巴斯德对发酵产生了浓厚兴趣。在为当地酒厂解决酿酒过程中酒质变酸的问题时,巴斯德发现发酵是源于微生物的作用,而且不同微生物会产生各种形式的发酵过程。他用加热法(后称巴氏消毒法)杀灭微生物,解决了葡萄酒变质的问题,成为细菌学说的创始人。

1860年代,法国蚕病流行,丝绸工业大受影响。巴斯德受政府之托对蚕病进行研究,发现病原是一种很小的寄生生物。1878年,他研究了鸡霍乱,发现了病原微生物并制出了减毒菌株,可给鸡注射而诱发免疫性。1882年,他开始从事狂犬病的研究,发现并证实狂犬病是由一种可传播的因子引起的,该因子小到无法在光学显微镜下观察到,由此揭开了病毒世界的一角。他还发展出一项技术,可以减低狂犬病病原的毒性,并证明通过减毒得到的物质可为狗接种,以抵抗此病。1885年,他的狂犬病疫苗首次人体接种也获得了成功,使一个被疯狗严重咬伤的小男孩免于染上狂犬病。在这些工作的基础上他创立了疾病的病原微生物理论,为医学的发展作出了卓越贡献。

病原微生物方面的研究尤其是狂犬病疫苗的成功,让巴斯德声名远播,世界各国纷纷为其捐款。巴斯德研究所1888年得以在巴黎成立,巴斯德担任所长,直至去世。

巴斯德曾用肉汤做灭菌实验,证明了生命"自然发生"是不可能的,并主张"生命只能来自生命"。他的主要著作有《乳酸之发酵作用》、《酒精发酵》和《蚕病学》等。

巴斯德头脑清晰,性格坚毅,集各种罕见特质于一身,这些都是他成功的关键。但他为人固执偏激,极其自信而又能言善辩;他对科学研究极端狂热,但缺乏学术修养,好与人争夺发明权。许多加在他头上的成就,其实都与助手们的创造活动分不开,但他很难与人分享成果。在科学研究中,他往往是孤独的,隔绝于与他同时代的科学家。但个性方面的缺点,丝毫掩盖不了他的光芒。他在生前备受尊崇,身后则被奉为一代宗师。

1895年9月28日,巴斯德在巴黎附近的圣克劳德去世。当年经巴斯德拯救幸免于狂犬病的小男孩迈斯特,后来当上了巴斯德研究所的看门人。1940年,入侵法国的纳粹分子命令迈斯特打开巴斯德的棺墓。但是,迈斯特宁死也不愿这么做,于是便自杀了。强权永远也不可能扑灭科学的光辉。

1858 年 克劳修斯提出气体分子自由程概念

气体分子自由程是分子运动理论中的一个概念，指一个气体分子与其他分子相继两次碰撞之间所经过的路程。根据理想气体的性质，气体分子在两次碰撞之间可看作匀速直线运动，分子在这个运动过程中没有受到作用力，是自由的，所以把分子两次碰撞之间所走过的路程称为自由程。对一个气体分子来说，自由程长短不一，但对大量分子来说，自由程具有确定的统计规律性。大量气体分子自由程的平均值叫做气体分子平均自由程。

最先引入气体分子平均自由程概念的是克劳修斯，他在 1858 年通过引入分子的平移、旋转及振动等运动，改进德国物理学家克勒尼希简单的气体分子运动模型时，引进了这一概念。

1858 年 普吕克发现阴极射线

在居里克 1650 年发明了抽气机后，物理学家就开始了对稀薄空气中的电流现象进行实验研究。1705 年，科学家发现稀薄空气中的电弧比在一般空气中的长。1838 年，法拉第在充有稀薄空气的玻璃管中通过电流时发现，在阴极和阳极之间有一道奇怪的光弧，但在阴极附近这道光弧消失，此处被称为“法拉第暗区”。1858 年，德国数学家、实验物理学家普吕克在用盖斯勒管研究气体放电现象时发现，当玻璃管内的空气更进一步稀薄到一定程度时，管内的光线逐渐消失，法拉第暗区变大，这时在阴极对面的玻璃管壁上出现了绿色荧光。普吕克认为，这种荧光是从阴极发出的电流撞击玻璃管壁造成的。后来，德国物理学家戈尔德施泰因将普吕克发现的从阴极发出的带电射线称为阴极射线。

在此后的 30 年中，阴极射线的性质一直是物理学家的热门研究课题。直到约瑟夫·汤姆孙用实验证明阴极射线是带负电的微粒（即电子）后，此问题才最终解决，并由此导致了电子的发现。

1858 年 基尔霍夫提出焓的概念

能量守恒定律是自然界最重要的规律之一。但是，能量的形式多种多样，能量转换的过程也不尽相同，怎样以简单的数学形式来表述能量守恒定律并不是一个简单的问题。化学反应中，等温等压下的反应最为常见。1858 年，德国物理学家古斯塔夫·基尔霍夫研究了该过程中不同能量间的相互转化，以焓变的形式来描述该过程的能量守恒规律。等温等压的化学反应在不做其他功时，其热效应为内能的变化与对外做功之和，即 $Q_p = \Delta U + p\Delta V = (U_{终态} - U_{始态}) + p(V_{终态} - V_{始态}) = (U_{终态} + pV_{终态}) - (U_{始态} + pV_{始态})$，定义 $H = U + pV$，称之为焓。焓是一个状态函数，反应的焓变 $\Delta H = H_{终态} - H_{始态} = Q_p$。此式表明，化学反应在等温等压下发生，不做其他功时，反应的热效应等于系统的状态函数焓的变化量。基尔霍夫还提出了焓变值与温度的关系式：$\Delta H(T_2) = \Delta H(T_1) + \int_{T_1}^{T_2} C_p \mathrm{d}T$，其中 C_p 是定压比热容。焓的变化量是可以测定的，因此具有十分重要的应用价值。

1858 年 洛斯达和迈登鲍尔开创摄影测量学

摄影测量学是利用摄影手段获得被测物体的图像信息，从数学和物理学方面进行分析处理，对所摄对象的本质进行研究、提取对象的相关信息的一门学科。

1850 年代，法国军事工程师洛斯达将摄影术用于测绘工作。1858 年，洛斯达利用气球和相机从空中拍摄地面影像，再使用地面上的三角高点或显著标志物进行校正。同一时期，德国建筑师迈登鲍尔也将这一方法用于建筑和地形测量。150 年来，摄影测量学有了长足的发展。通过摄影测量可提取的信息，包括建筑物的地理位置、道路、河流，以及包括现场高度、等高线和高程数据等的地形信息。摄影测量学目前已进入了数字摄影测量阶段。

1858 年
魏尔啸《细胞病理学》出版

魏尔啸是 19 世纪德国著名的病理学家。1843 年毕业于柏林大学，曾做过解剖学研究，1848 年接受当时普鲁士政府的委托，负责调查西利西亚纺织工人伤寒病流行的情况。1856 年应聘到柏林大学任病理学教授，从此开始深入研究病理学，并创办了著名的《细胞病理学杂志》。

1858 年，魏尔啸的代表作《生理和病理组织学基础上的细胞病理学》(简称《细胞病理学》)出版。在该书中魏尔啸把人体比做一个国家，把人体的细胞比做国家的公民。他认为疾病是外界因素作用的结果，人体发生疾病源于人体内细胞的改变。魏尔啸的“细胞学说”概括起来就是：细胞来自另一细胞，细胞是人体生命活动的基本单位，机体是细胞的总和，机体的病理就是细胞的病理，疾病是由于机体细胞的变化引起的，所以应该在细胞内寻找疾病的原因。魏尔啸有很多细胞病理学上的新发现，如他澄清了栓塞是静脉炎的原因；发现神经细胞是细胞的一种；判定肿瘤是细胞异常增生的结果。

魏尔啸在书房

细胞病理学确定了疾病的微细物质基础，充实和发展了形态病理学，开辟了病理学发展的新阶段。但是，魏尔啸的病理学思想片面强调了局部变化，忽视了很多病理变化是全身性的，这是魏尔啸细胞病理学说的不足之处。

1859 年
黎曼假设提出

1859年，德国数学家黎曼被柏林科学院任命为通讯院士。按照惯例，新院士要向科学院提交一篇论文，叙述他正在从事的一些研究，黎曼提交的论文名为《论小于一个给定值的素数的个数》。文中提出了著名的黎曼假设：ζ 函数的所有非平凡零点的实部都是 1/2。ζ 函数来自欧拉于 1737 年导出的恒等式 $\sum_{n=1}^{\infty}\frac{1}{n^s}=\prod_{p}\left(1-\frac{1}{p^s}\right)^{-1}$，其中等号右边的无穷乘积取遍所有的素数 p，s 是大于 1 的实数。这个恒等式在数论与分析之间搭起了一座桥梁，是解析数论的肇端。黎曼取其左端函数 $\sum_{n=1}^{\infty}\frac{1}{n^s}=\zeta(s)$，并将 s 的取值扩大到复数，此即 ζ 函数。黎曼认为，素数的性质可以通过复变函数 $\zeta(s)$ 来探讨，他还建立了与 $\zeta(s)$ 的零点[使得 $\zeta(s)=0$ 的 s]有关的表示 $\pi(x)$(不大于 x 的素数的个数)的公式。因此，研究素数分布的关键就在于研究 $\zeta(s)$ 的性质。

黎曼以他天才的洞察力发觉 $\zeta(s)$ 的非平凡零点的实部很可能都是 1/2，并把这一点作为假设提了出来。从黎曼假设出发，可以推出数论和函数论方面的一系列重要结果。因此，一个半世纪以来，对黎曼假设的研究在解析数论和函数论领域中占据着中心的位置。虽然数学家们经过不懈的努力，在这方面获得了许多重大的进展，但时至今日,这个假设是否成立的问题,仍然悬而未决。由于这个问题的重要性,美国的克莱数学促进会于2000年悬赏100万美元征求它的解答。

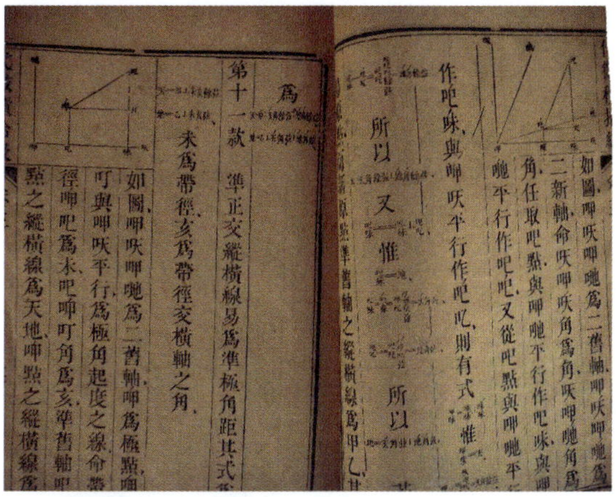

《代微积拾级》内页

李善兰

1859年
《代微积拾级》和《代数学》中译本出版

中国清代数学家李善兰自幼喜欢数学。9岁时,他在父亲的书架上发现了《九章算术》,被深深吸引。14岁时他自学了由徐光启和利玛窦翻译的欧几里得《几何原本》前6卷。因八股文章做得不好,他乡试落第,但他毫不在意,反而留意搜寻各种数学书籍,仔细研读。

1852年,李善兰结识了英国传教士伟烈亚力,开始长期合作翻译西方科学著作。自1852年起,他们历时4年翻译了《几何原本》后9卷,完成了徐光启、利玛窦的未竟之业。1859年,他们合译的美国数学家罗密士的《代微积拾级》18卷、英国数学家德·摩根的《代数学》13卷在上海墨海书馆出版。这是微积分和符号代数学第一次走进国门,对西方近代数学在中国的传播作出了开创性的贡献。

中国的数学名词中,初等数学部分大多源自《几何原本》中译本,高等数学部分则始了《代微积拾级》中译本。李善兰在翻译过程中创造了代数学、系数、根、方程式、函数、微分、积分等名词,一直沿用至今。

1859年
基尔霍夫定律提出

任何物体都存在热辐射,热辐射与光辐射在本质上是一致的,可统称为电磁辐射。1830年代初,一些科学家就对热辐射进行了研究和测量。1859年,德国物理学家古斯塔夫·基尔霍夫根据热平衡原理导出了一个关于物体的发射本领的定律,即基尔霍夫定律:物体对电磁辐射的发射本领与吸收系数之比仅与温度和波长有关,而与物体的其他性质无关。1860年,基尔霍夫又提出了“绝对黑体”概念。绝对黑体简称黑体,指吸收系数为1,即全部吸收外来辐射而无反射和透射的理想物体。因此根据基尔霍夫定律,黑体的发射本领是一个仅与温度和波长有关的普适函数。随后的数十年间,研究黑体辐射的这个普适函数与温度和波长的关系吸引了许多物理学家的兴趣,并最终导致1900年普朗克建立了量子论。

1859年
基尔霍夫提出光谱学基本定律

1859年,德国物理学家古斯塔夫·基尔霍夫和化学家本生一起发现,不同化学元素产生的光谱有自己独特的谱线系列,并据此确认了铯和铷两种新元素。同年,基尔霍夫用本生灯的火焰灼烧食盐——氯化钠,光谱中出现了钠元素的明亮黄线;他再使太阳光通过含食盐的灯焰进入分光镜,结果发现当阳光较弱时明线仍然存在,但当阳光超过某一强度时明线消失,并在同一位置上出现暗线,且其位置恰与太阳光谱中夫琅禾费标记的D线重合。当他用白炽灯替代太阳光时,该暗线同样存在。据此,他总结出如下的光谱学基本定律,后称基尔霍夫光谱学三定

1859

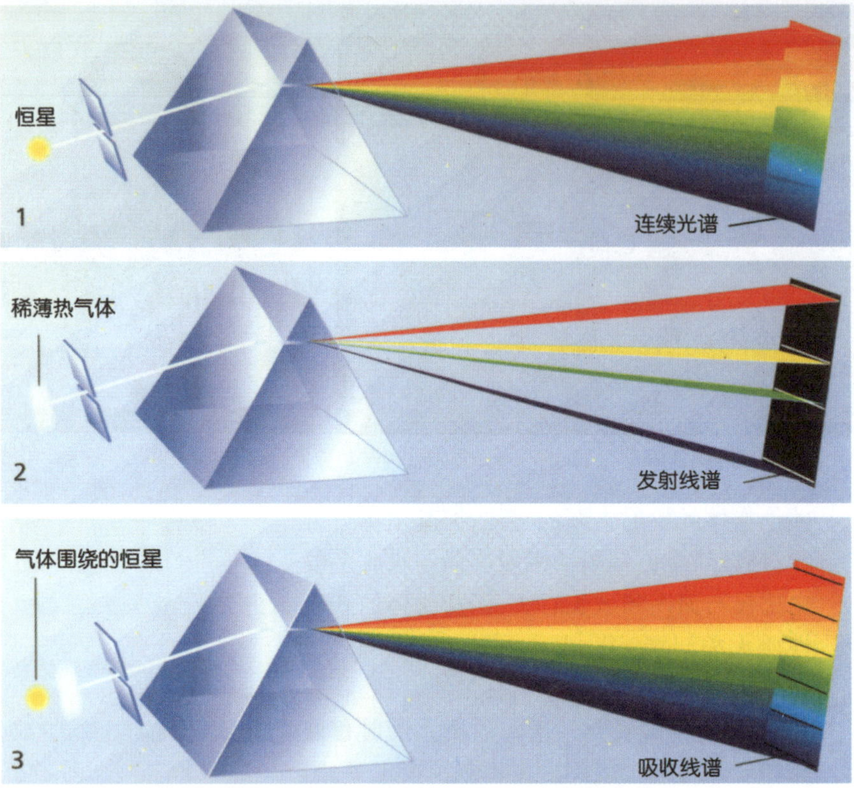

三种不同的光谱 (1)连续光谱,(2)发射线谱和(3)吸收线谱。

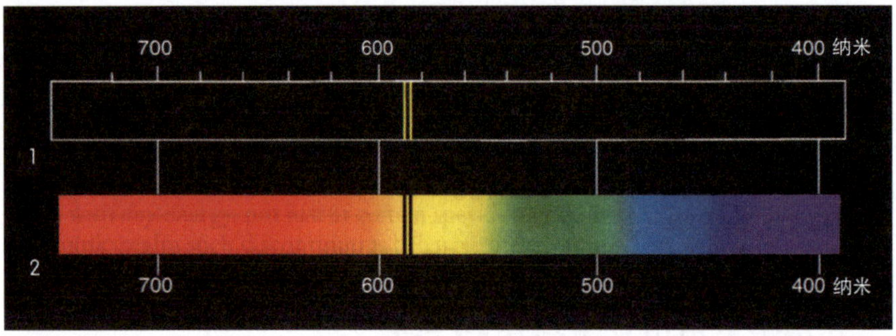

钠的 D 线实际上是由 D1 和 D2 两条子线构成的双线 (1)钠的这两条特征发射线位于光谱的黄色区域,(2)在吸收线谱中它们位于与(1)严格相同的位置上。

律:(1)炽热的固体、液体或高压气体产生连续光谱;(2)高温低压气体产生明线光谱,即发射线谱;(3)处于炽热连续谱源和观察者之间的低温低压气体产生吸收线谱,即连续谱上叠加若干暗线。夫琅禾费线之产生,是由于炽热的太阳光球的连续谱中那些特定波长的光被太阳外层大气吸收所致。D 线的存在表明太阳大气中存在钠,其他暗线则是别的元素——如铁、钙、镍等的示踪者。到 19 世纪末,人们从太阳光谱中证认出的元素已达 39 种。实验室光谱学与天文学观测相结合取得的这些重大成就,有力地否定了法国实证主义哲学家孔德于 1835 年所作的"恒星化学组成是人类绝不能了解的"这一断言,并促使年轻的天体物理学逐渐成为现代天文学的主流。

1859 年
普朗特制成铅酸蓄电池

电池是使用最为方便的能量提供装置之一。1801 年,意大利物理学家、化学家伏打向拿破仑演示伏打电堆,被授予金质奖章并被封为伯爵。但是,伏打电堆储能密度小,实用性较差。1859 年,法国化学家普朗特经过大量实验,遴选出合适的正负极材料和电解液,发明了铅酸蓄电池,不仅提高了储能密度,而且可以通过充电多次使用,从而翻开了电池发展的新篇章。铅酸蓄电池由容器、电解液、二氧化铅正极板群和绒状铅负极板群等组成。负极板上的铅和电解液发生化学反应,生成的二价铅离子转移到电解液中,在负极板上留下电子。而正极板有少量的二氧化铅渗入电解液,形成可离解的氢氧化铅[$Pb(OH)_4$],铅离子 Pb^{4+}留在正极板上。两极板间产生一定的电位差,即电池的电动势。接通外电路时,电流即由正极流向负极。蓄电池放电后,两极板间电势差降低,电阻增大,电流减小。这时,可通过施加反向电流还原活性物质,恢复电池原有的供电能力,供下次放电时使用。后来,各种能量密度更高、体积更小、充放电性能更好的蓄电池相继研发出来。

1859 年
丁铎尔提出温室效应

早在 1681 年,法国物理学家马略特就指出,虽然太阳光及其热量容易通过玻璃和其他透明物质，但其他来源的热量却不能穿过玻璃。后来人们认识到，空气也能截获热辐射。1824 年，法国数学家、物理学家傅里叶提出，地球大气层可以阻止地球表面热量的散失，提出“温室气体”概念。1859 年，英国物理学家丁铎尔通过实验室研究发现，大气里的水汽和二氧化碳能够吸收辐射，从而提高气温，并首先正确测量出了大气中氮、氧、水汽、二氧化碳、臭氧以及甲烷等气体对红外辐射的吸收能力，指出水汽具有最强的吸收辐射的能力，是影响大气温度的主要气体。他进一步指出，任何辐射活跃的大气成分（如水汽和二氧化碳）在量上的变化，都能够导致气候变化。后来他被称为“温室效应理论之父”，英国著名的丁铎尔气候变化研究中心就是以他的名字命名的。

19 世纪末，瑞典化学家阿伦尼乌斯率先意识到二氧化碳浓度升高对气候的潜在影响，认为工业活动特别是燃煤引起大气中二氧化碳浓度的升高，与不断上升的气温有着重要联系。他通过计算得出，如果人类燃烧化石燃料（石油、煤和天然气等）使得大气中的二氧化碳浓度加倍，全球地面平均气温将上升 5—6℃。这与现代的计算结果大体相当。他同时指出，大气中二氧化碳含量增减 40%，即可能触发冰期的进退。

1938 年，英国工程师卡伦德通过计算得出结论：二氧化碳浓度加倍可使全球地面平均气温增加 2℃，且极地增温明显。这个结果与现代气候敏感性的研究结果十分一致。1957 年第一次国际地球物理年期间，夏威夷的莫纳罗亚和南极分别建立了二氧化碳测量站，由此揭开了全球气候变化研究的序幕。

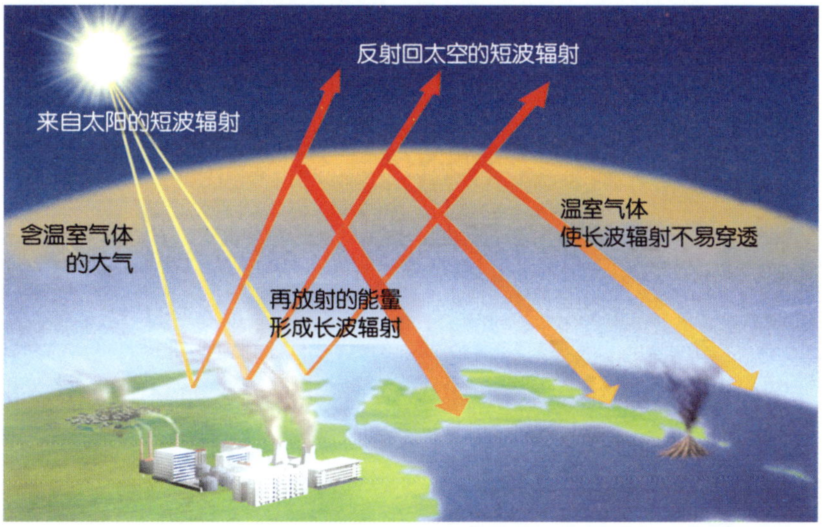

温室效应

1859 年
达尔文《物种起源》出版

查尔斯·达尔文是 19 世纪的英国博物学家，出生于富裕的医生家庭，从小热衷于采集昆虫标本、掏鸟窝、打猎等活动，以至于父亲对他极其失望。达尔文先是遵从父亲的意愿而学医，却半途辍学，随后在剑桥大学学习神学。毕业后达尔文本打算回家当一名乡村牧师，但因导师推荐，他有幸登上“贝格尔号”军舰参与航海探险活动（1831—1836 年），整个人生也因此而改航。

1835 年 9 月，军舰来到南美的加拉帕戈斯群岛。岛上盛产巨龟，还有一些雀类。正是后者引起了达尔文的注意。这些雀似乎非常古怪，有些种类之间非常相似但又略有区别，并且特定的种类只存在于各自的小岛上。这一现象意味着什么？当时的地质学已经试图用自然的原因，如风吹日晒雨淋来解释地形的变化。可否设想物种也以同样的方式自然产生？达尔文于 1859 年出版的《物种起源》要回答的正是这一问题。加拉帕戈斯群岛上的陆龟和雀类最初也许来自附近的大陆，随后适应了各自的环境，于是在各自的小岛上形成变种。变种来自同一个祖先物种，这就是达尔文理论的核心内容之一：生物的共同由来说。

原始物种如何分化为不同的变种？达尔文通过与人工选择的类比而提出自然选择理论。该理论的前提是：生物界普遍存在个体差异现象；生物体的繁殖能力远远超过环境所能承受的限度。这就有了生存竞争。个体只要略微具有优势性状，就会有更多的生存以及繁殖机会；反之则会被淘汰乃至绝

1860

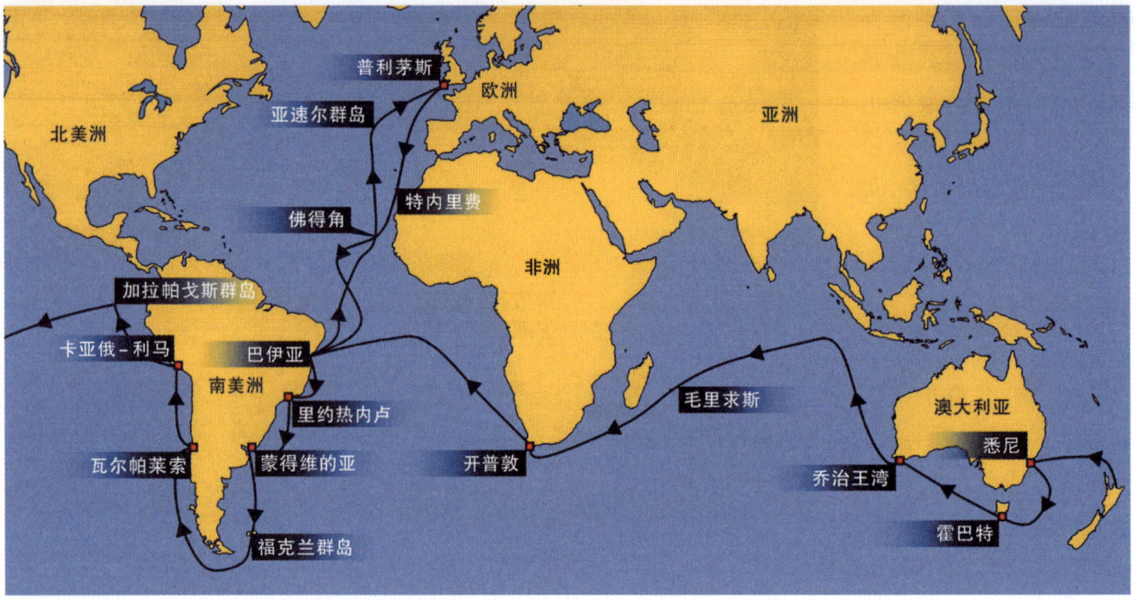

“贝格尔号”航行路线

加拉帕戈斯群岛上的4种雀 虽然不同的觅食环境使得它们的喙的外形各不相同，但这4种雀的相似性使达尔文相信它们来自共同的祖先。

种。这就是自然选择的过程，其结果就是与环境变化相适应的新物种得以脱颖而出。自然选择理论的关键在于，无须任何设计，通过变异及生存竞争，生物界就能自发形成秩序——如我们所见的莺歌燕舞、繁花似锦。

1860 年
麦克斯韦提出分子速度分布律

1860年，英国物理学家麦克斯韦在《气体动理论的说明》一文中指出：热平衡状态下，由于气体中大量分子相互之间的频繁碰撞，各个分子速度的大小和方向均不相同，是随机的，但不同速度范围的分子数占总分子数的比例却是一定的。如果找到了分子速度分布律，就可以计算气体的一些可观测的宏观性质。在推导分子速度分布律时，麦克斯韦把气体视为由数目极大、但体积极小的坚硬小球分子所组成的体系，这些分子只有在相互作用弹性碰撞时才发生相互作用。此外，还假定两个分子碰撞时在一切方向上的反冲几率相等，速度在x,y,z三个方向的分量彼此独立。由此麦克斯韦推导出在热平衡状态下，理想气体分子的速率分布公式，这个公式也常称为“麦克斯韦速度分布律”，简称“麦克斯韦速度分布”。麦克斯韦速度分布开创了由微观量通过求统计平均而得到宏观量的途径，标志着物理学新纪元的开始。

麦克斯韦速度分布的直接实验验证在1922年德国物理学家施特恩发展了分子束技术后才得以完成。

1860 年
马利特绘制全球地震活动图

1846 年，爱尔兰地球物理学家马利特提交给爱尔兰皇家科学院的论文《地震动态》，被认为是奠定现代地震学研究基础之作。他在研究中最早使用了等震线图、震中等术语。他使用各种材料进行模拟地震能量传递的实验，事实上，那是最早的“受控源”地震实验。

1860 年，马利特绘制了全球地震活动图。1862 年，他出版了《那不勒斯地震》一书，提出的证据表明，1857 年那次撼动那不勒斯的地震，其震源在地表之下八九千米的区域。

达 尔 文

查尔斯·达尔文1809年2月12日出生于英国一个富裕的中产阶级家庭。父亲在当地是一个有名望的医生，母亲则是著名陶器商人韦奇伍德家族的一员。达尔文是家中的第5个孩子，母亲在他出生后不久就逝世。儿时的达尔文，顽皮至极，热衷于野外采集、打猎，让父亲担心不已。出于子承父业的愿望，达尔文曾入爱丁堡大学学医，但医学课程的枯燥乏味令其生厌，最后中途辍学。眼看着学医不成，达尔文不得不再入剑桥大学攻读神学，打算以牧师为业。

但达尔文在剑桥最大的收获倒不是获得一纸文凭，而在于他遇到了恩师，即植物学家亨斯罗教授。正是从亨斯罗教授那里，达尔文接受了规范的博物学训练，这是他科学生涯迈出的第一步。1831年，达尔文在剑桥取得学位。就在他整理行装打算返家之际，亨斯罗教授向他提供了一个机会："贝格尔号"军舰正欲远航考察，舰长欲招一名不付薪的绅士随舰同行。达尔文立刻心有所动，但他的父亲却有所犹豫。幸亏达尔文的舅舅(后来成为达尔文的岳丈)出面说情，父亲才改变态度，达尔文的探险之梦终于成真。

1831年12月27日，"贝格尔号"驶离英国，达尔文通向进化论的人生旅程也就此启锚。5年之后，当"贝格尔号"返回英国港口时，达尔文已不再默默无闻，他的名字已经受到伦敦学术界的高度重视，因为他航海期间寄回的大量考察信件受到专家的好评。更重要的是，他对物种起源有了独到的看法。当然对此他还只能暂时秘而不宣。航海归来后的达尔文不可能再去从事牧师职业，不仅因为他的信仰已经背离基督教教义，而且还因为他有更迫切的使命需要完成——研究物种起源这一"谜中之谜"。对此，达尔文的父亲倒是全力支持，因为他本来就没期望达尔文赚大钱，只是不能容忍儿子成为游手好闲的"败家子"。

1839年，达尔文结婚了，妻子是他青梅竹马的表姐爱玛。起先他们住在伦敦，但不久达尔文的健康就开始出现问题，他发现自己不断受到疲乏、恶心、消化道不适等症状的干扰，以至于无法出席正常的社交和学术活动。于是，达尔文一家搬到了距伦敦约25千米的郊区唐恩。在那儿，他有一个园子，还有一个可供散步的领地，朋友们偶尔会到这儿来聚会。他的日常起居极有规律，每天工作4小时，此外就是散步、与妻子下棋娱乐、阅读，晚餐前还有一段欣赏音乐的时光，然后是就寝。

达尔文在唐恩的生活俨然一个休闲的寓公，不用为生计而奔波，还能维持一个体面的中产阶级庞大家庭的开支(达尔文夫妇生育了10个孩子，其中有3个早夭，尤其是长女安妮的夭折，令达尔文终生都在思考痛苦与上帝之善的关系，并导向其对宗教的怀疑)。达尔文的钱是从哪里来的？父亲给他留下一笔不菲遗产(顺便提及，达尔文自述，当年在爱丁堡求学，正是这一事实令他失去刻苦学习的动力)；妻子带来一笔丰厚嫁妆；他的投资理财能力还算不错；此外，写作科学考察笔记为他带来一定的稿酬收入。总之，达尔文在经济上有独立的能力，这一点至关重要。这不仅可以使他免受贫穷之苦，而且还保证了他的研究活动得以自主地进行。因此达尔文一直认为，富人阶层的存在对于文明的维持和繁荣至关重要。这或许正是他自己的人生写照。

当时的西方世界，由于受基督教的影响，普遍相信神创论，其大意为：上帝造物；物种不变；物种设计的背后体现出神的用意；人类是创世计划中的最高一环；人类的荣耀或尊严直接来自神意。由于从小读着《圣经》长大，达尔文曾经也认同上述信仰。但正是环球航行的所见所闻令达尔文不得不怀疑上述教义。

出航不久，达尔文做的第一个考察工作就是用网捕捉大海里无数小小的生命，它们形状各异、色彩斑斓。一个念头自然涌现：为什么广阔的海洋里有“如许美妙之物”却无人欣赏？将它们创造出来似乎没什么“目的”。这是达尔文对神创论投下的第一个疑惑。在南美，达尔文发现一种寄生黄蜂，它将刺死后的毛虫作为食物来哺养自己的幼虫。达尔文一直对这种低等生物无法忘怀，因为它的“恶行”似乎背离了造物主的“善”。1834 年 5 月，“贝格尔号”驶入南美的科克本海峡，对着那些“起伏不平、积雪覆盖的峭壁”，还有巨大悬崖下的一个小棚屋(表明曾有人迹在这儿出现)，达尔文陷入了沉思。这是一片多么荒凉的自然，而人在这种环境中又是多么渺小、多么微不足道。在这里，人类“看起来根本就不像主人”。这是对人类中心说的首次质疑。航海带来了诸多疑问，但最大的疑问却与人类有关。想到那些茹毛饮血的野蛮人，他无法遏制这一念头：我们的祖先是否也曾如此？同一个造物主怎么会同时造出如此原始和如此复杂的人？联想到人类在大自然面前的脆弱，神创论的支柱也不再可靠：神所造的世界果真为人而存在？

1835 年 9 月，“贝格尔号”来到南美的加拉帕戈斯群岛。这块群岛如今已被认为是诞生自然选择理论的圣地。岛上盛产巨龟，居住在此的欧洲人认为，每个小岛都有各自独特的陆龟，看一眼就能知道它来自哪个小岛。但这一重要的细节当时被达尔文忽略了，他对此不屑一顾。但岛屿上的一些雀鸟，引起了达尔文的注意，它们有些种类之间非常相似但又略有区别。他记录自己拥有两三种变种，而且“每个变种都只存在于自己的岛屿上——这一事实跟陆龟的情况相似”。但达尔文依然认为这些仅是无关紧要的细节。在横跨太平洋期间，他不仅吃掉了那些陆龟，还望着厨师将那些意味深长的龟壳扔出船外。

航海归来以后，达尔文请当时著名的鸟类专家古尔德鉴定加拉帕戈斯群岛上的那些鸟类标本，结果令达尔文大吃一惊：尽管它们的喙各不相同，但它们却是近亲。现在达尔文终于相信，每个小岛都有自己独特的陆龟或雀类，那是它们逐渐适应本地环境的结果。这就表明物种确实在发生变异，变异的结果是变种甚至新物种的出现，而变种或新物种彼此间却有着亲缘关系，它们源于共同的祖先。

那么，原始物种是如何分化出众多物种的？这就是进化的机制。对此，马尔萨斯的《人口论》给予达尔文关键性的启发。在生物界，生物体的生殖能力一般都要远远超出环境中资源所能承受的限度，难以想象，如果每一粒鱼籽都存活下来的话，是否还会有今日的鱼塘或是河流海洋。可见必然会有大量的个体因种种原因而夭折，能够存活下来的个体，不是出自于好运，就是因为它独具的优势性状。比如，一头羊只要比其他羊的四肢更有力、更敏捷，跑得更快，它生存下来的可能性就会更大。这就是在自然界中时刻都在发生的自然选择，它犹如一个细密的筛子，留下适应者，淘汰不适者。结果就是生物体适应性状的产生及新物种的起源。在这一环节中，人类本身也是自然选择的产物；人类源自于动物界；人类的道德感则源于其天性——一种与动物共享的自然情感。正是这一推论在基督教世界引起轩然大波。

在僻静的唐恩小镇生活了 40 年之后，1882 年 4 月 19 日，达尔文与世长辞。他长眠于伦敦威斯敏斯特大教堂，那里名人云集。达尔文的墓与牛顿墓相邻。如果说，牛顿在发现万有引力定律的同时，还为上帝保留“第一推动”位置的话，那么，达尔文的自然选择理论则废黜了上帝的第一推动，这是因为自然选择机制犹如一双无形之手，替代了神的有意设计。在达尔文之前，人们相信秩序必须源于设计；但在达尔文之后，至少科学界已达成共识：秩序可源于盲目的随机性力量，如自然选择。生物界如此，人类社会同样如此。

麦克斯韦

1831年是电学史上值得纪念的一年。在这一年，法拉第发现了电磁感应现象。同年11月13日，另一位给电学带来革命性变革的人物麦克斯韦出生在苏格兰古都爱丁堡。麦克斯韦的父亲是个律师，却非常喜欢机械，动手能力很强，是英国皇家学会的活跃分子。在父亲的熏陶下，麦克斯韦从小就心灵手巧。8岁那年，麦克斯韦的母亲患肺结核不幸去世。失去母爱的麦克斯韦，性情渐渐变得孤僻、内向。

10岁那年，麦克斯韦进入爱丁堡中学读书，由于讲话带有很重的乡音和衣着落伍，他在班上经常受到同学的讥笑。但在一次全校举行的数学和诗歌的比赛中，麦克斯韦一人独得两个科目的一等奖，赢得了同学们的尊敬。15岁时，麦克斯韦写了一篇关于卵形曲线画法的论文，发表在《爱丁堡皇家学会学报》上，并被邀在皇家学会上宣读，但考虑到麦克斯韦实在太年轻了，论文是由一位教授代读的。

1847年，麦克斯韦进入苏格兰最高学府爱丁堡大学学习，是班上年纪最小的学生。1850年，他又离开家乡，来到剑桥大学三一学院数学系继续深造。1854年以优异成绩毕业后，麦克斯韦留校工作。1856年起，他在苏格兰阿伯丁的马里沙耳学院担任自然哲学讲座教授，自1860年起任伦敦皇家学院的物理学和天文学教授。

麦克斯韦在伦敦皇家学院总共任教5年，这5年是他一生中的多产时期。麦克斯韦最重大的科学贡献是建立了经典电磁学理论。他在总结库仑、高斯、欧姆、安培、毕奥、萨伐尔、法拉第等前人工作的基础上，引入位移电流的概念，建立了一组微分方程(即著名的麦克斯韦方程组)。这个方程组确定了电荷、电流、电场、磁场之间的普遍联系，是电磁学的基本方程。麦克斯韦方程组表明，交变的电场和磁场互相激发，会形成连续不断的电磁振荡，亦即电磁波，电磁波在真空中以光速传播。这个方程组揭示了光、电、磁现象的本质的统一性。1888年，赫兹用实验证实了电磁波的存在。麦克斯韦的电磁理论不仅是经典物理学的重要支柱之一，也奠定了现代的电力工业、电子工业和无线电工业的基础。

除了建立电磁理论以外，麦克斯韦在热力学与统计物理学方面也作出了重要贡献。1859年，他首次用统计规律得出麦克斯韦速度分布律，从而找到了由微观量求统计平均值的更确切的途径。1866年，他给出了分子按速度的分布函数的新推导方法。他引入了弛豫时间的概念，发展了一般形式的输运理论，并把它应用于扩散、热传导和气体内摩擦过程。

1865年，麦克斯韦辞去皇家学院的教席，回到他的家乡，埋头著书。1873年，凝聚了麦克斯韦一生心血的《电磁通论》问世，这是一本可以和欧几里得的《几何原本》、牛顿的《自然哲学的数学原理》或达尔文的《物种起源》相提并论的经典著作，在科学史上具有重要的意义。

1871年起，麦克斯韦应邀筹建剑桥大学卡文迪什实验室，随后担任实验室第一任负责人。在他和继任者的领导下，该实验室成为举世闻名的学术中心之一，被誉为“诺贝尔奖获得者的摇篮”，培养出了大批优秀的科学人才。

1879年11月5日，麦克斯韦因患癌症在剑桥逝世，终年只有48岁。这位科学巨匠生前没有得到多少荣誉，直到他死后许多年，人们才意识到他的伟大价值，并且公认他是有史以来最伟大的物理学家之一。

1860 年
南丁格尔创建护士学校

护理学是医学的一个重要分支。从起源来看,护理工作早于医疗实践,但独立的护理学科直到 19 世纪才由英国人南丁格尔创建。

南丁格尔 1820 年 5 月 12 日出生在意大利中部的历史名城佛罗伦萨,父母均为有良好教养的英国人。她自幼接受良好的教育。父母希望她能够跻身英国上层社会,但年轻的南丁格尔认为自己的人生道路只有三种选择:一是成为文学家,二是当家庭主妇,三是做一名职业护士。

1837 年,南丁格尔同父母一起游历欧洲大陆。她利用一切机会,参观当地的医院和慈善机构,对医院管理、卫生设施、病房设计和医生工作都做了详细的记录,这些为她以后从事护理教育和医院管理提供了重要的资料。南丁格尔回到英国后,发现英国医院的情形十分糟糕。病房拥挤不堪,地板上污渍和血迹随处可见,空气中充满了刺鼻的臭味;医院护士大多是些粗俗、酗酒的妇女,缺乏基本的护理常识。这种状况使她坚定了从事护理工作的决心。1850 年,南丁格尔只身来到德国,参加一个护士训练班,以后又到巴黎学习护理。1854 年,克里米亚战争爆发,南丁格尔率领 38 名护理志愿者,来到战地医院为英国伤病员服务。她及时建立了护士巡查制度,改变了伤病员无人照顾的局面。她还拿出个人的 3 万英镑,为医院添置医疗设备和购买药物,整顿手术室、食堂和化验室,改善饮食和供水条件,使英国战地医院的面貌很快发生了改变,伤病员的死亡率由原来的 42%降低至 2.2%。从克里米亚战场回来后,1860 年,南丁格尔在伦敦圣托马斯医院创建了世界上第一所护士学校,将她的精英护理教育理念和护理实践经验传授给后人。南丁格尔当之无愧地成为近代护理学的奠基者。每年的 5 月 12 日被定为国际护士节,用以纪念这位伟大的女性。

南丁格尔

1860 年
德国进行滴灌试验

滴灌是利用特定管道,将水通过管上的孔口或滴头送到作物根部进行局部灌溉。它是目前干旱缺水地区最有效的一种节水灌溉方式,水的利用率可达 95%。滴灌较喷灌具有更高的节水增产效果,同时可以结合施肥,提高肥效一倍以上。可适用于果树、蔬菜、经济作物以及温室大棚灌溉,在干旱缺水的地方也可用于大田作物灌溉。其不足之处是滴头易结垢和堵塞,因此应对水源进行严格的过滤处理。

滴灌是由地下灌溉演变而来的。1860 年,德国首先开始进行滴灌技术试验,当时主要是利用排水瓦管进行地下渗灌试验,结果发现可使种植在贫瘠土壤上的作物产量成倍增加,这项试验连续进行了 20 多年。1920 年在水的出流方面实现了一次突破,科学家研制出了带有微孔的陶瓷管,使水沿管道输送时从孔眼流入土壤。1923 年苏联和法国也进行了类似的试验。荷兰、英国首先应用这种灌溉方法灌溉温室中的花卉和蔬菜。第二次世界大战以后,塑料工业迅速发展,出现了各种塑料管。由于它易于穿孔和连接,且价格低廉,使灌溉系统在技术上实现了第二次突破,成为今天所广泛采用的形式。

1960 年代以来,滴灌作为新型的灌溉方式,在干旱缺雨的国家得到较快的发展。在地球水资源日趋紧张的今天,滴灌是一项大有潜力、值得大力推广的先进灌溉技术。

1860 年
穆拉建成沼气发生器

沼气是有机物在厌氧条件下经微生物分解发酵而生成的一种可燃性气体，由于这种气体首先在沼泽地被发现，故名沼气。沼气是多种气体的混合物，一般含甲烷 50%—70%，其余为二氧化碳和少量的氮、氢和硫化氢等。其特性与天然气相似，主要原料包括人畜禽粪便、秸秆、农业有机废弃物、农副产品加工的有机肥水、工业废水、城市污水和垃圾、水生植物和藻类等有机物质。沼气除直接燃烧用于炊事、烘干农副产品、供暖、照明和气焊等外，也可发电用作农机动力，以及用来生产甲醇、福尔马林、四氯化碳等化工原料。人工产生沼气不仅能解决农村能源问题，而且经沼气装置发酵后排出的料液和沉渣，含有较丰富的营养物质，可用作肥料和饲料，从而提高农作物产量，改良土壤。

人类发现和利用沼气已有悠久的历史。1776 年，意大利物理学家伏打发现沼泽地里有沼气。世界上第一个沼气发生器（又称自动净化器）是由法国工程师穆拉于 1860 年将简易沉淀池改进而成的，之后，沼气逐渐被人们利用。1925 年在德国、1926 年在美国分别建造了备有加热设施及集气装置的消化池，这是现代大、中型沼气发生装置的原型。第二次世界大战后，沼气发酵技术曾在西欧一些国家得到发展，但由于廉价的石油大量涌入市场而受到影响。后来随着世界性能源危机的出现，沼气又重新引起人们重视。近几十年来，沼气发酵技术已被广泛用于处理农业、工业以及人类生活中的各种有机废弃物并制取沼气，为人类生产和生活提供了丰富的可再生能源。随着农村沼气使用的日益推广和大型厌氧工程技术的进步，1990 年代以来，世界范围内的一些大型沼气工程有了迅速发展。

1861 年
格雷厄姆提出胶体的名称

1861 年，英国化学家格雷厄姆发现无机盐和白糖等可透过羊皮纸，而氢氧化铝、蛋白质等则很难；蒸发溶剂时，前者呈晶体析出，而后者成为黏稠的胶状物质。于是，格雷厄姆首次提出了胶体这一名称。1907 年，卡尔·奥斯特瓦尔德（被誉为物理化学之父的德国化学家弗里德里希·奥斯特瓦尔德的次子）将胶体定义为多相分散体系，颗粒大小为 1—100 纳米，从此明确区分了溶液、胶体和悬浊液，即溶液中分散质微粒的直径小于 1 纳米，胶体中分散质微粒的直径在 1—100 纳米，悬浊液中分散质微粒的直径大于 100 纳米。悬浊液与前两者很容易区分，但之前，人们并未认识到溶液和胶体的区别。胶体具有布朗运动、丁铎尔现象、电泳、电渗和凝聚性等重要的性质。由于胶体可在保持化学组成均匀的前提下由流动状态转变成非流动状态，因此常用溶胶—凝胶法制备功能材料。而电泳和电渗有着广泛的应用，例如用于汽车外壳的电沉积涂漆，天然石油乳状液的油水分离，不同蛋白质的分离，泥土和泥炭的脱水。作为一种极为有效的分离技术，毛细管电泳现被广泛用于食品分析、环境分析、药物分析和生命科学等领域。

1861 年
策尔纳刊布第一个视亮度星表

公元前 2 世纪，希腊天文学家依巴谷把肉眼可见的恒星分为 6 等：1 等星最亮，6 等星最暗。1856 年，英国天文学家普森建立了恒星的视星等和视亮度之间的定量关系：即星等差 5 等，亮度差 100 倍，或星等每差 1 等，亮度相差 $\sqrt[5]{100}\approx 2.512$ 倍。1859 年，德国天文学家策尔纳发明目视偏振光度计。让星光通过该光度计的一条光路，恒定的比较光源发出的光通过另一条光路，转动后一光路中一对尼可尔棱镜之间的交角，可改变比较光源的视亮度，使之与所观测恒星的视亮度相同。根据交角的大小就能定出待测恒星的视星等。1861 年，他刊布了用这个光度计测定的 226 颗亮星的视亮度。不久，英国天文学家普里查德发明光劈光度计，原理是移动光劈位置使星光刚好消失，并用光劈移动量表示星的亮度。1885 年，他刊布了用这种光度计测量的 2784 颗肉眼可见恒星的视星等。普森、策尔纳和普里查德的工作为现代天体测光术的发展作出了开创性贡献。1859—1862 年，德国波恩天文台绘制了北天亮于 9.5 等星的《波恩星图》(简称 BD 星图)，并于 1886 年完成向南天的延伸。BD 星图共 64 幅，是现代天文学史上第一套大型星图。同期编辑的《波恩星表》(简称 BD 星表) 载星 458 000 个，其恒星编号一直沿用至今。

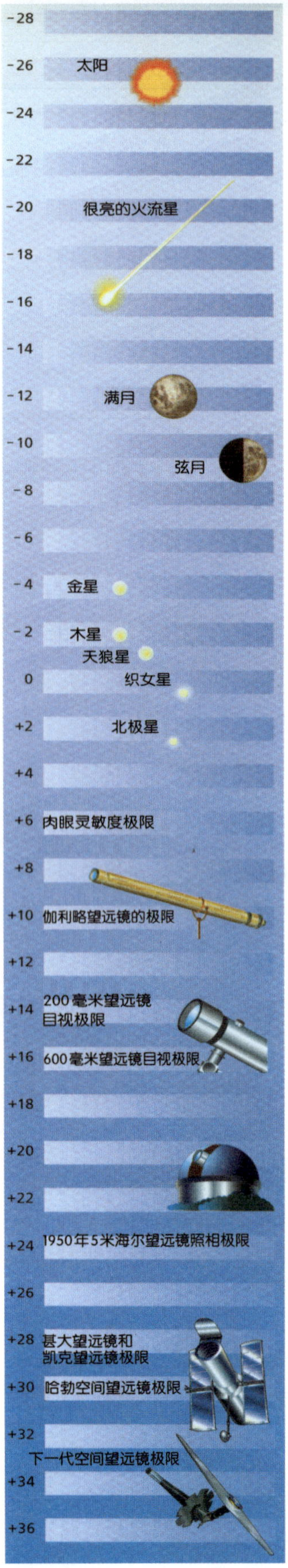

视星等的形象化图示

左侧的数字代表视星等

1861 年
舒尔兹提出细胞的原生质理论

施莱登和施旺创立了细胞学说之后，生物学家们逐渐认可了生物由细胞构成这一事实。大家关心的不是去推翻它，而是如何以此为基本点，发现细胞中更多的奥秘。

“原生质”一词是捷克生理学家浦肯野于 1839 年提出的，用于描述细胞内含物。该词源于希腊语，意为“最初形成的”。1846 年，德国植物学家莫尔也使用了这一术语，但用来描述植物细胞中除细胞壁、细胞核、液泡之外的物质。1861 年，德国显微解剖学家舒尔兹提出，细胞就是原生质，原生质是有生命的，它们构成了每个生命个体。有的原生质有细胞壁(如植物细胞)，有的原生质没有细胞壁 (如动物细胞)。不同组织的细胞虽然形态相去甚远(如肌细胞和肝细胞就极为不同)，但它们的原生质却相差无几，而且原生质都具有一定的结构(如都有细胞核)。

舒尔兹的原生质理论使得人们对细胞内部的认识迈出了重要一步。

1861 年
布罗卡发现大脑皮层上的语言区

人类很早就已注意到大脑与语言的关系，如古埃及人就曾经记录过因脑部损伤而丧失语言功能的病症，即现代所说的失语症。然而，真正科学意义上的神经语言学研究则是从 19 世纪下半叶开始的。

1861 年，法国医生布罗卡在解剖一个多年不能清楚说话的人的尸体时发现，其大脑皮层的一个区域(左半球额下回后部，或称第三额回处)有损伤。这个区域后来被命名为布罗卡区，与言语的生成有关。该区域的损伤会导致患者发音断断续续，或者虽然能说话，对语言的理解也正常，但不能说出表示一定内容的话语。1874 年，德国生理学

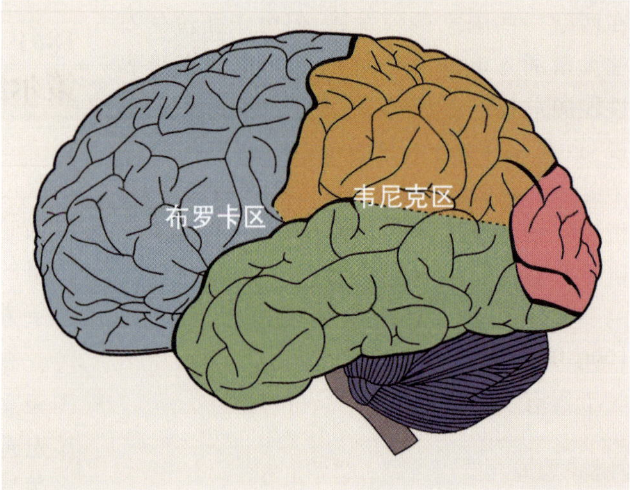

大脑中的布罗卡区和韦尼克区

家韦尼克进一步发现，大脑皮层的另一个区域(左半球颞叶后部)控制着言语的接收和理解，这个区域受损的患者无法理解别人所说的话，甚至完全不能分辨语音，这个区域后来被称为韦尼克区。布罗卡区和韦尼克区通常位于脑部的优势半脑(一般在左侧)，共同控制我们对语言的表达和理解。

1861 年
麦克斯韦《论物理力线》发表

英国物理学家麦克斯韦仔细研究了安培定律后发现，在某些没有传导电流的情况下，也会产生磁场。他认为，除了传导电流外，还有其他形式的电流也能产生磁场，并把这种电流命名为“位移电流”。1861 年，他在论文《论物理力线》中，提出了位移电流的概念。位移电流实际上是变化的电场，只不过其产生磁场的效果相当于电流。位移电流的假设在电磁场理论的建立过程中具有重要作用。

麦克斯韦还在这篇论文中提出了涡旋电场的假设。麦克斯韦认为，法拉第电磁感应定律指出的感应电流来源于电场，这种感应电场的力线呈涡旋状，故称涡旋电场。涡旋电场在真空中也能存在。

位移电流和涡旋电场的提出是电磁理论的重大突破，在运动变化过程中把电和磁置于对等的位置。位移电流的概念揭示出，变化的电场能够产生磁场；涡旋电场的概念揭示出，变化的磁场能够产生电场。于是，变化的电场和磁场可以互为因果，从而产生电磁场，并以波动的形式向外传播。麦克斯韦至此发现了一种新的物质——电磁场或电磁波。他还证明了电磁波的传播速度就等于光速 c，从而揭示了光也是一种电磁波，实现了电、磁和光三者理论的统一，使人类进入了无线通信的新时代。

1863 年
狄利克雷《数论讲义》出版

狄利克雷

1801年，德国数学家高斯出版了《算术研究》。这是一部划时代的作品，它结束了 19 世纪以前数论的无系统状态，但当时能读懂它的人甚少。

德国数学家狄利克雷把《算术研究》视为珍宝，走到哪儿带到哪儿，一有空就拿出来研读。1856—1857 年，他撰写了《数论讲义》，第一次清晰地阐释了高斯的《算术研究》，从而使高斯的思想得到广泛传播。书中还包括了狄利克雷自己对数学的卓越贡献。《数论讲义》共分五部分，110 小节。第一部分处理了数的可除性；第二部分研究了数的同余问题；第三部分是关于二次剩余问题；第四部分给出了二次型理论；第五部分研究了类数的确定问题。

1858 年夏，狄利克雷突发心脏病，1859 年春与世长辞。1863 年，德国数学家戴德金将《数论讲义》编辑出版，后又多次再版，对数论的发展产生了深远影响。在以后的版本中，戴德金又加入了一些附录，其中包含了他自己研究代数数论的结果。这些附录被认为是理想论产生的最重要的源泉，现在理想论已成为代数数论的核心内容。

1863 年
塞奇开创恒星光谱分类研究

古斯塔夫·基尔霍夫发现的光谱学基本定律使人们认识到，通过观测恒星的光谱，可以获得关于恒星温度和化学组成的信息。意大利天文学家塞奇对此作出了重要贡献。他与英国天文学家威廉·哈金斯各自独立地应用分光术进行了最早的恒星光谱巡天。1863—1867 年间，塞奇考察了大约 4000 颗恒星的光谱，于 1868 年提出大部分恒星的光谱可归为 4 种类型：

1863

塞奇的恒星光谱分类 1870 年前后一部书中的彩色图版，自上而下依次示意塞奇分类为Ⅰ至Ⅳ型的恒星光谱。

Ⅰ型为呈白色或蓝色的恒星，如天狼星、织女星，光谱中有几条氢的暗线和少数暗弱的金属线。

Ⅱ型为黄色的恒星，如太阳、五车二、大角星，这类恒星光谱中部的黄色区域颇为显著，有无数精细的暗线。

Ⅲ型为红色星，如参宿四、蒭藁增二，经常是变星，光变周期很长，光谱很宽且在红端增亮而在蓝端变暗，贯穿着等间距的谱带底纹，产生一种凹槽外观。

Ⅳ型为暗红色星，光谱与Ⅲ型类似，但颜色更红，谱带也不同。这类恒星很少，且都不亮，通过望远镜观看宛如恒星中的红宝石。

恒星光谱的种种差异意味着不同恒星的化学组成、物理状况和年龄互有不同。塞奇的开创性工作导致了恒星演化的想法，其在科学史上的意义，正如瑞典植物学家林奈的物种分类曾经导致了物种进化学说一样。

1863 年
欧文描述始祖鸟化石

就在达尔文发表《物种起源》两年后的1861 年，德国的一个采石场发掘出一种前所未见的生物化石，其大小如乌鸦，后来人们将之命名为始祖鸟。始祖鸟被认为是爬行类向鸟类进化的过渡类型，生活在约 1 亿 5 千万年前的侏罗纪晚期。

始祖鸟的发现在当时的欧洲学术界掀起了轩然大波。大英博物馆自然历史部的负责人、古生物学家欧文是达尔文的朋友，但两人在学术上格格不入。欧文是一个坚定的反达尔文主义者，同时也是资深的化石研究专家。他曾花费 4 年时间研究了一块从新西兰毛利人那儿得来的不同寻常的骨头化石，最终确定它属于一种古代巨型鸟类的股骨，并将其命名为“恐鸟”。欧文还创造了现代恐

始祖鸟化石(左)和始祖鸟复原图(右)

龙的英文名 Dinosaur，其希腊文的意思是“强大神奇的蜥蜴”。始祖鸟化石发现后，他决定亲自鉴定这具标本，试图以此抗击进化论。1863年，欧文发表了一篇带有偏见的报告，宣称这具标本只是一只长羽毛的古代鸟类，对其明显的爬行类特征（如有尖利的牙，翅膀的三个指骨末端具爪，具有尾骨等）一概轻描淡写。但他没有料到这些努力非但没能驳倒达尔文的支持者，反而证实了达尔文的预言——“必能找到一种翅膀指骨尚未融合的‘前鸟类’的化石。”始祖鸟化石有力地证明了鸟类起源于爬行动物的进化论观点。

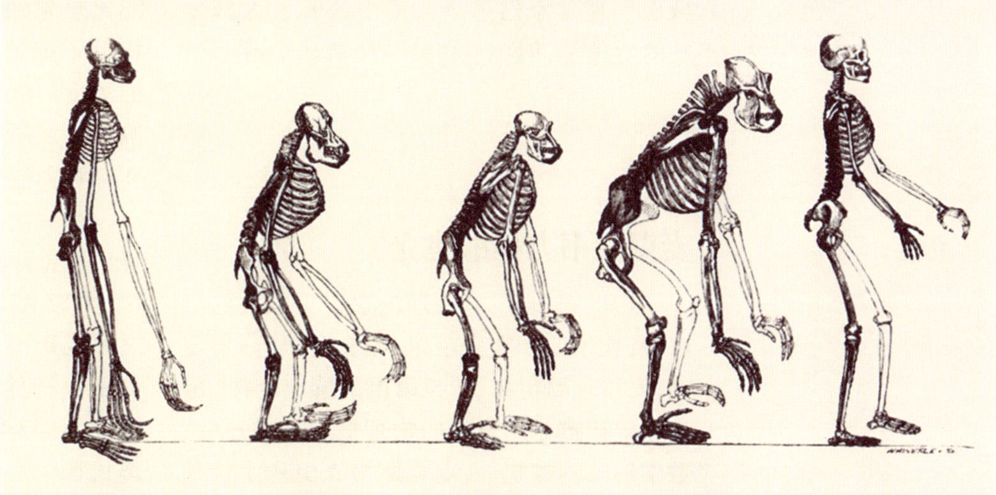

1863 年版《人类在自然界中的位置》中灵长类几个物种的骨骼差异图

1863 年
赫胥黎《人类在自然界中的位置》出版

虽然瑞典植物学家林奈突破性地将人归为动物的一员，但并没有将人“同猿猴归为一类”。在这一点上，英国博物学家托马斯·赫胥黎更为大胆，他在 1863 年出版的《人类在自然界中的位置》一书中，运用自己在动物学方面的广博知识，辅以严格的比较解剖学研究结果，提出尽管猿猴和人在形态上有些许差异，但不能否认人和猿猴在进化上有共同的祖先。赫胥黎将人和猿猴归为同一个目——灵长目，彻底颠覆了英国古生物学家欧文等人将人类单独分在一个亚纲的分类方法。《人类在自然界中的位置》堪称第一部正式讨论人类进化的著作。

赫胥黎虽不完全同意达尔文的某些观点，但他对进化论的推动作用无人能及。我国最早的进化论译作、严复的《天演论》就选译自赫胥黎的《进化论与伦理学》一书。如果说达尔文的《物种起源》给了我们重新认识地球上所有生物演化过程的新思路，那么赫胥黎利用他雄辩的演说，不仅作为“达尔文的斗犬”为达尔文的进化学说保驾护航，更使神创论的市场大大缩水。

1863 年
谢切诺夫开创脑功能研究

反射，是指机体在中枢神经系统参与下，对内外环境刺激作出的反应。17 世纪，法国哲学家笛卡儿最早提出反射的概念，用以说明机体接受刺激与反应之间的因果关系。1863 年，俄国生理学家谢切诺夫的《脑的反射》出版，将反射概念首次应用于脑活动，证实中脑和大脑里存在着抑制脊髓反射的机制——中枢抑制，开创了脑功能研究的先河。在哲学意义上，谢切诺夫也认为人脑活动的本质（心理和意识活动）是脑的反射活动，提出了意识与非意识的反射本质，并证明生理过程是心理现象的基础，任何心理活动无不来源于感官对外界刺激的反应。这是人类对自身心理现象认识的一大飞跃。

谢切诺夫的思想奠定了日后脑科学研究的基础。19 世纪末，英国生理学家谢灵顿对脊髓反射机制进行了深入细致的研究，阐明了许多反射活动的基本规律。20 世纪初，俄国生理学家巴甫洛夫集中研究了大脑皮层的生理学,创立了高级神经活动学说。

1864 年 麦克斯韦方程组建立

19世纪中叶,电磁理论取得了巨大的成就,发现了四个实验定律:库仑定律、高斯定律、安培环路定律、法拉第电磁感应定律。但这些定律都是用直观的物理概念来描述的,数学形式不够统一。麦克斯韦在引入了位移电流与涡旋电场的概念后,用统一优美的场论数学形式将这四个实验定律表示为微分方程组。

1864年,麦克斯韦在《电磁场的动力学理论》一文中全面论述了电磁场理论,提出了最初形式的麦克斯韦方程组, 由 20 个等式和 20 个变量组成。1873 年, 麦克斯韦试图用四元数来表达,但未成功。现在的麦克斯韦方程组是英国数学家赫维赛德和美国物理学家吉布斯使用矢量的形式所作的重新表述, 将原来 20 个方程减少为 4 个关于矢量场的偏微分方程。

对于麦克斯韦的功绩,爱因斯坦在纪念他诞辰 100 周年时给予了高度评价:“自从牛顿奠定理论物理学的基础以来,物理学公理基础的最伟大变革是由法拉第和麦克斯韦电磁现象方面的工作引起的。”“这一伟大变革同法拉第、麦克斯韦和海因里希·赫兹的名字永远联在一起, 其中最大部分出自麦克斯韦。”

1864 年 瓦格和古德贝格提出质量作用定律

很多科学家对化学反应速度的研究作出过重要贡献。1674 年, 英国化学家玻意耳指出溶液中反应物的量的作用可能比想象的大得多。随后,一些化学工作者相继了解到金属溶解于酸的速率正比于酸的浓度。1801 年,法国化学家贝托莱更是明确提出了质量效应,指出反应物的量可以补充亲和力强度的不足。

1864 年, 挪威化学家瓦格和古德贝格提出质量作用定律,即反应 $A + B = A' + B'$ 中,生成 A'和 B'的力跟 A 和 B 的有效质量之积成正比,有效质量定义为单位体积内的分子数。他们提出的“有效质量”实际上是指浓度。1877 年,荷兰化学家范托夫用反应速率代替了意义不明的“力”,认定反应速率与有效质量(浓度)成比例。质量作用定律不仅使人们能够计算化学反应的速率,而且成为揭示化学平衡的本质的基础。

1864 年 哈金斯发现气体星云

英国天文学家威廉·哈金斯是把古斯塔夫·基尔霍夫的光谱学思想率先应用于天文研究的先驱者之一。自望远镜发明以来,人们发现天空中有不少云雾状的“星云”。梅西叶、威廉·赫歇尔和约翰·赫歇尔等人曾对它

威廉·哈金斯在望远镜旁 这台口径 38 厘米的折射望远镜是英国皇家学会借给他的,其目镜端已接上一台分光镜。

们进行了大量观测。然而，这些星云究竟是远得不可分辨的恒星集合，还是由真正的弥漫气体构成的云雾，却是一直困扰着天文学家的难解之谜。1864 年，哈金斯观测天龙座行星状星云的光谱，发现有几条是氢的谱线，但有一条绿线却无法辨认属于何种元素。通过与实验室气体光谱进行类比，哈金斯推想它可能是气体星云特有的某种元素发出的，并称其为“氢线”。直到 1927 年，美国天文学家鲍恩才判明“氢线”其实是二次电离氧产生的禁线，而不是源自一种新的元素。到 1868 年，哈金斯已观测了约 70 个不同形状和大小的星云的光谱。其中约有 1/3 是真正的气体星云；另外 2/3 有暗弱的连续光谱，可能是没有分辨开的恒星的光。彻底揭开这些星云的本质，乃是日后 20 世纪天文学的一大成就。

1864 年
国际红十字会成立

国际红十字会是国际性救援组织，它的创建者是瑞士银行家、慈善家杜南。1859 年夏季，杜南在从阿尔及利亚返回法国的途中，遇到以法国、意大利为一方，奥地利为另一方，在意大利北部展开的一场激战，目睹交战双方很多受伤的战士无人救护，场面很是悲惨。于是，杜南倡议成立一个专门组织，救助这些伤员。1862 年，杜南写了关于这场战争的《萨法里诺回忆录》。1863 年，杜南主动捐资，并与 4 位瑞士知名人士组织成立了救助伤兵的国际委员会，提议各国都成立类似的民间团体，从事战时救护活动。1864 年，瑞士政府首先采纳杜南的建议，成立了国际红十字会，其目的是加强战时护理救助工作。因为瑞士的国旗是红底白十字，所以杜南挑选白底红十字作为红十字组织的标志，以后“红十字”遂成为国际红十字会的统一标识。1864 年 8 月 22 日，12 个国家的代表出席在日内瓦举行的国际外交会议，并签署了“改善战地陆军伤者境遇之日内瓦公约”。1867年，第一届国际红十字大会在法国巴黎召开。

1865 年
克劳修斯提出熵的概念和熵增加原理

1865 年，克劳修斯引入“熵”(entropy)的概念，把热力学第二定律表达成严格的数学形式：对于不可逆绝热过程，熵总是增加的。热力学第二定律又可表述为熵增加原理。“熵”来源于希腊语，原意指不能转变为机械能的那部分能量，所以又称“死能”。克劳修斯把熵定义为：在经历一可逆变化过程的任何系统中，熵的变化等于该系统所吸收的热量除以它的绝对温度。简单来说，熵就是“热温比”。1877 年，奥地利物理学家玻尔兹曼提出了熵的统计解释。熵增过程也就是系统从较小概率的状态向较大概率状态的演化过程。从此，熵和熵增加原理的物理意义才真正被理解。

熵概念的提出，是热力学发展史上的一个里程碑，标志着热力学第二定律具有严格的理论基础，且可以定量计算。现在，熵不仅仅是物理学中的概念，它已被广泛应用于其他领域，如生命科学、信息科学、经济学、社会学等诸多领域。

1865 年
凯库勒提出苯环的结构式

在有机化学发展的初期，化学家们把从植物胶里取得的具有芳香气味的物质称为芳香族化合物。科学家们在研究这些芳香族化合物时发现，它们往往都含有苯环，于是将苯和含苯环结构的化合物统称为芳香族化合物。现在人们将具有特殊稳定性的不饱和环状化合物称为芳香族化合物。

运用德国化学家凯库勒 1858 年提出的碳四价学说和碳链学说，可以很好地说明脂

1865

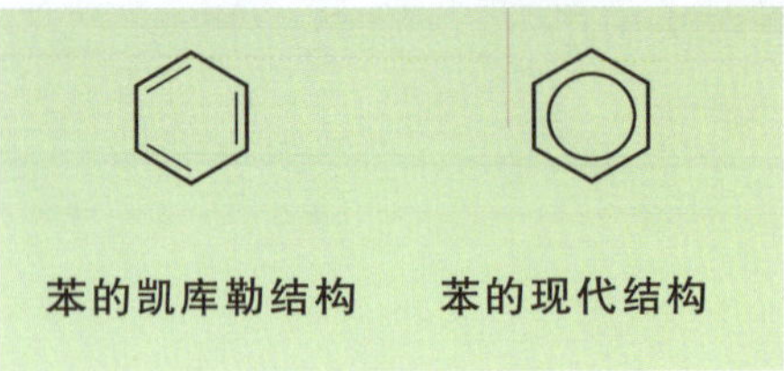

肪族化合物的性质与结构特征，但不能说明芳香族化合物的性质与结构。为此，凯库勒着眼于在芳香族化合物中起着核心作用的苯。他认为，恰如从甲烷能导出所有的脂肪族化合物一样，也能够从苯衍生出所有的芳香族化合物，所以必须先弄清苯的结构。

早在 1854 年，法国化学家劳伦在《化学方法》一书中，就把苯的分子结构画成六角形；奥地利化学家洛希米特在 1861 年出版的《化学研究》一书中也画出了苯的环状结构。在此基础上，凯库勒进一步阐述苯分子结构。1865 年，凯库勒提出苯分子的结构，是碳的 6 个原子联成一个六元环，碳与碳间由单、双键交替连接。他的研究成果以《论芳香族化合物的结构》为题发表在《法国化学会通报》上。凯库勒结构的提出是有机化学发展史上的一块里程碑，打开了芳香族化学的大门，促进了染料、制药工业的发展。不过，由于苯的 6 个碳—碳键实际上是一样的，凯库勒结构也不能完全准确表示苯的结构。到量子力学建立并运用到化学领域后，人们才知道苯分子中的 6 个 π 电子是一个整体，在 6 个碳原子间作离域运动。

1865 年
孟德尔提出两大遗传学定律

1859 年，达尔文发表了著名的《物种起源》，提出自然选择学说和进化论，然而他并不了解决定生物性状的究竟是什么。揭示这一奥秘的人是与他同时代的修道士孟德尔。正是这位非同寻常的修道士发现了隐藏在生物性状背后的“因子”，以两大定律奠定了遗传学的基础。

1822 年，孟德尔出生于奥匈帝国海因岑多夫的一个贫寒农家，对他而言读书的唯一途径是进修道院。为此，喜欢科学的孟德尔进入布尔诺的修道院做了修道士，后来还当上了院长。在学习神学之余，他的全部时间用来干一件不起眼的活儿——种豌豆。他观察着豌豆的各种性状：高茎还是矮茎，开红花还是开白花，结的豌豆种子颜色是绿的还是黄的、是饱满的还是皱缩的……

年复一年，孟德尔积累的数据越来越多。在统计分析这些性状时，他发现了一个很奇怪的现象：高茎的豌豆和矮茎的豌豆杂交得到的后代（称为子一代）都是高茎的，但子一代相互杂交（称为自交）之后得到的后代（称为子二代）中，却有些是高茎的，有些是矮茎的，而且高茎和矮茎的比率约为 3:1。而豌豆的其他性状如红花和白花，也表现出了这种“巧合”！此时的孟德尔表现出惊人的科学天赋——他推测有某种“因子”控制着生物的性状，这些因子都是成对出现的（显性或隐性）。在豌豆传代过程中，父本和母本中成对的因子彼此分开，独立地传递到子代中。当子代含有显性因子时，只会呈现显性性状；只有两个因子都是隐性时，隐性性状才会表现出来。这就是孟德尔后来归纳的遗传学上的分离定律。他的观点远远超越了那个时

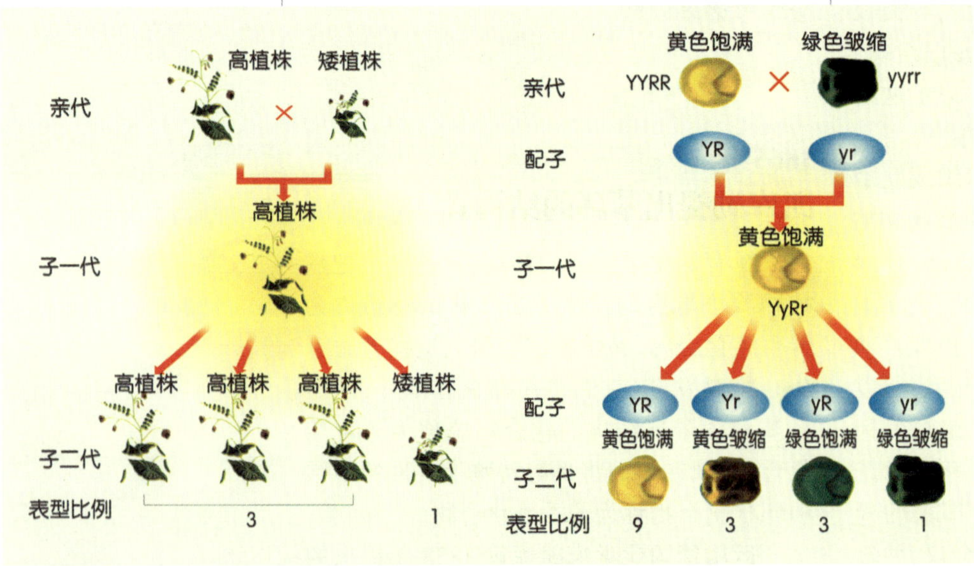

孟德尔遗传定律示意图　（左）分离定律，（右）自由组合定律。

代，因为这些猜测的正确性直到 20 世纪当人们发现了基因后才被证实。

孟德尔继续研究豌豆的其他性状，发现结出黄色饱满种子的豌豆和结出绿色皱缩种子的豌豆杂交，黄色相对于绿色是显性性状，饱满相对皱缩是显性性状，因此子一代全结出黄色饱满的种子。子一代自交后得到的子二代中，黄色种子与绿色种子的比率是 3:1，饱满种子与皱缩种子的比率也是 3:1，但种子中不仅有黄色饱满和绿色皱缩的，还有黄色皱缩和绿色饱满这两种亲本中没有出现过的组合。也就是说种子的颜色(黄色或绿色)和形状(饱满或皱缩)是两对彼此独立的性状，它们可以自由组合。以此为基础，孟德尔提出了自由组合定律。

1865 年，孟德尔报告了他的豌豆杂交实验结果，并于次年成文发表。但这篇论文一直未能得到人们的关注。直到 1900 年，有三位科学家分别得出与孟德尔相同的实验结果，人们才重新发现这篇尘封已久的论文。孟德尔迈出了从达尔文进化论到遗传物质的第一步，是当之无愧的“遗传学之父”。

1865 年
李斯特发明石炭酸消毒法

消毒是预防感染的重要措施。英国外科医生李斯特发明了石炭酸消毒法，使人类找到了预防感染的一条新思路。1852 年，李斯特毕业于英国伦敦大学，以后又到爱丁堡专攻外科学。当时术后败血症是外科医生面临的未解难题之一。据李斯特记载，在截肢手术的病人中，约有一半病人死于术后败血症。19 世纪正是微生物学迅速发展的高峰时期，李斯特获悉法国著名微生物学家巴斯德发现“发酵是由微生物引起的”以后，猜想败血症也是由微生物引起的。于是他借鉴巴斯德的消毒方法，选用过氯化锌等物质做消毒剂进行试验性研究，最后确定石炭酸是最佳的消毒剂。1865 年 8 月 12 日，李斯特第一次把石炭酸应用在复杂的骨折手术中，不仅用石炭酸消毒术者的双手，而且还用石炭酸喷洒手术视野和敷料。经过这样的消毒处理，手术取得了令人满意的效果，术后病人没有发生感染，从而开创了无菌手术的先河。两年后，李斯特根据实验结论写了两篇论文，发表在《柳叶刀》上。普法战争后期，石炭酸消毒法在医学界得到普遍采用。

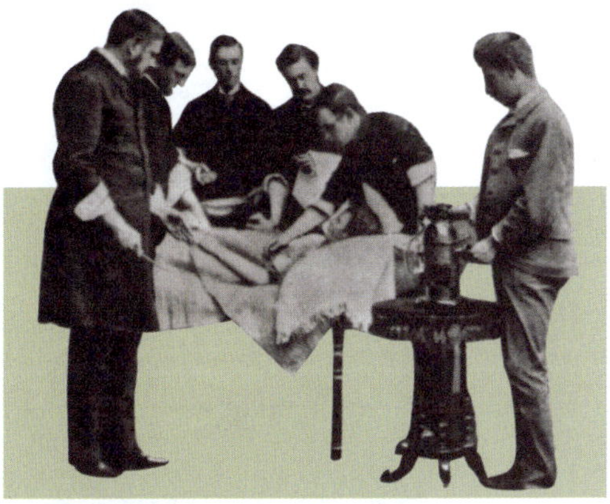

李斯特将石炭酸用作消毒剂 在手术前，李斯特用石炭酸冲洗病人的伤口，大大减少了伤口感染的可能。

1865 年
贝尔纳提出“内环境”概念

克洛德·贝尔纳是 19 世纪法国著名的生理学家，在生理学方面有诸多发现，他所提出的颇具影响的理论是内环境概念。受实证主义的影响，贝尔纳认为，一切现象都是由直接原因和基本原因双重因素造成的，科学实验只能发现直接原因。贝尔纳还认为，物理和化学是生理学的基础，但反之则不成立。他将生命现象解释为合成和破坏的两个过程，破坏过程可以用物理学和化学来解释，而合成过程则不能。1851 年，贝尔纳开始形成“内环境”思想，1857 年，他提出“内环境”一词；在 1862—1863 年完成初稿、1865 年正式出版的《实验医学研究导论》的序言中，他正式提出“内环境”概念。贝尔纳认为，内环境稳定是独立生命的前提和保证。

石炭酸消毒器

1866 年
切比雪夫提出关于独立随机变量序列的大数律

19 世纪下半叶，极限理论进入了概率论，成为概率论研究的重要工具。俄国数学

孟德尔

他孤立于当时的科学界,作出奠基性突破却终生未被学界承认;他发现的貌似简单的理论,即使今天多数学过的人,都没意识到其智力高度;他不是为利益做研究的纯粹科学家,身后却被疑造假,再遭遇不公。这位孤独的天才,就是自称为“实验物理学教师”的遗传学之父孟德尔。

孟德尔1822年7月20日出生于奥匈帝国的海因岑多夫(现捷克境内),其父是佃农。为了获得受教育的权利,1843年,不满21岁的孟德尔进入布尔诺的奥古斯丁修道院。他坦陈做修道士不是为了宗教信仰,而是经济原因。在这一重要的人生选择中他权衡的不是神圣与世俗,而是智力追求与成家育子的权利,这并非易事,需要很大的决心。

孟德尔的时代,人们对遗传的认识还很粗浅,基本认同“混合遗传”学说:遗传是“黑+白=灰”,父母的黑和白简单融合得到子代的灰。而孟德尔不以为然。从1854年开始,孟德尔用豌豆做了一系列遗传学实验,时间长达10年。他于1865年公布所发现的遗传学规律,并于次年以德文在《布尔诺自然史学会杂志》发表了论文《植物杂交的实验》。孟德尔认识到性状有显隐之分,发明了“显性”(dominant)和“隐性”(recessive)两个词。他以数学的方法分析实验结果,超越不仅那时、甚至包括今天的绝大多数生物学研究者。后人将孟德尔发现的规律表述成为两个定律:第一个是分离定律,第二个是自由组合定律。将孟德尔原文的“因子”换成现代的“基因”,就可以几乎原封不动地以他的文字理解遗传。

孟德尔寄出40份论文单行本给不同科学家,其中,只有瑞士著名植物学家内格里回了信。尽管孟德尔写过很多信告知自己辛辛苦苦做的实验,内格里发表植物学重要著作时,却一字不提孟德尔的工作。

1859年,达尔文发表《物种起源》,提出了进化论。面对各种攻击,进化论急需遗传学说提供解释和支持。我们不知道达尔文是否读过孟德尔的文章,但孟德尔在1860年第2版《物种起源》的德译本上写有批注,以自己发现的自由组合定律解释了物种多样性的来源。

另一位伟大的遗传学家摩尔根当年不仅不信孟德尔,也不信达尔文的进化论,还不信遗传的染色体学说。直到1910年他自己发现了白眼突变果蝇后,为了解释事实,摩尔根不得不沿着孟德尔的思路前进,最后奠定了现代遗传学的基础。

内格里的狭隘、达尔文的缺憾、摩尔根的转变,给孟德尔的超前程度提供了绝佳的注释。

一生当中,孟德尔积极参与学术活动。他共参与了8个科学学会、26个非科学协会。1884年1月6日,孟德尔去世。留下的纸片表明在去世前3年,他还在思考有关豌豆的遗传学问题。孟德尔生前相信“我的时代会到来”。确实如此。但是,这要等他去世16年、理论公布34年以后。

孟德尔的成就,100多年来催生了多个现代科学学科。首先是直接导致遗传学诞生。20世纪遗传学与生物化学结合,并与微生物、生物物理学交叉,在1950年代又催生了分子生物学。1970年代诞生的重组DNA技术,全面改观了生命科学:分子生物学深入到从医学到农业的各个领域,带来多个学科的变革,人类遗传学、基因组学、生物信息学是其直接传承。

孟德尔的发现,对于科学和人类,今后还将有深远影响。

家切比雪夫在这方面作出了重要的贡献，建立了关于独立随机变量的一个大数律。大数律是概率论中讨论随机变量序列的算术平均值收敛于(在概率意义下，下同)常数的定律，它们反映了大量随机现象中平均结果的稳定性，是概率论和数理统计学的重要定律。历史上第一个大数律是由瑞士数学家雅各布·伯努利提出的(在他逝世后的 1713 年发表)，这个大数律表明，一个事件在多次独立重复试验中的出现频率收敛于这个事件的发生概率。1837 年，法国数学家泊松将这个大数律扩展到事件在各次独立试验中的发生概率不相同的情况，证明了一个事件在多次试验中的出现频率与它在各次试验中发生概率的算术平均值之差收敛于零。这就是泊松大数律。

切比雪夫

1866 年，切比雪夫在他的论文《论均值》中，从一个形式很简单的不等式(后称切比雪夫不等式)出发，证明了关于独立随机变量序列的一般形式的大数律：设有独立随机变量序列，其方差均小于一个常数，那么这些随机变量的算术平均值与它们数学期望的算术平均值之差收敛于零。这样，伯努利大数律和泊松大数律都成了切比雪夫大数律的特例。切比雪夫在概率论方面的成果后又被他的学生马尔可夫发扬光大，对 20 世纪概率论的发展产生了重大影响。

1866 年
跨大西洋海底电缆铺设成功

随着工业革命的发展，处于资本主义早期阶段的欧美国家对通信交流的需求迅速增长，传统的邮件通信已无法满足社会生产的实际需要。1844 年，美国发明家莫尔斯等人首次完成远距离电报通信实验，唤起了人们尽快实现越洋电报通信的期待。

1851 年 11 月，世界上第一条海底电报电缆在英国多佛到法国加来之间的海峡开始铺设，并获得成功。随后，美国商人菲尔德提出了建设连通欧洲大陆和美洲大陆的跨大西洋海底电缆的宏伟设想。他选择英国的爱尔兰和加拿大的纽芬兰作为海底电缆在大西洋两岸的登陆地点，因为两地之间不仅距离较近，而且水深较浅，海底地形相对舒缓平坦。1857 年，跨大西洋海底电缆开始铺设。然而，由于工程浩大、施工条件恶劣且缺乏技术经验，这项工程多次中断。1858 年 8 月，第一条跨大西洋海底电缆铺设成功后，运行仅 6 个星期就因故中断；1865 年第二条海底电缆开始铺设，但在铺到 1/4 距离时因电缆断裂而废弃；1866 年，菲尔德等人又组织第三条海底电缆的铺设工作，由英国物理学家威廉·汤姆孙(开尔文勋爵)主持电缆沉放工作，最终获得成功。

大西洋海底电缆的成功铺设是人类建

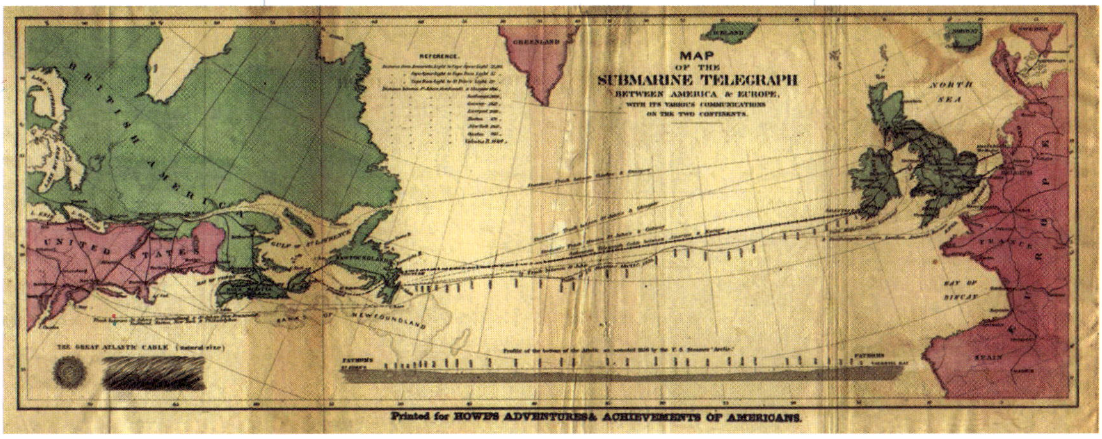

大西洋海底电缆铺设路径示意图

设跨大洋的洲际通信网络的开始。此后，越来越多的海底电缆把五大洲完全连接起来，人类社会也因此快步进入信息化时代。在前期的铺设实验中，人们还发现洋底并不平坦，并发现在 600 多米的深海海底还有生物，改变了以往深海是死亡世界的认识。

1866 年 海克尔绘制“生命之树”

达尔文在撰写《物种起源》一书期间，曾在笔记本上勾画出“进化树”的草图，开创了以树状结构描述物种间亲缘关系之先河。1859 年，他的《物种起源》一书正式出版，一棵用来解释其“物种分歧原理”的简单进化树成为了书中的配图。不久，海克尔将这个进化树扩展成包含所有生物的“生命之树”。

海克尔是德国著名的博物学家、哲学家、医生以及艺术家，可谓全才。他的科学工作也丰富多彩：命名了数以千计的物种；提出了不少现在仍在使用的生物学术语，如分类学中的门、系统发育学、生态学等；为海葵和浮游生物等绘制了五彩缤纷的图画。他所绘制的科学图画显示了他将科学和艺术相结合的独特眼光。他还绘制了一些动物胚胎图，指出它们与人类胚胎的相似性，以此证明不同物种之间存在联系。1866 年，海克尔的《生物普通形态学》一书出版，该书从进化的角度阐明了生物的形态结构，书中还绘有第一棵“生命之树”。这是一棵带有“树枝”和“树叶”的进化树，展示了地球上的主要生物门类(从单细胞生物到动物和人)的进化过程与亲缘关系。当然，这棵进化树主要依据生物的形态和结构的相似程度来绘制，由于不具有亲缘关系的生物在相同环境中会出现形态上的趋同进化，因此它所显示出的物种亲缘关系并不完全正确。但毫无疑问，海克尔的进化树开创了此方面研究的先河。20 世纪下半叶，进化生物学取得了长足的进展，生物学家不仅可以比较不同物种的骨骼或颜色，还可以比较它们的蛋白质和基因，这些证据对绘制精确的进化树更有帮助。

海克尔爱好游历。正是在旅途中，他先后结识了达尔文和托马斯·赫胥黎等人。尽管他本人并不是一个严格意义上的达尔文主义者，而更推崇拉马克的学说，不过在之后的达尔文同教会的对抗中，他不遗余力地宣传达尔文的论点，成为进化论在德国推进的先锋。

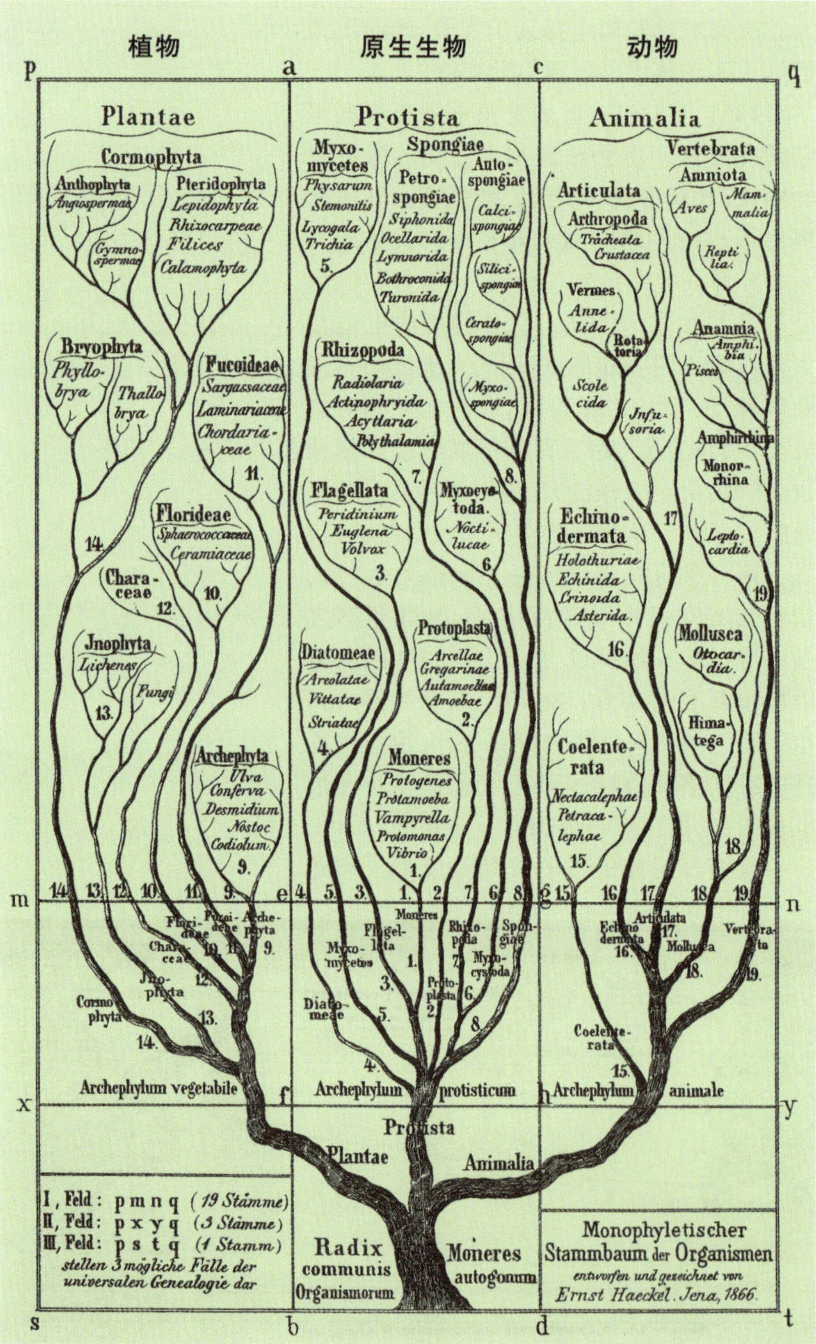

海克尔的“生命之树”

1867 年
克劳修斯提出热寂说

热寂说是推测宇宙演化终结的一种假说,并无实验依据。根据热力学第二定律,宇宙作为一个孤立系统,在演化过程中,它的熵会不断增加。当熵达到最大时,宇宙将成为一个高度无序的系统,不再发生任何变化;那时宇宙中的一切能量已全都化为热能,宇宙整个系统处于热平衡状态。这种熵达到最大值的状态是一种寂静死亡的状态,故称热寂。1867 年,克劳修斯正式提出热寂说:"宇宙愈是接近熵最大的极限……宇宙就永远处于一个死一般寂静的状态。"

这样的热寂说是错误的,因为克劳修斯在不考虑引力的情况下,把熵增加原理不恰当地推广到宇宙。在宇宙中引力的作用是巨大的,不能忽略。考虑了引力作用的宇宙演化,是一个与模型有关的问题。更何况宇宙中大量存在的是与传统物质迥异的暗能量、暗物质,在它们的性质尚未搞清楚前,是谈不上宇宙之寂与不寂的。

1868 年
贝尔特拉米建立第一个非欧几何模型

1829 年,罗巴切夫斯基在《喀山通报》上发表了《论几何原理》,阐述了非欧几何的思想,建立了罗巴切夫斯基几何学。但这种新几何学并未引起人们的重视。

1868 年,意大利数学家贝尔特拉米发表《论非欧几何学的解释》,在罗巴切夫斯基几何平面上的一个片段与伪球面(即曳物线绕其渐近线旋转而生成的曲面)上的一个片段之间建立了点对点的对应关系,构造了第一个非欧几何模型。只要把伪球面上的测地线看作直线,伪球面上的长度和角度取普通欧几里得几何学中曲面上的长度和角度,就能把罗巴切夫斯基几何解释为伪球面上的内蕴几何。也就是说,对应于罗巴切夫斯基几何的每一个断言,就有伪球面上的一个内蕴几何事实。罗巴切夫斯基几何从此有了完全现实的意义。贝尔特拉米的工作表明:如果欧氏几何是正确的,那么罗巴切夫斯基几何也是正确的。

但贝尔特拉米在伪球面上实现的并非整体的罗巴切夫斯基几何,而是其片段上的几何,这只是一个局部的模型。第一个整体的罗巴切夫斯基几何模型由德国数学家克莱因在 1871 年建立。随后,法国数学家庞加莱又建立了另一个模型。至此,罗巴切夫斯基几何作为一种几何的合法地位可以说充分建立起来了。

1868 年
黎曼《关于用三角级数表示函数的可能性》发表

1853 年底,德国数学家黎曼为获得格丁根大学的讲师资格,按规定提交了论文《关于用三角级数表示函数的可能性》。这篇论文在黎曼逝世后的 1868 年由他的好友、德国数学家戴德金安排发表。

19 世纪初,法国数学家傅里叶在研究热传导时,考虑了把任意函数表示成三角级数的问题。他认为,$(-\pi,\pi)$上的函数 $f(x)$ 都可表示为三角级数 $\frac{1}{2}a_0+\sum_{n=1}^{\infty}(a_n\cos nx+b_n\sin nx)$,其中

$$a_n=\frac{1}{\pi}\int_{-\pi}^{\pi}f(x)\cos nx\mathrm{d}x,\ n=0,1,2,\cdots$$

$$b_n=\frac{1}{\pi}\int_{-\pi}^{\pi}f(x)\sin nx\mathrm{d}x,\ n=1,2,\cdots$$

这种三角级数后被称为 $f(x)$ 的傅里叶级数。但人们很快发现,其实 $f(x)$ 不一定可以表示成它的傅里叶级数。因此,傅里叶级数理论自诞生之日起,其中心议题就是:怎样的函数可以表示成它的傅里叶级数?

到黎曼准备他这篇讲师资格论文的时

候，人们在这方面已经取得了一些进展。例如，1829 年，德国数学家狄利克雷率先给出一组充分条件，凡满足这组条件的函数，都能展成其傅里叶级数。黎曼却在他这篇论文中开辟了一条新的研究路线。用他自己的话说就是："我们必须以这样的反问题作为出发点：如果一个函数可以表示为一个三角级数，那么关于它的走向，关于它的值随自变量的不断变化而变化的情况，可以得出什么结论呢？"沿着这条路线，黎曼得到了关于三角级数收敛准则的一系列结果，为傅里叶级数理论作出了重要的贡献。这篇论文的重大历史意义更在于以下三方面：

(1)为了使得更广一类函数可以用傅里叶级数来表示，第一次明确地引进并研究了现在称之为黎曼积分的概念及其性质，给出了函数黎曼可积的充分必要条件，使得积分这个分析学中的重要概念有了坚实的理论基础。(2)给出了一个连续而不可微的著名反例，最终阐明了连续性与可微性之间的关系。(3)文中提出了"唯一性问题"：如果一个函数在某个区间上除间断点以外的所有点上都能表示为三角级数，那么这种三角级数是不是唯一的？后来德国数学家康托尔在研究这个问题时，认识到无穷点集的重要性，开始进行无穷集合一般理论的研究，最终创建了集合论。

1997年初出现的海尔—波普彗星 20 世纪最明亮的彗星之一。这是在它过近日点时拍摄的照片，当时它距离太阳 0.9 天文单位。发出蓝色光辉的气体彗尾背向太阳沿直线往外伸展，较重的尘埃粒子反射白光，形成一条稍稍弯曲的尘埃彗尾。

1868 年
玻尔兹曼分布提出

奥地利物理学家玻尔兹曼于 1868 年提出了一个确定物质系统的粒子数目按能量分布的规律，即玻尔兹曼分布。该分布表明，当粒子系统处于热平衡状态时，能量为 E 的粒子数 N 随能量的增加而按指数规律减少。玻尔兹曼分布对处于任何外场(如重力场、电场)中的近独立物质粒子系统都成立。利用该分布，可算出重力场中大气分子数的分布，从而算出地球表面上空大气的密度和压强随高度减小的规律。

玻尔兹曼分布是对麦克斯韦速度分布的推广，当不存在外场且气体分子间的相互作用可忽略时，玻尔兹曼分布便转化为麦克斯韦速度分布。

1868 年
哈金斯证实彗星中有碳氢化合物

自古以来，人类有着大量关于彗星的记录，但彗星的组成成分却始终是个谜。1864 年，意大利天文学家多纳蒂用分光镜观测彗星光谱，发现除夫琅禾费吸收线外，还伴有发射线。他据此指出彗星不但反射太阳光，本身也发光。英国天文学家威廉·哈金斯观

科胡特克彗星的反常彗尾 (左)1973 年 12 月 29 日，(中)12 月 30 日，(右)12 月 31 日的形状。

测了 1866 年、1867 年和 1868 年出现的三颗彗星的光谱，证实其中有碳氢化合物的发射带，这是在地球外首次找到有机分子的踪迹。1907 年，法国天文学家巴尔代首先用物端棱镜拍摄整个彗星的光谱，发现彗头中有碳、氰和碳氢化合物，彗尾中有二氧化碳和氮的电离分子。这一时期关于彗尾的理论研究也颇有成就。俄国天文学家勃列基兴提出，彗尾中的质点既受到太阳引力，又受到太阳辐射的斥力。1877 年，他按这两种力的比例将彗尾分为 4 种类型，这对后来的研究有着深远影响。1900 年，瑞典化学家阿伦尼乌斯指出，彗尾质点所受的斥力来自光作用在吸收物体上的辐射压。如今认为彗尾可分两类：第一类彗尾由离子气体组成，因有 CO^+离子的发射而呈蓝色，称为“离子彗尾”或“气体彗尾”，太阳风施予离子很强大的斥力，故离子彗尾几乎沿直线背向太阳伸展；第二类彗尾主要由尘埃组成，呈黄色，称为“尘埃彗尾”，由太阳光压推斥微尘形成。

1868 年
让桑和洛克耶发现“太阳元素”氦

日全食时可以看到，被月球遮蔽的太阳四周有一些火焰状的突出物——日珥。1860 年 7 月 16 日西班牙发生日全食，许多天文学家用分光镜观察日珥的光谱，但因全食时段太短而未取得显著的成果。1868 年 8 月 18 日印度发生一次观测条件较好的日全食，法国天文学家让桑赶赴当地，观测到日珥光谱中有几条亮线。其中有一条陌生的黄线，波长 587.6 纳米，很接近著名的钠 D 双线。翌日，让桑再次把分光镜对准太阳边缘的同一位置，发现那些亮线——包括那条黄线——仍清晰如故。这表明此时日珥虽被强烈的阳光淹没，但它依然存在。让桑立即写信向法国科学院报告自己的发现。此信直至 10 月 26 日才到达巴黎，恰在同一天，法国科学院还收到了英国天文学家洛克耶报告相同发现的来信。

当时，地球上所有已知元素的光谱都不具有这样一条奇特的黄线。这意味着人们发现太阳上有一种前所未知的新元素，洛克耶将其命名为 helium，意为“太阳元素”，汉语称为“氦”。直到 1895 年，英国化学家拉姆齐才在地球上的钇铀矿中发现了氦，1898 年又在空气中找到了它。19 世纪末，其他稀有气体元素也被陆续发现，主要方法是用红热的铜、镁从空气中除去氧、氮，或者分馏空气，获得稀有气体，然后用分光计进行特征光谱分析。1894 年，拉姆齐和瑞利由此发现了氩；1898 年，拉姆齐和他的学生特拉弗斯又发现了氪、氖、氙。

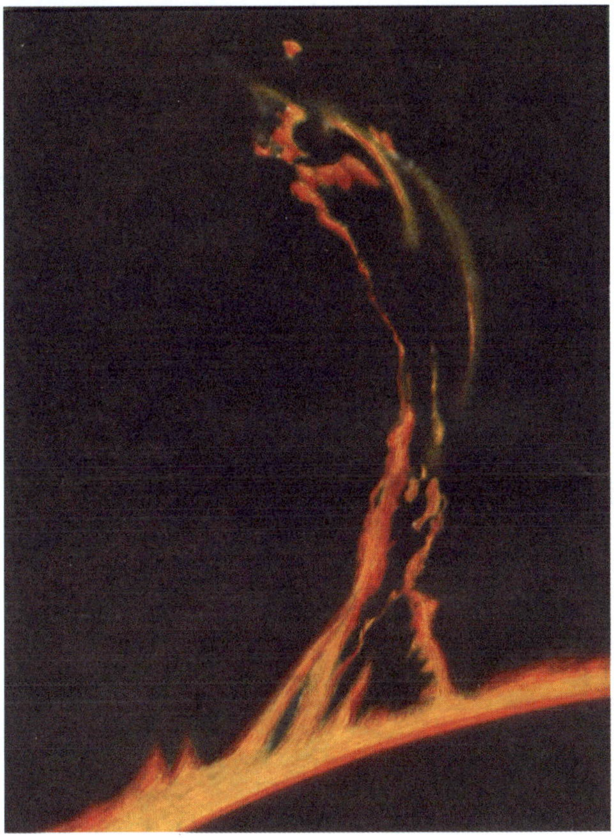

高达 40 万千米的 1931 年 8 月 6 日大日珥 日珥是突出日面边缘的一种太阳活动现象，主要存在于日冕中，下部常与色球相连，其主要成分是氢。

法国科学院为纪念发现元素氦制作的金质纪念章 法国铸币局铸造，正面是让桑（上）和洛克耶的头像，背面是太阳神阿波罗驾驭四轮战车的形象，四周写着“1868 年 8 月 18 日太阳日珥分析”。

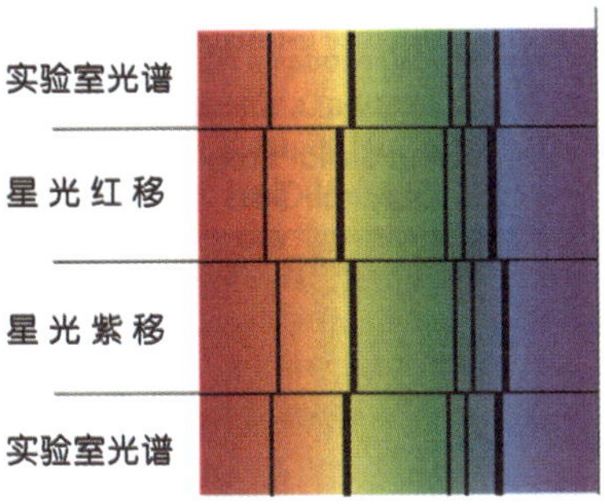

光谱线的红移和紫移

1868 年
哈金斯测定天体光谱线位移

1842 年，奥地利物理学家多普勒首先阐明：当声源向着观察者驶来时，声波的波长因受“压缩”而变短，这使观察者听到的音调升高；相反，当声源远离观察者而去时，音调则会降低。这种“多普勒效应”原则上也适用于光波：恒星的颜色因其沿观测者视线方向运动的速度——“视向速度”的不同而有不同程度的变化。但实际上恒星运动的速度比光速小得多，由此不足以导致恒星颜色发生任何可察觉的变化。1848 年，法国物理学家菲佐指出：观测光波的多普勒效应，最好的办法是测量光谱线位置的微小移动。当恒星朝向地球运动时，其光波的波长变短，于是光谱线向光谱的紫端移动，即发生“紫移”；反之，当恒星远离地球而去时，光谱线向光谱的红端移动，即发生“红移”。根据谱线位移的程度，即可推算出该星的视向速度。1868 年，英国天文学家威廉·哈金斯首先通过观测天狼星光谱线的位移，推断它正远离地球而去。尽管日后证明他的具体测量结果并不准确，但其由红移或紫移测定视向速度的方法，却使人类对天体运动的认识从二维的自行拓展到了三维的空间运动。这在现代天体物理学发展史上具有里程碑式的意义。

1868—1871 年
米歇尔发现核素

1868 年，德国蒂宾根大学的一个实验室中弥漫着难闻的气味，25 岁的瑞士青年化学家约翰内斯·米歇尔正在忙碌着。他获得博士学位后在德国化学家霍佩–赛勒的实验室从事细胞化学组分的研究。为了获得实验材料，米歇尔从附近医院回收了一大堆又脏又臭的外科手术绷带。他仔细用特定的化学溶液洗涤绷带，使绷带上的白细胞几乎完好无损地与脓液中的血清及其他物质分开，然后用猪胃黏膜的酸性提取液进行处理。当时人们认为，白细胞的细胞核主要由蛋白质构成，但经过上述处理后，米歇尔发现在细胞核中有一种酸性物质，其磷和氮的含量很高，不含硫（某些蛋白质含硫）。这种物质的溶解度以及它对胃蛋白酶的耐受性，更暗示它不是蛋白质，而是一种新的成分。

当米歇尔将这项发现写成论文交给他的导师霍佩–赛勒时，治学严谨的导师对此半信半疑，并未将其在自己担任主编的学术杂志上发表。但两年后，霍佩–赛勒自己也投入了这项研究中，并在酵母和其他细胞内发现了类似的物质，从而证实了米歇尔的发现。1871 年，反映这一研究成果的论文发表，这是科学史上第一篇关于核酸的论文，成为了遗传物质研究划时代的丰碑。由于这种新物质仅仅来自细胞核，因此米歇尔将它取名为“核素”。

其后，米歇尔又对鲑鱼精子中的核素进行研究，发现了核素的一系列理化性质，但始终没有认识到它的重要功能（藏有生命的蓝图）。这与当时人们普遍认为蛋白质是遗传物质是有关系的。后来，随着对核素研究的深入以及技术手段的提升，人们将核素更名为“核酸”，并确证它就是生命延续过程中的重要遗传物质。

1869 年
安德鲁斯测定二氧化碳的临界温度

临界温度是物质处于临界状态时的温度。在临界温度以上时，物质只能处于气态，无论压强多大都不能使它液化。临界温度也就是物质能以液态形式存在的最高温度。各种物质的临界温度不同，如水的临界温度为 647.1 开，氧为 155 开，氢为 33.2 开，氦为 5.2 开。

1869 年，爱尔兰物理学家安德鲁斯通过实验测定了二氧化碳在不同温度下的等温曲线，测得其临界温度为 304.2 开，证实了其临界状态的存在。临界状态也称为临界点。在临界点附近的气体不能视为理想气体，所以理想气体的状态方程不能解释临界点现象。为了从理论上说明安德鲁斯的实验，荷兰物理学家范德瓦尔斯导出了能近似描述实际气体状态的范德瓦尔斯方程。

1869 年
亥姆霍兹研制出 LC 振荡电路

1869 年，德国物理学家亥姆霍兹在研究莱顿瓶的振荡机理时，研制了 LC 振荡电路。LC 振荡电路主要由电感(L)和电容(C)组成，是无线电线路中的基本电路，可用来产生正弦波信号。

LC 振荡电路是现代无线电电子技术中的基本电路，是无线电电子技术发展的基础，极大地推动了电子技术的发展。

1869年
霍斯特曼用热力学解释化学过程

德国化学家霍斯特曼是最早将物理学中的热力学引入化学研究的科学家。1869 年，他运用热力学第二定律研究了热分解反应中分解压力与温度的关系。他在研究氯化铵的升华过程时运用了熵的概念，指出这一过程与液体的蒸发过程遵循同样的规律。他从化学平衡时熵值最大出发，将氯化铵的升华过程与蒸发现象和热离解现象进行类比，提出推论：在分子离解尽可能多、热量消耗尽可能少的条件下，熵值最大。从而建立了最大功与反应热之间的关系。霍斯特曼将热力学引入化学的开创性工作为以后克拉贝龙—克劳修斯方程的提出奠定了基础。

1869年
门捷列夫提出元素周期律

元素的性质随着原子序数的递增呈周期性变化，这就是元素周期律。可以说，元素周期律是无机化学这部交响乐中最美妙的乐章。1865 年，英国化学家纽兰兹发现，将元素按相对原子质量的大小排列时，每排到第八种元素就会出现性质类似的元素，他将这个规律称为“八音律”。更早以前，德国化学家德贝赖纳就已注意到好几个三元素组中的元素皆具有类似的化学性质，如氯、溴、碘。

元素周期性研究的集大成者是俄国化学家门捷列夫。1869 年，门捷列夫发表了题为《元素属性和原子量关系》的论文，指出：“按照原子量大小排列起来的元素，在性质上呈现明显的周期性规律，这种规律称为元素周期律。”体现元素周期律的表称为元素周期表。几乎与门捷列夫同时，德国化学家尤利乌斯·洛塔尔·迈尔也发现了周期律，而且两人都是在编写教科书时完成这一重大发现的。但在对周期律的认识上，门捷列夫更为全面、透彻，他果断地修正了一些元素的原子量，改排了一些元素，并详细预言了多种尚未发现的元素及其物理、化学性质，其中绝大部分后来被事实所证实。在后来的 100 多年间，元素周期表的形式变动数百次，直到演变成现在依原子序数的大小来排列的元素周期表。

元素周期律的建立是化学理论发展史上继原子—分子论后的又一座丰碑。它深刻地揭示了 100 多种元素之间本质的内在联系，因而是自然界最重要的规律之一。元素周期表是对化学研究基本成果最简洁的记录，为我们提供了极为丰富的化学信息，可用来预测和系

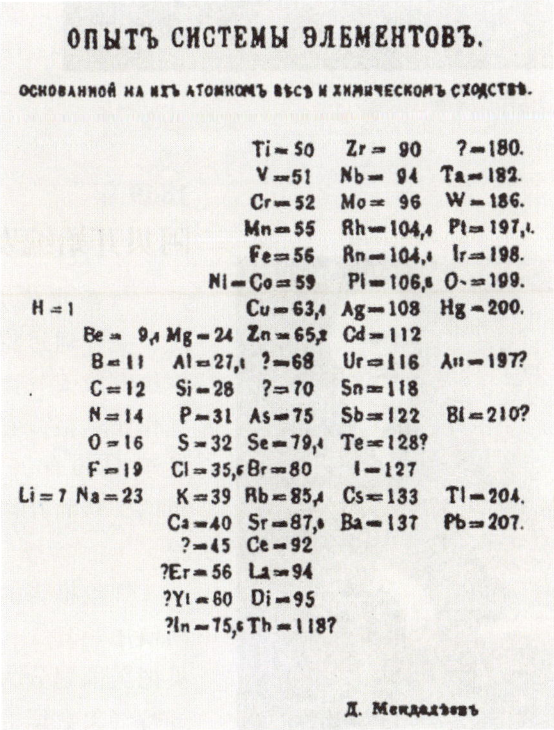
ОПЫТЪ СИСТЕМЫ ЭЛЕМЕНТОВЪ.
ОСНОВАННОЙ НА ИХЪ АТОМНОМЪ ВѢСѢ И ХИМИЧЕСКОМЪ СХОДСТВѢ.
Ti=50 Zr=90 ?=180.
V=51 Nb=94 Ta=182.
Cr=52 Mo=96 W=186.
Mn=55 Rh=104,4 Pt=197,4.
Fe=56 Ru=104,4 Ir=198.
Ni=Co=59 Pl=106,6 Os=199.
H=1 Cu=63,4 Ag=108 Hg=200.
Be=9,4 Mg=24 Zn=65,2 Cd=112
B=11 Al=27,4 ?=68 Ur=116 Au=197?
C=12 Si=28 ?=70 Sn=118
N=14 P=31 As=75 Sb=122 Bi=210?
O=16 S=32 Se=79,4 Te=128?
F=19 Cl=35,5 Br=80 I=127
Li=7 Na=23 K=39 Rb=85,4 Cs=133 Tl=204.
Ca=40 Sr=87,6 Ba=137 Pb=207.
?=45 Ce=92
?Er=56 La=94
?Yt=60 Di=95
?In=75,6 Th=118?
Д. Менделѣевъ

门捷列夫的元素周期表

统掌握元素及其化合物的各种性质，指导实际工作。因此，元素周期律与周期表对学习和研究化学具有重大意义，它的重要性随着化学知识的增加而增加。

1869 年
发现丁铎尔现象

1869 年，英国科学家丁铎尔发现，当强光线通过胶体时，从侧面可以看见一道光束。这是由于胶粒粒度小于入射光波长，引起了光散射。通常可见光波长为 400—700 纳米，胶体粒子大小为 1—100 纳米。人们把这个现象称为丁铎尔现象，它是区别胶体和溶液的最简便的方法。

在自然界中，丁铎尔现象是十分普遍的。天空之所以是蔚蓝的，是因为天空中悬浮着许多尘埃和小水滴（气溶胶），它们散射太阳光，使天空呈蔚蓝色。吸烟者吐出的烟雾从侧面看是淡蓝色的，大海是蓝色的，这些均是丁铎尔现象造成的。

丁铎尔现象

1869 年
阿贝开始编发每日气象报告

气象报告是早期天气预报的形式，主要通过将观测到的各种气象数据绘制成天气图，经分析后对未来天气作出预报。它是由美国气象学家阿贝于 1869 年开始编发并面向公众发布的，从而开创了面向公众的天气预报。

阿贝

气象报告的编发要求各个站点之间使用一套统一的计时系统，为此，阿贝把美国划分为 4 个标准时区。为了进行气象数据的观测，阿贝组建了一个由 20 位气象观测员组成的团队，同时选择了一批气象数据收集仪器并培训军队的气象观测员使用这些仪器进行观测。在此基础上，各种气象要素数据在指定时间通过编码发出，工作人员接收并解码获取各站点的气象数据，再根据这些数据人工绘制天气图，分析后对天气作出预报。

阿贝要求预报用词要准确，要包含主要的气象要素：天气（云和降水）、温度、风向和气压。为了与欧洲交换气象数据，阿贝定时地向海外发送每日天气图和通报，这为后来的全球气象数据共享作出了示范，提供了经验。在编发气象报告的同时，阿贝通过与实际天气状况对比来验证预报的准确性，从而总结经验并提高未来预报的准确性。此外，他意识到观测仪器的质量影响着观测数据的准确性，从而会对天气预报质量造成很大的影响，因此他对仪器进行不断的校准，并招募人员对仪器进行改进和设计，还购置不同国家的先进观测仪器进行比较，从而提高观测仪器的质量。

1869 年
勒韦丹描述皮肤移植

1869 年，勒韦丹在巴黎耐克医院当实习医生时，观察到溃疡中央的上皮岛向外生长出上皮而使伤口愈合，并进一步想到在肉芽组织表面种植上皮小岛作为生发中心，加速上皮化过程，可促进溃疡愈合。于是，他从病人上肢取 1 平方毫米表皮，移植到拇指肉芽创面，几天后表皮生长达伤口边缘而愈合，这一过程他称为“表皮移植”。1869 年 12 月 8 日，勒韦丹在皇家学会做题为“用完全脱离供区的极薄的小片游离皮肤移植，加速肉芽创面愈合”的报告，引起热烈的讨论。这种方法在法国没有引起大的反响，却迅速流传到英国、美国。1872 年，勒韦丹发表了关于表皮移植 50 例的临床报告。

1869 年
诺贝建立世界上第一个种子检验室

种子检验是指以仪器或感官鉴别作物种子品质的操作程序和方法。检验结果按统一标准分级后，可据以确定种子在生产上的使用价值，并为贮藏、运输、推广销售和引种交换等提供科学依据。种子检验是保证作物种子具有优良品质的必要手段和实现种子标准化的根本措施。

1869 年，种子学的创始人、德国农业化学家诺贝在德国建立了世界上第一所种子检验实验室，并于 1876 年出版了《种子学手册》。其后许多国家相继建立了种子检验专门机构。1906 年第一次国际种子检验会议在德国汉堡召开。1921 年第三次种子检验会议又在丹麦哥本哈根召开，并成立了欧洲种子检验协会。1924 年，在欧洲种子检验协会的基础上改名重建的国际种子检验协会(ISTA)，是各国政府对国际贸易的种子谋求统一检验方法的国际组织。1931 年 ISTA 颁发了世界上第一部国际种子检验规程，促进了国际种子的贸易和交流。

1870 年
库斯茂发明胃镜

1870 年，受演艺者吞剑的启发，德国医生库斯茂将一根直金属管放入一演艺者的胃内，来观察其胃腔。这是世界上第一台食管胃镜。1881 年，波兰外科医生米库利奇采用尼采硬管光学系统，成功地制成了第一个适用于临床的胃镜。米库利奇在维也纳比罗特外科门诊部用该胃镜对许多病人进行了检查，并获得诊断结果。1895 年以后，各国的临床医学家相继对胃镜作了改进，直到可供临床普遍使用。

1870—1926 年
伯班克培育多个植物新品种

伯班克是美国植物育种家，也是世界上最著名的植物育种家之一。他培育的果树、花卉、蔬菜、谷类和牧草的品种，产量极高。他的育种活动促使植物育种发展成为现代科学，并给遗传学研究提供了宝贵的帮助。

伯班克生长在农场，几乎只受过中等教育，因受达尔文学说的影响而于 1870 年他 21 岁时开始从事植物育种的实验，其后坚持不懈达 50 多年，曾培育出 800 多个新的植物品系和品种，包括果树、花卉及其他观赏植物、蔬菜、牧草和谷类作物，其中著名的有伯班克马铃薯、无核李、无刺黑莓、李杏、无刺仙人掌等，不少品种迄今仍有重要的商业价值。

伯班克的育种实践，早在孟德尔学说为世所公认前 30 年已开始进行。他的育种方法是使外来的和当地的品系在有利的环境下进行杂交，将得到的幼苗嫁接在充分发育的植株上，以较快地鉴定杂种的特性。伯班克具有特别敏锐的观察能力，能直接认出他所需要的特性，选出有用的品种。1976 年伯班克入选美国名人纪念馆。

1871 年
麦克斯韦提出“麦克斯韦妖”佯谬

麦克斯韦于 1871 年针对热力学第二定律提出了一个难题。设想一盛有气体的容器，中间有一块隔板，隔板上有一小孔，一个“妖精”守在小孔旁控制着小孔的开启和关闭。例如，只允许容器左侧的高速运动分子通过小孔进入右侧，右侧的低速运动分子通过小孔进入左侧，其结果将使右侧容器中分子的平均速度越来越大，而左侧容器中分子的平均速度则越来越小。如果小孔的开启和关闭完全没有摩擦，那么，这个妖精无需做功就能使容器的左右两部分原来处于平衡态的温度相同的气体在不受外界影响的条件下产生越来越大的温度差,导致整个系统的熵减少,该系统于是自发地从平衡态过渡到非平衡态。这一结果直接同热力学第二定律相悖,世称“麦克斯韦妖”佯谬。

“麦克斯韦妖”的难题直到 1929 年才由匈牙利物理学家齐拉给出正确的解释。麦克斯韦妖能起作用并工作,须通过识别和处理分子的轨道和速度等信息,这是一个熵增加过程。因此在麦克斯韦妖工作的过程中,虽然气体分子的熵减少了,但妖的熵却增加了,气体分子与妖的总系统的熵仍然不会减少,热力学第二定律或熵增加原理仍然成立。对于麦克斯韦妖难题的讨论,为信息论、控制论等学科的发展起到了重要的作用。

1872 年
克莱因提出《埃尔朗根纲领》

19 世纪上半叶,非欧几何的出现打破了长期以来只有一种几何学即欧几里得几何学的局面。19 世纪中叶以后,通过否定欧几里得几何中的这条或那条公理,又产生了各种新几何学,如非阿基米德几何、非德萨格几何、非黎曼几何、有限几何等,加上与非欧几何并行发展的高维几何、射影几何、微分几何等,19 世纪的几何学展现了无限广阔的发展前景。在这样的形势下,寻找不同几何学之间的内在联系,用统一的观点解释它们,便成为数学家们追求的一个目标。

统一几何学的第一个大胆计划是德国数学家克莱因提出的。1869 年,他去巴黎游学,法国数学家若尔当的变换群思想给了他重要的启示和影响。1871 年,他发表了从射影几何学的观念出发对非欧几何进行综合表述的研究。1872 年,他在就任埃尔朗根大学教授时,以就职演讲的名义,发表了论文《关于新近几何学研究的比较考察》,进一步提出了用变换群的观念内在地统一各种几何学的思想。此文即以《埃尔朗根纲领》著称。按克莱因的观点,“给出一个流形和这个流形的一个变换群”,则几何学就是“以在这个变换群的变换下其性质保持不变的观点研究这个流形的实体”的学问。例如,就平面的情况来说,平移和旋转(称为刚体运动)生成一个变换群(称为运动群),欧几里得平面几何研究的就是长度、角度、面积等在这个运动群下保持不变的量。又如,除平移和旋转外,再加上(按比例)缩放、翻转和剪切这些变换,可生成仿射变换群,仿射平面几何研究的是在这个仿射变换群下保持不变的量,如圆锥曲线的种类。运动群是仿射变换群的子群,欧几里得平面几何就是仿射几何的子几何。这样,克莱因就成功地将当时已有的各种几何学,在群的概念下加以统一和分类。每种几何学都由某种变换群所刻画,各种几何学所要研究的就是几何图形在相应变换群下的不变量,而一门几何学的子几何学就是研究在原来变换群的子群下的不变量。变换群越大,其中包含的变换越多,其不变性质就越少,相应的几何学内容也就越贫乏。

克莱因用群论观点统一几何学的原理指引几何学家的研究工作长达 50 年之久,对几何学的发展产生了深刻影响。虽然并非所有几何学都可以纳入克莱因的分类框架,但克莱因的这种观点,特别是强调变换下的不变性,至今对几何学仍有影响。而它对物理学思想的推动,则大大超出了数学的范畴。

1872 年
实数理论确立

17 世纪建立的微积分演算体系,在概念上并不准确,在逻辑上并不严格。为使这个体系严格化,需要建立系统的实数理论。建立实数理论的难点在于无理数,于是在 19 世纪产生了各种本质上类似的无理数理论,我们现在通常采用的是康托尔基本序列和戴德金分割。

康托尔的无理数理论最初发表于他 1872 年的论文《关于三角级数理论中一个

定理的推广》,后来在他 1883 年的论文《一般集合论基础》中又作了更为详细的阐述。康托尔首先定义了满足柯西收敛准则的有理数基本序列$\{a_n\}$:对任何一个给定的正有理数$\varepsilon > 0$,有理数序列$\{a_n\}$中除去有限多项外,彼此之差都小于ε。如果一个有理数基本序列在有理数中没有极限,就说它定义了一个无理数。再规定:如果一个有理数基本序列有着有理数极限,那么就说它定义了这个作为极限的有理数。这样,每一个基本序列就定义了一个实数。可能有不同的序列定义了同一个实数,于是要把这些序列归类:如果两个有理数基本序列$\{a_n\}$与$\{b_n\}$满足$\lim\limits_{n\to 0}(a_n - b_n) = 0$,就说它们是等价的,即它们属于同一个等价类。全体有理数基本序列被划分为一个个等价类,一个等价类就代表一个实数。因此,康托尔其实是把实数集合定义为这种等价类全体的集合。

戴德金的无理数理论发表于他在 1872 年稍晚时候出版的《连续性与无理数》一书。他提出用“分割”来定义无理数。考虑将有理数集任意分割成两类,且使得第一类中的每一个数小于第二类中的每一个数。用A_1和A_2表示这两类数,用$(A_1|A_2)$表示这种分割。如果一个分割,或者A_1中有最大数,或者A_2中有最小数,这个分割就定义了一个有理数,这个有理数就是A_1中的最大数或者A_2中的最小数;当A_1中无最大数,A_2中又无最小数时,这个分割就定义了一个无理数。于是,有理数集的每一个分割就定义了一个实数。但是,有可能同一个有理数由两个不同的分割所定义,例如,分割({所有不大于 0 的有理数}|{所有大于 0 的有理数})和分割({所有小于 0 的有理数}|{所有不小于 0 的有理数})都定义了有理数 0。这时令这两个分割等价即可。因此,戴德金是把实数集合定义为有理数集的分割(等价类)全体的集合。这种定义实数的方法现在称为“戴德金分割”。

其实,魏尔斯特拉斯早在 1857 年开始讲授解析函数论课程时就给出了第一个严格的实数定义,但是他的许多思想方法主要通过课堂讲授来传播,对实数的定义也是如此。1872 年,有人建议他发表这一定义,被他拒绝。而就在这一年,康托尔和戴德金发表了他们各自的实数定义,他们还在各自的实数定义下证明了实数系的完备性。这标志着由魏尔斯特拉斯倡导的分析算术化运动大致宣告完成,分析也由此具备了可靠的基础。

1872 年
玻尔兹曼提出 H 定理

1872 年,奥地利物理学家玻尔兹曼为了说明气体从非平衡状态过渡到平衡状态的演化过程,引进了一个由分子分布函数定义的函数 H,并建立了该函数所满足的一个非常复杂的方程,即玻尔兹曼方程。玻尔兹曼利用力学和概率论的方法,证明了在大量分子的相互碰撞下,函数 H 将单调地减小。这个结论称为“H 定理”,从而将 H 与熵联系了起来(熵即为 H 的负值)。玻尔兹曼认为,这样就证明了热力学第二定律。但随后,他的论证遭到了不少物理学家的诘难,如洛施密特的可逆性佯谬。1877 年,玻尔兹曼终于得出了正确的结论,即在非平衡态趋向平衡态的过程中,熵的增加只是最可几的,而不是绝对的。其后不久,玻尔兹曼进一步提出了熵和宏观态所对应的可能的微观态数目的关系,即玻尔兹曼关系,为热力学第二定律和熵增加原理奠定了牢固的基础。

1872 年
拜耳合成酚醛树脂

酚醛树脂是由酚与醛缩聚而成的树脂,是人类历史上的第一种合成树脂,具有较好的绝缘、耐温和耐老化等性能,可作为模压塑料、层压塑料、涂料、胶粘剂等,广泛用于电气、木材、纺织等工业。

1872 年,德国有机化学家拜耳发现,苯酚和甲醛反应后,玻璃管底部有些树脂状残留物。但拜耳当时关注的是合成染料,未对它进一步研究。1905—1909 年,美国化学家贝克兰研究用酸或碱催化苯酚与甲醛的反应时发现,在酸催化下,当甲醛与苯酚的摩尔比小于 1 时,可得热塑性产物,称为热塑性酚醛树脂。在碱催化下,当甲醛与苯酚的摩尔比大于 1 时,起初得到热固性酚醛树脂,能溶于有机溶剂;进一步加热反应,则得半溶酚醛树脂,不溶但可溶胀,加热时不熔,但变软;再进一步反应则得不溶、不熔的体型结构的树脂,也称不溶酚醛树脂。他首先将酚醛树脂用于塑料,并进行工业生产,使它成为第一个工业生产的合成高分子品种,由此开创了塑料工业。

1872 年
利斯廷提出大地水准面概念

18 世纪中叶以前,人们认为地球的外表面应是一个水准椭球。1738 年法国数学家克莱罗根据离心力加速度以及赤道重力和两极重力,推算出地球扁率的关系式,称为克莱罗定理。后来,随着大地测量观测精度的提高,人们认识到了椭球面不足以代表地球表面。

1872 年,德国数学家利斯廷提出用大地水准面代表地球形状,即一个假想的由地球静止的海平面扩展延伸而形成的闭合曲面。海拔高度即从大地水准面起算的陆地高度。由于外部存在大陆,大地水准面须通过重力观测值进行归算;而要进行正确的归算,必须知道归算范围内岩层密度分布的数据。所以这在当时是一个十分复杂而难以解决的问题。

1990 年代,捷克地球物理学家法尼切克在大地水准面的计算上取得了重要的理论突破。他用频谱分析和最小二乘谱拟合正弦波的数据样本,也称为法尼切克方法,使大地水准面的精确解达到了厘米乃至毫米精度。

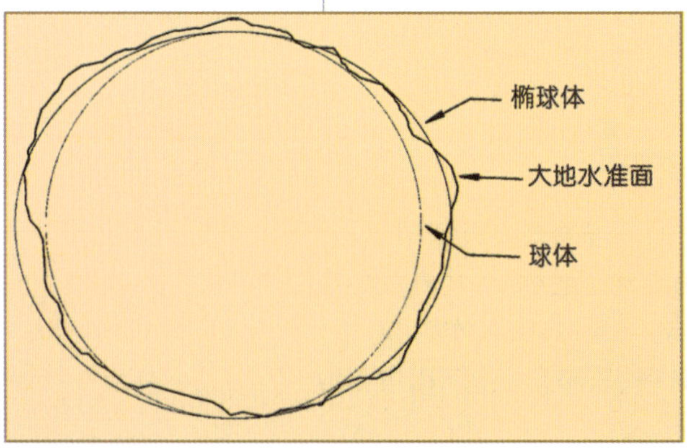

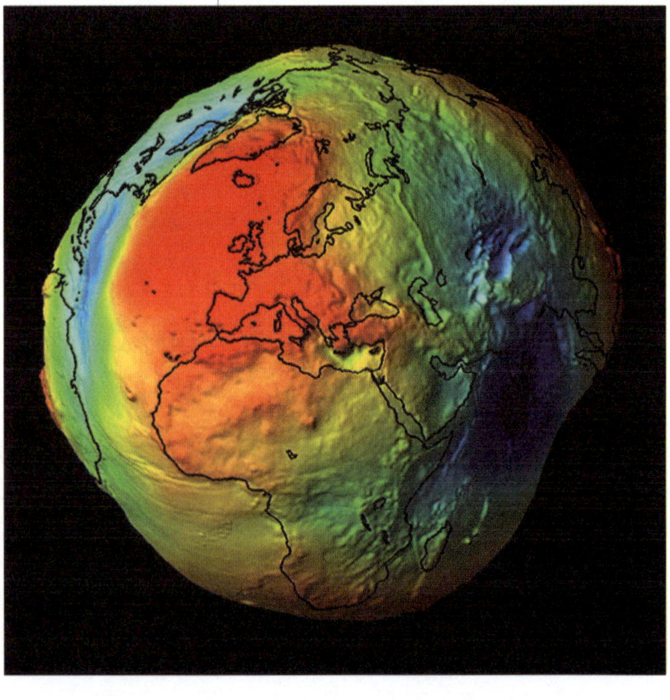

大地水准面的示意图(左)和三维模拟图

1872 年
科恩《细菌研究》出版

德国生物学家费迪南德·科恩出身于普鲁士的一个犹太人家庭,凭借自己的努力获得了进入大学的机会。但保守的布雷斯劳大学不接受犹太人攻读博士学位,他只能转学到柏林大学,最终获得了植物学博士学位。毕业后,他到布雷斯劳大学执教,直至去世。期间,他发表了植物学、生理学和细菌学方面的论文 150 多篇，让这个原本不接受他的大学成为新思想的诞生地。

1872 年，科恩的《细菌研究》一书出版，书中首次系统地对细菌进行了分类，奠定了细菌学的基础。科恩分类法直到现在仍占据着细菌分类规则的半壁江山。科恩第一个详细观察、记录了单细胞藻类的生活史，认为它们虽然构造非常简单，但也和高等植物一样，具备发育和繁殖过程，而且通过显微镜可以观察到它们的变化。他第一次将这些藻类归入植物范畴，并第一个尝试将各种微生物像一般生物那样确定种属。科恩还发现了细菌的芽孢，使人们对灭菌的有效性产生了新的认识，促进了以杀死芽孢为目标的高效灭菌方法的产生。正是他的努力，加上巴斯德对微生物学的开创性贡献，才让人们更加真实地了解微观生命世界。

1872—1876 年
“挑战者号”进行环球海洋科学考察

为了保持英国在海洋科学研究中的领先地位，1871 年，英国皇家学会会员、生理学家卡彭特等人，向英国政府提出在大西洋、太平洋和印度洋开展环球海洋科学考察的建议。1872 年，英国皇家学会将英国海军移交的“挑战者号”炮舰改装为科学考察船，并装备 6000 英寻（约 11 千米）的测深缆、4000 英寻（约 7.3 千米）的采样缆，以及多个船载实验室。“挑战者号”是一艘木制的三桅蒸汽动力机帆船，船长约 69 米，排水量2306 吨，航行动力为 1234 马力（约 91 万瓦）。

1872 年 12 月 21 日，由英国博物学家查尔斯·汤姆孙担任科考队队长、英国探险家奈尔斯担任船长，6 名科学家和 243 名船员组成的“挑战者号”远洋科考队，从英国朴茨茅斯港出发，开始了为期 3 年 5 个月的环球海洋考察。“挑战者号”航行 68 890 海里，先后在大西洋、印度洋、太平洋和南极海等多个海域，完成 362 个站位上的水深测量、水温测量、水样采集、底质取样和生物拖网采样等考察试验，共获得深海动物标本 7000 余件、海洋底质样品 12 000 余份。1876 年 5 月 24 日，“挑战者号”返回英国。

英国“挑战者号”海洋考察船

在此后长达 23 年的时间里，先后有 76 位科学家对“挑战者号”所获得的资料和样品进行整理、分析和研究，编写了 50 卷总计 2.95 万页的调查研究报告。“挑战者号”海洋科学考察取得了丰硕的科研成果：新发现 4400 多种海洋动物，包括夏威夷群岛北方海域 5500 米深处以下的动物；首次采集到海底锰结核；发现深海软泥和红黏土；第一次使用颠倒温度计测量了海洋深层水温及其季节变化情况；验证了海水主要化学成分含量比值的恒定性原则；测得了马里亚纳海沟的深度数据，并绘制了大洋海底起伏变化的等深线图；编绘出第一幅世界大洋海底沉积物分布图，等等。

“挑战者号”环球海洋科学考察是历史上首次系统的综合性海洋科学考察。它极大地丰富了人们对海洋的认识，为近代海洋物理学、海洋化学、海洋生物学和海洋地质学的建立和发展奠定了基础。

1873 年
埃尔米特证明 e 是超越数

超越数是不能满足任何整系数代数方程的实数。1844 年，法国数学家刘维尔开创了超越数的研究，构造出了历史上第一批超越数。那么，在已经定义且常用的数中有没有超越数呢？

1744 年，瑞士数学家欧拉证明了自然对数的底 e 是无理数。1873 年，法国数学家埃尔米特发表论文《论指数函数》，以其高超的技巧借助微积分工具证明了 e 是一个超越数。这使得人们开始把证明某些数是否为超越数作为一个主要问题来考虑，从而促使超越数论不断深入发展。

1873 年 史密斯发现光电导效应

某些半导体材料受到光照射时，其导电能力会增强，这一现象称光电导效应。1873 年，英国工程师威洛·史密斯在开发对水下电缆进行测试的设备过程中偶然发现，晶体硒在光的照射下电阻减小（即电导增加）。史密斯将发现刊登在 1873 年 2 月 20 日出版的《自然》杂志上，这是光电导效应第一次被发现。

光电导是半导体材料的一个特有的性质，其导电能力增加的程度与光的波长有关，还与材料中的杂质有关。利用光电导效应，可以制成光敏电阻等光电器件。此外，这一发现还导致了光电池的发明。

1873 年 范德瓦尔斯方程提出

物理学研究自然界的基本规律常常需要引进理想化模型。理想气体是指压强不太高、温度不太低时的气体，此时气体分子间的距离与分子的线度相比较大，分子本身的体积可忽略，分子间力也可忽略。通常状况下，气体都可认为是理想气体。1834 年，法国物理学家克拉珀龙建立了理想气体状态方程，描述理想气体的温度、压强、体积之间的变化关系。

随着物理学的发展，人们发现，当压强相当高，分子密度相当大，或者当温度接近气体的凝结温度时，理想气体状态方程就不再适用。1873 年，荷兰物理学家范德瓦尔斯对理想气体状态方程提出了修正，他在该方程中增加了两个其数值可根据实验结果调节的参数，一个参数反映了由于分子间相互吸引而引起压强的减小，另一个参数反映了由于分子有体积而引起容器空余容积的减小。修正后的方程就称为范德瓦尔斯方程，它的物理依据清晰，形式较为简单，所得结果与实际定性符合。

范德瓦尔斯方程是一个近似的实际气体状态方程，其后，许多物理学家提出了多种描写实际气体的状态方程，如昂尼斯方程、克劳修斯状态方程等。

1873 年 麦克斯韦《电磁通论》出版

1870年代，麦克斯韦因身体不适辞去教职。在休养期间，他决定用一种统一的思想，即法拉第的力线和场的思想，以及统一的方法，即牛顿的动力学方法，来总结库仑、奥斯特、安培、高斯、法拉第等前辈们在电磁学方面的工作，以及他本人十多年来的研究成果。1873 年，麦克斯韦终于完成了《电磁通论》一书。

在这本著作中，麦克斯韦系统地用优美的数学形式将前人通过场、力线等概念所作的直观描述，重新作了严格的表述和某些关键性的重要修改，建立了描述电磁场运动的麦克斯韦方程组，全面总结了电磁理论几乎所有领域的内容，预言了电磁波的存在以及电磁场的波动性和其他性质，提出了光的电磁理论。这部著作的意义足以与牛顿的《自然哲学的数学原理》和达尔文的《物种起源》相比拟。

1873 年
地槽学说提出

地槽是大陆地壳的一级构造单元，呈狭长带状，长达数百至数千千米，但宽仅数十至数百千米，是地壳上相对活动的区域，有强烈的构造变动和频繁的岩浆活动，因此也有丰富多样的变质作用存在。美国东部的阿巴拉契亚山脉是地槽研究的发祥地，这里的古生代地层比西侧平原区的同时代地层要厚 10 倍。1842 年，美国科学家提出该山脉上升的原因是“被挤入地下的瓦斯突然地逸出”。1859 年，美国地质古生物学家詹姆斯·霍尔根据古生代地层的岩性、厚度和强烈褶皱情况，及其与邻侧的北美中部平原的对比，认为阿巴拉契亚山是地球上一个特殊的沉积区，那里的大陆边缘地壳下坳接受沉积，继而会转化为造山带。1873 年，美国矿物学家丹纳在讨论地球收缩和山脉成因时，在霍尔这一观点的基础上，明确提出了地槽的概念，发展形成了地槽学说。板块构造理论问世后，地槽这一术语成为了历史名词。今天我们在使用造山作用、造山带这些术语时，已有了完全不同于地槽学说的内涵。

霍尔曾任国际地质大会第一、二、三届主席以及北美地质学会主席等职。霍尔经过对美国纽约州地质的长期考察和对所收集的化石标本的潜心研究，于 1847—1894 年间，出版了 13 卷本的《纽约州的古生物学》，并创建了一个当时最杰出的无脊椎动物化石收集室。他的这项研究成果，成了当时美国地质勘察的范本，并为生物地层学的研究工作奠定了基础。丹纳 1837年出版《系统矿物学》，创立了丹纳晶面符号法，为早期的矿物分类作出了贡献。

詹姆斯·霍尔

1873 年
汤姆孙《海洋深处》出版

英国博物学家查尔斯·汤姆孙早期就读于爱丁堡大学医学系，但他热爱生物学研究，对海百合类海洋生物及古生物深感兴趣。1868 年，英国生理学家卡彭特向英国皇家学会提出在设得兰群岛和法罗群岛之间的海域开展深海调查的建议，被英国政府采纳。1868—1870 年间，汤姆孙带领英国皇家海军提供的“莱特宁号”和“波尔库帕因号”蒸汽舰，在北大西洋和地中海部分海域开展了深海采样调查工作，在深达 1200 多米的海底采集到大量的海洋生物，有力地反驳了英国海洋生物学家福布斯提出的超过 550 米深的深海区是无生命带的假说。

汤姆孙总结了 1868—1870 年间考察获得的深海调查资料，在 1873 年出版了《海洋深处》一书。他在书中指出：海洋中不存在无生命带，从海表到深海都栖息着多种多样的动物，许多动物甚至与一些在白垩纪或第三纪已灭绝的动物密切相关；无脊椎动物是深海中的代表性生物，较低的水温使得一些深海生物具有某些与极区海洋生物类似的特征；一些由极微小的海洋生物抱球虫的壳体形成的深海软泥，覆盖在北大西洋海底。

由于多次成功地率队完成大型海洋调查工作，汤姆孙在海洋科学研究领域的声望不断提高。1869 年，汤姆孙被推荐为英国皇家学会会员。1872 年，他众望所归地被推举为“挑战者号”环球海洋科学考察队的队长。1876 年，他被英国女王授予爵士封号。

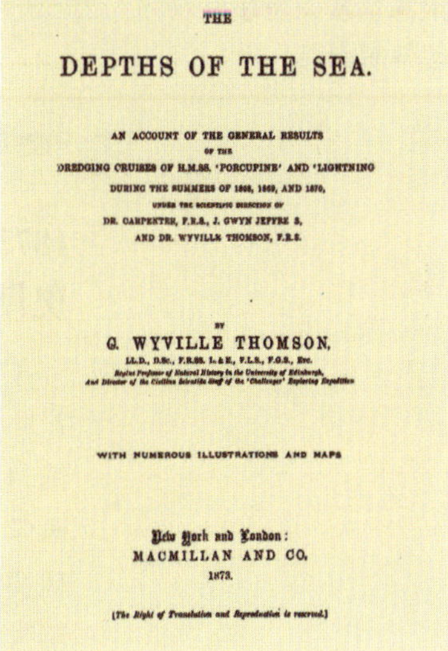
THE
DEPTHS OF THE SEA.
AN ACCOUNT OF THE GENERAL RESULTS
OF THE
DREDGING CRUISES OF H.M.SS. 'PORCUPINE' AND 'LIGHTNING
DURING THE SUMMERS OF 1868, 1869, AND 1870,
DR. CARPENTER, F.R.S., J. GWYN JEFFREYS,
AND DR. WYVILLE THOMSON, F.R.S.
BY
C. WYVILLE THOMSON,
WITH NUMEROUS ILLUSTRATIONS AND MAPS
New York and London:
MACMILLAN AND CO.
1873.

汤姆孙 1873 年出版的《海洋深处》

1873 年
高尔基创立神经细胞染色法

意大利神经解剖学家高尔基一直对研究神经系统饶有兴趣,但不得不子承父业做了医院院长。业余时间,他仍坚持研究如何用金属试剂为神经组织染色,因为当时广为使用的细胞染色法对神经细胞并不适用。

1873 年,高尔基撰文报道了一种对神经细胞专一染色的方法,这就是后来被沿用百余年的高尔基染色法。高尔基染色法将神经组织依次用铬酸钾溶液和硝酸银溶液处理,使棕红色的铬酸银在神经细胞的细胞膜上沉淀下来,从而可以在显微镜下观察到黄色背景下清晰的神经细胞轮廓。高尔基染色法能完整地染出一个或几个神经细胞,而不涉及其他的非神经细胞。借此技术,人们第一次看到了完整独立的神经细胞和神经胶质细胞。高尔基还发现了小脑中的某种大型神经细胞(后被命名为高尔基细胞)。

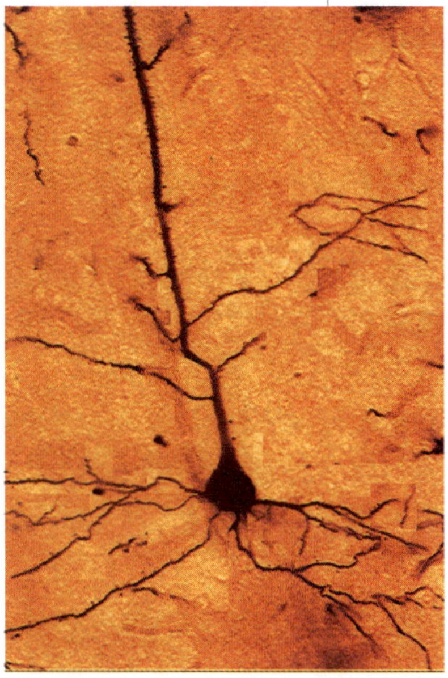
用高尔基染色法显示的神经细胞

高尔基染色法使人们得以清晰仔细地观察神经组织的结构,大大促进了对神经系统的研究。1906 年,高尔基因对神经系统组织结构的开创性研究,和西班牙神经生物学家卡扎尔共同荣获诺贝尔生理学医学奖。

1873 年
奥斯勒描述血小板

加拿大医学家、教育家奥斯勒 1849 年 7 月 12 日生于加拿大安大略省邦德海德镇,1872 年毕业于麦克吉尔大学医学院,获医学博士学位;1873 年赴英国伦敦大学生理实验室进修。奥斯勒先后任加拿大麦克吉尔大学医学院生理学讲师、内科学教授,并被聘为美国宾夕法尼亚大学、约翰斯·霍普金斯大学和英国牛津大学的内科学教授,1890 年当选为英国皇家学会会员。1873 年,他证实血小板是血液中第三种有形成分,血小板与血栓形成有关;因为其形状在显微镜下看上去像一个小盘子,故取名为血小板。1895 年他描述了红斑狼疮的全身表现;1903 年报道奥斯勒病——慢性发绀合并红细胞增多与脾肿大;1908 年报道奥斯勒结节——出现于心内膜炎患者手足皮肤部位的疼痛性小结。他还参与改革临床医学教育,著有《临床内科原理》。此书是内科标准教科书,曾多次再版,并被译成多国文字。他是《内科学季刊》的创办人之一,主要著作还有《近代医学之进展》、《医学原理与实践》等。他还收藏有大量古代医学书籍,后在此基础上建立了奥斯勒图书馆。

1873—1878 年
吉布斯推进经典热力学

美国理论物理学家吉布斯是在热力学领域作出划时代贡献的科学家之一。他对物理学和数学均有广泛研究,特别在热力学和统计物理学方面取得了很大成就。1873—1878 年,吉布斯相继发表了三篇极具理论价值的学术论文:《流体统计学的图解法》、《物质热力学性质的几何曲面表示法》和《关于复相物质的平衡》。在这三篇论文中,吉布斯以严密的数学形式和严谨的逻辑推理,导出数百个公式和推论,对经典热力学规律进行总结,从理论上全面地解决了热力学体系的平衡问题,从而将经典热力学推向成熟。

在第一篇论文中,吉布斯从对熵的深刻理解出发,用系统系数的变化表示系统内能的变化,得出热力学基本方程:$dU=TdS-pdV$;并以熵和温度为热力学坐标,构建了热力学状态的二维图示法。在同年发表的第二篇论文中,他进一步提出利用几何曲面描述体系热力学性质的创新思想。他将坐标扩展为三个:内能、体积和熵。这种表示热动平衡中物质热力学性质的方法也能准确地用于当物质的几个部分分别处于不同态时的描述，这样就可以利用热力学曲面来讨论一种纯物质的复相平衡以及在确定的温度和压力下这些态的稳定性。

1876—1878 年，吉布斯分两部分发表了他的第三篇论文。文中提出了描述物相变化和多相物系平衡条件的重要规律——相律。相律表示平衡体系中相数 φ、独立组分数 K 和自由度 f 及影响体系平衡状态的外界因素（如温度、压力等）之间的关系，其表达式为 $f = K - \varphi + 2$，式中“2”表示只考虑影响体系平衡状态的外界因素是温度与压力的情况。吉布斯还提出了自由能和化学势。此前，人们用熵变作为孤立体系自发过程的方向和限度的判据。但是孤立体系的情况并不多见，计算又相当困难。考虑到大多数的化学反应在恒温恒压下进行，只做体积功而不做其他功，故可用吉布斯自由能的变化来判断过程的方向和限度。吉布斯自由能减少时，反应能自发进行；自由能增加时，反应不能自发进行；自由能不变时，反应处于平衡状态。化学势的提出是针对就多组分复相体系来说，由于一种化学组分质量变化而引起的内能变化。吉布斯没有局限于一个独立组分，而是考虑所有相关化学组分，提出了非均匀复相系相平衡定律，建立了粒子可变系统的热力学基本方程，从而形成了逻辑严整、内容丰富的理论体系。除此之外，他还在热力学系统中考虑了引力、应力、表面张力、电磁和电化学等因素的作用，极大地扩展了热力学的应用范围。

1874 年
康托尔创立集合论

集合是数学中最基本的概念之一，通常是指按照某种特征或规律而归在一起的事物的总体。在 19 世纪的分析严格化过程中，极限、实数、级数等基本概念的研究都涉及无穷集合，这就导致了集合论的诞生。集合论是关于无穷集合和超穷数的数学理论，它的创建人是德国数学家康托尔。

康托尔

康托尔是在研究函数的三角级数表示的“唯一性问题”时开始接触无穷点集的。1872 年，他在《关于三角级数理论中一个定理的推广》一文中，为了描述不影响三角级数表示之唯一性的例外点集，引进了关于直线上点集的一系列概念。这是集合论研究的发端。1874 年，康托尔发表论文《关于全体实代数数的一个特性》。文中他证明了全体代数数（即可以作为整系数代数方程之根的实数）的集合与正整数集合能建立一一对应的关系。（此前他已证明了有理数集合与正整数集合能建立一一对应关系。）更重要的是，他证明了实数集合与正整数集合不能建立一一对应关系。这样，康托尔就把判定两个有穷集合元素个数相同的一一对应关系推广到了无穷集合，而且把它作为对无穷集合分类的准则。正整数集合、有理数集合、代数数集合是同一类无穷集合，它们的元素个数都是无穷大，这些无穷大是相等的；实数集合是另一类集合，其元素个数是更大的无穷大。康托尔的这篇论文是集合论的第一篇公开论文，它标志着集合论的诞生。

1878 年，康托尔进一步证明了 n 维空间的点集与线性点集是可以建立一一对应关系的。这一结果是如此出人意料，甚至康托尔本人也表示“不相信”。他还明确提出了集合的“势”（又称“基数”）的概念，这是有穷集合的元素“个数”在无穷集合上的推广。康托尔认为，重要的是把数的概念从有穷数推广到无穷数。为此，他建立了超穷基数和超穷序数的理论。1891 年他证明：一个集合的基数必定小于其幂集（即该集合所有子集的集合）的基数。特别是，记正整数集合的基数（也称可数基数）为 $\aleph_0$，记其幂集的基数为 $2^{\aleph_0}$，于是有 $\aleph_0 < 2^{\aleph_0}$。依此类推，就得到了超穷基数的一个无限上升的序列：

$$\aleph_0 < 2^{\aleph_0} < 2^{2^{\aleph_0}} < \cdots$$

可以证明，实数集合的基数（也称连续统的

基数)就是 $2^{\aleph_0}$。早在 1878 年,康托尔就认为,在 $\aleph_0$ 和 $2^{\aleph_0}$ 之间不存在其他基数,这就是著名的连续统假设。认为上述序列穷尽了一切超穷基数,这就是广义连续统假设。这些都是 20 世纪数学的重大课题。

康托尔的集合论在 20 世纪初逐渐渗透到各数学分支,成为分析、测度论、拓扑学等领域中必不可少的工具。

1874 年
范托夫和勒贝尔分别提出碳正四面体构型学说

1873 年,物理化学的创建人、荷兰化学家范托夫在法国化学家武兹的指导下,与法国化学家勒贝尔对为什么某些有机化合物会有旋光异构现象的问题,进行了深入的实验探索。1874 年,范托夫和勒贝尔分别提出了碳的正四面体构型学说。该学说认为,碳原子与其他四个原子(或基团)结合时,碳原子位于一个正四面体的中央,四个原子(或基团)分别位于四面体的 4 个顶角。这个学说圆满地解释了为什么只有一种二氯甲烷分子。如果一个碳原子连接的四个原子(或基团)不同,就会得到旋光性不同的异构体,产生旋光异构现象。范托夫还预言一个有机化合物如有 n 个不对称碳(手性碳),它必有 2^n 个旋光异构体。这个学说奠定了立体化学的基础,开创了以有机化合物为研究对象的立体化学。

甲烷分子的正四面体球棒模型

1874 年
范托夫发现几何异构现象

几何异构体又称顺反异构体,是在有碳碳双键或有环状结构的分子中,由于与碳碳双键或环状连接的原子或原子团的自由旋转受到阻碍,存在不同的空间排列而产生的立体异构现象。这个现象是荷兰化学家范托夫于 1874 年首先发现的。

1874 年,范托夫发现马来酸(顺丁烯二酸)和富马酸(反丁烯二酸)的分子式相同,但熔点不同。比较它们的燃烧热后发现,马来酸是比较不稳定的,马来酸比富马酸的燃烧热高 25 千焦/摩。他是这样解释这种现象的:假定围绕分子中两个碳原子的两个四面体结构沿着四面体的一边联合在一起,表示不能自由旋转的双键,然后把氢原子和羧基分别安置到这个模型中去,可以得到彼此不能重合的两种构型,分别对应于马来酸和富马酸, 所以这两种酸的物理性质有差异,稳定性不相同。

1888 年, 德国化学家拜耳根据范托夫观察到的顺丁烯二酸可以形成酸酐,反丁烯二酸不能形成酸酐,而只有转变成顺丁烯二酸后才能形成酸酐的特点,提出了几何异构的概念,建立了几何结构理论。

1874 年
哈尔蒂希《森林病害教科书》出版

病害毁灭大片森林的事例在林业上时有发生。如自 1904 年前后板栗疫病传入北美后, 不到 40 年时间便摧毁了相当于 360 万公顷左右的美国板栗纯林,使一个经济价值很高的树种很难继续用于造林。这类毁灭性森林病害的爆发,客观上促进了对森林病害发生规律及防治方法的研究。

森林病害的研究在德国开展较早。1874 年德国森林科学家哈尔蒂希发表的《森林病害教科书》, 是世界上第一部有关森林病害的专著。其他如英、美、日、俄等许多国家的林病研究工作大多开始于 19 世纪末和 20 世纪初。当时在欧美各国流行并造成重大损失的松疱锈病、板栗疫病、榆荷兰病等几种毁灭性病害,反过来促进了对森林病害发生规律及防治方法的研究。第二次世界大战后的几十年间,林病研究工作迅速发展,在病害生态、生理、预测,抗病育种和其他防治理论、技术等方面都取得了巨大进展。

1875 年 柯瓦列夫斯卡娅证明偏微分方程解的存在唯一性定理

18、19 世纪，数学家们建立了很多类型的微分方程，但在许多情形下都求不出方程的显式解，这促使他们转而证明解的存在性。柯西是考虑微分方程解的存在性的第一人。他先是注意到任何阶数大于 1 的偏微分方程都可化为一阶偏微分方程组，然后讨论了方程组的解在何种条件下存在。柯西提出了两个基本问题：(1)解的存在性不是不言而喻的，尽管有些微分方程的解不能用算式得到，但其存在性是可以证明的；(2)解的唯一性是由初值(或边值)而不是由积分常数决定的。1842 年，他在方程中的系数和初始条件都是解析的情形下，证明了线性偏微分方程组初值问题解的存在唯一性。后来，柯西的结果被俄国女数学家柯瓦列夫斯卡娅独立地予以证明，并推广到一般的形式。

柯瓦列夫斯卡娅自幼就在数学上表现出天赋，渴望进入大学学习，但 19 世纪的俄国，大学是女性的禁区。1868 年，柯瓦列夫斯卡娅来到德国，进入海德堡大学学习。1870 年，她来到柏林，但柏林大学不收女生。魏尔斯特拉斯对她进行测试后，决定利用周日单独给她授课，并共同讨论数学问题。在魏尔斯特拉斯的指导下，柯瓦列夫斯卡娅着手研究偏微分方程的存在唯一性。在不知道柯西结果的情况下，她首先针对拟线性方程组，在其系数在点(0,0,…,0)附近解析的条件下，用优函数法证明了解的存在唯一性定理。然后，柯瓦列夫斯卡娅把该定理推广到包含高阶时间导数的高阶方程组的情形。1875 年，柯瓦列夫斯卡娅证明了一般形式的柯西存在唯一性定理。1898 年，法国数学家古尔萨又改进了这一工作，从此存在性证明成为偏微分方程研究的一个重要方向。如今，各种有关的偏微分方程的解的存在唯一性定理通常都称为柯西—柯瓦列夫斯卡娅定理。

柯瓦列夫斯卡娅

1875 年 发现克尔效应

线偏振光入射到磁化媒质表面反射出去时，偏振面发生旋转的现象叫克尔效应，也叫克尔磁光效应或克尔磁光旋转。这是继法拉第效应被发现后，英国科学家克尔于 1875 年发现的又一个重要的磁光效应。

按磁化强度和入射面的相对取向，克尔效应可分为极向、横向和纵向三种。克尔效应的物理基础和理论处理与法拉第效应相同。前者发生在物质表面，后者发生在物质体内；前者仅出现于有自发磁化的物质(铁磁、亚铁磁材料)中，后者在一般顺磁介质中也可观察到。

克尔效应的最重要应用就是观察铁磁材料的磁畴。利用现代技术，不但可进行静态观察，还可进行动态研究。这导致了一些重要发现和对磁畴、磁学参数的有效测量。

1875 年 马尔科夫尼科夫提出定向加成法则

俄国化学家马尔科夫尼科夫于 1875 年提出烯烃亲电加成反应的定向法则，即马氏规则。

马氏规则是总结了很多实验事实后提出的经验规则，它的含义是：卤化氢等极性试剂与不对称烯烃发生亲电加成反应时，酸中的氢原子(带正电性部分的基团)主要加到双键中含氢较多的碳原子上，卤素或其他带负电性部分的基团加到双键中含氢较少的碳原子上。为了证明这一规则，马尔科夫尼科夫用碘化氢和溴乙烯进行加成反应。根据他的规则，碘原子将加到含溴原子的碳上，主要产物应是 1-碘-1-溴乙烷。他用潮湿的氧化银处理反应产物得到乙醛，证明产物的结构是 1-碘-1-溴乙烷。

依据马氏规则，烯烃亲电加成反应是区域选择性反应，即当反应的取向有可能产生几个异构体时，只生成或主要生成一种产物的反应。马氏规则产生的根本原因是在反应中生成了较为稳定的碳正离子。马氏规则是化学史上第一个区域选择性规则，应用这个规则可以预测许多反应的主要产物。

1875 年
贝内登《动物界的共生与寄生》出版

寄生虫学是一门研究寄生虫及其与宿主和环境间相互关系的综合性学科。比利时寄生虫学家和古生物学家皮埃尔-约瑟夫·贝内登从 19 世纪下半叶起一直致力于绦虫生活史的研究。在此之前，人们已发现并命名了绦虫的某些生活期，如将人消化道中的绦虫成虫命名为绦虫，将猪、牛体内的绦虫幼虫命名为囊尾蚴，但认为两者并非同一种生物，囊尾蚴甚至被误认为是宿主（猪、牛）的畸变组织。贝内登在研究了多种鱼类的消化道后，认为囊尾蚴其实就是绦虫的幼虫。他还用感染了囊尾蚴的肉喂狗，结果狗的消化道内长出了绦虫，从而有力地证明了自己的观点。1875 年，他综合对多种动物的寄生虫的研究结果，写成《动物界的共生与寄生》一书，标志着现代寄生虫学的兴起。

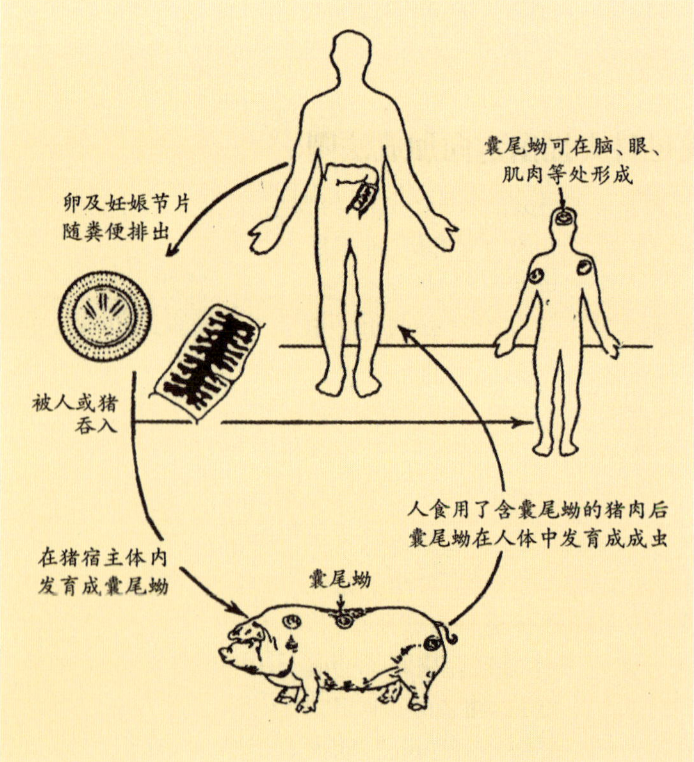

猪肉绦虫生活史

1875 年
地球生物圈概念提出

1875 年，奥地利地质学家聚斯第一次提出了地球生物圈的概念，意指地球表面生物居住的地方。到了现代，这个概念的定义更为具体：大气圈底层、岩石圈顶层和所有水圈及活动于其中的生物并称生物圈。生物圈最基本的生态过程是物质流、能量流和信息流。物质流包括水蒸发进入大气、通过降水返回地表的水循环，各种气体参与的气体型循环，以及物质分解、沉积的沉积型循环。太阳能是生物圈一切生命活动的原动力，它最初由植物通过光合作用转换为自身及其他生物可利用的化学能，然后在生物圈中逐级传递，最后以热能的形式散发到太空。正常情况下，生物圈中的物质流和能量流处于动态平衡中。生物圈中的各种信息，如营养信息、化学信息、物理信息和行为信息等，均以物质为载体，对生物活动、协调生物彼此及其与环境的关系有重要作用。

1960 年代，英国环境科学家洛夫洛克提出了"盖娅假说"，认为生物圈中所有生命体和非生命体（如空气、岩石、水分）都参与地球生物圈的物质循环和保持生态的稳定。"盖娅"是希腊神话中的大地之母，以此为名，象征生物圈像一种有机体，能够循环和自我调节；每个物种对整个生物圈都或多或少有作用，而生命世界之所以形成现在的面貌，是所有生命互相影响的结果。这种说法与现有的其他环境理论（如全球变暖对整个生物圈的影响）相一致。洛夫洛克警告说，如果过分人为地打破自然界的这种平衡，那么盖娅系统将很难在短时间内通过负反馈调节来恢复稳态，甚至很可能出现正反馈调节，使地球环境更加迅速地恶化。洛夫洛克的理论得到了广泛的支持。但由于该理论难以确证，许多科学家对此半信半疑。

1991年，美国科学家参照“生物圈1号”——地球，人为制造了一个名叫“生物圈2号”的生态系统，这是一个有两个足球场大小的封闭环境，内有土壤、水、空气和动植物。志愿进行实验的科学家在里面生活，期望能够模拟自然环境。但不到两年，生物圈2号内空气状况急剧恶化，实验终告失败。人们或许可以研究自然运作的机制，但大自然的精妙是人类以目前的科技水平无法完全模拟的。对人类而言，最重要的是改变生活方式和社会发展模式，减少对自然界的过度利用与开发，与自然和谐共存。

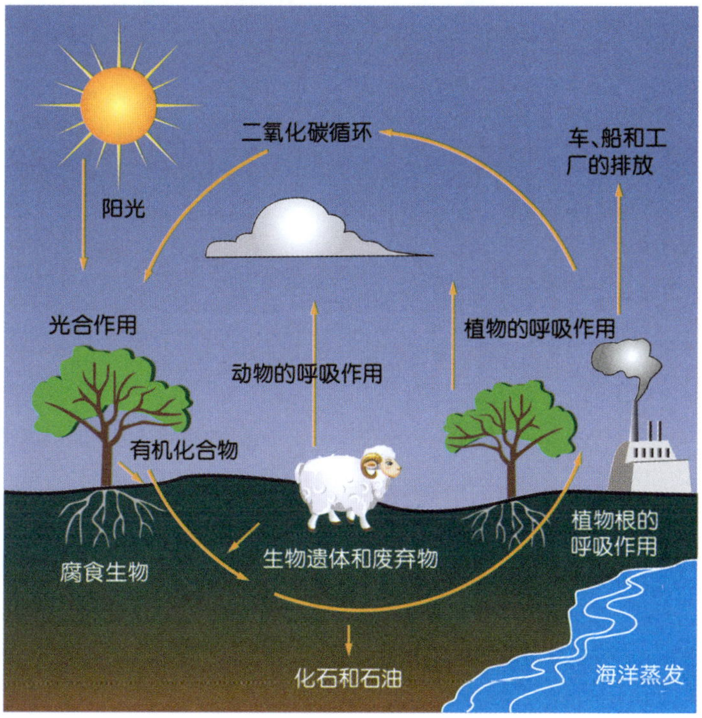

生物圈中的碳循环

1875年
科瓦列夫斯基应用进化论解释马的种系发生

在哺乳动物中，处于进化各阶段的化石发现较多、研究较为清楚的要数马类了。从1840年代英国古生物学家欧文首次发现始祖马化石以后，人们研究了100多种马类化石，发现马的进化可依次分为五个主要阶段：始祖马、中新马、草原古马、上新马和现代马。最早的马——始祖马出现于5000万年前的始新世早期，其前肢四趾，后肢三趾。以后各阶段马的体型逐渐变得高大，趾数逐渐减少：由四趾到三趾，到中趾发达的三趾，到仅留下中趾且趾端特化成硬蹄，最终变成单蹄（现代马）。在进化论中，这被认为是特化式进化或直向进化的典型例证。

1875年，俄国古生物学家科瓦列夫斯基撰写了关于化石马类及偶蹄类动物的论文，揭示了始祖马向现代马过渡的进程。他提出形态的改变取决于一定功能的改变和发展，而这与生活环境的改变不无关系。可见，有蹄类动物牙冠的增高及腿骨的退化同它们的食物——新生代禾本科植物和其他被子植物的进化有关。作为第一个运用进化论学说解释脊椎动物种系发生问题的古生物学家，科瓦列夫斯基根据对哺乳动物古生物进化史的研究得出结论，认为在哺乳动物的发展过程中曾经经历过一个“大转折”时期——比较高级的动物种类迅速地发展起来，而较低级和不完善的动物种类则突然消失了。此外，科瓦列夫斯基还对侏罗纪、白垩纪和新生代的化石做了大量研究，首先阐明了晚侏罗纪和早白垩纪的动物区系，描绘了这些区系的古地理概貌。他还预测在大陆的白垩纪沉积层中应当能找到新生代哺乳动物的祖先。科瓦列夫斯基的研究为进化古生物学奠定了基础。

19世纪后期—20世纪前期
威廉斯创立土壤统一形成学说

瓦西里·威廉斯是苏联著名的土壤学家和农学家。他发展了多库恰耶夫的学说，提出了土壤统一形成学说。在这个学说中，强调了土壤形成中生物因素的主导作用和人类生产活动对土壤产生的重大影响。

19 世纪后期，俄国土壤学家多库恰耶夫创立了土壤发生学。该学说认为，土壤形成过程是岩石风化过程和成土过程所推动的。土壤是在母质、气候、生物、地形和时间这五大成土因素的相互作用下，所形成的一个有发展历史的自然体。多库恰耶夫还创立了土壤地带性学说，提出地球上土壤的分布具有地带性规律，同时对土壤分类提出了创造性的见解，拟订了土壤调查和编制土壤图的方法。多库恰耶夫的土壤发生学理论，从俄国传至西欧，再由西欧传到美国，对国际土壤学的发展产生了深刻的影响。

威廉斯在其学说基础上，创立了土壤统一形成学说，指出土壤是以生物为主导的各种成土因子长期、综合作用的产物，植物矿质养分地质大循环和生物小循环矛盾的统一是土壤形成的实质。威廉斯在世界上最早提出耕作学原理，用耕作效应的理论来推广土壤机械耕作实践，认为土壤的本质特点是具有肥力，提出团粒结构是土壤肥力的基础，制定了草田轮作制。威廉斯的学说和主张在世界各国产生了相当大的影响，使土壤学与农业生产更加紧密地结合起来，为农业土壤学奠定了基础，促进了世界各国土壤耕作技术的研究和应用。

1876 年
贝尔获得电话专利权

电话的发明是大批学者共同努力的结果，电话的实际使用与世界博览会有着不解之缘。通常认为，真正可以使用的电话是英国—加拿大—美国发明家和企业家亚历山大·贝尔发明的。但实际上，贝尔只是获得了世界上第一台可用电话机的专利权，而电话的发明者应为意大利—美国发明家梅乌奇。1849 年，梅乌奇在给一个友人治病时发现，将振动变为电流，可以传达声音的物理图象，从而开始了“会发言的电报机”的研究。在妻子生病瘫痪后，他用自己发明的第一个电话把她的卧室和自己的工作间连接起来，以便随时照应。1860 年，梅乌奇向大众展示了这一发明，纽约的一家意大利语报纸曾报道了这一令人振奋的消息，但依赖救助金生活的梅乌奇无法拿出 250 美元申请专利。

1875 年 6 月，贝尔和他的助手利用电磁感应原理，试制出了一部传递声音的机器——磁电电话机。1876 年 2 月 14 日，贝尔向美国专利局申请电话专利权，获得批准。之后，他创建了贝尔电话公司（AT&T 公司的前身）。为此梅乌奇曾向法院提出诉讼，但因贫病交加而未能如愿，抱恨而逝。直到 2002 年 6 月 11 日，美国国会通过议案，正式确认梅乌奇为电话的发明者。

电话真正走进公众视野，还应归功于贝尔。在 1876 年费城世界博览会上，贝尔第一次展示了电话。1878 年，贝尔开始在全球推广电话应用。在 1904 年圣路易斯世界博览会前，贝尔已经开通了洲际电话。1964 年纽约世界博览会初次推出了可视电话，实现了人们通话时既闻其声、又见其人的梦想。

亚历山大·贝尔在展示电话

第一部实用电话的发话器 现藏于美国贝尔实验室博物馆。

1876 年
洛施密特提出可逆性佯谬

奥地利化学家洛施密特于1876年对玻尔兹曼的H定理或熵增加原理提出诘难。洛施密特认为,在初始条件完全确定的情况下,气体中每一个分子遵循的牛顿力学具有时间反演不变性,这意味着微观粒子的运动具有可逆性。这种微观粒子运动的可逆性似乎与由这些微观粒子所构成的宏观系统演化过程中的不可逆性是矛盾的,因此,在非平衡态趋向平衡态的过程中,关于函数H将单调地减小的玻尔兹曼H定理或熵增加原理是有问题的。

洛施密特所提出的可逆性佯谬这个难题,实际上是因为他局限于在牛顿力学的框架中考虑由大量粒子构成的宏观系统时所产生的。对于由大量粒子构成的宏观系统来说,统计规律性或概率性,将起到很重要的作用。洛施密特的诘难提醒了玻尔兹曼,他对自己的观点作了调整:H定理或熵增加原理并非绝对不能违反,只是这种违反的可能性对于由大量粒子所构成的宏观系统来说趋向于零。

1876 年
科赫分离出炭疽杆菌

细菌是自然界存在的一类肉眼看不见的微生物。对于人类来说,有些细菌是有益的,有些细菌是有害的。因此,寻找有害细菌、防止致病细菌对人类的侵袭,就成为医学家的重要任务。19世纪以后,致病细菌陆续被医学家发现。

科赫是19世纪德国著名的微生物学家。普法战争时,科赫在部队担任军医,战争结束后做了一名普通医生。当时科赫还很穷困,幸好妻子把一台显微镜作为礼物送给他,此后科赫便开始利用这台显微镜从事单调的微生物学研究。1876年,他分离出炭疽杆菌,这是人类第一次证明一种特定的细菌是引起一种特定传染病的病因。他还发现在动物体外培养了几代的炭疽杆菌,仍然可以在动物体内引起炭疽病。他的这一新发现虽然在当时遭到异议,但因得到法国著名微生物学家巴斯德的支持而最终为人们所接受。此后,科赫对微生物学技术进行了不断的改进,解决了很多研究中的难题,如他发明了把细菌干燥在玻璃片上、将细菌的鞭毛染色、给细菌拍照等方法,这些研究成果使科赫声名显赫。1880年他分离出伤寒杆菌,1881年发现了霍乱弧菌。1882年是科赫一生中最光辉耀眼的一年,他利用细菌的特殊染色方法,发现了长期困扰人类的结核杆菌,使人类终于揭示了结核病的生物学原因。科赫不仅发现了许多病原体,还提出了许多细菌学研究的基本原则和技术,如著名的科赫法则。科赫法则以4句话总结了如何确定一种疾病是否由微生物引起:(1)在每一病例中都出现相同的微生物,且在健康者体内不存在;(2)从寄主中可分离出这样的微生物并在培养基中得到纯培养;(3)用这种微生物的纯培养物接种健康而敏感的寄主,同样的疾病会重复发生;(4)从试验发病的寄主中能再度分离培养出这种微生物。科赫法则为病原微生物学系统研究方法的建立奠定了基础。虽然它也具有一定的局限性,某些情况并不符合该法则,如健康带菌或隐性感染,有些病原体迄今仍无法在体外人工培养等,但这些并不有损科赫法则的重要性。直到今天,科赫法则仍是寻找和最终确定病原微生物的基本原则。由于科赫在细菌学领域内丰硕的研究成果,1905年他获得了诺贝尔生理学医学奖之一。科赫是19世纪下半叶德国最伟大的科学家之一,无论是医学界、科学界,还是他的祖国,都给予他极高的荣誉。

1877

玻尔兹曼墓碑 胸像上方镌刻的是著名的玻尔兹曼关系 $S = k\ln W$。

1877 年
玻尔兹曼关系提出

19世纪中叶，热力学取得了长足进展，熵的概念和热力学第二定律相继提出。然而，熵只是宏观物理量，热力学第二定律也只是宏观的物理规律，并未与微观的分子运动相联系。如何把宏观的热力学与微观的分子运动理论联系起来是当时众多物理学家的追求，但真正做到这一点的是玻尔兹曼。

1877 年，玻尔兹曼发现，热力学系统的熵跟该系统可能的微观状态的数目有关，从而提出了著名的玻尔兹曼关系。该关系式表明，系统的熵 S 与该系统所可能取的微观状态数 W 的对数成正比，比例系数 k 称为玻尔兹曼常量。根据统计物理学的基本假设，系统的一种宏观态出现的可能性或概率，取决于该宏观态所包含的微观态的数目。可见，熵增加原理或热力学第二定律的实质在于，自然界中所发生的实际过程都要使系统趋向于概率更大的状态。

玻尔兹曼关系确立了系统的微观特性与它的宏观态函数熵之间的关系，架起了宏观和微观之间的桥梁。这个公式代表了玻尔兹曼一生最杰出的贡献，被镌刻在玻尔兹曼的墓碑上。

1877 年
斯基亚帕雷利宣称火星表面有沟道特征

1877 年火星大冲期间，美国天文学家阿萨夫·霍尔发现火星有两颗小小的卫星，即火卫一和火卫二。同年，意大利天文学家斯基亚帕雷利通过观测绘制了一份火星图，上面有许多狭窄的暗线连接着一些较大的暗区。他觉得这宛如海峡连通着大海，便用意大利语把那些暗线称为 canali，意为“沟道”，其对应的英语词应该是 channels。不料，canali 被误译成英语词 canals，即“运河”。

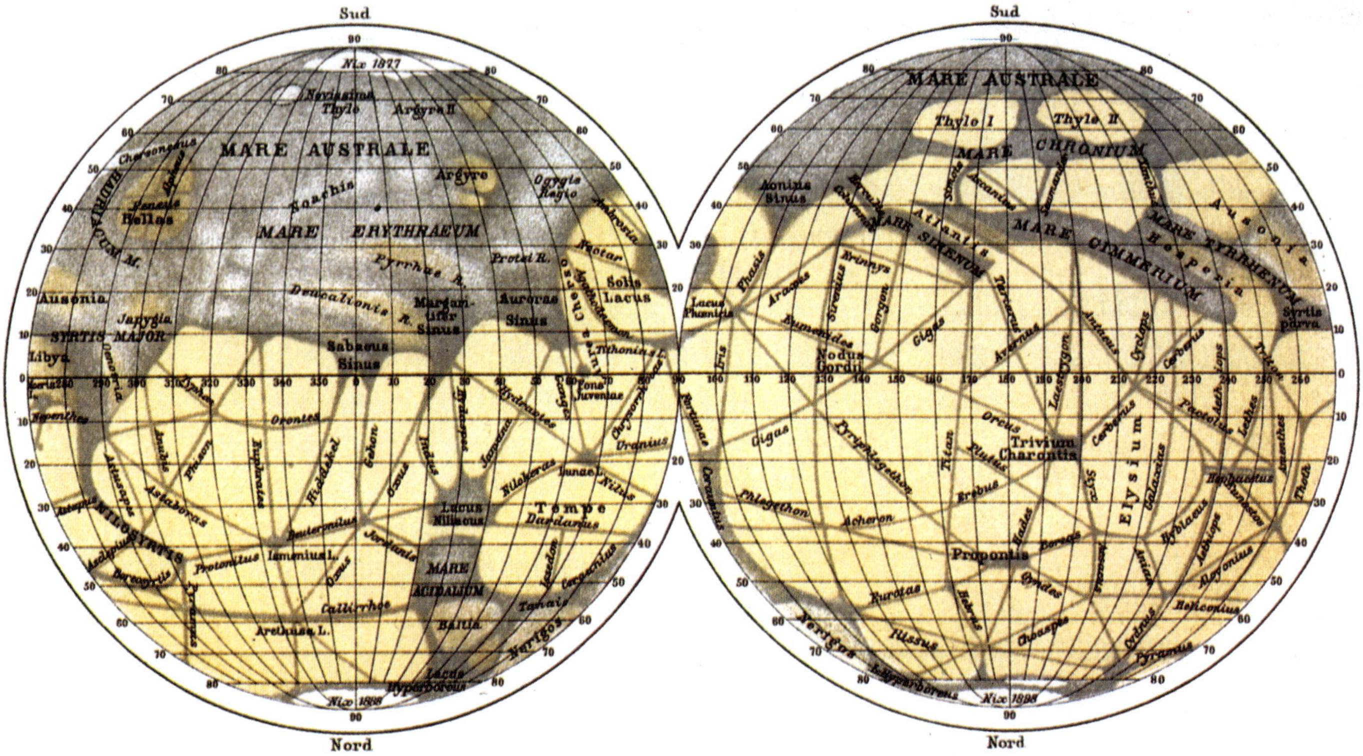

斯基亚帕雷利绘制的火星图

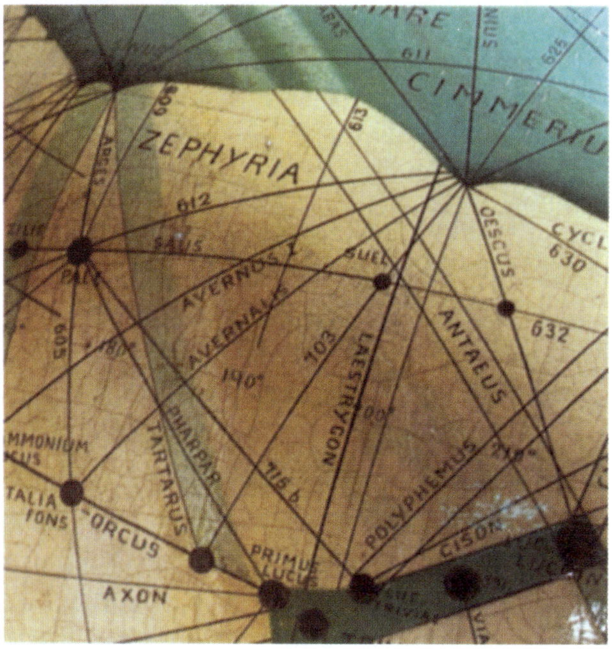

洛厄尔绘制的火星图

“沟道”可以是任何天然的狭窄水域，“运河”却是人为的工程。自此，关于火星文明之争便日渐激烈。在赞成火星运河的天文学家中，最有影响的是美国人洛厄尔。1894 年时值火星再次大冲，洛厄尔在天文观测条件甚佳的亚利桑那州弗拉格斯塔夫附近建了一座装备精良的私人天文台。此后他用 15 年时间拍摄了数以千计的火星照片，并据此绘制了包含 500 多条“运河”的火星详图，甚至还在“运河”交汇处勾画出“绿洲”，相信这正是存在智慧生命的证据。他以火星“运河”为题材写了两本书，极受读者欢迎。将近 70 年后，火星探测器的实地考察最终证明火星“运河”其实只是一种视觉上的错误，但洛厄尔的执着追求对于推进行星探索仍有着不凡的积极意义。

1877 年
默比乌斯提出“生物群落”概念

1877 年，德国动物学家卡尔·默比乌斯在研究北海牡蛎时发现，这种牡蛎只能在一定的温度、湿度和盐度等条件下生活，并且其生活与同一环境中的其他动物密切相关，它们共同构成一个有机的统一体。在此基础上，默比乌斯提出了生物群落这个重要的生态学概念。生物群落是指栖息在一定地域或一定的生活环境中的各种生物种群通过相互作用而有机结合成的复合体。换言之，生物群落是将一群生物理解为一个生态学单位。生物群落的形成是各物种对相似生态环境长期适应的结果。

生物群落在不断运动变化，而且这种运动变化是有规律的。在同一区域内群落由一种类型转变为另一种类型的有序演变过程称为群落演替。

1877—1885 年
李希霍芬《中国》出版

德国地理学家李希霍芬是近代研究中国地学的专家。他早年从事欧洲区域地质调查，旅行过东亚、南亚、北美等地，多次到中国考察地质和地理，曾任波恩大学、莱比锡大学和柏林大学校长。

李希霍芬认为地理学是研究地球表面及其有成因联系的事物和现象的科学，并把地理学和地质学沟通起来。他长期从事地理考察，对地理学方法论和自然地理学作出了重要贡献。在 1886 年出版的《研究旅行指南》中，他系统地叙述了野外考察、收集数据和制图等一系列方法；第一次系统地论述了地表形成的过程，对地貌进行了形成过程分类；还研究了土壤形成因素及其类型等。他培养出许多地理学家，对近代地理学的发展产生了重要影响。他 1877—1885 年间出版的巨著《中国》（5 卷，附地图集 2 卷），是第一部系统阐述中国地质和自然地理特征的重要著作，并创立了中国黄土风成理论。

近代早期来华考察的地学家中，若论经历时间之长、搜集资料之丰富、相关著作分量之重，李希霍芬是极为突出的。

李希霍芬

他为中国地质、地理研究作了奠基性、开创性的贡献，尤其是为当时的中国带来了近代西方地学乃至整个自然科学研究的思想和方法。他是近代中国和西方国家科学交流的重要先驱，对近代中国地质学、地理学的产生和发展具有重大影响。

1878 年
施密特出版大型月面图

1609 年，伽利略首次用望远镜观察月球，并绘制了最早的月面图。1647 年，波兰天文学家赫维留斯绘制出第一幅月面详图。1830 年，德国天文学家梅德勒开始用口径 10 厘米的消色差折射望远镜潜心观察月球，于 1838 年出版绘有巨幅月面图的专著，指出月球表面是一个没有空气、没有水的无生命世界。德国天文学家约翰·施密特从童年就开始观测月球，一直坚持到 1884 年去世。1858 年施密特出任雅典天文台台长，他最出色的工作都是在那里完成的。他绘制的大型月面图于 1878 年出版，直径达 1.8 米，图上绘有 3 万余个环形山。即使同今天的月面图相比，它依然是可信的佳作。另一方面，同在 1878 年，美国天文学家纽康基于自己汇编和分析古代文献中的月球观测资料，改进了前人的月球运动理论。其后 20 年间，美国天文学家乔治·希尔又提出一种新的月球运动理论，以利编制月球星历表。后来，美国天文学家欧内斯特·布朗对希尔的理论予以改进，使之更为实用，世称希尔—布朗理论。

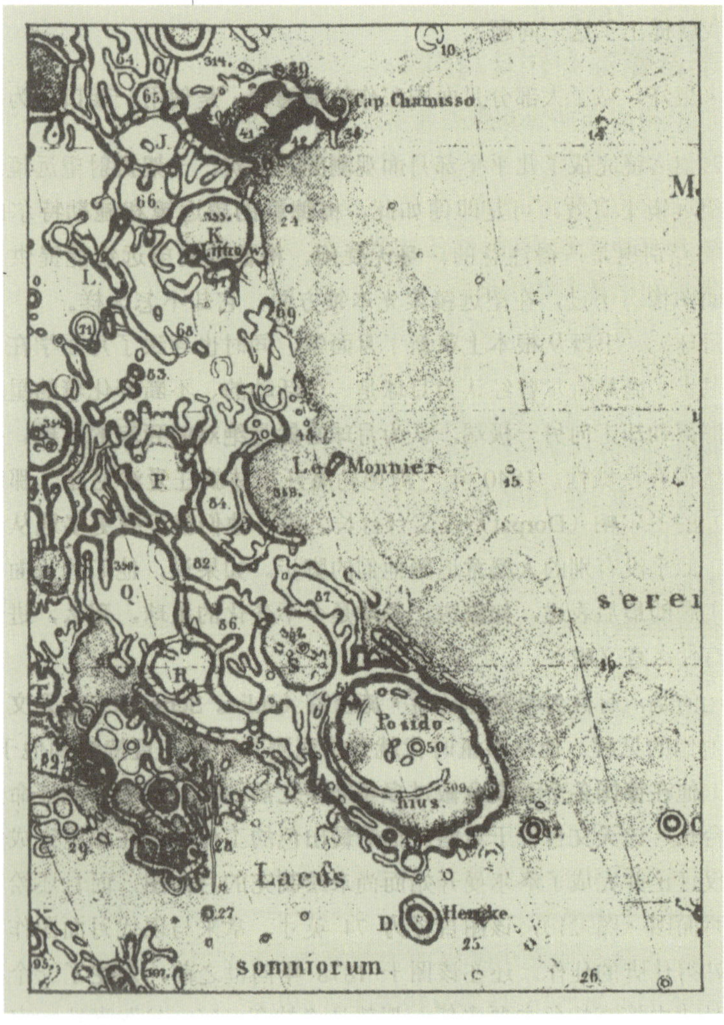

约翰·施密特于 1878 年出版的月面图(局部)

1879 年
发现霍尔效应

霍尔效应是指当放置在磁场内的固态导体有电流通过时，在垂直于电流和磁场方向的两侧有电压产生的现象，是美国物理学家埃德温·霍尔于 1879 年发现的。霍尔效应的产生是由于导体中的载流子受到横向的磁场力作用，从而向导体侧积聚的结果。一般说，金属及电介质的霍尔效应都很小，但半导体则较显著。利用霍尔效应，能够判断半导体材料的导电类型及载流子的浓度等。利用半导体的霍尔效应可制成测量磁场强度的磁强计、微波技术和计算机中的元件、以及自动控制技术中的传感器等。

1879 年
古德等发现亮星集中的"古德带"

1870 年，美国天文学家古德在科尔多瓦创建阿根廷国家天文台。他同 4 位助手测定南天肉眼可见恒星的星等和位置，于 1879 年发表观测结果。他们发现，许多亮星

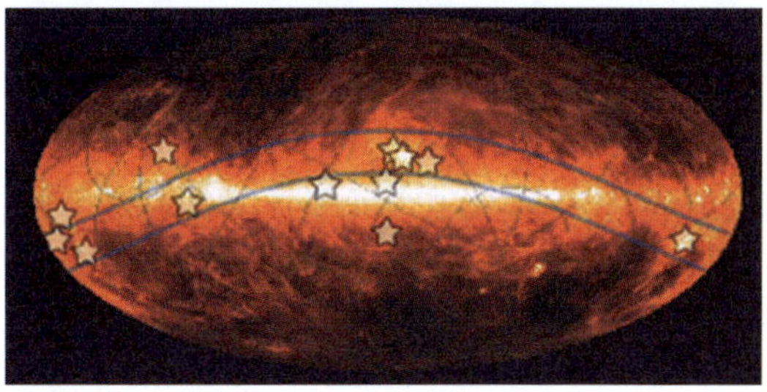

古德带 在 100 微米波段拍摄的这幅银河系图像中，古德带用蓝线标出，星号表示附近的恒星形成区域。

分布在同银道面倾斜 16—20°的一个带区中，这一带区后被称为“古德带”。古德带长约 3000 光年，主要由年龄 3000 万—5000 万年的年轻炽热恒星（O、B 型星）和星际气体组成，可能属于太阳所在的猎户臂。古德带的起源长期困扰着天文学家。有人认为它是一次猛烈的超新星爆发或一系列超新星爆发的结果，也有人主张它产生于 3000 万年前一个千万倍太阳质量的暗物质团块同一个百万倍太阳质量的巨分子云的碰撞。1947 年，苏联天文学家安巴楚米扬发现星协后，人们推测太阳周围很可能存在过一个 O 星协，古德带就是伴随着其扩展运动而形成的。鉴于揭开古德带起源之谜有助于了解银河系里恒星的形成史，对它进行深入的观测研究已成为斯皮策红外空间望远镜、盖亚大体测量卫星等 21 世纪大型天文设备的重要科学目标。

1879 年
曼森发现蚊子传播丝虫病

丝虫病也叫象皮病。其所以称为象皮病，是因为丝虫破坏了人体淋巴管的瓣膜，造成淋巴回流受阻；淋巴液滞留影响了局部血液循环，导致皮肤及皮下组织增生、变厚、粗硬，貌似象皮。

英国寄生虫学家、热带病学先驱曼森最早对丝虫病进行了深入研究。1866 年曼森获得医学博士学位后，曾在精神病院任助理医生，1867 年来到中国台湾，任高雄海关医官。1871 年，曼森转至厦门浸礼会教会医院任职。期间，曼森对丝虫病进行了细致的研究。该病在英国非常少见，而位于地球南北纬 30°之间一些太平洋岛屿上的多数居民都感染有丝虫病。1879 年，曼森观察到丝虫病病人的血液里有丝虫的幼体存在，他还发现了微丝蚴在人体血液中活动的周期性和在蚊体内的发育过程，从而推测蚊子是丝虫病的中间宿主。

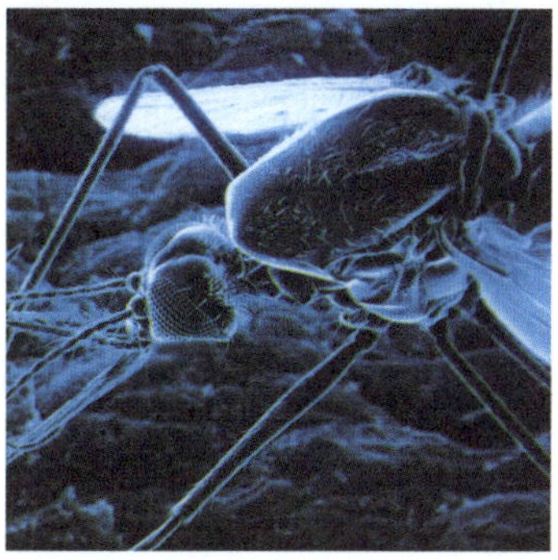

按蚊正在用口器叮咬人的皮肤

1890 年，曼森回到伦敦，在海员医院任医师。在这里曼森接触了很多来自远方的患疟疾的海员，通过显微镜他发现这些海员的血液中存在疟原虫，并观察到疟原虫配子体在蚊胃中形成雌雄配子并结合成合子的现象。曼森认为这是疟原虫生活史中的一个阶段，并提出了蚊子传播疟疾之说。

1879—1907 年
法布尔《昆虫记》出版

不少人小时候喜欢观察和捕捉昆虫，可不是人人都能将自己儿时的爱好发展成一生的事业。绝大多数人在生活的压力下选择妥协，认为应该选择一份稳定、体面的职业。对出生于法国南部小村庄的法布尔来说，生活的压力让他有理由退却，但他却一生都保持着对昆虫的热爱并将研究昆虫作为自己的终身事业，也因此一直过着清贫的生活。

法布尔求学期间，由于勤奋努力而成为学校的公费生，后来又当上了教师，但他还是得身兼数份家教以贴补家用。工作之余，他坚持观察昆虫。可能正是教师这一职业，锻炼了他以一般人喜闻乐见的形式描述观察到的昆虫趣事的能力。

在观察的基础上，法布尔开始编写科普书籍和教材，流畅的文笔和生动的描绘令他的作品大受欢迎，这更激发了他创作一部昆虫巨著的念头，以便世人能分享他所看到的迷人的昆虫世界。1879—1907 年，10 卷本的《昆虫记》陆续出版，书中记叙了多种昆虫的生活史及行为。法布尔不仅严格据实记录昆虫的生活，更引人入胜的是，他还通过自己对昆虫的了解将其拟人化，好像猜透了它们在想什么。有人说是法布尔开创了“昆虫心理学”。法布尔笔下的昆虫活灵活现，引领一代代人痴迷于昆虫王国，《昆虫记》也被誉为史上最成功的科普作品之一。

1880 年
居里兄弟发现压电效应

压电效应最早是由法国物理学家皮埃尔·居里和雅克·居里兄弟于 1880 年发现的。根据转化方向的不同，压电效应可以分为正压电效应和逆压电效应。某些电介质在沿一定方向受到外力作用而形变时，其内部会产生极化，从而在它的两个相对表面上出现正负相反的电荷；当外力去掉后，它又会恢复到不带电的状态，这种现象称为正压电效应。当作用力的方向改变时，表面上出现的电荷的正负性也随之改变。相反，当在电介质的极化方向上施加电场时，该电介质也会发生形变；电场去掉后，电介质的形变随之消失，这种现象称为逆压电效应或电致伸缩现象。

压电材料在工程中得到了广泛的应用，如利用压电石英制造石英钟、稳定性很高的高频振荡器、选择性灵敏的滤波器，也可用来产生超声波、制造力电换能器。此外，还可制作智能结构，此类结构除具有自承载能力外，还具有自诊断性、自适应性和自修复性等功能，在飞行器设计中占有重要地位。

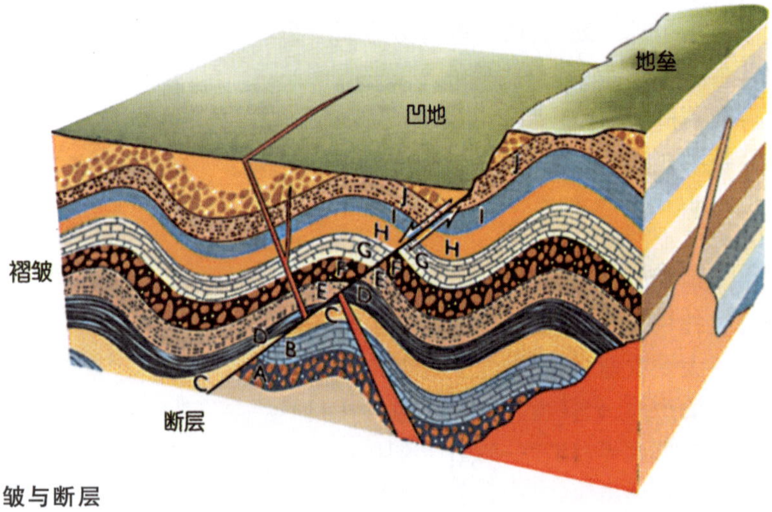

褶皱与断层

1880 年
卡尔宾斯基提出地台概念

俄国地质学家卡尔宾斯基在地质科学各个领域都有重大建树。他于 1870 年发表了《论岩石学中的规律性》一文，1884 年又发表了《岩石学评论》等文章，为俄国岩石学的发展奠定了理论基础。

在地槽地台学说中，地台是与地槽相对应的地壳稳定构造单元。在国际地质界关于地槽地台单元的学说还没有完全建立起来之时，卡尔宾斯基已有了自己关于构造地质学、古地理学的卓越见解。1880 年，他提出地台是由结晶基底和沉积盖层组成的，运动方式以升降振荡为主。他关于俄罗斯欧洲部分的构造及地质发展史的若干论著，有着独特的意义。根据他的概念，俄罗斯欧洲部分，即后来被称为俄罗斯地台的广大地区，基底是花岗片麻岩，但被断层切割而成为高低相间的地垒和凹地。他最早注意到了俄罗斯地台范围内的岩层变动，并解释了这些变动产生的原因、机制。

1880 年
莱佛兰分离出疟原虫

疟疾是由疟原虫引起的寄生虫病，在全球范围内分布广泛，通常呈地区性流行。然而，战争、灾荒、易感人群介入或新虫株导入，均可造成大流行。法国医学家莱佛兰最先发现蚊子是传播疟疾的中间宿主，并因此而获得 1907 年诺贝尔生理学医学奖。1867 年，莱佛兰从法国斯特拉斯堡大学获得医学学位，成为一名外科医生。1878—1883 年间，他被派驻阿尔及利亚，这个热带国家为他研究疟疾提供了有利条件。1880 年，莱佛兰发现疟疾并不是由细菌引起的疾病，而是由一种单细胞的寄生虫导致的。莱佛兰成功地从疟疾病人的血液中分离到这种寄生虫（即疟原虫）。从此，人们对疟疾的生物学病因有了正确的认识。

1880 年
可供实用的联合收割机诞生

谷物联合收割机是能够一次完成谷类作物的收割、脱粒、分离茎秆、清除杂余等工序，从田间直接获取谷粒的谷物收获机械。早在 1828 年，美国就公布了第一个谷物联合收割机专利，提出了一台把收割机和可行走的谷物脱粒机结合在一起的机器的设计方案。1834 年，美国有人制作出了用畜力牵引，通过地轮驱动收割器等工作部件的谷物联合收割机的样机。但这台联合收割机重达 15 吨，要用 40 匹骡马牵引，不具有实用价值。

1880 年，最早的可供实用的联合收割机在美国诞生。这种联合收割机用畜力牵引，用蒸汽动力装置来带动脱粒部分的运转。由于蒸汽装置过于笨重，影响了联合收割机在田间的作业，不久后将其改进为小型汽油机。1890 年，美国出现了由蒸汽机驱动的自走式和牵引式联合收割机。联合收割机真正开始普及使用是 1920 年前后，美国的小麦产区开始推广由汽油拖拉机牵引的联合收割机，到第二次世界大战期间已大量使用。这时的联合收割机已出现风选和装袋等功能。苏联于 1925 年，英、法、德等国于 1928 年起，分别从美国引进并改制联合收割机。1938 年前后，美国开始推广使用自走式联合收割机，到 1960 年代中后期，自走式联合收割机已占到美国联合收割机总产量的 90%—95%。1960 年代末，在联合收割机上开始使用电子监视装置。现代联合收割机已采用空调和防震、防噪声驾驶室，液压操纵和电子监测自动控制装置等。1974 年世界上已出现过程控制、全自动、无人驾驶的样机。谷物联合收割机将日益朝自动化和适应性强的方面发展。

美国俄勒冈州一块小麦田里的早期联合收割机
其收割宽度达到 6 米，需要 4 个人同时操作，并需要 30 匹马为之提供动力。

1881 年
吉布斯创立向量分析

1880年代，美国数学家、物理学家、化学家吉布斯开始研究光学和电磁理论。他在英国数学家哈密顿于 1843 年发明的四元数的基础上进行合理选择，创立了现代意义下的向量分析。1881 年，他将自己对三维向量分析的研究成果印刷在《向量分析基础》这本小册子中，1884 年又印刷了后半部分。尽管这本小册子没有公开发行，但却是吉布斯创立向量分析的标志性著作，它与英国数学家、物理学家赫维赛德用向量改写麦克斯韦方程组的工作一起，被看作是现代向量分析的两个重要来源。吉布斯还把向量分析用于解决结晶问题及计算行星和彗星的轨道，对这门学科的建立与应用产生了重要影响。

1881—1886 年
庞加莱创立微分方程定性理论

19 世纪下半叶，人们普遍认识到，绝大多数微分方程不能用初等函数的积分来表示出通解，而且在物理学、天文学以及工程

1882

工作中的庞加莱

中出现的微分方程并不是非求出解不可，因为在许多情况下，人们需要知道的只是解的某些性质，而不是解本身。于是到19世纪末，通过微分方程本身来推知其解之性态的定性理论便应运而生，它的创立者是法国数学家庞加莱。

庞加莱是受天体力学中三体问题的激发而创立微分方程定性理论的。三体问题研究中一个备受关注的问题是行星或卫星轨道的稳定性，这导致对描述天体运动的微分方程周期解的研究。但在一般情况下，人们对描述三体问题的非线性微分方程很难求出显式解。庞加莱在1881—1886年间在同一标题《由微分方程定义的曲线》下发表4篇论文，寻求只通过考察微分方程本身就可以回答关于稳定性等问题的方法，创建了微分方程定性理论。他从形如

$$\frac{dy}{dx} = \frac{P(x,y)}{Q(x,y)}$$

的非线性微分方程出发，发现方程的奇点[使得 P 和 Q 同时为零的点 (x,y)]起着关键作用，并随后给出了微分方程的解在4种类型的奇点（焦点、鞍点、结点、中心）附近的性态，同时还发现了一些重要的闭曲线，如无接触环（不与方程的任何解曲线相接触的闭曲线）、极限环（本身是方程的一条解曲线，其他解曲线无限趋近于它却永远达不到它）等，它们对描述方程解曲线的分布十分重要。庞加莱的定性研究在1892年以后由俄国数学家李雅普诺夫发展到高维一般情形而形成专门的“运动稳定性”分支，而庞加莱的几何方法乃是后来蓬勒发展的代数拓扑学和微分拓扑学的先驱。

1882 年
林德曼证明 π 是超越数

不能满足任何整系数代数方程的实数称为超越数。超越数的研究是1844年法国数学家刘维尔开创的。1873年，法国数学家埃尔米特用微积分工具证明了 e 是一个超越数。1882年，德国数学家卡尔·林德曼在埃尔米特工作的基础上，借助公式 $e^{i\pi} = -1$，用实质上与埃尔米特没有多少差别的方法证明了 π 也是一个超越数。这个证明同时解决了古希腊几何作图三大问题之一的化圆为方问题——这是一个不可能问题。

1882 年
亥姆霍兹提出自由能概念

在热力学中，为便于研究等温过程，德国物理学家亥姆霍兹于1882年提出了自由能的概念。自由能是内能的一部分，但这部分是可能转化为功的，因此是内能中的“自由”部分。在等温过程中系统做的功等于（对于可逆过程）或小于（对于不可逆过程）其自由能的减小值。在等温等客观条件下，系统总是趋向于自由能减小的方向，最后当自由能达到最小值时趋于平衡态。

1882 年
弗勒明《细胞质、细胞核与细胞分裂》出版

自德国植物学家施莱登和德国动物学家施旺提出细胞学说之后，有关细胞内部作用的研究一直进展缓慢，原因在于细胞较为透明，在显微镜下很难看清其内部详情。到了1870年代，德国细胞学家弗勒明等人开始用合成染料给细胞染色。他们发现细胞中有的部分吸收某些染料，而有的部分则不吸收，这使得细胞的各个部分一目了然，易于观察。

弗勒明在研究动物细胞时发现，分布在细胞核中的一些物质能大量吸收碱性苯胺染料，他称这种物质为染色质(chromatin，希腊文中意为“颜色”)。给一块正在生长着的组织染色，就能看到细胞分裂的各个阶段，进而分辨出染色质所经过的一系列阶段。当细胞预备分裂时，染色质逐渐变短变粗，呈线状。由于这些线状染色质是细胞分裂的一个突出特征，因而弗勒明称这种细胞分裂过程为有丝分裂(mitosis，希腊文中意为“线”)。1888年，德国解剖学家瓦尔代尔-哈尔茨将这种线状染色质称为染色体(chromosome，希腊文中意为“带颜色的物体”)。当细胞分裂即将开始时，染色体的数目增加一倍。此后即进入决定性阶段。染色体缠绕在一种细线结构中(弗勒明称之为星状体)，一分为二，分别移到细胞的两端。于是母细胞分裂成两个子细胞，每个子细胞各分得数目相同的染色体。由于在细胞分裂前染色体数目增加一倍，所以每个子细胞中的染色体数目与原来的细胞相同。这种分裂方式最初被称为核分裂，因为在分裂过程中先出现细胞核中的一系列变化，然后才出现细胞的真正分裂。

1882年，弗勒明所著的《细胞质、细胞核与细胞分裂》一书出版，书中归纳了他在细胞分裂方面积累的研究成果，并且系统总结了当时细胞生物学(特别是染色质与有丝分裂方面)的进展。这些研究成果成为日后遗传学发展的基石。

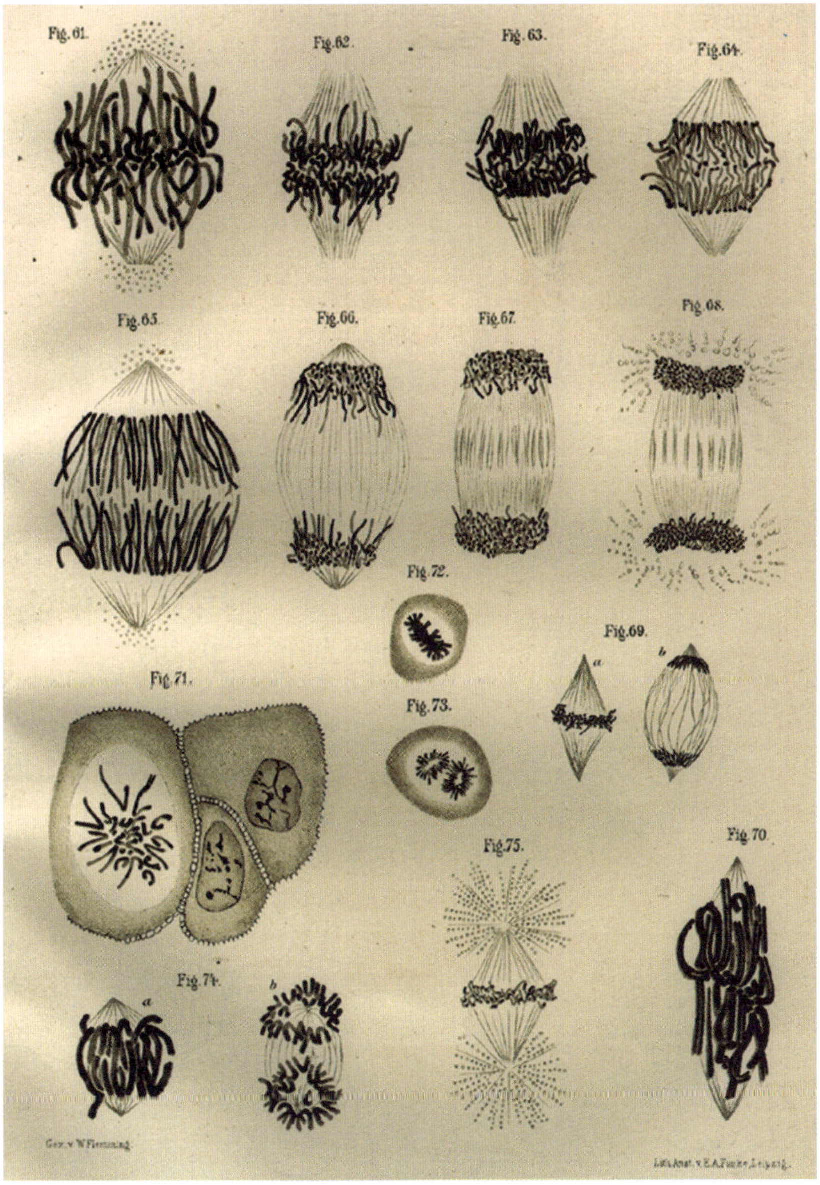

《细胞质、细胞核与细胞分裂》一书中的细胞有丝分裂图

1882年
米亚尔代发现波尔多液的杀菌性质

波尔多液是一种保护性杀菌剂，具有杀菌谱广、持效期长、病菌不会产生抗性、对人畜低毒等特点，是防治植物病害的第一个杀菌剂，也是应用历史最长的一种杀菌剂。

波尔多液的杀菌性质是1882年由法国植物学家米亚尔代发现的，它作为无机化工产品用于防治植物病害的开端，在杀菌剂发展史上有重要影响。大约19世纪中叶，北美的葡萄霜霉病传入法国，引起法国葡萄霜霉病大流行。1882年，米亚尔代在一个偶然机会中发现，硫酸铜和石灰的混合液能有效地减轻甚至免除葡萄霜霉病的危害，经研究后于1885年发表了波尔多液的配制方法，有效地控制了该病的流行。他还发现这种硫酸铜制剂可以防治马铃薯晚疫病和多种重要的植物病害，波尔多液遂成为其后半个多世纪世界上最广泛使用的铜素杀菌剂。

波尔多液自问世以来，100多年久用不衰，使用范围越来越广，不但是枣树、葡萄、苹果、梨等多种果树防治病害的最常用药，也是用于蔬菜、花卉、药材及各种农作物防病的常用药。就是在科学技术飞速发展、种类繁多的高效防病农药层出不穷的今天，其他农药也难以取代它。

1882—1883 年
组织第一次国际极地年

国际极地年是全球科学家共同策划、联合开展的大规模极地科学考察活动，被誉为国际南北极科学考察的“奥林匹克盛会”。国际极地年自 1882 年来仅组织了 4 次，分别于 1882—1883 年、1932—1933 年、1957—1958 年、2007—2008 年举行。由于历史原因，中国未参加前 3 次国际极地年。

1882—1883 年，世界气象组织的前身国际气象组织发起了第一次国际极地年，开创了国际科学大协作的先例，12 个国家联合开展了 13 次北极考察、2 次南极考察。考察内容以极地地球物理学为重点，标志着极地考察从探险时代步入了科学考察时代。1932—1933 年，第二次国际极地年举行，北极是考察重点。1957—1958 年被确定为第三次国际极地年，这次国际极地年开展了大规模的极地科学研究，直接促成了《南极条约》的诞生。这次考察范围还扩展到中、低纬度。2007—2008 年，第四次国际极地年举行，此次大规模科学考察活动的研究领域相当广泛，重点研究温室气体排放和全球变暖对两极的影响。此次也是中国首次参与国际极地年科学考察活动，中国还特别制订了国际极地年中国行动计划。

第四次国际极地年中国行动标志

1882—1896 年
费歇尔合成嘌呤类化合物和糖类

早在两百多年前，人们就在动物排泄物中发现了鸟嘌呤和尿酸，后来又在动物体内发现了黄嘌呤和腺嘌呤，在植物中发现了咖啡因。1882 年起，德国化学家埃米尔·费歇尔通过降解的方法分析了上述物质的结构，证明它们都属于同一个家族——嘌呤类化合物，且可以互相转换。嘌呤类化合物有一个共同的母核，由一个六元杂环和五元杂环构成。环上的氢被取代后可以形成各种衍生物。此外，费歇尔以尿酸为母体合成了三氯嘌呤，并用不同基团取代氯原子，得到了多种嘌呤类化合物。到 1896 年，他的实验室已合成了几百种嘌呤类化合物。

1884 年，费歇尔开始对糖类进行研究。当时已知的糖大约有 50 种，其中 10 种存在于自然界。人们虽然已通过降解的方法测得其中 6 种糖的结构，发现糖是一种多羟基的醛或酮，但糖的合成仍是一个难题。费歇尔经过类比推理，认为甘油是合成糖的首选原料。利用甘油和其他化合物，费歇尔成功合成了含 9 个碳原子的糖。

在研究糖的过程中，费歇尔还发明了费歇尔投影式。这是一种十字形的结构式，用横线和竖线表示出化合物分子的立体构型。今天，我们通常用费歇尔式表示链状的糖分子，而用霍沃思式表示环状的糖分子。

1902 年，费歇尔因合成嘌呤类化合物和糖类而荣获诺贝尔化学奖。

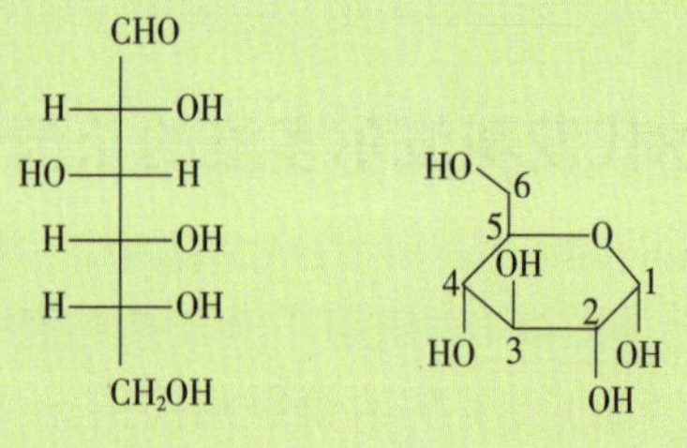

费歇尔式　　霍沃思式

1883 年
发现爱迪生效应

爱迪生效应是美国发明家爱迪生于1883年发现的。爱迪生发明碳丝电灯后，为了寻找最佳的灯丝材料，在真空灯泡内碳丝附近安装了一小段铜丝，希望铜丝能阻止碳丝蒸发。虽然实验结果使爱迪生大失所望，但他在无意中发现，没有连接到电路中的铜丝却产生了微弱的电流。爱迪生把这个现象申报了一个专利，称为“爱迪生效应”。爱迪生效应是因为碳丝加热后有热电子从碳丝里发射出来，然后被阳极收集而形成电流，所以这种现象常称为“热电子发射”。后来，英国电气工程师夫累铭根据爱迪生效应发明了电子二极管，美国发明家德福雷斯特又在二极管的基础上发明了三极管。这些电子器件的应用，促进了无线电电子学的发展，奠定了近代电子工业的基础。

1883 年
戴维南提出等效电源定理

1883年，法国科学家、电报工程师戴维南提出了等效电源定理，又称戴维南定理。其内容是：任何一个线性有源网络，可以用一个理想电压源与一个电阻的串联来等效，此电压源的电动势等于这个有源二端网络的开路电压，其内阻值等于该网络所有独立源均置零（理想电压源视为短路，理想电流源视为开路）时的等效电阻值。该定理是在直流电源和电阻的条件下提出的，但可被推广到正弦交流等电路。1883年，关于该定理的仅一页半的论文发表在法国科学院刊物上。戴维南定理指明了将复杂网络等效为简单的二端网络的方法，为复杂电路分析带来了极大方便。

1883 年
雷诺数提出

流体在管道中流动，当流速超过某一临界值时，流体的层流状态将被破坏，各流层相互混淆，呈现不规则的涡状流动，这种流动状态称为湍流。1883年，英国物理学家、工程师雷诺发现了一个用来判断黏滞流体流动状态的无量纲数，即雷诺数，它等于流体的流速、密度和物体的线度（如圆管直径、机翼的宽度等）三者之积与流体的黏滞系数的比值。在几何形状相似的管道里流动的流体，只要雷诺数相同，它们的流动类型就相同。当雷诺数增大到某一临界值时，流体的流动就从层流转变为湍流，因此雷诺数是流体流动状况的一个判据。利用雷诺数，可在实验室中用水工模型来模拟实际江河水的流动，用风洞试验来研究飞机的飞行等。

1883 年
马赫《力学及其发展的批判历史概论》出版

《力学及其发展的批判历史概论》又称《力学史评》，是奥地利物理学家、哲学家马赫的代表作，1883年首次在莱比锡出版，此后曾重版多次，是一部在物理学史上具有划时代意义的著作。

该书从哲学（怀疑的经验论）和逻辑的角度出发，系统地批判了经典力学的基本概念和基本原理。马赫指出，牛顿的质量概念不具备必要的明晰性，无助于实际的质量测量。他还认为，牛顿的绝对时间无法根据比较运动来量度，无法与经验观察相联系，因而是无用的形而上学概念。至于绝对空间和绝对运动，则是纯粹的理智构造，而不是产生于经验。马赫反对把惯性看作物体固有的性质，认为惯性是物体与宇宙之间动力联系所规定的本质。

马赫明确指出，力学原理尽管在一些领域是有效的，但力学并不具有凌驾于其他科学之上的特权，把力学当作物理学其余分支的基础、认为所有物理现象都要用力学观念来解释的看法是一种偏见。

马赫对经典力学的批判，对于削弱长期盛行的力学自然观和力学先验论具有积极作用。它导致了对经典物理学的科学和哲学基础的讨论，成为 19、20 世纪之交物理学革命的先声，并为相对论的发展铺平了道路。在创立狭义相对论的过程中，爱因斯坦深受马赫对绝对时空观批判的启迪，并促使他把时间的绝对性和同时性的绝对性从物理学中排除出去。在创立广义相对论的过程中，马赫对于惯性本质的理解也使爱因斯坦受到启发。

在《力学及其发展的批判历史概论》中也存在一些错误和混乱，尤其是马赫狭隘的经验论和描述主义的科学观，不能适应现代科学发展的需要。

1883 年
罗西和福勒提出第一个被广泛使用的地震烈度表

按照地震时人的感觉，可将地震所造成的自然环境变化和建筑物破坏程度区分为几大类，作为判断地震强烈程度的一种宏观判据，即地震烈度表。地震烈度表是一种经验性的定性标度。有了这个判据，就可以调查评定已经发生的地震的烈度高低，也可评定历史上发生的地震和新近发生的地震的烈度高低。2008 年 5 月 12 日汶川地震震中烈度为 11 度。

1883 年，意大利地震学家罗西和瑞士地震学家弗朗西斯–阿方斯·福勒联名发表了第一个被广泛使用的、有实用价值的地震烈度表，称罗西—福勒烈度表，将地震烈度分为 10 度。1902 年，意大利物理学家坎卡尼对地震烈度表进行了修改，从 10 度扩展为 12 度。1906 年，意大利地质学家麦卡利进一步对地震烈度表进行了修订。

1883 年
高尔顿创立优生学

英国学者高尔顿可谓学识渊博，他既是地理学家，又在生物统计学、心理学等方面作出了突出贡献，不过他最为著名的身份还是优生学奠基人。

高尔顿从小就表现出高于同龄人的天赋，并很早就开始对博物学产生兴趣。他曾像表兄达尔文一样，深入非洲腹地考察探险。1859 年达尔文的巨著《物种起源》一出版，高尔顿立即成为进化学说的信奉者，并逐渐对人类遗传学产生兴趣。他对英国历史上许多著名的家族进行了考察，试图证明智力因素是可以遗传的。1883 年，高尔顿发表了《人类才能及其发展的研究》，创立了“优生学”一词，并在动植物育种工作所取得的成就的启发下，第一次提出了以人类的自觉选择来代替自然选择，还建议各国的有关机构对不同阶层人群的生育状况展开调查，以便研究某些家族昌盛的原因。后来他又出版了多种专著与论文。在出版物中他阐述自己的思想，宣传优生优育的意义。然而，高尔顿低估了智力遗传的复杂性，过分夸大了人为选择的作用，以至于后来他的理论被德国法西斯滥用，作为种族灭绝政策的依据。

1883—1890 年
发现减数分裂

细胞是组成生命体的基本单位。每个细胞都是由另外一个细胞经过分裂而得到的。对仅由一个细胞构成的生物体来说，新个体的诞生主要是通过细胞直接分裂实现的，即由一个母细胞分裂为两个子细胞。对由多个细胞构成的生物体来说，新个体的生成则往往要经过精子、卵子的形成以及受精等一系列过程，再发育为成熟的个体。

1841 年，瑞士生理学家克利克确定了

精子和卵子都是由动物自身产生的单个细胞。1875 年，德国动物学家赫特维希观察了海胆的受精过程，发现精子进入卵细胞才导致了两种细胞核的融合。然而令人疑惑不解的是，两个细胞核融合后本应染色体数目加倍，而实际上后代细胞中的染色体数目却又是恒定的。于是，有人推测，可能存在一种特殊的细胞分裂方式，能令染色体的数目减半。

1883 年，比利时细胞学家爱德华·贝内登观察马蛔虫受精过程时，发现精子和卵子的染色体数目只有体细胞的一半，而受精后的细胞染色体数目又恢复正常。德国细胞学家博韦里也确认精子和卵子的形成过程要经过染色体数目减半。1890 年，德国生物学家魏斯曼描述了这一过程：染色体经一次复制后，细胞连续分裂两次，得到 4 个染色体数目减半的细胞。1905 年，“减数分裂”一词被正式提出。

减数分裂使得多细胞生物亲代与子代之间的染色体数目能保持一致，从而确保实现正常的有性生殖，而有性生殖过程中基因可以自由组合，从而大大增加了子代适应环境的能力，加快了生物的进化过程。

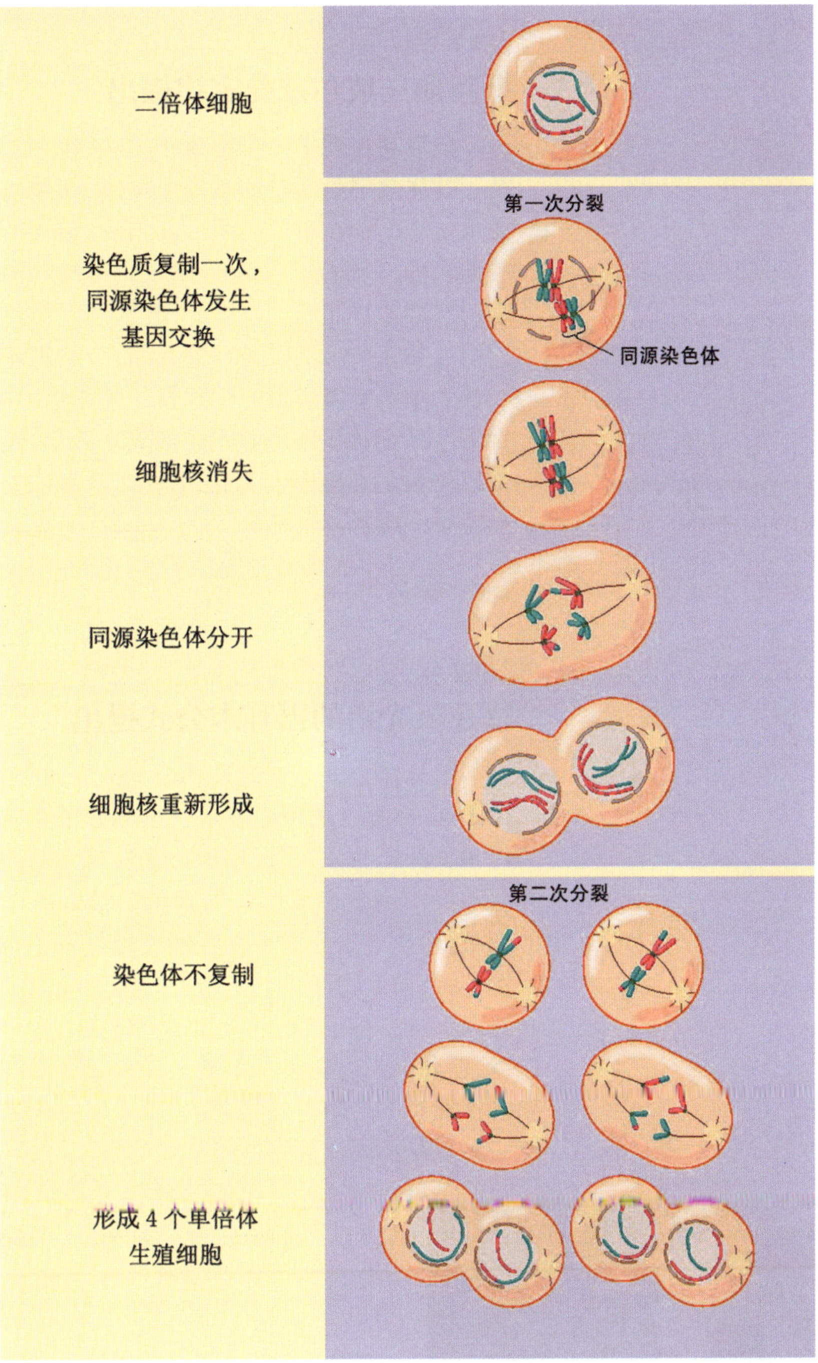

减数分裂示意图

1883—1901 年
修斯《地球的面貌》出版

奥地利地质学家修斯早年受教于捷克布拉格大学和维也纳大学，曾就职于维也纳霍夫博物馆，后任维也纳大学教授。1894 年他当选为英国皇家学会、奥地利皇家学会会员，他还是法国科学院院士、彼得堡科学院外籍院士。他曾在阿尔卑斯山脉伦巴第低地和亚平宁山脉一带进行过地质调查研究工作。著有《地球的面貌》和《阿尔卑斯山的成因》等著作。在 1883—1901 年出版的巨著《地球的面貌》中，他率先提出“地台”这一术语，还论证了超级大陆冈瓦纳古陆以及特提斯海的存在。他认为非洲和欧亚大陆之间曾经存在一个广阔的大洋，并称其为特提斯海，地中海就是特提斯海的残余。

修斯的《地球的面貌》是对 19 世纪地质学研究的总结。同时，修斯用综合分析的方法，从全球的角度研究地壳运动在时间和空间上的关系，预示了 20 世纪地质学研究新时期的到来。

1884 年
斯特藩—玻尔兹曼定律提出

奥地利物理学家斯特藩于 1879 年在总结了物体热辐射实验的基础上提出，热物体的单位表面积在单位时间内发出的、包含所有波长的总辐射能(即发射本领)与绝对温度的四次方成正比。1884 年，玻尔兹曼将热力学与麦克斯韦电磁场理论相结合，从理论上证明了斯特藩结论的正确性，并指出，这个结论只有对黑体辐射才严格成立。所以这个黑体辐射总能量与其温度的关系常称为斯特藩—玻尔兹曼定律。

1884 年
描述氢光谱的巴耳末公式提出

巴耳末公式是由瑞士数学教师巴耳末于 1884 年提出的用于表示一组氢原子光谱线波长的经验公式。利用该公式计算出的波长与实际测量值的误差吻合得非常好。随后，巴耳末又推算出当时已发现的氢原子全部 14 条谱线的波长，其结果和实验值完全符合。1885 年，巴耳末发表了该公式。几年后，巴耳末又发表了有关氦光谱和锂光谱的各谱线频率之间类似的关系。巴耳末公式是后来发现的其他氢光谱线公式的范例，对光谱学和近代原子物理学的发展产生了重要影响。用巴耳末公式表达的一组氢谱线位于可见光区，为纪念巴耳末，人们把这组谱线系命名为巴耳末系。

范托夫

1884 年
范托夫定义反应速率常数

化学热力学解决了物质在化学反应过程中的平衡问题，而化学反应快慢则属于另一门学科——化学动力学。在化学动力学领域作出开创性贡献的是荷兰化学家范托夫。

1884 年，范托夫发表了学术专著《化学动力学研究》，首次推导出反应速率的公式，定义了反应速率常数的概念，进而可以测定化学反应的级数。该著作面世初期，很多读者感到难以读懂，这是由于该书包含大量严密的逻辑推导和数学公式，而 1880 年代的化学家大都还不具备良好的数学基础。但正是这本令人费解的著作打开了通往化学动力学的大门。现在我们知道，不同化学反应(或者元素衰变反应)的速率差别通常极大。慢的反应其时间单位可以年计，例如放射性元素镭衰变为氡的一级反应要经过 1690 年才能进行一半，这相当于速率常数 k 等于 1.3×10^{-11} 秒$^{-1}$。但快的反应其时间单位可以秒、毫秒甚至更短的时间计算，例如用 0.1 摩尔/升强酸滴定 0.1 摩尔/升强碱的反应，其反应时间由于太短而无法测量。因此，了解一种化学反应的速率具有很大的实践指导意义。

范托夫的《化学动力学研究》是化学动力学领域的第一本学术著作，给物理化学的发展带来了深远的影响，直到 100 多年后的今天仍然是化学动力学教科书的主要内容。

1884 年
阿伦尼乌斯提出电离学说

19 世纪初，人们已经注意到电解质(酸、碱、盐)的水溶液导电的问题。当时科学界普遍认为溶液中的离子是在电流的作用下产生的。瑞典化学家阿伦尼乌斯从 1882 年秋开始对溶液的导电性进行了一系列的测量，力图以化学观点来说明溶液的电学性质。阿伦尼乌斯认为通电流后电解质才离解的传统看法是错误的。为此，他写了两篇论文，一篇题为《电解质的电导率研究》，叙述和总结实验测量和计算的结果；另一篇题为《电解质的化学理论》，阐述电离理论的基本思想。两篇论文于 1884 年 6 月经瑞典皇家科学院讨论后发表在《皇家科学院论著》上。

阿伦尼乌斯认为，由于溶剂的作用，电解质在溶液中自动离解成带正、负电荷的质点（离子）；正、负离子不停地运动，相互碰撞时又可结合成分子，所以溶液里的电解质可能只是部分电离，电离的百分率叫电离度。溶液越稀，电离度就越大。在直流电场作用下，正、负离子各向一极移动，电解质溶液能导电就是因为离子的这种运动。

虽然阿伦尼乌斯的电离学说只适用于弱电解质溶液，但他勇敢地突破了当时流行的观点，用它解释电解过程和各种溶液中的反应热（如中和热），分析沉淀、水解、缓冲作用、指示剂的变色及酸碱强度等，使人们对电解质溶液的认识向前推进了一步。德国化学家弗里德里希·奥斯特瓦尔德在电离学说的基础上提出稀释定律；用电离平衡理论解释了酸碱指示剂的变色机理；研究了酸的电导率、溶液的黏滞性和纯水的电离等。电离学说是物理化学发展初期的重大发现之一，也是物理和化学之间的一座桥梁。阿伦尼乌斯因电离学说获得了 1903 年的诺贝尔化学奖。

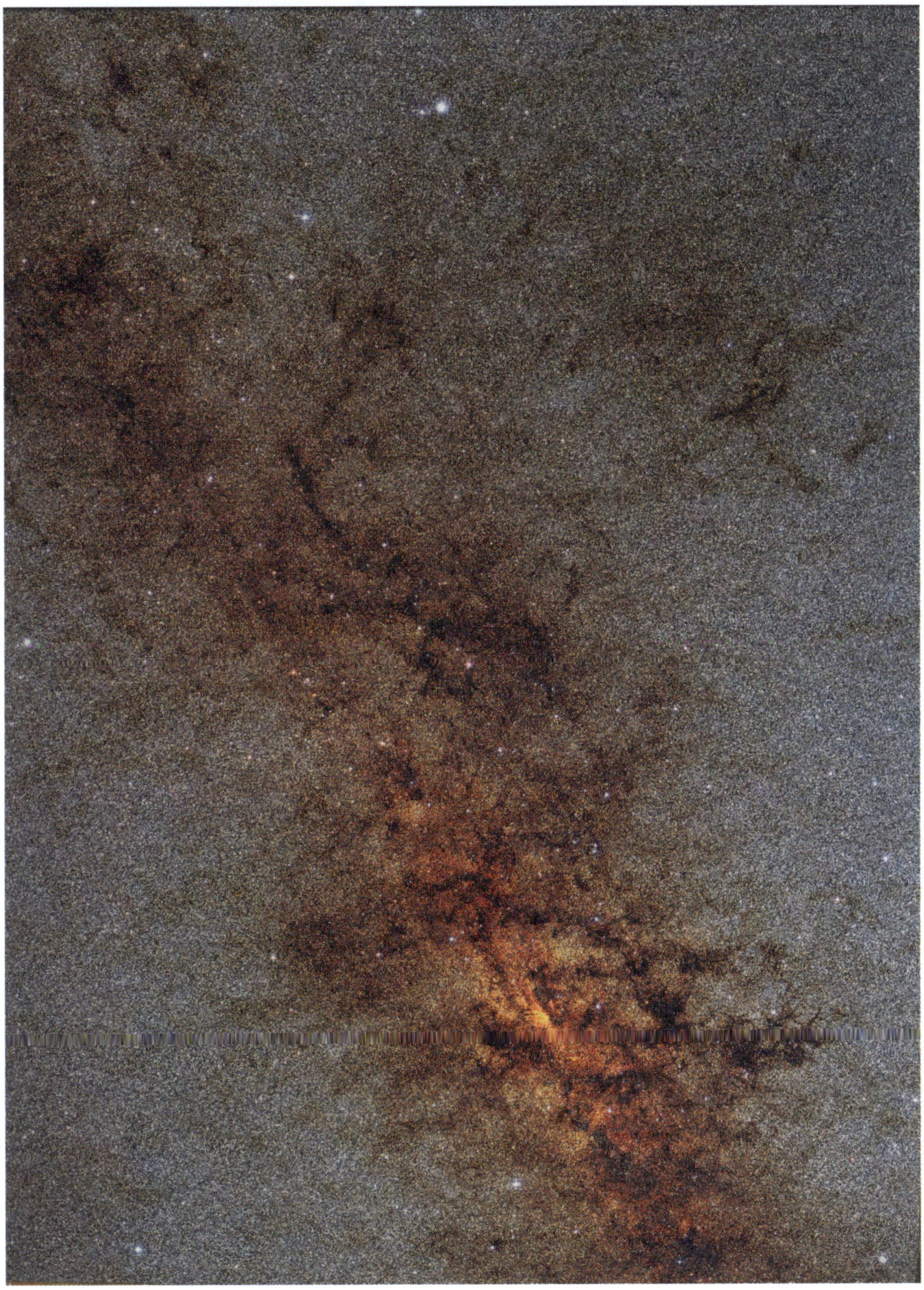

浩渺的银河

1884 年
西利格确立恒星统计学基本原理

1780 年代，英国天文学家威廉·赫歇尔首次用恒星计数法研究银河系结构。他曾假定所有恒星都具有相同的发光能力——即光度相同，且在空间均匀分布。1884 年，德国天文学家西利格在进行类似研究时认识到，恒星的光度其实并不相同，空间密度也随距离的增加而减小。于是他建立了一个方程，把不同视星等的恒星数与密度函数（不同空间位置处单位体积内的恒星数）和光度函数（不同光度的恒星在全部恒星中所占的比例）联系起来。该方程经后人改进成为恒星统计学的基本方程之一,至今仍是研究银河系结构的重要工具。1889 年,他假定各种光度的天体在空间均匀分布且不存在星际消光,证明星等每增加 1 等,天体数增加到 3.98 倍,后人称之为西利格定理。美国天文学家哈勃于 1934 年进行的河外星系计数结果表明,沿银极方向的计数基本符合该定理的预言,而随着银纬的减小,计数的短缺愈益明显,甚至形成一个轮廓不规则的"隐带",其中几乎观测不到星系。若仍假设河外星系分布均匀,则这一现象表明银道面附近集聚了大量消光物质,致使许多星系未能被观测到。所以说,西利格定理与星系计数的结合为探索星际物质的存在提供了有力的证据。

1884 年
革兰氏染色法发明

革兰氏染色法是用来鉴别细菌的一种重要染色方法。1884 年,丹麦病理学家革兰发明了这种染色法,其染色原理主要是利用细菌细胞壁上的不同成分而将细菌染色。

利用革兰氏染色法可以将细菌分为革兰氏阳性和革兰氏阴性两大类。革兰氏阳性(G+)细菌染色后呈蓝紫色,革兰氏阴性(G–)细菌染色后呈红色。这样便可以分辨细菌的种类,对由细菌感染引起的疾病的诊断及治疗提供了很大帮助。

1884—1909 年
瓦拉赫开创萜类化学

很久以前,人们就发现许多天然植物都散发迷人的香味,因此能从这些植物提炼出调味剂、植物精油等。能散发香味的物质具有怎样的化学成分?能否通过人工方式制备?德国化学家瓦拉赫对这些问题做了开创性研究。1869 年,瓦拉赫取得博士学位后,来到波恩大学有机化学家凯库勒的实验室从事有机化学研究。凯库勒的药品柜中摆放着具有各种颜色和气味的芳香精油,引起了瓦拉赫的兴趣。化学家的本能使他非常想测定这些物质的分子结构,但凯库勒认为这样做难度非常大,因为天然产物形成的混合物太复杂,以致无法将其分离。瓦拉赫没有因此退缩。1884 年,他着手解开这些芳香物质的结构之谜,此项工作持续了 25 年之久。

瓦拉赫经反复研究,发现亚硝基氯等试剂可以与萜类化合物发生加成反应而生成固体产物,这样就可以通过结晶的方法进行提纯和分离,然后把这些固体物质转化为萜类化合物进行研究。通过大量的实验研究,瓦拉赫发现,这些精油类混合物中含有香茅烯、莰烯、柠檬萜烯等化合物。他还分离得到了各种纯的萜烯,并发现它们都含有异戊二烯单元。

1909 年,他撰写了《萜和樟脑》一书,总结了几十年来对萜类化合物的研究。瓦拉赫的工作开创了萜类化学的先河,为香料工业的发展提供了理论基础。瓦拉赫对萜类化学所作的巨大贡献使他荣获 1910 年诺贝尔化学奖。

1885 年
范托夫提出渗透压定律

1885 年,荷兰化学家范托夫发表论文《气体和稀溶液系统的化学平衡》,用化学热力学解释溶液的渗透压,提出渗透压定律。他指出,渗透压与温度的关系符合盖–吕萨克定律,渗透压与体积的关系符合玻意耳定律。通过对实验数据的计算,他发现渗透压、温度与体积的比例常数近似等于摩尔气体常数 R,说明阿伏伽德罗定律也适用于稀溶液。范托夫将稀溶液与理想气体进行类比,把溶质分子与气体分子相对应,认为气体分子撞击器壁产生气压,溶质分子撞击半透膜则产生渗透压。这样,他就建立起稀溶液理论,并推导出了渗透压公式。

在解释溶液的渗透压时,由于理想的半

透膜不容易找到，直接精确地测定渗透压很困难。范托夫联想到溶液的渗透压与其蒸气压之间可能存在某种联系，因此利用热力学方法，从渗透压公式导出了凝固点降低和蒸气压之间的联系。这个结果把与渗透压相关的各个经验定律统一起来，提供了通过测定凝固点或沸点来计算渗透压的有效方法，同时进一步阐明了稀溶液理论的实际意义。

范托夫因在化学热力学和渗透压定律方面的卓越贡献获得 1901 年首届诺贝尔化学奖。

1885—1891 年
费多罗夫开辟结晶矿物学的新时期

俄国矿物学家费多罗夫曾任乌拉尔图林斯克矿区矿业工程师、莫斯科农学院教授、圣彼得堡科学院副院长、圣彼得堡矿业学院院长，1919 年当选为俄罗斯科学院院士。

1885 年，费多罗夫提出的平行面体学说，成为晶体结构理论的基础。1890 年，他推导出晶体结构对称可能有的形式，即 230 个空间群，并且发现了结晶学极限定律，为晶体化学的诞生奠定了基础。1889 年，他发明了双圈反射测角仪，方便了晶体测角的工作。1891 年，他又发明费氏旋转台。费多罗夫在这个领域的一系列理论突破和实验发明，开辟了结晶矿物学的新时期。

金刚石是由纯碳组成的等轴晶系矿物

1885—1892 年
魏斯曼系统提出种质学说

魏斯曼是德国著名的生物学家。由于受到达尔文进化论的影响，魏斯曼从 1870 年代起开始研究生物的遗传、发生与进化，提出了各种理论和假设，试图利用当时细胞学的研究成果解释生物的遗传和变异等现象。

1885—1892 年，魏斯曼发表了《作为遗传理论基础的种质连续性》等论文，系统地提出了种质学说，认为生物体由性质上迥然相异的两部分所组成，即“种质”和“体质”。种质是可以在世代之间传递的遗传物质，是一种特定的化学物质，具有稳定性和连续性，它可以发育为新个体的体质，同时保留一部分作为下一代发育的基础。体质则可以发育成为个体的组织和器官。只有种质才可以传递给下一代，并且不受体质和环境影响。体质受环境影响而获得的变异是无法传递给下一代的。为了证明自己的理论，魏斯曼还进行了著名的小鼠实验：将新生小鼠的尾巴切除，其下一代小鼠仍会长出正常的尾巴；如此重复十几代，结果仍是一样。魏斯曼的学说不仅提出了遗传物质的概念和传递机制，而且明确了遗传具有物质载体。尽管其中存在很多粗陋甚至是错误的地方，但它向当时流行的获得性遗传理论提出了强有力的挑战，表明片面强调环境因素而忽视生物本身遗传基础的观点是错误的。在他的影响下，人们开始深入地研究遗传物质，为后来染色体学说的建立提供了重要的依据。

1886 年
穆瓦桑分离出单质氟

1768 年，德国化学家马格拉夫发现氢氟酸。此后 100 多年，许多化学家试图从氢氟酸或其他氟的化合物提取

穆瓦桑

单质氟，但都失败了，有些还因此中剧毒，甚至献出了生命。

1886年，法国化学家穆瓦桑在总结前人经验教训的基础上，用铂铱合金制成电解槽和电极，在无水氢氟酸液体中溶解一些氟化钾，在低温下电解该液体，成功地从阳极分离出氟气。为制取单质氟，穆瓦桑也曾4次中毒。

穆瓦桑分离出单质氟，开辟了氟化学研究的新领域。由于在氟化学及其他领域的杰出成就，他获得1906年诺贝尔化学奖。

1886 年
发现贝克曼重排反应

重排反应指某种化合物在试剂、温度或其他因素的影响下，分子中某些基团发生转移或分子内碳原子骨架发生改变，形成新的分子。

1886年，德国有机化学家贝克曼发现酮肟在硫酸的作用下发生重排反应，生成N-烃基酰胺。这是一种很普遍的反应，后称贝克曼重排反应。贝克曼重排反应可用于确定酮类化合物的结构，但其更大的用途是在工业上。用环己酮为原料与羟胺反应生成酮肟，酮肟在酸性催化剂如硫酸、多聚磷酸作用下发生贝克曼重排，生成己内酰胺。己内酰胺是合成聚己内酰胺的单体，聚己内酰胺又称耐纶6(我国商品名为锦纶6)，其抗拉强度和耐磨性优异，有弹性，主要用于制造合成纤维，也可用作工程塑料。

1886 年
霍尔发明电解制铝方法

铝在地球上的蕴藏量虽然丰富，但适合炼铝的铝矿只有铝钒土。从铝矿中把铝提炼出来是极其困难的，所以19世纪的铝是非常珍贵的金属。1825年，丹麦化学家奥斯特分离出少量的纯铝。1827年，德国化学家维勒从铝矾土中提炼出氧化铝，将其用金属钾进行还原，得到了金属铝。由于金属钾价格昂贵，所以维勒的制铝法无法进行大规模生产。27年之后，法国化学家德维尔用金属钠还原氯化钠和氯化铝的熔盐，获得了闪耀着金属光泽的小铝球。改用金属钠虽然极大降低了铝的生产费用，但仍然无法达到让人们普遍使用铝的程度。

美国奥伯林学院化学系一名叫查尔斯·马丁·霍尔的21岁学生，想根据电流通到熔融金属盐中可使金属离子在阴极上沉积下来的原理提炼铝。氧化铝的熔点很高(2050℃)，所以霍尔必须寻找一种能溶解氧化铝而又能降低其熔点的材料，他偶然发现冰晶石是合适的材料。冰晶石—氧化铝熔盐的熔点仅在930—1000℃之间，在电解温度下冰晶石不仅不会分解，而且具有足够的流动性，非常有利于电解。

霍尔用瓷坩埚、碳棒(阳极)和自制电池，对氧化铝进行电解。他把氧化铝溶解在10%—15%的熔融冰晶石里，再通电流，却没有发现金属铝析出。他推测这是由于电流使坩埚中的二氧化硅分解而游离出硅的缘故。于是，霍尔对电池进行了改装，用炭作坩埚衬里，又将炭作为阴极。1886年2月的一天，他终于看到小球

查尔斯·马丁·霍尔制得的铝球

状的铝聚集在阴极上。廉价的电解制铝方法的发明，终于使铝成为能够让人类普遍使用的重要材料之一。

1886 年
理查兹精确测定元素的原子量

在 1814 年贝采里乌斯发表第一张原子量表之后的近两个世纪里，一代又一代化学家为更精确地测定原子量进行了不懈的努力。他们用化学方法分析多种纯盐类的化学组成，测得某一元素的化合量，从而计算得出该元素的原子量。美国物理化学家西奥多·理查兹改进了前人采用的重量法测定原子量的技术，发明了浊度计，引入了石英仪器等，使原子量的测量进入一个新的阶段。

理查兹自 1886 年开始致力于对原子量的精确测定，他不迷信权威，对以前的原子量提出质疑。他认为“某一元素所具有的许多性质中，原子量是最确切、最精密的”。因此，他采用更纯净的试剂和样品，以尽可能减少实验误差；采用更精确的方法，把测试精确度提高到新水平。为了得到纯样品，他不惜时间和精力。例如，为了精确测定铊的原子量，理查兹做了 15 000 次溴化铊结晶实验。

理查兹运用他的测定方法，重新精确核定了铜、钡、锶、钙、锌、镁、镍、钴、铁、银、碳和氮等几十种元素的原子量。他还对来自地球上不同地区的铜、钡、钠和氯等元素的原子量进行了精确的测定，并比较了地球上和不同陨石中铁、镍、钴的原子量，以启示人们进一步认识宇宙物质的统一性。理查兹因精确测定大量化学元素的原子量获得 1914 年诺贝尔化学奖，成为获此殊荣的第一位美国化学家。

1886 年
希斯发现神经纤维来自单一的神经细胞

神经细胞（神经元）由胞体和长长的突起状的神经纤维组成，是神经系统的基本结构和功能单位。早在 1839 年，著名的细胞学说创立者之一施旺通过显微镜观察胚胎神经元，提出神经纤维是由多个细胞连锁组成的，各个细胞所形成的原纤维集合起来形成一条神经纤维。施旺的这一看法曾被沿用多年。

1886 年，瑞士—德国胚胎学家希斯在研究胚胎的神经纤维时发现，每一条神经纤

西奥多·理查兹

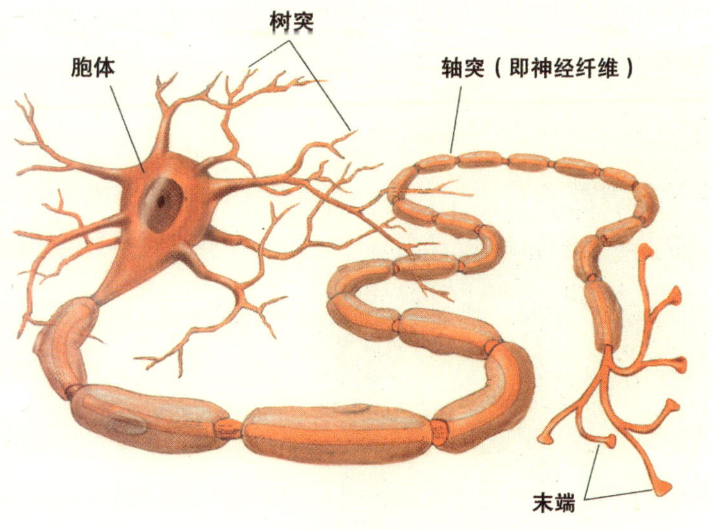

神经细胞结构图

维都来自于单一的神经细胞，是细胞胞体细长的突起。希斯的发现为 1891 年德国解剖学家瓦尔代尔–哈尔茨提出神经元学说奠定了基础。

1886 年
霍勒瑞斯制造制表机

霍勒瑞斯是美国人口调查局的统计专家。美国人口普查部门希望得到一台制表机来帮助提高普查效率。受到穿孔卡片的启发，他们进一步提出卡片上的小孔不仅要能控制机器操作的步骤，而且能用来运算和存储数据。这个任务交给了霍勒瑞斯。

霍勒瑞斯最初设计的制表机，几乎就是贾卡提花机的翻版。将人口普查的数据制成穿孔卡片没有多大的困难。每个人的调查数据有若干项，诸如性别、籍贯、年龄等，可以把所有的调查项目依次排列，然后根据调查结果在每人的相应项目位置上穿孔。当穿孔卡片上的栏目统统被打上小孔之后，它就详细记录了某一次调查的结果。霍勒瑞斯在他的专利申请书里描述过这种方法："每个人的不同统计项目，将由适当的小孔来记录，小孔分布于一条纸带上，由引导盘牵引控制前进。"

1886 年，霍勒瑞斯用机电技术取代纯机械装置，制造了第一台可以自动进行四则运算、累计存档、制作报表的制表机。这一系统被认为是现代计算机的雏形。这台制表机参与了美国 1890 年的人口普查工作，结果仅用 6 周就得出了准确的人口统计数据，使人工需 10 年完成的统计工作大大缩短了时间。这是人类历史上第一次利用计算器进行大规模的数据处理。1896 年，霍勒瑞斯创办了制表机公司，经过多年的发展与变化，于 1924 年成立了国际商用机器公司，即著名的 IBM 公司。

制表机

1886—1896 年
艾克曼发现维生素 B_1

维生素是维持人体生命活动所必需的一类有机物质。虽然人体对维生素的需要量很少，但是维生素在人体的生长、发育和代谢过程中却发挥着重要的作用。人体内一旦缺少某种维生素，就会发生相应的维生素缺乏性疾病。

脚气病是一种维生素 B_1 缺乏症，临床上主要以消化系统、神经系统及心血管系统的症状为主，此病好发于以精白米为主食的地区。荷兰医学家艾克曼最早揭示出脚气病的原因。艾克曼从荷兰阿姆斯特丹大学毕业后，先到印度尼西亚当军医，后因患疟疾退役。为了搞清楚疟疾的病因，艾克曼去德国留学，主攻细菌学。当时东南亚各国脚气病流行，流行的观点认为：脚气病是由细菌引起的。当时曾组织一个脚气菌调查团，前往印度尼西亚调查，艾克曼参加了调查团。1886 年，艾克曼重返印尼爪哇，建立实验室，着手进行脚气病的研究。历经 10 年的时间，艾克曼发现，脚气病并不是由细菌引起的，因为如果只让鸡吃白米，鸡也会出现严重的脚气病症状；可是如果让鸡吃混有糠的粗粮，鸡的脚气病症状就能缓解。后来，他又在人群范围内进行试验，得到了同样的结论。艾克曼进一步通过实验，证实糙米和糠对鸡的多发性神经炎有疗效。这样，艾克曼不仅找到了脚气病的原因，同时也找到了治疗脚气病的方法，关键物质就是维生素 B_1。因为这个发现，艾克曼荣获 1929 年诺贝尔生理学医学奖。

1887 年
测量“以太风”

“以太风”实验原来的用意是要探测地球在以太中的漂移速度。当时人们认为，光以极高速度在一种被称为“以太”的特殊媒质中传播。因为光可以在遥远的太空中传播，所以这种光以太应当充满整个太空，而地球则在以太中运动。就像一个人在静止空气中跑动时会感受到风一样，在以太中运动的地球就会感受到以太风。

为了观测“以太风”是否存在，1887 年，美国实验物理学家迈克耳孙和美国化学家、物理学家莫雷在克利夫兰巧妙地设计了一个探测以太风的实验，即著名的迈克耳孙—莫雷实验。这可能是当时最精密的物理实验。在实验中，他们让一束自点光源发出的光束以 45°角射到半透膜上，从而一半光束透射，另一半光束反射，这两束互相垂直的光再分别被垂直放置的平面镜反射回半透膜，同时射入一台观察望远镜。这时在望远镜中将观察到这两束光的干涉图样。这台仪器称为迈克耳孙干涉仪。按照他们的实验安排，由经典理论推算可知，如果存在以太风，则当这台仪器转动 90°时，会观测到干涉条纹的移动。但是，尽管不断提高观测精度，尽可能排除干扰实验的其他因素，他们在实验过程中却始终没有发现干涉条纹有移动。迈克耳孙和莫雷不甘心地一连观测了 4 天，结果仍然如此。这个以寻找以太风为目的的实验却得到了如此清晰而不容置疑的否定结果，或称为“负结果”，成为物理史上最著名的一个否定性实验。

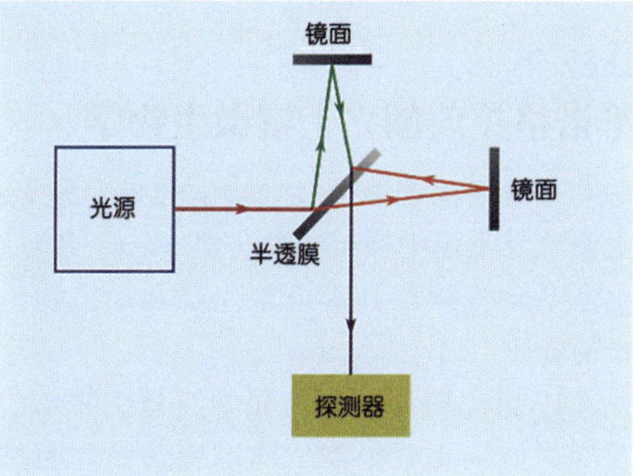

迈克耳孙—莫雷实验示意图

迈克耳孙—莫雷实验动摇了经典物理学的基础，18 年后，爱因斯坦在否定以太存在的想法的指引下，建立了相对论，引发了 20 世纪物理学革命的风暴，使整个自然科学的发展进入了一个崭新的阶段。

1887 年
赫兹发现电磁波并观察到光电效应

在 1860 年代麦克斯韦建立了电磁场理论后，如何从实验上来证实电磁波的存在引起了一些物理学家的兴趣。德国物理学家海因里希·赫兹自 1886 年 10 月起进行了一系列实验，终于发现了电磁波，证实了麦克斯韦的电磁场理论。赫兹关于电磁波的第一篇论文发表于 1887 年，这一系列论文中的最后一篇发表于 1890 年。

赫兹在实验中用一只感应圈与两根金属杆连接成回路，每根金属杆的一端有一块金属板，另一端有一个金属球。实验时，感应圈中的高频高压电流会在两板之间产生交变电场，变化的电场产生磁场，变化的磁场产生电场，因此形成统一的电磁场，并以波的形式向外传播。赫兹在该装置附近放置一个未完全封闭的金属环以检测电磁波的存在。他发现，当两个金属球之间有火花时，该圆环的间隙也会出现火花。赫兹正是通过这种火花的出现，证实了麦克斯韦的预言。赫兹随后又成功地进行了一系列实验，证明电磁波具有光的特性，包括反射、折射、衍射、干涉等，后来又测量了电磁波的速度，果然与光的速度相同。这就证实了麦克斯韦的光是一种电磁波的预言。

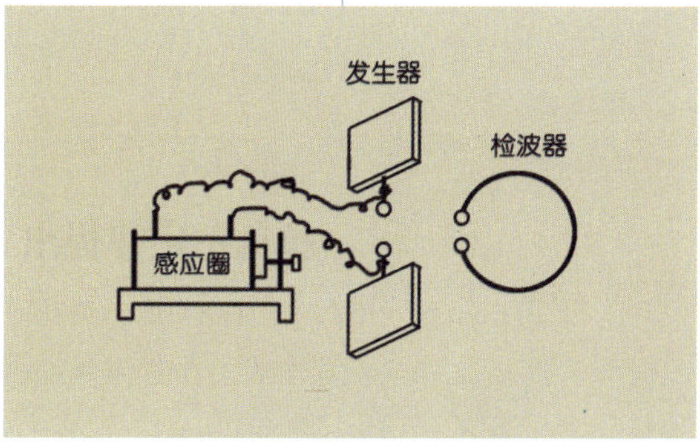

海因里希·赫兹发现电磁波实验示意图

赫兹的发现

不仅证实了麦克斯韦电磁理论的正确性,而且为人类利用电磁波奠定了基础,开创了无线电通讯的新时代。在发现电磁波的实验中,赫兹还注意到,当发射电磁波装置中两个金属球之间的电火花所发出的光照射到检测电磁波的导体环的间隙上时,会使它更容易产生电火花。赫兹在 1887 年发表的论文中详细描述了这一发现。后来证实,这个现象就是光电效应。

1887 年
马赫发现气流特征数

声音在空气中以波的形式传播。为了解开声音传播的秘密,1887 年,德国物理学家马赫进行了著名的气流实验。当时飞机还没有出现,马赫是利用大炮完成实验的。他拍摄下炮弹出膛的照片,并精确记录爆炸声传到耳朵里的时间。马赫发现,在不同气温和气压状态下,声音传播速度略有变化;炮弹在飞行过程中,其前端的气压也会发生变化。马赫实验的最重要结果是,当炮弹速度达到声速时,气流会发生突变。也就是说,在速度大于或小于声速时,炮弹引起的声波扰动的波形是不同的。

1929 年,瑞士工程师阿克莱特首先在一次演讲中,把物体在流体中运动的速度与流体中的声速之比称为马赫数。至 1930 年代末,马赫数得到了广泛应用,尤其是在航空航天领域。马赫数成为流体力学中表征流体可压缩程度的一个重要的无量纲参数。马赫数小于 1 称为亚声速,大于 1 称为超声速。

1887 年
拉乌尔定律提出

1887 年,法国化学家拉乌尔在系统地研究含有非挥发性溶质的稀溶液的性质时发现:在某一温度下,稀溶液的蒸气压等于纯溶剂的蒸气压乘以溶剂的摩尔分数。这就是著名的拉乌尔定律。当溶液只有两个组分时,拉乌尔定律也可表述为:在某一温度下,稀溶液的蒸气压降低值与溶质的摩尔分数成正比。对挥发性溶质来说,只要溶液的浓度足够低,拉乌尔定律就仍然适用。

该定律曾被荷兰化学家范托夫誉为奠定溶液热力学的基石,对相平衡和溶液热力学函数的研究起到了指导作用。

1887 年
奥伯尔泽《食典》出版

奥地利天文学家奥伯尔泽历时 20 余年,计算出公元前 1208 年到公元 2161 年间的 8000 次日食,以及公元前 1207 年到公元 2163 年间的 5200 次月食。他编著的《食典》于 1887 年出版,其中日食典列出上述每次日食的日期、类型、要素,以及日出时、正午和日没时可见日全食或日环食的地点、经纬度;月食典列出每次月食的日期、食分、食甚时刻、月偏食时间之半、月全食时间之半,以及食甚时月球位于天顶的地点的经纬度。该典还载有日食路线图 160 幅,以北极为中心,直到南纬 30°,绘出全食、环食和全环食经过的路线。20 世纪后期有人曾用电子计算机校算《食典》中发表的资料,结果表明其误差甚微。《食典》出版一个多世纪以来,一直是研究古代日月食和计算当代日月食的重要典籍。

1887 年
维诺格拉茨创立土壤微生物学

土壤微生物学是微生物学的一个分支,主要研究土壤中微生物的种类、分布、数量、生命活动规律及其对土壤生态和动植物生长的影响。

19 世纪后期,生物化学与微生物学的发展为研究土壤中微生物的生命活动与物质转化等创造了条件。俄国微生物学家维诺格拉茨认为生物与自然环境的关系极为复杂，主张研究自然状态而非实验室条件下的微生物生理生化活动。利用自己首创的研究方法，维诺格拉茨于1887年发现了硫细菌及它们的硫化作用，随后又发现了硝化细菌和硝化作用，为揭示土壤微生物参与土壤物质的转化奠定了基础。在他的带动下，土壤微生物学最终发展成为一门独立的学科。

1888 年
勒夏特列原理提出

19世纪中叶，有关化学反应平衡的研究越来越受到化学家们的重视。法国化学家勒夏特列通过对大量实验现象的观察，注意到几个规律性现象：首先，对于一切复分解反应，只有在生成沉淀、放出气体和生成弱电解质等情况下，化学反应才能进行到底。其次，在一定温度下，当一个可逆反应达到平衡时，正反应和逆反应的速率相等，反应混合物中各组成成分的含量保持不变。如果改变某一反应物或生成物的浓度，其他反应物或生成物的浓度就会发生改变，从而使平衡遭到破坏。

勒夏特列继续进行各种化学实验，又发现可逆反应达到平衡后，改变温度会使平衡发生移动。例如，在红棕色的二氧化氮(NO_2)生成无色的四氧化二氮(N_2O_4)的反应达到平衡后，升高温度，反应体系的颜色变深，表明平衡向逆方向移动。相反，降低温度，反应体系的颜色变浅，表明平衡向正方向移动。随后，勒夏特列通过进一步的研究发现，对于有气体参与或生成的反应，改变压强也会使平衡发生移动。

1888年，勒夏特列在研究了各种因素对化学反应平衡的影响之后，总结出一条原理：当化学反应处于平衡时，如果改变影响平衡的一个条件，如浓度、温度或压强，平衡就会向减弱这种改变的方向移动。这就是著名的化学反应平衡移动原理，通常称勒夏特列原理。

勒夏特列原理在化工上得到广泛应用，利用它能提高产量，降低成本。例如，在合成氨工业中，降低反应温度、提高压强都能使平衡向有利于合成氨方向进行，从而提高产量。

1888 年
德雷尔《星云星团新总表》出版

1786年，英国天文学家威廉·赫歇尔向英国皇家学会呈交一份星云星团表，载有1000个新发现的星云和星团。此后又于1789年和1802年分别完成第二份与第三

哈勃空间望远镜拍摄的星团 NGC1850

份各 1000 个新发现的星云星团表。他和胞妹卡罗琳·赫歇尔一同发现的星云和星团超过 3000 个，而在他们之前已知的这类天体总数还不到 150 个。威廉之子天文学家约翰·赫歇尔于 1833 年编撰了载有 2307 个天体的星云星团表,其中 525 个是他本人的新发现。1864 年，约翰·赫歇尔发表《星云总表》，共载有 5079 个天体的位置和形态描述。这是赫歇尔家族对天文学的重大贡献。后来,丹麦—英国天文学家德雷尔应英国皇家天文学会之邀,重新整理、修订《星云总表》,并增补了新资料,于 1888 年出版,称为《星云星团新总表》,简称 NGC。该表共载非恒星状天体 7840 个，日后查明其中大多是河外星系，少数是银河系内的星团和星云。1895 年和 1908 年,德雷尔又分别发表两个补编,简称 IC,共载非恒星状天体 5366 个。如今人们常将《星云星团新总表》和两个补编合称为 NGC,它代表了 19 世纪用望远镜目视观测星云和星团的最高水平,其中的天体编号一直沿用至今。

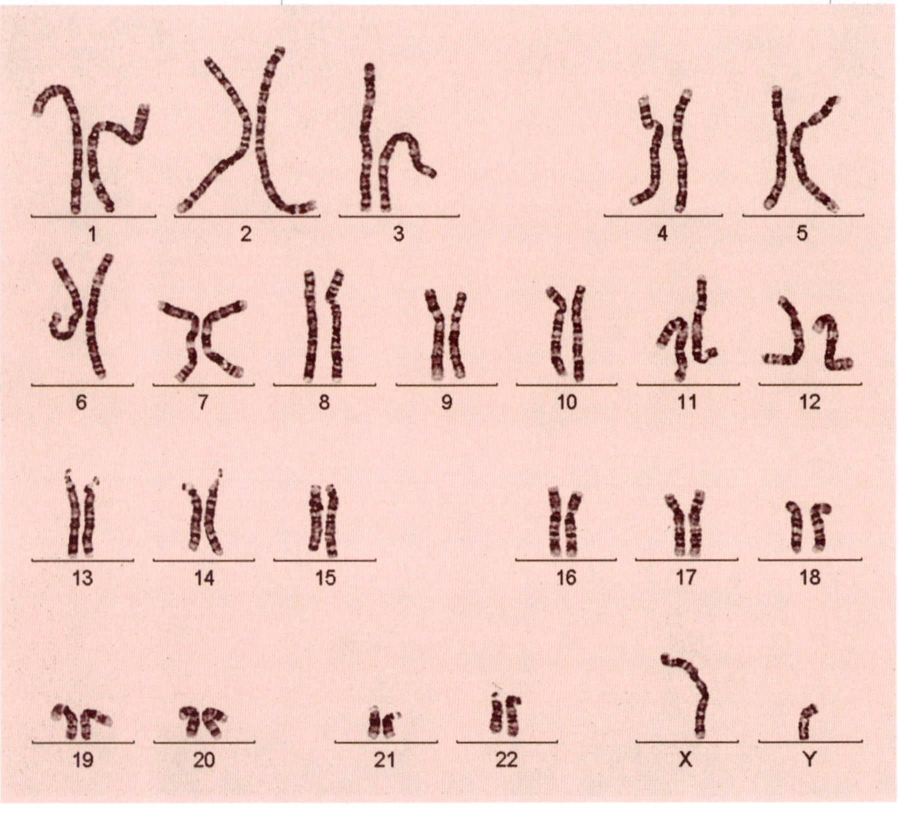

人的 22 对常染色体及 2 条性染色体 X 和 Y

1888 年
瓦尔代尔–哈尔茨为染色体正式定名

19 世纪后期,在细胞学说的启发下,人们开始认识到研究细胞结构及细胞生理对认识生命现象的重要性。伴随着物理学与化学的发展,人们已经可以通过切片和化学染料着色等技术在显微镜下更好地观察和了解细胞的各种显微结构(尤其是细胞核)。生物学家陆续发现了细胞的有丝分裂和减数分裂等过程,并开始关注细胞分裂过程中的一种重要物质——染色体。1875 年,波兰—德国植物学家施特拉斯布格尔发现植物细胞中存在某种可以着色的物质,并且推断这种物质的数目是固定的;1880 年,俄国植物学家巴拉涅茨基观察到构成这种着色物质的纤维呈螺旋状;1882 年,德国细胞学家弗勒明将细胞核中这些容易着色的部分称作染色质;1888 年，德国解剖学家瓦尔代尔–哈尔茨正式将弗勒明发现的染色质定名为染色体。

其后,关于染色体的研究有了很大的进展。1891 年，德国生物学家亨金在昆虫的生殖细胞内发现并命名了 X 染色体。1905 年,美国生物学家史蒂文斯发现了 Y 染色体及其与性别的关系。人们发现,不同物种的染色体数目不同,但同一物种所有个体的染色体数目都相同,且不同染色体的大小和形态有着显著差别。人们还发现,染色体在细胞分裂过程中的行为与孟德尔所假设的遗传因子同步,因此推断染色体很有可能就是遗传因子的载体。这一假设推动了实验细胞生物学的发展,为开创细胞遗传学奠定了基础。

今天我们知道,染色体是细胞中遗传物质的载体，由 DNA 和蛋白质共同组成。每个物种的染色体数目不同并且恒定。染色体又分为常染色体和性染色体。常染色体在体细胞中成对存在,成对染色体中的每一条分别来自父方或母方,称为同源染色体。在减数分裂过程中,同源染色体分离;经过受精过程,同源染色体再次配对。性染色体包括 X 染色体和 Y 染色体,直接决定生物个体的性别。例如,人类有 22 对常染色体,2 条性染色体,具有 XX 性染色体的是女性,具有 XY 性染色体的是男性。

1888—1891 年 鲁和德里施开创实验胚胎学

早期的胚胎学研究积累了大量有关胚胎发育过程的描述性资料,但人们对生物体为何能由一个受精卵发育成一个完整个体还缺乏基本认识。19 世纪末,德国动物学家魏斯曼提出了"种质学说",认为个体发育是由于在细胞分裂过程中细胞核物质的不均等分布造成的。同期,德国动物学家鲁和德里施等人开始了基于实验的胚胎学研究。1888 年鲁发现,当蛙的受精卵分裂为两个细胞时,杀死其中一个分裂球,剩下的一个分裂球发育成了半个胚胎,他认为这个实验证明了魏斯曼的假说是正确的。德里施则在 1891 年对二细胞期的海胆胚胎进行了细胞分离实验,发现每个分裂球都能发育成完整的海胆。尽管以现在的眼光来看,鲁和德里施的实验和结论都存在缺陷,但他们开创了实验胚胎学的先河。

作为胚胎学的一门分支学科,实验胚胎学主要利用实验方法干扰发育中的胚胎,研究胚胎发育过程中各部分所起的作用,并探讨其中的因果关系。到了 20 世纪上半叶,人们可以利用切除、移植、标记和组织培养等各种物理和化学手段进行胚胎学的实验,实验胚胎学逐渐发展成为一门独立的学科。

1888—1893 年 李《变换群理论》出版

挪威数学家索弗斯·李于 1888 年、1890 年和 1893 年陆续出版了三卷本著作《变换群理论》。这部著作总结了从 1870 年代以来李在建立和发展变换群一般理论方面的研究成果,内容广博而深刻。

早在 1869 年,李去普鲁士学习时,便与德国数学家克莱因一起工作并结成好友。1870 年,他们又一起在巴黎学习,受到法国数学家若尔当的变换群思想的熏陶。1872 年,克莱因发表《关于新近几何学研究的比较考察》,即《埃尔朗根纲领》,用变换群的观念内在地统一各种几何学,这对李也产生了影响。克莱因注重离散变换群,而李潜心于连续变换群。1873—1874 年,李开始系统地建立他的连续变换群理论。他原本是想建立一个"关于微分方程的伽罗瓦理论",即通过微分方程在某个连续变换群下的不变性

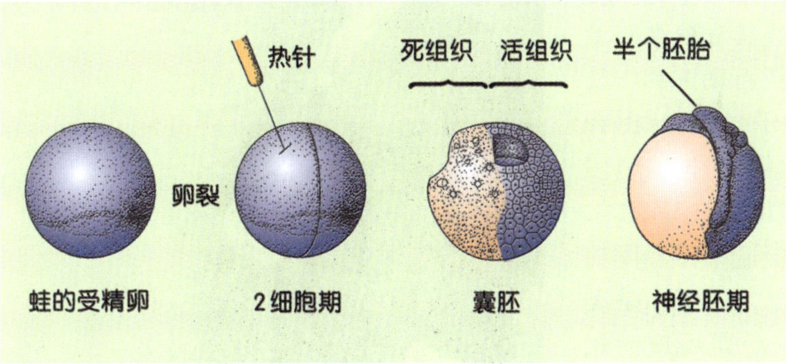

鲁的蛙卵实验

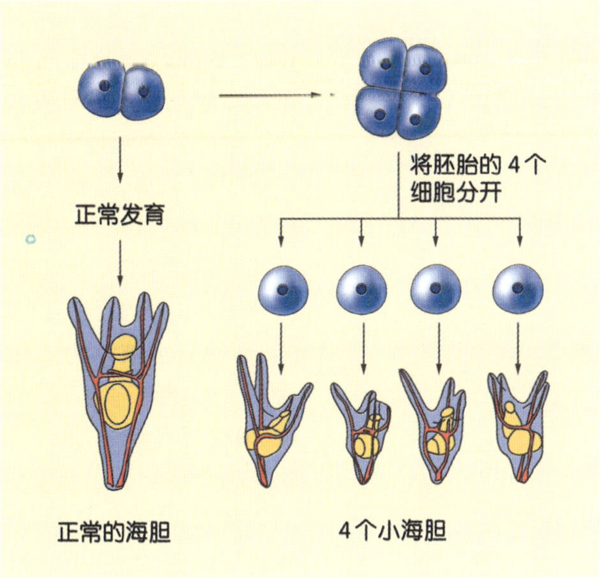

德里施的海胆实验

索弗斯·李

来刻画它的可积性,就像伽罗瓦对代数方程所做的那样。由此,他引入了一般的连续变换群。这个群的每个变换以及两个变换之积都依赖于一个或数个参数,而且这种依赖关系是解析的。这就是后来人们所称的局部李群。李还讨论了在连续变换群的单位元附近取导数而构成的无穷小变换集合。此集合不仅是一个线性空间,而且它对于换位运算 $[x,y] = xy - yx$ 满足雅可比法则 $[x[y,z]] + [y[z,x]] + [z[x,y]] = 0$。这种代数结构后人称之为李代数。

李群及李代数理论是20世纪数学的重要领域之一,它与分析、代数及几何密切相关,而且在理论物理学及其他众多学科中得到了广泛应用。

1889年
阿伦尼乌斯提出活化能的概念和阿伦尼乌斯公式

1889年,瑞典化学家阿伦尼乌斯在试图解释反应速率受温度剧烈影响的物理意义时碰到了难题。正是这个难题的解决导致了活化能的概念及反应速率与温度的关系式的诞生。

当时有人认为温度升高导致反应速率增大的原因是温度影响反应物分子的运动速度,从而改变分子间的碰撞几率。但阿伦尼乌斯根据理论计算发现,温度每升高1℃,分子碰撞几率不过增加2%左右,而反应速率却增加12%,这似乎解释不通。于是他设想在反应体系中并不是所有发生碰撞的分子都能发生反应,而只有那些具有较高能量的分子才能发生有效碰撞,从而真正参与反应。这种分子被称为活化分子,它们超出普通分子的能量称为反应活化能。根据这个假设,阿伦尼乌斯于1889年指出,反应速率常数取决于活化分子浓度。反应速率与温度的关系式为:$k = A \cdot \exp(-E_a/RT)$,式中 k 是反应速率常数,A 是指前因子,E_a 是反应活化能,R 是摩尔气体常数,T 是热力学温度。这就是著名的阿伦尼乌斯公式。

活化能的发现解决了化学动力学中的关键问题,使人们认识到反应物系统和生成物系统之间存在着能垒,外界补充的能量高于这个能垒时,反应才能发生。这个研究结论为人们有针对性地控制化学反应的发生指明了方向。

1889年
能斯特方程导出

1889年,德国化学家能斯特在荷兰化学家范托夫和瑞典化学家阿伦尼乌斯的溶液学说的基础上发展出了电极电势理论,推导出电极电势与离子浓度的关系式,即能斯特方程。能斯特认为,电流是在金属—溶液界面上产生的。在这个界面上有两种互相竞争的力:一种是金属溶解的压力,它是促使溶液中金属原子变成离子的原因;另一种是与之相反的渗透压力,它取决于溶液中离子的浓度。在由两种金属浸没在溶液中组成的原电池中,只有溶解压力大于其离子渗透压的金属才能溶解。这时另一种金属的阳离子将在另一电极上析出,因为它的溶解压力和渗透压力的关系恰好相反。这样电极上就产生了电流。在不同的电极上产生的电流大小不同,说明它们具有不同的电极电势。

电极电势即电池中单电极的电势,迄

能斯特

今，人们尚无法直接测量单个电极的电势数值。为了实际应用的需要，习惯上采用标准氢电极的相对平衡电势为零作为参考点，这样给出的电极电势称为氢标准电极电势。电极体系处于热力学标准状态下(离子和其他物质的活度都是 1)的电极电势称为标准电极电势 $E°$，非标准状态下的电极电势与物质浓度的关系则符合能斯特方程。该方程反映了电池的电动势与参加反应的各组分的性质、浓度、温度等的关系，是联系化学能和电池电动势的桥梁。

1889 年
冯雷伯–伯什维茨首次用仪器获得远震记录

1889 年 4 月 17 日，地震监测史上重要的一幕发生在柏林附近的波茨坦普鲁士城电报山上的天体物理观测台。德国天文学家冯雷伯–伯什维茨在这里安装了一架水平摆，原本打算精确测量因其他行星的运动而引起的地球引力变化。下午 5 点 21 分，水平摆突然剧烈而有规律地摆动起来，绘图仪则将这个突发事件记录在案。冯雷伯–伯什维茨当时很困惑，他不知道是什么原因导致了水平摆如此大幅度的摆动。几个月之后，他才从《自然》杂志上了解到，日本发生了一次大地震，地震时间就在他的水平摆大幅度摆动之前约一小时。冯雷伯–伯什维茨很快意识到，他的仪器捕捉到了从遥远的日本传来的地震波。那次地震的震中距离波茨坦大约 8800 千米之遥，这是人类首次用仪器获得远震记录。

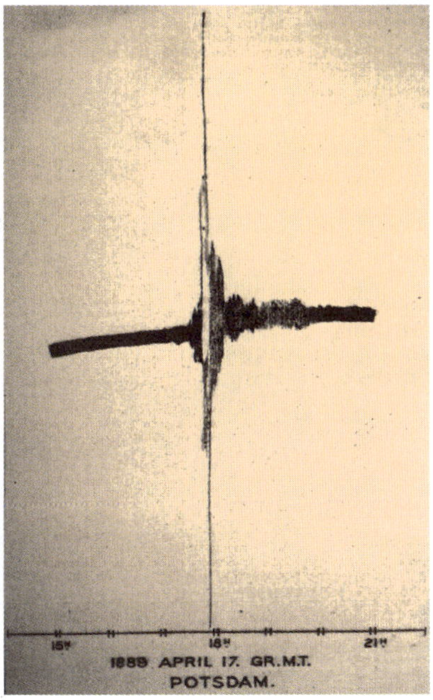

冯雷伯–伯什维茨和他的第一张远震记录图

1889—1907 年
茹科夫斯基奠定空气动力学基础

空气动力学是力学的一个分支，主要研究物体在同气体作相对运动情况下的受力特性、气体流动规律和伴随发生的物理化学变化。它是在流体力学的基础上，随着航空工业和喷气推进技术的发展而成长起来的一门学科。俄国科学家尼古拉·茹科夫斯基是空气动力学的开创者之一。他由于为俄国航空科技奠定了基础，被誉为“俄国航空之父”。

1889—1907 年，茹科夫斯基相继发表了几本重要著作，创立了飞行器升力定理，为飞机气动力计算奠定了基础。升力定理认为，单位翼展上机翼升力值是空气密度与速度环流和飞机飞行速度的乘积。这个结论是现代机翼升力理论和理论空气动力学的基础。此后，茹科夫斯基又提出了不可压翼型升力公式，奠定了飞机设计的基础。

1890 年
《德雷伯恒星光谱表》问世

1876 年，美国天文学家皮克林就任哈佛大学天文台台长。他在该台实施了一项大规模恒星光谱巡天计划。皮克林断定，对大量恒星进行光谱分类最有效的办法，是用一块物端棱镜获得观测天区所有恒星的色散像。其观测纲要的第一部分于 1889 年 1 月完成，由 633 张照相底片构成。检测光谱、进

1890

皮克林在哈佛大学天文台聘用的一组女员工对恒星光谱分类作出了卓越贡献

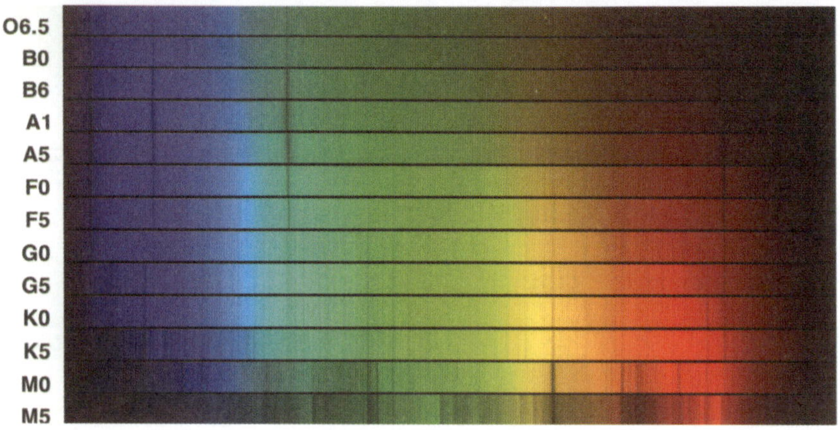

恒星光谱的主要类型 上部是年轻的热蓝星(O、B 型)光谱,中部是太阳型恒星(G 型)光谱,下部是矮星和冷的红巨星(K、M 型)的光谱。出于历史原因,天文学家至今仍将 O、B 型称为“早型”,K、M 型则称为“晚型”。

行分类及估计星等的任务由天文学家威廉明娜·弗莱明执行,其结果于 1890 年以《德雷伯恒星光谱表》为题刊布,简称 HD 星表。它在塞奇恒星光谱分类的基础上,进而将赤纬−25°以北亮于 8 等的 10 351 颗恒星分为 17 个亚型,依次用英文大写字母 A 至 Q 标记。1897 年,皮克林小组的天文学家安东尼娅·莫里发表载有 681 颗亮星的光谱表。她将这些光谱分为 22 型,每型又细分为 7 级,并以小写字母 a、b、c 等表示谱线宽度等细节差异,这就是日后二元光谱分类的前身。1901 年,美国天文学家坎农对弗莱明分类做了某些重要增补和修订,结果发布于哈佛年刊。她减少了分类数目,采纳用 O 型代表最热恒星,以及将 B 型放到 A 型前面等建议,使恒星光谱的基本序列变为 O、B、A、F、G、K、M,从而根据不同谱线之存在与否和强度变化,建立了一个谱线特征连续演变的序列。这基本上是一个温度序列,后经印度天文学家萨哈、英国天文学家艾尔弗雷德·福勒和爱德华·米尔恩的理论研究,又确立了光谱型和温度之间的精确关系。到 1924 年,以哈佛恒星光谱分类为基础的 HD 星表包含了 225 000 颗恒星的光谱型和光度资料,它们至今仍具有重要的科学价值。

1890年
贝林和北里柴三郎发明破伤风抗毒素和白喉抗毒素

破伤风和白喉都是细菌性疾病。破伤风是由破伤风杆菌引起的,而白喉是由白喉杆菌引起的。

贝林是德国细菌学家和免疫学家,1878 年获得柏林腓特烈—威廉学院医学博士学位。他曾在军队服役 10 年,1889 年至柏林大学卫生研究所工作,1895 年任马尔堡大学卫生学教授。贝林多年从事传染病学研究,对破伤风和白喉都有了解。北里柴三郎是日本细菌学家和免疫学家。1875 年北里考入东京大学医学院,1883 年获医学博士学位,1885—1891 年赴德国跟随著名细菌学家科赫学习,在此期间他发表数篇重要的论文。1889 年前后,北里撰文论述了厌氧梭状芽孢杆菌的培养方法。他将破伤风杆菌与其他细菌的混合培养物加热到 80℃,持续 45—50 分钟,再置于空气中继续培养,由此获得了破伤风杆菌的纯培养菌株,提取到破伤风毒素。将此毒素稀释后,逐渐加量反复注入动物体内,动物血清中即可产生抵抗破伤风杆菌的特异性物质,即破伤风抗毒素。

1890 年,北里与贝林共同发表了关于破伤风和白喉免疫的论文。1891 年,贝林试用白喉抗毒素血清治疗白喉患儿,首获成功。贝林还利用破伤风免疫血清治疗破伤风，并在第一次世界大战期间将其用于战伤，获得良好效果。事实证明，贝林和北里发明的血清疗法使白喉和破伤风的病死率大为降低。

1890 年
霍尔斯特德在手术中使用外科手套

为了保证外科手术获得成功，无菌操作非常重要，而在手术中配戴专门的外科手套则成为无菌操作的重要措施。霍尔斯特德是 19 世纪美国著名的外科医生、临床教育家，1877 年获得纽约内外科医师学院(今哥伦比亚大学医学院)医学博士学位，1878 年秋赴奥地利、德国等地进修，1880 年回纽约，从事解剖教学工作，后开业行医。霍尔斯特德在外科领域有许多创造，如最先应用可卡因做注射局部麻醉，而最重要的贡献莫过于 1890 年在手术中首先使用橡胶手套。这项创举保障了有效的消毒操作，增加了外科手术的安全性，有力地推动了外科手术的进展。

1890 年
美国使用内燃拖拉机

19世纪中叶，为了满足工业发展及国内外市场对农产品的需求，美国开始大面积地开发中西部土地，并积极发展机械动力以代替人力和畜力，弥补农业劳动力的不足。最初的蒸汽拖拉机由于笨重而昂贵，往往需数人操作，使用不便。缘于此，1889 年，美国芝加哥的查达发动机公司制造出了世界上第一台使用汽油内燃机的农用拖拉机——“巴加号”拖拉机。由于内燃机比较轻便，易于操作，而且工作效率高，故它的出现为拖拉机的推广应用打下了基础。1890 年美国在小麦田耕作中第一次使用内燃拖拉机。

20 世纪初，瑞典、德国、匈牙利和英国等国几乎同时制造出以柴油内燃机为动力的拖拉机。第一次世界大战期间，由于战争的原因，劳动力不足和农产品价格上涨，促进了农田拖拉机的发展。1910—1920 年间，以蒸汽机为动力和以内燃机为动力的拖拉机之间展开了激烈的竞争，后者显示了更大的优越性，逐渐淘汰了前者。今天的拖拉机都使用柴油内燃机。

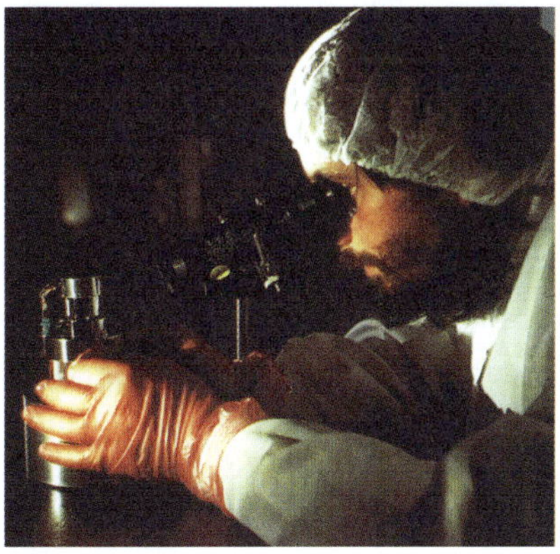

橡胶手套 为了防止感染，外科医生和科学家都戴上了橡胶手套。

1890 年代
埃尔利希提出免疫机制的侧链理论

1890 年代，科学家们将微量相思豆毒素(一种植物蛋白)注射到小鼠体内并逐渐增加剂量，发现小鼠随之产生免疫力(称为主动免疫)，而经毒素免疫的母鼠的乳汁和血液中均含抗毒素，幼鼠吸食母鼠乳汁或接受抗血清便可获得暂时的免疫力(称为被动免疫)。此现象背后的免疫学原理一直不为人们所知。

在大量免疫学实验的基础上，德国免疫学家埃尔利希在 1890 年代提出了“侧链理论”。该理论认为动物细胞表面存在许多侧链(后改称为受体)大分子，可以结合因同化营养物质及某些致病因子而产生的毒素(抗原)；当机体受到抗原侵害时，便会产生大量侧链并释放到血液中以中和毒素，血液中的这些侧链就是抗体。这是最早用化学反应来解释免疫过程的理论，首开“免疫化学”之先河。

1908 年，埃尔利希因其对免疫学的杰出贡献荣获诺贝尔生理学医学奖。

1891 年
钱德勒发现地极的 427 天周期自由摆动

早在 18 世纪，瑞士数学家欧拉就已指出，若地球为刚体，只要其自转轴稍微偏离惯性主轴，前者将会绕后者做周期为 305 天的自由摆动。1891 年，美国天文学家钱德勒通过分析 1837—1891 年间世界上 17 个天文台的 3 万多次纬度观测结果，提出地极移动存在两个周期的变化：一个是周期为 427 天的自由摆动，另一个是周期为一年的受迫摆动。前者后来被命名为钱德勒摆动，相应的周期称为钱德勒周期。实际上，钱德勒摆动就是欧拉指出的地极自由摆动，只是因为地球并非刚体，加上海洋流动性的影响，导致其摆动周期延长。

1891 年 默里和雷纳德编成世界深海沉积物分布图

英国海洋学家约翰·默里是海洋地质学研究领域的开拓者、近代海洋学发展的奠基人之一。默里毕业于爱丁堡大学医学系，但他对生物学和地质学研究更感兴趣。1868 年，默里以队医的身份参加捕鲸船队为期 7 个月的航海捕捞活动，由此激发了他对海洋的研究兴趣。

1869 年，默里参加了由英国博物学家查尔斯·汤姆孙率队完成的“莱特宁号”和“波尔库帕因号”深海科学考察活动，使他进一步开阔了研究视野，掌握了从事海洋学研究的理论和方法。1872 年，默里又参加了“挑战者号”环球海洋科学考察，承担了有关海洋浮游生物、海底沉积物和珊瑚礁等调查和研究的任务。1876 年 3 月，在“挑战者号”的海上考察工作仍在进行的时候，默里在英国皇家学会会刊上发表了历史性的海洋科学文献《远洋沉积物、表层微生物与海底沉积物及脊椎动物的关系》。1891 年，默里与比利时地质学家雷纳德合作撰写了《“挑战者号”航海科学考察成果报告：深海沉积》一书。该书首次编制了世界深海沉积物分布图，并对发现的深海生物软泥和红黏土等进行了分类和描述。该书是海洋地质学的第一部学术专著，开创了海洋沉积地质学研究的先河，标志着海洋地质学开始成为地质学研究中的一个新领域。

1891 年 杜布瓦发现爪哇人头盖骨化石

荷兰古人类学家杜布瓦在阿姆斯特丹大学任解剖学讲师，从事脊椎动物喉部的比较解剖学研究，但他却对人类起源问题越来越感兴趣。1887 年，他以随军外科医师身份去东印度群岛，在苏门答腊岛开始挖掘工作，寻找早期人类遗存。1891 年，他在印度尼西亚爪哇的克东布鲁布斯和特里尼尔发现爪哇人化石，包括两枚臼齿、一个头盖骨和一根左腿股骨。1894 年，他发表文章，将这些化石定名为“直立猿人”，以表明这是从类人猿进化到人过程中的一种过渡生物，已具有现代人类的特征——直立姿态。

杜布瓦宣称“直立猿人”是现代人的祖先，但后来在外界压力下改变了看法，认为只不过是一种已经灭绝的大型长臂猿，并坚持这种观点直到去世。这个发现于是被埋没了 30 多年，直至 1929 年北京人头盖骨被发现，爪哇人作为最早发现的直立人的身份才被确认。

1912 年，他还发表了关于在爪哇发现的两个晚更新世头骨的研究

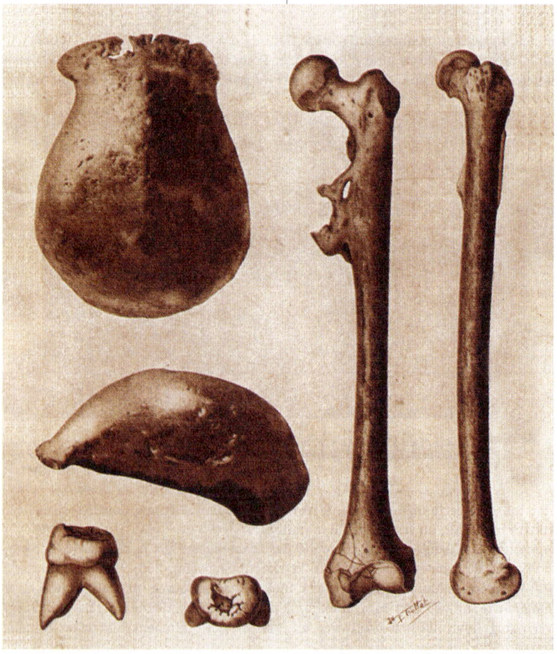

杜布瓦发现的爪哇人化石

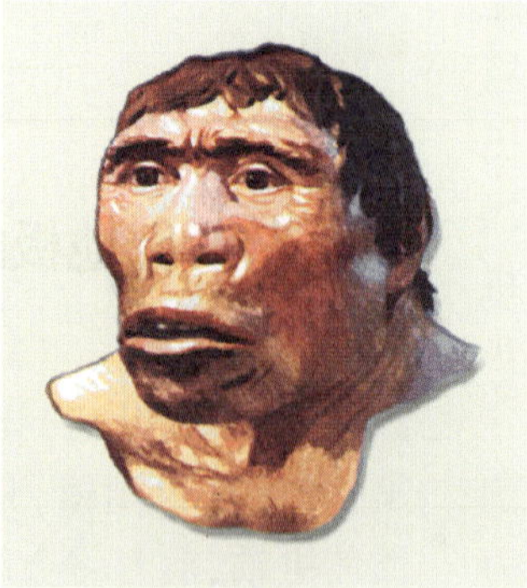

爪哇人头部复原图

报告，认为它们与澳大利亚人有亲缘关系。

1891 年
瓦尔代尔－哈尔茨提出神经元学说

神经元即神经细胞，是构成动物神经系统的基本单位。一个成熟的神经元看似一棵枝繁叶茂的大树，树上有很多短而小的突起，被称为树突；还有一个比树突长很多倍的突起，被称为轴突。对一个神经元而言，树突是它的“侦察兵”，专门负责接受从外界传来的信息；轴突则是“传令兵”，将神经细胞对外界的反应传递到其他细胞中去。这就是神经元学说的基本内容。

19 世纪，人们推崇一种“弥散神经网络学说”，认为各种神经细胞彼此相连，形成一张巨大的网络，感知外部世界，控制人体行为。1873 年，意大利神经解剖学家高尔基发明了对神经细胞专一染色的方法，人们终于可以在改进后的显微镜下观察到神经细胞的胞体及与胞体相连的结构。1886 年，瑞士—德国胚胎学家希斯发现每条神经纤维来自于单个神经细胞。1891 年，德国解剖学家瓦尔代尔–哈尔茨首次使用“神经元”这一术语，并提出最初的神经元学说：神经元是神经系统的结构单位。但瓦尔代尔–哈尔茨没有拿出充分的证据。西班牙神经生物学家卡扎尔通过大量的实验观察，为神经元学说提供了有力的支持证据。卡扎尔改进了高尔基染色法，应用于大脑、视网膜等有关的神经组织。他观察大脑切片，绘制了数百幅图，表明神经系统由数十亿的单个细胞组成。其神经细胞的特殊染色法（卡扎尔法）沿用至今。

1889 年，卡扎尔研究出了脑灰质细胞和脊髓之间的关系，并论证了神经系统极其复杂的特征。1904 年，他系统观察了中枢神经系统和周围神经系统，证明长的神经纤维只有在末梢才与另外的神经细胞接触，从而弄清了人体神经系统的基本结构，指出神经系统是由神经元组成的，信息从一个神经元的轴突传入另一神经元的树突，传导是单向的。1906 年，卡扎尔因阐明了神经元间的关系而与高尔基共获诺贝尔生理学医学奖。略带讽刺意味的是，高尔基却是弥散神经网络学说的支持者。

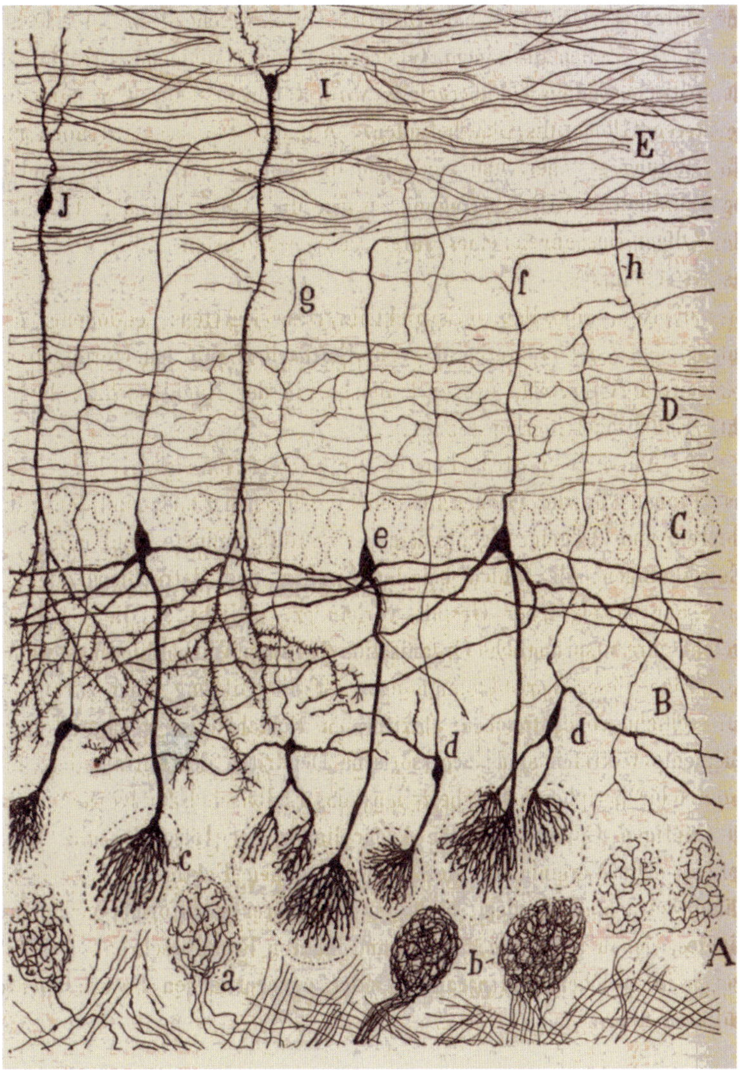

卡扎尔绘制的猫大脑神经元简图

1892 年
洛伦兹建立经典电子论

在麦克斯韦提出经典电磁理论后，为了解释电磁场与物质的相互作用及物质的电性质，人们需要一个关于物质电结构的模型。1892 年，荷兰理论物理学家洛伦兹提出，电具有“原子性”，是由微小的实体组成的（后来这些微小实体被称为“电子”）。洛伦兹认为,一切物质的分子都含有电子,阴极射线的粒子就是电子。洛伦兹以经典的电子概念为基础解释物质的电性质及电磁场与物质相互作用时所呈现的多种宏观现象。1895 年,他从电子论导出运动电荷在磁场中受到的作用力公式,即洛伦兹公式。

1896 年,洛伦兹的学生塞曼在实验中发现了塞曼效应:置于强磁场中的光源,其原来的一条谱线会分裂成三条。随后不久,洛伦兹根据电子论对塞曼效应进行了定量解释,产生了很大的反响。1897 年,英国物理学家约瑟夫·汤姆孙发现了电子,进一步证明了电子论的基本观点。1902 年,洛伦兹由于提出“电子论”,和塞曼共同获得诺贝尔物理学奖。

1892 年
穆瓦桑发明高温反射电炉

法国化学家穆瓦桑 1892 年发明了高温反射电炉,又称电弧炉,产生的温度可达 3500℃。高温反射电炉解决了高温化学反应的设备问题,穆瓦桑利用它制备了电石(碳化钙)、铝、钨、金刚砂等重要的难熔物质和碳—铁、碳—银合金。1906 年,穆瓦桑因发明高温反射电炉和制得单质氟获得诺贝尔化学奖。

1892 年,加拿大发明家托马斯·威尔逊在电炉中用煤焦沥青和石灰也制得了电石。同年 5 月,威尔逊偶然发现电石与水反应可以得到乙炔气体,从而找到了大规模生产乙炔的方法,使乙炔开始进入工业化生产的时代,并开创了金属加热、切割和焊接的乙炔时代。

1892年
克罗斯等发明黏胶纤维

黏胶纤维简称黏纤,又称人造丝、冰丝、黏胶长丝,是以棉或其他天然纤维原料生产的纤维素纤维。1891 年,英国化学家克罗斯、贝文和克莱顿·比德尔发现用碱处理纤维素,在二硫化碳中溶解后得到的纤维素磺酸钠溶液具有较大的黏性,因而将其命名为黏胶。黏胶遇酸后,纤维素又会重新析出。他们敏锐地意识到,这项研究具有巨大的经济价值。1892 年,他们通过专利公布了这个过程。黏胶纤维的生产关键是把纤维素磺酸钠通过喷丝头喷到使它凝固的浴液中。

1905 年,德国人发明了制造黏胶纤维的凝固浴,它由稀硫酸和硫酸钠组成,硫酸钠使黏胶凝固,硫酸使黏胶分解成再生纤维素。凝固浴的发明改善了黏胶纤维的生产工艺,使其大规模生产得以开始。该年,英国正式开始黏胶纤维的工业生产,1911 年美国也开始了黏胶纤维的工业生产。黏胶纤维是最早投入工业化生产的化学纤维之一。由于吸湿性好,穿着舒适,可纺性优良,黏胶纤维常与棉、毛或各种合成纤维混纺、交织,用于生产各类服装和装饰用纺织品。

1892 年
卡斯特纳和克尔纳同时发明水银电解法生产烧碱

烧碱最初用苛化法(用纯碱和石灰反应)生产,但这一方法须消耗另一种重要的产品纯碱。随着造纸、染料和印染等工业的发展,对烧碱和氯气的需求量不断增加,苛化法生产的烧碱已不能满足要求。19 世纪初,通过电解食盐水溶液同时制取烧碱和氯气的电解法提出,但由于缺乏大功率直流发电机,该法并未实现工业化应用。19 世纪末,大功率直流发电机研制成功,电解法终于得以工业化。

电解法生产耗电量巨大,降低能耗从一开始就是改进电解法生产的努力方向。为了连续有效地将电解槽中的阴、阳极产物隔开,1890 年德国使用了水泥微孔隔膜,这种方法称为隔膜电解法(简称隔膜法)。1892

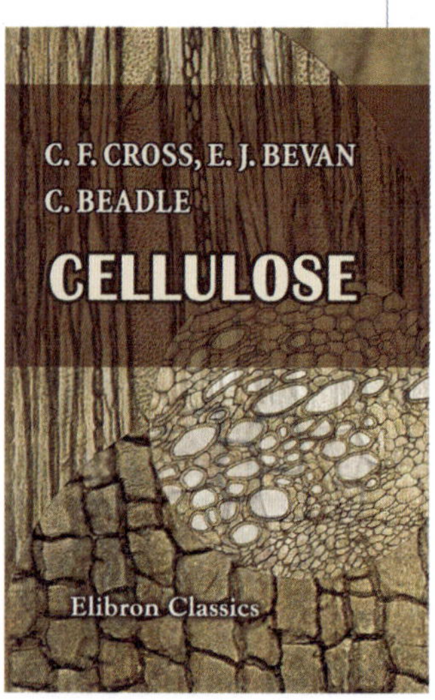

克罗斯等合著的《纤维素》

年，美国人卡斯特纳和奥地利人克尔纳同时提出了水银电解法(简称水银法)。该法采用汞阴极，使产物氢氧化钠和氢气不是直接在电解槽而是在解汞槽中生成，从而使两极的电解产物被隔离开了。水银法制取的碱液纯度高、浓度大。1897 年，英国和美国分别建成水银电解法工厂。

隔膜法生产的碱液浓度较低且含有氯化钠，需要进行蒸发浓缩和脱盐等后续处理才能提高碱液浓度；水银法能够直接得到高纯度的碱液，但水银会对环境造成污染。经过艰苦研究，离子膜电解法(简称离子膜法)应运而生，于 1975 年首先在日本和美国实现工业化。离子膜法使用阳离子膜将阴、阳极室隔开，可直接制得氯化钠含量极低的浓碱液。离子膜法综合了隔膜法和水银法的优点，产品质量高，能耗低，且无水银公害，故被公认为当代氯碱工业的最新成就。

1892 年
庞加莱《天体力学新方法》首卷出版

1846 年海王星的发现，标志着拉普拉斯等人奠基的经典天体力学已趋成熟。19 世纪中叶以后，大量新发现的小行星需要迅速计算出它们的准确轨道，航海和大地测量需要有更精确的月球运动理论和行星运动理论，这些因素促进了天体力学继续发展。另一方面，数学和力学的新成就又为进一步发展天体力学提供了有利条件。19 世纪末，天体力学的新进展已殊为可观，其集大成者则是法国数学家庞加莱。庞加莱创立了天体力学定性理论，发展了摄动理论及天体形状和自转理论。他因此——尤其是因研究 *n* 体问题及相关动力学基本问题所作的突出贡献——而于 1889 年荣获瑞典国王奥斯卡二世悬赏的奖金。此后，他相继出版了《天体力学新方法》和《天体力学讲义》两部著作，总结了这一历史时期中天体力学的全部新成果。《天体力学新方法》共 3 卷，先后于 1892 年、1893 年和 1899 年问世。20 世纪初，他又出版了在巴黎大学讲授天体力学课程的教材《天体力学讲义》，全书也分 3 卷，第 1 卷于 1905 年、第 2 卷上下册分别于 1907 年和 1909 年、第 3 卷于 1910 年出版。这些著作论述精辟，分析严谨，成为天体力学领域中影响深远的学术经典。

1892—1898 年
伊万诺夫斯基和贝杰林克发现病毒

19 世纪后期，当细菌学研究取得巨大进步之后，人们开始将目光投向比细菌更微小的生命体。1892 年，俄国生物学家伊万诺夫斯基在研究烟草花叶病时发现，将有病烟叶的汁液经细菌过滤器过滤后，擦在无病烟叶上仍能使其感染。因此，他认为滤液中一定有一种比细菌更小的微生物。1898 年，荷兰微生物学家贝杰林克也得到了相似的结果。贝杰林克将烟草花叶病株的汁液置于琼脂凝胶块的表面，发现导致烟草花叶病的物质在凝胶中以一定的速度扩散，而细菌仍滞留于琼脂的表面。他进而总结出烟草花叶病的致病因子具有三个特点：(1)能通过细菌过滤器；(2) 仅在细胞复制时才能繁殖；(3) 在体外非生命物质中不能生长。据此，他提出这种致病因子不是细菌，而是一种“具有感染性的活的流质”，取名为病毒(拉丁名 virus)。

一个多世纪以来，人们在研究人类与动植物疾病时，以伊万诺夫斯基

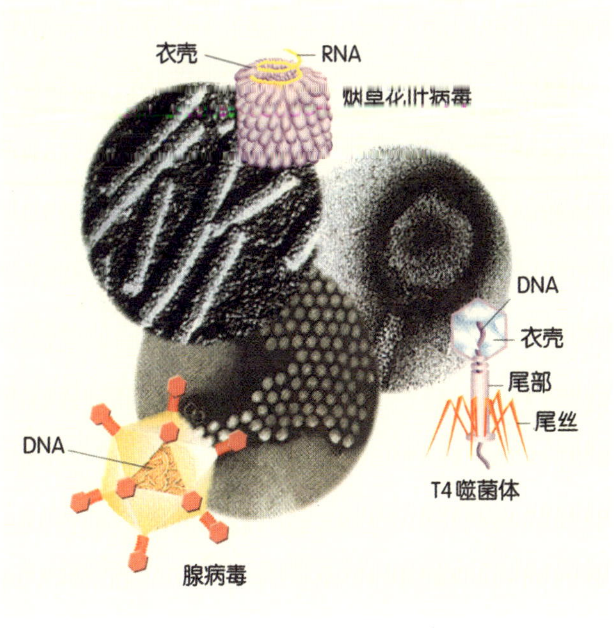

几种病毒的电子显微镜照片

和贝杰林克的滤过性实验作为基本技术手段，相继发现了许多病毒，如致病性的流行性感冒病毒、肝炎病毒、获得性免疫缺陷综合征（艾滋病）病毒及已被人类消灭的天花病毒等，还有能杀死细菌的病毒——噬菌体。

病毒没有细胞结构，一般结构是蛋白质外壳包裹着内部的遗传物质（DNA 或 RNA），极少数病毒甚至只有蛋白质结构（如朊粒）。病毒个体非常小，通常只有 10^{-9} 米大小，只能在电子显微镜下观察到。在离体条件下，病毒以无生命的生物大分子形式存在，一旦侵入宿主细胞，就能利用细胞内的合成及代谢系统在自身遗传物质的指导下复制遗传物质、合成相关蛋白质，然后将蛋白质和核酸“组装”成大量成体病毒，在细胞死亡破裂后释放出来，再去侵害其他细胞。病毒是对人类危害最大（导致约 80%的传染病）、个头最小的“杀手”。病毒性疾病无法用抗生素治疗，目前一般使用干扰素等抗病毒药物。注射疫苗（如乙肝疫苗）可以使机体自己产生免疫力，以预防病毒性疾病。

1935 年，美国生物化学家斯坦利首次纯化出烟草花叶病毒晶体（因此荣获 1946 年诺贝尔化学奖）。1937 年，人们采用多伦多大学研发的可放大 7000 倍的电子显微镜，才一睹病毒的“庐山真面目”。此时，距伊万诺夫斯基首次发现烟草花叶病毒已过去将近半个世纪了。

1893 年
维恩位移律提出

德国物理学家维恩于 1893 年利用经典电磁场理论导出了关于黑体辐射中能量最大的波长与绝对温度成反比的定律。该定律表明，黑体辐射随着温度的升高，其辐射中能量最大的波长将向短波方向移动，故称为维恩位移律。根据该定律，可通过测量高温物体（如炼钢炉内的钢水）的辐射中能量最大的波长来判断该物体的温度，辐射高温计就是根据这个原理设计的。此外，还可根据维恩位移律估测太阳表面的温度。

1896年，维恩又进一步提出了一个黑体辐射能量随波长分布的公式，称为维恩公式。但其后更精确的实验发现，维恩公式在波长较短、温度较低时才与实验相符。

1893 年
贝伦德发明电位滴定法

1893 年，为了解决有机体系的滴定分析问题，德国分析化学家贝伦德在同事弗里德里希·奥斯特瓦尔德的协助下，发明了电位滴定分析法。

电位滴定分析法是将标准溶液滴入被测物质的溶液，从电极电位的突变来指示滴定终点的滴定分析法。测定时，用指示电极（如铂电极）、参比电极（如甘汞电极）和被测溶液组成化学电池，用电位计测定滴定过程中电位的变化。该法可用于基于酸碱反应、沉淀反应、络合反应和氧化还原反应的滴定分析，特别适用于非水体系、有颜色的溶液或无适当指示剂可用的溶液的定量分析。

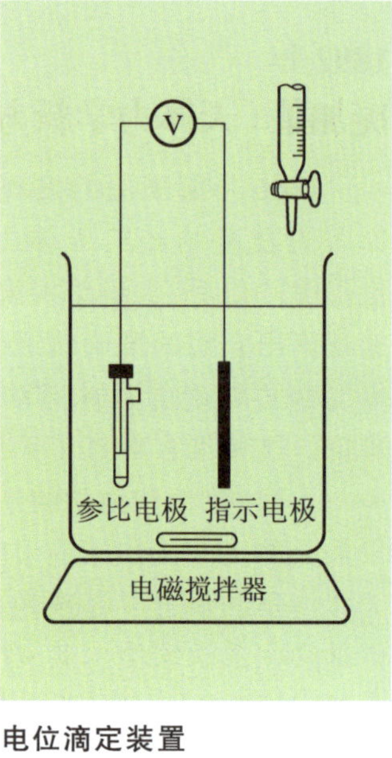

电位滴定装置

1893 年
维尔纳提出配位学说

配位化合物简称配合物，它是一类含有配位单元的化合物，配位单元是由中心原子或离子与几个配体分子或离子以配位键相结合而形成的复杂分子或离子。

人们很早就开始接触配位化合物，它们当时大多用于日常生活，比如杀菌剂胆矾和用作染料的普鲁士蓝。对配合物的研究开始于 1798 年，法国化学家首次用二价钴盐、氯化铵与氨水制得 $CoCl_3 \cdot 6NH_3$，并发现铬、镍、铜、铂等金属及 Cl^-、H_2O、CN^-、CO 和 C_2H_4 也都可以生成类似的化合物。对于这些配合物中的成键情况，当时比较盛行的说法借用了有机化学的思想，认为这类分子为链状，只有末端的离子可以离解出来。然而这种说法很牵强，不能说明的事实很多。

1893 年，瑞士化学家阿尔弗雷德·维尔纳根据大量实验事实，提出了配位学说。其要点是：一些金属的化合价除主价外，还有副价。配合物分为“内界”和“外界”。内界由中心离子与配体以副价紧密结合，具有一定的几何构型，可以是立体的，也可以是平面的；配体的数目称为配位数。而外界较易解离。维尔纳的配位学说结束了当时无机化学界的某些混乱局面，解释了很多配合物的异构现象、电导和磁性，但对副价的本质未能给以明确的解释。维尔纳被称为配位化学之父，并因此获得了 1913 年的诺贝尔化学奖。

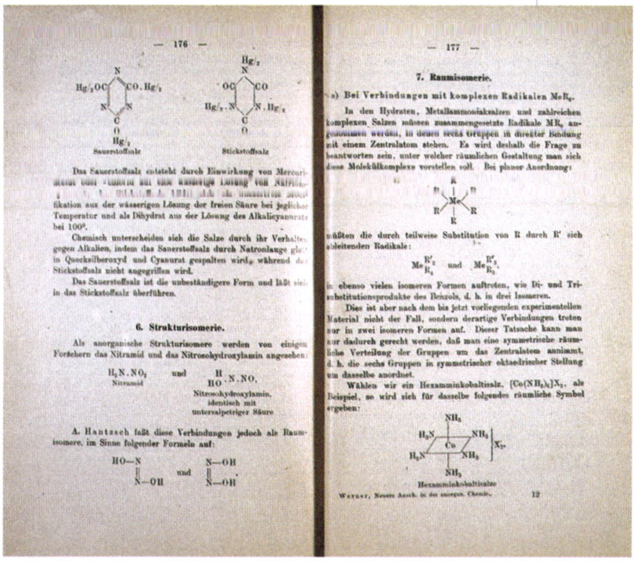

— 176 —

Sauerstoffsalz　　Stickstoffsalz

Das Sauerstoffsalz entsteht durch Einwirkung von Mercuri- [illegible] fikation aus der wässerigen Lösung der freien Säure bei jeglicher Temperatur und als Dihydrat aus der Lösung des Alkalicyanurats bei 100°.

Chemisch unterscheiden sich die Salze durch ihr Verhalten gegen Alkalien, indem das Sauerstoffsalz durch Natronlauge glatt in Quecksilberoxyd und Cyanurat gespalten wird, während das Stickstoffsalz nicht angegriffen wird.

Das Sauerstoffsalz ist die unbeständigere Form und läßt sich in das Stickstoffsalz überführen.

6. Strukturisomerie.

Als anorganische Strukturisomere werden von einigen Forschern das Nitramid und das Nitrosohydroxylamin angesehen:

$H_2N.NO_2$ (Nitramid) und $\frac{H}{HO}$.N.NO (Nitrosohydroxylamin, identisch mit untersalpetriger Säure)

A. Hantzsch faßt diese Verbindungen jedoch als Raumisomere, im Sinne folgender Formeln auf:

HO—N ‖ N—OH und N—OH ‖ N—OH.

— 177 —

7. Raumisomerie.

a) Bei Verbindungen mit komplexen Radikalen MeR_6.

In den Hydraten, Metallammoniaksalzen und zahlreichen komplexen Salzen müssen zusammengesetzte Radikale MR_6 angenommen werden, in denen sechs Gruppen in direkter Bindung mit einem Zentralatom stehen. Es wird deshalb die Frage zu beantworten sein, unter welcher räumlichen Gestaltung man sich diese Molekülkomplexe vorstellen soll. Bei planer Anordnung:

müßten die durch teilweise Substitution von R durch R' sich ableitenden Radikale:

$Me^{R'_2}_{R_4}$ und $Me^{R'_3}_{R_3}$

in ebenso vielen isomeren Formen auftreten, wie Di- und Trisubstitutionsprodukte des Benzols, d. h. in drei Isomeren.

Dies ist aber nach dem bis jetzt vorliegenden experimentellen Material nicht der Fall, sondern derartige Verbindungen treten nur in zwei isomeren Formen auf. Dieser Tatsache kann man nur dadurch gerecht werden, daß man eine symmetrische räumliche Verteilung der Gruppen um das Zentralatom annimmt, d. h. die sechs Gruppen in symmetrischer oktaedrischer Stellung um dasselbe anordnet.

Wählen wir ein Hexamminkobaltisalz, $[Co(NH_3)_6]X_3$, als Beispiel, so wird sich für dasselbe folgendes räumliche Symbol ergeben:

Hexamminkobaltisalze

Werner, Neuere Ansch. in der anorgan. Chemie.　　12

维尔纳所著《无机化学新思想》中的两页

1893 年
赫特维希揭示细胞核的重要性

1831 年，英国植物学家罗伯特·布朗观察到细胞核在各种植物细胞中普遍存在，并推断细胞核是细胞不可或缺的成分。1838—1839 年，德国植物学家施莱登与德国动物学家施旺创立了细胞学说，认为细胞是生命的基本单位。但细胞核对细胞的重要性并不为人所知。

1876 年起，德国动物学家赫特维希开始陆续报道有关海胆卵细胞受精作用的研究结果。他发现精子的细胞核会进到卵子的内部同后者的细胞核融合，从而证实了生物个体是由单一有核细胞发育而成的。随后，赫特维希又在其他动物（主要是两栖动物与软体动物）的细胞中确认了这个观察结果。同一时期，波兰—德国植物学家施特拉斯布格尔也获得了相同结论。1893 年，赫特维希的专著《细胞与组织》出版，书中指出细胞核在遗传上的重要性。

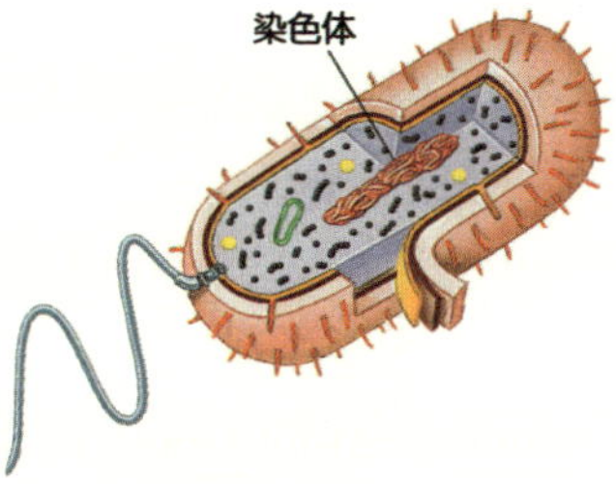

细菌的原核细胞

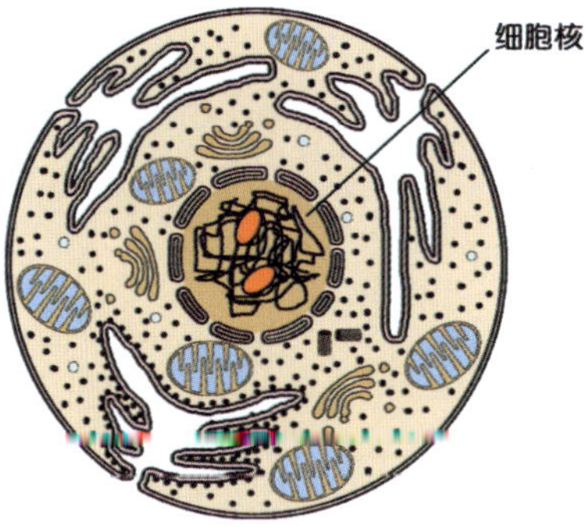

动物的真核细胞

随着细胞学和遗传学的进展，人们了解到，并非所有的细胞都有细胞核。酵母等单细胞生物和所有多细胞生物都有细胞核，这些生物被称为真核生物；大肠杆菌等低级单细胞生物没有细胞核，这些生物被称为原核生物。真核生物遗传信息的载体——DNA 主要位于细胞核中。细胞核有一定的组织结构，核的内部和外部进行着既相互关联又有所差异的生命活动，细胞分裂过程中伴随着细胞核的消失和重建。

1894

1894 年 斯波勒发现太阳黑子纬度分布的变化规律

19 世纪中期，英国天文学家卡林顿通过对太阳黑子的长期观测，于 1859 年前后获得两项重要发现：一是太阳在其赤道附近自转较快，在其纬度较高处自转较慢，这就是太阳的较差自转；二是在一个太阳黑子活动周期中，黑子出现的平均日面纬度随时间的推移而从约 35°逐渐移近赤道，直到约 8°为止。德国天文学家斯波勒通过对太阳黑子的长期观测和对大量观测资料的统计分析，证实卡林顿的上述见解，并于 1894 年进一步提出黑子的日面纬度分布规律：几乎所有的黑子分布在日面纬度±45°（今值±40°）区域内；每个黑子周期开始时，黑子常出现在纬度±30°（今值±35°）附近；黑子最多时，常出现在 15°附近；黑子周期行将结束时，黑子常出现在纬度±8°（今值±5°）附近，并在那里消失。在前一周期的黑子尚未完全消失之际，后一周期的黑子已在纬度±30°附近出现。这种周期性的变化规律后来称为斯波勒定律。1914 年，英国天文学家蒙德首先绘图表示黑子日面纬度分布随时间的变化。他以年份为横坐标，日面纬度为纵坐标，画出的图形犹如一队整齐排列的蝴蝶，故称“蝴蝶图”。这实际上是对斯波勒定律的形象化描述。

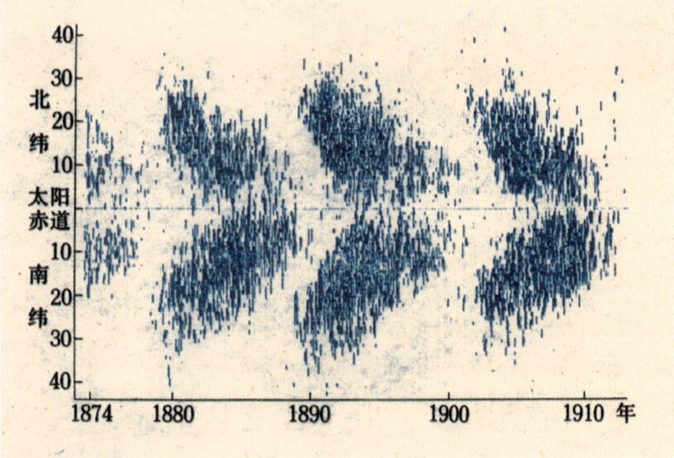

蒙德绘制的“蝴蝶图”

1894 年 贝特森提出非连续变异观点

1900 年春天，埋没 35 年之久的孟德尔论文终于重见天日。孟德尔遗传定律被重新发现之后，遗传学作为一门独立的学科迅速崛起，而这与英国遗传学家贝特森的不懈努力很有关系。贝特森通过动植物杂交实验不仅再次验证了孟德尔遗传定律，而且发现了孟德尔遗传定律的一些“例外”现象，如某些性状总是一起遗传的（这一现象后来被称为连锁），许多性状由两个或更多的遗传因子共同决定等。在此过程中，贝特森提出了“遗传学”一词，创立了许多重要的遗传学概念，并提出了非连续变异的观点。

1894 年，贝特森经过长期实地考察和研究写成的《研究变异的材料》出版，书中展示了动物中不太常见的身体变异，如身体某一部分多了出来（长了两套输卵管的螯虾），或身体的一部分变为另一部分（触角长成附肢的蜜蜂），等等。他认为，进化的发生不是因为微小、有利的变异在自然选择的作用下缓慢累积，而是来自大的跳跃式的变异，即非连续变异，并提出“只有不连续变异才能被遗传，从而在进化中起作用”。当时，英国动物学家韦尔登推崇高尔顿学说，认为亲代的遗传物质各传一半给子代，在子代中彻底混合，因而变异是连续的，连续变异才是进化的基础。贝特森的观点对其提出了挑战。直至木村资生提出进化的中性学说，人们才对进化的分子基础达成共识。

1894—1912 年 皮尔逊创立描述统计学

统计学作为一门独立的学科，一般认为诞生于 17 世纪；而以概率论为基础的数理统计学发轫于何时，则说法不一。不过人们公认它的发展经历了描述统计学和推断统计学这两个阶段。描述统计学研究的是如何取得反映客观现象的数据，并通过图表等形式对这些数据进行处理及显示，以反映客观现象的规律性及数量特征；推断统计学研究的则是如何根据样本数据去推断总体特征。这两个阶段在时间上并无明显的分界，而相应的两门分支学科，则构成了数理统计学的完整体系。多数统计学史学家认为，数理统计学初步形成于 19 世纪末至 20 世纪初，以描述统计学的创建为标志。最终完成这一创建工作的，是英国数学家和统计学家卡尔·皮尔逊。

皮尔逊从 1884 年起任伦敦大学学院应用数学和力学教授，同时又在物理学、哲学、文学、语言学、法学、宗教思想史等诸多领域颇有造诣。1890 年，他开始专门研究数学方法在生物学中的应用。导致他学术生涯上这一重大转折的是两件事：一是英国学者高尔顿于 1889 年出版了《自然的遗传》；二是韦尔登于 1890 年到伦敦大学学院任动物学教授，并与皮尔逊结为好友。

高尔顿在研究人类智力的遗传等问题时，采用统计方法来分析大量关于人体特征的数据，首先提出了“相关”与“回归”的理论。皮尔逊通过《自然的遗传》得知了高尔顿的工作，并对之产生了浓厚的兴趣。韦尔登受高尔顿工作的启发，把统计分析的应用范围从人类扩展到动物上，并取得了一定成果。但由于在数学上力不从心，韦尔登常常把统计理论上的有关问题交由皮尔逊解决。

在这样的情况下，皮尔逊全身心投入统计学在生物进化和遗传问题上（后来又在优生学上）的应用研究。从 1894 年到 1912 年，他以《对进化论的数学贡献》为题发表了 18 篇连载论文，涵盖了他最有价值的工作。皮尔逊发展了高尔顿的理论，与高尔顿、韦尔登一起成功地创立了生物统计学（以 1901 年《生物统计学》杂志的创办为标志）；他提出了“总体”的概念，指出统计学不是研究样本本身而是要根据样本对总体进行推断，并为此提出了检验作为样本的个体对总体分布之“拟合”优度的 χ^2 统计量。皮尔逊将概率论中的许多概念引入生物统计学，把生物统计方法提炼成为处理统计资料的通用方法，从而创立了描述统计学。

1895 年
斐兹杰惹提出运动物体收缩假说

1887年，旨在搜寻以太的迈克耳孙—莫雷实验并没能观察到传播方向不同的两光束有任何速度差。实际上，这证明了光速不变原理，即真空中的光速在任何惯性参考系中具有相同的值。

为了解释迈克耳孙—莫雷实验的零结果，爱尔兰物理学家斐兹杰惹于 1895 年提出收缩假说。他认为，一切运动中的物体都会在其运动方向上发生收缩，即斐兹杰惹收缩。斐兹杰惹还提出了一个简单的公式，来描述运动方向上物体的长度随运动速度而变化的公式。稍晚，洛伦兹也独立地提出了同一假设，并有所发展。1905 年，爱因斯坦创立狭义相对论，从理论上解释了斐兹杰惹收缩。

1895 年
居里发现磁化率与绝对温度的关系

1895 年，法国物理学家皮埃尔·居里在对晶体结构和物体的磁性进行了大量实验研究后指出，物质的磁性可以分为三类：抗磁体的磁化率不依赖于磁场强度，且一般不依赖于温度；顺磁体的磁化率不依赖于磁场强度，而与绝对温度成反比（这称为居里定律）；而铁磁体在某一温度以上将失去其强磁性。这个工作是居里为了撰写博士论文而进行的。就在同一年，他与来自波兰的玛丽结婚，后来，夫妇俩共同创造了科学史的一段传奇。为了纪念居里在磁性方面研究的成就，后人将铁磁体转变为顺磁体的温度称为居里温度或居里点。

1907 年，法国物理学家外斯成功解释了铁磁体的特性，发现在居里点以上顺磁体的磁化率随温度变化的定律，称为居里—外斯定律。

1895 年
马可尼实现电磁波远距离传送

电报是 19 世纪初发明的一种利用电信号进行通信的方法，早期的有线电报只能通过架设在陆地上的电线传送。1890 年代，人们开始研究利用空间中传播的电磁波进行通信。

1895 年，意大利人马可尼用相当简陋的装置首次实现了无线电远距离传输，取得了无线电报专利。在进一步改进之后，信号发送范围增加到约 2.4 千米，由此确认了利用电磁波传送信息的可能性。在此期间，俄国物理学家波波夫也独立地实现了无线电远距离传输。1901 年，马可尼在英国与加拿大之间成功地实现了无线电通信，这一成就在世界上引起了巨大的轰动，成为以后出现的无线电通信、广播、导航、雷达等技术广泛发展的起点。1909 年，马可尼因对发展无线电技术的贡献，获得诺贝尔物理学奖。

马可尼

1895 年
X射线发现

1895 年 11 月 8 日，德国物理学家伦琴在进行阴极射线实验时偶然注意到，放在射线管附近的一块涂有氰亚铂酸钡的荧光屏发出荧光。他用厚书、木板和硬橡胶等插在放电管和荧光屏之间，仍能看到荧光。他又用水、二硫化碳或其他液体进行实验，结果也是如此。这种射线还能透过铜、银、金、铂、铝等金属，只要它们不太厚。伦琴意识到这可能是某种特殊的从来没有观察到的射线，它具有特别强的穿透力。六个星期后，伦琴确认了这一发现。

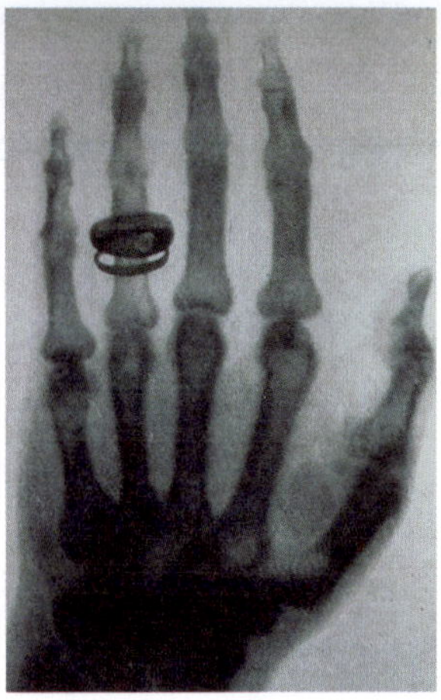

伦琴夫人手的 X 射线照片

1895 年 12 月 22 日，伦琴用他夫人的手拍下了第一张这种新射线的照片。同年 12 月 28 日，伦琴发表了关于这一发现的第一篇报告。因为当时无法确认这一新射线的本质，伦琴在报告中把这一新射线称为 X 射线。伦琴因发现 X 射线，1901 年成为第一位诺贝尔物理学奖获得者。为了纪念伦琴的贡献，人们也把 X 射线称为伦琴射线。

现在知道，X 射线是一种其波长比紫外线还要短的电磁波，产生于原子内层和原子核内部，因此，它必然携带有物质内部结构及微观相互作用的信息。X 射线的发现和研究，对 20 世纪的物理学乃至整个科学技术的发展产生了巨大而深远的影响。

1895 年
奥斯特瓦尔德提出现代催化剂概念

“催化”这一概念是由瑞典化学家贝采里乌斯于 1836 年最先提出的，提出后就遭到当时的学界权威、德国化学家李比希的反对。随后的几十年中，化学界对于催化剂和催化现象的本质的争论一直没有停止。1888 年，德国化学家弗里德里希·奥斯特瓦尔德认为催化剂的本质是“可以加快反应的速度但不是反应发生的诱因”。这一定义被当时

弗里德里希·奥斯特瓦尔德

的化学界普遍接受。1890 年他发表文章，指出自然界存在广泛的“自催化”现象。之后，他和助手布雷迪希合作，对非均相催化过程进行了研究。在过饱和溶液中结晶现象的催化作用、均相体系的催化作用、非均相体系的催化作用和酶的催化作用四方面实验的基础上，1895 年，奥斯特瓦尔德发表了《催化过程的本质》，提出了现代催化剂概念：任何物质，凡是不参加到化学反应的最终产物中去，只是改变这个反应的反应速率者，即称为催化剂；催化现象的本质在于某些物质具有加速那些没有它们参加时进行得很慢的反应的性质。他把催化作用比作润滑油对机器的作用和鞭子对懒马的作用。1902 年，他根据热力学第二定律进一步阐述了催化剂的本质，指出催化剂只能加速反应平衡的到达，而不能改变平衡常数，催化作用是由于降低了活化能的缘故。

由于对催化作用的深入研究，1902 年，奥斯特瓦尔德在铂催化剂上成功地将氨氧化成一氧化氮，提出了著名的奥斯特瓦尔德过程，为现代硝酸工业的发展奠定了基础。正如奥斯特瓦尔德自己所说的，“工业的关键在于催化剂的使用”。

1909 年，鉴于他对催化作用与化学平衡和反应速率的研究，以及由氨制硝酸的方法等方面的杰出贡献，奥斯特瓦尔德荣获了诺贝尔化学奖。需要提及的是，1887 年奥斯特瓦尔德和荷兰化学家范托夫共同创办《物理化学杂志》，标志着物理化学这一新学科的建立。奥斯特瓦尔德因此被誉为“物理化学之父”。物理化学的崛起标志着化学开始向现代化学过渡。

1895 年
贝利发现星团变星

在 19 世纪，天文学家用这样的规则命名变星：最初在 1844 年，对每一个星座内的变星按发现先后依次用拉丁字母 R、S、T、U、V、W、X、Y、Z 记名，例如天鹅座内发现的第四颗变星定名为天鹅座 U。1881 年又将单字母扩充为双字母，以 RR、RS、…、RZ，SS、…、SZ，TT、…，ZZ，AA、…、AZ，BB、…，QZ 命名一个星座内的第 10 至第 334 颗变星，其中完全不用字母 J。从第 335 颗开始，则用字母 V 加上编号命名，如天蝎座 V861。

1895 年，美国天文学家索伦·贝利发现，许多球状星团中都有光变周期从 0.1 天到 1.0 天的变星，其中 10 个球状星团内的变星数目都在 50 个以上。贝利称这些变星为星团变星。1899 年，美国女天文学家威廉明娜·弗莱明发现一颗短周期变星，周期约 13 小时，星等在 7—8 等之间变化，平均绝对星等 0.6 等，它就是在天琴座中发现的第 10 颗变星天琴座 RR，距离地球约 700 光年。后来将光变模式与之类似的变星统称为天琴 RR 型星，它们大多出现在球状星团中。进一步的研究判明，星团变星其实就是天琴 RR 型星。这类变星的光谱型多为 A 型，小部分为 F 型，在赫罗图上的位置处于不稳定带的中下部。它们都具有大致相同的平均光度，因而可以作为测量球状星团距离的“示距天体”，为建立银河系距离尺度乃至宇宙距离尺度、探讨球

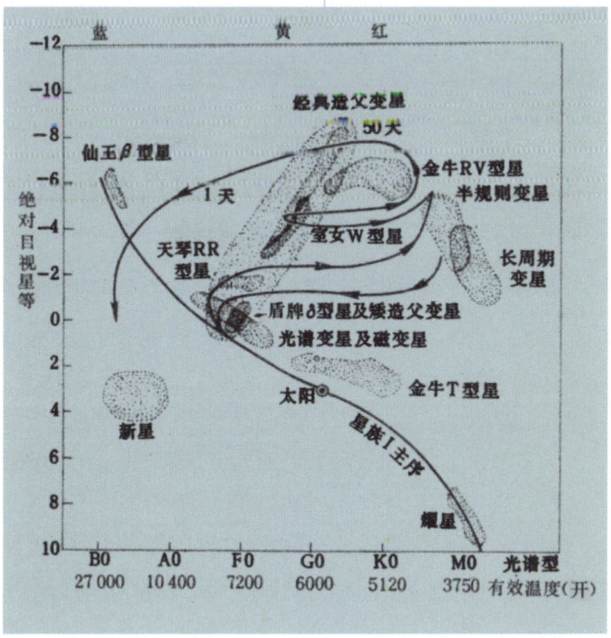

各类变星在赫罗图上的位置

状星团的年龄、研究恒星演化和银河系动力学等发挥了重要作用。

1895 年
南森完成北冰洋探险之旅

第一个证实北极是海洋的人是挪威探险家南森。他因 1888 年跋涉格陵兰冰盖和 1893—1896 年乘“弗雷姆号”横跨北冰洋的航行而声名卓著。

南森

1888 年 5 月，南森携 5 个同伴离开挪威，利用雪橇进行横跨格陵兰冰盖的考察。他们于当年 10 月上旬到达格陵兰西海岸的戈德撒泊村，在那里过冬，并研究因纽特人(旧称爱斯基摩人)。后来他撰写了《爱斯基摩人的生活》一书，于 1891 年出版。

格陵兰考察成功之后，南森开始筹备他的下一次探险——横跨北冰洋。1893 年 6 月 24 日，南森带着 12 个同伴启程向北冰洋进发，于 1895 年 4 月 7 日到达北纬 86°14′的最北点，离北极点只有 235 千米。

1895—1897 年
弗罗贝尼乌斯和伯恩塞德创立群表示论

群表示论是用具体的线性群(矩阵群)来描述群的理论，是研究群的有力工具之一。19 世纪末，群论中最主要的成就便是群表示论的创立。德国数学家弗罗贝尼乌斯在戴德金的鼓励下，于 1895 年开始了对群表示论的系统研究，开辟了这一全新方向。群表示论的核心是群特征标理论，1896 年，他连续发表《群特征标》、《可交换矩阵》、《群行列式的素因子》等三篇论文，建立了群特征标理论的基础，解决了戴德金提出的非阿贝尔群的群行列式分解问题。1896—1907 年，弗罗贝尼乌斯又发表论文 20 多篇，从各个方向扩展了群特征标理论。特别是在 1898 年的《群与其子群特征之间的关系》一文中，他对群与其子群特征之间的关系进行了深刻分析，认识到了解这一关系对于表示和特征的实际计算非常重要。几乎与弗罗贝尼乌斯同时，英国数学家伯恩塞德也独立发展了群表示论，并首先将其应用于有限群的研究。伯恩塞德 1897 年出版的《有限群论》是英国第一部群论专著，1911 年再版后风行一时，深刻影响了其后的群论体系。

1920 年代，德国女数学家诺特把群表示论和代数结构论融合为一。此后，群表示论不仅在理论上得到很大发展，在物理学中也得到广泛应用。

1895—1898 年
瓦明和申佩尔创立植物生态学

生态学是一门研究生物体与其周围环境的关系的学科。19 世纪初，随着农牧业的发展，人们开始研究环境因素对作物及家畜产生的影响，并创立了一系列与生态有关的学科，从而推动了生态学的快速发展，其中最突出的便是瓦明与申佩尔所开创的植物生态学。

瓦明是丹麦著名的植物学家，他首次在大学开设了生态学课程并定义了生态学的涵义及内容。1895 年，瓦明所著的《植物生态学》出版，书中对各种生态因子交互作用下的各种植物群落进行了描述和分类。这是第一本以植物生态学为主题的教科书。

申佩尔则是德国植物生态学家，他考察了一些地区的环境及植物分布状况，揭示了自然因素，如水、温度、阳光和土壤等对植物形态与分布的影响。1898 年，申佩尔所著的《以生理学为基础的植物—地理学》出版，该书从气候学和生理学方面对全球植被进行了系统阐述。

上述两本书总结了 19 世纪前期生态学

领域所取得的成就，用发展的观点分析植物群落的起源和发展，开辟了植物生态学研究的新领域，被公认为生态学史上的经典著作。它们的出版标志着生态学作为一门独立的生物学分支学科的诞生。

1895—1904 年
庞加莱创立组合拓扑学

拓扑学是研究连续性现象的数学分支，最初属于几何学。拓扑学的思想可以追溯到莱布尼茨，他在 1679 年提出位置分析，直接对位置关系进行研究而不涉及坐标和度量。1736 年，欧拉解决了柯尼斯堡七桥问题，这是用“组合的”方法解决的第一个具有拓扑性质的问题，标志着拓扑学的开端。19 世纪末，拓扑学已形成点集拓扑学与组合拓扑学两个方向。前者来源于分析学的严格化，把几何图形看作是点的集合，又常把这个集合看作是一个空间，现演化成为一般拓扑学；后者把几何图形看作是由一些基本构件组合而成的，并从这个观点出发研究图形在连续变换下的不变性质，现发展成为代数拓扑学。后来，又相继出现了微分拓扑学和几何拓扑学等分支。

组合拓扑学的奠基人是法国数学家庞加莱。他从 1892 年开始对拓扑学进行系统的研究，在 1895—1904 年发表的题为《位置分析》的 6 篇系列论文中创造了用剖分研究流形这一组合拓扑学的基本方法。粗略地讲，就是一个 n 维流形可看作有限个互不相交的维数小于等于 n 的“胞腔”所组成的族 T，其中每一个 k 维胞腔的闭包同胚于一个 k 维闭球体，而胞腔本身同胚于闭球体的内部，并且胞腔的边界是族 T 中一些维数小于等于 $k-1$ 的胞腔的并。庞加莱引进了许多重要的不变量，如同调、贝蒂数、基本群、挠系数，并提出了具体计算的方法。他还探讨了三维流形的拓扑分类问题，提出著名的“庞加莱猜想”，其思想和方法被后继者沿用到 1930 年代。之后，组合拓扑学逐步演化成利用抽象代数的方法研究拓扑问题的代数拓扑学。

1896 年
闵可夫斯基《数的几何》出版

数的几何，又称几何数论，是用几何方法研究某些数论问题的一个数论分支。这些数论问题的一个典型例子是：设 $f(x_1,x_2)=a_{11}x_1^2+a_{12}x_1x_2+a_{22}x_2^2$ 是一个正定二次型，那么它的值能有多小？用数的几何的方法可以证明，存在不全为零的整数 u_1,u_2，使得

$$f(u_1,u_2)\leqslant\sqrt{\frac{4}{3}D}\ ,$$

这是最佳结果，其中 $D=a_{11}a_{22}-a_{12}^2$，称为这个二次型的判别式。

用几何方法研究数论问题缘起于 18 世纪至 19 世纪初拉格朗日和高斯等人以几何观点研究二次型算术性质的工作。至 19 世纪末，德国数学家赫尔曼·闵可夫斯基为了简化狄利克雷和埃尔米特所建立的丢番图逼近的解析理论，把格和凸集等几何概念引入数论，并把由这一简单而又有效的方法所建立的理论称为“数的几何”。1891 年，他发表了关于数的几何的第一篇论文。1896 年，他出版了《数的几何》一书。从此，数的几何成为数论的一个独立分支。

闵可夫斯基主要研究了对称凸集，并得到了一些基本性质，表述为数的几何第一基本定理和第二基本定理。第一基本定理是说，对于 n 维欧氏空间中的一个对称凸集，如果其体积大于或等于 2^n，那么其内部或边界上必定有一个非零格点（即坐标皆为整数的点）。第二基本定理则是说，对于闭的对称凸集，如果其体积为非零的有限数，那么这个数将满足某个不等式，这个不等式与这个对称凸集的相似形内有多少个线性无关的格点有关。这些定理在丢番图逼近和代数数论中有不少有趣而重要的应用。

赫尔曼·闵可夫斯基

闵可夫斯基还看出通过 n 维空间中的对称凸集可以定义一种新的“距离”，从而产生相应的“几何”。这一想法为 1920 年代赋范空间理论的创立铺平了道路。

1896 年
阿达马和瓦莱–普桑证明素数定理

素数是构成自然数的基本元素，在数论中占有极其重要的地位。素数在自然数中的分布情况一直是数论中最有吸引力的问题之一。如果用 x 表示一个自然数，$\pi(x)$表示不大于 x 的素数个数，那么总体来说随着 x 的增大 $\pi(x)$的增大越来越慢。19 世纪上半叶，法国数学家勒让德和德国数学家高斯猜测$\frac{\pi(x)\ln x}{x}$随着 x 的增大将趋向于 1，这就是著名的素数定理。

1896 年，法国数学家阿达马与比利时数学家瓦莱–普桑先后独立地证明了素数定理。两人的证明手法相同，都用到了黎曼 ζ 函数以及复分析中的整函数理论。1949 年，挪威—美国数学家塞尔贝格和匈牙利数学家爱尔特希又给出了素数定理的一种初等证明。素数定理是素数分布理论的中心定理，它的证明具有里程碑式的意义。

1896 年
塞曼发现磁场中的光谱线分裂

1896 年，荷兰物理学家塞曼将钠焰置于强磁场中发现，沿平行于磁场的方向观察，一条光谱线分裂成两条圆偏振光；垂直于磁场方向观察，一条光谱线分裂成三条线偏振光。这是正常塞曼效应，它可以用经典电磁理论解释，还可计算带电粒子的(电)荷质(量)比，与几个月后约瑟夫·汤姆孙通过阴极射线实验所测定的电子的荷质比的数量级相同，故塞曼效应也被认为是电子存在的重要证据。塞曼因发现此效应，和提供经典解释的荷兰理论物理学家洛伦兹共同获得 1902 年诺贝尔物理学奖。

此外，光谱线在磁场中还有更为复杂的分裂类型，即反常塞曼效应，它不能用经典理论解释。量子力学出现后，塞曼效应的本质才被揭开。塞曼效应使光谱分析得以大大进步，对量子力学的发展也起了推动作用。

1896 年
贝克勒耳发现天然放射性

1895 年底，X 射线的发现轰动了欧洲。1896 年，法国物理学家贝克勒耳开始研究 X 射线和荧光的关系。

贝克勒耳用厚厚的黑纸把照相底片包起来，黑纸外面捆上荧光物质硫酸铀酰钾(这种铀盐在阳光照射下会发出荧光)，放在阳光下晒，让阳光诱发出的荧光穿透黑纸使照相底片曝光。如其所料，一切均按设想发生。为了进一步确认现象，他打算再次进行同样的实验，可惜天公不作美，巴黎阴云密布，只好将实验包放在抽屉里。当天气转好准备再次实验时，却发现置于黑暗中的底片依然被曝光。贝克勒耳意识到有未知的射线在起作用，称这一现象为贝克勒耳现象。之后，贝克勒耳的学生玛丽·居里和皮埃尔·居里夫妇用“放射性”一词替代“贝克勒耳现象”。

现在知道，放射性是指某些不稳定的原

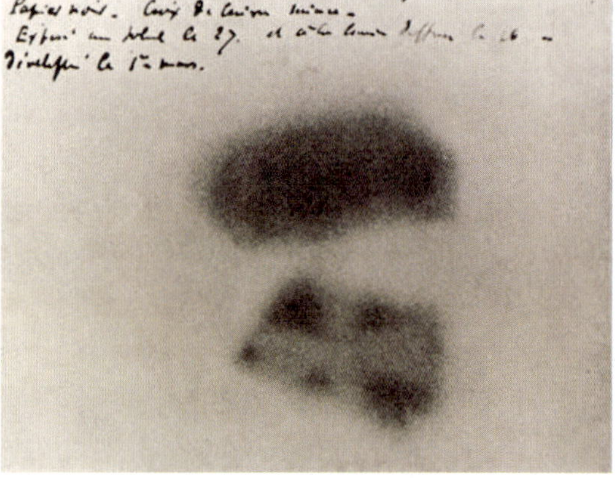

贝克勒耳的天然放射性照片

子核自发地放出粒子(如电子、α 粒子等)或 γ 射线的现象。天然存在的原子核自发放出射线的性质称为“天然放射性”;而通过核反应人工制造出的原子核能放出射线的性质称为“人工放射性”。贝克勒耳和居里夫妇因为发现天然放射性而获得 1903 年诺贝尔物理学奖,这一发现开启了原子核物理研究的新纪元。

1896 年
兰利制成无人驾驶飞行器

19 世纪后期,科学家们仍然怀疑用金属和木头制成的飞行器可以上升和飞翔的可能性。美国天文学家、物理学家,航空事业的先驱者兰利最先解释了鸟类无需鼓翼就能在空中翱翔的原因。

1891 年,兰利总结了自己的研究结果,写成了早期航空基础理论的著作之一《空气动力学实验》,坚信人类能够研制出可以飞行的动力飞机。兰利还发现并提出了兰利定律,在某些确定的条件下,飞行所要求的动力在理论上将随着速度的增加而无限减少,但实际上这个动力将减少到某一极限。这一定律在实践中得到证实。1896 年,兰利制成了第一架重于空气的无人驾驶飞行器。该飞行器用蒸汽推动,飞行高度达 150 米,飞行距离达 1500 米。这是历史上第一次重于空气的动力飞行器实现稳定的飞行,在世界航空史上具有重大的意义。1903 年,兰利的载人飞行实验失败。9 天后,莱特兄弟的飞行获得成功。兰利痛失飞机发明权,离成功只有一步之遥。直到 1914 年,在给兰利制造的最后一架飞机安装了功率更大的发动机后,飞行成功了。此时,兰利已经去世 8 年了。

1896 年
发现瓦尔登反转现象

旋光性化合物发生化学反应时,试剂进攻一个不对称碳原子(手性碳原子),我们把在旧键断裂的方向形成新键的情况称为构型保持,而将在旧键断裂的相反方向形成新键的情况称为构型反转。构型反转的现象是 1896 年德国化学家瓦尔登发现的,这在当时是一个十分重大的发现。

瓦尔登在研究结构与旋光方向之间的关系时发现,(–)–苹果酸在醚溶液中与三氯化磷作用,生成(+)–氯丁二酸,后者与湿的氧化银反应后,得到(+)–苹果酸。同样,若以(+)–苹果酸与三氯化磷作用,则生成(–)–氯丁二酸,再与湿的氧化银作用,生成(–)–苹果酸。瓦尔登发现了使苹果酸构型发生反转的实验方法,但当时他不知其原因。经后人阐明,当苹果酸与三氯化磷作用时,发生了构型反转,而与湿的氧化银作用时,构型保持不变。瓦尔登首先发现构型反转和构型保持现象,故在亲核取代等反应中发生的构型反转的现象称为瓦尔登反转。现在我们知道,在中心碳原子为手性碳原子的亲核取代反应中,构型反转的现象是十分普遍的。

1896 年
威尔逊《细胞发育与遗传》出版

19 世纪末期,德国生物学家魏斯曼试图建立发育和遗传的统一理论,他提出的有关细胞在遗传和发育中的作用问题一直吸

兰利 1903 年载人飞行器的 1/4 模型

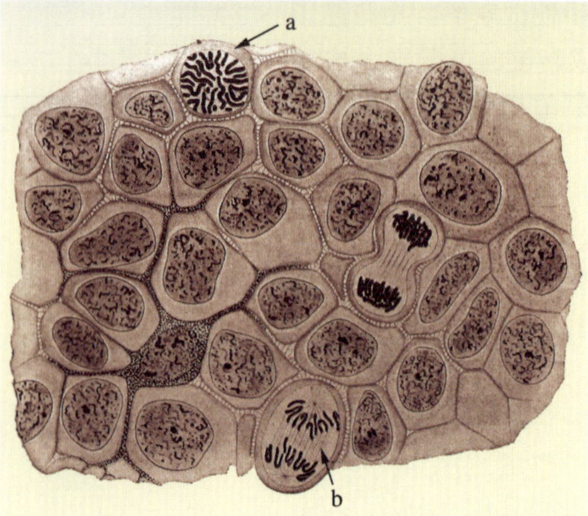

1900年版《细胞发育与遗传》一书中的插图 显微镜下观察到的蝾螈表皮细胞，细胞都有巨大的细胞核。(a)细胞处于有丝分裂早期，染色质纽形成；(b)细胞处于有丝分裂晚期，染色体已经分离到细胞两端。

引着后来的生物学家不断探索。

1896年，美国细胞学家埃德蒙·威尔逊所著的《细胞发育与遗传》(初版)出版，综合介绍了有关细胞(特别是染色体)的知识。该书于 1900 年再版，到 1925 年第 3 版时所有内容几乎全部重写。最终，威尔逊提出了基因在细胞水平的活动是发育的根本原因这一论点，认为发育是“遗传特性按一定时空秩序的表现”。威尔逊的这本书和他的 8 篇经典系列论文(1905—1912 年)极大地推进了人们对染色体的研究和了解。威尔逊及其同事和学生将细胞学和遗传学相结合，开创了一门新的生物学分支学科——细胞遗传学。

1896 年
埃利斯《性心理学研究》出版

英国心理学家埃利斯生活在性压制最甚、清教徒之风最盛的维多利亚时代。他勇敢地开展了性心理的研究，从 1896 年到 1928 年，先后出版了巨著《性心理学研究》7 卷，成为性心理学的创始者。

他收集了数以百计的性研究个案材料，是最早系统地收集这方面资料的人之一。他发现，人类性活动几乎具有无限多样化的差异。许多先前被视为“反常”、“变态”、“病态”的性心理和性行为，在埃利斯看来都属于正常范围，或是可以容忍的。他得出了不少使当时的人们惊讶的结论，比如，他说几乎每个人(包括女性)都手淫；女性性反应的缺乏是童年期性活动受压抑的结果，也反映了男性的无知。

基于对 33 位同性恋者的研究，埃利斯认定同性恋有先天因素的作用，由此而提出对同性恋者应采取容忍的态度。可是，当时同性恋或被当作犯罪，或被视为疾病。因而他的这一主张招来许多人的攻击，他的著作也屡遭查禁。

1897 年
第 1 届国际数学家大会召开

第 1 届国际数学家大会于 1897 年在瑞士苏黎世召开，与会者来自 16 个国家，共 208 人，大会主席是瑞士数学家、苏黎世工学院教授盖泽。会上庞加莱、赫尔维茨、克莱因和佩亚诺等 4 位数学家作了报告，其中以

1897年苏黎世国际数学家大会海报

庞加莱的《关于纯分析和数学物理》及克莱因的《目前高等数学问题》最为著名。此后，除了两次世界大战期间曾停顿外，一般是4年召开一次。从第10届大会(1936年，挪威奥斯陆)开始设立了菲尔兹奖。现在每届大会的开幕式上都会宣布菲尔兹奖获奖者名单，介绍获奖者的工作，并颁发金质奖章和奖金。从第19届大会(1983年，波兰华沙)开始，同时颁发奖励信息科学方面成就的奈望林纳奖。

自1950年国际数学联合会成立后，大会的议程安排由该联合会指定的顾问委员会决定。一批世界一流的数学家将分别在大会上作1小时的学术报告，或在学科组的分组会上作45分钟的学术报告。凡是出席大会的数学家，还可以申请在分组会上作10分钟的学术报告。

中国数学家最早参加的是第9届大会(1932年，瑞士苏黎世)。2002年，第24届大会在北京举行。国际数学家大会现已成为最高水平的全球性数学科学学术会议，是数学家们的“奥林匹克运动会”。

1897 年
布劳恩发明阴极射线管

1897年，德国科学家布劳恩利用阴极射线和抽真空技术，最早研制了阴极射线管。阴极射线管是一种将电信号变成光学图像的电子束管，由电子枪、偏转系统及荧光屏组成。电子枪一般包括热阴极、控制电极和加速阳极，以产生很细的电子束。偏转系统可由一对水平偏转板和一对垂直偏转板构成，也可采用偏转线圈，以控制电子束上下左右的出射方向。通过电子束在荧光屏聚焦并通过改变电子束的强度和位置而产生图像。常见的阴极射线管有示波管、电视显像管(CRT)等。阴极射线管在很长的一段时期内是实验室中常用的示波器，也是雷达、电视机等显示设备的主要部件。

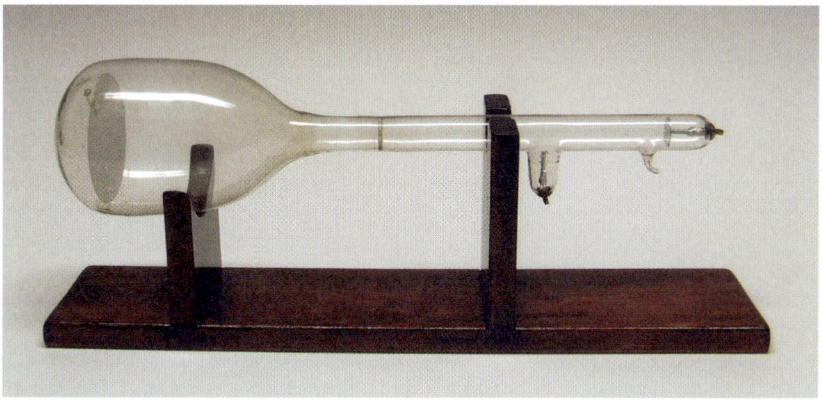

布劳恩所用的阴极射线管

1897 年
汤姆孙发现电子

电子是人们最早发现的带有单位负电荷的一种基本粒子，由英国物理学家约瑟夫·汤姆孙于1897年发现。19世纪末，人们对于阴极射线究竟是什么产生了激烈的争论。以海因里希·赫兹为代表的德国物理学家认为，阴极射线可通过金属薄片，且能使物质产生荧光，因此是类似于紫外线那样的以太波。而多数英国物理学家，包括汤姆孙则相信，阴极射线是一种带电的粒子流，可被磁场偏转。

汤姆孙为了证实自己的想法，于1897年设计了一个著名实验，通过测定阴极射线在一定强度的磁场中弯折的曲率半径，再利用静电偏转力与磁场偏转力相抵消的方法确定粒子的速度，得到阴极射线粒子的荷质比（即电荷与质量之比）大约是氢离子荷质比的2000倍。根据阴极射线粒子与氢离子的电荷量相同，就可得到这种粒子的质量。由于阴极射线粒子的质量非常小，这就解释了它能通过金属

约瑟夫·汤姆孙

薄片的事实。此外,汤姆孙还通过实验发现,改变阴极的物质材料或者改变管内气体的种类,所测得的荷质比都相同,可见具有这一荷质比的粒子是各种物质中的普遍成分。后来,人们把这种构成阴极射线的粒子称为电子。汤姆孙也因此获得了 1906 年诺贝尔物理学奖。

电子的发现是 19 世纪末物理学上的三大发现之一,这些发现证明了物质存在微观结构,激起了物理学家深入到微观领域研究物质结构和微观相互作用的热情,打开了 20 世纪现代物理学研究的大门。

1897 年
萨巴蒂埃发现镍的催化加氢活性

在催化剂的作用下,将氢分子加成到有机化合物的不饱和基团上的反应,称为催化加氢反应(也称催化氢化)。1897 年,法国物理化学家萨巴蒂埃和学生桑德朗在研究乙炔在热的氧化镍作用下的氢化作用时,发现高度分散状态的金属镍具有很高的催化不饱和烃加氢反应的活性。1897—1900 年,萨巴蒂埃对许多有机物的催化加氢和脱氢反应作了系统的考察,并考察了不同的金属粉末对特定反应的选择性。他还研究了催化剂的催化机理,认为在催化剂的表面形成了不稳定的化合物,他称该过程为化学吸附。1902 年,德国建成了第一套加氢工业装置,把具有不饱和碳碳双键的液态油脂在镍催化下加氢,生成饱和的固态脂。萨巴蒂埃在催化加氢中的科学成就为人造黄油、石油馏分加氢和合成甲醇等工业的发展奠定了基础。萨巴蒂埃因发明有机化合物催化氢化方法而与法国化学家格利雅共获 1912 年诺贝尔化学奖。

1897 年
叶凯士望远镜落成

19 世纪后期,美国望远镜制造家阿尔万·克拉克和阿尔万·格雷厄姆·克拉克父子在制造大型折射望远镜领域接连取得一系列成就。1870 年代,他们为美国海军天文台建成一架当时首屈一指的口径 66 厘米、长约 13 米的折射望远镜,美国天文学家阿萨夫·霍尔用它发现了火星有两颗很小的卫星。1874 年,美国金融家利克宣布愿赠款建造一架世上最大最好的望远镜。小克拉

口径 91 厘米的利克望远镜

爱因斯坦参观叶凯士天文台时与该台人员合影 背景是世上最大的折射望远镜——口径 101 厘米的叶凯士望远镜。

克用这笔钱建成一架口径 91 厘米的折射望远镜，它以出资者利克的姓氏冠名，于 1888 年安装到加利福尼亚州哈密尔顿山上新建的利克天文台中。利克本人已去世多年，遗体按其临终要求埋葬在望远镜的砖墩里。1890 年代，在芝加哥大学青年天文学家乔治·海尔的主持下，由美国金融家叶凯士出资建造位于威斯康辛州日内瓦湖畔的叶凯士天文台，主要仪器是一架口径 101 厘米的折射望远镜——叶凯士望远镜，物镜重达 230 千克，镜筒长逾 18 米。该镜于 1897 年落成。鉴于建造更大口径的折射望远镜所面临的困难，叶凯士望远镜和利克望远镜至今仍是世上最大和第二大的折射望远镜。

1897 年
奥尔德姆绘制地震波走时表

英国地球物理学家奥尔德姆长期致力于地震和地震波的研究。1897 年，奥尔德姆在研究印度阿萨姆地震时，发现不同震动方向的地震波的传播速度不同，并制作了最早的地震波走时表，包括纵波(P)、横波(S)及面波(L)的走时表。奥尔德姆经过深入研究，认为固体地核应该是造成传播速度不同这一现象的原因。他的这一发现成为地核存在的最有力证据。

奥尔德姆编制的地震波走时表精度还不够高。1939 年，英国地球物理学家杰弗里斯和新西兰地震学家布伦合作，编成了杰弗里斯—布伦走时表(J—B 走时表)，成为国际地震机构查对地震波走时的主要依据。

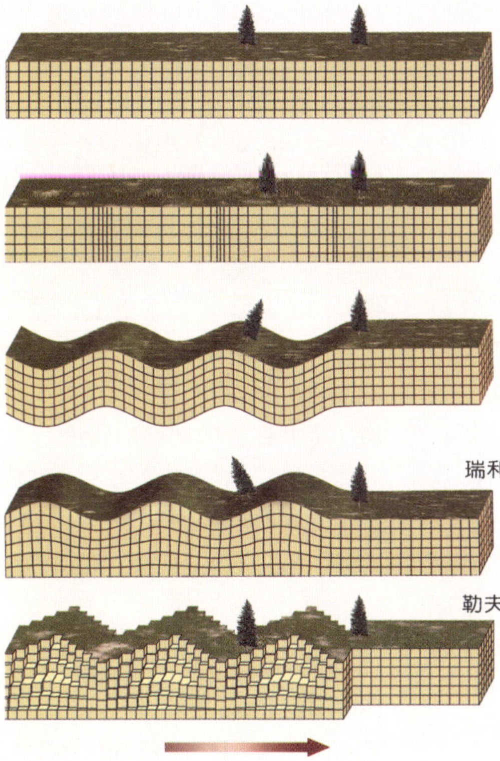

地震波的传播

1898 年
波莱尔奠定测度论基础

测度本是长度、面积和体积的总称，指几何区域的大小尺寸。如对于直线上的有限区间，其测度就是其长度。随着康托尔点集论的建立，对更一般的点集(如区间[0,1]中的无理数点构成的集合)，如何确定它们的“几何尺寸”即测度呢？

法国数学家波莱尔在考虑复函数级数的收敛点集时，把测度从有限区间推广到所谓的波莱尔可测集，并提出了著名的有限覆盖定理，为测度论奠定了基础。1898 年，他出版了《函数论讲义》，其中包含了他在这方面的主要工作。后来，波莱尔的学生勒贝格又发展了测度论，引进了勒贝格测度和勒贝格积分，使测度论成为现代分析数学的重要工具之一。

波莱尔

1898 年
威尔逊发明云室

云室是早期原子核和基本粒子实验中观测微观粒子径迹和发现新粒子的重要仪器，发明者为英国物理学家查尔斯·威尔逊，因此通常称为威尔逊云室。威尔逊早年对云的现象很有兴趣。1898 年，为了重现云的形成，他设计了一种方法，让潮湿的空气在密封容器里作绝热膨胀，此时容器中就会出现水滴。他认为，这可能是水蒸气以大气中带电离子为核心而凝聚的结果。在 X 射线发现后，他用 X 射线照射容器中的气体，发现处于过饱和状态的水蒸气的凝结大量增加。威尔逊认为，这是因为 X 射线照射后形成了大量离子的结果。上述这种实验装置就是云室。随后，威尔逊不断对云室进行改进，并增设了拍摄带电粒子径迹的照相设备，终于在 1911 年用云室首先观察并照相记录了 α 和 β 粒子的径迹。1927 年，威尔逊因发明云室获得诺贝尔物理学奖。云室在近代物理学研究中的应用为物理学翻开了崭新的一页。

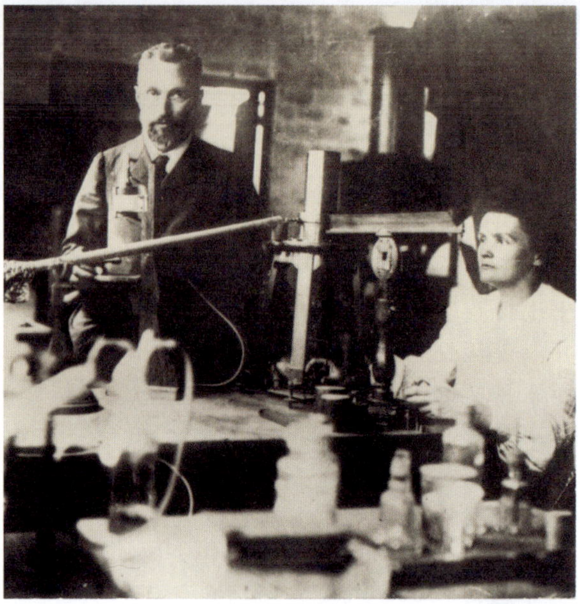
居里夫妇

1898 年
居里夫妇发现钋和镭

1896 年，法国物理学家贝克勒耳发现了铀的放射性现象。当时仅此一例，作为个案被称为贝克勒耳现象。这一现象引起了年轻的居里夫人极大兴趣，她检验了几乎所有可以找到的物质，发现钍也具有放射性。这一发现预示着放射性可能是一个普遍的现象，因此她建议用“放射性”一词来代替“贝克勒耳现象”。居里夫人和她同为物理学家的丈夫皮埃尔·居里在检验了无数天然矿物后，发现沥青铀矿石的放射强度比根据铀含量推算的放射强度强 4—5 倍。1898 年 7 月，居里夫妇经过反复提炼和化学处理，终于提炼出钋——一种新的放射性元素。1898 年 12 月，居里夫妇又在铀矿渣中发现了一种放射性比铀强 200 万倍的新元素——镭。他们从 1898 年起经过 4 年艰苦卓绝的劳动，终于从数以吨计的矿渣中提炼出了 0.1 克氯化镭，之后通过电解方法获得单质镭。居里夫妇的工作奠定了放射化学的基础。

1903 年，居里夫妇和贝克勒耳因发现天然放射性现象和在放射学方面的深入研究和杰出贡献共享了诺贝尔物理学奖；1911 年，居里夫人因发现镭和钋而获得诺贝尔化学奖。居里夫人曾先后获得奖金 10 种、奖章 16 种及 100 多个名誉头衔。特别是在两个不同的科学领域里两次获得世界科学的最高奖，这在世界科学史上是独一无二的！居里夫人为人类的幸福献身科学，从不计较个人的私利和荣誉，还培养了一批优秀的科学家。其中有居里夫妇的长女和女婿约里奥-居里夫妇，他们因发现了人工放射性现象，合成新的放射性元素，于 1935 年获得诺贝尔化学奖。

1899 年
希尔伯特《几何基础》出版

几何学是数学中最古老的一门分支学

居里夫人

爱因斯坦曾以非常钦佩的心情对一位女性写下这样一段话："她的坚强、她的意志和纯洁、她的律己之严、她的客观、她的公正不阿的判断——所有这一切都难得地集中在一个人的身上。她在任何时候都意识到自己是社会的公仆，她的极端的谦虚，永远不给自满留下任何余地。她一生最伟大的科学功绩——证明放射性元素的存在并把它们分离出来——所以能够取得，不仅是靠着大胆的直觉，而且也靠着在难以想象的极端困难情况下工作的热忱和顽强。这样的困难，在实验科学的历史上是罕见的。"爱因斯坦短短一席话，鲜明地刻画了一位伟大科学家的主要功绩和品格。这位值得称颂的女性就是在物理和化学两个不同学科领域两次获得诺贝尔奖的著名科学家，20 世纪最有声望的女性——居里夫人。

居里夫人原名玛丽·斯克罗多夫斯卡，1867 年 11月 7 日出生于波兰一个知识分子家庭。她的父亲是一位物理学教师，母亲是一所女子学校的校长。但是，那时的波兰处在沙皇俄国的统治之下，自从 1863 年波兰暴动失败后，俄国统治者的蹂躏更是变本加厉。玛丽年幼时，母亲因肺病去世，父亲也失业了。为了资助去巴黎求学的哥哥和姐姐，玛丽努力攒钱，同时又刻苦地自修。她从小就对学习有着强烈的兴趣和特殊的爱好，从不轻易放过任何学习的机会，处处表现出一种顽强的进取精神。

1891 年，玛丽的积蓄已够她维持最低限度的生活和学习需求，她便奔赴巴黎，考入了索邦学院。求学期间，她的生活极其清苦，有一次竟在教室里饿晕过去。1893 年和 1894 年，玛丽先后获得了物理学学士学位和数学学士学位。1895 年，玛丽与皮埃尔·居里结婚。从此，这两位物理学界的杰出人物就再也没有离开过实验室。

1896 年，贝克勒耳发现铀盐会自发地发射出类似 X 射线的辐射。他的发现在当时并没有引起科学界太大的反应。然而，玛丽敏锐地感觉到这是一个非常有前景的研究课题。她在思考：铀盐不断地以放射形式发出来的这种力量是从哪里来的？这种放射的性质是什么？

1897 年的秋天，居里夫妇开始了对这个极富挑战性和开拓性的课题的合作研究。玛丽决心弄清楚自然界里除了铀以外是否还有其他元素能自发发生辐射。这个验证推断的实验及随后的扩大实验是非常艰苦的。经过努力，他们得到了一间在学校建筑楼下的极其闭塞、潮湿的储藏室作为实验室。尽管实验条件很差，但居里夫妇毅然上路了。玛丽的第一步工作是测量铀射线的"电离能力"。她采用一种极好的测量方法，该方法所涉及的设备是一个"电离室"、一个居里静电计和一个压电石英静电计。几周后，玛丽得到了初步结果：放射强度可以精确测量，它与化合物中所含铀量成比例，而与铀存在的状态以及外界条件无关。她用该法对当时已知晓的所有元素进行了排查，很快发现钍(Th)也有这种特性。由此，她得出：这种放射现象不只是铀的特性，其他物质也可能有。玛丽把这种特性称作为"放射性"。

这位女物理学家为放射性而深深着迷，她毫不疲倦地用同样的方法去研究不同的材料。直到有一天她开始对各种放射性矿物进行测量时，有了新的发现：沥青铀矿的放射性比铀盐的要强几倍！玛丽以极大的勇气断言：这些沥青铀矿中一定含有一种具有强大放射强度的新元素！

于是，居里夫妇又开始了探究新放射性元素的艰苦历程。他们首先检查矿苗，确定新元素所在的主要部位，发现放射性主要集中于沥青铀矿的两个化学部分，他们认为这是两种新元素存在的标志。1898 年 7 月，他们公布了第一项成果：发现了一种新元素，并命名为“钋”（polonium）。钋的命名是为了纪念玛丽的祖国波兰。1898 年 12 月，他们宣布发现了第二个具有放射性的元素，并提议称之为“镭”（Rh）。

之后，居里夫妇的实验工作就是要提取纯镭和纯钋。从筹钱购买足够量的矿物和仪器设备，到熔融、溶解、蒸发、结晶，这项工作花了他们整整 4 年的艰辛努力。谁也不会想到这项伟大的工作是在一个冬天阴冷潮湿、夏天干燥闷热的简陋棚屋里进行的；谁也不会想到玛丽在院子里穿着布满灰尘沾染酸液的工作服，连续几小时搅动冶锅里的沸腾材料，周围的烟刺激着眼睛和喉咙，棚屋里塞满了装着沉淀物和溶液的大瓶子，她独自一个人就是一家工厂；不会有人想到为了获得足够测定其物理特性的纯镭，居里夫妇共炼制了几万公斤沥青铀矿的残渣；也不会有人想到，为了得到镭的结晶体，他们日夜奔走在几百个蒸发皿之间，进行繁重的结晶提纯操作。有谁知道实验中的失败带给他们的痛苦；有谁知道成功那一刻带给他们的喜悦之情……4 年中，玛丽每天同时是学者、工人、技师，也是苦力。玛丽后来写道：“感谢这种出乎意料的发现，在那段时间里，我们完全被展开在面前的新领域吸住了。虽然现有的工作条件带给我们许多困难，当时我们仍然觉得很快乐。”

1902 年，居里夫妇终于提炼出了纯镭，并且初步测定出新元素的原子量是 225。几个月以来使居里夫妇入迷的镭的真相终于显露了：“镭不只有‘美丽的颜色’，它还会自动发光！在这个黑暗的棚屋里，这些零星的宝贝被装在极小的玻璃容器里，放在钉在墙上的板和桌上。它们那些略带蓝色的荧光的轮廓闪耀着，悬在夜的黑暗中。”

玛丽所开创的、用放射性进行化学分离与分析的方法奠定了放射化学的基础。1903 年，她以论文《放射性物质的研究》获得博士学位。同年，她和皮埃尔·居里与贝克勒耳共同获得了诺贝尔物理学奖。

1906 年，皮埃尔·居里因车祸去世，玛丽接替她的爱人成为巴黎大学理学院第一位女教授。1910 年，她最重要的著作《放射性》出版。同年，她提炼出金属态的纯粹的镭。1911 年，由于发现了钋和镭并提炼出纯镭的工作，玛丽获得诺贝尔化学奖，成为第一个两次获得诺贝尔奖的人。她的女儿伊雷娜·约里奥-居里和女婿弗雷德里克·约里奥-居里继承了她的事业，后来也获得了诺贝尔奖。玛丽荣耀的身份并没有使她变得自负和傲慢，却更使她加强了人道主义的责任感。第一次世界大战期间，她甚至还亲自驾驶过一辆战地救护车。

然而，由于长期从事放射性工作，玛丽得了白血病，于 1934 年 7 月 4 日在萨拉西沃附近逝世。爱因斯坦在悼念玛丽时写道：“我们不仅仅满足于回忆她的工作成果对人类已经作出的贡献。第一流人物对于时代和历史进程的意义，在其道德品质方面，也许比单纯的才智成就方面还要大。即使单是后者，它们取决于品格的程度，也远远超过通常认为的那样。”这是一位散发着灿烂光辉的女性。她的不畏艰难、永不妥协地探究未知真理的光芒正像她所发现的“镭”一样，永远照耀着一代又一代步入科学殿堂的人们！

科。欧几里得集古希腊时代数学知识之大成，编成 13 卷的《几何原本》。其中的公理系统虽然并不完备，但它奠定了欧几里得几何学的基础。1899 年，希尔伯特出版了著名的《几何基础》，以严格的公理化方法重新阐述了欧几里得几何学，第一次给出了完备的欧几里得几何公理系统，为 20 世纪数学的公理化开辟了道路，在数学史上具有划时代意义。《几何基础》被译成多种语言出版，原书也多次修订再版，但基本内容无多大变动。

《几何基础》正文共有 7 章。第 1 章中提出了 5 组公理。第 1 组为关联公理，共 8 条，其中规定了最基本的概念“属于”；第 2 组为顺序公理，共 4 条，展开了“介于”这一概念；第 3 组是合同公理，共 5 条，目的是写出合同关系的这样一些性质，它们要足以纯逻辑地推导出与合同关系有关的全部定理；第 4 组只包含一条平行公理；第 5 组为连续公理，共 2 条(第 1 版中只有一条，叫做度量公理或阿基米德公理，后来又加了一条完备公理)。第 2 章论述了公理的相容性和相互独立性。第 3、4 章分别是比例论和平面中的面积论。第 5、6 章分别讲述了德萨格定理和帕斯卡定理。第 7 章介绍了基于第 1—4 组公理的几何作图。值得一提的是，希尔伯特在数学史上第一次明确地提出了选择和组织公理系统的原则：(1)相容性，即从系统的公理出发不能推出矛盾，故亦称“无矛盾性”；(2)独立性，即系统的每一条公理都不能是其余公理的逻辑推论；(3)完备性，即系统中所有的真命题都可由该系统的公理推出。上述工作的意义远远超出了几何基础的范围，从而使得希尔伯特成为现代公理化方法的奠基人。

1899 年
卢瑟福发现α射线和β射线

在贝克勒耳发现天然放射性之后，英国物理学家欧内斯特·卢瑟福 1897 年在英国剑桥大学研究放射性元素铀。他把铀盐用多层铝箔包起来，观察铀放射性能穿透多少层铝箔，以便确认放射性的穿透性能。1899 年，卢瑟福发现，铀放射出两种射线，他把穿透性弱的一种取名α射线，穿透性强的一种取名β射线。1900 年法国物理学家维拉尔发现，铀盐中还放射出穿透力更强的射线，称为γ射线。可以利用磁场中的偏转性质来区分这三种射线。如图所示，在垂直于纸面向内的磁场中，从铅室 P 中的放射源 R 中发射出的α射线向左偏转，说明它带正电；β射线向右偏转，说明它带负电；γ射线发射方向不变，表明它不带电。现在人们已经知道，构成α、β、γ射线的粒子分别是氦核、电子、光子。

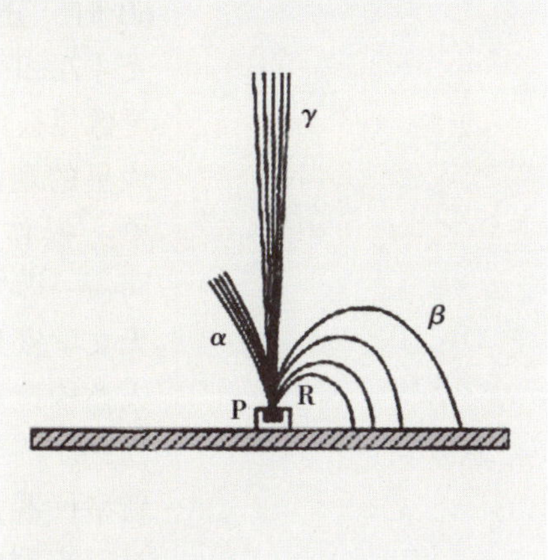

三种射线的偏转 α、β和γ射线在垂直于运动方向的磁场（磁场方向垂直纸面向内）中发生不同的偏转。

1899 年
克洛德发明棱镜等高仪

1808 年，德国数学家高斯创立了一种通过天文观测同时测定时间和当地纬度的方法。因其需要准确记录一组已知赤经和赤纬的恒星到达同一地平高度的时刻，故称多星等高法。1899 年，法国天文学家克洛德发明了专为实现这种方法而设计的仪器——棱镜等高仪。使用最广泛的是 60°等高仪，它由一架水平放置的望远镜、镜前一个顶角 60°的棱镜及棱镜前下方的汞盘组成。棱镜的底边靠近望远镜的物镜，并与望远镜的光轴垂直。一部分星光直接射入棱镜的一面，另一部分星光通过汞盘中水银面的反射到达棱镜的另一面。一颗恒星在东升西落的过程中，当其地平高度达到

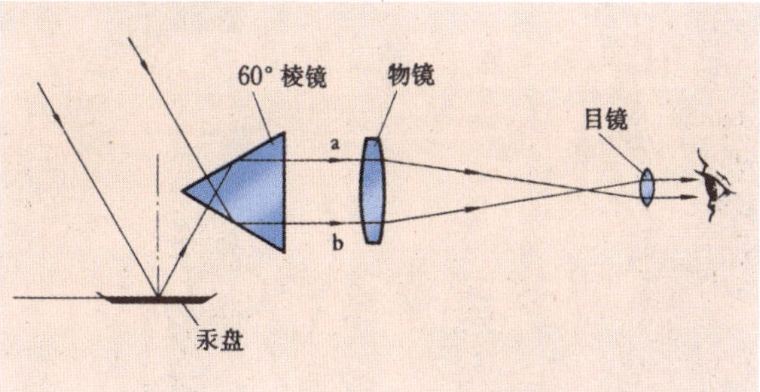

棱镜等高仪原理示意图

60°时，分别从棱镜的两个侧面射出的两束光才互相平行，在此瞬间望远镜所成的两个星像便彼此重合。观测者记下这一时刻，对该星的观测即告完成。棱镜等高仪结构简单，操作方便，但观测精度受操作者不同——即“人差”的影响较大。1951 年，法国天文学家丹戎对其进行重大改进，研制出超人差棱镜等高仪，使单次观测的均方误差达到±0.17″。1970 年代初，中国研制成功一种新型仪器，可以用光电方法自动记录恒星经过等高圈的时刻，称为光电等高仪，其单星观测的均方误差仅为±0.13″，达到世界经典时纬测量仪器的最高水准。

1899 年
戴维斯提出侵蚀循环学说

侵蚀循环学说是美国地理学家威廉·戴维斯于 1899 年创立的关于地貌发育的主要理论。戴维斯是地貌学的创始人之一，他认为地貌的发育要素为构造、时间和营力，并提出地貌发育的阶段性：一个短暂而起伏迅速增加的青年期，一个起伏最强烈、地形变化最大的壮年期，一个起伏微弱而时间无限长的老年期。戴维斯的侵蚀循环学说认为，地块开始上升与被逐渐剥蚀夷平，并降低到起伏不大的地面或接近基面的准平原之间，存在着连续的剥蚀过程和地表形态。侵蚀循环学说能比较全面地概括地貌发育的因素，是地貌学中第一个系统阐述地貌发展的古典理论，对地貌学的发展起了积极的推动作用。

侵蚀地貌

1899 年
阿司匹林应用于临床

1820 年代，科学家们成功地从柳树皮里分离提纯出了活性成分水杨苷(salicin)，这一苦味提取物的名称是从白柳的拉丁名 *Salix alba* 得来的。因为它的酸味，人们通常称其为水杨酸(salicylic acid)。后来，科学家又成功地实现了其人工合成。但是，水杨酸作为药物并不理想，它有一种难以吞咽的味道，而且对胃的刺激很大，许多病人甚至认为，用它来治疗比病症本身更令人难以忍受。1897 年，德国拜耳公司的化学家费利克斯·霍夫曼在水杨酸分子上加了一个乙酰基，大大降低了原先水杨酸的刺激作用。1899 年，拜耳公司决定将乙酰水杨酸投入市场，并正式命名为阿司匹林(aspirin)。其中，a 指乙酰基(acetyl)，spir 来自水杨酸的另一种来源灌木绣线菊(spireae)，in 是当时药名的常用结尾。拜耳公司给约 3 万名医生发去了阿司匹林的宣传资料。由于阿司匹林具有解热、抗炎、抗血栓等多种作用，很快就

早期人们从柳树皮中提取水杨酸

成了世界上最畅销的药物。

19 世纪末 20 世纪初
生物学研究中还原论与整体论针锋相对

在探索和认识生命现象及其本质的过程中,一直存在着两种针锋相对的观点——还原论和整体论。还原论将高级运动形式归结为低级运动形式,用研究低级运动形式所得出的结论去代替对高级运动形式的本质认识。17 世纪法国哲学家笛卡儿的机械论就是当代还原论的前身,它视生命体为一部机器,认为只要将其一一分解成足够简单的部分,生命的运行就是可以理解的。整体论则用系统、整体的观点考察生命世界,例如,当一个原子成为人体的一部分时,它的行为将受到整个人体状态包括心理状态的制约。

还原论和整体论是自然科学研究中两种最基本的论点,其争论由来已久。19 世纪末 20 世纪初,一方面,人们发现生命现象和生命活动可以用物理、化学规律来解释,生命科学在还原论的指导下取得了令人瞩目的成就;另一方面,在对待具有系统性、复杂性的生命系统的问题上,整体论思想和研究方法体现出了独特的优越性,例如英国生理学家谢灵顿关于神经系统反射活动整合问题的研究,就扩大了整体论在生命科学中的影响。20 世纪中叶,奥地利理论生物学家贝塔朗菲总结生命科学的成就,提出系统论,进一步发展并完善了整体论。

还原论与整体论各有其优劣之处。还原论反映了不同物质运动形式之间的联系、生命科学和其他现代科学之间的联系,但它不考虑研究对象的特点,简单地用低级运动规律代替高级运动规律,这是不正确的。整体论强调生命系统的组织化、目的性特征,但也容易忽略偶然性、随机性在生命发展中的作用。在当今生命科学研究中,人们更重视结合两者解决问题。例如,一方面将完整的生命个体分解为系统和组织,再将系统和组织分解为器官,然后将器官分解为细胞,乃至 DNA、蛋白质等分子;另一方面认为生命不是各种化学分子和器官的简单叠加,当把对低层次系统的研究成果融合成关于更高一级系统的成果时,注重采取更全面和整体的考察方式和研究方法。

19 世纪末 20 世纪初
科塞尔和列文研究核酸及其组分

核酸是遗传蓝图的物质载体,是最重要的生物大分子之一,关于它的结构和性质的研究始于 19 世纪。1868—1873 年,瑞士生物学家约翰内斯·米歇尔发现并命名了“核素”。1879 年,德国生物化学家科塞尔发现核素由蛋白质部分和非蛋白质部分组成。1889 年,德国病理学家阿尔特曼分离出核素中的非蛋白质部分,并证明它是一种酸性物质,因此将其更名为“核酸”。1885—1901 年,科塞尔的研究团队进一步水解核酸,分析水解产物,证实核酸中有腺嘌呤、鸟嘌呤、胞嘧啶、胸腺嘧啶和尿嘧啶等组分,还发现核酸中存在糖类。1910 年,科塞尔因蛋白质、核酸组分的研究获诺贝尔生理学医学奖。

在科塞尔之后,俄国—美国生物化学家列文进一步完善了对核酸组分的研究,证明核酸中的糖为含有 5 个碳的戊糖,而不是常见的六碳糖,这种五碳糖就是我们

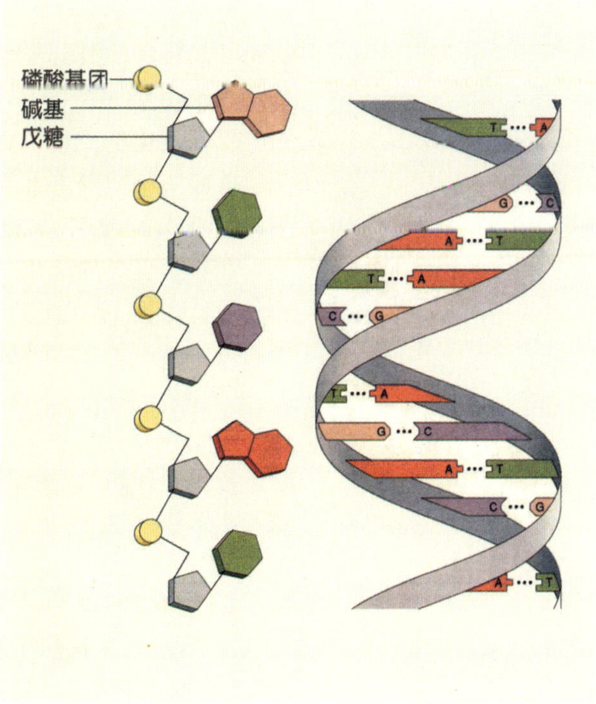

DNA结构示意图

今天所说的核糖。列文还发现了一种缺少一个氧原子的核糖，即脱氧核糖。列文误以为核酸结构比较简单，使得绝大多数人错误地认为核酸难以承担起复杂多样的遗传功能。而染色体的主要成分除了核酸以外还有蛋白质，这使当时的科学家认为结构复杂的蛋白质才是遗传信息的载体。直到 20 多年之后，格里菲思和埃弗里才通过实验证明了遗传物质是核酸而非蛋白质。

今天对核酸的结构和功能的认识是：核酸由碱基（嘌呤或嘧啶）、戊糖和磷酸按一定方式聚合而成，按戊糖的种类，核酸可分为核糖核酸（RNA）与脱氧核糖核酸（DNA）两种，DNA 由 A、T、C、G 四种脱氧核糖核苷酸组成，是染色体的主要组成部分，也是遗传物质的主要载体；而 RNA 由 A、U、C、G 四种核糖核苷酸组成，在由遗传物质指导生成蛋白质的过程中起重要作用。

1900 年
希尔伯特提出 23 个著名数学问题

1900 年，第 2 届国际数学家大会在法国巴黎召开，与会者共 229 人。庞加莱是该届大会的主席，埃尔米特担任名誉主席。大会上作报告的 4 位数学家，是庞加莱、康托尔、米塔-列夫勒与沃尔泰拉。

这届大会以希尔伯特在历史与教育两组联席会上的讲演《未来的数学问题》确立了它在数学史上的地位。在刊印的讲稿中，希尔伯特根据 19 世纪数学研究的成果与发展趋势，列出了 23 个问题，但在实际讲演中，因时间关系只讲了其中 10 个问题。这些问题涉及现代数学的大部分领域，史称“希尔伯特数学问题”，迄今半数以上已经解决或基本解决。这 23 个数学问题及其解决情况如下。

1. 连续统假设

1874 年，康托尔猜测在可数无穷基数（即自然数集的基数）和实数连续统的基数之间不存在别的基数，此即著名的连续统假设。1938 年，哥德尔首先证明了广义连续统假设与策梅洛—弗兰克尔公理系统即 ZF 公理系统是相容的，这意味着连续统假设在 ZF 公理系统中不可否证。1963 年，保罗·科恩证明了连续统假设与 ZF 公理系统相互独立，这意味着连续统假设在 ZF 公理系统中不可证明。这个问题在这一意义下已获解决。

2. 算术公理的相容性

欧氏几何的相容性可以归结为算术公理的相容性。希尔伯特曾提出用形式主义计划的证明论方法加以证明。1931 年，哥德尔提出不完备性定理，证明了希尔伯特关于算术公理相容性的“元数学”方法不可能实现。1936 年，根岑扩大了希尔伯特“元数学”中所允许的逻辑而采用超限归纳法证明了算术公理系统的相容性。

3. 两等底等高四面体之不剖分相等

证明存在两个等底等高却不剖分相等、甚至也不拼补相等的四面体。1900 年，德恩对此问题给出了肯定解答。这个问题是最先获解的希尔伯特数学问题。

4. 直线为两点间的最短距离

此问题提得过于一般。希尔伯特之后，许多数学家致力于构造和探讨各种特殊的度量几何，在研究此问题上取得很大进展，但问题本身并未完全解决。

5. 去掉定义群的函数的可微性假设的李群概念

此问题可简称为连续群的解析性，即是否每一个局部欧氏群都一定是李群。1952 年，格利森、蒙哥马利和齐平共同对此问题给出了肯定解答。

6. 物理学的公理化

希尔伯特建议用数学公理化方法推演物理学。在量子力学、量子场论、热力学等方面，公理化已取得很大成功。

7. 某些数的无理性与超越性

若 α 是代数数（$\neq 0,1$），β 是代数无理数，证明 α^β 一定是超越数或至少是无理数。1934 年，盖尔范德和施奈德各自独立地证明了上述问题中 α^β 的超越性。但对确定任意给定的数是否超越数，目前尚无统一的方法。

8. 素数分布问题

此问题包括黎曼假设、哥德巴赫猜想和孪生素数猜想。一般情况下的黎曼假设仍未解决。陈景润在解决后两个猜想方面取得世界领先地位，但离最终解决尚有距离。

9. 任意数域中一般互反律的证明

欧拉、勒让德最早发现了古典互反律，高斯研究了高次互反律，希尔伯特研究了代数数域上的互反律。那么任意数域中情况如何？此问题已由高木贞治（1921 年）和阿廷（1927 年）各自独立解决。

10. 丢番图方程可解性的判别

是否存在判定任一给定丢番图方程可解的一般算法？1970 年，马季亚谢维奇证明了这样的算法不存在。

11. 系数为任意代数数的二次型

给定一个系数为任意代数数的多变元二次方程，求属于由系数所生成的代数有理域中的整数解或分数解。哈塞（1929 年）和西格尔（1936、1951 年）在此问题上获得重要结果。1960 年代，韦伊又取得了新进展。但此问题尚未彻底解决。

12. 阿贝尔域上的克罗内克定理在任意代数有理域上的推广

这一问题涉及类域论、群的上同调方法等众多领域。至今只获得一些零星的结果，离彻底解决还相差很远。

13. 不可能用仅有两个变数的函数解一般的七次方程

七次方程的根依赖于 3 个参数，这个函数能否用二元函数表示出来？1957 年，弗拉基米尔·阿诺尔德解决了连续函数的情形。1964 年，维图什金又推广到连续可微函数情形。解析函数的情形则尚未解决。

14. 证明某类完全函数系的有限性

这是一个与代数不变量有关的问题。1958 年，永田雅宜给出了漂亮的反例。

15. 舒伯特计数演算的严格基础

为解决枚举几何学中的各种计数问题，舒伯特给出了一个直观的解法。希尔伯特要求将问题一般化，并给以严格基础。经过许多数学家的努力，舒伯特演算基础的纯代数化处理已成为可能，其代数几何基础已由范德瓦尔登和韦伊建立。但舒伯特演算的合理性仍待解决。

希尔伯特

16. 代数曲线与曲面的拓扑

这个问题分为两部分。前半部分涉及代数曲线所含闭分支曲线的最大数目，已获得很多重要结果。后半部分要求讨论常微分方程 $\frac{dx}{dy} = \frac{Y}{X}$ 的极限环的最大数目和相对位置，其中 X, Y 是 x, y 的 n 次多项式。彼得罗夫斯基曾宣称证明了 $n = 2$ 时极限环的个数不超过 3，但 1979 年史松龄和王明淑分别举出了有 4 个极限环的反例。

17. 正定形式的平方表示

一个实系数 n 元多项式对一切数组 $(x_1, x_2, \cdots, x_n)$ 都恒大于或等于零，这种多项式是否都能写成平方和的形式？1926 年，阿廷证明这是正确的。

18. 由全等多面体构造空间

这个问题分为两部分。前半部分要求证明欧氏空间仅有有限个不同类的带基本区域的运动群，1910 年比伯巴赫对此作出了肯定解答。后半部分要求研究是否存在不是运动群的基本区域，但经适当毗连可充满全空间，1928 年莱因哈特对此作出了部分解答。

19. 正则变分问题的解是否一定解析

此问题即是否每个正则变分问题的拉格朗日偏微分方程都有解析解。1904 年，谢尔盖·伯恩斯坦证明了一个变元的解析非线性椭圆型方程其解必定解析。该结果后又被彼得罗夫斯基等推广到多变元和椭圆型方程组情形，使此问题接近解决。

20. 一般边值问题

这是一个在区域的边界上给定函数值时，对偏微分方程解的存在性作判断的问题。此问题的进展非常迅速，已发展成为一个很大的数学分支，目前还在继续研究。

21. 具有给定单值群的线性微分方程的

存在性

此问题属于线性常微分方程的大范围理论。它已由希尔伯特和勒尔、德利涅等人解决。

22. 通过自守函数使解析关系单值化

此问题涉及艰深的黎曼曲面理论。1907年，克贝解决了一个变数时的情形。复变数情形则尚未解决。

23. 变分法的进一步发展

这不是一个明确的数学问题。20 世纪以来，变分法有了长足发展。

希尔伯特数学问题的研究与解决大大推动了一系列数学分支的发展，有些问题的研究还促进了现代计算机理论的成长。20世纪的数学开辟了许多新的领域，也获得了许多辉煌的成果，远远超出了希尔伯特数学问题所能覆盖的范围。

1900 年
普朗克提出量子论

1900年，德国物理学家普朗克为解决经典物理学对黑体辐射实验结果解释的困难，提出了如下量子假设：物质辐射或吸收的能量只能是一份份的，每份能量称为能量子，其能量为 $E = h\nu$，其中 h 称为普朗克常量，ν 为频率。普朗克根据这个假设，导出了黑体辐射的能量按波长(或频率)分布的公式，现称为普朗克公式，该公式与黑体辐射实验所得到的精确数据完全相符。在普朗克公式建立以前，一些物理学家曾根据经典物理学和经验分别提出过瑞利—金斯公式和维恩公式，但前者只是在波长较长、温度较高时才与实验符合，而后者则只是在波长较短、温度较低时才与实验符合。

1929年，普朗克授予爱因斯坦普朗克奖章 普朗克奖是德国物理学会为了表彰普朗克的杰出贡献设立的，爱因斯坦是首位获奖者。

电磁辐射是从原子内的微观世界中发出的，因此它携带有物质微观结构和微观相互作用的信息。普朗克的量子论表明，能量的分立性或者说量子性，是微观世界的一个重要特性，这个特性反映了微观世界与宏观世界的差异，微观世界与宏观世界的分界线可由普朗克常量来衡量。普朗克量子论的建立，对现代物理学特别是量子力学的产生和发展起到了非常重要的作用，为人类探索微观世界敲开了大门。

1900 年
冈伯格发现自由基

1900 年，旅美俄国化学家冈伯格用银粉或锌粉在隔绝空气情况下处理三苯氯甲烷时得到一种产物。冈伯格认为这是“六苯乙烷”，但他立即发现这个产物溶于苯会产生黄色溶液，并能很快与碘和氧气发生作用，分别生成三苯碘甲烷和过氧化物。冈伯格认为“六苯乙烷”在苯溶液中发生碳碳键均裂，生成了三苯甲基自由基。由于三苯甲基自由基中三个苯基形成离域体系，所以三苯甲基自由基比较稳定，但化学性质非常活泼，当有氧或空气存在时，三苯甲基自由基迅速自动氧化，生成过氧化物，也容易和 I_2 发生反应生成三苯碘甲烷。冈伯格的这个发现促进了自由基化学的研究和发展。直到1968 年，通过核磁共振，所谓“六苯乙烷”才被证明实际上是三苯甲基自由基的二聚体。

简单的甲基自由基、乙基自由基是1920 年代通过气相反应证实的，1930 年代已把有机自由基作为活泼中间体使用。

1900 年
格利雅试剂发明

格利雅试剂简称格氏试剂，化学名称为烃基卤化镁，通式为 RMgX，其中 R 是烃基，X 为卤素。它的发现者是法国化学家格利雅。

1900 年，格利雅致力于寻找一种用于催化甲基化反应的催化剂。这种反应以前是通过锌和有机反应物化合来进行的，但产率不很高。研究有机锌的法国化学家巴尔比耶建议格利雅改用镁来进行这项工作。格利雅接受了这个具有挑战性的工作。他用金属镁和卤代烃在无水乙醚等溶剂中反应得到一类产物，这就是格氏试剂。格氏试剂性质活泼，可以与多种有机物反应，制取烃、醇、酮、羧酸等多类有机化合物。此外，格氏试剂还可与含活泼氢的化合物定量反应，用以定量测定化合物中活泼氢的数量。1900 年春天，格利雅在法国科学院年会上公布了他的发现。1901 年，他在里昂递交了关于格氏试剂的博士论文《有机镁化合物的明晰考查及其在有机合成中的重要作用》。格氏试剂可以把两个化合物的碳和碳连接成键，为增长碳链的合成途径打开了一扇便捷之门，所以论文发表后立刻引起了用格氏试剂进行合成的热潮。由于发现格氏试剂，格利雅获得 1912 年诺贝尔化学奖。

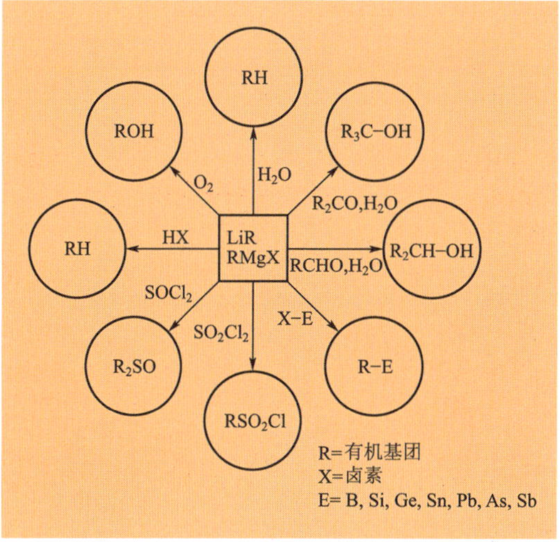

格氏试剂在有机化合物制备中的广泛应用

1900 年
诺贝尔基金会成立

诺贝尔奖是以瑞典化学家诺贝尔的名字命名的。诺贝尔 1833 年出生于斯德哥尔摩的一个工程师家庭，一生中有许多发明，其中最主要的是安全炸药。除了科学家的身份，诺贝尔还是一个出色的企业家，制造炸药让他积累了大量财富。为促进和平而努力一直是诺贝尔的最大心愿，因此 1895 年 11 月 27 日他在巴黎正式签署遗嘱，除了留给亲友的一部分遗产，其余的所有财产都用作奖励基金，以奖励“那些在前一年为人类作出最重大贡献的人”。1896 年诺贝尔去世。瑞典于 1900 年 6 月 29 日专门成立了诺贝尔基金会，并由其董事会管理和发放奖金。

诺贝尔奖现在共有 6 种，其中自然科学方面的有 3 种：物理学奖、化学奖和生理学医学奖，另外 3 种为文学奖、和平奖和经济学奖。物理学奖、化学奖和经济学奖由瑞典皇家科学院评定，生理学医学奖由斯德哥尔摩卡罗林斯卡研究院评定，文学奖由瑞典文学院评定，和平奖由挪威议会所选出的五人委员会评定。第 1 届诺贝尔奖是 1901 年 12 月 10 日颁发的。除因战争中断外，每年的这一天分别在斯德哥尔摩和奥斯陆两地隆重举行颁奖仪式。诺贝尔奖如今已成为意义最重大的奖项之一，作为当年的捐赠者，诺贝尔大概未曾想到他的这一举动会对后世产生如此深远的影响。

1900 年
弗洛伊德《梦的解析》出版

西格蒙德·弗洛伊德于 1856 年出生在弗赖贝格市，该市现属于捷克，当时是奥地利的一部分。1881 年，他在维也纳大学获得医学学位。在随后的 10 年中，他个人开业，治疗神经病，同时致力于生理学的研究。

西格蒙德·弗洛伊德

1895年，他出版了第一部论著《歇斯底里论文集》；他的第二部论著《梦的解析》于 1900 年问世，这是他最有创造性、最有意义的论著之一，其中叙述了弗洛伊德对于梦的看法，以及在进行精神分析心理辅导时解梦的方法。通观全书，弗洛伊德的理论论证可分为六大部分，分别是：①对儿童的梦的研究；②探讨梦的检查作用；③探讨梦的象征作用；④分析梦的运作；⑤举例分析几个真实梦境；⑥梦的作用在于满足愿望。弗洛伊德从没有伪装或伪装较少的儿童的梦开始讲起，直到“面目全非”的成人梦境，其释梦的最关键方法就是揭开梦的伪装。该书全面地展现了弗洛伊德的精神分析理论，包含许多对文学、生活、教育等领域有启示性的观点，影响了整个 20 世纪的人类文明。

20 世纪初
高压化学兴起

研究高压条件下的化学反应及其设备的学科被称为高压化学。德国化学家、工程师博施是高压化学的先驱者之一。1898 年，博施进入巴斯夫公司工作，他对该公司的最大贡献是在 1909—1913 年与德国化学家哈伯一起使哈伯发明的合成氨法实现工业化。合成氨实现工业化的关键是：一要有耐高温、耐高压的设备；二是提高催化剂的催化效率。在高温、高压下设备很容易腐蚀，怎样才能既耐高温，又耐高压？博施巧妙地采用双筒设备，让冷的高压原料由两筒壁间空隙导入，而在内筒中以 2×10^7 帕压强和 500℃ 温度条件下进行反应。这样，外筒只承受高压，内筒只承受高温。由于哈伯合成氨法中的催化剂锇稀有且难加工，哈伯建议选用铀，但铀昂贵且易与氧和水反应，所以也不合适。两年间，他们进行了多达 6500 次试验，测试了 2500 种不同的配方，最后选定了含铅镁促进剂的铁催化剂。巴斯夫公司于 1913 年在奥堡建立了世界上第一座合成氨工厂，由此生产出百万吨化肥和炸药。这整套工艺流程被称为哈伯—博施合成氨工艺。合成氨的工业化生产掀开了现代农业的序幕。第一次世界大战后，博施将他的高压技术引入合成燃料和甲醇的生产中。因在高压化学合成技术上作出重大贡献，博施与贝吉乌斯共获 1931 年诺贝尔化学奖。后者也是高压化学的先驱，曾发明著名的贝吉乌斯工艺，该工艺用高压实现了煤液化生产合成燃料。

20 世纪初
合成橡胶问世

人类使用天然橡胶已经有好几个世纪了。哥伦布在发现新大陆的航行中发现，南美洲土著人玩的一种球是用硬化了的植物汁液做成的，这种物质就是橡胶。直到 1839 年，美国五金商古德伊尔通过将天然橡胶与硫磺一起加热进行硫化，实现了橡胶分子链的交联，才使橡胶具有良好的弹性，成为有使用价值的材料。

俄国化学家谢尔盖·列别捷夫在研究石油化学时，发现了热裂化石油生成各种双烯烃的方法。1910 年，他用金属钠作催化剂，由丁二烯制成合成橡胶——丁钠橡胶。1931 年，丁钠橡胶开始小规模生产，1932 年开始大量生产，成为一种很好的天然橡胶代用品。

1912 年，德国化学家弗里茨·霍夫曼在拜耳公司实验室工作时，用热聚合法由 2,3-二甲基丁烯合成了甲基橡胶，用以代替天然橡胶，并由该公司少量生产，后因性能差停止生产。

1930 年，美国杜邦公司的卡罗瑟斯通过 2-氯-1,3-丁二烯（即氯丁二烯）聚合制得合成橡胶聚氯丁二烯——氯丁橡胶。氯丁橡胶具有优良的耐油性、耐候性和耐臭氧老化性，对多种化学药品稳定，抗拉强度高，在工业上用途很广。1937 年，杜邦公司开始投入生产，商品名为尼欧普林（Neoprene）。1933 年，德国化学家制成丁苯橡胶，1937—1942 年先后在德国和美国实现工业化生产。丁苯橡胶是 1,3-丁二烯和苯乙烯经共聚制得的弹性体。它是合成橡胶第一大品种,综合性能良好,价格低,在多数场合可代替天然橡胶使用,主要用于轮胎工业。

20 世纪初
胶体化学创立

胶体的概念是英国化学家格雷厄姆于 1861 年提出的,但对胶体的深入研究直到20世纪初才真正开始。1903 年,奥地利化学家席格蒙迪发明超显微镜,可以观察到任何 10 纳米大小的微粒的形状。他借助超显微镜观察了他制成的有漂亮红色的金溶胶,发现了看起来是均匀的"溶液"的不均匀本质——是金的微小颗粒分散在液体中。席格蒙迪因阐明胶体溶液的多相性和创立了现代胶体化学研究的基本方法获得 1925 年诺贝尔化学奖。瑞典物理化学家斯韦德贝里曾研制出光学离心机,拍摄了沉降过程中的胶体粒子。1924 年,他研制出超速离心机,用于研究蛋白质胶体,第一次测定了蛋白质的分子量。超速离心机的发明对胶体化学是一个很大的推动,斯韦德贝里在分散体系的研究上也因此取得了很大的成就,获得 1926 年诺贝尔化学奖。现在,胶体化学已成为一门独立的学科,与工业、农业、军事、生物学、环境科学等都有密切关系。

20 世纪初
米尔恩建立地震监测网

1880 年,在日本东京帝国工程学院任教的英国地震学家约翰·米尔恩和同事一起发明了第一台能够精确测量地震强度的水平摆地震仪,这种仪器能检测各种地震波并记录相关数据。1895 年,他在日本的家、图书馆、观测站及很多仪器毁于一场大火,于是他回到英国。到 20 世纪初,米尔恩已经有了一套完整的研究地震的方法,并在英联邦的许多地方一共设立了 27 个测量地震的观测站。到 1913 年米尔恩去世时,全世界已经建立了 40 个用来监测地震发生的观测站,这是全球地震监测网的雏形。

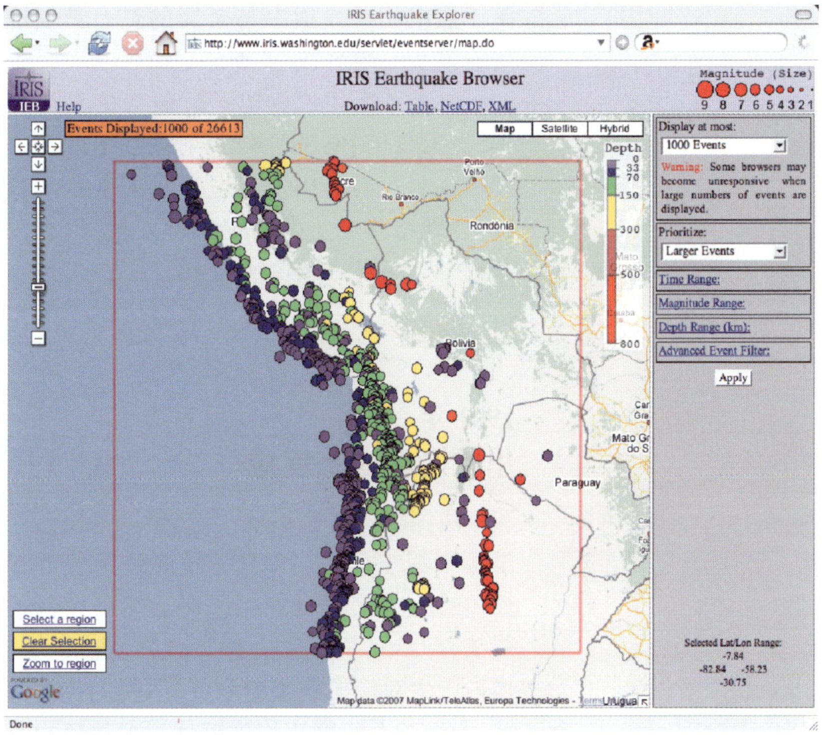

地震学联合研究会的地震浏览器

现今的全球地震监测网由美国科学基金会发起,合作伙伴包括法国、日本、英国、墨西哥、加拿大、意大利等许多国家。全球地震监测网由地震学联合研究会(IRIS)的会员机构组成的委员会进行管理,截至 2001 年全球已有超过 120 个观测站,通过每秒 20 个采样点的宽带地震记录仪连续记录地震数据。

1901 年
里查孙提出热电子发射定律

毕业于英国剑桥大学三一学院的里查孙从 1900 年起投身于热离子现象的研究,前后历时十余年。1901 年,里查孙通过实验证明,在阴极射线管中产生的电子流是由一个热阴极的金属发射的,而不是有些人认为是由周围空气发射的。同年,里查孙提出了关于热电子的发射率与金属的热力学温度之间关系的定律，即里查孙定律。

里查孙定律成为电子管研究的重要工具，使无线电、电视机和 X 射线技术的迅速发展成为可能。因对热电子发射现象的研究，特别是热电子发射定律的发现，里查孙获得 1928 年诺贝尔物理学奖。

1901 年
里歇发现变态反应

法国生理学家里歇 1877 年取得巴黎大学医学博士学位，1887 年任该校生理学教授。在这一年，里歇产生了制造免疫血清的想法，即给动物注射一种特殊物质，使动物体内产生对应的解毒物质(注入物质称为抗原，产生的对应物质称为抗体)。如果抗原是细菌或细菌的毒素，则将产生抗体，可以防止以后再受感染。如果将含有抗体的血清注射给人体，则可以使人体具有对某种疾病的免疫性。里歇曾试制结核病的免疫血清，但没能成功。1901 年，里歇发现，有时第二次给予动物同样抗原时，能使动物产生致命的休克。动物所产生的抗体非但不能保护自己，反而会毁掉自己。1902 年，里歇将这种现象命名为“过敏”现象，其单词来源于希腊文字中的“过分保护”。1906 年，医学上将这类反应称为“变态反应”。变态反应症状的科学研究是由里歇始创的，由于这项研究，1913 年里歇被授予诺贝尔生理学医学奖。

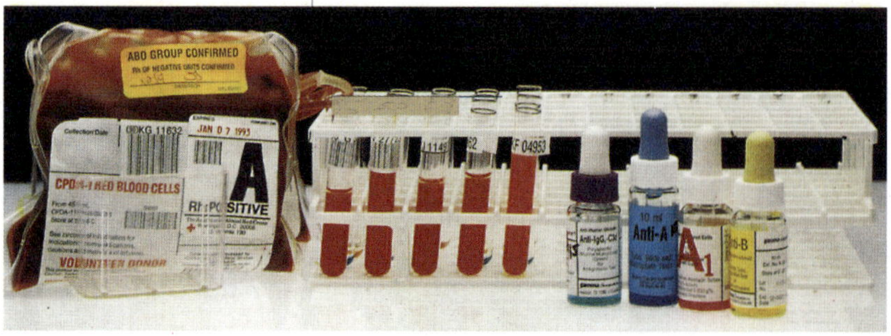

待检测的血样

1901 年
梅契尼科夫提出免疫机制的细胞理论

俄国动物学家、微生物学家梅契尼科夫在意大利研究海星幼体消化器官时，发现海星幼体内某些与消化作用无关的细胞能包围并吞噬注入的靛蓝染料的颗粒和碎屑，他将这类细胞称为(吞)噬细胞(人类的噬细胞是白细胞)。1901 年，他在《传染病的免疫》一书中提出“(吞)噬细胞是大多数动物(包括人)抵抗急性感染的第一道防线”的理论，从而成为免疫机制的细胞理论学派的创始人。他和体液理论学派的埃尔利希由于对免疫学作出了重要贡献而共同获得 1908 年诺贝尔生理学医学奖。

1901—1902 年
兰斯泰纳发现人的 ABO 血型

1901 年，奥地利—美国医生兰斯泰纳发现人体存在 A 型、O 型和 B 型 3 种不同的血型。1902 年，他又发现了 AB 型血型。兰斯泰纳指出，不同血型的人相互输血会造成凝血现象，严重者导致死亡。O 型血的人给别人输血，很少发生凝集现象；AB 型血的人，无论接受 A 型、B 型还是 O 型人输的血，都不会发生凝集现象；如果 AB 型血的人把血输给 A 型、B 型或 O 型血的人，则都会出现血液凝集现象。这一发现使输血逐渐成为一件安全的事情，并且为建立血液分类学奠定了基础。1930 年，兰斯泰纳因确定了人的四种血型荣获诺贝尔生理学医学奖。

1901—1903 年
德弗里斯《突变理论》出版

突变的概念最初是由孟德尔定律的重新发现者之一、荷兰植物学家胡戈·德弗里斯在 1901 年提出的。当时，德弗里斯发现一大片月见草中会出现一些变种，它们的生长明显异于其他植株，且这些变化可以延续到下一代，他将这类偶然出现的、巨大的、可遗传的变化称为突变(后来才知道，德弗里斯在月见草中观察到的变化大多数是染色体畸变或染色体重排引起的，而非基因突变所致)。随着突变概念的提出，人们得以将生物体中遗传物质变异引起的可遗传的变异与环境变化引起的不可遗传的变异严格区分开来。

1901—1903 年，德弗里斯所著的《突变理论》出版，他以自己多年来在月见草属植物中的研究成果为基础，集中阐述了生物突变理论，介绍了生物突变的基本原理，以及突变的"偶然性"、"多向性"、"周期性"、"稳定性"和突变频率(德弗里斯发现在月见草中达 1%—3%)等。德弗里斯认为不同性状由不同的遗传单位(称为"泛生子")控制，遗传是"颗粒式"的，这与达尔文所接受的"泛生论"(子代是亲代双方的"混合体")不同。他首次用"颗粒遗传"的观念解释物种起源问题，认为达尔文所强调的那种微小变异不是形成新物种的真正基础，物种起源主要是通过突然、彻底、跳跃式的变异——"突变"来完成的。突变理论解答了达尔文学说中许多令人迷惘的问题，使达尔文进化论向前推进了一大步。

1902 年
勒贝格积分建立

积分理论发展到 19 世纪末，许多人认为黎曼积分已经完美无缺了。但是，随着数学分支越来越多，数学中出现了许多"奇怪"的现象。例如，1875 年法国数学家达布证明，对于有无穷多个间断点的函数也可以求定积分，只要这些间断点被包含在长度可以任意小的有限个区间之内就行。这些现象的产生，以及近代物理学的迅速发展，对数学中的积分理论提出了更高的要求。人们需要拓广可积函数类，减弱积分与极限交换次序的条件，突破黎曼积分的局限性。

要改变积分的定义，必须先研究点集的测度问题，将只适用于有限区间的"长度"概念扩充到更一般的点集上去。19 世纪末，法国数学家若尔当和波莱尔等人已把面积、体积、长度等概念推广到任意点集上而得出一般的"测度"概念。法国数学家勒贝格将这套想法更加一般化，构造了一种可列可加的测度，现称为勒贝格测度。1902 年，勒贝格又定义了一种积分，通过将函数值相近的点放在一起，把被积函数的定义域分为若干个勒贝格可测集，以代替从左至右划分积分区间，然后同样作积分和，使积分归结为测度。这样，对一些连续性较差的，以及定义在较一般点集上的函数也可求积分了。用原来划分为子区间的方法得到的积分和不收敛，现在用划分为可测集的方法就可能会收敛。这样的积分后称为勒贝格积分，它减弱了积分与极限交换次序的条件，突破了黎曼积分的局限性，进一步发展了积分理论。

勒贝格

1902 年
勒纳发现光电效应的实验规律

德国物理学家海因里希·赫兹于 1887 年发现光电效应后，很多科学家开始了对光电效应的观察和研究。在 19 世纪的最后十余年间，光电效应成为物理学家的热门研究课题之一，他们从这个现象中找到了光直接转变为电的途径，努力探索光电效应的本质及其规律。

在约瑟夫·汤姆孙发现电子后，曾经在赫兹领导的实验室工作过的匈牙利—德国物理学家勒纳于 1900 年通过实验证实，由紫外线照射在金属上产生的光电流的粒子正是电子。1902 年，勒纳从实验中发现了光电效应的规律，光电效应中光电子的数目随光强度的增加而增加，但光电子的动能却仅与光的频率有关，而与光的强度无关。光的经典波动理论无法对这个实验规律作出说明。这个矛盾促使爱因斯坦于 1905 年提出了光子说，解释了光电效应的所有实验规律。

1902 年
吉布斯《统计力学的基本原理》出版

1902 年，美国物理学家、化学家吉布斯出版了《统计力学的基本原理》，将麦克斯韦和玻尔兹曼等人建立的统计方法推广发展为普遍适用的统计系综理论。处于相同宏观条件下的大量微观系统（如气体分子）的集合称为统计系综，简称系综。统计物理学方法的特点是由微观量求宏观量，在计算宏观量时需要首先知道系综的分布函数。按系统所处宏观条件的不同，可引进不同的系综。平衡态统计物理学中常用的系综有：微正则系综、正则系综和巨正则系综。

统计物理学从物质的微观结构和微观相互作用出发，并采用基本的统计假设。与其他学科相比，统计物理学的假设最少，应用的范围最广。吉布斯的统计系综方法不仅可应用于经典系统，还可应用于量子系统。

1902 年
卢瑟福和索迪提出原子自然衰变理论

欧内斯特·卢瑟福在加拿大发现并研究钍的放射性时提出了半衰期的概念，同时他发现钍的放射性产物中还可能存在别的放射性产物。为了弄清放射性的本质，需要与化学家合作，他于是邀请了过去在学术讨论中认识的青年化学家索迪一起研究。1902 年，卢瑟福和索迪共同发表了划时代的论文《放射性的原因和本质》，提出了原子自然衰变理论。他们认为，放射性原子是不稳定的，通过放出 α 和 β 粒子自发地衰变为另一种元素的原子。两年后，卢瑟福又将他们的理论归纳为放射性原子的链式衰变理论。卢瑟福因在放射性研究工作中的成就荣获 1908 年诺贝尔化学奖。

1902 年
斯塔林和贝利斯发现促胰液素

我们每天摄入的食物必须经过一道道物理和化学“工序”才能被身体吸收利用。消化过程中，胃酸和各种酶起着重要作用，而指挥消化器官分泌消化液的不仅有神经，还有各种信号分子。

1902 年，英国生理学家斯塔林和贝利

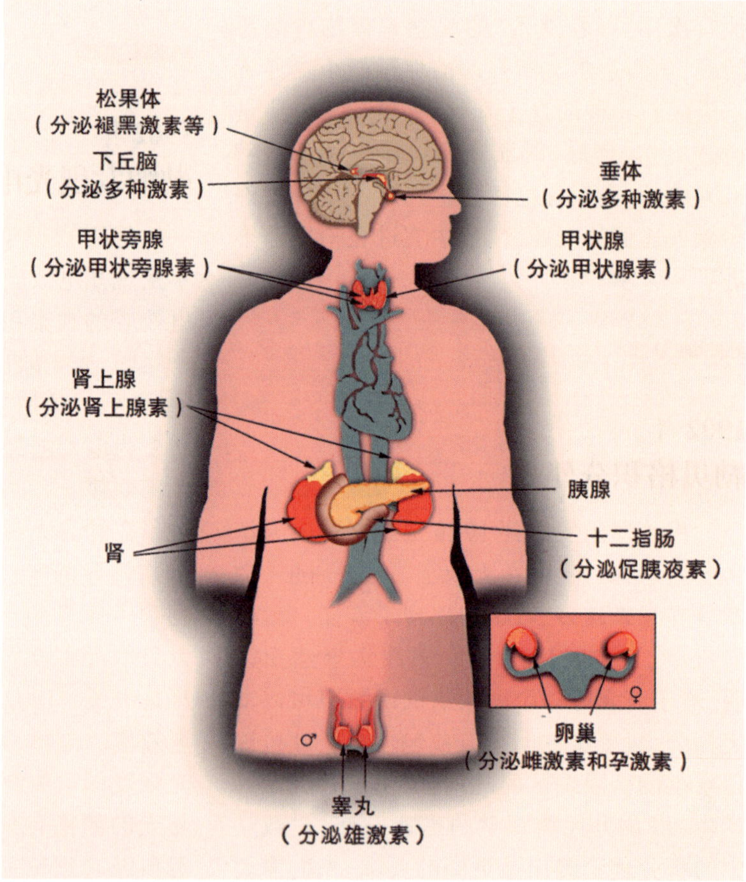

人体所产生的部分激素

斯正在研究神经系统如何指挥消化系统工作。当时人们已经知道,食物进入十二指肠后胰脏会分泌胰液,胰液有强大的消化能力。然而,当他们将连接胰脏的神经全部切断后,仍然观察到上述反应,这说明神经系统在指导胰脏分泌胰液的过程中并没有起到作用。于是,他们猜想,当食物进入十二指肠时,十二指肠会分泌某种化学物质,通过血液到达胰脏,导致胰液分泌。他们在狗身上进行了实验,证实了他们的猜想。他们将肠腺分泌的这种物质称为促胰液素。

1905 年,斯塔林将这种含量极少但可激发体内器官反应的物质命名为激素。促胰液素便是第一种被发现的激素。现在我们知道,激素是由特殊腺体产生的微量化合物,直接分泌到体液中并运送到作用部位产生效应。激素扮演着信号分子的角色,微量的激素即可在体内引起显著的效应。人体能够产生甲状腺素、肾上腺素等数十种激素,它们在代谢、生长、发育和生殖中都起着非常重要的作用。

1902 年
费歇尔和霍夫迈斯特分别提出蛋白质肽键理论

在合成了嘌呤类化合物和糖类之后,德国化学家埃米尔·费歇尔进入了一个更富有挑战性的领域——蛋白质研究。蛋白质不易结晶,且对热、乙醇、酸和碱等都比较敏感,因此很难得到纯的蛋白质晶体。由于蛋白质由氨基酸构成,人们设想从氨基酸入手来研究蛋白质。费歇尔先将氨基酸制成酯,再用分馏方法提取出单一氨基酸,最终分离出了不同的氨基酸。

费歇尔指出,不同氨基酸分子可以通过肽键(—CO—NH—)连接起来。在此基础上,费歇尔和法国化学家富尔诺于 1901 年合成了第一个二肽:甘氨酰甘氨酸。1902 年,费歇尔在一个学术会议上首次提出了“肽”这个词,指出蛋白质是由氨基酸通过肽键连接而成的化合物。他还以糖类的命名为例,提出了二肽、三肽、多肽等名词。此后,费歇尔的实验室合成了 100 多种多肽化合物,其中分子量最大的为 18 肽。

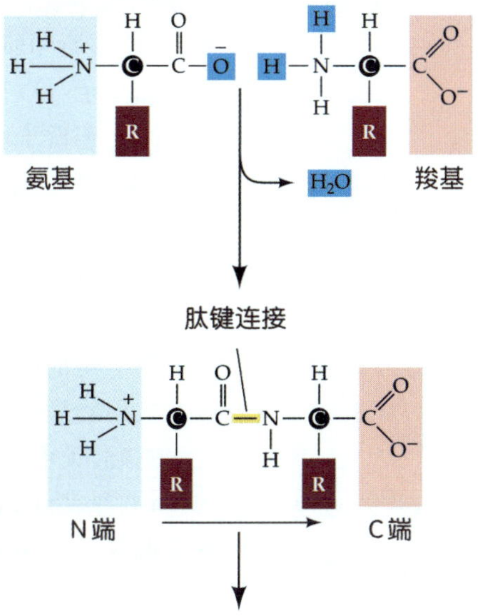

多肽的形成

在提出肽键理论的过程中,德国化学家霍夫迈斯特也功不可没。就在 1902 年那次学术会议上,霍夫迈斯特也提出了肽键理论。他认为,蛋白质是 α 氨基酸通过规则性重复“—CO—NH—CH=”基团缩合而成的。他还通过实验否定了前人关于蛋白质结构的一些错误假说。可以认为,霍夫迈斯特和费歇尔各自独立地提出了肽键理论。

1902 年
伯恩斯坦提出生物电发生的膜学说

古罗马时代,曾流行将电鳐(一种可以放电的海洋生物)放在脚底治疗痛风。1758 年,英国科学家卡文迪什观察到罩在电鳐上的莱顿瓶(类似今天的电容器)会产生火花,证明电鳐放出的是电。18 世纪末,意大利医生伽伐尼解剖青蛙时,刀尖触到蛙腿神经,引起蛙腿痉挛。经过反复试验,他认为青蛙体内本身就存在的电导致了痉挛,并称这种电为生物电。

然而,生物电的电压很低,电流也很弱。直到 19 世纪,借助电位器,人们测得神经细胞膜突然受到刺激时能产生 0.1 伏特的电压,这才确定了生物电在生物体中的存在。对于生物电的发生原理,德国生物学家尤利乌斯·伯恩斯坦于 1902 年提出了比较令人信服的膜学说：生物细胞都有完整的细胞膜，神经细胞和肌肉细胞等的细胞膜为半透膜，阳离子可以通过膜到达细胞外溶液中，但同时受残留于膜内的阴离子吸引，从而产生内部为负电而外部为正电的双电层。因此，每个细胞都可以被视作一台小型发电机或电池，它们排列起来的效果如同将许多电池串联起来一样，这也是电鳗等动物可以放出很高电压的电的原因。生物电发生的膜学说首次用物理化学原理解释生物电现象，以此为基础，人们最终发现膜电位是由于细胞内外钾、钠离子浓度的不平衡而产生，从而逐步揭开了生物电产生的奥秘。

1902 年
爱因托芬描述心电图

荷兰生理学家爱因托芬因对心电图学的开创性工作和无与伦比的贡献，而被誉为“心电图之父”，并于 1924 年获诺贝尔生理学医学奖。爱因托芬最初的研究是应用李普曼毛细管静电计记录的，但因技术粗糙、波形记录不理想，图形只有心室波(称为 V_1 波和 V_2 波)。经改造后该设备性能有了显著改进，可以看到心房波，记录到的心电图波群从 2 个波增加到 4 个波，并被命名为 A、B、C、D 波。但因静电计中水银柱的惯性和摩擦力影响了记录的图形，他仍不满意。由于受到物理学进展的限制，当时还没有生物电放大器，于是他又用一种数学方法加以矫正，使图形变得清楚了一些，但这种烦琐的方法不适合临床广泛应用。1901 年，爱因托芬设计的弦线式电流计问世，图形稳定，波形相对清晰。为了与以前的图形区别，他将记录的心电图波形分别标记为 P、Q、R、S、T 波。第二年(1902 年)，又在 T 波后记录到另一波，他取名为 U 波。爱因托芬对心电图各波的命名一直沿用至今。1903 年，他发表了“一种新的电流计”的论文，并获广泛承认。自爱因托芬提出“electrocardiogram”(心电图)后，该名词就被采用为专用名词。心电图的问世，对心律失常、心电活动的形成、心脏特殊传导系统的深入研究起了决定性作用。

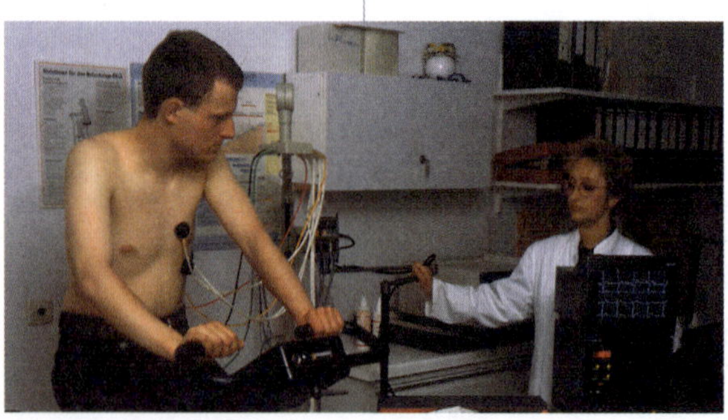
早期的心电图检查

1902—1904 年
萨顿和博韦里提出染色体是遗传物质

19 世纪与 20 世纪之交，染色体行为及其在遗传中的重要性是一个令人关注的研究领域。1902 年春，年轻的美国遗传学家萨顿通过观察蝗虫细胞染色体的行为，发现染色体总是成对出现，同一对染色体形态大小极其相似，不同对染色体则差异显著。萨顿详尽地绘制出蝗虫的成对染色体，并且推断染色体是遗传的基本物质，而生殖细胞的染色体在减数分裂中的减少现象、同源染色体的配对及分裂后期的同源染色体分离直接与孟德尔遗传规律相关，如减数分裂时每对同源染色体在配子中的分布是随机的，与其他染色体无关。1903 年，萨顿在其《遗传中的染色体》一文中对其假说进行了论述。萨顿的这一研究是在美国细胞学家埃德蒙·威尔逊的实验室中开展的，对威尔逊的后续研究起了重要影响。

而同一时期，1904 年，德国细胞学家博韦里观察了海胆卵及其发育，发现单个染色体决定特定的遗传特征，每条染色体对生物的发生、发育有着不同的影响，除非一个细胞具有一套完整染色体，否则海胆受精卵不能发育成正常的胚胎。博韦里通过自己的观察和实验，将细胞中的染色体行为和孟德尔遗传学联系在一起，获得了与萨顿相同的结论。威尔逊将这种染色体是遗传物质的理论称为萨顿—博韦里假说。

1903 年
罗素悖论提出

康托尔建立了无穷集合论之后,集合的概念渗透到众多的数学分支。但 1900 年前后,集合论中出现了 3 个著名的悖论,引起人们对数学大厦逻辑结构的可靠性的怀疑,引发了第三次数学危机。1903 年,英国数学家、逻辑学家、哲学家伯特兰·罗素发现了著名的罗素悖论:设 S 为一切不属于自身的集合(即不含自身作为元素)所组成的集合。在朴素集合论中,这样的 S 是合法的。那么,S 是否属于 S?若 S 属于 S,则 S 是 S 的元素,于是 S 不属于自身,即 S 不属于 S,矛盾;反之,若 S 不属于 S,则 S 不是 S 的元素,于是 S 属于自身,即 S 属于 S,亦矛盾。

这三大悖论(另两个是布拉利—福尔蒂悖论和康托尔悖论),尤其是罗素悖论,使数学家们感到很"不安全",于是努力设法消除这个怪物,这导致逻辑主义、直觉主义、形式主义学派相继出现。逻辑主义学派的代表人物为罗素和怀特海,他们两人合著了《数学原理》(罗素写了此书的绝大部分),共三卷,在 1910—1913 年出版。他们的基本观点是"数学即逻辑",即全部数学都能够从纯粹逻辑推出。这样,只要不允许使用"集合的集合"这种逻辑语言,悖论就不会发生。但这一主张后来被证明不能实现。尽管如此,《数学原理》在方法论上的意义是不可忽视的。罗素和怀特海的工作推动了大量新见解和新知识的出现,并且形成了如类型论这样的逻辑体系,这些成果对于数学的发展有很大的积极影响。

1903 年
齐奥尔科夫斯基《利用喷气工具研究空间》发表

齐奥尔科夫斯基是俄国"火箭之父",现代航天学和火箭理论的奠基人。他通过大量研究,首先明确、系统地阐述了利用火箭进行太空飞行的设想。早在 1880 年,他便开始独立研究和创立空气动力学理论。1883 年,他首次指出利用反作用装置(即火箭)作为太空旅行工具的推进动力的可能性,并画出了飞船的示意图。齐奥尔科夫斯基认为,在宇宙空间没有空气的情况下,唯一能够使用的运载工具就是火箭,火箭在没有阻力的外太空的飞行比在空气中更加有利。经过几年的潜心研究,齐奥尔科夫斯基于 1898 年写成《利用喷气工具研究空间》一文,但该论文直到 1903 年才发表。这篇论文在人类历史上第一次把征服宇宙空间放置在科学的基础上,第一次明确阐述了火箭发动机的基本原理,具体阐述了液体火箭的构造,认为可以用液态氧和煤油作为火箭的推进剂,并提出了"质量比"的概念。齐奥尔科夫斯基还在文中推导出理想情况下计算火箭获得速度增量的公式,即齐奥尔科夫斯基公式,为研究火箭和液体推进剂火箭发动机的力学运动规律奠定了理论基础。

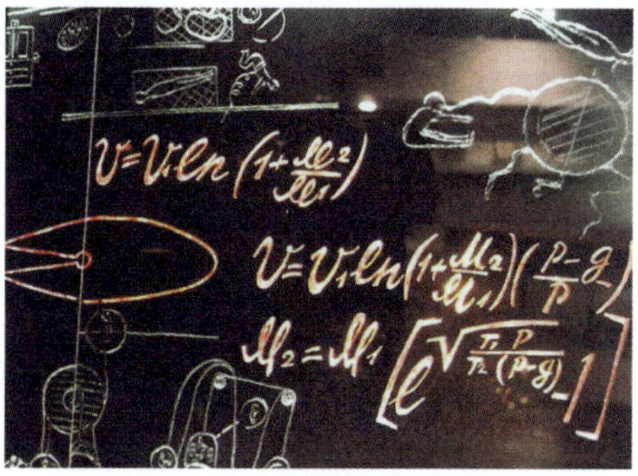
齐奥尔科夫斯基提出的火箭运动公式

莫斯科的齐奥尔科夫斯基纪念碑

齐奥尔科夫斯基的研究说明了人类进行太空旅行不是不可能的。他有一句名言:"地球是人类的摇篮,但人类不可能永远生活在摇篮中。"

1903 年
汤姆孙原子模型提出

1897 年电子的发现是原子具有内部结构的有力证据,它促使当时的一些物理学家尝试建立某种原子结构模型。1903 年,发现电子的英国物理学家约瑟夫·汤

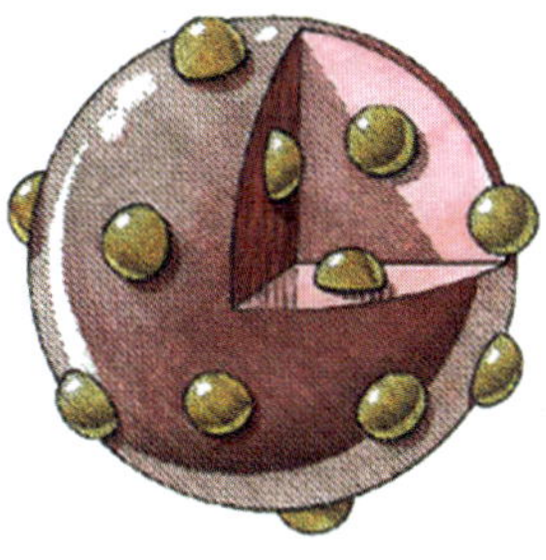
原子的葡萄干布丁模型

姆孙提出了一个原子结构模型:原子是一个均匀带电的球体,电子则按一定的规则镶嵌在球体中,电子的总负电荷与球体的正电荷数值相等。该模型常称为汤姆孙原子模型或葡萄干布丁模型。该模型并不正确,缺少实验基础,但它的提出为其后原子结构的研究起到了先导作用。

1903 年
巴甫洛夫发现条件反射

俄国生理学家巴甫洛夫出生在俄国梁赞的一个牧师家庭,早年就读于当地的一所教会学校,希望将来成为一名牧师。然而,在俄国著名的"生理学之父"谢切诺夫的影响下,巴甫洛夫进入圣彼得堡大学学习化学与生理学,走上了科学研究的道路。

1879—1897 年, 巴甫洛夫致力于消化生理学研究, 后转向高级神经活动研究,最著名的工作当属条件反射实验:狗进食之前先给予铃声刺激,而狗在得到食物后会分泌唾液;如此反复多次之后,只要有铃声刺激,即便没有食物,狗也会分泌唾液,也就是说狗已经将铃声与出现食物联系起来,巴甫洛夫称之为"条件反射"。反之,狗得到食物后分泌唾液的单纯生理行为则被称为"非条件反射"。巴甫洛夫还发现,如果刺激是"错误的",条件反射就会受到抑制并逐渐消失。例如一直对已建立条件反射的狗进行铃声刺激而不给食物,一段时间之后,狗即使听到铃声也不再分泌唾液。巴甫洛夫通过进一步研究后发现, 条件反射受控于大脑皮层,是高级神经活动的基本形式。在此基础上巴甫洛夫创立了条件反射学说,即高级神经活动学说。1903 年, 他在第 14 届国际医学大会上宣读论文《动物的实验心理学与精神病理学》, 指出条件反射是一种基本的心理学现象,同时也是生理学现象。这一发现使得人们有可能客观地研究生物的精神活动。1904 年,巴甫洛夫由于消化生理学方面的工作而获得诺贝尔生理学医学奖。巴甫洛夫在国内外都取得了极高的声望,1901 年当选彼得堡科学院通讯院士,1907 年当选俄国科学院院士,后来又被美、英、法、德等 22 个国家的科学院选为院士。他还是 28 个国家(包括中国)生理学会的名誉会员和 11 个国家的名誉教授。

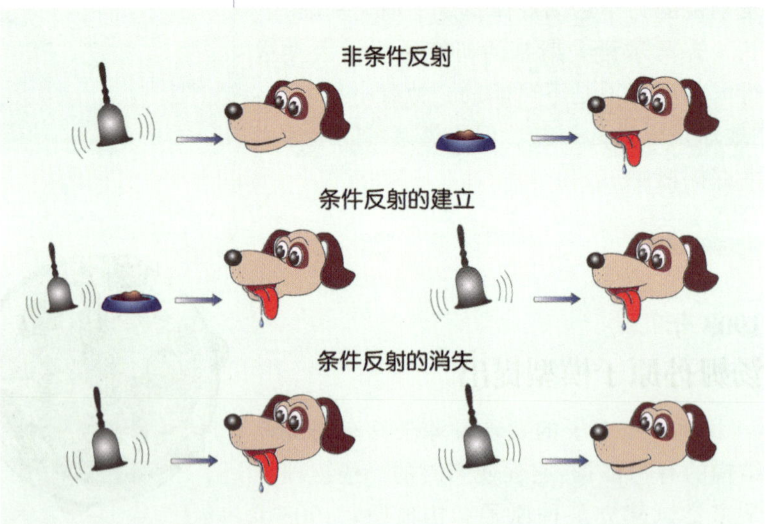

巴甫洛夫的条件反射实验

1903 年
约翰森提出遗传学的纯系学说

纯系是指每一个体都具有相同遗传单位的品系。例如,在自花授粉的植物品系中,每粒种子所具有的基因型都相同,产生的后代性状也都相同。纯系学说的提出者是丹麦植物学家约翰森。

菜豆是自花授粉植物,1898 年起,约翰森开始进行菜豆的纯系研究。约翰森发现,一个纯系内种子粒重的变异是不遗传的,而不同纯系间的变异至少一部分是遗传的。1903 年,他提出了纯系学说:在一个混杂的群体内,粒重性状的连续变异是遗传变异和非遗传变异共同作用的结果;但在一个自花授粉的纯系内, 变异只是环境影响的结果,是不遗传的,所以纯系选择无效。此外,约翰森由于认识到孟德尔因子的行为和胡戈·德弗里斯的泛生子的行为非常相似,于是用泛生子(pangen)的衍生词——基因(gene)来描述遗传性状的物质基础。他还将“基因”与词根“类型”(type)连接在一起，组成了“基因型”(genotype)这个词，与“表型”(phenotype，即外表特征)相对应。约翰森的菜豆试验、纯系学说及他提出的若干遗传学概念奠定了他在遗传学发展史上的重要地位。

1904 年
夫累铭发明电子二极管

1883年，美国著名发明家爱迪生在研究白炽灯的寿命时，发现了今天被称为“爱迪生效应”的热电极发射现象，但这未引起爱迪生的重视，他只申请了专利权。1885 年，英国电气工程师夫累铭则认为，真空管中的热电子发射一定可以找到实际用途。他经过反复实验发现，如果在真空管里装上碳丝和铜板分别充当阴极和阳极，则灯泡里的电子流就能实现单向流动。经过多次实验，夫累铭终于在 1904 年研制出一种能够用作交流电整流和无线电检波的电子二极管，并在 1904 年 11 月 16 日申请了专利，这就是现在所称的“真空二极管”或“电子管”。它标志着人类历史上第一只电子管的诞生，世界也从此迈向电子时代。

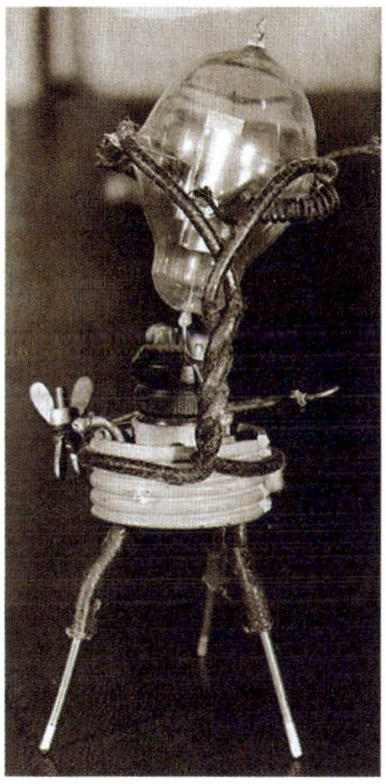
夫累铭 1904 年发明的电子二极管

1904 年
哈登发现辅酶

酶是生物体内活细胞产生的一种生物催化剂，在机体中高效地催化各种生物化学反应。1904 年，英国生物化学家哈登在研究酒化酶时发现了一个有趣的现象：当酵母菌汁被煮沸后再去做糖的发酵实验时，发酵作用不但没有减弱，反而加速了。为了弄清其中的原因，哈登将酵母菌汁放入一个半渗透膜袋内，再将此袋放入纯水中。通过这一渗析过程，酵母菌汁中的小分子进入纯水，大分子留在袋内。他把这两部分物质分别与糖溶液放在一起，却看不到明显的发酵作用，只有将这两部分物质放在一起才能使糖溶液发酵。哈登进一步通过实验发现，袋内的大分子物质经过煮沸后发生变性，活性消失，而袋外的小分子物质煮沸后没有发生变性。据此判断，后者是一种非蛋白质有机小分子。经进一步证实，这种小分子物质为一种磷酸酯，是直接影响发酵是否能发生的关键物质，被称为辅酶。哈登还发现，磷酸基团对于糖的发酵是必需的。在糖的发酵过程中，磷酸基团能与糖分子结合，形成重要的中间体。

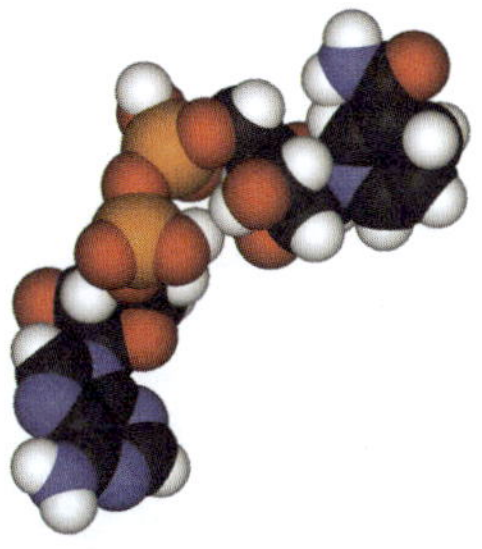
辅酶结构

德国—瑞典生物化学家奥伊勒-切尔平在哈登的基础上继续对辅酶的性质进行研究，通过实验证明了某些酶必须在辅酶的参与下才能表现出活性，这就弄清了为什么各种维生素和微量矿物质对于生命活动只需痕量，却又如此重要，因为它们是辅酶的组成部分。另外，他还发现某些物质会在发酵过程中对酶的活性起抑制作用。

哈登和奥伊勒-切尔平因研究糖的发酵和发酵作用而共获 1929 年诺贝尔化学奖。

1904 年
威尔逊山天文台创建

1891 年，23 岁的美国天文学家乔治·海尔在芝加哥肯伍德天文台发明太阳单色光照相仪，翌年成功拍摄太阳单色像。1904 年，海尔筹建威尔逊山太阳观象台，后称威尔逊山天文台。该台位于美国加利福尼亚州的威尔逊山，海拔 1742 米，大气视宁度优

1904

威尔逊山天文台的胡克望远镜圆顶室

威尔逊山天文台口径 2.54 米的胡克望远镜在安装中

良。1908 年，海尔在那里建成当时世界上最大的口径 1.52 米反射望远镜和第一座配备单色光照相仪及大型光谱仪的高 18.3 米的太阳塔，4 年后再建成一座高达 45.7 米的太阳塔。他基于单色光照相仪拍摄的太阳 Hα 像进行了一系列研究，如通过黑子周围存在的旋涡状结构推断其磁场的存在；根据黑子光谱线的分裂，用塞曼效应推测其磁场达数千高斯；发现黑子群磁场极性逆转的周期为 22 年。海尔任威尔逊山天文台首任台长，1923 年因病退休后任名誉台长。在他的主持下，由洛杉矶商人约翰·胡克出资，威尔逊山天文台于 1918 年建成当时世界上最大口径的 2.54 米反射望远镜，又称胡克望远镜。在此后 30 年中，该镜一直保持着这一世界记录。

1904 年
卢瑟福测得铀矿物 5 亿年的放射性年龄

矿物和岩石的年龄有多大?这一直是困扰地质学家的问题，直到英国物理学家欧内斯特·卢瑟福于 1904 提出放射性测年方法。法国物理学家贝克勒耳和居里夫妇分别在 1896 年和 1898 年相继发现铀、钋和镭元素具有放射性。1902 年，卢瑟福和英国化学家索迪发现放射性现象源于元素的自发衰变。在衰变过程中，一种元素变成了另一种较轻的元素，同时产生射线。一种放射性元素的衰变速率是固定的，因此知道了某种放射性元素的衰变速率，就可以根据衰变产物的量计算出衰变持续的时间。根据这一原理，卢瑟福 1904 年首次从一种铀矿物测得 5 亿年的放射性年龄，之后放射性测年便成为测定地球年龄的唯一可靠的方法。

卢瑟福是 20 世纪最伟大的实验物理学家之一，在放射性和原子结构等方面都作出了重大的贡献，1908 年获诺贝尔物理学奖，被称为近代原子核物理学之父。卢瑟福还是一位杰出的学科带头人，被誉为“从来没有树立过一个敌人，也从来没有失去一位朋友”的人。在他的助手和学生中，先后荣获诺贝尔奖的竟多达 12 人。科学界至今还传颂着许多卢瑟福精心培养学生的故事。

1905 年
爱因斯坦提出光子说

光电效应是电子在光的作用下从金属表面发射出来的现象。1902 年，匈牙利—德国物理学家勒纳通过实验总结出光电效应的经验规律，但这些规律无法在经典物理框架中用光的波动说作出解释。

另一方面，普朗克于 1900 年提出了能量子假设，认为电磁场传播时其能量是连续的，但当它们与物质发生交换能量时则是以一份份能量子的形式进行的。1905 年 3 月，爱因斯坦在德国期刊《物理学杂志》上发表了《关于光的产生和转化的一个启发性观点》一文，将普朗克的能量子假设推进了一步。他认为，光或电磁波本身就是由一份份能量子所构成，这种能量子后来称为光子，它们的能量为 $h\nu$，其中 h 为普朗克常量，ν 为光的频率。

爱因斯坦用光子说和能量守恒定律导出了光电效应方程，利用这个公式可解释光电效应的实验规律。爱因斯坦因提出光子说并解释了光电效应而荣获 1921 年诺贝尔物理学奖。

1905 年 爱因斯坦创立狭义相对论

相对论是研究不同惯性系观测者所测得的物理量之间的关系，以及所发现的物理规律之间关系的理论。1905 年 6 月和 9 月，爱因斯坦发表了题为《论动体的电动力学》和《物体的惯性和它所含的能量有关吗?》的著名论文。他在分析了当时有关的实验事实后，提出了狭义相对论的两个基本假设：(1)相对性原理，即在任何惯性系中，任何物理规律都相同；(2)光速不变原理，即在任何惯性系中，真空中光的速度都相同。由此可导出时间和空间在不同惯性系之间的变换关系，称为洛伦兹变换，其他物理量，如速度、加速度等的变换关系可由时空变换关系导出。狭义相对论中还导出了许多重要的结论，例如：①两事件发生的先后或是否同时，对于不同惯性系来说是不同的(但因果性依然成立)；②运动物体在其运动方向上的长度缩短；③运动时钟变慢；④物体的质量随该物体速度的增加而增加(称为质速关系)；⑤物体的质量与能量存在普适的当量关系 $E=mc^2$(即质能关系，其中 E 是能量，m 是质量，c 是光速)，所以有质量就有能量，反之，有能量就有质量。质能关系是狭义相对论的一个重要推论，为计算核反应中释放的能量及整个核物理学的发展奠定了基础。但是，当相对论中所讨论的速度远小于光速时，其结果将近似转化为牛顿力学的结果，上述一些相对论性效应也随之消失。

就爱因斯坦对物理学的贡献而言，1905 年是他的奇迹年，这使他在 26 岁时就成为世界一流的物理学家。爱因斯坦相对论的创立，是物理学上的一场革命，它改变了传统的关于空间、时间、质量、能量的观念，揭示了时间和空间的统一性，以及物质和运动的统一性等。相对论的许多结论在它创立至今的一个多世纪中，得到了大量的实验证实。

1905 年 赫茨普龙区分巨星和矮星

19 世纪末，爱尔兰天文学家威廉·蒙克利用载有恒星位置、亮度、光谱型和自行数据的星表，来研究恒星光谱型和自行之间的

球状星团半人马座 ω 中的红巨星 这幅照片整合了用可见光波段和斯皮策空间望远镜在红外波段拍摄的图像，后者对低温红巨星发出的光很敏感。这些红巨星在照片上显示为黄色亮斑。

爱因斯坦

伟大的理论物理学家、思想家爱因斯坦，往往被认作“相对论之父”，其实他又是量子理论的主要奠基人和开创者之一；他堪称现代物理学的首席代表，其思想和成就是现代科技、现代文明的极其灿烂的标志。

1879年3月14日，阿尔伯特·爱因斯坦出生于德国乌耳姆的一个不甚富裕的犹太人家庭，一年后父辈在慕尼黑开办一家规模不大的电器工厂，但过了十几年即倒闭破产。爱因斯坦放弃德国的国籍和学籍，1896年进入瑞士的苏黎世联邦工业大学师范系攻读物理学专业，1900年毕业，翌年取得瑞士国籍。他学习素来不循规蹈矩，毕业后没有获得专业工作岗位，而于1902年到伯尔尼瑞士专利局充当普通职员，前后共有7年。即便在这非学术的工作环境下，他还是利用业余时间，进行深入的、富有创意的专业研究，并取得了创建相对论和早期量子论等多方面的卓越成就。惊人的学术造诣，令其在学术界渐露头角，之后的20年间他先后受聘于苏黎世大学、布拉格德语大学、苏黎世联邦工业大学、柏林大学、莱顿大学，成为专职或兼职教授，还曾担任德国威廉皇家物理研究所所长和普鲁士科学院院士等职。1914年爱因斯坦返回德国居住，1921年获得诺贝尔物理学奖。

爱因斯坦亦关心政治，热心社会活动：他主张或赞同和平主义和犹太复国主义，积极参与国际和平运动，大胆发表反对军国主义、法西斯专制的言论。他在学术上的杰出声誉以及政治上的鲜明立场，招来德国排犹右翼分子乃至纳粹统治者的严厉迫害，既攻击其相对论的革命性意义，更危及其生活安定和生命安全。爱因斯坦遂避居比利时、英国等地，1939年10月辗转抵达美国而定居下来，并受聘为普林斯顿高等研究院教授。1940年他取得美国国籍，1952年以色列政府推举他就任第二任总统而未受。1955年4月18日，因主动脉瘤破裂，逝世于普林斯顿。

爱因斯坦毕生以探讨物理学的统一基础为研究宗旨；缔造相对论、开创量子理论研究，致使这两个理论成为现代物理学的理论支柱，继而致力于二者的结合和统一，乃是其科学生涯的主线。

在伯尔尼的头3年，爱因斯坦的研究重点是：阐发热力学和热辐射理论、考查麦克斯韦电磁场理论和洛伦兹电子论，从而使其提出光量子概念、创建相对论则水到渠成。1905年被人们称为“爱因斯坦奇迹年”。在那一年，他发明了光量子论、狭义相对论以及质能相当公式，其划时代意义自然毋庸置疑；而另外发表的两三篇关于分子运动论，即通过观察布朗运动测定分子大小、证实分子—原子假说的论文，在物理学研究开始深入微观物质世界的时候，也是举足轻重的。爱因斯坦对于早期量子论贡献丰厚：他升华了普朗克能量子概念和自己的光量子概念，将其用于考察分子、原子的振动，建立了固体的量子比热理论(1907年)；讨论光化学现象，确立了光化学定律(1912年)；又将量子概念结合以玻尔原子理论中的(量子)定态假设和量子跃迁假设，以研究辐射和吸收现象，从而建成了价值重大的量子辐射理论(1916年)。深化了的量子概念及光量子论所昭示的波粒二象性的奠基作用当然不限于早期量子论，后来也被当作量子力学(1926年)和量子场论(1927年以后)的主要基本概念。1924年，爱因斯坦将玻色讨论光量子统计方法的论文加以提炼、推广，得出适用于各种整数自旋粒子(玻色子)系统的玻色—爱因斯坦统计法，从而开拓了量子统计理论的新领域。

至于爱因斯坦构建相对论体系，前后分三个阶层。第一阶层——狭义相对论，其实是兼容相对论质点动力学的相对论电磁场理论；第二阶层——广义相对论(1916年)，其实是相对论引力场理论。他通过前者将时间与空间结合一体、将电磁场理论与力学统一起来；通过后者将物质及其引力与时空几何统一起来，并凭借相对性原理之涵义的拓广而确立具有普遍意义的几何动力学观念。然而，爱因斯坦花费精力最多的是探索作为第三阶层的统一场论，他在依据广义相对论而扩建相对论宇宙学（1917年)以后，尝试将电磁场理论与引力场理论统一起来，设立统一场方程，使微观粒子的运动规律作为场方程的特殊解，从而试图改造量子力学并让其归入相对论体系。这是爱因斯坦探讨物理学之统一基础的最终目标，虽然他未能达到此目标，却为其身后理论物理学的发展指明了方向。

相对论的建立，伴随着时空观的根本性转变——从牛顿绝对时空观转变为相对论时空观，这是物理学中由基本概念变革导致重大理论创新的最佳事例之一。相对论是其缔造者一再延拓相对性原理、不断揭示时空对称性的产物：将牛顿力学中的伽利略相对性原理延拓到电磁场理论，则演变为充当狭义相对论之前提的爱因斯坦相对性原理，随之揭示了时间和空间的运动学对称性以及时空相对性；再延拓到引力场理论，经由等效原理则演变为反映惯性系和非惯性系之等同地位的广义相对性原理，随之揭示了时空的动力学机制以至动力学对称性、推导出时空弯曲的非凡结论。相对论时空观的成功建树，致使相对论成为经典物理中最超拔的颠峰之作。爱因斯坦将麦克斯韦和洛伦兹的电动力学认作狭义相对论的雏形，而谦称自己不过是突破了牛顿绝对时空观的羁绊，并用其新时空理论顺势改造了牛顿力学；进而凭借其新时空理论的最绚烂结晶——几何动力学观念构建了爱因斯坦引力场方程，该方程在弱场近似条件下还原成牛顿引力势方程。所以说，相对论是麦克斯韦—洛伦兹电动力学、牛顿力学、牛顿引力论这些经典理论的延续、推广、革新和提升。

爱因斯坦虽然倡导量子概念，创建对现代科技产生深远影响的诸多量子理论，但他的研究纲领始终囿于经典场论范畴。他秉承牛顿之严格因果性的绝对决定论原则，怀疑量子力学的完备性，在探索统一场论的同时，与以玻尔为首的哥本哈根学派开展了旷日持久的论战，这也是其科学生涯中浓墨重彩的篇章。爱因斯坦理解时空的本质，更思考量子本性50年而自以为并未认识清楚，此乃因为他立足于经典场及其定域性的概念基础，排斥量子场及其非定域性作为场论进一步发展的终极概念基础，这或许就是其探索统一场论未能速见成效的原因之一。

相对论和量子理论所导致的时空观以及物质观乃至整个自然观的伟大革命，从根本上改变了人类的思想结构，爱因斯坦无疑是这场革命的主将。其理论的深邃内涵还有待于不断挖掘。例如，他的引力场方程及其宇宙学假设可用来解释宇宙膨胀模型和暗物质、暗能量的新近发现；他由其量子统计理论出发所预言的玻色—爱因斯坦凝聚恰正是已为实验显示的物质第五态。再者，相对论和量子理论虽然范畴不同、观念相悖，但彼此间并非不可逾越，例如由时空对称性以至几何动力学观念引申为量子场论中至关重要的规范对称性原理。这两个不同范畴的理论的形式结合，在20世纪已展现出相对论量子力学和种种量子场论及其统一理论的广阔场面；二者的深层次结合在本世纪或更长时间里还会继续，那么，爱因斯坦的精湛思想和辉煌成就对于未来科技发展和文明建设的指导作用必定经久不衰，其光芒将永不泯灭。

关系，发现 F—G 型黄星的平均自行比 K 型红星更大。从统计上说，恒星的自行越大，距离应该越近，故推断前者的平均光度比后者低。丹麦天文学家赫茨普龙由此受到启发，开展进一步的研究。他认为蒙克的思路可取，但做法存在缺陷，于是根据哈佛大学安东尼娅·莫里的光谱分类进行更细致的分析。他把每颗恒星都归算到同一视亮度来比较它们的自行，结果发现在莫里分类为晚型光谱的同一型中，属于 c、ac 亚型的恒星平均自行比属于 b、a 亚型的更小，这表明它们距离更远，因而光度更高。赫茨普龙把这种高光度的星称为巨星，其余低光度的星称为矮星。他的这些工作分别于 1905 年和 1907 年以"恒星辐射"为题发表在不为天文界熟悉的《科学照相》杂志上，后经时任格丁根大学天文台台长的卡尔·史瓦西推荐，于 1909 年在德国《天文学通报》上以"莫里分类中的 c 星和 ac 星"为题重新做了介绍。这三篇论文虽然尚未作图描绘其最先发现的恒星光谱型与光度的关系，但以列表形式给出了主星序和巨星序两个序列，为日后光谱—光度图的建立奠定了基础。

1905 年
埃克曼漂流理论提出

1893 年 6 月—1896 年 8 月，挪威探险家南森率领科考队乘坐"弗雷姆号"极地探险船，完成了随冰穿越北冰洋的海上漂流实验。南森发现，北冰洋中的冰山漂流并不是顺风漂移，而是沿着风向右方约 20—40°的方向移动。南森将这个现象介绍给挪威气象学家威廉·皮叶克尼斯，希望能获得理论上的解释。皮叶克尼斯推荐他的学生瑞典海洋学家埃克曼对此进行研究。1905 年，埃克曼发表研究结果，提出了风生环流理论，即埃克曼漂流理论。

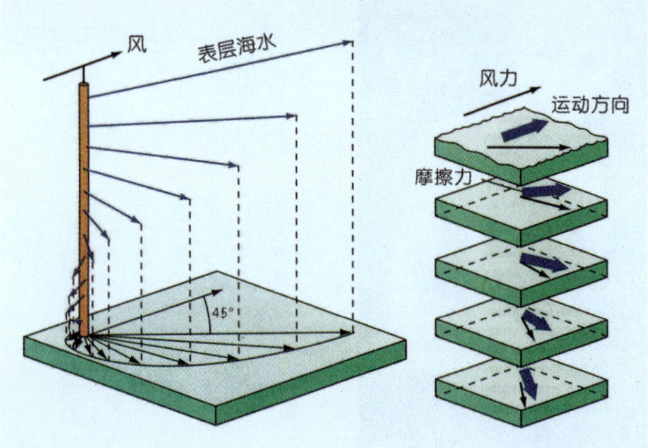

埃克曼漂流理论

埃克曼漂流理论假定，在理想化的无边界、无限水深和密度均匀的海洋中，海面受到恒定均匀风力的长时间作用，风对水面的混合搅动将风的动量通过海面传递给表层海水，并因海水的黏滞性产生摩擦作用而将动量传递给下层海水，使下层海水逐层流动起来。由于地转偏向力的作用，在北半球，埃克曼漂流的表层，流向将偏转到风向右侧 45°方向（反之，南半球流向偏左）；表层以下的海水随着深度的增加，流向逐层向右偏转，流速不断减小，直至某深度处流向和表面流向完全相反时，流速降低为表面流速的 4%左右，该深度被称为摩擦深度，也称埃克曼深度。从海面到摩擦深度之间的水层称为埃克曼层。埃克曼漂流的逐层流速矢量端点在空间上连成的曲线称为埃克曼螺旋，其在水平面上的投影称为埃克曼螺线。

虽然埃克曼漂流理论是一种理想化的海流模型，但它可以近似地反映大洋近表层海水在风的作用下形成的风海流，以及大洋下层海水中密度流和地转流同时存在的情况，从而为风生环流理论研究奠定了基础。埃克曼是海流动力学研究的开拓者，除了埃克曼漂流理论，他还对融冰形成的"死水"现象、海水压缩率、坡度流、密度流、深层流、混浊流等问题有深入的理论研究，还曾设计制造能同时测量流速和流向的埃克曼海流计和埃克曼颠倒式采水器。

1905 年
威尔逊和史蒂文斯分别发现性染色体同性别的关系

在美国生物学家麦克朗于 1902 年发现

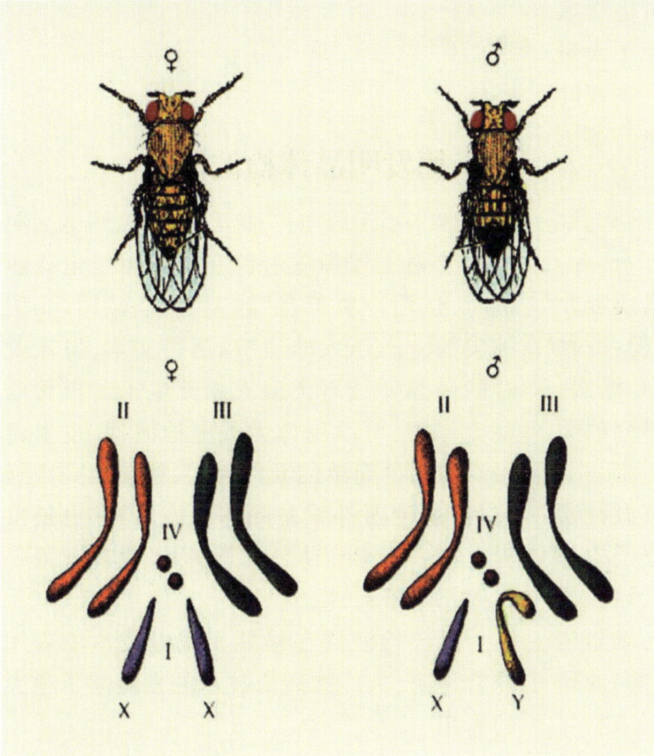

雌、雄果蝇及其染色体

直翅目昆虫具有一对与性别相关的特殊染色体之后，美国细胞学家埃德蒙·威尔逊于1905 年观察到一种半翅目昆虫的雌性个体的体细胞有 22 条染色体，而产生的卵子有 11 条染色体；雄性个体的体细胞有 21 条染色体，而产生的精子有两种，一种有 11 条染色体，另一种只有 10 条染色体。威尔逊将与性别有关的染色体表示为 X，缺少它表示为 O，则精子类型一种是 X 型，另一种为 O 型，而卵子均为 X 型。受精后产生的后代，XO 为雄性，XX 为雌性。

同年，美国生物学家史蒂文斯发现，有一种甲虫的雌雄个体体细胞的染色体数目相同，但在雄性中有两条染色体大小不同，无法配对，其中一条在雌性的体细胞中也有，但却是成对的。史蒂文斯将雄性独有、无法配对的这条染色体称为 Y 染色体，并推论说性别决定的基础在于是否存在 Y 染色体。随后，在黑腹果蝇中也发现了相同的情况：果蝇体细胞中共有 4 对染色体，在雄性的体细胞中有一对染色体形状不一样。史蒂文斯虽然只根据异形染色体与性别的相关性发现了性染色体，但后人众多的实验已证实她的推论是正确的。

今天我们知道，性染色体 X 和 Y 在不同生物中对于性别决定所起的作用是不同的，例如，在鸡中，具有 Y 染色体的是雌性，而人则恰好相反。

1905 年
墨菲发明人造髋关节

1826 年，美国医生约翰·巴顿为了纠正一个病人髋关节强直而施行截骨术时，于无意中制成了一个假性髋关节，这一过程后被认为是医学界尝试人造髋关节的肇始。后经其他专家在关节内放入各种软组织或金属，使该手术在本质上有了改进。1905 年，美国外科医生墨菲使用较软的组织（如肌肉和筋膜）制作关节获得圆满结果。墨菲也被公认为人造关节的先驱。

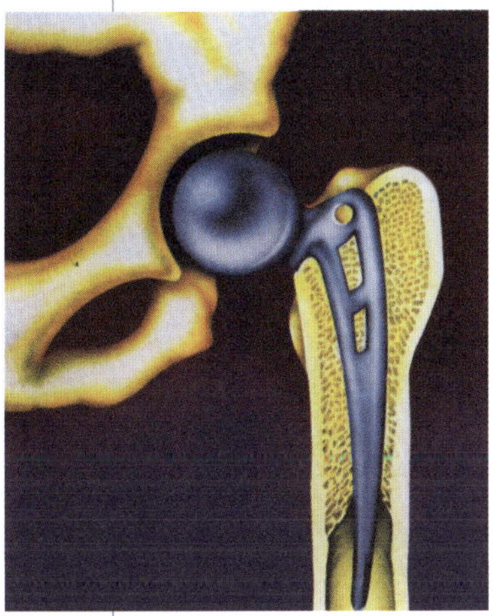

全髋关节置换术 图示一例人工股骨头。一片平直的金属片插入股骨内，以获得强度及支撑力。

1905—1913 年
维尔施泰特阐明叶绿素的化学结构

在植物王国中，不论是红花还是绿叶，绚丽的色彩背后都是色素在起作用。相比红花中的花青素，绿叶中的叶绿素对植物的作用更大，它使得植物能利用光能，以二氧化碳和水为原料合成糖类，供生长发育所需。叶绿素所参与的光合作用可谓是地球上最重要的化学反应了。

化学家曾用各种方法研究过叶绿素的

结构，但进展缓慢。1905 年起，德国化学家维尔施泰特改进分离纯化技术，纯化了大量的叶绿素，对其结构进行深入研究，发现叶绿素的中心部位是镁原子。随后，他与德国有机化学家汉斯·费歇尔合作，经过多年努力，最终于 1913 年阐明了叶绿素的结构。维尔施泰特发现叶绿素分子由两大部分——叶绿酸和叶绿醇组成，并证明，根据所吸收光波的波长不同，叶绿素可分为两种：一种是"蓝绿"叶绿素，另一种是"黄绿"叶绿素。1913 年，维尔施泰特关于叶绿素研究的著作出版。

维尔施泰特还首次将叶绿素与血红素联系起来。这两种色素结构类似，分子中都有一个卟啉环，血红素卟啉环中心的铁原子相当于叶绿素中的镁原子。1915 年，维尔施泰特因其对植物色素（尤其是叶绿素）的研究获得诺贝尔化学奖。

1906 年
德福雷斯特发明真空三极管

被誉为"电子管之父"的美国科学家德福雷斯特是一位无线电业余爱好者，尤其对电磁波传播的课程兴趣甚浓。1904 年，夫累铭发明的真空二极管引起了他的兴趣。1906 年，德福雷斯特尝试在真空二极管的丝极与屏极间增加一个像栅栏一样的金属网，后来称为栅极。结果他发现，当将一微弱的电信号加在栅极上时，会在电路中得到变化规律相同且放大了的屏极电流。这种真空三极管具有控制和放大电信号的作用，在后来第一代电子工业的发展中曾起到重要的作用。

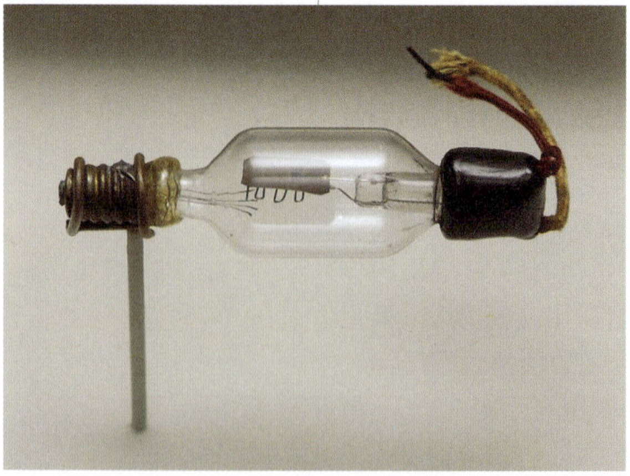
德福雷斯特 1906 年发明的真空三极管

1906 年
皮卡德发明晶体检波器

1906年无线电广播诞生后，美国电话与电报公司工程师皮卡德在研究无线电接收机时，试用一块带有"触须"的硅晶体（一根细尖的金属压入硅片中）进行实验，发现此时的硅晶体具有类似夫累铭电子二极管的整流作用，可以用作无线电检波器。皮卡德将其与几种简单的元件连接，能接收到广播节目。这种器件就是晶体检波器，它也是世界上第一个半导体二极管，以及世界上第一个固态电子元件。

晶体检波器在早期无线电技术中应用非常普遍，为广播通信技术的发展起了很大的作用。

1906 年
能斯特提出热力学第三定律

1906年，德国化学家、物理学家能斯特根据凝聚态物质在低温下化学反应的性质提出了一个关于绝对零度（0 开或−273.16℃）不可能达到的定律，即能斯特定理：当温度趋于绝对零度时，系统的熵是一个常数。该定理还可等价地表述为"绝对零度只能无限接近，永远不能达到。"能斯特定理也称为热力学第三定律。能斯特对化学和物理学作出过许多重要贡献，与普朗克、爱因斯坦一起并称为"量子理论的三驾马车"。

1906 年
茨维特发明吸附层析法

色谱技术已有百年的历史。色谱分析法是被分离的物质通过在固定相和流动相之间反复分配而最终得以分离的方法，其中流动相带着被分离的物质。色谱分析法能将各种性质极为相似的物质彼此分离，然后分别检出和测定。色谱分析有很多种方法，吸附层析是人类最早使用的色谱分离技术。1906年，俄国植物学家茨维特发明吸附层析法，将绿叶提取汁加在碳酸钙填充柱顶部，然后用纯溶剂淋洗，从而分离出叶绿素。此项研究发表在德国《植物学》杂志上，但未能引起人们注意。1930年代，奥地利—德国化学家库恩通过在碳酸钙里添加氧化铝，实现了α、β和γ胡萝卜素的分离，展示了吸附层析法的突出分离效能。库恩的研究获得科学界广泛的认同和推崇，使得以氧化铝为固定相的吸附层析法在有色物质的分离方面得到了迅速的发展。

从原理上讲，吸附层析是利用吸附剂表面对不同组分吸附性能的差别达到分离目的的分析法。吸附剂是一些多孔性物质，表面分布了许多吸附中心，它们的吸附能力直接影响吸附剂的性能。这种层析法适用于分离那些能溶于有机溶剂、具有中等相对分子质量的组分，能分离不同类型的化合物。对于异构体的分离，吸附层析比其他色谱法具有更高的选择性。

1906 年
卡普坦提出“选区计划”

1785年，英国天文学家威廉·赫歇尔通过恒星计数探究了银河系的形状。20世纪初，荷兰天文学家卡普坦决定用当代的望远镜重新进行恒星计数，以便更准确地确定银河系的结构。1906年，卡普坦根据自己编制《好望角照相巡天星表》的经验提出“选区计划”，建议在整个天球上随机选出均匀分布的206个天区——后称卡普坦选区，获取其中恒星的视星等、颜色、自行、视向速度、视差、光谱型等基本参数，然后以该大样本数据为基础进行恒星计数。这一计划得到世界各国众多天文机构的支持和响应，成为恒星天文学领域国际合作的典范。1922年，卡普坦在实施该计划的基础上，得出一个银河系结构模型。他同赫歇尔一样，认为太阳处于一个呈扁平盘状分布的恒星系统中心，盘的平面延伸范围是垂直高度的5倍。不同的是，他还用自行数据对银河系的绝对大小做出初步估计，确定其直径约40 000光年，并证明恒星密度随银心距增大而均匀下降，在银心距2600光年处降为中心值的一半。卡普坦的这一银河系模型后被称为“卡普坦宇宙”。尽管日后证明它并不正确，但这项探索却对研究星系动力学和银河系结构起了极大的推动作用。

1906 年
奥尔德姆证实地核的存在

1906年，英国地球物理学家奥尔德姆用地震波证实地核的存在，这一工作是地震学历史中最辉煌的探测工作成就之一。奥尔德姆发现，地震波穿越地球核心的速度低于其穿过外圈（地幔）的速度，于是他推断在地球的中心存在着地核。这一推断被后来更多的观测和研究所证实。

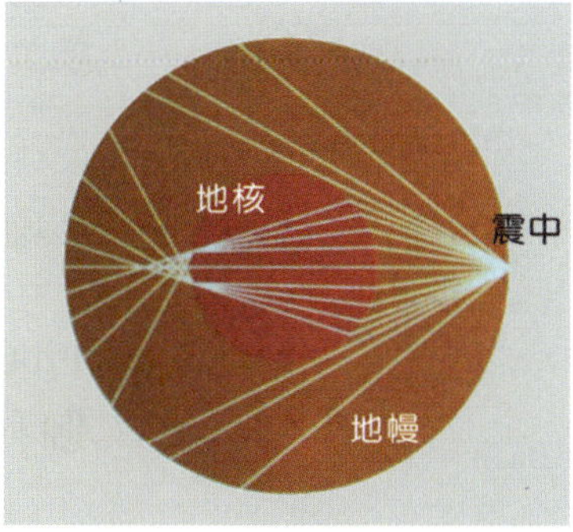

根据地震波走时推断地核的存在示意图

1906 年
布容发现反向磁化岩石

1906年，法国地球物理学家布容从熔岩中发现了磁化方向与现代地磁场方向相反的岩石，人们开始认识到地球磁场在地质历史时期并非固定不变的。随后，在其他地方也观测到同样的事实。随着反向磁化岩石的普遍发现和实验室工作的进展，到了1960年代，古地磁场曾多次倒转的观点已为人们普遍接受。布容的发现和研究是古地磁学的奠基之作。古地磁又称自然剩磁，各地质时代的岩石常有一定的磁性，指示其生成时期的磁极方向。利用古地磁测定一个板块上的磁极游移及一个地区的磁极倒向，并

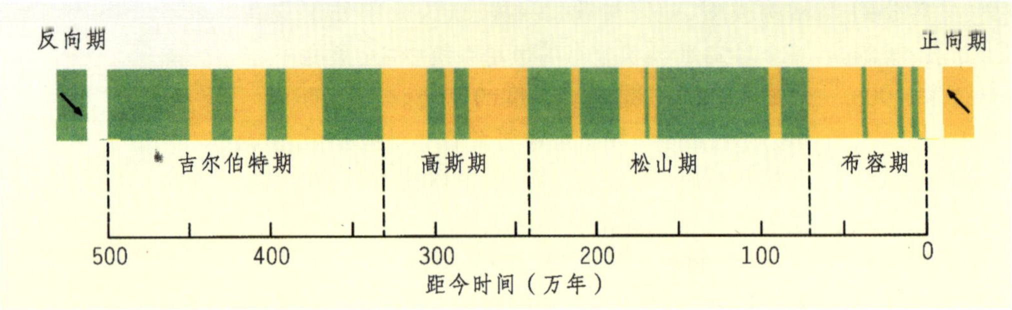

500万年来地磁极性变化情况

用以对比岩石形成的时代，可以了解地球的长期变化。1960 年代，美国化学家考克斯、地球物理学家多尔和地质学家达尔林普尔，将古地磁分析与钾氩法测年相结合，提出了近 500 万年来的古地磁年代表。1995 年，美国地球物理学家格拉茨迈尔斯等人用数值模拟证明地球的液态外核是一个强力“发电机”，可以造成地球磁场及其倒转。

1906 年
伽利津发明电磁式地震仪

由于地震的危害巨大，人类一直试图对地震进行观测。1906 年，俄国地震学家伽利津制成了电流计记录式地震仪，将机械能转换为电能，并将地震计与电流计的记录系统分开，大大提高了地震仪检测地震的能力和灵敏度。随着电子技术的引入，地震仪的放大倍率从千倍级提高到数万甚至百万倍级，使观测微小地震成为可能。伽利津奠定了现代测震学的科学基础，是现代测震学奠基人。由于他的重要贡献，俄国的测震学在当时居于世界领先地位。

伽利津式垂直向地震仪

1906 年
谢灵顿《神经系统的整合作用》出版

20 世纪神经生物学的迅速发展，离不开英国生理学家谢灵顿的贡献。19 世纪末 20 世纪初，谢灵顿开始研究脊髓反射机制。他发现支配肌肉的脊髓神经含有感觉神经（负责感觉输入）和运动神经（负责肌肉运动），而且它们都以一种“交互神经支配”的协作形式活动。例如，当一群神经元兴奋时，另一群神经元就被抑制；在机体上就表现为，一群肌肉兴奋时，能够拮抗它们的另一群肌肉就被抑制。这种交互神经支配理论被称为谢灵顿定律。之后，他用去掉大脑半球的猫、狗、猴等动物做实验，发现了运动和姿势调节的反射基础。在这些研究的基础上，谢灵顿提出，必须把反射看作整个机体的综合运动，而不是个别“反射弧”的孤立活动。

1906 年，谢灵顿的著作《神经系统的整合作用》出版，书中阐释了他将生物体视为一个功能上的整体的思想，具体而生动地描述了中枢神经系统的整合功能。他还根据刺激的来源及感受器所在位置，将主要感觉器官分为外感受器（如视、听、味、触觉感受器等）、内感受器（如嗅觉感受器及感受内脏器官发来的冲动信息的感受器等）及本体感受器（如肌肉、肌腱、关节等处的感受器）。《神经系统的整合作用》一书开创了神经生物学研究的新阶段，对现代神经生物学特别是脑外科和神经失调的临床治疗产生了重大影响。

谢灵顿将“突触”一词引入生理学，用以表示神经元之间相互接触并实现信息沟通的部位。他还提出了“兴奋—抑制”信号争夺“最后公路”——脊髓运动神经元的观点，认为中枢神经系统同时释放兴奋与抑制的信号，信号在突触处叠加，当兴奋信号占上风，运动神经元就获得兴奋信号，反之就获得抑制信号。当一个脊髓运动神经元接受足够多的兴奋时，它就将兴奋信号传递给肌肉，使肌肉运动。1932 年，谢灵顿因其在研究神经系统功能方面的杰出成就，与英国生理学家阿德里安共同获得诺贝尔生理学医学奖。

1906—1912 年
马尔可夫过程建立

现实生活中，人们经常会遇到这样一种重要的随机过程。例如，我们漫无目的地开车"兜风"行驶至一个十字路口，下一步该朝着哪个方向继续前进呢?这只取决于当前路口的情况和驾驶员瞬时的念头，而与到此路口之前的经历无关。这种在已知"现在"状态的条件下，"将来"的演变不依赖于"过去"演变的独立特性称为马尔可夫性(无后效性)，具有这种性质的随机过程叫做马尔可夫过程。此过程是以俄国数学家马尔可夫的姓氏命名的。

马尔可夫是圣彼得堡数学学派的代表人物，以数论和概率论方面的工作著称。在概率论方面，他最重要的工作就是在1906—1912 年间，提出并研究了一种可借助数学分析方法研究自然过程的一般图式——马尔可夫链，这就是马尔可夫过程的原始模型。

马尔可夫过程的建立极大地丰富了概率论的内容，而且它在自然科学、工程技术和公共管理事业中也有着广泛的应用，吸引了众多数学家开展研究。1930 年代以后，数学家们逐步将微分方程方法、泛函分析中的半群方法等引入马尔可夫过程的研究，开创了随机微分方程理论这一新分支。目前这方面的研究已拓展到了流形上的马尔可夫过程、马尔可夫场等领域。

1907 年
布劳威尔创立直觉主义数学学派

直觉主义的先驱是克罗内克和庞加莱，但作为一个学派则是荷兰数学家布劳威尔开创的。布劳威尔才华出众，进入大学后很快就掌握了当时通行的各门数学，还接触了拓扑学和数学基础。第三次数学危机的爆发让许多数学家卷入了一场大辩论。在攻读博士学位时，布劳威尔以极大的热情关注了伯特兰·罗素和庞加莱关于数学的逻辑基础的论战，并以此为题于 1907 年写成博士论文《论数学基础》，搭建了直觉主义数学的框架。1912 年以后，他又在各种学术期刊上发表一系列论文，大大发展了这方面的理论。

直觉主义者认为，数学的真正基础在于原始的直觉。他们反对实无穷，认为必须在自然数的基础上，仅用有限次构造的方法建立数学。坚持数学对象的"构造性"定义，是直觉主义的精髓。按照这种观点，要证明任何数学对象的存在，必须同时证明它可以用有限的步骤构造出来。因此直觉主义不承认仅适用反证法的存在性结论。直觉主义关于有限的可构造性主张导致了对古典数学中普遍接受的"排中律"(非真即假)的否定。对直觉主义者来说，排中律仅存在于有限集合中，对无穷集合不能适用。显然，这样的观点遭到了数学界许多人的责难。为此，直觉主义者作了巨大的努力，对有关概念和直觉主义数学所使用的逻辑作了严格的数学陈述。1950 年代，又发展出了系统的直觉主义逻辑和数学，推进了构造性数学的发展。如今，构造性数学已成为数学科学中一个重要的数学学科群体。

荷兰为纪念布劳威尔创立直觉主义学派100 周年发行的邮票

1907 年
爱因斯坦提出比热容的量子理论

物理学家早就发现，固体比热容在低温下不遵循经典物理学中的杜隆—珀蒂定律，在低温下固体比热容比该定律所预言的数值小，且与温度有强烈的依赖关系。

1907年，爱因斯坦发表论文《普朗克辐射理论与比热容理论》，利用量子论和统计物理学讨论了固体中晶格原子的振动对比热的贡献，初步建立了固体比热容的量子理论，由此得到的固体比热容随温度变化的规律与实验定性相符。

引力红移　质量庞大的星球上所发出的光远离星球时，会发生红移，从蓝色偏到红色。

1907 年
爱因斯坦提出等效原理

在地面上空自由下落的密闭电梯内的物体完全失重，此密闭电梯参考系与一个没有引力场、没有加速度的惯性系等效，这就是爱因斯坦在 1907 年发表的论文《论相对性原理和由此得出的结论》中提出的等效原理。该原理表明，我们可以在任何一个局部范围（为了考虑非均匀引力场）找到一个非惯性参考系，在该参考系中引力的作用完全被消除。等效原理反映了引力的最基本特征，是后来爱因斯坦创立广义相对论的一个基本出发点。

在该文中，爱因斯坦利用光量子理论及等效原理，作出了两个预言。(1)引力使时钟变慢：引力场越强的区域时钟走得越慢；(2)引力红移或引力使光子的频率变小：光子从引力场强的区域向引力场弱的区域传播时，它的频率或波长会发生变化。例如，从太阳表面氢原子发出的光的频率比地面上氢原子发出的光的频率低些（即红些）。

吉尔伯特·刘易斯

1907 年
刘易斯提出活度概念

活度是为遵循化学热力学的规律而给予实际溶液浓度某种校正后的校正浓度，也称为有效浓度。由于电解质溶液中离子之间及离子与溶剂之间的作用，溶液的实际浓度与有效浓度不同，因此，在计算有效浓度时必须对实际浓度加以修正，用一个修正因子乘以实际浓度。这个修正因子(f)称为活度系数，它是衡量实际溶液与理想溶液的偏差程度的数值。对于理想溶液，$f = 1$；相对于理想溶液具有正偏差时，$f > 1$；具有负偏差时，$f < 1$。只有对于理想溶液，活度才等于浓度。

活度和活度系数的概念是 1907 年由美国化学家吉尔伯特·刘易斯引入化学热力学的，使得原来根据理想条件推导的热力学关系式可以推广应用于真实体系。这个概念提出后，被迅速应用于电化学，以测定水溶液中电解质的活度系数。之后，又被用于冶金过程，使人们能对冶金反应进行定量热力学计算和分析。

1907 年
中国陆上第一口油井凿成

早在汉代，中国史籍中就有石油的相关记载。北宋科学家沈括曾以延州（今陕西省延安市）出产的石油制墨，并提出了“石油”这一名称。尽管如此，历代使用的只是溢出地表的石油资源。中国第一口地下油井，直到 20 世纪初才诞生。

中国陆上第一口油井开凿于 1907 年，位于今陕西省延长县境内。油井深 81 米，初期日产原油约 1.5 吨。10 年后，日产量仍保持在 1 吨左右。之后，原油日产量逐渐减少，至 1934 年停产时累计出产原油 2500 余吨。此井是中国近代石油工业的开端，在中国石油开采史上具有里程碑式的意义。

1907—1908 年
哈里森和卡雷尔开创动物组织培养技术

组织培养是生物学和医学研究中的一项重要技术，是指在无菌条件下，从动物或植物体内取出一些组织块或细胞在实验室条件下进行培养。体外培养时尽量模拟生物体内的环境，在适宜的营养、酸碱度、氧气和二氧化碳浓度等条件下让细胞增殖或分化。

一般来说，植物组织培养比较容易进行，植株上的一小块组织就可以发育成完整的个体。而动物(尤其是高等动物)组织培养对培养条件要求较高，而且动物细胞一般不会重新长成个体。

1907 年，美国生物学家罗斯·哈里森将一小片蝌蚪的脊髓转移到青蛙半凝结的淋巴液中，这片组织竟然在体外存活了几个星期，一些神经细胞还长出了轴突。这一实验标志着动物组织培养就此拉开帷幕。次年，法国医生卡雷尔将外科无菌技术引入动物组织培养。他在没有抗生素的条件下将一块鸡胚心肌组织培养了 34 年之久，不仅开创了体外培养温血动物细胞的先河，还证明在适当条件下，动物细胞有近于无限繁殖的能力，因而能在体外进行培养。

尽管 1960 年代之后，卡雷尔的“不死的细胞”实验本身受到了一些科学家的质疑，但组织培养技术早已迅速发展，并广泛应用于生物学、医学的各个领域。

1908 年
昂内斯制得液氦

1870年代，科学家把气体分成两大类：一类是可以液化的气体，如二氧化碳等；另一类是不可液化的气体，即永久气体，如氢、氧等。现在发现，永久气体并不存在，只是当时不能产生足够的低温使它们液化。自从 1877 年第一个永久气体氧被液化后，低温物理的发展史几乎就是永久气体的液化史。在氢气于 1898 年被成功液化之后，只剩下最后一个永久气体氦。液化氦于是成了当时物理学家梦寐以求的目标。

荷兰莱顿大学的物理学家昂内斯当时相信所有永久气体都可液化。1908 年，昂内斯终于实现了这一想法，成功液化了氦气，并以-269℃(4 开）刷新了人造低温的新纪录。但因为液氦不容易被看到，昂内斯几乎认为实验失败。在用光照射液氦的容器后，通过光的反射，才最终观察到液氦，确认了氦已被液化。

昂内斯因为对物质低温性质的研究和制成液氦，获得1913 年诺贝尔物理学奖，被誉为“绝对零度先生”。

昂内斯(坐者)与范德瓦尔斯 1908 年在液氦实验室

1908 年
闵可夫斯基提出四维时空

爱因斯坦于 1905 年创立的狭义相对论表明，时间和空间是统一的，在一个参考系中的时间(或空间)可转化为另一个参考系中的空间(或时间)。时间和空间的密切联系使得人们引进四维时空的概念。三维空间和一维时间组成的总体称为“四维时空”或“四维空间”。德国数学家赫尔曼·闵可夫斯基于 1908 年首先注意到爱因斯坦狭义相对论所显示的这个新的时空观，提出了四维时空的概念。爱因斯坦很快接受了这个概念，并推广应用于创立广义相对论的工作中。

任何在时空中发生的物理事件在四维时空中对应于一个点，粒子的运动则是一条线。在不受外力作用时，一个自由粒子在四维时空中的轨迹是一条直线，称为短程线。洛伦兹变换相应于坐标系在四维时空中的转动，此时自由粒子短程线的长度不变，但它在四维坐标上的投影，即时间和空间分量却是可以改变的。

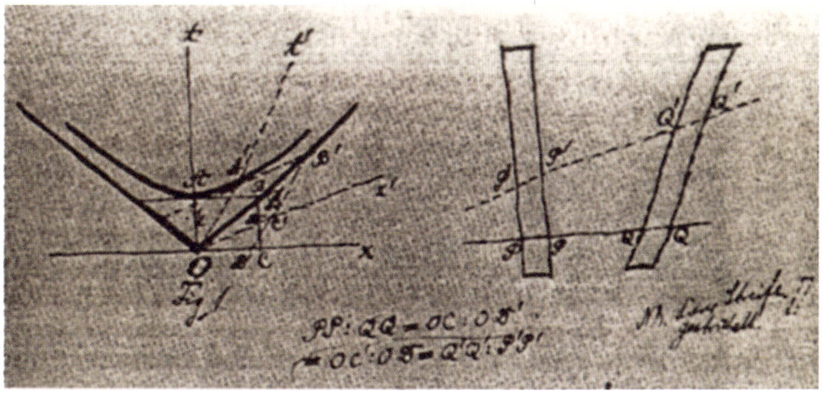

赫尔曼·闵可夫斯基 1908 年发表的论文中关于时空的示意图

1908

1908 年
盖革发明 α 粒子计数器

1908 年，德国物理学家盖革根据导师欧内斯特·卢瑟福的要求，设计制造了一台 α 粒子计数器。1928 年，盖革和德国物理学家瓦尔特·米勒一起对计数器作了改进，使其灵敏度和测量范围得到了提升。后人把改进后的 α 粒子计数器叫做盖革—米勒计数器。

盖革—米勒计数器是一种利用射线能使气体电离的性质而设计的核辐射探测器，其通常结构是在一玻璃管内装一个金属圆筒作为阴极，在其轴线上有一根细钨丝作为阳极，在玻璃管内充以稀薄气体，并在两极间加上适当电压。当有带电粒子或 γ 光子射入管内时，气体会被电离，从而在两极间产生放电现象，在外电路中输出一个脉冲信号。记录这种脉冲发生的次数，便可检测出射入管内的粒子数。盖革—米勒计数器至今仍被广泛应用于核物理学、医学、粒子物理学及核工业领域。

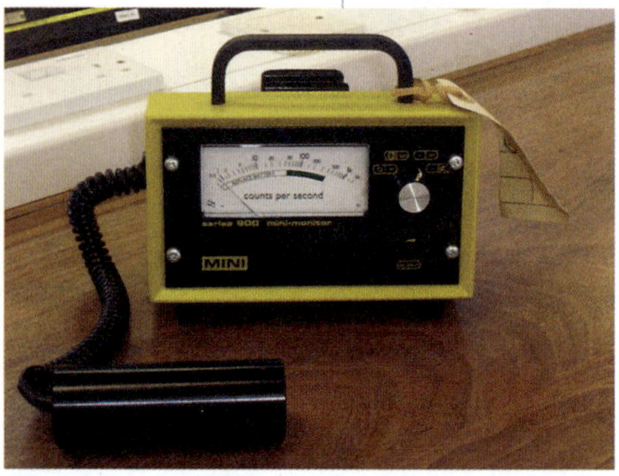

盖革—米勒计数器

1908 年
莱维特发现造父变星的周光关系

早在 1784 年，英国聋哑青年天文学家古德里克已发现仙王座 δ(造父一)的亮度以 5.37 天的周期有规律地变化。后来人们将具有类似光变规律，周期大多在 1—50 天之间的变星称为造父变星。20 世纪初，美国女天文学家莱维特在哈佛大学天文台位于秘鲁的阿雷基帕观测站用照相方法发现小麦云中有许多变星。1908 年，她把那些周期长于 1.2 天的变星按亮度排列起来，发现亮度越大的周期就越长。1912 年她发表了小麦云内 25 颗周期为 2—120 天、视星等为 12.5—15.5 的变星资料，正式提出它们的视星等同光变周期的对数存在正比关系。由于小麦云本身的大小远小于它到地球的距离，故可以认为其中的天体到地球的距离大致相等，于是这些变星的视星等就表征了它们的光度，光变周期同视星等的关系也就代表着光变周期与光度的关系，即“周光关系”。丹麦天文学家赫茨普龙指出，莱维特在小麦云中发现的变星是造父变星。如果假定无论何处的造父变星都遵从同样的周光关系，那么只要用某种方法测定银河系中任一颗造父变星的距离，就可得出其用绝对星等表示的光度，进而确定周光关系的零点。1915 年，美国天文学家沙普利用银河系中 11 颗造父变星的自行和视向速度资料，测出它们的距离，造父变星周光关系零点遂告确定。以后，在任何一个未知距离的遥远天体系统中，只要能根据光变行为辨认出一颗造父变星，就可以根据其光变周期由周光关系确定其光度或绝对星等，进而与其视星等相比较，得出该天体系统的距离。

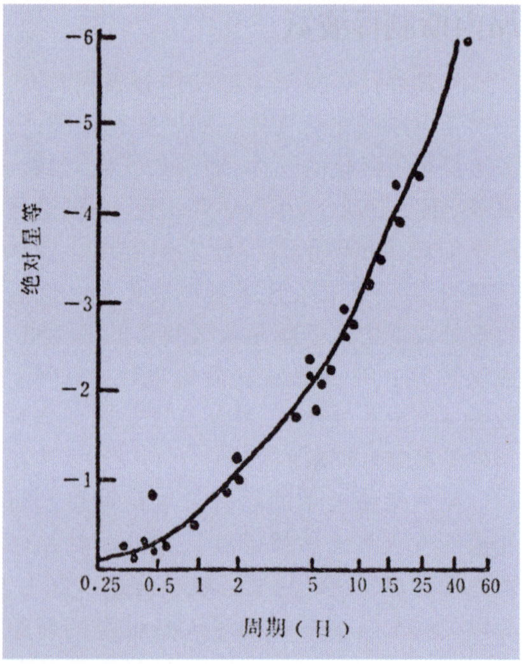

造父变星的周光关系图

1908 年
哈代和温伯格分别提出群体遗传平衡学说

群体遗传学是研究群体遗传结构及其变化规律的一门遗传学分支学科，它起源于英国数学家哈代和德国遗传学家威廉·温伯格于 1908 年分别提出的“群体遗传平衡学说”（又称“哈代平衡”），这一平衡学说主要用来描述生物群体中等位基因频率及基因型频率之间的关系。等位基因频率是指某个等位基因在群体中所有等位基因中所占的比例，而基因型频率则指某一基因型个体在总个体中所占的比例。例如，一个基因座上有 A 和 a 两种等位基因，相应的基因型就有 AA、Aa 和 aa 三种，在某个群体中，A（或 a）的频率就是基因频率，AA（或 Aa，aa）的频率就是基因型频率。在理想状况下，群体中的基因频率与基因型频率在世代传递中会保持不变，这便是群体遗传平衡学说的主要观点。

群体遗传平衡学说须满足一定的“理想条件”：种群必须非常大、种群内部成员之间可以随机交配、不同种群之间没有个体的迁移和交流、没有突变产生并且不存在自然选择压力，等等。这种条件严苛的理想状态是不可能实际存在的，总会存在一些干扰因素，故而这种平衡只能是一种理想状态下的近似。尽管如此，群体遗传平衡学说仍是群体遗传学的基本原理，根据这一原理，可以估计遗传学参数，检验遗传假说。在此基础上，英国遗传学家罗纳德·费希尔、英国—印度遗传学家约翰·伯登·霍尔丹及美国遗传学家休厄尔·赖特等发展了群体遗传的理论和方法，使群体遗传学最终成为一门独立的学科。

1909 年
哈伯合成氨法诞生

19 世纪下半叶，人们认识到由氮气和氢气合成氨的反应是可逆的，压力、温度和催化剂都会影响这个反应。增加压力和降低温度有利于平衡向生成氨的方向移动，但增加压力对反应容器的要求很高，而温度过低会降低反应速度。因此，选择恰当的压力和温度以及催化剂便成为合成氨工业发展的关键问题。法国化学家勒夏特列曾试图进行高压合成氨的实验，但由于氮氢混和气中混进了氧气，引起了爆炸，使他放弃了这一危险的实验。而德国化学家哈伯则在 1909 年获得了比较满意的结果，这就是在 600℃的高温、200 个大气压和催化剂为锇的条件下，得到产率约为 8%的合成氨。为提高合成氨的产率，哈伯又改进生产工艺，使反应物气体在高压下循环，并从循环中不断把生成物氨分离出来。这就是后人所称的哈伯合成氨法。

哈伯在实验室合成氨的装置

哈伯将他设计的工艺流程申请专利后，把它交给德国当时最大的化工企业——巴斯夫公司。经过哈伯和当时在巴斯夫公司工作的德国化学家博施的不懈努力，哈伯合成氨工业生产的设想终于在 1913 年实现，一个日产 30 吨的合成氨工厂建成并投产。合成氨生产方法对整个化学工艺的发展产生了重大的影响。有鉴于此，1918 年的诺贝尔化学奖被授给哈伯。

1909 年
索伦森提出 pH 概念

pH 是氢离子浓度指数或者酸碱度，它是溶液中氢离子活度的一种标度，也就是通常意义上溶液酸碱程度的衡量标准，在数值上用氢离子浓度的负对数表示。至于 p 代表什么，并没有确切说法，但大多数文献认为 p 代表德语 potenz，意思是力量或浓度。H 代表氢离子。这个概念和测定方法是丹麦生物化学家索伦森提出的。

1901—1938 年，索伦森在丹麦哥本哈根著名的卡尔斯堡实验室任主任。当时他正在研究蛋白质、氨基酸和酶。在研究蛋白质溶液中的离子浓度效应时，他认识到氢离子浓度是个极其重要的变量。为了精确、简便地衡量和描述溶液中的氢离子浓度，他在1909年提出了 pH 概念，即 $pH=-lg[H^+]$，并介绍了用来测量酸碱度的两个新方法：一个是基于电极的方法，另一个是比色测定法。

19 世纪末 20 世纪初，研究溶液酸碱度的表达和测定的科学家并不止索伦森一人，但是索伦森第一个系统地界定了 pH。在 pH 出现之前，人们只是用比较含糊的字眼来确定溶液的酸碱度，如强、弱、略高于上次的酸度，只有索伦森创造性地提出了 pH 这把描述溶液酸碱度的量化尺子。

1909 年
莫霍洛维契奇发现地幔与地壳的分界面

1909 年，克罗地亚地球物理学家莫霍洛维契奇发现地幔与地壳的分界面，这一重要界面后来以他的名字命名，被称为莫霍洛维契奇界面，简称莫霍界面。

1909 年前，莫霍洛维契奇注意到某些地震波到达观测站的时间比预计的要早，他据此推断地球的结构是分层的。由于向地球深部传播的地震波比沿地壳传播的地震波速度更快，所以他认定，地球的最外层地壳覆盖在一层质地比较坚硬的岩层之上，两层之间不是逐渐过渡而是有明显界面。后来人们用更尖端的仪器得出的观测资料基本证实了他的推断。

莫霍洛维契奇

通过莫霍界面向下，纵波和横波的传播速度都突然增加，弹性和密度也随深度逐渐增加，地幔物质的密度和硬度都大于地壳。莫霍界面以上物质平均化学组成与玄武岩相似，莫霍界面以下物质平均化学组成与橄榄岩相近。

1909 年
加罗德《遗传代谢性疾病》出版

加罗德出生于 1857 年，是英国伦敦圣巴塞罗缪医院著名的内科医师。他谙熟当时刚刚兴起的生物化学和处于萌芽时期的遗传学，并率先提出遗传缺陷导致遗传疾病的观点。1896 年，加罗德开始研究一种名为黑尿症的罕见疾病。加罗德发现，黑尿症在普通人群中发病率极低，但在病人第一代堂兄妹（或堂姐弟）婚姻的后代中则相当常见。在深入研究后，加罗德推断，黑尿症不是通常人们认为的细菌感染性疾病，而是一种先天性失调病症。他认为，黑尿症病人的患病现象验证了孟德尔通过豌豆实验于 1865 年提出的隐性遗传的模式。加罗德怀疑是遗传缺陷致使黑尿症病人体内不能产生一种特殊的酶，因而无法将尿黑酸转变成其他物质。由于尿黑酸不断积累，结果导致尿遇空气后变黑。加罗德称这种以及其他类似的紊乱为“先天性代谢缺陷”。1908 年，他宣讲了他的研究结果，并于 1909 年出版了专著《遗传代谢性疾病》。1931 年，他又出版了《先天性疾病因素》。然而，加罗德关于遗传物质控制体内特殊蛋白质直接作用的研究，直到 1950 年代才被人们理解。鉴于加罗德对生化遗传学的贡献，人们将他尊为“生化遗传学之父”。

1910 年
摩尔根证明基因位于染色体上

19 世纪下半叶，随着细胞生物学的发展，人们已经注意到孟德尔所提到的遗传因子（1908 年，丹麦遗传学家约翰森提出“基因”的概念，用“基因”一词替代了“遗传因子”）与染色体行为之间存在相似性。如美国遗传学家萨顿就指出：两者都成对存在，其中一个来自父本，另一个来自母本。要证明这一点，必须得到某一个基因位于某一条染色体上的实验证据，在此方面取得突破的是美国遗传学家摩尔根。

摩尔根的实验材料是果蝇。1910 年，摩尔根用 X 射线照射野生型红眼果蝇，得到一只基因突变的白眼雄果蝇，令它与红眼雌果蝇杂交，得到的子一代全部为红眼果蝇。子一代自交得到的子二代果蝇中红眼与白眼果蝇的比例为 3:1，完全符合孟德尔的遗传定律。而且有趣的是，所有得到的白眼果蝇全部为雄性，这表明决定果蝇眼睛颜色这一性状的基因与决定性别的基因联系在一起，这就是所谓的“伴性遗传”。由于在这之前已经发现了决定果蝇性别的 X 与 Y 染色体，摩尔根推断，决定果蝇眼睛颜色的基因位于 X 染色体上，且与决定性别的基因“连锁”在一起。这样，摩尔根终于确定了染色体是基因的载体，是遗传的物质基础，从而使染色体学说从纯粹的理论发展成为一门有坚实实验证据的学科。

后来，摩尔根和他的助手又发现同源染色体上的等位基因可以发生交换。基因在染色体上相距越远，发生重组的可能性就越大。通过计算连锁与交换发生的频率，摩尔根成功地推断出不同基因在染色体上的排列位置，绘制出基因在染色体上的连锁图。1915 年，摩尔根和他的学生斯特蒂文特、布里奇斯合著的《孟德尔遗传机制》一书出版，对他们的研究做了总结。摩尔根提出的连锁与交换定律是对孟德尔理论的重要补充，它与孟德尔提出的分离定律、自由组合定律合称遗传学三大定律。1926 年，摩尔根划时代的著作《基因论》出版，书中系统地阐述了细胞水平的基因理论，基因学说从此诞生，遗传学逐渐成为 20 世纪最为活跃的研究领域之一。由于对现代遗传学的开创性贡献，摩尔根荣获 1933 年诺贝尔生理学医学奖。摩尔根于 1945 年去世，为了纪念他，人们将染色体图中基因之间的距离单位命名为“厘摩”。

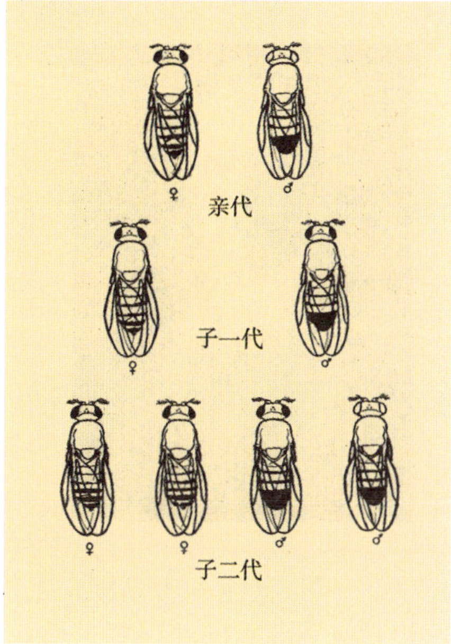

果蝇红眼与白眼的伴性遗传

1910 年
沃尔科特发现布尔吉斯生物群

在地球诞生后的前 40 亿年里，地球上的生命几乎没留下任何实质性的痕迹。然而，现有化石证据显示，从距今 5.7 亿—5.05 亿年的寒武纪开始，出现了无脊椎动物门的绝

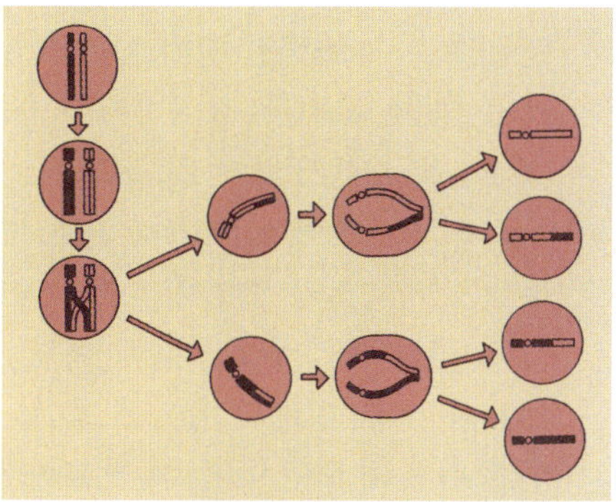

减数分裂期间，同源染色体的染色单体之间发生交换

布尔吉斯生物群复原图

摩尔根

摩尔根1866年9月25日出生于美国肯塔基州。他出生的那年，正是美国南北战争的最后一年，摩尔根家族中的不少成员卷入这场战争，但最后他们都成为败军之将，因为他们所代表的南军是战败方。战争深刻地改变了摩尔根家族的命运。摩尔根的祖上是来自英国的贵族，他们在肯塔基州拥有可观的产业。但是，根据战后的法律，凡是和南方同盟有过勾结的人将失去财产权。摩尔根家族因此而倾家荡产，故摩尔根是成长在一个家世显赫但并不十分富裕的家庭之中。也许是家族的这一特殊经历，令摩尔根厌恶战争，在他看来，战争只能带来伤害和痛苦。这一反战立场在第一次世界大战期间表现得十分明显。

摩尔根的研究生涯始于小小的果蝇。那时他在哥伦比亚大学生物系执教。为了验证辐射与果蝇突变的关系，摩尔根开始着手饲养果蝇。事实证明，果蝇是一种极其合适的遗传学实验对象：其繁殖周期短（约3个星期）；饲养条件简单（放在牛奶瓶中即可）；饲料便宜（少量发酵过的香蕉）。至今果蝇仍是遗传学家得心应手的实验宠物。1910年，摩尔根在培养瓶中发现一只雄性果蝇，它的眼睛是白色而非通常的红色，显然这是一种突变型。摩尔根让它尽可能多地与红眼雌果蝇交配。杂交结果表明，子一代全是红眼果蝇。子一代互相交配后，子二代又出现白眼果蝇，且红眼果蝇与白眼果蝇的比例大致符合3:1。当然这也算得上是一个漂亮的工作，因为它证明孟德尔定律同样适用于动物。但这一情节还提供了更多的线索：白眼果蝇大多是雄性！

当时的细胞学已经揭示，性别与X和Y染色体有关。于是，摩尔根假定，决定果蝇眼色遗传的基因位于X染色体上。这是首次发现的伴性遗传现象。后来的事实证明，人类中也存在着不少伴性遗传。比如，色盲、血友病大多出现于男性身上，就是因为决定该性状的基因位于X染色体上，且呈隐性遗传。

发现伴性遗传的意义在于，它首次将一个特定的基因（决定眼色）与一条特定的染色体（X染色体）结合在一起。这就无可辩驳地证明了基因确实位于染色体之上。对此，摩尔根有一种形象化的比喻：染色体就好比是一串珍珠项链，而基因就如同一颗颗珍珠，直线式地镶嵌在染色体上。同一条染色体上的基因所决定的性状必然会在后代中同时出现，这就是连锁。果蝇有4条染色体，在果蝇身上果然发现了4组连锁群。接着，摩尔根又作如下推论：任何两个基因之间连锁的强弱必定与它们在染色体上的距离有关。两个基因相距越远，在它们之间发生断裂的可能越大，断裂的结果是打破连锁，发生等位基因的交换。于是，根据两个基因之间重组率的大小，就可推断它们彼此间的相对距离。亦即，重组率的高低与距离的远近成正比，重组率越高，距离越远。根据这一思路，摩尔根的学生斯特蒂文特制作了一张果蝇的染色体草图。根据重组率，当时已知基因的相对位置就被标在这张草图上。

1933年，摩尔根凭借他在遗传学领域的杰出工作而获得诺贝尔生理学医学奖。这是该奖项首次颁给一位遗传学家。但摩尔根没有出席当年12月10日在瑞典斯德哥尔摩召开的颁奖仪式。他的借口是因为工作原因不能离开，但或许还有一个原因他没有说出来，这就是在果蝇幼虫的唾液腺中发现了巨大染色体。这种巨大染色体要比平常染色体大了2000倍。当时遗传学对于基因与染色体的关系主要是通过交配实验来间接推断的，无法通过肉眼直接观察。有了巨大染色体，从前遗传学上假设的缺失、重复、倒位等，可以直接在染色体的形态上加以证实。对于摩尔根学派来说，这将是一个严峻的挑战。后来对巨大染色体的进一步研究证实了摩尔根的理论，于是，在次年的6月，摩尔根怀着愉快的心情访问斯德哥尔摩并发表演讲。

1928年，摩尔根来到帕萨迪纳的加州理工学院任生物系主任。在那里，他吸引了一大批优秀人才，如比德尔、德尔布吕克等，他们全都成为遗传学队伍的中坚力量，并进而开创了分子遗传学。1945年12月4日，摩尔根逝世于帕萨迪纳。

大多数物种，这个现象被称作“寒武纪生命大爆发”。

1909 年，美国古生物学家沃尔科特在加拿大落基山脉的布尔吉斯山发现了三叶虫和软体动物的压印化石。第二年，沃尔科特回到布尔吉斯山开始了大规模的化石发掘工作。除了三叶虫和海绵动物化石以外，人们还发现了 100 多种保存得十分完整的无脊椎动物化石，几乎所有现有物种均可以在 65 000 多块化石中“认祖归宗”。这些古生物被称为布尔吉斯生物群，给当时的科学界以极大震撼。它不仅证实了寒武纪生命大爆发，还使科学家第一次清楚地认识到，在寒武纪海洋中绝大多数动物是软体动物，纠正了人们以前认为寒武纪仅有三叶虫等少数硬体动物的错误认识。

布尔吉斯生物群的发现对研究生命起源具有重大意义，它与 1947 年发现的距今 6.7 亿年的澳大利亚埃迪卡拉生物群、1984 年发现的距今约 5.7 亿年的中国云南澄江生物群，并称世界三大化石生物群。这些古生物群化石证明了生物的进化并非总是渐进的，而是渐进与跃进并存的。

1910 年
埃尔利希发现“六零六”

德国免疫学家埃尔利希在提出“侧链理论”的基础上进一步认为，药物既能与病原体细胞上的化学受体结合，也能与机体细胞上的化学受体结合。换言之，一种药物既能杀灭病原体，也会损伤机体。而利用侧链理论可使药物仅针对病原体，减少对机体的危害。当时，非洲流行一种叫“昏睡病”的疾病，这是由于感染了一种名叫锥虫的生物而引起的，而用以治疗该病的化学药物氨基砷苯毒性很强，在杀死锥虫的同时还会损伤视神经，致人失明。埃尔利希认为，可以通过改变该化合物的结构，使其只杀死锥虫而不损伤机体。于是，埃尔利希和助手一起，合成了千余种氨基砷苯的衍生化合物，对其逐一筛选。1910 年，他们发现了第 606 号化合物——二氨基二氧偶砷苯（商品名为“洒尔佛散”、“砷凡纳明”或“六零六”），它不仅能有效杀灭导致昏睡病的锥虫，还能治疗螺旋体引起的梅毒。最后，第 914 号化合物（商品名为“新洒尔佛散”或“九一四”）也研制成功，其制法更加简便。在青霉素等更加安全有效的药物出现之前，“六零六”及“九一四”一直是治疗梅毒的特效药。其后，化学疗法蓬勃发展，挽救了无数饱受疾病折磨的生命。

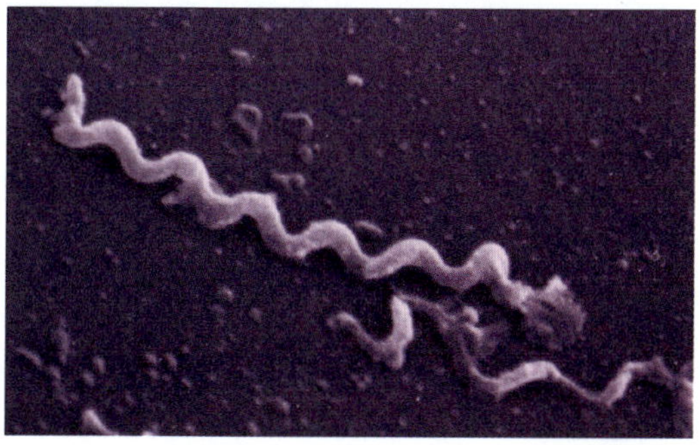

电子显微镜下的梅毒螺旋体

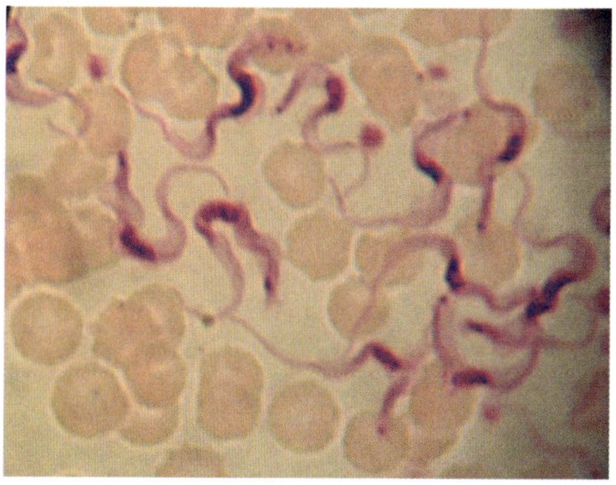

光学显微镜下的锥虫（淡紫色）和红细胞

1910 年代
糖代谢中能量转化关系发现

我们每天摄入的食物中有相当一部分参与能量代谢，以维持生命活动和个体运动的需求。糖代谢作为代谢中非常重要的一个组成部分，一直为生物化学家所关注。1907 年，英国生理学家弗莱彻和生物化学家弗雷德里克·霍普金斯发现，肌肉在无氧条件下收缩时会产生乳酸，重新接触氧气后，肌肉中的乳酸又会逐渐消失。1910 年，英国生理学家阿奇博尔德·希尔在研究蛙股肌产热时发现，肌肉收缩产生的热量与其所做的功成正比，而且大致可以分为两个阶段：第一阶段，肌肉产热快，与肌肉收缩同时发生，且不需要氧；第二阶段，肌肉收缩后的恢复期，热能产生虽然较慢但产能较多，且只能在有氧条件下发生。

1919 年，德国生物化学家迈尔霍夫通

过实验阐明了肌肉收缩与乳酸生成的关系。在无氧条件下,肌肉产生的乳酸与肌肉所做的功成正比。同时,肌肉中的糖原数量下降,且减少的糖原与生成的乳酸存在对应关系。生物化学中将这一阶段称为糖酵解。给予氧气后,乳酸逐渐消失。事实上,肌肉吸收的氧气只够氧化一部分乳酸,其余的乳酸将被重新转化为糖原储存起来。迈尔霍夫还证明,被氧化的乳酸约占生成量的1/6至1/5。

1922年,迈尔霍夫和希尔因发现肌肉中氧气消耗和乳酸代谢间的关系而荣获诺贝尔生理学医学奖。

1910年代—1930年代
弗里施等在动物行为学方面作出开创性贡献

动物行为学是研究动物和环境及其他生物间的互动等问题的学科,涉及动物的沟通、情绪表达、社交、学习和繁殖等多种行为。

1910年代—1930年代,数位动物学家在动物行为学方面作出了开创性贡献。奥地利动物学家卡尔·弗里施研究了蜜蜂的感知及沟通方式,比如蜜蜂能够感知花香、方向、阳光等,还能通过“舞蹈”——特殊的飞行和爬行轨迹来传递信息。奥地利动物学家康拉德·洛伦茨等人以可辨识的刺激(称为信号刺激或释放刺激)所产生的本能反应来解释动物的固定行为。这些反应在不同物种间行为上的相似度和差异度,可以与形态学上的相似度和差异度进行比较。此外,洛伦茨通过对幼年期的离巢鸟类进行长期观察,提出了“印记”这一术语,即雏鸟刚出生时如果没有看见自己的妈妈,就会紧跟它们看到的第一个移动着的大型物体,模仿其行为,并产生强烈而固执的依附。“印记”现象成为天赋和学习相互作用的有趣例子。荷兰动物学家廷伯亨则就4个问题进行了深入研究:(1)机能——行为如何影响动物的生存和繁殖?(2)因果关系——引起反应的刺激是什么?反应如何在学习过程中修正?(3)发育——行为如何随年龄增长而变化?哪些早期经验对行为表现是必需的?(4)演化历程——近亲物种间相似行为的比较及行为发展史。

鸟类的印记行为

1973年,弗里施、洛伦茨和廷伯亨因在动物行为学方面的杰出成就而共获诺贝尔生理学医学奖。

1911年
卢瑟福提出原子结构的有核模型

出生于新西兰的英国物理学家欧内斯特·卢瑟福长期从事放射性的研究。1898年,他发现铀放出的辐射中包括两种射线,即α射线和β射线。其后的十多年间,卢瑟福一直对α射线的性质以及α射线与物质的相互作用进行研究。

卢瑟福最初相信他的老师约瑟夫·汤姆孙提出的原子结构的无核模型,他与两位助手盖革和马斯登想通过α射线对金属箔的散射实验来证实汤姆孙原子模型。根据这个模型,卢瑟福原来设想,α粒子穿过金属箔后的散射角度一定很小,因为原子内带负电

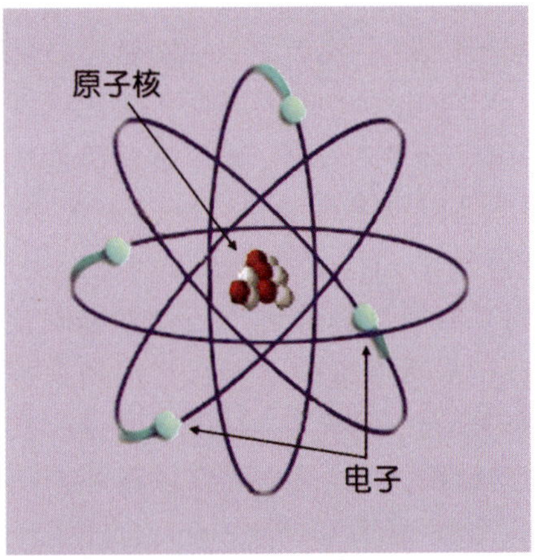

欧内斯特·卢瑟福的原子结构模型

的电子很轻，原子内正电荷的分布又很均匀、分散，它们对 α 粒子的作用都不足以改变其运动方向。然而他们在 1909—1910 年进行的实验表明，散射角小的事例确实占优势，但也发现有散射角大于 90°，甚至达到 180°的情况。这使卢瑟福万分惊奇，用他自己的话来说："这是我一生中最不可想象的事，这好比你对一张纸射去一发 5 英磅重的炮弹，结果却被弹了回来那样不可思议。"

经过几周的思考，卢瑟福意识到原子中应该有一个核，并估计这个核的线度不会超过原子线度的万分之一。1911 年，卢瑟福提出了核式原子结构模型：原子中有一个带有全部正电荷及大部分原子质量的核，电子沿轨道绕核旋转。根据这个模型，他建立了 α 粒子对原子的散射理论，很好地解释了实验结果。卢瑟福的工作一举将人们关于原子结构的研究引上了正确的轨道。

1911年第一次索尔维会议(第一届国际物理会议) 与会者是当时世界著名的物理学家和化学家。坐者：能斯特(左一)、洛伦兹(左四)、庞加莱(右一)、居里夫人(右二)。站者：普朗克(左二)、索末菲(左四)、欧内斯特·卢瑟福(右四)、昂内斯(右三)、爱因斯坦(右二)、朗之万(右一)。

1911 年
密立根油滴实验完成

约瑟夫·汤姆孙在 1897 年测定了电子的荷质比后，又进一步通过实验精确测定出基本电荷的值。

1906 年，汤姆孙的论文引起了美国物理学家密立根的注意。密立根在重复了汤姆孙的实验后发现，这种方法有许多不确定性，实验精度不高。为此。他和他的学生在 1909 年创造性地设计了一种测量油雾中油滴上微量电荷的实验，现称为密立根油滴实验。1911 年，该实验完成，精确测定了单个电子的电荷值。实验中，雾状小油滴由喷雾器喷到两块水平的平行金属板的上方空间，并通过上板的小孔漂移至两板间，两板接有可调直流电源，侧面有显微镜可通过窗口观察两板间油滴的运动情况。首先，在两板间没有电压时，通过油滴的下降速率算出油滴的质量；然后用 X 射线照射，使两板间的空气电离，从而使油滴带上微量电荷，并调节两板间的电压，使小油滴静止在空间某点处，此时由电场力和重力的平衡条件便可算出油滴上电荷的值。通过对上千个油滴上电荷测量值的分析发现，它们有一个最小公约数，这个公约数就是电子电荷的值。

基本电荷的发现，确立了电子在物理学史上的地位，为科学理论提供了一个基本常量，也敲开了基本粒子世界的大门。

1911 年
昂内斯发现超导现象

荷兰物理学家昂内斯在将最后一种永久气体氦液化后，又获得了 0.9 开的低温。但他并未就此止步，他把目光转向低温时金属电阻的研究。

当时有两种截然相反的观点：一种观点认为，当温度趋向绝对零度时，金属中原子热运动减弱了，电流受到的阻力，即电阻将减小；另一种观点认为，温度降低后电子的活动能力减小了，所以电阻应该增加。昂内斯决定通过实验对此作出判断。

1911 年春，当昂内斯用液氦将金属汞的温度降到 4.2 开时，奇迹出现了：汞的电阻突然降为零。他把这种现象称为超导电性。这一工作开创了超导现象研究的新纪元。1913 年，昂内斯发现锡和铅也与汞一样具有超导电性。昂内斯因氦的液化和超导电性的发现，荣获了 1913 年诺贝尔物理学奖。

1911 年
戈尔德施密特提出矿物相律

变质岩是在高温高压等条件的作用下由一种岩石自然变质形成的另一种岩石。1911 年，挪威矿物学家戈尔德施密特在研究挪威奥斯陆地区的高级变质角岩时，发现这一地区变质岩的矿物组合随原岩化学成分的变化而变化，据此提出矿物相律理论，并将其应用于变质岩研究之中，研究变质岩的矿物共生组合、岩石化学成分等。后来，戈尔德施密特在矿物晶体化学研究基础上，开创了微量元素地球化学研究，提出了微量元素在矿物和岩石中的存在、形成和分布规律，提出了适合自然界矿物共生组合的戈氏相律。

变质岩

1912 年
希尔伯特《线性积分方程一般理论原理》出版

19 世纪末，瑞典数学家弗雷德霍姆发展了线性积分方程的理论。他将积分方程看作是线性代数方程组当未知数个数趋于无穷大时的极限情形，从而建立了积分方程与线性代数方程之间的相似性。受他的影响，希尔伯特从 1901 年开始研究积分方程，并于 1912 年编辑出版了《线性积分方程一般理论原理》一书。该书汇总了希尔伯特关于积分方程的研究成果，其中包括他 1904—1910 年发表的 6 篇论文。

希尔伯特通过严密的极限过程将线性代数方程组的结果有效地类比推广到积分方程。正是在这一过程中，他引进了由全体无穷实数组$\{a_n\}$（满足$\sum a_n^2 < \infty$）组成的集合，并在任意两个数组$\{a_n\}$，$\{b_n\}$间定义了一种内积运算：$(\{a_n\},\{b_n\}) = \sum a_nb_n$。这样的集合记为$l^2$，后称“希尔伯特空间”。$l^2$是历史上第一个具体的无穷维空间。此后，希尔伯特的学生埃哈德·施密特进一步研究了l^2，建立了一般希尔伯特空间理论。1929—1932 年，美国数学家冯·诺伊曼为了给量子力学提供严格的数学基础，正式引入抽象的希尔伯特空间概念。

《线性积分方程一般理论原理》不仅发展了积分方程理论，更重要的是，它奠定了泛函分析的基础。现代的希尔伯特空间理论，则在数学和物理学的众多领域中得到了广泛应用。

1912 年
赫斯探测到宇宙射线

宇宙射线是来自宇宙的一种高能带电粒子流，其主要成分大约为 87%的质子和 12%的 α 粒子。

1912 年，奥地利—美国物理学家维克托·赫斯带着三台静电计乘气球升空研究空气的导电性。赫斯发现，大气的电导率随海拔升高而变大，在 5300 米的高空，其电导率增长到大约是地面的 4 倍。赫斯认为，这是由于来自地球以外的一种能量极强的射线导致高空空气电离所致。这一发现激发了物理学家观察和研究宇宙射线的热情。20 世纪上半叶，宇宙射线实验对核物理学和基本

维克托·赫斯在 1912 年发现宇宙射线之前乘气球飞行

粒子物理学的发展起到了重要作用。赫斯也因此获得 1936 年诺贝尔物理学奖。

宇宙射线的起源至今尚无定论，普遍认为它们可能来自超新星爆发或遥远的活动星系。宇宙射线带来了宇宙深处的信息，为解开宇宙的奥秘，当今各国科学家仍在进行深入的观测和研究。我国在西藏羊八井建立了全世界海拔最高的宇宙线观测站。

1912 年
劳厄证实 X 射线是电磁波

在伦琴发现 X 射线后的十多年中，物理学家对 X 射线的本质并没有一个明确的认识。虽然有人猜想它可能是一种波长很短的电磁波，但没有判决性的实验证据。

德国物理学家劳厄设想，为了证实 X 射线的波动性，并测定其波长，只有通过干涉衍射实验。但为了能观察到干涉衍射现象，必须让 X 射线通过宽度极小的狭缝或光栅，而人工刻画的狭缝或光栅是做不到的。因为固体晶格原子呈有规则排列，是一种天然的光栅，故用 X 射线照射晶体应能观察到干涉衍射现象。在劳厄的鼓励下，这项实验于 1912年获得成功。同年，劳厄给出了这一现象的数学公式并加以发表。

劳厄因研究 X 射线在晶体中的衍射，荣获了 1914 年诺贝尔物理学奖。这是固体物体学中具有里程碑意义的发现，开创了 X 射线结构分析的新领域。

1912 年
德拜完善比热容的量子理论

1912 年，美国—荷兰物理学家德拜改进了爱因斯坦的固体比热容量子模型，完善了固体比热容理论。

在德拜模型中，固体中原子振动可有各种不同的频率，振动频率存在一个上限，每一种振动频率对应一个纵波和两个偏振方向垂直的横波；各原子间以弹性力相联系，对低频振动可把固体看作是能够传播弹性波的连续弹性介质，这些弹性波的能量都是量子化的。固体的比热容就是所有这些振动对比热容的贡献之和。

根据上述德拜理论，在常温下可得到经典物理学中关于比热容的杜隆—珀蒂定律；在低温下，该公式的结论是，固体比热容与温度的三次方成正比。

1912 年
高真空电子管研制成功

早期的电子管真空度很低，极不稳定，因此在振荡、放大、检波等方面的实际应用进展缓慢。1912 年，美国通用电气公司的物理化学家朗缪尔对早期的电子管进行改造，设计制造出高真空电子管。同年 10 月，美国电话电报公司在美国物理学家阿诺德的领导下，展开了对真空电子管的原理与结构的全面研究。两年后，阿诺德等研制出高真空电子三极管。这种高真空电子管使三极管的放大倍数大幅度提高，工作性能更加稳定。从此，高真空电子管进入了实用阶段，对电子技术的发展起到了重要作用。

1912 年
晶体点阵动力学理论建立

晶体点阵动力学是研究晶体中的原子在平衡位置附近振动和这些振动对晶体性质的影响的学科，是固体物理的基础之一。

1912年，德国物理学家玻恩和匈牙利—美国物理学家冯·卡门发表论文《论空间点阵的振动》，提出晶体中的原子振动应以点阵波的形式存在。他们的论文包含了现代点阵动力学的大部分基本概念和原则，是点阵动力学的奠基性著作。

晶体点阵动力学的基本思想是：固体中的晶格原子（或离子、分子、原子团）在空间呈周期性排列，构成有序的点阵结构。在各个温度下，晶体中的原子都在其平衡位置附近做不断的热振动。晶体中原子之间有相互作用力，故各原子的热振动是相互联系的，这些相互联系的振动构成了晶体中的波动，称为点阵波或格波。利用点阵动力学理论，可以解释晶体的热学、电学和光学特性。

1912 年
普雷格尔创立有机化合物微量分析技术

奥地利化学家普雷格尔早期从事胆酸化学的研究。由于常规分析需要大量的胆酸，但胆酸的提取难度较大，使他无法继续进行研究，这促使他开始探索微量物质的分析方法。1912 年，普雷格尔使用当时刚研制成功的微量天平，将常量燃烧法改为微量燃烧法（只用 3—5 毫克），成功测定了有机化合物中的元素，分析精度与常规量分析相同，奠定了微量分析的基础。普雷格尔进而建立了一整套分析有机物中碳、氢、氮等元素的有机化合物微量分析技术，并研制了一系列实验装置。例如，分析碳、氢的基本装置为一个密闭系统，氧气自氧气瓶中流入保持高温的燃烧管，微量样品放在由瓷或铂制成的舟形容器内，置于燃烧管的前端，逐渐加温，待样品充分燃烧后，进入串联的吸收水分和二氧化碳的吸收管。燃烧完毕后，取下吸收管称量，计算出有机物中的碳、氢含量。普雷格尔的相关研究论文于 1912 年发表在《生物学研究方法手册》上。普雷格尔后来撰写的《定量有机微量分析》一书，成为微量有机分析化学领域的经典著作。普雷格尔还发明了一种灵敏的微量天平和测量原子基团的微量方法，并设计了测定肾功能的简单方法。

1923 年，普雷格尔因创立有机化合物微量分析技术而获得诺贝尔化学奖。

1912 年
赫维西用同位素示踪技术研究化学过程

1911 年，匈牙利化学家赫维西在英国曼彻斯特大学欧内斯特·卢瑟福教授的指导下研究从铅矿中化学分离镭。赫维西分离镭元素和铅元素的实验屡遭失败。于是，他反过来想，如果利用铅和镭之间难以分开的特点，检测同位素镭是否可示踪分析铅的存在呢？1912 年，赫维西首次通过检测镭的放射性，成功地研究了铅在多种化学反应中的行为，创立了放射性示踪方法。赫维西先用铅的放射性同位素镭 D 作为元素铅的示踪原子，成功地测定了硫化铅、铬酸铅等难溶的铅盐在各种溶剂中的溶解度；又用放射性铅盐溶液测得铅在植物的根、茎、叶中的分布。后来，赫维西在获得一种磷的放射性同位素后，进行了体内的磷示踪实验，以揭示各生理过程中体内化学成分的动态情况。1943 年，赫维西因研究同位素示踪技术推进了对生命过程的化学本质的理解而获得诺贝尔化学奖。

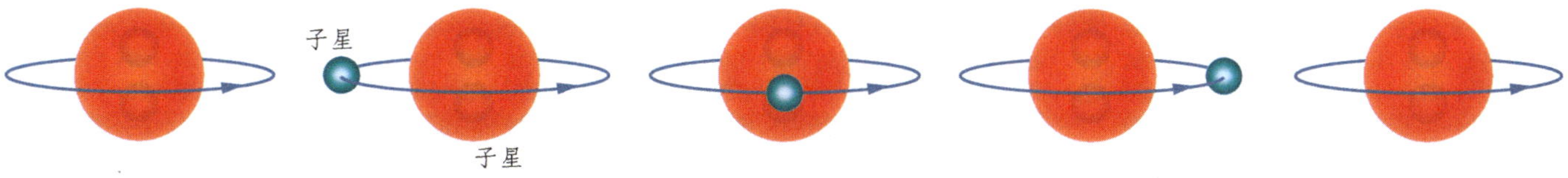

食双星示意图 两子星的半径大小以及轨道平面同观测者视线方向的交角，决定了掩食的具体状况。

1912 年
罗素提出食双星的测光解轨法

1802 年，英国天文学家威廉·赫歇尔发现双星的轨道运动，从而证实了物理双星的存在。有的双星距离地球较近，用望远镜观测即可直接分辨其两颗子星，称为目视双星。1911 年，美国天文学家亨利·罗素基于牛顿引力定律，用统计方法导出目视双星两子星的角间距、相对运动角速率、质量与视差等物理量之间的关系，由此求得 349 对目视双星的质量。有的双星距离地球较远，即便用望远镜也不能把它们的两子星分开。但是，当这种双星的轨道平面与观测者的视线近乎平行时，双星的总亮度就会因两子星彼此遮掩而发生周期性的变化，这类双星称为食双星。由观测到的光变曲线数据来推求食双星的轨道根数和物理参量是非常困难的。1880 年，美国天文学家皮克林曾基于简单的几何模型，对食双星英仙座 β(大陵五)的光变曲线进行粗略分析。1912 年，罗素提出食双星的测光解轨法，可系统地从光变曲线求解食双星的轨道面倾角、两子星相对大小和光度等重要物理量，并由此导出两子星的平均物质密度。这一方法是对发展恒星结构与演化理论的重要贡献。1913 年，美国天文学家沙普利据此首次求得 87 对食双星的平均物质密度。

1912 年
默里和约尔特《大洋深处》出版

1882 年，英国博物学家查尔斯·汤姆孙去世，英国海洋学家约翰·默里接手，负责“挑战者号”环球海洋科学考察调查资料的整理、汇总和出版等工作。1895 年，由默里组织编写的 50 卷本《“挑战者号”航海科学考察成果报告》出齐，科学考察工作圆满地画上了句号。

此后，默里多次组织和参加湖泊和海洋沉积学方面的调查和研究工作。1910 年，年近 70 岁的默里与挪威海洋生物学家约尔特合作，共同组织并亲自参加历时 4 个月的北大西洋海洋科学考察。根据这次海洋科学考察的资料，默里与约尔特于 1912 年合作撰写并出版了《大洋深处》一书。《大洋深处》是一部综合性的海洋科学专著，不仅指出在大西洋海底有洋中脊和海沟存在，有类似于撒哈拉沙漠一样的海底沙丘区，还指出在大陆边缘存在的泥质沉积物界线是海洋渔场的重要标志，同时还描述了不同水深海洋生物的分布情况和生物特征，记载了一起参加考察的挪威海洋物理学家汉森有关海洋光学方面的研究成果。

1913 年，默里出版了海洋学的经典著作《海洋》。该书最早使用了“海洋学”这一名词，并给海洋学作出定义：“海洋学包括植物学、动物学、化学、物理学、力学、气象学、地质学；海洋学与地理学有密切的关系，与社会生产和经济发展相联系，能够给人类带来不可估量的影响。”默里为海洋科学的创立和发展作出了杰出的贡献，被誉为“现代海洋学之父”。

约翰·默里

1912

1912 年
库欣《脑垂体及其疾病》出版

到 20 世纪初，脑垂体对人和动物生长的影响已有许多学者作出了论述。先前科学家已证明：若将动物的垂体摘除，会产生垂体缺乏性恶病质，因这种缺乏而发生的侏儒症，医学上称为垂体性矮小。而关于垂体对生殖腺的作用，科学家先发现垂体于妊娠期间增大，后来又发现腺垂体（垂体前叶）的“妊娠细胞”。1910 年，美国神经外科医生库欣等将狗的垂体切除一部分，造成其性功能消失，性器官萎缩。库欣对垂体进行了深入的研究，称其为“内分泌乐队的指挥者”，并于 1912 年写成了《脑垂体及其疾病》。由于库欣在垂体及内分泌研究方面的杰出贡献，后人将垂体性嗜碱细胞增多症称为库欣病，将肾上腺皮质腺瘤等所致糖皮质激素分泌过多称为库欣综合征。

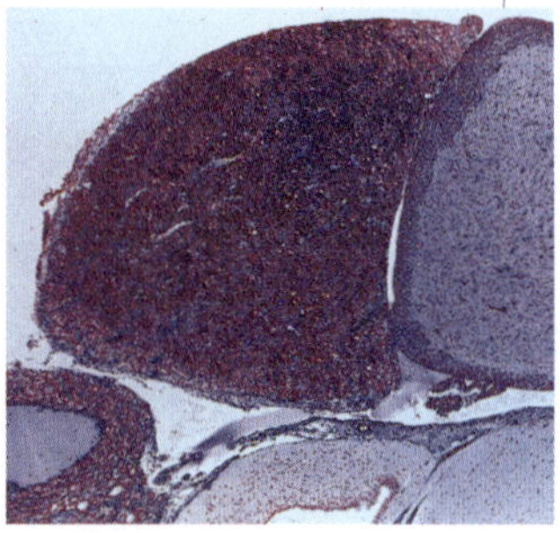
显微镜下的垂体

1912 年
霍普金斯确定维生素的存在

1910 年以前，人们普遍认为，人体组织由蛋白质构成，碳水化合物（即糖类）和脂肪提供人体生命活动所需的能量，矿物质是人体骨骼的主要成分；并且认为糖类、脂肪、蛋白质和矿物质是构成人和动物的基本物质。1906 年，英国生物化学家弗雷德里克·霍普金斯发现，仅靠糖类、脂肪和蛋白质远不能维持动物的正常生活。1912 年，他用纯粹的蛋白质、淀粉、蔗糖、猪油和盐喂养老鼠，不久这些老鼠有的死亡，有的停止生长发育。若每天在食物中添加牛奶，老鼠则生长良好。霍普金斯解释说，这是因为牛奶中含有一种动物生长的辅助因子，这种因子就是以后发现的维生素。

弗雷德里克·霍普金斯

1913 年
真空 X 射线管研制成功

X 射线管是利用高速电子撞击金属靶面产生 X 射线的真空电子器件，又称 X 光管，分为充气管和真空管两类。

1895 年，伦琴在进行克鲁克斯管实验时发现了 X 射线，因此克鲁克斯管实际上就是最早的充气 X 射线管，其功率小、寿命短、控制困难，现已很少使用。1913 年，美国物理学家、通用电气公司科研人员库利吉发明了真空 X 射线管。这是专门为产生 X 射线而设计制造的一种电子管，克服了克鲁克斯管的一些不足，能产生稳定的 X 射线。阴极发射出的电子经数万至数十万伏高压加速后撞击靶面产生 X 射线，极大地缩短了曝光时间，促进了 X 射线的研究。

真空 X 射线管研制成功使过去仅在实验室中用的 X 射线进入到工业和医疗领域。X 射线现广泛应用于医疗、无损检测、光谱

库利吉发明的真空 X 射线管

分析、科学研究等方面。X 射线对人体有害，使用时须采取防护措施。

1913 年
布拉格定律提出

在劳厄发现了晶体对 X 射线的衍射作用后，英国物理学家威廉·亨利·布拉格和威廉·劳伦斯·布拉格父子就对此进行了深入的研究。他们指出，可以将晶体中整齐排列且相互平行的原子面看作衍射光栅。1913 年，布拉格父子提出了著名的布拉格定律 $n\lambda=2d\sin\theta$，将 X 射线的波长 λ 及衍射角 θ 和相邻原子面间距 d 联系起来。这个定律既可用来测定 X 射线的波长，又可作为探索晶体结构特征的有力工具。后来，老布拉格还制成了第一台 X 射线分光计。他们利用这台仪器测定了金刚石、水晶等几种简单晶体的结构，建立了一套系统的晶体结构分析方法，奠定了 X 射线谱学及晶体 X 射线结构分析的基础，为固体物理学建立了实验依据。

为此，布拉格父子共同获得 1915 年诺贝尔物理学奖，开创了父子同获诺贝尔奖的先例。

1913 年
弗兰克—赫兹实验完成

弗兰克—赫兹实验是德国物理学家詹姆斯·弗兰克和古斯塔夫·赫兹于 1913 年首次完成的。他们用慢电子轰击稀薄气体的原子，研究碰撞前后电子能量的改变情况，以了解原子能量的变化。对结果分析后他们发现，原子只能吸收某些确定能量的电子所带的能量，由此推断，原子的能量只能取某些分立的值，或者说是量子化的值。

弗兰克—赫兹实验是物理学发展史上起过重要作用的实验，它直接揭示了原子的能量是分立的、不连续的，首次从实验上支持了玻尔在他的氢原子模型中所提出的能级和量子跃迁概念。弗兰克和赫兹二人也因此获得了 1925 年诺贝尔物理学奖。

1913 年
氢原子玻尔模型建立

欧内斯特·卢瑟福的原子有核模型虽然与实验事实相符，但与经典理论有两个矛盾：一是电子绕核转动时有加速度，按照经典电磁学理论，这样的电子要辐射能量，轨道半径将愈来愈小，最后落在核上，所以原子是不稳定的，但实际上原子是稳定的；二是由于辐射，原子转动的频率必然不断变化，原子光谱应是连续谱，但实际上原子光谱是分立谱。

丹麦物理学家玻尔分析了上述矛盾，于 1913 年以《论原子构造和分子构造》为题，先后分三部分发表了一篇长文。在这篇论文中，玻尔将光谱学、普朗克和爱因斯坦的量子论，以及卢瑟福的原子有核模型这三个当时看来无关的理论联系起来，提出了两个基本假设，并在此基础上建立了氢原子模型。这两个基本假设是：(1)核外电子只能在某些无辐射的定态轨道上运动(称为定态假设或能级假设)；(2)当原子从一个能级跃迁到另一个能级时，将辐射(或吸收)一个光子，辐射(或吸收)的光子的能量或频率则根据能量守恒定律确定(称为量子跃迁假设)。

现在来看，玻尔模型仅仅是氢原子结构的一个初步模型，它可解释氢原子光谱的基本结构，但无法解释氢原子光谱的精细结构，也不能应用于多电子原子。尽管如此，该模型在物理学发展史中却具有非常重要的地位。玻尔模型明确指出，经典物理学对于物质的微观现象不再适用，物理状态的不连续性、物理状态变化时的跳跃性是微观世界的特点。玻尔在他的假设中所提出的定态、能级、量子跃迁等概念为后来量子力学的建立奠定了基础。玻尔也因此获得 1922 年诺贝尔物理学奖。

玻　尔

1885年10月7日，玻尔出生于丹麦哥本哈根的一个知识分子家庭，他的父亲是一位生理学家。1903年，玻尔进入哥本哈根大学的数学和自然科学系主修物理学，直至1911年取得博士学位后才离校。接着他赴英国深造，先在剑桥大学卡文迪什实验室工作了几个月，后到曼彻斯特大学，参加了欧内斯特·卢瑟福的研究团体，追随卢瑟福探索原子结构问题，在1913年建立了著名的(氢)原子结构理论。

从1912年秋开始，玻尔长期在哥本哈根大学任教，于1921年在校内筹建研究基础物理方面的研究所。该研究所后来被命名为玻尔理论物理研究所，玻尔领导该所工作达40年之久。

玻尔于1909年和1911年以关于金属电子论的论文分别获得了哥本哈根大学的科学硕士和哲学博士学位。1912年3月至7月在卢瑟福研究组访问期间，玻尔对卢瑟福的原子有核模型产生了极大的兴趣，他坚信该模型符合实验事实，但却与经典理论相违背。通过思考分析玻尔确信，应当从实验事实出发，修正某些并没有实验支持的经典观念，以描述原子内部微观世界中电子的运动规律，建立原子结构模型。1913年7月、9月、11月，玻尔以《论原子构造和分子构造》为题，先后分三部分发表了一篇长篇论文，在这篇文章中，玻尔综合了光谱现象、普朗克的量子论和爱因斯坦的光量子论，以及卢瑟福的原子有核模型，创立了氢原子结构模型，提出了原子能级、量子态、量子跃迁等崭新的概念。玻尔利用他的原子结构理论，不仅定量地解释了当时发现的氢原子光谱的测量结果，而且还能定性解释原子的化学行为和它们的谱线结构。玻尔模型具有一定的局限性，它仍然保留了轨道概念。后来的研究表明，一切微观粒子都具有波粒二象性，因此原子中的电子不再存在明确的轨道。玻尔的氢原子模型是人类自描述宏观世界的经典物理学向描述微观世界的量子物理学进军征途中的一个非常重要的里程碑，它为1920年代的量子力学以及其后的量子场理论的建立奠定了基础，玻尔也因此工作而荣获了1922年诺贝尔物理学奖。

玻尔的研究工作自1930年代中期开始从原子进一步深入到原子核。1936年提出了复合核概念，随后又提出了一个关于原子核的最早也是最基本的唯象模型——液滴模型，将原子核看作是带电的液滴。利用液滴模型和复合核反应机制可解释核裂变过程，为核能的开发利用提供了理论基础。

玻尔是举世瞩目的玻尔理论物理研究所的领导人，依托该所的声誉和学术活动，他又成为一系列国际一流研究工作的组织者和鼓动人，在指引、凝聚一代量子物理学家群体共同发展量子理论、探讨其物理诠释和哲学含义方面，表现出惊人的魅力和天赋。以他为首形成了科学史上具有十分突出的科学造就、非常深奥的思想意蕴的著名学派——哥本哈根学派，这可算作现代物理发展中的一个特别成果。量子力学的哥本哈根诠释是这个学派的标志，它主要包括玻恩概率解释、海森伯不确定性原理和玻尔互补原理三者，以玻尔互补原理为核心。该诠释甚至被当作量子力学本身的内容之一。理论的解释作为理论体系的一部分内容，在众多物理理论中是绝无仅有的，这或许可看作玻尔乃至其学派对量子物理和理论物理的一项特殊贡献。

1927年，玻尔在科摩国际物理学会议上首次申述了他的互补性观念。他指出："量子理论的本性迫使人们必须承认时空标示和因果性要求是描述的两个互补但又互斥的特色。"由此出发，便易于说明微观物质运动规律的统计性、其时空标示的局限性、量子理论的非决定论性，以至于可将互补性取代经典物理中的因果性而作为量子物理中基本的科学哲学概念。所以说，玻尔由其互补原理引发了一种新颖的哲学思想，开拓出一个非凡的哲学领域。

然而，爱因斯坦对此并不赞同。所谓爱因斯坦—玻尔论战，说到底就是经典物理所秉持的绝对决定论原则与量子物理中的非决定论思想之间的交锋。这场论战对于玻尔互补哲学的渐趋成熟颇有助益。通过论战，玻尔与爱因斯坦被公认为两个不同思想范畴里科学哲学家的代表。

1965年11月16日，20世纪量子物理学的领袖人物玻尔，因心脏病猝发，逝世于哥本哈根。

1913年
博登斯坦发现链反应

链反应是反应物分子依靠在反应过程中交替和重复产生的活性中间体(自由基或自由原子)而转变为产物分子,并使反应持续进行的一类重要化学反应。首先提出链反应概念和反应机理的是德国物理化学家博登斯坦。1913年,博登斯坦在汉诺威工业学院任教期间研究卤素(Cl_2、Br_2)与氢气的光化学反应时,发现HCl的光合成反应具有超乎想象的量子效率(高达10^4—10^5)。按照光化学第二定律,量子效率的值一般不大于1。为了解释这一出人意料的化学反应的机理,博登斯坦提出链反应的概念,他认为:在卤素与氢气反应的过程中,除最终产物之外,还形成了一些不稳定的活性中间体,这类中间体很容易与反应物反应生成产物和新的活性中间体;新的活性中间体又可以与反应物再发生反应,直至活性中间体消除,反应才会终止。在此基础上,博登斯坦还得出非简单级数的反应速率方程。

链反应的发现标志着化学动力学发展到一个新的阶段:由简单级数反应的研究转向非简单级数反应的研究;由总反应动力学研究转向基元反应动力学研究;使化学动力学得以应用于研究更多的实际反应。链反应的研究对开创高分子时代产生了巨大的作用。

1913年
莫塞莱提出原子序数概念

原子序数是指元素在周期表中的序号,等于一个原子核内的质子数,拥有同一原子序数的原子属于同一化学元素。原子序数的概念是由英国化学家莫塞莱提出的。

1913年,莫塞莱研究从铝到金的38种元素的X射线标识谱,发现标识谱线的波长随元素原子量的增大而均匀地减小。莫塞莱把这一规律归因于原子量增大时原子中电子数的增加和原子核中正电荷的增加,并把按X射线谱排列的序号称为原子序数。他认为,这正是元素原子核所带的正电荷数,也是决定元素化学、物理性质的最主要因素。

莫塞莱的这一发现使元素周期律有了新的含义,即"元素性质是其原子序数的周期性函数",导致了元素周期表的一项重大改进,使各种元素在周期表中应处的位置完全固定下来。而在此之前,化学元素周期表是按原子量的大小来排列的,任意两个相邻的元素之间,均可设想插入数目不等的一些元素,因为相邻元素在原子量上的最小差值没有什么规律。然而,如果按照原子序数去排列,情况便迥然不同。原子序数必须是整数,例如,在原子序数为26的铁和原子序数为27的钴之间,不可能再有未被发现的新元素。莫塞莱的X射线技术还能够确定周期表中尚未被发现的各元素的空位。实际上,在莫塞莱悟出原子序数概念时,尚存在七个这样的空位。反过来,如果有人宣称发现了填补某个空位的新元素,那么便可以利用莫塞莱的X射线技术去检验这个报道的真实性。例如,为鉴定铪(hafnium)元素报道的真伪,就使用了这种方法。

遗憾的是,莫塞莱在第一次世界大战中应征入伍,随后在土耳其阵亡,一场无足轻重的战役葬送了年仅27岁的天才。

1913年
索迪和理查兹发现铅的同位素

1902年,英国物理学家欧内斯特·卢瑟福和他的助手索迪提出了一个大胆的假说:放射性元素在放射出射线后,自身衰变为完全不同的另一种元素。这就是元素衰变假说,在当时的科学界引起巨大轰动,许多科学家对其表示怀疑。

为了验证这一假说,索迪及其他几位科

学家做了大量实验，陆续从铀、钍、锕等放射性元素分离出了几十种新的放射性元素。他们又发现：某一元素在发生 α 衰变后，形成的新元素在周期表中的位置比衰变前元素的位置向左移两格；在发生 β 衰变后，位置向右移一格。这一规律被称为放射性位移定律。随后索迪还发现，有些在物理性质上有明显差异、原子量和放射性都不同的元素却具有相同的化学性质，无法用任何化学方法将它们分离开来。这些元素之间有着怎样的关系呢？为解释这一现象，1910 年索迪提出著名的同位素假说：具有相同的化学性质但具有不同的原子量、物理性质和放射性的元素称为同位素，同一元素的所有同位素在元素周期表中占有同一个位置。

根据同位素假说和放射性位移定律，天然放射性元素可分为铀—镭系、钍系、锕系三个系列，这三个系列衰变的最终产物应该都是铅。如果能找到铅的这些同位素，假说将得到验证。1913 年，索迪和美国化学家西奥多·理查兹各自独立地从放射性矿物铀、钍中发现铅的同位素，不仅揭示了自然界中同位素的存在，而且证明了同位素假说和元素衰变假说。

索迪在放射性元素及同位素方面的开创性研究为放射化学、核物理学等新兴学科的建立打下了坚实的基础，也因此被授予 1921 年诺贝尔化学奖。

1913 年
罗素刊布光谱—光度图

亨利·罗素

丹麦天文学家赫茨普龙于 1905—1909 年间发现巨星和矮星光谱存在差异。此后，他利用昴星团和毕星团进一步研究恒星光谱型同光度之间的关系。因为一个星团内的众多恒星到地球的距离相差不大，所以它们的视亮度就直接反映了它们的光度高低。1911 年，赫茨普龙刊布上述两个星团的颜色—星等图，其横坐标为视星等，纵坐标为色

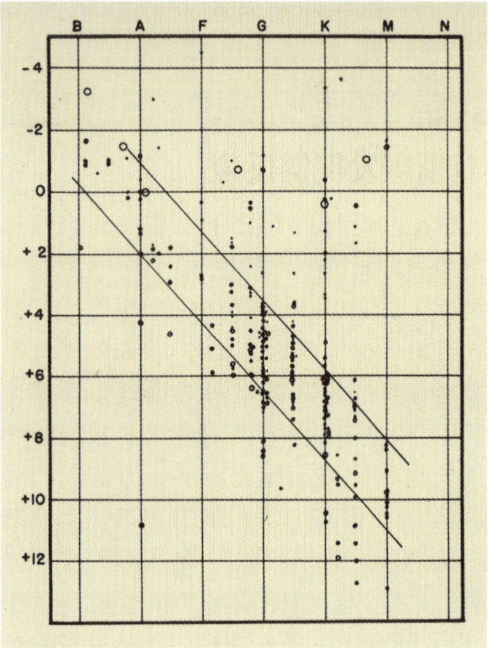

亨利·罗素于 1913 年发表的恒星光谱—光度图 纵坐标是用绝对星等表示的恒星光度，横坐标是光谱型。从图中可以明显看出从左上方到右下方的主序以及位于主序上方的巨星。

指数。色指数是指同一天体在两个不同波段上的星等差，其数值通常是短波段星等减去长波段星等。恒星的颜色差异是由它们在不同光学波段上的亮度差异引起的，所以色指数就表征了恒星的颜色。在赫茨普龙的图中，可以看出一条恒星连续分布的序列，这便是日后所谓的星团赫罗图的前身。几乎与此同时，美国天文学家亨利·罗素为了探讨恒星演化，也在研究恒星光谱型与光度之间的关系。1910 年，他刊布了对 50 多颗恒星测定的视差，加上哈佛大学天文台提供的星等和光谱型数据，也得到了存在高光度巨星和低光度矮星的结论。1913 年，罗素发表《巨星与矮星》一文，刊布了一幅光谱—光度图。图上显示出多数恒星位于从左上方到右下方的一条斜带内，这称为“主星序”，简称“主序”。主序上方有一些红星分布在现称巨星支的区域中。后来人们发现，赫兹普龙和罗素两人的图其实是等价的。起先光谱—光度图称为罗素图，1933 年后才逐渐改称赫茨普龙—罗素图，简称“赫罗图”。赫罗图的

建立实现了对恒星的科学分类，为研究恒星演化奠定了基础，是现代天体物理学发展史上的一座丰碑。

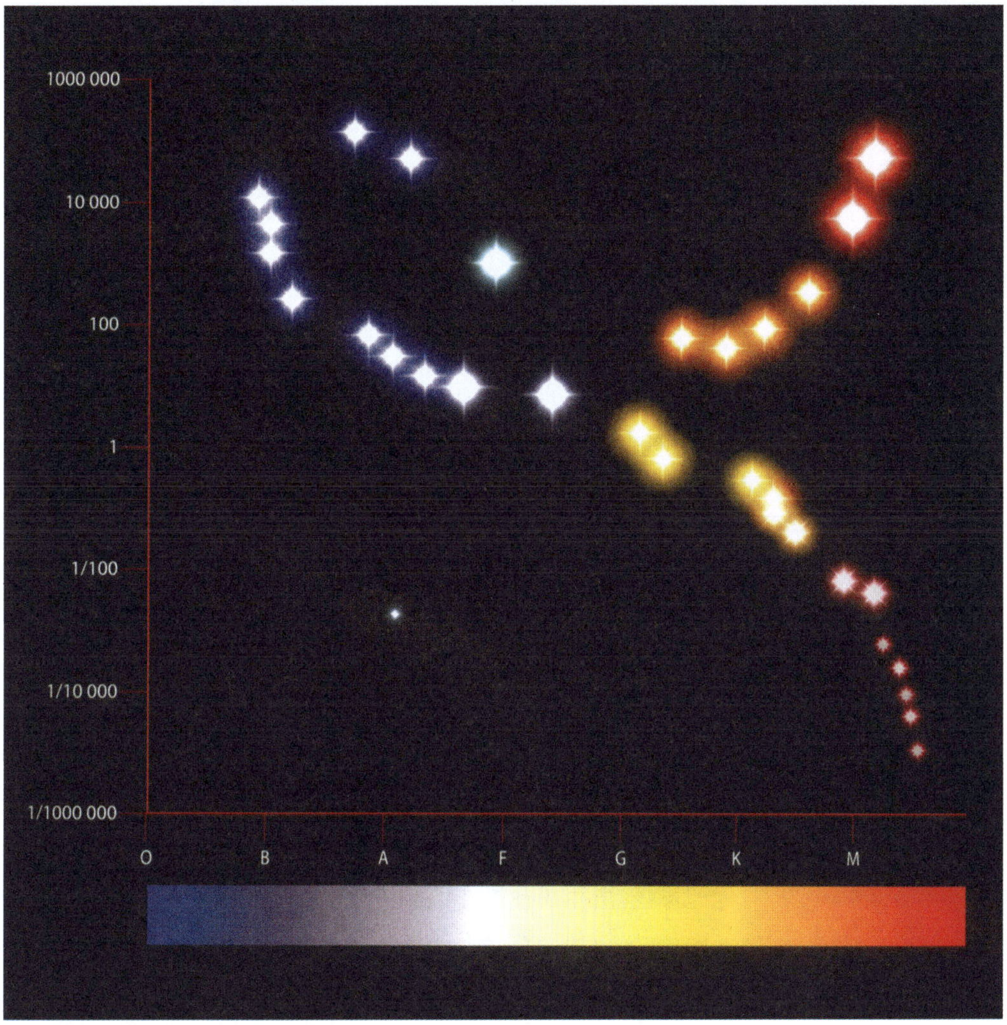

对 20 颗视亮度最大的恒星和 20 颗距离最近的恒星绘制的赫罗图示意

1913 年 霍姆斯《地球的年龄》出版

人类生活的地球究竟有多老？围绕这一问题的争论持续了 2000 多年，直到英国地质学家霍姆斯利用放射性测年方法解决了岩石绝对年龄测定这一关键问题。

霍姆斯耗费毕生精力解决了同位素分离及原始铅等问题，最终实现了相对年代与绝对年龄相互对应的宏伟目标。1913 年，霍姆斯的《地球的年龄》一书出版，开始将地质年代表与岩石的放射性测年相结合，开创了年代地层学，让他获得了“地质年代之父”之称。霍姆斯还是魏格纳大陆漂移学说的支持者，他用地幔对流解释大陆漂移，为板块学说的诞生奠定了基础。

1913 年 贝姆发明回声测深仪

人类最早用于测量河流和湖泊深度的工具是竹竿和木杆。随着测量深度的增大，人们发展出使用一端系有重锤的测绳来测量水深的方法。但是，对于水深超过几百米甚至数千米的大多数海区，强大的海流作用使得拴重锤的测绳也无法垂直到达海底。因此，早期航海调查所获得的水深数据大多是估计的，所测得的水深图也多半都是“想象”图。

从 19 世纪中期开始，海底电缆铺设项目要求海洋调查提供更加精确的水深数据，因此相继出现多种改进型的重锤测深方法，但这些方法在精度和效率方面仍然存在许多问题。1807 年，法国物理学家阿拉戈最早提出采用回声测深的设想。1854 年，美国海洋学家马修·莫里采用火药爆炸发出的声波进行测深实验。1911 年，美国发明家费森登首次进行回声测深实验。

1912 年，英国发生“泰坦尼克号”游轮被冰山撞沉的重大海难事故，引起德国物理学家贝姆的关注。贝姆设计了利用回声探测法探查海

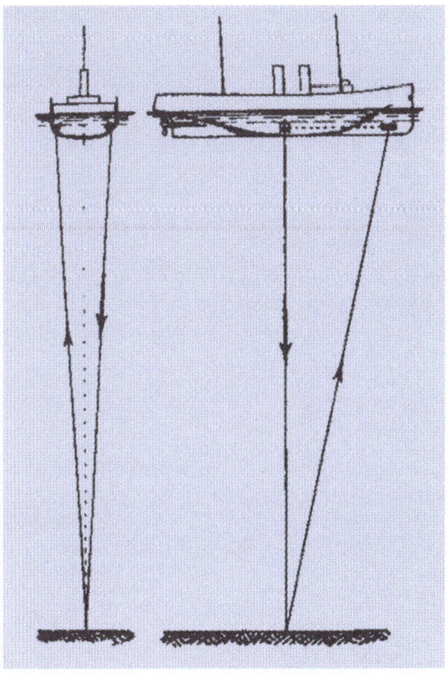

早期的回声测深仪工作原理示意图

上冰山的仪器，但使用效果并不理想，反而在用于探测海底水深时比较有效。1913 年，贝姆申请了回声测深仪的专利权。回声测深的原理是通过测量声波在水体表层和海底之间往返传播的时间，利用声波在水中稳定的传播速度，来计算水体深度。回声测深仪的出现是水深测量技术的重大革命。由于回声测深仪能够在船只航行时同步、快速、连续、准确地测量水深数据，可极大地提高海洋水深测量的精度和效率，因此很快成为测量海洋水深的主要仪器。1925—1927 年，德国“流星号”科学考察船完成了对南大西洋的综合海洋科学调查，首次使用回声测深仪进行大规模海洋水深测量，开创了海洋水深测量和海底地形绘制的新时期。

1913 年
埃布尔建造透析仪

1912 年，美国生物化学家、药学创始人埃布尔正在调查血液中各种代谢物，他需要一个设备来提取这些物质。1913 年，埃布尔和他的同事建造了第一台有透析功能的仪器。这台仪器能使血液在浸泡于盐、葡萄糖溶液的火棉管中循环通过。尿素及其他有毒物质被排到溶液中，而氧进入血液。埃布尔称这一过程为活体扩散法，并对兔子和狗进行了测试。埃布尔等在 1914 年发表了他们的研究结果。

当时这一透析法面临的主要问题是，血液在透析机的火棉管中流动时会凝结。埃布尔使用从水蛭获得的水蛭素——一种抗凝血剂来预防血管栓塞，从而使该透析法后来得以在临床推广使用。

1914 年
人工核反应首次实现

1914年，欧内斯特·卢瑟福的学生马斯登用闪烁镜观察 α 粒子在空气中的射程时，发现 40 厘米远处的荧光屏上仍有粒子引起的闪烁。马斯登认为这是氢离子被 α 粒子撞击反冲的结果。卢瑟福得知这一现象后认为，这些闪烁来自氢原子核，但不是反冲的结果。当时卢瑟福已认识到氢原子电离后所剩下的原子核是最小的原子核，并称之为质子。后来，卢瑟福又重做了 α 粒子轰击氮气的实验，观察到了同样的现象。卢瑟福发现，这种射程的氢原子是由氮原子在 α 粒子轰击下转变而产生的。这是第一次在实验中实现人工核反应，该反应第一次实现了人工转化元素，即人为地把一种化学元素转化为另一种化学元素，由此开始了人工控制原子核变化的新纪元，也为深入探索原子核的奥秘提供了有力的手段。

1914 年
亚当斯等发现分光视差

赫茨普龙于 1905 年的分析表明，恒星的光谱特征可以用来决定它是巨星还是矮星。1914 年，美国天文学家沃尔特·亚当斯和德国天文学家科尔许特发现，对于同样光谱型的巨星和主序星，彼此的光谱仍存在某些差异。其具体表现是，某些光谱线的强度之比对于巨星和主序星是大不相同的。也就是说，在一给定的光谱型内，某些谱线的强度之比与恒星光度之间存在着某种关系。利用这类关系来估计恒星的绝对星等，可以精确到约 1.5 等。于是，仅仅根据光谱特征就可以粗略估算出恒星的距离或视差。由此估算的恒星视差称为分光视差，是最早发现可用于间接测定恒星距离的一种天体物理方法。

1914 年
巴雷尔提出岩石圈和软流圈的概念

美国地质学家巴雷尔 1914 年基于强度将地球内部分成三圈，由上而下依次为岩石圈、软流圈和中心圈。岩石圈为地球的外圈，包括地壳的全部和上地幔的上部，由花岗质岩、玄武质岩和超基性岩组成，厚度约 100 千米。岩石圈下的软流圈为强度较弱的层圈，具有可塑性或黏性流，因此较岩石圈易变形。软流圈之下为中心圈，是地球之核心部分。

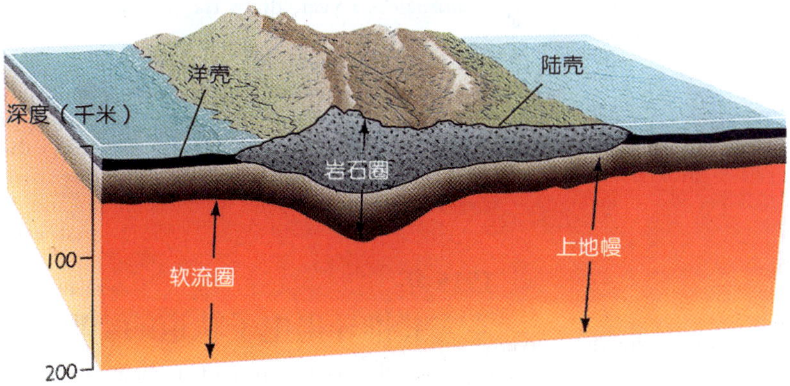

岩石圈和软流圈

1914 年
古登堡发现地幔与地核的分界面

1914 年，德国地球物理学家古登堡发现地下 2885 千米处存在地震波波速的间断面，这一界面导致了地震波传播速度发生明显的变化，纵波由 13.6 千米/秒突然降低为 7.98 千米/秒，横波则突然消失了，而且在该不连续面上地震波出现极明显的反射、折射现象。后来证实，这一界面是地核与地幔的分界面，被称为古登堡界面。地球从古登堡界面以上到莫霍界面之间的部分称为地幔，古登堡界面以下到地心之间的部分称为地核。

1914 年
卡雷尔在狗身上施行首例心脏手术

法国外科医师卡雷尔 1889 年毕业于法国里昂大学，获文学士学位，1900 年获医学博士学位。1896 年开始从事实验外科学的研究工作，他的研究课题主要是血管缝合和器官移植，也曾涉猎过组织培养。卡雷尔创用了“三线缝合”的血管缝合法，同时以丝线代替肠线，以细小的缝针代替粗大的缝针，用手持血管代替外科器械夹持血管，并设法在术中保持血管壁湿润，减少了并发症。1901—1910 年期间，卡雷尔在实验动物身上成功地进行了血管缝合手术。他在此基础上又从事了一系列的器官移植研究，包括血管、肢体、甲状腺、肾、肾上腺等。当时卡雷尔主要解决了外科手术问题，并未认识到免疫排斥作用，因而接受器官移植的动物都先后死亡了。由此卡雷尔认识到，自体移植可使移植器官存活，而异体移植过程中存在机体对异体组织的排斥作用，使得移植难以成功。卡雷尔的工作为后人的器官移植研究积累了经验和技术。卡雷尔因对血管缝合术和血管与器官移植所作出的贡献，获 1912 年

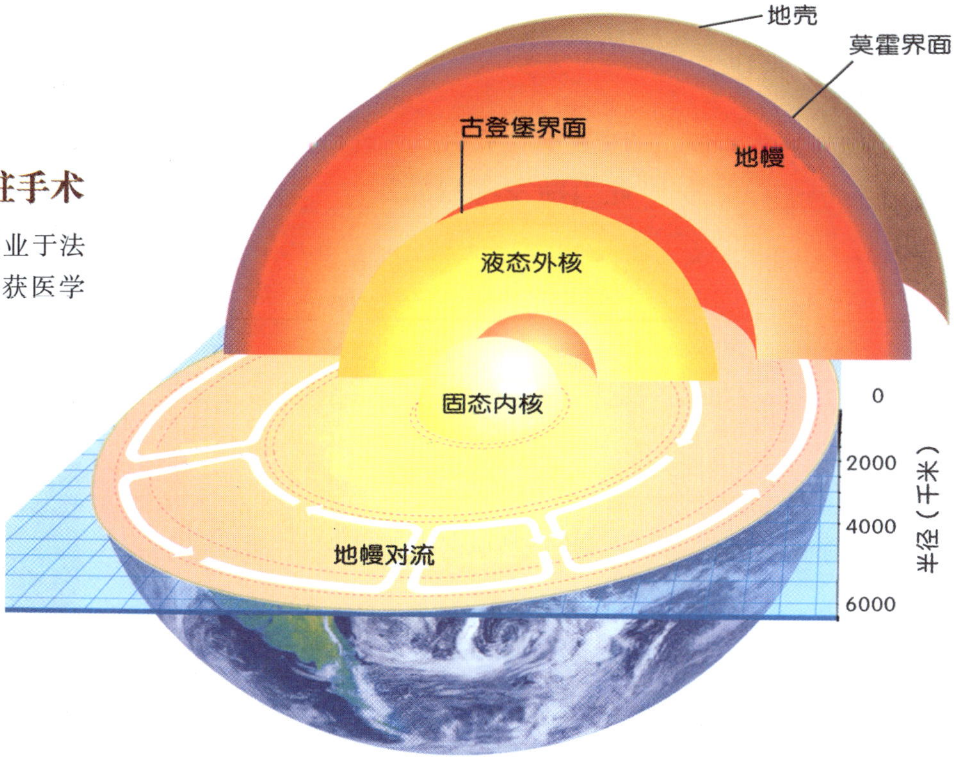

地球内部分层结构

诺贝尔生理学医学奖。1914 年，他成功地在狗身上施行了首例心脏手术。卡雷尔的代表著作有《器官的培养》、《血管缝合和器官移植》等。

1915 年
索末菲推导出电子轨道的空间量子化条件

丹麦物理学家玻尔在他的原子结构模型中，假设电子的运动轨道是只有一个自由度的圆周。不少物理学家希望把电子轨道推广到多个自由度的情况。1915 年，德国慕尼黑大学的理论物理学家索末菲提出分别用椭圆轨道和三维坐标代替玻尔的圆轨道，推导出轨道的空间量子化条件，修正并推广了玻尔的原子理论。

索末菲(左)与玻尔

1915 年
亚当斯发现白矮星

1915 年，美国天文学家沃尔特·亚当斯测得天狼 B 星的光谱，发现它与主星天狼 A 星相仿，呈白色，表面温度高达 8000 开，但光度为天狼 A 星的万分之一。这种高温度低光度的恒星称为白矮星，在赫罗图上占据主序左下方相当宽阔的区域。由于在温度一定的情况下，恒星的光度与其表面积成正比，故天狼 B 星的低光度表明其半径特别小——仅略大于地球。另一方面，通过分析这个双星系统的轨道运动，又可知该伴星质量与太阳相仿。由此可算出其平均物质密度超过每立方厘米 1 吨。当时，英国物理学家欧内斯特·卢瑟福提出的原子图像已逐渐为世人认同。据此可以推断，在天狼 B 星这样的超密星中，原子被压碎，由电子组成的简并物质以其压强与引力抗衡，使星体得以保持平衡。1924 年，英国天文学家爱丁顿指出，天狼 B 星表面的引力场必定非常强，根据爱因斯坦创建的广义相对论，其光谱线同地球上的相比，应当显示出可观测的红移。1925 年，亚当斯用威尔逊山天文台的 2.5 米望远镜拍摄天狼 B 星光谱，发现光谱线引力红移果然存在。这不仅证实了白矮星这种致密天体的存在，也为广义相对论提供了重要的观测检验。

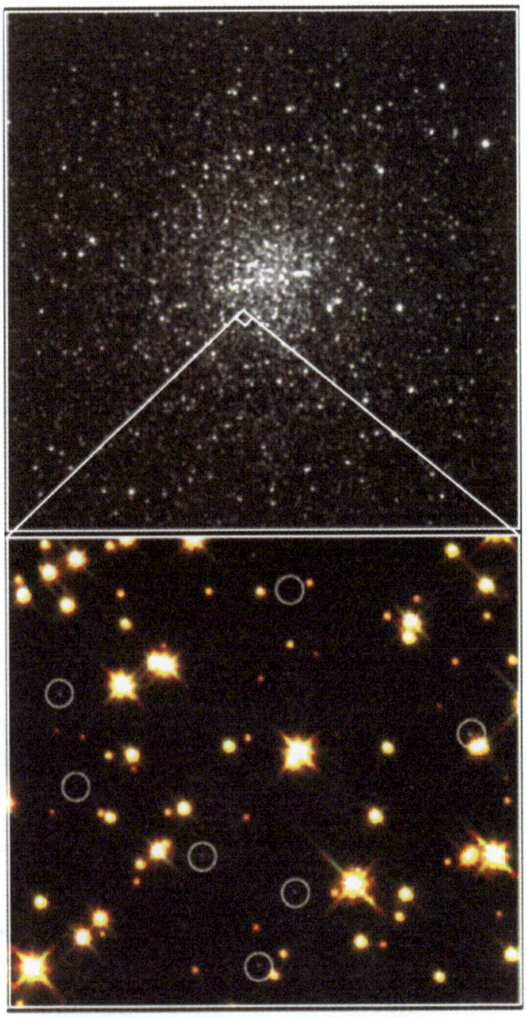

球状星团 M4 中的白矮星 M4 是离地球最近的球状星团，其成员星数超过 10 万颗。上图是地面望远镜拍摄的 M4 照片，下图是哈勃空间望远镜拍摄的 M4 局部——其尺度约 0.6 光年。图中用小圆圈标出 7 颗白矮星，估计 M4 中白矮星的总数多达 4 万颗。

1915 年
史瓦西解出球对称引力场方程

德国天文学家卡尔·史瓦西是最先认识到广义相对论在天文学中的重要性的少数科学家之一。第一次世界大战期间的 1915 年 12 月 22 日，史瓦西从俄国前线给爱因斯坦写了一封信，报道自己已求得球对称静态引力场方程的严格解。他赞赏广义相对论“从这么一个抽象的观念出发，对水星的异常现象作出如此有说服力的解释，真是绝顶的妙不可言”，并写道：“您瞧，战争是优待我的——尽管地球上炮火连天，却允许我在您的思维之国里进行这次散步。”爱因斯坦立即回信说，“我以极大的兴趣通读了您的论文。我没有料到，这个题目的严格解可以如此简单地陈述。对其解题的计算方式，我喜欢极了。”1916 年 1 月 13 日，爱因斯坦把史瓦西的论文转呈普鲁士科学院。这个解是对一个质点或球对称天体周围引力场的准确描述，后称史瓦西解，或称史瓦西度规。这个严格解在相对论天体物理，特别是黑洞物理中起着关键作用。史瓦西本人首先据此指出，在向致密天体或大质量天体靠近到某一距离处，该天体的引力场就会强到使包括光在内的任何物质都不能逃逸。后来，这一距离就称为史瓦西半径；由该半径构成的想象中的球面称为事件视界，简称视界；位于视界内的那个天体则称为史瓦西黑洞。1916 年 5 月 16 日史瓦西病逝，终年 42 岁。爱因斯坦在悼词中称赞“他的著作仍然活着，并给他贡献了全部力量的这门科学带来硕果”。

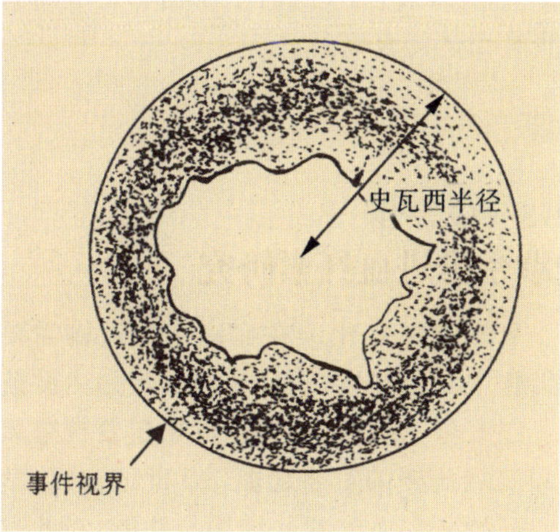

史瓦西黑洞示意图

1915 年
魏格纳系统阐述大陆漂移学说

1910 年的一天，德国地球物理学家魏格纳在一幅世界地图上偶然发现大西洋两岸的轮廓非常吻合，这边大陆的凸出部分正好能和另一边大陆的凹进部分拼合起来。于是他萌生了这样一个想法：非洲大陆和南美洲大陆曾经连在一起，后来才分裂和漂移。

魏格纳推断，在 3 亿年前，地球上所有的大陆和岛屿都连结在一块，构成一个庞大的原始大陆，叫做泛大陆。泛大陆被一个更加辽阔的原始大洋所包围。后来，从大约 2 亿年前起，泛大陆先后在多处出现裂缝，每一裂缝的两侧向相反的方向移动。裂缝扩大，海水侵入，就产生了新的海洋。1912 年，魏格纳在法兰克福地质学会上作了题为“大陆与海洋的起源”的演讲，首次提出大陆漂移假说。1915 年，魏格纳发表著作《海陆的起源》，系统地阐述了大陆漂移学说。他在书中指出，全世界的大陆曾经是一个整体，在各种力的作用下，经过漫长的岁月，分离、漂移后形成了今天的海洋和陆地。

大陆漂移学说使人类在对地球的探索上向前迈进了关键的一步。在《海陆的起源》这部不朽的著作中，魏格纳努力恢复地球物理学、地理学、气象学以及地质学之间的联系，用综合的方法来论证大陆漂移。

大陆漂移理论刚提出时，反对意见蜂拥而至。直到 1950 年代中期，不断发现的新证据才越来越对大陆可能运动的假说有利。1960年代，大陆漂移理论被普遍接受。1968 年，法国地质学家勒皮雄在前人研究的基础

1915

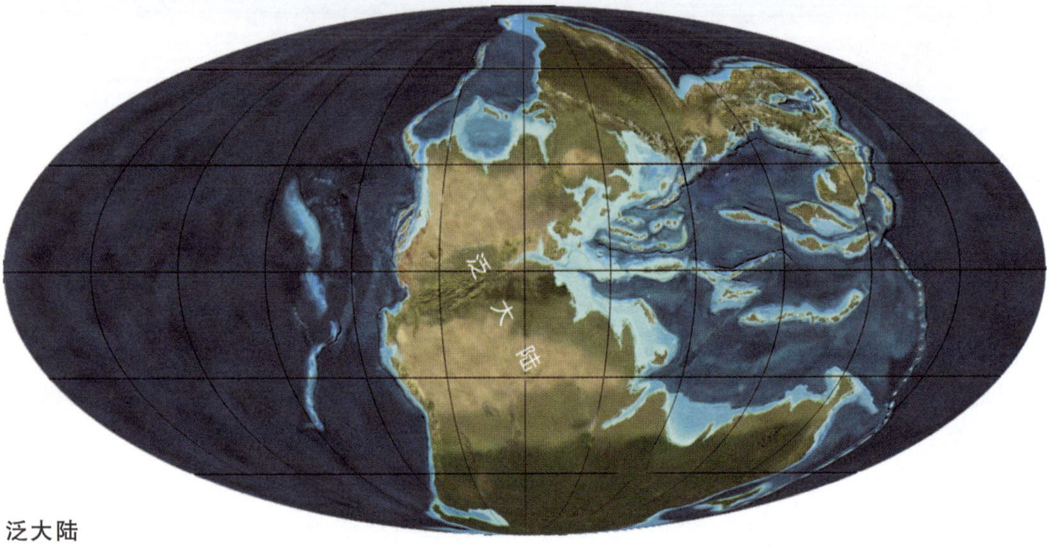

泛大陆

上推出板块构造理论，提出地球岩石圈由六大板块组成的主张，它们是亚欧板块、非洲板块、美洲板块、印度板块、南极洲板块和太平洋板块。板块运动被确立为地球地质运动的基本形式，地学也进入了一个新的发展阶段。大陆分久必合、合久必分，海洋时而扩张、时而封闭，已成为人们接受的地壳构造图景。从大陆漂移学说的提出到板块学说的确立，构成了一次现代地学领域的伟大革命。

1915—1917 年
特沃特和德雷勒分别发现噬菌体

病毒无处不在，有些感染植物，有些感染动物，还有那么一群病毒专门感染细菌。这种感染细菌的病毒有个专门的名称——噬菌体。

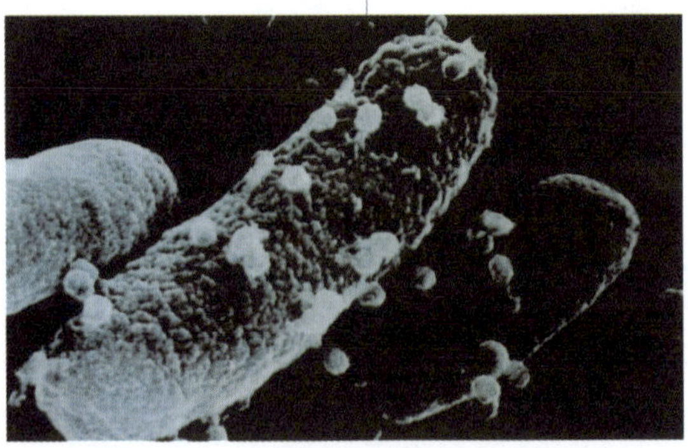

电子显微镜下被噬菌体附着的大肠杆菌（放大 25 000 倍）

噬菌体最早是由英国微生物学家特沃特发现的。当时，特沃特一直苦恼于自己培养的动物细胞常常被葡萄球菌污染。有一次，他观察葡萄球菌形成的菌落时发现，某些菌落呈透明状，没有细菌生长。特沃特将这种透明状区域中的物质接种到生长正常的葡萄球菌菌落上，结果这些菌落中也出现了透明区域。他意识到透明物质中存在某种可以阻碍细菌生长的物质。1915 年，特沃特把他的观察结果发表在医学杂志《柳叶刀》上。1917 年，法国—加拿大微生物学家德雷勒也独立地发现了这种物质，并将其命名为噬菌体。德雷勒将噬菌体描述为“肉眼不可见的，能对抗痢疾杆菌的物质”。他认为，噬菌体能使菌落变得透明（细菌死亡），被感染的细菌死亡后会释放新的噬菌体。噬菌体个体微小，可以穿过细菌过滤器。1919 年，德雷勒成功地从鸡粪中分离出噬菌体，并用此噬菌体治好了鸡斑疹伤寒。1920 年代，他进一步提出用噬菌体治疗细菌性疾病的观点，引起众多医生及科学家的兴趣。

但是，人们当时对噬菌体究竟是什么仍然认识不清。有人认为噬菌体是一种以细菌为食的生物，有人认为它们是细菌体内生成的无生命的化学物质（比如酶类），在某种刺激下可溶解细菌，也有人认为它们就是一种病毒。直至 1939 年，人们才在电子显微镜下一睹噬菌体的真面目。

1915—1929 年
费歇尔推进血红素研究

氧气和二氧化碳在血液中的运输需要红细胞中的血红蛋白参与。血红蛋白由肽链和血红素分子组成，其中血红素起着携带氧气和二氧化碳的重要功能。20 世纪初，化学家们开始研究血红素的结构与功能，在此方面，德国有机化学家汉斯·费歇尔作出了巨

魏 格 纳

魏格纳是德国气象学家、地球物理学家、天文学家,大陆漂移说的创始人。1880 年 11 月 1 日,魏格纳出生于德国柏林。他从小就喜欢幻想和冒险,少年时便向往到北极去探险,英国著名的北极探险家约翰·富兰克林是他的偶像。由于父亲的阻止,他没能在高中毕业后就加入探险队,而是进入弗里德里希·威廉大学(今柏林洪堡大学)学习物理学、天文学和气象学。1905 年,25 岁的他以优异成绩获得了天文学博士学位。然而,他的研究兴趣却在气象学方面。他率先使用高空气球跟踪气团,有关大气热力学的研究成果还被写入了气象学教科书中。1906 年,他终于加入了著名的丹麦探险队,来到了格陵兰岛,从事气象和冰川调查。

1910 年,魏格纳在翻阅世界地图时,偶然发现一个奇特现象:大西洋两侧海岸的形状非常吻合——欧洲、非洲的西海岸与北美洲、南美洲的东海岸,其轮廓非常相似,一边大陆的凸出部分正好能和另一边大陆的凹进部分拼合起来。魏格纳结合自己的考察经历,认为这绝非偶然,于是形成了一个大胆的假设。他认为,地球原来是一块完整的大陆,即泛大陆,而在它的周围是一片海洋,即原始大洋。在古生代晚期(距今约 3 亿年),泛大陆开始分裂为几块碎片,这些碎片(即今天的大陆)缓慢地漂移到现今的位置,形成了今天人们所熟悉的海陆分布格局。

这个假设形成后,魏格纳并没有急于发表。1911 年秋季看到一篇报道中提到大陆桥理论与地壳均衡说有矛盾后,魏格纳于 1912 年 1 月 6 日发表了大陆漂移假说,但由于时间仓促,其中的论据并不充分。直到 1915 年出版《陆海的起源》一书,他才系统地阐述了大陆漂移说。在这部不朽的著作中,他综合利用地质、大地测量、地球物理、古生物和古气候等方面的证据来论证大陆漂移说。

大陆漂移说一提出,就在地质学界引起轩然大波。1925 年,美国石油地质学家协会组织专题讨论会并出版相关专著来反对他的学说。德国莱比锡的地质学家科斯马特还质疑:由坚硬岩石组成的大陆地壳怎么可能在坚硬的洋底上漂移?由于当时科学发展水平的限制,大陆漂移缺乏合理的动力学机制,无法说明大陆是在哪一层上漂移的,以及漂移的动力来自何处。

魏格纳在反对声中继续为他的理论搜集证据。1930年,魏格纳第 4 次考察格陵兰岛。同年 11 月,他与同伴从冰川中部的营地返回港口基地时,由于缺少食物,不得不宰杀了一些雪橇狗。最后,在−60℃的严寒和无雪橇的极端恶劣环境下,魏格纳不幸遇难。次年5月,人们在回程的半路上发现了他的尸体。他被很好地安葬,身下垫着一张驯鹿皮,身上盖着睡袋,这显然是他的同伴所为。但人们作了极大的努力,也未能找到他的同伴。

1943 年,美国著名古生物学家乔治·辛普森又撰文强烈攻击魏格纳的学说。自此,大陆漂移说逐渐销声匿迹。

到了 1950 年代,科学家发现大陆上岩石的磁极方向会随时间而改变,且各大陆相同地质年代的磁极方向并不相同。由于地球只存在一个北磁极,因而对此只有一种可能的解释,即各大陆各自在朝不同的方向移动。由此,大陆漂移说东山再起。

随着 1950 年代美国地震学家贝尼奥夫证实了平行于海沟的俯冲带的存在,以及 1960 年代美国海洋地质学家赫斯和迪茨提出海底扩张假说,多年来探索大陆漂移的机制问题终于有了结论,大陆漂移说逐渐为大多数地质学家所接受。

大贡献。

有一类有机化合物被称为杂环化合物，其苯环上的碳原子被氮、氧、硫等原子取代。吡咯即是其中的一种。费歇尔从 1911 年起开始研究吡咯，并于 1915 年将研究范围扩展到血红素。之前，德国化学家维尔施泰特等人已经确定了血红素的分子式，并且知道血红素中含铁，血红素失去铁之后就变成卟啉。1926 年，费歇尔发明了卟啉合成法，共合成了 130 多种卟啉异构体。1929 年，费歇尔将血卟啉脱去两分子水得到原卟啉，再将铁原子引入原卟啉，得到了氯高铁血红素。这种分子和血红蛋白中分离出的血红素结构完全一致。

除了血红素外，费歇尔还对叶绿素颇有研究，在叶绿素研究领域共发表了将近 130 篇论文。费歇尔指明了镁原子在叶绿素中的确切位置，并确定了叶绿素 a 的结构，还发现了叶绿素 b 与叶绿素 a 的差别。1930 年，费歇尔因研究血红素和叶绿素的结构、特别是合成血红素而荣获诺贝尔化学奖。

1916 年
密立根验证光电效应方程

1905 年，爱因斯坦的光量子说在理论上解释了光电效应，建立了描写出射光电子的动能与照射光频率之间关系的方程，即光电效应方程。该方程预言，出射光电子的动能与入射光的频率成线性关系，其一次项的系数就是普朗克在研究黑体辐射时引进的普朗克常量 h。

密立根

但从当时的条件来看，直接通过实验精确测量光电流以验证爱因斯坦的光电效应方程相当困难。直到 1915 年，美国物理学家密立根才通过自己设计和制作的一套考虑周到、极其精巧的装置完成了实验，证实了光电效应方程，并推算出普朗克常量 h 的值。1916 年，密立根通过进一步验证核实，正式发表了实验结果。正是由于密立根的实验证实，光量子说才开始得到人们的承认。爱因斯坦与密立根都因光电效应等方面的杰出成就而分别荣获 1921 年与 1923 年诺贝尔物理学奖。

1916 年
爱因斯坦建立广义相对论

广义相对论实际上是一种相对论性引力场理论。爱因斯坦 1905 年在建立狭义相对论时就设想将牛顿的万有引力理论纳入相对论的框架之中，但并不成功。于是，他另辟蹊径，于 1916 年建立了广义相对论，发表了总结性论文《广义相对论的基础》。该理论

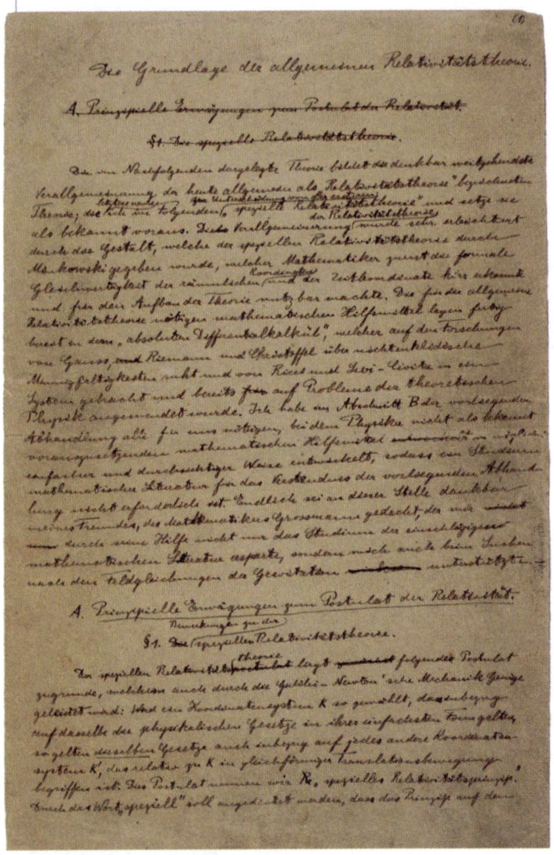
Die Grundlage der allgemeinen Relativitätstheorie.

A. Prinzipielle Erwägungen zum Postulat der Relativität.

§1. Die spezielle Relativitätstheorie.

爱因斯坦广义相对论手稿

有两个基本假设:(1)广义相对性原理,即自然定律在任何参考系中都具有相同的形式;(2)等效原理,即在一个小的范围内,万有引力与某一加速系统中的惯性力等效。爱因斯坦通过这些假设再次强调,时空的几何性质(如时空的弯曲程度)并不能先验地确定,应由运动的物质来确定。这个思想引导他最终采用黎曼几何来描述物质与时空几何性质的关系,建立了引力场方程。爱因斯坦还提出了可用来检验广义相对论的三类实验:光线通过太阳附近时发生弯曲,水星近日点的进动和引力红移。

位于美国汉斯福德的地面引力波探测器 LIGO

引力波的存在是广义相对论的最大预言,由爱因斯坦于1918 年提出。但由于引力波非常弱,难于检测,在相当长的一段时间内物理学家都怀疑它的存在。直到 1970 年代,才有物理学家为引力波的存在提供了间接的证明。现在,探测引力波的实验分为两大类:地面引力波探测器和空间引力波探测器。地面引力波探测器,如美国的 LIGO 探测器已工作多年,空间引力波探测器 LISA 也正在筹建中。

近一个世纪以来,通过不断的理论探讨和实验检验,广义相对论已被物理学界广泛接受,并被公认为是经典物理学中最为完善优美的理论。在弱引力场条件下,广义相对论的结果与牛顿力学的结果相同。随着天体物理学和宇宙学的发展,广义相对论更显示出其理论上的重要性。

1916 年
爱因斯坦提出受激辐射概念

受激辐射是爱因斯坦在《论辐射的量子理论》一文中首先提出的,该文发表在 1916 年德国《物理学杂志》上。受激辐射是指,激发态原子或分子在外界光辐射刺激下,向某较低能态跃迁,从而辐射光的过程。受激辐射光子的频率、振动方向、位相等与入射光子完全相同。这表明,通过受激辐射,原来的一个入射光子变成了两个特性完全相同的光子,一个是原来的入射光子,另一个是受激辐射光子。光被放大和加强了。现代激光器就是根据这种光通过受激辐射可被放大的原理实现的。

1916 年
德拜创立 X 射线衍射粉末法

X 射线衍射按样品的形态可分为单晶分析和多晶分析。单晶的制备非常困难,限制了 X 射线衍射的应用。

1916

德拜

1916 年，荷兰—美国化学家、物理学家德拜采用粉末状的多晶代替较难制备的大块单晶，用 X 射线研究晶体结构。粉末状多晶样品经 X 射线照射后，在照相底片上得到呈同心圆环的衍射图样，可用来鉴定样品的成分，并可确定晶胞的大小。他证明 X 射线衍射分析不仅适用于完整的单晶，而且适用于固体粉末。德拜的另一项重要研究是对分子偶极矩进行了理论处理，提出偶极矩是电场对结构上一部分带有正电荷而另一部分带有负电荷的分子在取向上影响的量度。1929 年，他又提出了极性分子理论，确定了分子偶极矩的测定方法，为测定分子结构、确定化学键的类型提供数据。德拜因利用偶极矩和 X 射线衍射法研究分子结构而获 1936 年诺贝尔化学奖。

1916 年
柯塞尔提出离子键理论

1916 年，德国化学家柯塞尔根据稀有气体原子的电子层结构特别稳定的事实，提出了离子键理论。柯塞尔在考察大量事实后得出结论：任何元素的原子都要使最外层满足 8 电子稳定结构。他认为当原子失去或获得电子以后，形成与惰性气体原子相似的电子结构，从而可以形成稳定离子。一般地说，金属原子外层电子少于 4 个，易失去电子，形成正离子；非金属原子外层电子多于 4 个，易得到电子，形成负离子。正、负离子间发生静电引力，由此结合成化合物。这样，正、负离子间的静电库仑引力就是离子之间形成的化合价的本质。换句话说，之前在离子型化合物中原子之间表示价的连线，不过是静电作用的直观表现。离子键理论很好地解释了电负性差别较大的元素间所形成的化学键。

1916 年
鲁齐卡发现麝香酮和香猫酮的结构

最负盛名的动物香料麝香，是中国西藏喜马拉雅山区的雄性麝的腹部香腺的分泌物，它的发香成分叫做麝香酮，是一种大环酮。香猫酮是埃塞俄比亚一种香猫的香囊的分泌物，发香成分也是一种大环酮。长期以来，人们一直认为这些大环化合物是不稳定的。1916 年，瑞士化学家鲁齐卡首次发现麝香酮和香猫酮分别是由 15 和 17 个碳原子组成的稳定的大环酮。他和同事们先后合成了一系列 9—30 个碳原子的环状酮，扩大了有机化学的研究领域，为香料工业的研究开辟了道路。以后，鲁齐卡又在德国化学家瓦拉赫的工作的基础上，进一步研究了萜类化合物。他认为萜类是由若干个异戊二烯单元构成的，两个异戊二烯构成单萜，三个构成倍半萜，四个构成二萜，并提出了萜类化合物的异戊二烯规则。他还成功地确定了一些重要的倍半萜、二萜和三萜的结构，从而对萜类化学的发展作出了巨大的贡献。

鲁齐卡因“关于聚亚甲基和多萜的工作”而与德国化学家布特南特分享了 1939 年诺贝尔化学奖。

1916 年
范波斯特创立孢粉学

1916 年，瑞典地质学家范波斯特发表论文《瑞典南部泥炭沼泽沉积中的森林花粉》，创立了孢粉学。地层中各种古植物孢子和花粉的百分含量，以及孢子和花粉的形态、分类、组合、演化等，可以反映当时的古植被和古气候状况，还可为地层对比提供证据。如今，孢粉学被广泛应用于许多科学领域中，如地层学、古植物学、古地理学、古气候学、考古学、植物系统学和医学。

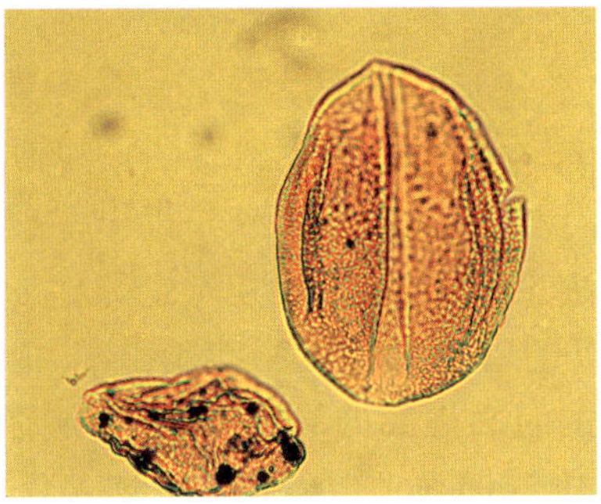

显微镜下的古孢粉

1916 年
克莱门茨提出植物群落演替中的“演替顶极”概念

植物是生态演替、特别是在从未出现过生物的地方开始的初级演替中不可缺少的组成部分。地衣类植物能够在岩石表面利用微量水分进行生长，并通过分泌有机酸等物质促使岩石转化为土壤。当出现较薄土壤层后，苔藓类植物便倚仗较快的繁殖能力毫不留情地取代地衣植物的地位。当土壤厚度增加到一定程度，苔藓植物的地位很快便被生长和繁殖能力更强的草本植物所取代。随着时间推移，草本植物又让位于更有效利用阳光的灌木，以及高度更具优势的乔木。当树木成为群落中的优势种时，群落亦基本达到了演替的顶极，即能自我维持、自我繁殖并能保持长久的、相对稳定的状态。

美国生态学家克莱门茨在他1916 年发表的《植物演替：植被发展的分析》中提出了植物群落演替中的“演替顶极”概念。他强调在一定条件下从不同生境开始的自然演替趋同于相似的顶极：在任何气候区内，群落的发展最后都要达到与该气候区气候完全相适应的最稳定的状态，而在同一气候区内，所有植物群落如任其长期自然发展，最后将出现同一顶极群落，故名气候顶极。同时，他认为如果在同样的气候条件下，出现了外力的干扰，则可能出现亚演替顶极和偏途演替顶极这样暂时稳定的状态。但外力消失后，它们都将向该气候下的顶极方向演替。

1916 年
桑格夫人成立第一家节育诊所

桑格夫人曾从事看护业 14 年，因为亲眼目睹贫民家庭受多子之累，生活非常困难，许多妇女因堕胎死亡，深感节育的必要。于是，她积极推广节育，且终生为之奋斗。

1916 年，桑格夫人建立了美国联邦计划生育组织，该组织呼吁将堕胎合法化。她在纽约布鲁克林区成立了第一家美国节育诊所。1921 年，桑格夫人创立美国节制生育联盟，并担任主席。1922 年 4 月，她出席在英国伦敦举行的第五次国际限制生育大会，会议期间到中国宣传节育。

1916—1919 年
刘易斯与朗缪尔提出共价键学说

1916 年，美国化学家吉尔伯特·刘易斯提出分子中存在两类键型：极性键与非极性键。他设想原子分成两层，外层最多容纳 8 个电子，内层原子实则由核和电子构成，并且外层电子位于包围原子实的立方体的顶

群落演替

朗缪尔

点上。他还认为,像惰性气体原子那样的八隅体才是电子稳定的排布方式。他创造性地提出,在分子中,来自一个原子的一个电子与来自另一个原子的一个电子以电子对的形式形成原子间的化学键。这是一个有悖于当时正统理论的假设,因为库仑定律表明,两个电子间是相互排斥的。这种共价键理论的贡献在于提出了一种不同于离子键的新的键型,解释了电负性差异比较小的元素之间原子的成键方式,因此,刘易斯的这种设想很快就为化学界所接受。

1919 年,美国化学家朗缪尔接受并发展了刘易斯的观点,提出用共价键表示由共用电子对形成的化学键,并用玻尔的原子模型取代路易斯的立方体模型,从而加深了人们对共价键本质的认识。由于刘易斯—朗缪尔经典的共价键学说赋予共价键直观、明确的物理意义,能基本解释共价键的饱和性,因而开辟了一条建立现代化学键理论的道路。

1916—1925 年
朗缪尔吸附公式和催化活性中心理论提出

1916 年,美国化学家朗缪尔发表了一系列有关单分子表面膜的行为和性质,固体表面吸附作用,以及催化吸附理论的研究成果。他在论文《固体与液体的基本性质》中首次提出在固体表面吸附的气体分子是单层分子的吸附理论,并推导出吸附表面平衡过程的朗缪尔等温吸附公式。对单分子膜的研究促进了朗缪尔对催化吸附理论的研究。他在测定吸附量和脱附速率,以及催化过程和吸附过程的中毒现象方面的研究,得到了对多相催化理论具有根本意义的结论:催化反应是在与催化剂表面直接相连的单分子层中发生的。朗缪尔吸附公式中包含了化学吸附的现代概念,成为解释催化作用机理的理论基础之一。朗缪尔因在表面化学方面的成就获得 1932 年诺贝尔化学奖。

同样作为催化机理研究领域的重要成果,美国化学家休·泰勒在 1925 年提出了催化活性中心理论,其研究的出发点是催化剂在一定条件下会失去活性这一实验事实。他认为催化剂的表面是不均匀的,位于催化剂表面微型晶体的棱和顶角处的原子具有不饱和键,因而形成了活性中心,催化反应只发生在活性中心。泰勒的理论很好地解释了催化剂的制备条件和毒物对活性的影响。

1917 年
爱因斯坦创立静态宇宙模型

1917 年,爱因斯坦发表《根据广义相对论对宇宙学所作的考查》一文。这是现代理论宇宙学的开山之作,文中提出了空间闭合的静态宇宙模型。根据当时的天文学知识,宇宙中物质的分布是不均匀的。爱因斯坦认识到:“如果我们只从大范围来研究宇宙的结构,我们可以把物质看作是均匀散布在庞大空间里的……我们的做法很有点像大地测量学者那样,他们拿椭球面来当作在小范围内形状极其复杂的地球表面的近似。”后来,这个简化假设得到大量天文观测的支持,被称为“宇宙学原理”,一直沿用至今。至于为何考虑静态模型,爱因斯坦根据的是当时的天文观测事实:“恒星的相对速度比起光速来是非常小的。因此我相信我们可以暂时把我们的考虑建筑在如下的近似假定上:存在这样一个坐标系,相对于它,物质可以看作保持静止。”为此,他在引力场方程中加入了一个带有普适常量 Λ 的补充项(即宇宙学项)。1929 年哈勃发现宇宙膨胀后,爱因斯坦曾说,“虽然从相对论的观点来看,在场方程中引进宇宙学项是可能的”,但是“倘若哈勃的膨胀是在广义相对论创立的时期发现的,宇宙学项就决不会引进来”。在这篇关于宇宙学问题的最初评注中,为了决定空间曲率,爱因斯坦已经提出测量无辐射物质

(即暗物质)与可见物质密度比ρ_d/ρ_s的具体办法。他建议"考查这样一个天体,它包含有许多单个星体,并且在足够的准确度上可以看作一个稳定的体系,比如一个球状星团……由光谱观测得到的速度,就能够确定引力场,由此也就能够确定产生这个场的那些质量。这样算出的质量能够同星团中可见星的质量作比较……就因此估计出了ρ_d/ρ_s"。半个世纪后,天文学家使用的正是这种最基本的方法,只是把球状星团改成了星系团。

1921年爱因斯坦在法兰西学院讲授广义相对论

1918年
外尔尝试建立统一场论

1864年,麦克斯韦建立了电、磁和光的统一理论——电磁场理论。1915年,爱因斯坦成功地建立了引力场的理论——广义相对论,并开始试图建立一种能将引力与电磁力统一起来的理论,即统一场论。

广义相对论的数学基础是黎曼在19世纪发展的黎曼几何学。在广义相对论中,引力场由度量张量代表,自由下落的粒子沿测地线运动,场方程是广义协变的,整个时空就是黎曼流形。这样,物理学被几何化了。这种几何化激发了数学家对建立统一场论的热情。首先尝试建立统一场论的是德国数学家外尔。

为了把电磁场理论纳入广义相对论的几何结构,外尔于1918年通过内蕴地定义仿射联络,引进不可积量因子的概念,把黎曼几何推广为所谓"纯粹无穷小几何",后来称为外尔几何。外尔几何的度量由黎曼几何中原来那个基本二次型和一个新添的基本线性型共同决定。基本二次型的系数等同于引力势,基本线性型的系数等同于电磁势。在这种度量结构下,利用规范不变性和广义不变性,只要忽略极其微小的宇宙学项,就正好得到关于电力和引力的经典爱因斯坦—麦克斯韦理论。外尔的这些思想陆续发表在他1918—1919年的论文《纯粹无穷小几何》、《引力与电力》、《相对论的一个新推广》,以及1918年的专著《空间、时间、物质》中。爱因斯坦看了外尔的论文《引力与电力》后,称赞其思想表现出一种奇妙的内在一致性,但同时又坦诚地指出,外尔的这个理论不可能与自然相符。

外尔

外尔的统一场论因在物理学上不具有合理性而没有成功,但是他的工作对以后发展起来的各种场论和广义微分几何学产生了深远影响。他关于仿射联络的思想正是后来埃利·嘉当的一般联络理论的源头。他的规范变换和规范不变性是今天规范场论的前身。1954年,杨振宁和米尔斯提出的"杨—米尔斯理论"揭示了规范不变性可能是所有4种相互作用(引力、电磁力、强相互作用、弱相互作用)的共性。

1918年
哈代等提出圆法

整数分拆是堆垒数论(研究加性问题的数论分支)的一个基本问题,即把一个正整

1918

哈代

数分成若干个正整数之和，问总共能有多少种分拆方式。用 $p(n)$ 表示 n 的所有不计顺序的分拆的种数，当 n 增加时 $p(n)$ 的值会迅速增加。许多数学家投入对 $p(n)$ 的研究，但是限于初等方法，只能相当繁琐地计算出较小整数的分拆种数。

1918 年，英国数学家哈代和印度数学家拉马努金合作发表论文《组合分析中的渐近公式》，其中应用新的分析方法——圆法的思想给出了 $p(n)$ 的渐近公式，使得整数分拆理论取得实质性突破。1919—1928 年，哈代、拉马努金、李特尔伍德合作发表了一系列文章，系统地发展了圆法这一解析数论中强有力的新方法。以此为起点，伊万·维诺格拉多夫、华罗庚、达文波特等人对这一方法的发展作出了各自的贡献。

圆法一般用于估计将一个正整数分解为若干个给定类型的正整数之和的方式的种数。其基本思想是，利用复变函数论中的有关定理，将分解方式种数表示为复平面的单位圆上的一个围道积分，然后通过某些数学技巧估计这个积分的值，从而得出这个方式种数的界限或渐近性态。圆法是解析数论中最常用的技术之一，适用于堆垒数论中的各种问题。该方法已成功应用于无限制整数分拆、华林问题、哥德巴赫猜想、平方和问题等一系列著名问题，特别是对哥德巴赫猜想问题非常有效。直到今天，该方法仍然被数论研究者们使用。

1918 年
刘易斯提出分子碰撞理论

1918 年，英国科学家威廉·刘易斯从气体分子运动论出发，接受阿伦尼乌斯的活化能概念，提出化学反应的分子碰撞理论，也称硬球碰撞理论。分子碰撞理论把气体分子视为没有内部结构的硬球，把化学反应看作刚性球体的有效碰撞，反应物分子间的相互

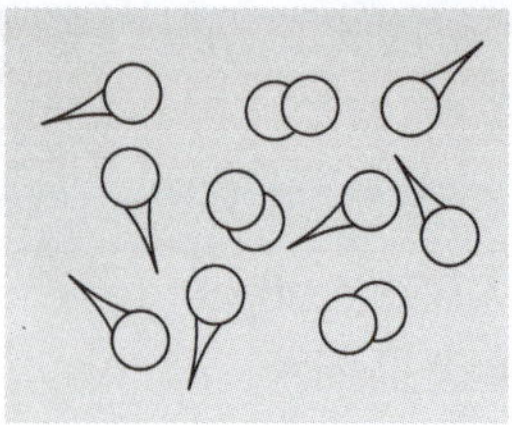
浓度低，碰撞少

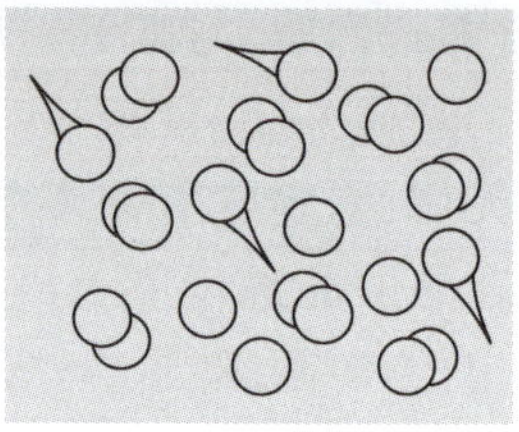
浓度高，碰撞多

碰撞是反应进行的先决条件，反应物分子碰撞的频率越高，反应速率越大，但并不是所有的碰撞都能发生反应。分子碰撞理论成为分子反应动力学的理论基础。

1918 年
沙普利发现太阳不在银河系中心

1918 年，美国天文学家沙普利提出一种基于球状星团的分布，确定银河系大尺度结构的方法。球状星团是数以十万计的恒星聚成的集团，由于总光度比单颗恒星高出数十万倍，因而即使距离遥远也还能观测到。与疏散星团集中在银道面附近不同，球状星团一直延伸到高银纬。沙普利通过在球状星团中辨认出造父变星，并利用周光关系确定它们的距离。由众多球状星团进一步构成的系统尺度非常之大，且并不以太阳为中心。与此相反，多数球状星团集中在以人马座为中心的方向上。沙普利绘制了球状星团的三维分布图，发现太阳处于由球状星团构成的

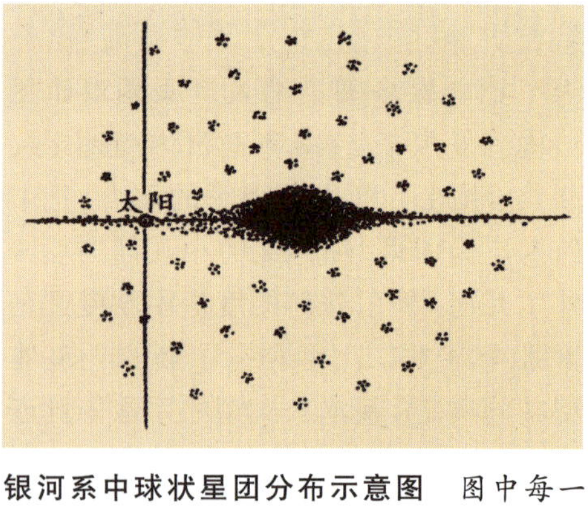

银河系中球状星团分布示意图 图中每一小团黑点代表一个球状星团。从太阳所在的位置上看，右半边的球状星团显然比左半边多得多。沙普利由此推断太阳系不在银河系中心。

这个庞大系统的边缘，到银心的距离约为50 000光年。由于当时还不知道星际消光的作用，致使这个距离被高估了。尽管如此，沙普利的银河系结构图景突破了威廉·赫歇尔、卡普坦的传统，将太阳从银河系中心移开了。它不仅更符合实际情况，而且进一步动摇了人类中心论的地位，在自然观发展史上具有很重要的意义。

1918 年
全球性大流感暴发

流感虽然连年不断，但人们似乎并没有觉得流感比其他疾病更可怕，直到1918年全球性大流感暴发，终于使人们认识到流感的恐怖。这次延续至1919年的大流感是迄今为止世界范围内最具破坏力的一次流感大流行，占全球半数以上的人被感染，死亡人数为2000万—5000万之巨。

1918年大流感首先发生在美国堪萨斯州的一个军营内，几天内数百名士兵出现感冒症状，而且传播速度很快，但死亡率并不高。由于当时第一次世界大战尚未结束，所以此次大流感并没有引起美国军方的注意。然而当流感传播到西班牙后，短时间内800万西班牙人死亡，如此高的死亡率和如此多的死亡人数使1918年流感以“西班牙流感”而闻名。随后，流感席卷欧亚大陆，也侵袭到非洲和大洋洲。1918年大流感的明显特征是男女老幼皆可被感染，而且体温高、流鼻涕、咳嗽、全身疼痛，严重者因呼吸困难而死亡。后来，为了取得1918年时的流感病毒，研究人员找到了当年死于流感的病人尸体，并从尸体肺部残留组织中取得了病毒样本。1918年大流感促使医学家们去努力构建完整的知识体系，认识病毒性疾病的本质。他们以自己的知识甚至生命去阻挡病魔前进的脚步，最终，从流感暴发中获取的科学知识，推进了未来的医学。

球状星团半人马座ω

1918—1924 年
施佩曼推进胚胎发育研究

19世纪末至20世纪上半叶是实验胚胎学发展的黄金时期。人们将各种胚胎手术与物理、化学手段相结合，观察和分析动物的胚胎发育现象。

1918年，德国胚胎学家施佩曼以两种具有不同色素的蝾螈为材料，进行异位移植实验，研究胚胎发育。在胚胎发育早期，将一种蝾螈的预期发育成皮肤组织的胚胎细胞移植到另一种蝾螈的预期发育成神经组织的胚胎部分，所移植的细胞后来发育成了神经组织；若将预期发育成神经组织的胚胎细胞移植到预期发育成皮肤组织的胚胎部分，则所移植的细胞后来发育成皮肤组织。这表明在胚胎发育早期，细胞的发育命运取决于它们在胚胎中所处的位置。这种胚胎的一个区域对另一个区域产生影响，并使后者沿着一条新途径发育的作用叫诱导。但是如果移

1919

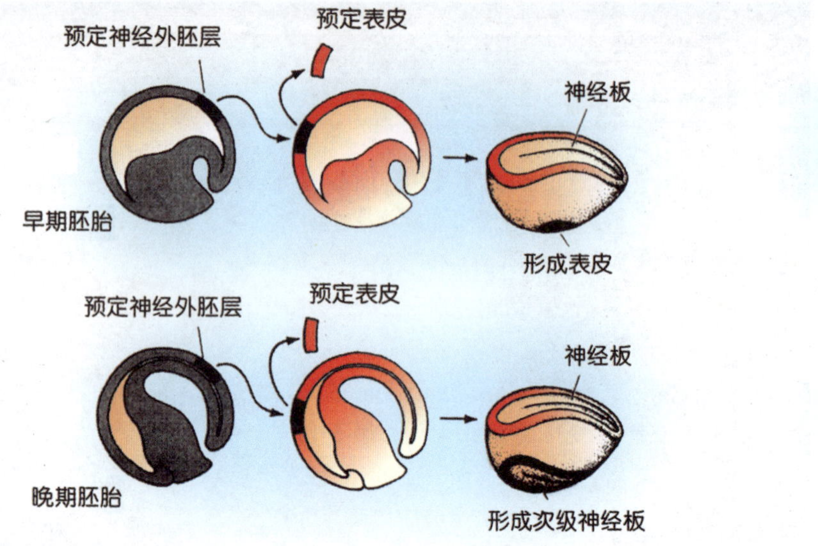

胚胎异位移植实验

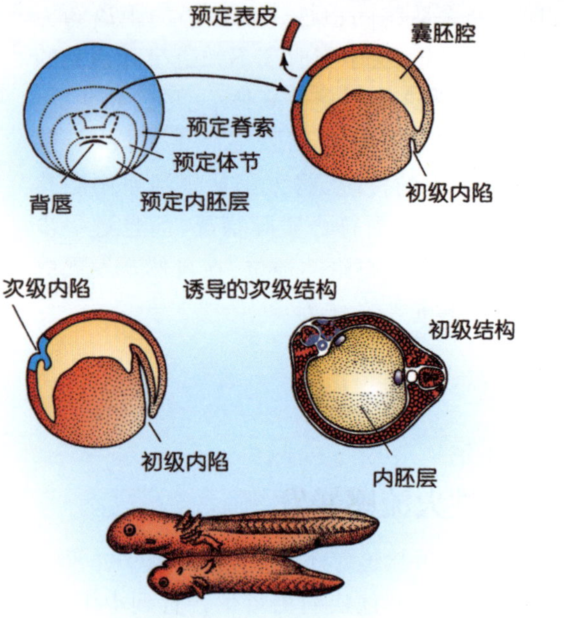

胚胎背唇部细胞移植实验

植在胚胎发育晚期进行，则胚胎细胞的发育不再受所处位置的影响。

1924 年，施佩曼进一步发现，如果移植的细胞来自胚胎胚孔处一个被称为背唇部的特殊区域，则被移植的细胞的发育不仅不受所处位置的影响，还会影响自己周围细胞的发育。例如，将背唇部的细胞移植到预期形成腹部表皮的位置，这个位置将不会发育成表皮，而是开始形成与背唇部及其周围一样的结构，最后长出了另一个胚胎。这表明，胚胎背唇部能诱导其他部分的发育，在胚胎发育中起着关键的组织作用。施佩曼把这个区域称为“组织者”。1935 年，施佩曼因发现胚胎发育过程中的“组织者效应”而荣获诺贝尔生理学医学奖。

1919 年 日全食观测证实光线的引力偏折

1911 年，爱因斯坦发表《关于引力对光线传播的影响》一文，阐述了广义相对论引力理论的基本原理。这是他在布拉格期间最重要的成就，其创新之处在于：由于光也有惯性，来自恒星的光束从太阳附近掠过时，就会受到太阳的巨大引力作用，从而必然会发生偏折。爱因斯坦建议，在下次日全食时通过天文观测来验证这一理论预见。1914 年夏，德国天文学家弗罗因德利希率队前往俄国的克里米亚观测 8 月 21 日的日全食。但由于第一次世界大战爆发，德俄两国是敌对国，观测工作半途而废。1915 年，爱因斯坦将广义相对论预言值修订为 1.75″，为牛顿预言值的 2 倍。1919 年，由天文学家爱丁顿倡导，两个英国观测队分别前往非洲西部的普林西比岛和南美洲的索布腊尔观测 5 月 29 日发生的日全食。同年 11 月 6

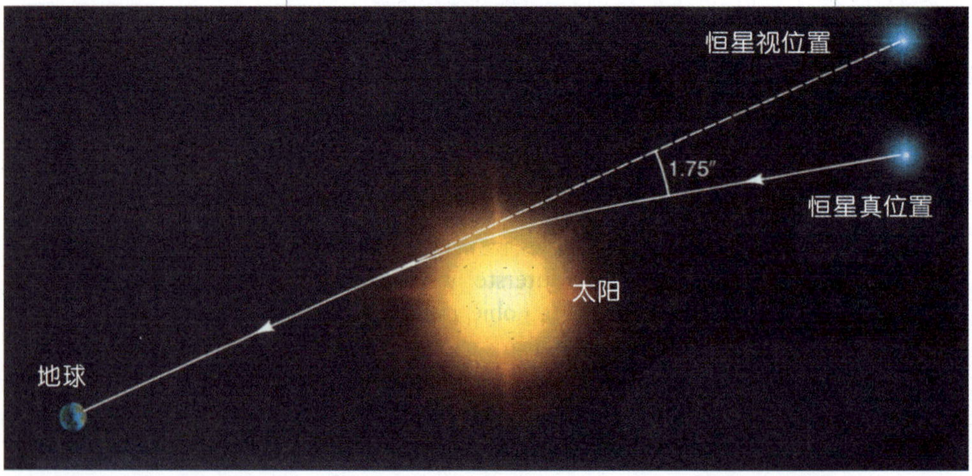

广义相对论的一项重要验证——光线在引力场中的偏折

日，英国皇家学会和皇家天文学会在伦敦举行联席会议，听取两个日食观测队的正式报告，结果是观测值在 0.9″至 1.8″之间，从而证实了爱因斯坦的预言。主持会议的皇家学会会长、电子的发现者约瑟夫·汤姆孙教授说："爱因斯坦的相对论是人类思想史上最伟大的成就之一——也许是最伟大的成就……这不是发现一个孤岛，这是发现了新的科学思想的新大陆。"

1919 年 阿斯顿发明质谱仪

1913 年，在全英科学促进会的会议上，英国物理学家阿斯顿演示了氖离子射线在电磁场作用下产生的两条抛物线轨迹，从而宣告了同位素 ^{20}Ne 和 ^{22}Ne 的存在。在此基础上，1919 年，阿斯顿发明了质谱仪。该仪器主要由离子源、分析器和收集器三个部分组成。离子源的功能是使被分析的物质形成离子，分析器施加电场和磁场将离子流分离，收集器记录各同位素离子到达的位置和强度。这样，就可以测得各同位素的质量和丰度。

利用质谱仪，阿斯顿发现了超过 50 种元素的 200 多种同位素，其中大多是非放射性同位素。从此，人们认识到同位素的存在是个普遍的现象，原子量则是这些同位素原子量的平均值。他认为，原子质量确实遵循整数法则，即原子质量都是氢原子质量的整数倍，而实际值(元素的原子量)与上述法则产生偏差的原因是同位素的存在。阿斯顿的工作得到科学界的高度评价，他也因此被授予 1922 年诺贝尔化学奖。

1920 年 嘉当创立一般联络理论

联络是现代微分几何学的基本概念。它首先出现在意大利数学家列维-奇维塔 1917年的论文《关于黎曼几何学中的平行性概念》中。这篇文章主要考虑如何将欧氏空间的向量平行性推广到黎曼流形上。列维-奇维塔所使用的工具是张量分析与协变导数。欧氏直线上各点的切线都平行，而黎曼流形上一些测地线上的切向量都平行，由此可得到其上的平行移动。1918 年，德国数学家外尔意识到平行性是仿射几何的概念，并不需要黎曼度量。他在 n 维流形上引进一个无穷小仿射结构，由此确定了整个流形的结构。这样在去掉黎曼度量之后，仅依赖于仿射性质就可以在黎曼流形上展开一种几何，这就是仿射联络，它是黎曼流形中列维-奇维塔平行移动的推广。

埃利·嘉当

1920 年，法国数学家埃利·嘉当发表论文《论曲面的射影形变》，提出了一种更有效的方法。他侧重于沿一参数曲线"展开"纤维的可能性，并将此作为联络的定义。他发展了一般流形上的活动标架法，发现了对称黎曼空间，对联络进行了深入研究。他提出的广义空间是纤维丛概念的前身，而纤维丛的联络论包含了两个极为重要的概念：纤维丛和主丛上的联络，它们都隐含在活动标架法中。1923 年，嘉当在论文《仿射联络流形及广义相对论理论》中给出了仿射联络的权威性论述。此后，他又进一步建立了射影联络等联络理论。嘉当创立的一般联络理论对现代微分几何学产生了极其深刻的影响。

1920 年 玻尔正式提出对应原理

对应原理是丹麦物理学家玻尔通过对光谱学实验数据的分析总结出的一套数量法则，指当量子体系在大量子数极限时，就过渡到经典体系，即体系应遵从经典物理学的规律。1913 年，玻尔在进行原子定态跃迁理论计算时，实际上已经应用了对应原理的思想。1916 年，玻尔在一篇论文中明确提出了对应原理的思想。当时，他看到索末菲研究量子论的文章，于是决定先仔细看看索末

玻尔(前排左三)1920年会议期间于柏林

非的论文，将自己的论文修改后再发表。结果论文拖到1922年完稿，1923年发表。1920年4月27日，玻尔在柏林德国物理学会作报告时，正式使用了“对应原理”一词。他认为，系统连续不断地在稳定状态间的转移，所辐射的光波的频率，在低频范围内应与电子旋转频率相一致。

实际上，对应原理是物理学中一个重要的指导原则：一个新的物理理论必须能解释“所有”在旧理论中已经被确认解释了的现象。对应原理除适用于量子力学外，对其他理论也同样适用。因此，由相对论描述的对超高速运动客体状态的数学描述，在低速条件下就还原为对日常运动的牛顿力学描述。

“宇宙尺度”大辩论的两位主角美国天文学家沙普利(上)和柯蒂斯

1920年
美国科学院举办“宇宙尺度”辩论会

直到1910年代末，天文学家对于银河系的大小，对于旋涡星云究竟位于银河系以内还是以外，依然莫衷一是。1920年4月26日，由威尔逊山天文台台长乔治·海尔发起，美国科学院举办了“宇宙尺度”辩论会。美国天文学家沙普利和柯蒂斯分别代表持相反见解的两方作报告。辩论内容一是银河系的大小和结构，二是旋涡星云的本质。对于前一个问题，沙普利主张银河系直径达30万光年之巨、太阳不在银河系中心，柯蒂斯则主张银河系的尺度比这小得多、而且太阳就在银河系中心。对于第二个问题，柯蒂斯认同德国哲学家康德的观点，认为旋涡星云是远远处于银河系以外的“宇宙岛”，而沙普利则对此持反对态度。辩论中双方都援引大量资料来支持自己的观点，但会上依然胜负未分。事实上，这次辩论双方都掌握了部分真理：虽然沙普利主张的银河系尺度偏大，但他认为太阳不在银河系中心的观点完全正确；至于旋涡星云的本质，柯蒂斯认为它们是远在银河系以外的庞大恒星集团，后来为更多的观测所证实。这场辩论的重要意义在于，对立双方将当时在银河系大小、结构以及旋涡星云本质这些重大问题上的主要分歧，梳理、表述得十分清晰，这为日后真正发现河外星系以及建立更符合实际的银河系模型创造了条件。

约1920年
皮叶克尼斯父子提出极锋学说

早在1904年，挪威气象学家威廉·皮叶克尼斯就提出天气预报可看作初值问题，进而可根据初始观测与控制方程的时间积分作出天气预报。但由于当时无法得到解析解而不能应用于实际，他不得不用天气图方法来推测天气的演变。

1920年前后，威廉·皮叶克尼斯及其儿子雅各布·皮叶克尼斯在挪威沿海等地组建了稠密的地面气象观测网，仔细分析了基于稠密站网提供的资料绘制而成的天气图，总结了大量天气变化现象。他们在1917—1918年间发现了暖锋，提出了锋面和气旋的天气学模型，进而概括出反映气旋生命史的极锋学说——冷锋、暖锋、锢囚锋、静止锋及其云雨分布的模式，以及气旋是极锋上发展起来的不稳定波动的理论。他们把上述模式、理论和学说应用于日常天气分析和天气预报，创立了著名的挪威学派(卑尔根学派)。现代天气学理论、天气分析和天气预报方法，基本上是由皮叶克尼斯父子等人在那 10 年间建立起来的，迄今还被广泛应用，是 20 世纪大气科学一个重大的理论成就。

锋面 天气大致相同的地域，相对比较均匀的温度、湿度等气象要素控制下的大块空气称为气团。不同的气团具有不同的干湿、冷暖等特性，不同性质的气团相遇会产生一个狭窄、倾斜的过渡带，即为锋面。锋面之内气象要素变化剧烈，因此锋面所到之处天气就会变化。

雅各布·皮叶克尼斯不仅在锢囚锋、气旋生命史以及锋面气旋的演变方面有诸多贡献，还在 1960 年代发表了一系列文章，首次证明厄尔尼诺与南方涛动存在着联系。这也是气候预测的重要基础。

1920 年代
基林研究生物氧化过程中的电子传递链

线粒体是细胞中的“能量工厂”，其内膜上的多种酶及辅酶组成了一条电子传递链，将电子逐级传递给氧，生成水和可供细胞利用的能量。

细胞色素就是电子传递链中一类含有血红素的酶，根据它们的结构和吸收光谱的不同，可将其分成 a、b 和 c 三个主要的类别。1924 年，波兰—英国生物化学家基林在研究马蝇肌肉细胞悬液的吸收光谱时发现有 4 条吸收带消失，后来又重新出现。他据此认为细胞内一定有某种呼吸酶吸收了氧。基林将此酶称为细胞色素。

1927 年，基林在进一步研究的基础上又提出了生物氧化过程中电子传递的设想：细胞呼吸相关的一系列酶，将氢原子从一个化合物传给另一个化合物，直到借助细胞色素使氢原子和氧结合为止。今天知道，在电子传递过程中，三个类别的细胞色素依次起作用，顺序是 b→c1→c→aa3。每种细胞色素携带 3 价铁离子，3 价铁离子在接受电子后变成 2 价铁离子，把电子传递出去后又变回 3 价铁离子，恢复接受电子的能力。最后携带电子的是细胞色素 aa3，又称细胞色素氧化酶，它把电子直接传递给氧，从而完成电子传递过程。

1920 年代
森林航测开始应用

森林航测是森林航空摄影测量的简称，指利用飞机在空中拍摄的林区相片来确定地面地物形状、大小和位置的技术。主要用于林区测量、森林调查、土地利用区划、林道勘测、规划设计和林业经营管理等。

1920 年代，德国、瑞士等欧洲国家首先把航空摄影测量技术用来绘制森林地图，进行森林资源调查。1930年代已能利用航空相片反映林分结构的特点，借以区分林分的树种、密度和年龄，准确地绘出林分界线，从而提高了森林分类和制图的精度。到1940年代，由于可通过在相片上直接测量树木的影像，而获得树冠直径、树高、林分郁闭度、单位面积株数等因子的测定值，编制航空相片材积表，大大减轻了野外的测树工作。1950年代—1960年代，航空相片配合抽样技术广泛用于森林调查。1970年代以后，随着非摄影传感器，如多光谱扫描、侧视雷达和人造地球卫星的出现，森林资源调查技术又进入新阶段，并形成新的学科“遥感”。森林航测在新的学科中隶属于摄影遥感探测系统。1980年代起结合电子计算机数据库的建立形成现代林业资源信息系统，其中，森林航测是一个有效的信息采集手段。

1920年代—1930年代 费希尔为现代数理统计学奠基

英国数学家、统计学家、遗传学家罗纳德·费希尔是现代数理统计学的奠基人之一。1913年从剑桥大学毕业后，费希尔长期致力于生物统计学研究。他曾在一个农业试验站做统计工作，获得了丰富的试验数据和资料。1920年代—1930年代，费希尔提出了许多重要的统计方法，开辟了统计学的一系列分支领域，建立了推断统计学，为现代数理统计学作出了奠基性贡献。

费希尔发展了正态总体下各种统计量的抽样分布，将已有的相关、回归理论建造为系统的相关分析与回归分析。1925年，他与英国统计学家耶茨合作创立了试验设计这一重要的统计分支。与这种试验设计相适应的数据分析方法——方差分析，是费希尔在1923年提出的。试验设计倡导用统计方法设计试验方案，以提高试验效率，节省人力物力，因而产生了巨大的社会影响。费希尔也是另一门重要的统计学分支假设检验的先驱之一，他引进了显著性检验的概念。费希尔还开辟了多元统计分析的方向，他关于多元正态总体的统计分析，就是一种狭义的多元分析。费希尔自1933年起任伦敦大学学院教授，在那里领导了一个有世界性影响的数理统计学派。在1930年代和1940年代，费希尔和他的学派占据了数理统计学研究的主导地位。

1920年代—1930年代 贝塔朗菲提出生物系统论

1920年代以前，生物学理论和方法的研究停留在机械论和活力论层面上，奥地利理论生物学家贝塔朗菲对此持有不同见解。1924年起，贝塔朗菲开始提出“机体系统论”的概念，强调必须将生物当作一个整体或系统来研究。他在论著《现代发育理论》(1928)和《理论生物学》(1932)中提出应用数学模型开展生物学研究，形成了三个基本观点：(1)系统观点，生物体是一个系统；(2)动态观点，一切生命现象本身都处于积极的活动状态中，生物体是一个能保持动态稳定的系统；(3)等级观点，生物系统是分层次的，从生物分子到多细胞个体，再到超个体的聚合体，层次分明，等级森严。1937年，贝塔朗菲在美国芝加哥哲学讨论会上首次提出“一般系统论”的概念。1945年，他发表《关于一般系统论》一文，标志着一般系统论的建立，但当时并没有引起人们的注意。1947年，贝塔朗菲在美国讲学和参加专题讨论会时进一步阐明了一般系统论的思想，指出无论系统的种类、组成部分的性质、它们之间的关系如何，都存在适用于综合系统或子系统的一般模式、原则和规律。

虽然一般系统论几乎是与控制论、信息论同时出现的，但直到1960年代后才受到人们重视。今天，系统生物学方兴未艾，贝塔朗菲的系统论作为其奠基思想将得到新的应用与发展。

1921 年
诺特奠定现代抽象代数学基础

抽象代数学是以代数结构为研究对象的一个数学分支，它的目标是对特定的代数结构进行刻画及分类，其核心是群、环、域。抽象代数学最初的发展可以一直追溯到1820 年代法国数学家伽罗瓦对置换群的研究。随后离散群、连续群、有限群、无限群、四元数、超复数、域、理想等代数结构不断出现，人们对它们作出了抽象化的尝试。然而，直到 20 世纪初，人们才给出了抽象群的公理化系统，对抽象域进行了综合性研究。

德国女数学家诺特被称为“现代数学代数化的伟大先行者”与“抽象代数之母”。1921 年，诺特发表了她在环的一般理想论方面的第一篇论文《环中的理想论》，文中用公理化发展了一般理想论，奠定了抽象交换环理论的基础，这被看作是现代抽象代数学的开端。由于对概念进行了准确的抽象及表述，诺特的理论极具普遍性。她将一般代数数域中的理想分解扩展到了一般环上。在对一般交换环加上链条件后，她证明任何理想均可表为准素理想的交。她不仅指出了她的环的有限性条件等价于戴德金的理想升链条件，而且还探讨了这些结果推广到非交换环上的可能性。

1927—1935 年，诺特研究非交换代数与“非交换算术”。她把表示理论、理想理论及模理论统一在所谓“超复系”即代数的基础上，然后又引进交叉积的概念，并用来决定有限维伽罗瓦扩张的布饶尔群。1932 年，诺特与布饶尔、哈塞合作完成代数的主定理的证明，即代数数域上的中心可除代数是循环代数，这被外尔称为是代数发展史上的一个重大转折。

诺特

1921 年
施特恩—格拉赫实验完成

施特恩—格拉赫实验首次证实了原子在磁场中的取向是量子化的，这个实验在量子理论的发展过程中占有重要地位。该实验由德国物理学家施特恩和格拉赫于 1921 年首次完成。1922 年 3 月 1 日，他们发表了《磁场空间量子化的实验证明》一文，报告了实验结果。实验中，他们让一束银原子通过一非均匀磁场后，照射到照相底片上，结果发现，在照相底片上出现两条分立的黑斑。直到 1925 年，理论上认定电子有自旋之后，人们才明白，这表明银原子中电子的自旋磁矩，只有两种可能的取向，或者说是量子化的。这个实验结果不能用经典理论来解释。按照经典理论，原子的磁矩在磁场中可取任意方向，因此在照相底片上应出现一条较宽的黑斑。

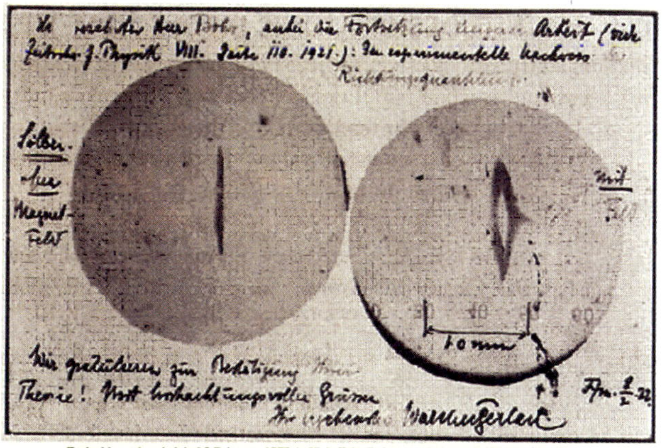
Gerlach's postcard, dated 8 February 1922, to Niels Bohr. It shows a photograph of the beam splitting, with the message, in translation: "Attached [is] the experimental proof of directional quantization. We congratulate [you] on the confirmation of your theory." (Physics Today December 2003)

格拉赫 1922 年寄给玻尔的施特恩—格拉赫实验的原子束图像

1921—1929 年
勒维和戴尔发现神经递质

“突触”这一概念最先由英国生理学家谢灵顿引入生理学，指的是一个神经元与另一个神经元或肌肉细胞相接触的部位。神经元通过突触连接传递神经信号。神经信号有时是电信号，有时是一类化学分子，这类化学分子被称为神经递质。在探索神经递质奥秘的过程中，德国药理学家勒维和英国生理学家、药理学家戴尔作出了开创性的贡献。

1921 年，勒维以两个离体的蛙心（一个附带神经，另一个没带神经）进行了实验，发现刺激第一个蛙心的迷走神经可降低其跳动频率。此时将这个蛙心中的组织液注入第二个不带迷走神经的蛙心中，结果后者的跳动频率也逐渐降低。这表明，迷走神经受刺激后释放了某种影响心脏活动的化学物质。勒维对这种化学物质进行了研究，初步认定它是乙酰胆碱。

1914 年，戴尔在研究麦角提取物的过程中发现提取物能引起两种相反的生理作用，他将其中一种称为毒蕈样效应，另一种称为烟碱样效应。在勒维提出迷走神经释放的化学物质可能是乙酰胆碱后，戴尔推测麦角提取物中引起毒蕈样效应的物质很可能就是乙酰胆碱。经过多年实验，1929 年，戴尔等人确认乙酰胆碱同样存在于动物体内其他部位（如脾脏中）。1930 年，戴尔及其合作者证明，乙酰胆碱不仅是迷走神经中的神经递质，还参与其他多种神经活动，虽然它在发挥作用后会迅速降解，但其重要性不言而喻。

神经递质和神经冲动传递的发现，大大深化了人们对神经活动的认识。继乙酰胆碱之后，人们又发现了去甲肾上腺素、多巴胺等神经递质。正是由于神经递质不同，细胞间传递的信息才会迥然不同，而神经递质的浓度、传递速度等因素影响着人的生理和心理活动。对神经递质、神经冲动传递及突触的研究，不仅丰富了人们对生命的认识，还引导人们找到多种疾病的发病原因并开发出相应的治疗手段。1936 年，勒维和戴尔因在神经冲动的化学传递研究方面的杰出贡献荣获诺贝尔生理学医学奖。

1922 年
巴拿赫提出线性赋范空间

泛函分析是以微积分为主体的经典分析的自然推广，泛函是函数集与数集之间的对应关系。20 世纪，在集合论的影响下，空间和函数这两个基本概念进一步发生变革。“空间”被理解为具有某种结构的集合，该集合中的元素（可以是任意的抽象对象）之间受到某种关系的约束，这些关系被称为空间结构。“函数”的概念被推广为两个空间（包括一个空间与其自身）之间元素的对应（映射）关系。

1906 年，法国数学家弗雷歇在其博士论文《关于泛函演算的若干问题》中提出了线性距离空间。希尔伯特则在研究积分方程时引进了线性内积空间 l^2。1907 年，希尔伯特的学生埃哈德·施密特又引进了完备的线性内积空间——希尔伯特空间。1909 年，匈牙利数学家弗里杰什·里斯在研究积分方程时导出了 L^p 空间，它不是希尔伯特空间，但可以有范数。在这些空间里，强收敛、弱收敛、紧性、线性泛函、线性算子等基本概念已经得到初步研究。

1922 年，波兰数学家巴拿赫提出了比希尔伯特空间更一般的线性赋范空间的概念，用与角度概念无关的范数替代内积去定义距离及收敛性。巴拿赫建立了线性算子理

巴拿赫

论，证明了作为泛函分析基础的三个定理，概括了许多经典的分析结果。1923 年，巴拿赫又提出完备线性赋范空间的概念，后人称之为巴拿赫空间。数学分析中常用的许多空间都是巴拿赫空间及其推广，这一理论迅速得到了广泛的应用。

1922 年
海洛夫斯基发明极谱法

1922 年，捷克化学家海洛夫斯基发明了极谱法。它是使用不断更新的滴汞(水银小滴)电极测量电压增加时通过溶液的电流情况，绘制出曲线，以研究电极反应特性的电化学分析手段。极谱法具有迅速、灵敏的特点，绝大部分化学元素都可以用此法测定，特别是在痕量分析中，极谱法发挥了极为重要的作用。此法还可以用于有机分析和溶液反应的化学平衡、化学反应速率的研究。1925 年，海洛夫斯基与他人合作制成了第一台能自动记录电流、电压曲线的极谱仪，得到了铅、锌、镉、汞、硝基苯的极谱图。海洛夫斯基因创造和发展极谱法于 1959 年获得了诺贝尔化学奖，这也标志着仪器分析时代的到来。

海洛夫斯基和他的极谱仪

1922 年
弗里德曼求得引力场方程的膨胀宇宙解

1917 年，爱因斯坦在广义相对论引力场方程中引入含宇宙学常数 Λ 的项，得到一个描述静态物质宇宙的解。同年，荷兰天文学家德西特求得包含宇宙学项但没有物质的膨胀解。几乎与此同时，俄国气象学家亚历山大·弗里德曼也进行了类似的探索，并于 1922 年发表结果。他在论文中提出两个对现代宇宙学至关重要的论点：首先，他一开始就在宇宙模型中引进膨胀的概念；其次，他指出即使不带宇宙学项，含物质的爱因斯坦引力场方程解也不是唯一的。在有的情况下，宇宙会永远膨胀，而在有的情况下，宇宙膨胀到一定程度后会停止并转为收缩，但在所有模型中都存在一个星系彼此退行的速度同它们的距离成正比的阶段。7 年后，这一预言为美国天文学家哈勃发现的星系红移—距离关系所证实，可惜弗里德曼未能活到这一天。1925 年 7 月，他因参加高空气球飞行罹患肺炎而于同年 9 月去世，年仅 37 岁。他的工作在早年被忽略是颇令人吃惊的，因为爱因斯坦对其两篇论文中的第一篇作过批评，而在 1923 年又承认批评不当。直到 1927 年，比利时天文学家勒梅特独立求得同样的解，弗里德曼的贡献才广为人知。弗里德曼建立的宇宙模型如今被称为“标准宇宙模型”。

1922 年
班廷等提取胰岛素

19 世纪后期至 20 世纪初，许多学者推测糖尿病与胰腺的激素有关，并称该激素为胰岛素。但是，口服动物胰脏治疗糖尿病无效，于是加拿大生理学家、外科医生班廷推想，口服动物胰脏后，其中的激素可能在胃中为胰蛋白酶所破坏。若结扎动物胰管，使产生胰蛋白酶的细胞萎缩，而产生胰岛素的

注射胰岛素 一个患糖尿病的女孩在自己的腿上注射胰岛素，以控制体内血糖值在正常范围。

细胞不受影响，并将胰腺提取物注射应用，应当可生效。1921 年，多伦多大学研究糖代谢的专家麦克劳德为他提供实验室，并派贝斯特为其助手。班廷和贝斯特结扎狗的胰导管 6—8 周后，摘出胰腺进行提取，将提取物给实验性糖尿病的狗注射，证明其有降低血糖、治疗糖尿病的作用。他们称此提取物为岛素。1922 年，擅长生物化学的科利普也参加改进提取、纯化岛素的工作，他们终于提得较纯的岛素，并将其名称改为胰岛素。同年，他们利用胰岛素进行第一例临床试验获得成功。麦克劳德又改进提取方法，使胰岛素能批量生产，挽救了许多糖尿病病人的生命。班廷与麦克劳德因此共获 1923 年诺贝尔生理学医学奖。班廷获诺贝尔奖后，将奖金的一半分给贝斯特，麦克劳德亦将奖金的一半分给科利普。1923 年，加拿大议会授予班廷终身年金，并建立班廷研究基金，还在多伦多大学建立班廷—贝斯特医学研究所，任命班廷为所长。班廷还从事癌症、冠心病、硅沉着病(矽肺)等的研究，代表作有《胰腺提取物用于糖尿病的治疗》、《胰岛素、内分泌与临床》等。

1922—1932 年
施陶丁格建立高分子化学

施陶丁格

1910 年，德国化学家施陶丁格开始在德国巴斯夫公司从事有关异戊二烯(天然橡胶的单体)的工作。对高聚物的大量研究使他对高聚物有了新的认识。1922 年，他提出高聚物实际上是由长链大分子构成的，还正式提出了“高分子化合物”这个名称。这个概念与当时的胶体论者的观念不一致，他们认为包括天然橡胶在内的高聚物是由一类不属于共价键的力缔合起来的，这种缔合归结于单体的不饱和状态。他们自信地预言：给橡胶加氢将会破坏这种缔合，得到的产物将是低沸点的低分子烷烃。为此，施陶丁格研究了天然橡胶的加氢过程，结果得到的是加氢橡胶而不是低分子烷烃，而且加氢橡胶在性质上与天然橡胶几乎没有什么区别。这个结论增强了他关于天然橡胶是由长链大分子构成的信念。随后他又将研究成果推广到多聚甲醛和聚苯乙烯，指出它们同样是通过共价键结合形成的长链大分子。整个 1920 年代，施陶丁格和他的同事们都在进行这方面的研究，结果表明高聚物并不是小分子的简单的物理聚合体，而是小分子间通过化学键键合的长链结构。

随后的几年，施陶丁格继续对高分子化合物进行研究，为他的高分子理论寻找证据。1929 年，施陶丁格建立了高分子黏度与分子量之间的定量关系式，这就是著名的施陶丁格方程。该方程迄今仍为测定高分子化合物分子量的基本依据。1932 年，施陶丁格总结了自己的高分子研究成果，出版了划时代的巨著《高分子有机化合物》。他在书中系统陈述了他的高分子理论，标志着高分子化学的建立。为了表彰施陶丁格的伟大贡献，1953 年他被授予诺贝尔化学奖。

1923 年
康普顿效应发现

1922—1923 年，美国物理学家康普顿进行了 X 射线对自由电子散射的实验。实验中他发现，散射光的波长比入射光的要长些，且波长的改变量随散射角的增加而增

登上《时代周刊》封面的康普顿

加。X 射线被自由电子散射时散射光波长改变的现象称为康普顿效应。康普顿原来不相信光量子论，他企图用经典理论来解释，但未获成功。根据经典电磁学，在这种散射过程中，光的波长是不会改变的。1923 年，康普顿终于放弃了经典观点，简单地用光子与电子的弹性碰撞解释了散射光波长改变的现象。光子与电子碰撞后，电子有反冲，从光子得到了一些能量，于是光子的能量减小，频率降低，波长也就增加了。康普顿利用两个粒子弹性碰撞中能量和动量守恒定律，导出了散射光波长的改变量与散射角的定量关系，很好地解释了实验结果。

康普顿效应与光电效应一起，成为光量子论的重要依据。为此，康普顿获得了 1927 年诺贝尔物理学奖。

1923 年
酸碱质子理论和广义酸碱理论提出

自玻意耳提出酸、碱概念之后，历史上曾出现过多种酸碱理论。1923 年，丹麦化学家布朗斯特和英国化学家劳莱分别提出酸碱质子理论；同年美国物理化学家吉尔伯特·路易斯又提出广义酸碱理论。它们是最重要的现代酸碱理论。

酸碱质子理论认为：酸是能给出质子的分子或离子，碱是能接受质子的分子或离子。根据这个理论，铵离子是酸，因为它能给出质子而生成氨；氨分子可以接受质子，因此是碱。推而广之，酸中的阴离子都可以看作碱。酸碱质子理论已经将酸碱的范围拓展到非水体系。但是，该理论不适用于不含质子的物质，对于无质子转移的反应也不能进行研究。

广义酸碱理论认为：凡是可以接受外来电子对的分子、基团或离子为酸，凡是可以提供电子对的分子、基团或离子为碱。广义酸碱理论包含的酸碱范围很广，认为几乎所有正离子都能起酸的作用，所有负离子都能起碱的作用，绝大多数物质都能归为酸或碱。这个理论可以解释许多现象，例如在滴定不含氢离子的溶液时，指示剂的颜色为什么会改变。但它也存在不足之处：它对确定酸碱的相对强弱来说没有统一标度，对酸碱的反应方向难以判断。1963 年美国化学家拉尔夫·皮尔逊提出的软硬酸碱理论弥补了这个缺陷。

1923 年
德拜和休克尔提出强电解质溶液的离子互吸理论

按照瑞典化学家阿伦尼乌斯的电离学说，在弱电解质溶液中，溶质分子离解为正、负离子与正、负离子结合成溶质分子的过程最终会达到动态平衡，即形成电离平衡。但在强电解质溶液中，溶质完全或几乎完全离解成正、负离子，并不遵守上述电离平衡条件。这类溶液的离子浓度较大，必须考虑离子间的静电相互作用。

1923 年，荷兰—美国物理学家、化学家德拜和德国物理化学家休克尔考虑到离子间的相互作用，建立了离子互吸理论（也叫德拜—休克尔理论），认为离子间的相互作用力主要是库仑力。他们提出离子氛模型：在一个中心离子周围，异性离子出现的概率要比同性离子大。因此可以认为，在每个中心离子周围，相对集中地分布着一层带异号电荷的离子。这层带异号电荷的离子所构成的球体就称为离子氛。由于离子氛连同被它包围的中心离子整体上是电中性的，所以溶液中各个离子氛之间不存在静电作用。因此，可以将溶液中的静电作用完全归结为中心离子与离子氛之间的作用，从而使所研究的问题及理论处理大大简化。

德拜—休克尔理论经昂萨格、法尔肯哈根等人的发展，成功地定量解释了强电解质稀溶液的许多性质。

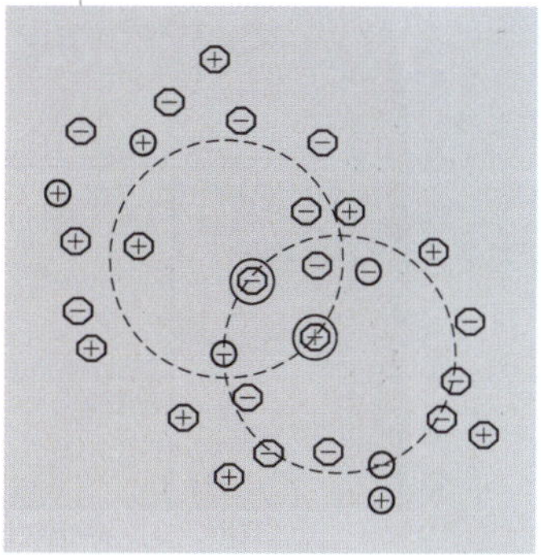

离子氛示意图

1923 年
库什曼建立第一个有孔虫实验室

有孔虫是仍生活在海洋中的一类古老的原生动物。有孔虫对海洋环境的反应比较敏感，一些有孔虫可作为特定海洋环境的指示标志，地质时期的有孔虫化石则常被用于指示地层形成年代和沉积环境，成为寻找油气矿藏的重要依据。

1923 年，波士顿自然历史博物馆馆长、美国古生物学家库什曼，在马萨诸塞州沙伦市创建了库什曼有孔虫实验室。在这个实验室里，他一方面担任石油公司的顾问，另一方面从事微体古生物学的教学和研究工作。库什曼毕生致力于有孔虫的生物学分类和生态学研究，并不断发掘有孔虫的研究和应用价值，是 20 世纪上半叶最杰出的有孔虫研究者。他创立了应用微体古生物学研究领域，使微体古生物化石成为开展海洋地质学和石油地质学研究的重要内容。

1923 年
亚当斯和威廉逊推出地球内部密度分布

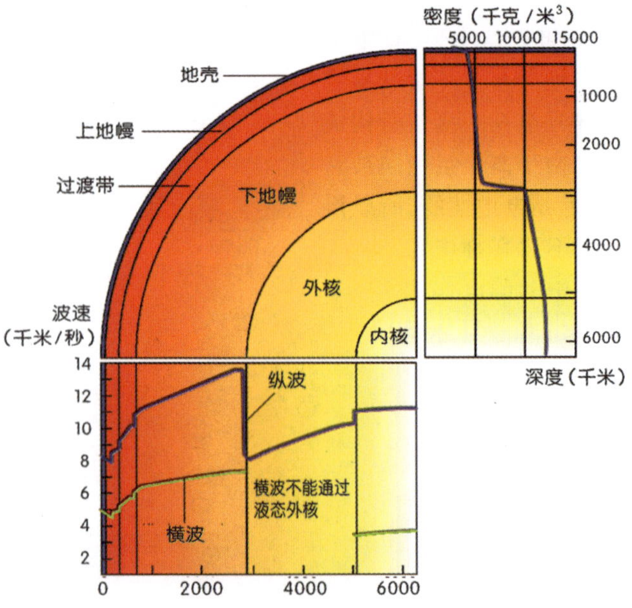

地球内部密度分布

1923 年，美国地球物理学家利森·亚当斯和威廉逊发表《地球的密度分布》一文，将地震波速与地球内部物质密度相联系，推出了地球内部密度的分布随深度变化的规律。

他们发现，密度在地球内部有几次跃变，其深度恰好与地震波传播速度发生跃变的深度一致。在地壳中，岩石的密度由 2.7 克/厘米^{3}上升到 2.9 克/厘米^3。上地幔的密度约从 3.32 克/厘米^{3}上升到 3.99 克/厘米^3，下地幔的密度从 4.38 克/厘米^{3}上升到 5.56 克/厘米^3。在地核内，从 2898 千米到 5154 千米的深度范围内，密度从 9.71 克/厘米^{3}上升到 12.16 克/厘米^3，这部分为外地核；从 5154 千米深度到地心，为内地核，密度从 12.76 克/厘米^{3}上升到 13.09 克/厘米^3。

1923 年
韦宁迈内兹开展海上大规模重力测量

海洋重力测量指通过使用专门测量仪器测量不同海域的重力场数据，以获得海区重力异常分布特征和变化规律，用于分析海底地壳和上地幔各种岩层的地质构造、地壳结构以及进行海底探矿研究等。最早开展海上重力测量实验的是德国地球物理学家黑克尔。1903 年，黑克尔利用船载气压重力仪在大西洋进行海上重力测量，但获得的数据并不理想。

1920 年，荷兰地球物理学家韦宁迈内兹提出海洋摆仪理论，并研制出可消除水平方向加速度（如海浪）影响的摆仪。由于海洋摆仪的工作原理决定了它只有在水深约 30 米以下、不受海水波动影响的水下环境中才能正常工作，从 1923 年开始，韦宁迈内兹乘坐潜艇，使用自己研制的摆仪，在大西洋、印度洋以及爪哇附近的太平洋海域开展海洋重力调查工作，获得了大量的海洋重力观测数据，并在爪哇海沟和波多黎各海沟等处观测到明显的重力异常现象。

海洋重力仪的出现，为人类全面测量占地球表面积 71%的广大海域的重力场数据创造了技术条件。此后，海洋重力观测数据被广泛应用于大地测量、地球科学、海洋科学以及航天、军事科技的研究与应用中。

1923 年
卡介苗应用于人类

结核病是一种严重威胁人体健康的传染病，这种疾病是结核杆菌侵入人体而引起的。20 世纪初期，肺结核是死亡率很高的疾病。1880 年代，法国科学家巴斯德首先发明用减毒的细菌来预防某些疾病的方法。法国微生物学家卡尔梅特和介朗从中受到启发，他们密切合作，共同进行试验，希望能制造出一种预防结核病的疫苗来。但是，应用杀灭的结核杆菌做疫苗，接种于人体后并不能产生有效的抵抗力，而应用活的结核杆菌疫苗却会使被接种者患上可怕的结核病。1907 年，卡尔梅特和介朗开始培养一株从患结核病牛的乳汁中分离出来的致病力甚强的结核杆菌。他们将该菌培养于含有牛胆汁的马铃薯培养基中，每隔 3 周移种 1 次。在培养移种过程中，他们用动物进行了 235 次试验，前后长达 13 年，最终发现此牛型结核杆菌已丧失了它原有的毒性，接种在动物体内不再致病，反而使机体产生免疫力。1923 年，灭毒的活结核菌疫苗首次被应用于人类。为了纪念这两位为疫苗付出了艰苦劳动的科学家卡尔梅特和介朗，人们把这种疫苗叫做“卡介苗”。直到今天，卡介苗在结核病的防治工作中，依然起着相当重要的作用。

1924 年
玻色—爱因斯坦分布提出

1924年，年轻的印度物理讲师玻色提出了“全同粒子”概念，并在此基础上导出了全同粒子系统的统计分布函数。量子性质完全相同的微观粒子称为全同粒子，对于大量全同粒子所组成的宏观系统来说，互换其中任何两个粒子并不出现新的状态。玻色写了一篇论文，但没有杂志愿意发表。无奈他只好给爱因斯坦写了封信，附上自己的论文。爱因斯坦非常欣赏这篇文章，将它译成德文递交给德国《物理学杂志》发表，并写了一个附注，认为这是对普朗克公式的一个重要发展。同年，爱因斯坦将玻色的方法应用于单原子气体系统。后来，人们将自旋为整数的粒子，如光子、π 介子等称为玻色子。独立的全同玻色子系统中粒子的最概然分布称为玻色—爱因斯坦分布，简称玻色分布。全同玻色子系统中的粒子不可分辨，但每一量子态能容纳的粒子数没有限制。在经典近似下，玻色—爱因斯坦分布将化为玻尔兹曼分布。

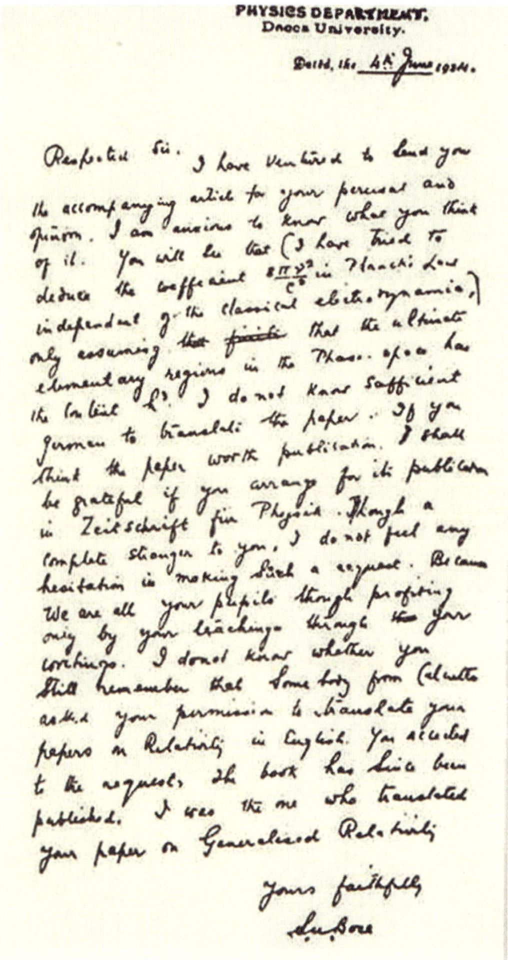
PHYSICS DEPARTMENT.
Dacca University.
Dated, the 4th June 1924.

Respected Sir,
I have ventured to send you
the accompanying article for your perusal and
opinion. I am anxious to know what you think
of it. You will see that (I have tried to
deduce the coefficient $\frac{8\pi\nu^2}{c^3}$ in Planck's Law
independent of the classical electrodynamics,)
only assuming ~~that finite~~ that the ultimate
elementary regions in the Phase-space has
the content h^3. I do not know sufficient
German to translate the paper. If you
think the paper worth publication I shall
be grateful if you arrange for its publication
in Zeitschrift für Physik. Though a
complete stranger to you, I do not feel any
hesitation in making such a request. Because
We are all your pupils though profiting
only by your teachings through the your
writings. I do not know whether you
still remember that somebody from Calcutta
asked your permission to translate your
papers on Relativity in English. You acceded
to the request. The book has since been
published. I was the one who translated
your paper on Generalised Relativity

Yours faithfully
S. N. Bose

玻色 1924 年写给爱因斯坦的信

1924 年
德布罗意提出物质波假设

1923年 9 至 10 月，法国巴黎大学的一位在读研究生德布罗意在《法国科学院通报》上发表了三篇论文：《辐射——波和量子》、《光学——光量子、衍射和干涉》、《物理学——量子、气体运动理论以及费马原理》。1924 年，德布罗意在他只有一页多的博士学位论文中，系统地提出了物质粒子具有波动性的观点。他认为，并非所有的物质性质都能用“由微粒组成”来解释。他于是将当时已发现的光具有波粒二象性的事实加以推广，提出一切微观粒子，如电子等，也都具有波粒二象性。与实物粒子相应的波称为物质波，也称为德布罗意波。德布罗意还导出了著名的德布罗意关系。

德布罗意

三角座星云 M33(今称三角座星系)

美国天文学家哈勃(左)和赫马森(右)在威尔逊山天文台的 2.54 米胡克望远镜旁

德布罗意的工作显示了实物粒子(如电子)与光子间的对称性,所以,尽管这一物质波假设不被当时许多物理学家理解,但却受到一向偏好对称性思想的爱因斯坦的青睐,称赞这一工作“已揭开了巨大帷幕的一角”。几年后,德布罗意的物质波假设为电子对晶体的衍射实验所证实。德布罗意也因此荣获 1929 年诺贝尔物理学奖。

1924 年
哈勃确认 M31 和 M33 是河外星系

1920 年,美国国家科学院关于“宇宙尺度”的辩论未能分出胜负的主要原因之一是缺乏测量星云距离的可靠手段。彻底解开这个谜团的是美国天文学家哈勃。哈勃于 1914 年到乔治·海尔创建的叶凯士天文台任研究助理,并在天文学家弗罗斯特指导下于 1917 年获博士学位。他很早就显示出高超的观测技能,海尔为此在威尔逊山天文台为他安排了一个职位。但第一次世界大战开始后哈勃一度从军服役,直至 1919 年才从欧洲返回,前往威尔逊山天文台履任。其时恰逢该台新建的 2.54 米胡克望远镜开始运行。1923 年,哈勃用这台当时世上最大的望远镜拍摄仙女座大星云 M31 的照片,将该星云的外围区域分解为单个的恒星,并在其中证认出第一颗造父变星。1924 年,他又在 M31 中发现更多的造父变星,还在三角座星云 M33 和人马座星云 NGC6822 中分别发现一些造父变星。接着,他利用沙普利等确定的造父变星周光关系,推算出 M31 和 M33 的距离均为约 90 万光年,NGC6822 则更为遥远,从而断定它们必定是远在银河系以外的巨大恒星系统——河外星系。1925 年元旦,在美国天文学会年会上宣布了哈勃的这一重大发现。从此,人类的视野从银河系拓展到了以河外星系为组成单元的宇宙,天文学史由此揭开了崭新的一页。

哈　勃

哈勃1889年11月20日出生于美国密苏里州马什菲尔德的一个律师家庭，童年在肯塔基度过，1910年毕业于芝加哥大学天文系。同年前往英国牛津大学，主攻法学，于1912年获文学士学位。1913年哈勃回到美国，曾开过一家律师事务所。翌年，他前往芝加哥大学叶凯士天文台，任天文学家弗罗斯特的助手和研究生，1917年取得博士学位。

美国天文界的领军人物乔治·海尔注意到哈勃的天文观测才能，便建议他去威尔逊山天文台工作，海尔就是那里的台长。但是，第一次世界大战正酣，哈勃应征入伍，随美军赴法国服役，晋升至少校军衔。战后又随军驻留德国，直至1919年10月回国，并随即赴威尔逊山与海尔共事。此前一年，当时世上最大的"胡克望远镜"在该台落成，它为哈勃作出一系列历史性的发现提供了极有利的条件。

19世纪后期，天文学家业已查明，天空中那些云雾状的光斑——星云，其实有几种不同的类型，有一类星云的光谱与恒星相似，然而却分辨不出其中的单个恒星，它们往往具有某种旋涡状的结构，故称"旋涡星云"。直至1920年代初，它们的本质依然是个谜。

彻底揭开旋涡星云之谜的正是哈勃。问题的要害在于它们究竟是银河系内的天体，还是处于银河系外。1923—1924年，哈勃用胡克望远镜拍摄了一批旋涡星云的照片，在它们的外围区域辨认出不少"造父变星"，并确定了它们的距离。其结果决定性地表明，旋涡星云M31和M33都远远位于银河系以外。它们都是与银河系很相似的庞大恒星集团，当时称为"河外星云"，后又更合理地改称"河外星系"，亦常简称"星系"。

宇宙中的众多星系犹如世界上的众多生物，为了研究就应该对它们分类。首先尝试进行星系分类的也是哈勃。他于1925年提出一个分类方案，后来又在1936年出版的《星云世界》一书中作了更详细的描述。书中给出的星系形态序列表明，众多的星系宛如同一家族中互有联系的成员。这在貌似纷乱庞杂的星系世界中引入了秩序，也为人们进入这个神秘世界提供了一幅导游图。

在16世纪，哥白尼使人类认识了太阳系。18世纪，威廉·赫歇尔又使人类认识了银河系。到了20世纪，哈勃更将人类的视野引向了无比广阔的星系世界，他因而被誉为20世纪的哥白尼。先前，宇宙学主要是理论家们的天地。哈勃的上述成就则开辟了宇宙学研究的全新途径，即所谓的"观测宇宙学"。1929年，他在堪称经典的"河外星云距离与视向速度的关系"一文中，论证了距离越远的河外星云其视向速度就越大，而且速度与距离有着良好的正比关系。这就是著名的"哈勃定律"。1930年，英国天文学家爱丁顿将其解释为宇宙的膨胀效应。哈勃定律的确立是20世纪天文学极重大的成就，它表明宇宙在整体上静止的观念已经过时，取而代之的是一幅空前宏伟的膨胀图景。

哈勃晚年曾任威尔逊山和帕洛玛山天文台的研究委员会主席。1949年末，帕洛玛山口径5.08米的"海尔望远镜"正式投入观测，第一位使用者就是哈勃。

哈勃的一生极具传奇色彩。他英俊魁梧，篮球、网球、橄榄球、跳高、撑竿跳、铅球、链球、射击等许多体育项目皆成绩不俗。他是芝加哥大学闻名全校的重量级拳击运动员，也是牛津大学的校径赛队员，此外他还是一名假饵钓鱼能手。哈勃喜欢收藏科学史古籍珍本，并于1938年当选美国亨廷顿图书馆和艺术馆理事。1930年代他是好莱坞明星们的偶像，1948年又成了《时代周刊》的封面人物。正当诺贝尔物理学奖与他渐行渐近之际，死神却投了否决票。1953年9月28日，哈勃因脑血栓突发在加利福尼亚州的圣马力诺去世。他曾说过，当这个时刻来临之际，"我希望静悄悄地消失"。没有丧礼，没有追悼会，也没有坟墓，他的骨灰埋葬在一个秘密的地方。

1924

1924 年
克拉克和华盛顿《地壳的组分》出版

1924 年,美国化学家弗兰克·克拉克和华盛顿合作出版了《地壳的组分》。他们推断,从地表至 16 千米深处的固体地壳中,有 95%的岩浆岩、4%的变质岩和 1%的沉积岩,并据此认为岩浆岩的平均化学成分实际上代表了地壳的平均化学成分。他们根据世界上 5159 个各类岩石样品的化学分析数据,计算了各种元素在地壳中的平均分布量,公布了一张比较完整的地壳元素丰度表。

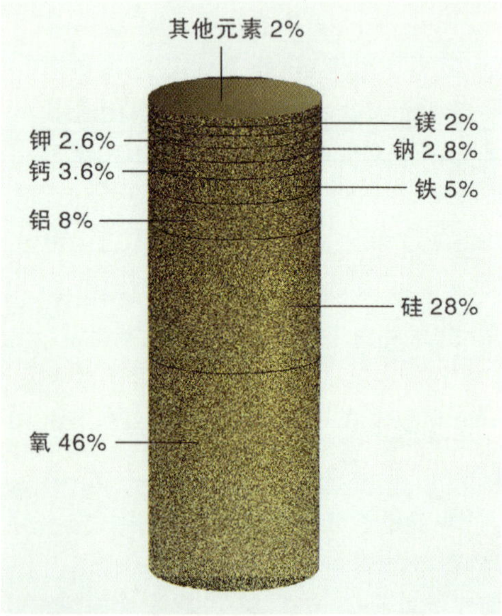

地壳元素含量

克拉克是地球化学的创始人之一。为表彰克拉克的功绩,经苏联矿物学家费尔斯曼提议,1938 年国际地质学会把地壳中各种元素含量的百分比值称为克拉克值。

宏伟的造山带

1924 年
施蒂勒提出造山幕及全球造山运动同时性

1924 年,德国构造地质学家施蒂勒提出了造山幕概念,并提出全球造山运动具有同时性的观点,支持了地槽学说的造山理论。1936 年,他把地槽进一步划分为正地槽和准地槽,其后又把正地槽分为优地槽和冒地槽。这些研究成果都显示了构造地质学在造山作用理论与岩石建造学说等方面的重大发展,进而使槽台学说成为 1950 年代地质科学的主导理论。1980 年代后,槽台学说逐渐被板块构造理论所取代。

1924 年
发现南方古猿化石

19 世纪后期,越来越多的证据支持达尔文关于人从猿进化而来的观点。1889 年,德国博物学家海克尔指出,猿与人之间应该存在一个过渡环节。

1924 年夏,一只箱子被送入南非金山大学澳大利亚人类学家达特教授的办公室,箱内是一枚在南非汤恩采石场发现的头骨化石。次年,达特将这枚兼有猿和人特征的头骨化石命名为非洲南猿,并将其归于南方古猿属,认为它就是猿与人之间的过渡物种。

在人类亚洲起源说盛行的年代,南方古猿是人类祖先这一观点一度备受质疑,但随着越来越多该属的化石在非洲各地被发现,南方古猿在人类进化历程中的地位逐渐被确定。头骨化石清楚地表明,所有南方古猿属动物具有共同的进化趋势,如头骨容脑部分略呈球状,脑容量较其他古猿更大。与较低等的灵长类相比,南方古猿的特征更接近

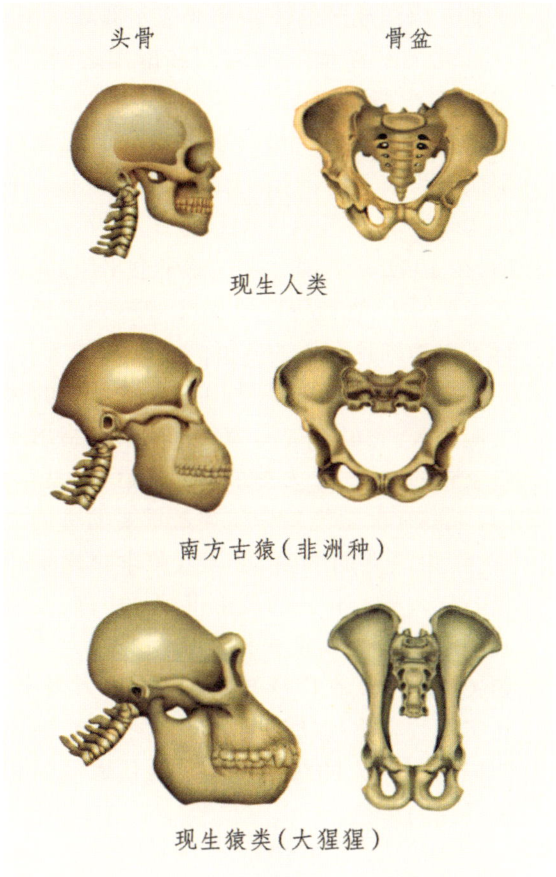

南方古猿与现生人类、现生猿类骨骼的比较

人类。在埃塞俄比亚发现的南方古猿大量股骨、胫骨及足迹化石显示，它们已能直立行走，人类学家据此将其归入人科。

南方古猿是介于猿和人之间的物种，生活于距今400万—130万年的非洲大陆，有七八个种之多。它们有的已经灭绝，有的成为现代人类的始祖。这就说明人类演化依循树状轨迹而非直线轨迹进行。目前对南方古猿的研究仍在继续，越来越丰富的化石证据必将勾勒出愈发精确生动的人类进化之路。

1924 年
无线电探空成功

直到20世纪初，气象观测一直在地面上组网开展，对于空中的大气运动变化人们难以知晓，只有极少的载人气球吊篮升空能获得上空气象信息，这严重限制着人类对气象过程的认识。20世纪初开始的无线电遥测技术以及气象要素传感器和气球技术的发展，使人类有可能规模性地组网开展高空大气探测。

由气球携带发报机把观测到的气象记录转换成电波信号，实时发送到地面，这样的试验最早开始于1918年，但没有成功。1924年，美国陆军的气象专家得到了历时20分钟的信号，这是无线电探空第一次获得成功。第一个实用意义上的无线电探空仪1928年诞生于法国，1929年1月7日进行了首次成功的试验。很快，可用于气象探测业务的苏式无线电探空仪和芬兰式无线电探空仪，分别在1930年和1932年发明出来。这类探空仪外形小巧，观测方法简便，不受恶劣天气的影响，绝大多数情况下都能施放，可以获得不同高度的气象资料，最高探空高度可达30千米，而且相对廉价，不需要进行回收，因而很快成为高空气象观测的主要手段，促进了世界高空气象站网的建立。

现在全球有900多个业务高空站，主要集中在北半球陆地上。中国首个高

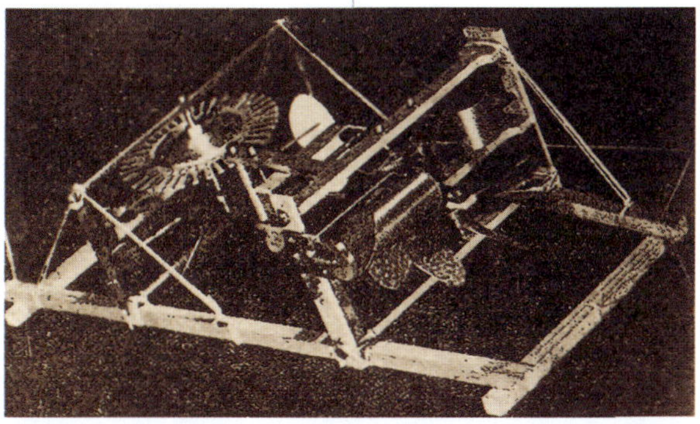

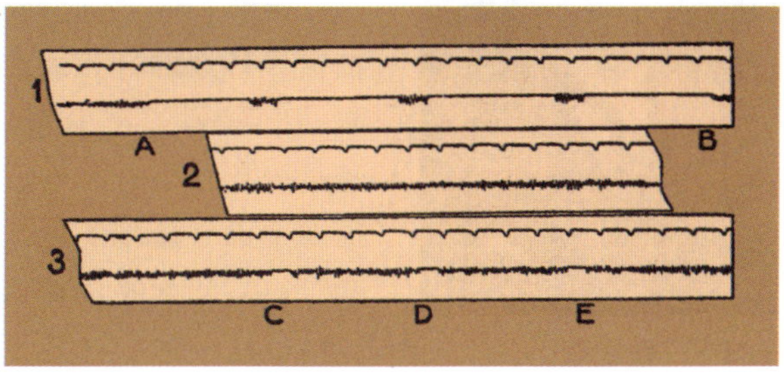

1929年1月7日法国科学家施放的无线电探空仪中测量温度和压力的装置以及获得的记录纸带

空气象观测站于 1930 年 1 月在南京北极阁建成，1950 年代中国大陆建成了相当稠密的高空气象站网，目前已拥有 120 个高空气象站。

无线电探空仪的出现和广泛使用以及全球高空气象站网的建立，是绘制区域天气图和全球天气图进而进行现代天气预报的主要资料来源。通过积累和分析大量高空气象资料，气象学家加深了对高空大气状况的了解与认识。

1924 年
沃克提出大气环流三大涛动

自从 1869 年面向公众的天气预报问世以来，气象学家们一直在向更高的目标努力，试图对几个月后天气的总体状况进行提前预测，即季节预测。英国气象学家吉尔伯特·沃克提出的大气环流三大涛动理论，为季节预测开启了一扇大门。

沃克的大学专业为数学，他年轻时候的兴趣，在于用数学方法来研究电磁场以及陀螺旋转的力学问题，并已经在剑桥大学谋得了一份正式的工作，他成为一名气象学家完全是一件偶然的事情。19 世纪末 20 世纪初，印度气象局局长任命沃克为他的特别助理，1903 年局长退休时沃克便成为新任局长。当时，印度气象局面临的一个难题，就是如何对印度的夏季降水进行季节预测。为了解决这一问题，沃克利用他丰富的数学知识，将统计学上的回归分析和相关分析方法引入到气象学中，对已有的气象资料（主要是海平面气压场）进行详细的数学统计分析，试图从统计学的角度来预测印度夏季降水。虽然那时全球的气象观测站并不多，但在世界各地的分布还比较均匀，而且多数观测站已积累了至少 20 年以上的观测数据。经过分析他发现，在较大的空间范围上，全球海平面气压场的变化存在三种主要的“摆动”形势：当太平洋地区气压高时，印度洋地区的气压一般会比较低；同样的现象也存在于北大西洋地区的冰岛和亚速尔群岛之间，以及北太平洋地区的北部和南部之间。在 1924 年出版的《印度气象局研究报告》中，他将这三种地区间气压此起彼伏的现象分别命名为南方涛动、北大西洋涛动和北太平洋涛动，其中后两者又被他统称为北方涛动。在 1932 年英国皇家气象学会出版的《世界天气》中，他和研究伙伴又对三大涛动进行了更为细致深入的分析。

三大涛动是气象学中最早被发现的大气遥相关，它们的提出为气象学研究指出了一个新的方向，并为季节预测开启了一扇大门，是 20 世纪气象学研究最重要的进展之一。作为沃克的学生，中国气象学家涂长望将与三大涛动有关的理论带到了中国，并将其用于中国的气象预报。当前，对于大气遥相关的研究正在广泛开展和不断深入当中。扎实的数学物理功底加上灵活的头脑，使偶然成为气象人的沃克成为了现代大气遥相关研究的鼻祖。

吉尔伯特·沃克

1925 年
乌伦贝克和古德斯密特提出电子自旋概念

量子论时期，人们一直希望解释反常塞曼效应、原子光谱的精细结构，但未成功。

1924 年，奥地利—美国物理学家泡利意识到，电子运动还应该有能取两个值的第 4 个自由度。奥地利—荷兰物理学家埃伦费斯特的学生乌伦贝克和古德斯密特认为，这种电子的第 4 个自由度应该是电子自旋，这里的自旋表示自旋角动量和自旋磁矩。电子的自旋是电子内禀特性的描写。埃伦费斯特认为这个想法很重要，虽然也可能完全不对，但还是建议他们写成论文，并推荐到《自然》杂志。两位学生拿着论文请教老前辈洛伦兹。洛伦兹经过计算告诉他们，如果电子绕自身轴旋转，其表面速度将荒唐地达到光速的 10 倍！两位学生想撤回论文，但稿件已寄出。埃伦费斯特安慰学生说：“年轻人干点蠢事不要紧。”没想到1925年论文发表后，德国物理学家海森伯表示赞同，认为此举可解决光谱结构的难题。爱因斯坦和玻尔也持同样观点。1922年施特恩—格拉赫实验也支持自旋概念。自旋是一个没有经典对应的、纯量子力学的量，考虑自旋后，困扰物理学家多年的反常塞曼效应和原子光谱的精细结构问题都得到了完满的解决。

1925 年
海森伯创立矩阵力学

在研究了玻尔的原子模型理论后，德国物理学家海森伯认为，量子力学理论应该建立在光谱线频率和强度等可观察量的基础上。他通过论证发现，为了体现量子化条件，粒子的坐标 x 和动量 p 将具有不平凡的特性，它们的乘积不满足交换律，即 $xp \neq px$。他于1925年5月底撰写了一篇题为《关于运动学与力学关系的量子论新释》的论文，但他并没有认识到这篇文章的重要性，反而对自己的做法没有把握。于是将文章交给了老师玻恩，请他作出评价。玻恩在经过几天的思考后突然明白，文中满足不可对易性的坐标和动量可用数学中的矩阵来表示，并意识到这种不可对易性的重要物理意义。玻恩立即将该论文推荐到《物理学期刊》，并于同年7月发表。然后，玻恩又邀请年轻的德国物理学家约尔旦共同参与研究。同年9月，玻恩和约尔旦联名发表了长篇论文《论量子力学》。接着，玻恩、约尔旦和海森伯三人合作于同年11月发表了论文《论量子力学Ⅱ》，将已有的结果全面推广，最终创立了矩阵力学。矩阵力学的创立标志着量子论发展到量子力学阶段。海森伯也因创立矩阵力学获得了1932年诺贝尔物理学奖。

1920年代的海森伯

1925 年
贝尔德研制出电视系统

1925年1月27日，英国发明家贝尔德用自己发明的机械扫描式电视摄像机和接收机进行了发射和接收的公开实验，首次在相距约1.2米远的地方传送了一个粗糙的“十”字影像，宣告了世界首台电视的诞生。当时装置十分简陋，画面分辨率低。1926年1月，贝尔德向英国皇家学会的成员展示了改进后的电视。当贝尔德把一个玩偶的脸和其他人的脸从一个房间传送到另一个房间时，应邀前来的专家们一致认为，这是一件难以置信的伟大发明。贝尔德也因此被称为“电视之父”。

1925年6月13日，美国科学家詹金斯在华盛顿也进行了电视传送和接收实验，距发射器约8千米外的接收器在25厘米×20厘米的屏幕上出现了缓慢旋转的风车模型轮廓。

此外，其他国家的科学家们也在那个时期进行了电视的研制。电视这个复杂的科技产品，可以说是许多国家的科学家、工程师和技术人员共同努力的结晶。

贝尔德和他的电视

1925 年
泡利提出不相容原理

1925年，奥地利—美国物理学家泡利在分析原子能级的基础上，提出了一个电子

1925

青年时期的泡利 泡利对一篇论文的讽刺可谓经典："这不对，它甚至连错误都够不上。"

填充原子能级的规则：在一个原子中，不能有两个或两个以上的电子处在完全相同的状态。利用这个规则，可解释原子内电子的分布情况和元素周期表。后来发现，这个规则具有更为普遍的意义，它对于所有自旋量子数为半整数的粒子(即费米子)都成立，故将这个规则称为泡利不相容原理。该原理可一般表述为：在全同费米子系统中，不能有两个或两个以上的粒子具有完全相同的状态。泡利不相容原理是微观现象的一个重要规律，也是费米—狄拉克统计的基础。

泡利不相容原理解释了困惑人们多年的元素周期表的排列规律，使人们理解了导体、半导体、绝缘体的本质区别。由于这一原理在发现后的 20 年中为多种现象证明，泡利获得了 1945 年诺贝尔物理学奖。

1925 年 康拉德发现地壳玄武岩和花岗岩之间的界面

1925 年，奥地利地球物理学家康拉德根据地震波记录，发现地壳可以划分成两部分，地震波通过两部分间的界面时波速明显增大。这个界面后来被称作康拉德界面，界面以上由花岗质岩构成，界面以下由玄武质岩构成。康拉德界面在陆地地壳中平均深度约 20 千米处，深度变化较大，最深约 40 千米，最浅约 10 千米。海洋地壳中康拉德界面深度明显浅得多，甚至不存在。

1925 年 斯韦德贝里发明高速离心机

在现代科学研究中，离心机是一种非常常见的仪器。其工作原理是，在电动机驱动下，目标物体被带动绕一轴线高速旋转，利用离心力将物体中不同的成分分开。一般来说，转速越高，离心力就越大，分离效果就越好。高速离心机可分离液体中不同密度的微小粒子，甚至能分离气体中不同分子量的物质。

最早的离心机是 18 世纪工业革命后诞生的，最初它是用来测量拉力的转臂机械。随后，在纺织业中出现了为棉布脱水用的离心机，在食品加工业中出现了从牛奶中分离奶油的离心机。直至 20 世纪初，离心机才从工业领域走进了实验室。1910 年代，实验室所使用的离心机产生的离心力还很小，只能分离较大的粒子。后来，科学家制造出了离心力达重力 7000 倍的离心机。1925 年，瑞典化学家斯韦德贝里发明了高速离心机，其离心力达重力的 10^5 倍。这一发明使科学家不仅能研究最小的胶体粒子，还能将蛋白质、多糖和高聚物等大分子有效地分离。

1926 年，斯韦德贝里因对分散体系等的研究而荣获诺贝尔化学奖。后来，斯韦德贝里的名字被用作度量颗粒物质在超离心场中的沉降速率的单位(简称 S，$1S=10^{-13}$ 秒)，生物学中的某些专有名称，如 70S 核糖体即源自于此。

1925 年 细胞膜脂双层模型建立

细胞是构成生命的基本单位。所有细胞表面都有细胞膜包裹，起着保护细胞内部物质、控制物质出入细胞的作用。

对于细胞膜化学组成和结构的研究可追溯到 19 世纪末。当时，英国生物学家奥弗顿意外地发现，非极性的物质比极性物质更易透过细胞膜。奥弗顿据此提出，细胞膜与

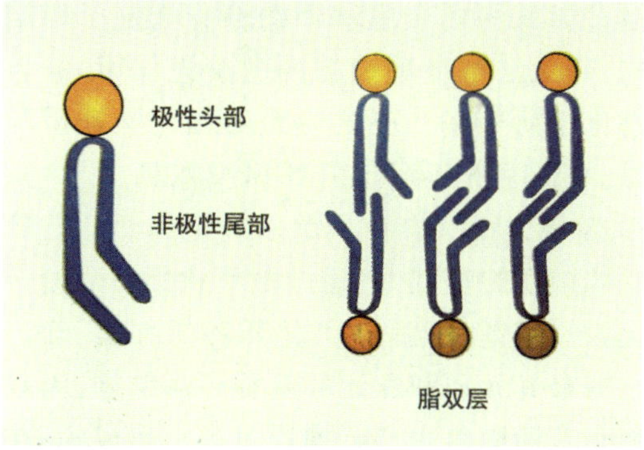

脂双层模型

脂类相似，某些物质可以"溶解"于膜的脂质而透过细胞膜。但这一观点在当时并没有被广泛接受。

随后，美国物理化学家朗缪尔对脂膜的本质进行了研究。他发现，构成脂膜的分子都有着疏水端和亲水端，它们处于水面时，疏水端皆垂直于水面向外，亲水端与水面接触，从而形成了单分子层的脂膜。此外，朗缪尔还发明了用来研究脂分子层的水盘。他的发现为细胞脂膜研究打下了坚实基础。

1925 年，荷兰生物化学家戈特等收集了多种动物的红细胞，并用丙酮提取了细胞膜的脂质。他们把脂质铺展在改进过的朗缪尔水盘上，发现脂分子既能形成单层膜，也能形成双层膜。通过计算红细胞表面积后他们发现，单层脂膜的面积大约是红细胞表面积的 2 倍。由此，戈特等提出，红细胞由脂质包裹，并且脂质有两分子的厚度，这即是细胞膜的脂双层模型。在脂双层模型的基础上，科学家又陆续提出了细胞膜结构的多种模型。目前，获得较多实验支持并为多数人接受的是美国细胞生物学家西摩·辛格和尼科尔森于 1972 年提出的流动镶嵌模型。

1925 年
赫斯对下丘脑的功能中心精确定位

1925 年，瑞士生理学家瓦尔特·赫斯用直径 0.2 毫米的细钢丝制作微电极，再用这种微电极刺激或破坏猫和狗脑中的某些特定部位，以此研究动物的脑以及脑与神经系统其他部分之间的联系。

赫斯的研究重点放在位于大脑前部的间脑以及间脑中名为下丘脑的部位。赫斯发现，诸如呼吸和消化等的自主性身体活动由下丘脑通过自主神经系统来控制，并不需要大脑有意识地操控。他以全身麻醉的猫为实验对象，将下丘脑中每一种生理功能的控制中心定位得极为精确。例如，只要用一个微电极刺激猫下丘脑的某一特定位点，就能使猫表现出遇到狗时的行为模式。凭借这种方法，赫斯找出了控制诸如恐惧、饥饿等身体反应的脑中心。赫斯的工作开创了从意识清醒、行动自由的动物身上观察神经系统受刺激或破坏时发生的生理变化的研究之先河。如今，他所发明的微电极已被进一步发展成为脑科学研究中的埋藏电极，不仅可以用于刺激神经和脑，还可用以记录脑内的电活动。

1949 年，赫斯因发现下丘脑在决定和协调内脏器官功能时所起的作用而荣获诺贝尔生理学医学奖。

1925—1927 年
德国开展"流星号"南大西洋调查

第一次世界大战结束后，德国成为战败国，经济上陷入困境，亟需发展科学技术来推动社会经济的发展。1924 年，时任柏林大学海洋研究所所长的奥地利海洋学家梅尔茨，向德国科学救援会提出了开展南大西洋综合海洋调查的科学建议，并获得批准。

梅尔茨为考察制定了详细的调查计划，使用"流星号"作为科学考察船，组成包括物理、化学、生物、地质、气象等专业学者在内共 123 人的"流星号"科学考察队，并亲自担任科考队长。1925 年 4 月 16 日，"流星号"从威廉港出发，驶往南大西洋。1925年 8 月 16 日，梅尔茨不幸因病去世，后续调查工作由德国海洋学家德凡特负责指挥。"流星号"的海上调查工作持续了 2 年零 3 个月，航程 67500 海里，于 1927 年 7 月返回德国。在

1925

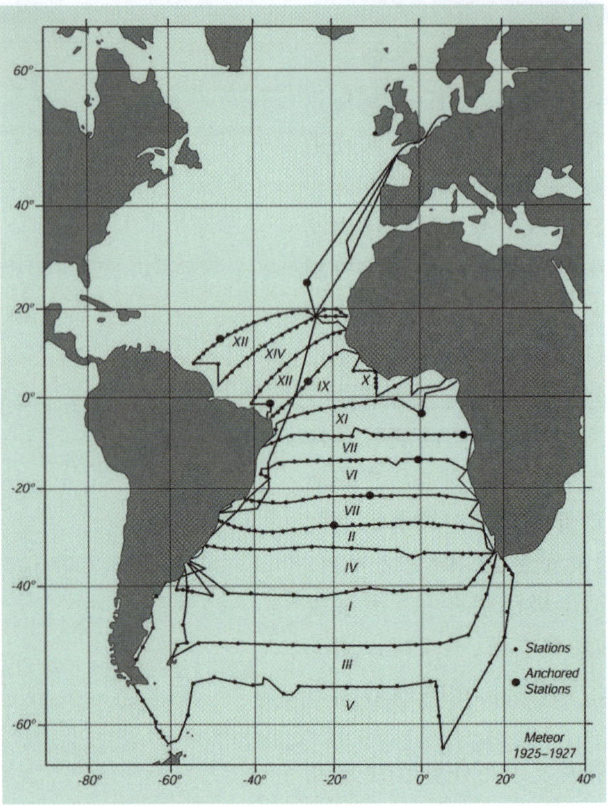

德国“流星号”南大西洋科学考察的航迹路线

此期间，“流星号”13 次横穿南大西洋，完成 67 400 个站次的海上回声测深调查和 310 个站位的海洋水文、生物和地质调查工作。

“流星号”海上调查工作结束后，德凡特和德国海洋学家伍斯特组织学者对调查资料进行分析，先后完成 16 卷的调查报告。“流星号”海洋调查，首次使用回声测深仪进行海底水深测量，揭示了大西洋水下崎岖不平的海底地形，以及纵贯整个大西洋并延伸到印度洋的中央海岭；获得了大西洋海洋环流以及热量和水量交换等水文资料；进行海洋锚系观测，发现了内波；用柱状采样器采集底质样品进行岩石学和矿物学研究，并首次对深海区海洋悬浮体的沉积速率进行推算。“流星号”所开展的综合海洋调查工作，为大西洋的海洋学研究奠定了基础。

1925—1934 年
霍沃思研究糖类和维生素 C 的结构

糖类又称碳水化合物，包括糖、淀粉、糊精、纤维素等。为弄清糖类的化学结构，从 19 世纪开始，科学家们就作出不懈的努力。德国化学家埃米尔·费歇尔提出的直链结构式可以解释碳水化合物的许多性质，但无法解释碳水化合物在溶解后阻碍分子重排的现象；他又尝试为两个甲基葡萄糖苷指定了环结构，却无法解释葡萄糖的变旋光作用。糖生物化学研究的先驱之一是英国化学家霍沃思，自 1925 年起他开始研究双糖的结构。1928 年，霍沃思在费歇尔确定的开链己糖立体构型的基础上，通过把环状半缩醛糖转化为甲基醚，然后再氧化开环的方法，确定己糖有五元环和六元环两种环形结构，而双糖和多糖则是由环状糖通过失水形成的。在此基础上，霍沃思又提出麦芽糖、纤维二糖、乳糖、棉籽糖等的化学组成和结构，还研究了淀粉、纤维素、木聚糖等多糖的旋光性，并于 1929 年整理出版了著作《糖的构成》。霍沃思还创立了一种环状结构式，这种结构式与以往的平面结构式相比，更具立体感，能更准确地显现糖分子的构型。人们把这种结构式称为霍沃思式，并在教科书和论文中广泛使用。霍沃思的成果为糖生物化学基础研究奠定了坚实的基础。

此外，霍沃思还解析出维生素 C 的结构。1928 年，匈牙利生物化学家圣捷尔吉从牛的肾上腺、橙子和卷心菜中分离出一种具有强还原性的物质，他确定了这种物质的分子式，并把它命名为己糖醛酸。圣捷尔吉把提炼出的己糖醛酸分了一半给霍沃思研究。经过努力，霍沃思终于确定了这种物质的结构。后来，己糖醛酸被更名为抗坏血酸，也就是我们今天熟知的维生素 C。1934 年，霍沃思与英国化学家赫斯特合作，成功地合成了维生素 C，这是世界上人工制成的第一种维生素，从此人们可以大量生产廉价的维生素 C 以供医疗保健之用。

1937 年，霍沃思因对糖类和维生素 C 的研究，与研究几种重要维生素的瑞士化学家卡勒分享了诺贝尔化学奖。

1925—1946 年
罗宾森确定多种生物碱的结构

生物碱是一类生物体内含有的带有碱性的含氮的有机化合物，它们常常具有很强的生理活性。

吗啡是鸦片中的主要生物碱。1806 年，年仅 23 岁的德国青年药剂师赛提纳首次从黑色鸦片中分离得到白色的吗啡粉末。100 多年后的 1925 年，英国生物化学家罗宾森凭其渊博的有机化学知识和高超的实验技术，成功确定了吗啡的结构式。此后，罗宾森又对紫堇碱、毒扁豆碱、黄连素、长春碱、秋水仙碱等生物碱进行了研究，成功测定了其中很多生物碱的结构。马钱子碱是一种结构复杂且极毒的生物碱，1946 年，罗宾森又成功测定了马钱子碱的结构。罗宾森在生物碱结构测定方面的开创性工作，为有机化学开拓了一个新的生物碱领域。为此，他荣获了 1947 年诺贝尔化学奖。

1926 年
费米—狄拉克分布提出

1924 年提出的玻色—爱因斯坦分布对每一量子态所能容纳的粒子数没有限制。1925 年泡利不相容原理提出后，意大利—美国物理学家费米认为，对于电子那样的粒子系统来说，在建立量子统计中的分布函数时不仅要考虑粒子的全同性，还应考虑泡利不相容原理的限制。据此，他于 1926 年导出了全同电子系统所满足的分布。数月后，英国物理学狄拉克也得到了类似的结果。

费米

现在，将独立的全同费米子系统中粒子的最概然分布称为费米—狄拉克分布，简称费米分布。费米—狄拉克分布和玻色—爱因斯坦分布是量子统计物理学中两种最典型的分布，在经典近似下，它们都化为玻尔兹曼分布。

1926 年
薛定谔创立波动力学

1925 年，在一次学术讨论会上，薛定谔对德布罗意关于物质波的工作作了清晰明了的介绍，但当时的主持人说：讨论波动而没有一个波动方程，太幼稚了。薛定谔受到启发，几个星期后终于找到了关于物质波的波动方程，即薛定谔方程，创立了波动力学。1926 年，他发表了一组 4 篇题为《量子化是本征值问题》的论文，引入了“波函数”概念，采用与分析力学类比的方法，建立了氢原子的定态薛定谔方程；利用波函数的有限性条件，得到了与玻尔模型相同的氢原子能级公式；提出了求解薛定谔方程的近似方法。

薛定谔、海森伯和狄拉克（由右至左）摄于瑞典斯德哥尔摩火车站。

薛定谔方程是量子力学中的基本方程，其地位与牛顿力学中的牛顿第二定律相当。薛定谔也因关于波动力学的工作而获得 1933 年诺贝尔物理学奖。在矩阵力学和波动力学出现的初始阶段，物理学家形成两派争论不已。薛定谔认真钻研了矩阵力学后，发现两种力学在数学上是等价的、可以互相转换的，从而结束了这场争论。

1926 年
德拜和吉奥克提出磁冷却法

荷兰—美国物理化学家德拜和美国化学家吉奥克根据顺磁体磁化时放热、去磁时吸热的特性，于 1926 年分别独立地提出了一种可以获得 1 开以下超低温的方法，即磁冷却法。1933 年，吉奥克利用这个方法在实验室中获得 0.25 开的超低温，使超低温技术取得很大进展。

磁冷却法先将顺磁体放在装有低压氦气的容器内，与液态氦接触，在强磁场中磁化，放出的热量由液态氦吸收；然后，将低压氦气抽出，在绝热条件下迅速使磁场减小到零，此时顺磁质便要吸收周围的热量，从而使小区域中的温度进一步降低。采用这种方法，可产生 10^{-3} 开的低温。德拜和吉奥克因为在物理化学方面的研究贡献分别于 1939 年和 1949 年荣获诺贝尔化学奖。

1926 年
弗仑克尔缺陷概念提出

在固体晶格中，由于存在热振动，占据格点位置的原子（或离子）无时无刻不在作围绕平衡位置的振动。有些振幅大的原子（或离子）会离开平衡位置而造成缺陷，这种缺陷称为热缺陷。

热缺陷有两种形式：弗仑克尔缺陷和肖特基缺陷。如果占据格点位置的原子（或离子）离开平衡位置后进入间隙位置，形成间隙质点，而在原来位置上形成空位，则这种缺陷称为弗仑克尔缺陷。它因苏联物理学家弗仑克尔而得名。1926 年，弗仑克尔首先在氯化银晶体中注意到这种缺陷。弗仑克尔缺陷的特点是，间隙质点与空位总是成对出现。从能量状态分析，间隙质点的能量要高于结点位置上的能量，因此形成弗仑克尔缺陷需要克服较高的势垒。在一定温度下，对一定材料来说，弗仑克尔缺陷的数目是一定的，并且无规则地均匀分布在整个晶体材料中。

1926 年
玻恩提出波函数的统计解释

薛定谔建立波动力学以后，波函数的物理意义成为普遍关心的问题。薛定谔试图将物质波看作唯一实在，而将粒子看作派生的，但是遇到了很大困难。对波函数的意义作出正确解释的是德国物理学家玻恩。

在爱因斯坦早先把光波的振幅解释为光子出现的概率密度这一思想的影响下，玻恩于 1926 年 6 月发表了《散射过程中的量子力学》一文，提出了波函数的统计解释。玻恩认为，一个粒子的波函数 ψ 在空间某点处 t 时刻的强度（$|\psi|^2$），表示该时刻在该点处发现该粒子的概率密度。所以，德布罗意波是一种概率波。玻恩的概率波解释表明，量子力学不像经典力学那样是一种确定性理论，而是一种概率性理论，而且即使对于一个粒

《玻恩—爱因斯坦书信集》封面 这两位物理学伟人的通信时间跨度达 40 年，历经两次世界大战，信中有较多关于量子论的争论。

子来说，也具有概率性。后来发现，概率性是微观世界的一个普遍存在的基本特性。由于玻恩的统计解释背离经典物理学的传统，受到少数权威人士的反对，玻恩并没能和另两位量子力学的创始人海森伯和薛定谔一起获得 1932 与 1933 年的诺贝尔物理学奖。直到 1954 年，玻恩才“因为量子力学的基础研究工作，特别是对波函数的统计解释”获得 1954 年诺贝尔物理学奖。

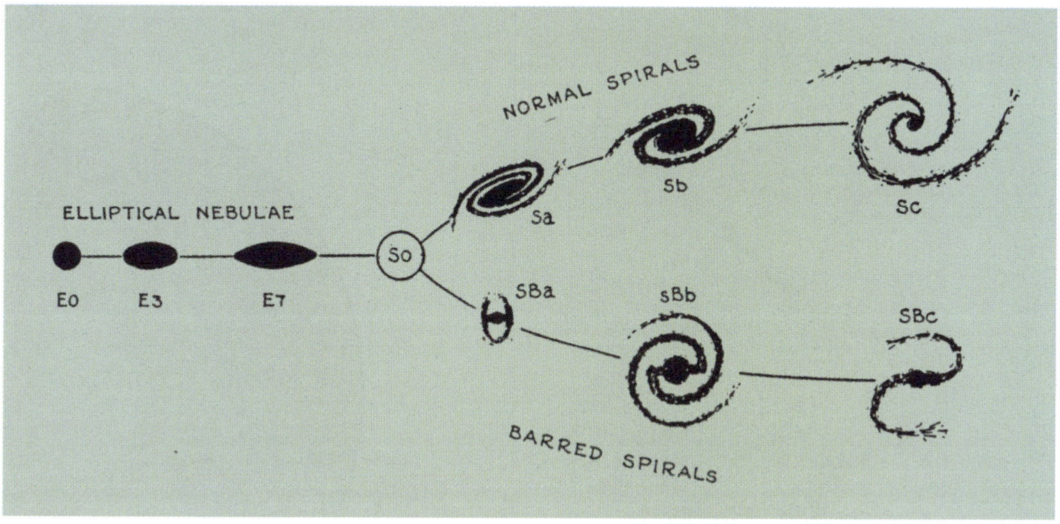

哈勃在《星云世界》中首次发表的“星云形态序列”图 “音叉”之柄为椭圆星云，上一叉臂是正常旋涡星云，下一叉臂是棒旋星云。

1926 年
哈勃创建河外星云形态分类序列

1922 年，美国天文学家哈勃发表论文《弥漫银河星云的一般研究》，提出星云可按形态分为“银河星云”和“非银河星云”两大类。1926 年，他又在论文《河外星云》中报道对 400 个北天亮星云考察的结果：其中 97% 都有一个占主导地位的核心，并围绕着核心表现出某种旋转对称性；不具备中心核和对称性这两项特征者仅占 3%。哈勃称前者为“规则星云”，后者为“不规则星云”。规则星云又分为“椭圆星云”和“旋涡星云”两大类，前者由圆而扁再依次分为 E0—E7 共 8 个亚型，后者则按核的大小和旋臂展开程度分为 Sa、Sb、Sc 几个亚型。旋涡星云本身又有“正常旋涡星云”和“棒旋星云”之分，后者是指其核心区域贯穿着某种棒状结构。1936 年，哈勃出版《星云世界》一书，书中对此作了更详尽的描述，并绘制了著名的“星云形态序列”图，习称“音叉图”。其中椭圆星云构成叉柄，正常旋涡星云和棒旋星云沿两条叉臂展开，柄与臂的交接处为透镜状星云 S0。这种分类序列称为星云形态的“哈勃序列”。日后随着“河外星云”改称为“河外星系”，哈勃的星云分类也相应地改称为星系分类。虽然它只是一种表观的形态描述，却在纷繁的星系世界中引入了某种秩序。人们起先以为哈勃序列反映了星系演化的途径，但实际情况却要复杂得多。星系的演化依赖于它们形成时的初始条件或所处的环境，其具体过程至今仍是天文学的研究前沿。

1926 年
爱丁顿《恒星内部结构》出版

19 世纪中叶，德国物理学家亥姆霍兹和英国物理学家开尔文勋爵尝试探讨了恒星的能量来源。他们认为，恒星——当然也包括太阳——的能源可能涉及引力束缚能的释放。假设太阳是处于对流状态下逐渐收缩和冷却的流体，则可推算出其年龄约为 10^7 年，这远小于地质学分析、特别是后来放射性同位素分析估算的地球年龄。1916—1924 年，英国天文学家爱丁顿发表了十几篇论文，并在此基础上于 1926 年出版《恒星内部结构》一书。爱丁顿在这一系列工作中首次提出，恒星内部能量由里向外转移的主要方式不是对流而是辐射。他证明，处于辐

1926

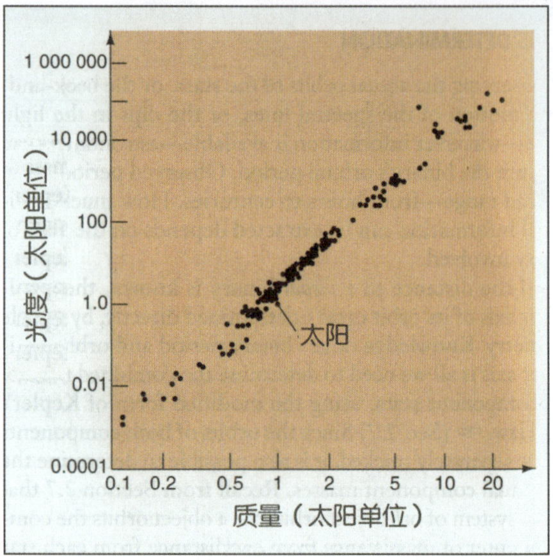

恒星的质光关系图

射平衡下的给定质量的恒星，其光度存在一个理论上限，后称爱丁顿极限。光度达到该极限的恒星产生的向外辐射压，正好同其质量产生的向内引力相平衡，光度超过爱丁顿极限的恒星将会被自身的辐射吹散。爱丁顿以辐射平衡为基础建立了恒星内部的流体静力学方程组，由此求出主序星的质量—光度关系，即"质光关系"，后为观测所证实。他指出，在由 4 个氢原子核聚变成一个氦原子核的反应中，氦原子核的质量小于 4 个氢原子核的质量之和，合成中的质量损失约达 1/120，按爱因斯坦的质能关系式即可换算出由此释放的能量。如果恒星质量的 5%起初是氢，然后逐渐结合成更复杂的元素，那么由此释放的能量即可充分满足恒星的能源需求。这一假说为探索太阳和恒星能源指明了正确方向。

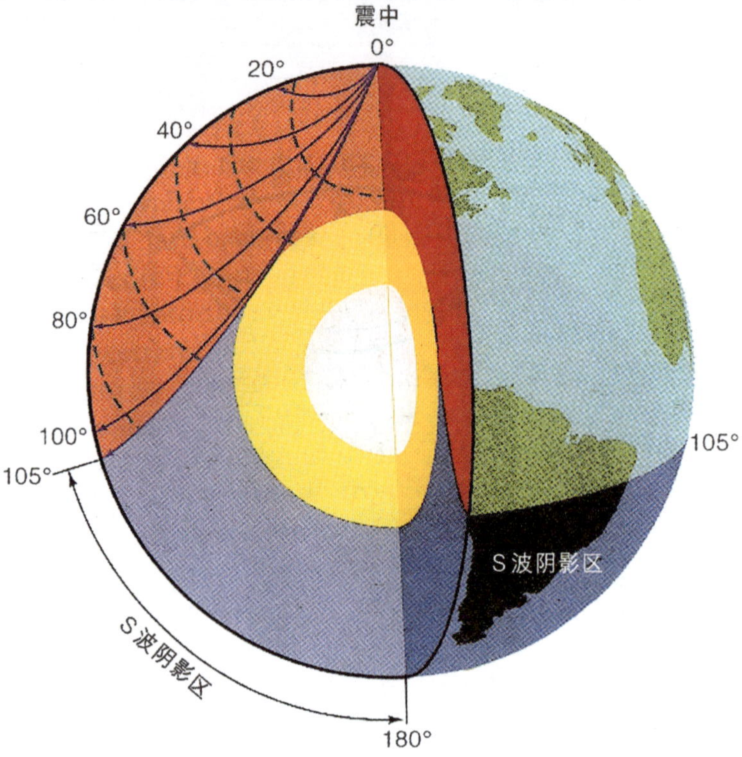

根据 S 波阴影推断地球液态内核

1926 年
杰弗里斯提出地球液态内核理论

1926 年，英国地球物理学家杰弗里斯根据地震波的牛眼状 S 波阴影，推断地球的核心为熔融状态，提出了地球液态内核理论。杰弗里斯的研究涉及广泛的领域，主要是在应用数学、行星天文学和理论地球物理学的许多方面，特别是地震学。他和新西兰地震学家布伦合作研究地震波的走时问题，编制的 J–B 走时表成为地震学家的重要计算根据。

杰弗里斯把地球物理学从零散的研究发展成为一门系统的、标准的学科。他 1924 年编写的《地球：它的起源、历史和物理状态》一书，代表了当时对地球认识的顶峰，1976 年出至第 6 版。

1926 年
维尔纳茨基《生物圈》出版

1926年，苏联矿物学家维尔纳茨基出版专著《生物圈》，提出了"智慧圈"概念，强调人类在地球环境变化中的作用，成为生物地球化学的创始人和地球系统科学的先驱者。

其后，维尔纳茨基还提出了活质的概念，认为活质是化学元素的一种特殊存在方式，是以有机体的质量、化学成分、能量和空间特性等方式表现出来的生物组合体。维尔纳茨基系统论述了活质的化学成分、化学结构、活质能和质量守恒，以及活质的分布、循环及其地球化学意义，从而奠定了生物地球化学的基础。1938 年，苏联地球化学家维诺格拉多夫提出生物地球化学省学说，为现代应用生物地球化学研究开辟了道路。

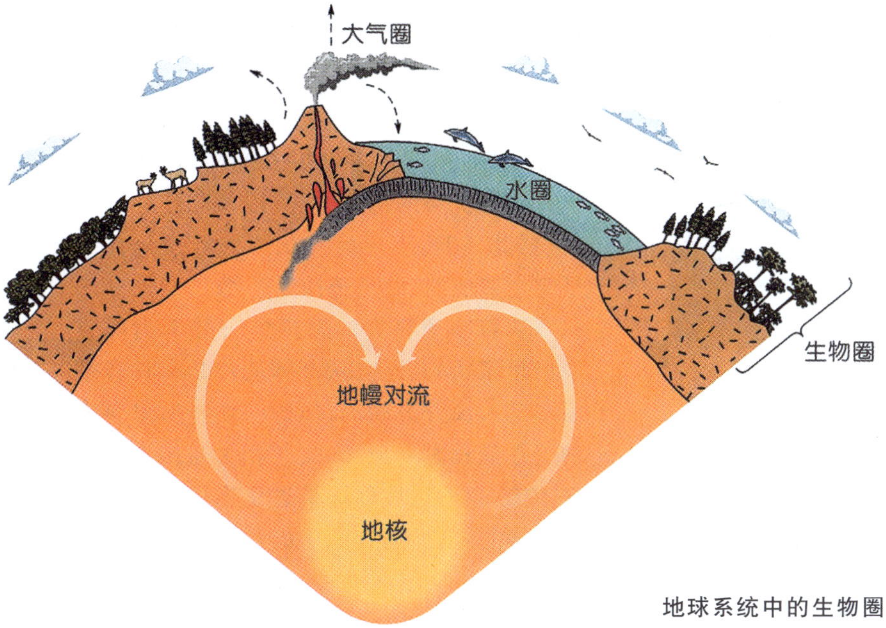

地球系统中的生物圈

1926 年
萨姆纳制得结晶脲酶

为了维持自身复杂的生命活动，生物体无时无刻不在进行着各种各样高效的化学反应，例如要完成诸如运动、思考、观察和维持体温之类的耗能生命活动，人们必须通过进食等方式摄取糖类，糖类在体内转变成二氧化碳和水，同时释放出能量供生物体利用。这个反应在生物体内只需要几秒钟就能够完成，然而，一袋糖放置多年也不会变成水和二氧化碳，这其中的区别就在于生物体内有着能催化化学反应的特殊物质——酶。对酶的研究几乎贯穿了整个生物化学的发展史，酶这种特殊的生物催化剂的化学本质究竟是什么？这个问题一直让生物化学家们感到困惑不解。这个谜团直到 1926 年才由美国生物化学家萨姆纳解开，那时他第一次获得纯酶——脲酶的结晶。

萨姆纳一直相信酶就是蛋白质，他从 1917 年开始用刀豆粉作为原料，分离、纯化其中的脲酶。脲酶可以专一性地催化分解尿素，使之生成氨和二氧化碳，因而可以便捷地检测其活性。脲酶应用广泛，如在临床上可用来测定血液和尿液中的尿素含量，在农业上可以用来测量尿素的利用状况，在微生物学上还可以作为细菌的分类指标等。1926 年，萨姆纳终于纯化出了高活性的结晶脲酶，并且证明这些晶体的主要成分就是蛋白质。他推测其他的酶也是蛋白质，不过由于缺乏实证，当时人们对他的这个观点还颇有异议。直到 1930 年代美国化学家诺思罗普结晶出胃蛋白酶、胰蛋白酶和胰凝乳蛋白酶等，并证明它们都是蛋白质之后，萨姆纳的结论才被广泛接受。

1937 年，萨姆纳又得到了过氧化氢酶的结晶，还提纯了几种其他的酶。由于发现酶的化学本质，萨姆纳于 1946 年获得诺贝尔化学奖。与他分享此奖项的是在纯化酶及研究病毒方面作出贡献的诺思罗普和美国生物化学家斯坦利。

1926 年
切特韦里科夫阐述遗传多态现象

遗传多态性是指同一群体中两种或两种以上的变异类型并存的现象，各种变异类型不是由于反复突变才得以维持，并且变异类型不包括连续性变异（如人的身高等）。1926 年，苏联遗传学家切特韦里科夫发现，果蝇中新的突变往往以杂合体形式出现（即两个等位基因中只有一个发生突变，另一个保持正常），如果突变是隐性的，杂合体就表现出完全正常的生存能力，从而使隐性突变在种群中长期存在。通过果蝇近交实验，他发现表型一致的群体内存在着数量惊人的隐性变异，即存在着遗传多态性。在杂合体具有选择优势的情况下，遗传多态性得以保持。据此，切特维尼科夫认为种群变化并不是突变造成的，而是选择的产物。

切特韦里科夫的思想当时并不为西方遗传学家所知，但自从群体遗传学家杜布赞斯基等人离开苏联后，他们将切特韦里科夫的著作陆续翻译成英文，其相关遗传学观念在 1950 年代以后逐渐被进化生物学家所了解和接受，从而从遗传学的角度丰富和发展了达尔文的学说。

1926 年
丁颖育成野生稻与栽培稻的杂交水稻

丁颖是中国现代稻作科学的主要奠基人，开创了野生稻与栽培稻远缘杂交育种的先河。经过长期研究，他成功地培育出“中山一号”杂交水稻，并提出了中国是世界栽培水稻的起源地的观点。

1926年，丁颖用野生稻“犀牛尾”与农产品种“竹黏”杂交育成“中山一号”，这是世界上最早把野生稻抗御恶劣环境种质成功地转育到栽培稻种中去的科学试验。“中山一号”抗逆性强、适应性广，在育种与生产上利用了半个多世纪，为粮食增产作出了巨大贡献。随后，经过系统的考察研究，丁颖于 1933 年发表了论文《广东野生稻及由野生稻育成之新种》，认为中国稻种不仅起源于中国的野生稻，而且中国是世界稻种传播中心之一。丁颖论证了中国水稻起源于公元前 3000 多年，扩展于公元前 26 世纪—前 22 世纪，稻作栽培奠定于公元前 1122—前

丁颖

274年间的周代。他还根据古人类的迁徙和稻的语系，提出栽培稻种的传播途径为：一是由中国传至东南亚与日本等地；二是由印度经伊朗传入巴比伦，再传至欧美等国；三是澳尼民族从大陆传至南洋。

1926 年
瓦维洛夫提出作物起源中心学说

作物起源问题早为人们所注目。但近代用科学方法探讨作物起源，则始于瑞士植物学家阿方斯·德堪多。他在 1882 年发表了著名的《栽培植物起源》一书，认为中国、亚洲西南部、埃及至热带非洲可能是世界作物的最初驯化起源地。苏联植物学家和农学家瓦维洛夫是世界上研究栽培植物起源最著名的学者，他是在德堪多的影响下开始从事作物起源研究的。

从 1920 年起，瓦维洛夫组织了一支规模庞大的植物远征采集队，对世界作物进行了广泛的考察、搜集和研究，并于 1926 年出版了《栽培植物的起源中心》一书，提出了作物起源中心学说。这一学说认为，植物物种及其变异多样性在地球上的分布是不平衡的，具有多样性遗传类型和近亲的野生或栽培类型的地区，可能为起源中心，而显性性状可以作为起源中心的标志。瓦维洛夫认为全世界至少有西南亚洲（中亚细亚）、地中海区域、东南亚洲和热带美洲高原 4 个作物起源中心。以后，随着考察地区范围的扩大和对考察材料的进一步分析，又在 1935 年提出了 8 个作物起源中心。

随着作物起源中心研究的发展，瓦维洛夫的观点得到了进一步的修正。1968 年，苏联植物学家彼得·茹科夫斯基将瓦维洛夫确定的 8 个起源中心所包括的地区范围加以扩大，将世界作物起源中心划分为 12 个大基因中心，使之能包括所有已发现的作物基因种类。

瓦维洛夫的学说为大田作物品种试验奠定了基础，他是公认的对植物种群研究作

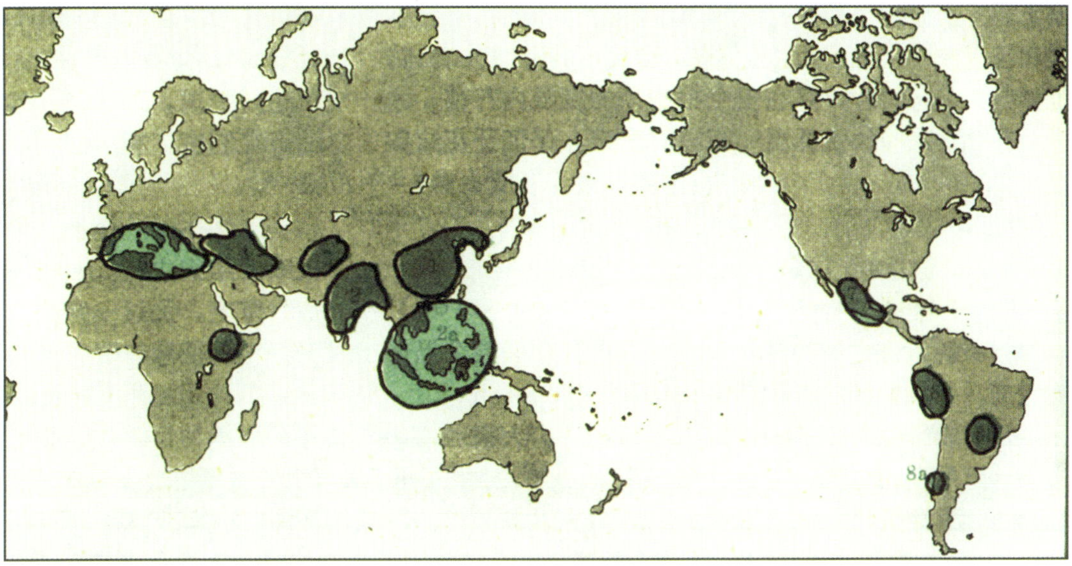

瓦维洛夫提出的8个作物起源中心 1.中国—东部亚洲;2.印度—热带亚洲;2a.马来亚补充区;3.中亚细亚;4.西部亚洲;5.地中海沿岸及邻近区域;6.埃塞俄比亚;7.墨西哥南部和中美洲;8.南美—秘鲁、厄瓜多尔、玻利维亚;8a.智利契洛埃岛;8b.巴西、巴拉圭

出最大贡献的人之一。

1927年
希尔伯特等合作发表《论量子力学基础》

20世纪初,物理学家普朗克、爱因斯坦和玻尔等创立了量子力学的一些早期理论,但一直没有一个统一的结构来概括这一领域已经积累的知识。1925年,由海森伯建立的矩阵力学和由薛定谔发展的波动力学,形成了量子力学的两大基础理论。于是,将这两大理论有机地融合成为统一的体系成了当务之急,而数学成为融合它们的基本工具。1927年,希尔伯特、冯·诺伊曼、诺德海姆合作发表论文《论量子力学基础》,开始用积分方程等数学分析工具使量子力学统一化,确立了量子力学的数学基础。在此基础上,冯·诺伊曼于1932年发表了总结性著作《量子力学的数学基础》,完成了量子力学的公理化。

1927年
海森伯提出不确定性原理

德国物理学家海森伯在1925年建立矩阵力学时便开始思考一个问题:波粒二象性对原来在经典力学中认为的,一个粒子的位置 x 和动量 p 原则上可同时精确测量的观念将会产生怎样的影响?

海森伯在1927年发表的论文《量子论中运动学和动力学的可观察量内容》中,报道了研究结果。在该文中,他提出了著名的不确定性原理。该原理表明,一个粒子的位置和动量不可能同时具有确定的值,如果其中一个量愈确定,则另一个量的不确定性程度便愈大。海森伯还推导出其间的定量关系:同时测量一个粒子的位置和动量时,它们的误差之积不可能小于普朗克常量,即 $\Delta x \cdot \Delta p \geqslant h$。此外,其他一些物理量,如能量和时间,也存在不确定性原理。海森伯不确定性原理正是

海森伯(左)与玻尔

冯·诺伊曼

1903年12月28日，诺伊曼·亚诺什出生于匈牙利首都布达佩斯。匈牙利语习惯姓在前、名在后，所以诺伊曼是姓氏。诺伊曼的父亲是一个银行家，1913年被授予贵族头衔，此后他们的姓就变成了冯·诺伊曼。

1914年，冯·诺伊曼进入路德教会中学，在那里首次崭露了他的数学天分。数学老师认为按传统的办法教冯·诺伊曼中学数学课程是毫无意义的，这个学生应该接受大学水平的单独数学训练。之后，冯·诺伊曼先后受教于布达佩斯大学的数位数学名家，并于17岁时发表了自己的第一篇数学论文。

1921至1926年，冯·诺伊曼一边在柏林大学和苏黎世联邦工业大学学习化学，一边在布达佩斯大学学习数学。1926年，他以优异成绩获得了化学学士学位和数学博士学位。当他结束学生时代的时候，他已经漫步在数学、物理、化学三个领域的某些前沿。

1927至1929年，冯·诺伊曼相继在柏林大学和汉堡大学担任讲师，发表了集合论、代数和量子理论方面的一些文章。1930年，他接受普林斯顿大学客座教授的职位，但每到夏季仍返回欧洲教学。1933年，他与爱因斯坦等人一起成为普林斯顿高等研究院第一批教授，留在美国从事算子理论、集合论等方面的研究。

第二次世界大战爆发后，冯·诺伊曼同时在海军军械局、陆军军械局和洛斯阿拉莫斯参与了和战争有关的多项科研计划。他在两个军械局的工作主要是计算弹道和各种爆炸装置，空闲时会去普林斯顿待上两天，而洛斯阿拉莫斯则是执行研制原子弹任务的“曼哈顿计划”的秘密地点。

洛斯阿拉莫斯的大部分计算任务是在台式计算机器上完成的。实验室为此聘用了100多名女计算员从早到晚进行计算，但还是远远不能满足需要。1944年，冯·诺伊曼偶然得知电子数字积分器和计算机ENIAC的研制计划，这台计算机比他们正在使用的机器快1000倍。冯·诺伊曼立即意识到这项工作的深远意义，迅速了解了ENIAC的设计思想，敏锐地找出了它没有存储器的重大缺陷，在其基础上发表了一个全新的“存储程序通用电子计算机方案”，并提出建造电子离散变量自动计算机(EDVAC)的报告。此后，存储程序式计算机被称为“冯·诺伊曼结构”，他提出的程序内存思想则成为电子计算机设计的基本原则。

冯·诺伊曼研究了如何利用计算机参与解决爆炸的空气动力学问题，并帮助研制了爆聚弹的透镜，缩短了钚弹的研制时间，从而缩短了对日战争的时间。战后，冯·诺伊曼仍在政府诸多部门和委员会中任职，1954年又成为美国原子能委员会成员。

1955年夏天，冯·诺伊曼被查出患有癌症，而且已经通过血液转移到骨。他对家人和朋友隐瞒了病情，因为他要争取完成正在进行的那些主要工作。后来他不得不坐在轮椅上继续思考、演说及参加会议。1956年，他住进了沃尔特·里德陆军医院。

1957年2月8日，冯·诺伊曼在里德医院病逝，享年53岁。在他弥留之际，美国国防部正副部长、陆海空三军司令及其他军政要员齐聚病榻前，聆听他最后的建议和非凡的洞见。这是对智者的最高致敬。其未完成的手稿于1958年以《计算机与人脑》为名出版。他的主要著作收集在1961年出版的6卷本《冯·诺伊曼全集》中。

冯·诺伊曼是20世纪最伟大的全才之一，在多个领域进行了开创性工作，作出了巨大贡献。他在电子计算机的发明中起了关键性的作用，被誉为“电子计算机之父”；他是20世纪最伟大的数学家之一，在遍历理论、拓扑群理论、算子代数等方面进行了开创性研究；他的《量子力学的数学基础》对原子物理学的发展有着极其重要的价值；他的《博弈论与经济行为》在经济学领域竖起了一块丰碑，他也因此被誉为“博弈论之父”。

艾森豪威尔总统曾在冯·诺伊曼病逝前亲自给坐在轮椅上的他颁发了一枚特别自由勋章。冯·诺伊曼对总统说：“我希望能更久地在这世上服务，以对得起这份荣誉。”在他未发表的笔记中可以发现，他在生命的最后时刻还在探究一些其他科学家根本没有想过的问题。假如他的生命能够延长，他会让我们的生活发生多大的变化呢？

微观世界概率性的反映，它已成为整个量子理论的一个出发点。

1927 年
戴维孙—革末实验完成

德布罗意在 1924 年提出物质波时就指出，可通过电子对晶体衍射的实验来检验物质的波动性。美国贝尔实验室的研究员戴维孙和他的助手革末最早实现了电子对晶体的衍射实验。1925 年 4 月，他们在做电子对镍的散射实验时，由于发生事故，真空装置被破坏，致使镍被氧化。为了还原，他们采取对镍加热处理，结果形成了镍单晶结构，从而第一次得到电子在晶体中的衍射图样。但当时他们并没有意识到这一点。1926 年夏天，戴维孙到牛津参加了一次科学会议，当得知德布罗意的工作后，他们又较精确地做了这个实验，并于 1927 年初在美国的《物理评论》上公布了实验结果。戴维孙因此获得了 1937 年诺贝尔物理学奖。

手拿电子衍射实验仪器的革末（左）和戴维孙

1927 年
汤姆孙完成电子衍射实验

在戴维孙—革末实验的同时，英国物理学家乔治·汤姆孙在德布罗意物质波的启发下，也进行了电子衍射实验。他在做高能电子通过金箔的透射实验时，观察到了同心环纹状的衍射图样，并计算了相应电子的德布罗意波长，其值与理论预言一致。1927 年 6 月，乔治·汤姆孙的论文发表于英国的《自然》杂志。1937 年，乔治·汤姆孙和戴维孙一起获得诺贝尔物理学奖。汤姆孙父子均因对电子的研究获得诺贝尔物理奖，父亲约瑟夫·汤姆孙因证实电子是粒子获奖，儿子乔治·汤姆孙则因证实电子是波而获奖。微观世界的波粒二象性在汤姆孙家中体现了出来，这也是诺贝尔获奖史上的一段佳话。

1927 年
斯特拉特提出能带概念

能带是描绘固体中电子所具有的能量范围的一种方式，它由一定能量范围内彼此相隔很近的许多能级构成。

1927年，德国物理学家斯特拉特首先提出了能带概念。不同晶体的能带数目及其宽度等各不相同。相邻两个能带间的能量范围称为“能隙”或“禁带”。晶体里的电子按从低能态到高能态的顺序填充能带。完全被电子占据的能带称为“满带”，满带中的电子不会导电；完全未被占据的能带称为“空带”；部分被占据的能带称为“导带”，导带中的电子能够导电；外层价电子所占据的能带称为“价带”。能量比价带低的各能带一般都是满带；价带可以是满带，也可以是导带。

能带模型可以说明金属、半导体和绝缘体的区别。在金属中，价带是导带，所以金属能导电。在绝缘体和半导体中，价带是满带，所以它们不能导电。但半导体很容易因为其中的杂质或受外界影响（如光照、升温等），使空导带出现少数电子或价带中出现少数

1927年第五次索尔维会议 此次会议的主题是"电子和光子",29 名与会的著名物理学家中有 17 人获得诺贝尔奖。
一排(左起):朗缪尔、普朗克、居里夫人、洛伦兹、爱因斯坦、朗之万
二排(右起):玻尔、玻恩、德布罗意、康普顿、狄拉克、德拜(左一)
三排:海森伯(右三)、泡利(右四)、薛定谔(右六)

空穴或兼有两者,从而有一定的导电性。

1927 年
海特勒和伦敦运用量子力学理论解释氢分子的成因

量子化学是应用量子力学的基本原理和方法来研究化学问题的一门基础学科。1927 年,英国物理学家海特勒和弗里茨·伦敦首次用量子力学的基本原理讨论了氢分子的结构。他们用近似方法计算氢分子体系的波函数和能量,得到氢分子的电子云的等密度曲线和能量曲线。计算结果表明:氢分子有基态和推斥态两个状态,基态的能量曲线有一个最低点,与之对应的电子云分布等密度曲线密集在两个原子核之间,使体系能量降低,形成稳定的氢分子。这样,海特勒和伦敦第一次用量子力学方法揭示出氢分子中共价键的实质,成功地解释了氢分子的成因,为化学键的价键理论提供了理论基础。

他们的成功标志着量子力学与化学的交叉学科——量子化学的诞生,促使化学沿着定性分析和定量分析相结合的途径,从经验性和半经验性逐渐向定量化、微观化和推理化过渡。

1927 年
戈尔德施密特提出晶体化学定律

固体材料可以分为晶体材料和非晶体材料两大类,其中晶体材料的应用十分广泛。晶体结构具有一定的规律。1927 年,挪威化学家戈尔德施密特在研究了涉及 70 余种元素所构成的 200 余种化合物晶体材料的基础上,提出了晶体化学定律:晶体的结构由其组成者(离子、原子和原子团)的数量关系、大小关系和极化性能决定。该定律阐明了晶体成分与结构之间的相互关系。虽然戈尔德施密特定律只是一个定性的描述,没有给出晶体的具体结构,但是,其重要性决不应该被低估,因为它为晶体化学的研究指出了一条正确的道路。

1927 年
谢苗诺夫建立链反应和支链反应理论

爆炸是一种威力巨大的化学反应,往往给人们带来毁灭性的灾难。研究发现,某些爆炸过程中发生的化学反应是一种特殊的链反应。低于一定温度时,此链反应在达到将要爆炸的速度之前就会停止在器皿壁处,而高于这个温度它就无法停下来,最终发生爆炸。与爆炸相关的链反应的机理是什么呢?苏联化学家谢苗诺夫开展了相关研究并取得了重大突破。

1927 年,谢苗诺夫首先用磷蒸气的氧化实验证明热化学反应也是链反应,将链反

应的概念由光化学反应推广到广阔的热化学反应领域。同年,他又发现了支链反应。谢苗诺夫和同事们用定量的方法研究了在不同的氧气压力(浓度)下磷的氧化反应。磷在一定条件下具有发出磷光的物理性质,磷发光是磷及其化合物在空气中的一种缓慢自燃现象。谢苗诺夫在研究中发现,当进入容器中的氧气压力较小时,磷蒸气不会马上发出磷光,只有达到一定临界压力时磷光才会出现;随着压力进一步增大至超过临界压力,氧化反应迅速进行,磷蒸气燃烧。

在此基础上,他们分析得出规律性结论:链反应的传递物是价键不饱和的自由原子或自由基,由于在它们中间存在着自由价,导致自由原子或自由基与分子的直接反应非常容易发生,并且速度很快。常见的链反应包括直链反应和支链反应。若产生的新自由基和消失的自由基数目相等,则为直链反应;若一个自由基的消失能产生两个或更多个自由基,则为支链反应。当支链反应中自由基原子销毁速率低于产生速率时,自由基浓度将按指数规律增长,反应链数目剧增,总反应速率急剧加快,短时间内释放出大量反应热而引发爆炸。

上述工作的重要性在于通过对链反应历程的细致研究,发现了爆炸反应界限,并指出了链反应机理的普遍意义。谢苗诺夫因这项杰出的工作与英国化学家欣谢尔伍德共同获得 1956 年诺贝尔化学奖。

1927 年
奥尔特建立银河系较差自转理论

1924 年,瑞典天文学家斯特伦贝里分析大量恒星的空间运动后发现,空间速度小于 63 千米/秒的恒星朝各种方向运动的机会均等;但空间速度大于 63 千米/秒的恒星运动方向却有集聚于银道面内的强烈倾向,而且基本上都在以银经 270°为中间值的半圆内。这种现象称为"恒星运动的不对称性"。同时,相对于太阳的运动速度大于 63 千米/秒的恒星就被称为"高速星",小于此值的则为"低速星"。1925 年,瑞典天文学家林德布拉德提出银河系由若干次系组成,这些次系互相套在一起,银心是它们共同的中心,但各次系的扁度和绕银心转动的速度互不相同。太阳所属的次系绕银心转动的速度比高速星所属次系绕银心转动的速度快得多。因此在地球上的观测者看来,后者便以很快的速度朝着与太阳运动相反的方向远去。1927 年,荷兰天文学家奥尔特指出银河系不可能像刚体一样转动,否则恒星的相对位置就应该保持不变。如果银河系中相当大一部分物质聚集在银心附近,则远离银心处的恒星转动角速度就应该随银心距的增大而减小,这称为银河系的"较差自转"。奥尔特导出了银河系较差自转对恒星的自行和视向速度影响的公式,即奥尔特公式。他的理论为日后的大量观测所证实。现在已知,太阳到银心的距离约 27 000 光年,它正以 220 千米/秒的速度在银道面内绕银心旋转。

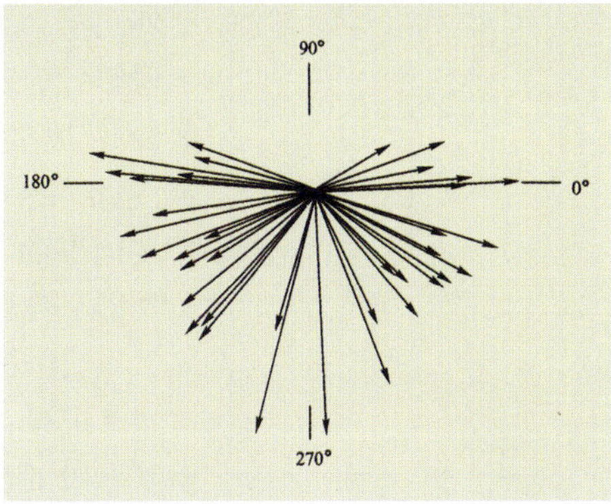

恒星运动的不对称性 图中画出离太阳 65 光年以内的高速星在银道面内的运动方向。四周的数字是银经,0°方向就是位于人马座的银河系中心方向。这些恒星运动的方向大多在银经 180°(御夫座方向)到 270°(船帆座方向) 再到 0°(人马座方向)的半圆内。它们相对于太阳的平均运动指向银经 270°,因此太阳相对于它们运动的方向就是指向银经 90°,恰好与银心方向垂直。这正是银河系在自转的重要证据。

1927 年
朱文鑫《"史记·天官书"恒星图考》出版

率先以现代天文学知识对中国古代天文学进行系统研究和阐释的,是中国天文学家朱文鑫。他在这方面的著作约有 15 种,主要有《"史记·天官书"恒星图考》、《天文考古录》、《历代日食考》、《历法通志》、《十七史天文诸志之研究》等。《天官书》是《史记》之一篇,所记星官共 91 个,含 500 余颗恒星。后人对此颇多阐发,但不尚实测,甚至牵强附会,致使越弄越混乱。朱文鑫亲自实测,兼之参考大量中外图书，绘出相应星图，使其条理分明、易于理解，其成果即为 1927 年出版的《“史记·天官书”恒星图考》。1933 年出版的《天文考古录》包括 15 篇文章，多为对中国史书中重要天文记事的考释。例如《中国史之哈雷彗》一文收集了自秦始皇七年(公元前 240 年)到宣统二年(1910 年)中国历史文献上的 29 次哈雷彗星记录；《历代日食统计》一文则可说是翌年出版的《历代日食考》的概要。1934 年出版的《历法通志》详论中国古代历法及其沿革、得失和一些带共性的问题。这是朱文鑫本人最得意的一本书，也是影响最大的一部著作，至今仍很有参考价值。在中国的二十四史中，有天文历律志者计有十七史。《十七史天文诸志之研究》主要就是对这些“志”作言简意赅的介绍，但此书直到朱文鑫去世 26 年之后才于 1965 年正式出版。

1927 年
苏姆金《苏联境内永久冻结土壤》出版

冻土学是研究冻土形成、发育及其分布规律的学科。1860 年代以后，俄国科学家开始在西伯利亚研究冻土。1927 年，苏联冻土学家苏姆金的《苏联境内永久冻结土壤》一书问世，标志着冻土学成为一门独立学科。1929 年，苏联科学院成立世界上第一个研究冻土的专门机构——多年冻土研究常务委员会。1970 年，苏联科学院成立地球冷圈学委员会，负责协调全苏联冻土科学研究工作。

冻土

中国对冻土现象早有记载，如《徐霞客游记》中曾提及的山西五台山顶有“龙翻石”，即冻土，但对冻土开展系统的研究是在 1960 年代以后。1958 年，中国科学院高山冰雪利用研究队在兰州成立，后几经调整，于 1965 年成立中国科学院兰州冰川冻土研究所，1999 年与另两个研究所合并成立中国科学院寒区旱区环境与工程研究所。几十年来，中国在普通冻土学、工程冻土学、冻土物理力学、冻土物理化学方面取得了不少成果，形成了较为完整的研究体系。

1927 年
戈尔德施密特等《元素的地球化学分布律》出版

挪威矿物学家戈尔德施密特和他的合作者们的系列专著《元素的地球化学分布律》，从 1923 年出版第 1 卷，至 1927 年 8 卷出齐，标志着现代地球化学的诞生。

戈尔德施密特用简洁的办法计算了地壳中元素的丰度，根据化学元素在陨石和地球物质中的分布，首次将元素进行地球化学分类。他赋予了地球化学更广阔的研究领域和更深入的研究内容。他有远见地指出，地球化学不仅要研究元素的分布和丰度，而且要研究同位素的分布和丰度；不仅要研究地球的物质成分，而且要研究宇宙的物质成分。他十分强调研究那些支配元素和同位素的分布规律。戈尔德施密特的这些观点，对现代地球化学的发展产生了重大影响。

1927 年
卡尔佩琴科培育出多倍体杂交植物

染色体加倍是植物发生变异的重要原因之一，它对物种进化具有重要意义。多倍体植物在自然界普遍存在，而多倍体育种则是通过人工操作使染色体加倍，以此获得新品种。1927 年，苏联生物学家卡尔佩琴科培育出第一株多倍体杂交植物。他用有 9 对染色体的萝卜与有9对染色体的甘蓝杂交，然后令子代的染色体加倍，得到了完全可育的异源四倍体萝卜—甘蓝（地上部分长甘蓝的叶子，地下部分长萝卜的块根）。

几十年来，人们已利用多倍体育种技术生产出许多农作物，如无籽西瓜、大粒草莓和葡萄、异源八倍体小黑麦，等等。诱导产生多倍体的方法有温度骤变、机械创伤、辐射、离心作用等物理因子，以及秋水仙素、吲哚乙酸、氧化亚氮等化学药剂。

1927年
缪勒证实X射线会诱发突变

在生物进化过程中，基因的自发突变是一种频率很低的突变，科学研究上仅靠自发突变是不够的。1927年，美国遗传学家赫尔曼·缪勒在《科学》杂志发表了一篇题为《基因的人工蜕变》的论文，首次证实X射线会诱发基因突发和染色体畸变，并弄清了诱变剂剂量与突变率之间的关系，为诱变育种奠定了理论基础。

缪勒在用X射线处理果蝇时发现，受大剂量X射线照射的果蝇，突变率比未受照射的果蝇高出约150倍。用X射线照射的方法，在短时间内就可得到数百个突变体，发现众多的突变基因。缪勒进一步发现，突变类型包括致死突变、半致死突变和非致死突变，其中致死突变又可分为隐性致死突变和显性致死突变。X射线诱发的变异大多数与自发突变中出现的基因突变完全相同，只是后者出现的频率要低得多。除基因突变外，X射线还能造成较大片段的染色体畸变，如缺失、断裂、易位、倒位等。X射线处理一般不会使染色体上的全部基因物质都发生永久性的改变，常常只影响到其中一部分。由于基因复制产生两个或两个以上的子代基因，往往只有其中一个发生突变，因此基因突变的果蝇在表型上似乎表现出某种滞后效应。而且，已发生突变的基因再次突变的概率与未突变的基因相同。此外，缪勒还研究了突变与X射线剂量及诱变时果蝇所处生命周期的关系。缪勒的工作影响深远，他使人们认识到，必须尽可能少地暴露于任何类似于X射线的离子辐射下，因为由此造成的大多数突变是有害的；其次，应用X射线等物理手段及后来使用的化学诱变剂，可以大大提高突变率，这有利于科学家高效地进行基因功能的研究。

作为辐射遗传学的创始人，缪勒荣获了1946年诺贝尔生理学医学奖。他所建立的检测突变的CIB方法（以X染色体上的三个特殊基因的突变情况为参照标准）至今仍是生物监测的手段之一。

1927年
德林克和肖发明“铁肺”

“铁肺”是一种辅助呼吸的机械装置，它是一个连接着泵的密闭铁盒子，病人胸部躯干置于其中，头部伸在外面。当铁肺中的空气被吸出时，新鲜空气进入病人的肺内；当铁肺中的压力升高时，肺内的空气被压出去。铁肺拯救了许多人的生命，它是第一个代替人体器官功能的机器。第一个现代实用的、被称为“铁肺”的人工呼吸机由哈佛医学院德林克和路易斯·肖在1927年发明。他们使用铁框和两个吸尘器，建成了一架原型呼吸器。1928年，他们帮助一个患脊髓灰质炎的女孩进行呼吸。1929年，德林克等发表了题为《一种新型长期人工呼吸仪器的使用：一个致命的脊髓灰质炎病例》的文章，报告了德林克呼吸机成功的临床试验。1930年代，在脊髓灰质炎暴发后，“铁肺”在各地的医院均有大量的需求。但“铁肺”的应用历史很短，当索尔克研制了有效的脊髓灰质炎疫苗后，脊髓灰质炎在1950年代被控制。今天，已有不太笨重的呼吸机问世，供需要辅助呼吸的病人使用。

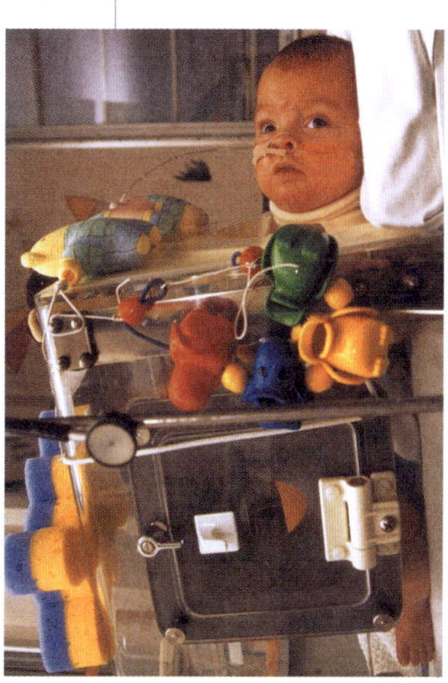

铁肺　一个早产儿在微型铁肺的支持下得以存活，医护人员密切监控婴儿的呼吸。

1928 年
霍普夫定义同调群

德国数学家霍普夫是同调代数的奠基人之一。他出生于德国布雷斯劳(今波兰弗罗茨瓦夫),1914 年进入布雷斯劳大学,1920 年起先后在柏林大学、海德堡大学及格丁根大学求学。1925 年,霍普夫在柏林大学获博士学位,论文题目是《论流形的拓扑与度量的关系》。

在德国女数学家诺特的强烈影响下,霍普夫正式把抽象代数引入拓扑学。原先使用的工具主要是线性代数,包括矩阵和行列式。霍普夫把它们转化为阿贝尔群及其同态,由此,原来的贝蒂数及挠系数被纳入阿贝尔群之中而成为同调群。1928 年,霍普夫发表了推广莱夫谢茨不动点公式的论文《欧拉—庞加莱公式的推广》,正是在这篇论文中,他首次提出了同调群的概念。

1928 年
录音磁带研制成功

1898年,丹麦工程师浦耳生用金属丝交变磁化的方法使用钢丝把人的声音记录下来,制作了一种电磁留声机,这就是现代磁录音机的雏形。但是,浦耳生的留声机音质较差,且没有财力支持得以大量生产。1928年,德国工程师普夫吕默在此基础上,使用敷有铁粉的纸带和塑料作为数据记录载体制成了录音磁带。1936 年,普夫吕默改进了磁带技术,用氧化铁作为磁性录音材料,制成了第一台磁带录音机。

可实用的磁带录音机的出现,标志着记录载体有了极大的进步,也为录像磁带的出现提供了坚实的技术基础。

1928 年
狄拉克提出电子的相对论性波动方程

薛定谔于 1926 年提出的波动力学是一种非相对论性量子力学理论。1928 年 1 月和 2 月,英国物理学家狄拉克在论文《电子的量子理论》和《电子的量子理论 Ⅱ》中,将量子力学与相对论相结合,提出了电子的相对论性波动方程,也叫狄拉克方程。狄拉克方程的重要成果包括,自动导出了电子自旋,非常好地解释了氢原子能谱,预言了正电子的存在。狄拉克因建立相对论性波动方程与薛定谔、海森伯一起获得 1933 年诺贝尔物理学奖。

1928 年
伽莫夫提出 α 粒子衰变理论

放射性发现后,α 粒子为什么能从原子核中发射出来等问题长期以来一直困扰着物理学家。在能发射 α 粒子的核内,α 粒子受到原子核内剩余部分的吸引力很大,可以形象地说,α 粒子要从核内射出必须克服很高的“势垒”。但是从实验上发现,α 粒子的动能比势垒高度低得多,按照经典力学,α 粒子不可能跑到核外。然而根据量子力学,由于 α 粒子的波动性,它将有一定的概率穿透势垒而到达核外。1928 年,苏联—美国物理学家伽莫夫首先根据这种量子隧道效应建立了 α 粒子衰变理论,解释了 α 粒子衰变现象。这个理论也是利用量子力学研究原子核的最早成就之一。

伽莫夫

1928 年
发现拉曼光谱

1928 年,印度物理学家拉曼用汞灯研究单色光在液体中的散射时发现,大部分的光会按原来的方向透射,而一小部分则按不同的角度散射开来,产生散射光。沿垂直方向观察时,除与原入射光有相同频率的瑞利散射外,还有一系列对称分布着若干条很弱的与入射光频率不同的散射,这种现象称为拉曼效应。一般把瑞利散射和拉曼散射合起来所形成的光谱称为拉曼光谱。同年,苏联和法国物理学家也观察到这一现象。由于这种新谱线对应于散射分子中能级的跃迁,为研究分子结构提供了一种重要手段,引起学术界极大兴趣,拉曼也因此荣获 1930 年诺贝尔物理学奖。他也是第一位获此殊荣的亚洲科学家。

但由于拉曼光谱很弱,它的发展曾停滞了一段时期。激光器的问世提供了优质高强度单色光,有力地推动了拉曼散射的研究及其应用。现在,拉曼光谱的应用范围遍及化学、物理学、生物学和医学等各个领域,对于纯定性分析、高度定量分析和测定分子结构都有很大价值。

1928 年
第尔斯和阿尔德发现双烯合成

双烯合成是由一个共轭二烯(含有单双键交替结构的二烯烃)和一个单烯烃(又称亲二烯体)一步结合成环己烯类化合物的反应。这个反应是由德国化学家第尔斯和阿尔德在 1928 年共同发现的,该反应就被命名为第尔斯—阿尔德反应。

1930 年代以前,尽管自然界中有很多化合物含 6 个碳原子的环,但要从开链化合物合成 6 个碳原子的环,还很困难。1928 年,第尔斯和他的学生阿尔德成功地使环戊二烯与马来酸酐发生反应,产物中就有一个化合物含有一个六元碳环。大量的实验证据表明:一个共轭二烯类化合物与一个单烯可以直接反应生成六元碳环化合物。由于这种合成方法是以两个烯烃为原料进行的,故人们称之为双烯合成。

第尔斯—阿尔德反应为人们提供了一种合成六元碳环化合物的方法,在科学研究和化工生产中都起着极大的作用,他们因此荣获 1950 年诺贝尔化学奖。

1928 年
温特发现植物激素

1880 年,查尔斯·达尔文和弗朗西斯·达尔文父子在研究虉草和燕麦时,发现它们的胚芽会向光弯曲。后来,丹麦生物学家博伊森–詹森试着将植物的胚芽鞘尖端切去,就观察到胚芽不再弯曲甚至停止生长。直到 1928 年,荷兰植物学家温特才发现胚芽鞘尖端存在促进其生长的化学物质。他将切下的胚芽鞘尖端置于琼脂上,使琼脂吸附其中的化学物质。几小时后取走胚芽鞘尖端,将琼脂切成小块,放在去顶胚芽的一侧。结果发现,在无光条件下也会引起去顶胚芽弯曲。温特发现的这种物质后来被称为生长素,这是第一种被发现的植物激素。随后,人们又发现了赤霉素、细胞分裂素、脱落酸、乙烯和油菜素类固醇等植物激素,它们都对植物生长发育具有调控作用。今天,人们已经能合成多种具有天然激素作用的化合物,它们被统称为生长调节剂。

1928 年
圣捷尔吉提取维生素 C

维生素 C 又称抗坏血酸,是一种可溶于水、具强还原性的酸性物质,在生物体内的某些代谢过程中必不可少。绝大多数动物可自身合成维生素 C,而高等灵长类动物则不能,只能从食物中摄取。缺乏维生素 C 会导致多种疾病。

几百年前,船队远航时,许多船员会出

现四肢无力、精神萎靡、牙龈出血等症状，严重者还会死亡。人们称这种病为坏血病。同时也发现，新鲜的食物尤其是柠檬可以治疗坏血病。1912 年，波兰生物化学家芬克提出维生素理论，将一类动物及人体必需的微量营养物质命名为维生素。于是，人们将食物中能抗坏血病的物质命名为维生素 C。

1920 年代，匈牙利生理学家圣捷尔吉在实验中意外地发现植物中存在一种强还原性有机酸，能延缓色素的氧化速度。后来，他又在肾上腺皮质中发现了类似的物质。1928 年，圣捷尔吉分离出这种物质，将其命名为己糖醛酸，并确定了它的化学式（含 6 个碳原子、8 个氢原子、6 个氧原子）。后来英国化学家霍沃思又确定了其结构。1930 年代，圣捷尔吉及其助手证明，己糖醛酸有抗坏血病活性，将它易名为抗坏血酸，后来证明它就是维生素 C。1937 年，圣捷尔吉因对维生素 C、延胡索酸和生物氧化的研究荣获诺贝尔生理学医学奖。

1928 年
弗莱明发现青霉素

英国医生亚历山大·弗莱明 1881 年出生于苏格兰的艾尔郡。1906 年，他考取英国医学院联合委员会的学位，1908 年拿到医学士资格，并以一篇《急性细菌性感染》的论文，荣获伦敦大学的金质奖章与伦敦圣玛丽医院医学院颁发的奖牌。1909 年，弗莱明通过英国皇家外科学会的考试，成为外科学会的正式成员。1955 年春，弗莱明因心肌梗死逝世。

1914 年，第一次世界大战爆发。弗莱明以中尉的军衔加入英国陆军医疗队，被派往法国。在那里他看到许多士兵因伤口感染而痛苦万状，他从伤员伤口处分离、培养及鉴定出常见的细菌，并发现衣服是主要的感染源。直到 1919 年，弗莱明才回医院从事抗菌的研究。1928 年秋，弗莱明正醉心于研究梅毒的治疗方法。有一次，他接种了葡萄球菌后，没有把培养皿放入暖恒温箱中储存。刚巧，伦敦正遇降温，这给了青霉菌（一种真菌）孢子一个生存的机会。之后气温回升，葡萄球菌迅速生长，几乎长满了培养皿。培养皿中同时也有青霉菌生长，而在青霉菌菌丝的外围区域则有一圈清澈的无葡萄球菌带。凭着过人的洞悉力和推理能力，弗莱明正确地推断出，青霉菌菌丝一定能释放出某些物质抑制细菌的生长，并把这种物质命名为青霉素（亦称盘尼西林）。青霉素对动物没有毒性，具有作为治疗细菌感染药物的潜力。于是，他开始研究杀菌力和测试各种病原菌的感受性，他发现，有些菌对青霉素非常敏感（革兰氏阳性菌），但也有一些不敏感（革兰氏阴性菌）。他曾尝试将青霉素纯化出来，但因为化学知识基础不够而没有成功。

直到第二次世界大战爆发，由于受伤士兵的伤口被细菌感染亟需治疗，经由许多英国及美国的微生物学家通力合作，青霉素才大量生产，而成为挽救无数生命的神奇药物。1945 年，弗莱明获得诺贝尔生理学医学奖。

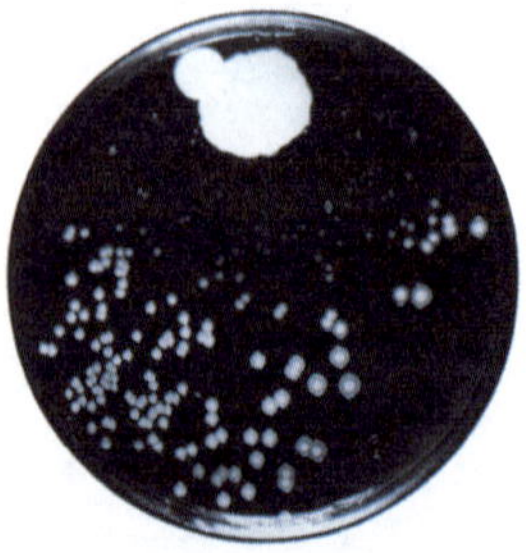

亚历山大·弗莱明第一次发现的生长有青霉菌的培养皿

1928—1944 年
格里菲思和埃弗里证明遗传物质是 DNA 而非蛋白质

20 世纪初，人们已经对基因、遗传有了一定认识，但对遗传物质的本质仍缺乏了解。有人认为，遗传物质是蛋白质，因为蛋白质种类繁多，在组成生物体结构、维持并促进生命活动方面起着不可替代的作用。而核酸结构过于简单，无法承担起保存海量遗传信息的重任。但是，英国微生物学家格里菲思和美国生物化学家埃弗里则用实验改变了人们的认识。

1928 年，格里菲思完成了著名的“肺炎球菌转化实验”。实验中使用了两类肺炎球菌，一类称 S 型（S 是英文“光滑”一词的首字母），表面有荚膜，形成光滑菌落，能使小鼠患病致死；另一类称 R 型（R 是英文“粗糙”一词的首字母），无荚膜，形成粗糙菌落，无致病力。他将已死亡的 S 型菌和活的 R 型菌分别注射入小白鼠体内，小白鼠表现正常；但若将两者混合注入，则小白鼠死亡，而且从其尸体中可分离出活的 S 型肺炎球菌。格里菲思由此推测，在 S 型的死菌体内必定存在一种“转化因子”，能将无荚膜的非致病性 R 型菌转化为有荚膜的致病性 S 型菌。格里菲思还通过实验证明这种转化可以遗传给后代，但他未能弄清这种转化因子是什么。

1944 年，美国洛克菲勒研究所的埃弗里与同事进行了进一步的实验。他们以高温杀死 S 型菌，将死菌萃取物与活的 R 型菌混合培养，发现 R 型菌转化为 S 型菌。他们研究了萃取物中具有转化能力的成分，最后证明，格里菲思所说的“转化因子”其化学本质是脱氧核糖核酸(DNA)，即生物的遗传物质是 DNA 而非蛋白质。

埃弗里的发现虽然一度引起广泛争议，但仍然极大地推动了 DNA 相关研究的进展。后来越来越多的研究证明，DNA 确实是遗传信息的载体，这一发现作为遗传学领域的一项重大突破将永载史册。

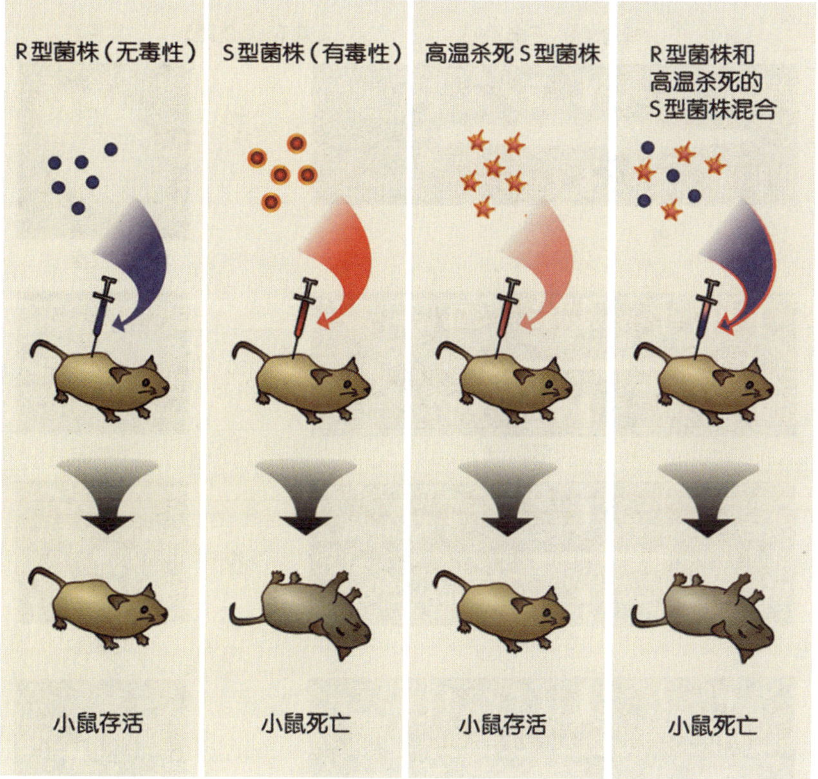

肺炎球菌转化实验

1929 年
哈勃发现河外星系的速度—距离关系

1917 年，美国天文学家斯莱弗发表对 25 个旋涡星云作分光观测的结果。他根据光谱线的多普勒位移推算出这些星云的视向速度，其典型值约为 570 千米/秒，远远超过银河系中任何已知天体的速度。而且，大多数星云的谱线位移都是红移，表明它们是在远离太阳系而去。1924 年美国天文学家哈勃揭示了旋涡星云的本质：它们都是远远位于银河系以外、尺度堪与银河系相比拟的巨大恒星集团，即“河外星系”。1929 年，哈勃对于已经测定视向速度的 24 个河外星系，通过各种方法估计它们的距离，并由此发现了著名的“速度—距离关系”：距离越遥远的星系，离观测者而去的视向速度越大，且这两者之间存在着很好的正比关系。这就是著名的“哈勃定律”，可用公式表示为：$v = H_0 r$，其中 v 是星系的视向速度，r 是星系同观测者的距离，比例常数 H_0 称为“哈勃常数”，具有时间倒数的量纲。后来，哈勃的同事、美国天文学家赫马森将测定视向速度拓展到更遥远的星系。到 1936 年，他已测定约 150 个星系的谱线红移，相应的视向速度最大值达 42 000 千米/秒，几乎达到光速的 1/7，并进一步证实了哈勃定律的有效性。哈勃定律是宇宙正在膨胀的直接观测证据，它深刻地改

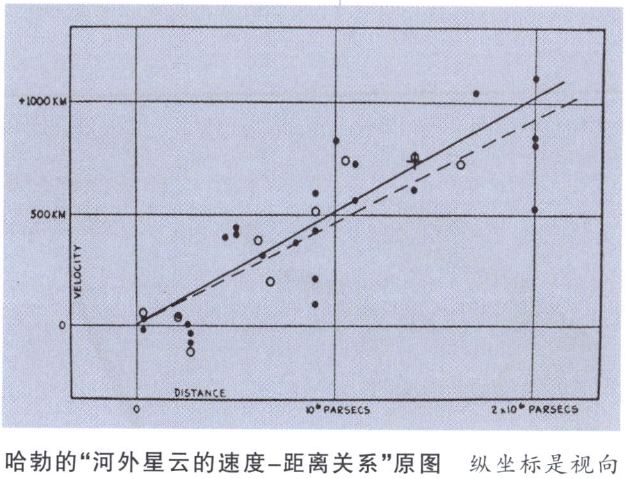

哈勃的“河外星云的速度–距离关系”原图 纵坐标是视向速度，以千米/秒为单位；横坐标是距离，以秒差距为单位。各种不同记号的含义，在哈勃 1929 年发表的原始论文中均有详细说明。

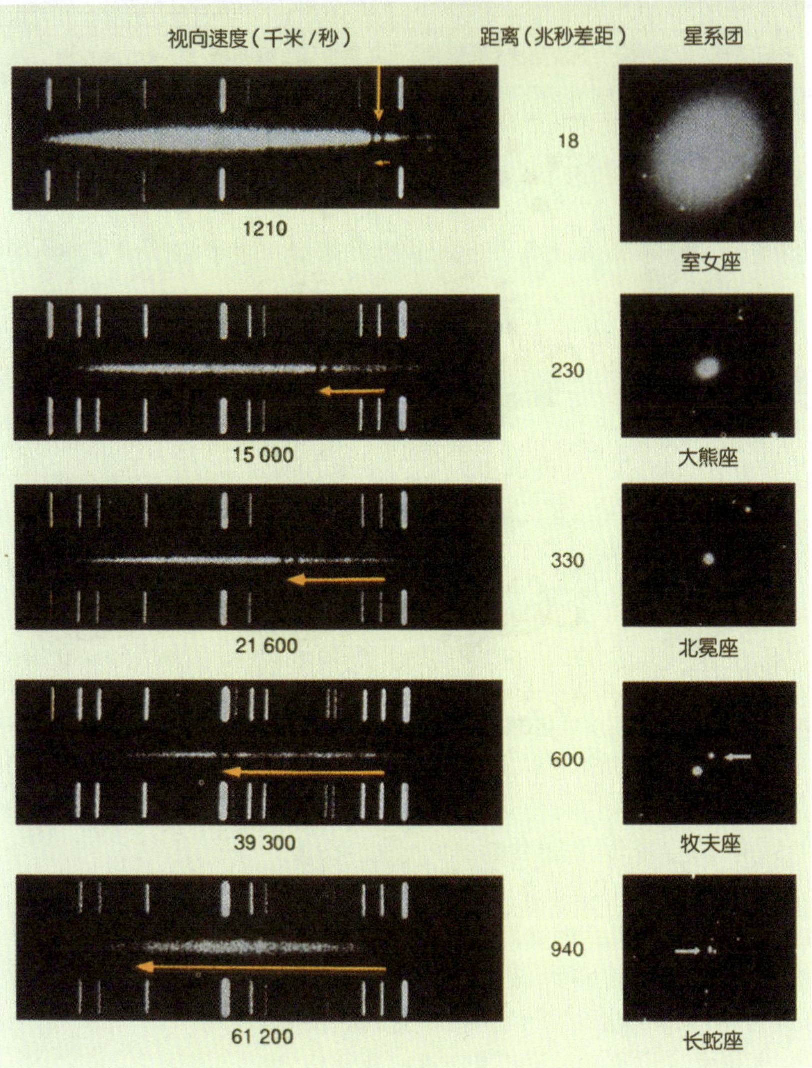

哈勃定律的观测基础是星系光谱线的红移 最上边的光谱中用垂直的黄色箭头指示一对吸收线的位置。在下边的几个光谱中，这对吸收线渐次移往波长越来越长的位置，水平的黄色箭头指示了红移的大小。

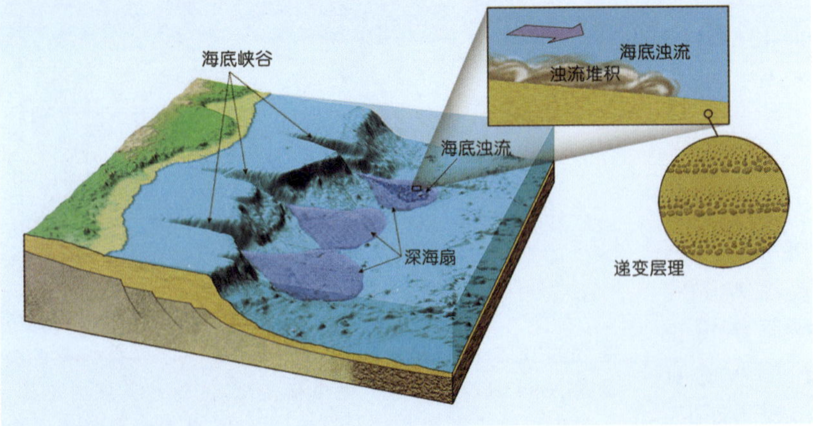

海底浊流成因示意图

变了人类的宇宙观，堪称20世纪天文学最重要的成就。

1929年
发现海底浊流

1929年11月18日17点02分(纽芬兰时间)，加拿大东部纽芬兰海岸外的大浅滩海域发生7.2级地震。随后，在不到一昼夜的时间内，从纽芬兰附近登陆的12条大西洋海底通信电缆依次中断。地震过后的调查发现，这些电缆共有28处发生折断；断裂发生的时间记录则呈现出海底电缆由震中位置沿陆坡向下依次发生折断的过程。后来，海洋学家经过仔细调查和分析后认为，这次大规模的海底电缆断裂事故，是由地震促发的海底滑坡和海啸产生的海底浊流高速运动和冲击所致。这次海底电缆折断事故使得海底浊流第一次为文献所记载。

1929年
裴文中发现北京人头盖骨

1929年12月，位于北京房山区周口店村的龙骨山上，中国古人类学家裴文中发现了北京人的第一个头盖骨化石。该遗址至今共出土北京人的头盖骨6具、头骨碎片12件、下颌骨15件、牙齿157枚，以及其他骨头化石，分属40多个男女老幼个体。另外还发现约10万件石器，以及用火的灰烬遗迹和烧石、烧骨等。

北京人属直立人种。一般认为他们生活于50万年前，但最新的年代测定研究结果是78万—68万年前。他们过着以狩猎为主的洞穴生活，能够使用和制造粗糙的石制工具，并已学会使用火取暖和吃熟食。他们拥有颇具特色的旧石器文化，对中国华北地区旧石器文化的发展产生了深远的影响。

周口店遗址的发掘工作开始于1921年。1926年，奥地利古生物学家师丹斯基在整理自己从周口店发掘的标本时，发现了属于早期人类的两颗牙齿化石。1927年，在北京协和医学院任教的加拿大古人类学家步达生把牙齿的主人命名为“北京中国人”，以后便有了俗名“北京人”，科学定名则为“北京直立人”。大规模发掘工作随后展开，发掘工作由中国地质调查所和协和医学院主持。1929年，终于有了震惊世界的发现：裴文中发现了完整的北京人头盖骨化石。1936年，中国旧石器考古学家贾兰坡在11天之中发现了三个头盖骨化石，再度震惊中外。

日军占领北京后，保存在协和医学院的化石安全受到威胁，民国政府打算将化石送往纽约自然历史博物馆暂存。1941年12月，转移行动按计划进行，由美国海军陆战队护卫，乘北京到秦皇岛的专列到达秦皇岛港。当时正值太平洋战争爆发，日军突袭护卫美军，北京人头盖骨从此不见踪影。第二次世界大战结束后，美国、中国、日本都开展了对北京人头盖骨的寻找工作，但至今没有这些珍贵化石的下落。

左图为修复后的第一个北京人头盖骨；右图为裴文中抱着经石膏加固的头盖骨，拍摄者因太专注于头盖骨而忽略了裴文中的头

1929年
菲斯克等分离出腺苷三磷酸

腺苷三磷酸(ATP)是由1个腺嘌呤核苷和3个磷酸组成的核苷酸，是细胞储存和传递化学能的“通用货币”。我们一切生命活动所需的能量都直接来自ATP。ATP不足时，我们会感到肌肉酸疼、容易疲劳。

1929年，美国生物化学家菲斯克和苏巴罗从肌肉中分离出了ATP和磷酸肌酸。同年，德国生物化学家洛曼也从肌肉和肝脏提取物中提取出了ATP。几年后，洛曼发现了ATP和磷酸肌酸系统的裂解反应机制，认为它们是肌肉收缩时所需要的最直接和最重要的能量来源。今天我们知道，在水解酶的作用下，ATP中一个高能磷酸键断裂，变为一个磷酸和一个腺苷二磷酸(ADP)，同时释放出能量，供细胞生命活动之用；在获得能量的情况下，ADP又可生成ATP，将能量储存起来。细胞中的线粒体是合成ATP的主要场所，另外，植物细胞的叶绿体也能通过光合作用合成ATP。

1929年
福斯曼发明心脏导管检查术

德国医生福斯曼出生在柏林，1922年10月考入柏林大学医学院，1928年以优异的成绩通过了国家考试，并获得医学博士学位，受聘于柏林一家医院，任住院医生。当时，心脏病是所有疾病中死亡率最高的，为寻求一种新的有效治疗方法，1929年，福斯曼尝试切开自己的肘窝静脉，将一根细长的管子导入自己的心脏，以观察心脏各腔室内压力的变化及心脏排血功能的情况。他还冒着生命危险，带着插入心脏的导管，到放射科请人替他拍了一张X线片。这是世界上第一张心脏导管X线片。后经迪金森·理查兹和库尔南改进，心脏导管技术开始应用于临床，开创了介入放射治疗技术。1956年，福斯曼、理查兹和库尔南三人共同获得诺贝尔生理学医学奖。

1929 年
无土栽培技术应用于蔬菜生产

无土栽培是指不用天然土壤,完全用营养液栽培植物的技术,营养液可以代替天然土壤向作物提供水分、养分、氧气、合适的温度,使作物能够正常生长并完成其整个生命周期。传统农业中作物的生长离不开土壤,而无土栽培则是人类种植方式上的一项重大革新。

美国是最早在蔬菜生产上应用无土栽培技术的国家。1929 年,美国加利福尼亚大学的植物生理学家格里克利用营养液成功地培育出一株高 7.5 米的番茄,采收果实 14 千克,引起人们极大的关注,被认为是无土栽培技术由试验转向实用化的开端。从 1950 年代起,意大利、西班牙、法国、英国、瑞典、以色列、荷兰、日本等国广泛开展了无土栽培研究。1960 年代以来,无土栽培出现了蓬勃发展的局面,种植作物亦从番茄、黄瓜等蔬菜扩展到花卉等种类。随着技术的不断完善以及先进设施、新型基质材料的应用,无土栽培已可以根据不同作物的生长发育需要,进行温、水、光、肥、气等的自动调节与控制,实行工厂化生产。

无土栽培的番茄

无土栽培不仅使得作物生长快、产量高、质量好,而且把人类的种植活动从土壤的束缚下解放了出来,为实现农业、园艺生产的工厂化、自动化打开了广阔的前景。

1929—1935 年
奈旺林纳理论创立

20 世纪初期,在亚纯函数理论研究方面贡献最大的是芬兰数学家奈旺林纳。他 1919 年在赫尔辛基大学获得博士学位,1925 年建立了亚纯函数的一个一般性理论,1929 年出版了《皮卡—波莱尔定理与亚纯函数理论》,1935 年又出版了《单值解析函数》,这两本著作使亚纯函数的值分布研究呈现了崭新的面貌,丰富并推进了前人的工作成果,形成了现代亚纯函数的奈旺林纳理论。

由于奈旺林纳理论的重要性,奈旺林纳本人得到了许多荣誉,并成为多所大学的名誉博士、多国科学院的名誉院士,以及多国数学会的名誉会员。他的学生阿尔福斯也因对奈旺林纳理论的研究成果等荣获首届菲尔兹奖。

1929—1935 年
布特南特分离出性激素

性激素是动物体内具有促进性器官发育及成熟、维持第二性征和生殖等功能的一类激素。一般将性激素分为三类:雌激素、孕激素和雄激素。这些激素有着相同的胆固醇骨架,只在侧链上有所差别。性激素进入细胞后与特定的受体结合形成复合物,随后进入细胞核,调控基因的转录。

在发现性激素的道路上,德国生物化学家布特南特是当之无愧的先驱。1929 年,布特南特首次从孕妇的尿液中纯化并结晶出雌酮(雌激素的一种)。1931 年,布特南特又从男性尿液中分离出雄酮(雄激素的一种)。由于尿液中雄酮的含量极低,他收集了近 15 000 升维也纳警察捐赠的尿液才提炼出 15 毫克雄酮,可谓任务艰巨。1934 年,布特南特从 50 000 头猪的卵巢中提取出 20 毫克孕酮(孕激素)。1935 年,他又成功地从动物睾丸中提取出睾丸素(雄激素的一种)。

布特南特的工作为进一步研究性激素的理化性质及其在人体内的作用机制开辟了道路。此外,布特南特还对性激素的相互关系及其致癌可能性做了系统研究。1939 年,布特南特因在性激素方面的开创性研究荣获诺贝尔化学奖,此时他刚刚 36 岁。但当时的纳粹德国当局禁止布特南特领取奖金,因而他直到第二次世界大战结束后才拿到奖章和证书。

1929年—1940年代
科里夫妇推进人体糖代谢研究

人体内的糖类代谢是一个极其重要而又复杂的过程。捷克—美国生物化学家卡尔·科里和格蒂·科里夫妇在该领域钻研数十年，取得了巨大的成就。

糖原是由许多葡萄糖分子聚合而成的物质，主要的生物学功能是储存能量。人体内主要有肝糖原和肌糖原。1929年，科里夫妇发现“科里循环”，阐明了肝糖原、血糖和肌糖原之间的转化过程。1936年，科里夫妇发现了糖类代谢过程中的一种重要中间化合物1-磷酸葡萄糖，证明它在糖原转化为葡萄糖、葡萄糖转化为糖原的过程中都发挥着重要作用。这种化合物最终被定名为“科里酯”。此外，科里夫妇还分离提纯了几种与糖代谢有关的酶，并制备了酶的结晶，其中研究得最为透彻的是催化糖原转化为科里酯的磷酸化酶。1940年代，科里夫妇又发现了肝糖原的催化转化过程。在细胞质基质和线粒体中，葡萄糖通过呼吸作用被分解并产生能量。当血液中葡萄糖(血糖)浓度升高时，表示糖分多余，此时血糖可转变为肝糖原将能量暂时储备起来，也可以转变成肌糖原，供给人肌肉活动所需。合成糖原后剩余的血糖则可转变为脂肪，还可以在转氨酶的催化作用下转变为某些氨基酸。

1947年，科里夫妇因发现糖原的酶促转化过程而荣获诺贝尔生理学医学奖。

1930年
霍奇理论创立

19世纪，德国数学家黎曼利用狄利克雷原理，将单复变量的代数函数及其积分，以及一系列函数类的存在建立在黎曼曲面的拓扑和势的构造上。将这一研究领域推广到高维流形时，霍奇理论便进一步揭示了分析与拓扑之间的深刻联系。霍奇理论是光滑流形的代数拓扑研究的一个方面。它寻找光滑流形的实系数上同调群在与此流形上黎曼度量相关的一般化拉普拉斯算子的偏微分方程理论中的应用。

霍奇理论是由英国数学家霍奇于1930年作为德拉姆上同调的扩展而发展出来的。霍奇分解定理是霍奇理论的中心结果，由这个定理可以推出：每个德拉姆上同调类中存在唯一调和形式及德拉姆上同调群的维数是有限的。类似地，可以把霍奇理论推广到全纯向量丛和克勒流形上，并分别有相应的分解定理。霍奇理论给当代流形上分析的整体研究以巨大影响，它可以应用到多复变函数论、超定微分方程组及拟微分算子等分支。霍奇理论后来由日本数学家小平邦彦等加以发展与推广。

1930年
狄拉克提出空穴理论

1928年，英国物理学家狄拉克在建立狄拉克方程并求解后发现，该方程有两个解，一个是通常描述自由电子行为的解，另一个则是负能量电子的解。负能态的存在意味着处于正能态的电子会无限跌落入负能

狄拉克

态。这样的自然界还会稳定吗?这显然违背客观事实。

为了解决这个困难,1930 年,狄拉克提出了著名的空穴概念。他认为,真空中的负能态都已被电子填满了。由于泡利不相容原理,一个态上只能有一个电子,所以正能态的电子不会落入负能态,从而保持了自然界的稳定。但是如果负能态的电子从外界获得足够能量而被激发到正能态,则在产生一个电子的同时,在负能态中出现了一个“空穴”。而这个“空穴”可以被看成带正电的且具有正能量的电子,即正电子。狄拉克于是预言了一种新的粒子,即正电子的存在。

1932年,美国物理学家卡尔·安德森从宇宙射线实验中发现了正电子。正电子是电子的反粒子,也是人们发现的第一个反粒子。现已发现,任何物质粒子都有相应的反粒子。

1930 年
泡利提出中微子假设

中微子是一类静质量为零的稳定中性粒子,它是在研究原子核的 β 衰变时首先从理论上提出的。β 衰变是指放射性原子核放出电子的过程。实验发现,β 衰变中产生的电子具有连续能谱,但核的终态和始态能量却又都具有确定值,如果只有电子和核参与反应过程,则意味着能量守恒定律出了问题。当时就有一些物理学家认为,在微观领域中能量守恒定律不再成立。

1930 年,泡利提出一种假设,认为在 β 衰变中还存在一个没有质量的中性粒子,即中微子。这样,β 衰变中的能量守恒问题也就迎刃而解了。中微子几乎没有质量,又不带电,所以直到 1956 年,才从实验上证实了它的存在。现已发现三种不同类型的中微子。中微子假设不仅确保了能量守恒定律的正确,更开创了一个新的研究领域。

1930 年
布里渊区概念提出

布里渊区是固体能带理论中的一个重要概念。1928 年,瑞士—美国物理学家费利克斯·布洛赫首先运用量子力学原理,分析晶体中外层电子的运动。他指出,由于晶体中原子作规则排列,电子是在一个周期势场中运动,而单个电子的波函数应该满足薛定谔方程。布洛赫证明,晶体中的电子在周期性势场中运动的波函数与自由电子的波函数形式相似,代表一个波长为 $1/k$ 而在 k 方向上传播的平面波,不过这个波的振幅作周期性的变化,其变化周期与势场周期相同。这个论断称为布洛赫定理。这时的波函数称为布洛赫函数,它反映晶体中电子运动的基本性质。布洛赫定理为能带论奠定了基础。

1930 年,法国物理学家布里渊首先提出,用倒易格矢量的中垂面来划分波矢空间的区域,从而更清晰地分析电子的能带。根据布洛赫定理,波矢 k 的变化范围被限制在波矢空间的一个多面体之内,这个多面体称为布里渊区,其形状和大小由晶体结构决定。每一区域的能量是连续的,但区与区之间是不连续的。每个布里渊区代表一个能带,布里渊区边界就是能带边界。

1930 年
汤博发现冥王星

1846 年海王星发现后,一些天文学家根据天王星和海王星的轨道摄动,预期在海王星之外还存在未知的行星。美国天文学家洛厄尔曾于 20 世纪初对其进行历时数年的两轮搜索,但均无建树。1929 年,洛厄尔天文台安排 23 岁的汤博用一架口径 33 厘米的反射式天体照相仪进行第三轮搜索。每张照相底片上的星像多达数十万个,要在其中找出一个有微小位移的星像,真是谈何容易。所幸该台有一种专供对比天文照相底片的“闪视比较仪”,可以极其迅速地从两张底

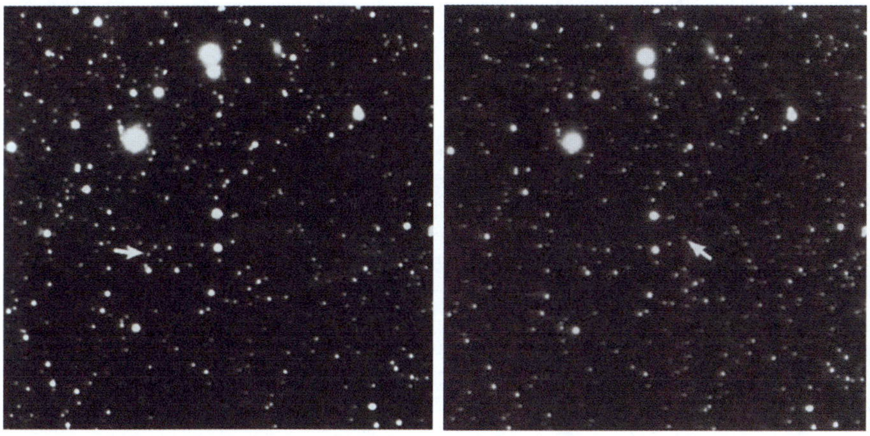

1930 年发现冥王星的照相底片(局部) (左)1 月 23 日拍摄,(右)1 月 29 日拍摄,箭头所指即为冥王星。

洛厄尔天文台展示汤博发现冥王星所用的闪视比较仪

片交替取景,以实现人眼几乎不能察觉的快速视场转换。倘若一个天体的位置在不同底片上有所变化,那么在进行闪视比较时它就会相对于群星背景快速来回跳动。1930 年 2 月,汤博终于发现,在 1 月 23 日和 29 日先后拍摄的双子座 δ 星附近同一天区的照片上,有一个小星点在闪视比较仪的视场中来回跳动。经过进一步的观测确认,该台于 1930 年 3 月 13 日正式宣布发现了一颗新行星。它以罗马神话中的冥神普鲁托命名,汉语定名为“冥王星”。此后冥王星即被视为太阳系的第九颗大行星,直到 2006 年 8 月国际天文学联合会决议将其重新分类为“矮行星”。冥王星是已知最大的柯伊伯带天体之一,直径约 2300 千米,有 3 颗卫星。

1930 年
特朗普勒证实星际物质存在

19 世纪与 20 世纪之交,人们已觉察到许多迹象表明星际空间并非空无一物,而是存在着稀薄物质,有些天区甚至还有遮挡背景星光的暗云。1930 年,瑞士—美国天文学家特朗普勒通过研究疏散星团的星际消光现象,证实了星际物质的存在。特朗普勒致力于研究几百个疏散星团,它们分布在相当靠近银道面的区域里,典型的例子是离我们最近的昴星团和毕星团。有两种方法可用来估计不同星团的相对距离:一是“角直径法”,即线尺度相同的星团角直径越小者越远;二是“视星等法”,即光谱型相同的主序星视亮度越暗者越远。但是,这两种方法却未能给出一致的结论:角直径法给出的距离总是小于视星等法给出的距离。这说明星光在通向地球的过程中被减弱了,存在一种对于所有波长的普遍吸收。此外,特朗普勒还研究了选择吸收现象。如果散射光波的尘粒尺度与光波波

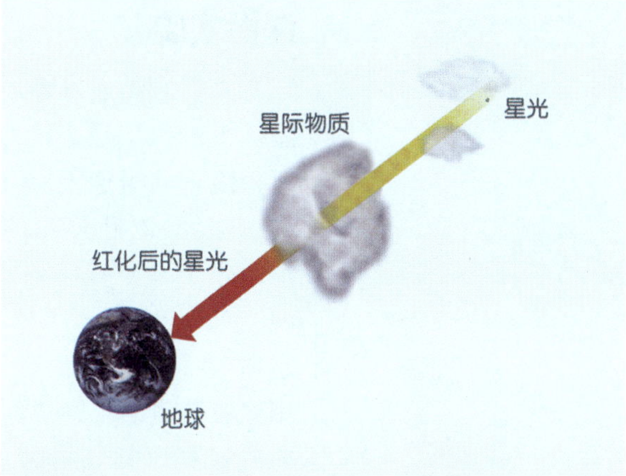

星际红化示意图 星光穿过星际物质时,星际尘埃对蓝光的散射比对红光的散射更强烈,致使星光“红化”。

银河和星际物质 这幅大片星空的广角照片视场约为 30°。其中的亮区是大量的恒星,暗区则是星际吸收物质之所在。

长相当，那么在视线方向上蓝光的散射必定比红光强，蓝星看上去就会比其光谱型显示的要红，这称为“星际红化”现象。特朗普勒由此得出结论：“在我们银河系中发生着一些普遍性的和选择性的吸收，但这种吸收限制在相对较薄的一层，它沿着银道面大致均匀地延伸。”按他的估计，星际物质产生的普遍吸收量相当于平均每 5000 光年减弱 1 个星等，以致肉眼和望远镜都看不到 30 000 光年以外的银核。这也是威廉·赫歇尔和卡普坦基于恒星计数未能发现银河系真实面貌的原因。

1930 年
毕比和巴顿完成第一次载人潜水球深潜实验

人类对海底世界的探索，面临着必须克服巨大的水下压力的难题。1928 年，美国深海探险家弗雷德里克·巴顿设计了一个深海潜水球，准备用于深海探险。经过多次改进，他制作了一个直径 1.5 米、具有 25 厘米厚的铸钢外壳和 76 厘米厚的熔凝石英窗的潜水球。在使用时，潜水球由一根粗缆绳悬吊，用橡胶包裹的电缆进行供电和通讯，并在舱内放置高压氧气瓶以及用于吸收二氧化碳和水汽的碱石灰和氯化钙。整套装置重约 4.5 吨。

1930 年 6 月 6 日，在美国博物学家毕比的资助和参与下，巴顿和毕比一起乘坐潜水球，在百慕大无双岛海域完成人类首次载人深潜实验，下潜深度达 183 米。1934 年 8 月 15 日，巴顿和毕比再次乘坐潜水球创纪录地下潜至 923 米深处。该深潜纪录一直保持了 15 年才被巴顿本人打破，1949 年 8 月，他在太平洋独自乘坐自制的“海底景观”潜水器下潜到 1372 米深处，这也是迄今为止有缆载人深潜器的最深下潜记录。

毕比（左）和弗雷德里克·巴顿以及他们的潜水球

1934 年，毕比根据他在 1930—1934 年间完成 30 多次深潜的经历，出版了《半英里之下》一书，详尽描述了他们在大洋深处所见到的奇异的海洋生物和深海景观，首次向世人展示了神秘的海底世界。毕比和巴顿开创的深潜探险考察，极大地激发了世界各国发展海洋深潜技术的热情。

1930 年
费希尔《自然选择的遗传原理》出版

自达尔文《物种起源》出版后，以自然选择为核心的进化论逐渐为生物学家所接受。然而，在遗传学建立之前，人们普遍认为自然选择机制缺乏实验基础。即使到 20 世纪初，孟德尔定律被重新发现而促使遗传学迅速发展之际，有关达尔文提出的作为自然选择基础的连续变异问题仍然存在争议。英国人类学家高尔顿和英国动物学家韦尔登等人坚持达尔文的连续变异和渐进进化观点，认为孟德尔定律对进化过程的作用并不大；而英国遗传学家贝特森等人则捍卫孟德尔定律，坚信非连续变异（突变）在进化过程中具有重要作用。

1930 年，英国统计学家、遗传学家罗纳德·费希尔所著《自然选择的遗传原理》出版，书中应用数学模型研究了适应与群体增长速度、基因频率变化之间的关系，认为突变大多数是有害的，终究会被淘汰，只有自然选择作用于连续变异才能使生物适应与进化，并说明连续变异性状可以用孟德尔定律来解释。书中还指出，生物的适合度（个体在一定环境中生存并将其基因传递给下一代的能力）与突变率成比例增长或减小，大的群体携带更多的变异，而这些变异使得大群体中的个体生存机会更多。费希尔的不懈努力使得达尔文自然选择学说与孟德尔遗传定律结合起来，可以说，《自然选择的遗传

《自然选择的遗传原理》插图

原理》是继《物种起源》之后关于自然选择的又一部巨著。

费希尔还发表了一系列关于数量遗传学的著作，将扩散方程用于计算基因频率在群体中的分布，并率先应用最大似然法来估算遗传连锁和基因频率。也是他将计算机引入生物学研究。他还提出了杂合优势的概念，为遗传多样性研究奠定了基础。费希尔毕生致力于统计学与遗传学的融合，成为20世纪综合进化论的开路先锋，与英国—印度遗传学家约翰·伯登·霍尔丹、美国遗传学家休厄尔·赖特一起被誉为群体遗传学的奠基人。

1930—1964 年
李森科垄断苏联生物学界

苏联农学家李森科曾任全苏农业科学院院长，他坚持获得性遗传观念，否定基因的存在，并将学术问题政治化。1930—1964年，李森科平步青云，成为苏联科学院、全苏农业科学院和乌克兰科学院院士，获得社会主义劳动英雄称号和9次列宁勋章。1948年，李森科在全国大会上将自己的理论概括为“社会主义的”、“进步的”、“唯物主义的”，是“米丘林生物学”的主要内容，而将西方遗传学斥为“资产阶级的”、“反动的”、“唯心主义的”。会后，苏联的大学禁止讲授摩尔根遗传学，科研机构则中止了一切非李森科理论的研究计划。直到斯大林去世和赫鲁晓夫下台，李森科对苏联生物学界的垄断才告终结。李森科事件成为苏联科学界的悲剧，也向世人敲响了防止强权政治干扰科学的警钟。

1930 年代
蒂塞利乌斯发明电泳法

电场作用下带电粒子在缓冲液(或缓冲剂)中的定向运动称为电泳。这种现象早在1820年代就已发现，但并未得到实际应用。1930年代，瑞典生物化学家蒂塞利乌斯开始研究适用于蛋白质分析的电泳技术，相继发展了电泳、色谱、相分离、凝胶过滤等非常有效的生物化学分析方法。他不断改进实验手段和装置，开发出区带电泳法，大大提高了效率和分辨率。1940年，蒂塞利乌斯用自己发明的电泳装置分离血清蛋白，获得了四个组分，分别命名为白蛋白、α 球蛋白、β 球蛋白和 γ 球蛋白，该方法也迅速应用于分离和鉴定各种复杂蛋白质及其他天然物质混合物的组成。1948年，蒂塞利乌斯因研究电泳分析和吸附方法并发现血清蛋白组分而荣获诺贝尔化学奖。

1950年代初，人们相继发展了纸电泳、醋酸纤维膜电泳和琼脂电泳；1950年代后期，出现了淀粉凝胶电泳和聚丙烯酰胺凝胶电泳；1960年代，人们又创建了具有新特点的等电聚焦和等速电泳。由于电泳分离技术分辨率高、灵敏度高、选择性强，可利用染色、紫外吸收、放射性和生物活性测定被分离物，因而特别适用于生物大分子的分离与鉴别。迄今为止，电泳分析已被广泛应用于生物化学、临床化学、食物化学、病毒学、药物学、酶学、免疫学、细胞学等诸多研究领域，与离心分离技术、色谱分离检测技术合称现代生物分子分离鉴别的三种基本手段，为分子生物学和生物医学等领域的迅猛发展立下了汗马功劳。

1930年代
米丘林学说创立

苏联植物育种学家和园艺学家米丘林从小爱好园艺。为了改变果树质量低劣的状况，他调查了全国各地的果园，栽种并培育了多种优良的果树品种。十月革命后，米丘林的工作受到列宁的重视。

在数十年的研究实践中，米丘林培育了300 多种新型果树，发展了植物远缘杂交、无性杂交、定向培育、驯化等育种方法，并在1930 年代创立了米丘林学说。米丘林学说主要认为，外界条件的改变可以引起生物遗传性状的改变，而这种变异能够遗传下去。该学说的积极意义在于，人们可以通过创造一定的外在条件来控制作物的生长发育；其缺陷则在于过分强调外在条件的作用，忽视生物本身的遗传物质对生物性状的作用，否定了遗传的决定物质——基因的存在。米丘林学说后来被李森科过度发挥，成了苏联“正统”的遗传科学，而摩尔根遗传学则被扣上“资产阶级理论”的帽子备受打压。1950 年代，米丘林学说在苏联、东欧和中国被强制推行，对遗传学的发展产生了很大的负面影响。

1930 年代
罗斯确定必需氨基酸

1930 年代，美国营养学家罗斯利用动物实验确定了动物必需的氨基酸。罗斯以数种已知氨基酸的混合物喂养小鼠，结果小鼠很快死亡；改用牛奶中的蛋白质——“酪素”来喂，小鼠就活得很好。罗斯将酪素的分解产物逐一加入氨基酸混合饲料中，终于发现了一种新的氨基酸——苏氨酸。这种氨基酸在小鼠体内不能合成，只能从食物中摄取，罗斯称其为“必需氨基酸”(动物能自身合成的称为非必需氨基酸)。经过实验，他最终确定了啮齿类动物的 10 种必需氨基酸：赖氨酸、色氨酸、苯丙氨酸、蛋氨酸、苏氨酸、异亮氨酸、亮氨酸、缬氨酸、精氨酸和组氨酸。人体的必需氨基酸只包括前面 8 种。虽然动物能自身合成精氨酸和组氨酸，但合成量通常不能满足正常生命活动所需，必须部分依赖进食，因而这两种氨基酸又被称为半必需氨基酸。

1930 年代
卡勒确定部分维生素的结构

瑞士化学家卡勒是研究类胡萝卜素、维生素 A 等维生素的先驱之一。1930 年，他确定了胡萝卜素的结构，这是历史上首次确定一种维生素的结构。卡勒还证明胡萝卜素在体内能转化成维生素 A，并确证了维生素 A 的结构，证明维生素 A 与其他有机物一样，由碳、氢和氧三种元素组成，而非某些科学家在此之前所认为的维生素 A 是另外一类有机物。随后，卡勒又确定了维生素 C 的结构，并深入研究了维生素 B_2 和维生素 E。卡勒共发表了 1000 多篇

米丘林培育的樱桃(左)和蜜饯梨

论文，涉及多种维生素以及辅酶、植物色素、生物碱、氨基酸、糖类等有机化合物。1937年，卡勒因其在研究维生素方面所取得的重大成就而与英国化学家霍沃思共同荣获诺贝尔化学奖。

1931年
哥德尔提出不完备性定理

1900年的国际数学家大会上，德国数学家希尔伯特提出了在新世纪里数学家应努力去解决的23个问题，其中第二个数学问题即反映了证明算术公理的相容性的设想，后来发展为系统的希尔伯特计划。

奥地利—美国数理逻辑学家、哲学家哥德尔1930年开始研究相容性问题。1931年，他发表了题为《论〈数学原理〉及有关系统中的形式不可判定命题》的论文，其中给出了著名的不完备性第一定理，阐述了关于存在不可判定命题的一般结果。就算术系统而言，该定理可表述为：“任一足以包含自然数算术系统的形式系统，如果是相容的，则它一定存在一个不可判定命题，即存在某一命题A，使A与A的否命题在该系统中皆不可证。”同年，哥德尔又推广了第一定理，得到了不完备性第二定理：“在确实成立但不能由公理来证明的命题中，包括了这些公理是相容的(无矛盾的)这一论断本身。也就是说，如果一个足以包含自然数算术系统的公理系统是相容的，那么这种相容性在该系统内是不可证明的。”不完备性第一定理与不完备性第二定理合称哥德尔不完备性定理，它们揭示了形式化

哥德尔

几种人体必需的常见维生素

维生素	功能	含量丰富的食物
A	防治干眼病、夜盲症、视神经萎缩，促进生长	动物肝脏、蛋白、乳制品和鱼肝油等动物性食物中天然维生素A含量较高；植物性食物，如胡萝卜、番茄、辣椒、红薯、菠菜、韭菜、油菜、香蕉、柿子、桃等含有胡萝卜素，胡萝卜素进入人体后可在肝脏中转化为维生素A
B_1	强化神经系统功能，防治脚气病	粗粮、豆类、坚果类、瘦肉、动物内脏等
B_2	保护视力，预防舌炎及口角炎	动物肝肾、乳制品、蛋、河蟹、鳝鱼、口蘑、紫菜、绿叶蔬菜、水果、酵母制品等
B_6	帮助消化、吸收蛋白质和脂肪，降低患心血管疾病风险，帮助造血	酵母制品、谷物、肉类、鱼、蛋、豆类、花生、马铃薯、蔬菜等
B_{12}	防治贫血，保护神经系统，治疗神经性头痛、神经炎	肉类、乳制品、动物内脏、经发酵的豆类等
叶酸	帮助细胞分裂，增强免疫力	动物肝肾、水果、蔬菜、麦麸等
尼克酸	维持皮肤健康及促进血液循环，帮助神经系统正常工作	动物肝脏、瘦肉、粗粮、花生、豆类、酵母制品等
C	防治坏血病，增强免疫力	水果(特别是橙类)、绿色蔬菜、番茄、马铃薯等
D	帮助骨骼发育，预防骨质疏松和骨折	鱼肝油、蛋黄、乳制品等
E	抗氧化，预防不育症和习惯性流产	坚果、瘦肉、乳制品、蛋、麦芽、深绿色蔬菜等
K	与凝血功能相关	菠菜、西兰花、白菜、蛋黄、动物肝脏等

方法的不可避免的局限性，使希尔伯特证明形式系统相容性的方案受到沉重打击，给了希尔伯特第二问题一个否定的解答。

虽然哥德尔不完备性定理指出了形式化数学的局限性，但这并不意味着公理化方法的消亡。相反，哥德尔的结果极大地促进了希尔伯特证明论的发展，带来了数学基础研究的划时代变革。由于指出了有限方法的不可能性，人们在放宽工具限制的情况下，创造了超限归纳法等一些新方法，解决了一批证明论问题，使数理逻辑在新的起点上获得了新的发展。

1931 年 施密特发明折反射望远镜

通常，一架望远镜的口径越大，成像清晰的有效视场就越小，在视场边缘部分会有明显的像差。为使望远镜尽可能兼具大口径和大视场，俄国—德国光学家伯恩哈德·施密特在1920年代设计出一种同时用到反射镜和透镜的方案，并于1931年宣布研制成第一架“折反射望远镜”。它用球面反射镜作为主镜，在球心处安放一块“改正透镜”，或称“改正板”。改正透镜的形状特殊，中央最厚，边缘较薄，最薄的地方则介于中央与边缘之间。该透镜设计得使光线经折射后恰能弥补反射镜造成的球差，同时又不会产生明显的色差和其他像差。后人称这种光学系统为施密特系统，据此制造的照相设备称为施密特照相机，采用这种光学系统的望远镜则称施密特望远镜。施密特望远镜有效视场宽阔，在巡天照相观测中起着无可替代的作用。1948年，美国帕洛玛山天文台122/186厘米（即改正板口径122厘米、球面主镜口径186厘米）施密特望远镜落成，北天巡天就由它完成。1973年，口径与上述望远镜相同的英国施密特望远镜在澳大利亚斯特罗姆洛山和赛丁泉天文台落成，南天巡天即由其承担。它们共记录了全天约10亿个天体的位置、形状等信息。

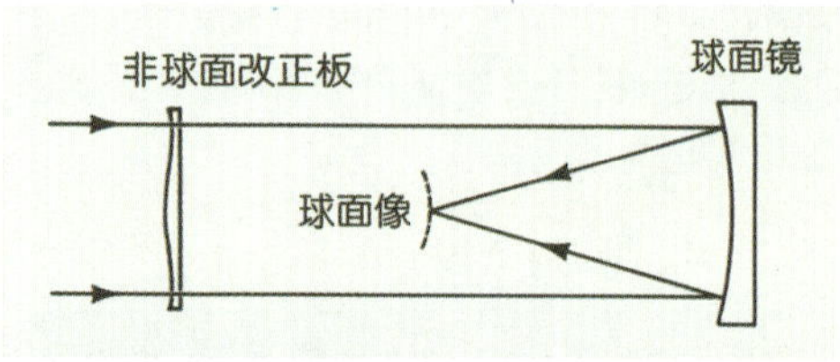

施密特望远镜光路图

1931 年 马卡韦耶夫提出含沙水流中悬移质的分布规律

1931年，苏联水文学家马卡韦耶夫把流体扩散理论应用于含沙水流中悬移质的行为研究，提出悬移质的分布规律，为研究河流泥沙运动奠定了基础。至此，河流水文学在学科内容、测量技术和基本理论等方面

伯恩哈德·施密特在磨镜机旁工作 自学成才的施密特早年就爱做实验。他在实验中点燃塞进一根钢管的火药而炸掉了自己的右前臂。后来，他只好用一条胳膊来研磨透镜和反射镜。

河流的泥沙输运

已形成体系，成为陆地水文学的一个分支。

河流水文学主要研究河流的水文现象、过程及其基本规律，为防洪和河流开发提供河流水情和河水资源等基本依据。河流水文学的主要内容有水系特征和流域特征研究、河流补给、径流和河水运动、河流水文变化、河流泥沙的形成和输运、河水化学成分等。

1931 年
吴宪正式提出蛋白质变性学说

蛋白质是生命的物质基础，细胞的重要组分都由蛋白质参与构成，几乎每一个生物化学反应也都由蛋白质参与催化，可以说，没有蛋白质就没有生命。蛋白质是一种复杂的有机化合物，组成蛋白质的基本单位是氨基酸。20 种不同的氨基酸按一定次序首尾相接，形成氨基酸长链（称为蛋白质的一级结构）；氨基酸链通过折叠或螺旋形成特定的空间构象（称为蛋白质的高级结构），成为具有生物活性的蛋白质。如果蛋白质受到某些物理、化学因素，如紫外线、重金属或加热等影响，就会失去活性，也就是发生常说的蛋白质变性。

关于蛋白质变性的解释最早是由中国生物化学家吴宪作出的。他在 1929 年的第 13 届国际生理学大会上首次提出了蛋白质变性的理论，认为蛋白质变性与其结构的改变有关。1931 年，他在《中国生理学杂志》上正式发表了蛋白质变性学说：蛋白质内部维持其高级结构的化学键受到各种物理、化学因素的影响而被破坏，蛋白质的氨基酸链由有规律的折叠变为无序、松散的形式，从而导致蛋白质活性的丧失，即发生了变性。这是国际上最早关于蛋白质变性的理论。

1931 年
赖特阐述遗传漂变问题

1908 年，英国数学家哈代和德国医学家威廉·温伯格提出了著名的“群体遗传平衡学说”，即在理想状况下，某一基因型的个体在群体中所占的比例保持不变，这一学说为后来群体遗传学的诞生奠定了基础。在这一工作的影响下，许多科学家利用数学和统计学方法对于影响群体中基因频率和遗传结构的选择效应、突变、迁移等进行了研究，其中最为重要的是美国遗传学家休厄尔·赖特、英国遗传学家罗纳德·费希尔和英国—印度遗传学家霍尔丹的工作，他们共同奠定了群体遗传学的理论框架。

1931 年，赖特发表论文《孟德尔群体中的进化》，阐述了遗传漂变问题。遗传漂变是指在小群体中等位基因频率会随机波动，这种波动导致了有些基因会被固定下来，而有的基因最终会在群体中消失，从而导致群体遗传结构的改变，即小群体中某个基因在世代传递过程中能否被保存下来纯属随机事

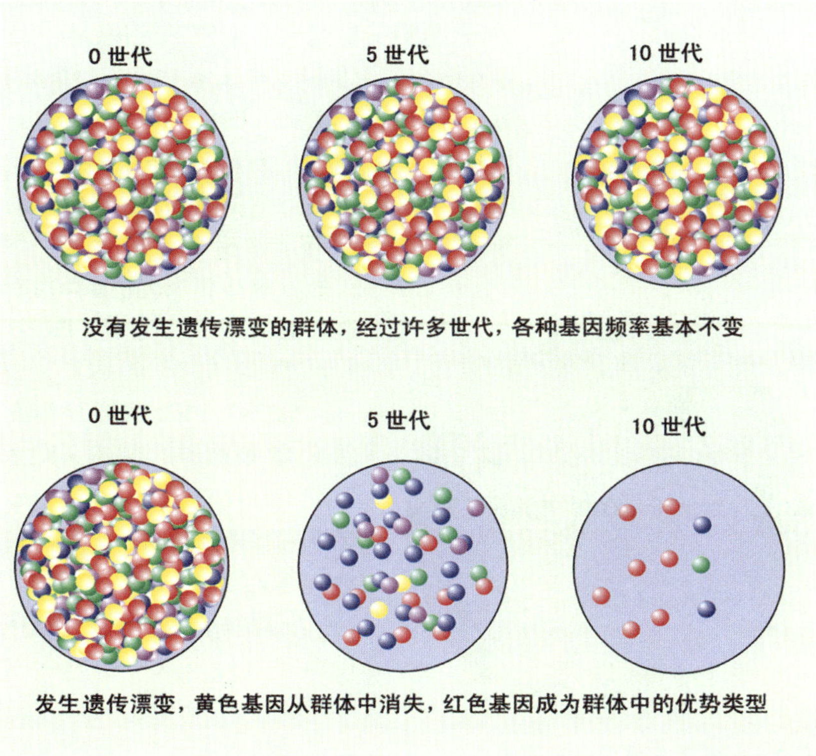

遗传漂变原理

件。例如，一个群体中等位基因有 A 型和 a 型。如果群体很大，每一世代中两种等位基因的比例都与上一世代接近，可能经过很多代，群体中 A 型和 a 型的基因比例也不会发生明显变化(即实现"群体遗传平衡")。但如果群体很小，从某一世代起恰好 A 型的个体明显多于 a 型的个体，A 型就很快被固定(所有个体都只携带 A 型等位基因)，而 a 型很快就在这个小群体中消失了。群体越小，漂变速度越快。遗传漂变现象在因地理和社会因素被隔离的动物群、人群中都可以找到实例。由于赖特的这一发现，遗传漂变也称作"赖特效应"。

1932 年
安德森发现正电子

1930 年夏，刚获得博士学位的美国人卡尔·安德森和他的导师密立根一起设计建造了一台威尔逊云室，还配备了强磁场。其后两年，他一直用这台装置从事宇宙射线的研究工作。为了辨明进入云室的粒子的运动方向，他们又对这台云室作了改进，将一块厚 6 毫米的钢板横放在云室中间。测量时，每 15 秒使云室膨胀一次，同时照一次相。1932 年 8 月 2 日，他们从拍摄的照片中，发现了一张特别的粒子径迹照片，这条粒子的径迹与电子的径迹非常相似，但在磁场中弯曲的方向却相反。安德森判断这可能就是狄拉克于 1930 年所预言的正电子。至 1933 年 2 月，他们在 1300 张照片中发现了 15 条这样的径迹，完全肯定了发现正电子的事实。安德森为此荣获了 1936 年诺贝尔物理学奖。

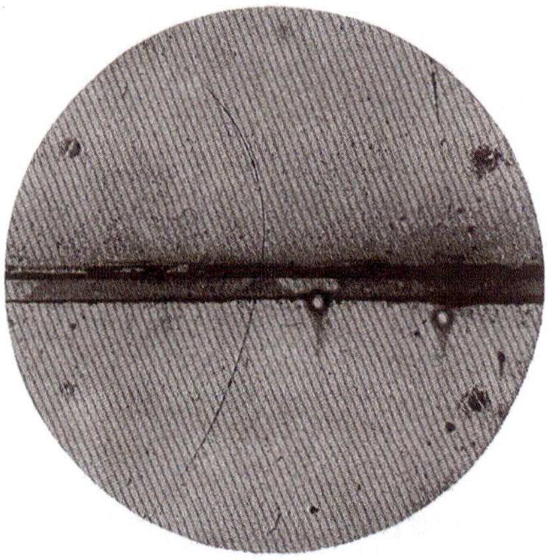

卡尔·安德森发现正电子的宇宙射线照片

中国物理学家赵忠尧在 1930 年首先发现了硬 γ 射线的核吸收，即能量很高的 γ 射线被重核吸收。他发现硬 γ 射线被铅核吸收时，伴随辐射能的释放，还发射两个方向相反的光子。这两个光子就是电子—正电子湮没时产生的。根据诺贝尔评奖委员会 50 年后解密的材料可知，赵忠尧由于这一成果与安德森一起被考虑为 1936 年诺贝尔物理学奖候选人。但被邀请来核实实验结果的那位物理学家未能重复测到这个现象，使赵忠尧在最后时刻与诺贝尔奖失之交臂。

1932 年
尤里发现氢的同位素氘

美国物理化学家尤里进行了分离氢同位素的研究工作，想证实氢中是否含有同位素氘(^2H)。他的想法很简单也很聪明，因为氘比氢重，那么缓慢地蒸发液态氢，最后剩下的就应该是氘。1932 年，尤里和他的两位同事开始实验。他们将 4 升液态氢非常缓慢地蒸发，最后仅剩下 1 毫升的液体。光谱分析法所显示的光谱线位置，正好落在预期质量数为 2 的氢同位素的地方，证明所剩下的液体就是氘。尤里因此获得 1934 年诺贝尔化学奖。

氘的发现对化学、物理学和医学研究均起了重要作用。探讨氘核的结构及质子、中子间的相互作用力具有十分重要的意义。第二次世界大战中制造第一颗原子弹的钚，就是用氘当炮弹轰击铀原子核时发现的。尤里发现氘所用的蒸发法、扩散法，也是举世闻名的曼哈顿计划进行同位素分离的主要方法。

1932 年
塔姆能级提出

1932 年，苏联物理学家塔姆最早提出，在半导体的理想表面，电子的分布概率(即波函数)在表面处最大，而在表面外侧和内侧都按指数衰减，这种被局限于表面附近的电子状态叫做表面态，对应的能级称为表面能级。塔姆证明,理想表面产生表面能级的原因是晶体的周期性势场在表面处发生中断。后人将这种表面能级称为塔姆表面能级或塔姆能级。塔姆的这项工作开创了表面物理学的研究。

1932 年
查德威克发现中子

1930 年,德国物理学家博特用 α 粒子轰击铍原子,发现了一种穿透力很强的中性射线。1931 年,法国物理学家约里奥–居里夫妇对这种射线进行了研究。他们没有重视欧内斯特·卢瑟福在 10 年前所作的一次演讲,在那次演讲中,卢瑟福提出了核内存在某种中性粒子的设想。他们认为这种中性射线是 γ 射线。

当约里奥–居里夫妇的实验结果传到英国后,立即引起了曾经在卢瑟福指导下工作的英国物理学家詹姆斯·查德威克的极大兴趣,他意识到这个实验中的强辐射正是他多年寻找的中性粒子辐射。1932 年,查德威克通过实验证实,这种射线的确不是 γ 射线,而是有一定质量的中性粒子流,这种粒子的质量与质子的质量相当。查德威克于 1932 年 2 月 17 日发表了题为《中子可能存在》的论文。因为发现中子,查德威克获得了 1935 年诺贝尔物理学奖。约里奥–居里虽然已在实验中遇到中子,但因没能作出正确的解释而错失了发现中子的机会。为此约里奥–居里懊恼不已,言称:"煮熟的鸭子飞了!"

1932 年
原子核的质子—中子假说提出

詹姆斯·查德威克发现中子后,有关原子核组成的讨论并没有结束。按照欧内斯特·卢瑟福 1920 年对原子核内有中子的猜想,中子是由质子和电子组合而成的中性粒子,即中子不是基本粒子,质子和电子才是基本粒子。查德威克花费了大量精力去做各种实验想证明卢瑟福的假说,均没有成功。1932 年 4 月 21 日,苏联科学家伊凡年科向《自然》杂志提交了一份只有半页纸的论文,在文中他提出:"电子不可能以独立的粒子存在于核中,原子核仅由质子和中子组成。"同年 6 月,德国物理学家海森伯在《论原子核的构造》一文中也独立地提出,原子核是由质子和中子组成的。但质子—中子假说被物理学界认可,还要等到 β 衰变、中微子等实验发现以后。

1932 年
劳伦斯建成回旋加速器

回旋加速器的原理与设想最早是由美国物理学家劳伦斯于 1930 年提出来的:在磁场和电场的共同作用下,让带电粒子在沿直径剖开成两半的圆形空心盒中沿螺旋形轨道加速运动。通过多次试验,劳伦斯及其合作者终于在 1932 年底成功制成了可以将质子能量加速到 1.25 兆电子伏、磁极直径约 0.3 米的回旋加速器,震惊当时的科学界,从而拉开了建造能量越来越高的各种类型加速器的序幕。

加速器除了能获得高能量的粒子,从而引起新的核衰变之外,还对癌症和其他疾病的治疗有很大作用。劳伦斯因为发明回旋加速器以及由此取得的成果而获得 1939 年诺贝尔物理学奖。

劳伦斯(右)在回旋加速器旁

1932

1932 年
鲍林提出杂化轨道理论

美国化学家鲍林 18 岁时开始对价键的电子理论发生兴趣。1927 年，他和美国化学家斯莱特在最早的氢分子量子力学模型基础上发展了现代价键理论：(1)两个原子接近时，只有自旋方向相反的未成对电子可以相互配对(两原子轨道重叠)，使电子云密集于两核间，系统能量降低，形成稳定的共价键。(2)自旋方向相反的未成对电子配对形成共价键后，就不能再和其他原子中的未成对电子配对。所以，每个原子所能形成的共价键的数目取决于该原子中的未成对电子数目。这就是共价键的饱和性。(3)成键时，两原子轨道重叠愈多，两核间电子云愈密集，形成的共价键愈牢固，这称为原子轨道最大重叠原理。因此，共价键具有方向性。

现代价键理论能说明许多分子结构，但在解释甲烷的正四面体结构中 4 个碳氢键的等价性时遇到了困难。1928—1931 年，鲍林进行了关于原子轨道杂化的研究。1932 年他发表了重要论文，首次提出“原子轨道杂化”的概念，并用原子轨道杂化理论分析了甲烷的四面体结构。这个理论的依据是电子运动不仅具有粒子性，同时具有波动性，而波又是可以叠加的。所以鲍林认为，碳原子和周围 4 个氢原子成键时，所使用的轨道不是原来的 s 轨道或 p 轨道，而是两者经混杂、叠加而成的“杂化轨道”，这种杂化轨道在能量和方向上的分配更加合理。杂化轨道理论很好地解释了甲烷的正四面体结构，完善了现代价健理论。

鲍林

在有机化学结构理论中，鲍林在 1931—1933 年还提出过有名的“共振论”，认为分子在若干价键之间共振，共振使分子特别稳定，并由此引出共振能概念。共振论直观易懂，在化学教学中易被接受，所以受到欢迎。在 1940 年代以前，这种理论产生了重要影响。

鲍林被认为是 20 世纪对化学科学影响最大的人物之一，他所撰写的《化学键的本质》被认为是化学史上最重要的著作之一。由于他对化学键本质的出色研究，他被授予 1954 年诺贝尔化学奖。

1932 年
马利肯和洪德提出分子轨道理论

在应用现代价键理论解释一些分子的结构时产生了矛盾。例如，根据价键理论，O_2 和 B_2 中的电子均成对排列，应显示反磁性，但实验却表明它们具有顺磁性。在这样的背景下诞生了分子轨道理论。

早在 1925—1927 年，美国化学家马利肯和德国化学家洪德在尝试利用量子力学解释分子光谱谱图时首次提出分子轨道概念。随后经过几年的研究与修正，他们初步建立了分子轨道理论。1932 年，马利肯首次将“轨道”一词引入到他们的理论之中。1933 年，他们的分子轨道理论被普遍接受，人们将该理论用于解释共价键问题，很好地说明了多原子分子的结构，解决了现代价键理论所面临的困惑。马利肯在提出分子轨道理论后又持续了几十年的相关工作，1952 年提出用量子理论阐明原子结合成分子时的电子轨道，使分子轨道理论得到进一步发展。

分子轨道理论将整个分子看作一个整体，电子不再从属于某个原子，而是在整个被称为分子轨道的空间范围内运动。分子轨道由对称性匹配、能量相近的原子轨道构成，原子轨道在组成分子轨道时，轨道数目不变，但能量发生变化。分子轨道能量低于原子轨道能量时可以成键，称为成键轨道；高于或等于原子轨道能量时不利于成键，分别称为反键轨道和非键轨道。分子中的电子在一定的分子轨道上运动，其分布所遵循的规则与其在原子轨道中一样，即一个分子轨道最多只能容纳两个自旋方向相反的电子，这些电子优先占据能量最低轨道，并且尽可能分占不同轨道且自旋方向相同。

分子轨道理论除了解释价键理论所不能解释的现象外，还提出了三电子键和单电子键等概念，开辟了使用量子力学研究分子中电子运动状况及分子结构的新途径，目前已成为价键研究领域的基本理论之一。马利肯因在研究化学键和分子中电子轨道方面的杰出贡献被授予 1966 年诺贝尔化学奖。

1932 年
央斯基发现宇宙射电

1930 年代初，美国贝尔实验室的无线电工程师央斯基为研究长途电讯干扰因素，建造了一个长 30.5 米、高 3.66 米的旋转天线阵——后人昵称其为央斯基的“旋转木马”，并在 14.6 米波长处取得了宽 30°的“扇形”方向束。除雷电、电器、飞机等常见干扰外，他还探测到一种新的微弱干扰。这种干扰信号来自天空，似乎随着太阳运动，但每天略快 4 分钟。这表明该信号源像恒星一样，处于太阳系外某一固定点。经过一年多观测，央斯基于 1932 年 12 月发表论文，断言这是来自人马座方向——即美国天文学家沙普利和荷兰天文学家奥尔特指出的银河系中心方向——的无线电波，在天文学中则称为射电波。央斯基的发现为人类观察宇宙打开了一个崭新的窗口，导致射电天文学的诞生并迅速成长为天文学的重要分支学科。为了纪念央斯基这位英年早逝的宇宙射电发现者，国际天文学联合会于 1973 年决定把“央斯基”作为天体射电流量密度的单位，简称“央”(Jy)，其量值等于 10^{-26} 瓦/(米^2·赫)。

央斯基的“旋转木马” 天线阵下面装有轮子，可旋转到任意一个水平方向。

1932 年
霍尔丹《进化的原因》出版

英国遗传学家约翰·伯登·霍尔丹 1892 年生于牛津。他在第一次世界大战之后便从事生理学和生物化学的相关工作，证明了酶促反应服从热力学定律，相关的研究成果后来整理为《酶学》一书出版。他的另一项主要成就则是在群体遗传学方面。

当时，英国遗传学家罗纳德·费希尔用亲属间性状的相关性来说明连续变异性状可以用孟德尔定律加以解释，从而将孟德尔遗传学与生物统计学联系起来，还阐明并论证了生物统计方面的一些理论和方法。霍尔丹扩展了费希尔的数学模型，首次将数学方法应用于进化论的研究，分析了多种因素对基因频率分布的影响。此外，他还对突变和迁移与自然选择的相互关系进行了研究。1932 年，他将主要的研究成果总结为《进化的原因》一书，从数学的角度解释了突变对进化的影响，重新阐释了自然选择驱动进化的主要机制，为现代综合进化论的确立奠定了基础。此后，他还发表了一系列关于人类遗传学的论文，对部分性连锁及其估测、自然选择的代价、突变负荷等问题进行了探讨。霍尔丹与费希尔、休厄尔·赖特一起被誉为群体遗传学的奠基人。

1932 年
冯德培提出“冯氏效应”

1932 年，中国神经生物学家冯德培在研究肌肉热弹性时，意外观察到静息状态下的肌肉被拉长时，所放热量远超出纯粹物理变化应产生的热量。经过实验，他认为放热增加反映了肌肉代谢升高，并证明静息状态下肌肉被拉长时耗氧也在增加。冯德培把这个新发现称为“拉长反应”,后被称为“冯氏效应”。此后,冯德培又相继研究了高频神经刺激、钙离子和毒扁豆碱等对神经肌接头的影响,为神经突触的化学传递提供了最直接的证据。

1932 年 豪泽提出生态学中的“竞争排斥原理”

俗话说,“一山不容二虎”,因为老虎作为食物链最顶端的消费者,需要大量的生产者来供食。因此,一定区域内的资源注定无法满足过多顶级消费者的需求。

1932 年,苏联生物学家豪泽通过草履虫的生存竞争实验分析了物种和资源间的关系。他以在分类和生态上极相近的两种草履虫——双小核草履虫和大草履虫作为实验材料,以同一种杆菌作为饲料进行培养。当单独培养时,两种草履虫都生长正常;当混合培养时,16 天后只有双小核草履虫生存,大草履虫全部死亡。由于两种草履虫之间只存在食物竞争关系,豪泽认为,大草履虫之所以死亡,是因为其世代时间比双小核草履虫略长,种群增长慢,对食物的竞争力相应变弱。种群增长快的种排挤了增长慢的种,这就是当两个物种利用同一食物资源时产生的竞争排斥现象。

占据不同生态位的莺类

豪泽提出,由于竞争,两个相似的物种不能占有相似的生态位(物种在生物群落中的地位和作用),而是以某种方式彼此取代,使每一物种在食性或其他生活方式上各具特点,从而在生态位上发生分离。后人将这一发现发展为“竞争排斥原理”,即生态学(或生态位)上相同的两个物种不可能在同一地区内共存。

1932 年 多马克发明第一种磺胺药物百浪多息

德国生物化学家多马克在 1920 年代前后进入染料公司工作。多马克从探索某些染料应用于医学上的可能性出发,开始对新染料进行系统的研究。当时有一种新合成的橘红色染料,其商品名为百浪多息。1932 年,多马克发现,注射这种染料对患链球菌感染的小鼠非常有效。随后发生了具有决定性的一幕:多马克的小女儿因为被针刺而受到链球菌的感染,在采用各种方法医治无效后,多马克在绝望中给她注射了大剂量的百浪多息,她很快恢复了健康。1935 年,全世界都知道了这种新药。并非百浪多息分子中所有基团都是抗菌所必需的,只有其中的一部分,即“对氨基苯磺酰胺”才是有效基团。从此,对氨基苯磺酰胺及有关的磺胺类化合物开始大显神威。1939 年,多马克获得诺贝尔生理学医学奖。但由于希特勒不允许德国人接受诺贝尔奖,在可能被盖世太保逮捕的威胁之下,多马克在 11 月份被迫拒绝接受奖项。直到 1947 年,多马克才访问了斯德哥尔摩,并接受了迟到的诺贝尔奖。

人类的健康离不开药物

1932—1936 年
蔡翘和易见龙发现肝脏可合成糖原

1932—1936 年，中国生理学家蔡翘和助手易见龙以猫为实验对象，研究了肝脏的糖代谢问题。他们给猫喂食不同组分的食物（食物中含不同比例的糖类、蛋白质和脂肪），检测在不同消化时间内入肝血液和出肝血液中的血糖浓度，并与动脉血中的血糖浓度进行比较。结果发现，喂食前（饥饿状态下），出肝血液中的血糖浓度高于入肝血液中的血糖浓度；如果喂以混合食物（同时含糖类、蛋白质和脂肪），进食后动脉中的血糖浓度逐渐升高，但出肝血液中的血糖浓度显著低于入肝血液中的血糖浓度；如果喂以低糖类食物（如纯牛肉），虽然动脉中的血糖浓度也会升高，但出肝血液中的血糖浓度总是和饥饿时一样高于入肝血液中的血糖浓度。在此基础上，他们证明，肝脏可通过摄入非糖类和糖类食物的消化产物而合成糖原，从而释放出葡萄糖以保持血糖浓度的相对稳定，而肝脏释放出的血糖大部分来自非糖类食物的消化产物。

1933 年
科尔莫戈罗夫建立概率论公理化体系

19世纪末，随着几何概率的逐步发展，出现了一些自相矛盾的结果。其中最著名的是“贝特朗悖论”，由法国数学家贝特朗在1899 年提出。问题：在圆内任作一弦，求其长超过该圆内接正三角形边长的概率。此问题可以有三种不同的解答。

（1）由于对称性，可预先固定弦的方向。作垂直于此方向的直径，只有交点在直径的1/4 与 3/4 之间的弦，其长才大于内接正三角形边长。设所有交点是等可能的，则所求概率为 1/2。

（2）由于对称性，可预先固定弦的一端。仅当弦与过此端点的切线的交角在 60°与 120°之间，其长才符合要求。设所有方向是等可能的，则所求概率为 1/3。

（3）弦被其中点位置唯一确定。只有当弦的中点落在半径缩小了一半的同心圆内，其长才符合要求。设中点位置是等可能的，则所求概率为 1/4。

这类悖论说明概率的概念是以某种确定的实验为前提的。当一个随机试验有无穷多个可能结果时，很难客观地规定“等可能”这个概念。这反映出几何概率的逻辑基础不严密，以及拉普拉斯古典概率有局限性。

20世纪初完成的勒贝格测度和勒贝格积分理论，以及随后发展起来的抽象测度和积分理论，为概率论公理化体系的确立提供了理论基础。1933 年，苏联数学家科尔莫戈罗夫所著《概率论基础》出版，书中第一次给出了概率的测度论式的定义和一套严密的公理化体系。这一体系着眼于规定事件及事件概率的最基本性质和关系，并用这些规定来表明概率的运算法则。它们从客观实际中抽象出来，既概括了概率的古典定义、几何定义及频率定义的基本特性，又避免了各自的局限性，在概率论的发展中占有重要地位。科尔莫戈罗夫的工作奠定了近代概率论的基础，对后来建立的随机过程论也提供了必要的基础。

1933 年
电子显微镜问世

德国物理学家鲁斯卡是电子显微镜技术的开拓者之一。1928—1929 年，鲁斯卡进行了利用磁透镜和静电透镜使电子束聚焦成像的实验，并验证了磁透镜成像公式，为研制电子显微镜奠定了基础。1931 年，鲁斯卡和德国工

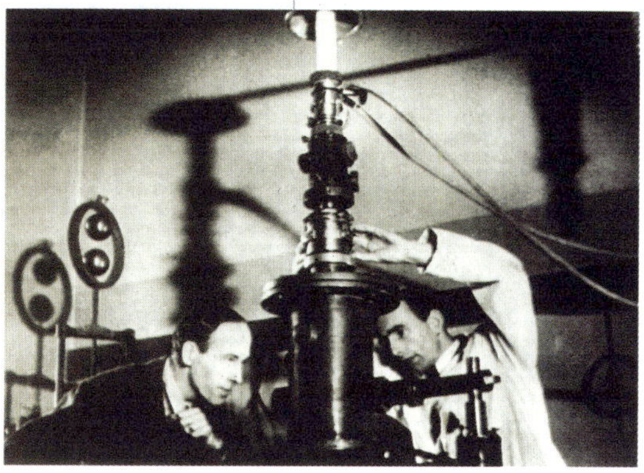

鲁斯卡（右）和克内尔正在调试电子显微镜

程师克内尔开始研制电子显微镜。同年 4 月 7 日，他们用 2 个磁透镜组成的电子光学光具座对铂金网格进行二级放大，成功地放大了 17 倍。这就是世人公认的第一台电子显微镜的雏形，当时被称为“超显微镜”，是显微学史上的重大突破。1932 年，鲁斯卡在德国杂志上发表论文，第一次使用了“电子显微镜”这一名称。1933 年，鲁斯卡和克内尔成功研制出第一台实用的电子显微镜，其放大倍数超过了当时的光学显微镜。鲁斯卡因发明电子显微镜而与扫描隧道显微镜的发明者一起获得了 1986 年诺贝尔物理学奖。

1933 年
埃伦费斯特提出二级相变概念

物质的相变是一种常见的现象。一般来说，当外部温度变化到一定程度时，系统的状态（相）会发生突变。从一种相转变为另一种相时，物质的某些特性会发生突变。

1933 年，奥地利—荷兰物理学家埃伦费斯特在研究超导和超流现象时，首次提出了二级相变的概念，并对相变进行分类。他将熔化、汽化、升华等称为一级相变，因为在这些相变中，内能、熵、体积等量有突变，而这些量是化学势的一阶导数。将铁磁质在居里点时从铁磁态到非铁磁态的转变、氦在极低温度下从正常态到超流态的转变、超导物质从正常态到超导态的转变、合金的有序和无序转变等称为二级相变，因为在这些相变中，内能、熵、体积等量不变，但比热、膨胀系数和压缩系数等量有突变，而这些量是化学势的二阶导数。不幸的是，就在这一年，埃伦费斯特在对自己患有唐氏综合征的儿子实施安乐死后自杀。

超导体的磁悬浮现象

埃伦费斯特（左）及其儿子与爱因斯坦

1933 年
迈斯纳效应发现

1911 年超导体的零电阻效应发现后，在相当长的时间里，物理学家一直认为超导电性是超导体的唯一基本特性，却忽略了超导体的磁学特性。

1933 年，德国物理学家迈斯纳和奥克森费尔德通过实验发现，当物体进入超导态后，外部空间的磁场将发生变化，而内部的磁感强度保持为零。这表明，超导体具有特殊的磁学特性，处于超导状态时，它相当于一个磁导率为零的抗磁体。这个现象被称为迈斯纳效应。超导态的完全抗磁性的发现，使人们对于超导态的本质有了一个全新的认识，开创了超导态电磁特性的实验和理论研究。

1933 年
佩因特发现果蝇唾腺细胞多线染色体

通常情况下，细胞核中的 DNA 复制一次后，细胞就进行一次有丝分裂，但某些细胞，如双翅目昆虫（如摇蚊和果蝇）幼虫的唾腺细胞例外。这种细胞在发育到一定阶段后就不再进行有丝分裂，只随着幼虫器官的发育而体积不断增大，细胞核中的 DNA 不断地复制并聚集成束，最终形成约 1000—4000 个 DNA 拷贝的染色体丝，比普通细胞中的染色体大 100—150 倍，称为多线染色体。多线染色体在某些原生动物、有花植物中也存在。

1881 年，法国胚胎学家巴尔比亚尼首先在摇蚊幼虫的唾腺细胞中观察到多线染色体。1933 年，美国动物学家佩因特在果蝇幼虫唾腺细胞里发现多线染色体，并以此为实验材料开展细胞遗传学研究。唾腺染色体形成之初，其同源染色体即处于紧密配对状态，在以后不断的复制中仍不分开。果蝇幼虫的唾腺染色体形成时，在光学显微镜下可见从染色体中心处伸出 6 条配对的染色体臂，其中 5 条为长臂，1 条为紧靠染色中心的短臂。唾腺染色体经染色后，由于 DNA 含量高的地方着色深，DNA 含量低的地方着色浅，故染色体呈现出深浅不同、疏密各异的横纹。这些横纹的数目、位置、宽窄及排列顺序（称为染色体带型）都具有物种特异性，而一旦染色体上的基因发生了缺失、重复、倒位和易位，就很容易在唾腺染色体上观察识别出来。因而，唾腺染色体技术成为遗传学研究中的一项基本技术。有时多线染色体上可观察到异常膨大的“泡”，这被称为巴尔比亚尼环，是染色体松弛、螺旋解开的区域，DNA 转录成 RNA 的行为在此区域中活跃进行。1935 年，美国遗传学家布里奇斯将果蝇幼虫唾腺染色体的形态、带型绘制成精细图谱，此图直至今天还在使用。

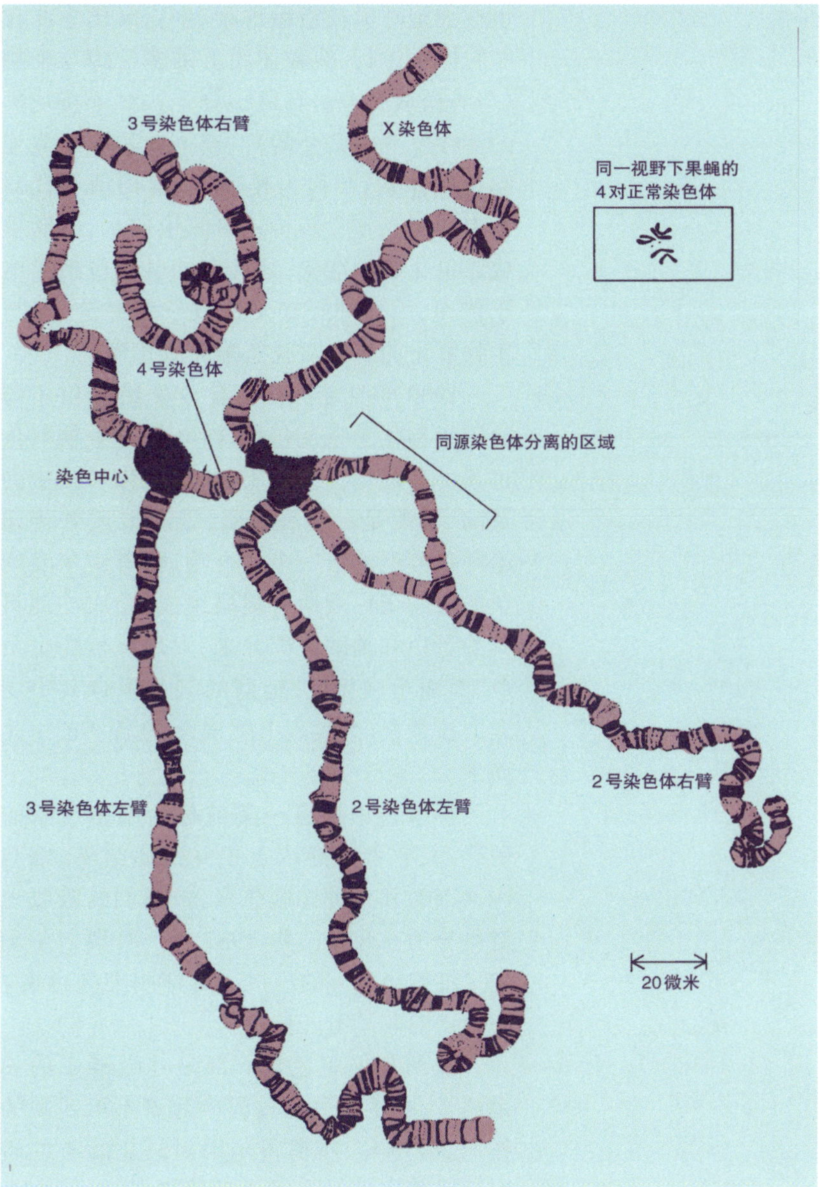

果蝇幼虫唾腺染色体带型

1933 年
吉奥克突破 1 开超低温大关

绝对零度是否可以达到？为了寻找答案，很多科学家付出了艰苦的努力。1926 年，美国化学家吉奥克提出通过顺磁物质绝热退磁获得超低温的新理论，并于 1933 年在实验中一举突破 1 开大关，进而对极端低温下物质的性质进行了系统的研究，取得大量精确可靠的实验数据。绝热退磁方法可使体系的温度达到毫开的量级。以往在接近绝对零度区域的热力学数据只能通过大量实验数据的外推或理论推导得到，严重制约了热力学的发展。吉奥克的工作突破了瓶颈，为验证热力学第三定律（绝对零度不可能达到）提供了坚实的实验基础。1949 年，吉奥克被授予诺贝尔化学奖。

1933—1937 年
特奥雷尔推进对生物氧化过程中关键酶类的研究

生物体从环境摄取的营养物质一般都要在细胞内氧化分解，产生水和二氧化碳，并释放出能量，这一过程被称为生物氧化，也称细胞呼吸或组织呼吸。生物氧化主要在线粒体中进行。线粒体膜上的多种酶与辅酶（与酶松散结合的有机小分子，对于特定酶的活性发挥是必要的），按一定顺序组成连续反应体系，被称为呼吸链。葡萄糖等代谢物中的氢经呼吸链传递给氧生成水，同时生成二氧化碳和能量。氢传递的过程包括了电子传递，因而呼吸链又称电子传递链。参与生物氧化的酶包括脱氢酶和氧化酶。

1933 年，瑞典生物化学家特奥雷尔与德国生物化学家瓦尔堡合作，研究生物氧化过程中的酶类，并于 1934 年纯化了其中的黄酶。黄酶是一类脱氢酶，能夺取氢并传递给呼吸链上的下一个复合物。特奥雷尔发现黄酶由酶蛋白及两种辅酶组成，并成功地将其酶蛋白和辅酶分离开来，发现该辅酶呈黄色，而酶蛋白无色。辅酶的颜色源自其中所含的核黄素（维生素 B_2），黄酶的名字也由此而来。

呼吸链中还有一类被称为细胞色素的氧化酶，它们能夺取电子并传递给氧。细胞内共存在几十种细胞色素，按它们的吸收光谱可分为 a、b、c 三类。1937 年，特奥雷尔确定了细胞色素 c 的组成，并证明细胞色素 c 中的铁参与了电子传递。

黄酶和细胞色素 c 都是呼吸链中的关键酶类，在生物氧化过程中起着不可或缺的作用。1955 年，特奥雷尔因对氧化酶类的研究而荣获诺贝尔生理学医学奖。

约里奥-居里夫妇

1934 年
希尔伯特和伯奈斯《数学基础》首卷出版

德国数学家希尔伯特是一位几乎在数学所有领域中作出巨大贡献的天才。更重要的是，他对于数学基础问题有着持久的关注，他的思想在现代数学中也占有统治地位。

自 1904 年起，希尔伯特在多次讲演中提出并阐释了自己关于数学基础的观点，提出了奠定数学基础的希尔伯特计划。1928 年，希尔伯特和阿克曼合著的《数理逻辑基础》出版。1934 年，希尔伯特和伯奈斯合著的《数学基础》第 1 卷出版，1939 年又出版了第 2 卷。这些著作对希尔伯特计划作了系统的总结与全面的论述。希尔伯特计划又称为证明论计划、形式主义计划，其要旨是：奠定一门数学的基础，应该严格地证明该门数学的相容性；为此，要将数学彻底形式化为一个系统，在这个形式系统中，人们必须通过逻辑的方法来进行数学语句的公式表达，并用形式的程序表示推理，语句之间只有逻辑关系而无实际内容。

希尔伯特提倡形式的公理化研究方法，并在他的几何公理学研究中最早得到成功应用。尽管希尔伯特计划因 1931 年哥德尔不完备性定理的提出而受到沉重打击，但它极大地推动了数理逻辑的发展，证明论就由此而创立。希尔伯特关于数学形式化的思想，后来被亚伯拉罕·鲁宾逊和保罗·科恩等人发展为数学哲学的一个派别——形式主义学派，这个学派的形式化研究方法显示出广泛的应用价值和重大的方法论意义。

1934 年
人工放射性发现

1934年约里奥-居里夫妇在用 α 粒子轰击铝靶时发现，中间生成的磷 30 是磷的一种具有极强放射性的同位素，这是首次人工合成的放射性元素。1934 年 2 月，约里奥-居里夫妇将他们发现人工放射性的论文发表在《自然》杂志上。

人工放射性元素的发现打破了放射性元素只能天然生成的观念，为发现更多放射性元素开辟了一条新路。为此约里奥-居里夫妇共同获得了 1935 年诺贝尔化学奖。

1934 年
费米提出 β 衰变理论

β 衰变是人类接触最早的弱相互作用现象。1934 年，意大利—美国物理学家费米对这一现象提出了一种解释。他认为，β 衰变是原子核内的一个中子转变为一个质子、一个电子和一个反中微子的过程。中子的寿命较长(约 15 分钟)，中子消亡过程中的相互作用较弱，所以，费米的 β 衰变理论也是人类对弱相互作用进行探索的首次尝试。根据费米的弱相互作用理论，可以估计弱作用的强度，计算电子的能谱等。费米理论的这些预言在后来的实验中被证实。费米 β 衰变理论借鉴了原子发光理论，同时又为日本理论物理学家汤川秀树提出核力理论提供了基础。这是科学的继承、发展和创新的一个绝好典范。

1934 年
切连科夫效应发现

1934年，苏联物理学家切连科夫发现，高速带电粒子在高折射率的透明流体和固体中，会发出一种淡蓝色的微弱可见光。这种辐射具有明显的方向性、强偏振等特点，被称为“切连科夫效应”。1937 年，苏联物理学家伊利亚·弗兰克和塔姆对切连科夫效应给出了理论解释。这种效应是由于带电粒子的速度超过媒质中的光速而产生，是超(媒质中的)光速粒子的电荷与媒质相互作用所产生的一种集体效应。切连科夫效应可视为一种媒质中的电磁冲击波，这与超音速飞机或子弹在空气中形成的冲击波类似。

利用切连科夫效应制造的测量高速带电粒子的探测器称为切连科夫计数器，已广泛应用于高能物理实验。切连科夫、弗兰克和塔姆因此项工作获得了 1958 年诺贝尔物理学奖。

爱达荷国家实验室的先进试验反应堆核心发出淡淡的切连科夫效应辉光

1934 年
紫金山天文台建成

1928 年 2 月，中国的中央研究院成立天文研究所。随后，该所开始在南京城外的紫金山上筹建天文台，由中国天文学家余青松主持筹建。该天文台于 1934 年建成，配备有口径 60 厘米的反射望远镜、口径 20 厘米的折射望远镜等，开展经度测量、授时、太阳分光与太阳黑子、变星等观测研究。1949 年新中国成立后，紫金山天文台隶属中国科学院，修复了在战乱年代损坏的天文仪器，并先后增置了色球望远镜、定天镜、双筒折射望远镜、施密特望远镜和射电望远镜等较先进的天文仪器，进行恒星、小行星、彗星和人造卫星的观测与研究，以及对太阳的常规观测，研究太阳的活动规律并作出太阳活动预

1934 年建成之初的紫金山天文台

报。紫金山天文台还负责编算和出版每年的《中国天文年历》、《航海天文历》等历书。该台是中国自己建立的第一个现代天文台，中国现代天文学的许多分支学科和天文台站大多从这里筹建，这使它被誉为“中国现代天文学的摇篮”。如今，紫金山天文台本部设有 4 个研究部和 2 个天文技术实验室，并设有青海德令哈、江苏盱眙、江苏赣榆、黑龙江洪河、山东青岛和云南姚安 6 个观测站。

1934 年
巴德和兹威基提出超新星爆发可能形成中子星

1932 年，英国物理学家詹姆斯·查德威克发现中子，原子核由中子和质子组成的模型迅速为人们采纳。1934 年，德国—美国天文学家巴德和瑞士天文学家兹威基合作发表论文，首次提出“中子星”的概念。文中分析了在河外星系中出现的 19 个爆发天体的光变特征，确认其光变规模远超过普通的新星，遂称其为超新星。他们确认 1054 年由中国人、1572 年由第谷、1604 年由开普勒记录的特亮“新星”就是银河系中这类极猛烈爆发的例子。这些事件出现的频率估计仅为每个星系每千年两三次，但其发生时却会释放出巨额能量。超新星爆发产生的巨大压强可将其前身星遗骸中的原子压碎，使电子进入原子核，与质子结合为中子，整个遗骸遂成为全由中子组成的致密物质，即中子星。巴德和兹威基在同年发表的第二篇论文中提议，这类事件可能也是 1912 年奥地利—美国物理学家维克托·赫斯发现的宇宙线粒子的来源。1937 年，苏联—美国物理学家伽莫夫证明中子气体可以压缩到比原子核—电子气体高得多的密度，估计中子星的密度可能约为 10^{17} 千克/立方米。苏联物理学家朗道在 1938 年讨论了中子星最大质量的问题，美国物理学家奥本海默和俄国—加拿大物理学家沃尔科夫在 1939 年进行更细致的讨论，建立了第一个中子星模型。在中子星内部，对抗引力的是中子简并压。1967 年发现脉冲星，使超新星爆发形成中子星的预言得以证实。

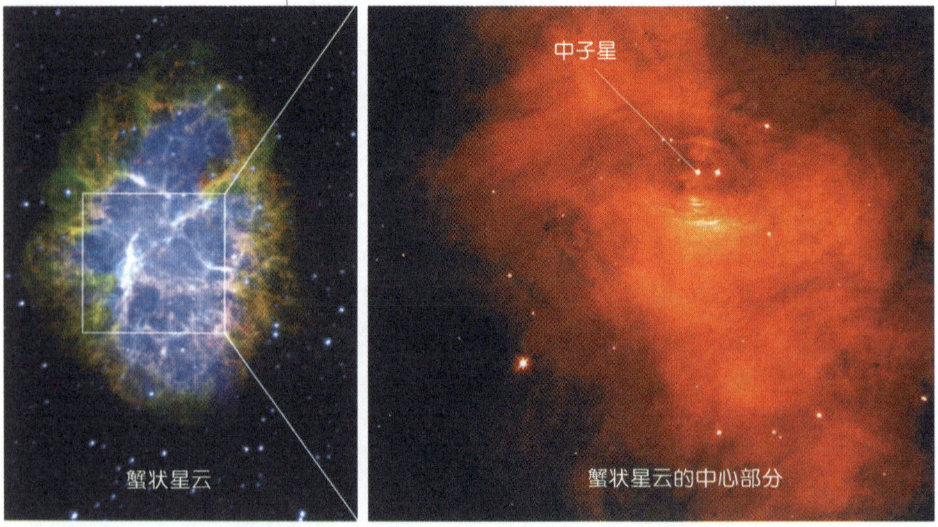

1054 年超新星爆发的遗迹——蟹状星云及其中心的中子星

1935 年
泽尔尼克发明相衬显微镜

相衬显微镜是一种适用于观察无色透明物体的显微镜，尤其适合观察活体微生物。

1935年，荷兰物理学家泽尔尼克根据光的衍射原理，在显微镜物镜后的焦面上增加了一个位相滤波片，使通过物镜焦点的光波比其他光波产生附加的 90° 位相差，从而使所成的像中折射率不同但几乎完全透明的部分显示出来。现在，这类相衬显微镜已经广泛应用于生物学及医学，在矿物晶体微形貌学中也得到了有效应用。1953 年，泽尔尼克因发明相衬显微镜荣获诺贝尔物理学奖。

1935 年
汤川秀树提出核力的介子理论

1932年中子发现后，原子核由质子和中子构成的理论随后也为实验所证实。当时物理学家所要探索的首要问题是，什么样的力能将质子和中子束缚在如此小的原子核内？

一些物理学家曾经考虑核力是核内核子间通过交换电子或交换电子—中微子而产生的，但这些假设都没有成功。1935 年，日本物理学家汤川秀树提出了一个极具创新性的理论，即核力的介子理论，用来说明核力的起源。与带电粒子间的电磁力是通过交换光子而产生相类比，汤川秀树认为，核子间的核力是通过交换一类称为“介子”的粒子而产生的。这类介子有三种，即中性、带正电或带负电。与电磁力的情况不同，产生电磁力的媒介粒子——光子的静质量为零，它决定了带电粒子间的电磁力是长程力。而核子间的核力是短程力，其作用力程大约是 10^{-13} 厘米。因此，在核子间产生核力的媒介粒子应具有较大的质量。汤川秀树估计这种粒子的质量大约是电子质量的 200 多倍。

1947 年，汤川秀树所预言的介子(称为 π 介子)在宇宙射线中被发现。1949 年汤川秀树被授予诺贝尔物理学奖，成为第一位获此殊荣的日本科学家。

汤川秀树

1935 年
实用雷达系统发明

雷达是利用无线电波发现并测定目标位置、距离、运动速率和方向的电子系统。它通过发送无线电波，再测量其反射回来的信号以侦测远方的物体。“雷达”(radar)一词源自“无线电侦测与测距”(radio detection and ranging)的英文缩写。美国海军于 1940 年 11 月正式使用该词，而英国到 1943 年 7 月才正式接受该词。

早在 1880 年代，科学家就发现了雷达的基本工作原理。1920 年代，英国物理学家阿普尔顿的无线电实验为雷达的出现奠定了基础。1934 年，德国空军的袭击迫使英国空军邀请英国物理学家沃森-瓦特爵士研究侦测飞机的无线电方法。1935 年 2 月，沃森-瓦特在空军总部委员会成功示范了第一套侦测飞机的实用雷达系统。同年 4 月，他取得了此系统的专利，并开始使用雷达系统来侦测飞机。第二次世界大战前夕，英国采用沃森-瓦特的设计，在英国海岸建立了雷达网。随后，各国都投入了相当的力量从事雷达研究，使雷达技术有了长足的进步。除军事用途外，雷达已日益广泛地应用到民用事业和各学科研究中。

第二次世界大战期间立于英国海岸的雷达塔

1935 年
EPR悖论提出

20 世纪初量子力学诞生之后，关于它是否完备的问题引起了巨大的争议。从 1920 年代起，爱因斯坦与哥本哈根学派的领袖丹麦物理学家玻尔就量子力学展开了

1935

爱因斯坦(右)与玻尔在讨论量子力学

论战。这场论战旷日持久,一波三折,几乎当时的理论物理学家都被卷入。在1927年的第五次索尔维会议上,爱因斯坦首次向玻尔提出挑战。通常是在早餐时候,爱因斯坦设想出一个巧妙的思想实验,但在晚餐的餐桌上,玻尔就想出了化解爱因斯坦疑问的招数。

1935年,这场论战达到巅峰。爱因斯坦、波尔多斯基和罗森为论证量子力学的不完备性提出了一个悖论,又称EPR悖论,这一悖论涉及如何理解微观物理实在性的问题。他们认为:如果一个物理理论对物理实在的描述是完备的,那么物理实在的每个要素都必须在其中有它的对应量(这称为完备性判据);当我们不对体系进行任何干扰,却能确定地预言某个物理量的值时,必定存在着一个物理实在的要素对应于这个物理量(这称为实在性判据)。他们认为,量子力学不能同时满足这两个判据,所以是不完备的。对此,玻尔提出了异议。他认为,微观体系和测量仪器构成了一个整体,测量安排是确定一个物理量的必要条件,而对体系未来行为所预言的可能类型正是由这些条件决定的。玻尔用这一观点(后来称为量子力学的哥本哈根解释)对EPR悖论作出了解释。爱因斯坦对玻尔的回应不以为然,称之为"不可思议的超距作用",他深信"上帝不会掷骰子",一生都坚持定域性假设,坚信量子力学是不完备的。

对EPR的定域性假设,人们一直争论不休。1965年,英国物理学家约翰·贝尔提出了贝尔不等式,为定域性假设的实验验证提供了条件。1970年代以来,多项实验结果大多表明贝尔不等式不成立。因此,现在人们普遍倾向于认为量子论是非局域的,而建立在定域性假设基础上的定域隐变量理论并不成立。

1935年
伦敦方程提出

实验表明,超导体中的电子包括两部分,一部分为正常电子,遵从欧姆定律;另一部分为超导电子,运动时不受任何阻力。1935年,德国物理学家弗里茨·伦敦和海因茨·伦敦兄弟联合发表论文《超导体的电磁学方程》,给出了描述超导电子运动规律的方程,现称为伦敦方程,成功地解释了超导体的两个基本性质(即电阻为零和排磁现象)。他们还提出了一个重要的预言,即超导电流和磁场仅存在于厚度大约为10^{-6}厘米的超导体表层内。正是表层电流对外磁场的屏蔽作用才使超导体内部的磁场为零。

伦敦方程是较早提出的关于超导现象的唯象理论,它与实验大致定性相符。

1935年
卡罗瑟斯合成聚己二酰己二胺

1928年,美国化学家卡罗瑟斯出任美国杜邦公司基础化学研究所有机化学部的负责人。当时正值国际上对德国化学家施陶丁格提出的高分子理论展开激烈的争论,卡罗瑟斯赞扬并支持施陶丁格的观点,因此他把对高分子的探索作为有机化学部的主要研究方向。

1930年,卡罗瑟斯用乙二醇和癸二酸缩合制取聚酯。当从反应器中取出熔融的聚酯时,他发现了一种有趣的现象:这种熔融的聚合物能像棉花糖那样抽出丝来,经过冷拉伸后,细丝的强度和弹性大大增加。然而这种聚酯具有易水解、熔点低(<100℃)、易溶解在有机溶剂中等缺点,不适宜商品化。1935年初,卡罗瑟斯决定用戊二胺和癸二酸合成聚酰胺,结果发现用这种聚酰胺拉制的纤维的强度和弹性超过了蚕丝,而且不易吸水,很难溶,不足之处是熔点较低,所用原

卡罗瑟斯展示他合成的尼龙 66

料价格很高，仍不适合商品生产。卡罗瑟斯紧接着又用己二胺和己二酸进行缩聚反应，终于在 1935 年 2 月 28 日合成出聚己二酰己二胺，又称尼龙 66。这种聚合物不溶于普通溶剂，具有 263℃的高熔点，在结构和性质上很接近天然丝，拉制的纤维具有丝的外观和光泽，其耐磨性和强度超过当时任何一种纤维，而且原料价格也比较便宜。1938 年 7 月，杜邦公司完成了对聚己二酰己二胺的测试。卡罗瑟斯用他对聚酯和聚酰胺的研究成果，证实了施陶丁格的高分子理论的正确性。

聚己二酰己二胺的合成奠定了合成纤维工业的基础，使纺织品的面貌焕然一新。聚酰胺纤维迄今仍是三大合成纤维之一。

1935 年
艾林等提出过渡态理论

过渡态理论由美国理论化学家艾林、匈牙利—英国化学家迈克尔·波拉尼和英国化学家梅雷迪思·埃文斯于 1935 年提出。过渡态理论建立在统计热力学和量子力学的基础上，也称活化络合物理论，是关于反应速率的一种理论。过渡态理论认为，化学反应不是通过反应物分子的简单碰撞就可以完成的，而是在反应物到生成物的过程中，经过了一个高能量的过渡态。过渡态是一种不稳定的反应物原子组合体（活化络合物），它可以很快地分解为产物。这与爬山类似，山的最高点便是过渡态。

有机反应可分为只有一个过渡态没有活性中间体的一步反应和既有过渡态又有活性中间体的多步反应。在多步反应中，活性中间体处于两个过渡态高峰之间的凹谷处。一般来说，活性中间体很活泼，寿命很短，但比过渡态要稳定。利用中间体的结构和性能的知识可以大致推断过渡态的结构、性能，以阐明反应机理。利用过渡态理论的基本公式还可判断反应是否有利。

过渡态理论是研究化学反应动力学的重要理论之一，是 20 世纪化学的重大进展。

1935 年
和达清夫发现地震震源分布带

深源地震指震源深度超过 300 千米的地震。早期的地震学研究认为，地震的发生是由于地壳岩层发生构造断裂而引起的，因此地震震源的深度不会超过地壳的厚度，一般不超过 70 千米。

1922 年，英国地震学家赫伯特·特纳发现某些地震的震源深度远大于通常所认为的深度。1928 年，日本地震学家和达清夫利用密布于日本列岛的地震台网资料，获得了深源地震存在的令人信服的证据。1935 年，和达清夫发表了关于日本列岛及邻近海域地震震源分布的文章，指出这些地震的震源分布在一个倾斜的地震带上。1950 年代，美国地震学家贝尼奥夫研究全球的地震震源分布后发现：位于大陆边缘的深源地震活动带在全球范围内普遍存在；地震的震源深度与海沟的分布有密切关系；发生在海沟附近的一般都是浅源地震，在海沟向陆一侧较远处出现中源地震，在更远处的大陆下面则出现深源地震，震源深度最大可达 720 千米；这些在大陆边缘的地震震源，分布在一个从海沟向大陆方向由浅入深

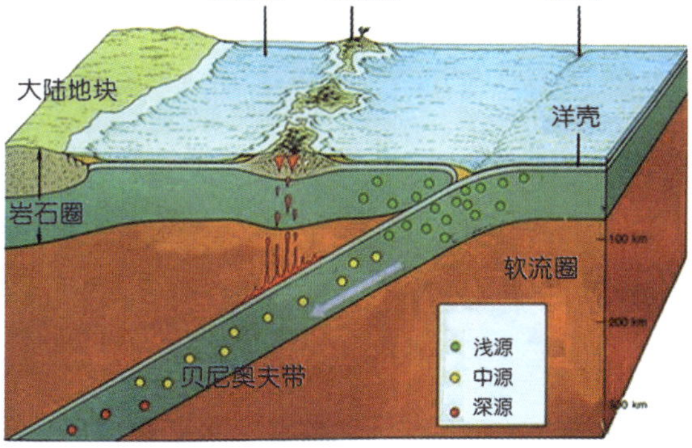

贝尼奥夫带示意图

延伸的倾斜带上，倾斜的角度由浅层的 30°左右向下渐变为 50—60°乃至 90°。于是，这种位于大陆边缘的倾斜的地震震源分布带，被称为贝尼奥夫带。由于这一地震震源分布带首先被和达清夫发现，又称和达—贝尼奥夫带。

后来，地质学家研究发现，贝尼奥夫带实际上是大洋板块向大陆板块俯冲所形成的俯冲带，地震就是洋壳在俯冲过程中的应力释放。俯冲带进入地幔一定深度后，被逐渐熔融同化以至消亡，所以贝尼奥夫带也是洋壳的消减带。贝尼奥夫带的存在成为板块学说的重要证据之一。

1935 年
里克特提出里氏震级标度

目前国际通用的地震震级标度，是 1935 年由美国地震学家查尔斯·里克特创建的。在研究加利福尼亚州南部地震的时候，里克特发现，对于那些震中距离地震台相等的地震，地震越强，地震仪记录到的地震波振幅也越大。于是，他首先规定一个距离震中 100 千米、地震仪记录到的地震波最大振幅为 0.001 毫米的地震为“0”级，并以此为标准，随着振幅的增大，按振幅值的常用对数值类推震级。即：振幅为 1 毫米时，震级就为 3；振幅为 1 米时，震级就为 6。于是，地震大小的一个标度就产生了。后来地震学家们针对不同测量仪器以及地震的不同类型，对震级的计算公式不断地进行修正，但震级的基本概念并无改变。里氏震级得到了世界各国的公认。

2008 年 5 月 12 日汶川地震里氏震级为 8 级

1935 年
尤因开展海上地震勘探

1931 年，美国地球物理学家尤因在利哈伊大学开始从事将小范围人工地震技术应用于地质矿产勘探的研究。1934 年，尤因接受美国大地测量学家鲍威等人的建议和邀请，开始尝试将地震技术应用于海上大陆架地质勘探。1935 年 6 月，尤因乘坐海岸和大地测量局的“海洋学家号”调查船，在弗吉尼亚近海开展海上地震勘探实验，但因事故没有成功。1935 年 10 月，尤因搭载伍兹霍尔海洋研究所的“亚特兰蒂斯号”调查船，在近海开展人工地震波反射试验，利用声波折射法成功地探测到海底表层厚度为 300—600 米的半固态沉积层。此后，尤因不断改进海上地震勘探技术，先后开创了海上爆破地震法、气枪法等研究方法。海上地震勘探技术出现后很快被应用于美国东部大陆架地质调查，以后又在地中海、挪威海以及大西洋等海域进行了大范围的海上测量。海上地震勘探技术的使用，为研究地壳和地幔的结构及厚度提供了重要的技术手段。

1935 年
斯坦利分离并结晶烟草花叶病毒

19 世纪，烟草花叶病的蔓延对烟草种植业造成了严重的影响。染上这种病的烟草植株逐渐变黄枯萎，新叶呈现黄绿相间的花叶状。因为没有弄清这种病的致病原因，所以给防治工作带来了很大的困难。1892 年，俄国生物学家伊万诺夫斯基发现患病烟草的汁液中存在一种比细菌更小的致病因子。1898 年，荷兰微生物学家贝杰林克重复了他的实验，并将这种新的致病因子命名为“病毒”。

但在之后很长一段时间里，除了了解这种致病因子传染性极强且无法在显微镜下观察到之外，人们对它究竟是什么还一无所知。1935 年，美国生物化学家斯坦利将受感染的烟草叶片磨成粉状，层层过滤，最后利用结晶技术得到了一种在显微镜下看来是针状结晶的东西。他发现这种结晶的主要成分是蛋白质，并且结晶状态的病毒仍然保持感染性。一开始，斯坦利的发现受到了其他科学家的质疑，他们认为活的生物是无法以结晶的形式存在的。后来更多科学家的工作逐渐证实了斯坦利的结论是正确的。1937 年，研究人员又发现这种病毒并不是由纯蛋白质组成的，其中还包含了少量的 RNA，而且 RNA 才是保证病毒复制的关键因素。

自斯坦利获得病毒结晶后，人们对这种特殊的生物逐渐有了更多的了解。今天我们知道，病毒是比细菌更小的生命体，它不具有完整的细胞结构，只有蛋白质外壳和作为遗传物质的核酸内核，可以利用宿主细胞中的“装备”进行自身的复制，也可以像普通化学物质那样被分离结晶。这一发现对于了解生命的本质起了巨大的推动作用。病毒这一介于生命物质和非生命物质之间的特殊生命形态，令人推测它们可能就是地球上最早出现的生命形式。斯坦利也由于此方面的研究而荣获 1946 年诺贝尔化学奖。

1935 年
坦斯利提出“生态系统”概念

生态系统的概念是由英国生态学家坦斯利在 1935 年提出来的。他认为，“生态系统的基本概念是物理学上使用的‘系统’整体。这个系统不仅包括有机复合体，而且包括形成环境的整个物理因子复合体……我们对生物的基本看法是，必须从根本上认识到，生物不能与它们的环境分开，而是与它们的环境形成一个自然系统。”“这种系统是地球表面上自然界的基本单位，它们有各种大小和种类。”

其实从远古时代起，人类就已经有了关于生态系统方面的认识，在渔猎、畜牧、采药等工作中懂得利用生物与环境间的联系。“橘生淮南则为橘，生于淮北则为枳”正反映出我国古代劳动人民对于环境对物种的影响已有了一定的认识。公元前 100 年左右，我国农历已确定了二十四节气，以此反映作物、昆虫等生态现象与气候之间的关系。在古希腊，亚里士多德曾在他的著作中描述了生物与环境的关系，并按栖息环境将动物分为水栖动物和陆栖动物。他的学生狄奥弗拉斯图阐述了陆地及水域中的植物群落和植物类型与环境的关系，被认为是最早的生态学家。1866 年，德国博物学家海克尔首先提出了生态学的概念。坦斯利在丹麦植物学家瓦明的影响下（瓦明的生态学定义既包括个体研究，也包括群落及外在因子研究），提出了生态系统的概念。

生态系统这一概念的提出，将生物与非生物的因素一并进行研究，从仅研究生物本身的特点扩展到了研究各生物群落之间的依存关系以及生物群落与环境之间的相互作用。如今，生态学作为一门独立的学科，已成为生物学的一个重要分支。

1935 年
恩布登等阐明糖酵解过程

人体组织中的糖代谢有多种途径，其中在无氧条件（如肌肉剧烈活动时缺氧）下，糖分解成乳酸并释放出能量的过程与酵母使糖类变成醇的发酵过程基本相同，被称为糖的无氧酵解或简称糖酵解。由于从微生物到人普遍存在着糖酵解途径，因而它是生物进化过程中一种古老的代谢方式。1918 年起，德国生物化学家恩布登、迈尔霍夫和苏联生物化学家帕尔纳斯等研究了葡萄糖（六碳化合物）酵解为乳酸（三碳化合物）的过程，于 1935 年阐明了整个过程中的化学反应步骤、涉及的酶和相关产物。

从葡萄糖或糖原开始的糖酵解有 12 个步骤，可分为 4 个阶段。整个糖酵解过程的每一步化学反应皆由不同的酶催化，同时消耗并产生少量能量(以 ATP 的形式),但总的来说产生的 ATP 多于消耗的,所以糖酵解是个产能过程。其中有三步反应是不可逆的,其余均是可逆反应。糖酵解过程均在细胞质中进行,无须氧分子参加,是一个无氧代谢过程。

1935 年 舍恩海默应用同位素示踪技术研究脂肪代谢

20 世纪初,科学家陆续开发出一批示踪技术来追踪各种特定分子在生物体中的动向,为详细了解新陈代谢的各个阶段及其变化过程开辟了新的道路。

1935 年,德国—美国生物化学家舍恩海默等用氢的同位素氘标记脂肪分子,再用这种脂肪分子喂养动物,追踪脂肪在动物体内的代谢过程。1937 年,他们用带有氮 15(氮的放射性同位素)标记的氨基酸喂养大鼠,发现带有氮 15 标记的一种氨基酸进入大鼠体内以后,很快大鼠身体中几乎所有的氨基酸都带有氮 15,这说明氮在各种氨基酸之间发生了流动和交换。1942 年,舍恩海默的专著《身体成分的动态》出版,该专著记录了大鼠代谢过程中原子的活动,反映出同位素示踪技术给生物化学带来的崭新面貌。

1935 年 莫尼斯发明额叶切除术

19 世纪末期,人们开始尝试对大脑实施手术以治疗精神疾病,手术对象除了人之外,还包括狗以及灵长类动物等。但是这一时期的手术没有引起多少重视。1935 年,富尔顿和雅克布森在伦敦举行的第 2 届神经精神学会上发表报告,提到他们对黑猩猩实行两侧前连合切断术后,黑猩猩的攻击性行为减少。这一报告引起了葡萄牙医生莫尼斯的兴趣,他开始尝试用类似的方法治疗人类的一些严重的精神疾病。最初,他尝试通过向额叶注射乙醇的方式摧毁神经纤维。但是,不久他就发现,这种做法会损害大脑其他部位。于是,他便设计出了被称为脑白质切断器的手术仪器,来完成额叶的切除工作。实行这一手术时,医生需要在病人的颅骨两侧各钻一个小孔,然后将脑白质切断器从洞中伸入病患脑部,在每侧各选择 3 个位置实施手术。1935 年,利马在莫尼斯的指导下完成了第一例手术;第二年他们将结果公之于众。他们所治疗的第一批 20 名病人全部存活下来,这一手术很快在其他国家推广开来。1949 年,莫尼斯因此而获得诺贝尔生理学医学奖。

1935 年 达姆发现维生素 K

丹麦生物化学家达姆于 1920 年代后期即在哥本哈根大学从事鸡的胆固醇代谢研究。当时一般认为,许多哺乳动物能在体内合成胆固醇,但鸡缺乏这种能力。为了证实这种设想,达姆用不含胆固醇却富含维生素 A、维生素 D 的食物饲养鸡,结果他观察到鸡也能合成胆固醇。更重要的发现是:如果继续用这种食物饲养 2—3 周,则鸡皮下、肌肉和其他器官出现出血现象,而检验时发现鸡血凝结得很慢;即使在食物中加入脂肪、维生素 C 以及胆固醇,出血现象也没有明显的改善。因此,达姆认为,这是由于食物中缺乏一种未知的成分所致。

在寻找上述食物所缺少成分的过程中,达姆发现,食用绿色植物和猪肝能避免患出血病。达姆于 1935 年把上述成分称为“维生素 K”。“K”是斯堪的那维亚文和德文中“koagulation”(凝结)一词的首字母。该物质是脂溶性的,可从紫花苜蓿中分离出来。

由绿色植物中分离出的维生素 K 被称为维生素 K_1,而由大肠杆菌所产生的维生素 K 则称为维生素 K_2,两者的差别首先由美国化学家多伊西观察到。1939 年，多伊西人工合成了维生素 K。1943 年，达姆与多伊西共同获得诺贝尔生理学医学奖。

1935 年
弗格森创制农机具三点悬挂系统

早期的拖拉机牵引农机具时，使用的是与汽车挂钩相似的挂钩。但农田远不像公路那么平坦，经常会发生脱钩等问题。虽然许多人曾有过许多发明，但直到 1935 年弗格森发明三点悬挂系统之后，才真正解决了这一问题。弗格森是英国工业家和农机具设计者，他创制的三点悬挂系统被称为弗格森系统，它使拖拉机与农机具有机地连成一个整体，加上液压提升装置的应用，不仅简化了农机具的升降操纵，而且大大提高了作业质量。这是拖拉机工具控制方面的一项重大革新，它的发明极大地推动了拖拉机的发展。弗格森的发明在 1936 年首先在美国得到应用，至今仍被广泛使用。

1935 年
IBM公司推出穿孔卡片计算器

1935 年，IBM 公司开始生产穿孔卡片计算器。第一个产品叫 IBM601，能在 1 秒钟内算出乘法结果。每当煤气公司或电力公司等要向用户发出收费账单时，必须根据煤气表或电表的读数乘以每立方米煤气或每千瓦时电的单价得出收费金额。穿孔卡片计算器大大减轻了这方面的计算工作，满足了制表的需要。IBM601 因此深受用户欢迎，总共售出了 1500 多台。无论在自然科学还是在商业应用上，IBM601 都具有重要的地位。

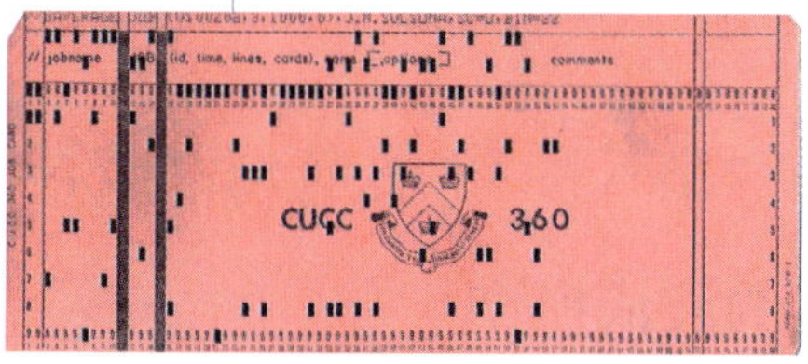

IBM601 和穿孔卡片

1936 年
第 1 届菲尔兹奖颁发

菲尔兹奖是加拿大数学家和教育家菲尔兹倡议设立的。菲尔兹曾任多伦多大学教授，1907 年当选为加拿大皇家学会会员。为了推动北美洲数学的发展，他率先在加拿大推进了研究生教育。1924 年于加拿大多伦多举行的第 7 届国际数学家大会由菲尔兹任主席，会后他建议利用这次会议的经费余额设立一项国际性数学奖。在菲尔兹的努力下，1932 年于瑞士苏黎世举行的第 9 届国际数学家大会设立了该奖项，但菲尔兹本人在这次会议前已不幸病故。临终时他立下遗言，将他的个人遗产捐赠为奖金的经费，并再次强调此奖的国际性。为了赞许菲尔兹的远见卓识、组织才能和卓越功绩，缅怀他为促进数学领域的国际交流所作出的无私奉献，参加 1932 年大会的数学家们一致同意该奖项以菲尔兹的姓氏命名。

菲尔兹奖只授予纯粹数学方面的工作者，在每 4 年一次的国际数学家大会上颁发，每次的获奖者为 2—4 名在当届数学家大会召开之前几年间获得突出成就、所做工作能够反映当时数学的重大进展并以确定形式发表出来的数学家，每人可获得一枚金质奖章和 1500 美元奖金。奖章正面是阿基米德的浮雕头像，周围镌刻的拉丁文意为“超越自身并掌握世界”；背面镌刻的拉丁文意为“从全世界集合到此的数学家为非凡的工作奉上赞颂”，背景是一段月桂枝，树枝后面是一个球

1936

菲尔兹奖奖章的正反面

内接于圆柱的几何图形。

1936 年，菲尔兹奖由在挪威奥斯陆举行的第 10 届国际数学家大会首次颁发，获奖者是芬兰—美国数学家阿尔福斯和美国数学家道格拉斯，他们的研究领域分别是复分析和极小曲面。1974 年于加拿大温哥华举行的第 17 届国际数学家大会明确规定，该奖项专门用于奖励 40 岁以下的年轻数学家。

1936 年 安德森发现 μ 介子

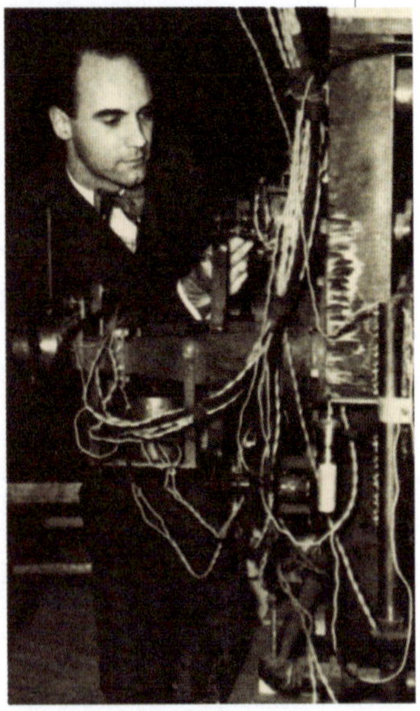

卡尔·安德森

1935 年汤川秀树提出了核力的介子理论后，判别该理论正确性的关键在于能否找到他所预言的粒子。1936 年，就在卡尔·安德森接到因发现正电子而获诺贝尔物理学奖的通知后不久，他和美国物理学家尼德迈耶从强磁云室拍摄的照片中又发现了一种未曾见过的粒子径迹。经过推算，该粒子的质量约为电子的 207 倍，在汤川秀树预言的范围内。考虑到这种粒子的质量介于电子和质子的质量之间，安德森将它命名为“介子”，并称为 μ 介子。

1945 年，意大利物理学家皮乔尼等通过实验证明，宇宙射线中占主要成分的 μ 介子与质子、中子的相互作用非常微弱，根本无法提供核力。于是 μ 介子被改名为 μ 子，μ 子仅参与弱相互作用和电磁作用，与汤川秀树的核力理论没有任何关系。现在知道，μ 子所带电荷数与电子一样，自旋也是 1/2，但平均寿命只有 2.197×10^{-6} 秒，与电子一样都是轻子家族中的成员。

1936 年 玻尔提出核结构的液滴模型

1936年，玻尔提出原子核结构的液滴模型。该模型根据有二，一是核力是短程力，具有饱和性，总结合能基本上与核子数成正比；二是原子核的体积正比于核子数，核物质的密度近似于常数，显示了原子核的不可压缩性。这两条性质都与液滴相似，所以可把原子核看成带电的理想液滴。玻尔用这个模型近似定性地解释了原子核的裂变现象，对某些核反应的实验结果作了计算和分析。核结构的液滴模型的优点是物理图像清晰、简便适用，但不能很好地描述核内核子的独立运动行为。

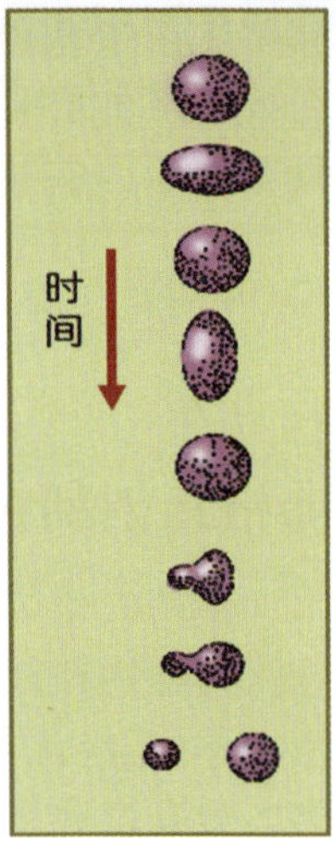

原子核裂变过程示意图

1936 年 舒布尼科夫提出第二类超导体

1911年昂内斯发现了金属汞的超导电性后，物理学家相继发现，不少金属元素、合金和化合物在低温下也具有超导电性。

1936 年，苏联实验物理学家舒布尼科夫提出，可根据超导体在磁场中的磁化曲线的差异，将其分为第一类超导体和第二类超导体。如图所示，第一类超导体只有一个临界磁场 H_c，在临界温度以下，磁场小于 H_c 时

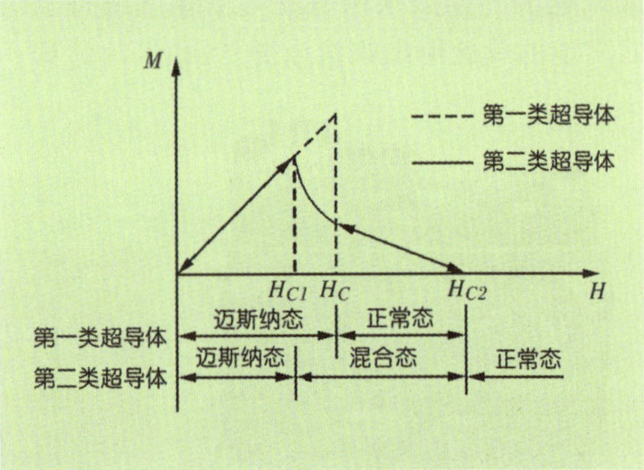

超导体的磁化曲线

是超导态(迈斯纳态),大于 H_c 时是正常态。第二类超导体有两个临界磁场 H_{c1} 和 H_{c2},在临界温度以下,磁场小于 H_{c1} 时是超导态(迈斯纳态),大于 H_{c2} 时是正常态,在 H_{c1} 和 H_{c2} 之间是混合态。除钒、铌和钽外的大多数金属元素均属第一类超导体,大多数超导合金和化合物则属于第二类超导体。第二类超导体又可分为理想第二类超导体和非理想第二类超导体(硬超导体)。非理想第二类超导体具有较大的实用价值。

1936 年
斯托伊科发现地球自转速率的季节性变化

地球绕自转轴自西向东自转,平均角速度为 15 度/小时。在地球赤道上,自转的线速度是 465 米/秒。天空中各种天体东升西落的现象都是地球自转的反映。人们早先利用地球自转作为计量时间的基准。20 世纪以来,随着天文观测技术的发展,人们发现地球自转并不均匀,存在长期减慢、周期性变化和不规则变化。长期减慢使日的长度在一个世纪内大约增长 1—2 毫秒,其原因主要是潮汐摩擦。周期性变化也称为季节性变化,是 1936 年法国巴黎时间局的天文学家斯托伊科发现的。他在比较石英钟计时和天文测时的结果时,发现地球自转在春天变慢,秋天则加快,其中还带有半年周期的变化。这种周年变化的幅度为 20—25 毫秒,主要由风的季节性变化引起。半年变化的幅度为 9 毫秒,主要由太阳潮汐引起。至于时快时慢的不规则变化,其原因尚待进一步研究。

1936 年
戴利提出海底峡谷的浊流成因说

回声测深仪出现后,很快被广泛应用于海洋水深测量和海底地形测绘。随着测深资料的不断积累,人们发现广阔的海底世界并不平坦,而是像陆地一样存在着山脉、平原、盆地和峡谷等各种地貌,其中狭长而又深邃的海底峡谷尤其令海洋学家感到困惑。这些海底峡谷大多分布在大洋边缘的陆坡上,它们蜿蜒曲折,谷壁深陡,谷底向下倾斜,呈 V 字形延伸到水深甚至达 2000 米的陆坡底部。早期,海洋学家认为这些峡谷可能是陆上河谷在水下的延伸,但大量的调查资料表明,在没有河流入海的陆坡上也有许多海底峡谷存在。

1936 年,加拿大—美国地质学家戴利发表论文,首次提出海底峡谷是由海洋风暴和海底滑坡引起的浊流运动所冲刷和侵蚀而成的。海底浊流是一种富含悬浮固体颗粒物的高密度水流。海岸和海底一般都覆盖有大量的泥、沙、砾石等松散沉积物,这些沉积物在风暴、海啸、地震等动力因素的作用下被扰动起来,即形成浊流;因为浊流与周围水体有较大的密度差异,因而在陆坡等处形成的浊流会发生沿陆坡而下的快速流动,其所挟带的大量泥沙、砾石等具有很强的侵蚀能力。1940 年代—1950 年代,荷兰海洋地质学家奎年用人工水槽模拟海底浊流运动,证明浊流具有较强的侵蚀作用。1952 年,美国海洋地质学家希曾和地球物理学家尤因研究了海底浊流在 1929 年纽芬兰大浅滩海底电缆折断事件中的作用,计算出在坡度最大处浊流的流速可达 28 米/秒,甚至在深达 6000 米的深海平原上其流速也可超过 4 米/秒。这些学者的研究结果,都证实了浊流侵蚀是海底峡谷的一个重要成因。

1936 年
莱曼提出地核可分为内核和外核

1936 年,丹麦女地震学家莱曼对地核中传播的地震波波速进行了精确的测量,发现地核内有一个分界面,地核可据此分为内核和外核两部分,内外核的分界面在地表之下 5100 千米处。地震波的横波不能通过外核,说明外核为液态的。而到内核,横波又重

1936

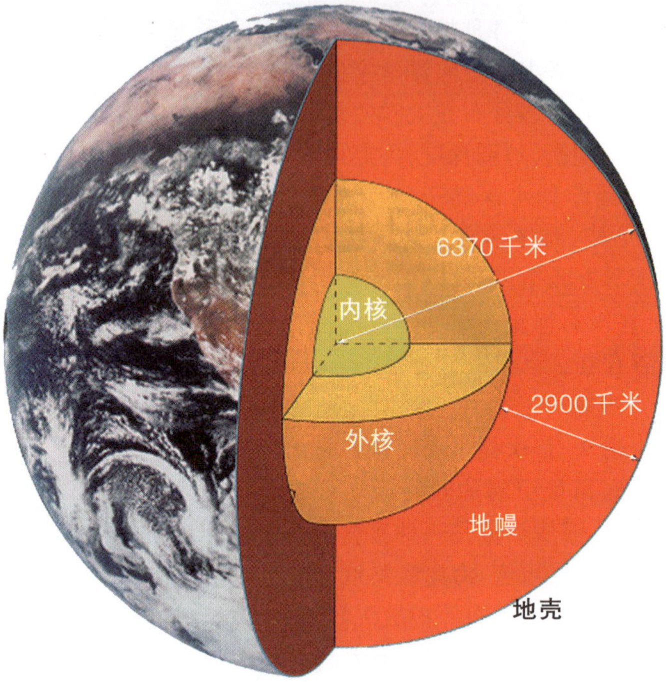

地核分为液态外核和固态内核

新出现,说明内核是固态的。由于地震波在整个地核中的传播速度与它在高压状态下铁中的传播速度相等,因此人们认为地核主要是由铁、镍构成的。

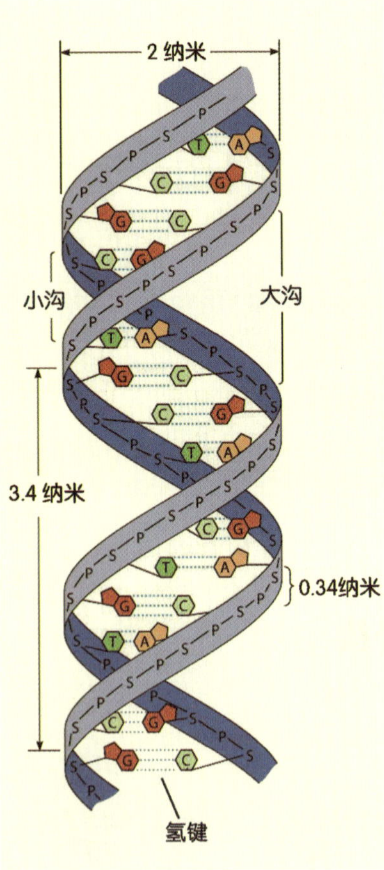

DNA双螺旋结构及其中的氢键

1936 年
哈金斯和鲍林提出氢键理论

氢键是一种特殊化学键,在生物大分子中起着尤为重要的作用。氢原子(H)与电负性很大、半径很小的原子 A(如氟、氧、氮)形成强吸引力的化学键——共价键 A–H 的同时,这个氢原子还可以吸引另一个具有孤对电子、电负性大、半径小的原子 B,形成具有 A–H…B 形式的物质,氢原子与 B 原子之间形成的这种弱吸引力的化学键称为氢键,其中 A–H 称为质子供体,B 称为质子受体。

1936 年,美国化学家莫里斯·哈金斯发表了关于氢键的论文,列举了大量以氧—氢和氮—氢为质子供体的氢键,讨论了氢键对生物大分子结构的影响,认为由于生物大分子中存在众多氢键,因此结构非常稳定。同一时期,美国化学家鲍林也研究了氢键,并初步阐明蛋白质结构中的氢键使多肽链形成稳定的构型。当氢键被破坏时,蛋白质构型也随之被破坏。这些思想为其后迅速发展的蛋白质大分子结构研究和核酸结构模型的建立奠定了基础。

氢键在维持生物大分子结构方面起着举足轻重的作用。例如,蛋白质会形成 3.6 个氨基酸残基为一圈、呈螺旋状上升的 α 螺旋结构,其中几乎每个氨基酸残基都与其后的第 4 个氨基酸残基形成氮—氢…氧型氢键,使得螺线间的距离稳定不变,从而维持 α 螺旋的构型。而在 DNA 双螺旋结构中,每条单链中的碱基都与另一条单链对应位置处的碱基形成氮—氢…氮或氮—氢…氧型氢键。鸟嘌呤(G)与胞嘧啶(C)形成 3 个氢键,腺嘌呤(A)与胸腺嘧啶(T)则形成 2 个氢键,因此 DNA 中 G 必与 C 配对,A 必与 T 配对。氢键不仅是将 DNA 两条单链聚成双链的化学力之一,也是 DNA 复制和转录过程中碱基互补配对原则的化学基础。

1936 年
“图灵机”设想提出

英国数学家、逻辑学家图灵是举世公认的“人工智能之父”、“计算机科学之父”。1936 年,当时在剑桥大学的图灵向《伦敦数学会公报》杂志投了一篇论文,题为《论可计算数及其在判定问题中的应用》,这篇论文被誉为现代计算机原理的开山之作。1937 年,该论文正式发表。在这篇开创性的论文中,图灵给“可计算性”下了一个严格的数学定义,并提出了著名的“图灵机”设想。

图灵机不是一种具体的机器,而是一个假想的模型,即一种十分简单但运算能力极强的计算装置,用来计算所有可计算函数。

这种假想的机器由一个控制器和一条两端可无限延长的工作带组成。工作带被划分成一个个大小相同的方格，方格内记载着给定字母表上的符号。控制器带有读写头，并且能在工作带上按要求左右移动。随着控制器的移动，读写头可读出方格上的符号，也能改写方格上的符号。这种机器能进行多种运算，并可用于证明一些著名的定理。图灵机是最早给出的通用计算机的模型。图灵还从理论上证明了这种假想机的可能性。

尽管图灵机当时还只是一纸空文，但其思想奠定了整个现代计算机发展的理论基础，被永远载入计算机的发展史册。

1937 年
卡皮查发现氦的超流动性

氦(He)是在常压下、沸点以下甚至绝对零度始终保持液态的唯一物质。在标准大气压下氦的沸点是 4.215 开。液氦有两个液态相，氦 Ⅰ 和氦 Ⅱ，两相间的转变温度称为 λ 点(2.172 开)。当温度高于 λ 点时，液氦处于氦 Ⅰ 态，它具有普通黏滞流体的性质。当温度低于 λ 点时，液氦处于氦 Ⅱ 态，此时的液氦具有许多非常奇异的性质。其中最引人注目的是，它几乎完全失去了黏滞性，可以完全无阻地流经极细的管子或狭缝而不损耗其动能。这种性质称为超流动性。氦 Ⅱ 还有许多其他特性，如超热导(氦 Ⅱ 的导热系数差不多为无限大)，喷泉效应(用光照射一根插在氦 Ⅱ 中的毛细管，液氦会通过毛细管从上端喷出)，表面膜效应(液氦会沿着一只放置在氦 Ⅱ 容器中的空杯的外壁自动爬到杯内)。

液氦的超流动性

氦 Ⅱ 的超流动性是苏联—美国物理学家卡皮查于 1937 年首先发现的。1978 年，卡皮查因"低温物理学领域的基本发明与发现"而获得诺贝尔物理学奖。

1937 年
雷伯建成抛物面天线射电望远镜

美国天文学家雷伯原是一名无线电工程师。他早在 15 岁时就热衷于无线电收发报活动，在伊利诺伊州理工学院学习时，曾试图继续央斯基的工作。1937 年他 26 岁时，在自家后院试制成一台抛物面天线射电望远镜，该天线直径为 9.45 米，在 1.87 米波长取得了宽 12°的"铅笔状"方向束。在第二次世界大战前，它是世上独一无二的抛物面型射电望远镜。1938 年，雷伯开始用它探测来自天空的无线电波，1940 年探测到来自银河系中心方向的波长 1.87 米的信号，从而证实了 1932 年央斯基的发现。1942 年，雷伯发表探测结果，深受荷兰天文学家奥尔特等人的重视。1943 年，他又在 1.9 米波长上接收到日冕发出的射电辐射。1944 年，雷伯首次发表有关太阳射电的文章，并绘出

美国西弗吉尼亚州格林班克国家射电天文台陈列的雷伯射电望远镜复制品

图　灵

1912年6月23日，图灵出生于伦敦近郊的帕丁顿镇。其父是英国派驻殖民地印度的行政机构官员，在他出生后不久便回到印度。图灵很少见到父母，他是由父母的好友带大的。

13岁时，图灵进入谢博恩中学学习，表现出极强的数学演算能力。他在那里结识了莫尔贡，两人经常在一起谈论最新科学发现，做各种科学实验。这段友谊激发了图灵对科学的全部兴趣，而他对莫尔贡的感情似乎超出了朋友的范围。中学毕业后，图灵进入剑桥大学国王学院攻读数学。在此期间，莫尔贡死于突发性结核病。由于对莫尔贡的特殊情结，图灵成了一个同性恋者。在当时的英国社会，同性恋是非法的。好在国王学院素以保护私生活的校园文化闻名，图灵并没有因此受到影响。

1935年，图灵从数学课上得知了希尔伯特的可判定性问题。该问题可以简单描述为：是否存在一个能逐步解决所有数学问题的一般机械步骤？这里的"机械步骤"实际上就是现代"算法"的直观概念。1936年，图灵在《论可计算数及其在判定问题中的应用》一文中提出可用一种抽象机器模型来表示算法，后来人们把它称为"图灵机"。图灵机由一个带读写头的有限状态控制器和一条两端都可以无限延长的工作带组成。机器根据当前状态和读写头在工作带上读到的字符决定写入的字符、移动方向和下一个状态。只要有足够的时间（足够多的步数）和足够的空间（足够长的工作带），图灵机就能够表示任何算法。但是，没有一个算法可以描述图灵机的停机问题，即有些问题没有算法可以证明其真伪，图灵由此对希尔伯特的可判定性问题作出了否定回答。图灵的工作很快便获得美国同行的赏识，他应邀到普林斯顿大学参加邱奇领导的数理逻辑研究小组，并在那里取得了博士学位。

第二次世界大战爆发后，已经回到英国剑桥大学的图灵被外交部派到设在布莱奇利庄园的科研机构参与破译德国密码Enigma的工作。图灵不仅在破解密码方面有着超人的直觉与天赋，还使用继电器制成名为"霹雳弹"的译码机来辅助他的工作，破解了德军大量密报。盟军依靠破解的情报，逐渐扭转了大西洋战场的战局。由于涉及国家机密，图灵的这段经历在相当长的时间里一直不为人知。

战后，图灵去了英国国家物理实验室，开始设计电子计算机，该项目名为ACE。根据图灵的设计，ACE是一台串行定点计算机，采用水银延迟线作为存储器，可以随意从数值计算切换到代数运算、密码破解或文件操作。与同时代的美国同行相比，图灵的设计无疑更加先进。ACE项目由国家物理实验室负责设计，政府供应部负责生产。由于双方缺乏合作且难以磨合，该项目最终搁浅。

1948年，图灵辞去国家物理实验室的工作，来到曼彻斯特大学的计算实验室担任副主任。1950年，他发表论文《计算机器与智能》，阐述了计算机可以有智能的思想，并提出了一种用来判断计算机智能的模拟游戏——"图灵测试"。

1951年，图灵当选为英国皇家学会会员。但此后，他因同性恋问题陷入了困境。1952年，图灵被法院传讯，指控其行为极端不当。尽管没有判他入狱，但要对他进行强制治疗，注射雌激素。

1954年6月7日，图灵因吃了在氰化物溶液中浸泡过的苹果在家中死去。外界一直说图灵是服毒自杀，但他的同事始终认为他的死是个不解之谜，因为对他的激素治疗早已结束，而且他的事业并未受到影响。

图灵设想中的图灵机虽然不是一台真正的机器，但它奠定了现代计算机的理论基础；而图灵测试又使他成为人工智能的奠基人。1966年，美国计算机协会为纪念图灵具有开创性意义的论文发表30周年，设立了有"计算机界诺贝尔奖"之称的"图灵奖"，该奖项成为许多计算机科学家梦寐以求的最高荣誉。

在图灵诞辰89周年纪念日那天，一尊真人大小的图灵青铜坐像在英国曼彻斯特的萨克维尔公园揭幕。手拿一个苹果的图灵安详地坐在一条长靠背椅上，似乎仍在思索着什么……

世界上第一幅射电天图。第二次世界大战以后，射电技术成为天文学的重要新工具。后来许多大型射电望远镜都采用抛物面天线，雷伯当初的这台仪器就是它们的雏形。

1937 年
迪图瓦提出存在过劳亚古陆和冈瓦纳古陆

德国地球物理学家魏格纳的大陆漂移学说认为，在两三亿年以前陆地为一个统一的大陆，即泛大陆。1937 年，南非地质学家迪图瓦出版《我们飘移的大陆》一书，提出存在过劳亚古陆和冈瓦纳古陆，支持大陆漂移学说。迪图瓦认为，两大古老的超级大陆中，一是北方的劳亚古陆，一是南方的冈瓦纳古陆，两者为特提斯海（古地中海）所隔。劳亚古陆包括今欧亚大陆的大部分、北美洲以及格陵兰。冈瓦纳古陆早在 1885 年就由奥地利地质学家修斯提出，包括今南美洲、非洲、澳大利亚、南极洲以及印度半岛和阿拉伯半岛。

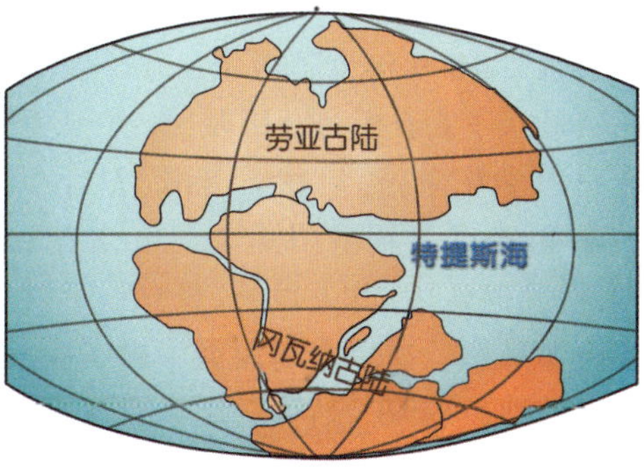

劳亚和冈瓦纳两大古陆

1937 年
克雷布斯提出三羧酸循环

1930 年代，科学家已对琥珀酸、柠檬酸等化合物在细胞氧化中的作用有了一定的了解。德国—英国生物化学家汉斯·克雷布斯以鸽子的胸肌和肝脏为实验材料，对氧化代谢反应进行了更进一步的研究，于 1937 年提出了著名的三羧酸循环。该循环由顺次排列的化学反应组成，由于循环中几个主要的中间代谢物是含有三个羧基的有机酸，所以叫做三羧酸循环。由于克雷布斯发现反应中的第一个产物是柠檬酸，因此该循环又称为柠檬酸循环或克雷布斯循环。

经过对三羧酸循环的不断研究，今天我们对该循环的步骤及中间产物已经认识得很清楚了。三羧酸循环必须在有氧条件下进行，循环每运行一次，消耗 1 分子含 2 个碳的乙酰基化合物，产生 2 分子二氧化碳和大量能量。糖类、脂肪、氨基酸等营养物质，都能通过转变成该循环中的任何一种反应物或中间代谢物而被氧化。总之，三羧酸循环是各种物质氧化以及物质代谢相互联系的共同机制，是为生物体提供能量的主要代谢反应。克雷布斯因这一发现而荣获 1953 年诺贝尔生理学医学奖。

1937 年
杜布赞斯基《遗传学和物种起源》出版

杜布赞斯基是 20 世纪最为著名的群体遗传学家之一，现代综合进化论的奠基人。他的理论将遗传学与进化论联系起来，极大地丰富了达尔文的进化论与自然选择学说。

杜布赞斯基原是苏联人，1927 年赴美，进入当时著名的哥伦比亚大学摩尔根实验室工作，随后与摩尔根一起来到加州理工学院，进行果蝇的自然群体遗传学研究，并发现了果蝇唾腺染色体的倒位多态现象在自然选择中的作用。1937 年，杜布赞斯基最为重要的学术著作《遗传学和物种起源》出版，在这本书中，他系统地阐述了综合进化论的思想和观点。杜布赞斯基提出，种群是生物进化的基本单位，进化是群体在遗传成分上的变化，进化机制的研究属于群体遗传学范畴，这就抛弃了拉马克主义者所坚持的个体是生物进化单位的观点。他还认为，突变、选

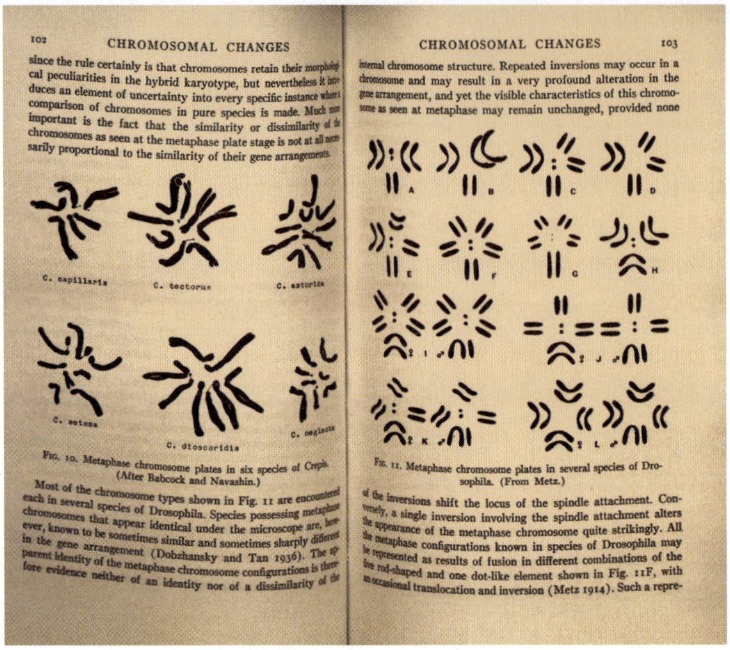

102 CHROMOSOMAL CHANGES

since the rule certainly is that chromosomes retain their morphological peculiarities in the hybrid karyotype, but nevertheless it introduces an element of uncertainty into every specific instance where a comparison of chromosomes in pure species is made. Much more important is the fact that the similarity or dissimilarity of the chromosomes as seen at the metaphase plate stage is not at all necessarily proportional to the similarity of their gene arrangements.

C. capillaris C. tectorum C. asturica

C. setosa C. dioscoridis C. neglecta

FIG. 10. Metaphase chromosome plates in six species of Crepis. (After Babcock and Navashin.)

Most of the chromosome types shown in Fig. 11 are encountered each in several species of Drosophila. Species possessing metaphase chromosomes that appear identical under the microscope are, however, known to be sometimes similar and sometimes sharply different in the gene arrangement (Dobzhansky and Tan 1936). The apparent identity of the metaphase chromosome configurations is therefore evidence neither of an identity nor of a dissimilarity of the

CHROMOSOMAL CHANGES 103

internal chromosome structure. Repeated inversions may occur in a chromosome and may result in a very profound alteration in the gene arrangement, and yet the visible characteristics of this chromosome as seen at metaphase may remain unchanged, provided none

A B C D E F G H I J K L

FIG. 11. Metaphase chromosome plates in several species of Drosophila. (From Metz.)

of the inversions shift the locus of the spindle attachment. Conversely, a single inversion involving the spindle attachment alters the appearance of the metaphase chromosome quite strikingly. All the metaphase configurations known in species of Drosophila may be represented as results of fusion in different combinations of the five rod-shaped and one dot-like element shown in Fig. 11F, with an occasional translocation and inversion (Metz 1914). Such a repre-

1937年英文版《遗传学和物种起源》中的两面正文

择与隔离是物种形成与进化的三个基本环节：突变是遗传变异的主要来源，它为进化提供了原始的材料；突变产生之后便要受到自然选择的作用，通过自然选择淘汰有害突变，保留有利突变，这导致了群体中基因频率的改变；空间上的隔离导致已经形成的差异逐渐扩大，进而阻断了基因的交流，形成生殖隔离，从而最终导致新物种的形成。

《遗传学和物种起源》后来在 1941 年和 1951 年进行过两次再版，杜布赞斯基对他的进化论进行了补充和完善。由于 1970 年的第 4 版修改较大，杜布赞斯基索性将其易名为《进化过程的遗传学》，当作一本新书来出版。杜布赞斯基治学严谨，兴趣广泛，学识渊博却又虚怀若谷，他的综合进化论在世界遗传学史上留下了光辉的一页。正如著名进化生物学家恩斯特·迈尔所评价的那样，综合进化论的提出是自 1859 年《物种起源》出版以来进化生物学历史上最重要的事件。而杜布赞斯基的那句名言——“若无进化，生物学将毫无意义”，至今仍激励着无数学者去不懈地探索生命世界中的进化规律。

1937 年
第一个血库在美国建立

1937年，苏联科学家发表了从 1000 例尸体采血进行输血的论文，震惊了全世界。早在 1932 年，苏联就已在莫斯科急救医院开始了尸体采血，并建立了相应有关设施。匈牙利—美国医生范特斯于 1937 年 3 月 15 日首先在美国伊利诺伊州库克县创立了血库。在建血库之初，他首先用狗血做了一系列实验，证明用 2.5%的枸橼酸钠生理盐水 70 毫升、采血 500 毫升为最佳配比，这样的血液在 4℃条件下可以保存 10 天。该机构最初的名称是“血液保存研究所”，后改称血库。范特斯尝试建立血库后，这种形式很快在美国全国的医院推广开来，同时美国红十字会也制订了在全国各地兴建血液中心的计划，并且着手在纽约罗切斯特的梅奥诊所建立了第一个红十字会的血库。

1937 年
泰累尔发明黄热病疫苗

泰累尔 1899 年生于南非，开普敦大学毕业后赴英，在圣托马斯医院、公共卫生暨热带病医学院学习。后移居美国，先后在哈佛大学和洛克菲勒财团从事研究工作。当时，人们普遍认为，除人以外，只有猴子对黄热病病毒易感，所以全部用猴子做实验。由于猴子的数量有限，研究进展非常缓慢。泰累尔为了推动黄热病的研究，考虑用价格便宜、数量大的白鼠代替猴子做实验动物。经反复筛选、比较，最后决定采用白鼠脑内注射法使其感染黄热病。用这种方法，泰累尔获得许多有关黄热病疫苗的第一手资料。在解决了研究手段后，他又开始开发黄热病疫苗。他用各种组织细胞做继代培养，了解培养后病毒的毒性情况，于 1937 年得到了被人们称为 17D 变异株的黄热病疫苗。为了安全起见，他又采用鸡及其组织为 17D 变异株进行了 200 代以上的继代培养，确认病原毒性的确不再恢复，彻底完成了黄热病疫苗的研究课题。他随后用组织培养法在鸡胚组织中成功研制出大量减毒疫苗，为非洲、美洲人民解除了黄热病的威胁。由于这一贡献，泰累尔获得1951年诺贝尔生理学医学奖。

1937年
博韦发明抗组胺药

瑞士—法国药物学家博韦毕业于日内瓦大学，1929年获博士学位，后在法国巴黎巴斯德研究所从事研究工作。1936年，他出任巴斯德研究所所长。1937年，博韦发现一些化合物能缓解变态反应的不适症状，如鼻塞、流涕。这些症状被认为是体内产生的一种叫做组胺的化合物引起的，而能对抗这种症状的药物就是抗组胺药。此后又有多种抗组胺药被发现，然而都不能治愈变态反应，只能减轻症状，使患者少受痛苦。由于在抗组胺药和箭毒方面的研究，博韦获得1957年诺贝尔生理学医学奖。

抗组胺药使得许多患有过敏症的病人症状得以减轻

1937年
奥塞《垂体前叶和胰岛之间功能的拮抗关系》发表

阿根廷生理学家奥塞主要研究腺垂体激素在糖代谢调节中的作用。他发现，切除胰腺而产生糖尿病的狗，在切除腺垂体（又称垂体前叶）后，糖尿病的症状明显减轻，对胰岛素的敏感性则大为提高。相反，如果给正常动物注射腺垂体的提取物，则可使动物产生糖尿病，血液中含糖量增加，对胰岛素的敏感性则明显降低。因此，他指出，腺垂体的分泌物和胰岛分泌的胰岛素是两种作用相反的激素，它们之间的平衡可以精确地控制糖的代谢水平。1937年，他发表《垂体前叶和胰岛之间功能的拮抗关系》。由于发现腺垂体激素在调节动物糖代谢中的作用，他与捷克—美国生物化学家科里夫妇共同获得1947年诺贝尔生理学医学奖。

1937年
谢利亚尼诺夫作出世界农业气候区划

农业气候区划是从农业生产的需要出发，根据农业气候条件的地区差异进行的区域划分。苏联农业气象学家谢利亚尼诺夫是现代农业气候学创始人，他第一个根据作物与环境统一的原理，按作物对气候条件的要求研究作物分类和农业气候区划的方法，据此制定了一系列农业气候方针，并论证了其应用价值，于1937年作出世界农业气候区划。

中国现代农业气候区划研究始于气象学家、地理学家竺可桢，他在1929年发表了《中国气候区域论》一文，紧密联系中国的农业和气候特点，提出东部以冬季温度、西北地区以雨量为分区标准，将全国划分为八大区。1978年以来，全国各地根据农业发展规划的需要，在普遍开展农业气候资源调查的基础上，先后完成了全国的、各省（自治区）的以及大部分县级的综合农业气候区划、各种作物和畜牧业的气候区划以及主要农业气象灾害（如干热风）区划等。农业气候区划对农业生产布局、种植制度改革、引进新品种以及重大农业技术决策的确定均具有重要意义。

1937

1937 年
里夫思提出脉冲编码调制原理

脉冲编码调制(PCM),是一种将模拟信号变换为数字信号的编码方式。模拟信号是一种时间连续、取值连续的信号,数字信号是一种时间离散、取值离散的信号。1937 年,英国工程师里夫思首先提出了脉冲编码调制原理,从此揭开了近代数字传输的序幕。

PCM 主要经过 3 个过程:抽样、量化和编码。先将连续的时间模拟信号变为时间离散、幅度连续的抽样信号,再将抽样信号变为时间离散、幅度离散的数字信号,最后将量化后的信号编码成一个二进制码组输出。

PCM 系统抗干扰性强,失真小,传输特性稳定,可以实现传输和交换一体化,并进行数据传输与数据处理一体化的综合信息处理,但传输带宽较宽、系统较复杂。

1937 年
斯蒂比兹设计电磁式计算机原型

1937 年的某个晚上,美国贝尔实验室的数学家斯蒂比兹博士突发灵感,意识到继电器就是他一直寻找的计算机元件,于是在厨房餐桌上设计并装配了“厨房餐桌型计算机”———Model-K,其中“K”就是厨房餐桌的英文首字母。这个计算机由两片铁皮作为“输入设备”,用手电筒灯泡充当“输出设备”,以继电器为主要核心结构,并全部固定在一块三夹板上。斯蒂比兹用它完成了两位的二进制加法运算。第二天,斯蒂比兹在贝尔实验室展示了这个用继电器表示二进制的装置。尽管 Model-K 只是一个展示品,但它却是电磁式计算机的原型。

斯蒂比兹与 Model–K

1938 年
拉比创立分子束共振法

基本粒子,如电子、质子、中子等通常都存在磁矩,粒子的磁矩是基本粒子的重要特性之一。原子核是由质子和中子所构成的,因此原子核也具有磁矩。核磁矩的精确测量具有重要意义。

1938年,奥地利—美国物理学家拉比将射频共振法应用于分子束技术,创立了分子束共振法。当粒子(分子、原子、原子核、基本粒子)有磁矩时,可通过外加非均匀静磁场与磁矩的相互作用来选择磁矩的取向,而磁矩对外力的射频磁场的共振吸收可引起磁矩在两个能级状态间的跃迁。采取这种措施,可进行精密的分子束或任何其他粒子束波谱实验,精确测量它们的磁矩,精度可达千分之零点几。为此,拉比获得了 1944 年诺贝尔物理学奖。

玻尔、詹姆斯·弗兰克、爱因斯坦和拉比(由左至右)

1938 年
哈恩等发现原子核裂变

核裂变是指原子核分裂为两个质量相近的核，同时释放出中子的过程。1938 年，约里奥–居里夫妇及其同事在用慢中子照射铀(Z = 92)时，分裂出一种类似于镧(Z = 57)的放射性核素。但他们对中子与铀发生反应为何会生成电荷数与靶核差得很多的镧非常不理解。

1938 年，德国化学家哈恩和斯特拉斯曼重复了约里奥–居里夫妇的实验，肯定了产物中镧的存在，而且还发现有放射性核素钡(Z = 56)那样的中重核。这是核裂变现象被首次肯定和发现。实验表明，核裂变主要是两分裂，也有千分之三的可能性三分裂，万分之三的可能性四分裂。同年 12 月，哈恩将结果告诉当时远在瑞典的合作伙伴、奥地利—瑞典女物理学家迈特纳。1939 年，迈特纳及其同为物理学家的侄子奥托·弗里施对核裂变进行了合理的解释。

原子核裂变时会释放出巨大的能量，并同时发射中子。这个发现为其后利用原子能以及制造原子弹提供了可能。哈恩因发现核裂变而获得 1944 年诺贝尔化学奖。

哈恩(右)与迈特纳在实验室

1938 年
肖特基建立势垒理论

1938 年，德国物理学家肖特基应用势垒概念，建立了解释金属半导体接触整流作用的理论。

金属和半导体接触时，由于金属的功函数一般和半导体的功函数不同而存在接触电势差。肖特基假设接触处的半导体表面不存在表面态，理论上证明出以下结论：功函数较大的金属与 n 型半导体之间的接触，以及功函数较小的金属与 p 型半导体之间的接触，都会在半导体一侧形成势垒，阻碍多数载流子的运动(称为阻挡层)；反之，功函数较小的金属与 n 型半导体接触，或者功函数较大的金属与 p 型半导体接触，则在界面的半导体一侧会发生多数载流子浓度比半导体内部还要高的情形(称为反阻挡层)。换言之，金属和半导体之间的接触是否形成接触势垒，取决于它们功函数的大小比较。而同一种半导体与不同金属接触时，形成的势垒高度同金属的功函数有关。后来，人们将这种势垒称为肖特基势垒。肖特基势垒的宽度与外加电压无关。

1938 年
普伦基特发现聚四氟乙烯

1938 年，美国杜邦公司的研究人员普伦基特在一次偶然的机会中发现了聚四氟乙烯。当时，他正在研究氯氟烃的制备，打算先合成一些四氟乙烯，以备实验之需。合成实验开始后不久，他开启贮气罐的阀门，却发现没有如预想的那样有大量的四氟乙烯气体流出。普伦基特感到非常纳闷，那些四氟乙烯到哪儿去了呢？当他打开贮气罐，却倒出很多白色粉末，原来四氟乙烯聚合了，生成了聚四氟乙烯。当时学术界的观点认为乙烯分子中的四个氢原子全被卤素取代后

1938

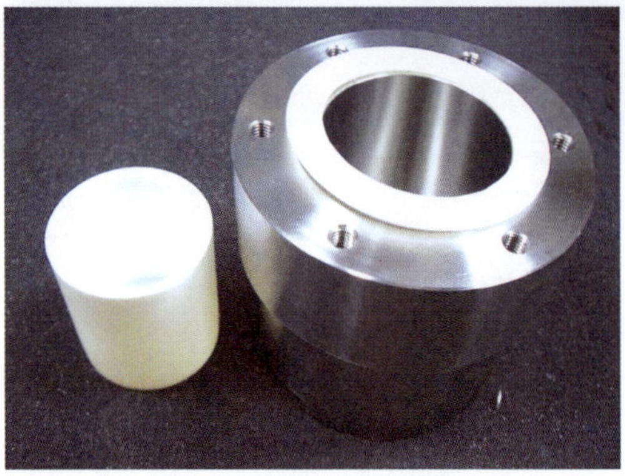

用于高温反应的聚四氟乙烯垫圈和内衬

就不能再发生聚合反应，普伦基特的发现推翻了这个看法。

聚四氟乙烯具有各种优异的性能，被誉为“塑料王”。它在-196℃至260℃能保持优良的力学性能；它基本不溶于任何化学试剂，酸性比王水强许多倍的“魔酸”也能安全地存放在聚四氟乙烯容器中；它的摩擦系数非常小，且氟—碳链分子之间的作用力极低，所以用它制成的产品润滑程度高，不易黏附。

1938 年
贝特和魏茨泽克建立恒星能源理论

英国天文学家爱丁顿于 1920 年首次提出核聚变可以为太阳提供能源，但这在当时只是一种猜测。1920 年代和 1930 年代，物理学取得了一系列重大实验和理论发现，这些进展被迅速吸收到天体物理学中。例如，1926 年发现的费米—狄拉克统计很快就被用于恒星中物质的状态方程。1931 年，氢已被证实是恒星中最丰富的元素。1936 年，英国天文学家阿特金森提出通过将质子逐次加入核中来说明化学元素的起源。氦可以通过将质子逐次加入较重的核中来产生：当由此产生的较重的核超过使核保持稳定性的质量极限时，就会抛出 α 粒子——氦核。1938 年，德国天文学家魏茨泽克和德国—美国物理学家贝特结合费米的弱相互作用理论和伽莫夫的量子隧道理论大大改进了阿特金森的设想，独立地发现了碳—氮—氧(CNO)循环。在此循环中，碳的作用是通过逐次加入质子并伴随两次 β^+ 衰变来形成氦这一反应过程的催化剂。由此，也就有可能对合并两个质子形成氘，然后同其他的氘结合形成 ^3He 和 ^4He 的最简单核反应——p-p 链的速率作出估计。1939 年，贝特通过计算得出结论：CNO 循环在大质量恒星中占主导地位，而 p-p 链反应是小于约 1.5 倍太阳质量恒星的主要能源机制。第二次世界大战后，这些结论为更加细致的恒星结构模型所证实，特别是借助计算机的发展，恒星结构的研究已经成为最精确的天体物理科学之一。

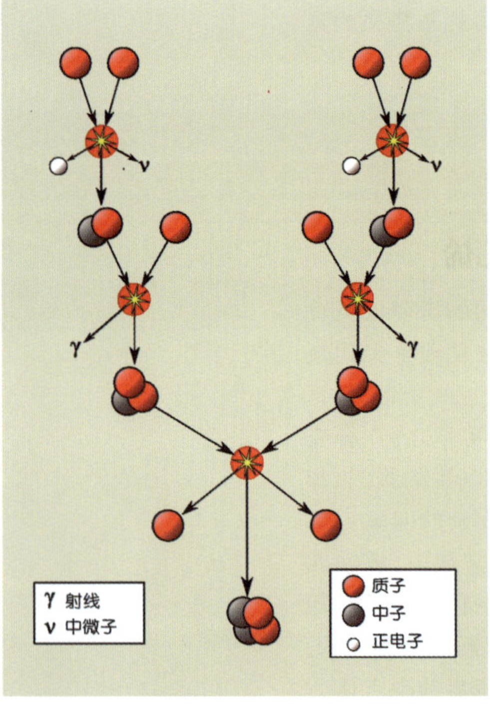

p-p 链反应示意图

1938 年
黄昌贤育成无籽西瓜

无籽西瓜是近代植物育种中的一枝奇葩。根据无籽西瓜的培育原理和机制的不同，可将无籽西瓜分为三类：激素无籽西瓜、染色体易位无籽(或少籽)西瓜及三倍体无籽西瓜。

世界上最早培育成功的是激素无籽西瓜，它是利用天然或人工合成的激素处理普通二倍体有籽西瓜的雌花，诱导单性结实而获得的。1938 年，中国园艺家黄昌贤在美国攻读博士学位时，应用植物激素最先在世界上成功地培育出无籽西瓜，美国科学促进会将之列为 1938 年世界生物学成就之一。但是黄昌贤培育成功的无籽西瓜，由于果实小、成瓜率低而没有应用于生产。

三倍体无籽西瓜是目前生产上唯一栽培的无籽西瓜类型，它是利用三倍体不育的原理培育成功的。主要方法是：用化学诱导

无籽西瓜

楚泽与 Z1 计算器

Z3 计算机样机

等方法使普通二倍体有籽西瓜体细胞染色体加倍，变为四倍体西瓜。再以四倍体西瓜作母本，普通二倍体有籽西瓜作父本，杂交得到三倍体种子；用三倍体种子种植，以二倍体有籽西瓜授粉，就可得到无籽西瓜。1951 年，日本遗传学家木原均用人工四倍体西瓜与二倍体西瓜杂交制种，育成了无籽的三倍体西瓜。从此，世界各国纷纷开展多倍体西瓜的研究工作，无籽西瓜的栽培得到了大面积的推广，品种也越来越优良。

1938—1945 年
楚泽制造电磁式计算机样机

德国工程师楚泽 1910 年出生在柏林，他无从得知美国科学家研制计算机的消息，也无法得到大学或政府机构的任何资助，只能孤身一人进行漫长的研制工作。1938 年，楚泽受莱布尼茨的著作启发，制造了一台机械式计算器 Z1。他设计了一种可以存储 64 位二进制数的机械装置，将数千片薄钢板用螺栓拧在一起，体积约 1 立方米。在这个薄钢板组装的存储器中，用一根在细孔中移动的针指明数字“0”或“1”，然后与机械运算装置连接起来。这台机器也采用了穿孔卡片式的输入方式，不过它用的不是纸带，而是 35 毫米电影胶片。其数据由一个数字键盘敲入，计算结果则用小灯泡显示。虽然 Z1 能够完成 3×3 矩阵的运算，但它始终未能投入实际使用。

由于纯机械式的 Z1 计算器性能不够理想，1939 年，楚泽用继电器组装了一台电磁式计算机样机 Z2。1941 年，电磁式计算机样机 Z3 完成，它使用了 2600 个继电器，用穿孔纸带输入，实现了二进制数的程序控制。Z3 能达到每秒 3—4 次加法的运算速度，或者在 3—5 秒内完成一次乘法运算。1945 年，楚泽又建造了一台比 Z3 更先进的电磁式计算机样机 Z4，其存储器单元扩展到 1024 位，继电器几乎占满了一个房间。为了使机器的效率更高，楚泽甚至设计了一种编程语言 Plankalkuel，这一成果使楚泽跻身于计算机语言先驱者的行列。

1938—1949 年
斯蒂比兹研制电磁式计算机

美国数学家斯蒂比兹 1937 年在贝尔实验室展示了用继电器表示二进制的装置 Model-K，但此后的进展一直不是很顺利。有一天，数学研究室主任问他：“你的 K 型计算机能不能帮我们解决复数计算的难题？”面对询问，斯蒂比兹肯定地点点头，正式研制数字计算机的项目因此获得了新的转机。贝尔实验室为他配备了助手，包括美国电气设计师威廉姆斯。

M–1 计算机

1938 年 9 月，命名为 M-1 的电磁式计算机研制工程正式启动。1939 年 9 月，斯蒂比兹交出了满意的成果——一部 16 位加数机。1940 年 1 月 8 日，M-1 开始运行，这标志着美国第一台电磁式计算机诞生了。

M-1 电磁式数字计算机使用了 440 个继电器和 10 个闸刀开关，采用了先进的编码技术，并借鉴了一些电话技术，解决了复数的加、减、乘、除运算。M-1 完成一次复数乘法运算约需 30—45 秒，而计算同样的题目，人工手摇计算器则需要 15 分钟时间。

1940 年 9 月，斯蒂比兹在达特茅斯学院召开的美国数学会议上成功地远程操作位于纽约的 M-1 做复数运算，运算结果即刻通过电话线传回，并由会场里的一台打字机输出。这标志着人类社会已经实现了计算机的远程通信与控制。1940—1949 年，斯蒂比兹又在贝尔实验室先后研制了 M-2 至 M-6 型电磁式计算机，以满足美国政府在第二次世界大战及战后恢复建设时期对计算机的需求。随着真空电子管成为计算机元件，用继电器组装的计算机逐渐退出历史舞台。

1939 年
布尔巴基学派《数学原理》开始出版

1930年代中后期，法国数学期刊上陆续发表了若干数学论文，署名均为布尔巴基。但究竟谁是布尔巴基，却成了一个谜。原来，布尔巴基是一个数学学派的笔名，它成立于 1935 年，其成员大部分是法国数学家，主要代表人物有亨利·嘉当、迪厄多内、韦伊等。在 20 世纪数学的发展中，布尔巴基学派起着承前启后的作用。他们对数学的贡献已构成当代数学的一个重要组成部分，并成为数学科学发展的主流。

布尔巴基学派决心像荷兰数学家范德瓦尔登整理代数学那样，把整个数学重新整理一遍，最终以丛书的形式来概括现代数学的主要思想，并把数学结构作为数学分类的基本原则。这套丛书名为《数学原理》，第一部分共 6 卷，分别是《集合论》、《代数学》、《一般拓扑学》、《单实变函数》、《拓扑向量空间》和《积分论》。经过三年的集体讨论，1939 年，布尔巴基学派首次出版了第 1 卷《集合论》的一个分册，之后又于 1940 年出版《一般拓扑学》的第一、第二章，1942 年出版《一般拓扑学》的第三、第四章及《代数学》的第一章。这 4 本小册子反映了布尔巴基学派的基本思想，构成了《数学原理》的基础。贯穿整套丛书的轴线是：采用公理化方法，通过公理定义数学结构，再由完备的公理系统推导出整个集合论的形式系统。来源于公理化方法思想的“数学结构”观念是布尔巴基学派的一大发明，它极大地推动了数学的进展，加强了人们对数学的认识，同时对世界各国的数学教育产生了一定的影响。

1939 年
坎托罗维奇创立线性规划

苏联数学家坎托罗维奇 1930 年毕业于列宁格勒大学，1934 年任该校教授，1935 年获数学博士学位。1938 年他从实际问题出发，寻求用 8 种型号的机床综合完成加工 5 种类型产品的最合理运行计划，创建了最优规划作业与带有相应价值指标作业的客观联系，并首次提出求解线性规划问题的方法——解乘数法，从此打开了解决优化规划问题的大门。随后，坎托罗维奇又陆续发现了一系列涉及如何科学地组织和计划生产的问题，比如怎样最充分地利用机器设备、最大限度地减少废料、最有效地使用燃料，以及如何最合理地组织货物运输、最适当地安排农作物布局等。解决这类问题的一般程序是：首先建立数学模型，即根据问题的条件，将生产的目标、资源的约束、所求的变量之间的数量关系用线性方程式表达出来，然后求解计算。

1939 年，坎托罗维奇在列宁格勒大学和列宁格勒工业建筑工程学院作了最优生产计划基本理论的报告，并出版了《组织和计划生产中的数学方法》，创立了线性规划这一新的数学研究方向。此后，他还为线性规划方法的推广和运用做了大量工作。1975年，坎托罗维奇因建立和发展了现代经济学中应用数学的重要分支——线性规划而获得了诺贝尔经济学奖。

1939 年 兹沃尔金发明光电倍增管

1939 年，苏联—美国科学家兹沃尔金研制成世界上第一只商用环形静电聚焦光电倍增管，从而促进了光电子学的发展。

光电倍增管与光电管一样是一种真空光敏电子器件，由一个光电阴极、若干个倍增极和一个阳极构成。阴极在光照射下发射光电子，通过电场加速轰击第一倍增极，产生较多二次电子，这些电子经电场加速后再轰击第二倍增极，产生更多二次电子。如此连续进行，一般经十次以上倍增，放大倍数可达到 10^8—10^{10}。最后所有二次电子为阳极收集，就可得到较大的电流。

光电倍增管利用多次二次电子发射使逸出的光电子倍增，获得远高于光电管的灵敏度，能测量微弱的光信号，广泛应用于微光情况下的光电信号转换，有力地推动了电视摄像管和微光电视的发展。

1939 年 白矮星和中子星的质量上限导出

1930 年代，印度—美国天文学家钱德拉塞卡在研究恒星内部结构时，首先求出小质量恒星内部结构的非相对论性解。他指出，由简并态物质组成的恒星，质量越大者半径就越小。白矮星是依靠简并电子压力抗衡自引力而维持稳定平衡的简并矮星。钱德拉塞卡基于牛顿引力理论中的无转动球对称星体结构方程，用理想费米气体方程作为简并电子的物态方程建立白矮星模型，证明其质量存在一个约 1.44 倍太阳质量的上限，后称钱德拉塞卡极限。他在 1939 年出版的专著《恒星结构研究引论》中详述了该领域的研究成果。1983 年，钱德拉塞卡因创建恒星结构和演化理论、确认白矮星质量上限而荣获诺贝尔物理学奖。

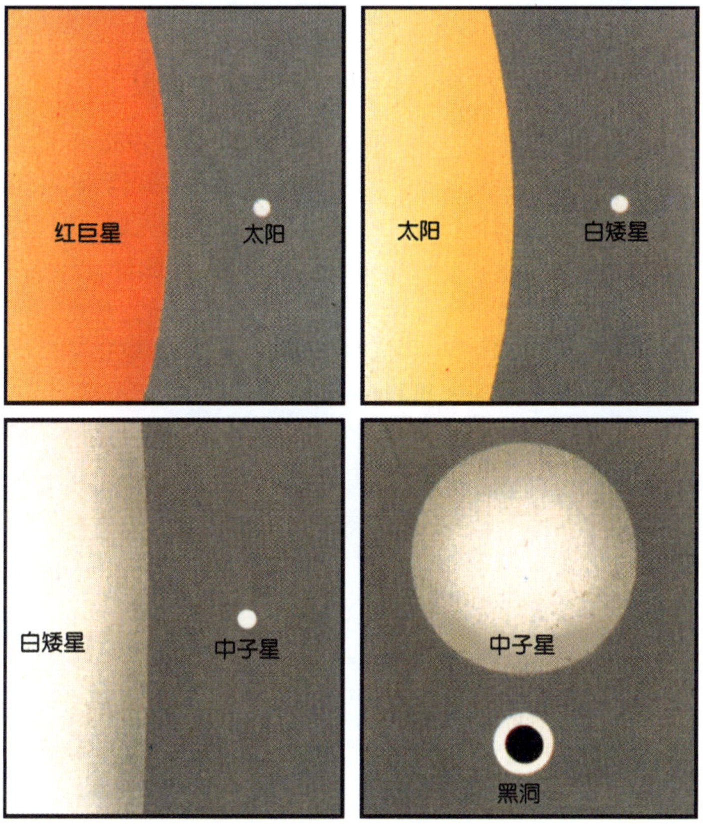

红巨星、太阳、白矮星、中子星和黑洞的相对大小示意图

同在 1939 年，美国物理学家奥本海默等讨论由简并中子态物质构成的致密星体——中子星的平衡和稳定性。中子星依靠简并中子压力抗衡自引力而维持星体的稳定平衡。奥本海默等基于广义相对论的无转动球对称星体结构方程，用理想费米气体方程作为中子物质的物态方程，证明稳定中子星存在一个质量上限，后称奥本海默极限。若改用更接近实际的物态方程，则奥本海默极限的数值将有所改变，现一般取为 2—3 倍太阳质量。一个热核能源耗尽的星体，若质量超过奥本海默极限，则不可能成为稳定的中子星。它将经过引力塌缩而最终生成黑洞。

1939

1939 年
费尔斯曼《地球化学》出版

苏联矿物学家费尔斯曼在 1932 年就领导开展苏联的土壤地球化学异常调查，是地球化学理论和地球化学找矿的先驱，现代地球化学的奠基人。他历时 7 年撰写、于 1939 年出版的 4 卷本巨著《地球化学》，是当时地球化学领域的权威性专著，是地球化学发展的重要里程碑。

费尔斯曼不仅是科学家，而且是出类拔萃的科普作家。他还出版了《趣味矿物学》、《趣味地球化学》、《岩石回忆录》等语言通俗且妙趣横生的科普读物。他一生出版的著作和文章接近 1500 种。

1939 年
罗斯贝创立大气长波动力学理论

1939 年，瑞典—美国科学家罗斯贝提出大气长波理论，这不仅是分析三维空间天气和预报大尺度天气演变过程的一块里程碑，也为 1950 年代数值天气预报的问世奠定了理论基础。

罗斯贝生于瑞典，在斯德哥尔摩大学获得理论力学学士和数学硕士学位，1919 年开始跟随威廉·皮叶克尼斯学习气象学和海洋学，其间曾在斯德哥尔摩气象中心做常规天气预报。1925 年，他申请并获得了瑞典—美国基金会 1000 美元的资助前往美国学习。1925—1927 年，他主要在美国气象局从事预报工作。1928 年他到麻省理工学院航空学系开始研究工作，随后在麻省理工学院创建了美国第一个气象学系。

《时代周刊》封面人物
罗斯贝

第二次世界大战期间，飞机对天气条件的依赖还非常大，为了满足盟军空军的需要，欧美开始加速建立高空观测网。这些观测网获取的气象资料使得气象学家能够绘制高空天气图，并开始比较高空气流结构与地面气压系统的关系。罗斯贝通过分析高空天气图，发现对流层中上层存在着自西向东缓慢移动的波动，而且这种波动的移动与地面天气的变化存在密切的联系。由于这种波的波长很长，通常为几千千米，所以被称为大气长波。罗斯贝用一个高度简化的数学模型给出了大气长波的性质方程，并解释了其产生的物理原因。他采取的数学假设准确地抓住了中纬度大气运动的主要性质，使得对这一物理问题的解释大大简化，成为日后气象学研究中最基本的研究方法之一。随后，他进一步提出了波动和基本气流相互作用的原理，创立了大气长波动力学理论，奠定了现代大气动力学和数值天气预报的基础。

罗斯贝准确地抓住了现象背后的物理学本质，将气象学研究带入了一个全新的时代。为了纪念罗斯贝对气象学的杰出贡献，人们将大气长波称为罗斯贝波，美国气象学会更是以他的名字命名了该学会的最高学术成就奖——罗斯贝奖。

1939 年
米勒发现 DDT 的杀虫功效

DDT 是双对氯苯基三氯乙烷的简称，是一种合成的有机氯杀虫剂。它除了具有优异的广谱杀虫作用外，对温血动物和植物基本无毒害，且价格低廉，适于大量生产。DDT 于 1874 年由奥地利化学家齐德勒用三氯乙醛和氯苯首次制得。其杀虫性能是瑞士化学家

东南亚地区的农民正在稻田里喷洒消灭水稻害虫的农药

保罗·米勒于1939年发现的，米勒因此而获得1948年诺贝尔生理学医学奖。在第二次世界大战期间和战后，发现了DDT对虱子、跳蚤、蚊子(依次为斑疹伤寒、鼠疫、疟疾和黄热病的传染媒介)，以及美国科罗拉多州的秋千蛾和农作物的其他害虫都有良好的毒杀效果。1940年代—1960年代，DDT曾在全世界大量生产和广泛使用，它不仅拯救了无数人的生命，而且还在促进农业丰收方面立下了奇功。

但在1960年代，科学家发现DDT在环境中非常难降解，并可通过食物链富集在动物体内。1962年，美国海洋生物学家卡森在其著作《寂静的春天》中，详述了滥用DDT等杀虫剂所带来的严重的环境危害。1972年，美国国会率先通过立法，禁止使用DDT。此后，许多国家纷纷效仿，开始"封杀"DDT。从此，DDT几乎成为环境污染的代名词。

然而，只要使用得当，DDT并不会对人和动物的健康造成不良影响，卡森在《寂静的春天》中描绘的环境所蒙受灾难的真正元凶，不是DDT本身而是人类的滥用。2006年9月，世界卫生组织宣布解除对DDT的禁令。

1939 年
阿塔纳索夫与贝利开发出真空电子管计算机

1930年，美国物理学教授阿塔纳索夫在酒吧喝酒时想到可以利用二进制数取代传统的十进制数，进而发展出一套计算机设备。但是阿塔纳索夫偏重于理论设计，对制造机器的工艺并不在行。于是，他四处寻找合适的人选，终于在自己的研究生里发现了一位训练有素的小伙子克利福德·贝利。

1939年10月，在两人的共同努力下，第一台小型试验样机终于开始运转。它只能对8位数进行运算，速度甚至比手工计算更慢。机器内含300个真空电子管，能做加法和减法运算，以鼓状电容器来存储300个数字。这是有史以来第一台以真空电子管为元件的有再生记忆功能的数字计算机，被命名为ABC，其中，A、B分别取自两人姓氏的首字母，C即"计算机"的首字母。

ABC计算机

ABC计算机包括4个重要而新颖的操作原理。首先，它采用了二进制数，便于发挥电子器件的作用。其次，它利用了真空电子管器件作为承载数据的媒体。第三，它设计了逻辑电路，使运算能正确进行。第四，它使用了磁鼓来存储数据，发明了可重复利用的数据存储方法。阿塔纳索夫写道："在这个原型机开始工作后，我们深信能够建造真正的计算机，完成过去我们希望它能进行的工作。"ABC计算机开辟了通向现代电子计算机的道路。

1939—1948 年
弗洛里等推进对高分子反应动力学和高分子溶液热力学的研究

1939年，美国化学家保罗·弗洛里总结了聚酰胺等一系列缩聚反应，提出了缩聚反应中所有官能团都具有相同的活性的基本原理，并提出分子量与缩聚反应程度之间的定量关系。1944年，阿尔弗莱、梅育和西姆哈确立聚合反应的链式反应动力学，提出聚合反应需要活性中心，反应中一旦形成单体活性中心，就能很快传递下去，瞬间形成高分子。

弗洛里还对柔性链高分子溶液的热力学性质进行了研究。1942年他与莫里斯·哈金斯各自提出混合熵的体积—分数公式，即著名的弗洛里—哈金斯理论。该理论认为高分子溶液中分子的排列也像晶体一样，是一种晶格排列；高分子链是柔性的，所有构象具有相同的能量；溶液中高分子链均匀分布，链段占有任一晶格的概率相等；高分子结构单元与溶剂分子可以在晶格上相互取代；所有的高分子具有相同的聚合度；晶格的配位数不依赖于组分。由此可以说明高分子溶液的渗透压、相分离和交联高分子的溶胀现象等。1948 年，弗洛里又提出排除体积理论和 θ 温度概念。他发现溶液中的高分子形态符合高斯链形态，溶液热力学性质符合理想溶液的温度—溶剂条件。此温度现称弗洛里温度或 θ 温度，此溶剂通称 θ 溶剂。

弗洛里由于在高分子物理化学理论和实验方面的重要成果而获得 1974 年诺贝尔化学奖。

1940 年
麦克米伦和埃布尔森发现首个超铀元素

中子和人工放射性发现以后，意大利—美国物理学家费米一直进行用中子轰击原子核的实验，获得了多达 37 种新的人工放射性元素。1934 年，费米指出，92 号元素铀不是元素周期表的终点元素。他把用中子轰击后产生的比铀更重的放射性元素称为超铀元素。

1940 年，美国物理学家麦克米伦和埃布尔森发现，铀 238 在一定条件下吸收中子后通过 β 衰变，将产生比铀 238 多一个质子的 93 号新元素。他们给这个新元素取名为镎 239，这是世界上人工合成的第一个超铀元素。之后，美国核化学家西博格领导的研究组发现了更多的超铀元素。1951 年，麦克米伦和西博格因发现超铀元素共同获得诺贝尔化学奖。

麦克米伦（右）与西博格

1940 年
鲁宾和卡门发现碳 14

碳 14 是碳的一种具放射性的同位素，其原子核中有 6 个质子和 8 个中子。自然界中存在痕量的碳 14，它是宇宙射线撞击空气中的氮原子所产生，其半衰期约为 5730 年，衰变方式为 β 衰变，衰变结果是使碳 14 原子转变为氮原子。但是，直到 1940 年，美国生物化学家萨姆·鲁宾和物理学家卡门才在同步加速器中轰击石墨时发现碳 14。

以碳 14 标记化合物作为示踪剂，可探索化学和生命科学中的微观运动。美国物理化学家利比因为于 1947 年创立了利用碳 14 测量地质年代的方法而获得 1960 年诺贝尔化学奖。目前，用碳 14 测定年代已成为最常用的考古方法，它能测定的最远年份可达 50 000 年。

1940 年
史瓦西发现天琴 RR 空区

1915—1920 年，美国天文学家沙普利研究几个球状星团的赫罗图，发现它们与疏散星团赫罗图以及太阳附近场星的赫罗图有一重要差别：球状星团中最亮的星是红星，后两者中最亮的则是蓝星。1922 年，丹麦天文学家赫茨普龙发现赫罗图上方黄巨星和 A 型主序星之间有一明显的空隙——后称“赫氏空隙”，他正确地推测这是恒星快速演化阶段越过的区域。1939 年，美国天文学家格林斯坦发现球状星团 M4 的亚巨星序和水平支，后者横穿赫氏空隙，天琴 RR 型星即位于其上。1940 年，德国—美国天文学家马丁·史瓦西进一步发现，天琴 RR 型星位于赫罗图水平支上一个界限明显的小空区内，界限之外均非变星，空区之内则均为天琴 RR 型星。该空区后称天琴 RR 空区。天琴 RR 型星在赫罗图上所处的特殊位置，后来成为检验星族Ⅱ恒星水平分支阶段演化理论的重要依据。小质量的恒星,像 1.2 倍太阳质量的星族Ⅱ恒星演化过程,在赫罗图上向右离开主序后经亚巨星阶段上行达到红巨星阶段的顶点——此时星体核心部分的氦开始燃烧,然后向左下方移动,在到达主序前,又折回向右,绕行一个很扁的水平圈,其轨迹对应于由星族Ⅱ恒星组成的球状星团赫罗图的水平支。因为水平支上不稳定区域蓝边界的位置和恒星的氢氦含量密切相关,所以把水平支上最蓝变星的性质和恒星演化理论作比较,即可估计出恒星的氦含量。由此导出的氦丰度约为 25%,同由电离氢区观测以及大爆炸宇宙论所得出的 22%—24%基本一致。

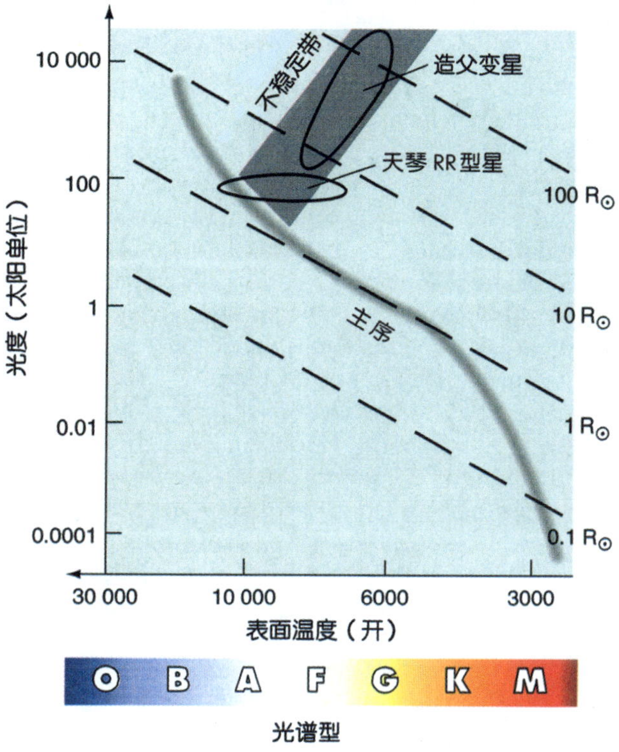

赫罗图上位于不稳定带中的脉动变星 大质量恒星在演化过程中穿越不稳定带时变成造父变星;不稳定带中的小质量水平支恒星则是天琴 RR 型星。

1940 年
弗洛里和钱恩制备浓缩青霉素提取液

亚历山大·弗莱明一直未能找到提取高纯度青霉素的方法, 于是他将青霉菌菌株一代代地培养,并于 1939 年将菌种提供给准备系统研究青霉素的澳大利亚病理学家霍华德·弗洛里和德国—英国生物化学家钱恩。

通过一段时间的紧张实验,弗洛里和钱恩在 1940 年终于用冷冻干燥法提取了青霉素晶体。之后,弗洛里在一种甜瓜上发现了可供大量提取青霉素的霉菌,并用玉米粉调制出了相应的培养液。同年,弗洛里和钱恩用青霉素重新做了实验。他们给 8 只小鼠注射了致死剂量的链球菌,然后对其中的 4 只用青霉素治疗。几个小时后,只有那 4 只用青霉素治疗过的小鼠还健康地活着。此后一系列的临床实验都证实了青霉素对链球菌、白喉杆菌等多种细菌感染的疗效。在这些研究成果的推动下, 美国制药企业于 1942 年开始大批量生产青霉素。到了 1943 年,制药公司已经找到了批量生产青霉素的方法。当时,英国和美国正在和纳粹德国交战,这种新药物对控制伤口感染非常有效。到了 1944年,青霉素的供应量已经足够治疗第二次世界大战期间所有参战的盟军士兵。

1945 年,弗莱明、弗洛里和钱恩因发现青霉素及其临床效用而共同荣获诺贝尔生理学医学奖。

1940 年代
气象雷达发明

对雨云强度和分布的了解是气象科学的核心内容之一。雷达是利用电磁波探测目标的电子设备,1930 年代开始应用于对飞机、军舰等军事目标的探测。1940 年代初,英国军方的雷达专家们发现雨云能产生明显的雷达信号,即利用雷达可以“看到”远处的雨云分布和强度,由此开创了雷达技术应用于大气探测的时代。

1940 年代—1960 年代, 气象雷达处于研究探索阶段,主要是由军用和民用导航雷

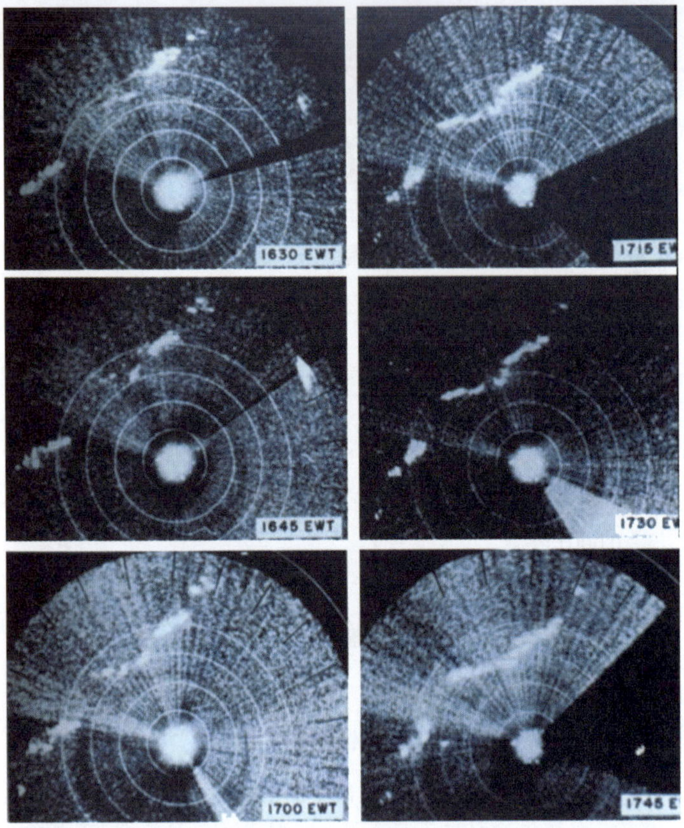

1943年7月22日美国冷锋过境回波图

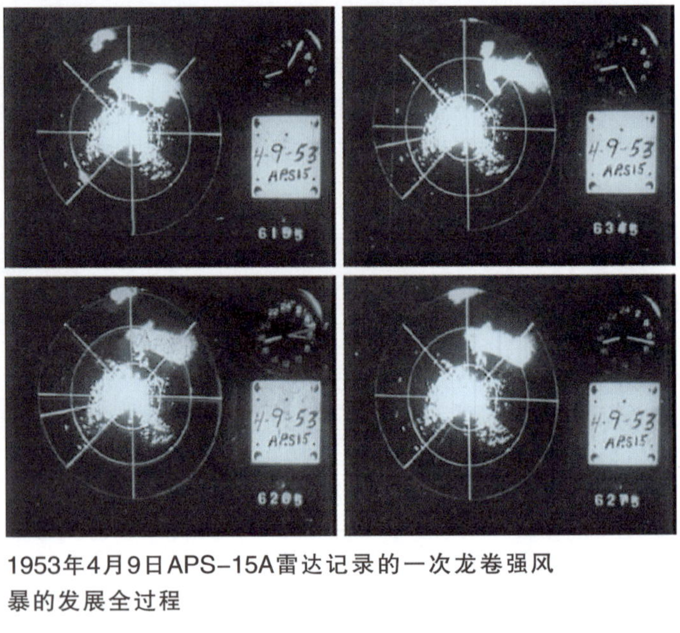

1953年4月9日APS-15A雷达记录的一次龙卷强风暴的发展全过程

达改装而成。由于战时保密的原因，已无法追溯到雷达的第一次气象探测，但种种迹象表明，英国物理学家赖德在 1940 年利用通用电子公司的一部雷达，第一次观测到了降水回波，并开展了对雨云衰减和回波属性的评估工作。与此同时，加拿大科学家利用中纬度地面雨滴谱数据，推导出了雷达反射率和降水强度的关系，开始利用雷达反射率进行降水的定量估测研究。美国海军研究人员把美国气象局的机载雷达改造为气象雷达，于 1943 年在波士顿获得了一次冷锋过境的回波图，这可能是最早的雷达气象回波图。1948 年，研究人员通过雷达在奥兰多探测到一次飓风。1953 年，伊利诺斯大学研制出了第一部可以探测龙卷强风暴回波的雷达 APS-15A，并成功记录了一次龙卷强风暴的发展全过程。

1970 年代—1980 年代，常规气象雷达已在美国和日本等国布网，应用于气象业务。1960 年中国从国外进口气象雷达，开始了应用研究，1970 年代开始自主研制生产气象雷达，并在重要地点进行气象雷达的观测应用与研究工作。1990 年代以来，随着雷达天线、发射波段与极化、低噪声接受特别是计算机信息处理技术的飞速发展，先进的雷达组网应用已成为多个国家气象业务的重要基础和日常天气预报的重要信息源。

从 1960 年代开始，激光雷达与声雷达也逐渐应用于大气探测与研究中，成为探索与研究非降水云、大气气溶胶等的重要手段。目前，气象雷达的种类繁多，在雷暴、冰雹、暴雨、台风等中尺度灾害天气监测和预警中发挥了巨大的作用，对探测原理和技术应用的研究正方兴未艾。

1940 年代
麦克林托克发现跳跃基因

在遗传学发展的早期，人们一直认为基因在染色体上呈线性排列，并且基因的位置是固定不动的，因此，当美国遗传学家麦克林托克在 1940 年代发现“跳跃基因”时，无法得到别人的认可也就不足为奇了。

麦克林托克一生未婚，只对玉米遗传学情有独钟，被人们称为“玉米夫人”。她早年在康奈尔大学从事玉米遗传学的研究，作出了许多关于玉米遗传学的重要发现，如玉米染色体的易位、倒位、缺失以及发现环状染色体等。1941 年，麦克林托克来到位于纽约的冷泉港实验室，研究玉米的种子为什么会呈现出不同的颜色。她发现玉米种子颜色的遗传很不稳定，似乎受到某种不稳定基因的控制。经过研究，她找到两个相关基因 *Ds* 与 *Ac*。*Ds* 基因可以插入到与细胞色素有关的基因附近，也可以解离下来，就像开关一样控制与细胞色素有关的基因表达，从而使玉米种子呈现不同的颜色。*Ds* 基因是否从染色体上解离受到 *Ac* 基因的控制，而 *Ac* 基因本身也是可以移动的。这种可以移动的基因就是现在所说的转座子。转座子可以从染色体的一个位置跳到另一个位置，甚至从一条染色体跳到另一条染色体，影响着其他基因的表达。这一超越时代的结论在当时的人们看来实在太荒谬了，而麦克林托克又使用了不少自创的词组和语言描述自己的工作，更增添了理解这些结论的难度。当时，她的学说不为人所接受，朋友和同事也渐渐地和她疏远。但她却不为所动，继续从事自己的研究，只是不再将资料与论文对外发表。

然而，是金子总会发光。随着分子生物学的发展，科学家陆续在其他许多生物中发现了与麦克林托克发现的转座子类似的现象。人们开始回头审视麦克林托克的研究，并惊讶于她那敏锐的洞察力和丰富的想象力。她的转座子理论对后来分子生物学的发展及基因工程的出现都具有十分重要的意义。1983 年，诺贝尔生理学医学奖颁发给了这位 81 岁高龄的女科学家。事隔 30 多年，麦克林托克终于得到了科学界的承认。

麦克林托克(1947 年于冷泉港)

跳跃基因造成玉米籽粒颜色不稳定

1940 年代 克劳德等发现亚细胞结构

在现代生命科学研究中，离心技术和电子显微镜技术必不可少，它们甚至被喻为人们走进微观世界的桥梁。1940 年代，比利时—美国生物学家克劳德率先应用电子显微镜来研究细胞。他利用离心技术从细胞中分离出各种细胞器以研究其形态和功能，鉴定出线粒体和内质网。线粒体是真核细胞中的一种重要细胞器，位于细胞质中，呈棒状或粒状，具有双层膜，主要功能是通过氧化磷酸化作用合成生命活动的主要能源物质 ATP，因而线粒体还有一个别称——细胞的“动力工厂”。线粒体还有一个特别之处——它含有 DNA（不同于细胞核中的染色体 DNA），具有独立的遗传体系。人的线粒体只能由母亲传递给后代，严格遵循特殊的母系遗传规律。内质网作为内膜系统的一部分，是一种相互连通的膜性管腔系统，它交织成网分布于细胞质中，与蛋白质的合成、运输和定位相关。

克劳德的两个学生，罗马尼亚—美国细胞生物学家帕拉德和比利时生物化学家德迪夫沿着克劳德开辟的道路，研究了其他细胞器的形态和功能：高尔基复合体负责对内质网合成的蛋白质进行加工、包装等，然后分门别类地运送到细胞内特定的部位或分泌到细胞外；溶酶体是细胞质中由单层脂膜包裹的小体，内含多种酸性水解酶，能够分解多种物质，是细胞内的“消化系统”；微体是一种单层膜细胞器，内含一种或几种氧化酶。关于细胞器的研究为创建一门崭新的生物学分支学科——亚细胞生物学奠定了坚实的基础。

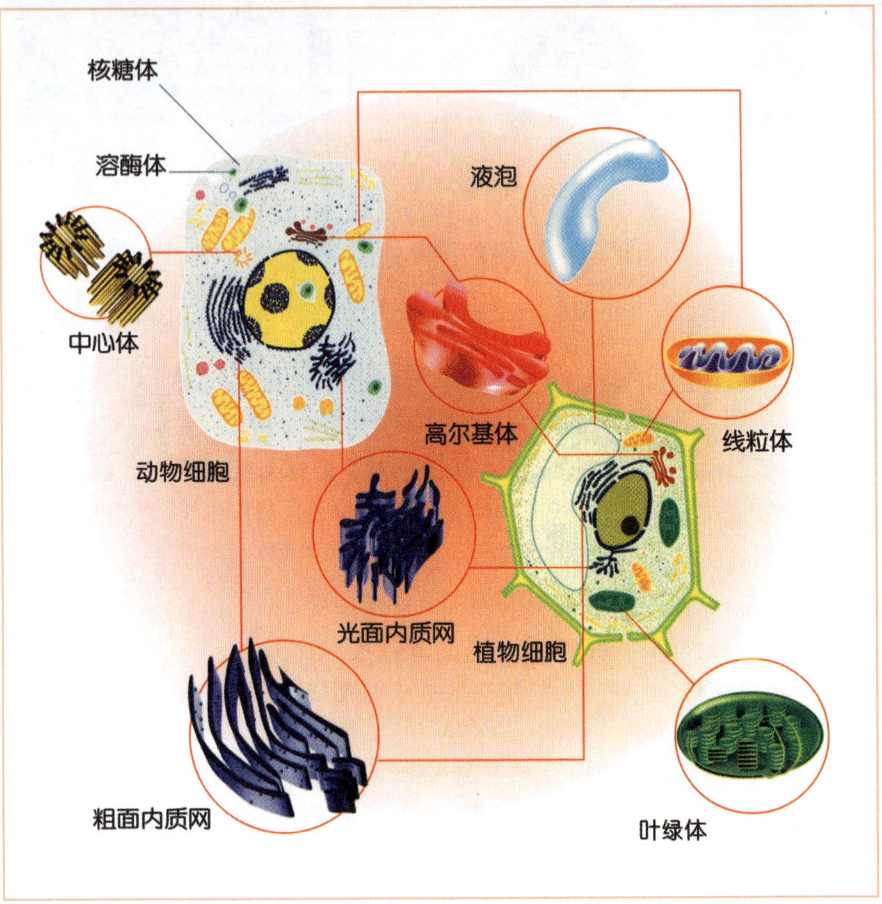

动植物细胞中的细胞器

克劳德、德迪夫和帕拉德因在细胞结构及功能方面的杰出贡献分享了 1974 年诺贝尔生理学医学奖。1999 年，帕拉德的弟子德国—美国生物学家布洛贝尔也因发现内质网传输蛋白质的机制而获此殊荣，布洛贝尔的发现标志着亚细胞生物学逐渐走向完善。

1940年代—1950 年代 布洛赫和吕南研究胆固醇和脂肪酸的代谢机制

我们常说的脂肪是高级脂肪酸甘油酯的总称，它在六大营养物质(糖类、蛋白质、脂肪、无机盐、维生素和水)中占有一席之地，为我们提供热量并起到保护内脏、溶解脂溶性维生素和保温等作用。我们每天都要摄入约 50 克脂肪以维持正常的代谢。同样，胆固醇在体内也发挥着重要的生理作用，如调节细胞膜流动性、合成激素等。在胆固醇和脂肪酸代谢研究方面，德国—美国生物化学家康拉德·布洛赫和德国化学家吕南作出了杰出贡献。

布洛赫在德国慕尼黑工业大学学习化学时，师从著名德国有机化学家汉斯·费歇尔，并对有机化学产生了浓厚的兴趣。大学毕业后，他离开纳粹统治下的德国移居美国，主要研究活组织中是怎样合成胆固醇的。1940 年代—1950 年代近 20 年的时间里，布洛赫利用同位素示踪法，确定了由含 2 个碳原子的乙酸合成含 27 个碳原子的胆固醇的全过程。吕南毕业于慕尼黑大学化学系，一直致力于脂肪酸和胆固醇代谢的研究。1951 年，吕南从酵母中分离出乙酰辅酶 A，发现了乙酰辅酶 A 在脂肪酸代谢过程中的重要作用，为脂肪酸的生物合成开辟了新路。乙酰辅酶 A 是一种代谢中间产物，在体内有许多重要的功能，如参与三羧酸循环、脂肪酸氧化和脂肪酸合成等多种代谢途径。乙酰辅酶 A 还是合成胆固醇的原料。布洛赫与吕南的工作为日后对胆固醇与心血管疾病的研究打下了坚实基础。

布洛赫与吕南因在脂肪酸和胆固醇代谢研究方面的卓越贡献，共获 1964 年诺贝尔生理学医学奖。

1941 年 朗道提出超流理论

液氦的超流动性于 1937 年被发现后，物理学家提出了多种理论来解释这个现象。

1941 年，苏联物理学家朗道创立了氦Ⅱ超流动性的量子理论。由于氦Ⅱ的温度很低，量子效应非常重要。另一方面，温度很低使得热激发的能量很弱，氦Ⅱ实际上只能处于基态以及与基态很近的低激发态。而任何一个处在低激发态的宏观系统在量子力学的意义下都可看作相互作用很弱的元激发

朗道(右)与玻尔

的集合。由于体系处于弱激发态,这些元激发又很少,它们彼此之间的作用很弱,因此它们的集合可作为理想气体考虑。朗道利用这个理论讨论了体系的宏观热力学性质,解释了超流动性,计算了氦Ⅱ的能谱,其结果与实验符合得很好。朗道也因"对物质凝聚理论的研究,特别是液氦的研究"而获得了 1962 年诺贝尔物理学奖。

1941 年
马丁和辛格共创分配层析法

马丁是英国生物化学家、分析化学家。他从剑桥大学获博士学位后,曾从事过维生素 E 的分离工作,经常使用各种溶剂进行萃取实验,为日后的色谱技术研究打下了坚实的基础。1938 年英国化学家理查德·辛格在研究乙酰氨基酸时,观察到乙酰氨基酸在氯仿和水中溶解的量明显不同。后来,马丁与辛格合作,将水吸附在硅凝胶上,只让氯仿流动冲洗,利用乙酰氨基酸在氯仿和水中溶解的量明显不同,成功地分离了不同的乙酰氨基酸。1941 年马丁和辛格据此提出了分配层析法,并且成功地用于分离羊毛中的氨基酸,这项工作对于英国化学家桑格测定牛胰岛素分子中氨基酸的排列顺序有巨大作用。此后该法被广泛地应用于分离各种复杂的有机化合物,如糖、酶、生物碱、维生素。马丁和辛格不仅发展和使用色谱技术,而且从理论上进行总结,使色谱技术成为分离微量物质最有效的方法。

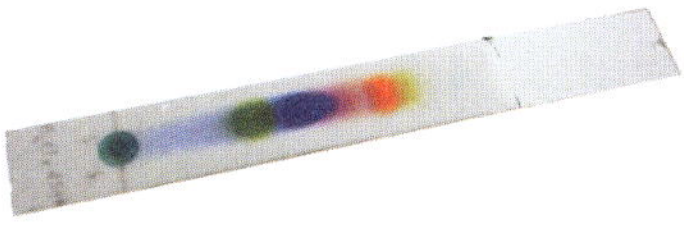

纸层析

1944 年, 马丁与英国化学家康斯登等又提出了纸层析法:将待分离的混合物点在一张方形滤纸的一个角上,用适当的溶剂使样品展开, 各种组分就沿着滤纸的边缘扩散,待干后,将滤纸转 90°,改用第二种溶剂展开。结果,第一种溶剂不能分离的组分经第二种溶剂就被分开了。

马丁与辛格因发明了分配层析法而获得 1952 年诺贝尔化学奖。

1941 年
温费尔特和狄克逊合成聚对苯二甲酸乙二酯

德国化学家施陶丁格于 1922 年提出"高分子化合物"的概念,预示着合成纤维时代的到来。8 年后, 美国杜邦公司研究人员卡罗瑟斯利用乙二醇和癸二酸缩合制得了聚酯,但它的性质与设想中的合成纤维相差太远而没有受到人们的重视。

英国化学家温费尔特和狄克逊分析了卡罗瑟斯的研究过程以及有关文献资料,找到了失败的原因,并改用对苯二甲酸与乙二醇进行缩聚反应, 于 1941 年首次成功合成出优质的聚酯纤维,其化学名称为聚对苯二甲酸乙二酯,商品名为涤纶。由于第二次世界大战的爆发,这一发明被搁置,直到 1945 年才开始工业化研究。1950 年,美国杜邦公司建成年产量为 5 万吨的合成纤维工厂,标志着涤纶进入大规模工业生产阶段。

涤纶的特点是弹性好、强度高、耐磨、耐热、化学性质稳定;用它织出的面料的牢度是其他面料的 3—4 倍,而且外形挺括,不易变形;纤维表面光滑,吸湿性低,易于清洗和晾干。因为这些特殊性质,涤纶一直是产量位居前列的合成纤维之一。

1941 年
潘钟祥提出中国陆相生油观点

在近代石油工业的发展史上,找到的数万个油气田绝大多数都产于海相地层,因此传统的石油地质学理论认为只有在海相盆地才可能形成具有工业价值的油藏。1941年,中国石油地质学家潘钟祥在《美国石油地质学家协会会志》上发表《中国陕北及四川白垩系石油的非海相成因》一文,提出中国陆相生油的观点,为中国的石油勘探作出重大贡献。

中国是世界上最早发现和利用石油及天然气的国家之一,但自 1878 年近代石油勘探技术在中国出现以来,中国的石油工业在半个多世纪里几乎没有什么发展。其中一个重要原因是中国没有新生代海相沉积,"中国陆相贫油"的观念束缚了人们的思想。1941 年,当时正在美国堪萨斯大学攻读博士学位的潘钟祥根据其在陕北、四川等地的实地考察以及美国科罗拉多州陆相生油的例证,提出中国陆相生油的观点,为在中国陆相盆地中找到大量石油提供了依据。

1959 年 9 月 26 日,位于松辽盆地的松基 3 井打出了工业油流,从而发现了举世闻名的大庆油田,油田规模约 1000 平方千米,年产量达 5000 万吨。大庆油田的发现实现了我国陆相盆地石油勘探的重大突破,陆相生油理论也由此得到进一步的发展。

在陆相沉积盆地中发现的大庆油田

陆相生油理论认为,在陆相沉积盆地中,无论是有机质的数量,还是有机质转化为烃的条件,并不亚于海相沉积环境,在温度、压力等因素有利于有机质转化为烃的条件下,都可以生成大量石油。陆相生油的必要条件是:构造上为强烈坳陷盆地;有足够厚度的湖相生油岩层;具有一定数量有机质的富集;地层温度达到有机质降解生油的条件;具备必要的成藏条件。实际上,陆相盆地中的石油生成与海相沉积环境相比,除沉积有机质有所不同外,没有本质的区别。

1960 年代以后,中国相继开发了渤海湾(包括大港与辽河油田)、江汉、南襄、苏北、北部湾、二连等陆相含油气盆地的油气藏。

1941 年
比德尔和塔特姆提出"一基因一酶"假说

1930 年代,酶已引起众多生物学家的关注。1935 年,美国遗传学家乔治·比德尔和法国遗传学家埃弗里西在研究果蝇眼睛颜色发育时,猜测基因突变可能会导致酶系统的缺陷。要验证这一假说,动物和植物(包括果蝇等经典材料)的结构都过于复杂,细菌和藻类的繁殖方式当时人们也知之甚少。于是,比德尔和美国遗传学家塔特姆合作,选择了红色面包霉作为研究材料。与果蝇等实验材料相比,红色面包霉有许多优点:繁殖一代的时间较短,一般只需几天;易于生长和保存;代谢突变体容易鉴别;成体阶段为单倍体,所有突变的基因都能表现出来,不存在隐性突变。

比德尔和塔特姆的基本实验设计非常简单。他们用 X 射线或紫外线照射正常红色面包霉孢子,使其发生突变。由于大多数突变是有害的,所以许多突变了的孢子不能在基本培养基(只含有正常红色面包霉存活和生长所需的最低限度营养成分的培养基)上萌发。但若在基本培养基中添加某些特定的物质，就可以使特定的突变体孢子萌发、生长,从而确定突变体的突变类型。例如,某种突变体只能在含有维生素 B 的培养基上生长,说明该突变体中合成维生素 B 的代谢发生了障碍。1941 年,比德尔和塔特姆在鉴别了大量突变体之后,对突变体一一作了遗传分析,结果表明,代谢障碍可以看作基因突变的结果。由于酶控制着代谢过程中几乎所有的生化反应，于是比德尔和塔特姆提出,一个基因控制着一个特定的酶,基因突变引起酶的改变。这一结论的简洁说法是:一个基因一种酶。

1958 年，比德尔与塔特姆因发现调控特定生化反应的基因作用而荣获诺贝尔生理学医学奖。

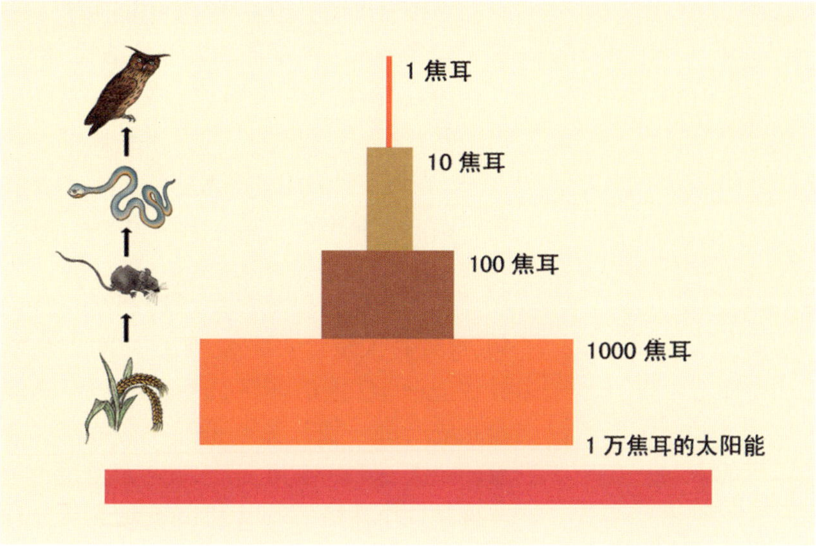

食物链和能量金字塔

1941—1942 年
林德曼提出“食物链效率”和“能量金字塔”报告

为了维持生命活动,所有生物都必须从外界摄取能量和营养,以这种能量和营养的联系而形成的各种生物之间的关系称为食物链。比如,绿色植物进行光合作用合成有机物，兔子等食草动物以绿色植物为食,老虎等食肉动物又以食草动物为食,能量和营养就这样逐级传递,构成食物链。

1941 年,美国生态学家雷蒙德·林德曼对面积大约为 50 万平方米的湖泊进行了野外调查和数据分析,发现生物量按食物链顺次递减,后一级生物量通常只等于或者小于前一级生物量的 1/10。比如,食草动物的生物量是绿色植物的 1/10,食肉动物的生物量是食草动物的 1/10,等等。于是,林德曼将生态系统中的这种定量关系称为“十分之一定律”。

1942 年,林德曼又提出,生态系统中能量与物质的流动在不同的营养级之间存在的定量关系是维持生态系统稳定的重要因素。他对美国一个生态结构相对简单的天然湖泊的能量流动进行定量分析,发现生态系统的能量流动具有单向流动和逐级递减两个特点,能量在相邻两个营养级间的传递效率约为 10%—20%。若将生态系统中的这种能量关系标注在图上,那么整个图形就像一座金字塔。因而,生态学家又将其称为“能量金字塔”。林德曼的工作具有划时代的意义,已成为研究生态系统中能量流动的经典,为其后有关植物群落和动物群落中能量流动的研究奠定了基础。此外,林德曼以数学方式定量表达了群落中营养级的相互作用,建立了养分循环的理论模型,使得生态科学的研究开始从定性走向定量。

1942 年
塞尔贝格推进黎曼假设的研究

黎曼假设断言:黎曼 ζ 函数的所有非平凡零点的实部都是 1/2(或者说都在临界线 $\sigma = 1/2$ 上)。这一假设自 1859 年由黎曼提出后，导致了解析数论中许多重要的发现，人们发现它联系着数论和函数论领域一系列重要难题与猜想的解决,但关于它自身的证明却长期进展甚微。第一个突破是英国数学家哈代作出的，他在 1914 年证明了 $\zeta(s)$ 有无穷多个非平凡零点的实部是 1/2。

1942 年，挪威—美国数学家塞尔贝格迈出了重大的一步，开辟了证明黎曼假设的新方向。沿此方向，1974 年美国数学家莱文森证明 $\zeta(s)$ 至少有三分之一的非平凡零点的实部是 1/2。

研究黎曼假设的另一条途径是寻找反例，即通过大量计算来发现 $\zeta(s)$ 的不在临界线 $\sigma = 1/2$ 上的非平凡零点。但是，迄今为止进行的一切计算似乎都在支持黎曼假设的成立。如 1985 年，荷兰数学家范德伦和特里勒合作计算了前15 亿个零点，尚未发现黎曼假设的任何反例。这些计算都借助了电子计算机的威力，因此，黎曼假设即使不成立，其反例也必定超出人们通常想象的范围。不过，无论多么巨大的计算都只能提供有限的例证，数值归纳不能代替严格证明，除非真的算出了一个反例。

1942 年
费米主持建成第一座核反应堆

在哈恩和斯特拉斯曼于 1938 年底发现铀核裂变后，费米立即意识到它的重大意义。裂变的碎片属于含中子数较多的不稳定核，它们可能再次发射中子，这些二次发射的中子又会引发新的裂变，如此继续下去，就会产生“链式反应”。如果这种链式反应得不到控制，就会发生核能的猛烈释放，这就是原子弹爆炸的原理。如果链式反应能得到有效的控制，就能使核能稳定而有效地释放，我们就可以得到一种新的能源。核反应堆就是根据这个目的设计的。

为了使链式反应能够有效而安全地进行，费米小组最先用水作为减速剂以控制中子的数量，但水使中子衰减过快。于是他们又想到了石墨。1941 年 12 月，他们在芝加哥大学校内一个秘密的室内网球场，开始建造世界上第一座核反应堆。他们把铀层相间地放在石墨层的方阵中，堆砌了 57 层，6 米高，呈扁球形。经过一年的工作，这座核反应堆成功实现了自持链式反应。

1942 年
海伊发现太阳射电辐射

第二次世界大战期间，在开展雷达技术研究的一些国家中，以英国的成就最为显著。1942 年初，英国人发现自己的雷达受到干扰，在并无敌机来犯时也接收到了微波。英国物理学家海伊等研究了工作波长为 4—6 米的雷达所受的强烈干扰，结果发现它来源于太阳。这是人们首次探测到来自一个具体的可见天体的微波，太阳则是首先被确定的射电源。而且，这种太阳射电比太阳表面约 5800 开的黑体辐射还要强烈，并与日面上黑子、耀斑等活动有着密切联系。与此同时，美国无线电工程师索思沃思用新制成的微波雷达接收机，独立地发现太阳在 3—10 厘米波段还会发出相当稳定的射

雕塑《核能》 位于第一座核反应堆原址上。

匈牙利物理学家齐拉（右）与爱因斯坦
齐拉请爱因斯坦在准备递交给罗斯福总统的关于原子弹巨大军事意义的信上签名。

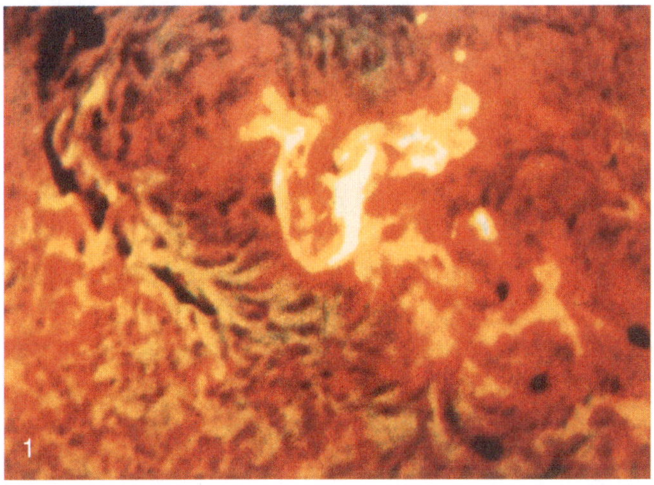

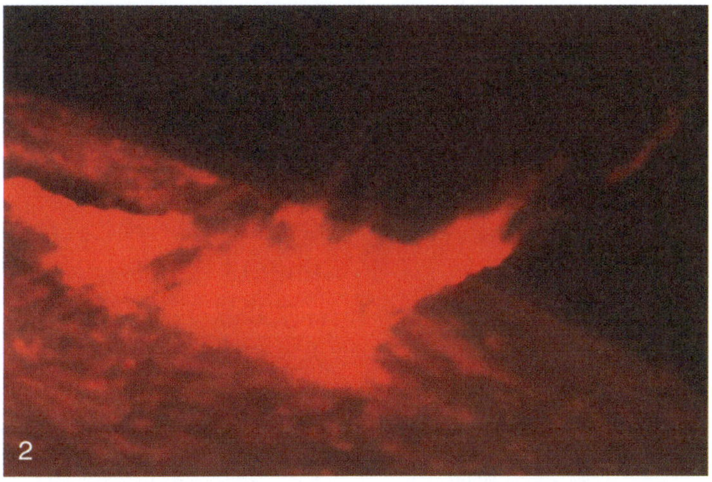

太阳上的爆发现象——耀斑 (1)耀斑可以在几分钟内扫过一个日面活动区,将太阳物质加速喷射到太空中。图中的耀斑呈白色,似蛇形,位于日面中心附近,蜿蜒约30 000千米。(2)通过Hα滤光器拍摄到的一个与前者相似的日面边缘耀斑。

电,强度对应于18 000开的黑体辐射。1943年,美国天文学家雷伯又在1.9米波长上接收到日冕发出的射电波,并于1944年首次发表关于太阳射电的论文。1946年2月,太阳上出现大黑子,英国物理学家阿普尔顿等进一步证实强烈的太阳射电确与太阳耀斑密切相关。此后,一些天文台站便开始系统地观测研究太阳射电。尽管当时的射电望远镜分辨率相当低,但通过观察人们已经知道在太阳出现弱扰动期间,射电辐射会逐渐缓慢地变化;而在太阳出现强扰动期间,则会发生和耀斑密切联系的射电爆发。

1942年
厄特尔发现位涡守恒定律

厄特尔是德国著名的科学家,也是地球物理学和气象学的先驱者。厄特尔最早在国际上成名源于宇宙学方面的研究,他一生都对宇宙学有着特殊的兴趣。1930年代早期,厄特尔开始研究气象学和涡度动力学。

1933年,厄特尔发表了对皮叶克尼斯环流定理的一个新的证明。1937年,应瑞典—美国气象学家罗斯贝的邀请,厄特尔访问了麻省理工学院的气象研究部门,罗斯贝当时是这个部门的主任。厄特尔在那次访问期间参加了一个国际等熵分析项目。尽管只在麻省理工学院呆了两个月,厄特尔仍然在他1938年那篇影响广泛的文章的序言中,将麻省理工学院气象研究部门列为自己的所属单位。

5年后,厄特尔于1942年从完整的基于干空气的大气运动方程组出发,推导得到了理想、非流体静力、可压缩流体的位涡守恒方程——位势涡度不随时间变化。厄特尔的结论比罗斯贝的理论更具有一般性。尽管厄特尔的位涡理论十分精彩,然而当时正值第二次世界大战期间,直至二战结束后的一段时间内,都缺少国际学术交流,厄特尔的理论仅被很少的学者所知。直到1950年代,厄特尔的工作才逐渐被重视。一些学者在自己的著作中用英语对厄特尔的位涡理论所作的描述和发展,使得厄特尔的理论更为广泛地被科学界所知。由于厄特尔的位涡理论准确、形式优美、具有普适性,在大尺度大气和海洋动力学中得到广泛应用,成为流体力学和大气海洋动力学中的重要概念,并被应用于相对论物理和天体物理研究中。

1942年
迈尔《分类学与物种起源》出版

自达尔文的《物种起源》1859年出版以来,"进化"逐渐成为生物学文献中出现频率

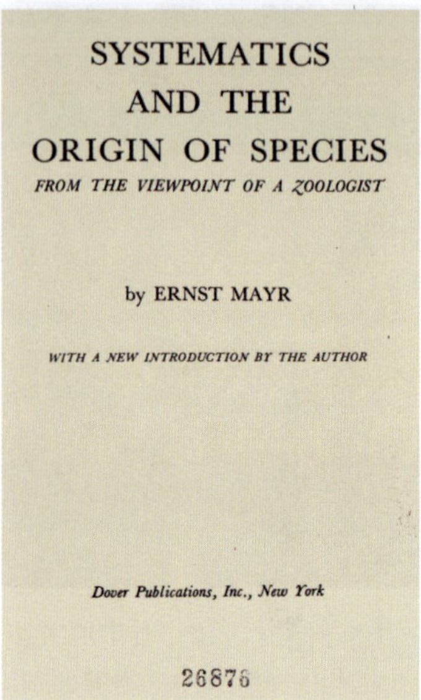

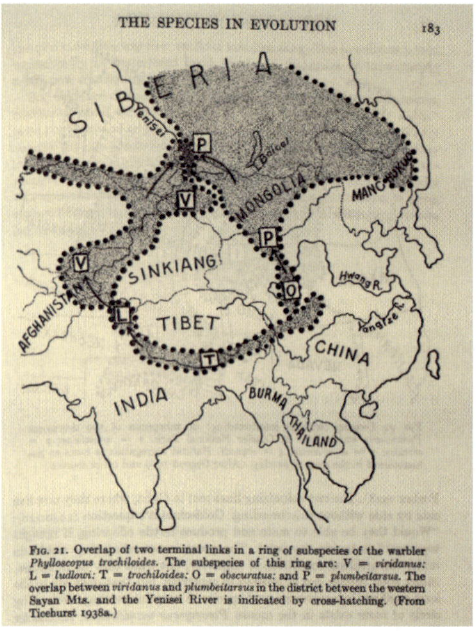

《分类学与物种起源》封面(上)和插图

最高的词汇之一。20 世纪中叶，俄国—美国遗传学家杜布赞斯基、德国—美国进化生物学家恩斯特·迈尔等人将群体遗传学理论与实验生物学方法用于进化研究，创立了现代综合进化论，这一理论逐渐成为当代进化论的主流学说。

1942 年，迈尔的综合进化论奠基作《分类学与物种起源》出版，解决了达尔文理论中的一些遗留问题，拓展了进化研究的视野。例如，他将物种定义为一群形态结构相似、能够互相交配并产生后代的个体，不同物种交配无法产生有繁殖能力的后代。如果一个现存物种被分隔成两个种群(如由于地理隔离)，不再进行基因交流，种群之间的差异就会不断增大，当两者的个体不能繁殖后代时，新的物种就诞生了。这很好地解释了达尔文所发现的隔离岛屿上的动物具有共同祖先的原因。

在长达 80 年的研究生涯中，迈尔曾亲涉丛林，过了两年探险生活。他作出了许多有关动物进化的重要发现，厘清了达尔文进化论的逻辑架构，将其划分为 5 个部分：物种可变理论、共同祖先理论、渐变理论、物种增殖理论和自然选择理论，其中自然选择理论是达尔文进化论的核心，堪称进化论的灵魂。迈尔将达尔文描述的自然选择过程称为“创造性过程”，即环境和生存压力淘汰适合度低的物种并留下适合度高的物种，经过许多代的累积选择之后，与环境相适应的性状或物种就被“创造”了出来。但自然选择仍然是一种“机会主义”过程，所以，一旦环境剧变，一个原先“完美适应”环境的物种就很有可能因不能产生新的适应性变异而灭绝。

迈尔的科学思想影响了好几代进化生物学家，他也因此被誉为“20 世纪的达尔文”。2004 年百岁生日时，他在《科学》杂志上撰文回顾了进化生物学 80 年来的进展，结语写道：“对活跃的进化生物学家们而言，这些新近完成的研究带来了一个鼓舞人心的消息：进化生物学研究是一个无尽的前沿，仍然有很多未知的东西等待被发现。我唯一的遗憾就是，我已经不能陪伴诸君去享受这些未来的发展了。”次年，迈尔去世。

1942 年
发现六六六的杀虫功效

六六六，又名六氯环己烷，是一种有机氯杀虫剂，因分子中含 6 个碳、6 个氢和 6 个氯原子而得名。六六六于 1825 年首先由法拉第合成，1942 年其杀虫功效被发现，1945 年开始大规模生产和应用。

六六六是作用于昆虫神经的广谱杀虫剂，兼起胃毒、触杀、熏蒸作用，通常加工成粉剂、可湿性剂、乳剂和烟剂等。由于用途广、制造容易、价格便宜，1950 年代—1960 年代在全世界广泛生产和应用，在中国也曾是产量最大的杀虫剂，对于消除蝗灾、防治农林害虫和家庭卫生害虫起过积极作用。但是六六六长期大量使用后会使害虫产生抗药性，药效日减；且其不易降解，在环境和生物体内易造成残留积累。因此，许多国家在 1970 年代已停止使用六六六，中国也从 1983 年起停止其生产。

1942年
有机化学除草剂 2, 4–D 诞生

1942 年诞生于美国的 2,4–D 是世界上第一种工业化的选择性高效有机除草剂，在农药发展史上有重要影响，是 20 世纪农业的重大发明之一。1940 年代 2,4–D 在美国

喷过选择性除草剂的大麦田 杂草几乎被杀光但不伤害农作物，图中仅余的绿色杂草是农夫开拖拉机一行行地喷药时漏喷而造成的。

首先生产，后因其用量少、成本低而一直是世界主要除草剂品种之一。

2,4-D 具有类似植物生长素的作用，能进入植物体内并传导至其他部位。低浓度使用能刺激生长，可作植物生长调节剂；较高浓度则抑制生长；高浓度可使植物畸形发育而致死。单子叶禾本科植物对其有一定的耐受力，双子叶阔叶植物对其非常敏感。利用这些选择性，可用于水稻、麦类等禾本科作物田间防、除阔叶杂草。此后，人们继续研制出其他有关化合物，通过不同方式，达到防止各类杂草的目的。除草剂总的趋势是向高效、低毒、选择性强、杀草谱广、易降解的方向发展，并由 1960 年代的土壤处理剂转向 1980 年代后期的茎叶处理剂。

在除草剂的使用方法上，人们通过采用雾滴喷雾、静电喷雾、定向喷雾等技术，减少了用药量，控制了雾滴的飘移，提高了工效与药效，也减轻了对环境的污染。除草剂与农药混用及应用增效剂，可取长补短、降低用量、提高药效，增强对气候条件的适用性。

1943 年
康夫纳研制出行波管

行波管是指靠连续调制电子束的速度来实现放大功能的微波电子管。在行波管中，电子束同慢波电路中行进的微波场发生相互作用，连续不断地把动能交给微波信号场，使信号得到放大。为了使电子束同微波场产生有效的相互作用，电子的运动速度应比沿慢波电路行进的微波场的相位传播速度（相速）略高，称为同步条件。

1943年，奥地利—美国物理学家康夫纳研制出世界上第一只行波管。1947 年，美国工程师皮尔斯发表了对行波管的理论分析。

行波管频带宽，增益高，动态范围大且噪声低。现代行波管已成为雷达、电子对抗、中继通信、卫星通信、电视直播卫星、导航、遥感、遥控、遥测等电子设备的重要微波电子器件。

1943 年
摩根等发表恒星光谱二元分类系统

巨星的大气比矮星稀薄，压力也小得多，这必然导致相同光谱型的巨星和矮星的光谱存在一定的差异，其中最简单而明显的是谱线宽度不同：矮星的谱线宽，巨星的谱线窄。1930 年代，美国叶凯士天文台的天文学家威廉·威尔逊·摩根和基南研究了因压力差异而造成的谱线变化，在光谱分类系统中除有效温度外又引入了光度这一要素，从而开创了恒星光谱的二元分类。1943 年，他们和同事凯尔曼共同发表屡经改进的叶凯士恒星光谱分类系统，该系统被称为 MKK 系统。1953 年，摩根等又做了进一步修订，修订后的这个叶凯士分类系统被称为 MK 系统。该系统所依据的温度参量沿用哈佛分类系统的符号：O、B、A、F、G、K 和 M；光度级共分 7 级，用罗马数字表示如下：Ⅰ——超巨星，又分Ⅰa 和Ⅰb，前者较亮，后者较暗；Ⅱ——亮巨星；Ⅲ——正常巨星；Ⅳ——亚巨星；Ⅴ——主序星，即矮星；Ⅵ——亚矮星，

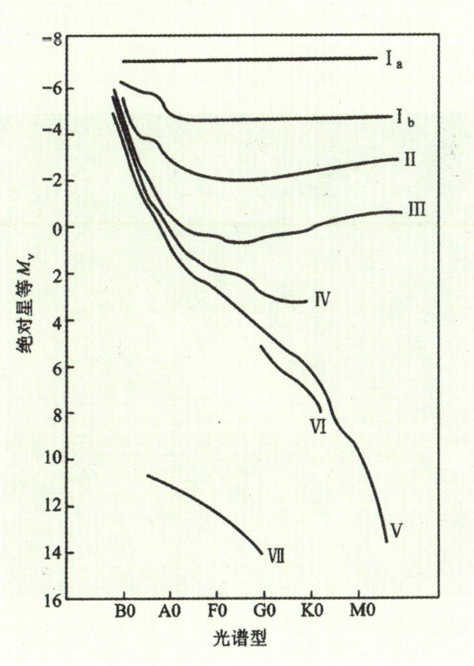

不同光度级的恒星在赫罗图上的位置

光度比主序星略小；Ⅶ——白矮星。在MK系统中，太阳的光谱型是G2V。由于拍摄有缝光谱很费时，到1970年代初，利用有缝光谱按MK系统分类的恒星仅2万余颗。另一方面，从1967年开始，美国天文学家又利用物端棱镜对HD星表及其补编HDE星表中近30万颗恒星按MK系统进行二元分类。

哈勃空间望远镜拍摄的赛弗特星系NGC7742 位于飞马座中，距离地球约7200万光年，在照片上外观酷似一只“煎鸡蛋”。实际上它是一个旋涡星系，但旋臂不很明显。卵黄色的中心区域直径约3000光年。

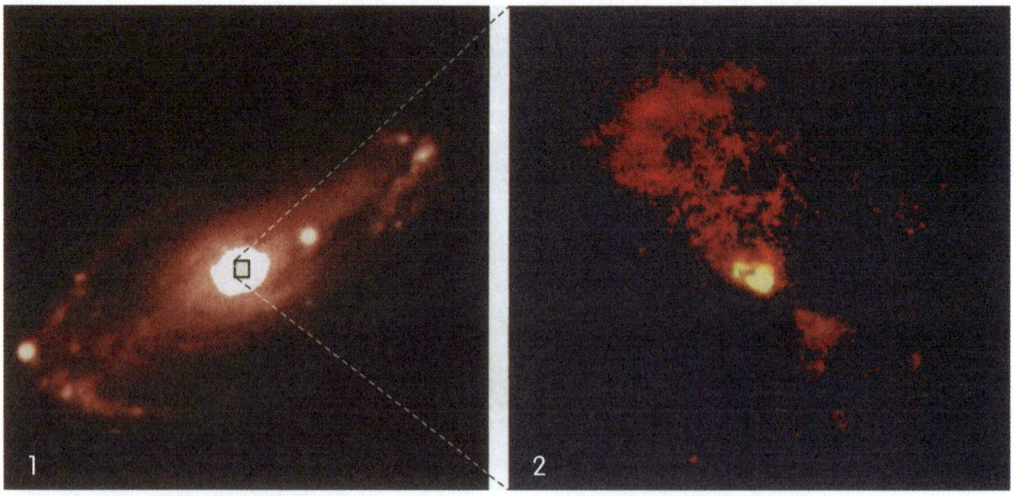

赛弗特星系NGC5728 距离地球约1.3亿光年。(1)地面望远镜拍摄的照片；(2)在地球轨道上拍摄的局部放大照片，两个锥状光束显示出星系核附近有一些形状模糊的亮物，也许是某个黑洞周围的吸积盘发出的辐射照亮了它们。

1943年 赛弗特发现核很亮且发射线异常宽的活动星系

1943年，美国天文学家赛弗特研究NGC1068、NGC4151等具有恒星状亮核的旋涡星系，发现它们的光谱中有异常宽的发射线。这些星系在短时间曝光的照相底片上容易被误认为恒星，长时间曝光则显露出在核四周有朦胧的旋涡结构。光谱中的发射线主要是氢的巴耳末线和电离氧、氮、氖等的禁线，其多普勒展宽对应的速度高达每秒数千千米。此类星系后称赛弗特星系。与普通恒星光谱的连续辐射以热辐射占主导地位不同，赛弗特星系核的连续辐射是以非常平坦的同步辐射谱为主。后来人们逐渐认识到，不同星系核的高能活动存在着很大的差异，它们的强弱形成一种连续的变化。例如，银河系核心处于高能活动弱的一端，1960年代发现的类星体则是高能活动最强的极端。类星体是一种星系级的天体，但其星光完全被星系核的强烈非热辐射所掩盖。赛弗特星系核的性质与类星体相似，它们与射电星系、蝎虎BL天体等统称为活动星系核。为了搜索更多的活动星系核，苏联天文学家马卡良等自1967年开始进行紫外超星系巡天，由此发现的具有非常强紫外连续谱的特殊星系称为马卡良星系，其中约有10%可分类为赛弗特星系。

1943年
库斯托和加尼安发明自携式水下呼吸器

法国探险家库斯托在学习潜水的过程中，一直想解决人在水下无法呼吸的难题。早期的潜水者曾试图携带充满压缩氧气的气罐进行呼吸，但实践证明，吸入高浓度氧气对人体有极大的伤害。经过多次实验后，库斯托确认浓缩空气可用于水下呼吸。1942年12月，库斯托结识了法国—加拿大工程师加尼安并开展合作。借助于加尼安提供的空气调节阀，库斯托的水下呼吸器研制工作取得突破性进展。1943年，他们合作研制出的第一套自携式水下呼吸器在巴黎郊外的马恩河上试用成功。这种水下供氧设备重约22.7千克，可由潜水员自行携带，潜水员不需要再穿着笨重的潜水服，也不需要救生索，极大地提高了潜水员在水下活动的自由度和安全性。这种被称为“水肺”的水下呼吸器，很快便被广泛应用于水下作业和科学考察，为海洋学家提供了极大的便利。

1950年代美国杂志广告上的库斯托和他的“水肺”

1943年
德尔布吕克和卢里亚发现细菌的自发突变现象

在过去很长一段时间中，关于突变的产生有两种观点。一种观点认为，突变是生物为适应特定环境（如化学药物、高温）而产生的，环境是突变的诱因，突变产生的性状与该环境因素相应，即突变是环境“驯养”出来的。例如，因为有噬菌体存在故产生抗噬菌体的突变菌，因为有抗生素存在故产生抗药菌。另一种观点则相反，认为突变是自发产生的，突变（即使是诱变产生的突变）所产生的性状与环境因素无对应关系，环境因素仅起到筛选的作用。例如细菌会产生各种各样的突变性状，可能抗噬菌体，可能抗抗生素。在噬菌体环境下抗噬菌体的细菌就存活下来，其他细菌则死亡。

为了检测两者孰对孰错，1943年，德国—美国物理学家德尔布吕克和意大利—美国微生物学家卢里亚进行了验证细菌自发突变的变量实验（又称波动实验或彷徨实验）。他们用噬菌体感染大肠杆菌，在细菌生长传代过程中，少量大肠杆菌会因基因突变而对噬菌体产生抗性，具有抗性的细菌会在培养基上长成菌落。他们将大肠杆菌分成两组，甲组先分成若干份，再分别用噬菌体处理，然后检测它们各自产生多少能抗噬菌体的菌落；乙组先用噬菌体处理，再分成若干份检测各自的抗噬菌体能力。结果显示，甲组出现的抗性菌落数差异极大，有的很多，有的很少；乙组则基本相同。这就说明，细菌抗噬菌体性状的产生，并非环境（噬菌体）诱导的，而是在接触环境前、某次细胞分裂过程中自发产生的。自发突变发生得早，抗性菌落就多，反之则少。噬菌体只起到淘汰无

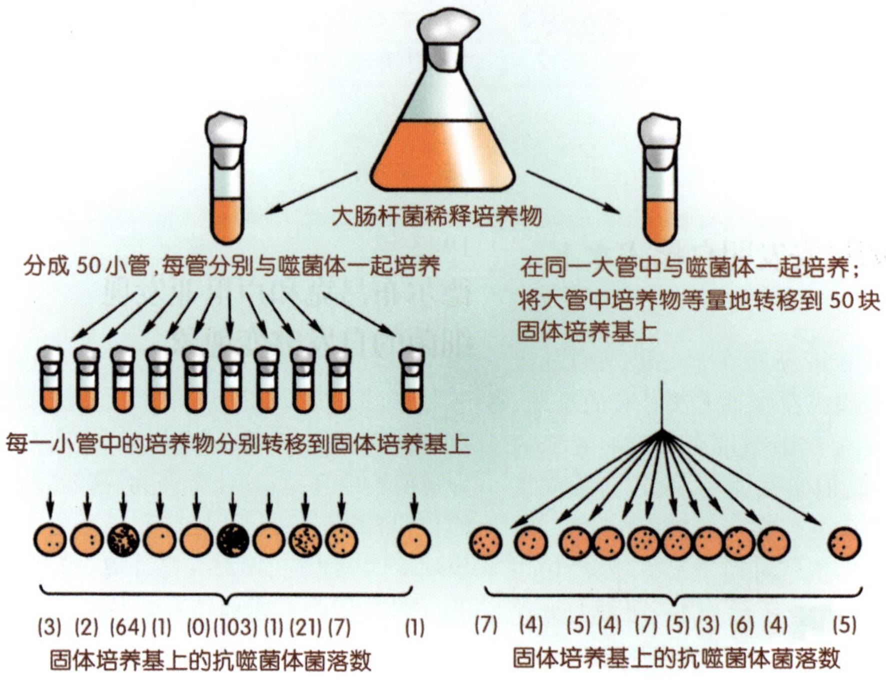

证明细菌自发突变的变量试验

抗性细菌、留下抗性细菌的作用。后来，又有科学家通过其他实验证明，细菌对化学药物(如链霉素)产生的抗性在接触药物前就出现了，药物只起筛选作用而已，他们可以在使细菌不接触药物的情况下得到大量抗链霉素菌株。

德尔布吕克和卢里亚的实验大大深化了人们对突变的认识。1969 年，他们和美国生物化学家赫尔希因发现病毒的遗传结构、复制机制和基因结构共同荣获诺贝尔生理学医学奖。

1943 年
钱斯发现酶—底物复合体

早在 20 世纪初，生物化学家就认为在催化反应中，酶必须与反应物(称为底物)结合成酶—底物复合体。1943 年，美国生物物理学家钱斯采用十分灵敏的分光光度法证明了酶—底物复合体的存在。他观察到，在过氧化物酶与其底物过氧化氢混合的一瞬间，过氧化物酶所含亚铁血红素的吸收波长会发生细微的变化，而后其吸收光谱又恢复到原状，这证明在反应过程中确实生成了酶—底物复合体。钱斯的实验对阐明酶的催化作用机制具有十分重要的意义。

1943 年
科尔夫将人工肾脏应用于临床

19 世纪，英国化学家格雷厄姆发现：涂有鸡蛋清的羊皮纸允许晶体物质透过并弥散到血液中，从而第一次提出“透析”的概念，历史上第一种透析膜也自此而诞生。1913 年，第一次世界大战爆发前不久，美国医学家埃布尔等进行了第一次血液透析的动物实验，这一实验开创了透析的先河，挽救了千千万万病人的生命。可惜的是，由于当时透析器的制造技术和抗凝剂不够理想，使得这一工作受到了限制。1920—1930 年，人们将纤维素溶于氢氧化钠—二硫化碳溶液中，再在酸浴中形成醋酸纤维膜。这种再生纤维素膜是制造透析器的基本材料。醋酸纤维膜的发明、肝素的提纯，为血液透析的现代化奠定了基础。1938 年，美国学者塔尔海默为切除双肾造成肾衰竭的狗应用了醋酸纤维膜制成的人工肾脏。第二次世界大战中，荷兰—美国医生科尔夫用醋酸纤维管绕于圆锥形鼓上，两侧各接在管道之两端，使锥形鼓在透析液水浴中滚动，于 1943 年第一次将这种人工肾脏应用于临床，做了第一次血液透析，获得成功。目前已有各种各样的透析器取代了这种滚动式人工肾脏，但其原理是一样的。第二次世界大战后，血液透析技术迅速发展，渐臻成熟。

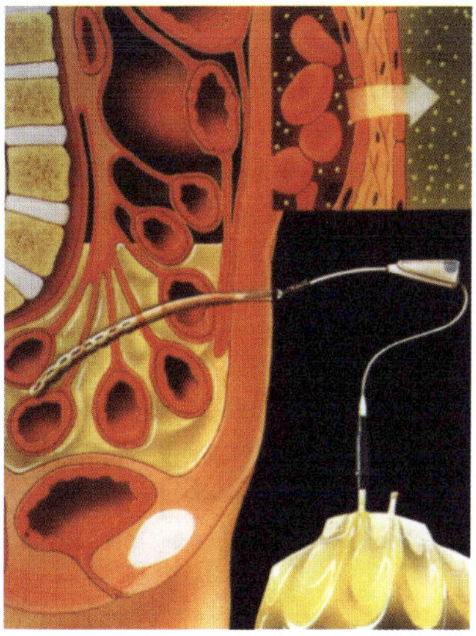

肾脏透析器的工作原理模式图

1943 年
瓦克斯曼等提取链霉素

1946 年 2 月 22 日，美国拉特格斯大学教授瓦克斯曼宣布发现了第二种应用于临床的抗生素——链霉素，对结核杆菌有特效，人类战胜结核病的新纪元自此开启。瓦克斯曼是土壤微生物学家，自大学时代起就对土壤中的放线菌感兴趣。1915 年，他还在拉特格斯大学读本科时就与其同学一起发现了链霉菌——后来链霉素就是从这种放线菌中分离出来的。长期以来人们注意到结核杆菌在土壤中会被迅速杀死，1932 年，瓦克斯曼受美国抗结核病协会的委托，专门研究了这一问题，发现很可能是由于土壤中存在着某种特殊微生物。1939 年，在药业巨头默克公司的资助下，瓦克斯曼带领其学生开始了系统研究，尝试从土壤微生物中提取出抗菌物质。他后来将这类物质命名为抗生素。

瓦克斯曼领导的学生最多时达到了 50 人，他们分工对 1 万多株菌株进行筛选。1940 年和 1942 年，瓦克斯曼及其同事分别提取出了放线菌素和链丝菌素，但是它们对人体的毒性都太强。在研究链丝菌素的过程中，瓦克斯曼及其同事开发出了一系列测试方法，对以后发现链霉素至关重要。1942 年，沙茨成为瓦克斯曼的博士研究生，研究课题是筛选链霉菌的新种。1943 年，沙茨分离出两株链霉菌菌株：一株是从土壤中分离的，一株是从鸡的咽喉部分离的。从这两个菌株中，瓦克斯曼和沙茨等终于提取出了链霉素。几个星期后，在证实链霉素的毒性不大之后，梅奥诊所的两名医生开始尝试将它用于治疗结核病病人，没想到效果出奇之好。1944 年，美国和英国开始进行大规模的临床试验，结果证实链霉素对肺结核的治疗效果非常好。它随后被证实对鼠疫、霍乱、伤寒等多种传染病也有效。1952 年诺贝尔生理学医学奖授予瓦克斯曼，以表彰他发现了链霉素。

1943—1958 年
研制第一代电子计算机

1943—1958 年期间设计的计算机通常被称为第一代电子计算机。其特点是使用真空电子管，所有的程序都是用机器码编写的，使用穿孔卡片。

1946 年，ENIAC（电子数字积分器和计算机）正式诞生，这是第一台获得广泛应用的电子计算机。ENIAC 开始研制于 1943 年，美国物理学家莫奇利教授是总设计师，他的研究生、当时年仅 24 岁的埃克特是总工程师，承担开发任务的还有美国数学家、计算机科学家戈德斯坦。莫奇利从阿塔纳索夫处

ENIAC计算机

UNIVAC计算机

了解了 ABC 计算机的成果与想法，将其应用于 ENIAC 的研制中。ENIAC 全长 30.48 米，占地面积约 63 平方米，有 30 个操作台，重达 30 吨，每小时耗电量 150 千瓦。它包含了 17 468 个真空电子管，70 000 个电阻器，10 000 个电容器，1500 个继电器，6000 多个开关，每秒可执行 5000 次加法或 400 次乘法，主要用于计算弹道和研制氢弹。

1950 年代是计算机研制的第一个高潮时期，最典型的机器就是 UNIVAC（通用自动计算机），研制人也是莫奇利和埃克特。第一台 UNIVAC 被美国政府用于人口普查，标志着计算机进入了商业应用时代。这个时期的计算机发展有三个特点：由军用扩展至民用，由实验室开发转入工业化生产，由科学计算扩展到数据和事务处理。UNIVAC 共生产了 20 台，由军事部门、研究机构、政府机关和一些大型企业购买。1952 年，诞生了第一台能储存由一系列指令编制成程序的计算机，出现了第一台能把符号语言翻译成机器指令的计算机，建造完成了第一台大型计算机系统 IBM701。1954 年，诞生了第一台用于数据处理的通用计算机 IBM650。1955 年，第一台利用磁芯作为存储器的大型计算机 IBM705 建造完成。1956 年，IBM 公司推出用于科学计算的计算机 IBM704。1959 年，第一台小型计算机 IBM620 研制成功。

1944 年
陈省身给出高斯—博内公式的内蕴证明

平面上任一三角形的三内角之和恒等于 π。对于一般曲面上由三条测地线构成的三角形，其内角和等于 π 加上高斯曲率 K 在此三角形所围曲面上的积分，这个公式是高斯在 1827 年证明的。1844 年，法国数学家博内将这一公式推广到一般曲面上由任一闭曲线 C 围成的单连通区域，形成了著名的高斯—博内公式。

二维紧致黎曼流形上的高斯—博内公式是经典微分几何的一个高峰。其后一个世纪内，数学家们力图将它推广到高维紧致黎曼流形上。首先获得成功的是法国—美国数学家韦伊。1942 年，他和美国数学家艾伦多弗证明了任意黎曼流形上的高斯—博内公式，但他们的证明依赖于球丛结构，这是非内蕴结构。高斯—博内公式的第一个内蕴证明是由中国—美国数学家陈省身给出的。1944 年，陈省身发表论文《对闭黎曼流形高斯—博内公式的一个简单的内蕴证明》，率先采用内蕴丛，即长度为 1 的切向量丛，攻克了这个几何学中极为重要和困难的问题。

欧拉示性数是黎曼流形的整体拓扑不变量，高斯曲率则是黎曼流形的微分几何不变量。高斯—博内公式将黎曼流形的整体拓扑不变量和微分几何不变量联系了起来，具有十分重大的意义，整体微分几何的许多工作就是以此为出发点展开的。高斯—博内公

陈省身

式的内蕴证明像一把钥匙，打开了示性类进入微分几何的大门。示性类作为联系微分几何和代数拓扑的基本不变量，几乎主导了20世纪后半叶微分几何的发展。陈省身的工作开辟了微分几何的新纪元，他本人也因此被数学界尊为“整体微分几何之父”。

1944 年
冯·诺伊曼和摩根斯坦建立博弈论理论体系

博弈论又叫对策论、赛局理论，主要考虑游戏中的个体的预测行为和实际行为，并研究优化策略。博弈论最初主要研究国际象棋、桥牌和赌博中的胜负问题，但没有形成理论体系。

20世纪初，匈牙利—美国数学家冯·诺伊曼开始研究博弈的准确数学表达，1928年他证明了博弈论的基本原理，提出了极小极大定理。1939 年，冯·诺伊曼遇到美国经济学家摩根斯坦，两人很快就深入交流起博弈论的问题，并合作使博弈论进入经济学的广阔领域。一开始两人只是设想写一篇论文，随着研究的深入，一部两卷本的巨著《博弈论与经济行为》于 1944 年出版。该书在总结以往关于博弈的研究成果的基础上，提出了博弈论的概念术语、一般框架和表述方法，建立了博弈论的理论体系。书中不仅完全解决了二人零和博弈问题，对合作博弈问题也进行了研究。《博弈论与经济行为》的出版被看作博弈论初步形成的标志。

《博弈论与经济行为》极大地促进了博弈论和经济学研究的联系。从此，博弈论开始被经济学家所接受，这对博弈论的发展起了巨大的推动作用。冯·诺伊曼和摩根斯坦将竞争的数学模型应用于经济问题，这不仅是经济学研究的数学化，而且是现代数理经济学的开端。1950 年代以来，数学方法在西方经济学中占据了重要地位，以至于大部分诺贝尔经济学奖都授予了与数理经济学有关的工作。

1944 年
伊藤清创立随机分析

随机过程是对随时间推进的随机现象的数学抽象。研究随机过程的方法主要有概率方法和分析方法两大类，但许多重要结果往往是由两者并用而取得的。

1942 年，日本数学家伊藤清率先对布朗运动引进随机积分，开辟了随机过程研究的新道路。1944 年，他又连续发表了 6 篇有关的论文，创立了随机分析这一新的数学分支。1951 年，他引进计算随机积分的伊藤公式，后推广成一般的变元替换公式，成为随机分析的基础定理。此外，伊藤清还定义了多重维纳积分和复多重维纳积分，发展了一般马尔可夫过程的随机微分方程理论，由此得到随机微分的链式法则，以及随机平行移动的观念，导致了 1970 年随机微分几何学的创立。1975 年，伊藤清又导出伊藤积分和斯特拉托诺维奇积分的关系，以及向无穷维随机变元情形的推广。

由于对概率论和随机分析作出重要贡献，伊藤清获得了 1987 年沃尔夫奖。他的理论被应用于很多领域，包括自然科学和经济学。金融数学中用于计算金融衍生工具的布莱克—斯科尔斯公式就是在伊藤清的工作基础上发展起来的，他本人因此被戏称为“华尔街最有名的数学家”。

1944

疏散星团 M45 和球状星团 M15 (上)M45 即昴星团,是最著名的疏散星团,位于金牛座中,年龄仅约 6000 万岁。其中 6 颗亮星很容易为肉眼所见,用望远镜则可以看到上千颗星。许多亮星周围的反射星云就是早先形成这些恒星的气体云的残余物质。(下)球状星团 M15 位于飞马座中,是夜空中肉眼勉强可见的一个小光斑。它包含约 10 万颗恒星,其中有大量老年成员。

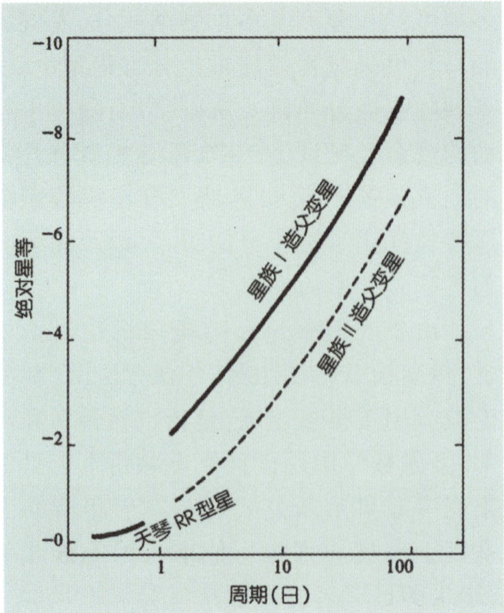

两类造父变星的周光关系示意图 左下方的一小段实线属于天琴 RR 型星,其绝对星等差不多是常数。

1944 年 巴德发现两类星族

1944 年,德国—美国天文学家巴德用威尔逊山天文台 2.5 米望远镜首次在仙女星系 M31 内部区域分解出单个恒星,发现它们的赫罗图与外围亮星的赫罗图不同,前者与球状星团赫罗图相似,后者则与疏散星团赫罗图相似。据此,巴德提出存在两类星族的概念:一类是年轻恒星,主要分布在星系的旋臂中,称为星族Ⅰ。另一类是年老恒星,分布在星系的中央区和星系晕的球状星团中,称为星族Ⅱ。1948 年,巴德用帕洛玛山天文台新落成的 5 米望远镜继续研究,发现两个星族各有其独特的造父变星族,它们具有不同的周光关系。1952 年,巴德得出了星族Ⅰ造父变星的周光关系曲线,发现它与星族Ⅱ造父变星的周光关系曲线基本平行。对于同样的周期而言,星族Ⅰ造父变星要比星族Ⅱ造父变星更明亮。早先美国天文学家哈勃于 1920 年代前期首次测定 M31 的距离时,误将星族Ⅱ造父变星的周光关系用于 M31 中的星族Ⅰ造父变星,所得结果为 90 万光年。巴德利用正确的周光关系重新推算,得出 M31 的距离超过 200 万光年。

1944 年 薛定谔《生命是什么?》出版

作为量子力学创始人之一,1933 年诺贝尔物理学奖得主、奥地利理论物理学家薛定谔在物理学界声誉极高,可他的兴趣并不止于纯粹的物理学,对生命的本质也有深刻思考。1944 年,薛定谔所著《生命是什么?》出版,书中展示了物理学家眼中的生命科学图景。薛定谔言道:“这样的综合是有风险的,但在学科越来越专门化的今天,必须要有人冒着风险,把已知的知识综合为一个统一体。”

《生命是什么?》是一本小册子，共分 7 章：经典物理学家的认识、遗传的机制、突变、量子力学的证据、对德尔布吕克模型的讨论和检验、有序无序和熵以及生命是否以物理学定律为基础。全书运用热力学和量子力学理论来解释生命的本质，旨在推动物理学家和化学家运用物理、化学的方式来研究生命活动。薛定谔还在书中大胆预测了遗传信息的传递和遗传密码等问题，后来都被一一证实。

《生命是什么?》在当时年轻一代的科学家中产生了巨大而深远的影响，被誉为从思想上"唤起生物学革命的小册子"。20 世纪中期，相当一批物理学家在这本小册子的激励下，转而投身生命科学的研究，其中最著名的当属 DNA 双螺旋结构的发现者之一克里克。DNA 双螺旋结构另一位发现者沃森也表示自己对生物学作深入探究的兴趣很大程度上是源自《生命是什么?》。我们可以肯定地说，薛定谔是当之无愧的分子生物学革命的先驱。

1944 年
李普曼发现辅酶 A

1937 年，汉斯·克雷布斯提出了著名的三羧酸循环，这是一种为生物体提供能量的主要代谢反应。克雷布斯认为循环需要有一个二碳化合物进入并启动循环，但这个化合物是什么他并不清楚。德国—美国生物化学家李普曼解开了这个谜。

李普曼等人在动物组织及微生物提取物中发现了一种对热稳定(表明它并非蛋白质)的小分子化合物，经过分离和分析，他们于 1944 年推导出它的结构式，并命名它为辅酶 A。辅酶是酶催化反应中起重要辅助作用的小分子化合物。1945 年，李普曼发现辅酶 A 能与含 2 个碳原子的乙酰基结合，形成乙酰辅酶 A，乙酰辅酶 A 正是三羧酸循环中的"神秘"二碳化合物。乙酰辅酶 A 进入三羧酸循环后，启动反应，其中的乙酰基用于生成柠檬酸，辅酶 A 则与另一个乙酰基结合形成新的乙酰辅酶 A。后来的研究表明，辅酶 A 不仅在三羧酸循环中发挥作用，还参与橡胶、长链脂肪酸等重要物质的合成。

1953 年，李普曼因发现辅酶 A 及其作为中间体在代谢中的重要作用而荣获诺贝尔生理学医学奖。

1944 年
艾肯研制成大型通用电磁式计算机

美国数学家艾肯在撰写博士论文时，常常为解一个方程耗费大量时间，于是产生了研制自动计算机的想法。在深入研究巴比奇工作的基础上，艾肯提出了后来被称为 Mark Ⅰ的计算机的主要特征：

1. 既能处理正数，也能处理负数。

2. 能处理各类超越函数，如三角函数、对数函数、贝塞尔函数、概率函数等。

3. 全自动，即处理过程一旦开始，运算就完全自动进行，无须人的参与。

4. 在计算过程中，后续的计算取决于前一步计算所获得的结果。

与多个公司接触交流后，艾肯最终与 IBM 公司签订了合约。经过长达 5—6 年的努力，一台崭新的计算机终于在 1944 年 5 月完工并投入使用。IBM 公司起先把它命名

Mark Ⅰ计算机

为 ASCC，后改名为 Mark Ⅰ。它使用了 3000 多个电机驱动的继电器，是一个重达 5 吨的庞然大物。其核心是 71 个循环寄存器，这是一种在运算中暂时保存操作数的设备，每个可存放一个正或负的 23 位数字。数据和指令通过穿孔卡片机输入，输出则由电传打字机实现。Mark Ⅰ的加法运算速度是 300 毫秒，乘法运算速度是 6 秒，除法运算速度是 11.4 秒。它是世界上第一台实现顺序控制的自动数字计算机，是计算技术历史上的重大突破。过去 4 个专家用 3 周时间才能完成的任务，在 Mark Ⅰ上只要 19 小时就完成了。而且它非常可靠，每周工作 7 天，每天工作 24 小时，这是其他电磁式计算机无法比拟的。

1944 年
莫奇利以水银延迟线作为计算机的存储器

1944 年，研制 ENIAC 的总设计师莫奇利遇到了一个难题：用什么器件做存储器？因为当时使用的材料只有真空电子管，但这种材料本身没有记忆功能。莫奇利想到了第二次世界大战期间为军用雷达开发的一种存储装置——水银延迟线，并成功地将其改造成为计算机上的内存。

水银延迟线存储器

为了寻找更好的存储器，人们费尽了心血，探索了电、光、声、磁等几乎所有能利用的物理现象。但在半导体随机存储器（RAM）和磁芯存储器发明之前，水银延迟线存储器一直作为计算机内存来使用。

1944—1953 年
埃克尔斯阐明神经细胞之间的信息传递机制

自谢灵顿提出神经传递的“突触”概念后，关于突触传递的机制就分为化学学说和电学说两大派。发现神经递质的戴尔等是化学学说的代表，而澳大利亚神经生物学家埃克尔斯对此并不完全赞同。

埃克尔斯曾师从谢灵顿，在英国牛津大学进行反射和神经突触传递研究。1944—1951 年，埃克尔斯及其同事将微电极插入中枢神经系统的神经细胞中，首次记录下由兴奋性突触和抑制性突触造成的细胞膜内外电压差（称为电位）的变化。他们还发现，刺激与运动神经元有突触联系的外周传入神经时，传入神经的动作电位能够对运动神经元的兴奋性造成影响。1952 年，埃克尔斯在牛津大学介绍了自己的这一工作。一年以后，他又在《脑的神经生理学基础：神经生理学原理》一书中正式发表了该成果。

埃克尔斯证明，中枢神经系统有两种突触传递机制，少数是电传递，多数是化学传递。他还研究了神经递质对细胞膜电位、阴阳离子进出膜能力的影响，以及信号从一个神经元到另一个神经元或肌肉细胞的传递过程等问题。埃克尔斯的工作揭示了神经细胞之间的信息传递机制。

1963 年，埃克尔斯同研究神经动作电位的英国生理学家艾伦·霍奇金和安德鲁·赫胥黎三人分享了诺贝尔生理学医学奖。

1944—1976 年
伍德沃德合成一系列复杂有机化合物

美国有机化学家罗伯特·伍德沃德对有机合成实验和理论作出了杰出的贡献。1944年，年仅 27 岁的伍德沃德就和他的同事首次人工合成治疗疟疾的生物碱奎宁(金鸡纳碱),令化学界权威人士刮目相看。之后,他以正确的理论指导、缜密的设计、极其精巧的合成技术以及杰出的组织才能,合成了一系列愈来愈复杂的有机化合物,如常绿钩吻碱、棒曲霉素、胆固醇、可的松、马钱子碱、麦角酸、羊毛醇、利血平、玫瑰树碱、叶绿素、四环素、秋水仙素和头孢霉素 C 等有机化合物。据不完全统计,他合成的各种极难合成的复杂有机化合物多达 20 种以上。伍德沃德因此被誉为“现代有机合成之父”,1965 年因在有机合成上的杰出成就而荣获诺贝尔化学奖。

获奖后，他组织了 14 个国家的 110 位化学家，协同攻克维生素 B_{12} 的人工合成难关。维生素 B_{12} 是一种含钴的有机化合物，1955 年才确定其结构。该分子有 181 个原子,其中有 9 个手性碳原子,可能的异构体为 2^9 即 512 个。自然界中的维生素 B_{12} 都是微生物合成的。维生素 B_{12} 性质极为脆弱,受强酸、强碱、高温的作用都会分解,这使人工合成极为困难。伍德沃德设计了拼接式的合成方案,这个方案后来成为合成有机大分子普遍采用的方法。伍德沃德的团队做了近千个复杂的有机合成实验,经历 11 年的努力,经过上百步反应，终于完成了维生素 B_{12} 的全合成。这标志着有机合成中反应选择性这一核心问题取得了突破性进展,被誉为有机合成领域里程碑式的成就。

合成维生素 B_{12} 不仅需要合成技术的创新，还有一个突破传统化学理论的问题。为此,1965 年,伍德沃德与学生兼助手罗阿尔德·霍夫曼,提出了分子轨道对称守恒原理,可用于直观地解释电环合反应、环加成反应、σ 键迁移过程等很多有机化学过程。分

罗伯特·伍德沃德

子轨道对称守恒原理的创立,使霍夫曼和福井谦一(提出前线轨道理论)获得了 1981 年诺贝尔化学奖。可惜此时伍德沃德已去世 2 年,否则他很可能将成为少数两次获得诺贝尔奖的科学家之一。

第7篇

1945—2000年的科学

科学思想的主要源泉不是人们必须努力追求的外部目标，而是思考的快乐。

——爱因斯坦

1945 年
施瓦兹创立广义函数论

法国数学家施瓦兹 1934 年考入巴黎高等师范学校,学习勒贝格积分、单复变函数、偏微分方程、现代概率论等现代数学课程,1943 年以论文《实指数和研究》获斯特拉斯堡大学博士学位,1945 年到布尔巴基学派的活动中心南锡,成为南锡大学理学院教授。

当时,数学家一直为一类奇怪的函数所困扰,这类函数在物理学中有着广泛的应用,但是却不能按照已有的数学概念来理解,这促使人们要为这类函数建立严格的数学基础。1945 年,施瓦兹将这些函数解释为函数空间上的连续线性泛函,即广义函数,建立了一套广义函数的完整理论。这一理论不仅提供了用于数学物理的形式方法的数学基础,而且给出了微分方程和傅里叶变换等领域中的新的有力工具。

广义函数论现已成为泛函分析的重要分支,也是研究现代数学特别是分析学的有力工具。由于创立了广义函数论这一现代数学的重要分支,1950 年施瓦兹荣获第 2 届菲尔兹奖。

1945 年
艾伦伯格和麦克莱恩创立范畴论

范畴是从数学的各个领域中概括出来的一种高度抽象的数学系统。数学的各个领域都有各自的研究对象。例如,集合论研究集合与映射,群论研究群与群同态,拓扑学研究拓扑空间与连续映射。在 20 世纪中期,数学家们认为有必要将各个领域中的研究对象各自合在一起成为一个总体,使各个总体都是一种数学系统。这就是范畴的思想。

对范畴的系统研究起始于波兰—美国数学家艾伦伯格和美国数学家麦克莱恩在代数拓扑领域的工作。1942 年,两人提出了“范畴”与“函子”的概念。1945 年,两人发表论文《自然等价的一般理论》,为范畴论的建立奠定了基础。范畴的概念建立在数学结构的基础之上。范畴不仅是具有某种数学结构的集合的集合,它还要考虑在这些集合之间保持结构的映射关系,也就是说,范畴是把集合和映射放在平等的、相互间有密切联系的地位上。于是,所有的集合与映射组成集合的范畴,所有的群与群同态组成群的范畴,所有的拓扑空间与连续映射组成拓扑空间的范畴。函子则是范畴与范畴之间的映射,它同样不仅考虑集合,还要兼顾集合间的映射,反映内在的联系与变换。例如,任一个群都可以通过交换化手续而变成一个交换群,因此交换化手续就把群的范畴变成交换群的范畴。从某种意义上说,范畴与函子是集合与映射的上层建筑,它们反映了不同结构之间的关系。

范畴与函子的理论一经提出就受到普遍的重视而得到迅速发展,数学家们将其引入数学的许多分支。例如,1958 年戈德门特将其引入拓扑学,埃雷斯曼将其引入微分几何学;1960 年格罗滕迪克、迪厄多内将其引入代数几何学。

1945 年
第一颗原子弹试爆成功

在日本偷袭美国珍珠港前夕,美国政府开始了实施制造原子弹的“曼哈顿计划”,由洛斯阿拉莫斯和新墨西哥州实验室卓越的物理学家和技术专家执行。

1942年初,美国物理学家奥本海默被任命为洛斯阿拉莫斯实验室主任,负责原子弹的制造和装配工作。奥本海默和康普顿等科学家一起在制取裂变材料的同时,对原子弹的体积、爆炸能力及如何设计等技术问题进行了理论研究。在“曼哈顿计划”各科研部门的负责人中,奥本海默是唯一一位未获得诺贝尔奖的人,但洛斯阿拉莫斯的科学家都认为,没有奥本海默非凡的领导能力,原子弹在战争结束前实验成功并投入使用,是不可能的。人类第一颗原子弹所用的核燃料是

整装待发的第一颗原子弹

钚 239，因为钚放射性的寿命是 24 000 年，相对稳定，又能用化学方法将它与铀分离。铀 235 在天然铀中的比例只有 1/137，而且只能用物理方法分离，非常困难。在选择钚 239 做燃料的问题上，西博格起了重要作用。他的任务是用化学方法从铀和钚混合物中提取足够多的钚 239 作为制造原子弹的基本原料。西博格小组先用超微化学分析方法，从不多的沥青和钾钒铀矿材料中找到少量的钚 239。到 1944 年，他们已经成功分离出足够制造两颗原子弹的钚。费米则负责生产钚的链式反应工作。“曼哈顿计划”理论部主任德国—美国物理学家贝特预先评估原子弹的起爆、爆后影响等。

1945 年 7 月 16 日，世界上第一颗原子弹在美国新墨西哥州阿拉莫戈沙漠地区爆炸成功。这次爆炸的威力，相当于 2 万吨 TNT 炸药，在半径 1600 米的范围内，预先放置的实验动植物全部死亡。面对空前的爆炸威力，科学家们一方面感到欣慰，另一方面又为如此巨大的威力感到恐惧和不安。奥本海默后来回忆说，那一刻他想到了印度诗《薄伽梵歌》中的句子：“我正变成死神，世界的毁灭者。”

第一颗原子弹爆炸 0.016 秒后产生的 200 米宽的大火球

1945 年
施瓦岑巴赫发明络合滴定法

1930 年代，人们已经知道氨三乙酸、乙二胺四乙酸（EDTA）等氨基多羧酸在碱性介质中能与钙、镁离子生成极稳定的络合物，并将之用于水的软化和皮革脱钙；但人们还不知道用这种络合性质来进行定量分析。1945 年，瑞士化学家施瓦岑巴赫对这类化合物的物理化学性质进行了广泛研究，提出以紫尿酸铵为指示剂，用 EDTA 滴定水的硬度，获得了很大成功。1946 年，施瓦岑巴赫又提出以铬黑 T 作为这项滴定的指示剂，奠定了 EDTA 滴定法的基础。由于 EDTA 在水溶液中几乎能与所有金属阳离子形成络合物，且产物的稳定性差别很大，因此，可以通过调节溶液中的 pH 或利用合适的掩蔽剂来提高 EDTA 滴定的选择性。例如，1948 年施瓦岑巴赫提出以氰化钾（KCN）为掩蔽剂掩蔽 Cd^{2+}、Zn^{2+}、Cu^{2+}、Ni^{2+}、Co^{2+}，用氟化铵（NH_4F）掩蔽 Al^{3+}。

20 世纪以来，容量分析中最大的成就莫过于施瓦岑巴赫发明的这种络合滴定法。该法至今在分析化学中还被广泛应用。

1945 年
乔伊发现金牛 T 型星

1945 年，美国天文学家乔伊在威尔逊山天文台将 11 颗混杂在星云中具有发射谱线的不规则变星称为“金牛 T 型星”，其原型就是金牛座 T 星。到 1962 年，已经发现 126 颗亮于 14.5 等的金牛 T 型星。有人估计在整个银河系内金牛 T 型星的总数达 100 万个。这类变星通常埋在弥漫星云之中，表面温度较低，大多为光谱型G—M。除少数外，光度变化不规则，光变幅度从十分之几星等到几个星等，光谱中常伴随氢的巴耳末线，也常有钙离子的H线和K线。光谱分析显示，金牛T型星有物质喷流现象，喷发的速度由225千米/秒至425千米/秒不等，且随时间变化。在赫罗图中，金牛T型星分布在主序的右上侧。这显示它们非常年轻，尚未进入主序，属于仍处于引力收缩阶段的主序前星。

金牛座RY及其照亮的分子云 年轻的金牛座RY是一颗金牛T型星，位于金牛座分子云中。该分子云距离地球450光年，宛如一个恒星育婴室。如今金牛座RY仍在坍缩，亮度也在变化。在未来几百万年中，它将渐渐变成一颗像太阳那样稳定的主序星。

1945年
冯·诺伊曼提出存储程序通用电子计算机方案

1943年，美国国家科学院院士冯·诺伊曼参加了原子弹的研制工作，该工作涉及极为困难的计算。冯·诺伊曼在一次极偶然的机会中知道了ENIAC计算机的研制计划，从此投身到计算机研制的宏伟事业中。1945年，冯·诺伊曼与ENIAC研制组成员戈德斯坦共同提出一个全新的“存储程序通用电子计算机方案”。在这个过程中，冯·诺伊曼显示出他雄厚的数理基础知识，充分发挥了他的顾问作用及探索问题和综合分析的能力。他起草了一份长达101页的总结报告，题为《关于EDVAC的报告草案》，其中EDVAC是电子离散变量自动计算机的缩写。报告广泛而具体地介绍了制造电子计算机和程序设计的新思想。EDVAC确定了新机器由五个部分组成，包括运算器、逻辑控制装置、存储器、输入设备和输出设备，并描述了这五个部分的职能和相互关系。这份报告向世界宣告，电子计算机的时代开始了。宾夕法尼亚大学莫尔学院于1945年开始研制EDVAC，1952年研制成功。

程序内存是冯·诺伊曼的另一杰作。通过对ENIAC的考察，冯·诺伊曼敏锐地抓住了它的最大弱点——没有真正的存储器。ENIAC只有20个暂存器，它的程序是外插型的，指令存储在计算机的其他电路中。所以解题之前，必须先写好所需的全部指令，通过手工方式把相应的电路联通。这种准备工作要花几小时甚至几天时间，而计算本身只需几分钟。计算的高速与程序的手工操作存在很大的矛盾。针对这个问题，冯·诺伊曼提出了程序内存的思想：把运算程序存在机器的存储器中，程序设计员只需要在存储器中寻找运算指令，机器就会自行计算，这样就不必为每个问题都重新编程，从而大大加快了运算进程。这一思想标志着自动运算的实现，标志着电子计算机的成熟，成为

EDVAC计算机

电子计算机设计的基本原则。

1946 年
韦伊《代数几何学基础》出版

代数几何学是用代数的方法研究几何的学科，是继解析几何之后发展起来的几何学的另一个分支。代数几何学研究的对象是由代数方程所规定的平面和空间的曲线和曲面。在任意维数的(仿射或射影)空间中，由若干个代数方程的公共零点所构成的集合通常叫做代数簇。随着数学的发展，人们对高维空间的需求越来越明显，代数几何学中对高维代数簇的研究也不可避免。

1940年代，法国数学家韦伊利用抽象代数的方法建立了抽象域上的代数几何理论，第一个建立起完整的代数几何学体系。他一方面将代数簇推广到任意域，另一方面用几何的方法内蕴地定义代数簇，而不依赖外围的射影空间。他定义了完全簇的概念，证明了古典复射影空间中的代数簇均是完全的。

1946年，韦伊出版了《代数几何学基础》一书。该书完全避开了古典分析的语言及方法，充分使用了德国女数学家诺特及其学派发展的交换代数的理论和语言，提出了代数几何学的一些重要概念。《代数几何学基础》这一经典著作为代数几何学的发展奠定了严密的抽象代数基础，是代数几何学发展中的一个里程碑。由于在对数论、代数几何、微分几何、拓扑学等许多领域中的开拓性工作，韦伊获得 1979 年度沃尔夫奖。

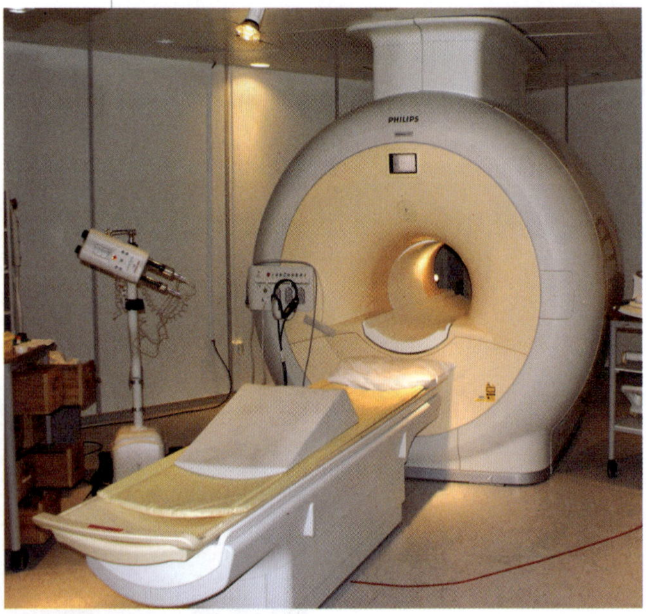

用于医疗的核磁共振成像系统

1946 年
迪菲厄发表《傅里叶变换及其在光学中的应用》

傅里叶变换是一种常用的微分变换，利用它可以将函数表示为三角函数所构成的级数(即傅里叶级数)。

1946年，法国物理学家迪菲厄在其著作《傅里叶变换及其在光学中的应用》中，首先将数学中的傅里叶变换关系应用于处理光信号和成像问题，得到如下重要结论：在相干光照明和近轴条件下，由于光的折射作用，透镜相当于一个傅里叶变换器。如果输入一个光强按正弦分布的光信号，输出的像仍然是一个相同空间频率的正弦信号，但对比度有所下降，相位有所移动，且对比度和相位移动的程度是空间频率的函数。根据这一特点，如果把需要变换的图像放置在透镜的前焦面上，则在后焦面上便可得到它的频谱，这样就可以在频率域内对图像进行分析、处理和识别。这本书的出版，标志着一门新的学科——傅里叶光学的形成。

1946 年
发现核磁共振现象

在恒定磁场中，磁矩不为零的原子核受高频电磁场的作用而在磁能级间发生共振跃迁的现象称为核磁共振现象，由美国物理学家费利克斯·布洛赫和珀塞尔于 1946 年分别通过实验首先发现。核磁矩在外磁场中的取向是量子化的，核磁矩与外磁场的相互作用将使其能级发生分立。当外加高频波的能量等于磁矩某两个分立能级的间距时，原子核便会吸收该能量，从较低能级跃迁到较高能级，在该高频场的频率处就会产生一共振吸收峰。

核磁共振的频率与外加磁场的强度和原子核磁矩的乘积成正比，所以核磁共振技术可用于原子核磁矩和磁场的精确测量。此外，该技术还可应用于化学中对化合物结构的分析，在生命科学中对核酸、酶等大分子的研究。在医学中通过核磁共振成像技术可以诊断疾病，发现病变组织。布洛赫和珀塞尔因此发现而获得 1952 年诺贝尔物理学奖。

1946 年
斯韦尔德鲁普和蒙克提出风浪和涌浪的预报方法

风浪指在风的直接作用下所产生的海面波动。涌浪通常指风浪离开风区传播到远处形成的波浪。风浪和涌浪是海面上最引人注目的波动现象。风浪的产生是风和海面相互作用的产物，是一个非常复杂的动力学过程，对其进行严格的定量描述和预报十分困难。

早在 19 世纪中后期，英国物理学家威廉·汤姆孙和德国物理学家亥姆霍兹，就曾利用平行气流和气—水界面的不稳定性理论来解释风浪产生的原因。20 世纪初，英国地球物理学家杰弗里斯指出，在风的作用下波峰两侧的压力是不对称的，并依此计算了风浪的成长过程。第二次世界大战开始后，大量的舰队活动和登陆作战行动极大地推动了有关海浪的研究。1946 年，挪威海洋学家斯韦尔德鲁普和美国海洋学家沃尔特·蒙克将经典液体波动理论与海洋观测资料相结合，通过能量平衡计算风浪的成长，提出一套半经验、半理论的风浪和涌浪预报方法，开辟了海浪研究新局面。

斯韦尔德鲁普自 1911 年起担任挪威著名气象学家威廉·皮叶克尼斯的助手，开始从事气象学和海洋学研究。1936—1948 年他担任美国加州大学斯克里普斯海洋研究所所长，在此期间培养了包括蒙克、雷维尔等一批年轻的海洋学家，为后来斯克里普斯海洋研究所的昌盛发展和美国在国际海洋科学中的领先地位奠定了坚实的基础。1942 年，斯韦尔德鲁普与美国海洋生物学家约翰逊等人合著的《海洋及其物理、化学和普通生物学》一书，对此前海洋科学的发展和研究状况进行了全面、系统和深入的总结，为海洋科学的发展指明了方向，被誉为当代海洋科学建立的标志。

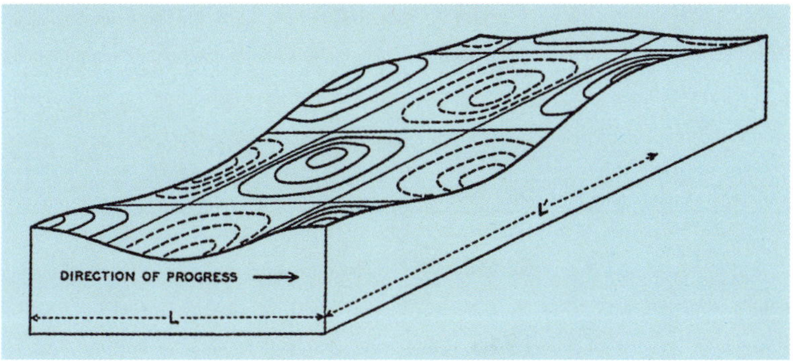

《海洋及其物理、化学和普通生物学》中的短峰波插图

1946 年
莱德伯格和塔特姆发现细菌的有性繁殖

长期以来，人们一直认为细菌只能通过细胞分裂进行无性繁殖，由一个细胞分裂成两个，每个细胞各有一套完整的染色体。1946 年，美国遗传学家莱德伯格和塔特姆在研究大肠杆菌时发现，一种细菌细胞的遗传物质可以转移到另一种细菌的细胞中，并与后者的染色体 DNA 发生重组。这表明，有性繁殖能够在某些大肠杆菌中发生，大肠杆菌也有性别之分。细菌的这种繁殖及基因重组过程以两个母细胞的直接接触为前提，称为接合。

莱德伯格和塔特姆的研究证明细菌繁殖过程中有类似于高等生物受精过程的方式，这是一个具有重大意义的发现，为细菌用作遗传学研究材料及基因工程材料开辟了新的天地。1958 年,莱德伯格因在细菌基因重组技术和遗传材料结构方面的成就与塔特姆和乔治·比德尔 (因对基因在化学事件中的作用研究)分享了诺贝尔生理学医学奖。

1946 年
谈家桢提出镶嵌显性理论

1944 年春天,曾师从摩尔根的中国遗传学家谈家桢在观察瓢虫杂交后代时,发现一种瓢虫鞘翅底色为黄色,前缘呈黑色,另一种瓢虫鞘翅则是后缘呈黑色,而两者杂交产生的后代鞘翅前后缘都呈黑色,黄色部分则被掩盖。这就是今天人们熟知的瓢虫翅色"镶嵌显性现象"。其后,谈家桢通过实验,终于确定了镶嵌显性现象的规律。鞘翅色斑遗传由许多等位基因控制,一些变异类型实际上是镶嵌杂合体,它们不能稳定地遗传下去。通过对许多镶嵌杂合体的检测,谈家桢又发现一种例外——一些瓢虫在橙红色斑点中有一个黑斑点,他认为这种现象可用三体性遗传原理来解释。1946 年,谈家桢以论文形式公布了自己的发现,正式提出镶嵌显性理论,丰富和发展了摩尔根遗传学说。

谈家桢(1977 年秋于复旦大学)

EDSAC计算机

1946 年
威尔克斯建造存储程序式电子计算机

英国皇家学会会员莫里斯·威尔克斯 1913 年生于达德利,1938 年取得剑桥大学博士学位。第二次世界大战后,威尔克斯回到剑桥大学,担任数学实验室(后改名计算机实验室)主任。1946 年 5 月,他获得了冯·诺伊曼起草的 EDVAC 计算机设计方案的一份复印件。EDVAC 是按存储程序思想设计的第一台使用磁带的计算机,能对指令进行运算和修改,因而可自动修改其自身的程序,这是一个重大突破。该机由宾夕法尼亚大学莫尔学院于 1945 年开始研制。

1946 年 8 月威尔克斯参加宾夕法尼亚大学莫尔学院举办的计算机培训班,进一步弄清了它的设计思想与技术细节。回英国以后,威尔克斯立即以 EDVAC 为蓝本设计自己的计算机 EDSAC,并组织实施。EDSAC 采用水银延迟线做存储器, 可存储 34 位字长的字 512 个,加法时间 1.5 毫秒,乘法时间 4 毫秒。他首次成功地为 EDSAC 设计了一个程序库,保存在纸带上,需要时送入计算机。

1949 年 5 月 6 日,EDSAC 首次试运行成功,它从磁带上读入一个生成平方表的程序并执行,正确地打印出结果。由于遇到工程上的困难,EDVAC 迟至 1952 年才完成,这让 EDSAC 成为了第一台存储程序式电子计算机。在设计与建造 EDSAC 的过程中,威尔克斯创造和发明了许多新的技术和概念,诸如"变址"(威尔克斯当时称之为"浮动地址")、"宏指令"(当时称之为 "综合指令")、微程序设计(将每一条机器指令的执行分解为一系列更基本的微命令,将可同时执行的微命令组合在一起形成微指令)等。威尔克斯由于设计与制造出 EDSAC 及其他许多方面的杰出贡献，获得 1967 年度图灵奖。

1946—1978 年
刘易斯等发现控制早期胚胎发育的遗传机理

1946 年，28 岁的美国遗传学家爱德华·刘易斯在美国加州理工学院开始研究果蝇突变。多年后，他发现果蝇第一胸节上的平衡棒（一种退化的后翅）可以变成翅膀。原来，控制果蝇体节发育的一串基因在染色体上排列的次序与其所控制的体节的次序一致——前面的基因控制头部发育，中间的基因控制腹部发育，最后的基因则控制尾部发育。这些基因突变后能导致果蝇在触须位置长出脚或者多长出一对翅膀等。这类身体一部分结构转变为另一部分相似结构的情况被称为“同源异型转变”，相关基因则称为“同源异型基因”。后续研究表明，同源异型基因中包含一段进化保守序列，称为同源异型框，它编码的蛋白质结构域则称为同源异型结构域，能与 DNA 特异性结合，从而调控发育相关基因的表达。

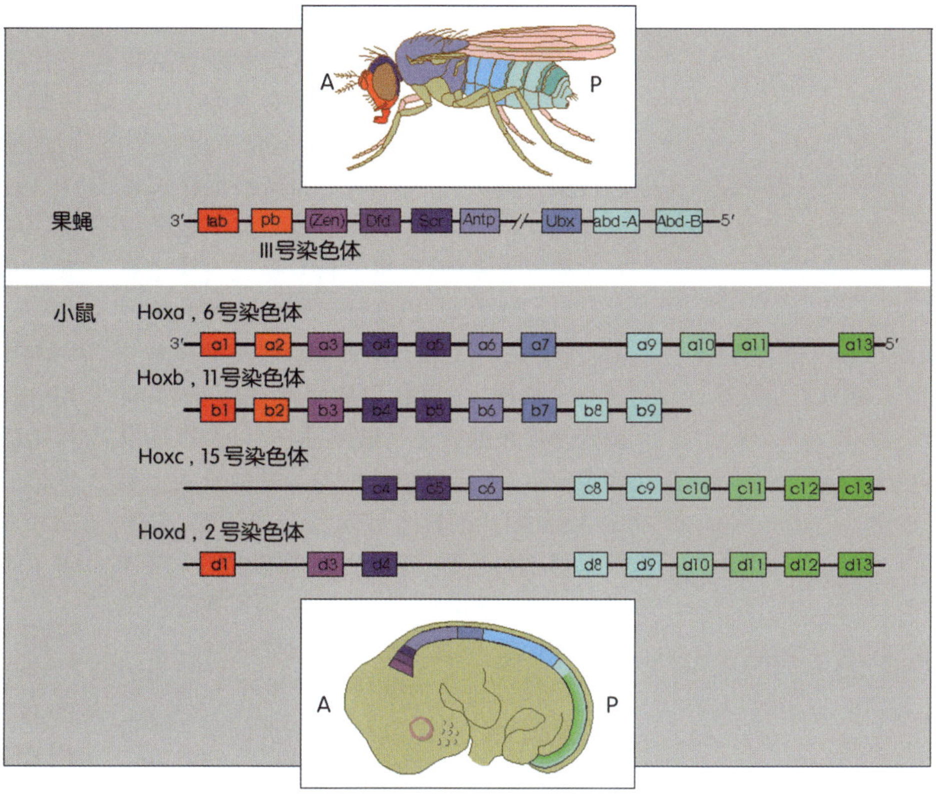

果蝇和小鼠的同源异型基因及发育模式 果蝇和小鼠的同源异型基因在染色体上的排列顺序与它们的体节顺序一致。位于前部的基因负责头部的发育（红色），位于后部的基因负责尾部的发育（绿色）。

受刘易斯启发，德国生物学家尼斯莱因-福尔哈德和美国发育生物学家维绍斯于 1978 年在欧洲分子生物学实验室系统搜寻控制胚胎早期发育的基因。他们将突变剂掺入食物，喂食雄果蝇，令雄果蝇的基因发生随机突变，再使之与雌果蝇交配，结果产生了许多死胚胎和特殊突变，如无翅膀或皮肤由神经细胞构成等。经过大规模筛选，最终整理出与发育相关的四大类 5000 个重要的基因和 139 个必要的基因，其中有的基因可以调控同源异型基因表达。科学家进一步发现，果蝇发育相关基因如同源异型基因在其他动物中也存在，其功能和表达模式也极为相似。

刘易斯、尼斯莱因-福尔哈德和维绍斯的研究揭开了胚胎中的细胞如何发育成特化器官（如脑和腿）的遗传秘密，为研究动物基因如何控制早期胚胎发育及其生物医学应用奠定了基础。三位科学家也因此分享了 1995 年诺贝尔生理学医学奖。

1947 年
瓦尔德创立序贯分析

抽样检验是从一批产品中随机抽取少量样本进行检验，据以判断该批产品是否合格的统计方法。抽样检验方案是一套规则，依据它去决定如何抽样，并根据样品检验结果决定接收或拒收该批产品。按抽取样本的方式，可分为一次、二次、多次及序贯抽样方案。

1929 年，美国数学家道奇和罗米格提出一种二次计数抽样方案，该方案中的两个基本要素是停止法则（指明何时停止抽样）和决策法则(停止抽样后，如何根据样本做出推断)。1947 年，罗马尼亚—美国数学家瓦尔德发表专著《序贯分析》，研究对象主要是序贯抽样方案，以及如何利用这种抽样方案得到的样本去做统计推断。序贯抽样是一种分步抽样，先抽取少量样本，根据结果再决定是停止抽样还是继续抽样，以及再抽取多少样本。与经典统计中的抽样数量固定相比，序贯抽样的样本容量不预先固定，整个推断程序在达到一定精度时自动停止。这样做既可以节省抽样量，又可以达到预定的推断可靠程度，因此具有很大的优越性。

序贯分析是为解决二战中军方的实际需要而创立的。这一理论对检验问题有极重要的意义，在一般的统计决策、点估计、区间估计与“选择”问题等方面也有不少的应用。瓦尔德的这一开创性工作引起了许多统计学者对序贯方法的关注，从而使序贯分析在二战之后发展成为数理统计中的一个重要分支。

1947 年
鲍威尔发现 π 介子

1939—1945 年，英国物理学家鲍威尔及其同事奥基亚利尼和巴西青年物理学家拉特斯等用照相乳胶法，在 2800 米高的山顶上进行宇宙射线的研究。他们把装有感光胶片的气球放到高空记录宇宙射线的径迹。在对回收的感光底片分析后，发现了一种汤川秀树于 1935 年预言的粒子——π 介子。1947 年，鲍威尔等人发表了他们的实验结果，正式宣布发现了新粒子。

π 介子的发现证实了汤川秀树的预言，完善了人类对四种基本作用，即强相互作用、电磁相互作用、弱相互作用和引力相互作用的认识，有力地推动了现代粒子物理学理论的发展。鲍威尔因“发明研究核过程的照相乳胶法以及发现 π 介子”于 1950 年获得了诺贝尔物理学奖。

1947 年
肖克利等发明晶体管

1947年 12 月，美国物理学家肖克利、巴丁和布喇顿在贝尔实验室研制成一种可取代电子管的新器件，即点接触式锗晶体管。这种晶体管是用半导体锗作原料制成的，表面层有两根极细的金属针，一根固定，另一根是探针。当两根针接通电流并接近到一定距离时，通过探针微小电流的变化能控制固定针的电流变化，从而达到控制和放大电流信号的目的。1947 年 12 月 23 日，肖克利等在实验中利用该晶体管首次将声频信号放大了上百倍。1948 年 7 月，他们向全世界宣布了晶体管的发明。在点接触晶体管诞生后，1950 年，他们又发明了结型晶体管，从而开创了现代固体电子技术新领域。为此，肖克利、巴丁和布喇顿共同获得了 1956 年诺贝尔物理学奖。

在第一只晶体管发明之后，肖克利在面对公众和媒体时，往往给人一种他才是晶体管最重要、甚至是独立的发明者的印象。事实上，晶体管的发明始于巴丁进入贝尔实验室后的 1945 年 10 月。巴丁解释了肖克利之前的方案不能奏效的原因，引导研究

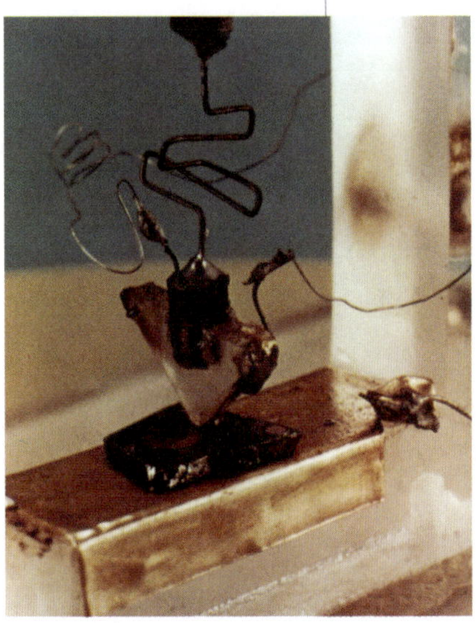
第一个晶体管的点接触设备

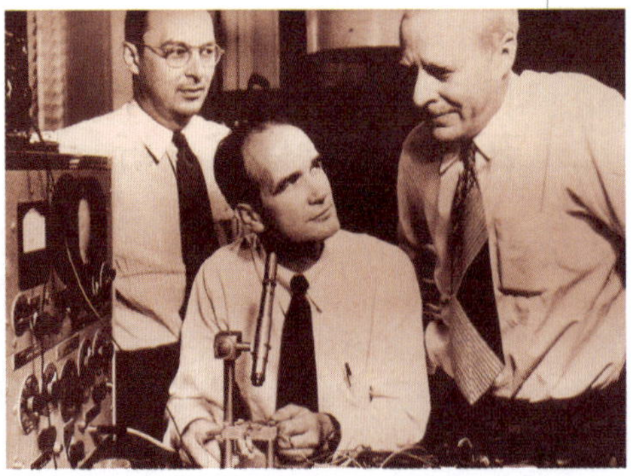
巴丁、肖克利和布喇顿(从左至右)在实验室

小组进行了两年有关表面态的研究，才最终导致了晶体管的发明。

1947 年
博克等发现球状体

1940 年代，荷兰—美国天文学家巴特·博克注意到，在某些亮星云的明亮背景上可以看到一些近乎圆形的小暗斑。它们通常位于银道带附近星际尘埃密集处，是星云中物质密度特别大的部分吸引周围尘埃而形成的暗星云。1947 年，博克与合作者发表论文“小暗星云”，介绍对此类天体的研究进展，并称其为球状体，后人又常称其为“博克球状体”。球状体外观呈黑色，尺度不超过 3 光年，质量约 1—200 倍太阳质量。根据有些亮星云背景上并没有球状体这一事实，可以推断球状体并非均匀地分布在星际空间，而是出现在一些亮星云的边缘。许多球状体中央包含的红外源，极可能是正处于引力收缩过程中、行将形成恒星的极年轻天体。它们的内部尚未启动热核反应，只是靠引力能转化为热能而发光。博克曾与其妻、美国天文学家普丽西拉·博克合撰《银河系》一书，详细介绍了包括球状体在内的一系列研究成果，在 30 余年中屡次重版，为银河系天文学的一部经典著作。

IC2944 中的一些球状体在亮星云背景上凸显出来 从这幅高分辨率照片可以看出，球状体的形状其实未必很规则。

一群诞生中的恒星 这群离太阳约 2500 光年的新生恒星正在脱胎而出。它们在不超过 200 万年以前从麒麟座锥状星云中的一个博克球状体中现身。

1947 年
安巴楚米扬发现星协

1947 年，苏联天文学家安巴楚米扬发现，在银河系中有一种比疏散星团还要松散得多的恒星群体，它们的成员有着共同的起源。安巴楚米扬将此类群体称为星协。后来，荷兰天文学家布洛乌等人进一步判明星协有两种：一种是由 O、B 型大质量恒星组成的 O 星协，亦称 OB 星协，银河系中的绝大多数 O、B 型星都在 O 星协中；另一种是由金牛 T 型星组成的 T 星协。由于 O 型星、B

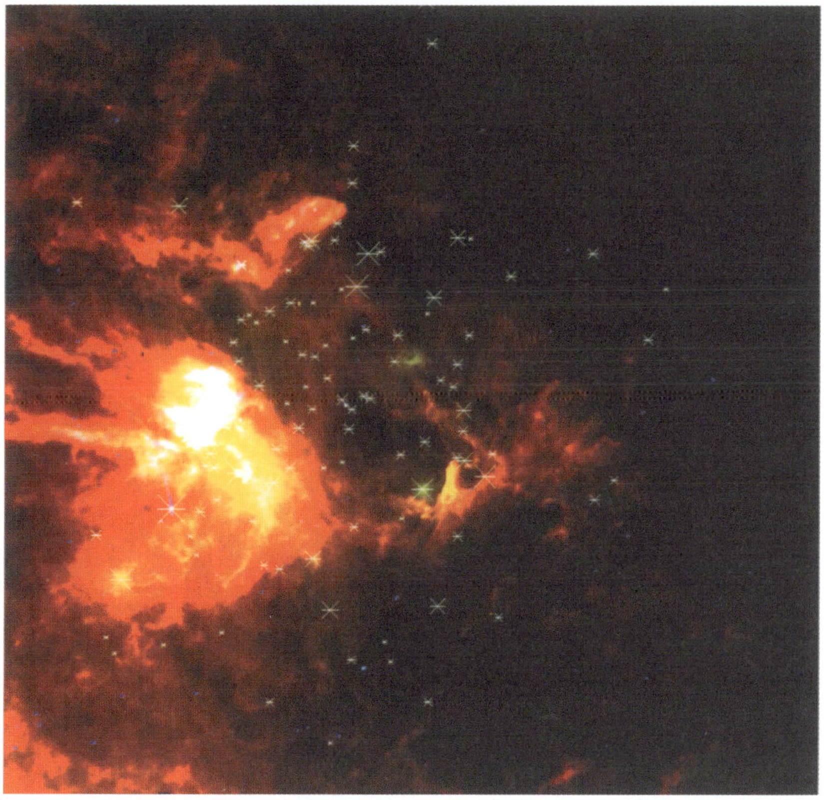

天蝎—半人马 O 星协 离太阳最近的 O 星协，* 表示该星协中大质量恒星所在的位置。左边的亮区是恒星形成区蛇夫分子云。

型星和金牛 T 型星都非常年轻，所以星协必定也很年轻，年龄仅几百万年。银河系内的星协都位于旋臂上。在星协中，虽然某一特定类型的恒星比较密集，但总的恒星数密度却小于周围的普遍星场。因此，银河系自转的剪切力将超过星协内成员之间的相互引力，这导致星协在动力学上的不稳定，并将在数百万年内四散离解。星协的发现为现代的恒星起源理论提供了有力的观测依据。

1947 年
利比建立碳 14 测年法

碳是自然界广泛存在的元素。天然碳有三种同位素，即碳 12、碳 13 和碳 14。碳 12 和碳 13 不具有放射性，放射性同位素碳 14 在自然界含量极少，但它是碳的最稳定的同位素，半衰期约为 5730 年。含碳物质一旦停止与大气的物质交换，碳 14 含量得不到新的补充，原有的碳 14 每隔 5730 年就会衰变减少一半。因此，只要测出碳 14 减少的程度，就可以计算出它停止与大气进行物质交换的年代，这就是碳 14 测年的原理。1947 年，美国化学家利比运用这个原理，建立了用放射性同位素碳 14 测定地质年龄的方法。后来这一方法在考古学中得到极其重要的应用。

1950 年的一天，埃及的一座高 146.5 米、底边长约 230 米、由 200 多万块每块约 2.5 吨重的巨石垒成的金字塔，通过碳 14 测年法测得的建造年代，竟奇迹般地和历史记载相符。人们早就盼望找到一种新方法来研究地球和人类的发展史，终于夙愿得偿。消息一传开，人们为之欢呼，把利比的这项发明誉为"考古学时钟"，利比也因此而获得 1960 年诺贝尔化学奖。

1947 年
斯普里格发现埃迪卡拉生物群

1947 年，澳大利亚地质学家斯普里格在澳大利亚埃迪卡拉地区发现了一个巨大的化石生物群。这些化石种类繁多，形态各异：有的为柄状印痕，与现代海鳃的形态相似；有的为圆形压印，与现代水母的形态相似；有的为蠕虫一样的细长印痕，由马蹄形的头和约 40 个体节组成，与现代环节动物的形态相似；也有的是椭圆形、盾形印痕和 T 形纹道等，可能是古代节肢动物留下的，但这些动物与已知的任何一种生物都不相似。这个化石生物群被称为埃迪卡拉生物群，地质年代为前寒武纪，距今约 6.7 亿年。埃迪卡拉生物群是目前发现的地球上最古老的无脊椎动物群之一。

埃迪卡拉生物群的发现和研究极大促进了前寒武纪古生物学的发展，纠正了过去认为无脊椎动物在寒武纪初期才发生的观点。更重要的是，埃迪卡拉生物群与寒武纪

考古学时钟——碳14测年

埃迪卡拉生物群复原图

生命大爆发现象有着直接联系。前寒武纪动物与寒武纪动物之间的差别标志着原始生命形态在经过 30 亿年的积累之后，即将爆发出巨大的生命能量和无穷的创造力，从而翻开生命演化史上的新篇章。

1948 年
维纳创立控制论

美国数学家维纳少年时是一位神童，他 14 岁大学毕业，19 岁获博士学位。第二次世界大战期间，维纳接受了一项与火力控制有关的研究。这促使他深入探索怎样用机器来模拟人脑的计算功能，建立了预测理论并将之应用于防空火力控制系统的预测装置。

1948 年，维纳出版了《控制论——关于在动物和机器中控制和通信的科学》，宣告了控制论这门新兴学科的诞生。维纳把控制论看作一门研究机器、生命中控制和通信的一般规律的科学。他曾以下述方式定义控制论：“设有两个状态变量，其中一个是能由我们进行调节的，而另一个则不能控制。这时我们面临的问题是如何根据那个不可控制变量从过去到现在的信息来适当地确定可以调节的变量的最优值，以实现对于我们最为合适、最有利的状态。”

控制论是一门以数学为纽带，把研究自动调节、通信工程、计算机和计算技术及生物科学中的神经生理学和病理学等学科共同关心的共性问题联系起来而形成的边缘学科。它揭示了机器中的通信、控制机能与人的神经、感觉机能的共同规律，为现代科学技术研究提供了崭新的科学方法。它从多方面突破了传统思想的束缚，有力地促进了现代科学思维方式和当代哲学观念的一系列变革。现在，控制论已有了许多重大发展，但维纳用美国数学家、物理学家吉布斯的统计力学处理某些数学模型的思想仍处于中心地位。

1948 年
香农创立信息论

第二次世界大战期间，美国数学家香农参与了数字密码系统的研究。1945 年，他完成了《密码学的数学理论》的报告。正是对密码学的思考，促进了他对通信理论的研究。1948 年，香农在《贝尔系统技术杂志》上发表了 244 页的长篇论著《通信的数学理论》。次年，他又在同一杂志上发表了另一篇名著《噪音下的通信》。在这两篇文章中，他作出了许多重大的贡献：经典地阐明了通信的基本问题，提出了通信系统的模型，给出了信息量的数学表达式，解决了信道容量、信源统计特性、信源编码、信道编码等有关精确传送通信符号的基本技术问题。这两篇文章成了现代信息论的奠基之作，香农则被称为“信息论之父”。

目前，信息论已广泛应用于编码学、密码学、数据传输、数据压缩及检测理论等领域，推动了许多新兴学科的发展。

1948 年
量子电动力学重正化理论建立

在麦克斯韦经典电动力学基础上通过“量子化”而建立起来的量子电动力学是粒子物理学中描写电磁相互作用的理论。人们在 1930 年代发现，该理论在一阶近似下的结果与实验符合得较好，但计算高阶近似时却得到了无穷大。这个发散困难的尴尬局面差不多持续了近 20 年。

1948 年，一些物理学家，包括美国物理学家费恩曼、施温格以及日本物理学家朝永振一郎，提出了一种消除发散困难的方案。他们发现，二阶及高价近似中的无穷大在算式中都将形成独立的因子，而且这些无穷大因子又总是伴随着电

费恩曼 他爱好广泛，是一名密码破解高手、艺术家、手鼓演奏者和玛雅象形文字破译者。

子质量、电子电荷(即电磁相互作用耦合强度)以及电子、光子波函数等参数出现。于是他们认为,可以将这些无穷大因子归并入这些参量之中,并重新定义电子的物理质量、物理电荷等。通过这种重新定义,或者说“重正化”手续后,理论中不再出现任何无穷大,出现的仅仅是比一阶结果小很多的“辐射修正”。这种辐射修正为许多精确的实验所证实。为此,费恩曼、施温格和朝永振一郎共同分享了 1965 年诺贝尔物理学奖。

费恩曼被认为是 20 世纪美国最伟大的物理学家之一,一位深邃的思想者、热爱生活和自然的人,以及硕果累累的教育家。他于 1962 年写给大学生的《费恩曼物理学讲义》是直到今天仍适用的物理教科书。

1948 年
奈耳发现亚铁磁性

物质磁性起源于构成物质的原子的磁性。1948 年,法国物理学家奈耳对铁和其他金属的混合氧化物的磁性进行研究后发现,这类磁性与他早期发现的反铁磁性有一定区别。奈耳称之为亚铁磁性,并建立了关于亚铁磁性的分子场理论。

亚铁磁性出现的原因,是这类材料在无外磁场的情况下,物质内部小区域中反平行的自旋磁矩大小不等,因而存在部分抵消不尽而出现自发磁化。当施加外磁场时,亚铁磁性物质的磁化强度随外磁场的变化而变化,与铁磁性物质相似,亚铁磁性物质也存在居里点。当温度高于居里点时,亚铁磁体将变为顺磁体。铁氧体大多是亚铁磁体。

由于在亚铁磁性和反铁磁性方面的研究成果,奈耳荣获 1970 年诺贝尔物理学奖。

1948 年
维兰德等发明纸上电泳层析

在研究物质化学成分的过程中,经常需要对物质进行分离。层析和电泳是两种非常有效的分离技术。前者由俄国植物学家、化学家茨维特于 1906 年发明,后者由瑞典化学家蒂塞利乌斯于 1937 年发明。

1939 年,将层析和电泳两种方法结合起来的电泳层析法出现。利用该方法,在氧化铅吸附柱两端加上 175—200 伏电压,可以成功分离一些染料。几年后,电泳层析法又被应用于生物碱和无机离子的分离、硅胶柱中肽类的分离,以及琼脂凝胶中高分子蛋白质的分离。

1948 年,德国化学家维兰德等将电泳层析中的吸附柱用浸泡过缓冲溶液的滤纸条来替代,将此装置用于分离氨基酸和肽类,实现了操作方便、分离速度快的纸上电泳层析分离,使电泳层析技术又向前迈进了一大步。

1948 年
伽柏发明全息术

全息术又称全息照相术。全息照相能记录和再现物体各点所发出的光波的振幅(即光强)和位相等全部信息,而一般照相只能记录和再现光波的振幅。

全息照相拍摄所记录的是干涉条纹,这种干涉条纹是由来自物体的(散射或衍射)光与作为参考的相干光产生相干叠加所形成的,经冲洗后成为全息图。再现时,用同样的相干光照射在全息图上,便能再现三维立

伽柏站在自己的全息相片前

体图像。观察者只要改变观察方向，还可从照片上看清物体背后的细节。如果全息图破碎了，其中任何一块碎片仍可在相干光照射下呈现原物的图像。

全息术是匈牙利—英国物理学家伽柏于 1948 年发明的。但当时缺乏强的相干光源，所得到的全息图质量很差。直到 1960 年代激光器问世后，全息术才得到新生。伽柏也因此发明获得 1971 年诺贝尔物理学奖。

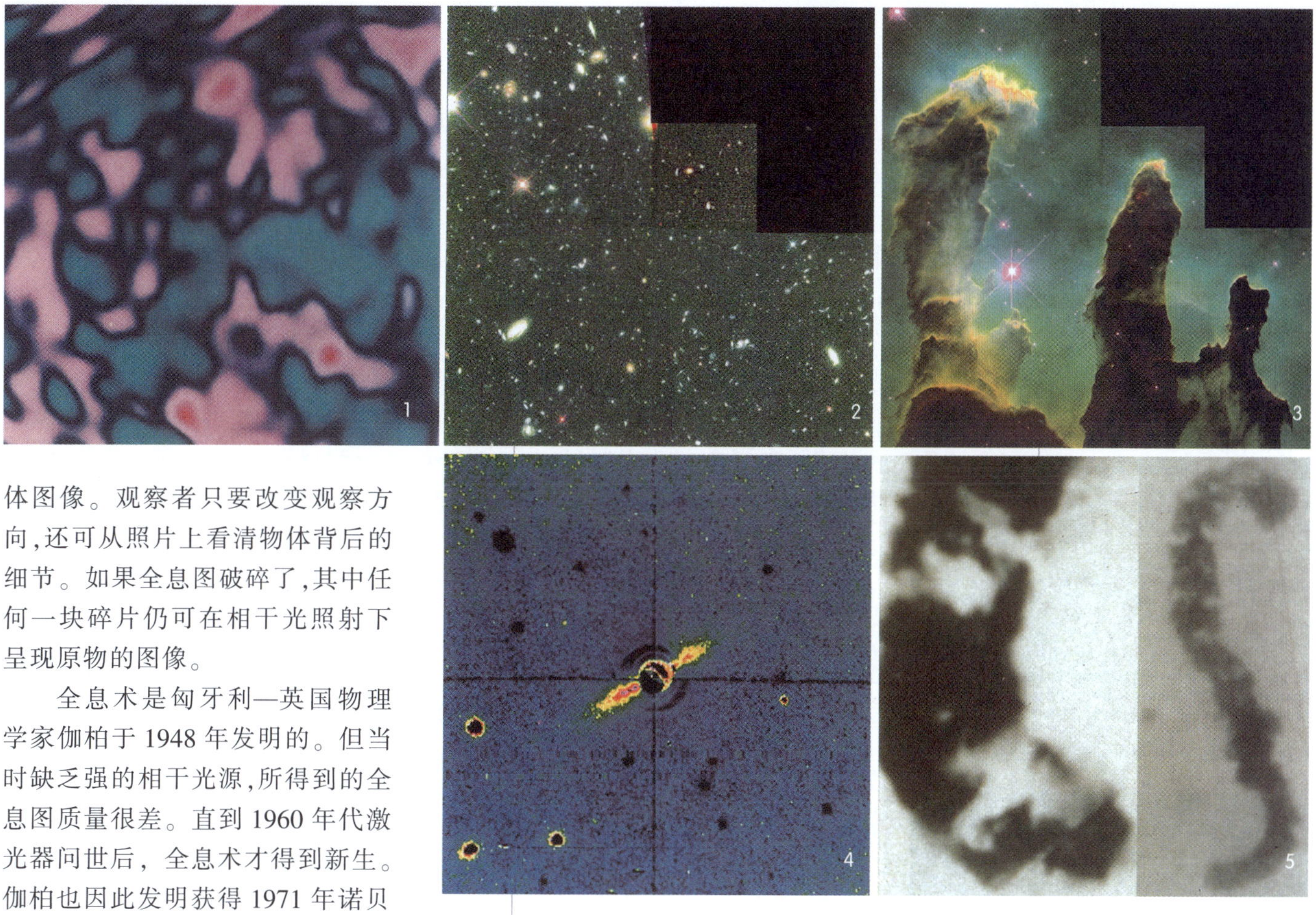

现代大爆炸理论的宇宙演化模式 宇宙诞生于约 140 亿年前，起初温度极高、物质密度极大，它是不透明的。(1)宇宙诞生后约 100 万年的状况，电磁辐射脱离物质独立地扩散，宇宙对于光而言变得透明了。图中用不同颜色标志宇宙各处温度的极微小差异(量级仅为 10^{-5} 开)，最冷的区域物质密度最大，诸如恒星或星系等结构尚未形成。(2)哈勃空间望远镜拍摄的深场照片，展示了约 110 亿年前首批星系形成时的情景。(3)在红外波段拍摄的银河系内鹰状星云 M16 中的气柱，那里正在诞生许多新的恒星。(4)恒星绘架座 β 被一个尘埃—气体盘围绕着的照片，这很像早期的太阳系，也许盘内已经形成一颗或几颗行星。(5) 在澳大利亚西北部一块 34.65 亿岁的古老岩石中发现的杆菌菌落，表明地球上在太古宙已经分布着原核生物，并且有可能已进化出自养细菌。

1948 年
大爆炸宇宙论和稳恒态宇宙论相对垒

1948 年，苏联—美国物理学家伽莫夫和他的学生阿尔弗按照比利时天文学家勒梅特关于宇宙起源于原始火球的学说，阐明早期炽热的宇宙充满着质子、中子、电子和其他基本粒子的混合物。随着宇宙的膨胀和冷却，这些粒子总质量的约 75%以质子(即氢核)的形式存留下来，约 25%则变为由两个质子和两个中子组成的 α 粒子(即氦核)，这一比例与天文观测结果相当一致。因论文发表时作者署名为阿尔弗、贝特和伽莫夫，该理论遂按其谐音称为“α-β-γ”理论。1948 年晚些时候，阿尔弗和美国物理学家赫尔曼推广了这一理论，预言今日宇宙必定到处充满温度约 5 开的背景辐射。但该理论在其预言于 1965 年得到证实前并未受人重视，其重要原因之一是：基于当时测定的哈勃常数估计的宇宙年龄只有 20 亿年，这甚至短于用地质学方法估计的地球年龄！于是，同在 1948 年，英国天文学家邦迪、霍伊尔和美国天文学家戈尔德共同提出了稳恒态宇宙论。他们认为，宇宙的性质在大尺度时空范围内稳恒不变，不仅在空间上均匀各向同性，而且在不同时刻也无不同。宇宙虽然在不断膨胀，但物质可以连续不断地从虚空中产生，以形成新的天体，只需每年在 100 亿立方米的体积中新产生 1 个氢原子，就可以保持宇宙的物质密度不变。霍伊尔在论战中调侃伽莫夫等人的理论为“大爆炸”，不料对方竟欣然接受而沿用至今。1960 年代，射电源计数等新的观测结果表明，宇宙是随时间而演化的。稳恒态宇宙论因与此不符而逐渐式微。大爆炸宇宙论却因宇宙年龄矛盾得以解决，特别是其预言的微波背景辐射为观测所证实，而成为现代宇宙学的主流理论。

1948 年
5米海尔望远镜建成

帕洛玛山天文台的 5 米反射望远镜，是美国天文学家海尔于 1928 年构思和规划的，其主镜是一块用派勒克斯玻璃制作的直径 5.08 米的反射镜。制造如此巨大的主镜遇到许多非常棘手的问题。屡经尝试之后，终于在 1934年制造出一块完美的主镜毛坯，但接下来冷却和退火又花费了一年时间，抛光则直到第二次世界大战结束之后才完成。1947 年，海拔 1700 米的帕洛玛山天文台建成。1948 年，在该台安装了通光口径达 120 厘米的施密特望远镜。同年，5 米反射望远镜也在该台落成，其聚光能力为 2.5 米胡克望远镜的 4 倍，能观测到暗至 23 等的天体。它的最终成功为全世界开辟了研制大型反射望远镜之途。为纪念已故的创始者，该镜被命名为海尔望远镜。直到 1976 年苏联在高加索建成一架口径 6 米的反射望远镜之前，海尔望远镜一直是世上口径最大的光学望远镜。它是 20 世纪天文学的一项标志性成就，为人类认识宇宙作出了重大贡献。

一位天文学家在 5 米海尔望远镜后端工作

1948 年
布瓦万发现同种生物细胞核中的DNA含量恒定

1948 年，法国化学家布瓦万等人建立了一种测定细胞中 DNA 含量的新方法。他们用该方法测定了多种生物细胞中 DNA 的含量，发现同种生物细胞核中 DNA 的平均含量恒定，而体细胞 DNA 含量是生殖细胞的大约 2 倍。布瓦万等还证明了二倍体（有两套染色体）细胞的 DNA 含量为单倍体细胞的两倍，而多倍体细胞的 DNA

海尔望远镜的 5.08 米主镜 当时正在位于帕萨迪纳市的威尔逊山天文台总部光学车间里加工。图中镜子的背面朝上，其蜂窝状结构将镜子的重量控制在 20 吨以下，且可尽量减小使用时由温度变化造成的问题。

含量恰好是预期单倍体的倍数。同一时期，美国生物化学家米尔斯基等也发现不同生物的体细胞中的 DNA 含量都是其配子中的两倍，而不同类型生物的细胞核中的 DNA 含量变化具有一定的规律性。这些发现为分子遗传学提供了证据，证实 DNA 的确是与染色体关联在一起的，DNA 就是基因的成分。DNA 的不变性是物种性状得以代代相传的必要保证之一。

1948 年
世界卫生组织(WHO)成立

世界卫生组织(World Health Organization,WHO)是联合国下属的一个专门机构，其前身可以追溯到 1907 年成立于巴黎的国际公共卫生局和 1920 年成立于日内瓦的国际联盟卫生组织。第二次世界大战后，经联合国经社理事会决定，64 个国家的代表于 1946 年 7 月在美国纽约举行了一次国际卫生会议，签署了“世界卫生组织组织法”。1948 年 4 月 7 日，该法得到 26 个联合国会员国批准后生效，世界卫生组织宣告成立。每年的 4 月 7 日也就成为全球性的“世界卫生日”。同年 6 月 24 日，世界卫生组织在日内瓦召开的第一届世界卫生大会上正式成立，总部设在瑞士日内瓦。

世界卫生组织的宗旨是使全世界人民获得尽可能高水平的健康。该组织给健康下的定义为“身体、精神及社会生活中的完美状态”。世界卫生组织是联合国系统内卫生问题的指导和协调机构，它负责对全球卫生事务提供指导，拟定卫生研究议程，制定规范和标准，阐明以证据为基础的政策方案，向各国提供技术支持，并监测和评估卫生趋势。

其任务包括：指导和协调国际卫生工作；根据各国政府的申请，协助加强各国的卫生事业，提供技术援助；主持国际性流行病学和卫生统计业务；促进防治和消灭流行病、地方病和其他疾病；促进防治工伤事故及改善营养、居住、计划生育和精神卫生；促进从事增进人民健康的科学和职业团体之间的合作；提出国际卫生公约、规划、协定；促进并指导生物医学研究工作；促进医学教育和培训工作；制定有关疾病、死因及公共卫生实施方面的国际名称；制定诊断方法的国际规范标准；制定和发展食品卫生、生物制品、药品的国际标准；协助在各国人民中开展卫生宣传教育工作。

世界卫生组织大会是该组织的最高权力机构，每年 5 月在日内瓦召开，主要任务是审议总干事的工作报告、规划预算、接纳新会员国和讨论其他重要议题。

1948 年
亨奇用可的松治疗风湿性关节炎

亨奇 1896 年生于美国，毕业于匹兹堡大学医学院。后经过进修，在梅奥诊所工作，任新设立的风湿病研究中心主任。在此期间，亨奇观察到一种现象，风湿病病人在黄疸病期间，关节炎症状明显消失，但黄疸病治愈后，关节炎又犯了。另外，他还注意到，妇女在妊娠期间，关节炎症状也会有所减轻。他认为，一定有某种未知的物质，能使关节炎症状暂时消失或减轻。为了寻找答案，他仔细探索了与妊娠、黄疸有关的物质，但没有成功。这时，同在该研究中心工作的生化部负责人爱德华·肯德尔博士从肾上腺皮质中分离出一种化合物 E，亨奇马上申请对该物质进行临床试验。1948 年，他将肯德尔分离出来的化合物 E(即可的松)用于病人，取得显著疗效，为肾上腺皮质激素用于治疗关节炎提供了依据。他和肯德尔博士为此获得 1950 年度诺贝尔生理学医学奖。

严重的关节炎病人连日常生活都会感觉困难

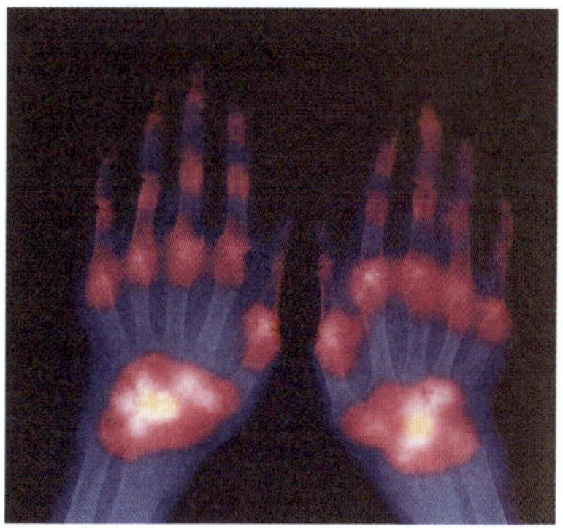
一位风湿性关节炎病人的 X 线片，可见其肢端关节已明显肿胀和变形

1948 年
王安开发磁芯存储器

1948 年，制造过第一台大型通用电磁式计算机“Mark Ⅰ”的艾肯教授正担任美国哈佛大学计算机实验室的主任。此时哈佛大学正与宾夕法尼亚大学和普林斯顿大学竞争激烈，谁都不愿因电子计算机研究项目落后而仰人鼻息。

6 月初，艾肯教授将一项紧急任务交给了当时还在攻读博士学位的中国—美国计算机科学家王安：“尽快想出一种方案，一种不通过机械方式记录和读出存储信息的方法。”在这之后的三周内，王安一门心思探索存储器的奥秘。当再次跨进艾肯的办公室时，他双手捧着一把黑乎乎的用镍铁合金材料做成的叫做“磁芯”的小玩意儿。艾肯教授小心翼翼地把它们放在放大镜下观察，只看见直径不到 1 毫米、用极细的导线穿成一串的“圈饼”。他深知这项发明意味着什么：圈饼式的磁芯将引发计算机存储器的一场革命！

1949 年 10 月，王安提出了磁芯存储器的专利申请。他在磁芯存储器领域的发明专利共有 34 项之多。不久，麻省理工学院的计算机科学家福里斯特博士又在此基础上发展出了磁芯存储阵列，并首次使用在“旋风”高速计算机里，从而使这种磁芯阵列从第一代、第二代一直用到第三代电子计算机中。

王安

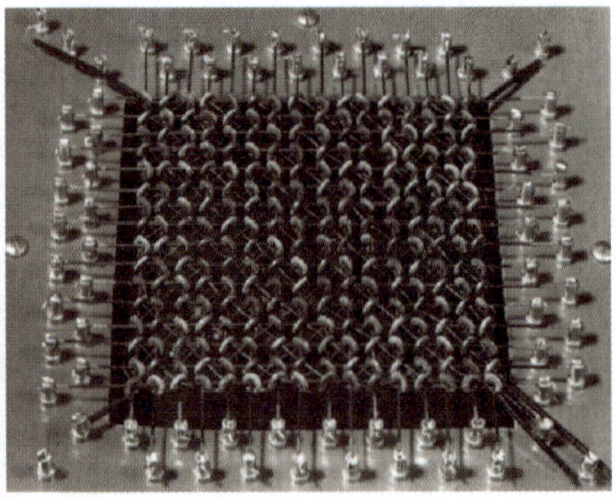
磁芯存储器

1948—1950 年
谢泼德等确立海洋地质学

海洋地质学是研究地壳被海水淹没部分的物质组成、地质构造和演化规律的学科，研究内容涉及海岸与海底的地形、海洋沉积物、洋底岩石、海底构造、大洋地质历史和海底矿产资源等。

1872—1876 年，英国“挑战者号”环球海洋科学考察船进行环球海洋科学调查；1891 年，英国海洋学家约翰·默里和比利时地质学家雷纳德将这次调查成果编制成第一幅世界大洋沉积物分布图，并编写《深海沉积》一书，标志着近代海洋地质学研究的开始。其后，1925—1927 年德国“流星号”调查船远航南大西洋，1920 年代—1930 年代荷兰地球物理学家韦宁迈内兹在爪哇海沟和波多黎各海沟进行海洋重力测量，1936 年加拿大—美国地质学家戴利使用浊流理论解释海底峡谷的成因，以及许多国家在第二次世界大战期间因海上战争的需要致力于海底地形研究，这些成果都推动了海洋地质学研究的发展。

第二次世界大战后，由于海底油田开发的需要，海洋地质调查研究得到蓬勃发展，一批经典的海洋地质学著作纷纷出版，代表性著作包括 1948 年出版的美国海洋地质学家谢泼德的《海底地质学》、苏联海洋地质学家克列诺娃的《海洋地质学》，以及 1950 年出版的荷兰海洋地质学家奎年的《海洋地质学》。谢泼德在海洋沉积、海底地形、海平面变化、海底构造和海底峡谷研究等方面都有开创性的贡献。克列诺娃是苏联海洋科学奠基人之一，毕生致力于极地海域的海洋地质学研究，是第一个从事南极科学研究的女科学家。奎年在海洋沉积地球化学和沉积构造、盐丘、地层褶皱模拟实验以及海底浊流沉积、海底峡谷成因等方面，均做了开拓性的研究工作。这些著名学者的海洋地质学著作相继问世，标志着海洋地质学已发展成为一门独立的学科。

1949 年
诺里什和波特发明闪光光解法

1949 年，英国化学家诺里什和乔治·波特发明了闪光光解法，其具体实施过程如下：将样品放在一段较长的石英管中，利用闪光灯瞬间产生的高强度光脉冲照射样品，样品分子发生分解，产生大量的瞬间产物，主要是自由原子或自由基碎片；同时用光谱技术测定瞬间产物的成分和监测瞬间产物的衰变，从而分析反应的动力学过程。闪光光解法使人们研究快速光化学反应机理成为可能。

1950 年，加拿大物理学家和化学家赫兹贝格首先应用闪光光解法得到了 NH_2 自由基的吸收光谱。随后几年，他又研究了 CH_3 和 CH_2 这两种最基本的自由基，开辟了应用闪光光解法研究快速光反应过程中自由基的新途径。

鉴于他们在闪光光解法的发明和早期应用中作出的卓越贡献，诺里什和波特被授予 1967 年诺贝尔化学奖，赫兹贝格被授予 1971 年诺贝尔化学奖。

1949 年
利普斯科姆提出硼烷的拓扑结构

硼烷是硼与氢的化合物的总称。第一种硼烷于 1879 年通过硼化镁和盐酸反应制得。1912 年，德国化学家斯托克制备了几种纯硼烷。随后的几十年里，斯托克和他的学生们一直致力于研究硼烷的化学性质。但硼烷的结构及化学键情况一直是一个未解的难题。一方面，这类化合物化学活性强，常温下不稳定；另一方面，它们的结构和化学键情况似乎与其他已知化合物的结构规律完全不同。

直至 1949 年，美国化学家利普斯科姆提出硼烷的拓扑结构，这个难题才被解开。利普斯科姆利用低温 X 射线衍射方法等测定了多种硼烷结构，并通过核磁共振实验发现：硼烷分子的结构是一种笼状的空间三维结构。通常情况下，两个电子能将两个原子结合在一起，但对于缺电子的硼烷来说，两个电子要将三个原子结合起来，属于三中心两电子键结构，如 B–H–B、B–B–B。这样就圆满地解释了硼烷分子的复杂结构。在此基础上，利普斯科姆还推算出硼烷及其离子可能存在的数目，预测了它们的结构，为合成新的此类物质指明了方向。

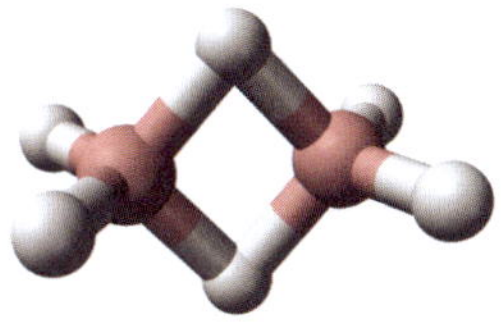

乙硼烷

利普斯科姆将有关成果收录于著作《硼氢化物》和《硼氢化物及其有关化合物的核磁共振研究》中。他因在研究硼化合物的结构及成键规律方面作出的重大贡献荣获 1976 年诺贝尔化学奖。

1949 年
叶笃正提出大气长波频散理论

1916 年，中国有了第一份气象记录。这一年，叶笃正在天津降生。大学期间一心向往物理学的叶笃正，在核物理学家钱三强的劝说下决定改学气象学。1945 年，叶笃正远赴美国留学，师从著名的瑞典—美国气象学家罗斯贝，从事刚刚兴起的大气长波研究。

当时，人们在利用大气长波预报天气时发现，若上(下)游某地区长波系统发生某种显著变化，会以相当快的速度影响到下(上)游地区长波系统的变化，而这种上(下)游引起下(上)游变化的速度，一般会大于基本气流的速度及波动本身的传播速度，因而无法用已有的理论来解释。在罗斯贝的指导下，叶笃正选择这一当时的前沿问题作为自己博士论文研究的方向。1949 年，通过研究他从理论上指出，这种天气系统发展速度与大气长波

叶笃正

传播速度的不一致，是由于波动所携带的能量的传播速度与波动自身的移动速度不同(称为波动的“频散”)引起的，他将这一现象称为上下游效应，这一理论则被称为大气长波频散理论。

大气长波频散理论是对大气长波动力学的重要完善，他的博士论文《关于大气能量频散传播》被誉为动力气象学的经典著作之一，直到31年后才被英国气象学家霍西金斯的“大圆理论”所推广。大气长波频散理论的提出，使人们能够理解和掌握围绕地球西风带不同地点上空大气的运动变化之间的关系，从而提前预报大范围天气的变化。直到今天，这一研究成果仍然是气象台站做4—10天天气预报的主要依据。

大气长波频散理论是叶笃正一生中最重要的工作之一，同时也是动力气象学发展中的一个里程碑。鉴于在这一理论上的贡献以及其他几项重要成果，叶笃正于2003年荣获第48届世界气象组织最高奖——世界气象组织奖(IMO奖)，并获得2005年度中国国家最高科学技术奖。

1949 年
霍奇金测定青霉素的结构

青霉素的发现为人类摆脱致病菌的阴霾带来了希望。然而，其后相当长的一段时间内，医药工业界未能实现青霉素的大规模生产。第二次世界大战爆发后，对青霉素工业化生产的需求日益迫切，英国政府希望能测定青霉素分子的结构，打开以化学方法大批量制备青霉素的大门。此后，英美两国许多科学家投入了这项研究，其中就有在X射线晶体学方面颇有建树的英国化学家多萝西·霍奇金。霍奇金等应用X射线衍射技术分析了各种青霉素晶体，并根据衍射图样进行了大量计算推导，终于在1949年精确测定了青霉素分子的结构。这项研究开创了X射线晶体学研究的新纪元，推动了青霉素工业化生产的快速发展。

其后，霍奇金向更高的目标发起冲击。她运用自己在X射线衍射分析方面的精湛技术和丰富经验，将新开发的计算机用于计算X射线衍射图，经过8年努力，于1957年测定了维生素B_{12}各个原子的空间分布方式。这是当时测定的结构最庞大、最复杂的化合物，为研究其他复杂的高分子化合物开辟了道路。1969年，她又成功测定了猪胰岛素的结构。1964年，霍奇金因其在重要生化物质结构分析方面的成就荣获诺贝尔化学奖。

1949 年
鲍林阐明镰状红细胞贫血症病因

美国著名化学家鲍林是量子化学和结构生物学的先驱者之一。1949年，鲍林在美国《科学》杂志上发表了题为《镰状红细胞贫血症——分子病》的论文。他在文章中写道：“有证据表明，红细胞镰变的过程可能是与红细胞内血红蛋白的状态和性质密切相关的。”鲍林将正常人、镰状红细胞贫血症病人和基因携带者的血红蛋白，分别放在一种缓冲溶液中进行电泳，发现正常人和病人血红蛋白的电泳图谱明显不同，而携带者的血红蛋白电泳图谱，与由正常人和病人的血红蛋白以1:1比例配成的混合物的电泳图谱非常相似。鲍林推测，镰状红细胞贫血症是由于血红蛋白分子的缺陷造成的。

1949 年
恩德斯等发现脊髓灰质炎病毒可培养

19世纪末，病毒的特性被认为具感染性、可滤过性和需要活的宿主，也就意味着，病毒只能在动物或植物体内生长。1949年，美国医学家恩德斯与他的两名助手韦勒和罗宾斯合作，用含有人胚胎组织的培养基对脊髓灰质炎病毒进行了成功培养，并发现脊髓灰质炎病毒可在多种组织培养物中生长。这项工作首次证明这一类型的病毒能够在神经组织以外培养，从而为日后疫苗的开发奠定了基础。为了表彰恩德斯、韦勒和罗宾斯所作出的开拓性贡献，1954 年度的诺贝尔生理学医学奖授给了他们三人。

1949—1953 年 伯内特和梅达沃提出获得性免疫耐受学说

机体免疫系统在接触某种抗原后可能出现无应答状态，而对其他抗原仍可作出正常的免疫应答，这一现象被称为免疫耐受。最常见的天然免疫耐受现象就是机体对自身组织成分不发生免疫应答，称为自身免疫耐受。

1940 年代，科学家观察到一对异卵双生小牛因在胚胎期共用一个胎盘而彼此血流相通，出生后双方都含有两种不同血型的红细胞，而且相互间进行皮肤移植也不会发生排斥反应。这表明，机体免疫系统在一定条件下也可对“非己”抗原产生免疫耐受。1949 年，澳大利亚免疫学家伯内特对免疫耐受现象进行了解释，认为由于胚胎期免疫细胞尚未发育成熟，异型红细胞进入处于胚胎期的小牛体内之后，对其产生特异性免疫反应的免疫细胞会被清除或抑制，这样，成体就会表现出对该抗原（异型红细胞）的免疫不应答状态。伯内特进一步提出了获得性免疫耐受学说，认为对动物胚胎注射抗原，该动物不会产生抗体而只会对该抗原产生耐受性。1953 年，英国免疫学家梅达沃成功建立了胚胎期诱导耐受的动物模型，他将甲小鼠的细胞组织注射到乙小鼠的胚胎中，胚胎长成成体后，将甲小鼠的组织移植给乙小鼠时，乙小鼠竟没有产生免疫排斥反应，从而证实了伯内特的获得性免疫耐受学说。

1960 年，伯内特和梅达沃因发现获得性免疫耐受现象而荣获诺贝尔生理学医学奖。

1950 年 纳什提出非合作博弈理论

冯·诺伊曼和摩根斯坦的《博弈论与经济行为》在数学上具有创新意义，其中包含令人赞叹的极小极大定理。书中最完善的部分是二人零和博弈，占了全书 1/3 的篇幅。但这是利益完全冲突的博弈，在社会科学中显得没有多少用武之地。该书对非零和博弈的处理也并不完全恰当。如果要让博弈论有效应用于现实生活，就必须同时考虑合作博弈与利益冲突的博弈。

1948 年，纳什作为数学博士研究生进入普林斯顿大学。他的第一篇论文就选择了一个完全不同的角度来考察经济学中的一个古老问题，这篇题为《讨价还价问题》的论文后来成为现代经济学的重要经典文献之一。不久，纳什找到了一个将极小极大定理加以普遍化的方法，研究成果见于其 1950 年的题为《非合作博弈》的博士论文。这一切为非合作博弈理论及合作博弈的讨价还价理论奠定了坚实的基础，同时为博弈论在 1950 年代成为一门成熟的学科作出了开创性的贡献。

纳什在论文中引入了著名的“纳什均衡”概念，对有混合利益的竞争者之间的对抗进行了数学分析。纳什均衡又称为非合作博弈均衡，是博弈论的一个重要术语。纳什在论文中证明，每个非合作博弈，只要局中人的数目和他们可选择的策略数目都有限，就都有至少一个纳什均衡。纳什在上述论文中提出了与冯·诺伊曼的合作博弈理论相对立的观点。纳什曾向冯·诺伊曼提出他的理论，但是被简单地认为是“对已完善定理的新译法”。但冯·诺伊曼这一回错了。纳什的非合作博弈理论不但奠定了博弈论的数学基础，而且成功地应用到经济学、政治学、社会学等领域。为此，纳什获得了 1994 年诺贝尔经济学奖。

1950 年
金兹堡—朗道理论提出

1950年,苏联物理学家金兹堡和朗道在朗道的二级相变理论的基础上,提出了一种超导体的唯象理论,称为金兹堡—朗道理论。该理论认为,在无外磁场时,在正常态和超导态之间的相变与某些合金中的有序—无序相变一样,都是二级相变。

他们在理论中引入一个有效波函数来描述超导电子的行为,其绝对值的平方表示超导电子密度。由它构造系统的自由能,然后通过极值条件可推出金兹堡—朗道方程。其中,第一方程是有效波函数所满足的(类似量子力学的)非线性薛定谔方程,第二方程描写了超导电流的行为。金兹堡—朗道理论解释了零电阻性和迈斯纳效应,成功计算出磁场的穿透深度、界面能,以及小样品的临界磁场等。

1950 年
弗勒利希揭示超导体的同位素效应

具有相同质子数、不同中子数的同一元素称为同位素。同位素的化学性质完全相同,但物理性质却有区别,由此引起的效应称为同位素效应。同位素效应有许多实际的应用,如可用于铀浓缩等。1950 年,在超导体中也发现了同位素效应。由于同位素效应来自于核质量的不同,物理学家意识到,超导电性不仅与超导材料的电子性质有关,也与晶格的性质有关。

德国—英国物理学家弗勒利希在 1950 年写了一篇论文,指出电子和晶格振动(声子)的相互作用是出现超导电性的原因。论文寄出两天后,他看到美国物理学家关于汞同位素效应的报道:同位素质量愈小、超导转变温度愈高。他马上意识到这是他在论文中提出的超导同位素效应。当时正在研究超导的巴丁也意识到了这一点,得到的结果与弗勒利希几乎相同,这直接导致超导的微观理论——BCS 理论的建立。

1950 年
奥尔特提出彗星云假说

人类观测到并已计算出运动轨道的彗星有 1000 多颗,尚未观测到的彗星还要多得多。太阳系中究竟有多少彗星,可以通过对彗星出现的数目及其轨道特征进行统计分析来估算。1950 年,荷兰天文学家奥尔特根据统计结果发现,彗星轨道半长径以 3 万—10 万天文单位者居多,而且它们的轨道对黄道面的倾角近乎呈随机分布。奥尔特由此推断,在离太阳 3 万—10 万天文单位处有一个近乎球层状的彗星储库,那里有成千上万颗彗星。由于邻近过路恒星的引力摄动,造成极小一部分彗星的轨道发生改变而进入太阳系内区,它们经过地球附近时即为人们所见。上述彗星储库后来称为奥尔特云,进一步的分析表明它又分为内外两部分:内奥尔特云距离太阳 3000—20 000 天文单位,约有 1 万亿—10 万亿颗彗星;外奥尔特云距离太阳 2 万—5 万天文单位,约有 1

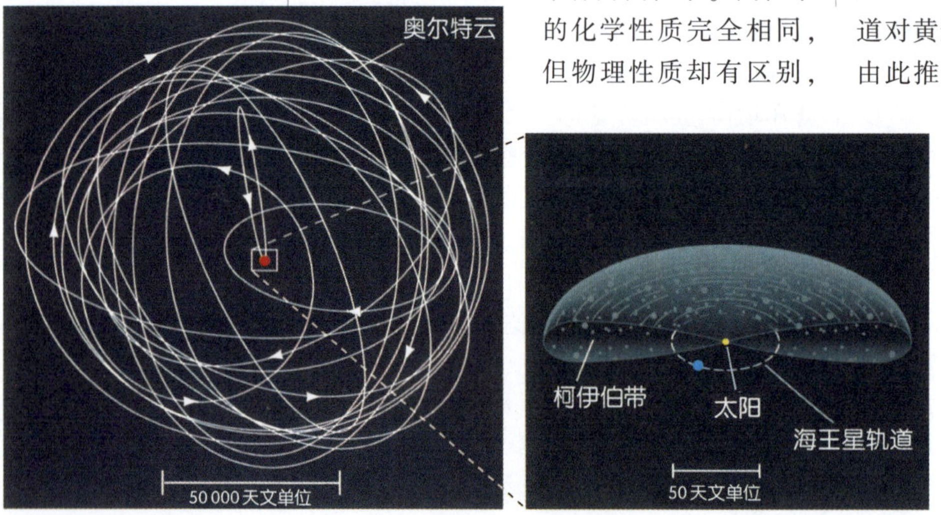

奥尔特云和柯伊伯带 (左)奥尔特云中只有那些轨道极其扁长的彗星才有可能进入太阳系内区。(右)短周期彗星之源——柯伊伯带。

万亿—2 万亿颗彗星。通常,轨道运行周期不超过 200 年的彗星称为短周期彗星,周期在 200 年以上的称为长周期彗星,奥尔特云是长周期彗星的源泉,短周期彗星则来自离太阳 30—100 天文单位处的另一个彗星之源——柯伊伯带,它最初是 1951 年由荷兰—美国天文学家柯伊伯提出的,现已获得越来越多天文观测证据的支持。此外,长周期彗星到达太阳系行星区时,因受行星——主要是木星的引力摄动,也有可能改变轨道而成为短周期彗星。

1950 年
查尼用计算机作出数值天气预报

美国气象学家查尼是 20 世纪最重要的气象学家之一。他在著名的匈牙利—美国物理学家、流体力学权威冯·卡门的建议下,从数学领域跨入气象学领域,并于 1947 年发展了旋转大气中的斜压不稳定理论。1950 年,他领导的研究团队从准地转大气运动方程数值模型出发,第一次用计算机成功地作出了数值天气预报。

1940 年代中期,匈牙利—美国数学家、计算机之父冯·诺伊曼在普林斯顿大学领导了电子计算机项目。这个项目包括四个组:工程、逻辑设计和编程、数学、气象。查尼在 1948—1956 年期间领导了气象组。查尼利用大尺度分析手段简化了大气运动方程组,建立了准地转系统,并且回答了数值天气预报的两个关键问题:一是大尺度大气运动数值预报的物理基础,另一个是从理论上提出中纬度西风带上扰动的数值预报方法。这两个关键问题的解决,为数值天气预报的进行提供了理论基础。查尼坚持,数值天气预报必须先从一个简单的模式出发,再逐步过渡到复杂的与现实接近的模式。因为当时冯·诺伊曼的计算机还没有完成研制,第一次数值计算是在 ENIAC 计算机(电子数字积分器和计算机)上完成的。计算结果十分成功,实验作出了 24 小时的天气预报。预报结果清晰地显示,尽管使用的是正压模式,但是对中纬度大气大尺度运动的预报与实际情况很相似。有趣的是,在当时的条件下,24 小时的预报需要 24 小时的计算时间。

第一次数值天气预报实验

这一结果立刻引起了轰动,数值天气预报从此得以迅速发展。查尼对数值天气预报的贡献是不可替代的。

1950 年
库宁提出地槽区的递变层理是浊流的标志

1950 年,荷兰地质学家库宁提出地槽区的递变层理就是浊流的标志,掀起了沉积学的“浊流革命”,是现代沉积学的滥觞。库宁做了大量的水槽实验,证实了密度流存在的可能。他的工作将现代沉积物研究、古代沉积物研究与实验结合了起来,在短短几年里,便将相关研究成果推广到了世界各国,应用于各国的岩石研究中。

1950 年
查加夫发现 DNA 分子中嘌呤和嘧啶间的当量关系

20 世纪初,俄国—美国生物化学家列文等人在阐明核酸的化学结构时认为,4 种碱基在核酸中是等量的。1950 年,奥地利—美国生物化学家查加夫分离了 4 种碱基,采用紫外分光光谱法分析了每种碱基在核酸中的含量。查加夫在分析比较了人、牛、猪、羊以及酵母和细菌等不同生物的 DNA 后发现,虽然不同物种的 DNA 中 4 种核苷酸的数量和相对比例大不相同，但各种生物中嘌呤和嘧啶的总数量大致相等，其中腺嘌呤(A)与胸腺嘧啶(T)数量相等，鸟嘌呤(G)与胞嘧啶(C)数量相等。这种嘌呤和嘧啶间的当量关系表明，DNA 分子中 A 与 T、G 与 C 互相配对。此外，查加夫还发现 4 种核苷酸在 DNA 分子中并非单调重复，而是以任意顺序排列的。这些发现为沃森和克里克建立碱基配对原则并最终提出 DNA 双螺旋结构模型提供了直接的帮助。

1950 年
莱洛伊尔发现糖核苷酸

糖类是生命活动中不可缺少的物质。以葡萄糖为例，它直接参与机体的新陈代谢过程，提供机体所需的能量。植物以淀粉的形式储存葡萄糖，动物以糖原(又称动物淀粉)的形式储存葡萄糖。淀粉和糖原是许多葡萄糖分子按一定规则连接形成的糖类大分子。然而，生物体是如何合成和储存糖类物质的？这个问题一直困扰着世界各国的生物化学家。

1950 年，阿根廷生物化学家莱洛伊尔率先发现了一种糖核苷酸——尿苷二磷酸葡糖。莱洛伊尔等人发现尿苷二磷酸葡糖不仅是半乳糖代谢中重要的中间体，协助将半乳糖转化为葡萄糖，还能在多糖合成过程中作为糖的供体，将其中的葡萄糖部分加到另一个糖上，形成二糖，或一个一个地加到多糖链上形成更长、更大的多糖甚至糖原。莱洛伊尔等人还将动物肝脏或肌肉的提取物与尿苷二磷酸葡糖混合，实现了糖原的合成。1959 年，他据此提出了糖原生成机制，1960 年又提出了淀粉的合成机制。

1950 年代，继尿苷二磷酸葡糖之后，莱洛伊尔及其他科学家又陆续分离了多种糖核苷酸，并证明它们在多种代谢反应中发挥着关键作用。1970 年，莱洛伊尔因发现糖核苷酸及其在糖类化合物合成中的作用而荣获诺贝尔化学奖。

1950 年
鲍林提出蛋白质的 α 螺旋结构模型

1930 年代后期，已经在化学键理论以及复杂化合物结构阐释方面作出重大贡献的美国化学家鲍林开始涉足生物大分子结构研究领域。他与生物学家合作，分析了血红蛋白的结构。实验表明，血红蛋白在得氧和失氧状态下结构不同。为了精确测定这两种状态下血红蛋白结构的差异，鲍林引入了他所熟悉的 X 射线衍射法。1950 年，他根据结构化学知识和血红蛋白的 X 射线晶体衍射图谱，推断血红蛋白中的肽链在空间呈螺旋状排列，这就是最早的蛋白质 α 螺旋结构模型。

1951 年，鲍林根据 α 角蛋白的 X 射线衍射图谱进一步确定肽链中存在 α 螺旋结构。其后的大量实验证明，这种 α 螺旋不仅广泛存在于纤维蛋白和球蛋白中，而且还是蛋白质中最主要的二级结构形式。α 螺旋是肽链绕中心轴呈逆时针方向螺旋上升的一种结构，螺旋中的氨基酸残基侧链伸

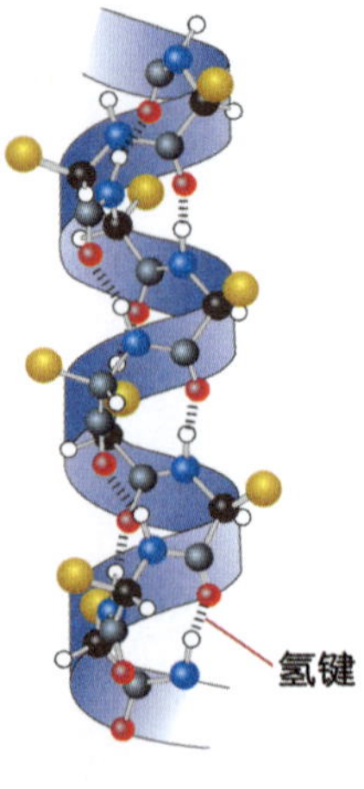

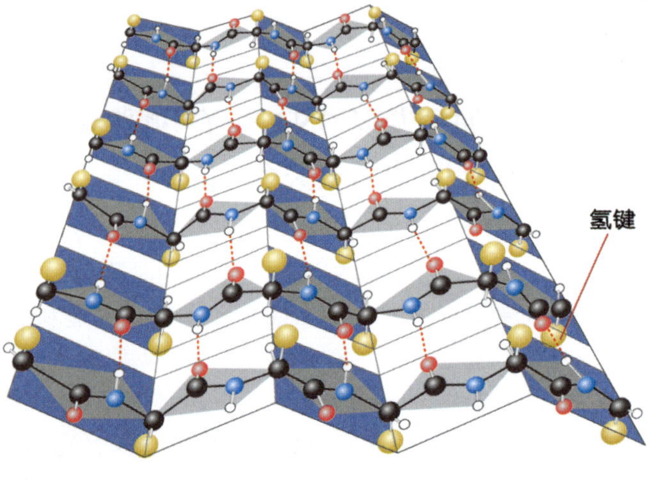

蛋白质的 α 螺旋结构(左)与 β 折叠结构(右)

向外侧，相邻螺线之间形成氢键，使得这种结构保持稳定。鲍林后来还发现另一种被称为 β 折叠的结构，它是由伸展的多肽链组成的并排的结构，排与排之间也通过形成氢键保持稳定。今天我们知道，蛋白质的氨基酸序列（包括二硫键的位置）被称为一级结构；肽链中部分氨基酸残基周期性排列形成弯曲或折叠就产生 α 螺旋和 β 折叠等二级结构；邻近的二级结构彼此靠近形成的规则聚集体，被称为超二级结构；肽链在二级结构的基础上进一步形成紧密的三维空间构型，被称为三级结构，三级结构一般以“球状”或“纤维状”来形容；蛋白质具有独立三级结构（甚至独立功能）的亚单位（称为亚基）可结合在一起形成该蛋白质的四级结构。

鲍林也曾试图解开 DNA 结构之谜，但由于未能获得清晰的 DNA X 射线衍射照片而走上“三螺旋结构”的歧路，但他所建立的蛋白质 α 螺旋和 β 折叠结构模型，对沃森和克里克提出 DNA 双螺旋结构模型提供了重要的启示。此外，鲍林在酶催化反应机理、抗原与抗体结构互补性原理以及 DNA 复制的互补性原理等诸多方面都作出了杰出的贡献。作为两度诺贝尔奖得主（1954 年化学奖和 1962 年和平奖），鲍林辉煌的一生为当代世界留下了弥足珍贵的财富。

1950 年
中松义郎发明软磁盘

1950 年，在日本被誉为“现代爱迪生”的发明家中松义郎正就读于东京帝国大学，不分昼夜地忙于学习和发明。为了使超负荷运转的大脑得到放松，他喜欢边工作边欣赏贝多芬的第五交响曲。当时的留声机唱片转速是每分钟 78 转，密度低，音质不好，而且经常发出“嘶嘶”的杂音。如何才能提高音质？中松义郎经过一番思索后发明了软磁盘，将信息存储在磁道上，通过读写头来写入或读出，避免了对盘面的刮划。软磁盘的发明开创了存储时代的新纪元，其销售权最终由 IBM 公司获得。

软磁盘状的中松义郎居所大门

1967 年，IBM 公司推出世界上第一张软磁盘，直径 32 英寸。4 年后又推出一种直径 8 英寸的表面涂有金属氧化物的塑料质磁盘，发明者是英国物理学家舒加特。1976 年，舒加特宣布研制出 5.25 英寸的软磁盘，即通常说的“5 寸盘”。1979 年，索尼公司推出 3.5 英寸的双面低密度软磁盘，其容量为 875KB，到 1983 年更将容量扩大为 1MB，即通常说的“3 寸盘”。“3 寸盘”有一个塑料外壳，比较硬，它的作用是保护里边的盘片。盘片上涂有一层磁性材料（如氧化铁），它是记录数据的介质。在外壳和盘片之间有一层保护层，防止外壳对盘片的磨损。

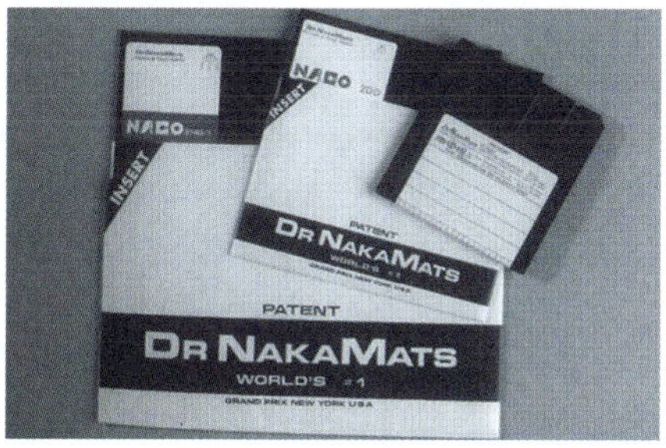

3、5、8 英寸软磁盘

如今，软磁盘因容量较小且容易损坏，已被 U 盘所取代。

1950 年
汉明码提出

1946 年，美国数学家汉明到贝尔实验室工作，他接受的第一个任务就是解决通信中令人头痛的误码问题。1947 年，汉明终于发明了一种能纠错的编码，并于 1950 年发表论文《检错码和纠错码》，正式提出著名的汉明码。

在接受端通过纠错码自动纠正传输中的差错来实现的码纠错功能，称为前向纠错。通过在传输码列中加入冗余位（也称纠错位），可以实现前向纠错。当数据链路中存在大量噪声时，前向纠错会增加数据吞吐量，因此这种方法比简单重传协议的成本要高。

汉明码是一种错误校验码，它利用了奇偶校验的概念，通过在数据位后面增加检验位，即可以验证数据的有效性，降低了前向纠错的成本。利用一个以上的校验位，汉明码不仅可以验证数据是否有效，还能在数据出错的情况下指明错误位置。

虽然汉明码的发明是为了解决通信中的误码问题，但它对计算机同样有用。当计算机存储或移动数据时，可能会产生数据位错误，这时就可以利用汉明码来检测并纠错。

汉明由于数值方法、自动编码系统、错误检测和纠错码等方面的贡献，获得 1968 年度图灵奖。

1950—1952 年
布拉德等测量海底热流

地球内部是一个巨大的热量库，它的热能主要来源于地球内部放射性元素衰变。地球内部的热量不断地流出地表，称为热流；而在海底表层散射出来的热流，则称为海底热流。陆地上的热流测量始于 1939 年，但对海底热流进行测量直到 1950 年代初期才开始开展，主要因为难以使用仪器对海底热流进行直接观测。

1948 年，英国地球物理学家布拉德等人采用间接测量的方法，研制出实用的海底热流计。他们在尖头钢管的不同部位放置温度传感器，并附上记录器，制作成探针，用于海底热流测量。1950 年，布拉德第一次在大西洋海域进行海底热流测量。1952 年，布拉德、美国海洋学家雷维尔等使用海底热流计，分别在大西洋和太平洋海域开展海底热流测量。海底热流计的使用使得海底热流调查和研究工作得以迅速开展，由此获得的大量的海底热流调查资料，对于开展海底地壳地质结构、构造演化和活动性研究，海洋油气资源和地热资源评价，以及海洋工程地质灾害防治等，都具有重要的理论意义和应用价值。

1950 年代
豪普特曼和卡尔勒建立测定晶体结构的直接法

就晶体空间结构的测定而言，X 射线衍射可为我们提供两方面的信息：衍射方向和衍射强度。根据衍射方向可确定晶胞的大小和形状（晶胞参数）；根据衍射强度可确定晶胞中原子的种类、数目和分布，进而确定键长、键角以及整个晶体的空间结构。

由 X 衍射图像确定晶体空间结构并不容易。众所周知，波既有强度又有相位，两列波相加时，若相位差为 0 或 2π，则为相加性干涉，若相位差为 π，则为相消性干涉。若不知两列波的相位差就无法相加，正如只知向量的大小，不知向量的方向，是无法求得向量和的。所以结构解析的关键是确定衍射波的相位。解决的方法有重原子法、试错法和直接法等。重原子法有先天的限制，试错法工作量大，不易掌握。

美国数学家豪普特曼和化学家卡尔勒密切合作，在 1950 年代用统计方法研究了晶体的衍射数据，发现衍射图像通过数学变换，可直接得到晶体的三维结构，这便是直接法。

在 1950—1955 年间，他们用这种方法测定了几种分子的结构。随着电子计算机的普及与发展，结构分析逐渐变得简便有效。其有效性已由上万种药物、激素、维生素等的结构测定而得到证实。

豪普特曼和卡尔勒因建立测定晶体结构的直接法而荣获 1985 年诺贝尔化学奖。直接法也成为不同学科的科学家合作取得成功的典范。

1950 年代
平卡斯等发明口服避孕药

20 世纪，由于有机合成方法的不断创

新，人们除了用化学试剂修饰某些天然药物外，还可以合成许多新药物。

1950 年代，美国科学家平卡斯开始着手研发避孕药。凭着他丰富的技术知识和敏锐的科学直觉，他立刻找到了研发的关键，即孕激素。他让助手用黄体酮(一种孕激素)进行动物实验，结果非常理想。1953 年 4 月，他请求一些化学公司将其生产的与黄体酮化学性质相似的任何合成甾醇类样品送给他。他对这些化学样品分别进行试验，结果发现其中的羟炔诺酮似乎特别有效。它是由瑟尔公司的生物化学家科尔顿等研发的，当时他们还没有意识到自己已经发明了一种口服避孕药。由平卡斯组建的研究小组进一步发现，羟炔诺酮内如果掺入少量另一种化学药品——炔雌醇甲醚，就会变得更为有效，就是这种复方药物最终由瑟尔公司命名为异炔诺酮投入市场。1955 年，平卡斯认为对这种药物进行大规模试验的机会已经成熟。1956 年 4 月开始，他们在波多黎各圣胡安的一个郊区进行了大约 9 个月的试验，证明这种药的效果十分显著。但是试验工作又继续进行了 3 年之后——1960 年 5 月，美国食品药物管理局才批准异炔诺酮上市销售。

从此，人类有了一种特殊的药物，它给人类的生活带来了革命性的变化。

1950 年代
帕洛玛天图问世

从 1950 年起，在德国—美国天文学家明科夫斯基等人的指导下，帕洛玛山天文台口径 122 厘米的施密特望远镜开始拍摄巡天照片，至 1958 年完成北天深空蓝红双色照相天图，全称《美国国家地理学会—帕洛玛天文台巡天》，简称 POSS，即“帕洛玛天图”。天图覆盖天球上赤纬-33°以北的区域，共含 935 个 6.6°见方的天区，分别用蓝色和红色滤光片拍摄，极限星等分别为 22 等和 21 等。因该天图所拍摄的天体深度空前，问世后即成为天文学研究的基本工具，以玻璃版、软片版和纸质版多种形式复制，广为发行并多次再版。此后，天文学家们利用帕洛玛天图编制了多种天体表，包括星团与星协、行星状星云、亮星云、暗星云、反射星云、电离氢区、星系和星系团、特殊星系等。同时，该天图也是证认射电、红外、X 射线等其他波段辐射源的光学对应体的权威性依据。

1950年代初几位天文“巨星”云集帕洛玛天文台 (左起)赫马森、哈勃、巴德和明科夫斯基。

1950 年代
前 3 份剑桥射电源表问世

1940 年代后期，英国天文学家马丁·赖尔领导剑桥射电天文小组，用刚问世的二元射电干涉仪测定 50 个射电源的位置，于 1950 年刊布了《剑桥第一射电源表》，简称 1C。1955 年，赖尔发明四元干涉仪，用以进行广泛的天文观测，于同年刊布《剑桥第二射电源表》，即 2C。1959 年刊布了《剑桥第三射电源表》，即 3C。3C 的数据是在 159 兆赫的频率上测得的，比 2C 的频率 81.5 兆赫提高了将近 1 倍。表中射电源按赤经排序，流量下限为 8 央。这是第一次系统的射电源巡天。后来，许多重要的射电源常以 3C 加上它在该表中的序号命名，例如著名的类星体 3C48、3C273 等。1965 年和 1967 年分两次公布了《剑桥第四射电源表》，即 4C。由于采用了新发明的综合孔径技术，灵敏度达到了 2 央，分辨率也达到了角分量级。1995 年完成的《剑桥第五射电源表》，即 5C，巡天分辨率为几十角秒，灵敏度提高到 2 毫央。

1950 年代
布鲁尔—多布森环流提出

加拿大—英国气象学家布鲁尔生于加

拿大的蒙特利尔，成长于英国德比郡。他在伦敦大学完成本科和硕士教育，专业是物理学，于 1937 年进入英国气象局工作。第二次世界大战后，他对平流层水汽进行了长期的观测，发现其含量比预想的要低得多。1949 年，布鲁尔推测热带对流层顶附近存在上升运动，当空气穿越热带对流层顶的“冷陷阱区”时，发生冷凝，使得进入平流层的空气非常干燥，所以平流层水汽含量非常低。

英国气象学家戈登·多布森于 1920 年到牛津大学担任讲师。过去的辐射理论认为，大气层在对流层顶之上是等温的。多布森根据陨石尾迹的分析，提出大气温度在对流层顶之上并不是等温的，而是随高度的升高而升高(逆温)。他进一步分析指出，平流层温度随高度的升高而升高是由于平流层臭氧吸收了太阳紫外辐射。此后，他开始在全球不同位置对平流层臭氧进行观测。结果表明，臭氧浓度的高值区并不位于臭氧的生成区——热带，而是位于高纬度地区。多布森据此在 1956 年指出，平流层大气存在自热带向两极的运动，并把热带生成的臭氧输送到高纬度地区。

布鲁尔和多布森的推论结合起来，就构成了平流层的经向环流，也就是布鲁尔—多布森环流。来自对流层及平流层自身的各种化学成分和痕量气体，通过在对流层产生各种光化学和其他化学反应，由布鲁尔—多布森环流自热带向两极输送，影响着大气臭氧层变化与气候。

与大气对流层的三圈经向环流不同，平流层每个半球只有一个单圈环流。需要特别指出的是，布鲁尔—多布森环流的形成机制与对流层哈得来环流的形成机制非常不同。布鲁尔—多布森环流不是热力驱动的，也不是由于热带对流层对流运动贯穿对流层顶造成的，而是由中纬度地区的行星波驱动的。行星波动在大气对流层中纬度地区形成之后，向上传播进入平流层。由于空气密度随高度迅速减小，平流层内空气密度很小，行星波振幅迅速变大，并最终破碎。行星波在平流层中纬度地区破碎之后，形成一个向西驱动的力，驱动气块向西运动，在科里奥利力的偏转作用下，气块向极地偏移。根据质量连续性原理，为补偿中纬度气块向极地的运动，热带气块将向中纬度运动。与此相关的是，热带将产生空气上升运动，气块膨胀冷却；而极地产生空气下沉运动，气块被压缩加热。因此，热力变化只是对动力驱动的布鲁尔—多布森环流的响应，而非布鲁尔—多布森环流的驱动因素。

1950 年代
中国人工养殖海带成功

海带是一种藻类植物，一般生长在海底岩石上，富含蛋白质、纤维素、糖类和微量元素等营养物质，特别是碘含量很高，具有较高的食用价值和药用价值。海带原产于西北太平洋的白令海峡、鄂霍次克海、日本北海道和本州北部的海岸和岛屿等地，属于亚寒带型藻类。人类早期利用海带一直以采集自然资源为主要来源。

1927年，侵华日军在大连修建木栈桥码头，大量使用从北海道运来的原木，将海带孢子带到大连海域，自然繁衍后由关东水产试验场进行人工管理，成为中国境内的第一批海带。1930年，关东水产试验场又从北海道运来海带苗，采用绑石投苗的方法在大连海域进行人工养殖，取得成功，年产约100吨左右。1946年，海带养殖开始由大连拓展到山东烟台海域。1951年，海带养殖成功拓展到青岛沿海，人工筏式养殖试验取得成功，使海带生产摆脱了自然繁殖状态，达到全人工养殖。其后，海带南移养殖试验不断开展。1956—1957年，在浙江舟山等地开展的海带南移实验取得成功。1958年，自然光育苗法解决了海带养殖的苗种供应问题。此后，在江苏、福建、广东等地进行的海带大面积试验养殖也相继成功，又将海带的生长水域向南推移了6个纬度。

1952年中国的海带养殖产量仅为22.3吨，2000年前后已达400万吨。1996年，中国

中国海洋生物学家曾呈奎在海带养殖现场

海带产量占全球养殖藻类总产量的57.8%。中国海带人工养殖技术成为世界海产品养殖史上的一大创举。

1950 年代
莱维–蒙塔尔奇尼和科恩发现生长因子

1950 年代以前，科学家还不清楚神经发育的分子机制。1952 年，意大利—美国神经生物学家莱维–蒙塔尔奇尼将鼠肿瘤细胞转移到鸡胚胎时，发现前者虽然没有与后者的神经系统直接接触，却使后者的神经系统特别是感觉神经细胞和交感神经细胞生长旺盛。她意识到，鼠肿瘤细胞产生了一种未知的物质，能够选择性地促进神经的生长，她将这种物质称为神经生长因子(NGF)。之后她通过实验证明了自己的猜测。

不久，美国生物化学家斯坦利·科恩加入了莱维–蒙塔尔奇尼的研究小组。他们于 1956 年从肿瘤细胞中提取出能促进神经生长的物质，其中含有蛋白质和核酸。为了确定 NGF 的成分，科恩用蛇毒处理提取物以除去核酸，结果发现产物促神经生长的活性更强了，这表明其他组织(如蛇的毒腺)中也含有 NGF。科恩于 1958 年从蛇的毒腺和小鼠唾液腺中分离并提纯了 NGF，并制备相应抗体以确定 NGF 的结构与功能。后来的研究表明，NGF 是一种蛋白质，许多生物的多种组织在生长发育过程中都能合成并释放NGF，从而诱导神经往自己所在的位置生长。

继 NGF 之后，莱维–蒙塔尔奇尼和科恩还研究了其他类型的生长因子，发现了促进皮肤和角膜表皮细胞生长的表皮生长因子(EGF)。生长因子的发现和研究不仅对认识细胞生长、存活和分化机制具有重大意义，还促进了对疾病病理机制的认识和治疗手段的开发。1986，莱维–蒙塔尔奇尼和科恩因发现生长因子而荣获诺贝尔生理学医学奖。

1950 年代
罗伯茨等证明核糖体是合成蛋白质的场所

美国医学家扎梅克尼克起初的研究方向并不是蛋白质合成，不过敏锐的科学直觉让他在研究正常细胞和癌细胞的代谢差异时发现了不同寻常的现象，于是，他开始了对蛋白质合成的探索。1950 年代，通过大鼠肝细胞的体外实验，他得出结论：蛋白质合成需要“富含微粒体的碎片，在碎片内氨基酸可以稳定连接成多肽，随后连接成蛋白质”，并认为“这些碎片是可溶、不耐热和不可透析的，能促进氨基酸连接成微粒体蛋白质”。随后，罗马尼亚—美国细胞生物学家帕拉德在电子显微镜下发现动物细胞的细胞质中存在许多致密的颗粒物质，之后又证明它们是由蛋白质和 RNA（后来被命名为核糖体 RNA，即 rRNA）组成的。1958 年，美国生物物理学家理查德·布鲁克·罗伯茨将这些颗粒命名为核糖体。

1959 年，罗伯茨等以大肠杆菌为材料，用同位素示踪技术和蔗糖密度梯度离心法，证明了核糖体就是合成蛋白质的场所。在他们的实验中，硫 35 和碳 14 标记的氨基酸在几秒钟之内就被整合到核糖体上合成新蛋白质，新合成的蛋白质被迅速地释放到细胞质中，且与细胞质中的其他可溶性蛋白质没有明显区别。这一结果与扎梅克尼克的结论不谋而合。

1950 年代
三倍体甜菜育成

多倍体育种是采用人工方法获得多倍体植物，再利用其变异来选育新品种的方法，已逐渐成为蔬菜作物育种的主要途径之一。用人工方法诱导的多倍体，可以得到一般二倍体所没有的优良经济性状，如粒大、穗长、抗病性强等。对于以营养器官(如茎、叶、根)以及瓜、果而不以种子为收获对象的植物来说，多倍体育种具有重要意义。在这方面最成功的例子是三倍体甜菜和三倍体无籽西瓜的培育成功。

甜菜作为糖料作物栽培始于 18 世纪后半叶，至今仅 200 多年历史，但其种植面积现已占全球糖料作物的 48%，次于甘蔗而居第 2 位。现在生产上广为使用的甜菜为同源三倍体，是同源四倍体与二倍体杂交产生的。日本于 1939 年开始有意识地开展三倍体育种，并获得三倍体无籽西瓜；1950 年代育成三倍体甜菜，与二倍体甜菜相比，其抗病力强，含糖量高，收获时糖分不因成熟过度而下降，加工品质也好，经推广种植，获得了很大的经济效益。随后，欧洲的一些国家迅速用三倍体甜菜取代了原来的二倍体品种。瑞典、联邦德国、波兰、法国等国在 1970 年代均采用二倍体亲本与四倍体亲本甜菜杂交获得三倍体杂种，其播种面积约占播种总面积的 90%以上。

20 世纪中叶
哈塞尔等推进立体化学

由于分子中的原子或基团绕单键自由旋转，所以分子在空间会产生不同的排列，这种特定的排列形式称为构象。

早在 1930 年代，挪威化学家哈塞尔就用 X 射线衍射等方法对许多环己烷的衍生物进行了结构分析。他发现环己烷的船式和椅式构象是普遍存在的，并且可以通过热运动相互转化。哈塞尔的工作发展了有机化学中结构的概念，把结构的分析深入到了构象层面。构象分析成为立体化学发展的又一个里程碑。后来，哈塞尔还发现，许多生命物质(如蛋白质、核酸)都是在一定的构象下才具有生理活性。

早在 20 世纪初，德国化学家温道斯和维兰德就先后测出了胆固醇和胆汁酸的结构，但是他们无法解释这类具有重要生理活性的甾族化合物的某些特殊性质。英国化学家德里克·巴顿认为这些特殊性质必然与它们结构上的特殊形态有关系。他用 X 射线衍射技术对甾族化合物进行结构分析后，发现甾族化合物的四个环中，三个有环己烷骨架的环都是以椅式构象存在的，这正是它们具有特殊性质的原因。1950 年代初，他关于构象分析的著名论文发表，被认为是对立体化学和有机结构理论的一大贡献。1960 年代后，他在合成甾醇类激素方面又取得重要成就，发明了合成醛甾酮的简便方法，后被称为巴顿式反应。他因测定一些有机物的三维构象所作出的贡献而与哈塞尔共获 1969 年诺贝尔化学奖。

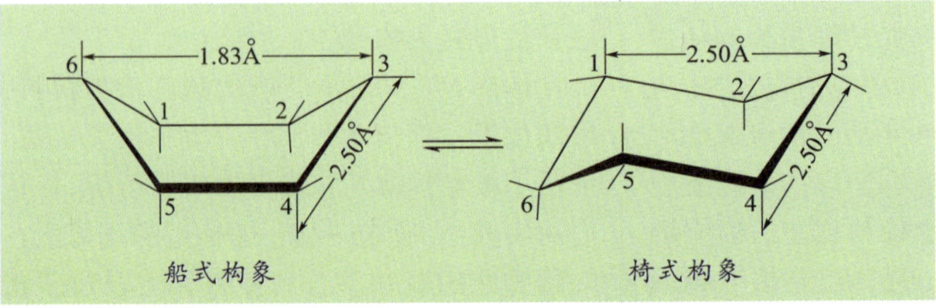

环己烷的构象

20 世纪中叶
卡茨等阐明神经递质及其储存、释放和失活机制

过去,人们一直以为神经冲动的传递是借助于物理方法进行的,就像电流通过电线一样。1920 年代,戴尔和勒维发现神经冲动传递是以化学方式进行的,即在神经末梢处释放生物活性物质,这些物质再引起下一个神经细胞或相关结构的电活动。然而,这些具有高度活性的物质是怎样合成、储存和释放的?它们怎么能在不到 1 秒的时间内出现、产生作用并消失?究竟有哪些物质参与了神经冲动的传递?这些问题的解答与三位科学家的工作有关。

德国—英国神经生物学家贝尔纳德·卡茨主要研究运动神经冲动作用于运动终板引起肌肉活动这一过程中发生的电变化。肌肉中有具电容器样特性的特殊结构,它们会因神经冲动而充电,放电时则激活肌肉。1955 年,卡茨用微电极在神经肌接头处记录了微终板电位,认为单根神经末梢释放出的单个囊泡中所含的乙酰胆碱,可以引起一个微终板电位。当神经冲动到来时,许多神经末梢同时释放大量乙酰胆碱,可引起终板电位。这些研究为神经递质的"量子释放"理论奠定了基础。

瑞典生理学家奥伊勒曾经和戴尔一起工作。1946 年,奥伊勒发现交感神经末梢释放的神经递质是去甲肾上腺素,在深入研究了去甲肾上腺素的生成、储存、释放、重摄取等整套的代谢过程后,最终发现去甲肾上腺素是在亚细胞颗粒中合成和贮存的。这种神经颗粒的直径只有约 0.1 微米,它就是突触小泡。

美国生物化学家阿克塞尔罗德的工作与奥伊勒相关,主要研究去甲肾上腺素从神经末梢释放后的去向。从 1949 年起,阿克塞尔罗德研究儿茶酚胺类化合物(包括肾上腺素、去甲肾上腺素和多巴胺)在生物体内的代谢过程,发现神经冲动在突触和神经肌接头处的传递是通过兴奋的神经末梢释放去甲肾上腺素作用于邻接的神经元或效应器来实现的,并发现可卡因、苯丙胺等可以阻断去甲肾上腺素的重摄取过程。

1970 年,卡茨、奥伊勒和阿克塞尔罗德因发现神经末梢传递物质及其储存、释放和失活机制而共获诺贝尔生理学医学奖。

1950 年代—1970 年代
希钦斯和埃利昂推进抗癌药物及其他相关药物的研究

1940 年代之前,人们对癌症的发病机制还知之甚少,因而对癌症束手无策。1945 年起,美国药物学家希钦斯和埃利昂开始合作研究抗癌药物。他们从正常细胞与癌细胞之间核酸代谢的差异入手,寻找能阻止癌细

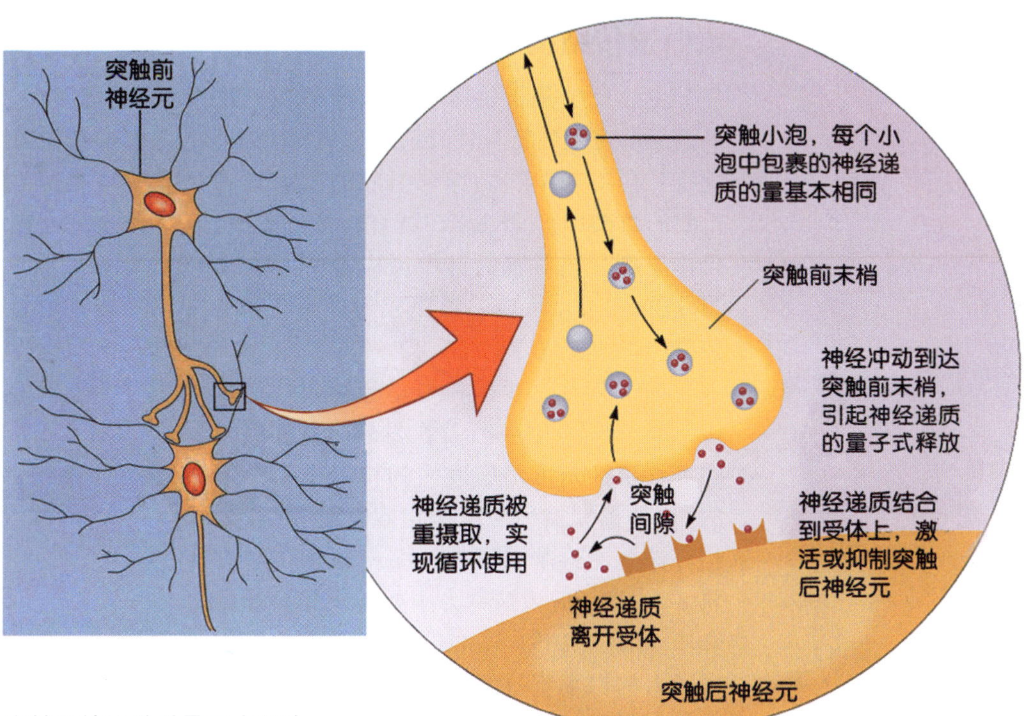

突触和神经递质量子式释放

胞生长但不损害正常细胞的药物。1950 年代初，他们研制成功抗癌药 6-巯基嘌呤，它能抑制癌细胞的核酸合成，从而阻止其生长。临床实验证明，6-巯基嘌呤确实能够使一些急性白血病患者的症状缓解。这是第一种肿瘤化疗药物，为人类对抗癌症带来了希望。之后，希钦斯和埃利昂又制成了 6-巯基嘌呤的衍生物硫唑嘌呤，它可以抑制免疫细胞的活性，后来被广泛用于治疗自身免疫病及降低器官移植时的排斥反应。1977 年，他们又研制成无环鸟嘌呤，它能专一性地抑制病毒 DNA 合成，是第一种有效治疗疱疹病毒感染的药物。

希钦斯和埃利昂的贡献不仅在于开发出多种新药，更在于将新药开发建立在对疾病的生理生化过程的深刻理解上。根据他们创立的原理，1980 年代，人们开发出治疗艾滋病的药物。1988 年，希钦斯和埃利昂因研究药物治疗的相关原理而荣获诺贝尔生理学医学奖。

1950 年代—1970 年代
斯内尔等发现控制免疫反应的细胞表面遗传结构

免疫反应是指机体受到病原体或异物刺激后所产生的特异性反应。对人体而言，免疫反应对细菌和病毒等引发的疾病具有重要的防御作用。不过，在器官移植过程中，机体对所移植器官的排斥反应是一大医学难题，探索排斥反应的根源成为提高器官移植成功率的关键。

1950 年代，美国免疫学家斯内尔通过小鼠的组织移植实验，首次发现小鼠间组织的可移植性是由细胞表面的特定抗原决定的，这种抗原被称为组织相容性抗原。组织相容性抗原的基因存在于某一染色体的有限区域，这一区域被称为主要组织相容性复合体（MHC）。1958 年，法国免疫学家多塞发现了人的白细胞抗原和决定这些抗原的基因。人白细胞抗原是一种细胞表面抗原，可以帮助人体识别自身细胞与外来异物。1970 年代，美国免疫学家贝纳塞拉夫进一步发现，白细胞表面抗原由组织相容性基因控制，并且能够遗传。白细胞抗原基因与人体免疫反应的强弱密切相关，直接影响着人体器官移植的成败。

1980 年，贝纳塞拉夫、多塞和斯内尔因发现控制免疫反应的细胞表面遗传结构而荣获诺贝尔生理学医学奖。

1950 年代—1970 年代
默里和托马斯推进对人类器官和细胞移植的研究

器官移植的概念可以追溯到古代，人们曾经做过无数次尝试，但都未获得成功。20 世纪初，1912 年度诺贝尔生理学医学奖获得者卡雷尔指出，因为存在一种“生物力量”，对抗移植的器官，从而导致移植的失败。

1954 年，美国医生约瑟夫·默里首次成功地在双胞胎之间移植了肾脏。此后，他又从尸体内取出肾脏，移植到病人体内，有效地用于治疗肾衰竭的病人。后来，器官移植的领域又扩展到肝脏、胰腺以及心脏。1971 年，美国医生托马斯首次成功地在不同个体之间移植了骨髓，由此可以治疗一些严重的遗传性疾病（如珠蛋白生成障碍性贫血）和一些免疫性疾病（如白血病和再生障碍性贫血）。

器官移植使许多种严重的疾病得到控制甚至治愈，为医学更好地服务于人类开辟出了一个新的领域，默里和托马斯也由于在人体器官和细胞移植方面的贡献而荣获 1990 年诺贝尔生理学医学奖。

1950 年代—1980 年代
博耶等发现 ATP 酶的作用

腺苷三磷酸（ATP）是一种含有高能磷

酸键的有机化合物,水解时能释放出大量能量,是生命活动所需能量的直接供给者,是生物体内最重要的高能化合物。人体所需要的能量几乎都是由 ATP 提供的。1929 年,德国和美国科学家首次从动物肌肉组织中发现了 ATP。1941 年,德国—美国生物化学家李普曼解释了 ATP 存储和释放能量的过程。

1950 年代,丹麦生物化学家斯科在动物细胞的细胞膜中发现了钠钾 ATP 酶,并发现它可以作为"钠钾泵",即钠钾 ATP 酶负责运送钠离子和钾离子穿越细胞膜。固定在细胞膜上的钠钾 ATP 酶被外部的钾和内部的钠激活,将钠"泵"出细胞并将钾"泵"入细胞,从而维持细胞内部相对于周围外部环境而言的高钾浓度和低钠浓度。1970 年代,美国生物化学家保罗·博耶发现动物细胞形成 ATP 的过程发生在线粒体内膜上,由 ATP 合酶催化 ATP 的合成。博耶提出了一种不平常的机制——"束缚转变机制"来解释 ATP 的合成:输入的能量不是用于合成 ATP 分子,而是促进已经形成的 ATP 的释放。1980 年代,英国化学家约翰·沃克测定了 ATP 合酶的氨基酸序列,随后又确定了 ATP 合酶的三维结构。沃克的研究工作支持了博耶的"束缚转变机制"。

1997 年,博耶、斯科与和沃克共获诺贝尔化学奖。

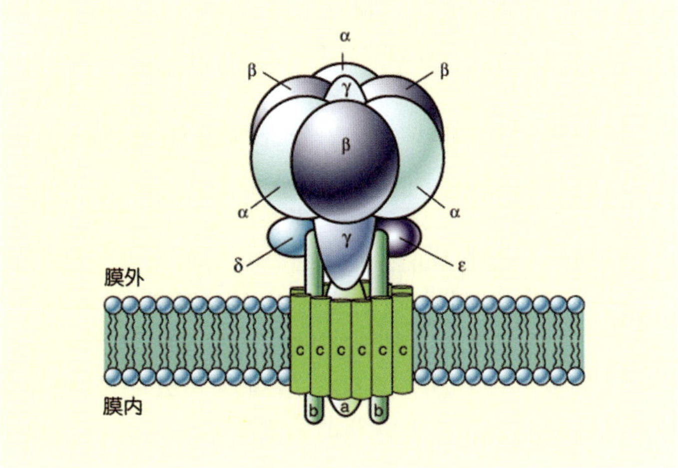

由多个亚基组成的 ATP 合酶

1950 年代—1990 年代 卡尔松等发现与神经系统信号传递有关的物质

1950 年代起,瑞典神经生物学家卡尔松研究证明,多巴胺是大脑中一种重要的神经递质。在动物中,多巴胺水平过低会引起行动障碍,其症状类似于人类的帕金森病(行为迟缓呆滞,肌肉僵硬、震颤,严重时会导致死亡)。给动物补充左旋多巴(一种多巴胺前体,能在动物体内转变为多巴胺),症状会有所缓解。这些工作使医生们开始尝试用左旋多巴来治疗帕金森病患者,直至今天,此法仍是帕金森病常用疗法的基础。美国神经生物学家格林加德进而提出了慢突触传递原理,即多巴胺结合到神经细胞膜上的受体以后,细胞内会产生大量第二信使——环腺苷酸(cAMP)以活化蛋白激酶 A,而蛋白激酶 A 可使磷酸根结合到某些蛋白质分子上(即磷酸化),从而改变它们的结构与功能,导致细胞发生一系列变化,如新的蛋白质合成,细胞对刺激更加敏感、更易兴奋,等等。格林加德还证明,几乎所有的慢突触传递都是通过蛋白质磷酸化(或去磷酸化)实现的。另一位美国神经生物学家坎德尔则利用海兔来研究生物的记忆,发现短期记忆和长期记忆都与突触和神经递质有关。

卡尔松、格林加德和坎德尔 1950 年代至 1990 年代在神经系统信号传递方面的工作,使人们能更深入地理解神经系统的工作原理,为帕金森病、老年痴呆、记忆衰退等疾病的临床治疗提供了理论基础和重要提示。2000 年,三位科学家分享了诺贝尔生理学医学奖。

20 世纪中后期 波普尔与科恩推进量子化学计算

1927 年,英国物理学家海特勒和弗里茨·伦敦求解氢分子的薛定谔方程,开创了量子化学。但是薛定谔方程太复杂,计算量太大。假如要计算一个含有 100 个电子的分子,先要计算 1 亿个双电子积分!如果计算全部的双电子积分,便是量子化学中的“从头计算法”。

美国化学家波普尔发展了多种量子化学计算方法。他在 1950 年代对量子化学的自洽场分子轨道法(利用自洽迭代过程处理分子轨道的方法)作出过贡献。波普尔的另一个重要贡献是用高斯函数突破了实现 HFR 方程计算的关键障碍,完成了最著名的量子化学计算软件包“高斯 70”,之后不断推出软件包的新版本。如今,全世界量子化学工作者都在用这个软件研究化学问题。

奥地利—美国物理学家瓦尔特·科恩早在 1964—1965 年就提出:一个量子力学体系的能量仅由其电子密度决定,从而建立了另一种形式的量子理论——密度泛函理论。电子密度比波函数容易处理得多,使计算量大减,这使大分子系统的研究成为可能。酶反应机制的理论计算就是一个典型的实例。如今,科恩的密度泛函理论已成为量子化学中应用最广泛的计算方法之一。

1998 年诺贝尔化学奖被授予科恩和波普尔,以表彰他们在量子化学领域作出的开创性贡献。他们的贡献使化学不再是纯实验科学,化学的两大支柱是实验和形式理论的时代已经来临。

20 世纪中后期
人工合成元素出现

20 世纪中期开始,人类已经不满足于寻找自然界存在的元素,开始对元素进行人工合成了。1937 年,意大利物理学家塞格雷和意大利矿物学家佩里埃用中子或氘核轰击钼而分离出锝。这是第一个人工制得的元素,因此被命名为“technetium”,即希腊语中“人工制造”的意思。随后,科学家们又相继制得了一系列元素。

1949 年,美国吉奥索和西博格等人制得第 97 号元素锫。1950 年,美国吉奥索和西博格等人制得第 98 号元素锎。1952 年,美国西博格和吉奥索等人制得第 99 号元素锿和第 100 号元素镄。1955 年,吉奥索等制得第 101 号元素钔。1957 年,瑞典诺贝尔研究所制得第 102 号元素锘。1961 年,吉奥索制得第 103 号元素铹。1968 年,吉奥索等制得第 104 号元素𬬻。1968 年,苏联科学家制得第 105 号元素𬭊。1974 年,苏联科学家与美国科学家几乎同时制得第 106 号元素𬭳。1976 年,苏联科学家制得 107 号元素𬭛。1982 年,德国明岑贝格制得第 109 号元素鿏。1984 年,德国明岑贝格制得第 108 号元素𬭶。1994 年,德国达姆斯塔特重离子研究中心(GSI)制得第 110 号元素𫟼和第 111 号元素𬬭。1996 年,德国达姆施塔特重离子研究中心制得第 112 号元素鿔。随后,第 113、114、115、116 和 118 号元素也陆续成功合成。

世界上合成元素的实验中心主要有三个:德国达姆斯塔特重离子研究中心、俄罗斯杜布纳联合核子研究所和美国加州大学劳伦斯实验室。

1951 年
尤恩等探测到中性氢的 21 厘米谱线

1944 年,荷兰天文学家范德胡斯特预言,在基态中性氢原子中,电子同质子的自旋方向由平行变为反平行导致的超精细能级跃迁,会产生波长 21 厘米的发射谱线。他还指出,虽然这是一个禁戒跃迁,但因星际空间的辐射非常稀薄,兼之大尺度空间中氢原子的柱密度甚高,故此谱线仍有可能被观测到。1951 年,美国天文学家尤恩和珀塞尔、荷兰天文学家克里斯蒂安·米勒和奥尔特、澳大利亚天文学家克里斯琴森和欣德曼,几乎同时都用射电望远镜探测到了中性氢的 21 厘米谱线辐射,从而证实了范德胡斯特的预言。后来,利用这条特殊谱线的观测资料,描绘了银河系旋涡结构的全貌和中

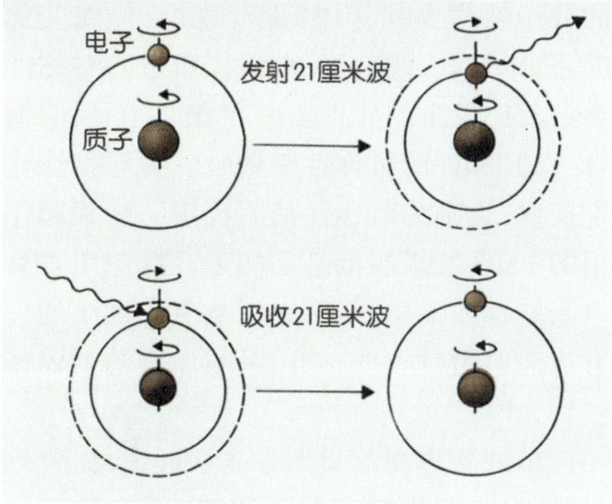

中性氢原子的波长 21 厘米辐射 （上）电子同质子的自旋方向由平行变为反平行，导致发射波长 21 厘米的辐射，（下）相反的过程导致吸收波长 21 厘米的辐射。

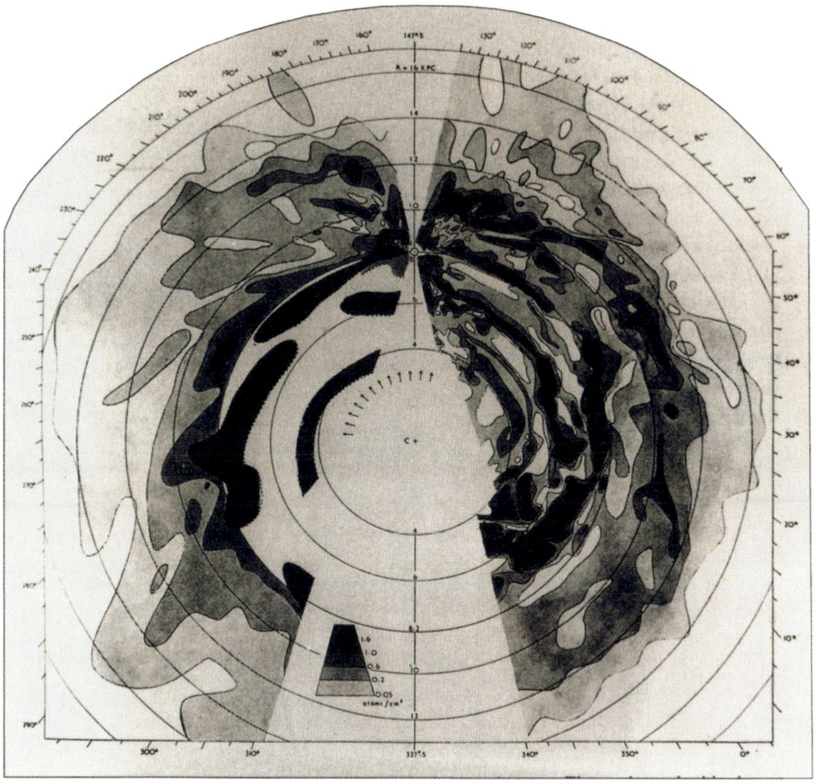

根据中性氢的分布推断的银河系旋涡结构图 此图作于 1958 年，左边一半主要是澳大利亚天文学家取得的成果，右边一半是荷兰天文学家的成果。中央是银心，上方 8.2 千秒差距处是太阳。

性氢云的分布、密度和运动图像。1953 年，在银河系外的其他旋涡星系中也探测到 21 厘米谱线辐射。于是，射电波谱方法逐渐成为研究银河系及河外星系结构和动力学的有效手段。

1951 年
用新方法探测银河系旋涡结构

1949 年，德国—美国天文学家巴德和美国天文学家梅奥尔在观测仙女座星系 M31 时，发现该星系中的发射星云、O 型和 B 型星、OB 星协、疏散星团等年轻高光度天体均能十分清楚地示踪旋臂。这为在光学波段探测银河系和河外星系的旋涡结构开辟了新途径。1951 年，美国天文学家威廉·威尔逊·摩根等人开始研究银河系高光度天体的空间分布，勾画出 3 条近乎平行的旋臂，即猎户臂、英仙臂和人马臂，从而第一次描绘出银河系旋臂结构的宏观图像。同年，美国、荷兰、澳大利亚的天文学家探测中性氢 21 厘米谱线取得成功。荷兰天文学家奥尔特领导的射电天文小组和澳大利亚联邦科学工业组织的射电天文小组，都随即制定了系统巡测银河系中性氢 21 厘米谱线的计划。1954 年，奥尔特小组公布首批结果，描绘出了银河系外部区域的旋涡结构。1958 年，奥尔特等人联合发表论文综合报道南北两半天球的巡测结果，给出了银河系内中性氢分布和旋涡结构的宏观图像。这些成果为认识星际物质和恒星在演化上的联系、探索旋涡结构的起源等，提供了很重要的线索。

1951 年
张香桐发现大脑皮层神经元树突的功能

大脑皮层神经元的突起分轴突和树突两种。其中，轴突传导神经冲动的功能早已广为人知，而直至 1950 年代人们对占大脑皮层总体积 1/3 以上的树突的功能仍知之甚少。1951 年，中国神经生物学家张香桐采用电生理的方法研究大脑皮层神经元树突的功能，首次提出树突有电兴奋性并能传导冲动。他认为树突上的突触兴奋可能对神经元兴奋性的精细调节起重要作用。

张香桐为中国脑科学研究和人才培养作出了重大贡献。1992 年,国际神经网络学会授予他终身成就奖,赞扬他"自 1950 年开始的关于大脑皮层神经元树突电位的研究,形成了一种划时代的重要标志,为树突电流在神经整合中起重要作用这一概念提供了直接证据"。

1952 年
发现共振态粒子

自 1897 年约瑟夫·汤姆孙发现电子以来,人们认识的基本粒子的数量越来越多。有些粒子寿命很短,如 μ 子约为 10^{-6} 秒,π 介子和 K 介子约为 10^{-8} 秒,但它们都属稳定粒子,因为与微观世界的特征时间 10^{-23} 秒相比这些粒子的寿命足够长。

后来人们发现,自然界中还有一类称为"共振态"的粒子,其寿命极短,仅比 10^{-23} 秒长一点。1952 年,费米等人在 π 介子与核子(质子、中子)碰撞实验中发现,总质心能量在 1236 兆电子伏处,碰撞截面迅速增大,即发生了共振。这是实验上发现的第一个共振态粒子,现取名为 Δ 粒子,它有四种不同的电荷态:+2,+1,0,-1。

1952 年
福井谦一提出前线轨道理论

1952 年,日本化学家福井谦一以量子力学为基础,提出了前线轨道理论。福井谦一认为有电子排布的、能量最高的分子轨道(即最高占据轨道 HOMO)和没有被电子占据的、能量最低的分子轨道(即最低未占轨道 LUMO)是决定分子的许多性质和化学反应的关键。HOMO 和 LUMO 处于化学反应的前沿,所以称为前线轨道(FMO)。前线轨道理论认为,在化学反应过程中反应物分子的分子轨道互相作用,进行改组,优先变化的是分子的前线轨道,由前线轨道的对称性决定反应发生的外界条件和方式。当反应物分子的 FMO 的对称性一致时,为对称性允许反应;否则为对称性禁阻反应。互相起作用的 FMO 能级高低必须接近。反应中若有电子转移或偏移,电子必须从电负性小的一方流向电负性大的一方,且与旧键的削弱相一致。

前线轨道理论早期并未引起注意,直到 1965 年美国化学家罗阿尔德·霍夫曼和罗伯特·伍德沃德首先用前线轨道的观点讨论了周环反应的立体化学选择定则,才引起化学家们的重视。前线轨道理论较好地解释了克莱森重排、库珀重排、狄尔斯—阿尔德反应等一些用经典的电子理论难以解释的有机化学反应。前线轨道理论简单、直观、有效,因而在化学反应、生物大分子反应、催化机理等理论研究方面有着广泛的应用。1981 年,福井谦一与提出分子轨道对称守恒原理的霍夫曼共获诺贝尔化学奖。

1952 年
陶布提出无机配位化合物电子转移机理

配位化合物的氧化还原反应涉及电子的转移。在金属配位化合物电子转移机理研究方面作出杰出贡献的是美国无机化学家陶布。1952 年,陶布发表了著名论文《溶液中无机配位化合物取代反应的速率及机理》,他在该论文中描述了在水溶液中的无机配位化合物的取代反应中,中心金属离子性质的变化对取代反应速率的影响,以及该离子的不稳定性与电子结构的关系,指出取代反应速率与过渡金属配位化合物的电子构型间存在着密切关系。在氧化还原反应机理的研究中,阐明了外界和内界电子转移机理,对理解金属配位化合物在催化中的作用很有帮助。他在研究工作中,特别注意采用新的实验技术,运用周密的实验,确切地阐明了配位化合物电子结构和活性的关系。他的研究成果及重要发现所产生的影响几乎涉及整个化学领域。

由于对无机氧化还原反应机理的开拓性研究,特别是在金属配位化合物电子转移机理研究方面取得重要成果,开启了配位化学的新纪元,陶布获得了 1983 年诺贝尔化学奖。

1952 年
詹姆斯和马丁提出气液色谱法

气相色谱法是以气体作为流动相的色谱技术,利用不同物质在不同相态的选择性分配,以流动相对固定相中的混合物进行洗脱,最终达到分离和分析的目的。按固定相分类可分为气固色谱法和气液色谱法。1930 年代,舒夫坦和尤肯发展了气固色谱法。1952 年,英国化学家詹姆斯与马丁用硅藻土吸附的硅酮油作为固定相,用氮气作为流动相分离了若干种小分子量挥发性有机酸,据此,他们提出了气液色谱法。詹姆斯和马丁把这一方法推广到氨、甲胺、挥发性脂肪胺和吡啶的同系物的测定中。这种技术很快就被其他实验工作者采用。

气液色谱法的出现使色谱技术从一种定性分离方法发展为具有分离功能的定量测定技术,并促进了色谱设备的机械化、标准化和自动化进程,同时也实现了色谱学理论的系统化,使得色谱技术在有机化学、生物化学、医学等方面有更广泛的应用。

气相色谱仪

1952 年
巴德订正宇宙距离尺度

1912 年,美国天文学家莱维特发现造父变星的周光关系后,丹麦天文学家赫茨普龙、美国天文学家沙普利、哈勃等相继利用距离已知的银河系造父变星作为标准,确定了周光关系的零点。1930 年代初发现星际物质后,沙普利随即做了星际消光改正,重新调整周光关系的零点。哈勃利用调整零点后的周光关系,重新测定星系距离,并将哈勃定律中的常数——即哈勃常数 H_0 修订为 558 千米/(秒·兆秒差距)。1940 年代,德国—美国天文学家巴德发现存在两类星族,并指出造父变星属星族Ⅰ,而天琴 RR 型星属星族Ⅱ。1948 年,帕洛玛山 5 米反射望远镜建成。巴德随即用它观测仙女座星系 M31 中的这两类变星,结果发现造父变星周光关系的零点应提高 1.5 等,相应地 M31 的距离就要增大一倍。1952 年巴德宣布,河外距离尺度需要修正:凡是过去以造父变星周光关系为基础推算的距离都要增大一倍。与此相应,哈勃常数 H_0 也要减小一半,即修正为 260 千米/(秒·兆秒差距),由其导出的宇宙年龄则相应地增大一倍,大爆炸宇宙学推断的宇宙年龄与地质学推断的地球年龄之间的矛盾亦随之得以缓解。

1952 年
布里奇曼发表地球内部高压物理实验结果

向地球内部不断深入,压力和密度也会逐步增大。在那些地震波传播速度和密度在几千米范围内突然增大的连续面处,问题要更为复杂,原因是物质化学成分的改变还是物理性质上的相变?地质学家想了解地球内部是否由花岗岩、玄武岩以及其他具体的物质所组成,地球化学家也想了解地球确切的化学成分。因此,必须找到一种解译的方法和规则,把由地震学家提供的地震波信息对应于具体的物质组成。

最早是美国物理学家布里奇曼着手进行高压物理实验，1952 年，布里奇曼发表《地球内部的弹性与构成》一文，奠定了内部地球物理学的基础。尔后，他的学生、美国地球物理学家伯奇，在不同的温度和压力条件下，对各种介质中的地震波传播速度进行了测定。伯奇建立了地震波速度与物质的密度、压力、温度和各种化学元素含量之间的关系。他的成果说明，地幔是一种富含硅的介质，而地核则富含铁，因为铁在特别高的压力条件下密度增长很快，最大可达到 11—13 克/厘米^3。用压缩铁来验证地核的成分，是地球物理学的一项重大发现。

1952 年
赫尔希证明 DNA 是遗传信息的载体

1928—1944 年，英国微生物学家格里菲思和美国生物化学家埃弗里先后以肺炎球菌为实验材料，证明 DNA 是遗传物质。但人们对此仍半信半疑。

1952 年，美国细菌学家赫尔希进行了被认为具有“判决性”意义的噬菌体感染实验，证明了 DNA 的遗传信息载体地位。赫尔希小组制备了两种噬菌体，一种噬菌体组成外壳的蛋白质用硫的放射性同位素硫 35 标记，另一种噬菌体内部 DNA 用磷的放射性同位素磷 32 标记。用两种噬菌体感染细菌，尔后使用普通的厨房用搅拌器来搅拌噬菌体与细菌的悬液，将细菌与附在其表面的噬菌体分离开。结果发现，具有放射性的 DNA 多数存在于细菌中，而具有放射性的蛋白质留在细菌外。于是，赫尔希得出结论：噬菌体输送入细菌的物质是其内部的 DNA，而非外部的蛋白质，正是 DNA 引起了随后在细菌内部发生的一系列变化。噬菌体感染实验对分子生物学的诞生和发展产生了极为深远的影响，从此，人们确认 DNA 就是遗传物质，并将遗传研究的重点从蛋白质转向了核酸。

1969 年，赫尔希、德尔布吕克和卢里亚因噬菌体研究而分享了诺贝尔生理学医学奖。

1952 年
莱德伯格发现细菌的转导现象

在美国遗传学家莱德伯格和塔特姆发现细菌的有性繁殖——接合现象之后，莱德伯格于 1952 年又发现了细菌中的转导现象。噬菌体在感染一种细菌细胞后，能够获得这个细菌细胞的一部分 DNA 片段，然后在感染下一个细菌细胞时，将这部分 DNA 片段转移进去，这种现象称为转导。原来，噬菌体通过把自己的基因注入细菌细胞而感染细菌，接着，噬菌体 DNA 引导受感

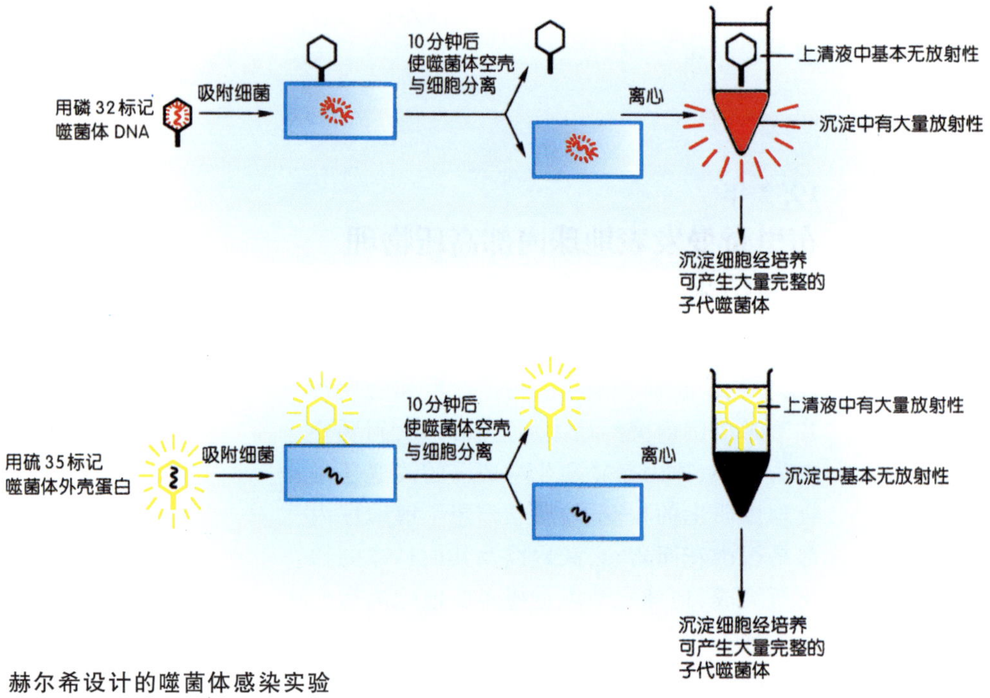

赫尔希设计的噬菌体感染实验

染的细菌细胞复制噬菌体的 DNA、表达噬菌体的蛋白质，从而制造出新的噬菌体。在此期间，细菌的 DNA 偶尔也被部分复制并包装入新的噬菌体中。当新的噬菌体开始感染另一批细菌时，原先细菌的这部分 DNA 就会随着噬菌体的遗传物质进入新细胞，并重组到这些细菌的 DNA 中，使后者获得新的遗传性状。

转导现象的发现标志着基因重组技术的真正开始。从此，科学家可以将经过选择的基因人为地注入到细菌细胞中，实现实验室条件下对细菌基因的操作。1958 年，莱德伯格因其在细菌基因重组技术和遗传材料结构方面的成就而与塔特姆和乔治·比德尔共享诺贝尔生理学医学奖。

1952 年
霍奇金等发现神经元兴奋和抑制的离子机制

20 世纪初，有科学家提出细胞在静息和活动时，细胞膜内外的钾离子浓度、膜对钾离子进入细胞的限制有所差异。英国生理学家艾伦·霍奇金和安德鲁·赫胥黎用实验证明并发展了这一假说。1946 年，赫胥黎与霍奇金合作，将玻璃微电极插入枪乌贼的巨大神经元轴突内测量细胞膜内外的电位差。与其他动物只有几十微米粗的神经元轴突相比，枪乌贼巨大神经元的轴突直径约 0.8 毫米，肉眼就能看到，是研究神经传导、细胞膜电位差的绝佳材料。霍奇金与赫胥黎第一次记录下了跨神经细胞膜的电位变化。他们发现当神经细胞处于静息状态时，细胞膜内外存在电位差，膜外电位为正，膜内电位为负；当刺激神经时，膜电位在很短时间内变为膜外为负，膜内为正，这一电位就是我们现在所知道的动作电位。为了解释动作电位发生和传导的离子机制，霍奇金和赫胥黎提出了著名的霍奇金—赫胥黎模型。这一模型用电容、电导等物理学的概念描述了细胞膜脂双层上的离子通道（离子可由此自由进出膜，但钾离子通道只允许钾进出，钠离子通道只允许钠进出）、离子泵（需要消耗能量将离子送进/送出膜）等，并用一组微分方程定量地描述了它们之间的关系。模型认为，细胞在静息状态下，钾离子从膜内流到膜外，形成外正内负的静息电位；在活动状态时，钠离子大量进入膜内产生动作电位。1952 年，霍奇金与赫胥黎发表了他们的研究成果。

受此启发，澳大利亚神经生物学家埃克尔斯结合自己关于中枢神经突触的兴奋和抑制的研究结果，发展了离子学说，认为氯离子进出细胞膜也是膜电位变化的原因之一，而神经递质与细胞膜上的受体结合可以改变细胞膜对钾、钠、氯等离子的通透能力。

1963 年，霍奇金、赫胥黎和埃克尔斯因发现神经元兴奋和抑制的离子机制而荣获诺贝尔生理学医学奖。

1952 年
索尔克和萨宾研制成脊髓灰质炎疫苗

美国医生索尔克在实验室里成功地培育出全部 3 种脊髓灰质炎毒株。索尔克把病毒灭活制成疫苗，1952 年在患脊髓灰质炎康复的儿童身上进行实验。结果，被实验者血液中脊髓灰质炎抗体增加了。接着，索尔克在自己、妻子和孩子身上进行了接种实验，结果他们体内都出现了相应的抗体，并且没有患上脊髓灰质炎。1953 年，索尔克公布了他的研究成果。1954 年，美国有 200 万儿童接受了索尔克的疫苗实验。结果表明，这种疫苗保护儿童免受脊髓灰质炎侵害的有效率为 80%—90%。随后，这种灭活脊髓灰质炎疫苗成为对脊髓灰质炎的标准预防手段。

索尔克的脊髓灰质炎疫苗效果很好，但它不能有效阻断病毒的传播。1950 年代，美国辛辛那提大学的萨宾医生在猴子的肾脏细胞中一代又一代地培养脊髓灰质炎病毒，直到筛选出不致病的毒株，得到的疫苗称为口服(减毒)脊髓灰质炎疫苗。1960 年代，萨宾的疫苗得到了许可证，这种疫苗采用口服滴剂的形式，并且能够有效阻断病毒在人群中的传播，它很快取代了索尔克的疫苗，成为预防脊髓灰质炎的主要手段。

1953 年
盖尔曼和西岛和彦发现奇异数

1950年代初，大型加速器的建造和运行发现了一批强子，其中包括比 π 介子更重的四种 K 介子，以及比质子更重的六种重子，如 Λ、Σ、Ξ 等。这类新粒子有某些令人费解的奇异性质，主要表现为：通过强相互作用产生，通过弱相互作用衰变；协同产生(即成对产生)，非协同衰变(指这类新粒子的衰变产物中可能有这类粒子，也可能没有这类粒子)。

1953 年，美国物理学家盖尔曼和日本物理学家西岛和彦发现，可引进一种称为“奇异数”(用 S 表示)的物理量量子数来描述这类粒子的奇异性。原来已知的粒子，如质子、中子、π 介子等称为“普通粒子”，它们的奇异数为零。这批新粒子称为“奇异粒子”。盖尔曼和西岛和彦通过对大量实验事实的分析、归纳，为这些新粒子设定了各自的奇异数。他们还发现，奇异数在强相互作用过程中守恒，而在弱相互作用中不守恒，但满足某种选择定则(|ΔS|≤1)。根据这些规则，物理学家能够解释当时粒子物理实验中所有有关事实。

汤斯(左)及其助手和第一台微波激射器

1953 年
汤斯发明微波激射器

1951年，美国物理学家汤斯提出如下设想：用非均匀电场分离出处于激发态的氨分子，然后根据爱因斯坦 1916 年提出的受激辐射原理，通过氨分子的受激辐射，以达到微波放大的目的。他的设想终于在 1953 年获得了成功，发明了世界上第一台微波激射器。

微波激射器的工作过程大致如下：氨分子束从束源射出，进入一聚焦电极系统，该系统产生的非均匀电场使基态氨分子偏向四周，激发态氨分子沿中心轴线进入一谐振腔，在腔内激发态分子向低能级跃迁，产生受激辐射，将满足共振条件的能量输入辐射场。氨分子激射器的频率为 2.4×10^4 兆赫，波长为 1.25 厘米，属于微波波段。

第一台微波激射器的输出功率为 10^{-8} 瓦，虽然很低，但它是第一次成功地综合了受激辐射、辐射振荡和放大的新光学器件，为其后可见光波段激光器的发明奠定了基础。之后不久，苏联物理学家巴索夫和普罗霍罗夫也独立研制了微波激射器。为此，汤斯、巴索夫和普罗霍罗夫分享了 1964 年诺贝尔物理学奖。

1953 年
艾根建立测量化学反应速率的弛豫法

从 1930 年代开始，人们广泛利用物理原理和手段，对快速反应进行研究，逐步形成了研究快速反应的方法。其中闪光光解法和弛豫法最为有效。弛豫法于 1953 年由德国化学家艾根发明。

弛豫法可用来研究溶液中半衰期在毫秒以下的极快反应的化学动力学机理。其做法如下：给予平衡的反应体系一个高速的、突然的温度脉冲，使体系稍微偏离平衡；然后利用电导和光谱等手段检测体系的弛豫时间，即体系从旧平衡状态过渡到新平衡状态所需要的时间。通过测量弛豫时间可以获得体系中化学反应的速率常数。用这种方法能对 10^{-8} 秒内完成的极快反应进行观测和研究。

艾根由于对极快反应研究的突出成就，与另两位同样在快速反应检测领域有出色贡献的英国化学家诺里什和乔治·波特分享了 1967 年诺贝尔化学奖。

1953 年
费歇尔等确定二茂铁的结构

1951 年，美国杜肯大学的研究人员用环戊二烯基溴化镁处理氯化铁时，意外得到了一种橙黄色固体，它具有芳香性，加热到 400℃也不分解。他们认为这是环戊二烯基和铁相联结的化合物，并把其稳定性归结于具有芳香性的环戊二烯基负离子。

德国化学家恩斯特·奥托·费歇尔经过一系列研究后指出，这个化合物是由上下两个五元环、中间一个铁离子形成的夹心结构，并用 X 射线晶体分析法予以证实。这两个五元环都是共轭结构，都有 6 个 π 电子，因此具有芳香性。他把这个化合物命名为二茂铁。1953 年，他的研究报告发表后，引起了广泛的重视。随后他又预测了二苯铬夹心化合物的存在，并于 1954 年合成了二苯铬，测定了它的结构。

英国化学家杰弗里·威尔金森等也从事了二茂铁的研究工作。他通过化学方法和物理方法的综合研究，以及 X 射线结构分析，也证实二茂铁是一个具有夹心结构的化合物。此后，他又合成了二苯铬，以及含 4 个碳、7 个碳、8 个碳的环烯烃与过渡金属离子形成的 π 夹心络合物。

以二茂铁为代表的有机金属化合物的合成，进一步打破了无机化学和有机化学的界限。威尔金森和费歇尔因各自独立地研究以二茂铁为代表的一系列夹心络合物而发展了有机金属化学，共获 1973 年诺贝尔化学奖。

1953 年
沃尔什提出原子吸收分光光度法

1953 年，英国—澳大利亚物理学家阿兰·沃尔什正式提出利用原子吸收光谱建立新的吸收分光光度法，并于 1954 年在墨尔本物理研究所展示了第一台简单的原子吸收分光光度计。次年，他发表了专题论文《原子吸收光谱在化学分析中的应用》，从理论上探讨了这种方法。原子吸收法的关键是如何使待测试样充分原子化，并形成稳定的原子蒸气，然后使锐线光源穿过待测试样蒸气，辐射的一部分便被蒸气中待测元素的基态原子吸收。因此，这种方法就是根据蒸气相中被测元素的基态原子对其原子共振辐射的吸收强度来测定试样中被测元素的含量。沃尔什将试样做成圆筒状空心阴极，通过放电和阴极溅射而使试样原子化，锐线光源是空心阴极灯。此后，原子吸收分光光度法逐渐发展成为一种新型的常用仪器分析方法，在化工、农业、食品等领域被广泛应用。

阿兰·沃尔什和他的原子吸收分光光度仪

1953 年
布朗发现硼氢化反应

赫伯特·布朗是英国—美国有机化学家，他的研究领域极为广阔，并有许多重大发现，其中最主要的发现是硼氢化反应，即硼烷与不饱和有机物反应，定量地转变成有机硼化合物。

布朗在研究生阶段就已开始了对硼烷结构和性能的研究。他第一个发现硼烷的金属化合物钠硼氢($NaBH_4$)对羰基化合物具有优良的还原性能，这一发现使钠硼氢很快成为有机化学实验室中必备的试剂。不久，他发现锂铝氢($LiAlH_4$)具有更强的还原性，锂铝氢也立即成为普遍使用的试剂。1953 年，布朗发现硼烷和烯烃反应可以合成烷基硼和其他有机硼化合物，而有机硼化合物在有机合成中有广泛用途。他发现的硼氢化氧化和羟汞化还原反应，更是使烯烃按不同的立体化学要求转变成醇的著名反应。这些反应都具有高度的选择性，反应条件温和，操作简便，产率很高，深受有机化学家的欢迎。

硼氢化反应在高选择性(包括立体选择性)地合成天然产物方面有独特的功效，使有机硼化合物在有机合成中得到了广泛应用，推动了有机硼化学的飞速发展。布朗因把硼的化合物发展成为有机合成中的重要试剂，而与德国化学家维蒂希分享了 1979 年诺贝尔化学奖。

1953 年
普雷洛格对立体化学的研究取得突破

南斯拉夫—瑞士化学家普雷洛格早年在萨格勒布任教时就对有机分子空间结构的研究产生了浓厚的兴趣。1941 年，由于德国入侵，他转入瑞士苏黎世大学工作，在那里开始着手研究中等大小环状结构中构象与化学活性的关系。1953 年，普雷洛格在研究苯乙酮酸的非对称脂与甲基碘化镁的反应时，发现两个混合在一起的非对映立体异构体的加成物水解后，生成物中一种对映体的比例偏多，即具有旋光性。他在进一步研究后得出结论：不同构象影响着大小不同的原子和原子团在反应物中与反应原子的替换结果，从而影响到产物的旋光性。这一理论的提出为微生物立体专一性等现象的解释提供了理论依据，对研究酶、辅酶与底物间的反应有着重要的指导意义。

普雷洛格在立体化学方面的另一重大贡献是与罗伯特·卡恩、英戈尔德一同提出了现代有机化学研究中普遍采用的分子手性系统标志体系，第一次将镜像体清楚地描述和区分开来。不同旋光性的手性碳原子分别被表示为 R–构型(顺时针)和 S–构型(逆时针)。这一命名规则既科学又方便，很快就在有机化学研究者中普及开来。

1975 年，由于在研究有机分子和反应的立体化学机理方面的卓越贡献，普雷洛格和澳大利亚化学家康福思共获诺贝尔化学奖。

1953 年
桑德奇等发现球状星团主序

利用光电器件——主要是光电倍增管——作为探测器以测量天体辐射流量的方法，称为光电测光。1950 年代，光电测光技术迅速崛起，使球状星团赫罗图的研究取得重要进展。1953 年，美国天文学家阿尔普、鲍姆和桑德奇发现了球状星团 M92 的主序，接着桑德奇又发现了球状星团 M3 和 M13 的主序。3 个球状星团主序的上端均与亚巨星支相接，而且它们的主序“折向点”位置比较靠近。桑德奇将观测到的星团赫罗图同恒星演化的理论模型进行比较，得出这些球状星团的年龄约 50 亿年，从而揭示了球状星团比疏散星团年老。后来又陆续发现不少更年老的球状星团，它们是银河系中最为古老的一类天体。

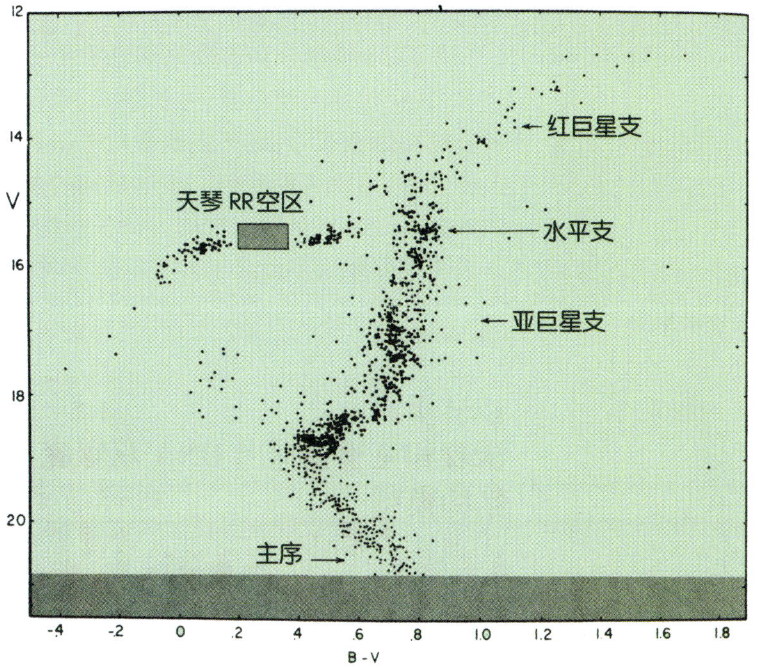

球状星团 M3 的赫罗图 在水平支上有一个空隙，那里没有亮度固定的恒星，而该星团中发现的约 200 颗天琴 RR 型星则坐落于此。位于图中下方阴影区内的星团成员星都因太暗而无法观测到。

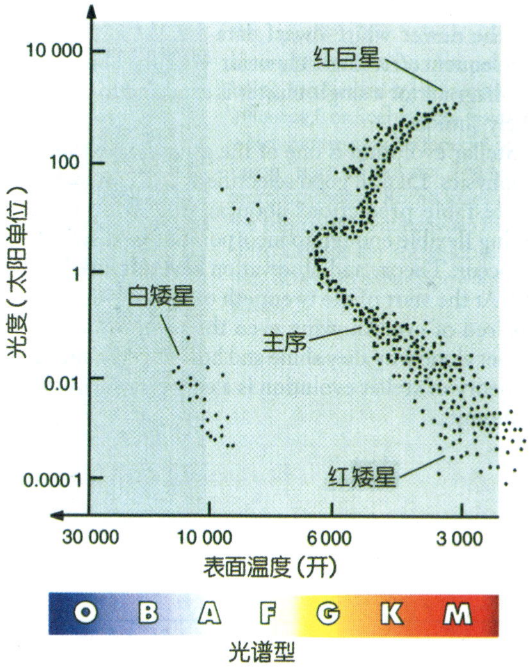

南天球状星团杜鹃座 47 的赫罗图 将该星团赫罗图的主序折向点、巨星支和水平支与理论模型相匹配，可得知其年龄约为 110 亿年。这使杜鹃座 47 成了银河系中已知最古老的天体。

1953 年
米勒实验模拟生命起源

生命是如何起源的？这是困扰人类的最大难题之一，也是当代科学最为关注的焦点问题之一。神创论认为生命是由神（如西方人信奉的上帝和中国神话中的女娲）创造的，但随着 19 世纪自然科学领域取得的一系列突破性进展，尤其是达尔文进化论的诞生，神创论观点被逐渐抛弃；19 世纪的自然发生说则认为生命可自发地由非生命物质产生，这一看法在巴斯德著名的灭菌实验后也被否定；而宇宙胚种论则认为地球上的生物最初来自太空中的其他星球，这种看法尚缺乏令人信服的证据。

1924 年，俄国生物化学家奥巴林的《生命起源》出版，他提出早期地球的环境可能创造出含有复杂化学物质的“原始汤”，生命就起源于此。在“原始汤”中，甲烷、氨气和氢气等小分子物质逐渐合成出不同复杂程度的有机分子。经过漫长的过程，有机分子再逐渐聚合生成原始的蛋白质或核酸等生命大分子。生命大分子再形成具有生命现象的团聚体，最终形成真正的生命体。《生命起源》主要对生物学家产生了重大影响，而在化学领域则没有引起太多关注，而且“原始汤”中的有机物是如何合成的这一问题一直悬而未决。

1950 年，曾因发现氢的同位素氘而获得 1934 年诺贝尔化学奖的美国化学家尤里，在美国芝加哥大学开设了一门讲授太阳系起源的课。他推测，地球原始大气含有氢、甲烷、氨气等大量还原性气体，几乎不含氧气。原始大气通过特定的化学反应，可能会产生生命分子。尤里的学生、美国化学家斯坦利·米勒将尤里的设想付诸实验。1953 年，米勒设计了一个独特的密闭设备，模拟生命起源之前的地球状况。一个玻璃球状仪器代表原始海洋，给予特定的加热处理，必需的原始大气如氢气、甲烷、氨气等则充入另一个球状仪器，并进行高压电火花处理。一周后，米勒在“海洋汤”中检测到 7 种氨基酸样的物质。后续实验生成了更多种类的氨

1953

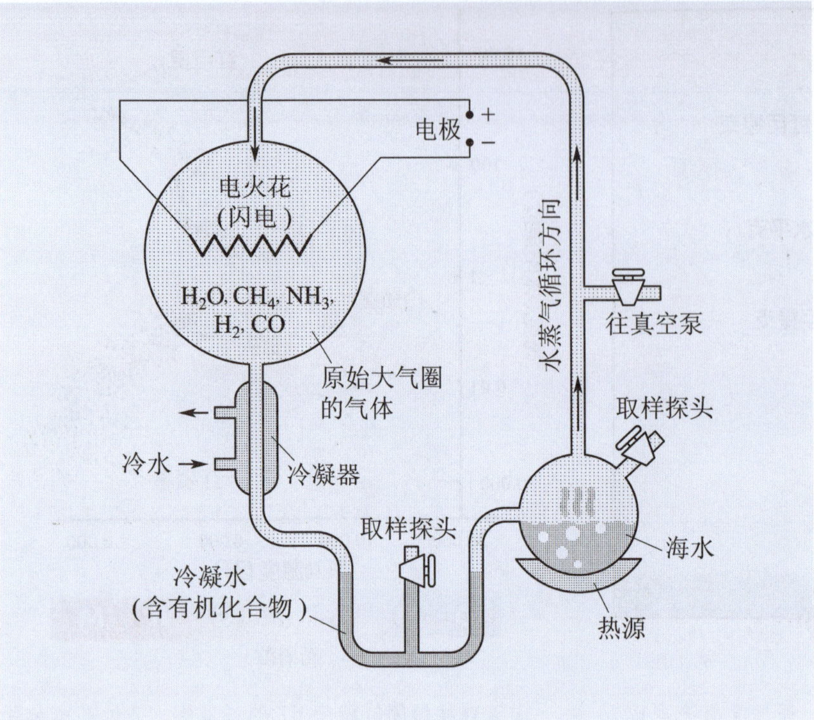

米勒实验图解

基酸，其中组成蛋白质的 13 种氨基酸都被成功地鉴定出来。完成这个实验时米勒才 23 岁。

近年来米勒实验遭到了质疑，但它对生命起源研究有巨大的推动作用是不争的事实。几千年来，破解生命的起源之谜似乎遥不可及，是米勒开创性地将它搬进了实验室。因此，在过去的半个世纪里，米勒实验一直被视为生命起源研究道路上的一座里程碑。

1953 年
迪维尼奥合成多肽激素

19 世纪末，被誉为“生物化学之父”的德国化学家埃米尔·费歇尔已经合成了多肽，但其方法缺乏应用价值。1953 年，美国生物化学家迪维尼奥采用硫保护法将二硫键引入多肽链。应用这一新的合成方法，他将 8 个氨基酸分子串成了一个八肽环，合成了催产素（能引起子宫收缩和乳汁分泌）和升压素（能使血压升高）等多肽激素，并因此荣获了 1955 年诺贝尔化学奖。

今天，工业生产的多肽激素已有上百种之多，其中包括人胰岛素、生长激素、生长激素释放抑制激素等，这些多肽激素可以调节人体发育，治疗多种疾病。不过目前的多肽激素大多是采用基因工程的方法生产的，而不再单纯依赖化学合成了。

1953 年
沃森和克里克提出 DNA 双螺旋结构模型

解开了 DNA 的结构之谜，生命科学就将打开一扇新的大门，这是不言而喻的。1940—1950 年代，英国剑桥大学卡文迪什实验室的生物物理学家莫里斯·威尔金斯和物理化学家罗莎琳德·富兰克林通过 DNA 的 X 射线晶体衍射研究，认为 DNA 是一种长链的多聚体结构；而美国化学家鲍林通过对蛋白质的螺旋结构的研究，认为 DNA 是一种三螺旋结构。

美国分子生物学家沃森在大学里主修的专业为鸟类学，但他不安于做一个鸟类学家。他先是师从卢里亚（噬菌体研究领军人），从而对 DNA 作为遗传物质的重要性有了深刻认识；随后，1951 年他进入剑桥大学卡文迪什实验室进修，在那里遇到知音——英国分子生物学家克里克。克里克在卡文迪什物理学实验室工作时，主要从事晶体的 X 射线衍射研究，并对 DNA 的结构产生浓厚兴趣。沃森和克里克对探究 DNA 结构志趣相投，且都受到薛定谔的小册子《生命是什么？》的深刻影响，所以经常聚在一起讨论 DNA 的结构问题。1953 年，借助威尔金斯、鲍林、查加夫等人的研究基础和富兰克林出色的X 射线晶体衍射照片，沃森和克里克认为 DNA 具有双螺旋结构，并将研究结果以不足千字的短文《核酸的分子结构》发表于《自然》杂志上。由于此项贡献，沃森、克里克和威尔金斯共同获得 1962 年诺贝尔生理学医学奖，富兰克林则由于早逝未能分享这份

沃森(左)、克里克与他们建立的 DNA 双螺旋结构模型

荣誉。

DNA 双螺旋结构的提出打开了生命的微观之门,由此生物学研究进入分子阶段,生命的本质被逐渐揭示。今天我们知道,DNA 是携带了遗传信息的生物大分子,它由 A、T、G、C 四种核苷酸组成,根据碱基互补配对原则而形成双螺旋结构。DNA 双螺旋结构的发现是 20 世纪最伟大的科学成就之一。

1953—1954 年
发明齐格勒—纳塔催化剂

1934 年,英国化学家福西特和助手在研究乙烯与苯甲醛的反应时,意外地收获了一种新的化学物质。当时他们将反应物置于 140 兆帕的高压下升温至 170℃,没有发生预期的反应,打开反应釜后发现了一些不知名的白色固体。后经其他科学家研究,这种未知的白色固体就是乙烯在高压下聚合的产物,因此被称为高压聚乙烯。高压聚乙烯熔点较低,而且高温高压条件给大规模生产带来不便。能否在常温常压下合成出性能更好的聚乙烯就成了亟待解决的问题。

1953 年,德国化学家齐格勒采用三乙基铝和四氯化钛为催化剂,在常压下合成出白色粉状聚乙烯,在聚乙烯合成领域取得了重大突破。1954 年,意大利化学家纳塔将齐格勒催化剂进一步改进为三氯化钛和烷基铝体系,使之能用于催化合成高产率的聚丙烯。这类催化剂被称为齐格勒—纳塔催化剂。该催化剂的应用不仅可以控制支链的产生,生成无支链聚乙烯,还可让乙烯(或丙烯)按一定方向聚合,甚至可以按照需要来设计大分子结构。鉴于上述两位科学家在该领域的杰出贡献,他们共同获得 1963 年诺贝尔化学奖。

在此基础上,1957 年,英国化学家凯勒首次在溶液中生长出聚乙烯单晶,并发现这种单晶的结构为折叠链组成的片晶。聚乙烯高分子化合物的研究工作又向前迈进了一大步。

1954 年
杨振宁和米尔斯提出非阿贝尔规范场论

对称性是自然界普遍存在的一种特性,一种对称性对应一个守恒律。在物理学中,对称性就是在对称变换下物理规律的不变性。规范对称性是对称性的一种,如电磁理论中,可由多个矢势描述同一个磁场,这种对称性即为规范对称性。规范对称性可分为“整体规范对称性”和“定域规范对称性”。整体规范对称性与时空无关,电磁理论是一种最简单的整体规范对称性,这种规范对称性导致了电荷守恒定律。

最早引入规范对称概念的是德国数学家外尔。1918 年,他试图通过一种定域规范(尺度)变换将引力理论与电磁理论统一起来,但没有成功。后来人们发现,如果在尺度变换中加上虚数单位 i,就可以用来描述电磁理论。引入 i 后的变换已不是规范(尺度)

变换，而是位相变换，不过由于历史原因，规范变换一词一直沿用至今。由于定域规范变换在时空各点上的变换是不同的，故如果仍要保持理论的不变性，必须引进一种新的场，即规范场。

1954 年，中国—美国物理学家杨振宁和美国物理学家米尔斯在他们的论文《同位旋守恒和广义规范不变性》中，将一维位相空间中的定域规范变换，推广到三维位相空间——同位旋空间中去。一维位相空间中作变换(转动)是与其前后次序无关的，这叫阿贝尔变换，即可交换的。电磁场是最简单的规范场——U(1)阿贝尔规范场。同位旋空间是三维位相空间，在其中作变换是与前后次序有关的，此时引进的规范场叫 SU(2)非阿贝尔规范场，或称杨—米尔斯场。后来发现，这一规范场论可推广到更复杂的对称性情况，因而杨—米尔斯场是一类范围广泛的非阿贝尔规范场。规范场量子化后的规范粒子是传递相互作用的媒介子，如电磁场的光子等。对应同位旋对称性的规范场的量子有 3 种，被称为中间玻色子。

规范场论中，规范粒子均无质量，如中间玻色子与光子，这是难于理解的，所以当时认为该理论只是“一个完美的数学构想”。直到 1964 年，希格斯机理提出后，规范粒子的质量问题才得到解决，并相继发展出了电弱统一理论、强相互作用的量子色动力学理论、大统一理论等。引力理论也是一种规范场论，因此规范场论可以作为统一自然界四种基本相互作用的基石。非阿贝尔规范场论在现代物理学中起着重要作用，也为数学研究开创了一个崭新的广阔领域。

1954 年
西格巴恩提出 X 射线光电子能谱法

用 X 射线照射样品表面，可使样品表层原子中的电子释放出来，而成为光电子。通过测量光电子的数目和能量，可得到光电子的强度与电子能量的函数关系，即光电子能谱。光电子能谱反映了固体表面的元素组成、能带结构和化学性质。

1954年，瑞典物理学家凯·西格巴恩和他的同事们研制了一台能够测量 X 射线光电子能谱的双聚焦高分辨率电子能谱仪，系统地研究了各种元素的能级结构和固体的能带结构。后来，他们又将此项技术用于化学分析，开创了一种新的分析方法——X 射线光电子能谱法，简称 XPS。西格巴恩因“对发展高分辨率电子光谱学作出的贡献”而获得了 1981 年诺贝尔物理学奖。值得一提的是，他的父亲卡尔·西格巴恩由于“在 X 射线光谱学领域的发现与研究”曾荣获 1924 年诺贝尔物理学奖。

1954 年
发现维蒂希反应

20 世纪以来，在有机合成中，如何将基团引入定点位置成为有机合成家们的研究热点，出现了许多以化学家名字命名的有机化学反应，维蒂希反应便是其中一种。

1950 年代，维蒂希在研究不饱和系统中有机反应中间体的稳定性和反应历程时，把磷的化合物引入到有机合成中。1954 年，他制得了一个非常有用的试剂——亚烷基三苯基磷烷，该试剂被称为磷叶立德。叶立德又称鎓内盐，指的是一类在相邻原子上有相反电荷的中性分子，磷叶立德最为常见。叶立德在有机合成中有很多应用。维蒂希用该试剂与酮和醛反应制得了在立体结构上比较专一的烯烃，后来这类反应被称为维蒂希反应，该试剂也被称为维蒂希试剂。

由于维蒂希反应在烯烃合成中有很强的实用性，因此它已经成为有机合成化学家十分重要的工具。维蒂希因将磷的化合物发展为有机合成中的重要试剂，与赫伯特·布朗同获 1979 年诺贝尔化学奖。

1954 年
伽莫夫提出三联体密码假说

自从 DNA 双螺旋结构模型诞生之后，人们开始关注“遗传密码”问题：DNA 只含有 4 种核苷酸，蛋白质却由 20 种氨基酸组成，这 4 种核苷酸究竟是如何决定每一种氨基酸的呢？

1954 年，苏联—美国理论物理学家伽莫夫提出了三联体密码假说，该假说认为 DNA 的 3 个核苷酸组成一个“密码子”，决定蛋白质中的一个氨基酸。因为如果由 A、T、C、G 4 个核苷酸中的任意 2 个组合在一起决定一种氨基酸，只能组成 4×4=16 种氨基酸的“密码”；如果由 3 个核苷酸决定一种氨基酸，就能组成 4×4×4=64 种氨基酸，大大满足需求。不过，伽莫夫设想的只是 DNA 直接与蛋白质对应，没有考虑 DNA 先将遗传信息传递给 RNA(称为转录，DNA 中的 T 对应于 RNA 中的 u)，RNA 再传递给蛋白质(称为翻译)的过程。1961 年，克里克用药物处理噬菌体的一个基因，使核苷酸脱落或插入单个核苷酸，发现插入或减少一个、两个核苷酸都会使该基因产生异常蛋白质，而插入或减少三个核苷酸就可合成正常的蛋白质。这个移码突变实验证明遗传密码确实为三联体。今天我们已经清楚地知道哪些密码子对应哪些氨基酸，密码子的 64 种组合中，会出现不同密码子对应相同氨基酸的情况，这称为密码子的“简并性”。决定甲硫氨酸的密码子同时还担负启动蛋白质合成的作用，被称为起始密码子。有 3 种密码子不对应任何氨基酸，而是作为蛋白质翻译的终止信号，被称为终止密码。

伽莫夫提出的密码系统激起了其他科学家强烈的研究兴趣。为了便于交流与合作，他召集了 20 位科学家，成立“RNA 领带俱乐部”，其中包括 DNA 双螺旋结构的发现者沃森和克里克。他还给每人用氨基酸名称起了一个代号，比如沃森叫“脯氨酸”，克里克叫“酪氨酸”。每位成员都拿到一根饰有 RNA 螺旋的领带，表明俱乐部的目的是研究 RNA 结构以及蛋白质的合成过程。1963 年，美国生物化学家尼伦伯格终于破译出第一个遗传密码。至 1966 年，遗传密码全部破译成功。

伽莫夫为“RNA 领带俱乐部”设计的原始纸样

1954 年
巴克斯开发 FORTRAN 语言

1953 年，美国 IBM 公司的程序员巴克斯提交了一个备忘录，建议设计一种接近人类语言的编程语言代替机器语言，从根本上提高编程效率、降低编程费用。1954 年，人类历史上第一个高级编程语言——FORTRAN 语言在纽约正式发布。巴克斯最早开发的是 FORTRAN Ⅰ，虽然功能简单，但在社会上引起了极大的反响。1957 年，第一个 FORTRAN 编译器在 IBM704 计算机上实现，并首次成功运行了 FORTRAN 程序。

FORTRAN 是世界上最早出现的计算机高级编程语言，它经历了一系列发展：1966 年推出第一个 FORTRAN 语言标准，称为 FORTRAN 66；1970 年代修订为 FORTRAN 77；1991 年国际标准化组织又批准了新的 FORTRAN 标准，称为 FORTRAN 90。FORTRAN 90 是国际上第一个支持多字节字符集的标准，该标准采纳了中国 FORTRAN 工作组关于字符的一些建议。FORTRAN 语言的数据包括常数、变量、数组、算术表达式、逻辑表达式等，语句分成赋值语句、输入输出语句、格式语句、控制语句、说明语句及子程序等类别。

1959 年，巴克斯又提出了规范描述编程语言语法的方案，经丹麦天文学家、计算机科学家诺尔完善后，诞生了巴克

FORTRAN之父巴克斯

1954

TRADIC计算机

斯—诺尔范式(BNF),成为描述各种编程语言的最常用工具。巴克斯由于设计了第一个高级编程语言 FORTRAN 和发明了 BNF,获得 1977 年度图灵奖。

1954 年
贝尔实验室制成晶体管计算机

1950 年代之前的第一代电子计算机都采用电子管作为元件,如 IBM 的 701 和 650 系列均是使用电子管的庞然大物。电子管元件在运行时产生的热量太多,可靠性较差,运算速度不快,价格昂贵,体积庞大,这些都使计算机的发展受到限制。

晶体管发明之后,开始被用来作为计算机的元件。1954 年 5 月 24 日,贝尔实验室使用 800 只晶体管组装了世界上第一台晶体管计算机,取名 TRADIC,使计算机的体积大大缩小。TRADIC 是第二代电子计算机的原型。

古新星新表

号数	原　文	书　名	时　间	星　座	α	δ	l	b	附　注
1	七日己巳夕豈口㞢新大星并火	殷虚书契后编(下)9,1	前 14 世纪	—	—	—	—	—	—
2	辛未酘新星	甲骨缀合编 118	前 14 世纪	—	—	—	—	—	—
3	周景王十三年春有星出婺女	今本竹书纪年	前 532 年	宝瓶座	$20^h 40^m$	$-10°$	$-5°$	$-31°$	左传和史记内均有记载
4	秦始皇卅三年明星出西方	史记·秦始皇本纪	—	—	—	—	—	—	—
5	汉高帝三年七月有星孛于大角,旬余乃人	汉书、文献通考	前 204	牧夫座 α 星附近	14 20	+20	346	+66	可能是再发新星
6	汉元光元年六月,客星见于房	汉书	前 134	天蝎座	15 40	−25	313	+20	这是中西史上皆有记载的第一颗新星
7	汉元凤四年九月,客星在紫宫中斗枢极间	汉书	前 77	大熊座	11 36	+60	103	+55	Williams 和 Biot 有考证,在 NGC 3587 附近
8	汉元凤五年四月烛星见奎娄间	汉书、文献通考	前 76	双鱼座	1 20	+25	101	−36	Williams, Biot, Lundmark 有考证
9	汉地节元年正月,有星孛于西方,去太白二丈所	汉书	前 69	—	—	—	—	—	—
10	汉初元元年四月,客星大如瓜,色青白,在南斗第二星东,可四尺	汉书	前 48	人马座 μ 星之东	18	−25	335	−4	Williams, Biot, Lundmark 有考证,在 NGC 6578 附近
	汉哀帝建平二			[illegible]					

《古新星新表》局部

1955 年
席泽宗发表《古新星新表》

中国是欧洲文艺复兴前所有文明古国中天象观测记录最为系统、精密的国家。1950 年代,随着射电天文学的兴起,天体物理学家为证实超新星爆发与某些射电源——诸如蟹状星云之间的关系而求助于中国古代天象记录。1955 年,中国天文学家席泽宗率先在中国《天文学报》第 3 卷上发表《古新星新表》,考订了从殷代到公元 1700 年间的 90 次新星和超新星爆发记录。1965 年,席泽宗又与薄树人合作在《天文学报》13 卷上发表《中、朝、日三国古代的新星记录及其在射电天文学中的意义》一文,后附《增订古新星新表》。相关文章和古新星表多次被译为英、俄等国文字,并持续地被大量引用。迄今所知的历史超新星记录,有 80%以上来自中国。中国学者对证认历史超新星做了许多研究工作,因其意义深远而在国际上备受关注。

1955 年
发现反质子

1930年代初,狄拉克对于正电子的预言已经被实验所证实,这使人们认识到,物质世界远比人们设想的复杂得多。如果狄拉克的理论普遍正确,那么不仅电子有反粒子,质子和中子也有各自的反粒子。由于反质子的质量比正电子大 1836 倍,寻找它所需的能量远比产生正电子的能量大得多，这就需要建造更高能量的加速器。

1955年，意大利—美国物理学家塞格雷和美国物理学家欧文·张伯伦领导的研究小组利用刚建成不久的一台高能质子同步稳相加速器，用高能质子轰击铜原子，成功地产生了反质子。反质子与正电子一样，在真空中是稳定的，但一旦遇到质子，两者就会立即“湮灭”而转化为光子或其他粒子。

塞格雷和张伯伦因发现反质子而获得了 1959 年诺贝尔物理学奖。

1955 年
佐贝尔发现深部生物圈

海洋微生物指分布在海洋中的个体微小、形态结构简单的单细胞或多细胞生物，包括细菌、放线菌、霉菌、酵母、病毒、衣原体、支原体、噬菌体，以及微型藻类和微型原生动物等。对海洋微生物学的研究最早可追溯到 1875 年，德国生理学家普夫吕格尔在海鱼身上发现发光细菌。1884 年，研究者发现在“护身符号”调查船采集到的 100 份 5100 米深海底的沉积物样品中，几乎都有活细菌。其后，多国学者对大西洋、北冰洋海域的细菌情况进行过调查和描述。由于当时的技术总体上比较粗糙，甚至有人提出这些所谓的海洋微生物的发现是因陆源微生物污染所致。

在这种背景下，1933 年，美国海洋微生物学家佐贝尔研制了人工海水培养基，通过实验发现非海洋细菌在海水培养基中的生长率很低，从而证明了海洋细菌的原生性。此后，他和他的同事又相继发明和改进了一系列海上微生物采样和分析装置以及生物培养基，为进行精确、定量的以生理学和生态学理论为基础的海洋微生物学研究创造了技术条件。佐贝尔研究海洋中的细菌垂直分布现象，并将研究范围扩展至深海沉积物中，创立发展了海洋地质微生物学。1946 年，佐贝尔出版了专著《海洋微生物学》。1955年，佐贝尔等在太平洋洋底 8 米以下的红黏土层中发现活的微生物，首次揭示了在洋底存在着“深部生物圈”。后来的研究表明，在深海海底以下数百米处的地层中，也有微生物活动的迹象。佐贝尔开创和引领了海洋微生物学多方位的研究方向，被尊为“现代海洋微生物学之父”。

1955 年
桑格测定牛胰岛素的氨基酸序列

1922 年，加拿大生理学家班廷提取出胰岛素，为治疗糖尿病带来了希望。此后，许多科学家投身于胰岛素研究，英国生物化学家桑格就是其中之一。

桑格可谓一位传奇人物，他的一生与生物大分子测序密切联系在一起，并分别由于在蛋白质和核酸测序方面的开创性贡献，两次荣获诺贝尔化学奖(1958 年和 1980 年)。桑格是一位医生的儿子，1943 年在英国剑桥大学获得博士学位，随后便致力于测定牛胰岛素的氨基酸序列。他提出了测定蛋白质或肽链末端氨基酸残基的方法——二硝基苯(简称 DNP)法，此法后来成为测定肽链末端氨基酸残基的标准方法之一。桑格在研究中发现，胰岛素含有不止一条多肽链，它们通过一种结合较松的化学键——二硫键结合在一起。桑格解开了二硫键，将胰岛素拆分为两条多肽链——A 链和 B 链。他将每条多肽链用酸或蛋白酶切成小片段，分析小片段的氨基酸序列，然后将小片段拼接成氨基酸长链，并推断出连接 A 链和 B 链的二硫键的位置。1955 年，桑格终于完成了牛胰岛素氨基酸序列的测定，这是世界上第一个被测定一级结构(氨基酸序列和二硫键位置)的蛋白质。此后，桑格又测定了其他物种的胰岛素氨基酸序列。他的工作为后来的胰岛素人工合成以及胰岛素分子结构与功能关系的研究奠定了基础，同时也开辟了一条更加深刻地认识生命本质的道路：

桑格

通过测定重要生物大分子的化学结构，理解它们是如何实现生命过程的。1958 年，桑格因蛋白质研究方面的工作，尤其是确定胰岛素的分子结构而荣获他科学生涯中的第一个诺贝尔化学奖。

桑格为人谦逊，同时又具有执着的追求精神。他说："我喜欢做别人没有想到的事，而不是和别人竞争谁先完成预定的计划；我偏爱把精力集中在实验研究上，而不是取得最终结果。"正是这些优秀品质促成了他的伟大科学成就。

1955—1965 年 第一代操作系统出现

操作系统出现之前，每个程序的启动和结束都需人工装卸载有"所要执行的程序及其要处理的数据"的纸带或卡片，因为纸带和卡片是那时的主要输入/输出(I/O)介质。在人工装卸纸带或卡片的过程中，计算机是完全空闲的，这大大降低了机器的利用率。第一代操作系统就是为了避免人工装卸程序和数据、提高机器利用率而产生的。

1955—1965 年期间开发的单任务自动批处理操作系统通常被称为第一代操作系统，它的主要功能是通过作业控制语言，使多个程序可在计算机上自动连续运行，在上一个程序结束与下一个程序开始之间不需人工装卸和干预。此外，第一代操作系统通常还带有 I/O 驱动库。当时典型的 I/O 设备有磁带、纸带、卡片等。

第一代操作系统的典型代表是 FMS (FORTRAN 监控系统)和 IBSYS(IBM 操作系统)。FMS 是专为 FORTRAN 语言开发的操作系统，而 IBSYS 则是基于"共享"的理念为 IBM 公司的 7090 型和 7094 型计算机提供的操作系统。IBSYS 实际上是一个读取放置在程序板和每个独立工作数据卡之间的控制卡信息的基础监督系统。每一个 IBSYS 控制卡以第一栏的"$"为开始标记，后面紧接着一个选定各种需要设立和运行的实用程序的控制名称。这些卡板信息由磁带读取，而不是直接从穿孔卡片阅读器读取。

1956 年 发现米尔诺怪球

在 1950 年代中期以前，数学家们已知一、二、三维流形都是微分流形，而且本质上只有一种微分结构。一般猜测对高维情形也能得到同样的结论。

1956 年，美国数学家米尔诺根据微分流形的指数定理，引入微分结构不变量，在七维球面上作出了几个微分结构，并证明它们互不微分同胚。通过深入研究代数及拓扑理论，米尔诺又进一步证明了七维球面上可以有 28 种不同的微分结构。这一意外的发现轰动了数学界，七维球面也因此被称为"米尔诺怪球"。

米尔诺怪球的发现引起了微分拓扑学研究的高潮，以此为开端，微分拓扑学正式成为一个数学分支。一系列可以赋予多种微分结构的高维球面陆续被发现。到 1970 年代，对所有五维和高于五维的流形都可以进行分类，特别是能够对微分流形与非微分流形作出区分。1981 年，美国数学家迈克尔·弗里德曼证明了存在不是微分流形的四维流形，就是说四维流形在性质上与二、三维流形有本质不同。米尔诺由于对微分拓扑中七维球面上存在不同微分结构的证明，否定了庞加莱主猜想，发展了复配边、自旋配边等理论，荣获 1962 年菲尔兹奖。

1956 年 考恩和莱因斯探测到中微子

中微子几乎没有质量，不带电，与其他物质的相互作用又很微弱，所以很难探测到。在核反应中，中微子产生的概率很大，因此在核反应堆附近有可能探测到它们的存在。

1956年，美国洛斯阿拉莫斯国家实验室的物理学家考恩和莱因斯领导的实验组终于第一次探测到中微子（实际上是反中微子）的存在。他们用200升水和1400升液体闪烁体（$CdCl_2$）制成一个探测器，将它深埋在核反应堆附近地下。当一个反中微子射入水中与氢核碰撞时，转化为一个正电子和一个中子。随后，正电子与电子发生电子对湮灭而转化为两个光子，安装在水槽两侧的液体闪烁体就会同时产生两个光信号。另外，反中微子与氢核碰撞产生的中子将经多次碰撞减速，数微秒后，被渗在水中的一个镉原子核吸收，同时产生若干个光子，这些光子在液体闪烁体中又会同时产生几个光信号。正是通过这两次相继同时出现的光信号，考恩和莱因斯确认发现了（反）中微子。这个实验如此巧妙、可靠，其结果很快被物理学界承认，并被列为20世纪物理学的重要实验之一。莱因斯因这一发现获得了1995年诺贝尔物理学奖。

1956 年
宇称守恒定律被推翻

物理学中有一个共识，物理规律的任何一种对称性（即不变性），都相应地存在一条守恒定律；反之亦然。比如，时间平移不变性对应于能量守恒定律，空间平移不变性对应于动量守恒定律，空间反演不变性对应于宇称守恒定律。空间反演变换也称为镜像变换。宇称是描写系统在空间反演下特性的物理量，只存在+1和–1两种分立值。长期以来人们一直认为，一切守恒定律在所有现象中都是成立的。然而这个观念在1956年受到了冲击，这个冲击来自弱相互作用。

1950年代初大批奇异粒子刚发现时，人们曾按照K介子的不同衰变方式设想存在τ、θ等六种粒子。随着实验事例的增多和分析的精确化，这些粒子的质量和其他性质都相同，似乎应看作同一种粒子。但是τ粒子衰变为三个π介子，θ粒子衰变为两个π介子，π介子的空间宇称为负。所以，若宇称守恒定律成立，τ和θ就不是同一种粒子；反之，如果它们是同一种粒子，则宇称守恒定律就不成立。这就是呈现在当时物理学家面前的一个著名矛盾，称为“θ–τ疑难”。

吴健雄在实验室

1956年7月，中国—美国物理学家李政道和杨振宁发表了论文《弱相互作用中的宇称守恒问题》，认为当时宇称守恒定律在强相互作用与电磁相互作用中已得到实验证实，但是在弱相互作用中并无充分的证据。他们在论文中提出了几种判决性实验方案。不久，另一位中国—美国物理学家吴健雄利用极化钴的β衰变实验证实了李政道和杨振宁的猜想：在弱相互作用中宇称不守恒。李政道和杨振宁因此发现而获得了1957年诺贝尔物理学奖。

李政道（左）与杨振宁

1956 年
朗道提出费米液体理论

费米液体是指由其间存在相互作用的费米子所组成的一种量子系统。当费米子之间的相互作用可以忽略时，便称为费米气体，它遵循费米—狄拉克统计。

1956年，苏联物理学家朗道提出了费米液体理论。朗道认为，费米液体是一种有相互作用的费米子多粒子系统，应当考虑它们的集体效应。因此，这种相互作用的粒子系统可看作一个没有相互作用的准粒子系统，而原来粒子间的相互作用可用推广的分子场表示。朗道的理论很好地解释了液态 ^3He 的特有性质，并预言当温度低于0.1开时会出现一种无碰撞的声波——第零声，这已为实验证实。费米液体理论已应用于对金属、核物质以及中子星等问题的研究中。

1956 年
施密特建立银河系质量分布模型

银河系内不同银心距处的自转角速度各不相同，这就是银河系的较差自转。自转速度随银心距变化的曲线，称为银河系的自转曲线。基于银河系的自转曲线，可以确定银河系内物质的分布和总质量。据此，荷兰—美国天文学家马丁·施密特于 1956 年建立了银河系质量分布模型，后称施密特模型。该模型由分别代表星际气体、普通恒星、高速星和其他物质的 4 个椭球体组成，每类天体的等密度面都是以银心为中心的同心旋转椭球面。施密特模型利用不同银心距处自转速度的观测数据，推算出银河系内的质量分布。例如，取银河系半径为 15 千秒差距时，银河系质量为 1400 亿太阳质量。该模型是银河系质量分布模型中最简单的一种。如今的银河系质量模型由三个成分构成。第一个成分是由星族 I 和星际气体组成的扁平状圆盘，称为银盘，质量约为太阳的 600 亿倍。第二个成分是由星族 II 组成的球状晕，称为银晕，质量约为银盘的 15%—30%。银晕中央融入一旋转椭球状成分，称为核球。核球的中心就是银心，那里可能有一个约 400 万倍太阳质量的黑洞。第三种成分是由暗物质构成的晕，称为暗晕，质量约为 4 万亿倍太阳质量。

1956 年
菲利普斯对大气环流进行计算机数值模拟

利用大气环流模式对气候进行模拟，是预测未来可能出现的气候变化的有效方法。美国气象学家诺曼·菲利普斯在 1956 年第一次利用二层准地转模式，在计算机上成功地对大气环流进行了数值模拟。

在芝加哥大学读研究生时期，菲利普斯接触了许多大气环流理论。对美国气象学家查

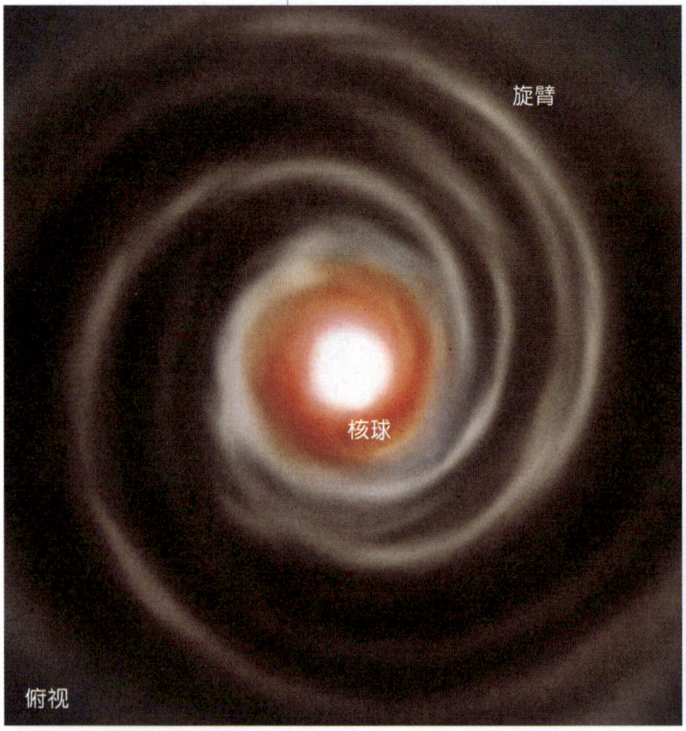

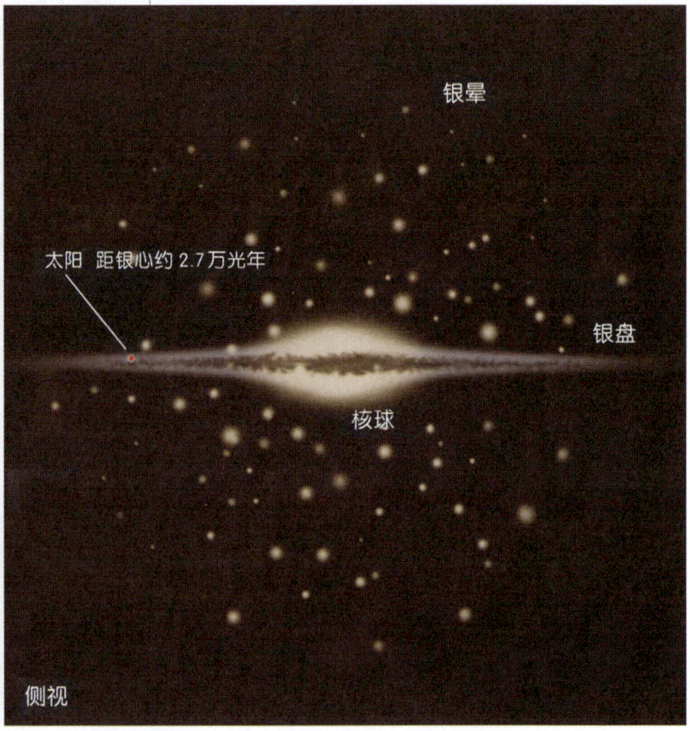

银河系的俯视图和侧视图

尼的工作的仔细研究,激起了菲利普斯对动力气象学的兴趣。他相信,简单的模式可以描述气旋的生成。早期对这些气候模式的理论和数值研究,为他后来进行大气环流数值试验打下了基础。他对大气环流问题的热情,不仅源自他在芝加哥大学时接触到的关于大气环流理论的辩论,也源于他曾在一个大气环流研究项目中做助理研究员的工作经历。

1954年,两个研究主题摆在菲利普斯面前,一个是对于斜压运动的理论研究,另一个是对于大气环流的气象学研究。同年,他被普林斯顿高等研究院聘用,当时他正在斯德哥尔摩访问,在研究正压模式的过程中开始思考大气环流的数值实验。1954年4月菲利普斯回到普林斯顿高等研究院,开始着手大气环流数值模拟试验。

1956年,菲利普斯利用计算机进行了第一次大气环流的数值试验。菲利普斯的数值试验设计十分简单,他没有考虑地形,也没有考虑海陆分布的影响,但是试验成功地模拟出了大气环流的主要特征。试验对大气中能量循环给出了合理的模拟,并合理解释了大气中物理过程的相互作用,同时也证实了锋面生成和大气行星波之间的联系。菲利普斯的工作在气象学界引起了广泛的关注,开创了大气环流数值模拟的时代。

普林斯顿高等研究院气象项目部分成员 左一为查尼,左二为诺曼·菲利普斯,摄于1952年。

1956年
科恩伯格实现DNA的体外复制

1953年,沃森和克里克提出了DNA双螺旋结构模型,这一重大发现不仅反映了DNA可能具有无穷的多样性,也暗示了DNA分子自我复制的潜在可能性。然而,DNA是否能自我复制仍然需要更多的证据。为此,美国生物化学家科恩伯格决定用实验方法来检验DNA的复制能力。1956年,科恩伯格将大肠杆菌磨碎并制备出提取液(里面含有合成DNA所需的酶),然后加入4种以放射性同位素标记的脱氧核苷三磷酸,再加入微量的DNA作为合成的“模板”。在存在镁离子的条件下将这一混合液静止半小时后,他检测到其中出现了带有放射性标记的DNA。这是首次实现DNA的体外复制。通过分离产物DNA并测定其核苷酸序列,科恩伯格发现它们和模板DNA极其相似,证明新合成DNA的核苷酸排列顺序是由所加入的微量DNA模板决定的,这也从一个侧面证明了DNA复制遵循半保留复制的原则。

随后,科恩伯格在该领域开展了一系列深入研究,体外合成了具有活性的DNA分子,分离出DNA复制所需的、至今仍在全世界各个生物学实验室中使用的“大肠杆菌DNA聚合酶Ⅰ”(又称“科恩伯格酶”)。此外,科恩伯格的体外复制实验为桑格的DNA测序方法和穆利斯的聚合酶链反应(PCR)技术提供了可资借鉴的范例。1959年,科恩伯格因其在酶化学方面的杰出贡献荣获诺贝尔生理学医学奖。

1956年
麦卡锡提出人工智能概念

1949年,美国数学家麦卡锡在普林斯顿大学数学系做博士论文时,就决定尝试在

1956

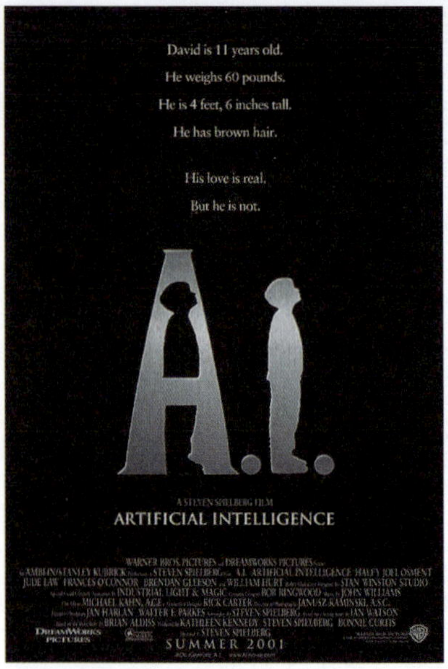

电影《人工智能》海报

机器上模拟人的智能。1955 年，他在达特茅斯学院任教期间联合香农（信息论创立者）、明斯基（人工智能大师）等人，发起了“达特茅斯会议”，第二年正式启动。这个项目不但是人工智能发展史的起点，也是计算机科学的一个里程碑。正是在 1956 年的讨论中，麦卡锡首次提出了人工智能（AI）这一概念，让机器的行为看起来就像是人所表现出的智能行为一样。那次讨论确立了人工智能的研究目标，使人工智能成为计算机科学中一门独立的学科。

1959 年，麦卡锡开发了人工智能界第一个广泛流行的语言——LISP 语言，并于 1960 年将其设计发表在《美国计算机协会通讯》上。LISP 是一种函数式的符号处理语言，其程序由一些函数子程序组成。在函数的构造上，它和数学上递归函数的构造方法十分类似，即从几个基本函数出发，通过一定的手段构成新的函数。

麦卡锡由于提出人工智能概念，并使之成为一个重要的学科领域，获得 1971 年度图灵奖。

1956 年
汤飞凡等分离出沙眼衣原体

汤飞凡 1914 年入湘雅医学专门学校，1921 年毕业，获湘雅医学院医学博士学位，毕生从事病毒的研究。19 世纪末，德国科学家、微生物学创始人之一的科赫提出沙眼的细菌病原说。1920 年代，法国学者尼科勒提出沙眼的病毒病原说，但是没有最后证实。1928 年，日本学者野口英世从沙眼中分离出一种叫做沙眼杆菌的微生物，于是，细菌病原说又重新提出。当时，汤飞凡在研究立克次体、支原体之类的微生物。他根据自己的观察，认为沙眼的病原可能是一种类似立克次体的大病毒，于是把沙眼病原作为自己的第一个研究课题。1955 年，他和助手黄元桐得到北京同仁医院张晓楼教授的协助，从医院门诊部选出适合培养的沙眼标本，借以进行培养。1956 年 6 月 12 日，汤飞凡和他的助手做了一次与往常不同的分离沙眼病毒的实验，即以减少青霉素注入量来取得沙眼病毒株。实验开始后，他熟练地将沙眼结膜材料进行接种，然后只注入原用量五分之一的青霉素，结果，第一株沙眼衣原体分离出来了。为了尊重汤飞凡的贡献，国际上把沙眼衣原体称为“汤氏病毒”。汤飞凡为此于 1981 年获国际沙眼防治组织追赠的沙眼金质奖章。

1956 年
明斯基等发起人工智能学术会议

美国计算机科学家明斯基从 1950 年代早期起，就一直致力用计算机刻画人类的心理过程，并设法赋予计算机以智能。1951 年，他提出关于思维如何萌发并形成的一些基本理论，并建造了一台学习机，名为斯内尔（Snare）。斯内尔是世界上第一个神经网络模拟器，其目的是学习如何穿过迷宫。1956 年，明斯基与麦卡锡、香农等人一起发起并组织了成为人工智能起点的“达特茅斯会议”。1958 年，明斯基从哈佛大学转至麻省理工学院，同时麦卡锡也从达特茅斯学院来到麻省理工学院。1959 年，他们在那里共同创建了世界上第一个人工智能实验室。

1975 年，明斯基首创框架理论。框架理论的核心是以框架这种形式来表示知识。框架的顶层是固定的，表示固定的概念、对象或事件。下层由若干个槽组成，其中可填入具体值，以描述具体事物特征。每个槽可有若干个侧面对槽做附加说明，如槽的取值范围、求值方法等。这样，框架就可以包含各种各样的信息。例如，描述事物的信息，如何使用框架的信息，对下一步发生什么的期望，期望如果没有发生该怎么办，等等。利用多个有一定关联的框架组成框架系统，就可以完整而确切地把知识表示出来。

明斯基由于人工智能方面的贡献，获得1969 年度图灵奖。这是第一位获此殊荣的人工智能学者。

1956—1965 年
特纳等发展有限元方法

有限元方法是求解微分方程，特别是椭圆型边值问题的一种离散化方法，其基础是变分原理和剖分逼近。有限元方法是变分方法和差分方法的有机结合。传统的变分方法由于采用整体逼近空间而与差分方法绝然割裂。有限元方法也从变分原理出发，但却将逼近空间分割成许多有限的单元进行分片插值，从而具有高度的灵活性和广泛的适用性。

有限元思想最早在德国数学家柯朗1943 年的一篇论文中明确提出，但一直没有受到重视。1956 年美国工程师乔纳森·特纳、克劳夫等人从结构力学角度重新提出了有限元思想，1960 年代初引进了连续体的单元剖分，1968 年又对有限元方法进行数学理论分析，逐渐形成了系统的方法。

中国数学家冯康为解决大型水坝建设的应力分析问题，于 1960 年代初开展了椭圆型边值问题数值解的系统研究，并于 1965 年发表论文《基于变分原理的差分格式》。论文中对于物理上的稳态平衡问题，即数学上表现为椭圆型方程的问题，提出了系统化的计算方法，当时称为基于变分原理的差分法，现在统称为有限元方法。冯康不仅独立于西方创立了有限元方法，而且还先于西方奠定了它的理论基础。他在理论上把有限离散解和无限连续解纳入同一个函数空间，建立了稳定性、逼近性和收敛性等定理。这一工作使计算方法及其理论分析的面目为之一新，为泛函分析在计算数学上的应用开辟了道路。有限元方法目前已经发展成为一种新的强有力的离散化计算方法，中国数学家对此贡献巨大。

1956—1965 年
马库斯提出溶液中的电子转移反应理论

电子转移是指溶液中电子从一个分子(给体)转移到另一个分子(受体)的过程。电子转移反应普遍存在，一般分为只有电子转移没有化学变化和既有电子转移又有化学变化两大类。前者称为外界反应，后者称为内界反应。

1956—1965 年，出生于加拿大的美国化学家马库斯在电子转移反应理论方面做了大量的研究工作，提出一系列开创性想法。首先，他提出在外界反应过程中存在活性中间态，并推导出活性中间态的活化自由能计算公式；接着提出电子转移均相反应速率常数的定量计算公式；在此基础上，他又将均相电子转移反应和电化学电子转移反应统一起来，形成完整的电子转移反应理论。这一理论解决了电子如何会自发地从一个分子转移到另一个分子的根本性问题。

马库斯的电子转移反应理论如今已成为化学、生命科学、材料科学、微电子学等多个学科的有力理论工具之一。马库斯因此项成就获 1992 年诺贝尔化学奖。

1957 年
巴丁等提出 BCS 理论

1957 年，美国物理学家巴丁、利昂·库珀和施里弗提出了一个解释超导现象的量子理论，常称为 BCS 理论。该理论认为，晶格中两个电子既有库仑排斥作用，也有因为它们的运动引起晶格振动而产生的一种吸引作用。这种通过晶格振动传递的能量是量子化的，其最小单位称为“声子”。在某些条件下，当电子间通过交换声子产生的吸引作用大于电子间的库仑排斥作用时，两个动量相反的电子就会结成电子对，称为库珀对。

伊利诺伊大学校园内纪念巴丁和超导理论的纪念牌

库珀对的形成改变了原来电子的能谱结构，使得在连续的能带以下，出现了一个新的超导态能级，该能级与连续能级之间的间隔称为“能隙”Δ。超导电流正是这种库珀对的运动所形成的电流。如果晶格对其中一个电子散射，使其动量减小，则另一电子的动量就会增加，以保持总动量不变。这表明，库珀对几乎不受晶格散射。电阻是晶格对定向运动的电子产生散射的结果，因此大量库珀对的定向运动就表现为零电阻的超导状态。此外，根据 BCS 理论，在绝对零度时，费米面附近的电子全部结合成电子对，此时超导体的能隙 Δ 为最大。当温度升高时，由于热激发，越来越多的电子对被拆开成单个电子，Δ 也越来越小。当达到超导体的转变温度 Tc 时，电子对被全部拆散，Δ 变为零，超导态变成了正常态。BCS 理论不但能解释零电阻，也能导出完全抗磁性。它的意义超越了超导理论自身，被誉为“自量子论发展以来对理论物理最重要的贡献之一”。

巴丁、库珀和施里弗因此项成果获得了 1972 年诺贝尔物理学奖。

第一颗人造地球卫星“斯普特尼克 1 号”的复制品

1957 年
霍夫施塔特探知核子电磁结构

1957年，美国物理学家霍夫施塔特领导的研究小组利用在斯坦福大学刚建造的一台 1 吉电子伏电子直线加速器，通过电子对氢核的散射实验，发现了质子的电荷分布，以及质子和中子的磁矩分布，这种分布的平均半径为 0.81×10^{-15} 米。

霍夫施塔特的实验实际上是欧内斯特·卢瑟福发现原子核式结构实验的重复。卢瑟福在实验中用的是从放射性元素放出的 α 粒子，其能量不够高（为兆电子伏量级），相应的德布罗意波长不够短，或者形象地说，卢瑟福所用的探针不够细，所以他尽管能够探知原子线的情况，但仍然无法分辨出核子内部的情况。能量为 1 吉电子伏的电子的德布罗意波长约为 10^{-15} 米，这与质子和中子的线度同数量级，因此利用高能电子—质子散射实验可以探知核子内部的电磁结构。在这种方法的基础上，1968 年进行的深度非弹性散射，为夸克模型提供了实验依据。

霍夫施塔特因此项工作获得了 1961 年诺贝尔物理学奖。

1957 年
苏联发射第一颗人造地球卫星

世界上第一颗人造地球卫星是苏联于 1957 年 10 月 4 日发射的“斯普特尼克 1 号”，由著名的航天技术专家科罗廖夫领导建造。它是一只用铝合金做成的圆球，直径 58.5 厘米，重 83.6 千克。圆球外面附着两对弹簧鞭状天线，其中一对长 240 厘米，另一对长 290 厘米。卫星内装有两台无线电发射机，以一般电报讯号形式发出信号。此外，还安装有测量仪器、感应元件以及作为电源的化学电池。

这颗人造地球卫星在拜科努尔航天中心由一枚三级运载火箭发射。起飞后几分钟，卫星从第三级火箭弹出，达到第一宇宙速度（7.9 千米/秒），进入环绕地球飞行的轨道。轨道远地点为 964.1 千米，近地点为 228.5 千米，每 96.2 分钟绕地球一周，在地面上可直接观察到。该卫星在天空中运行了 92 天，绕地球约 1400 圈，行程 6000 万千米，于 1958 年 1 月 4 日陨落。“斯普特尼克 1 号”的成功发射震撼了整个世界，它标志着人类的活动疆域已扩大到了宇宙空间。当时正值冷战时期，这颗人造地球卫星使美国深感恐慌，激起了美苏两国之后长达 20 多年的太空竞赛。

1957 年
发现穆斯堡尔效应

当入射 γ 射线的能量等于原子核激发能级的能量时，就会发生 γ 射线的共振吸收。尽管人们早就认识到这一点，但一直没有观察到，因为原子核在发射和吸收 γ 光子时，自身会受到反冲，消耗了 γ 射线的能量，破坏了共振条件。

1955 年，德国物理学家穆斯堡尔考虑到晶体的质量与单个核相比非常大，于是将放射性原子置于固定的晶体晶格中，此时的反冲能量显著减小，容易观察到共振吸收现象。这就是无反冲 γ 共振吸收效应，即穆斯堡尔效应。1957 年，穆斯堡尔终于首次观察到铱（$^{191}_{77}Ir$）核的穆斯堡尔效应。论文发表后不到一年，就观察到了十几种核素的穆斯堡尔效应，其中以铁（$^{57}_{26}Fe$）最明显。

穆斯堡尔谱线的宽度极窄，有很高的分辨率，可用于观察核能级的超精细结构、核磁矩、核电四极矩等。该效应已应用到物理、化学、生物、地质、冶金、材料、环境、考古等多个领域，形成了穆斯堡尔谱学这门新的学科。穆斯堡尔为此获得 1961 年诺贝尔物理学奖。

1957 年
福勒等建立化学元素的合成理论

阐明宇宙中各种化学元素的起源是天体物理学的重大问题之一。苏联—美国天文学家伽莫夫等成功地说明了氢、氦等轻元素如何在宇宙大爆炸后约 3 分钟形成。但是，因为不存在质量数为 5 和 8 的稳定核素，所以没有直接途径可将质子、中子和 α 粒子逐次加到氦核上，以形成碳、氧等更重的元素。1951 年，爱沙尼亚天文学家奥皮克和奥地利—澳大利亚—美国天文学家萨尔皮特各自独立发现，当恒星中心温度达到约 4×10^8 开时，能够发生 3-α 反应：由 3 个 α 粒子撞到一起形成碳。然而，为产生显著数量的碳，发生这种反应的概率似乎太小了。1953 年，英国天文学家霍伊尔认识到，如果存在一个与形成 ^{12}C 激发态相联系的共振态，那么发生这种相互作用的概率就可以大大提高。1957 年，英国—美国天文学家杰弗里·伯比奇和埃莉诺·伯比奇夫妇、美国天文学家威廉·福勒以及霍伊尔共同发表了一篇著名论文，详细描述了涉及元素合成的 8 种核过程，后依 4 位作者姓氏的首字母而被称为 B^2FH 理论。除氢燃烧、氦燃烧和 3-α 过程外，他们特别注意向已存在的核增添中子的那些过程，即慢过程（亦称 s 过程）和快过程（r 过程）。这些反应提供了借以合成质量数大于铁族的核的途径。在 r 过程中，加入几个中子后将发生衰变。在足够高的温度和密度下，捕获一个电子的过程会引起中子的大量释放，超新星爆发就能发生此类反应。s 过程据信发生在巨星支恒星演化的早期。该理论问世后，不断得到核物理、天体物理新成就的补充、修正和验证。福勒因这方面的实验和理论贡献荣获 1983 年诺贝尔物理学奖。

1957

1957年
希曾和萨普发表北大西洋海底地形图

1872—1876年英国“挑战者号”开展环球海洋科学调查，利用缆绳测深的方法，发现北大西洋中部有一条巨大的海底山系。1925—1927年，德国“流星号”在南大西洋开展海洋调查，使用回声测深仪测量水深，发现了纵贯整个南大西洋并延伸到印度洋的中央海岭。1953年，美国“维玛号”海洋科学考察船被划归哥伦比亚大学拉蒙特地质研究所，用于在大西洋海域进行海洋地质调查。美国地质学家萨普是该所的地质绘图员和研究助理，在美国地球物理学家尤因和海洋地质学家希曾的领导下，开展全球海洋海底地形图编绘工作。

希曾将“维玛号”在大西洋海域的水深调查数据以及其他来源的全球海洋水深资料汇总给萨普，由萨普负责将这些数据统一编绘到大洋海图上。1956年，尤因和希曾总结了已有的海底地貌资料，提出在世界各大洋的海底都有洋中脊存在，并在洋中脊体系内发现一系列横切洋中脊的大型断裂带。1957年，希曾和萨普发表了经过系统编绘的北大西洋海底地形图，首次向世人展示了耸立于大西洋底、蜿蜒数千千米的大西洋中脊地形。此后，希曾和萨普又先后编绘了印度洋、大西洋和太平洋的彩色立体海底地貌图。1977年，萨普根据全球海域的测深资料，首次完整地编绘出全球大洋的洋中脊地形图。各大洋洋中脊的发现，为海底扩张学说和板块构造理论的建立提供了有力的证据。

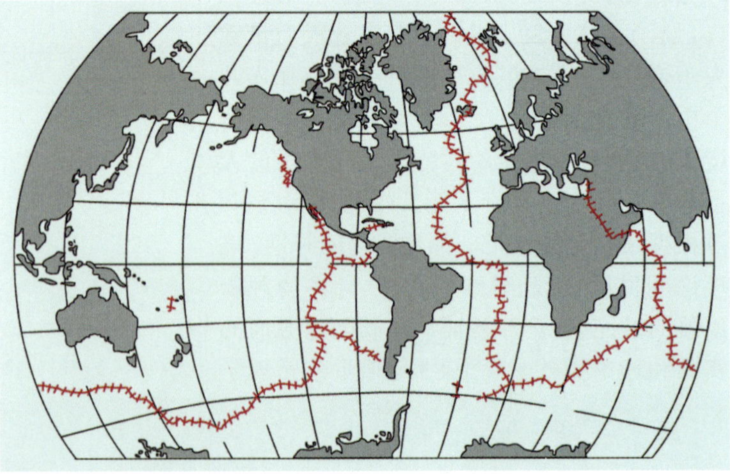

全球大洋的洋中脊分布图

1957年
叶笃正等揭示青藏高原夏季是巨大热源

1950—1980年代，中国气象学家叶笃正对青藏高原气象学做了独具特色的研究。他注意到，青藏高原上空的天气和气候有独特的规律和作用，研究它对认识东亚大气环流甚至北半球大气环流都有深远意义。

在1950年代以前，科学家在研究中一般都着眼于高原的动力强迫作用。1957年，叶笃正与德国气象学家弗洛恩各自独立地指出青藏高原在夏季是一个巨大热源。叶笃正还指出冬季青藏高原是个冷源，并深入地研究了夏季青藏高原热源及其对东亚大气环流的影响，开创了青藏高原气象学的新时代。从此，国际学术界都接受了高原(以及其他大地形)热源影响的概念。他与人合著的《西藏高原气象学》一书，是当时国内外唯一的青藏高原气象学专著。

叶笃正还发现，沿着青藏高原南侧，经长江下游至日本，存在着一支高空西风急流，称为南支急流。南支急流与高原北侧的北支急流汇合成为北半球最强大的急流，严重影响着东亚天气。这一发现引起了国内外学者的广泛注意，引发了对这两支急流的一系列研究。1970年代，叶笃正对青藏高原热力状况、环流状况，高原上对流系统的作用，青藏高原在全球环流中的重要性，青藏高原大型垂直流场等问题，作了大量研究。他指出，夏季从高原上升的气流可以在遥远的地区下沉，导致高原与遥远地区有重要的遥相关作用。此外，他还研究了夏季由高原热源引起的小尺度强对流系统与大尺度天气系统的非线性相互作用，发现夏季高原上空的小尺度对流活动对高原高空大尺度环流的维持起主要作用。

1980 年代，叶笃正和他的学生发现夏季青藏高原东西部各有一个对流活动中心，并进一步验证、充实了他过去的观点和结果。后来，他们还比较了青藏高原和北美落基山对大气环流影响的异同，阐明了青藏高原能激发出向东南和西北方向传播的两大波列而落基山则无此作用的原因，以及青藏高原和落基山对北半球气象要素遥相关的重要影响。

1957 年
卡尔文循环阐明

绿色植物通过光合作用利用二氧化碳和水合成糖类，将光能转化为化学能，同时产生氧气。1940 年代，人们已经知道光合作用由需光的“光反应”和不需光的“暗反应”组成，而具体的化学反应步骤是什么还是个未解之谜。美国化学家卡尔文在 1957 年提出了著名的卡尔文循环，勾画出光合作用暗反应过程中从最初原料二氧化碳到最终产物糖类的化学反应路线图。

卡尔文循环是暗反应的一部分，反应场所为植物叶绿体内的基质。二氧化碳经气孔进入叶片，再进入叶肉中的叶绿体基质。二氧化碳与二氧化碳接收物结合(称为碳的固定)，经过一系列化学反应，生成糖类离开循环，同时二氧化碳接收物获得再生，参与下一次循环。驱动循环所需的能量来自 ATP 等高能化合物，这些化合物正是光反应阶段叶绿素吸收光能后形成的。

并非所有的植物都通过卡尔文循环进行碳的固定。由于该循环最初生成的中间代谢物是含 3 个碳原子的化合物，因此进行卡尔文循环的植物(如水稻、小麦等大多数农作物)称为碳三植物。有的植物(如玉米、甘蔗等)光合作用的最初产物是含 4 个碳原子的化合物，它们被称为碳四植物。

卡尔文总能不断将新兴技术应用于自己的研究。1945 年之后，碳的同位素碳 14 标记的化合物商品化，他立即利用其追踪碳从二氧化碳开始的去向；气液色谱发明后，他又很快利用其分析相关化合物。在卡尔文看来，研究必须综合发挥各学科优势，因而他的研究小组集中了化学、物理学和生物学各方面的人才。

卡尔文循环是自然界最基本的生命过程之一，对生命起源研究具有重要的意义。卡尔文因此荣获 1961 年诺贝尔化学奖。

1957 年
心脏起搏器成功应用于临床

美国纽约贝斯—大卫医院胸科医生海曼，在穿刺心脏给药过程中屡次发现，当针尖刺激右心房时可使心房肌除极而收缩。经过多年的探索和研究，海曼在 1932 年设计制作了一台由发条驱动的电脉冲发生器，该装置净重 7.2 千克，脉冲频率可调节为 30、60、120 次/分，海曼称其为人工心脏起搏器，这一术语一直沿用至今。第二次世界大战后，心脏起搏技术的临床价值逐渐显现出来。1951 年，加拿大医生卡拉汉用心导管成功地进行了体外右心房起搏。1952 年，他又用胸壁电极板进行了经胸壁心脏起搏，成功地救治了一名心脏骤停的病人。在前人研究的基础上，1952 年 1 月，美国哈佛大学医学院佐尔医生首次在人体胸壁的表面施行脉宽 2 毫秒、强度为 75—150V 的电脉冲刺激心脏，成功地为 1 例心脏停搏患者进行心脏复苏，挽救了这位濒死病人的生命。这一成果立即引起医学界和工程技术界的重视。然而，这种起搏器依然存在着可能引起

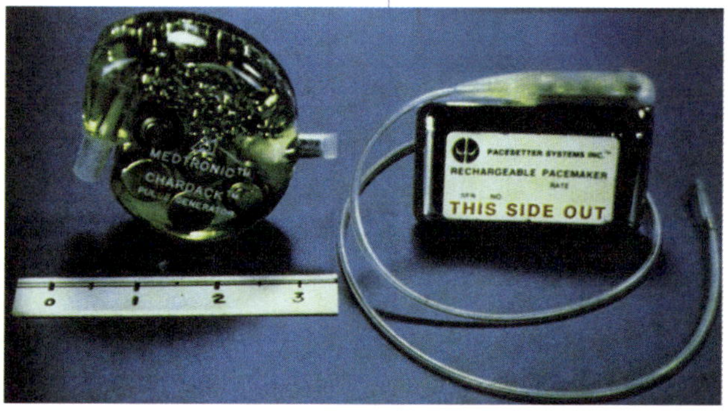

目前使用的起搏器

病人皮肤烧伤和肌肉收缩疼痛的问题。

1957 年，对在手术过程中发生心脏传导阻滞的病人，将电极安置在他们的心脏上进行心外膜起搏获得成功。心脏起搏器逐渐被医学界广泛接受，成为一种治疗缓慢性心律失常的常规方法。佐尔被医学界尊称为“心脏起搏之父”。

1957 年
盖达塞克发现“慢病毒”

美国病毒学家盖达塞克，于 1957 年在新几内亚研究一原始部落特有的、一种由病毒引起的中枢神经系统疾病“库鲁病”，在病人发病(震颤)的过程中他发现了一种潜伏期长达数年、作用极慢的病毒(这种病毒通过该部落的葬仪中食用死者脑子的风俗而传播)。盖达塞克根据这一发现提出“慢病毒”概念，并认为，慢病毒可能是一些神经系统退行性疾病(如帕金森病)的病因。这一发现为病毒学开辟了一个新的研究领域，盖达塞克也因此与研究抗原的布隆伯格共同获得 1976 年诺贝尔生理学医学奖。

1957 年
伊萨克斯和林德曼发现干扰素

19 世纪末叶，俄国人伊万诺夫斯基发现病毒，随后不久，人们很快就知道，病毒在自然条件下是严格地在细胞内生长的，在细胞外不能繁殖。20 世纪初，许多病毒学家惊奇地发现，病毒与病毒之间或同一病毒的不同毒株之间，存在某种互相排斥、互相干扰的情况，利用它们之间的这种矛盾和斗争，或许可以找到制服病毒的武器。1952 年，伯内特等的研究推翻了当时流行的关于干扰现象的假说，即当一种病毒进入细胞后，就利用宿主细胞的酶系统，使病毒自身进行复制，“独占”了细胞的代谢系统，而不为第二种病毒所利用，从而干扰了第二种病毒的繁殖。许多学者试图寻找这种引起干扰现象的活性物质，一直没有成功。直至 1957 年，英国病毒学家伊萨克斯和瑞士微生物学家让·林德曼在研究流感病毒的干扰现象时终于找到了这种物质。他们先把流感病毒加温灭活，然后与鸡胚绒毛尿囊膜块一起培养，把没有吸附到细胞的灭活病毒彻底洗去，在 37℃条件下几小时之后再去掉膜块，另外加入新鲜的鸡胚绒毛尿囊膜块，37℃培养过夜后用活病毒进行攻击，结果发现流感病毒的繁殖明显地被抑制了。这清楚地说明，灭活的流感病毒作用于细胞后，细胞产生了一种可溶性物质，这种物质干扰了活病毒的繁殖，从而达到抵抗病毒和消灭病毒的目的。他们把这种物质称为干扰素。

1957 年
西蒙等开发 IPL 语言

1950 年代，美国计算机科学家西蒙、纽厄尔及约翰·肖成功开发了世界上最早的启发式程序“逻辑理论家”(LT)。逻辑理论家可证明数学名著《数学原理》一书第二章中的全部 52 个定理，是用计算机探讨人类智力活动的第一个真正的成果，也是图灵关于机器可以具有智能这一论断的第一个实际的证明。同时，它也开创了机器定理证明这一新的学科领域。

西蒙、纽厄尔和肖合作，在 1957 年开发了 IPL 语言。在人工智能的历史上，这是最早的一种人工智能编程语言，其基本元素是符号，并首次引进了表处理方法。IPL 最基本的数据结构是表结构，可用以代替存储地址或有规则的数组，这有助于将程序员从繁琐的细节中释放出来，在更高的水平上思考问题。IPL 的另一特点是引进了生成器，每次产生一个值，然后挂起，下次调用即从停止的地方开始。

西蒙和纽厄尔由于人工智能、人类认知心理学和表处理方面的贡献，获得 1975 年度图灵奖。这是图灵奖首次同时授予两位学者。

1958 年
华罗庚《多复变数典型域上的调和分析》出版

中国数学家华罗庚是20世纪最富传奇色彩的数学家之一,他成功地从自学数学的青年成长为造诣高深的数学大师。华罗庚的研究范围涉及解析数论、典型群、自守函数论、多复变函数论等多个领域,并在1940年代中期开创了矩阵几何这一新的学科。

多复变函数论是数学中研究多个复变量的全纯函数的性质与结构的分支学科。多复变问题远比单复变问题复杂,对其研究集中在有界齐性域上,其中研究得最深入的是对称域。1936年,法国数学家亨利·嘉当证明任何对称域都是一些既约对称域的拓扑积。既约对称域共四大类典型域外加两个例外域。1953年,华罗庚首创用群表示论方法得到了四类典型域的完整正交系,从而得到了四类典型域的柯西—塞格核、伯格曼核及泊松核等,并给出了这些核的表达式。1956—1958年,华罗庚与他的学生陆启铿深入分析了典型域的边界几何结构,建立了极值原理,从而完全解决了这些域的狄利克雷问题,建立了典型域上的调和函数理论。在此过程中,华罗庚发现了一组与调和算子性质类似的微分算子,国际上称为“华氏算子”。由于一些典型群可以看作典型域的特征流形,华罗庚从多复变函数论及群表示论出发,证明了酉群上的傅里叶级数可以阿贝尔求和。这是典型群上调和分析的开端,由此出发,建立起了完整的典型群与紧李群的调和分析理论。

1958年,华罗庚出版专著《多复变数典型域上的调和分析》,标志着该理论的建立,并揭示了其与微分几何、群表示论、微分方程及群上调和分析等领域的深刻联系。华罗庚的研究工作吸引了世界上许多数学家,现在多复变函数的调和分析已发展成为现代数学最重要的研究方向之一。

1958 年
汤斯和肖洛《红外与光激射器》发表

美国物理学家汤斯于1953年发明了微波激射器后的几年间,力图获得波长更短的激射器,但没有成功。1957年,美国物理学家肖洛提出,运用没有侧壁的开放式法布里—珀罗共振腔作为振荡腔可制造可见光或红外波段激射器。1958年12月,汤斯与肖洛联名发表论文《红外与光激射器》,这是激光史上有重要意义的文献。文中主要讨论了谐振腔、工作物质和抽运方式等一系列问题,提出了光波波段激射器的设计方案并进行了理论分析。谐振腔的问题解决后,科学家便着手寻找合适的工作物质,如钾、某些半导体、红宝石等。1960年,世界上第一台激光器——红宝石激光器终于问世。

汤斯与肖洛分别于1964年和1981年因对激光的先驱性贡献而获得诺贝尔物理学奖。

1958 年
波拉尼发明红外发光技术

分子反应动力学是一门在分子水平上研究化学反应的化学分支学科。量子力学认为,只有指定分子的平动、转动、振动和电子运动的量子状态,才能确定分子的状态。从具有确定量子态的反应物分子经反应生成具有确定量子态的产物分子的过程称为“态—态反应”。分子反应动力学的中心内容是研究“态—态反应”的机理与速率,这就需要一定的检测手段与实验手段。德国—加拿大化学家约翰·波拉尼于1958年发明的红外发光技术就是分子反应动力学中一个很重要的检测手段。

处于振动基态的分子,可以吸收光子跃迁到振动激发态;而处于振动激发态的分子，可以放出光子回到能量较低的振动态。对于一个化学反应，如果反应释放出来的能量没有改变产物分子的电子能态，而使产物分子处于高能量的振动、转动激发态，这些激发态分子是不稳定的，它们必然放出红外光子向低能态跃迁。通过分光计可以测量各种波长的光子数目而得到一条光谱，这便是红外发光技术。通常分子从一个振动、转动能态向另一个振动、转动能态跃迁的概率与发出光的波长都可预先测定。因此，可由红外发光光谱来推算初生态产物分子在各振动、转动能态上的分布，从而确定不同量子态的“态—态反应”的速率常数。波拉尼及其合作者用红外发光技术研究了很多体系的“态—态反应”动力学。

由于对分子反应动力学研究所作的杰出贡献，波拉尼与美国化学家赫施巴赫、中国—美国化学家李远哲被授予 1986 年诺贝尔化学奖。

1958 年
艾贝尔刊布北天富星系团表

由大量星系聚集而成的集团称为星系团。平均而言，每个星系团的成员星系数约为 130 个。成员数较多的星系团称为富星系团。美国天文学家艾贝尔通过分析帕洛玛山天文台巡天(即 POSS)资料，于 1958 年刊布了一份包含北天球 2712 个富星系团的表，为研究星系团的结构、性质、动力学和演化提供了非常重要的素材。1989 年，该富星系团表被扩展到南天，星系团总数增至 4073 个。如今，星系团大致被分为规则星系团和不规则星系团两类。规则星系团外形近乎球对称，常含几千个成员星系，有一个星系高度密集——几乎全是椭圆星系或透镜型星系的中心区。不规则星系团的数目比规则星系团多，它们结构松散，形状不定，中央也没有明显的星系集中区，其动力学演化不如规则星系团那样充分。星系团是宇宙中确知具有动力学束缚特征的最大结构，是研究星系形成和演化的理想实验室。

距离地球 3 亿光年开外的后发星系团(上) 右上方带蓝色光芒的明亮天体是银河系内的一颗邻近恒星，除此之外图中的天体几乎全是星系。(下)哈勃空间望远镜拍摄的后发星系团局部区域。

1958 年
范艾仑发现地球辐射带

20 世纪初，挪威物理学家斯托米基于带电粒子在偶极磁场中运动的理论，推测地球周围存在一个“捕获区”，凡在其中运动的带电粒子都不能离开此区域。半个世纪后，地球辐射带的发现证实了他的推测。1958 年，美国开始发射“探险者号”系列卫星，主要用于研究地球高层大气、行星际物质、宇宙中的射电、紫外线、X 射线和 γ 射线辐射。到 1975 年为止，该系列一共发射了 53 颗卫星。1958 年 1 月 31 日发射的“探险者 1 号”是美国发射成功的第一颗人造卫星。令人意外的是，它携带的盖革计数器在 800 千米以上的高度记录到的带电粒子数目急剧下降。该实验项目的负责人美国科学家范艾仑猜想，事实上可能是那里的带电粒子实在太多，致使仪器被损毁失灵。同年 7 月 26 日“探险者 4 号”发射成功，携带的仪器适合记录通量很大的带电粒子流。范艾仑根据探测资料发现，在地球磁层中有两个环状的带电粒子辐射带，环的横截面轮廓呈弯月形。

内辐射带高度在 1—2 个地球半径之间，外辐射带则为 3—4 个地球半径。它们称为地球辐射带，又称范艾仑带，由地球磁场俘获太阳风带电粒子而形成，其形状和范围受太阳活动和地球磁场制约，对地球的空间环境有着重大影响。

1958 年
美国核潜艇“鹦鹉螺号”潜航通过北极点

北极指北纬 66°34′(北极圈) 以北的广大区域。自古以来，人类就对神秘的北极地区充满好奇。在帆船时代，由于船只缺乏破冰能力，很容易在极区海域被冰围困，探险者不得不无功而返。13 世纪初期意大利旅行家马可·波罗的中国之行，使西方社会认识到在东方世界有一个繁荣富裕的国度，促使欧洲探险家开始寻找经由欧洲北部海岸穿过北极海区到达中国的最短航线。

1500 年，葡萄牙探险家考特–雷尔兄弟沿欧洲西海岸向北航行到达纽芬兰岛。1596 年，荷兰航海家巴伦支发现了斯匹次卑尔根岛。自 1725 年起的 17 年间，为沙俄效力的丹麦航海家白令为确定亚洲和美洲大陆是否相连，进行了两次艰苦的极区航海考察，穿过白令海峡到达北美洲西海岸，发现了阿留申群岛和阿拉斯加。1765 年，为寻找从欧洲北部海岸穿过北极海区通往太平洋的海上航线，沙俄政府派遣探险队，从斯匹次卑尔根岛西边穿过格陵兰海到达北纬 80°26′海域。第二年，又到达北纬 80°30′附近。1806 年，英国捕鲸船长老斯科斯比和他儿子、北极探险家小斯科斯比，驾驶“决心号”捕鲸船穿越浮冰区，到达斯匹次卑尔根岛西北部北纬 81°30′海域。1819 年，英国北极探险家帕瑞在北极海域探险时，发现北极冰盖在不停地移动。1823 年，小斯科斯比出版了地理学名著《北部猎鲸区的航海日记》，断言北极周围覆盖着厚层冰雪，只有乘雪橇才能到达北极点。1827 年，帕瑞等人乘坐雪橇从斯匹次卑尔根岛出发，穿过海上的冰山群到达北纬 82°45′以北地区。1875 年，英国探险家奈尔斯率领的探险队到达北纬 82°24′海域，创造了乘船向北航行的最远记录。1896 年，挪威探险家南森率领科考队乘“弗雷姆号”极地探险船，完成了随冰穿越北冰洋的海上漂流实验，首次证实了北极地区是冰冻海洋而不是陆地的事实。

1959年3月17日，美国海军“鳐鱼号”核潜艇在北极点浮出冰面

1909 年 4 月 6 日，美国探险家皮尔里抵达北极，声称到达了北纬 90°的北极点，首次实现了人类登临北极点的梦想。1958 年 8 月 3 日，美国海军“鹦鹉螺号”核潜艇进行北极冰下潜航到达北极点，成为人类历史上第一艘航行至北极点的船只。1959 年 3 月 17 日，美国海军“鳐鱼号”核潜艇由冰下抵达北极点后冲破冰层浮出冰面，实现了人类驾驶的船只首次浮现在北极点海面的创举。

1958 年
美国宇航局建立

美国宇航局(NASA)是美国联邦政府的下属机构，负责美国的航空科学研究及空间计划。1958 年 1 月 31 日，美国的第一颗环球人造卫星“探索家 1 号”成功发射升空。同年 7 月 29 日，当时的美国总统艾森豪威尔签署《美国公共法案 85–568》，即《美国国家航空暨空间法案》，创建美国宇航局，取代其前身国家航空咨询委员会(NACA)，并整合了陆军弹道飞弹署和海军研究中心的部分人员。

美国宇航局标志

美国宇航局负责美国的空间探索计划，

承担了包括登月的阿波罗计划、空间实验室以及航天飞机等项目。目前，美国宇航局的愿景是“开拓未来的空间探索、科学发现及航空研究”，使命是“理解并保护我们赖以生存的行星；探索宇宙，找到地球外的生命；启示我们的下一代去探索宇宙”。

1958 年
克里克提出“中心法则”

1940 年代，有科学家发现，伞藻和海胆的卵细胞被移去细胞核之后，短时间内仍然有新蛋白质合成，表明在没有 DNA 的情况下，细胞质仍然能合成蛋白质。1950 年代，又有科学家发现，除去细胞中的 RNA，蛋白质的合成就停止了，还有人证明了细胞质中的核糖体是蛋白质合成的场所。这些现象表明，细胞核中的 DNA 不能直接指导细胞质中蛋白质的合成，必须经过一系列信息转换过程。

1958 年，DNA 双螺旋结构的发现者之一、英国分子生物学家克里克提出，遗传信息的流向是 DNA→RNA→蛋白质，同时 DNA 可以复制为 DNA。此观点后来被称为“中心法则”，被认为是所有具有细胞结构的生物都遵循的基本法则。克里克的这篇论文也被评价为“遗传学领域中最有启发性、思想最解放的论著之一”。今天已经知道，DNA 首先在细胞核中“转录”为信使 RNA (mRNA)，mRNA 再在细胞质的核糖体中按三联体密码子被“翻译”为蛋白质。DNA 也会转录出核糖体 RNA (rRNA) 和转移 RNA (tRNA)，rRNA 是核糖体的重要组分，tRNA 则专一携带、运输氨基酸，以协助蛋白质合成。这两种 RNA 都不能被翻译成蛋白质。

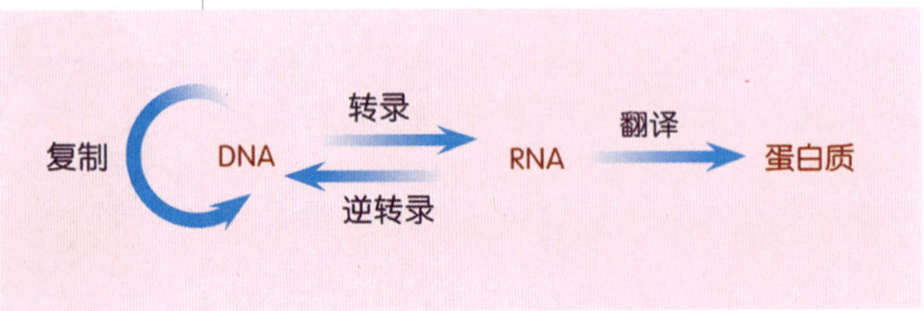

中心法则

后来科学家发现，烟草花叶病毒等只有 RNA 没有 DNA 的病毒，能在宿主细胞中直接翻译出一种“逆转录酶”，这种酶能以病毒 RNA 为模板合成 DNA，表明遗传信息也能从 RNA 流向 DNA。逆转录酶及逆转录现象的发现对“中心法则”进行了重要补充。值得注意的是，病毒 RNA 必须在宿主细胞翻译系统的“帮助”下才能翻译出逆转录酶，而病毒的其他许多与生存、繁殖有关的蛋白质，也需要逆转录出的 DNA 经历从 RNA 到蛋白质的过程才能产生。子代病毒中的 RNA 也是 DNA 转录而来，并非由原 RNA 直接复制所得。

1982 年，美国微生物学家普鲁西纳等人发现了朊粒，这是一种蛋白质粒子，能在宿主细胞内产生与自身相同的蛋白质粒子，最终导致海绵状脑病等疾病的发生。这一发现似乎对中心法则提出了挑战。不过后来人们发现，朊粒不能自我复制，它是正常蛋白质的异构体，只能通过改变其他正常蛋白质的三维结构“制造”出自己的“后代”。也许，随着生命科学研究的不断深入，中心法则还会得到不断的补充与修正。

1958 年
梅塞尔森和斯塔尔证明 DNA 的半保留复制

1953 年，沃森和克里克在提出 DNA 双螺旋结构模型不久，进一步提出了 DNA 复制机制的假说。他们推测，DNA 双链中的每一条单链都可以作为模板，复制出新的单链，子代 DNA 双链中一条来自于亲代，另一条为新合成的，这种复制方式被称为半保留复制。虽然看起来这是对 DNA 复制最合理的解释，但缺乏直接的实验证据。

1956 年，两位年轻的美国分子生物学家梅塞尔森和斯塔尔合作开展关于 DNA 复制的实验研究。他们先是以自己熟悉的噬菌体为材料，但未获得理想结果。他们改用大

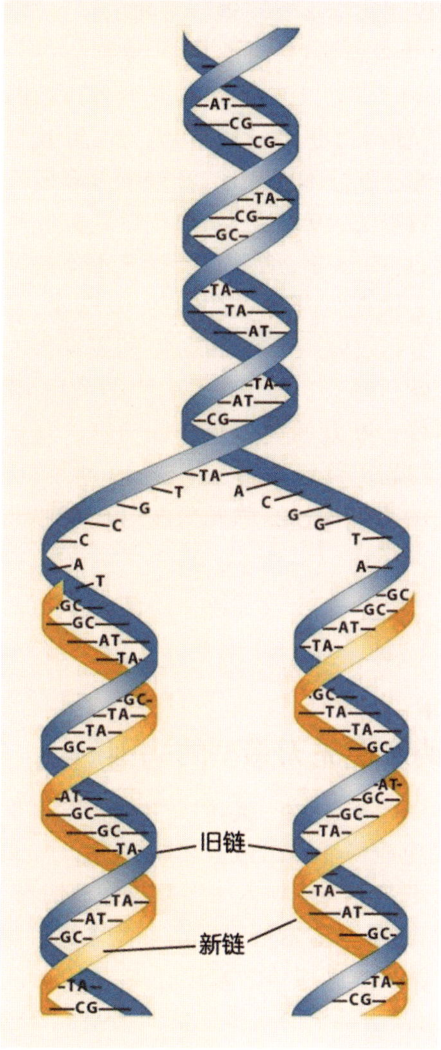

DNA半保留复制

肠杆菌和氮的同位素来开展新的实验：首先将大肠杆菌在含有氮 15 的培养基上繁殖几代，使它的 DNA 被氮 15 标记，然后将这些细菌转移到含氮 14 的培养基上，用密度梯度离心技术分离、鉴定在不同时期合成的细菌 DNA，DNA 中氮 15 的含量越高，分离得到的条带密度越大。结果显示，用单纯氮 15 培养基培养的细菌 DNA 出现一条密度较大的带（称为重带），这表明 DNA 两条链均是用氮 15 标记的。转移到氮 14 培养基上的第一代细菌 DNA 也只显示一条带，但这个条带密度较低（称为中间带），表明子代 DNA 中一条单链是用氮 15 标记，另一条单链是用氮 14 标记的。随后对第二代、第三代细菌的 DNA 进行分析，均显示有一条中间带和一条密度更低的轻带存在，轻带表明 DNA 的两条链均是用氮 14 标记的。梅塞尔森和斯塔尔的实验证明 DNA 确实是以半保留的方式复制的，这种复制方式对保证 DNA 遗传信息的稳定传递具有重要意义。该机制的证实有力推动了分子生物学的发展。

梅塞尔森—斯塔尔实验的结果于 1958 年正式发表，该实验被誉为“生物学上最美丽的实验”，已作为一项经典研究载入分子生物学史册。

1958 年
耶洛创立放射免疫分析方法

半个多世纪以来，生物活性物质分析技术取得了长足的进步，其中值得一提的首推放射免疫分析（RIA）。这是一种结合了放射性同位素示踪技术和抗原—抗体免疫反应原理的体外微量分析方法，由美国物理学家耶洛于 1958 年创立。

将样品的待测物视为一种抗原 Ag，向样品中加入相对应的抗体 Ab，就会形成 Ag—Ab 复合物。此时再加入用放射性同位素标记的抗原 *Ag，它就会和 Ag 争夺 Ab，形成 *Ag—Ab 复合物。由于加入的 *Ag 和 Ab 的量恒定，当 Ag 量较多时，Ag—Ab 的量就会增多，*Ag—Ab 的生成量相对减少，即待测样品 Ag 浓度与复合物的放射性成反比。因此，只要在反应平衡后，将 *Ag—Ab 和 Ag—Ab 复合物与游离的 *Ag 和 Ag 分离，检测复合物的放射性，就可以知道样品中待测 Ag 的含量。这就是 RIA 免疫分析方法的基本原理。

RIA 方法灵敏、特异、简便易行，且对样品用量要求低，可检测出一个复杂生物样品中含量极少的特定物质的准确值，灵敏度极高。目前，这一方法已被广泛用于生物医药的各个领域。1977 年，耶洛因创立放射免疫分析方法荣获诺贝尔生理学医学奖。

1958年
穆尔和斯坦制成氨基酸自动分析仪

1940年代中期，美国生物化学家穆尔和斯坦分析、测定细胞内核糖核酸酶的结构时发现，尽管桑格测定蛋白质氨基酸序列的方法在用于测定分子量较小的蛋白质（如胰岛素）时非常有效，但遇到诸如核糖核酸酶等分子量极大的复杂蛋白质时就难以奏效了。随后他们便致力于发展更为精确的蛋白质测序技术。

1958年，穆尔和斯坦终于制成世界上第一台能自动分析蛋白质水解物中17种常见氨基酸的装置，这种装置被称为氨基酸自动分析仪。1960年，穆尔和斯坦用氨基酸自动分析仪成功测定了含有124个氨基酸的牛胰核糖核酸酶A的氨基酸序列。随后，他们确认了核糖核酸酶的化学活性中心。这些工作为测定其他复杂蛋白质的分子结构开辟了新的道路。

几十年来，氨基酸自动分析仪得到不断改进，其分析的速度、精度不断提高，样品用量则不断降低，广泛用于分析鉴定氨基酸和多肽的组分与结构，成为蛋白质化学及众多相关学科研究中不可或缺的工具。穆尔和斯坦因在核糖核酸酶分子结构研究方面的成就而与美国生物化学家安芬森分享了1972年诺贝尔化学奖。

1958年
唐纳德将超声诊断应用于临床

超声诊断始于1940年代。1942年，奥地利医生达西科用A型超声装置，以穿透法探测颅脑，于1949年报道获得包括脑室的头部A型超声图像。但此法并未达到实用程度。同期各国许多学者也进行了超声诊断的研究：1946年，用A型超声反射法探测疾病；1949年，用超声显像法得到上臂横断面声像图，即二维回声显像；1950年，用脉冲反射式A型超声扫查头颅，分析组织构造，探测脑标本，获得脑肿瘤的反射波；1950年对胆结石、1951年对乳腺肿瘤进行超声探测的研究；1952年，用A型超声诊断脑肿瘤、脑出血获得成功；1952年，用B型超声仪做肝脏标本的显像，开展颈部和四肢的复合扫查法；1952年，成功获得乳腺的超声声像图；1955年，用平面位置显示器的圆周扫查法做直肠内的体腔探测；1957年，将声学多普勒效应用于心脏房、室间隔缺损的超声诊断。1958年，英国医生唐纳德用BP型超声仪诊断盆腔肿瘤和妊娠子宫，首次成功地将超声诊断应用于临床。1964年，唐纳德又用超声仪探测胎儿头颅以诊断胎儿疾病。

1958年
勒热纳发现先天愚型的病因

1952年，中国—美国细胞生物学家徐道觉成功地将低渗透液技术运用到人体染色体的研究上，使染色体得以很好地铺展，不再重叠，可以清晰地对中期染色体进行观察。中国—美国遗传学家蒋有兴于1956年报道，用该法确定的人类二倍体细胞的染色体数，不是统治了学术界33年之久的48条，而是46条。

1957年，蒋有兴来到丹麦首都哥本哈根，做了一场关于人类染色体的学术报告，在听众中有一位名叫勒热纳的法国医生。此前，勒热纳曾接触过许多先天愚型（现名为“唐氏综合征”）病例，听了报告后他立即想到，这种病或许是染色体异常所导致的。回国后，他马上投入了对于患儿染色体的观察研究。

1958年，勒热纳发现先天愚型患儿的体细胞内比正常人多了一条21号染色体。这是人类发现的第一种染色体异常导致的疾病。接着，福德证实，特纳综合征（女性）是由于少了一条X染色体所致；英国遗传学家帕特里夏·雅各布证实了克氏综合征（男性）是由于多了一条X染色体的结果。从此，染色体病的研究便广泛展开。

长期以来，人类的许多遗传性疾病和先天性畸形、综合征的病因一直困扰着医学界。勒热纳的发现，不仅为探明这些疾病的病因开辟了新的途径，而且开创了医学研究的一个新领域——医学细胞遗传学。

1958 年 马瑟用骨髓移植法治疗白血病

法国肿瘤学家、免疫学家乔治·马瑟是临床骨髓移植研究的先驱。1957 年他首先提出，需要大剂量放疗，根除受体的恶性疾患，以利于足量供体骨髓植入以及无菌护理措施的应用。1958 年，在前南斯拉夫的文卡，6 名科学家意外遭受大剂量 γ 射线和中子混合辐射，其中 1 名科学家因遭受严重辐射而死亡。马瑟为其余 5 名科学家进行了骨髓移植治疗，输注异基因骨髓。其结果经检测，红细胞抗原提示植入成功。1963 年，他又报道了 1 例难治性淋巴细胞白血病人进行了同种异基因骨髓移植(用了 6 个病人家属的骨髓)，病人存活 20 个月，最后死于疱疹性脑炎，尸检无白血病征象。1963 年，马瑟首先描述用皮质类固醇和抗生素治疗人类移植物抗宿主病获得缓解。1964 年，他提出移植物抗宿主病（当时称为“继发性疾病”)可能有利于去除白血病细胞，缓解白血病，而且认为植入成功可能是由于病人未输血而缺乏免疫。马瑟的研究和临床实践，开拓了应用骨髓移植治疗白血病的新方法。

1958 年 挪威研制成离心式播种机

播种机是以作物种子为播种对象，并能控制播种浓度和特定播种量的种植机械。一般可分为撒播机、条播机和穴播机，包括精密播种机。公元前 1 世纪，中国已推广使用耧车，这是世界上最早的条播机具，至今仍在北方旱作区广泛应用。

欧洲第一台播种机于 1636 年在希腊制成。1830 年，俄国人在畜力多铧犁上加装播种装置制成犁播机。英、美等国在 1860 年以后开始大量生产畜力谷物条播机。20 世纪以后相继出现了牵引和悬挂式谷物条播机，以及运用气力排种的播种机。1958 年挪威研制成第一台离心式播种机。1960 年代以后各国又逐步发展了各种精密播种机。

中国在 1950 年代从国外引进谷物条播机、棉花播种机等，1960 年代先后研制成功悬挂式谷物播种机、离心式播种机、通用机架播种机和气吸式播种机等多种机型。到 1970 年代，已形成播种中耕通用机和谷物联合播种机两个系列并投入生产。供谷物、中耕作物、牧草、蔬菜用的各种条播机和穴播机都已得到推广使用。与此同时，还研制成功了多种精密播种机。

1958—1964 年 研制第二代电子计算机

1958—1964 年期间设计的计算机通常被称为第二代电子计算机。第二代电子计算机采用晶体管逻辑元件及快速磁芯存储器，运算速度从每秒几千次提高到每秒几十万次，主存储器的存储量则从几千位提高到 10 万位以上。第二代电子计算机的体积不断缩小，功能不断增强，可以运行 FORTRAN

RCA501 计算机

和 COBOL 编译的程序，接受英文字符命令。

晶体管计算机经历了大范围的发展过程。从印刷电路板到单元电路和随机存储器，从运算理论到程序设计语言和编译程序，不断的革新使晶体管计算机日臻完善。1954 年，美国贝尔实验室研制成功第一台使用晶体管的计算机 TRADIC。1955 年，美国在“宇宙神”(Atlas)洲际导弹上装备了以晶体管为主要元件的小型计算机。它们为晶体管计算机全面代替电子管计算机准备了技术条件。

1958 年，IBM 公司制成了第一台全部使用晶体管的计算机 RCA501。1959 年，IBM 公司又生产出全部晶体管化的计算机 IBM7090。1961 年，世界上最大的晶体管计算机 ATLAS 安装完毕。1964 年，中国制成了第一台全晶体管计算机 441-B。

1959 年
苏联探测月球获得成功

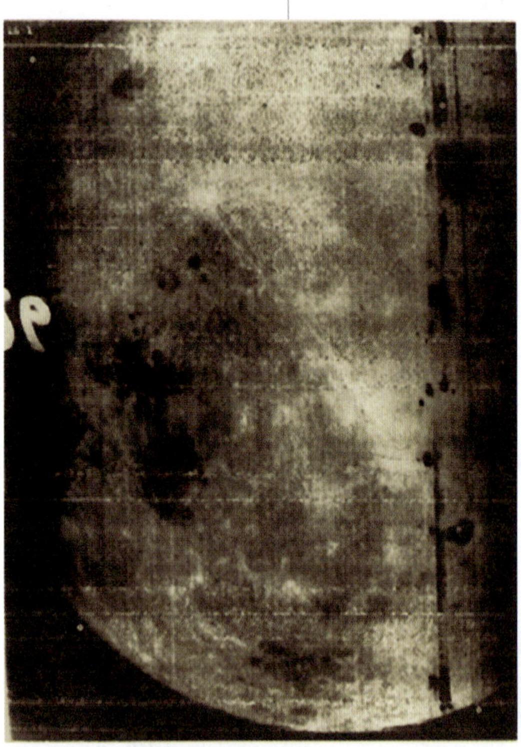

“月球 3 号”拍摄的这幅照片让人类首次见到月球背面的模样

1959 年 1 月 2 日，苏联成功地发射了第一个月球探测器“月球 1 号”。它从月球近旁掠过后，成为第一个在环绕太阳的轨道上运行的人造天体。同年 9 月 12 日，苏联发射“月球 2 号”探测器。它准确击中月球，首次实现了在月球表面硬着陆。在向月面坠落的过程中，它发现月球既没有磁场也没有辐射带。10 月 4 日，苏联又发射了“月球 3 号”探测器。它在距离月球 65 200—68 400 千米处，对月球背面进行了长达 40 分钟的照相观测，获得大量珍贵照片，首次揭示了月球背面的面貌。这些照片表明，月球背面多山，与月球正面不同，那里很少有“月海”。月球背面环形山也很多，其中有的直径很大。1966 年 2 月，“月球 9 号”首次实现在月球表面软着陆。1966 年 4 月，“月球 10 号”首次成功进入环绕月球运行的轨道。苏联一共发射了 24 个“月球号”探测器，其中 18 个获得成功。1970 年发射的“月球 16 号”在月面软着陆后，首次采集了 120 克月岩样品送回地球。1976 年发射的“月球 24 号”又采集、送回 170 克月岩样品。在人类开展月球探测的初期，苏联居于世界领先地位，直到 1960 年代后期才被美国赶上并超过。

1959 年
利基夫妇发现“东非人”化石

1959年，著名英国古人类学家路易斯·利基和玛丽·利基夫妇在坚持 28 年辛勤考察后，终于在坦桑尼亚奥杜瓦伊峡谷的地层中发掘出一块保存完好的头骨。经过比对发现，这块头骨有着南方古猿的特征，但是其颅腔比南方古猿大，利基夫妇将其定名为“鲍氏东非人”。应用放射性同位素技术测定其年代，“东非人”生活于大约 175 万年前，人科动物的历史因而被延长几乎一倍，这个结论在当时引起巨大的轰动。后来“鲍氏东非人”最终被定名为南方古猿鲍氏种。“东非人”化石的发现充实了人科物种进化树的

利基夫妇在奥杜瓦伊峡谷工作

结构,揭开了古人类化石发现史的新篇章。

1959 年
霍珀开发 COBOL 语言

美国数学家、计算机科学家、海军少将霍珀是计算机界最杰出的女性之一。1951 年,她在兰德公司兼任系统工程师时率先研制出世界上第一个编译程序 A–O,能够将类似英语的符号代码转换成计算机可以识别的机器指令。1952 年,她发表了第一篇关于高级语言编译器的论文。1959 年 5 月,五角大楼委托霍珀博士领导一个委员会主持开发 COBOL 语言,并于 1961 年由美国数据系统语言协会公布。

COBOL 语言是面向商业的通用语言(又称为企业管理语言、数据处理语言等),是最早的高级编程语言之一,也是世界上第一个商用语言。在 COBOL 等高级语言产生之前,程序都是用低级的汇编语言编写的。COBOL 语言最重要的特征是,它的语法与英语很接近,可以让不懂电脑的人也能看懂程序;其编译器只需做少许修改,就能在任何类型的计算机上运行。这种语言有显著的文件处理能力,它支持顺序文件和直接存取文件,特别适用于管理存储在磁带或磁盘上的大量数据。用 COBOL 编写的软件,要比用其他语言编写的多得多,霍珀因此被誉为计算机语言领域的先驱人物。

1959 年
拉宾和斯科特提出非确定性有限状态自动机理论

以色列希伯莱大学数学教授拉宾和英国牛津大学数理逻辑教授美国人斯科特是普林斯顿大学研究生院的师兄弟。1957 年,拉宾和斯科特联手研究图灵机。图灵机是有限状态自动机(FSA)。图灵认为,机器在输入相同时,其"心智状态"也相同,即对于具有给定指令集的机器而言,一定输入的机器总是按同一方式运行的。

拉宾和斯科特认为,这种具有"确定性"行为的机器带来了局限性。因此,他们定义了一种新的、"非确定性"的有限状态自动机(NDFSA),这种机器在读取到一定的输入后,有多个状态可供选择,这样对给定输入的计算便不单一了,每个选择代表一种可能的计算。拉宾和斯科特将图灵的有限状态自动机从确定性的一种形态扩展到非确定性的另一种形态,极大地推动了有限状态自动机理论的发展。

1959 年,拉宾和斯科特共同发表了论文《有限自动机及其判定问题》。后来的实践证明,非确定性有限状态自动机在机器翻译、文献检索和字处理程序等应用中都起到了重要的作用。拉宾和斯科特由于提出了非确定性有限状态自动机理论,获得 1976 年度图灵奖。

1959 年
诺依斯与基尔比发明集成电路

1955 年,"晶体管之父"肖克利博士离开贝尔实验室返回故乡,在硅谷创建"肖克利半导体实验室"。1956 年,以诺依斯、摩尔为首的 8 位青年科学家从美国东部陆续来到硅谷加盟肖克利实验室。他们的年龄都在 30 岁以下,风华正茂、学有所成,处在创造能力的巅峰。但肖克利缺乏管理能力,一年中没有任何拿得出手的产品问世。

1957 年,在诺依斯带领下,8 位青年一起"叛逃",并在仙童照相器材和设备公司的赞助下,组建起仙童半导体公司。随着仙童半导体公司的茁壮成长,一整套制造晶体管的平面处理技术也日趋成熟。1959 年 1 月 23 日,诺依斯在日记里详细地记录了制造集成电路的设想,按这种设想完全可以在硅芯片上集成几百个乃至成千上万个晶体管。

几乎在同一时期,美国德州仪器公司的

1959

基尔比发明的集成电路

诺依斯发明的集成电路

青年研究员、物理学家基尔比也想到了类似的技术创意。他独自实验,成功地把晶体管、电阻和电容等集成在微小的平板上,用热焊方式把元件以极细的导线互连,在不超过 4 平方毫米的面积上,大约集成了 20 余个元件。1959 年 2 月 6 日,基尔比向美国专利局申报专利,这种由半导体元件构成的微型固体组合件,从此被命名为“集成电路”(IC)。

基尔比发明集成电路的消息传到硅谷，仙童公司开始奋起疾追。1959 年 7 月 30 日，诺依斯采用先进的平面处理技术研制出集成电路，也申请到一项发明专利。从此微电子技术诞生了。

基尔比被誉为“第一块集成电路的发明家”,而诺依斯被誉为“提出了适合于工业生产的集成电路理论”的人。1969 年,美国联邦法院最后从法律上承认了集成电路是一项“同时的发明”。

1959—1960 年
佩利等开发 ALGOL 60 语言

ALGOL 是算法语言的简称，它是第一个结构化程序设计语言,也是计算机发展史上首批产生的高级语言。其语句和普通语言表达式接近,更适于数值计算,所以 ALGOL 多用于科学计算机。

1959 年，由 13 人组成的国际 ALGOL 60 小组成立。1960 年 1 月在巴黎举行的有全世界一流软件专家参加的讨论会上,确定了程序设计语言 ALGOL 60,发表了《算法语言 ALGOL 60 报告》。1962 年又发表了《算法语言 ALGOL 60 的修改报告》。ALGOL 60是程序设计语言发展史上的一个里程碑,它标志着程序设计语言由一种“技艺”转而成为一门“科学”,开拓了程序设计语言的研究领域,又为后来软件自动化工作及软件可靠性问题的发展奠定了基础。

先后有三位学者由于在 ALGOL 语言上的贡献获得了图灵奖。其中美国数学家、计算机科学家佩利由于在 ALGOL 语言的定义和扩充上所作出的重大贡献,以及在创始计算机科学教育、使计算机科学成为一门独立的学科上所发挥的巨大作用，成为 1966 年度首届图灵奖的获得者。

荷兰皇家科学院院士、数学家戴克斯特拉是计算机科学先驱之一,他开发了程序设计的框架结构,是第一个 ALGOL 60 编译器的设计者和实现者。戴克斯特拉认为,一个程序的易读性和易理解性同其中所包含的无条件转移控制(GOTO)的个数成反比关系,因此“GOTO 是有害的”,由此提出了结构程序设计的思想,并获得 1972 年度图灵奖。

丹麦天文学家、计算机科学家诺尔是国际 ALGOL 60 小组报告的主编，他由于对 ALGOL 60 编程语言的设计与定义,以及对编译器设计、计算机编程领域理论和实践的基础性贡献,获得 2005 年度图灵奖。

1960 年
鲁宾逊创立非标准分析

17世纪微积分发明之后,其应用日益广泛,然而人们对于这门学科的基础问题却并不清楚。微积分是建立在极限概念基础上的,而对极限概念的讨论就不能回避无穷大和无穷小。当时数学家们分为两派:莱布尼茨及后来的康托尔等人承认实无穷,将无穷小看作一个存在的量,但却出现了贝克莱悖论,导致了数学史上的“第二次数学危机”;而柯西与魏尔斯特拉斯等人只承认潜无穷,认为无穷小只是一个变化的过程,并引入极限论、实数论,使微积分理论严格化,避免了贝克莱悖论,解决了第二次数学危机。魏尔斯特拉斯还发明了 $\varepsilon-\delta$ 语言,成功解释了极限的概念,构造了微积分的基础,最终成为此后数学的主流。莱布尼茨的“无穷小”成了“消失了量的幽灵”, 被排斥在数学殿堂之外。

20 世纪以来, 随着对数学基础讨论的深入及物理学中“狄拉克函数”等问题的刺激,人们又开始认识到莱布尼茨思想的重要性。希尔伯特的《几何基础》指出了数学的公理化方向,非欧几何模型也启发了另一个数理逻辑中的发展方向:模型论。在此基础上,1960 年,德国数学家亚伯拉罕·鲁宾逊创立了一门崭新的学科:非标准分析。鲁宾逊运用数理逻辑严谨地论证了无穷小的存在性,承认莱布尼茨等人的实无穷思想,将无穷大和无穷小作为“数”加入实数体系,构造了超实数系 R*, 并证明了 R* 与实数系 R 的相容性。鲁宾逊通过模型论的方法给出了 R* 的模型,并建立了转换公理,将 R 中的问题转换到 R* 中处理。随后,非标准分析蓬勃发展起来,形成了诸如非标准微积分、非标准泛函等诸多分支。

1960 年
梅曼研制出激光器

在美国物理学家汤斯和肖洛提出把微波激射器原理应用到光学范围的设想之后,美国休斯实验室的研究人员梅曼运用红宝石晶体作为工作物质,研制成可见光波段的光激射器。

1960年 8 月 6 日,《自然》杂志正式报道了梅曼的这个成果。梅曼的激光器由三部分构成:作为工作物质的红宝石晶体,光频谐振腔和脉冲氙灯光源。梅曼将红宝石做成小圆棒(长 4.5 厘米,直径 0.6 厘米),其两端抛光,镀上银,形成光频谐振腔,其中一端中央有小孔。红宝石置于呈螺旋状的氙灯中央,氙灯每闪一次,小孔中便透出深红色的激光,其波长为 694.3 纳米。

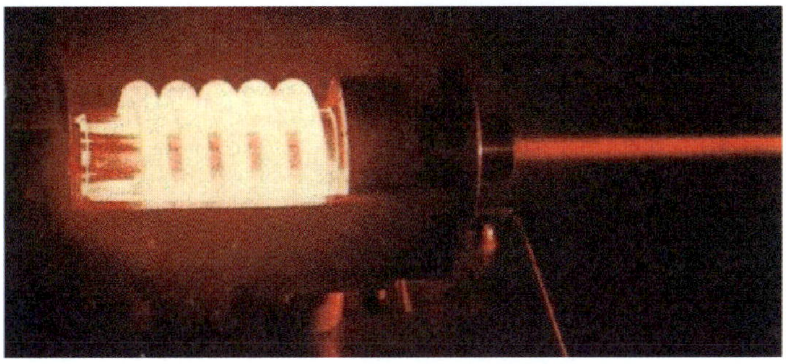

梅曼的第一台红宝石激光器实物图

梅曼的红宝石激光器问世后不久,各种激光器,如氦—氖激光器以及各种气体激光器、液体激光器、固体激光器、半导体激光器、自由电子激光器等竞相问世。激光器作为一种新光源, 已经成为在工业、医学、通信、国防以及众多其他领域不可缺少的仪器设备,并在许多领域引起了革命性的突破。

1960 年
“泰罗斯 1 号”气象卫星发射

1960 年 4 月 1 日, 美国成功发射了首颗气象卫星“泰罗斯 1 号”(TIROS-1)。卫星搭载电视红外观测设备,在离地面约 700 千米的高空沿接近圆形的轨道运行, 在 78 天的生命周期里传回 2 万多张图片。

利用人造地球卫星进行全球与区域气象观测,实时监测地球天气和气候,特别是台风、暴雨、雷暴、寒潮等灾害性大气系统的云系变化,并进而利用物理学原理与相关技术定量探测大气要素三维结构和地表物理特征,是人类发展人造地球卫星的一个重要目的。由于气象卫星同时关注相关的地球环境,所以也称为地球环境卫星。气象卫星按运行轨道分为两类:一类是轨道平面通过地球南极和北极并与太阳照射角度同步的,称为极轨气象卫星;另一类是位于地球赤道上空约 3.6 万千米

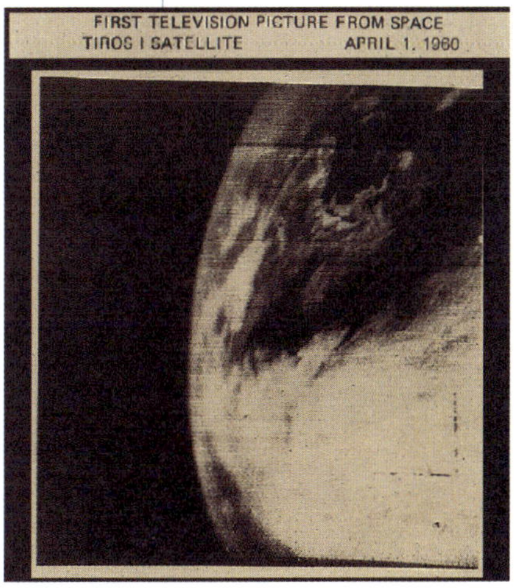

“泰罗斯1号”发回的世界第一张气象卫星云图

处，相对于地球处于静止状态，轨道平面与赤道平面重合的，称为地球静止气象卫星。美国于 1974 年 5 月 17 日发射了首颗地球静止气象试验卫星，以后的静止气象卫星编制为 GOES 系列，装载的主要气象探测仪器有多通道成像仪和大气垂直廓线探测仪等。

欧洲、日本等许多国家亦先后建立了气象卫星系列。苏联 / 俄罗斯亦在其“宇宙”系列卫星计划中发射了多颗气象研究卫星。中国从 1988 年开始发展自己的极轨气象卫星系列和地球静止气象卫星系列，极轨系列编号为“风云 1A”、“风云 1B”、“风云 3A”、“风云 3B”等，地球静止系列编号为“风云 2A”、“风云 2B”、“风云 4A”、“风云 4B”等。

1960 年
皮卡尔和沃尔什创造深潜纪录

1930 年，美国博物学家毕比和深海探险家弗雷德里克·巴顿使用自行设计的潜水球，首次开展海洋深潜考察。从那以后，世界各国相继开展深潜设备的研制以及海洋深潜考察研究。

1937 年，瑞士物理学家奥古斯特·皮卡尔设计出第一艘具有自主行动能力的载人深潜器，1948 年建成并命名为“FNRS-2 号”。1953 年，皮卡尔又为法国海军建造了更为先进的“迪里亚斯特号”，该深潜器在 1958 年被转卖给美国海军。1960 年 1 月 23 日，奥古斯特·皮卡尔之子、瑞士海洋学家雅克·皮卡尔，和美国海洋学家唐·沃尔什一起，乘坐“迪里亚斯特号”下潜到全球最深的马里亚纳海沟的水下 10 911 米深处，并在海底停留了 20 分钟，创造了深潜纪录。

“迪里亚斯特号”载人深潜器

1963 年，美国自主建造了“阿尔文号”载人深潜器，经过多次改进后于 1991 年成功深潜至 4550 米水下。日本于 1989 年建成“SHINKAK 6500 号”深潜器，并成功下潜到日本海沟东侧 6527 米的海底。1987 年，苏联建造了“和平 1 号”、“和平 2 号”深潜器，“和平 1 号” 的最大潜水深度达到 6170 米。法国在 1984 年建造了“鹦鹉螺号”深潜器，最大下潜水深为 6000 米。2010 年 8 月 26 日，中国第一台自行设计、自主集成研制的“蛟龙号”载人深潜器，在南海下潜至 3759 米水深处，水下作业时间超过 9 小时，标志着中国继美、法、俄、日等国之后成为第五个掌握 3500 米以上大深度载人深潜技术的国家。

1960 年
佩鲁茨解析血红蛋白的结构，肯德鲁解析肌红蛋白的结构

近一个世纪以来，蛋白质结构一直是生物学的中心问题之一。从 1937 年起，工作于卡文迪什实验室的英国生物化学家佩鲁茨一直致力于运用当时最先进的物理学技术——X 射线衍射技术，来探寻血红蛋白这一复杂生物大分子结构的奥秘。血红蛋白是许多生物体内负责运输氧的一种蛋白质，对生命活动而言意义重大。佩鲁茨和同事们对拍摄到的数百张蛋白质晶体的 X 射线衍射图片进行分析，完成了巨量的数学计算工作。经过 23 年的努力，1960 年，佩鲁茨等人终于发表了血红蛋白的三维结构模型。在此过程中，佩鲁茨还首次证实了鲍林等人提出的蛋白质 α 螺旋结构模型，建立了一些用于研究生物大分子结构的方法。值得一提的是，1937 年佩鲁茨从维也纳大学毕业后并未打算到剑桥大学从事蛋白质晶体方面的研究，只是在导师的建议下才接受了到剑桥大学去的安排，并以解析血红蛋白的三维立体结构这个看似“不可能的任务”作为自己攻读博士学位的课题。佩鲁茨的工作与发现 DNA 双螺旋结构一起，被誉为 20 世纪分子

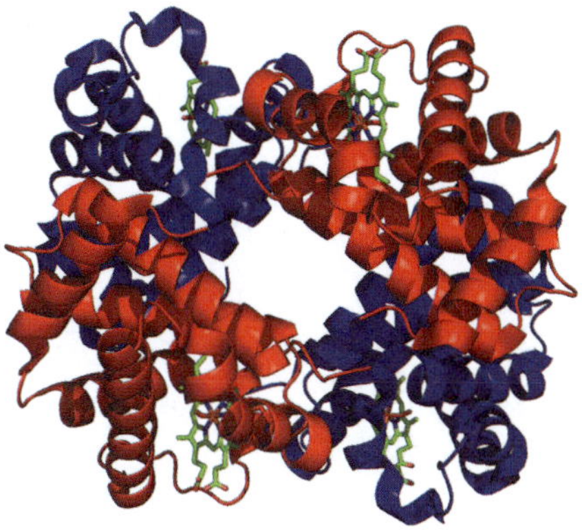

血红蛋白的复杂结构

生物学领域最具革命性的成就,佩鲁茨也因此被《科学》杂志尊称为“分子生物学之父”。

1960 年,同在卡文迪什实验室工作的英国生物化学家肯德鲁解析出了肌红蛋白(肌肉中具有储存氧功能的蛋白质)的空间结构,这是历史上第一个被描述的蛋白质结构。人们后来发现,肌红蛋白由一条肽链组成,与氧的结合能力弱于血红蛋白。血红蛋白由 4 个亚单位组合而成,每个亚单位都与肌红蛋白极为相似,表明两者可能由同一分子进化而来。

血红蛋白和肌红蛋白结构的阐明,为了解蛋白质结构及其与功能的关系作出了重要贡献。其后对异常血红蛋白的研究,使人们能从分子水平认识因氨基酸改变所导致的疾病,如镰状细胞贫血等,为现代生物医学的发展提供了可资借鉴的范例。1962 年,佩鲁茨和肯德鲁因对蛋白质结构的研究而共同荣获诺贝尔化学奖。

1960 年
伍德沃德合成叶绿素

美国有机化学家罗伯特·伍德沃德自小享有“神童”之誉。他 16 岁就考入了麻省理工学院,三年便完成了全部大学课程,之后又只用一年时间就获得博士学位。此后,他便从事有机合成方面的研究。

1940 年代,伍德沃德开始研究叶绿素的合成,并最终于 1960 年发表了叶绿素全合成的论文。全合成是有机合成中技术含量最高、工作独立性最强的合成技术,它体现了一个有机化学家合成有机物的能力。加上早先在合成奎宁、胆固醇和后来的维生素 B_{12} 等 20 多种复杂有机化合物方面的成就,伍德沃德获得了“现代有机合成之父”的美誉。1965 年,他因人工有机合成技艺上的杰出成就荣获诺贝尔化学奖。

1960 年
威尔金森提出向后误差分析法

在数值应用方面,计算机实际上只能做最简单的加、减、乘、除等四则运算,并不能直接解微分方程或求各种复杂的函数。想求解它们,必须先由数学家利用各种数学变换方法把它们转变为一系列算术运算,这叫“数值分析”或“计算方法”。1960 年,英国皇家学会会员、数学家詹姆斯·威尔金森在研究矩阵计算的误差时,提出了向后误差分析法,这个方法目前已成为计算机上各种数值计算最常用的误差分析手段。

向后误差分析法是一种先验性估计。假设结果 x 由已知量 $a_1, a_2, a_3, \cdots, a_n$ 经过基本算术运算确定。由于计算中产生舍入误差,实际算出的值 a 与准确值 x 不同。向后误差分析法把舍入误差与导出 a 的已知量 $a_1, a_2, a_3, \cdots, a_n$ 的某种微扰(即微小误差)联系起来,即对某个 a_i 引进微扰量 ε_i,使得由浮点运算得到含 ε_i 的 a 的表达式,再推出这些 ε_i 的界,然后利用微扰理论估计最后舍入误差的界。

第二次世界大战结束后,威尔金森进入英国国家物理实验室的数学部,协助图灵设计计算机 ACE,并在图灵离开后负责接手该项目,终于在 1950 年完成原型机开发。威尔金森由于数值分析、线性代数、向后误差分析法方面的贡献,获得 1970 年度图灵奖。

1960—1965 年
中国科学院计算技术研究所开发 BCY 语言

编译程序语言(BCY)是一个与算法语言 ALGOL 60 类似的语言，于 1960 年代初期由中国科学院计算技术研究所的一个小组设计。

BCY 具有与 ALGOL 60 类似的基本语言成分，但是避免了当时已知存在于 ALGOL 60 中的漏洞。其中与计算工具无关的语言成分包括：计算语句、转向语句、空语句、循环语句、条件语句、子程序语句、变量说明、场说明、开关说明和子程序说明等。

与 ALGOL 60 不同的是，BCY 增加了描述数字计算机计算过程的其他语言成分，如输入语句、打印语句、鼓传送语句、带传送语句、停语句、求和语句、鼓说明、带说明和修改部分等。因此，BCY 可以描述磁鼓、磁带、输入输出设备的使用，以及在编译前对源程序所作的修改。

BCY 的其他特点包括使用汉字定界符，如始、终、若、则、否则、转、对于、执行、步长、到、当等，共有 33 个。BCY 的表达式还允许使用机器字，并能对其中的字段进行运算。

BCY 语言的编译系统首先于 1965 年在中国科学院计算技术研究所的 119 计算机上实现，以后又分别在该所的 109 乙机、109 丙机、015 机，以及电子工业部华北计算技术研究所的 DJS-8 机、华东计算技术研究所的 655 机上实现。

1960 年代
康福思提出酶—底物反应的立体化学理论

人们早就知道生物体内的生物化学反应都是在酶的催化下进行的。由于酶的催化，生物化学反应才能在常温常压下平稳进行。1960 年代，澳大利亚化学家康福思研究了“酶—底物”复合体的作用过程和反应机理。通过研究，他发现了化学特性与三维结构的相关性：若把酶催化的物质称为底物，酶和底物的关系就像锁和钥匙那样。酶的外面有一定形状的凹陷，可以把底物正好嵌在里面，所以这种催化是具有高度立体专一性的。他的发现在一定程度上揭示了生物系统的反应机制。由于他对立体化学的贡献，同南斯拉夫—瑞士化学家普雷洛格共同获得 1975 年诺贝尔化学奖。

1960 年代
赖尔研制成综合孔径射电望远镜

早期射电望远镜面临的最大问题是分辨率远不如光学望远镜。望远镜的分辨角与其口径成反比，又与观测波长成正比。为了减小分辨角，必须加大望远镜的口径。一架工作波长为 5 厘米的射电望远镜，如果分辨角要达到和哈勃空间望远镜相当的 0.1″，其口径就必须大于 240 千米。但是，英国天文学家马丁·赖尔的一系列研究成果，却使射电望远镜的分辨率最终达到甚至超过了光学望远镜。1940 年代中期，赖尔发明了双天线射电干涉仪，在两个天线的连线方向上，干涉仪的分辨率与口径等于两天线间距的巨型单天线射电望远镜相当。1950 年代，赖尔发明综合孔径技术，其要点是“化整为零”：至少用两面天线，其中一面固定，并以它为中心画一个圆，作为等效的“大天线”，另一面天线则逐次移到该“大天线”的不同部位上，进行射电干涉测量；在各种间隔上获得“大天线”所有方向的相关信号后，对观测资料作相应的数学变换，即可得被观测射电源的图像。这一过程也可用多面小天线进行多次观测来实现，以达到等效大天线所具有的分辨率和灵敏度。1960 年代初，赖尔等在英国剑桥大学试制成一架综合孔径望远镜。1963 年又研制成由三面直径 18 米的抛物面天线构成的“1.6 千米综合孔径射电望远镜”，其中两面天线固定，相距 0.8 千米；第三面天线可沿一条长 0.8 千米的铁轨移动。该镜于 1964 年正式启用，分辨率为 4.5′，用于普测射电天图和研究弱射电源。1971 年剑桥大学又建成等效口径 5 千米的综合孔径射电望远镜，在 2 厘米的工作波长上角分辨率已达角秒量级，为当时最先进的水平。赖尔因对射电天文学的贡献，特别是综合孔径技术，荣获 1974 年度诺贝尔物理学奖。

1984年建成的中国科学院北京天文台密云观测站的米波综合孔径射电望远镜 由 28 面直径 9 米的天线组成。

1960 年代
绿色革命兴起

1960年代兴起的绿色革命是发展中国家以采用高产良种作物为中心的一场新技术革命，其目标是解决发展中国家的粮食问题。这一农业技术革新取得了惊人的进展，当时有人认为这场改革活动对世界农业生产所产生的深远影响，犹如 18 世纪蒸汽机在欧洲所引起的产业革命一样，故称之为“绿色革命”。其主要内容是大规模推广矮秆、半矮秆、抗倒伏、产量高、适应性广的小麦和水稻等作物优良品种，并配以灌溉、施肥等技术的改进。

在绿色革命中，有两个国际研究机构作出了突出贡献：一个是国际玉米和小麦改良中心，以诺贝尔和平奖得主、绿色革命的主要倡导者、美国农学家博洛格为首的小麦育种家，育成了 30 多个矮秆、半矮秆品种，同时具有抗倒伏、抗锈病、高产的突出优点。另一个是国际水稻研究所，该所成功培育出第一个半矮秆、高产、耐肥、抗倒伏、穗大、粒多的奇迹稻“IR8”（国际稻 8 号）品种。此后，又相继培育出“国际稻”系列良种，并在抗病害、适应性等方面有了改进。

上述品种在发展中国家迅速推广开来，并产生了巨大效益。但绿色革命也逐渐暴露出许多缺陷，主要是它导致了化肥、农药的大量使用和土壤退化。1990 年代初，又发现高产谷物中矿物质和维生素含量很低，用作粮食常因微量营养元素不足而引起疾病。于是，又提出了第二次绿色革命的设想，目的在于利用国际力量，为发展中国家培育既高产又富含维生素和矿物质的作物新品种。

美国国家射电天文台的甚大阵（VLA） 1981 年建成，由 27 面直径 25 米的可移动抛物面天线构成，沿臂长为 21 千米的 Y 形基线布置，分辨角可达 0.05″，已不逊于哈勃空间望远镜在光学波段的分辨率。

1960 年代—1970 年代
合成冠醚和穴醚

1962 年，杜邦公司高级研究员、美国化学家佩德森用邻苯二酚和 2,2′–二氯乙基醚

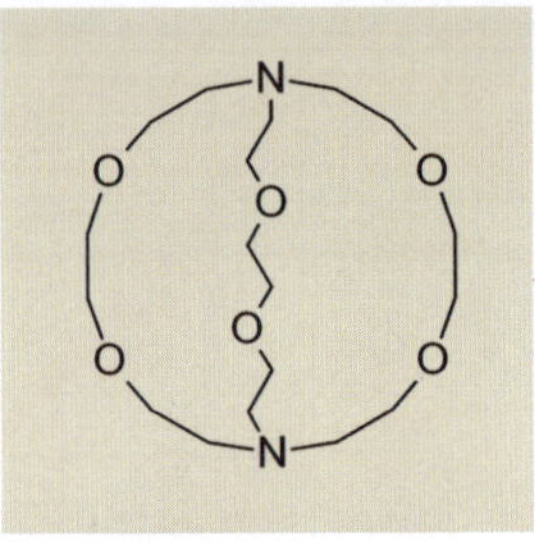

[2.2.2]-穴醚

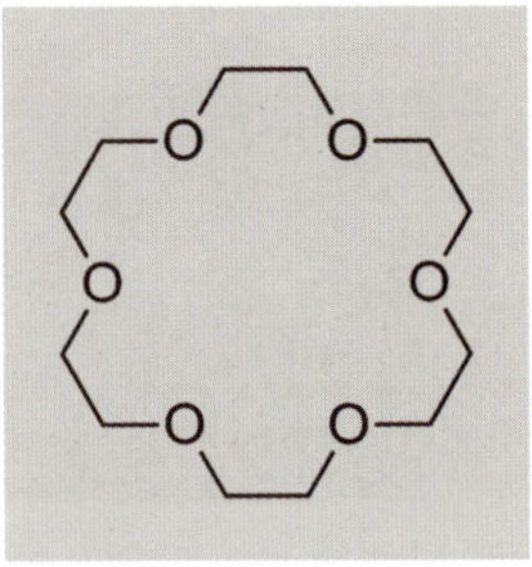

18-冠-6

进行反应,想合成一种能络合金属离子的双(邻羟基苯氧基)乙基醚,结果他发现生成的产物中有0.4%的未知物。经鉴定,这是一种新的环状多醚化合物二苯并-18-冠-6。随后他花了5年时间系统合成这类环状多醚,并对其性质进行了研究。由于这类化合物整个结构的形状犹如一顶皇冠,他把这类环状多醚统称为冠醚。1967年,佩德森在日本东京举行的第10届国际配位化学会议上报告了他研究大环多醚的工作。他指出,18-冠-6有一种很奇怪的性质,它一端的六个氧原子使其易溶于水,另一端的烃基又使其能溶于有机溶剂,而且聚在一起的六个氧原子正好能把一个钾离子抓住。为此,各种冠醚被大量合成出来供配位化学家研究,并作为有机合成中的相转移催化剂得到广泛应用。

1968年,年仅29岁的法国化学家让-马里耶·莱恩在此基础上,别出心裁地合成了一类在大环多醚上再多一个环、分子结构形似土穴的穴醚。穴醚可以与某些金属离子络合,把金属离子嵌在由几个环组成的"穴"中。后来他又进一步合成了其他具有三维空腔的多环聚醚。莱恩在研究穴醚的络合作用时发现,借助于各种分子内的电性作用、范德华力、氢键等作用,底物可以与受体结合,从而导致分子聚集。莱恩把这种聚集的分子称为超分子,并在1978年提出了"超分子化学"概念。

美国化学家克拉姆则合成了一系列具有光学活性的冠醚。他认为具有分子识别能力的冠醚是主体结构,能够有选择性地与作为客体的分子起络合作用。克拉姆因此创立了"主客体化学",进行了模拟酶的研究。

克拉姆、莱恩和佩德森因发展应用冠醚这类具有高度选择性的、特殊结构的分子,而分享了1987年度诺贝尔化学奖。

1960年代—1970年代 布伦纳等发现程序性细胞死亡

程序性细胞死亡是指由基因控制的细胞自主的有序性死亡,它是生理性和选择性的,涉及一系列基因的激活、表达以及调控等。丧失了程序性细胞死亡机制,普通细胞就变成了癌细胞。布伦纳出生于南非,早年在英国剑桥大学同发现DNA双螺旋结构的沃森与克里克有过长期合作。他对分子生物学有多项重要贡献,如发现mRNA、提出遗传密码理论等。后来他的工作重点逐渐转移到发育和神经系统的研究上来,并以秀丽隐杆线虫作为研究对象,开创了以线虫作为模式生物的研究。线虫身长只有1毫米,共有959个细胞,只有1000多个基因,构造简单,生命周期短暂,且身体透明,便于用显微镜观察。1960年代,布伦纳以线虫作为实验材料,将遗传学分析方法和观察细胞分裂的显微方法结合起来,证明能够人为地在生物体中引发许多基因突变,然后观察这些突变对细胞的分裂、分化和生物器官发育的影响。

英国分子生物学家苏尔斯顿1969年加入布伦纳的研究小组,开始研究线虫的细胞谱系,即研究哪一个细胞是哪一个细胞的后

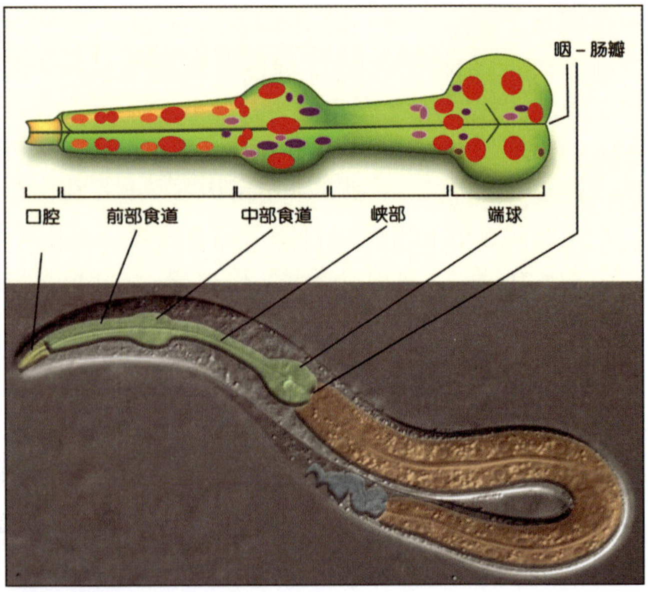

线虫模型

“阿波罗 11 号”宇航员阿姆斯特朗在月球上的脚印

宇航员在月球上

代，一直追溯到所有身体细胞的共同“祖先”——受精卵。他发现线虫细胞的传代极为精确，在不同的线虫个体中，细胞谱系都一模一样，它们有着完全相同的细胞分裂和分化程序。苏尔斯顿发现某些细胞在发育过程中的特定时刻必然要死亡。在发育过程中，线虫共生成了 1090 个细胞，其中 131 个死亡，而且这种死亡是被精确地控制的。苏尔斯顿还发现了与程序性细胞死亡有关的第一个基因。

美国分子生物学家霍维茨于 1974 年加入布伦纳小组，1978 年回到美国，利用基因突变的方法找到了调控程序性细胞死亡的关键基因并描绘了这些基因的特征。他发现不同动物中程序性细胞死亡具有相同的分子机制，控制程序性细胞死亡的基因同样存在于包括人类在内的高等动物中。

研究程序性细胞死亡为癌症等疾病的治疗提供了新的手段，布伦纳、苏尔斯顿和霍维茨因为此方面的工作而分享了 2002 年诺贝尔生理学医学奖。

1961 年
美国开始实施阿波罗计划

1957年 10 月 4 日，苏联发射第一颗人造卫星。1961 年 4 月 12 日，苏联宇航员加加林第一个进入太空。这些成就让美国人深感震惊。为了迎接苏联人的太空挑战，1961 年 5 月 25 日，当时的美国总统肯尼迪提出，要在 10 年内将美国人送上月球。为此，美国宇航局制订了著名的阿波罗登月计划。

阿波罗计划始于 1961 年 5 月，至 1972 年 12 月第 6 次登月成功结束，历时约 11 年，耗资 255 亿美元，是世界航天史上具有划时代意义的一项成就。在高峰时期，参加计划的有 2 万家企业、200 多所大学和 80 多个科研机构，总人数超过 30 万人。

阿波罗计划既有牺牲与挫折，也有辉煌与成就。1967 年 1 月 27 日，“阿波罗 1 号”的指令舱在一次例行测试中发生大火，三名宇航员丧生。

1969 年 7 月 21 日，美国宇航员阿姆斯特朗、奥尔德林和科林斯驾驶着“阿波罗 11 号”宇宙飞船，成功踏上了月球表面。这是人类首次登上月球。

阿波罗计划不仅让人类对月球有了更深入的了解，还衍生出了航空航天、军事、通信、材料、医疗卫生、计算机及其他科技领域的3000多项应用技术成果，这些成果通过二次开发应用，取得了巨大的经济与社会效益。

1961 年
米切尔提出化学渗透假说

生命体的存在无时无刻不需要能量的支撑，植物通过光合作用摄入能量，动物则靠摄入食物获得能量。这些能量在体内是如何储存与转化的呢?在细胞的线粒体和绿色植物细胞的叶绿体中，ATP 的合成与水解究竟如何利用生命体内的能量？这是 20 世纪初期困扰生物学界的一个问题。

1961 年，英国化学家米切尔就这个问题提出化学渗透假说，对氧化磷酸化作用机理给出了一种解释。他认为，ATP 在生物体内充当“能量储存器”的作用。当机体需要能量时，ATP 在酶的催化作用下转变成 ADP 或 AMP，这一过程释放出能量；当机体消化了营养物质，能量需要储存时，ADP 或 AMP 则转化成 ATP，将能量存储起来。这个双向转化过程是如何实现的呢？米切尔认为，由多种酶、辅酶等组成的线粒体内膜具有传递电子和质子的功能。电子在通过呼吸链逐步传递的过程中，释放的能量可以像一个“质子泵”一样，将质子从线粒体内膜的内部转移到内、外膜间的区域，使内膜外测 H^+浓度大于内侧，形成质子电化学梯度；当膜间腔存在大量质子，使线粒体内膜内外存在足够的电化学 H^+梯度时，质子从膜间腔通过 ATP 合酶复合物上的质子通道进入基质，同时驱动 ATP 的合成。

1970 年代以来化学渗透假说取得大量实验结果的支持，米切尔也因此获得 1978 年诺贝尔化学奖。

1961 年
莫霍计划实施深海地壳钻探

莫霍界面指地壳和地幔之间的分界面，由克罗地亚地球物理学家莫霍洛维契奇于 1909 年发现。莫霍界面的存在反映了地壳和地幔在物质组成上的显著差异，引起了地质学家极大兴趣。

1957 年 3 月，在美国科学基金会的一次会议上，美国海洋学家沃尔特·蒙克提出了一个用超深钻孔打穿地球莫霍界面的科学设想，得到了美国海洋地质学家哈里·赫斯等人的积极响应。1957 年 9 月，深海钻探委员会成立，向美国科学基金会提出钻穿海底莫霍界面的立项建议。1958 年该项建议得到支持，“莫霍计划”开始启动。1960 年 12 月，美国科学基金会与洛杉矶环球海洋勘探公司签订协议，决定由该公司的“卡斯 1 号”钻探船负责实施莫霍计划钻探任务。1961 年 3 月 23 日至 4 月 12 日，钻探船在墨西哥西岸瓜德鲁普岛以东 40 海里、水深 3558 米的海域开始海底钻探工作，先后钻得 5 个深海钻孔，最大孔深为 183 米，打穿了该海域的深海沉积层，并向下部玄武岩基底钻进了 13 米。这次钻探工作是人类第一次成功地实施深海钻探作业，证明利用深海钻探获取洋底沉积层和基岩样品在技术上是可行的。同时，钻探获得的玄武岩样品也首次直接证实了大洋地壳第二层由玄武岩组成的科学推断。

但是，美国科学基金会低估了该项目实施的技术难度和经费消耗，在后续经费预算不断加大、项目主管部门发生变更的情况下，美国国会于 1966 年 8 月最终否决了对该项目的拨款预算，莫霍计划被迫中止。

1961 年
安芬森令变性的核糖核酸酶复性

蛋白质由 20 种氨基酸构成，这些氨基酸顺次连接成线形的肽链——蛋白质的一级结构，当这种线形肽链按一定规律形成平面甚至立体空间构型时，就形成二级结构、三级结构等高级结构。只有形成了正确的高级结构，蛋白质才能执行正常的生理功能。

从 1950 年代中期开始，美国化学家安芬森开始研究核糖核酸酶(即 RNA 酶，可将 RNA 水解成小分子) 的结构和功能。1961 年，安芬森配制了一种溶液，溶液的温度、酸碱度及其中的分子、离子浓度与 RNA 酶在生物体内所处的环境十分相似。当他将变性的(即高级结构已经改变)RNA 酶放入溶液中后，变性的 RNA 酶竟然自动回复到活性构型。据此，安芬森认为，蛋白质的一级结构包含了创建高级结构的信息，只有正确的氨基酸序列才能使蛋白质正确折叠形成高级结构，从而发挥其生理功能。现在已经知道，基因的某些突变虽然只使少数几个甚至一个氨基酸发生变化，但其结果却会使蛋白质完全失去活性，就是因为这些氨基酸的改变使蛋白质无法形成正确的高级结构。

1972 年，安芬森因研究核糖核酸酶，尤其是氨基酸序列与生物活性构象之间的关系，与美国生物化学家穆尔和斯坦共同荣获诺贝尔化学奖。

1961 年 雅各布和莫诺提出操纵子学说

1961 年，法国生物学家弗朗索瓦·雅各布和莫诺针对细胞内酶的表达水平调控，提出了操纵子学说，认为酶的表达水平受到反馈机制的影响。这一学说开创了基因调控研究之先河。

当细菌遇到外界环境变化时，常常会调节与特定代谢相关的酶的表达量。例如，当外界的乳糖浓度提高时，细菌会把乳糖运到细胞内，将之分解成半乳糖和葡萄糖，并把半乳糖转化成葡萄糖以方便利用。这种情况只有在葡萄糖缺乏、乳糖充足的条件下才会发生，从而使细菌避免在不必要的时候白费力气合成一系列的酶。不过，其中的调控机制人们至今尚不清楚。雅各布和莫诺以大肠杆菌为模型，研究了与乳糖代谢相关的酶及其调控原理，提出了乳糖操纵子学说。他们发现，乳糖操纵子包含了操纵基因、启动基因以及 3 个与乳糖代谢相关的结构基因。乳糖缺乏时，细胞内有一种阻遏蛋白会结合到操纵基因上，使得下游的 3 个结构基因无法转录(即由 DNA 合成 mRNA)，因此就不会产生与乳糖代谢相关的酶。乳糖进入细胞后会与阻遏蛋白结合，使它脱离操纵基因，于是转录就开始了。这种调控方式形成了一个反馈回路，使得细菌只在必要的时候才转录

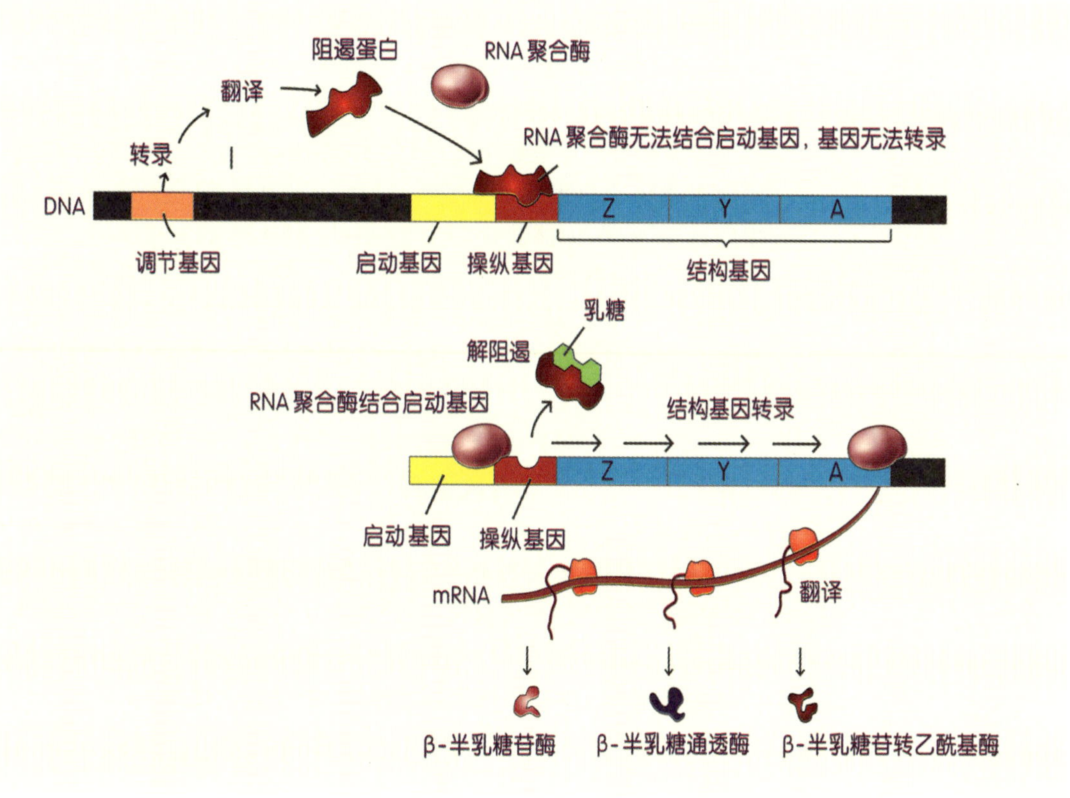

乳糖操纵子

相关基因。启动基因由环腺苷酸(cAMP)启动,而 cAMP 的生成能被葡萄糖抑制。当培养基中同时存在葡萄糖和乳糖时,葡萄糖通过抑制 cAMP 的生成而间接抑制启动基因,并进而抑制结构基因,使细菌不产生与乳糖代谢相关的酶。这种情况下,细菌便会自动优先利用葡萄糖,因为葡萄糖是比乳糖更合适的能源。这种调控机制让细菌变得非常"节能高效"。

雅各布和莫诺提出的操纵子学说具有奠基性的意义,其原理对其他物种同样适用。此后人们又发现了阿拉伯糖操纵子、色氨酸操纵子等调控"元件"。1965 年,雅各布和莫诺因对酶的遗传调控的研究获得诺贝尔生理学医学奖。

1961 年 雅各布和莫诺发现信使 RNA

1953 年,沃森和克里克提出了 DNA 双螺旋结构模型,DNA 是遗传信息的载体已确定无疑。当时已知细胞内合成蛋白质的场所是核糖体,但核糖体与 DNA 分处细胞的不同部位,遗传信息是如何在它们之间进行传递的呢? 克里克于 1958 年提出 RNA 是传递遗传信息的中间载体。那时只知道细胞内有两类 RNA,一类是核糖体 RNA (rRNA),另一类是转移 RNA(tRNA)。克里克假定,每个基因控制一种特殊核糖体的合成,这种特殊的核糖体再控制一种特殊蛋白质的合成。

1961 年,法国生物学家弗朗索瓦·雅各布和莫诺关于细菌乳糖代谢调控的一系列实验,使克里克的假说陷入困境。在大肠杆菌中,β-半乳糖苷酶的诱导现象非常快,而 rRNA 分子很稳定,寿命很长,所以他们认为,应当另有一类不稳定的、寿命很短的 RNA,把遗传信息从 DNA 传递到核糖体上去,并在那里与核糖体结合,指导核糖体合成蛋白质。这种 RNA 如同一个信使,因此他们把这类 RNA 称为信使 RNA(mRNA)。随后,雅各布同南非—英国生物学家布伦纳和美国生物学家梅塞尔森合作,用同位素示踪实验证明 mRNA 的确是遗传信息的中间载体。

提出 mRNA 的概念虽然是雅各布和莫诺研究乳糖操纵子模型的副产品,但其重要性远超后者,因为确定了 mRNA 的存在之后,破译遗传密码等一系列分子生物学的重大发现才成为可能。在此之后,诸多科学家投身 RNA 的研究领域,甚至发现 RNA 可以起到酶的作用(核酶)。在生命蓝图的贮存与传递过程中,也许 DNA 只是起到了记录遗传信息的作用,而 RNA 则有可能是生命世界最早出现的遗传物质。关于 RNA,尚有许多奥秘等待人们去探索。

1961 年 巴赫曼开发网状数据库管理系统

1961 年,通用电气公司程序设计部主管、美国计算机科学家巴赫曼开始开发世界上第一个网状数据库管理系统 IDS,奠定了网状数据库的基础。IDS 于 1964 年推出后,成为最受欢迎的数据库产品之一。它的设计思想和实现技术被后来的许多数据库产品所仿效。IDS 具有数据模式和日志的特征,但它只能在 GE 主机上运行,并且数据库只有一个文件,数据库所有的表必须通过手工编码来生成。

巴赫曼在数据库方面的另一项重要贡献是积极推动制定数据库标准,就是美国数据系统语言委员会下属的数据库任务组,简称 DBTG 提出的网状数据库模型,以及数据定义和数据操纵语言的规范说明。1971 年,第一个正式报告"DBTG 报告"推出,成为数据库历史上具有里程碑意义的文献。巴赫曼由于对数据库技术的巨大贡献,获得 1973 年度图灵奖,并被公认为"网状数据库之父"。

1961 年
考巴脱开发分时系统

1961 年，世界上第一个分时系统即 CTSS 在美国计算机系统专家、麻省理工学院计算机科学与工程系教授考巴脱领导下研制成功，可以为多达 30 个联机用户以分时方式提供服务。分时系统的出现彻底改变了计算机的工作方式和使用方式，开创了以交互方式由多用户同时共享计算机资源的新时代，成为计算机发展史上划时代的重大突破，同时也是计算机真正走向普及的开始。

1969 年，考巴脱又推出了著名的多路信息计算系统，简称 MULTICS。作为一种通用的操作系统，MULTICS 能把计算机资源有效地分配给多个远程用户程序，并同时解决了安全和保密等问题。MULTICS 还第一次在大型系统软件的开发中全面地使用结构程序设计方法，并用当时推出不久的高级编程语言 PL/I 编写了功能上独立于机器的全部系统程序。MULTICS 虽然在商业上没有取得很大成功，但它在计算机系统的发展史上仍占有重要的地位。作为现代操作系统的雏形，MULTICS 所开创的一系列概念和技术对后来的操作系统产生了很大影响，甚至被作为基本技术、核心技术承袭下来，例如 UNIX 系统就借鉴了 MULTICS的许多思想。考巴脱由于在 CTSS 和 MULTICS 中所发挥的巨大作用，获得 1990 年度图灵奖。

1961—1966 年
20 种氨基酸的遗传密码全部破译

遗传密码是指决定蛋白质中氨基酸序列的核苷酸序列，是分子生物学研究的核心问题。1950 年代，美国生物化学家霍格兰发现，沿 DNA 链的每三个核苷酸（称为三联体）对应着一种特定的氨基酸。1955 年，苏联—美国物理学家伽莫夫提出了 3 个核苷

遗传密码表

第一个核苷酸	中间的核苷酸 U	中间的核苷酸 C	中间的核苷酸 A	中间的核苷酸 G	第三个核苷酸
U	苯丙氨酸	丝氨酸	酪氨酸	半胱氨酸	U
	苯丙氨酸	丝氨酸	酪氨酸	半胱氨酸	C
	亮氨酸	丝氨酸	终止密码子	终止密码子	A
	亮氨酸	丝氨酸	终止密码子	色氨酸	G
C	亮氨酸	脯氨酸	组氨酸	精氨酸	U
	亮氨酸	脯氨酸	组氨酸	精氨酸	C
	亮氨酸	脯氨酸	谷氨酰胺	精氨酸	A
	亮氨酸	脯氨酸	谷氨酰胺	精氨酸	G
A	异亮氨酸	苏氨酸	天冬酰胺	丝氨酸	U
	异亮氨酸	苏氨酸	天冬酰胺	丝氨酸	C
	异亮氨酸	苏氨酸	赖氨酸	精氨酸	A
	甲硫氨酸（起始密码子）	苏氨酸	赖氨酸	精氨酸	G
G	缬氨酸	丙氨酸	天冬氨酸	甘氨酸	U
	缬氨酸	丙氨酸	天冬氨酸	甘氨酸	C
	缬氨酸	丙氨酸	谷氨酸	甘氨酸	A
	缬氨酸	丙氨酸	谷氨酸	甘氨酸	G

酸的 64 种组合对应 20 种氨基酸的观点。1961 年，英国分子生物学家克里克与布伦纳证明了噬菌体遗传密码的三联体性质。然而，哪个三联体对应着哪个氨基酸呢？

1961 年，美国生物化学家、遗传学家尼伦伯格合成了一条全部由一种核苷酸——尿嘧啶核苷酸（U）组成的 RNA 长链，即 UUU……。将这种多聚核苷酸加入到含有 20 种氨基酸以及相关酶的缓冲液中后，结果只产生了一种由苯丙氨酸组成的多肽链。显然，UUU 与苯丙氨酸相对应。这是世界上破译的第一个密码子（核苷酸三联体），从而拉开了破译全部遗传密码的序幕。后来，尼伦伯格和美国分子生物学家霍利合作，将人工合成的密码子连接在核糖体上，这个人工密码子便像天然的信使 RNA（mRNA）一样，对应完全确定的转移 RNA（tRNA）及其所携带的氨基酸。他们合成了 64 种理论上可能的核苷酸三联体密码子，最终将 64 个密码子一一解读出来。在这 64 个密码子中，有 3 个并不编码任何氨基酸，而是作为蛋白质合成的终止信号，被称为终止密码子。剩下的 61 个密码子对应 20 种氨基酸，因此大多数氨基酸对应一个以上的密码子，这些密码子是简并的。

与此同时，美国生物化学家科拉纳则用共聚的多核苷酸作为人工 mRNA 进行类似的实验，如使用 UGUGUGUG……，发现产物是缬氨酸和半胱氨酸的多聚体，说明缬氨酸的密码子可能是 GUG，但也可能是 UGU，半胱氨酸的密码子可能是 UGU，也可能是 GUG。以后的实验证明，缬氨酸的密码子是 GUG，半胱氨酸的密码子是 UGU。此后，科拉纳进一步证实，每个三联体密码子是分开读取的，互不重叠，密码子之间没有间隔。

1965 年，英国剑桥医学研究所分子生物学实验室的分子生物学家布赖恩·克拉克等破译了起始密码子，同一实验室的布伦纳等和美国耶鲁大学的分子生物学家加伦等各自破译了终止密码子。到 1966 年，20 种氨基酸的遗传密码全部在实验室中被破译。

遗传密码的破译，是生物学史上的一个重要里程碑。为此，尼伦伯格、霍利和科拉纳共获 1968 年诺贝尔生理学医学奖。

1961—1968 年
达尔和奈加特开发面向对象的编程语言

1961—1965 年，挪威计算机科学家达尔和奈加特设计开发了著名的编程语言 Simula I，特别适用于处理离散事件网络。1964 年 12 月，第一个 Simula I 编译器完成。

1967 年 5 月 20 日，在挪威奥斯陆郊外的小镇吕瑟布举行的世界计算机大会 TC-2 工作会议上，达尔和奈加特正式发布了 Simula 67，并于 1968 年 2 月形成了 Simula 67 的正式文本。Simula 67 被认为是最早的面向对象的编程语言，它首先引入了现今最流行、最重要的面向对象技术所遵循的基础概念：对象、类、继承和动态绑定等。

达尔和奈加特由于面向对象方面的奠基工作，获得 2001 年度图灵奖。

1962 年
美国发射第一颗商业通信卫星

1962年 7 月 10 日，美国宇航局发射了世界上第一颗商业通信卫星“电星 1 号”。它是一个重 77 千克、直径 876 毫米的球体，由美国宇航局和贝尔实验室联合研制。这颗卫星上装有无线电收发设备和电源，可对信号进行接收、处理、放大后再发射，从而大大提高了通信质量。

次日，“电星 1 号”在美国缅因州的安多弗站、英国的贡希利站和法国的普勒默—博多站之间，成功地进行了首次横跨大西洋的电视转播和传送多路电话试验。历史学家后来把 7 月 11 日称为“地球村的诞生日”。“电星 1 号”于 1963 年 2 月中止通信服务。

1962 年
约瑟夫森效应提出

电子对通过两块超导体间厚度大约仅为几纳米的薄绝缘层(称为约瑟夫森结或超导隧道结)时发生的量子隧道效应,称为约瑟夫森效应,该效应于 1962 年首先由 22 岁的英国剑桥大学在读研究生约瑟夫森提出。他在论文《超导隧道中可能有的新效应》中,提出了两个重要效应。第一个是直流约瑟夫森效应:即在零电压下,能出现直流超导电流。这种直流超导电流存在最大值,称为临界电流。一旦超过临界电流值,结上就会出现一个有限的电压。约瑟夫森结的临界电流对于外磁场十分敏感。第二个是交流约瑟夫森效应:即如果在约瑟夫森结的结区两端加上一个直流电压,则在结区会出现高频交流超导电流,其频率与所施加的直流电压成正比,比例系数为基本电荷与普朗克常量之比的 2 倍($2e/h$)。这很快为美国物理学家菲利浦·安德森等人的实验所证实。

约瑟夫森效应已有广泛的应用,例如可对电流、电压、磁场进行精密测量。约瑟夫森为此获得了 1973 年度诺贝尔物理学奖。

1962 年
莱德曼等证实存在两种中微子

1950 年代,物理学家注意到,μ 子除了质量是电子质量的 200 多倍外,其他性质与电子非常相似,有同样的电荷、自旋及其他一些量子数。一些物理学家认为,它们性质上的相似性与质量上的巨大差异并不协调,猜想一定还有电子和 μ 子在基本性质上的差异性尚未被了解。有人认为,这个问题的答案可能与中微子有关,因为在 β 衰变中电子与中微子一起被放出,在 π 介子衰变中 μ 子与中微子一起放出。人们猜想,电子与 μ 子性质上尚未被了解的差异性,或许正体现在与电子一起放出的中微子和与 μ 子一起放出的中微子的不同之上。

莱德曼

1962年,美国物理学家莱德曼、施瓦茨和施泰因贝格尔的研究组来到布鲁克海文国家实验室,当时这里的一台同步加速器(AGS)刚建成不久。这台加速器能产生大量 π 介子。π 介子衰变时,如果随 μ 子出现的中微子是 μ 子型的,那么这些实验中只能观测到 μ 子,而没有电子。通过对大量实验结果的分析,发现情况确实如此。与 μ 子相伴的 μ 子型中微子 ν_μ 和与电子相伴的电子型中微子 ν_e 是两种不同的中微子。一年后,这个结果又在欧洲核子中心和费米实验室被更高精度的结果所证实。莱德曼、施瓦茨和施泰因贝格尔因证实存在两种中微子而获得 1988 年度诺贝尔物理学奖。

1962 年
奥拉发现使碳正离子保持稳定的方法

早在 20 世纪初,人们就在有机染料化合物中发现了碳正离子。1940 年代至 1950 年代,化学家们对碳正离子活性中间体的立体结构、反应动力学等进行了大量研究,但缺乏合适的实验观测方法是一个大问题,主要原因是碳正离子在一般的有机反应条件下存在时间非常短,通常只有 10 秒左右。

1962 年,匈牙利—美国科学家奥拉解决了这一难题。他通过实验找到了使碳正离子长时间稳定存在的方法,并用核磁共振检测到碳正离子的存在,这一方法就是用超强酸作为介质。奥拉把$(CH_3)_3CF$ 溶于过量的 SbF_5 超强酸介质中,通过核磁共振图谱采集实验数据,结果表明,超强酸介质中存在着稳定的叔丁基碳正离子。

奥拉的发现震惊了当时的化学界,开辟了在超强酸介质中进行更多碳氢化合物反应研究的新领域。他还于1972年提出碳正离子的新概念,将碳正离子划分为三配位碳正离子和五配位碳正离子。1994年,奥拉因在碳正离子方面的杰出贡献获诺贝尔化学奖。

1962年
贾科尼等发现宇宙X射线源

地球大气对于波长短于330纳米的所有辐射都不透明。第二次世界大战后,对紫外辐射、X射线和γ射线天文学感兴趣的物理学家便借助战争中发展起来的火箭技术,将仪器送到地球大气层外进行观测。

早期火箭观测试验的主要目标之一是探测太阳的紫外辐射和X射线辐射,它们可能是产生地球电离层的起因。1946年,美国海军研究实验室的天文学家赫伯特·弗里德曼第一次成功实现太阳紫外辐射的火箭观测。第二年,他首次成功地对太阳进行X射线观测,证实了日冕温度极高的猜想。1962年6月,意大利—美国天文学家贾科尼等首次成功地利用火箭寻找宇宙X射线源。在火箭载荷处于地球大气层以外的5分钟观测时间里,他们发现天蝎座中有一个强X射线源,后称天蝎座X–1。此外,他们还观测到天空中存在着分布非常均匀的强X射线背景辐射。1966年,美国天文学家桑德奇等证认出天蝎座X–1的光学对应体是密近双星天蝎座V861。同年,又发现第二个宇宙X射线源金牛座X–1。随后,弗里德曼证认出其光学对应体是1054年超新星遗迹蟹状星云。贾科尼一生对X射线天文学贡献卓著,他因发现宇宙X射线方面取得的成就和导致X射线天文学的诞生而荣获2002年度的诺贝尔物理学奖。

1962年
卡森《寂静的春天》出版

美国海洋生物学家卡森用了4年时间,调查了使用化学杀虫剂对环境造成的危害后,于1962年出版了《寂静的春天》一书。在书中,她阐述了以DDT为代表的杀虫剂对环境的污染,用生态学的原理分析了这些化学杀虫剂对人类赖以生存的生态系统带来的巨大的、难以逆转的危害。该书认为,环境问题的深层根源在于人类对于自然的傲慢和无知,不仅工业界和政府应该关注环境,民众的参与也非常重要。由于该书的广泛影响,美国政府最终改变了农药政策取向,并于1970年成立了环境保护局。

《寂静的春天》是一部划时代的绿色经典著作,是人类生态意识觉醒的标志,促使人们重新端正对自然的态度,重新思考人类社会的发展道路问题。

卡森和她的著作《寂静的春天》

1962年
汤姆林森建立地理信息系统

1962年,英国—加拿大地理学家罗杰·汤姆林森提出了把常规地图变成数字形式地图并存入计算机的设想,这样就可以利用计算机处理和分析大量的数据。此后,他建立了世界上第一个地理信息系统——加拿大地理信息系统(CGIS),实现了专题地图的叠加、面积量算,以及自然资源的管理和规划等目标。地理信息系统的研发历经近 50 年的发展，已经成为信息产业的重要组成部分。

罗杰·汤姆林森

1962 年 克兰罗克提出分组交换技术

美国计算机科学家克兰罗克教授是被称为“互联网之父”的先驱之一，他在计算机网络领域作出了非常重要的贡献。

1959 年，克兰罗克在麻省理工学院做博士论文研究时，选择了当时未知的数据网络作为研究方向。1962 年，他完成了论文《大通信网的信息流》，提出分组交换技术，该技术后来成了互联网的标准通信方式。

分组交换也称包交换，它将用户传送的数据按一定的长度分割为许多小段，每个小段叫做一个分组，通过传输分组的方式传输信息。在每个分组的前面加上一个分组头，用以标识该分组发往何地址。经过标识后，多个数据分组可以在一条物理线路上采用动态复用技术同时传送。来自发送端的数据暂存在交换机的存储器内，然后由交换机根据每个分组的地址标志，将它们转发至目的地。到达接收端后，去掉分组头，即可将各数据字段按顺序重新装配成完整的报文。

从交换技术的发展历史看，数据交换经历了电路交换、报文交换、分组交换和综合业务数字交换的过程。分组交换是在“存储—转发”的基础上发展起来的，它兼有电路交换和报文交换的优点，比电路交换的线路利用率高，比报文交换的传输时延小，且交互性好。克兰罗克由于分组交换技术方面的贡献，2001 年获得美国工程院德雷珀奖。

1962 年 艾弗森开发 APL 语言

艾弗森是加拿大计算机科学家，他攻读博士学位时的导师正是研制了 Mark I 计算机的美国数学家、计算机科学家艾肯教授。1962 年，艾弗森在 IBM 的沃森研究中心与同事一起按他开发的数学表达式建立了 APL 语言。

APL 是一种非常有力、表达丰富的简明编程语言，一般被用在面向用户的环境中。它最初的设计目的是将数学公式写成计算机可以理解的方式。APL 以现有的数学符号为基础，加入许多基于数组的基本运算符，可以用极少的语句定义非常复杂的表达式。与传统的结构编程语言不同的是，APL 程序一般由一系列单元/双元函数或运算符号组成。APL 拥有许多非标准的运算符号，这些符号之间没有优先性。最初的 APL 语言没有任何控制结构，如重复或者条件选择，但一些序列运算符号可以用来模拟编程结构。

APL 有人机交互功能，使用方便，在科学与工程计算等领域中很受欢迎。在数十年的使用历史中，APL 从它的原始版本开始不断改变和发展，但它始终是一种解释执行的计算机语言，在编程语言的发展中起了积极的作用。艾弗森由于开发交互式程序设计语言 APL 以及为程序设计语言的理论与实践作出卓越贡献，获得 1979 年度图灵奖。

漫画：艾弗森与 APL

1962 年 佩特里网概念提出

1962 年，德国数学家、信息学家、物理学家佩特里在他的博士论文《用自动机通信》中，首次提出佩特里网的概念。佩特里网主要是从物理学的角度去描述并发现象。佩特里认为，1960 年代计算机科学的概念构架由于缺乏并发，不适合描述物理系统。而佩特里网中不存在所谓的“全局时间”概念，因为这跟狭义相对论是冲突的。

佩特里网是对离散并行系统的数学表示，适合于描述异步的、并发的计算机系统模型。佩特里网既有严格的数学表述方式，也有直观的图形表达方式；既有丰富的系统描述手段和系统行为分析技术，又为计算机科学提供了坚实的概念基础。由于佩特里网能够表达并发的事件，它被认为是自动化理论的一种，被公认为所有流程定义语言之母。

经典的佩特里网是简单的过程模型，由库所(圆形节点)、变迁(方形节点)、有向弧及令牌等元素组成。佩特里网旨在描述变迁之间的因果关系，并由此构造每一个节点的时序。后来，在经典佩特里网的基础上，又发展出了高级佩特里网。

1963 年
阿蒂亚和辛格证明指标定理

1960年，苏联数学家盖尔范德提出猜测：一个闭微分流形上的拓扑指标与该流形上椭圆微分算子的分析指标相等。1963 年，英国数学家阿蒂亚和美国数学家伊萨多·辛格证明了这个猜想，即指标定理。

阿蒂亚—辛格指标定理极其深刻地刻画了微分流形上的微分算子理论，推广了黎曼—罗赫定理，使光滑流形椭圆型微分算子的核与余核维数之差的分析指标可由拓扑指标来计算。

阿蒂亚—辛格指标定理揭示了分析学、拓扑学、代数学之间的深刻联系，而且在研究方法上涉及分析、拓扑、代数几何、偏微分方程、多复变函数论等许多数学分支，又在物理学的杨—米尔斯理论中获得了重要应用，因而被誉为现代数学重大成就之一。阿蒂亚也因此荣获 1966 年度菲尔兹奖。

1963 年
科恩证明连续统假设与 ZF 公理系统相互独立

连续统假设是现代数学中的一大难题，起源于集合论的创立者、德国数学家康托尔。通常称实数集(直线上点的集合)为连续统。1878 年，康托尔提出了著名的连续统假设，简称为 CH：实数集的子集除了有穷子集、可数无穷子集及与实数本身等势的子集外，再没有别样的子集。也就是说，康托尔猜测，实数集的一切无穷子集或者与自然数集等势，或者与连续统等势。将其推广到任意的势，就得到广义连续统假设。康托尔本人没有解决这个问题。

1900 年，德国数学家希尔伯特提出 23 个著名数学问题时，把连续统假设置于榜首，引起了数学家们的多方研究。希尔伯特本人在 1925—1926 年间曾设计过一个证明的计划，但没有成功。1938 年，奥地利—美国数学家哥德尔证明了广义连续统假设与策梅洛—弗兰克尔公理系统即 ZF 公理系统的相容性，这是该问题研究上的第一次突破。

1963 年，美国斯坦福大学的数学家保罗·科恩开创了用于构造集合论公理独特模型的力迫法，并借助此方法和一个 ZF 模型，证明了 CH 与 ZF 公理系统相对独立（即不能由其他公理推出）。也就是说，ZF 公理系统如果无矛盾，那么加上 CH 或 CH 的否定均无矛盾，即在 ZF 公理系统中 CH 是不可判定的，既不能证明也不能否定，从而可以建立不含连续统假设的集合论。为此，一部分数学家认为科恩在一定意义上解决了连续统假设问题。虽然还有一些数学家对此持不同意见，但仍认为科恩在这一问题上取得了最大的成就。科恩因此于 1966 年获得菲尔兹奖。目前，对连续统假设问题的研究仍在进行之中。

1963 年
施密特等发现类星体

1960 年，美国天文学家桑德奇和加拿大天文学家托马斯·马修斯利用帕洛玛山天文台的 5 米反射望远镜，发现射电源 3C48 的光学对应体为一个类似恒星的暗蓝天体，但其紫外辐射比恒星强得多，且有不规则光变。3C48 的光谱中有许多很宽的强发射线，当时无人能够识别。此后，桑德奇和马修斯还将另外 3 个射电源 3C196、3C286 和 3C147 的光学对应体也证认为类似恒星的暗蓝天体。

1962 年，英国天文学家哈泽德用月掩法非常精确地测定了射电源 3C273 的位置，其光学对应体被证认为一个貌似恒星的 13 等天体。1963 年，荷兰—美国天文学家马丁·施密特用 5 米望远镜拍摄 3C273 的光谱，并成功证认出其中有氢的巴耳末线系，但是红移非常大，达到 0.158。施密特发现

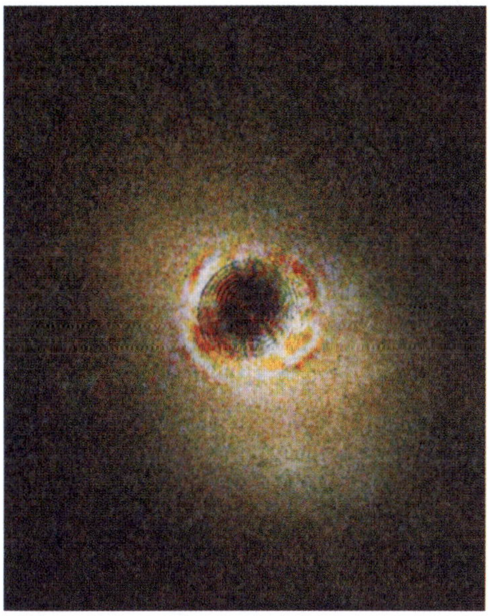

距离地球约 21 亿光年的类星体 3C273
类星体是高能活动非常猛烈的一种活动星系核。3C273 是离地球较近的一个类星体，在设法挡掉来自其核心部分的光之后拍摄的这幅照片上，可以看到它在其寄主星系中产生的复杂结构。

3C48 的光谱与 3C273 的光谱很相似，于是 3C48 的光谱线也就随之得到证认，而其红移比 3C273 更大，达到 0.367。这个困惑天文学界 3 年之久的谜团由此而被解开。

当时，性质同 3C273 和 3C48 相似的射电源被称为类星射电源；后来又发现一些光学性质与之相似、但无显著射电辐射的天体，被称为蓝星体。最后，这两类天体被统称为类星体。类星体不是恒星，而是星系级的天体。3C273 的光学光度约为银河系的 1000 倍，由其光变时标表征的尺度却远比普通星系小得多。类星体是物理本质一时很难辨明的一类全新天体，它是 1960 年代最重大的天文发现之一。

1963 年
温雷布等在射电波段发现星际分子

早在射电天文学问世之前，科学家就知道星际空间存在有相当丰度的分子。在光学波段就有甲川(CH)、甲川离子(CH^+)和氰基(CN)等分子的电子跃迁，亮星光谱中的吸收特征即与此相关。1950 年代，美国物理学家汤斯计算了 17 种可能存在的星际分子的射电跃迁频率。1963 年，美国天文学家温雷布、巴雷特等在 18 厘米的射电波长探测到星际羟基(OH)的吸收线，1965 年又观测到羟基的发射线。1968 年，汤斯在 1.3 厘米波长附近探测到氨(NH_3)和水分子(H_2O)的谱线。1969 年美国天文学家发现在射电源人马座 A 和人马座 B_2 背景上的 6.21 厘米甲醛(H_2CO)吸收谱线，从而发现了第一种星际有机分子。所有这些分子都涉及某种形式的脉泽活动。现在已经探测到 120 多种不同的分子，包括某些奇异的乙炔链和某些在实验室中不稳定但在星际空间低密度条件下能存活的分子。

人们原先设想，弥漫星际介质中的紫外辐射几乎会瓦解任何分子，但是忽略了尘埃保护分子免遭紫外辐射的屏蔽作用。分子气体存在于整个银道面，在绘制其首批分布图

之后发现，大部分分子都属于巨分子云。这些云中含有大量的小尺度结构，它们是恒星形成的地方。巨分子云对毫米波和亚毫米波辐射透明，所以狭窄的分子谱线是云内部动力学的优良探针。星际分子是1960年代最重大的天文发现之一，它有力地促进了星际化学这个新分支学科的诞生。

1963 年
洛伦茨开创混沌理论

美国气象学家爱德华·洛伦茨本是一名数学家，1942—1946 年他在美国空军服役时当过天气预报员，第二次世界大战结束后他便决定改行研究气象学，并主要从事数值天气预报方面的工作。

1961 年，洛伦茨在计算机上检查数值预报模式时发现，对初始输入数据的小数点后第四位进行四舍五入，这样一个非常小的初始条件的变化，却会导致输出结果产生迅速的巨大的偏离。这让洛伦茨意识到完美的长期天气预报是不可能实现的，即使数值模型是完美的，大气中温度、气压、风等变量的一个微小的误差，也将导致不同的预报结果。这说明，在天气预报这样一个可以用确定性理论（大气动力学、热力学方程）进行描述的系统中，大气的行为却常常会因某些原因（如初始扰动），表现出不确定性（不可重复、不可预测），这一现象后来便被称为混沌。洛伦茨曾用一个非常形象的比喻表达这一发现：一只蝴蝶在巴西扇动翅膀，有可能在美国的得克萨斯引起一场龙卷风——蝴蝶效应。现在，如果一个系统的演变过程对初始状态非常敏感，人们就称这一系统为混沌系统。

爱德华·洛伦茨的奇怪吸引子

1963 年，洛伦茨对原有的天气模式进行简化，提出了一个含有三个变量的洛伦茨模型，这是一个简单的混沌系统。他对洛伦茨模型进行数值计算时，发现了奇怪吸引子现象。吸引子是一个数学概念，描写运动的收敛类型，它存在于相平面。简言之，吸引子是指这样的一个系统：当时间趋于无穷大时，在任何一个有界集上出发的非定常流的所有轨道都趋于它。而在有限的空间里，吸引子经过反复重叠表现出很奇怪的形状，被称为奇怪吸引子。在洛伦茨模型里，吸引子像一只展翅的蝴蝶。对于模型中某一参数微小的改变，将导致系统行为的质变：从静态到周期，从静态或周期到准周期，以及从静态、周期或准周期到混沌；而混沌也可能变为更复杂的混沌，这种变化叫做分岔。就这样，洛伦茨的一个偶然的发现，开辟了一个全新的科学领域——混沌理论，并引发了20世纪相对论、量子力学之后的第三次科学革命，对整个自然科学的发展作出了重大贡献。

1963 年
瓦因和马修斯提出洋底磁异常可以验证海底扩张学说

地磁，又称自然剩磁，是指岩石所记录的地质历史时期岩石形成时的地磁极方向。1906 年，法国地球物理学家布容发现地磁场倒转现象。1926 年，瑞士地球物理学家梅康通研究了格陵兰、冰岛、北欧以及澳大利亚等地不同地质年代的岩石磁性，进一步确认了地质历史时期地磁场曾发生极性倒转的事实，并建议使用岩层中的地磁倒转记录验证大陆漂移假说。1956 年，英国物理学家布莱克特发明了便于海上测量的质子旋进磁力仪，极大地推动了海洋地磁测量工作的开展。

1958—1961 年，美国海洋学家瓦奎尔、英国地球物理学家罗纳德·梅森等人先后在东北太平洋海域发现条带状的洋底磁异常。1962 年，还在读研究生的英国海洋地质学家瓦因和他的导师、英国海洋地质学家德拉蒙德·马修斯,参加了“欧文号”科学考察船在印度洋卡尔斯伯格海岭以及大西洋中央海岭海域开展的海洋地磁调查工作。1963年,瓦因和马修斯对测得的洋底地磁资料进行分析,发现在中央海岭存在一系列与海岭平行的洋底磁异常条带。他们参考 1963 年美国化学家考克斯和地球物理学家多尔在东太平洋陆架边缘熔岩崖岩层中测得的地磁倒转测年数据,提出洋底磁异常条带的出现是由地磁场周期性地发生正反向倒转,使不断从洋中脊缓慢涌出的熔岩地壳被交替磁化而产生的,并提出洋底平行分布的磁异常条带可以验证海底扩张学说。

瓦因和马修斯关于洋中脊两侧磁异常成因的论文,发表在 1963 年 9 月出版的《自然》杂志上,而此前加拿大地球物理学家莫利撰写的观点相同的论文却被该刊拒绝。因此,他们的理论又被称为“莫利—瓦因—马修斯假说”。

1963 年
莫诺等提出酶促反应的别构效应模型

经历过从平原到高原的人都会有这样的体会:呼吸急促、心跳加快、倦怠乏力。这些都是因高海拔缺氧而造成的。在适应高原环境的过程中,我们的身体会发生一系列变化,其中血液中一种叫做 2,3-二磷酸甘油酸的物质含量会略有增加。它与血红蛋白结合,使其与氧气的亲和性有所降低,从而在组织中释放出更多氧气。这种现象涉及酶的别构效应,即一种分子与酶结合使其对另一分子(底物)的催化效力发生改变的现象。产生别构效应的物质一般都是非蛋白质分子,它们与酶在别构位点(非催化部位)结合,引起蛋白质分子构象的变化,导致催化效力提高或降低。

别构效应模型最早由法国生物学家莫诺、美国分子生物学家怀曼和法国生物学家尚热于 1963 年提出,该模型后来被称为 MWC 模型(以三人姓氏首字母命名),也称协同模型。这一模型认为,在没有调控分子的情况下,酶存在许多可相互转换的构象。这些构象的比例由热力学平衡决定。调控分子可以改变这一平衡,使某种构象占据优势。

1963 年
梅里菲尔德发明多肽固相合成法

合成多肽和蛋白质对于研究生物体的结构与功能关系等重大理论问题,以及药物开发等实际应用问题,具有不可估量的价值。美国化学家梅里菲尔德从 1959 年起开始研究多肽固相合成法。1963 年,他成功地用新方法合成了一个二肽和一个四肽。1964年,梅里菲尔德合成了含有 9 个氨基酸残基的缓激肽,只花费了 8 天时间。梅里菲尔德将多肽合成的操作模块化,并且将化学反应从纯液相体系移植到固相体系中,这是多肽合成技术的重大突破。在具体合成过程中,他首先将第一个氨基酸的羧基端与树脂上的接头基团连接,这样后续合成的多肽就能固定在树脂上了,便于最后分离出期望的产物。接着,用化学或者物理手段脱去这个氨基酸氨基端的保护基,使其与溶液中的其他氨基酸发生缩合反应,并洗去多余的氨基酸。随后,对新合成的产物重复类似操作,最终获得所需序列的多肽。由于梅里菲尔德的多肽固相合成法比经典合成方法省时、简便、效率高,因而逐渐成为众多多肽合成实验室所使用的一种基本方法。

1965 年,梅里菲尔德制成世界上第一台自动化多肽合成仪。1969 年,他使用这台仪器合成了由 124 个氨基酸组成的核糖核酸酶 A,这是世界上第一个人工合成的酶。梅里菲尔德的工作对整个有机合成化学起了极大的推动作用,被誉为“多肽合成之父”。1984 年,他因发明多肽固相合成法而荣获诺贝尔化学奖。

1963 年
埃德尔曼和波特建立人免疫球蛋白G的分子结构模型

免疫球蛋白(Ig)是生物体内的 B 淋巴细胞在抗原(外来异物)刺激下合成的、具特异性免疫功能的蛋白质。抗体(能和相应抗原特异性结合、具有免疫功能的蛋白质)都是免疫球蛋白。1959 年,英国生物化学家罗德尼·波特采用自己发明的蛋白质层析裂解技术解析了人免疫球蛋白 G(IgG)的分子结构。IgG 分子由 1300 多个氨基酸残基组成,可由木瓜蛋白酶裂解成 3 个片段,其中两个互相类似的片段称为抗原结合片段(F_{ab}),另一个没有任何活性的片段称为结晶片段(F_c)。波特认为,组成结晶片段的这一部分或许在所有抗体分子中都相同,抗体复杂性则主要源自抗原结合片段。

与此同时,美国生物化学家埃德尔曼也在研究抗体分子,并已分离出抗体的 4 个氨基酸链。1962 年,波特将自己的研究与埃德尔曼的研究相结合,建立了抗体的分子结构模型,并于 1963 年提出 IgG 的结构模型:IgG 的抗原结合片段的两条重链(分子量较大的链)和两条轻链(分子量较小的链)都可分为两个部分——可变区和恒定区。其中,可变区是抗体分子与抗原分子的结合部位,其多变性反映了抗体的多样性。

1972 年,埃德尔曼和波特因提出抗体结构的分子模型而荣获诺贝尔生理学医学奖。

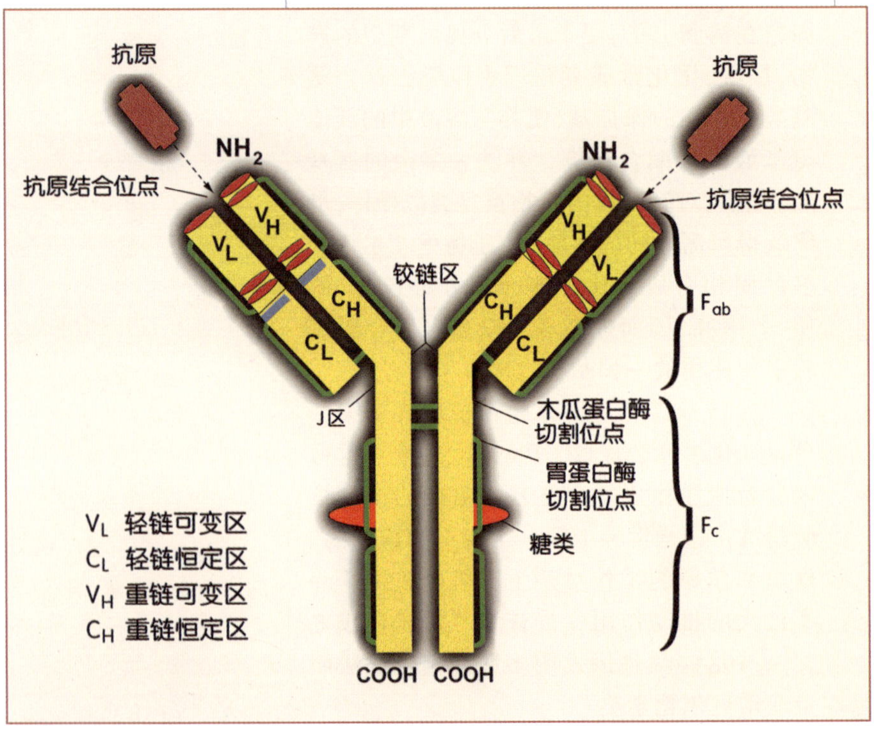

免疫球蛋白 G 的结构示意图

1963 年
斯塔泽尔施行肝脏移植

1963 年,美国医生斯塔泽尔遇到了一个棘手的病人,一个患有先天性胆道闭锁的 3 岁男孩。在到达医院时,病人已经处于十分危险的状况,重度黄疸、严重的肝功能损害,以及包括凝血功能障碍在内的各种严重并发症。为了挽救孩子的生命,斯塔泽尔医生想到了肝脏移植。

在此之前的 1955 年和 1956 年,有两位美国医生已经在狗身上进行了肝移植实验,虽然并未成功,但他们的探索为肝移植手术技术的发展提供了基础。此后的数年中,斯塔泽尔医生一直在进行有关肝移植的动物实验研究,并获得了初步的进展。因此,在经过慎重考虑后,1963 年 3 月 1 日,由斯塔泽尔主刀,为这位小病人施行了人类有史以来的第一例肝移植手术。由于肝脏病变使门静脉几乎完全阻塞,腹腔组织中小静脉的压力非常高,因此在他对组织进行切割时,鲜血不断从切断的血管中涌出。最终因无法控制出血,病人在手术中不幸夭折。尽管这次手术没能获得成功,但毫无疑问,此举开启了移植外科的一个新纪元,成为肝脏移植史的开端。

1963 年
陈中伟成功施行断肢再植

1963 年 1 月 2 日，上海机床钢模厂的一名青年工人在一场事故中右手腕关节以上约 3 厘米处被冲床完全切断，半小时后他被送到上海市第六人民医院。

按照当时国内外处理此类病人的惯例，是将病人伤口洗净、消毒，然后缝合包扎起来，待以后有条件安装假手。即使在全世界范围，当时也没有断肢再植成功的先例。外科医生陈中伟和他的团队决定走一条前人未走过的路，实行断肢再植。在手术中，陈中伟和伙伴们一共接了 4 条血管、24 条肌腱、3 条主要的神经、2 根骨头，手术历时 8 个小时，终于完成了这次在世界医学史上具有里程碑意义的断肢再植手术。术后，为了让手指完全恢复正常，陈中伟又帮助病人成功地闯过了肿胀关、感染关、坏死关。半年之后，接上去的手恢复了正常。

当年 9 月，在罗马举行的第 20 届国际外科手术会议上，来自世界各国的外科专家一致认为，这是世界上断肢再植手术中取得最满意效果的一例。中国也因此成为世界上第一个断手再植成功的国家。

1963 年
萨瑟兰开发“画板”系统

计算机图形学主要研究如何在计算机中表示图形，以及利用计算机进行图形的计算、处理和显示的相关原理与算法。

1963 年，美国计算机科学家伊万·萨瑟兰在麻省理工学院成功开发了著名的“画板”系统，并以此工作为核心发表了博士论文。“画板”是有史以来第一个交互式绘图系统，它标志着计算机图形学的正式诞生。计算机图形学的建立具有重要的意义，有了它之后，计算机可以部分地表现人的右脑功能了。“画板”系统的成功奠定了萨瑟兰计算机图形学之父的地位，并为 CAD/CAM、计算机美术与设计、计算机动画艺术、科学计算可视化、虚拟现实等重要应用的发展打开了通道。

1965 年，萨瑟兰提出“虚拟现实”的概念，也有人称之为虚拟环境。它是美国国家航空和航天局及军事部门为有效地模拟实际场景和情形而开发的一门高新技术，利用计算机图形产生器、位置跟踪器、多功能传感器和控制器等，使观察者产生一种真实的身临其境的感觉。因此，萨瑟兰也被称为“虚拟现实之父”。

萨瑟兰由于计算机图形学方面的成就，获得 1988 年度图灵奖。

1964 年
盖尔曼提出夸克模型

1960年代初，已发现的基本粒子多达近 200 种，其中绝大多数是能够参与强相互作用的粒子，如质子、中子、π 介子、K 介子等，通称为强子。一些物理学家认为，强子并不是“基本”的，它们具有内部结构。不少学者在这方面进行了许多有益的探讨，根据强子的基本性质，对它们进行分类，取得了不少成果。

1964 年，美国物理学家盖尔曼和德国物理学家茨维格分别独立提出了强子结构的夸克模型。他们认为，所有强子都是由更为基本的组成粒子构成，这种粒子称为夸克。夸克有三种，分别称为上夸克 u、下夸克 d、奇异夸克 s。夸克的自旋为 1/2，但却带有分数电荷。u、d、s 的电荷分别是单位电荷的 2/3、−1/3、−1/3。在夸克模型中，所有强子由夸克和反夸克组成。重子(自旋为半整数的强子)由三个夸克或反夸克组成，介子(自旋为整数的强子)由两个夸克或反夸克组成。夸克模型对强子的性质以及高能强子碰撞实验的结果都能给出满意的解释。盖尔曼因此获得 1969 年度诺贝尔物理学奖。

1964

1964 年
林家翘等建立旋臂的密度波理论

旋涡星系都有旋臂结构。假如这种旋臂由固定的物质组成——称为“物质臂”，那么星系的较差自转将使其在比星系寿命短得多的时间内瓦解。但事实上，星系拥有旋臂却相当普遍。为了克服这一“缠卷疑难”，瑞典天文学家林德布拉德于 1942 年提出旋臂并非物质臂而是密度波的概念。1964 年，中国—美国天文学家林家翘等基于这一概念完成了描述旋涡星系宏观图像的密度波理论。他们从星系应当遵循的引力场方程和动力学方程得出准稳密度波解，认为在旋转着的扁平星系中央平面内，引力势有一螺旋形扰动成分，形成引力势分布中数值极小的波谷。该螺旋图案与星系中的物质通常具有不同的旋转速度。当绕星系中心转动的恒星和气体进入引力势波谷后速度减慢，导致该处物质的聚集；走出波谷后速度加快，导致该处物质的松散；于是出现物质密度的波动，即密度波，就像高速公路上的车流因在某些路段拥堵产生的现象那样。

密度波理论不仅自然地避免了物质臂假说带来的缠卷疑难，而且成功地解释了新形成的明亮恒星总是出现于旋臂内侧等观测事实，是星系动力学领域数十年来的重大成就之一。

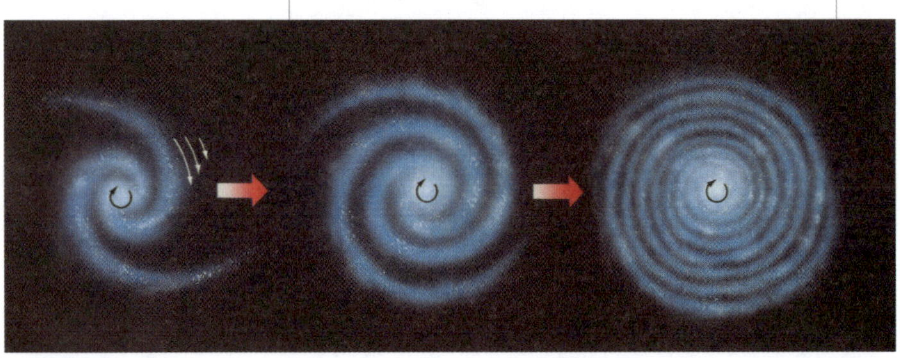

“缠卷疑难”示意图 离星系中心越近的恒星旋转越快，将导致星系的旋臂越卷越紧，直至最终消失。但此种图景与大量星系拥有旋臂的观测结果相矛盾，这就是所谓的“缠卷疑难”。

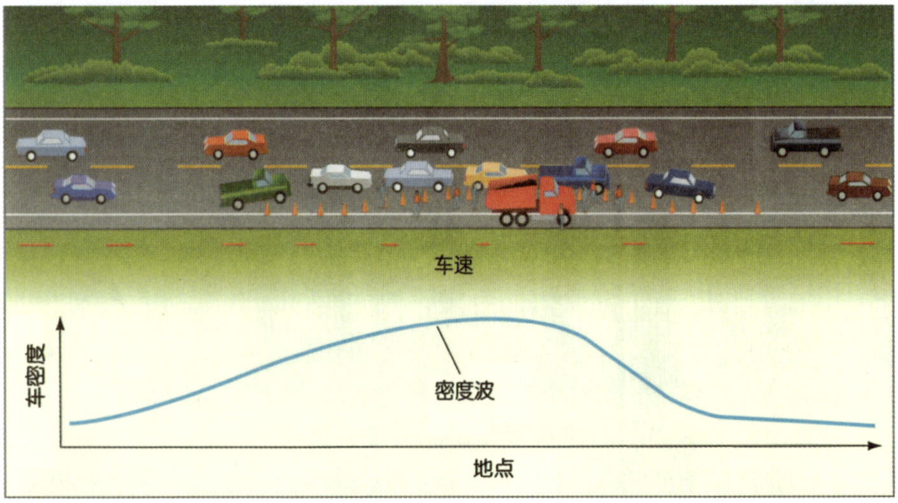

密度波的形成 这有点像高速公路上因修路导致车辆拥挤。修路队在路边设置围栏，汽车接近施工路段时减速，经过施工路段后再加速前进。因此，在施工路段汽车显得特别密集。而且，当维修路段逐渐向前推进时，汽车密集处就跟着往前移。

1964 年
发现威尔金森均相催化剂

1964 年，英国化学家杰弗里·威尔金森发现，三苯基膦和三氯化铑的烷烃溶液能把溶于其中的烯烃催化氢化，且表现出极大的催化活性。均相催化剂的概念由此产生，并以威尔金森的名字命名。具体说来，均相催化剂是能与反应物处于同一均匀物相（液相）中的催化剂，它具有催化活性高、活性不易丧失或降低、可在常温常压下进行催化反应等优点。用手性均相催化剂进行不对称的催化氢化和氧化反应，已成为制备手性化合物最有效和最简便的方法之一。

1964 年
IBM公司发布 PL/Ⅰ编程语言

PL/Ⅰ是编程语言 1 号的英文简写，其中的“Ⅰ”是罗马数字“一”。它是 IBM 公司在 1964 年开发的第三代高级编程语言，用于 IBM 公司的

MVS或迪吉多公司的VAX/VMS等操作系统中。PL/Ⅰ综合了用于科学和工程计算的算法语言如FORTRAN、ALGOL60，以及数据处理语言如COBOL等的特点，在系统软件、图像、仿真、文字处理、网络、商业软件等领域均可发挥作用。

1964 年
恩格尔巴特发明鼠标

美国发明家、计算机科学家恩格尔巴特，是最早认识到基于计算机和通信的工作环境对于人类文明和社会进步的极大重要性的少数学者之一。他是人机交互领域里的大师，认为必须改善人机交互方式，发展交互式计算技术。1964 年，他发明的鼠标成为代替键盘操纵计算机的方便工具，为交互式计算奠定了基础，因此曾被电气与电子工程师协会列为计算机诞生 50 年来最重大的事件之一。

恩格尔巴特发明的世界上第一个鼠标，其外壳是用木头精心雕刻而成的，整个鼠标只有一个按键，在底部安装有金属滚轮，用以控制光标的移动。1967 年 6 月 21 日，恩格尔巴特将他发明的装置以“X-Y 定位器”的名称申请专利，并于 1970 年获得了这项专利。由于这个装置像老鼠一样拖着一条长长的尾巴，他的同事们戏称它为“Mouse”。这个名字简洁又形象，于是流传下来，译成中文就成了“鼠标”。

1972 年，施乐公司帕克研究中心研制成功世界上第一台具有图形界面的个人计算机 Alto，并配上鼠标，使它的操作显得异常方便和快捷。1983 年，苹果计算机公司把经过改进的鼠标装设在 Lisa 个人计算机上，从而使鼠标名声大振，开始像键盘一样成为必备的输入装置，成为计算机迷们人见人爱的“宠物”。

1990 年代以来，鼠标随着网络热在全球范围内的升温而走向世界。尤其是 Internet 这一全球最热门的信息资源网，把全世界220多个国家和地区的数亿电脑用户紧密联系在一起。从此，计算机用户都离不开这只小小的“老鼠”了。

恩格尔巴特与世界上第一个鼠标

1964 年
凯梅尼和卡茨开发 BASIC 语言

达特茅斯学院的美国计算机科学家凯梅尼和托马斯·卡茨认为，像 FORTRAN 那样的语言都是为专业人员设计的，而他们希望能为无经验的人提供一种简单的语言，尤其是让那些非计算机专业的学生也能通过这种语言学会使用计算机。1964 年，他们在简化 FORTRAN 的基础上，研制出一种“初学者通用符号指令代码”，简称 BASIC。BASIC 语言易学易用，特别适合计算机教育或让初学者使用，得到了广泛推广。

BASIC 语言小巧灵活，既可作为批处理语言使用，又可作为分时语言使用；既可用解释程序直接解释执行，也可用编译程序编译成目标代码再执行。BASIC 语言还具有交互会话功能，在程序执行过程中用户和机器可以相互问答，并可在程序执行暂停时插入新的执行语句。BASIC 语言的缺点是不适用于编写较大的程序。其改进版本如 Visual Basic 等一直沿用至今。

1964—1965 年
哈特马尼斯和斯特恩斯提出计算复杂性理论

所谓“计算复杂性”，就是用计算机求解问题的难易程度。其度量标准一是计算所需的步数或指令条数(时间复杂度)，二是计算所需的存储单元数量(空间复杂度)。按计算复杂性可把问题分成不同的类。

常见的时间复杂度按数量级递增排列依次为：常数 0(1)、对数阶 $0(\log n)$、线形阶 $0(n)$、线形对数阶 $0(n\log n)$、平方阶 $0(n^2)$、立方阶 $0(n^3)$、…、k 次方阶 $0(n^k)$、指数阶 $0(2^n)$。显然，时间复杂度为指数阶 $0(2^n)$ 的算法效率极低，当 n 值稍大时就无法应用。类似于时间复杂度的讨论，一个算法的空间复杂度定义为该算法所耗费的存储空间，它也是问题规模 n 的函数。渐近空间复杂度也常常简称为空间复杂度。算法的时间复杂度和空间复杂度合称为算法的复杂度。

计算复杂性的研究始于 1950 年代末 1960 年代初。当时在美国有两个并行的研究中心，其中一个是通用电气公司设立于纽约州斯克内克塔迪的研究实验室(另一个在麻省理工学院)，核心人物是苏联—拉脱维亚计算机科学家哈特马尼斯和美国计算机科学家斯特恩斯。1964 年 11 月，他们在普林斯顿举行的第五届开关电路理论和逻辑设计学术年会上，发表了论文《递归序列的计算复杂性》，比较完整地提出了计算复杂性的理论体系。论文中首次使用了“计算复杂性”这一术语。1965 年 5 月的《美国数学学会汇刊》上又发表了他俩的论文《论算法的计算复杂性》，由此开辟了计算机科学中的一个新领域，并为之奠定了理论基础。

哈特马尼斯和斯特恩斯被公认为计算复杂性理论的主要创始人，他们因奠定了计算复杂性理论基础而获得 1993 年图灵奖。

1964—1972 年
研制第三代电子计算机

1964—1972 年间设计的计算机通常被称为第三代电子计算机。第三代电子计算机的研制是建立在集成电路技术基础上的，从微处理器、存储器到输入、输出设备，其硬件的各个组成部分都是集成电路技术的结晶。与第二代电子计算机(晶体管计算机)相比，第三代电子计算机体积更小、价格更低、可靠性更高、计算速度更快。

1964 年 4 月 7 日，IBM 公司研制成功世界上第一台采用集成电路的通用计算机 IBM360，计算机从此进入了集成电路时代。IBM360 兼顾了科学计算和事务处理两方面的应用，开创了民用计算机使用集成电路的先例，成为第三代电子计算机的里程碑。1965 年，第一台超级计算机 CD6600 开发成功。1971 年，伊利诺伊大学设计完成 Illiac Ⅳ巨型计算机。这一时期的计算机应用范围越来越广。它们不仅用于科学计算，还用于数据处理、文字处理、企业管理、自动控制等领域。同时出现的计算机技术与通信技术相

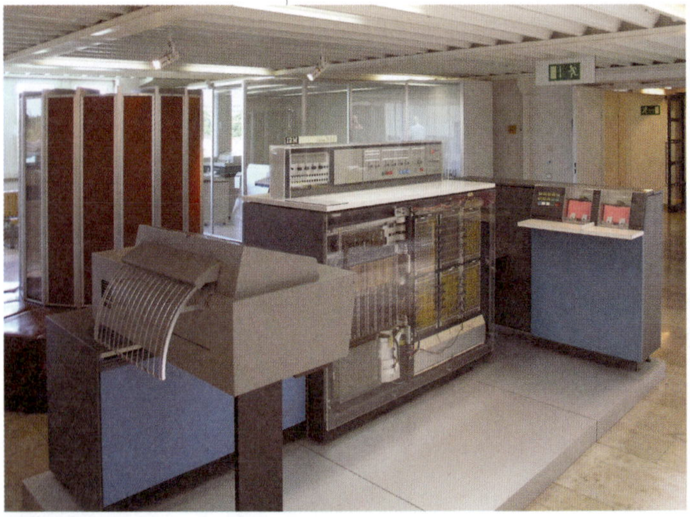

IBM360 计算机

Illiac Ⅳ 计算机

结合的信息管理系统，则可用于生产管理、交通管理、情报检索等领域。

1964—1973 年
中国研制大型数字计算机

1964 年，中国第一台自行研制的 119 型大型数字计算机在中国科学院计算技术研究所诞生，其运算速度为每秒 5 万次，字长 44 位，内存容量 4KB，操作指令有 74 种。与当时国内已投入运行的 104 型通用数字计算机相比，119 机的运算速度快 5 倍，内存容量大 8 倍，指令系统更完善，逻辑结构更灵活，解题范围更广泛，使用也更加方便。119 机交付使用后，完成了大量重大课题的计算工作，包括原子能、空气动力学方面的三维定常问题，天气预报中的涡度方程计算问题，特殊函数造表，电力工程，石油开发方案，以及水坝应力计算等。在该机上还完成了中国研制第一颗氢弹的计算任务。

1965 年 6 月，中国自行设计的第一台晶体管大型计算机 109 乙机在中国科学院计算技术研究所诞生，运算速度为每秒 10 万次，字长 32 位，内存容量 2 × 4KB。109 乙机的研制成功，一方面为国家提供了新的有力的计算工具，使计算技术为国防建设、国民经济和科学文化事业更好地服务；另一方面也促进了我国晶体管的研制工作，积累了研制晶体管计算机的经验，培养了科学技术队伍。

1973 年，北京大学与“738 厂”联合研制的集成电路计算机 150 机问世。这是中国第一台自行设计的运算速度达每秒百万次的计算机，也是中国第一台配有多道程序并自行设计操作系统的计算机。

119计算机

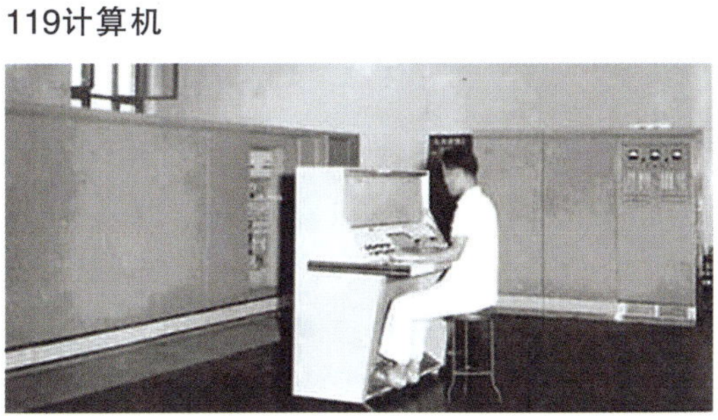

109乙计算机

1965 年
扎布斯基和克鲁斯卡尔定义孤立子

1834年，苏格兰海军工程师约翰·罗素观察到一种奇特的水波，其轮廓清晰、光滑，在行进过程中水波的形状与速度没有明显变化。罗素相信自己发现了一个新的物理现象，将它称为“移动波”，后来人们又称它为“孤立波”。1895 年，荷兰数学家科特维格与古斯塔夫·德弗里斯认为这种奇特的波动现象是非线性效应与色散效应互相平衡的结果，并建立了后来以他们姓氏首字母命名的 KdV 方程，其解的图像与孤立波相同。1955 年，美国物理学家费米等人计算了用非线性弹簧连接的 64 个质点组成的弦的振动，意外发现这个系统会产生孤立波，这就是著名

150计算机

的FPU问题。

1965年，美国数学家扎布斯基与克鲁斯卡尔通过数值模拟的方法在计算机上做数值试验时，发现FPU问题与KdV方程的解直接有关，即等离子体中两个孤立波在碰撞后都能保持各自的波形和行进速度不变。两个在空间传播的孤立波具有这种碰撞特性，说明孤立波非常稳定，像一个物质粒子，因此他们命名具有这种碰撞特性的孤立波为“孤立子”，简称“孤子”。从此，一个研究孤立子与非线性偏微分方程的热潮在学术界蓬勃开展起来。

孤立子已经在许多物理领域中被发现。在许多物理体系中都存在KdV方程，它能广泛地应用于量子场论、粒子物理、流体物理和非线性光学等分支。随着研究的深入，人们又在许多不同的自然科学领域发现了孤立子的身影。孤立子这朵“数学物理之花”在大至宇宙的宏观世界和小至基本粒子的微观世界里，都显示出奇妙的魅力。

1965年
扎德创立模糊数学

经典集合论限定每一个集合必须由确定的元素构成，元素对集合的隶属关系必须是明确的，不能模棱两可。但是从差异的一方到差异的另一方，中间经历了一个逐步过渡的过程，处于过渡过程中的事物显示出亦此亦彼的性质。这种判断、划分上的不确定性就叫模糊性。具有模糊性的事物和现象不能用经典集合论来刻画。

模糊数学是一门研究和处理模糊性现象的数学分支，起源于美国控制论专家扎德1965年发表的开创性论文《模糊集合》。从数学的角度看，集合概念的扩展使许多数学分支都增加了新的内容。模糊数学就是把经典集合扩展为模糊集合，从而产生了模糊拓扑学、模糊代数学、模糊分析学、模糊测度与积分、模糊群、模糊范畴、模糊图论等。其中有些领域已进行了比较深入的研究，尤其是模糊拓扑学。1960年代，系统科学的发展和模糊性对于系统影响研究的深入，推动了模糊数学的发展。模糊数学发展的主流表现在它的应用方面。人们在运用概念进行判断、评价、推理、决策和控制的过程，均可采用模糊数学的方法来描述。模糊聚类分析、模糊模式识别、模糊综合评判、模糊决策与模糊预测、模糊控制、模糊信息处理等方法已经被广泛应用，并取得了丰硕成果。最为突出的是，模糊数学为计算机智能的进一步研究提供了新的方法和工具，已经被用于专家系统和知识工程等方面。

1965年
卡斯珀和皮门塔尔研制成化学激光器

激光是光受激辐射放大的简称。微观粒子具有某些特定的能级，微观粒子与光子相互作用，有以下三种情况发生：(1)吸收，即粒子吸收光子从低能级跃迁到高能级；(2)自发辐射，即粒子从高能级自发跃迁到低能级并辐射光子；(3)受激辐射，即受外来光子的激发，处于高能级的粒子会以一定的概率，迅速地从高能级跃迁到低能级，同时辐射与激发它的光子的频率、相位、偏振态以及传播方向完全相同的光子。如果大量原子处在高能级上，用一个光子激励高能级上的原子产生受激辐射，可得到两个特征完全相同的光子；这两个光子再激励高能级上的原子，使其产生受激辐射，可得到四个特征相同的光子……如此一来，原来的光信号就被放大了。这种在受激辐射过程中产生并被放大的光就是激光。

早在1917年，爱因斯坦就已发现激光的原理，可第一台激光器直到1960年才被成功制造。其主要原因是普通光源中处于高能级的粒子数很少，产生受激辐射的概率极小。要想使受激辐射占优势，必须使处在高能级的粒子数大于处在低能级的粒子数。这种分布与平衡态时的粒子分布相反，称为粒子数反转分布,简称粒子数反转。可见,实现粒子数反转是产生激光的必要条件。实现粒子数反转的途径很多,利用化学反应释放的能量来实现粒子数反转的激光器便是化学激光器。

1964 年 9 月, 一批专家在美国圣迭戈就非平衡态激励和化学泵浦产生化学激光进行理论研讨。会议结束时,来自加州大学伯克利分校美国化学家皮门塔尔小组的学生卡斯珀说,他已观察到由化学反应产生的第一个激光脉冲,所用的激光器是闪光光解碘激光器。1965 年,按化学激光器的定义,卡斯珀和皮门塔尔在光引发 H_2 和 Cl_2 混合气体的爆炸中, 真正实现了化学激光激射,从而诞生了第一台化学激光器——氯化氢化学激光器。

激光具有四大特性:高亮度、高方向性、高单色性和高相干性。比如功率为 1 毫瓦的氦氖激光器发射的红色激光束,比太阳的亮度高 100 倍,红光的谱线宽度只有 2×10^{-9} 纳米。激光的特性使其在激光加工、激光诊断、激光手术、激光光谱、激光传感器、激光通信、激光雷达、激光测距、激光聚变、激光照排、激光冷却以及激光武器等方面具有广泛的用途。

1965 年 伍德沃德和霍夫曼提出分子轨道对称守恒原理

分子轨道对称守恒原理是美国化学家、有机合成大师罗伯特·伍德沃德和他从事量子化学研究的学生、美国化学家罗阿尔德·霍夫曼于 1965 年共同提出的。伍德沃德首先总结了电环化、环加成、σ 迁移、嵌入等周环协同反应,指出它们的共同特点是在加热和光照的作用下得到不同的立体异构物。霍夫曼则对上述规律进行了理论分析。分子轨道对称守恒原理认为化学反应是分子轨道进行重新组合的过程。在协同反应过程中,分子轨道的对称性是守恒的,即从原料到产物,分子轨道的对称性始终不变。只有这样,才能用最低的能量形成反应中的过渡态。

分子轨道对称守恒原理是现代有机化学和分子轨道理论最重大的成果之一。霍夫曼因此与提出前线轨道理论的日本化学家福井谦一分享了 1981 年诺贝尔化学奖。

1965 年 恩斯特发明脉冲傅里叶变换核磁共振波谱仪

核磁共振波谱法在 1940 年代被发明后,由于其在分析化合物的组成和分子结构方面的优势,得到了迅速发展。但是该方法也有缺点,比如分析灵敏度不够高,要求样品浓度在 2%以上。

1965 年,瑞士物理化学家恩斯特成功地应用数学上的傅里叶变换公式革新测量核磁共振波谱的方法,研制出脉冲傅里叶变换核磁共振波谱仪,使仪器灵敏度提高了 10—100 倍之多。他用短而强的电磁脉冲,一次激发所有同种的原子核,使其吸收能量产生共振信号。因原子核在几秒种内就可辐射吸收的能量而回到基态,故只需几秒就能把被测样品的信号储存在电脑中。不断重复上述过程,把信号累加起来,最后用傅里叶变换公式通过计算机运算, 即可得到清晰的波谱图。

恩斯特由于在发展高分辨核磁共振波谱学方面的杰出贡献而荣获 1991 年诺贝尔化学奖。

1965 年 彭齐亚斯和威尔逊发现微波背景辐射

苏联—美国科学家伽莫夫等人创建的大爆炸宇宙论有一个重要推论,即宇宙早期温度极高的热辐射之冷却遗迹应当可在厘米波段和毫米波段探测到。但有十余年之

1965

彭齐亚斯(右)和罗伯特·威尔逊与他们用以发现微波背景辐射的喇叭形天线

1989年彭齐亚斯和罗伯特·威尔逊的喇叭形天线被美国内政部确定为"国家历史里程碑"

久，他们的上述预言基本上被遗忘了。

1960 年代初，苏联物理学家泽尔多维奇等在莫斯科、美国物理学家迪克等在普林斯顿重新搜寻来自大爆炸的热辐射。1965 年，美国物理学家彭齐亚斯和罗伯特·威尔逊很偶然地发现了微波背景辐射。他们在 1960 年代早期加盟贝尔实验室，打算用一架原为检验"回声"号卫星远程通信而建造的喇叭形天线进行射电天文观测。他们发现，在波长 7.35 厘米的微波波段，无论将望远镜转向何处，都留有约 3.5±1 开的多余噪声。普林斯顿的迪克小组那时正在试图做同样的实验，以探测大爆炸的冷却遗迹。在彭齐亚斯和威尔逊与普林斯顿的迪克小组讨论之后，事情已经变得很明显，上述"多余噪声"就是后者正在寻找的东西，即弥漫的宇宙微波背景辐射。几个月后，迪克小组在 3.2 厘米波长测出 3.0±0.5 开的背景温度，从而证实微波背景辐射是黑体辐射。随后的地面和空间测量，在从 1 毫米到 1 米的波段范围内完全证实了这种 3 开宇宙背景辐射的存在，从而使大爆炸宇宙论得到普遍公认。彭齐亚斯和威尔逊因此荣获 1978 年度诺贝尔物理学奖。

1965 年
洋底磁异常条带对称分布图证实海底扩张学说

1950 年代，随着海上重力仪、海洋磁力仪、海底热流计等各种地球物理观测手段被应用于海洋调查和海上地震勘探，大量的海底地质现象不断地被揭示出来，促使海洋地质学家不得不进行更深层次的理论思考。

1960 年，美国海洋地质学家哈里·赫斯出版《大洋盆地的演化》，提出海底扩张学说。1961 年，美国海洋地质学家迪茨发表论文，用海底扩张作用讨论了大陆和洋盆的演化。1962 年，赫斯出版《大洋盆地的历史》，对洋盆的形成进行系统的分析和解释，阐述了洋盆形成、洋底运移更新与大陆消长的关系，充实和完善了海底扩张学说。1963 年，加拿大地质学家约翰·威尔逊发表论文，利用大西洋中央海岭两侧海岛岩石的放射性测年数据相接近的实验结果，证实了海底扩张学说的推断。1965 年，美国地球物理学家海茨勒使用海洋磁测剖面数据，对大西洋中脊两侧海底的磁异常模式进行分析，识别出从新生代到晚白垩纪约 7000 万年间的 34 个磁异常条带，并编制出大西洋底部磁异常条带对称分布图，验证了海底扩张学说。同年，威尔逊对发现于赤道大西洋中脊上具有明显错位关系的巨大破裂带作出新的成因推断，认为它们不是常规的走滑断层，而是一种新的断层类型，称为转换断层。转换断层的发现，为板块构造理论的最终建立提供了一种重要的边界。

1965 年
霍利分析酵母丙氨酸 tRNA 序列

核糖核酸(RNA)是由核糖核苷酸连接而成的一类核酸，普遍存在于动物、植物、细菌及某些病毒和噬菌体中。作为遗传信息的载体，RNA 与蛋白质的生物合成有着密切的关系。

转移核糖核酸(tRNA)是一类能携带并转运氨基酸的小分子 RNA,在各种 RNA 中,其分子最小(一般仅几十个核苷酸),结构也最为简单。从 1957 年起,美国分子生物学家霍利重点进行了细胞内蛋白质和核酸的结构分析与合成研究。在研究蛋白质合成的过程中,他发现了丙氨酸 tRNA,而且从大鼠肝脏中分离和鉴定出各种携带不同氨基酸的 tRNA。他还发现所有的氨基酸首先要和 ATP 结合,形成有活性的氨基酸后才能与相应的 tRNA 结合。随后,他应用重组实验,将从酵母中提取的、浓度为原来 500 倍的活性丙氨酸与相应的微量 tRNA 结合,发现它们的结合能力很强。1963 年,霍利从近 50 千克酵母中提取出 65 克 tRNA,利用各种分离技术,最终得到了高纯度的酵母丙氨酸 tRNA。1965 年,霍利及其助手分析了酵母丙氨酸 tRNA 的全部核苷酸序列,确定其含有 76 个核苷酸,并推测它可以通过自身折叠形成 4 个螺旋区和 4 个环的基本结构,形状类似于三叶草,"三叶草"的顶端是反密码子环,其中的反密码子可与 mRNA 上的密码子结合。

1968 年,霍利因分析酵母丙氨酸 tRNA 序列方面的贡献,与美国生物化学家尼伦伯格和科拉纳共同荣获诺贝尔生理学医学奖。目前,数百种不同来源和携带不同氨基酸的 tRNA 已经解析出一级结构。RNA 的三级结构中研究得最为清楚的就是酵母丙氨酸 tRNA,其倒 L 形立体结构是 1974 年通过 X 射线衍射技术获得的。1981 年,中国首次人工合成具有完全生物活性的酵母丙氨酸 tRNA。

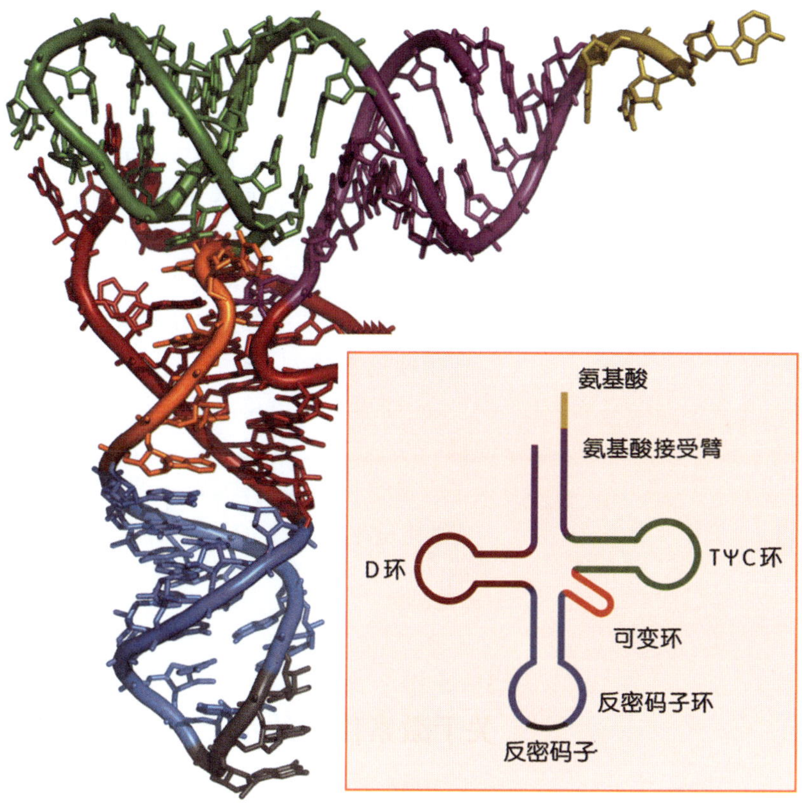

酵母丙氨酸 tRNA 结构示意图

1965 年
中国合成结晶牛胰岛素

人和动物胰脏内有一种呈岛形分布的细胞,能分泌出一种叫胰岛素的激素,该激素具有降低血糖和调节体内糖代谢的功能。1889 年,德国医学家奥斯卡·闵可夫斯基首次发现了胰脏和糖尿病的联系后,就不断有人研究胰脏的"神秘内分泌物质"。1922 年,加拿大医生班廷首次提取到胰岛素并成功应用于临床治疗,他因此荣获 1923 年度诺贝尔生理学医学奖。

1955 年,英国化学家桑格首次测定了牛胰岛素分子的氨基酸序列,并因此荣获 1958 年度诺贝尔化学奖。牛胰岛素由 A、B 两条肽链组成,包括 17 种共 51 个氨基酸。人工合成牛胰岛素,首先要把氨基酸按照一定的顺序连结起来,组成 A 链、B 链,然后再把 A、B 两条链组合在一起。1958 年 12 月底,中国人工合成牛胰岛素课题正式启动,探索用化学方法合成牛胰岛素。中国科学院有机化学研究所和北京大学化学系负责合成 A 链,中国科学院生物化学研究所负责合成 B 链,并负责把 A 链与 B 链正确组合起来。

研究过程分成三步:第一步,探索把天然牛胰岛素经拆分的 A、B 两条链重新组合成为牛胰岛素的可能性,研究小组在 1959

年攻克了这一关，重新组合的牛胰岛素和天然牛胰岛素的活力相同，晶体形状一样；第二步，分别合成牛胰岛素的两条链，并用人工合成的 B 链同天然的 A 链结合生成半合成的牛胰岛素，这一步在 1964 年获得成功；第三步，将人工合成的 A、B 两链组合起来，并通过小鼠实验证明纯化结晶的人工合成牛胰岛素确实具有和天然牛胰岛素相同的活性。1965 年第三步研究获得成功。

牛胰岛素的人工合成，标志着人类在认识生命、探索生命奥秘的征途中迈出了关键性的一步，促进了生命科学的发展，开辟了人工合成蛋白质的时代，对中国基础科学研究(尤其是生物化学的基础研究)具有重大影响。

1965 年
关于激素作用的第二信使学说确立

1902 年，英国生理学家贝利斯和斯塔林从小肠黏膜提取液中，发现了促使胰液分泌的“肠促胰液肽”，并根据这种物质的生物活性将其称为激素。随后，他们又提出激素在血液中起化学信使作用的观点。其后几十年间，人们相继发现了各种激素(包括肾上腺素、胰岛素和性激素等)，并分析了它们的化学结构。

1957 年，美国生物化学家厄尔·萨瑟兰在哺乳动物细胞内发现一种在信号转导过程中起关键性作用的调节分子——环腺苷酸(cAMP)。它存在于细胞内，起着传递细胞外信号的作用。后来他又发现，肾上腺素与肝细胞膜表面的受体结合时，细胞内就生成 cAMP。此后还发现很多激素作用于各自的靶细胞时，均能导致细胞内生成 cAMP。1965 年，萨瑟兰首次提出关于激素作用的第二信使学说，认为激素作为第一信使将细胞外的化学信号送达靶细胞，而 cAMP 则是“第二信使”，将信号传递给细胞内的效用系统。他认为人体内多种激素都是通过细胞内的 cAMP 而发挥作用的，cAMP 广泛存在于动物体内，调节细胞的各种生理生化过程。

目前已知的第二信使都是小分子或离子，最重要的有 cAMP、cGMP、1,2-二酰甘油、1,4,5-三磷酸肌醇、Ca^{2+}等。它们在细胞信号转导过程中起着重要作用，能够激活级联系统中的酶的活性以及非酶蛋白质的活性，调控细胞的生命活动。第二信使还控制着细胞的增殖与分化，并参与基因转录的调节。它们虽然种类很少，却能转导、传递多种细胞外的不同信号，说明细胞内的信号通路具有明显的通用性。第二信使学说的提出，使人类对生命奥秘的认识大大向前迈进了一步。萨瑟兰因提出第二信使学说荣获 1971 年诺贝尔生理学医学奖。在萨瑟兰之后，美国生物化学家埃德温·克雷布斯和瑞士—美国生物化学家埃德蒙·费希尔进一步研究了 cAMP 的作用机制，发现了蛋白质的可逆磷酸化作用，这标志着生命科学进入了研究生命过程调控的分子机制时代。克雷布斯和费希尔由于发现了 cAMP 实现其生理功能的过程，荣获 1992 年诺贝尔生理学医学奖。

制造于 1870 年的早期内镜

1965 年
霍普金斯发明可用于临床的内镜

内镜是一个配备有灯光的管子，它可以经口腔进入胃内，或经其他体表孔道进入体内。利用内镜可以看到 X 射线不能显示的病变，因此它对诊断疾病非常有用。

最早的内镜是 1806 年德国医生博齐尼研制的尿道镜，但因当时只能用蜡烛照明，以致视野亮度不足而未能付诸应用。1868 年，德国医生库斯茂受吞剑艺人表演的启示，试制成胃镜。以后相继出现了用于不同部位的内镜，但都是金属制硬管式的。其缺点是：检查时病人较痛苦，并可能引起穿孔等并发症；再则，因镜管不能屈曲而致有些腔道的某些区域观察不到，形成盲区。1932 年，德国医生欣德勒利用透镜和棱镜制成可屈式胃镜，减轻了病人的痛苦，降低了并发症，但可屈度有限。其照明采用低压高亮度的小电珠，亮度仍不够理想，而且长时间使用时照明电珠有灼伤黏膜的危险。随着导光的玻璃纤维束的发展，1954 年，英国物理学家哈罗德·霍普金斯等解决了纤维丝的精确排列问题，制成实用的纤维内镜。1965 年，霍普金斯在内镜上安装了柱状透镜，使视野更为清楚，至此内镜的临床作用才得以充分肯定和发挥。

1965 年
摩尔定律发表

1965 年 4 月 19 日，时任仙童半导体公司研究开发实验室主任的美国计算机科学家摩尔，应邀为《电子学》杂志 35 周年专刊写了一篇观察评论报告，题目是《让集成电路填满更多的元件》。应这家杂志的要求，摩尔对未来十年间半导体元件工业的发展趋势作出了预言。据他推算，到 1975 年，在面积仅为 1.6 平方厘米的单块硅芯片上，将有可能密集排列 65 000 个元件。摩尔是根据器件的复杂性（电路密度提高而价格降低）和时间之间的线性关系作出这一推断的。摩尔认为，集成电路上可容纳的晶体管数目，每隔 12 个月左右便会增加一倍，性能也会提升一倍。当价格不变时，每一美元能买到的电脑性能，将每隔 12 个月翻两倍以上。这一定律揭示了信息技术进步的速度。

1975 年，摩尔在电气与电子工程师协会（IEEE）的学术年会上提交了一篇论文，根据当时的实际情况对摩尔定律进行了修正，把“每隔 12 个月”增加一倍改为“每隔 24 个月”增加一倍。现在普遍流行的说法是“每隔 18 个月”增加一倍，并成为许多人的“共识”，但摩尔 1997 年 9 月接受《科学美国人》杂志采访时声明，他本人从来没有说过“每隔 18 个月”增加一倍。

摩尔定律是简单评估半导体技术进展的经验法则。在它诞生以来的 40 多年中，半导体芯片的集成发展速度一如摩尔的预测。这推动了整个信息技术产业的发展，给千家万户的生活带来了显著的变化。

摩尔

1965 年
费根鲍姆开发出专家系统程序

美国计算机科学家费根鲍姆是人工智能专家，他通过实验和研究，证明了实现智能行为的主要手段在于知识，从而最早倡导了“知识工程”，并使其成为人工智能领域里取得实际成果最丰富、影响也最大的一个分支。

1965 年，费根鲍姆和美国遗传学家、诺贝尔生理学医学奖得主莱德伯格等人合作，开发出世界上第一个专家系统程序 DENDRAL。DENDRAL 用 LISP 语言编写，保存着化学家的知识和质谱仪的知识，可以根据给定的有机化合物的分子式和质谱图，从几千种可能的分子结构中挑选出一个正确的分子结构。

DENDRAL 的成功不仅验证了费根鲍姆关于知识工程的理论的正确性，还为专家系统软件的发展和应用开辟了道路，逐渐形成了具有相当规模的市场，其应用遍及各个领域、各个部门，被认为是人工智能研究的一个历史性突破。费根鲍姆领导的研究小组后来又为医学、工程和国防等部门研制成功一系列实用的专家系统，其中尤以医学专家系统方面的成果最为突出，最负盛名。

印度—美国计算机科学家达巴拉·雷迪

是美国卡内基—梅隆大学机器人研究所主任、计算机科学学院院长、美国人工智能协会主席，还是美国工程院和美国科学院院士。他主持过 Navlab、LISTEN、Dante 火山探测机器人等大型人工智能系统的开发，取得了一系列引人注目的成就。

费根鲍姆和雷迪由于在设计与构建大规模人工智能系统方面的先驱性贡献，获得 1994 年度图灵奖。

1965 年
科兹马和凯利提出计算全息方法

光学全息是直接采用光学干涉进行记录的方法，借助参考光将物光波的复振幅信息记录下来，再经过傅里叶变换再现全息图。计算全息则是计算机科学与光学结合产生的全息图制作技术，最早是由美国工程师科兹马和凯利于 1965 年提出来的。他们为了检测被噪声淹没的信号，用人工方法制作了一个匹配滤波器，即先用计算机算出所需信号的傅里叶频谱，然后用黑白线条对这个频谱进行编码，放大尺寸后进行绘制，最后以合适的尺寸复制在透明胶片上。

计算全息图的制作主要分为抽样、计算、编码和成图四个步骤。计算全息图的再现与光学全息图的再现相似，也是利用光的衍射理论。再现光被计算全息图调制后，经一段距离的衍射，在接受面上汇聚，形成与原物逼真的像。

为了实现动态的全息三维显示，从 1980 年代开始出现了新的计算全息图的载体，包括各种空间光调制器，如声光调制器和光折变晶体等。再现光入射到这些载体上，经过全息图的调制后，出射光就能带有计算全息图的信息，并且这些载体可以实时变换所显示的计算全息图，在接受面上得到动态的再现像。

1966 年
陈景润等推进哥德巴赫猜想的研究

哥德巴赫猜想是数论中的著名难题之一。1742 年，德国数学家哥德巴赫在给欧拉的书信中提出了一个猜想：每个不小于 6 的偶数都可以表示为两个奇素数之和。尽管有无数的数学家参与研究这个猜想，但到目前为止尚未得到完全证明。

中国数学家陈景润在福州英华中学念高中时，有幸聆听了暂在该校任教的清华大学航空工程学家沈元的有关介绍，从此迷上了哥德巴赫猜想。1953 年从厦门大学毕业后，陈景润做了一段时间的中学教师，后回厦门大学任资料员。1957 年进入中国科学院数学研究所后，他在华罗庚指导下从事数论方面的研究。

为攻克哥德巴赫猜想，陈景润全身心投入其中，废寝忘食，达到忘我的境界。1966 年，陈景润在对筛法做了新的重要改进后，在《科学通报》上发表了论文《表达偶数为一个素数及一个不超过两个素数的乘积之和》。这是哥德巴赫猜想研究中的里程碑，是迄今为止该领域中的最佳成果，他在这篇论文中证明的主要结论也被誉为“陈氏定理”。这项工作还使他与中国数学家王元和潘承洞在 1978 年共同获得中国自然科学奖一等奖。

陈景润、华罗庚和沈元（从左至右）

1966 年
松野太郎等发现赤道地区存在开尔文波和混合罗斯贝重力波

1950 年代末，日本气象学家松野太郎还在东京大学攻读气象学博士学位，对热带气象学非常有兴趣。他参与了“东京数值天气预报研究组”的科研工作，以期将数值天气预报的方法应用到日本的实际业务预报中。而在做数值天气预报时，地转平衡是一个重要概念。松野太郎注意到，早期研究已经证明地转平衡在中高纬地区是适用的，但在低纬地区是否适用尚无结论。他急切地想知道这一问题的答案。

他对赤道地区的大气运动方程组做了合理的简化，从而在理论上得到了两种新的赤道地区的波动解。这一结果被写进了他的博士论文，但在经过数次挫折后，才终于发表在 1966 年第一期的《日本气象集志》上。

一年后，柳井迪雄在分析观测资料时发现，赤道地区存在一种向西传播的波动，它兼有罗斯贝波和重力波的性质，并称之为混合罗斯贝重力波。两年后，美国气象学家约翰·华莱士等人发现赤道地区存在一种向东传播的波动，并称之为开尔文波。这两种新发现的波动的性质，很好地对应了松野太郎此前给出的理论解。至此，人们从观测和理论两个方面确认了这两种赤道波动的存在。后来发现，这两种赤道波动对大气的变化有重要作用。例如，混合罗斯贝重力波在台风的形成中起着关键的作用，而开尔文波对恩索循环（厄尔尼诺和拉尼娜与南方涛动相结合产生的全球尺度的气候振荡）和热带大气低频振荡的形成有重要作用。

松野太郎的这一理论工作奠定了热带大气动力学和海洋动力学的基础。这两种波动是迄今仅有的首先在理论上被提出，随后才在观测中被证实的大气波动。年轻的松野太郎奠定了热带大气动力学的基础，成就了气象界的一段传奇。由于这一重要的理论贡献以及其他几项重要成果，1999 年松野太郎被美国气象学会授予最高学术成就奖——“罗斯贝奖”。

1966 年
图灵奖正式设立

随着计算机技术的飞速发展，到 1960 年代，计算机学科已成为一个独立的有影响的学科，信息产业亦逐步形成。但是，这一产业中一直没有一项类似诺贝尔奖、普利策奖等的奖项来促进该学科的进一步发展。

1966 年，为纪念第一台得到广泛应用的电子计算机 ENIAC 诞生 20 周年，以及图灵的有历史意义的论文发表 30 周年，美国

混合罗斯贝重力波是台风生成的关键因素

1966

图灵奖奖杯

计算机协会(ACM)决定设立计算机学界的第一个奖项——图灵奖，专门奖励那些对计算机科学研究作出卓越贡献及推动计算机技术发展的杰出科学家。

图灵奖是计算机学界最负盛名的奖项，有“计算机学界的诺贝尔奖”之称。图灵奖对获奖者的要求极高，评奖程序也极严，一般每年只奖励一名计算机科学家，只有极少数年度有两名以上在同一方向上作出贡献的科学家同时获奖。图灵奖设奖初期奖金为 2 万美元，后逐步增加，目前该奖由 Intel 公司赞助，奖金为 10 万美元。

美国计算机协会每年都会要求提名人推荐本年度的图灵奖候选人，并附加一份 200—500 字的文章，说明被提名者为什么应获此奖。任何人都可成为提名人。美国计算机协会将组成评选委员会对被提名者进行严格的评审，并最终确定当年的获奖者。

1966 年
高锟提出用光导纤维作通信介质

光导纤维即光纤是 20 世纪最重要的发明之一，它以玻璃纤维作为传播介质。一根头发丝般细的光纤，其传输的信息量相当于一条饭桌般粗大的铜“线”。光纤的出现彻底改变了人类通信模式，为目前的信息高速公路奠定了基础。发明光纤的，就是被誉为“光纤之父”的中国—英国物理学家高锟。

1966 年，高锟发表论文《光频率介质纤维表面波导》，提出用玻璃纤维代替铜线的大胆设想，即利用玻璃清澈、透明的性质，使用光来长距离传送信号。许多人都认为这个设想匪夷所思，甚至认为高锟神经有问题。但高锟经过理论研究，充分论证了光导纤维的可行性。

为了寻找那种纯度足够高的“没有杂质的玻璃”，高锟费尽了周折。后来，高锟终于用石英制造出世界上第一根光导纤维，使科学界大为震惊。目前的光传输已经可以做到很大的容量，最好的纪录是在一根光纤上传输 2 亿个话路，即让 2 亿对人同时通过一根光纤通话。

“光纤之父”高锟与发明了电荷耦合器件的加拿大—美国物理学家博伊尔和美国物理学家乔治·史密斯，共同获得 2009 年度诺贝尔物理学奖。

1967 年
电弱统一理论问世

统一描写弱相互作用和电磁相互作用的量子场理论称为“电弱统一理论”，由美国物理学家史蒂文·温伯格和巴基斯坦物理学家萨拉姆分别于 1967 年和 1968 年提出，故常称为“温伯格—萨拉姆模型”。

该理论的基本出发点是，粒子间的弱相互作用和电磁相互作用都具有规范对称性，传递弱相互作用的中间玻色子以及传递电磁相互作用的光子都是相应的规范场粒子。温伯格和萨拉姆利用“对称性自发破缺”的

萨拉姆(中)和史蒂文·温伯格(右)在斯德哥尔摩的诺贝尔奖颁奖典礼上

办法，使传递弱相互作用的中间玻色子获得质量，而传递电磁相互作用的光子仍然没有质量。零质量的光子所传递的力是一种长程力，大质量的中间玻色子所传递的力是一种短程力。光子是稳定粒子，它所传递的力较强；中间玻色子是不稳定粒子，其寿命很短，它们在传递力的过程中不断地消亡，所以传递的力较弱。因此，在电弱统一理论中，弱力和电力原来是一种力，只是因为对称性自发破缺的作用，这两种力的对称性被破坏，它们的差异性才显现了出来。

电弱统一理论提出后，已为大量的实验所证实，该理论所预言的三种中间玻色子也相继为实验发现。温伯格和萨拉姆为此获得了1979年度诺贝尔物理学奖。

1967年 科里创立逆合成分析法

美国化学家伊莱亚斯·科里从1950年代后期开始从事有机合成工作，在30多年里，他和他的同事们合成了几百个重要的天然化合物。但是，科里在有机合成上的最大功绩，不在于合成了多少个复杂的天然化合物，而在于他1967年创立了独特的有机合成方法——逆合成分析法，使有机合成方案系统化并符合逻辑。

逆合成分析法一反过去常规的从原料开始考虑怎样合成目标产物的做法，而是从要合成的目标产物出发进行合理的切割分析，从目标物倒推到较小的化合物分子，然后再切割分析，直至倒推出平时较易获得的原料。合成时则把倒推的过程顺过来，从简单原料一步步合成目标产物。

逆合成分析法使有机合成设计由经验和资料积累变成了符合逻辑的科学步骤，可供学习传授与推广。因此，这个方法一诞生，就大大促进了有机合成化学的发展。此外，科里还根据这一方法，将计算机技术运用于有机合成设计。1969年，他和他的学生编制了第一个计算机辅助有机合成路线设计的程序OCSS。科里因在有机合成方法上的贡献获1990年度诺贝尔化学奖。

1967年 赫施巴赫和李远哲发展交叉分子束方法

研究化学反应机理和速率的学科称为化学动力学。20世纪前半叶，主要是采用唯象动力学的研究方法，即从浓度的变化经过分析得到反应速率常数、活化能和指前因子等参数，用以探讨反应机理，这被称为经典化学动力学。20世纪后半叶，开始发展出分子反应动力学的研究方法，即研究具体量子态的反应物分子通过单次碰撞进行原子重排的过程。研究单次反应碰撞必须采用交叉分子束方法。这一方法最早是由美国橡树岭国家实验室的两位科学家于1953年提出的。美国化学家赫施巴赫和中国—美国化学家李远哲于1967年改良并发展了这一方法。他们在交叉分子束装置中，先将两股气化的分子（或原子）束稀释，然后探测碰撞后生成物散射的方向和速度，也可外接气态质谱仪测定生成物的质量，一次性得到生成物的多种化学和物理参数。赫施巴赫和李远哲的工作将化学动力学的研究推进到了单分子的层次，因而与加拿大的约翰·波拉尼分享了1986年诺贝尔化学奖。

1967年 休伊什等发现脉冲星

地球大气扰动会使地面上的观测者看到星像闪烁现象。同样由于传播途中介质的密度起伏，也会使地球上接收到的小角径天体射电流量发生时强时弱的闪烁。1960年代初，英国天文学家休伊什开创了观测射电源在长波段闪烁的技术。他研制了一个很大的低频天线阵，占地面积约18 000平方米，运行频率81.5兆赫(波长3.7米)，于1967年

1967

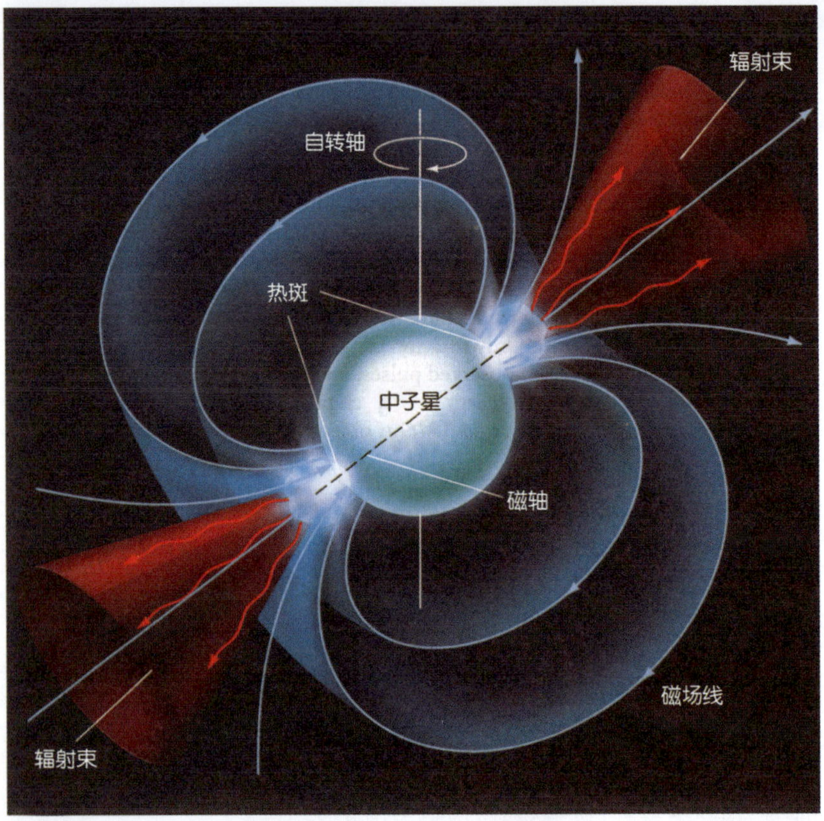

中子星的结构

休伊什(右)和乔斯林·贝尔在他们的低频天线阵中

7月开始首次巡天。他的研究生乔斯林·贝尔发现有一个源很奇怪,其辐射几乎完全由闪烁的射电信号组成。同年 11 月,贝尔进而发现它完全由周期约 1.33 秒的系列脉冲组成。几个月内,他们又发现 3 个脉冲周期从 0.25 秒到 3 秒的源。后来这类源的数量不断增多,取名为脉冲星。

1968 年,美国天文学家戈尔德提出,脉冲星其实是磁轴和自转轴不一致的旋转中子星,射电脉冲来自沿磁轴发射的射电辐射束。1968 年发现了两颗特别重要的脉冲星。一颗是年轻的船帆座超新星遗迹中周期为 0.089 秒的脉冲星,另一颗是 1054 年超新星遗迹蟹状星云内周期只有 0.033 秒的脉冲星。如此短的周期毋庸置疑地证明了脉冲星的母体是中子星,因为即使是密度甚高的白矮星,在如此高速的自转下也会因强大离心力的作用分崩离析。同时,短周期脉冲星与年轻超新星遗迹的重合,也决定性地证明了中子星是在超新星爆发中形成的。脉冲星的发现证实了中子星的存在,休伊什因此而获得 1974 年度诺贝尔物理学奖。

1967 年
美国建成世界标准地震台网

1967年,美国建成世界标准地震台网(WWSSN),这是地震学历史上最有意义的进展之一。尽管创建标准地震台网的最初目的是提高辨别和探测地下核武器爆炸的能力,但地震台网的建成有着更为广泛的意义。在地震台网内部,合作国之间可以相互交换地震数据,使地震学研究有了全球视角,为板块构造学说的确立奠定了数据基础。

随着数字化技术的发展,标准地震台网已经发展成为数字化世界标准地震台网(DWWSSN),是通过在地震台网中某些选中的台站上安装数字记录设备而形成的。

1967 年
巴纳德施行心脏移植

南非医生巴纳德 1946 年毕业于开普敦大学,获医学学士学位;1953 年获该校医学博士学位。1953—1956 年在开普敦一所医院任外科医师。1956—1958 年在美国明尼苏达大学进修心胸外科,获外科学硕士学位,同年还获该校哲学博士学位。

在开普敦任外科医师期间,他最先指出:肠闭锁是由妊娠期胎儿血液供给不足引起的。在这个发现的基础上,一种纠正肠闭锁的外科手术得以成功设计。从美国回国后,巴纳德回院任高级胸外科医师,将体外循环心脏手术引进南非，开展体外循环直视心脏手术及外科大手术后的重症监护工作；设计了沿用至今的人工三尖瓣及主动脉瓣；首创大血管完全转位和三尖瓣畸形的手术治疗技术，使先天性心脏病的手术治疗效果大为提高。在这期间，他开始用狗进行广泛的心脏移植实验。

1967 年 11 月 3 日，他领导的小组把一名死于车祸者的心脏移植给一位心脏病病人，手术十分成功，但因使用免疫抑制剂破坏了病人的免疫功能，病人术后 18 天死于肺炎。此后他所操作的心脏移植手术成功率逐渐提高。1974 年 12 月 3 日，他主刀进行世界上首例并位心脏移植手术。到 1970 年代后期，经他手术的病人中，有些已能存活数年。

1967 年
法瓦洛诺发明冠状动脉旁路术

通过手术实现再血管化，治疗冠状动脉粥样硬化性心脏病，是医学史上最伟大的成就之一。法国外科医生卡雷尔发现心绞痛和冠状动脉狭窄之间有密切关系。早在第一次世界大战前，他就以颈动脉作为移植血管，在狗身上进行主动脉—冠状动脉吻合。1964 年，黎巴嫩—美国医生德贝基等人在对冠状动脉左前降支进行内膜剥脱手术。他们使用隐静脉作为移植旁路，尝试了主动脉冠状动脉旁路术，使这种情况有了改观，成为历史上第一次尝试采用隐静脉的手术。

克利夫兰医院的美国医生索尼斯证实了选择性冠状动脉造影的可行性，并积累了大量的造影资料，这些资料后来由阿根廷医生法瓦洛诺进行了深入的研究。1967 年，索尼斯和法瓦洛诺组成了一支非常有创造性的队伍，开始采用大隐静脉做材料，行冠状动脉间的旁路术，并证实在单支病变、左主干病变和多支病变中利用大隐静脉进行冠状动脉旁路术是安全和有效的，不久改为沿用至今的主动脉冠状动脉旁路术。20 世纪的最后 30 年里，该手术发展成了所有外科大手术中最常见、记录最完整、最有效的手术。自此之后，该项技术的应用得到迅速发展，以至于在后来的 10 年内，冠状动脉搭桥手术成为美国最常见的外科手术之一。

1967 年
发现出血热病毒

引起病毒性出血热的病原体统称为出血热病毒。1967 年秋，联邦德国马尔堡和法兰克福以及南斯拉夫贝尔格莱德的几所医学实验室的工作人员中，同时暴发了一种严重的出血热，31 人发病，其中 7 人死亡。这些病人大多接触过一批从乌干达运来的非洲绿猴。科学家们用豚鼠和各种细胞等，对从感染者体内分离出的病毒进行培养，发现它与任何已知病毒均无相同抗原关系。在电子显微镜下观察，这些病毒的形状像长丝，有时盘绕成奇形怪状的粒子，因而被命名为丝状病毒。根据发病地点，也有人将这种病毒命名为马尔堡病毒。

1967 年
大规模集成电路及大规模集成电路计算机诞生

集成电路规模的大小经常用其所包含的晶体管或逻辑门的数量来衡量。大规模集成电路即 LSI 通常指在一块芯片上含逻辑门电路 100—9999 门(或含晶体管元件 1000—99 999 个)的集成电路。

大规模集成电路

1959 年，美国德州仪器公司首先宣布建成世界上第一条集成电路生产线。1962 年，世界上出现了第一块集成电路产品。不久，世界范围内掀起了集成电路的研制热潮。1960 年代初出现的集成电路产品,每个芯片上的晶体管元件数在 100 个左右。到了 1967 年,每个芯片上的晶体管元件数已达到 1000 多个,这标志着大规模集成电路阶段的开端。

1967 年,美国无线电有限公司制成了领航用的机载计算机 LIMAC,其逻辑部件采用双极性大规模集成电路,缓冲存储器采用 MOS 大规模集成电路,成为世界上第一台使用大规模集成电路的计算机。

1967 年
弗洛伊德提出用流程图描述程序逻辑

在程序设计方面,计算机科学家非常关心的重要问题是如何表达和描述程序的逻辑,如何验证程序的正确性。1963 年,美国数学家、计算机科学家麦卡锡提出用递归函数作为程序的模型。这一方法对于一般程序确实是行之有效的,但对于许多以命令方式编写的程序,包括赋值语句、条件语句、用 While 实现循环的语句等,用递归定义的函数去证明其正确性就很不方便了。

1967 年,在美国数学会举行的应用数学讨论会上,美国计算机科学家罗伯特·弗洛伊德发表了引起轰动并产生深远影响的论文《如何确定程序的意义》,提出了一种基于流程图的表达程序逻辑的方法。其主要特点是,在流程图的每一弧线上放置一个“标记”,也就是一个逻辑断言,并且保证当控制经过这个弧线时该断言一定成立。

在程序逻辑研究的历史上,弗洛伊德的论文是继麦卡锡提出的方法之后最重大的一个进展。弗洛伊德的主要贡献在于解决了基于这种标记的形式系统的细节,证明了这种系统的完备性,解决了如何证明程序终结的问题。弗洛伊德由于提出设计高效可靠软件的方法,获得 1978 年度图灵奖。

1967 年
布卢姆发表有关计算复杂性的 4 个公理

1960 年代,美国研究计算复杂性的中心有两个:一个是通用电气公司设立于纽约州斯克内克塔迪的研究实验室,核心人物是 1993 年获得图灵奖的苏联—拉脱维亚计算机科学家哈特马尼斯和美国计算机科学家斯特恩斯;另一个在麻省理工学院,核心人物是委内瑞拉—美国计算机科学家布卢姆。布卢姆与哈特马尼斯和斯特恩斯独立地进行着相关问题的研究,并完成了他的博士论文《与机器无关的递归函数复杂性的理论》,提出了有关计算复杂性的 4 个公理,被称为布卢姆公理系统。该论文的详细摘要 1967 年发表于《美国计算机协会期刊》第 14 卷第 2 期上。

除了在计算复杂性理论方面作出了开创性贡献以外,布卢姆还致力于将这一理论应用于对计算机系统和通信的安全性有极重要意义的“密码学”,以及在软件工程中十分重要的程序正确性验证方面,并取得了令人瞩目的成就。布卢姆由于计算复杂性理论及其在密码学和程序校验上的应用,获得 1995 年度图灵奖。

1967—1968 年
摩根等提出板块构造学说

1912 年,德国地球物理学家魏格纳提出了大陆漂移学说。1960—1962 年,美国海洋地质学家哈里·赫斯和迪茨在大陆漂移与地幔对流假说的基础上,创立了海底扩张学说。在随后的 1963 年,英国海洋地质学家瓦因和德拉蒙德·马修斯等通过海底磁异常的研究,进一步论证了海底扩张学说。1965 年,加拿大地质学家约翰·威尔逊建立转换断层概念,并指出地球表层可划分为若干刚性板块。1967—1968 年，美国地球物理学家威廉·贾森·摩根，英国地球物理学家麦肯齐和帕克，以及法国地质学家勒皮雄等人，将转换断层概念外延到球面上，定量地论述了板块运动，确立了板块构造学说的基本原理。

板块构造学说以极其简洁的形式，解释了地震和火山分布、地磁和地热现象，以及岩浆与造山作用等的空间分布，阐明了全球性大洋中脊和裂谷系的形成、大陆漂移、洋壳起源、洋盆的形成和演化等重大问题。地球科学第一次对全球地质作用有了一个比较完善的总体理解。

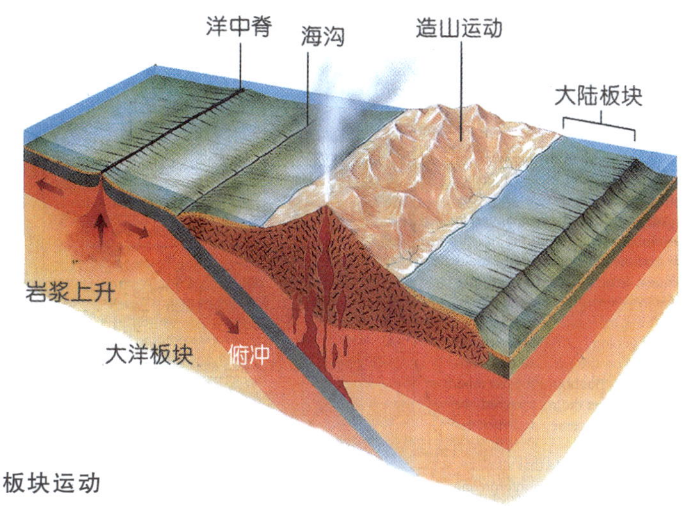

板块运动

1967—1968 年
沃斯开发 PASCAL 语言

瑞士计算机科学家沃斯 1963 年在加利福尼亚大学伯克利分校取得博士学位，随后直接被斯坦福大学聘到刚成立的计算机科学系工作。在斯坦福大学，沃斯成功地开发出 ALGOL W(一种对 ALGOL 语言进行完善与扩充的方案)和 PL 360(一种应用广泛的辅助工具)。1967 年，沃斯谢绝了斯坦福大学的挽留回到瑞士，并于第二年在母校苏黎世工学院完成了 PASCAL 语言的开发。现代编程语言中常用的数据结构和控制结构绝大多数是由 PASCAL 语言奠定基础的，因此它在编程语言的发展史上具有承上启下的里程碑意义。

1971 年，沃斯基于开发程序设计语言和编程的实践经验，在 4 月的《美国计算机协会通讯》上发表了论文《通过逐步求精方式开发程序》，首次提出了“结构程序设计”的概念。其要点是，不要求一步就编制成可执行的程序，而是分若干步进行，逐步求精。沃斯由于开发了 PASCAL 等影响深远的编程语言，并提出结构程序设计这一革命性概念，获得 1984 年度图灵奖。他本人被誉为“PASCAL 之父”及“结构程序设计的首创者”。

1968 年
弗里德曼等发现核子内部存在类点状结构

1964年，美国物理学家盖尔曼提出了强子的夸克模型后，许多物理学家期望通过实验证实夸克的存在。

1909年，新西兰—英国物理学家欧内斯特·卢瑟福利用能量级为兆电子伏的 α 粒子散射实验，探测了线度为 10^{-10} 米的原子内部的情况，发现了原子的核式结构。1957 年，美国物理学家霍夫施塔特利用斯坦福大学的一台 1 吉电子伏电子直线加速器产生的德布罗意波长约为 10^{-15} 米的电子束，通过电子—核子散射实验，探测了核子的电磁结构。探测核子内部结构的工作于 1960 年代末又有了新的突破。斯坦福大学的电子直线加速器经过改造，可产生能量更高(20 吉电子伏)、德布罗意波长更短的电子束。1968 年，由美国物理学家杰尔姆·弗里德曼、亨利·肯德尔和加拿大—美国物理学家理查德·泰勒领导的小组，在这台加速器上做了电子—核子的深度非弹性散射实验，利用高能电子束作为精细的探针，深入到核子内部探测。实验出人意料，发现核子内部存在类点状结构。这可以认为是夸克存在的第一个实验证据。为此，弗里德曼、肯德尔和泰勒获得了 1990 年度诺贝尔物理学奖。

1968 年
诺尔斯实现手性催化氢化反应

人的左右手互为镜像。自然界的许多分子也具有这样的手性结构，称为手性分子。手性分子的物理和化学性质相同，但在生理、药理活性以及生物分子相互作用方面往往有很大差别。人工合成这些物质时往往会得到左旋和右旋各占一半的混合物，通过拆分才能得到单一手性的化合物。通过合成直接得到所需手性的化合物成为科学家追求的目标。

1968 年，美国化学家诺尔斯发现，用过渡金属催化剂对手性分子进行氢化反应可以获得所需镜像形态的手性分子。这种过渡金属催化剂在反应中可以加快氢化反应而偏重合成出一种手性分子。刚开始实验结果不够理想，一种手性分子比另一种仅多出 15%，不久这个比例就达到 100%。随后，日本化学家野依良治在此基础上展开了更加深入的研究，发现过渡金属可用于制备多种手性催化剂，在这些催化剂的作用下，可产生具有特定手性的分子。另一位美国化学家沙普利斯从前两位化学家的工作中得到启发，利用过渡金属催化剂对手性分子进行氧化反应，最终也得到所需镜像形态的手性分子。

这三位化学家在手性催化氢化和手性催化氧化合成方面所获得的杰出成就，正越来越广泛地应用于生物学、医学和材料科学等领域，他们也因此分享了 2001 年诺贝尔化学奖。

1968 年
发现碳炔

1950 年代，人们通过质谱研究发现气体石墨中有 C_2、C_3、C_5 存在，由此预言存在着线形聚碳分子。1968 年，科学家发现火山口的石墨片中夹杂着一种有别于石墨的新物质，这种物质具有金属光泽，硬度较石墨高，在岩石中与石墨层交替出现，厚度仅为几微米。进一步的研究发现，它是一种新的碳单质，具有线形结构，后被称为碳炔。

碳炔的发现吸引了众多科学家投入到相关的研究工作中。由于碳炔在自然界中的含量非常少，人工合成碳炔就成为关键问题。1960 年代，美、苏化学家尝试以铜催化乙炔氧化缩聚的方法合成碳炔，但效果不太理想。直到 1980 年代后期，美、苏、日等国化

斯坦福直线加速器中心航拍图

学家利用聚卤代乙烯法合成出长链碳炔并得到碳炔的单晶膜，碳炔的合成才取得突破。随后陆续出现了更多新的合成方法。

碳炔的分子结构一直是化学家们争论不休的问题。对于连接碳原子间的价键,有的认为是共轭三键结构,有的则认为是累积双键结构,他们各自都有严密的理论计算和推导作为支撑,因此一时无法取得一致。相信这将会吸引更多化学研究者的关注与参与,共同去揭开碳炔分子的神秘面纱。

1968 年
美国开展系统的紫外巡天

自 1966 年起，美国着手发射在紫外辐射、X 射线和 γ 射线波段探索宇宙的系列卫星——“轨道天文台”,缩写 OAO。其中,“轨道天文台 1 号”(OAO-1) 于 1966 年 4 月 8 日发射,因发生故障,两天后停止工作。“轨道天文台 2 号”(OAO-2)于 1968 年 12 月 7 日发射,专用于探测天体紫外辐射,携有 4 台口径 32 厘米的紫外望远镜，分别在 220—320 纳米、160—320 纳米、135—200 纳米和 105—200 纳米 4 个波段巡视天空。还有 1 架口径 41 厘米和 4 架口径 20 厘米的紫外望远镜,用于测定一些特定目标天体的紫外星等和光谱。通过 OAO-2 的巡天，于 1973 年公布了第一个紫外巡天星表，列有 5068 个紫外天体的位置、辐射强度和光谱类型，由此宣告了紫外天文学的诞生。

成功发射“哥白尼卫星”的纪念封

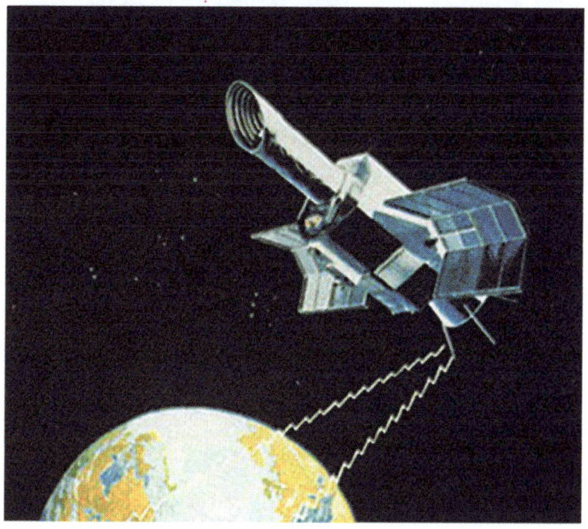
太空中的国际紫外探测器艺术构思图

因为几乎所有常见元素的共振跃迁都处于紫外波段，所以在此波段研究星际物质的化学组成非常有利。1972 年 8 月发射的“哥白尼卫星”(OAO-3)载有 1架口径 81 厘米的反射望远镜和 3 架 X 射线望远镜，作为第一个大型空间天文台,在研究天体的紫外光谱和探测 X 射线源方面取得了丰硕成果。OAO-3 上安装的分辨率极高的摄谱仪可将波段拓展到 121.6 纳米处的莱曼 α 线的短波侧，首次测量了星际介质中的常见元素，特别是具有宇宙学意义的氘丰度。该卫星通过观测高次电离氧吸收线,找到了星际气体热成分的证据。OAO 系列紫外巡天取得的成就,又导致英国、欧洲空间局和美国宇航局于 1978 年合作发射了更为先进的“国际紫外探测器”(IUE)。

1968 年
美国开始实施深海钻探计划

海底扩张学说提出后,海洋地质学界迫切希望从深海海底岩层中取得直接证据。1964 年 5 月，加州大学斯克里普斯海洋研究所、哥伦比亚大学拉蒙特地质研究所、伍兹霍尔海洋研究所、迈阿密大学海洋科学研

“格洛玛·挑战者号”深海钻探船

究所（后来还有华盛顿大学加入）联合组建了地球深层取样联合海洋机构(JOIDES)。JOIDES总结了“莫霍计划”的经验教训，改进了钻探设备和钻探方法，并提出了“深海钻探计划(DSDP)”。

为完成DSDP的科学目标，在美国科学基金会的支持下，全球海洋公司承建了“格洛玛·挑战者号”深海钻探船。该船长121米，宽19米，中部竖立着43.3米高的钻井塔，排水量为10 500吨，设计最大工作水深为6096米，设计最大钻探深度为7615米。“格洛玛·挑战者号”于1968年3月建成下水，1968年8月11日开赴墨西哥湾海域，开始正式执行DSDP任务。“格洛玛·挑战者号”只用了五年半的时间，就完成了DSDP三期钻探计划。

由于DSDP执行后取得了丰硕的成果，吸引了苏联、联邦德国、法国、英国、日本等国相继加入联合体，DSDP于1975年发展成为“大洋钻探国际协作阶段(IPOD)”，标志着DSDP进入国际合作的新时代。IPOD是DSDP的第四阶段，它延用了DSDP的航次和编号。“格洛玛·挑战者号”从1975年12月第45航次开始执行IPOD钻探任务，重点研究洋壳的组成、结构和演化。1983年11月，DSDP完成所有预定任务，宣布结束。

在DSDP执行的15年间，“格洛玛·挑战者号”总计完成96个航次的大洋钻探任务，在世界各大洋的624个钻探地点进行了钻探取样，总进尺为325 548米，洋底最大钻进深度达1741米。DSDP取得的大批资料弥补了近代地质学在深海地质方面的研究空白，验证了海底扩张学说和板块构造学说的基本论点，提供了中生代以来古海洋学的第一手资料，极大地推动了海洋地质学的发展，被誉为“一条船引发了(地球科学)一场革命”。

1968 年
木村资生提出分子进化的中性学说

1950年代以来，许多生物大分子的一级结构先后被解析。人们发现各种同源分子(有共同始祖的分子，或者在序列或结构上具有相似性的分子)对选择而言大都是中性或近中性的，它们都有完整的高级结构，能很好地完成各自的功能。随着生物从低级向高级演化，同源分子中逐步发生氨基酸或核苷酸的替换，在一定的年限内每个位置的替换数大致恒定。在此基础上，日本遗传学家木村资生于1968年提出分子进化的中性学说，认为中性突变—遗传漂变对分子进化具有决定作用。

分子进化的中性学说（简称中性学说）认为，分子水平上的大多数突变对生物的生存既无好处，也无害处，对其生殖力和生活力没有影响，自然选择对它们不起作用。这些突变全靠一代又一代的遗传漂变(指小群体中由于随机误差造成的基因频率的随机波动现象)被保存或趋于消失，从而形成分子水平上的进化性变化或种内变异。生物的进化主要是由于中性突变在自然群体中随机地固定或消失，遗传漂变是分子进化的基本动力。换言之，中性学说认为，大多数分子水平的突变是通过遗传漂变，而不是通过选择才被保留或淘汰的。

中性学说强调遗传漂变的作用，但也没有否认选择的作用，它承认形态、行为和生态性状即生物的表型是在自然选择的作用下进化的。但它认为在进化过程中只有极少部分的DNA变化是适应性的，而大多数在表型上“无声”的分子替换(它们对生物的生存和繁殖并没有产生重大的影响)，却是通过随机漂变在种内固定下来的。可以认为，中性学说是在现代分子生物学发展的水平上对达尔文学说的补充和发展。

1968 年
克卢格发明显微影像重组技术

1953 年，出生在南非的英国生物化学家克卢格搬家到了伦敦。正是在那里，他遇到了后来一直被他视为己师的英国物理化学家罗莎琳德·富兰克林。富兰克林那些美丽的 X 射线衍射图片吸引了他，使他开始了对烟草花叶病毒的研究。他发现 X 射线衍射图片固然漂亮，但对研究大分子结构仍然存在一定局限性。1968 年，克卢格将 X 射线衍射方法和电子显微镜技术结合起来，发明了显微影像重组技术，揭示了病毒和细胞内重要遗传物质的详细结构。

显微影像重组技术是将一种晶体的电子显微照片置于激光下曝光，当激光照在底片的图像上时，它便发生衍射或散射，通过这无数小点形成的图样可以获得更加细致、清晰的图像。通过组合晶体各个"面"的若干个二维图像，克卢格便得到了生物大分子结构的立体图像。这项技术可用来研究那些由于分子太大而不能用 X 射线晶体学来研究的生命物质，为测定生物大分子的结构开辟了一条新路。

其后，克卢格及其剑桥大学的同事应用这一技术确定了杆状烟草花叶病毒的立体结构，还研究了转移核糖核酸的螺旋结构，并确定了以串珠形式存在的染色体结构。1982 年，克卢格因在测定生物物质结构方面的杰出成就而荣获诺贝尔化学奖，后任英国皇家学会会长。

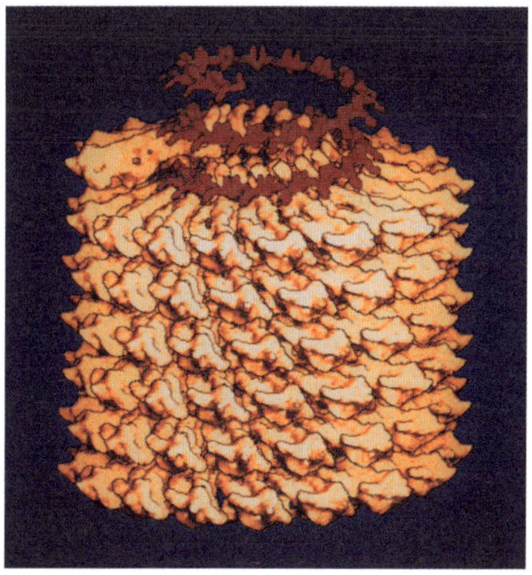

烟草花叶病毒的立体结构

1968 年
史密斯发现限制性内切酶

限制性内切酶是从细菌中分离出来的能在特异位点"切割"DNA 分子的核酸内切酶，目前已从多种细菌中分离出数百种，这类酶能识别各不相同的核苷酸序列。限制性内切酶是基因工程中的重要工具，现在已经实现商品化生产。

1950 年代末，瑞士微生物学家阿尔伯发现，大肠杆菌体内存在某种酶，可以切断外来的 DNA（如噬菌体 DNA）以防止其侵入。这种机制使细菌对病毒的扩增加以"限制"，因此这种酶被称为限制性核酸内切酶。然而，阿尔伯发现的限制性内切酶切断 DNA 的部位是不确定的，现在把这种限制性内切酶叫做 I 型限制性内切酶。

美国微生物学家汉密尔顿·史密斯毕业于加州伯克利大学数学系，但出于兴趣转而申请读医学院的研究生，并被约翰斯·霍普金斯大学录取，后留校执教。史密斯从导师处了解到阿尔伯的出色研究。1968 年，史密斯和他的助手使用流感嗜血杆菌研究遗传重组，其中的一些实验需要将细菌细胞从外界摄入的 DNA 重新分离出来。他们在一次实验中使用了一种噬菌体的 DNA，却发现这种 DNA 被细胞破坏了。他们意识到这种 DNA 可能被某种酶切割了，于是用流感嗜血杆菌自身的 DNA 作对照，加入细胞提取物又做了一次实验。结果表明，噬菌体的 DNA 被破坏，细菌的 DNA 则完好无损。经过进一步的实验，史密斯纯化出限制性内切酶 Hind Ⅱ。这种限制性内切酶只在 DNA 内部特定序列处切断 DNA，被称为Ⅱ型限制性内切酶。

1978 年，史密斯、阿尔伯和美国微生物学家内森斯(将限制性内切酶应用于遗传学研究)，因发现限制性内切酶及其在分子遗传学中的应用分享了诺贝尔生理学医学奖。

1968 年
人工心脏开始进入临床

1953 年，美国心脏科医生吉本将体外循环应用于临床：心肺机利用滚筒式挤压泵将血泵出，模仿自然的搏血功能进行体外循环。而人工心脏这个血液泵，就是科学家受此启发而研究出来的。1957 年，荷兰—美国医生科尔夫将聚乙烯基盐制成的人工心脏植于人体内，病人存活 1.5 小时。以此为开端，世界性的人工心脏研究迅速开展起来。

1958 年，日本及联邦德国均设立了专门研究中心。1964 年，科尔夫利用人工心脏使小牛存活 24 小时。1966 年，黎巴嫩—美国医生德贝基将人工心脏用于瓣膜置换病例。1968 年，人工心脏开始进入临床。1969 年，动物实验生存记录达到 40 天。同年，美国医生库利施行了第一个临床病例，植入完全人工心脏后，病人因合并症死亡。

1968 年
诺依斯与摩尔创办 Intel 公司

1960 年代，仙童半导体公司进入黄金时期，大批精英纷纷加入。1963 年，匈牙利—美国工程师葛洛夫接受美国计算机科学家摩尔的邀请加入公司。到 1967 年，公司营业额已接近 2 亿美元，在当时可以说是天文数字。然而，也就是在这一时期，公司内部开始孕育危机：仙童半导体公司的母公司不断把利润转移到其他公司。目睹母公司的不公平，当年跟随美国计算机科学家诺依斯组建仙童半导体公司的部分研究人员先后离开，独立创办自己的新公司。

1968 年，被誉为“提出了适合于工业生产的集成电路理论”的诺依斯与提出了摩尔定律的摩尔，也脱离仙童半导体公司自立门户，以“集成电子”的缩写为名创办了 Intel (英特尔)公司。不久，葛洛夫自愿跟随摩尔，成为公司第三名成员。

Intel 公司成立后，在芯片创新、技术开发等方面不断取得进展。随着个人计算机的普及，Intel 公司逐渐成为世界上最大的设计和制造芯片的科技巨擘。

Intel公司创始人诺依斯、葛洛夫、摩尔(从左至右)

Intel公司总部

1968—1973 年
克努特《计算机程序设计艺术》出版

1962 年，美国计算机科学家克努特在加州理工大学伯克利分校攻读数学博士学位时，就开始了他的编程生涯。他因对 ALGOL 60 编译器提出的测试程序而闻名于计算机行业。著名的艾迪生-韦斯利出版社向他约稿，请他写一本关于编译器和程序设计方面的书。1966 年，他写好的手稿已经长达 3000 多页，于是与出版商商定，编撰一部完整系统地介绍计算机程序设计的巨著《计算机程序设计艺术》，原计划出版 7 卷。

1968 年，《计算机程序设计艺术》的第 1 卷《基本算法》正式出版。同年，30 岁的克努特成为斯坦福大学计算机系教授。1969 年，第 2 卷《半数字化算法》正式出版。1973 年，这部书出到了第 3 卷《排序与搜索》。该书对计算机领域产生了深远的影响，被译为俄、日、西、葡、匈等多种文字在世界各国

《计算机程序设计艺术·基本算法》

流传，其发行量创造了计算机类图书的最高纪录。《美国科学家》杂志曾将该书与《相对论》、《量子力学》、《量子电动力学》等书一起，列为 20 世纪最重要的 12 本科学专著。

克努特由于经典巨著《计算机程序设计艺术》，以及在算法分析和编程语言设计中的贡献，获得 1974 年度图灵奖。他是该奖历史上最年轻的获奖者。此后，他歇笔 10 年，创造了三个重要的成果：字体设计系统 METAFONT、文学化编程，以及排版系统 TEX。10 年后，克努特重新开始写作。2008 年，在《计算机程序设计艺术》第 1 卷出版 40 年之后，第 4 卷《组合算法》终于面世了。

1969 年
普利高津建立耗散结构理论

由于经典热力学理论在解释不可逆反应过程中表现出的局限性，1930 年代前后兴起了不可逆过程热力学的研究。挪威—美国物理学家和化学家昂萨格在 1929—1931 年间把热力学理论推广应用于不可逆过程，发现了一些新的规律和特点，提出了关于电压和热量之间相互关系的公式、动力学系数倒易关系、涨落耗散定理等，以此说明各种不可逆过程较可逆过程具有更为复杂的热现象。1931 年，昂萨格阐明了著名的昂萨格倒易关系。

但昂萨格所阐述的还只是平衡附近的情况。1947—1967 年，苏联—比利时物理化学家普利高津将热力学推进到远离平衡态的领域。他考察了大量不同系统在远离平衡态时的不可逆过程，概括出这些不同系统演化行为的共同特点，于 1969 年在论文《结构、耗散和生命》中正式提出了耗散结构的概念。

普利高津

普利高津认为，远离平衡的开放系统一旦某个参量达到某个阈值，该系统便有可能通过随机涨落而发生突变，由原来的无序状态转变为有序状态。这种在远离平衡的非线性区所形成的稳定而有序的宏观结构称为耗散结构。系统这种能够自行产生有序性结构的现象称为自组织现象。耗散结构产生过程中，系统的熵将减少，但这并不违背热力学第二定律。因为对于开放系统，只要从外界进入系统的“负熵”足够大，能够抵消系统自身的熵的产生，该系统的总熵就会减小，从而发生从无序向有序的转化。

普利高津的耗散结构理论为人们认识自然界中发生的许多现象，包括生命现象、宇宙和天体的形成等，开辟了一条新路。普利高津因此获得 1977 年度诺贝尔化学奖。

1969 年
美国宇航员登上月球

1950 年代末，苏联的早期月球探测居于世界领先地位。1960 年代初，美国开始实施规模庞大的月球探测计划。综观其整体部署，共由 4 大步构成，即硬着陆、软着陆、环月飞行和载人登月。

1961—1965 年发射的“徘徊者号”系列探测器旨在实现向月球表面硬着陆，并在着陆过程中拍摄月面近景。该系列的 9 个探测器中只有最后 3 个取得成功。1966—1967 年发射的“勘测者号”系列，7 个探测器中有 5 个完成了预期任务，实现了在月面软着陆，证实月球表面足以支承载人飞船的降落。1966—1968 年发射的“月球轨道环行器”系列，5 个探测器完成了绕月飞行并拍摄月面各部分照片，并为日后的载人飞船选择着陆地点。宇航员登月是由“阿波罗号”系

1969

“阿波罗 17 号”宇航员哈里森·施密特和月球车

列飞船实施的。1965 年 2 月—1969 年 5 月发射的“阿波罗 1 号”至“阿波罗 10 号”，为宇航员登月进行了种种阶段性的实验。1969 年 7 月 16 日“阿波罗 11 号”发射成功，7 月 20 日其登月舱降落在月面静海地区。美国宇航员阿姆斯特朗率先离开登月舱踏上月球表面，首次在月面上留下人类的足迹。此后 3 年中又有 5 艘“阿波罗”飞船奔月成功。整个阿波罗计划前后共有 6 批 12 名宇航员登上月球，在月面开展多种科学实验，并带回 381 千克月岩和月面土壤样品，供科学家们进行深入的研究。

IMP兄弟

1969 年 ARPANet诞生

1960 年代初，美国国防部高级研究计划署(ARPA)开始进行计算机联网的研究开发工作。来自麻省理工学院的美国计算机科学家劳伦斯·罗伯茨成功地将 3 台计算机连接起来，组成了实验网。实验网中的 3 台计算机是通过低速拨号电话线连通的，效率很低。

罗伯茨注意到当时新发展起来的“包交换”技术，并于 1967 年提出利用包交换技术建造 ARPANet 的初步设想。ARPANet 主要基于这样的指导思想：网络必须经受得住故障的考验并维持正常工作，一旦发生战争，当网络的某一部分因遭受攻击而失去工作能力时，网络的其他部分应能维持正常的通信工作。

首批联网的只有 4 个结点，即加州大学洛杉矶分校、加州大学圣巴巴拉分校、斯坦福研究院和犹他大学的 4 台大型计算机。选择这 4 个结点的因素之一是考虑到不同类型主机联网的兼容性。1969 年 9 月，联网工作紧张展开，至 12 月，4 个结点的计算机网络正式连通。

对 ARPANet 发展具有重要意义的是，它利用了无限分组交换网与卫星通信网，通过专门的接口信号处理机(IMP)和专门的通信线路，把几个不同地点的电脑主机连接起来。ARPANet 创始人团队因此被称为“IMP 兄弟”(IMP guys)。ARPANet 采用了包交换机制传输信息，较好地解决了异种机网络互联的一系列理论和技术问题。

1970 年，ARPANet 基本完成，开始向非军用部门开放，许多大学和商业部门开始接入。1972 年，ARPANet 开始走向世界，因特网革命拉开了序幕，计算机通信的发展进入了一个崭新的纪元。

1969 年
汤普森和里奇开发 UNIX 操作系统

美国计算机科学家肯·汤普森 1966 年毕业后加盟贝尔实验室，后与 1967 年进入贝尔实验室的美国计算机科学家里奇一起被派去麻省理工学院，参与开发第二代分时系统 MULTICS。因开发费用太大，贝尔实验室后来退出了该项目。

返回贝尔实验室后，汤普森和里奇决心以他们学到的多用户、多任务技术改造实验室落后的计算机环境，以提高程序员的效率和设备的效率，便于人机交互。1969 年，他们开始开发 UNIX 操作系统，1971 年底基本成型。1975 年，第六版 UNIX 开始走出贝尔实验室。

由于 UNIX 具有技术成熟、结构简练、可靠性高、可移植性好、可操作性强、网络和数据库功能强、伸缩性突出和开放性好等特点，可满足各行各业的实际需要，特别能满足企业重要业务的需要，很快成为主要的工作站平台和重要的企业操作平台。它主要安装在巨型计算机、大型计算机上作为网络操作系统使用，也可用于个人计算机和嵌入式系统。

UNIX 操作系统设计理念先进，当前许多流行的技术和方法如微内核技术、进程通信方法、TCP/IP 协议、客户机/服务器模式等，都源自 UNIX。UNIX 几乎对其后的所有操作系统都产生了影响，且因为其安全可靠、高效强大的特点，在服务器领域得到了广泛的应用。

1969 年
霍尔逻辑提出

1969 年 10 月，牛津大学的英国计算机科学家查尔斯·安东尼·霍尔在《美国计算机协会通讯》上，发表了具有里程碑意义的论文《计算机程序设计的公理基础》。在这篇论文中，霍尔提出了霍尔逻辑，即程序设计语言的公理化定义方法，为使用严格的数理逻辑推理计算机程序的正确性提供了一组逻辑规则。这是继 1963 年美国计算机科学家麦卡锡提出用递归函数定义程序，以及 1967 年美国计算机科学家罗伯特·弗洛伊德提出用流程图描述程序逻辑之后，程序逻辑研究中所取得的又一个重大技术进展。

1970 年代后期，霍尔深入研究并实现了面向分布式系统的程序设计语言 CSP，后来成为著名的并行处理语言 OCCAM 的基础。1980 年代中期，霍尔又与同事合作提出“CSP 理论”，开创了用代数方法研究通信并发系统的先河，形成了“进程代数”这一新的研究领域。1995 年，他还和中国计算机科学家何积丰教授合作，提出了统一程序设计理论。

霍尔由于程序设计语言的定义与设计，包括霍尔逻辑、快速排序算法和 CSP 等贡献，获得 1980 年度图灵奖。

1970 年
马季亚谢维奇解决希尔伯特第十问题

1900年，德国数学家希尔伯特在巴黎国际数学家大会上提出了 23 个重要数学问题，其中第十问题为“丢番图方程可解性的判别”，即给定一个系数均为整数、包含任意个未知数的丢番图方程，设计一个算法，要求通过有限次的计算，能够判定该方程在有理数范围内是否可解。

1950 年，美国数学家马丁·戴维斯在其博士论文中添加了一个章节，叙述了自己在希尔伯特第十问题上的研究结果，3 年后他又发表了一篇更详细的论述。戴维斯在其研究中引进了一个重要概念：丢番图集。如果希尔伯特第十问题有肯定的答案，那么可以用所设计的算法来确定一个自然数是否属于某个丢番图集。如果可以证明某些丢番图集是不可判定的，那么希尔伯特第十问题有否定的答案。1961 年，戴维斯与美国哲学家普特南、数学家朱莉娅·鲁宾逊一起发表了一个新结果，其中用到"指数丢番图集"。朱莉娅·鲁宾逊猜测"指数丢番图集"实际上就是丢番图集，这被称为鲁宾逊猜想。如果这个猜想成立，那么希尔伯特第十问题有否定答案。

1965 年，苏联数学家马季亚谢维奇在念大学本科的时候开始研究起希尔伯特第十问题。他曾一度误以为已经解决了问题，结果却发现自己犯了一个错误。1969 年，朱莉娅·鲁宾逊为证明鲁宾逊猜想提出了一条巧妙的思路。1970 年新年到来后的第四天，马季亚谢维奇顺着这条新思路成功地证明了鲁宾逊猜想，使得希尔伯特第十问题最终得到了否定的解答。

1970 年
克鲁岑提出氮氧化物破坏臭氧层

1985年，英国地理学家法曼发现在南极上空出现了臭氧层空洞，空洞的面积与美国领土面积相当。这一消息引起各界恐慌，因为臭氧层的破坏意味着地球上的生物将暴露在强紫外线的照射下，严重威胁人类的健康。

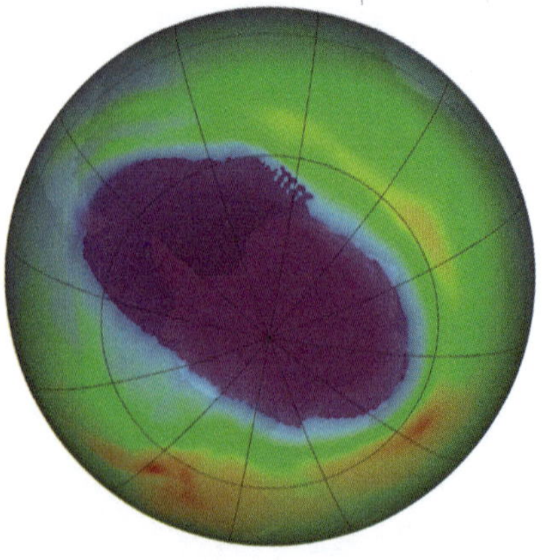

南极上空的臭氧空洞

臭氧层为什么会遭到如此严重的破坏呢？其实，早在 19 世纪六七十年代就有一些科学家对此予以关注和研究。1970 年，荷兰化学家克鲁岑发现氮氧化物可以催化臭氧转变为氧，加速大气层中臭氧量的减少。在克鲁岑的研究中，NO 或 NO_2 来源于土壤中微生物的代谢，属于自然界行为对臭氧平衡的影响。此后，美国大气化学家罗兰和墨西哥大气化学家莫利纳研究了人工合成化学物质对臭氧平衡的影响。1974 年他们发现氯原子能够像 NO 和 NO_2 一样催化破坏臭氧层，同年在《自然》杂志上发表了论文，论述人造氟氯烃对臭氧的破坏机理。

这三位科学家对影响臭氧平衡因素的研究在当时并未引起足够的重视，直到发现臭氧层空洞。他们因在臭氧浓度平衡机制方面的研究以及证明人造化学物质对地球上空臭氧层的破坏等突出的贡献，分享了 1995 年诺贝尔化学奖。

1970 年
肖万阐明烯烃复分解催化反应机理

烯烃是相对稳定的化合物，如要切断双键让其按照其他方式重新组合，则需要很高的能量。半个世纪以来，许多化学家将目光投向了寻找合适的催化剂来帮助烯烃发生复分解反应——一种碳碳双键的切断并重新结合的过程。

1950 年代，人们首次在金属化合物的催化作用下完成了烯烃的复分解反应。1970 年，法国化学家肖万就此发表论文详细地阐述了催化机理。肖万提出烯烃与金属卡宾先通过环加成形成中间体，再交换键合原子，形成新的产物分子。这一发现导致了 20 世纪 70 年代末、80 年代初烯烃复分解反应单组分均相催化剂的发展。

1990 年，美国化学家施罗克发现，可将金属钼的卡宾化合物作为烯烃复分解反应的催化剂。这一类过渡金属（如钛、钨、钼等）卡宾化合物在烯烃复分解反应中有很高的活性，但对氧和水非常敏感，对某些含有羰基和羟基的反应也不适用。1992 年，美国化学家格拉布等人发现金属钌的卡宾化合物也可以用于烯烃复分解反应，该催化剂不但对空气稳定，甚至在水、醇和酸的存在下仍可以保持催化活性。1996 年，格拉布对钌催化剂作了改进，使之具有更高的活性和稳定性，成为应用最为广泛的一种烯烃复分解反应催化剂。

这三位化学家的工作，使有机化学中最重要也是最有用的反应之一烯烃复分解反应的进行变得更加简单快捷，从而使烯烃复分解反应能广泛地应用于化学工业、制药业等重要产业，他们也因此分享了 2005 年诺贝尔化学奖。

美国国家航空航天博物馆按原样重建的“自由号”X 射线卫星

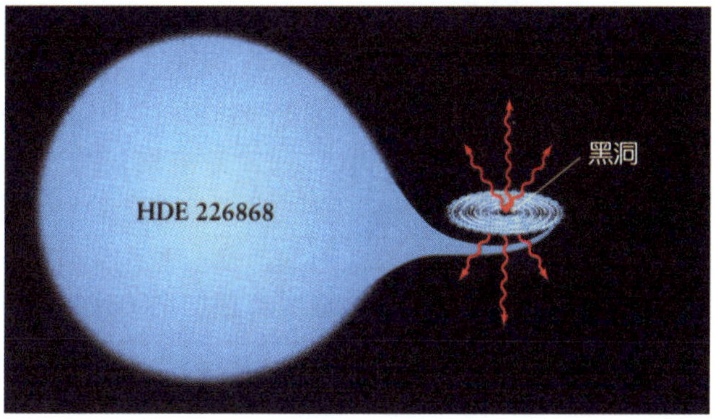

天鹅座 X-1 双星系统中的不可见伴星很可能是人类发现的首例恒星级黑洞

1970 年
X射线卫星“自由号”升空

1970 年以前，X 射线天文观测都由探空火箭实施，得到的图像相当模糊。1970 年 12 月 12 日，美国发射了第一颗专门用于 X 射线天文学的卫星。因发射那天恰逢肯尼亚独立纪念日，故卫星被命名为 Uhuru——斯瓦希里语意为“自由”，汉语译为“自由号”。该卫星首次完成 0.06—0.57 纳米波段 X 射线的系统巡天，揭示了 X 射线源包含范围广泛的极热天体——X 射线双星、超新星遗迹、年轻的射电脉冲星、活动星系核和星系团中的星系际气体等，并汇编成“自由号 X 射线源表”。这标志着 X 射线天文学发展到一个新阶段。

1971 年 1 月，“自由号”观测到半人马座 X-3 发射周期约 5 秒的规则脉冲。5 月，根据脉冲周期的变化，发现该 X 射线源是一个双星系统的成员，它被双星系统的主星——一颗大质量的蓝星周期性地遮掩。不久，又发现另一个类似的源武仙座 X-1，脉冲周期为 1.24 秒，轨道周期为 1.7 天。人们用纯天体力学方法估计了 7 个双星 X 射线源的质量，结果都在 1.2—1.4 倍太阳质量之间，与理论预言的中子星质量上限一致。另一方面，天鹅座 X-1 显示出时标短至 100 毫秒的随机性变化，意味着源区必然非常致密。后来查明其光学对应体是一颗名叫 HDE226868 的蓝超巨星，它是一颗周期 5.6 天的双星系统的主星，质量可能为太阳质量的 20 倍。其不可见伴星的质量为 10 倍太阳质量，超过稳定中子星的质量上限，很可能是人类发现的第一例恒星级黑洞。

1970 年
深海钻探在地中海发现五六百万年前的蒸发岩

1970 年 8 月 13 日，“格洛玛·挑战者号”深海钻探船驶离葡萄牙首都里斯本，开始深海钻探计划（DSDP）第 13 航次的调查工作。DSDP 第 13 航次的调查任务，是利用深海钻探获取海底岩心来探查地中海的地质成因与演化。项目主持人由中国—瑞士地质学家许靖华和年轻的美国海洋地质学家雷恩共同担任。

DSDP 第 13 航次在海上工作了 54 天，航行 4646 海里，在 15 个站位钻孔 28 口，海底钻进深度为 1423.5 米，获得总长度为 640.3 米的岩心样品。从这些取自数千米水深下的岩心样品中，许靖华等人意外地发现，在地中海海底岩层中存在中

许靖华

新世晚期浅水蒸发岩与深海沉积物相间成层的现象。这些蒸发岩包括石膏、硬石膏和岩盐等,其分布模式与现代萨布哈沉积非常类似,反映出它们是在干旱的蒸发条件下形成的。岩心中深海沉积物的存在则表明,地史时期的地中海曾是一个深海盆地。蒸发岩与深海沉积物相伴存在,构成一对矛盾。

许靖华等人通过进一步的生物地层学分析和盐类矿物鉴定,创造性地提出了地中海海底蒸发岩的干化深盆地成因模式,即:在1500万年前,中东造山运动切断了地中海与印度洋之间的联系,地中海成为仅与大西洋连通的内陆海;到距今600万—500万年前的中新世晚期,由于板块拼合和海平面下降,连通地中海和大西洋的直布罗陀海峡关闭,导致来自大西洋的海水补给被切断;此后,受夏季副热带高压的控制,处于与大洋隔绝状态的地中海盆地区高温少雨,缺少径流补给,海水蒸发旺盛,导致地中海快速干涸,在其海底逐渐形成厚层的蒸发岩层;上新世早期(约500万年前),海平面上升使大西洋海水重新越过直布罗陀海峡涌入地中海,将盆地里的蒸发岩层覆盖在海底。这个假说丰富了蒸发岩的成因理论,在研究方法上开拓了沉积地质学的研究思路,被海洋地质学界誉为"革命性的创见"。

1970 年
巴尔的摩和特明分别发现逆转录酶

DNA双螺旋结构的发现者之一、英国分子生物学家克里克在1957年提出了分子生物学中著名的"中心法则",即遗传信息沿着DNA→RNA→蛋白质的方向流动,在细胞内先以DNA为模板合成mRNA(转录),然后再以mRNA为模板合成蛋白质(翻译)。在提出"中心法则"的时候,人们认为遗传信息的传递是单向的,并且是不可逆的,直到发现逆转录酶,人们才对中心法则有了新的认识。

逆转录酶又称为RNA指导的DNA聚合酶,它能够以RNA分子为模板,合成DNA分子。1909年,美国分子生物学家佩顿·劳斯发现鸡肉瘤病毒(一种RNA病毒)可诱发肿瘤,后来此类病毒被命名为劳氏肉瘤病毒。1960年代初,意大利—美国病毒学家杜尔贝科发现,致癌病毒会把自身的基因片段整合到宿主细胞的基因中,从而使宿主细胞转变为癌细胞。美国分子生物学家巴尔的摩和特明都是杜尔贝科的学生。1970年,两人在研究鸟类的劳氏肉瘤病毒时,独立地发现了这种逆转录酶。RNA病毒在感染宿主细胞之后,其自身所携带的逆转录酶首先以自身的RNA为模板,催化合成互补的DNA分子单链;之后再以单链DNA为模板,合成双链DNA;合成的双链DNA在另一种酶的作用下插入宿主的染色体DNA中潜伏起来,当遇到合适的条件时便会被激活,转录和翻译出病毒的RNA和蛋白质分子,组装成新的病毒分子。而整合了病毒DNA的细胞有可能转化为癌细胞。

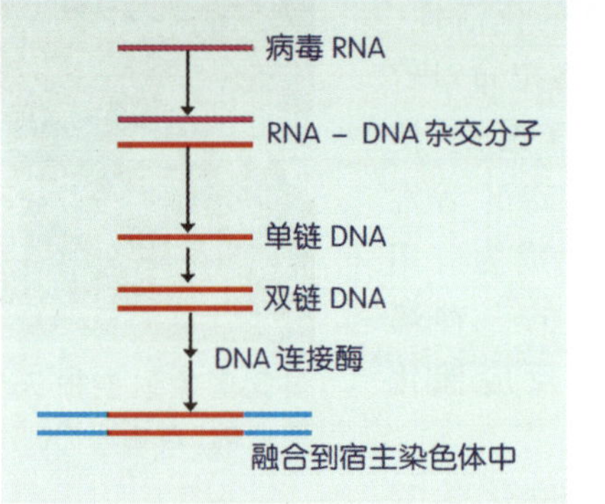

致癌RNA病毒使宿主细胞转化的示意图

由于在这个过程中,遗传信息的流向是从RNA到DNA,与传统的转录过程正好相反,因此被称为逆转录。逆转录过程的发现是对传统中心法则的重要修正和补充。含有逆转录酶的病毒被称为逆转录病毒。目前在动物中已经发现了多种逆转录病毒,人们熟知的艾滋病病毒(HIV)便是一种逆转录病毒。对于逆转录酶的研究可能会使我们找到治疗包括癌症、艾滋病在内的多种疾病的方法,而逆转录酶本身也已经被广泛应用于基因工程研究中。巴尔的摩、特明和杜尔贝科共同获得 1975 年度诺贝尔生理学医学奖。

1970 年
斯佩里提出大脑左右半球分工理论

人的大脑有两个半球,两半球之间由胼胝体连接,构成一个完整的统一体。正常情况下,大脑作为一个整体工作,来自外界的信息经胼胝体传递,左右两个半球的信息可在瞬间进行交流。人体的所有活动都是两个半球信息交换和综合的结果。

美国神经生物学家斯佩里从 1952 年开始用猫和猴做了大量的割裂脑实验。所谓割裂脑实验就是将大脑左右两个半球之间的胼胝体割断,外界信息传至大脑半球皮层的某一部分后,不能同时又将此信息通过横向胼胝体纤维传至对侧皮层相对应的部分,每个半球各自独立活动,彼此无法知道对侧半球的活动情况。1961 年起,斯佩里开始研究“裂脑人”(如因患癫痫而不得不切断胼胝体以控制病情的患者)。1970 年,他根据两类实验发现,大脑左右半球存在机能上的分工:左半球主要负责逻辑、记忆、语言、判断、分析、五感(视觉、听觉、嗅觉、触觉、味觉)等,思维方式具有连续性和分析性,因此可称作“意识脑”、“学术脑”和“语言脑”;右半球则主要负责空间记忆、情感、美术、音乐、想象等,思维方式具有无序性和跳跃性,可称作“本能脑”、“创造脑”和“艺术脑”。对正常人来说,大脑两个半球始终作为一个整体在工作。斯佩里的研究成果是人类脑科学研究历程中的重大里程碑。1981 年,斯佩里因提出左右脑分工理论而荣获诺贝尔生理学医学奖。

1970 年
Intel公司推出 DRAM 芯片

在计算机的组成结构中,一个很重要的部分就是存储器。存储器分为内存与外存,其中内存用于暂时存放程序和数据,一旦关闭电源,存放的内容就会丢失。

Intel 1103 芯片

当读取或写入指令顺次访问存储设备(如磁带)中的信息时,所需要的时间会与存储单元的位置有关。而随机存储器(RAM)存储单元的内容可按需随意取出或存入,且存取的速度与存储单元的位置无关。在现代所有的存储设备中,RAM 的读写速度是最快的。按照存储信息的不同,RAM 分为 SRAM(静态随机存储器)和 DRAM(动态随机存储器)。

1969 年,Intel 公司推出 SRAM 芯片 1101。1970 年,Intel 公司推出第一块 DRAM 芯片 1103,容量为 1KB。1103 成了能取代磁芯存储器的首个半导体器件。由于它体积小、价格便宜、能进行批量生产,被许多计算机公司大量采购。

1970 年
科德提出关系模型

1970 年,IBM 高级研究员、英国计算机科学家科德在《美国计算机协会通讯》上发表了一篇名为《用于大型共享数据库的关系数据模型》的论文,首次提出了数据库系统的关系模型。这篇论文被普遍认为是数据库系统历史上具有划时代意义的里程碑。

关系模型就是用二维表的形式表示实体和实体间联系的数据模型。关系模型有严格的数学基础,抽象级别比较高,而且简单清晰,便于理解和使用。但是当时也有人认为,关系模型是理想化的数据模型,用来实现数据库管理系统是不现实的,尤其担心关系数据库的性能难以接受;更有人视其为当时正在进行中的网状数据库规范化工作的严重威胁。

为了促进人们对问题的理解,1974 年

美国计算机协会牵头组织了一次研讨会,会上开展了一场分别以科德和开发出世界上第一个网状数据库管理系统的美国计算机科学家巴赫曼为首的支持和反对关系数据库的辩论。这次著名的辩论推动了关系数据库的发展,使其最终成为现代数据库产品的主流。

后来科德又陆续发表多篇文章,奠定了关系数据库的基础。1976 年,科德发表论文《R 系统:数据库关系理论》,介绍了关系数据库理论和查询语言 SQL。科德还论述了范式理论和衡量关系系统的 12 条标准, 用数学理论奠定了关系数据库的基础。由于关系模型简单明了、具有坚实的数学理论基础,受到了学术界和产业界的高度重视和广泛响应。1980 年代以来,计算机厂商推出的数据库管理系统几乎都支持关系模型。被誉为“关系数据库之父”的科德,由于在数据库管理系统的理论和实践方面的杰出贡献,获得 1981 年图灵奖。

1970 年
霍普克洛夫特和陶尔扬提出深度优先搜索算法

1970 年, 康乃尔大学机器人实验室主任、美国计算机科学家霍普克洛夫特回到母校斯坦福大学,与美国计算机科学家陶尔扬一起进行算法研究。他们选择了图论中与实际应用有很大关系的图的连通性和平面性问题进行攻关。寻找高效的平面图测试算法,是摆在当时计算机科学家面前的一大难题。在解决这个难题的过程中,霍普克洛夫特提出了一种新思路,经过陶尔扬的推敲和完善,一种适于解这类问题的新算法终于诞生了,这就是著名的“深度优先搜索算法”。

深度优先搜索属于图算法的一种。其过程简要来说就是对每一个可能的分支路径深入到不能再深入为止,而且每个节点只能访问一次。其算法遍历规则是:

1. 如果有可能,访问一个邻接的未访问节点,标记它,并把它放入栈中;

2. 当不能执行规则 1 时,如果栈不为空,则从栈中弹出一个元素;

3. 如果不能执行规则 1 和规则 2,则完成遍历。

取得辉煌成功之后,霍普克洛夫特和陶尔扬继续致力开发效率更高的算法,在数据结构和算法方面取得了一系列创造性成果。他们由于在算法和数据结构的设计与分析方面的众多创造性贡献, 获得 1986 年图灵奖。

1970 年代
太阳系行星空间探测进入高潮

1960 年代, 美国和苏联在探测月球取得重大成就之际,已开始将目标瞄准行星世界。1970 年代,行星空间探测进入高潮。苏联自 1961 年起先后向金星发射了 16 个“金星号”探测器,其中 10 个在金星表面着陆。1970 年 12 月“金星 7 号”在金星上软着陆,测得金星表面温度约为 450℃, 气压为地球海平面的 90 倍。1975 年,“金星 9 号”和“金星 10 号”的着陆舱发回首批金星表面照片。美国自 1962 年到 1973 年发射了 10 个 “水手号” 探测器, 其中 3 个飞向金星,2 个成功;6 个飞向火星,4 个成功。其中,“水手 9 号”于 1971 年进入环绕火星的轨道,成功地绘制了第一幅火星全图。苏联的“火星 2 号”和“火星 3 号”接踵而至,可惜毁于一场火星尘暴。美国于 1973 年 11 月发射的“水手 10 号”是第一个成功地考察两颗行星——金星和水星的探测器。它于 1974—1975 年 3 次近距离飞越水星,发现水星像月球一样环形山密布,其向阳面温度高达 510℃,背阳面温度低到-210℃。1973 年 12 月,美国的“先驱者 10 号”飞船与木星相会,在距木星 13 万千米处拍得木星的第一张近照,发现从木星磁层伸出巨大的磁尾。1974 年 12 月,“先驱者 11 号”掠过木星,探测木星的磁场、辐射带、重力、大气结构等,并增加了对木卫的了

"旅行者 2 号"拍摄的土星环细部 分辨率约 10 千米，可以看出土星环实际上由无数细环密集组成。右下角的地球供比较尺度大小。

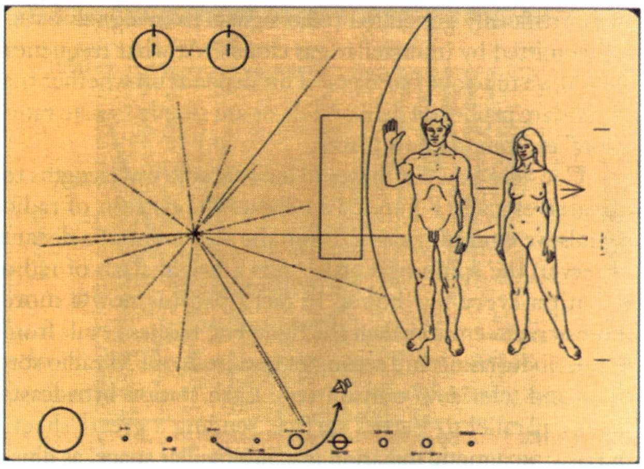

"先驱者 10 号"和"先驱者 11 号"飞船携带的金属饰板图案 下方是太阳系示意图，表明"先驱者号"来自太阳系中的第三颗行星——地球。图中画出了地球上最高等的生命——人，希望"外星人"能够懂得那位男人招手致意是表示和平与友谊。从他背后的"先驱者号"外形轮廓可知人的身高约为飞船宽度的 2/3。

解。1979 年 9 月，"先驱者 11 号"从距土星 3400 千米处掠过，首次近距拍摄到土星照片，并在土星环系中发现两个新环。1976 年，美国"海盗 1 号"和"海盗 2 号"的着陆舱在火星上软着陆，拍摄的照片非常清晰，并进行了生物检测实验。美国 1977 年发射的"旅行者 1 号"飞船于 1979 年与木星近距交会，发现了木星极光和木星环。它于 1980 年 11 月飞越土星，发回万余幅彩色照片。1977 年发射的"旅行者 2 号"于 1979 年、1981 年、1986 年、1989 年依次同木星、土星、天王星、海王星近距交会，传回了丰富的照片和资料。然后，两个"旅行者号"相继飞出太阳系，携带着载有人类信息的镀金铜质音像片，希望作为礼物送给可能遇到的"外星人"。

1970 年代
电荷耦合器件成为天文观测的主要接收器

1969 年电荷耦合器件即 CCD 的发明，对于天文学具有特殊意义。最好的照相底片的量子效率大约只有 1%，而 CCD 的量子效率一般可达约 70%。用 CCD 取代照相底片作为天文观测的主要接收器，等效于望远镜的接收面积增大了 70 倍。同照相底片相比，CCD 还具有动态范围大、响应线性、易于数字化处理等优点。美国得克萨斯仪器公司于 1976 年制成首批专用于天文学的 CCD 器件，而后 CCD 作为成像和分光的主要探测器逐渐被全世界天文台采用。

一个颇有说服力的例子是，CCD 探测器大大增加了用长缝摄谱仪取得 2 维光谱的能力。美国女天文学家薇拉·鲁宾等用非常长的狭缝拍摄星系光谱，以窄发射线的位置移动作为速度场的示踪物，用 CCD 作为接收器成功地测量了遍及整个星系的自转曲线。这项工作结合中性氢 21 厘米谱线观测，使测定旋涡星系自转曲线所达到的径向距离要比早先的光学观测大得多。由此揭示了在旋涡星系外围区域，星系物质的质光比剧烈增加，换言之，星系晕中必定存在着大量的暗

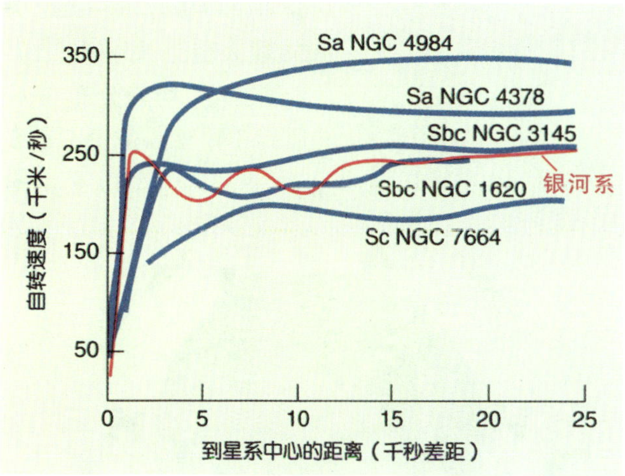

几个邻近旋涡星系的自转曲线 自转曲线表明这些星系中存在着数千亿倍太阳质量的物质。银河系的自转曲线用红色标记以供比较。

物质。对于巨旋涡星系而言,典型的探测结果是:它们所含的暗物质质量是可见物质的10倍。

1970 年代
美国建立全球定位系统

全球定位系统即 GPS 是 1970 年代由美国国防部组织研制的新一代空间卫星导航定位系统,于 1994 年全面建成。美国建立全球定位系统的主要目标,是为陆、海、空三大领域提供实时、全天候和全球性的导航服务,并用于情报收集、核爆炸监测和应急通讯等军事目的,后来则发展为军民两用定位系统。

全球定位系统由空间部分、地面监控部分和用户接收机三大部分组成。空间部分由 24 颗人造卫星组成,位于距地表 20—200 千米上空,均匀分布在 6 个轨道面上,此外还有 3 颗有源备份卫星在轨运行。这样的卫星分布使得任何时候在全球任何地方都可接收到 4 颗以上的卫星信息,从而进行精确定位。全球定位系统具有性能好、精度高、应用广的特点,是迄今最好的导航定位系统,应用领域不断开拓,已遍及社会经济的方方面面,并逐步深入人们的日常生活。

GPS卫星系统

1970 年代
生物信息学诞生

随着生物学实验研究获取数据的能力剧增，尤其是 DNA 公共数据库中的核酸序列数据量以惊人的速度增长,生物信息迅速膨胀成数据的海洋。人们亟待使用新的技术手段来解析海量生物数据,生物信息学作为一门新型交叉学科随之应运而生。

生物信息学是一门研究生物信息的采集、处理、存储、传播、分析和解释等内容的学科，其核心是研究如何通过对 DNA 序列的统计计算分析,深入理解 DNA 的序列、结构、演化及其与生物功能之间的关系,重点是基因组学、蛋白质组学等组学数据分析以及系统生物学建模等。早在 1960 年代,随着计算机科学的发展,生物学开始和计算机科学"联姻",生物信息学逐渐孕育。1965 年,美国生物医学研究基金会(NBRF)提出开展计算生物学研究。1970 年代,生物信息学诞生。1971 年,美国布鲁克海文国家实验室建立了世界上第一个蛋白质结构数据库(PDB),在这一时期出现了一系列比较核酸和蛋白质序列的分析方法。进入 1980 年代后,生物信息学迎来了快速发展时期,一些著名的生物信息服务机构和生物信息数据库相继建立,如 1980 年成立的欧洲生物信息学研究所(EBI),1982 年美国成立的国立卫生研究院全国生物技术信息中心(NCBI),世界最大的公共生物信息数据库 GenBank 也于 1982 年建立。1990 年后,人类基因组计划(HGP)正式启动,极大地促进了生物信息学的发展。

目前，生物信息学的主要研究方向包括:(1)序列比对的算法;(2)蛋白质结构比对和预测;(3)基因识别和非编码区分析;(4)分子进化和比较基因组学;(5)序列重叠群装配;(6)遗传密码的起源;(7)基于结构的药物设计;(8)生物网络的建模和仿真;

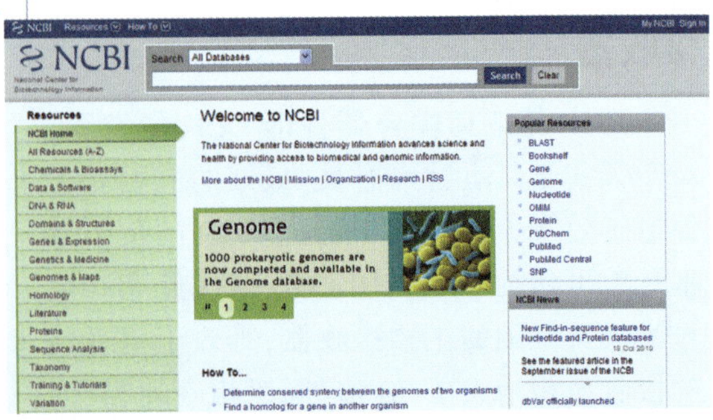

NCBI主页

(9)生物图像识别;(10)数据挖掘与数据库建立;(11)基因表达谱、各种组学数据的分析等。生物信息学中常用的数学和信息学工具包括多元统计分析、概率论与随机过程、组合数学、运筹学、群论、图论、神经网络、数据库以及数据挖掘等。生物信息学已成为基因组时代生命科学的重要组成部分和前沿领域。

1970 年代
吉尔曼和罗德贝尔发现 G 蛋白在细胞信号转导中的作用

细胞外因子与细胞膜表面的受体结合(有时是细胞核外的因子与细胞核表面的受体结合),引起细胞内发生一系列生物化学反应的过程,称为信号转导。细胞通过这种信号转导过程感受外界刺激,进而对刺激作出反应。若将来自细胞外的激素等称为第一信使,将在细胞内发挥作用的物质[如环腺苷酸(cAMP)]称为第二信使的话,那么把第一信使的信号传递给第二信使的又是什么物质呢?1970 年代,美国生物化学家吉尔曼和罗德贝尔最终锁定了 G 蛋白。

G 蛋白泛指所有能与鸟苷三磷酸(GTP)结合的蛋白质,信号传递中特指与细胞表面受体偶联的 G 蛋白。吉尔曼和罗德贝尔发现,位于细胞内细胞膜附近的 G 蛋白能在接收到外界信号后,激活 cAMP 等第二信使,实现信号从胞外向胞内的传递。G 蛋白的功能不止于接收信号,它还能“放大”信号,使细胞内部会因为外界的轻微刺激迅速进入完全的战备状态。

后来发现,G 蛋白及其信号转导途径的异常会导致多种疾病的发生。例如,霍乱弧菌产生的霍乱毒素可以改变 G 蛋白的结构,从而影响人体对水和盐吸收,最终导致严重脱水。部分内分泌疾病、肿瘤发生、代谢障碍等也与 G 蛋白的结构或信号转导异常有关。对 G 蛋白的研究有助于认识疾病机制,开发相应的治疗方法和药物。1994 年,诺贝尔生理学医学奖授予了吉尔曼和罗德贝尔,以表彰他们发现 G 蛋白在细胞信号转导中的作用。

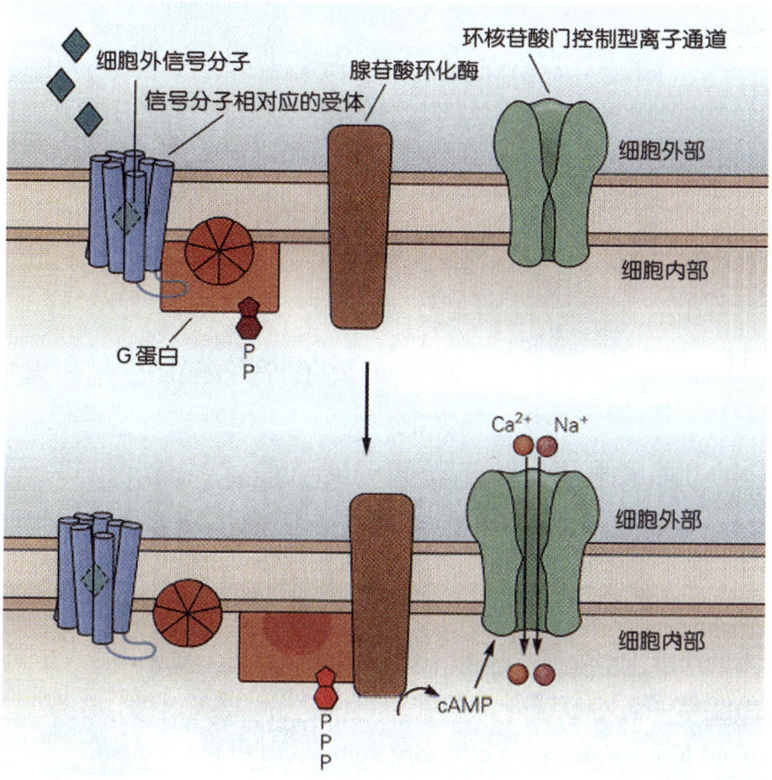

G蛋白激活 cAMP 后,离子通道打开

1970 年代
Smalltalk语言诞生

1970 年代初,施乐公司帕克研究中心以美国计算机科学家凯为首的一个软件小组,在 Flex 系统的基础上设计并实现了 Smalltalk 语言。Smalltalk 被公认为历史上第二个面向对象的编程语言和第一个真正的集成开发环境,对众多其他编程语言的产生起到了极大的推动作用。经过不断地构思、试验和改进,Smalltalk 陆续推出了若干新版本,其中最具影响的是 1981 年推出的 Smalltalk-80,但它直至 1984 年才作为产品推广。

登上《字节》杂志封面的 Smalltalk

在开发 Smalltalk 语言期间,凯还为个人计算机 Alto 开发了图形用户界面，并由此被称为“个人计算机之父”。他由于研制面向对象编程语言及开发出世界上第一个具有图形用户界面的个人计算机 Alto，获得 2003 年图灵奖。

1971 年 林登-贝尔等提出银心存在大质量黑洞

1971 年，英国天文学家林登-贝尔和马丁·里斯提出，银河系中心应该有一个大质量黑洞，该黑洞从周围气体吸积物质时，会形成一个旋转的吸积盘。落到盘上的吸积物的引力能会转化为强烈的射电和红外辐射。据此，他们预言银河系中心有一个很强的射电源或红外源。

1974 年，高分辨率的射电天文观测证实了该预言，并将其命名为人马座 A。后来又观测到该源的红外和 X 射线辐射。射电图像显示该源实际上由东西两部分组成，西边部分称为人马座 A*。高分辨率的近红外观测还发现，人马座 A* 周围有一颗年轻恒星环绕它作周期 15.56 年的轨道运动，由此可以估计其引力中心的质量约为 400 万倍太阳质量。大质量黑洞对周围物质的吸积还可能为类星体等活动星系核提供能源。1973 年，苏联天文学家沙库拉和苏尼阿耶夫发表黑洞周围吸积盘的详细模型，并提出，尽管尚未透彻理解对向外转移角动量起主要作用的黏滞性的本质和盘内的能量耗散问题，但可以确定薄吸积盘的许多性质与黏滞性无关。由吸积盘提供能源已成为最有希望的活动星系核模型之一。2005 年，中国天文学家沈志强等在 3.5 毫米波长进行的甚长基线干涉观测表明，人马座 A* 的固有尺度比日地距离还小，仅为其史瓦西半径的 13 倍。

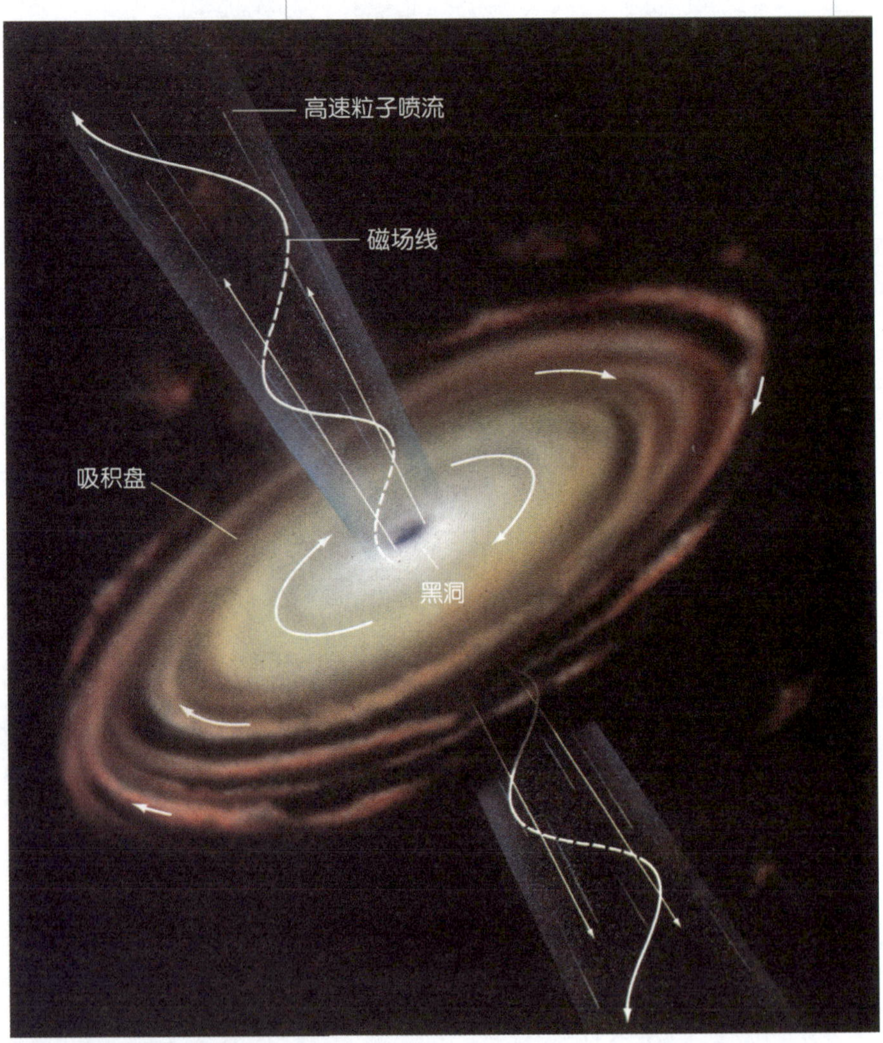

超大质量黑洞吸积周围物质是活动星系核的能量来源 当被吸积物质沿螺旋线轨迹落向黑洞时，就会变热并释放出巨大能量，同时沿垂直于吸积盘的方向抛射高速气体流，形成喷流和射电瓣。喷流将吸积盘内产生的磁场往外带到射电瓣中，对于产生观测到的辐射起着关键作用。

1971 年 生态农业提出

生态农业指主要或完全依靠生物生产的有机物来提高作物产量的耕作制度，源于传统的有机农业。20 世纪以前，世界各国都以传统的有机农业为主，产量一般都很低。进入 20 世纪以后，随着石油、化工、机电工业兴起所出现的无机农业（又称石油农业），由于大量使用化肥、农药、除草剂及机电动力，农业产量空前提高，在世界各国逐渐取代了传统的有机农业而占据农业的主导地位。但是,使用化肥、农药过量或不当,有可能造成土壤、大气、水源、食品的污染,生态环境的恶化。因此,一些学者主张不用化学农药和化肥,强调农业应以保护自然生态环境为中心。1971年,美国土壤学家阿尔布雷克特首先提出“生态农业”概念。从此,生态农业由于其具有的优势而为世界各国所关注。

生态农业的特点是利用半数以上的耕地种植多年生牧草、养牛,实行农作物轮作,种植豆科作物,利用牲畜粪肥和含有矿物质的岩石,采用生物防治等方法来保持土壤特性、提高土壤肥力,完全不用或基本不用化肥、农药等。它在有效利用农业资源、保持水土、减少污染、提高土壤肥力等方面有较好效果。但由于生态农业主要依靠生物本身的物质循环和能量转换进行生产,转化效率较低,所以农作物产量并不高。如果没有大量土地或其他措施为农田提供有机肥料,很难提高农产品产量。

[4]

带黑洞的星系

1971 年
Intel公司推出微处理器芯片

发明微处理器芯片体系结构的美国计算机科学家霍夫是硅谷有名的天才之一。1969 年 8 月,霍夫提出了一个新的计算机设计方案:整个计算机由 4 个芯片组成,一个是中央处理器 CPU,一个是存储指令的只读存储器 ROM,一个是存储数据的动态随机存储器 RAM,最后一个是比较简单的移位寄存器,主要用作输入输出。

1971 年 11 月 15 日,Intel 公司正式宣布,根据霍夫的方案设计与生产的 4004 微处理器芯片问世。这块微处理器上包含了 2300 个晶体管,每秒可执行 6 万条指令。微处理器的发明,从根本上为计算机的微型化和个人计算机的诞生奠定了基础。

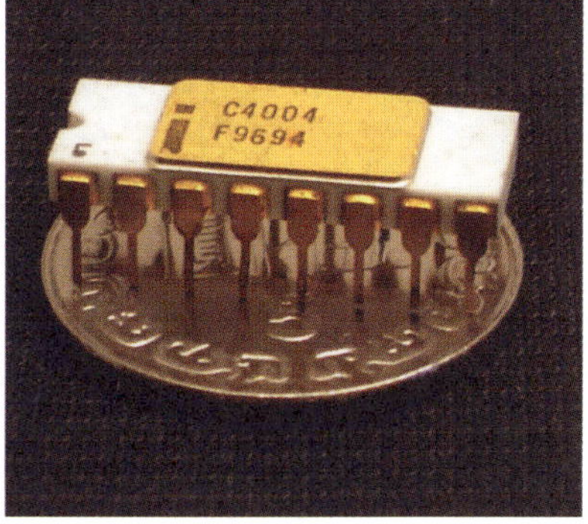

Intel 4004 芯片

1971 年
汤姆林森开发出电子邮件

1971 年,美国国防部资助的 ARPANet 研究正在如火如荼地进行中,一个非常尖锐的问题出现了:参加此项目的科学家们在不同的地方做着不同的工作,但是不能很好地分享各自的研究成果。原因很简单,因为大

电子邮件

家使用的是不同的计算机，每个人的工作对别人来说都无法读取。他们迫切需要一种能够借助网络在不同计算机之间传送数据的方法。

为 ARPANet 工作的麻省理工学院计算机科学家雷蒙德·汤姆林森博士，把一个可以在不同电脑网络之间进行拷贝的软件和一个仅用于单机的通信软件进行了功能合并，命名为 SNDMSG（传递信息）。作为测试，他使用这个软件在 ARPANet 上发送了第一封电子邮件，收件人是另外一台电脑上的自己。尽管这封邮件的内容连汤姆林森本人也记不起来了，但那一刻仍然具备了十足的历史意义：电子邮件诞生了。汤姆林森选择“@”符号作为用户名与地址的间隔，因为这个符号比较生僻，不会出现在任何一个人的名字当中，而且这个符号的读音也有着“在”的含义。

ARPANet 的科学家们以极大的热情欢迎这个石破天惊般的创新。从此以后，他们天才的想法及研究成果能够以最快的、快得难以觉察的速度来与同事共享了。他们中的许多人回想起来，都觉得在 ARPANet 所获得的巨大成功当中，电子邮件功不可没。

1971 年
库克提出 NP 完全性问题

1971 年 5 月，美国数学家斯蒂芬·库克在美国计算机协会于俄亥俄州举行的第三届计算理论研讨会上发表了著名的论文《定理证明过程的复杂性》。在这篇论文中，库克首次明确提出了 NP 完全性问题，并奠定了 NP 完全性理论的基础。

在采用图灵于 1930 年代提出的理想化计算模型即图灵机作为标准计算工具的情况下，可以非形式化地定义三类计算问题：P 类问题、NP 类问题和 NP 完全类问题。P 类问题是由确定型图灵机在多项式时间内可解的一切判定问题。NP 类问题是由非确定型图灵机在多项式时间内可计算的判定问题。由于“P=NP?”问题难以解决，库克就另辟蹊径，从 NP 类的问题中分出复杂性最高的一个子类，把它叫做 NP 完全类。库克证明，任取 NP 类中的一个问题，再任取 NP 完全类中的一个问题，则一定存在一个确定性图灵机上的具有多项式时间复杂性的算法，可以把前者转变成后者。这就表明，只要能证明 NP 完全类中有一个问题是属于 P 类的，也就证明了 NP 类中的所有问题都是 P 类的，即证明了 P =NP。库克的这一研究成果为研究“P = NP?”的科学家们指明了一条捷径和一个方向，他们不必再像大海捞针似地去盲目探索了。库克由于计算复杂性理论方面的贡献，尤其是在奠定 NP 完全性理论基础上的突出贡献，获得 1982 年图灵奖。

1971—1975 年
法国和美国联合调查大西洋中脊

为了进一步验证和发展海底扩张学说，直接考察大西洋中脊中央裂谷的地质现象，对正在形成新洋壳的分离型板块边界进行直接观测，1971—1975 年，法国和美国联合实施了“法美大洋中部海底研究计划”，简称 FAMOUS 计划，由美国伍兹霍尔海洋研究所的地球物理学家海茨勒任首席科学家。调查工作调用了法国“西安纳号”、“阿基米德号”

水下工作的“阿尔文号”载人深潜器

和美国的“阿尔文号”3 艘深潜器，以及若干水面调查船、后勤补给船。调查区选在大西洋亚速尔群岛西南部北纬 36°30′—37°附近的大洋裂谷带，该裂谷带具有典型的大洋裂谷特征并且与转换断层交切，水深在 3000 米左右。

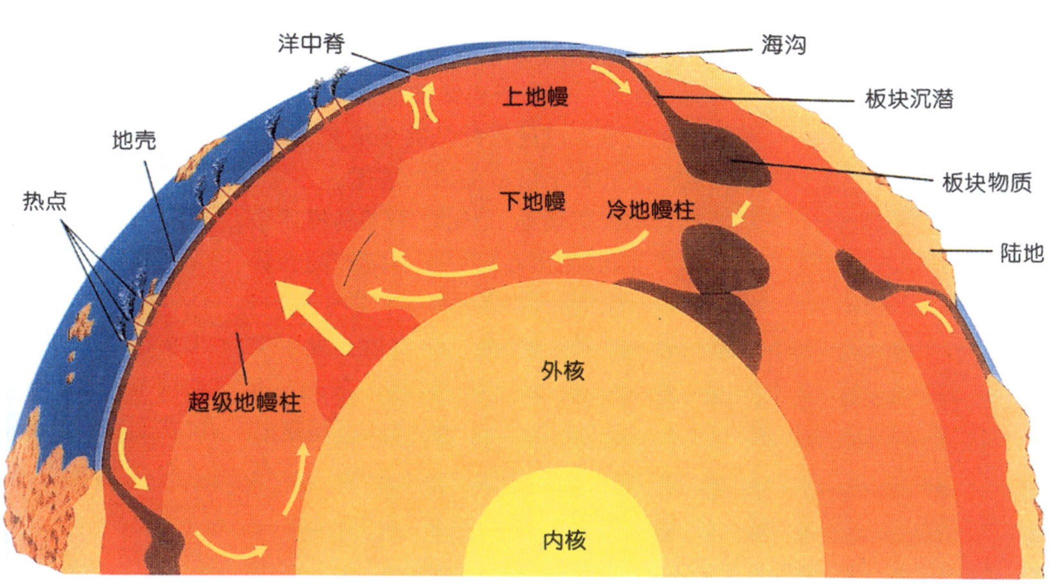

国际地球动力学计划主要为验证和完善板块构造理论

在正式开展深潜调查前，调查队对工作海域进行了详细的海底地形测绘和地震、重力、磁力勘探，以及底质采样和摄影观测等。随后，在 1973 年 8 月 2 日至 1974 年 9 月 3 日间，调查队先后完成 51 次深潜调查，累计水下工作时间 228 小时，在洋底潜航 91 千米，并在 167 处采样点采集了重约 2 吨的岩石样品，拍摄了 27000 张照片及大量的录像资料。FAMOUS 计划在洋中脊裂谷带发现了大量新鲜的熔岩、年轻的火山丘、平行裂谷延伸的正断层，以及开口的张性裂隙、岩墙露头等；查明了大洋裂谷和转换断层的详细地质特征；采集了深海热液矿床标本。FAMOUS 计划成功地实现了人类第一次搭载深潜器进入洋中脊中央裂谷带进行实地考察，在海洋地质调查史上开创了新的研究途径。这次调查在洋中脊裂谷带发现了大量的新生洋壳岩石和构造地质现象，为海底扩张学说提供了直接证据。

1971—1979 年
国际地球动力学计划实施

国际地球动力学计划以板块构造学说为指导，以验证并完善板块构造学说为工作目标。该计划从 1971 年开始到 1979 年结束，包括 10 个工作模块：西太平洋—印度尼西亚地区的地球动力学；东太平洋、加勒比和斯科舍岛弧的地球动力学；阿尔卑斯—喜马拉雅地区西部的地球动力学；大陆和海洋裂谷带的地球动力学；地球内部的性质和过程；阿尔卑斯—喜马拉雅地区东部的地球动力学；板块内部的地球动力学；大洋和大陆构造之间的联系；构造运动、变质作用和岩浆过程的历史及其相互作用；全球资料的综合与复原古构造。

通过这次研究，对海洋底部转换断层、俯冲带以及板块边缘的构造取得了较全面的认识，并开始研究大陆内部构造和动力学问题；对地球内部的物质组成、分布、结构和地幔的对流过程，也有了更深入的了解。

1972 年
托姆创立突变理论

1963年，法国数学家托姆开始了可微流形的结构稳定性研究。为了解释胚胎学中的成胚过程，1972 年托姆出版了《结构稳定性与形态发生学》一书，这标志着突变理论的创立。在该论著中，托姆系统地阐述了突变理论的基本思想：一种自然现象或一个技术过程，在发展变化过程中常常会从一个状态跳跃式地变换到另一种状态，或者说经过一段时间缓慢连续的变化之后，在一定的外界条件下，会发生一种不连续的变化，这种不连续变化的现象或过程就是突变现象，它可以借助一定的数学模型来加以描述。

托姆的突变理论，是用数学工具描述系统状态的飞跃，给出系统处于稳定态的参数区域，参数变化时，系统状态也随着变化，当参数通过某些特定位置时，状态就会发生突变。托姆指出：系统从一种稳定状态进入不稳定状态，随参数的再变化，又使不稳定状态进入另一种稳定状态，于是，系统状态就在这一刹那间发生了突变。

突变理论的出现引起各方面的重视，被称为“牛顿和莱布尼茨发明微积分 300 年以来数学上最大的革命”。如今，突变理论已被列为系统科学的“新三论”之一（另两个是耗散结构论、协同论），得到了广泛肯定。

1972 年
发现 ^3He 的超流动性

^3He 和 ^4He 是氦的两种同位素。^3He 是费米子，^4He 是玻色子。1937 年，苏联—美国物理学家卡皮查发现了 ^4He 的超流动性。

1972 年，美国物理学家戴维·李和他的研究生奥谢罗夫以及高级研究员理查森，在 2×10^{-3} 开的低温下发现了作为费米液体的 ^3He 的超流动性。他们发现在该温度下，^3He 有两个新的相，分别称为 ^3He A 相和 ^3He B 相，均为超流相。它们的相变温度分别为 $T_A = 0.0026$ 开和 $T_B = 0.002$ 开，温度在 T_A 以上是正常的费米液体，温度在 T_A 与 T_B 之间是超流态 ^3He A 相，温度在 T_B 以下则是超流态 ^3He B 相。后来还发现了液态 ^3He 的第三种超流相，不过这种超流相只有在磁场中才会出现。^3He 超流体的发现对凝聚态物理的研究起到了推动作用。为此，戴维·李、奥谢罗夫和理查森共同获得了 1996 年度诺贝尔物理学奖。

1972 年
洛夫洛克提出盖娅假说

1972年，英国大气化学家洛夫洛克提出盖娅假说。他认为，地球系统犹如一个有机体，能够进行自我调节，地球表面的温度和化学组成是受地球这个行星的生命总体主动调节的。地球的大气化学成分、温度和氧化状态，会受天文的、生物的或其他因素干扰而发生变化，但生物会通过改变其生长和代谢对此作出反应，从而缓和地球表面这些变化。这一观点不同于生物适应环境变化的进化论观点。由于盖娅（Gaia）一词直译为大地女神，故盖娅假说也称大地女神假说。

洛夫洛克

1972 年
摩根提出地幔柱的概念

1972年，威廉·贾森·摩根提出地幔柱的概念，认为深部热地幔在对流运动中，存在上升的圆柱状热塑性流，即从软流圈或下地幔涌起并穿透岩石圈而成的热地幔物质柱状体，称为地幔柱。地幔柱在地表或洋底出露时，就表现为地热流值大大高于周围地区的“热点”。提出地幔柱的事实依据是：洋底有一系列呈链状分布的火山成因的海山，火山链的一端连接着现代活火山，沿此链距离活火山越远，其年龄越老。这被认为是岩石

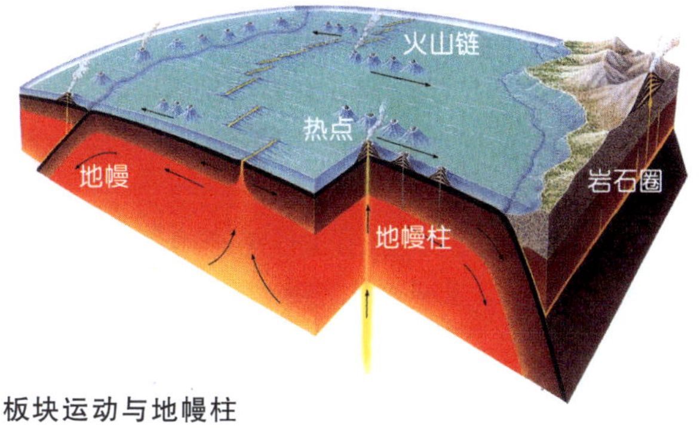

板块运动与地幔柱

圈板块运动时固定不动的地幔柱在板块表面留下的热点迁移轨迹。

1972 年
伯格实现 DNA 的体外重组

基因工程是指在体外对 DNA 分子进行切割和重组，然后使它们在适当的受体细胞中增殖的遗传操作。通过这种操作，可以让特定的基因获得表达。基因工程的诞生是 20 世纪生命科学最具影响的事件之一，而美国分子生物学家伯格由于开创了体外 DNA 分子重组技术，成为基因工程的奠基者。

1960 年代末，伯格与意大利—美国病毒学家杜尔贝科开展 SV40 病毒侵染哺乳动物的实验。SV40 病毒是一种 DNA 病毒，可使猴患肿瘤。伯格原打算用 SV40 将外源基因导入哺乳动物细胞中，但当时没有现成的哺乳动物基因，所以将外源基因导入哺乳动物细胞的设想难以实现。他认为，实现这一目标的先决条件是要设计出一种能在体外将两种不同 DNA 分子连接在一起的方法。

由于 λ 噬菌体具有在大肠杆菌中独立复制的特性，于是伯格利用 SV40 的 DNA 和 λ 噬菌体的 DNA，将两种 DNA 拼接成一个新的 DNA 分子。伯格面临的第一个问题就是如何把环状 DNA 变为线状 DNA。当时已经知道 SV40 的 DNA 上有一个 EcoR Ⅰ（一种限制性内切酶）的酶切位点。伯格利用限制性内切酶将环状的 DNA 切成线性 DNA，然后使用同一种限制性内切酶切割噬菌体的 DNA，形成相同的“黏性末端”（当一种限制性内切酶在一个特异性的序列位点切断 DNA 时，就可在切口处留下几个未配对的核苷酸片段，这些片段可以与对应的互补片段连接，就像具有黏性一样），再用连接酶将它们重新组合，这样 λ 噬菌体就会带有 SV40 的基因。1972 年，采用这种方法，伯格将不同的 DNA 分子在体外连接起来。由于担心扩增含有病毒序列的大肠杆菌具有危险性，伯格中断了进一步的实验，但他的实验已为未来的基因工程绘制了蓝图——用细菌扩增重组 DNA，再将重组 DNA 引入生物体中。随后，美国分子生物学家斯坦利·诺曼·科恩和赫伯特·博耶利用重组 DNA 技术，实现了外源基因的表达。

1980 年，伯格因其在 DNA 体外重组方面的杰出贡献，与桑格和沃尔特·吉尔伯特共同荣获诺贝尔化学奖。

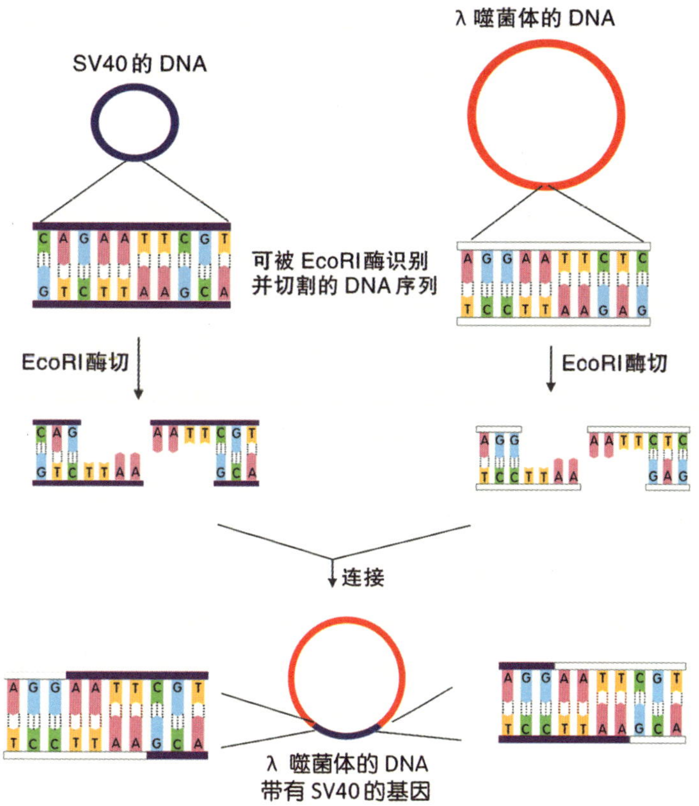

DNA的体外重组

1972 年
埃尔德雷奇和古尔德提出间断平衡理论

达尔文进化论的提出让人们不再需要依靠神创论来想象所有物种的起源,因为它提供了一种听上去非常令人信服的说法,来解释各个物种究竟是怎么来的。可是,所有物种真的如达尔文所说的那样是渐进式演化的吗?怀疑论者提出,如果真是这样,就应该能够找到每个物种进化路程上各种微小变化中间态的化石证据。但是为什么化石记录如此不完整?从一个物种到另一个物种之间的跳跃如此之大?

作为对达尔文进化论的一种补充,美国古生物学家埃尔德雷奇和古尔德于 1972 年提出了间断平衡理论,认为达尔文的渐变论并不能涵盖所有进化类型,相当多的物种形成应该是跳跃式的,即在短时间内由于地理隔离和基因突变形成新种,之后在很长的时间内物种都保持不变。所以,在同一历史时期可能存在突变种和与之对应的“母种”,他们称这种进化模式为分支进化。新物种通常会产生于被地理隔离的小群体中,因为一个很大群体内的基因交流会太过频繁,突变形成的基因无法及时固定下来。而在那些存在瓶颈效应的小群体中,具有地理隔离而且生境发生较大改变时会发生快速成种过程。

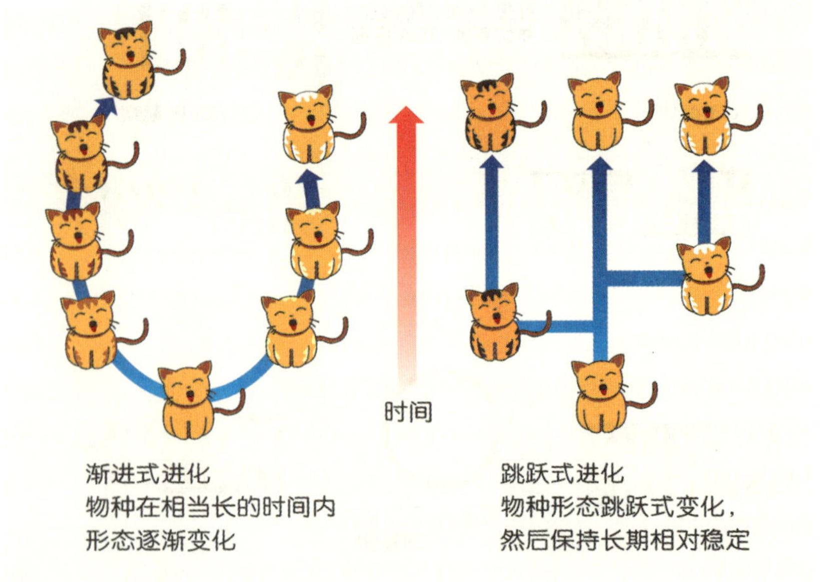

渐进式进化与跳跃式进化

间断平衡理论与渐变论的区别在于:(1)渐变论强调进化是物种在自然选择下的渐进演变过程,而间断平衡理论则认为进化是突变与渐变的结合;(2)渐变论认为种系在一段时间内的性状演变总量是渐进变异逐渐积累的总和,间断平衡理论则认为渐变造成变异并积累形成新种在总变异量中所占份额很小;(3)间断平衡理论认为形成新种的材料是个体无定向的突变,只要对适应无害,就可能闯过自然选择这一关而形成新种。

虽然间断平衡理论较好地解释了生命大爆发现象(如澄江动物群化石显示物种形成的确是跳跃式的),群体遗传学和进化发育生物学也为间断平衡理论提供了许多证据,但是这些并不能完全否定达尔文的渐变论,更不会颠覆达尔文进化论,因为达尔文进化论的公认核心是自然选择学说。

今天,生物进化学说的主流是综合进化论,认为基因突变、自然选择、生殖隔离是物种形成和生物进化的机制,而基因突变是所有遗传性变异的来源,是进化的关键。综合进化论无论是在个体的表型水平上还是在基因水平上,都重申了达尔文自然选择学说在生物进化中的主导地位,并且用现代遗传学的观点来解释生物的变异、自然选择的本质等问题。随着对生物进化问题研究的深入,更多的疑问等待着人们去解决,如物种长期不变的原因和调节机制等等。各种新理论的建立与发展也表明,进化生物学自身仍在不断演化、进步之中。

1972 年
CT装置诞生

伦琴发现 X 射线为人类带来了福音,但

是,X 射线透视在诊断肿瘤的时候，其结果却不理想,原因在于人体是立体的,照在一张平面的底片上，其影像就会互相重叠。这引起了南非—美国物理学家科马克的思考。科马克设想,如果能确定人体的 X 射线衰减系数分布，就能建立起断层或三维图像。1956 年，科马克首先研究各种物质对于 X 射线吸收量的数学公式,他开始用铝和木头制成圆柱体做实验,然后逐渐过渡到人体模型。

1963—1964 年，科马克发表了计算人体不同组织对 X 射线吸收量的数学公式,解决了计算机 X 射线断层扫描的理论问题。最后制成 CT(计算机 X 射线断层摄影术)装置的是英国工程师豪斯菲尔德,1951 年,他在法拉第·豪斯电气工程学院毕业后不久,就主持研究了英国第一台晶体管电子计算机。1969 年，豪斯菲尔德制作了一台可用于临床的断层摄影装置，并于 1971 年 9 月安装于伦敦的一家医院,首次成功地为一名妇女诊断出脑部的肿瘤。1972 年 4 月,豪斯菲尔德在英国放射学年会上公布了这一结果,正式宣告了 CT 的诞生。CT 装置可以获得一张张清晰可见的反映人体内部各个断层的图像,比一般的 X 射线照片的分辨率要高 100 倍，就是直径只有几个毫米的肿瘤也能发现。

CT 很快就得到世界的公认，这一发明使医生们能看到人体内各种内脏器官的横断面图像,因而能准确诊断许多病症,大大丰富了医用 X 射线诊断的内容。科马克和豪斯菲尔德也因此而共同荣获 1979 年度的诺贝尔生理学医学奖。

1972 年
里奇和汤普森开发 C 语言

1963 年，剑桥大学将 ALGOL 60 语言发展成为 CPL 语言,1967 年又对 CPL 语言进行简化,产生了 BCPL 语言。1970 年,贝尔实验室的美国计算机科学家肯·汤普森根据 BCPL 开发了一种“B 语言”，并用 B 语言写了第一个 UNIX 操作系统。1972 年,汤普森的同事、美国计算机科学家里奇在 B 语言的基础上最终设计出了一种新的语言——C 语言。

C语言

1973 年,里奇和汤普森合作把 UNIX 的 90%以上的程序用 C 语言改写,成为 UNIX 第 5 版。此后,C 语言又进行了多次改进，但主要还是在贝尔实验室内部使用。直到 1975 年 UNIX 第六版公布后,C 语言的突出优点才引起人们普遍注意。

为了推广 UNIX 操作系统,1977 年里奇发表了不依赖于具体机器系统的可移植的 C 语言编译程序。1978 年，贝尔实验室正式发表了 C 语言。此后,C 语言先后被移植到大、中、小、微型计算机上,并发展出了 C++ 语言。里奇和汤普森由于共同开发了 C 语言和 UNIX 操作系统,获得 1983 年图灵奖。

1972 年
PROLOG 语言推出

PROLOG 语言是一种顺序逻辑编程语言,它建立在逻辑学的理论基础之上,最初被运用于自然语言等研究领域。现在,它已被广泛应用于人工智能的研究中,可以用来建造专家系统、自然语言理解、智能知识库等。PROLOG 语言最早由马赛大学的法国计算机科学家科莫劳厄和鲁赛尔等人于 1960 年代末开始开发。1972 年秋,鲁赛尔用 ALGOL-W 语言实现了第一个 PROLOG 系统。同时,科莫劳厄等人建立了期待已久的用法语进行人机交谈的系统。1972 年以后,PROLOG 分出多种语言。

PROLOG 一直在北美和欧洲被广泛使用。日本政府曾经为了建造智能计算机而用

PROLOG来开发第五代计算机系统。在早期的机器智能研究领域，PROLOG 曾经是主要的开发工具。1986 年，美国宝蓝(Borland)公司推出编译型 PROLOG，即 Turbo PROLOG。之后，PROLOG 便很快在个人计算机上流行起来。后来，该语言又经历了 PDC PROLOG、Visu al PROLOG 等不同版本的发展。ISO PROLOG 标准则于 1995 年确定。

1972 年
卡普完善 NP 完全性理论

1968 年，美国计算机科学家卡普来到加州大学伯克利分校工作，与计算复杂性理论奠基人之一布卢姆和最早提出 NP 完全性问题的斯蒂芬·库克一起共事。

1972 年，卡普发表了他的著名论文《组合问题中的可归约性》，发展和加强了由库克提出的 NP 完全性理论。库克仅证明了命题演算的可满足性问题是 NP 完全类问题，而卡普则证明了从组合优化中引出的大多数经典问题，包括背包问题、覆盖问题、匹配问题、分区问题、路径问题、调度问题等，都是 NP 完全类问题。只要证明其中任一个问题是属于 P 类的，就可解决计算复杂性理论中最大的一个难题，即“P=NP?”。

一个问题若被确认为具有 NP 完全性，或被称为是 NP 完全类问题，即意味着该问题是 NP 类问题中“最困难”的问题。对于这种问题，寻求一个现实可计算的(即多项式时间的)算法是十分困难的，甚至这种算法可能根本不存在。历史上第一个 NP 完全类问题是可满足性问题。解决 NP 完全类问题的一种方法是采用各种手段尽可能减少搜索量，第二种方法则是处理最优化形式的 NP 完全类问题。卡普由于算法理论，尤其是 NP 完全性理论等方面的创造性贡献，获得 1985 年度图灵奖。

1972—2000 年
研制第四代电子计算机

1972—2000 年期间设计的计算机通常被称为第四代电子计算机。第四代电子计算机基于大规模集成电路及超大规模集成电路，其中大规模集成电路可以在一个芯片上容纳上万个元件，超大规模集成电路可以在一个芯片上容纳几十万个元件，这使得计算机的体积和价格不断下降，而功能和可靠性不断增强。

1970 年代中期，计算机制造商开始为普通消费者生产计算机，这时的小型计算机带有界面友好的软件包、供非专业人员使用的程序，以及最受欢迎的字处理和电子表格程序。1981 年，IBM 公司推出个人计算机 IBM PC，用于家庭、办公室和学校。1980 年代，个人计算机的竞争使得计算机价格不断下跌，拥有量不断增加，体积继续缩小。1984 年，与 IBM PC 竞争的苹果 Macintosh 系列个人计算机推出，提供了友好的图形界面，用户可以用鼠标方便地操作。

这一阶段的计算机按规模可分为巨型机、大型机、中型机、小型机、单片机、微型机和便携机，按作用又可分为工作站和服务器。微处理器的型号经过了 8088、8086、80286、80386、80486、80586、Pentium、Pentium Pro 等发展过程。软件行业更是一日千里，成为全球信息化革命最活跃的领域之一。

Pentium 微处理器

1973 年
布莱克—斯科尔斯公式发表

金融衍生市场的发展如今已成为影响全球经济的重要因素。金融衍生市场开展期货、期权、远期和互换等多类业务，并按合约买方是否具有选择权分为远期类和期权类两种。期权是指期权合约的购买者在预先约定的时间以预先约定的价格进行基础资产买卖的权利。期权的价格是一种风险价格，期权如何定价成为期权市场能否健康发展的核心问题。

通过对 1966—1969 年期权交易价格数据的分析，1973 年，美国经济学家费希尔·布莱克与加拿大—美国经济学家斯科尔斯发表论文《期权与公司债务的定价》，给出了期权定价公式，即著名的布莱克—斯科尔斯公式。该公式指出：一只股票的买入期权价格等于该股票当前价格的一个比例减去它的履约价格的一个比例。该公式与以往期权定价公式的重要差别在于，它只依赖于可观察到的或可估计出的变量，避免了对未来股票价格概率分布和投资者风险偏好的依赖，可以用标的股票和无风险资产构造的投资组合收益来复制期权的收益。在无套利情况下，复制的期权价格应等于购买投资组合的成本，期权价格仅依赖于股票价格的波动量、无风险利率、期权到期时间、执行价格、股票时价。

布莱克—斯科尔斯公式发表后迅速被许多交易商接受，许多国家甚至规定在期权交易中必须使用它。该公式已成为金融机构涉及金融新产品时必用的方法，为经济学提供了一种新的分析工具。斯科尔斯由此获得 1997 年度诺贝尔经济学奖，布莱克由于英年早逝未能获此殊荣。

1973 年
量子色动力学建立

量子色动力学是关于夸克和胶子间强相互作用的量子场理论，简称 QCD。已发现的几百种强子，如质子、中子、π 介子、J/ψ 粒子等，都是由夸克和胶子组成的。可通过与描写电磁相互作用的量子电动力学（简称 QED）的类比来简单理解量子色动力学。在 QED 中，电荷是电磁相互作用的源，带电粒子间的电磁相互作用是通过交换光子实现的。类似地，在 QCD 中，色荷是强作用的源，夸克带有色荷，带色荷的夸克间的强相互作用是通过交换胶子实现的。色是强子内部世界中的粒子（夸克和胶子）的一个最基本的属性。有 3 种色（红、黄、蓝）及其相应的反色。与传递电磁相互作用的光子本身不带电的情况不同，传递强相互作用的胶子本身带有色荷，因此胶子在传递强相互作用时还存在很强的“自相互作用”，由此导致强相互作用具有非常不同于电磁相互作用的特点。例如，两个电荷的距离越大，其间的库仑力越小；距离越小，其间的库仑力越大。但是在线度为 10^{-15} 米的强子内，两个色荷的距离越大，其间的强力越大；距离越小，其间的强力越小。这个特性称为“渐近自由，红外紧闭”。渐近自由使物理学家可利用近似计算方法分析高能散射过程的实验数据；红外紧闭则可用来解释迄今尚未观测到自由夸克的事实。

量子色动力学是由美国物理学家格罗斯、波利策和维尔切克于 1973 年首先提出的，他们三人因此分享了 2004 年度诺贝尔物理学奖。

1973 年
美国宣布发现宇宙 γ 射线暴

γ 射线是波长短于 0.001 纳米的电磁辐射。来自天体的 γ 射线因被地球大气严重吸收，故只能利用卫星、火箭、高空气球等进行探测。1962 年美国发射的环月探测器“徘徊者 3 号”和“徘徊者 5 号”发现存在宇宙 γ 射线背景辐射，后为“轨道太阳观测站 3 号”（OSO-3）、“阿波罗 15 号”、“小型天文卫星-

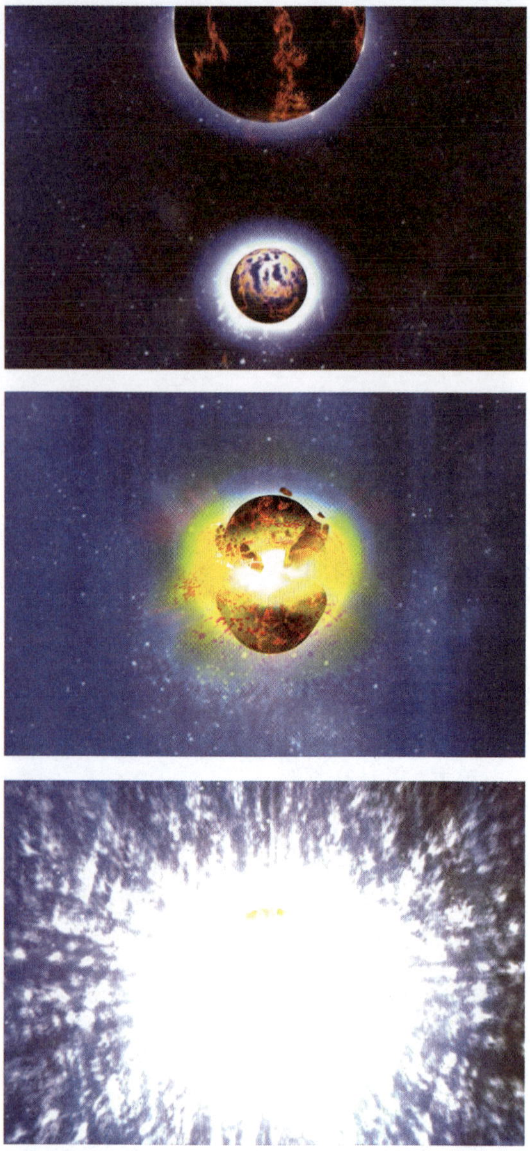

两颗中子星互相碰撞，以产生一个持续时间很短的 γ 射线暴告终

B”(SAS-B) 等探测证实。1967 年 OSO-3 探测到来自银盘的能量高于 50 兆电子伏的 γ 射线辐射，在银心处最强，后又为 SAS-B、“轨道地球物理台 5 号”(OGO-5)、“特德-1A”(TD-1A) 等探测证实。1967 年 7 月，美国用于监视核爆炸的“维拉 3 号”和“维拉 4 号”卫星发现了第一个 γ 射线暴，即天体在 γ 射线波段的强烈爆发，但因涉及军事而未见诸科学文献。1970 年 4 月，“维拉 11 号”和“维拉 12 号”卫星又多次记录到 γ 射线暴，每个暴的持续时间一般短于 1 分钟，并成为天空中该波段最亮的源。直到 1973 年，美国科学家分析已记录到的 16 个 γ 射线暴的资料，估计它们在天空中的位置，排除了起源于地球和太阳的可能性，才向世人宣布了这一发现。γ 射线暴是 20 世纪后期最激动人心的天文发现之一，处于高能天体物理学研究的前沿。

1973 年
科恩和博耶实现外源基因的复制和表达

自 1953 年 DNA 双螺旋结构发现以来，生命科学真正进入了分子时代，以基因工程为代表的生物技术也突飞猛进。其中，美国分子生物学家伯格开创了 DNA 重组技术，而美国分子生物学家斯坦利·诺曼·科恩和赫伯特·博耶则真正实现了外源基因的表达，使基因工程由梦想变成现实。

1971 年，科恩设计了一种向细菌中导入质粒的方法。质粒是细菌中一种独立复制的遗传单元，存在于细菌染色体以外，通常由环状双链 DNA 构成。这项工作引出了一个概念：利用质粒作为克隆外源基因的载体。同期，博耶发现利用限制性内切酶可以实现 DNA 分子的体外“切割”和“连接”。1973 年，科恩和博耶合作，首次将大肠杆菌中两个具有不同抗药性的质粒结合在一起，构建了一个杂合质粒。将这个杂合质粒重新导入大肠杆菌，结果发现它不仅能复制，而且能够同时表达出原有的两种抗药性。基因工程由此正式诞生。随后，科恩和博耶的实验室联合完成了重组 DNA 技术的专利申请，这是世界上第一个有关基因工程的技术专利。

接下来，科恩和博耶又将工作推进了一步。1974 年，科恩完成了金黄色葡萄球菌与大肠杆菌的抗药性质粒重组，以及非洲爪蟾的核糖体 RNA(rRNA)基因与大肠杆菌的质粒重组等。1977 年，博耶利用重组 DNA 技术实现了人生长激素释放抑制激素的生产。通过这种方式，从只需要几美元成本的 9 升培养液中，就可得到 50 毫克的人生长激素释放抑制激素。若从羊脑中提取相同数量的生长激素释放抑制激素，则需要 50 万头羊。这是基因工程发展史上的一次重大突破。

基因工程使得人们可以对基因进行直接操纵而达到定向改造生物遗传特性的目的，甚至创造新物种。今天，基因工程一般包括 5 个步骤：(1)目的基因的分离与制备；(2)目的基因与载体的连接；(3)将重组DNA 导入受体细胞；(4)筛选出含有重组体的克隆体(即复制)；(5)使这些异源目的基因得到表达，用于生产。随着基因工程技术的快速发展，人们已经利用基因工程菌大量表达有药用价值的蛋白质。继生长激素释放抑制激素生产成功之后，陆续又有胰岛素、生长激素、干扰素、促红细胞生成素、乙型肝炎疫苗,以及白细胞介素等由基因工程菌生产的多种基因工程药物投放市场。基因工程开启了分子生物技术的新时代。

1973 年 袁隆平取得杂交水稻育种重大突破

袁隆平是中国当代杰出的农业科学家,享誉世界的"杂交水稻之父"。由他进行的杂交水稻育种研究,不仅解决了中国粮食自给难题,也为世界粮食安全作出了杰出贡献。

袁隆平从 1964 年开始研究杂交水稻。1973 年 10 月,袁隆平发表了题为《利用野败选育三系的进展》的论文,正式宣告中国籼型杂交水稻"三系"配套成功,这是中国水稻育种的一个重大突破。他 1974 年主持育成了第一个杂交水稻强优组合"南优 2 号",比普通水稻增产 20%以上。1975 年,他与同事们又研究出一整套生产杂交种子的制种技术,使杂交水稻得以在中国大面积推广。1976—1999 年,全国累计推广种植杂交水稻 2 亿多公顷,增产稻谷 3500 亿千克。1995 年,袁隆平和他的团队研制成功"两系"杂交水稻,平均产量比"三系"杂交水稻增长 5%—10%。1997 年,袁隆平提出"超级稻计划",在实验田取得良好效果。至 2000 年,超级杂交稻产量达到百亩示范片亩产 700 千克。近年来,中国杂交水稻年种植面积 1500 万公顷左右,约占水稻种植总面积的 50%,产量占稻谷总产的近 60%,增产的稻谷可养活 6000 万人口。

杂交水稻开辟了中国粮食大幅度增产的新途径,从根本上解决了中国粮食自给难题。1980 年,杂交水稻作为中国输出的第一项农业专利技术转让给美国,引起国际社会的广泛关注。1982 年,国际水稻研究所学术会公认:中国科学家袁隆平为世界"杂交水稻之父"。1992 年,联合国粮农组织作出一个重要决策:将推广杂交水稻列为解决发展中国家粮食短缺问题的首选战略措施。

杂交水稻目前已在东南亚、美洲、非洲等 40 多个国家被研究或引种,种植面积达 300 多万公顷。杂交水稻在世界范围内的种植,为解决世界粮食安全及食物短缺持续地作着卓越贡献。

袁隆平在田间

1973 年 光稳定拟除虫菊酯研制成功

在农业生产中使用化学杀虫剂可使农业产量大升,但化学杀虫剂的广泛应用也带来了影响健康、污染环境等副作用。1960 年代后期以来,许多国家对副作用较大的杀虫剂陆续采取了禁用、限用的措施。新型杀虫剂的研制更注重低毒、低残留的要求,其中最为成功的是对天然除虫菊酯进行仿生合成的拟除虫菊酯杀虫剂。拟除虫菊酯具有超高效、低残留、广谱、安全的特点,它的开发被称为杀虫剂的一大突破。

天然除虫菊酯是古老的植物性杀虫剂,是除虫菊花的有效成分之一,其化学结构到 1940 年代才被研究确定,随后即开始了类似物质的合成研究。1949 年,美国合成了第一个商品化的类似物丙烯菊酯。在 1950 年代—1960 年代,又有一些类似化合物陆续研制成功,通称为合成拟除虫菊酯。这些早期品种与天然除虫菊酯一样,在光照下易分解失效,仅适用于室内条件下防治害虫。许多科学家为此进行了长期研究,以弄清分子结构中易被光分解的不稳定部位。1973 年,英国化学家埃利奥特领导的小组合成了第一个适用于农林害虫防治的光稳定性品种氯菊酯,为拟除虫菊酯杀虫剂用于田间作出了突破性贡献。1980 年代以来,这类拟除虫菊酯的研究和开发已形成热潮,商品化品种达近百个,成为防治农业害虫和卫生害虫的主要杀虫剂类型。

1973 年
瑟夫和卡恩制定 TCP/IP 标准

在构建了 ARPANet 之后，美国国防部高级研究计划署开始了其他数据传输技术的研究。1972 年，该计划署的信息技术处理办公室雇用美国计算机科学家罗伯特·埃利奥特·卡恩，在那里研究卫星数据包网络和地面无线数据包网络。1973 年春天，ARPANet 网络控制程序协议的开发者、美国计算机科学家瑟夫，加入到卡恩为 ARPANet 设计下一代协议的工作中。

当时，ARPANet 逐步扩展成为国际性网络，接入网络的计算机有各自不同的信息格式，相互之间无法交流。为解决这个问题，1973 年夏天，瑟夫和卡恩开发出了一个基本的改进形式——传输控制协议/网际协议，简称为 TCP/IP 协议，将网络协议之间的不同通过使用一个公用互联网络协议隐藏起来，可靠性则由主机保证，而不是像 ARPANet 那样由网络保证。

TCP/IP 是一系列让计算机网络间共享数据、使互联网不断扩展和增强的标准，其中 TCP 负责发现传输的问题，一有问题就发出信号，要求重新传输，直到所有数据安全正确地传输到目的地；而 IP 则是给 Internet 中的每一台电脑规定一个地址。协议分为四层，即网络接口层、网际层、传输层和应用层。

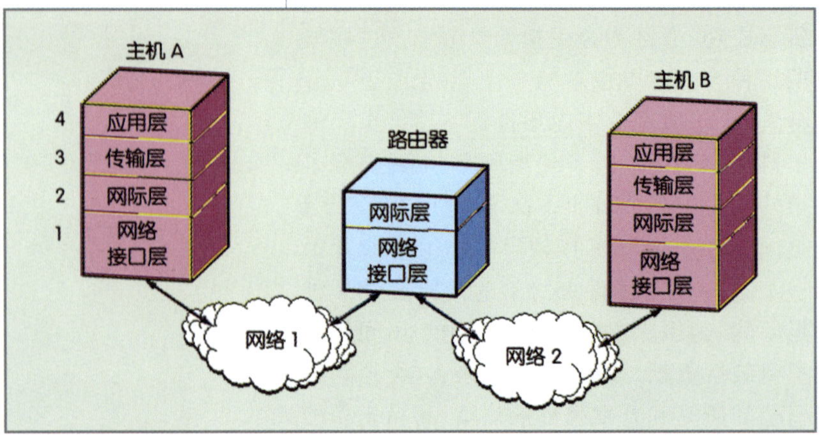

TCP/IP 四层协议

1974 年 12 月，瑟夫和卡恩的第一份 TCP 协议详细说明正式发表，制定出了详细定义的 TCP/IP 协议标准。当时做了一个试验，将信息包通过点对点的卫星网络、陆地电缆、卫星网络、地面进行传输，贯穿欧洲和美国，经过各种电脑系统，全程 9.4 万千米竟然没有丢失一个数据位。这种远距离的可靠数据传输证明了 TCP/IP 协议的成功。瑟夫和卡恩由于制定 TCP/IP 协议获得 2004 年度图灵奖，这是该奖项首次授予对 Internet 的建设与发展作出重要贡献的学者。

1973 年
米尔纳开发 LCF 语言

1973 年，英国计算机科学家米尔纳教授在爱丁堡大学计算机科学系任职期间，提出了形式化逻辑系统的一个数学模型——“可计算函数的逻辑”(LCF)。LCF 不但是一种有效的建模工具，还是一种强有力的验证工具，利用它可以方便地验证计算机程序的正确性。米尔纳在斯坦福大学人工智能实验室做访问学者时，曾用 LCF 证明了一个很复杂的编译器的正确性，受到有“人工智能之父”之称的麦卡锡的高度评价。

在斯坦福大学期间，米尔纳学习了由麦卡锡主持开发的函数式人工智能编程语言 LISP，受到很大启发。回到爱丁堡大学以后，他借鉴 LISP 的经验，在 LCF 的基础上，花了几年的时间成功开发了一个更加重要的系统——元语言(ML)，一种用来描述、表达与验证其他语言的语言。ML 是一种强多态类型的语言，一个 ML 程序也就是一个包含变量定义和函数作用的表达式序列，具有比 LCF 更强的推理能力。ML 取得成功以后，米尔纳又致力使它国际化和标准化。在他的努力下，1984 年成立了一个包括爱丁堡大学、剑桥大学和贝尔实验室等知名高等学府和研究机构的专家在内的 15 人工作小组，采取通过电子邮件交换意见进行设计的方式工作。1990 年代初，标准 ML 即 SML 问世。SML 具有高阶函数功能、I/O 机制、参数化的模块系统和完善的类型系统。

米尔纳另一方面的贡献是关于并发计算和并行计算的。他提出了"交叠式并发"的概念，并在此基础上利用代数方法为并发与并行计算创建了一种概念框架系统 CCS，特别适合于描述分布式系统，推动并促进了并发与并行计算的发展。米尔纳由于 LCF、ML 语言及 CCS 等方面的贡献，获得 1991 年度图灵奖。

1973 年
兰普森开发出个人计算机系统 Alto

1970 年，美国计算机科学家兰普森参与组建了著名的施乐公司帕克研究中心。1972 年，兰普森写下一个备忘录《为什么要开发 Alto?》，被认为是个人计算机的一个早期前瞻性文献。

1973 年，兰普森开发出世界上第一个个人计算机系统 Alto。Alto 具有高分辨率的全屏图形系统，在世界上首先实现了图形用户界面，打破了传统的只能用字符实现人机交互的限制。Alto 配备了不久前由美国计算机科学家恩格尔巴特发明的鼠标，但对其结构作了重大改进，使之更加小巧玲珑，已比较接近我们当前所使用的样子。它还配备了 8 英寸软盘驱动器，并采用了一些新的技术，使软盘能存储的信息量在当时达到最高。此外，Alto 上还配备了一些出色的软件。

由于施乐决策层的失误，Alto 没有被商品化推向市场。但 Alto 的独特功能和出色性能引起了业界许多人的注意，其中包括苹果计算机公司的创始人乔布斯。他组织公司里的技术骨干到帕克研究中心参观、座谈、学习，还挖走了一些参加过 Alto 开发的技术人员，然后仿照 Alto，先后推出了个人计算机 Lisa 和 Macintosh。1999 年末，美国《财富》杂志发布了 40 种"20 世纪杰出产品"排行榜，其中信息技术产品只有 Intel 公司的微处理器和 Macintosh。但是，客观地说，Macintosh 的成功至少有一半应归功于 Alto。

Alto 的强大功能和优异性能来自它超前的设计思想，即将计算机的体系结构、计算机所要采用的程序设计语言和操作系统等系统软件及支撑环境统一加以考虑，以集成方式设计和开发。这种设计思想是 Alto 成功的关键，同时也成为后来计算机系统设计的主导方向。兰普森因作为首席科学家开发了 Alto 系统，以及在个人分布式计算机系统及其实现技术上的贡献，获得 1992 年度图灵奖。

1974 年
尝试建立大统一理论

至 1970 年代，粒子物理学在研究基本相互作用方面取得了很大成功。在规范对称性理论的框架下，首先建立了电弱统一理论，其次又建立了强相互作用理论 QCD。在这些成功的激励下，一些物理学家尝试在规范理论的框架中建立更大的统一理论。

1974 年，美国物理学家乔治第三和格拉肖提出了一种将弱、电、强三种相互作用统一在一起的大统一理论。该理论能够说明为什么轻子和夸克的电荷是量子化的，能够确定弱、电、强三种力相对强度的参数。这种理论认为，在极高能量时这三种作用是统一的，只是当能量降低到大约 10^{15} 吉电子伏时，由于对称性自发破缺，这种统一的力才破缺为弱电力和强力；当能量进一步降低到大约 10^2 吉电子伏时，弱电力进一步破缺为弱力和电磁力。该理论还认为质子是不稳定的，其寿命估计约为 10^{30} 年。然而，随后的几个大型实验都不支持这个预言。为了克服大统一模型的缺点，科学家们考虑了更大的对称性方案。1973 年，有人提出一个巧妙的数学结构，称为超对称。按照这一理论，费米子和玻色子都填入同一表示中，通过规范作用可以互相转化。为了实现自然界四种相互作用的统一，还要把引力也统一进来，但要这样做不引进超对称是行不通的，于是1976年有人提出超引力理论。1984年又有人提出超弦理论，认为微观粒子不是一个点，而是一条弦。现在认为，超弦才是能最终统一自然界四种相互作用的理论。

大统一理论以及后来发展出来的超引力、超弦理论等尚有许多问题待解决，距离最终目标还有漫长的道路要走，但是寻找四种相互作用统一的研究工作从未中断，科学家们仍在努力之中。

1974 年
发现 J/ψ 粒子

1974年底，由美国物理学家丁肇中和伯顿·里克特分别领导的两个实验小组，差不多同时宣布发现了一种新粒子，前者是通过高能质子加速器实验发现的，后者是通过正负电子对撞机实验发现的。这种新粒子的质量为3.1吉电子伏，比质子的质量大三倍多，寿命为10–20秒。他们分别称它为J粒子和ψ粒子。进一步的理论和实验研究表明，需要在当时已知的3种夸克u、d、s之外再引进第4种夸克，称为“粲夸克”，用c表示。粲夸克的电荷为单位电荷的2/3，自旋为1/2。J/ψ粒子是由一个粲夸克c和一个反粲夸克 $\bar{c}$ 组成的自旋为1的介子，即J/ψ = $(c\bar{c})$。粲夸克和反粲夸克还可组成自旋为零的介子，以及各种激发态粒子。此外，粲夸克或反粲夸克还可与u、d、s夸克组成各种各样统称为“粲强子”的粒子。

J/ψ粒子的发现对于粒子物理学的理论和实验都起到了巨大的促进作用，丁肇中和里克特因此发现而共同获得了1976年诺贝尔物理学奖。丁肇中在颁奖仪式上先用中文演讲、再用英文复述，这是中华之声第一次响彻诺贝尔奖授奖大厅。

1974 年
德热纳《液晶物理学》出版

所谓软物质，指的是一类复杂流体，包括泡沫、胶体、膜、液晶、聚合物、颗粒物质和生命体系等。这样的物质人们天天都能够见到，如饮料、墨水、洗涤液、橡胶、乳液、药品和化妆品等。

法国物理学家德热纳从1968年开始研究软物质，1974年出版《液晶物理学》。他给出了软物质的一个重要特征：弱力引起大变化。想象一下这样的画面：在一个容器中，有可以自由运动的一个大球和很多小球，后者就是一种软物质，最初，大球、小球都在不停地做随机运动，小球从各个方向撞击着大球，每一时刻，在不同方向上撞击的次数一般来说是不一样的，大球因受力的不同而向某个方向运动。然而，当大球碰到了容器壁的时候，靠着容器的一边不会有东西撞它了，所有的撞击都来自另一边。于是这些撞击就迫使它靠在容器的边缘上了。可以看到，在软物质体系中，受到的力不大，但熵的变化很大，软物质可称作是由熵操纵的物质。在熵“力”的作用下，软物质体系呈现出一些奇特的行为，比如原本混乱的微观体系会变得井然有序，如复杂的蛋白质分子会自行折叠成特殊的结构等。德热纳建立了解释聚合物熔体的动力学，将连续相变的标度理论和重整化群的概念用到聚合物上，得到的很多标度关系深化了人们对聚合物的认识。1991年，德热纳因对软物质的研究获得诺贝尔物理学奖。

软物质学与生命科学联系密切，应用背景广泛，物理内涵丰富，相关研究具有挑战性和迫切性，已成为一门新兴的前沿学科。

1974 年
赫尔斯和泰勒发现脉冲双星

子星之一为脉冲星的双星系统称为脉冲双星。脉冲双星可为广义相对论提供很好的检验。第一个脉冲双星 PSR 1913 + 16 是美国天文学家赫尔斯和约瑟夫·泰勒于1974年发现的。该双星系统的两个子星都是中子星，彼此相距很近，轨道周期仅7.75小时，轨道偏心率为0.617。为了检验广义相对论，旋转参考系中需要一只准确的钟，PSR 1913+16系统对于此目的就十分理想。该双星轨道的各个根数可以通过准确记录周期为59毫秒的射电脉冲到达时刻来测定，由此可以对涉及两个中子星质量的不同函数作出估计。基于广义相对论的引力理论，出现于轨道根数的6个独立函数中的两个中子星的质量以极高的准确度相符，其数值为1.4417倍太阳质量和1.3874倍太阳质量。这是任何恒星质量测定中最为精确的。没有任何同广义相对论预言相矛盾的迹象。更惊人的是，在此后17年监测中发现了PSR 1913+16的轨道周期以每年75微秒的速率缩短，这同广义相对论预言的由辐射引力波引起的双星系统转动能的损失速率精确符合。虽然引力波本身尚未直接探测到，但准确的能量损失速率却已观测到。这对于广义相对论是非常重要的结果，因为它排除了范围相当宽广的其他引力理论。赫尔斯和泰勒因此荣获1993年度诺贝尔物理学奖。

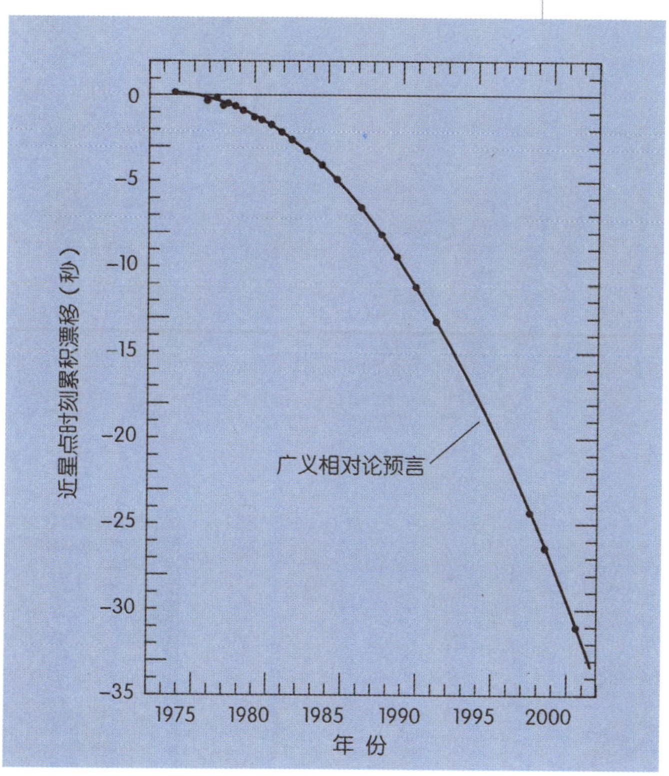

脉冲双星 PSR 1913+16 轨道周期的衰减

1974 年
农作物遥感估产研究开始进行

遥感技术作为现代信息技术的前沿技术，起源于1960年代，它是一种远离目标，通过非直接接触而测量、判定和分析目标的技术。农业领域是遥感技术的最大用户和主要受益者，应用遥感技术为农业服务，是当前农业高新技术产业化中最前沿的领域之一。农作物遥感估产是通过安装于卫星上的多波段地物光谱扫描仪，去获取作物各生育期的光谱数据，并依此推断作物产量。它是遥感技术应用的一个重要方面，具有宏观、客观、快速、经济和信息量大等特点，深受估产者的青睐，许多国家在这方面作了深入的研究，并建立了实用性的农作物遥感估产系统，收到了明显的经济和社会效益。

美国是世界上对农作物进行大面积遥感估产研究最早和效果最好的国家。1974—1977年，美国农业部、国家海洋大气管理局、国家宇航局和商业部联合主持了“大面积作物估产试验”计划，对美国、加拿大和世界其他地区小麦种植面积、单位面积产量和总产量进行估算，估产精度均达到90%以上，开创了农作物遥感估产之先河。在取得初步成果的基础上，美国又于1980—1986年开展了“农业和资源的空间遥感调查”计划，进行世界多种农作物长势评估和产量预报，取得了巨大的经济效益。此后，其他国家和一些世界性组织也先后进行了遥感估产研究。目前，遥感技术已形成多卫星种类、多传感器、多分辨率共同发展的局面，世界各国建立了一系列的估产系统。

1974 年
《中国历史地图集》完成编撰

《中国历史地图集》是一部以中国历代疆域政区为主要内容的地图集，由谭其骧主编，1957 年开始编纂，1974 年完成，1982—1988 年由中国地图出版社陆续出版发行。该图集共 8 册，上起原始社会，下迄清末，包括 20 个图组、304 幅地图和约 7 万个地名，全部采用古今对照。图集内容包括：原始社会的遗址、部落的分布和其他时期的重大遗址；各民族政权的疆域或活动范围；秦以前可考的地名；秦以后全部可考县以上政区和县以上重要地名；主要的河流、湖泊、山岭、海岸线、岛屿等。

这部图集是自然科学与社会科学结合的一项重大成果，被公认为“中国历史地理学科建设上有开拓性建树的一部著作”，不仅是研究中国历史地理的基础，也是研究和学习中国历史地理的必备工具书。该图集 1994 年获第一届国家图书奖荣誉奖。

1974 年
结构化查询语言问世

1974 年，IBM 公司圣约瑟研究实验室的美国计算机科学家博伊斯和钱柏林正在研制关系数据库管理系统 System R。他们开发了一套比关系演算和关系代数更适合最终用户使用的非过程化查询语言——

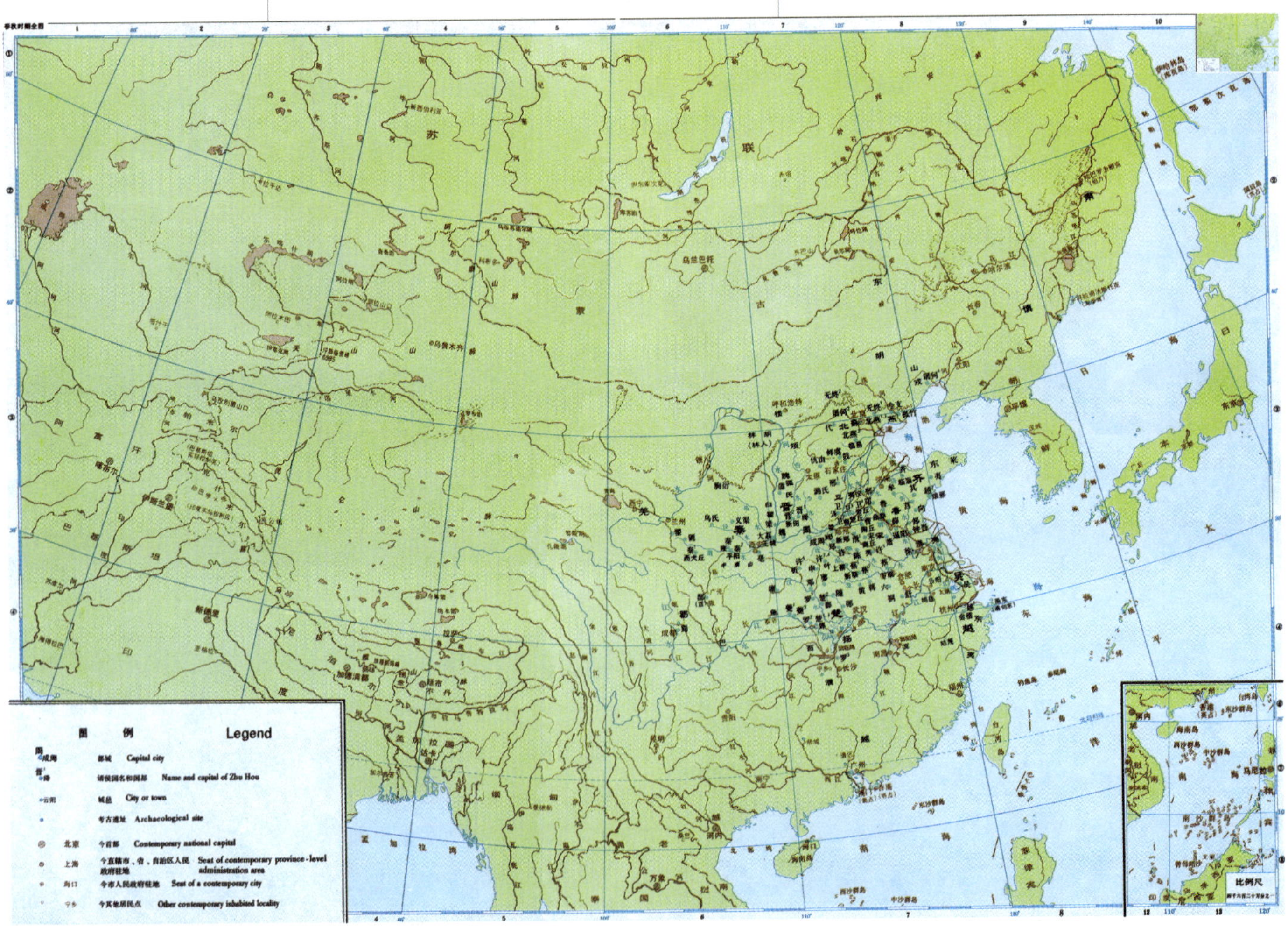

《中国历史地图集》内图

SEQUEL 语言，将英国计算机科学家科德提出的关系数据库 12 条标准的数学定义以简单的关键词语法表现出来，并发表了论文《SEQUEL：一种结构化的英文查询语言》。1980 年，SEQUEL 语言改名为 SQL 语言。SQL 语言是一种高度非过程化的编程语言，允许用户在关系数据结构上工作，只要求用户指出做什么而不需要指出怎么做。

1974 年
科克提出 RISC 概念

精简指令集计算机即 RISC 是一种执行较少类型计算机指令的计算机。由于计算机执行每个指令类型都需要额外的晶体管和电路元件，计算机指令集越大就会使微处理器越复杂，执行操作也会越慢。根据统计，计算机中约 20%的指令承担了 80%的程序执行工作，这就是著名的“20%:80%定律”。以此为依据，IBM 研究中心的美国计算机科学家科克 1974 年提出了 RISC 的概念。由于执行较少类型的计算机指令，RISC 能够以更快的速度执行操作，并促成了后来 MIPS（百万条指令每秒）技术的建立，这是衡量 CPU 速度的一个指标。

1970 年代中期，科克主持研制 IBM 的 801 高性能计算机项目，最终把它发展为一种具有小指令集、有固定格式、以流水线方式重叠执行的超级通用小型机。第一台得益于这个发明的是 1981 年的 IBM PC。目前，RISC 已成为计算机产业中一种最重要的产品结构，SUN 公司的 SPARC、IBM 公司的 RS/6000 等无不应用了这一思想。RISC 概念引领了微处理器设计的一个更深层次的思索。设计中必须考虑到：指令应该如何较好地映射到微处理器的时钟速度上（理想情况下，一条指令应在一个时钟周期内执行完）；体系结构需要多“简单”；在不依赖于软件的帮助下，微芯片本身能做多少工作，等等。科克由于研制 RISC 计算机而获得 1987 年度图灵奖。

1975 年
芒德布罗创立分形几何

1904年，瑞典数学家柯克思考了海岸线的模型。假设从空中看一个等边三角形岛屿。飞近些后，逐渐看清三角形每条边上有一个海岬，即每条边中央三分之一处向外突出的小等边三角形。再飞近一些，又发现新图形每条边中央三分之一处各有一个向外突出

柯克曲线

美丽的分形图案

的更小的等边三角形。这样无限继续下去，所得的极限曲线被称为柯克曲线。柯克曲线所围的面积是有限值，而其本身的长度为无穷大。法国数学家芒德布罗认为，这种奇怪的现象是由边界曲线的“无限曲折”引起的。他在 1967 年的论文《英国的海岸线有多长》中指出，海岸线的长度依赖于所选取的尺度，尺度越小则测得的海岸线长度就越大，由此提出了分数维的概念。而柯克曲线只是具有分数维的几何图形的一个例子。1975 年，芒德布罗正式将具有分数维的图形称为“分形”，并创立了以这类图形为对象的数学分支——分形几何。同年，他出版了《分形：形状、机会与维数》，指出大量的物理与生物现象都产生分形。

从 1978 年开始，芒德布罗等人又研究了在非线性变换下保持不变的分形。他们利用电子计算机来产生这样的分形图形，并研究它们的性质，从中发现了所谓的“混沌”现象。如果一个接近实际而没有内在随机性的模型仍然具有貌似随机的行为，就可以称这个系统是“混沌”的。混沌系统虽然从局部来说不可预测，但从更大的视角来看还是有其规律的。“混沌吸引子”就是规律之一，其内部运动非常不稳定，但外部形状却相当稳定，而且形状往往是分形。

1975 年
发现重轻子 τ

粒子物理学中将不参与强相互作用的粒子称为“轻子”，如电子 e 和 1938 年从宇宙射线中发现的 μ 子。μ 子的质量是电子质量的 207 倍。1975 年，美国物理学家佩尔等人在斯坦福直线加速器中心的正负电子对撞机上所作的实验中，发现了一个质量是质子的两倍、是电子的 3500 倍的新粒子。对于弱相互作用和电磁相互作用来说，这种粒子的特性类似于电子和 μ 子，而且也不受强相互作用的影响，因此佩尔判定它也是一种轻子。因其比质子重，所以称它为“重轻子”，用希腊字母 τ 表示。轻子至今尚未发现存在内部结构。在粒子物理学中，常将轻子分为三代，电子 e、μ 子和 τ 子分别称为第一代、第二代和第三代轻子，它们的电荷为负，而与它们相应的反粒子的电荷为正。佩尔因发现重轻子而与发现中微子的莱因斯分享了 1995 年诺贝尔物理学奖。

1975 年
国际水文计划开始执行

在世界水资源问题日益严峻的形势下，水资源的合理管理以及相关科学和技术备受重视。鉴于水文循环的全球性质和水资源的全球分布状况，为了进行有效的国际合作，联合国教科文组织决定执行“国际水文计划”。国际水文计划的前身是“国际水文十年”合作计划，于 1965—1974 年实施。1975 年，国际水文计划开始实施。中国设有国际水文计划中国委员会。

国际水文计划组织开展了一系列的国际性、全球性的水科学研究，并进行水科学的国际培训和知识传播，重点放在应用水文学和水资源的调查评价、开发利用、管理保护，以及人类活动对水资源和水环境的影响。国际水文计划对各国的水资源评价、水平衡计算、水资源管理和保护等方面都起了一定的指导作用，最终目的是为了帮助解决重大的水资源问题和与水有关的社会经济发展问题。

1975 年
桑格发明 DNA 快速测序法

自沃森和克里克发现 DNA 双螺旋结构后，生命科学的研究真正步入分子生物学时代。为了研究和改造目的基因，人们需要进行 DNA 序列分析，而测定 DNA 序列的工作一直是该领域发展的瓶颈。1975 年，因成功测定牛胰岛素的氨基酸序列及其分子结构而荣获 1958 年诺贝尔化学奖的英国生物化学家桑格，率先建立了一种用于 DNA 测序的“双脱氧链终止法”，从而开辟了快速测定 DNA 序列的道路。此法也被称为“桑格法”。

桑格测序法利用一种 DNA 聚合酶来延伸结合在待测序列模板上的引物(可以与模板结合、引导 DNA 合成的单链核酸片段)，直到掺入一种核苷酸使延伸中止。每次序列测定由四个单独的反应构成，每个反应使用四种脱氧核苷三磷酸，并混入一种双脱氧核苷三磷酸。由于双脱氧核苷三磷酸缺乏延伸所需的 3’-OH 基团，一旦它被加到 DNA 链上，DNA 链的延伸就会终止。每种脱氧核苷三磷酸和双脱氧核苷三磷酸的相对浓度可以调整，从而得到一组长度不一的 DNA 片段。这些片段具有共同起始点，但终止于不同的双脱氧核苷三磷酸，可以通过高分辨率变性凝胶电泳分离开，凝胶经处理后可以从上面“读”出 DNA 序列。

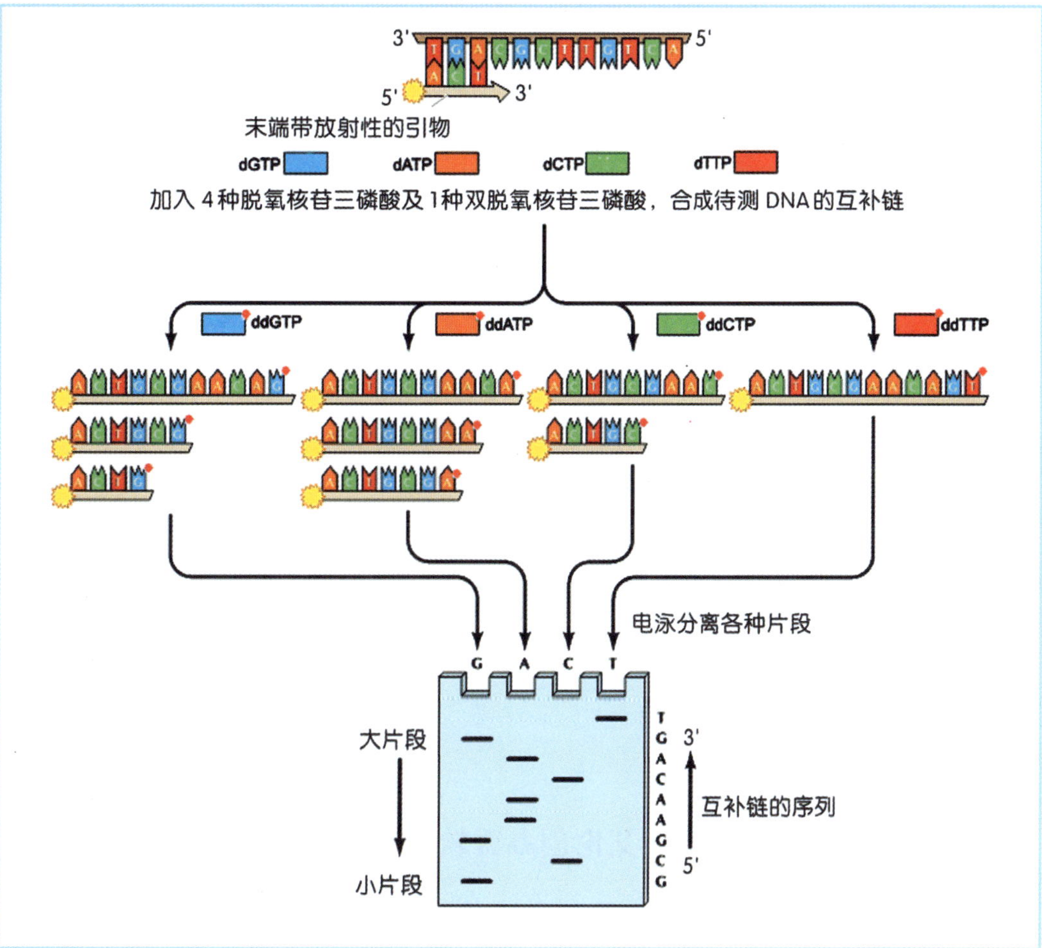

桑格测序法 共建立 4 个反应体系，体系中含有末端带放射性的引物、4 种脱氧核苷三磷酸(dGTP、dATP、dCTP 和 dTTP)，以及 1 种双脱氧核苷三磷酸(ddGTP、ddATP、ddCTP 或 ddTTP)。在 DNA 聚合酶的作用下，引物沿着待测 DNA 模板延伸，合成模板的互补链，当互补链末端加上双脱氧核苷三磷酸时延伸终止。电泳分离各反应体系中的片段，根据片断大小和末端的双脱氧核苷三磷酸，可以知道互补链的核苷酸序列，由此推测模板链的序列。例如，由图中互补链的序列，可知模板链序列为 ACTGTTCGC(5’→3’)。

此后，桑格不断改进测序方法，还设计出将长 DNA 片段随机打断、分别测序后再拼接成完整的 DNA 序列等方法。1977 年，桑格及其同事测定了噬菌体 ΦX174 的 DNA 全序列(5386 个核苷酸)，这是第一次测定生物的全基因组序列，为日后的人类基因组计划奠定了基础。

桑格测序法历经改进优化，从手工操作、人工分析，步入自动化计算机分析，从最初的几十个碱基的短片断分析走向上千碱基的长片断分析，大大促进了生命科学的发展。1980 年，桑格因建立 DNA 测序法再度荣获诺贝尔化学奖，成为极少数两次获诺贝尔奖的科学家之一。

1975 年
米尔斯坦和科勒获得能稳定分泌单克隆抗体的杂交瘤细胞株

阿根廷—英国免疫学家米尔斯坦 1960 年在剑桥大学获博士学位，1963 年开始在剑桥分子生物学实验室工作，后任该校蛋白质和核酸实验室主任。德国免疫学家科勒在弗赖堡大学获博士学位，1974 年在米尔斯坦实验室工作。1975 年，米尔斯坦和科勒发现：将小鼠骨髓瘤细胞和绵羊红细胞免疫的小鼠脾细胞进行融合，形成的杂交细胞既可产生抗体，又可无限增生，从而创立了单克隆抗体杂交瘤技术。单克隆抗体可直接用于人类疾病的诊断、预防、治疗以及免疫机制的研究，为人类恶性肿瘤的免疫诊断和免疫治疗开辟了广阔前景，被广泛用于基础、临床的研究。杂交瘤技术是本世纪方法学上的一个重大突破，开创了大量生产具有专一特异性的单克隆抗体的新纪元。为此，1984 年米尔斯坦和科勒被授予诺贝尔生理学医学奖。

1975 年 盖茨与艾伦创办微软公司

1975 年，19 岁的比尔·盖茨从哈佛大学退学，和他的高中校友保罗·艾伦在一家旅馆里创建了微软公司即 Microsoft 公司。1977 年，微软公司搬到邻近西雅图的雷德蒙市，在那里开发 PC 机编程软件。公司创立初期以销售 BASIC 编译器为主。当时的计算机爱好者常常自行开发小型 BASIC编译器，并免费分发。然而，由于微软是少数几个 BASIC 编译器的商业生产商，很多家用计算机生产商便在其系统中采用微软的 BASIC 编译器。随着微软 BASIC 编译器产品的快速成长，计算机生产商又开始采用微软 BASIC 的语法及其他功能，以确保与现有的微软产品兼容。正是由于这种循环，微软 BASIC 逐渐成为公认的市场标准，公司也逐渐占领了整个市场。1981 年，微软公司开始为 IBM PC 开发 DOS 操作系统，从此奠定了在计算机软件领域的领导地位。微软公司目前是全球最大的计算机软件提供商，其主要产品为 Windows 操作系统、IE 网页浏览器及 Office 办公软件套件。

位于西雅图附近雷德蒙市的微软公司总部

微软公司创始人比尔·盖茨(右)和保罗·艾伦

1976 年 阿佩尔和哈肯证明四色定理

1852年，英国—南非数学家弗朗西斯·格思里在给地图着色时提出了一个猜想：给球面(或平面)地图着色时，至多用四种颜色就可以使得任意两个相邻(即有公共边界线段)的国家或地区具有不同的颜色。这就是著名的四色猜想，它是一个拓扑学问题。

1878年，英国数学家凯莱向皇家地理学会送交了一篇短文《关于地图染色》。该文论述了解决四色猜想的困难在于给一张地图正确染色后，如果再增加一个国家，就可能需要较大程度地改变原地图的染色方案。英国数学家肯普在凯莱的论文启发下，1879 年在《美国数学杂志》第 2 期上发表论文，声称他证明了四色猜想。1890 年，英国数学家希伍德在《纯粹与应用数学》季刊上发表题为《地图染色定理》的论文，指出了肯普证明中的错误，但他利用肯普的证明技巧证明了五色定理，即任何地图都可以用至多五种颜色进行染色。1968 年，挪威数学家奥尔证明了：对于国家数不超过 40 的地图，四色猜想是正确的。

1976 年，美国数学家阿佩尔和哈肯根据肯普的证明思路，借助于电子计算机，终于证明了四色猜想，使其正式成为四色定理。1976 年 9 月，两人在《美国数学会通报》上以《任一平面地图用四种颜色染色就足够》为题宣布了这一消息，并于 1977 年 9 月将论文发表在《伊利诺伊数学杂志》上。虽然计算机代替不了人脑，但在证明的关键部分，计算机起了实质性的作用。由于机器参与了数学难题的解决，这个证明引起数学界的极大震惊和争论。而获得四色定理的非机器证明，仍是许多数学家的追求目标。

1976 年 丘成桐证明卡拉比猜想

中国—美国数学家丘成桐出生于广东汕头，1949 年随全家移居香港。1970 年师从陈省身，1971 年即获博士学位，1976 年因证明卡拉比猜想而声誉鹊起。卡拉比猜想属于微分几何领域，它是 1954 年由意大利—美国数学家卡拉比提出的。这个猜想涉及复流形上是不是可以有好的黎曼度量。粗略地讲，其物理意义是：可以存在这样一个时空，它没有物质，但是它作为一个引力场是紧的。所谓“紧”，就是说它不像平面那样漫无边际地伸展出去，而是像球面那样紧紧地聚拢起来。

卡拉比猜想提出后，数学家们觉得如此美丽的时空简直令人不敢相信它会存在。1974 年，丘成桐向一些数学家朋友介绍了自己构造的一个反例及其证明。卡拉比获悉后给丘成桐写了一封信，希望得到这个反例的严格证明。丘成桐又作了一番仔细推敲，结果发现在一个很小的地方通不过。他竭力试图补上这个漏洞，但是没有成功，最后写信给卡拉比，坦率地承认自己的反例是错的。

丘成桐决心把问题弄个水落石出，既然构造反例不成，那么这个猜想本身很可能是成立的。从本质上讲，这是一个给定复流形的里奇曲率求黎曼度量的问题，其中需要求解一个很难的偏微分方程。丘成桐运用娴熟的先验估计等技巧，于 1976 年解决了这个难题。他的成功，使得一大批同类方程得到解决，进而催生了代数几何学、复解析几何学、微分几何学甚至广义相对论中的一系列重要定理。丘成桐由于这一成果，以及此后的诸多重大成就，获得了 1982 年度菲尔兹奖(1983 年颁发)。

丘成桐

1976 年 利根川进阐明抗体生成的遗传原理

在有“生物防御体系”之称的免疫系统中，抗体(一种特殊的蛋白质)无疑占据了极为重要的地位。1960 年代，美国生物化学家埃德尔曼和英国生物化学家罗德尼·波特发现抗体分子呈“Y”字型，由两条轻链和两条重链组成，两者都具有作为结构主体的区域(恒定区)和与抗原结合的区域(可变区)，不同抗体的结构差异取决于可变区的形状。两人也因此共获 1972 年诺贝尔生理学医学奖。然而，人类基因组据估计只有几万个基因，而自然界中抗原的种类达数百万，生物体怎样利用有限的基因去产生与抗原相抗衡的大量抗体呢？

1976 年，在瑞士巴塞尔免疫学研究所工作的日本生物学家利根川进发现，在小鼠胚胎细胞的 DNA 中，抗体基因在 DNA 链的位置上相隔了一段距离，但在成体小鼠负责制造抗体的 B 细胞中，它们却是排列在一起的。他由此提出一个大胆的假说：抗体的链由两个分别负责可变区和恒定区的基因所决定，在某 B 细胞发育的过程中，原始的抗体基因发生了重组、缺失，重新排列成为此 B 细胞独有的抗体基因型，从而生成各种各样的抗体。就像汽车制造厂不会为每部汽车设计一条生产线一样，客户要求的不同汽车

1976

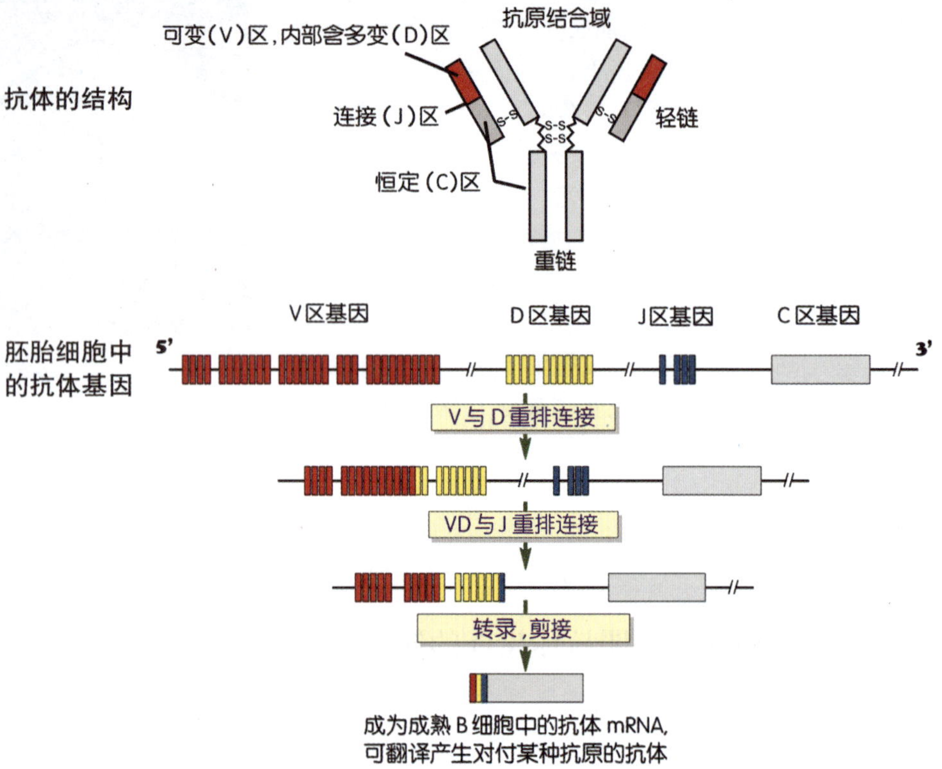

抗体的结构(上)及抗体基因重排简图(下) 抗体的V区基因、D区基因、J区基因和C区基因分别负责抗体结构中的可变区、多变区、连接区和恒定区。在胚胎细胞中V、D、J区内部有许多基因,是抗体特殊部件的"仓库"。在B细胞发育过程中,V、D、J区的基因发生重排,即从"仓库"中各选取一个特殊部件,与抗体的通用零件——C区的基因组成成熟B细胞中的抗体mRNA,用以翻译形成针对某种抗原的独特抗体。由于V、D、J区"仓库"中基因众多,经排列组合选择,产生的抗体也千差万别,足以对抗自然界中形形色色的抗原。

往往是由一些通用的零件(恒定区)和一些特殊部件(可变区)组合而成的,生物体正是通过基因重排来产生不同抗体以对付各种各样的抗原。1987年,利根川进因发现抗体多样性的遗传原理而荣获诺贝尔生理学医学奖。

1976 年
毕晓普和瓦穆斯发现原癌基因

癌基因是指其编码产物与细胞癌变有关的基因。最先发现的癌基因是鸡肉瘤病毒中的 *src* 基因。然而,病毒中的癌基因并不参与病毒复制,它是从哪里来,又如何整合到病毒基因组中去的呢?

1976 年,美国加利福尼亚大学旧金山分校的病毒学家毕晓普及其学生瓦穆斯找到了答案。他们发现 *src* 基因与正常鸡细胞的部分 DNA 具有同源性,在其他脊椎动物(包括人)的正常 DNA 中也发现了 *src* 的同源基因,这说明病毒中的癌基因来自正常细胞的相关基因,他们称之为原癌基因。原癌基因编码的蛋白质参与调节正常细胞的生长与分化,在控制细胞增殖的信息传递途径中发挥作用。原癌基因既可被导入逆转录病毒而活化成病毒癌基因,也可因突变或异常表达而活化成细胞癌基因。当逆转录病毒将自身遗传物质插入宿主 DNA 中后,新的病毒颗粒开始合成。病毒在复制过程中不仅复制自身基因,还复制宿主基因(包括原癌基因),并可以在感染其他生物体时将复制的原癌基因整合进去。当生物体中原癌基因的拷贝数增加,相应的基因产物随之增多,细胞过度繁殖,肿瘤就形成了。

1989 年,毕晓普和瓦穆斯因发现逆转录病毒癌基因的细胞来源而荣获诺贝尔生理学医学奖。进一步的研究已证明,人类基因组中有许多原癌基因,许多逆转录病毒都可通过上述方式引发多种肿瘤。

1976 年
豪森提出人乳头瘤病毒可导致宫颈癌

宫颈癌是最常见的恶性肿瘤之一,它对女性健康的威胁仅次于乳腺癌。1970 年代初,人们普遍将注意力集中于疱疹病毒,认为它是宫颈癌的致病元凶。1976 年,德国病毒学家豪森提出了一个出人意料的观点:宫

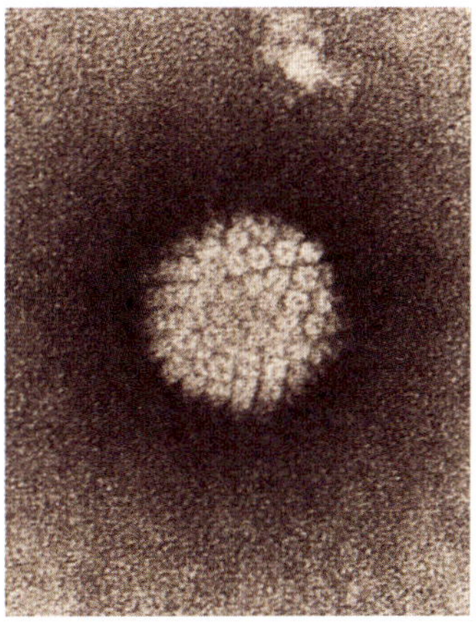

电子显微镜下的人乳头瘤病毒

颈癌与疱疹病毒无关，其罪魁祸首极有可能是人乳头瘤病毒（HPV）。然而，其后很长时间人们没能从宫颈癌细胞中发现HPV，实验室也无法离体培养这种病毒。但豪森锲而不舍，在1983—1984年终于发现了HPV16和HPV18两类病毒，仅这两个类型的病毒就与70%的宫颈癌病例相关。

今天，大量临床和流行病学研究证实HPV与宫颈癌显著相关，在陆续发现的100多种HPV中，40种能侵染人的生殖道，15种为宫颈癌病原体。人们甚至发现海豚等哺乳动物也能感染HPV。2006年，能用于抵御HPV16、HPV18和其他一些HPV感染的疫苗开始投放市场。2008年，豪森因有关HPV与宫颈癌的杰出研究荣获诺贝尔生理学医学奖。

1976 年
分离出埃博拉病毒

埃博拉出血热是一种烈性传染病，通过病人的血液和排泄物传播，病死率很高，临床主要表现为急性起病、发热、肌痛、出血、皮疹、肝功能和肾功能损害。1976年，扎伊尔北部埃博拉河沿岸55个村庄遭到不知名的陌生病毒袭击，共有602个感染案例，其中397人死亡。1976年，世界卫生组织专家从1例病人体内首次分离出一种新的丝状病毒，其形态与马尔堡病毒相似，但免疫特征不同，遂以发现地扎伊尔的埃博拉河命名，称为埃博拉病毒。埃博拉病毒目前共发现四种品系，其中两种分别被命名为EBO-Z(扎伊尔埃博拉)和EBO-S(苏丹埃博拉)，这两种病毒所引发的疾病称为埃博拉出血热。

1976 年
沃兹尼亚克和乔布斯创办苹果计算机公司

1976年，美国计算机科学家沃兹尼亚克和乔布斯创办苹果计算机公司，并推出Apple Ⅰ个人计算机。1977年，Apple Ⅱ个人计算机诞生。Apple Ⅰ和Apple Ⅱ的出现带动了全球个人计算机的普及应用浪潮，并迫使IBM公司于1981年生产出IBM PC。2001年，沃兹尼亚克和乔布斯被美国《洛杉矶时报》评为“20世纪经济领域50名最有影响力人物”并列第5名。

苹果计算机公司创始人沃兹尼亚克(左)和乔布斯

Apple Ⅰ有几个显著的特点：当时大多数计算机没有显示器，Apple Ⅰ却能连接电视作为其显示器，每秒可显示60字节；Apple Ⅰ主机的只读内存中包括了引导代码，这使它更容易启动；Apple Ⅰ有一个用于装载和存储程序的卡式磁带接口，以1200位/秒高速运行。尽管Apple Ⅰ的设计相当简单，但它仍然是一件杰作，而且比其他同级的主机所用的零件更少。Apple Ⅰ一共生产了200台，当时的售价

Apple Ⅰ

Apple Ⅱ

为 666.66 美元。Apple Ⅱ与 Apple Ⅰ的最大区别是显示方式，其重新设计的电视界面既能显示简单的文字又能显示图像，甚至支持彩色显示。Apple Ⅱ对计算机的外壳和键盘也进行了改良。Apple Ⅱ在计算机界被广泛誉为缔造了家用计算机市场的产品，到 1980 年代已累计售出数百万台。

1977 年
吴文俊实现平面几何定理机器证明

中国数学家吴文俊博闻广识，在拓扑学、自动推理、代数几何、博弈论、中国数学史等研究领域均有突出的贡献，在国内外享有盛名。1947 年至 1970 年代，吴文俊主要研究代数拓扑，在示性类、示嵌类等方面获得了一系列成果。他引入的上同调类，后来被称为吴示性类；他提出的蕴含拓扑不变性和同伦不变性的两个公式，后来都被称为吴公式。

1970 年代后期，吴文俊受中国古代算术思想的启发，开始从事自动推理领域中机器证明与数学机械化的研究。中国传统数学以算法为主体，适宜在计算机上实现，具有机械化的特征。而数学机械化，就是在证明数学定理和求解数学问题的过程中，每前进一步之后，都有章可循地确定下一步该做什么和如何做，并一直到达结论。

吴文俊先在几何定理的机器证明上进行了尝试。他仿造机器的动作，依靠手算，一步一步进行了定理的证明。1977 年，吴文俊及其学生对平面几何定理的机器证明首先取得成功，翌年又推广到对微分几何定理的机器证明。1984 年，吴文俊完成专著《几何定理机器证明的基本原理》(初等几何部分)。该书出版后引起了国际数学界的高度关注和肯定。吴文俊提出的用计算机证明几何定理的方法，显现了强大的优越性，改变了国际上自动推理研究的面貌，被称为自动推理领域的先驱性工作。

吴文俊

在几何定理机器证明取得成功之后，吴文俊把研究重点转移到数学机械化的核心问题即求解问题上来，创立了在机器证明领域有巨大影响力的“吴方法”，建立了数学机械化证明的基础。吴文俊的研究取得了一系列国际领先成果，并已应用于国际上流行的符号计算软件方面。

1977 年
黑格等发现导电高聚物

高聚物通常都是绝缘体，但 1970 年代科学家发现一些高聚物的导电性可以和金属媲美，彻底颠覆了传统看法。

早在 1958 年，意大利化学家纳塔等就用齐格勒—纳塔催化剂使乙炔聚合成聚乙炔，它是黑色的粉末，电导率只有 10^{-4} 西/米。1967 年，日本化学家白川英树在指导学生用齐格勒—纳塔催化剂进行催化聚合乙炔时，这位学生多加了催化剂，结果得到了银色薄膜状聚乙炔。这个失误导致的发现意义非常重大。

1975 年，美国化学家麦克迪尔米德在东京见到白川英树的聚乙炔薄膜样品时大吃一惊，立刻决定从事聚乙炔的研究。回国后，他把白川英树的研究结果介绍给了同事、美国物理学家黑格，并决定邀请白川英树合作研究。用白川英树的方法制得的银色薄膜状聚乙炔的电导率并不高。为了提高电导率，他们把碘掺杂到聚乙炔中，结果电导率增加了 10^7 倍。而把 AsF_5 掺杂到聚乙炔中时，电导率的增加更为惊人。这一成果于 1977 年以论文形式发表。由于聚乙炔易被氧化和潮解，1980 年代后，导电高聚物的研究扩展到了聚吡咯、聚噻吩和聚苯胺等。虽然它们的电导并不太高，但因性质比较稳定，所以得到了广泛应用，如用于二次电池、光电子器件、电磁屏蔽、分子导线和分子器件等。

黑格、麦克迪尔米德、白川英树的发现，开辟了导电高分子化学及物理学研究的重要领域，因此分享了2000年诺贝尔化学奖。

1977年
掩星观测发现天王星环

1970年代，地面天文观测关于行星世界的一大贡献，乃是发现天王星环。1977年3月10日，发生天王星掩恒星SAO158687的天象，这是间接研究天王星大气的良好时机。美国、中国、澳大利亚、印度等国都进行了观测。然而，出乎意料的是：在天王星本体掩星之前数十分钟，天文学家们还观测到了一些始料未及的“次掩”，但次掩期间恒星星光并未完全消失；在天王星本体掩星之后数十分钟，又再次发生另一些与之雷同的“次掩”。它们显然都不是由天王星大气造成的。精细的分析表明，造成这些“次掩”的乃是环绕着天王星的一组环。不过，天王星环的结构与又宽又亮的土星环大不相同。天王星环都很细，其中最宽的ε环宽度也不足100千米，较小的环宽度仅10千米上下，环与环之间的空隙却有上千千米宽。300多年来，人们一直将土星光环视为太阳系中独一无二的奇观，天王星环的发现打破了这种垄断局面。1979年，木星探测器“旅行者1号”穿越木星赤道面时发现了木星环。1989年8月，“旅行者2号”飞船到达海王星附近，通过近距离摄影又确认了海王星环。太阳系的4颗类木行星皆有环系，4颗类地行星则无一带环。探明行星环的成因和造成彼此间差异的原由，将有助于了解太阳系起源和演化的历程。

哈勃空间望远镜在红外波段拍摄的天王星照片
环带和几颗卫星清晰可见，天王星视圆面上的橙黄色斑块是云。

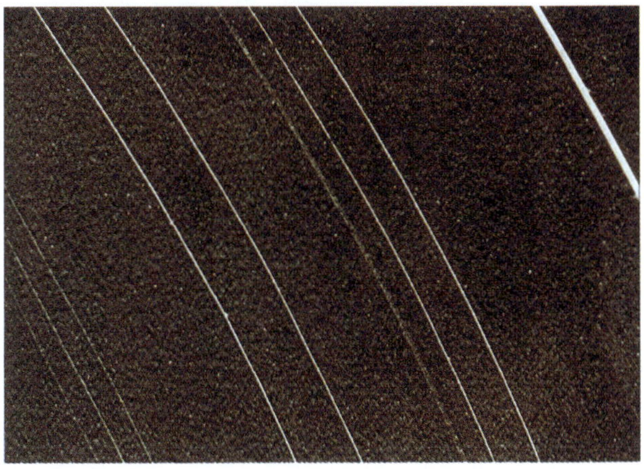

1986年“旅行者2号”飞越天王星时拍摄的天王星环系
图中可见的9个环从里往外依次被称为6、5、4、α、β、η、γ、δ和ε环。

1977年
柯里斯发现海底热液生物群

1970年代早期，法国和美国联合实施“法美大洋中部海底研究(FAMOUS)计划”，利用载人深潜器在大西洋中脊海底发现大量冒着气泡的海底热液喷泉。1972年，美国海洋学家柯里斯在东太平洋加拉帕戈斯裂谷海域考察时，发现该海域底层水温很高，怀疑该处可能有海底热液喷泉。柯里斯等根据调查资料向美国科学基金会提出申请，建议对加拉帕戈斯裂谷带进行海洋深潜调查。

1977年2—3月，柯里斯等人乘坐“阿尔文号”深潜器24次下潜到该海域的海底断裂带附近，开展海水物理化学参数测量，采集海底热液喷泉口的热流样品和沉积物样品。当他们下潜到 2500 米水深的洋底时，不仅看到从热液喷泉口中不断喷射出来的热液羽状流，还意外地发现热液喷泉口附近栖息着大量从未见过的奇异生物。加拉帕戈斯裂谷的海底热液生物群是人类第一次在大洋海底发现的热液生物群，是 20 世纪生物学和地球科学领域最重要的发现之一，引起生物学家的极大关注。1979 年，“阿尔文号”再次搭载生物学家在该海域进行深潜考察，开始系统地进行海底热液生物群研究。

正在喷射海底热液的海底黑烟囱

1977 年
韦尔等创立地震地层学

地震地层学是以反射地震资料为基础，进行地层划分对比、沉积环境判断、岩相岩性预测的地层学分支学科，是地球物理学与地层学、地震技术和沉积理论相结合的新范畴。

地震反射同相轴基本上是沉积等时面的反映，而非宏观岩性界面的反映。各反射同相轴系统中，断面反映沉积过程的间断，这种间断面也具有相对等时性，即此面之上的所有沉积均比此面以下的任何沉积为新，而在上下两间断面之间不被间断面隔开的地层，可视为大体上连续沉积的一个地层单元，称为地震层序。层序的上下边界均被间断面或与其相当的整合面完全封闭。

1977年，美国埃克森石油公司的地震学家韦尔等出版论文集，标志着地震地层学的创立。至今，地震地层学已经广泛应用于各种沉积矿产特别是油气资源的调查勘探，并衍生出层序地层学和油藏描述两个学科分支。

1977 年
吉尔伯特发明大片段 DNA 快速测序法

1970 年代，大片段 DNA 序列的快速测定技术取得了突破性的进展，为今天蓬勃兴起的基因组学及众多相关学科领域开辟了道路。

1977 年，美国生物化学家沃尔特·吉尔伯特发明了一种以化学修饰为基础的 DNA 序列快速测定方法，该法又称为化学降解法。其基本原理是：(1)DNA 末端用放射性同位素标记；(2)用化学方法及加热将 DNA 双链拆为单链，取其中一条进行下一步反应；(3)控制化学反应条件，使 DNA 单链仅在某一种核苷酸处断开，得到一系列长短不一的 DNA 单链片段；(4) 由此得到几组 DNA 片段，每一组中的 DNA 片段一端带有放射性标记，另一端最后一个核苷酸相同；(5)几组片段分别进行凝胶电泳，按大小进行分离，经放射自显影，根据片段长度和另一端最后一个核苷酸，可读出待测 DNA 的核苷酸序列。该方法采用化学试剂修饰核苷酸，控制一定的化学反应条件就可以使化学试剂仅在某一种碱基位置断裂 DNA 链。这种方法每次可以测定包含 100—200 个核苷酸的 DNA 片段。1980 年，吉尔伯特因发明测定大片段 DNA 序列的方法而与桑格、伯格共同荣获诺贝尔化学奖。

1977 年 罗伯茨和夏普发现割裂基因

人们曾经认为,基因是一段连续排列在 DNA 上的功能片段,遗传信息从 DNA 上原封不动地转录为信使 RNA(mRNA),mRNA 再忠实地翻译成蛋白质,DNA 上核苷酸所代表的氨基酸序列与相应蛋白质的氨基酸序列完全相同。1977 年,英国分子生物学家理查德·约翰·罗伯茨和美国分子生物学家夏普分别独立发现,在电子显微镜下,腺病毒的一个 mRNA 并未像预期的那样与其 DNA 完全互补,而是对应于 DNA 上隔开一段距离的 4 个片段,没能与 mRNA 互补的 DNA 部分形成环状突起。他们据此认为,DNA 上既有携带遗传信息的部分,也有不携带遗传信息的部分。也就是说一个完整基因的信息在 DNA 上被不表达蛋白质的部分分割成数段,他们将这样的基因称为割裂基因。

1978 年,美国生物化学家吉尔伯特提出内含子和外显子的概念,分别表示 DNA 序列中在成熟 mRNA 中不出现和出现的对应部分。割裂基因先转录出 RNA 前体(称为核内不均一 RNA),然后经过特定的剪接过程除去内含子的对应部分,将外显子的对应部分连接成成熟的 mRNA。割裂基因的发现加深了人们对真核基因结构的了解,发展了基因进化理论,也为基因工程和基因治疗开辟了新的道路。罗伯茨和夏普因此分享了 1993 年诺贝尔生理学医学奖。

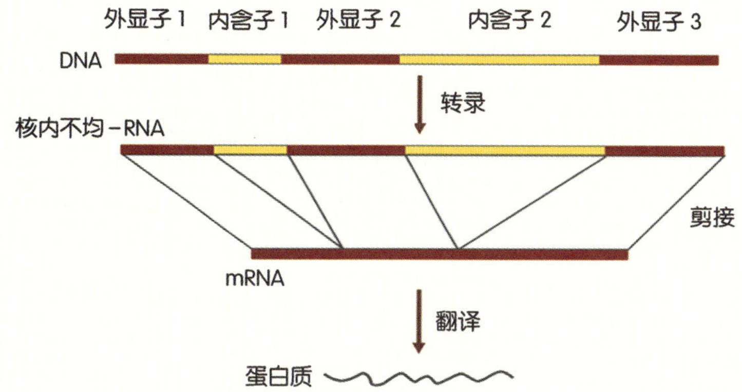

割裂基因　DNA 上外显子被内含子分隔开,DNA 经转录、剪接,被割裂的遗传信息完整地体现在 mRNA 中,用以指导蛋白质合成。

1977 年 美国、日本制成超大规模集成电路

在一块芯片上集成的晶体管元件超过 10 万个,或所含逻辑门电路超过 1 万门的集成电路,通常称为超大规模集成电路即 VLSI。超大规模集成电路是 1970 年代后期研制成功的。1977 年,超大规模集成电路工艺取得突破性进展,美国、日本科学家在 30 平方毫米的硅晶片上集成了 13 万个晶体管。1978 年,超大规模集成电路开始投入应用,用它制造的电子设备体积小、重量轻、功耗低、可靠性高,因此主要用于制造存储器和微处理器。64 位随机存储器采用的是第一代超大规模集成电路,大约包含 15 万个元件,线宽为 3 微米。利用超大规模集成电路技术,可以将一个电子分系统乃至整个电子系统“集成”在一块芯片上,完成信息采集、处理、存储等多种功能。

VLSI芯片放大照片

1977 年 伯努利把时态逻辑引入计算机科学

时态逻辑又叫时序逻辑,是非经典逻辑中的一种,它研究如何处理含有时间信息(现在、过去、将来;此前、此后等)的事件的命题和谓词。1977 年,以色列数学家、计算

机科学家阿米尔·伯努利把时态逻辑引入计算机科学,把它作为开发反应式系统和并发式系统时进行规格说明和验证的工具,取得了极大的成功,在软件工程界引起轰动。他开发的系统叫"命题线性时态逻辑系统"(PLTL),具有处理其值随时间变化而改变的动态变元的能力,可充分表达程序的安全性和事件的优先性等,被认为是软件工程中的一场革命。中国科学院院士、著名逻辑和软件学家唐稚松在伯努利工作的基础上,把时态逻辑用于整个软件开发过程,包括需求定义、规格说明、设计、证实、验证、代码生成和集成,并开发了世界上第一个可执行时态逻辑语言 XYZ/E,在国际上引起强烈反响,并得到伯努利的高度评价。

伯努利由于时态逻辑、程序与系统验证方面的贡献,获得 1996 年度图灵奖。

1978 年
第 1 届沃尔夫数学奖颁发

出生于德国的里卡多·沃尔夫是富有的犹太工业家,移居古巴后曾任古巴驻以色列大使,后定居以色列。他用近 20 年的时间,经过大量试验,成功地发明了一种从熔炼废渣中回收铁的方法,从而成为百万富翁。1976 年,沃尔夫及其家族捐献 1000 万美元成立了沃尔夫基金会,其宗旨是促进全世界科学、艺术的发展。

沃尔夫基金会设有数学、物理、化学、医学、农业五个奖项,1981 年又增设艺术奖,评奖委员会由世界著名科学家组成。沃尔夫奖通常每年颁发一次(可空缺),每个奖项的奖金为 10 万美元,可以由几人分得。由于诺贝尔奖不设数学奖,而菲尔兹奖只授予 40 岁以下的数学家,因此沃尔夫数学奖具有重要的意义。沃尔夫奖 1978 年开始颁发,第 1 届沃尔夫数学奖授予苏联数学家盖尔范德和德国数学家西格尔,他们的研究领域分别是泛函分析、群表示论,以及数论、多复变函数论、天体力学。

沃尔夫奖的评奖标准不是单项成就而是终身贡献,获奖的数学大师不仅在某个数学分支上有极深的造诣和卓越贡献,而且博学多能,在多个分支均有建树,形成了自己的著名学派,他们的成就在相当程度上代表了当代数学的水平和进展。

1978 年
帕尔准确定义电负性

电负性有几种不同的算法,如鲍林电负性、密立根电负性和阿莱电负性。鲍林电负性是根据热化学数据和分子键能,指定氟的电负性为 3.98,计算得到其他元素的相对电负性;密立根电负性是从电离势和电子亲合能计算得到的;阿莱电负性则是建立在核和成键原子的电子静电作用的基础上。可见,这三种电负性的含义其实是不同的。1978 年,美国化学家帕尔在密度泛函理论的基础上,为电负性给出了更加准确的定义。所谓密度泛函理论,可以理解为用电子密度而不是波函数建立的另一种形式的量子理论。多电子体系基态能量可表示为电子密度的泛函,等于动能、电子与核的相互作用势能以及电子与电子的相互作用势能之和。从能量的观点来看,中性分子体系的化学势就是电子能量与电子数之间的单调下降函数在电中性处的斜率,帕尔将体系化学势的负值定义为绝对电负性。以往,人们并未考虑过微观体系是否有化学势,而从密度泛函理论来看,分子的结合必然将化学势拉平,长期被应用但未被严格证明的电负性均衡原理成为该理论的必然结论。可见,用微观化学势定义的绝对电负性具有更加深刻的物理含义。

1978 年
美国发射配备成像 X 射线望远镜的轨道天文台

美国宇航局于 1977 年开始发射"高能

正在装配中的“爱因斯坦天文台”

天文台”(缩写 HEAO),这是一系列的大型轨道天文台。“高能天文台 1 号”(HEAO-1)于 1977 年 8 月发射,发现了许多新的 X 射线源。1978 年 11 月,“高能天文台 2 号”(HEAO-2)发射,为纪念爱因斯坦诞生 100 周年,又称“爱因斯坦天文台”。其总重为 3130 千克,首次配备能成像的 X 射线望远镜。这台大型掠射式 X 射线望远镜由 4 层内外嵌套的环组成,最外层口径 58 厘米,每层环圈上有一组特定的抛物面和双曲面镜,利用全反射原理使收集到的 X 射线聚焦。该镜定位精度 1′,焦平面放置 4 种可轮换使用的探测器。其中的高分辨成像仪(HRI)视场 25′,角分辨率 2″,灵敏度比以往最好的 X 射线望远镜提高了 1000 倍。其主要成果包括:发现了以前无法探测到的正常恒星的 X 射线辐射;首次对超新星遗迹进行高分辨能谱和形态研究;在仙女星系 M31 和麦哲伦云中分辨出大量 X 射线源;首次研究了星系和星系团中的高温气体分布;探测到半人马座 A 和 M87 中与射电喷流方向一致的 X 射线喷流;首次进行中等和深度 X 射线巡天,揭示出 1960 年代发现的 X 射线背景辐射很可能是分立的微弱 X 射线源的叠加,而不是充满宇宙的弥漫高温热气体。这些发现是 X 射线天文学的又一个里程碑。1979 年 9 月,“高能天文台 3 号”(HEAO-3)发射成功。

1978 年
史密斯发明寡核苷酸定点诱变技术

1970 年代中期,正在英国剑桥大学访问的加拿大生物化学家迈克尔·史密斯提出了一种得到突变体的新方法:如果合成一个略加改造的寡核苷酸(数量较少的核苷酸聚合而成的短链)并将它作为引物(可以与模板结合、引导 DNA 合成的单链核酸片段)与一个 DNA 分子结合,再使其进入一个合适宿主内复制,将会引起 DNA 分子的突变并产生一种新的蛋白质。1978 年,史密斯和同事按此思路进行试验,终于发明了寡核苷酸定点诱变技术。他们将目的 DNA(想要得到的 DNA)插入一种噬菌体的特定位点上,用这种噬菌体转染细菌,提取单链 DNA 作为模板。然后,设计并合成带有突变核苷酸序列的寡核苷酸引物,使之与带有目的 DNA 的单链模板杂交。接着,加入 DNA 聚合酶和 4 种脱氧核糖核苷酸,这样合成的新的 DNA 就带有了突变序列。用 DNA 连接酶使新合成的 DNA 变成环状,再去转染细菌。最后,用 DNA 序列分析方法从所获得的噬菌体中筛选出带有突变 DNA 序列的突变体,并用突变的 DNA 片段置换未突变DNA 的相应区段,得到完整的 DNA 突变体。

寡核苷酸定点诱变技术可以人为地通过改变基因来修饰、改造某一已知的蛋白质,从而为研究蛋白质的结构及其与功能的关系以及蛋白质分子间的相互作用开辟了道路。史密斯因此荣获 1993 年诺贝尔化学奖。

1978

1978 年
第一例试管婴儿诞生

试管婴儿技术是一项结合胚胎学、内分泌学、遗传学以及显微操作的综合技术，在治疗不孕不育症的方法中最为有效。具体方法是：将精子和卵子置于体外，利用各种技术使卵子受精，培养几天后移入子宫，使女性受孕生育后代。世界第一例试管婴儿的成功是基于中国—美国生殖生理学家张明觉的开拓性研究。他在 1959 年成功地完成了兔子体外受精实验，即从兔子交配后回收的精子和卵子在体外受精结合，再将受精卵移植到别的兔子的输卵管内，借腹怀胎，生出正常的幼兔。他因此成为体外受精研究的先驱。1970 年，英国妇科学家斯特普托及胚胎学家爱德华兹开始人的体外受精、胚胎移植的研究工作。1974 年，他们建立了此项技术原则；1976 年，完成 1 例输卵管妊娠；1978 年 7 月 25 日，世界第一例试管婴儿在英国诞生。

1978 年
里维斯特等提出 RSA 公钥密码算法

用于秘密通信的密码技术有非常悠久的历史，在政治、军事、外交、商业等领域有着广泛的应用。要将一个明文变成密文，需要一个加密密钥和一个加密算法。要将密文恢复成明文，则需要一个解密密钥和一个解密算法。1978 年，麻省理工学院的美国计算机科学家里维斯特、以色列计算机科学家沙米尔和美国计算机科学家阿德勒曼提出 RSA 公钥密码算法，RSA 的名称来自他们三人姓氏的首字母。在这种系统中，加密密钥和算法都不需要保密，唯一需要保密的是解密密钥。

RSA 算法是第一个能同时用于加密和数字签名的算法，也易于理解和操作。它是被研究得最广泛的公钥算法，能够抵抗到目前为止已知的所有密码攻击，已被 ISO 推荐为公钥数据加密标准。RSA 算法是一种非对称密码算法。所谓非对称，就是指该算法需要一对密钥，使用其中一个加密，使用另一个进行解密。RSA 的安全性依赖于大数的因子分解：将两个大素数相乘十分容易，但要想对其乘积进行因子分解却极其困难。RSA 的重大缺陷是无法从理论上把握它的保密性能如何，因为没有从理论上证明破译 RSA 的难度与大数分解难度等价。里维斯特、沙米尔和阿德勒曼由于 RSA 公钥密码算法的工作，获得 2002 年图灵奖。

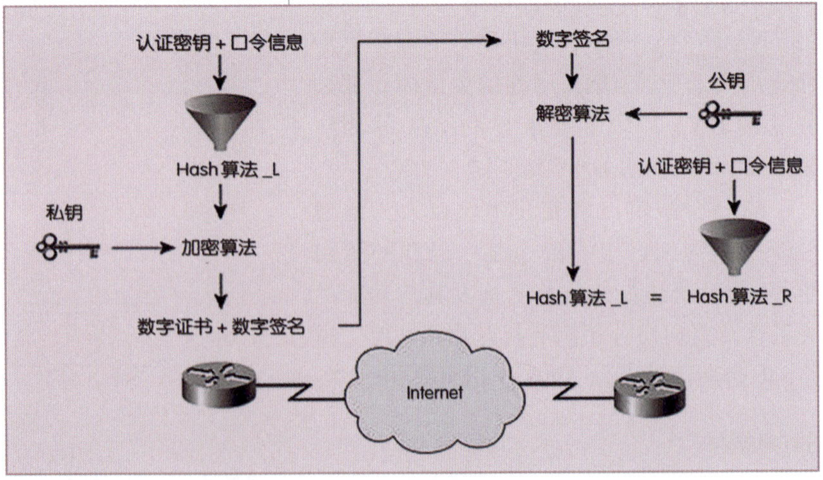

RSA原理图　*左侧为加密过程，右侧为解密过程。*

1978 年
XCY语言开始形成

1973 年，中国开始研制大型机 DJS200 系列，计算机软件设计专家杨芙清被任命为 200 系列软件总体设计组成员，并任 240 机软件项目负责人。1978 年，南京大学计算机科学家徐家福和中国科学院计算技术研究所计算机科学家仲萃豪共同设计了系统程序设计语言 XCY 的一个试用文本，并与杨芙清分头进行了一些试验性工作，试写了 DJS200/XT1、XT2 等操作系统和编译程序，在 1979 年全国软件会议上提出交流，逐步形成一个相对完善的语言文本。

XCY 语言是一种系统程序设计语言，

主要用于书写系统程序，特点是使用方便、规模适度、概念简明。在设计 XCY 语言时，研究人员参考了当时国际上几种流行的系统程序设计语言的基本成分，并加以提炼、创新。XCY 语言除了提供通常的子程序外，还包含模块和路径。模块可以嵌套，也可以分别编译；路径类似于子程序，但可以并发执行。240 机的操作系统(DJS200/XT2)即采用了先进的层次管程结构，全部用 XCY 语言进行书写。

1978—1982 年
奥尔特曼和切赫发现具有催化功能的 RNA

过去人们一直认为，所有的酶都应当是蛋白质，也只有蛋白质才可能具有催化功能。核酶的发现打破了这一传统的观念。核酶是具有催化功能的 RNA 分子，其化学本质是核糖核酸而不是蛋白质。

1978 年，加拿大分子生物学家奥尔特曼发现，细菌的一种核糖核酸酶 P(既包含蛋白质又包含 RNA）在去除了蛋白质部分后，剩余的 RNA 分子在一定条件下同样具有全酶的催化活性。1982 年，美国分子生物学家切赫在研究一种原生动物四膜虫的 rRNA 时发现，在没有任何蛋白质存在的情况下，rRNA 可以自动切除内含子(真核生物 DNA 中的序列，在 DNA 被转录为成熟的 RNA 分子时该序列的对应部分会被切除)，并将外显子（真核生物 DNA 中的序列，在 DNA 被转录为成熟的 RNA 分子时该序列的对应部分被保留下来)拼接起来。这说明 RNA 本身具有催化功能。为了将其与传统的酶区别开来，切赫将这种具有催化功能的 RNA 分子称为核酶。目前，人们已在生物体内发现了多种类型的核酶，并且可以根据需要设计生产新的核酶。

核酶的发现向“酶都是蛋白质”的观念提出了挑战。由于核酶既携带遗传信息，又具有催化功能，因此核酶的发现为“生物进化的早期存在一个 RNA 世界，由 RNA 同时行使 DNA 与蛋白质的相应功能”这一假说提供了有力的佐证。1989 年，切赫与奥尔特曼因发现 RNA 的催化特性荣获诺贝尔化学奖。

1979 年
IUPAC 命名法公布

最初，人们对化合物只有一些表面的认识，根据它们的来源和性质命名。例如，甲烷是由池沼里植物腐烂产生的气体中得到的，因此称为沼气。随着化学的发展和对化合物的认识从性质深入到结构，特别是对于结构复杂的有机化合物，人们需要一个根据结构命名的方法。

1892 年，各国化学家在日内瓦举行国际化学会议，拟定了有机化合物系统命名法，称作“日内瓦命名法”。1930 年在比利时召开的国际化学联合会大会修订并发展了该命名法。此后经国际理论与应用化学联合会（IUPAC）多次修订，1979 年公布 IUPAC 命名法，该命名法已被各国普遍采用。它包括了 IUPAC 规定的一系列命名规则，规定了从有机到无机、从小分子到高分子等各方面的化学术语。IUPAC 已将命名法出版为一系列“颜色书”，例如，金色书规范了符号和术语，绿色书、红色书、蓝色书、紫色书、橙色书、银色书和白色书分别是关于物理化学、无机化学、有机化学、高分子化学、分析化学、临床化学和生物化学的命名方法。中国化学会在 IUPAC 命名法的基础上，结合汉字的特点于 1980 年公布了《有机化学命名原则》和《无机化学命名原则》，沿用至今。

1979 年
沃尔什等发现引力透镜成像双类星体

广义相对论预言，光线的引力偏折可以产生引力透镜效应：如果从观测者到光源的

1979

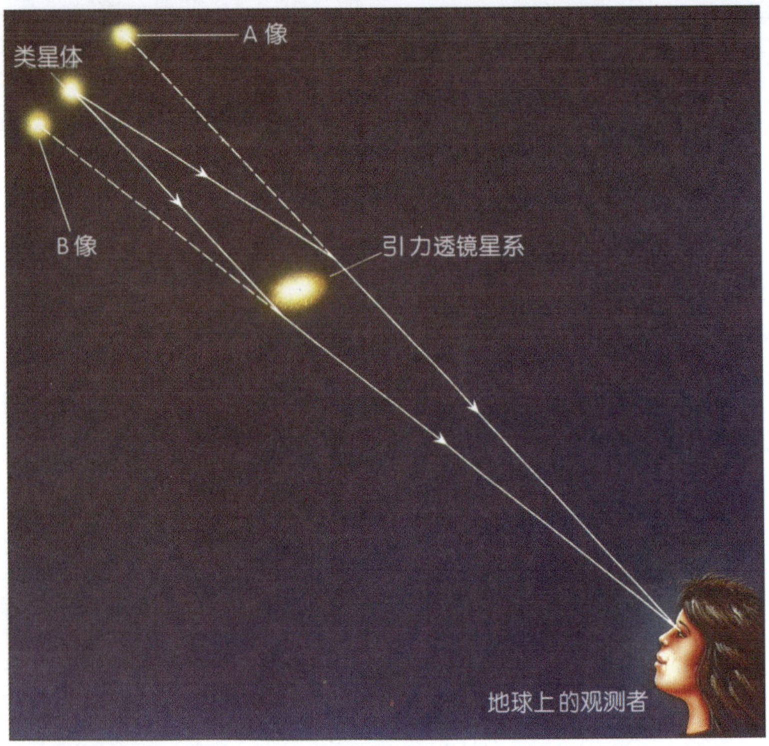

引力透镜成像示意图 来自遥远类星体的光受居间星系引力场的作用，形成 A 和 B 两个像。该居间星系就是一个引力透镜。

视线方向上有一个大质量的居间天体——例如一个巨大的星系，那么后者的引力场造成的光线偏折就会产生同透镜使光线聚焦相似的效果。观测到首例引力透镜现象，起因于对 0957 +561 的研究。这是一个以其赤道坐标命名的射电源，那里有一对 17 等的蓝色恒星状天体，角间距仅 5.7″，称为 0957 + 561A 和 0957 + 561B。1979 年 3 月，英国天文学家丹尼斯·沃尔什等对它们进行分光观测，证明它们都是类星体，而且光谱特征十分相似：发射线红移都等于 1.41，吸收线红移又同为 1.39。兼之它们的视位置如此接近，使人想到它们是同一个类星体的两个引力透镜像。0957+561 位于一个红移为 0.39 的富星系团天区内，照片显示从 B 源伸出一个模糊的结构，它是该星系团中最亮的星系像。正是这个居间星系起着引力透镜的作用。继双类星体 0957+561A 和 B 之后，发现了越来越多的引力透镜现象。但是，如果居间天体内物质的分布是延展的，那就不可能完美地起到透镜的作用，成像就变得很复杂。如果居间天体又不是正好位于观测者到光源的视线上，而是多少有所偏离，那么成像情况就更加复杂。例如引力透镜造成的像亮度增强、多重像、弧或环等，都已获得观测证实。

哈勃空间望远镜拍摄的引力透镜多重像 位于双鱼座中的星系团 CI 0024+1654 距离地球约 50 亿光年，其引力透镜效应使一个距离更远的旋涡星系形成 5 个像（图中呈蓝色）；1 个像在星系团中心附近，另外 4 个散布在环绕它的一条弧线上。

1979 年
厄尔创穿常压潜水服的最深潜水纪录

潜水起源于水下打捞、勘查、军事行动等作业需要，最初面临的技术障碍是为水下潜水员供应呼吸用的空气。16—18 世纪，多种被称为潜水钟的设备相继问世，可在短时间内为潜水员供应空气。1828 年，英国工匠设计了一种带窗的潜水头盔，可从水面上向头盔内供应空气，成为现代潜水服的雏形。

19 世纪中期，人们发现在超过 18 米的水下长期工作会导致减压病，水下压力才是限制人类潜水深度的最大障碍。1878 年，法国生理

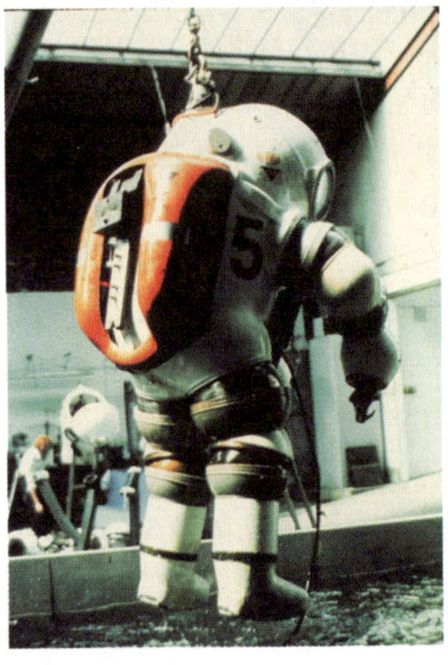

JIM Suit常压潜水服

学家伯特发现了潜水减压病的致病原理，并找到用缓慢减压来缓解减压病的治疗方法，但也只能帮助潜水员安全下潜到 30 多米深度。1908 年，英国生理学家约翰·斯科特·霍尔丹设计了能辅助潜水员下潜超过 60 米的解压器械，以及供潜水员在上升过程中参考操作的解压表。

随着下潜深度增大，空气中的氮气在高压下会使人产生“氮醉”症状。1930 年代，一些生理学家提出使用惰性气体氦气制成氦氧混合气来替代氮氧混合气，以解决氮醉问题。但随着潜水深度增大，潜水员返回水面前所需的减压时间变长，严重影响潜水作业效率。1957 年，美国生理学家乔治·富特·邦德提出“饱和潜水”技术，即让潜水员长时间暴露在高气压条件下，使其体液中所溶解的惰性气体达到饱和状态，然后进入高水压环境中进行数日乃至数十天的潜水作业，待作业任务完成后再一次性减压出水。1962 年，美国海洋工程学家林克成功下潜至水下约 60 米，验证了饱和潜水原理的可行性。同年，法国探险家库斯托最大下潜深度达到了 180 米。

1969 年，一种名为 JIM Suit 的常压潜水服被发明，潜水服内保持一个大气压，可在不使用氦氧混合气情况下帮助潜水员下潜数百米。1979 年，美国女海洋学家厄尔使用 JIM Suit 潜水服成功下潜到夏威夷海域 381 米深的海底，并独立行走两个半小时，创造了穿常压潜水服的最深潜水纪录。1988 年，法国 COMEX 公司在地中海成功进行了氢氦氧混合气的饱和潜水实潜实验，潜水员在 534 米的海底有效完成了规定的作业任务。这是人类水下行走的最深纪录。

1979 年
全世界消灭天花

1958 年，第 11 届世界卫生大会通过了在全球消灭天花的计划，将消灭天花策略的重点放在提高人群的痘苗接种率上，认为痘苗接种率越高，控制和消灭天花的可能性越大。到 1967 年，天花的发病率在全球降低了很多，但在一些国家，发病率仍然居高不下。加之，大规模种痘所带来的不良反应，使全球消灭天花计划的推进相当困难。经过流行病学研究，发现天花的传播远非早期文献所记载的那样迅速，而是相当缓慢，并且只有在感染者与易感者密切接触的条件下传播才能实现，而且波及的地区也较局限。由于这一新发现，再加上既往已经认识到的天花的流行特征，诸如天花仅限于人间传播而无动物宿主、天花病例容易识别等，使天花消灭技术的决策者认识到，必须适时地变换天花的预防策略。于是，从 1967 年起，世界卫生组织发起了推广接种、消灭天花的运动。该计划强调，除了继续加强痘苗接种以提高接种率之外，还应开展天花发病的监测工作，争取及时报告疫情，在天花病人周围人群中进行环形接种，以便迅速而彻底地控制传播。最后一个自然发生的天花病例发现于 1977 年，在索马里；而最后一个非自然发生的天花病例发现于 1978 年，当时一名妇女在英国伯明翰大学的实验室里感染了这种疾病。1979 年，全球天花根除公证委员会正式宣布这一疾病消亡。

1979 年
Ada语言问世

1970 年代初，美国国防部为摆脱软件费用急剧增长的困境，提出设计研制统一的军用结构语言。其需求包括：可靠性、易维护性、结构化程序构造、信息隐蔽、数据抽象等。美国军方认为当时已有的语言没有一种能满足所有需求，于是展开招标设计。1979 年 4 月，由法国计算机科学家伊什比亚教授领导设计的“绿色语言”最终中标，被命名为 Ada，以纪念世界上第一位计算机程序员阿达·洛夫莱斯伯爵夫人。她曾详细研究过现代计算机技术之父巴比奇关于差分机和分析机的笔记、手稿，阐明了这些机器的机制

阿达·洛夫莱斯伯爵夫人

和用途。

1980 年 7 月，Ada 语言手册出版，年末又提供了编译系统。1983 年，Ada 语言被正式列入美国标准（ANSI/MIL-STD/1815A-1983），其中 1815 正是阿达的出生年份。后来，Ada 语言又先后被批准为美国联邦标准和国际标准。从 1991 年起，许多国家的军方规定，使用 Ada 语言作为唯一计算机程序设计语言。与其他流行的程序设计语言不同，Ada 语言不仅体现了许多现代软件的开发原理，而且将这些原理付诸实现。因此，Ada 语言的使用可大大改善软件系统的清晰性、可靠性、有效性、可维护性。Ada 语言是现有语言中无与伦比的一种大型通用程序设计语言，是现代计算机语言的成功代表，集中反映了程序语言研究的成果。Ada 语言的出现，标志着软件工程成功进入了国家级和国际级的规模。

1979 年
夏普公司研制成手提式计算机

自从个人计算机诞生以来，人们就一直没有间断对计算机便携化的尝试。便携式计算机的发展经历了手提式、膝上型、笔记本三个阶段。晶体管的发明推动了计算机的发展。逻辑元件采用晶体管以后，计算机的体积大大缩小，耗电减少，可靠性也得到了提高。出于对移动计算的需求，许多公司开始了便携式计算机的研发。1979 年，夏普公司研制成第一台手提式计算机，里面包含了最原始的笔记本电脑元素，为笔记本电脑的发展奠定了基础。

第一台手提式计算机

1979 年
商用 SQL 关系数据库管理系统发布

1977 年 6 月，美国计算机科学家埃里森、罗伯特·米勒和奥茨建立了软件开发实验室，1978 年更名为关系型软件公司即 RSI 公司并迁往硅谷。1979 年，RSI 公司设计出世界上第一个支持 SQL 语言的商业关系数据库管理系统 Oracle V2，这个项目是为美国政府做的。他们的成功反击了那些预测关系数据库无法商业化的说法。Oracle V2 在 DEC PDP-11 计算机上运行，其底层数据库仍然使用汇编语言编写。后来，公司决定改用 C 语言来编写数据库，这使该公司成为当时新诞生的 C 语言的早期接受者。随着 Oracle 产品在数据库市场上的成功推广，1982 年 RSI 公司再次更名为 Oracle（甲骨文）公司，这种用产品名称为公司命名的方法帮助公司迅速赢得了业界的认同。目前，Oracle 关系数据库产品的市场占有率在全世界名列前茅。

ORACLE 商标

1979 年
王选研制成汉字激光照排系统

中国计算机应用专家王选是汉字激光照排系统的创始人和技术负责人。汉字激光照排系统为新闻、出版全过程的计算机化奠定了基础，被誉为“汉字印刷术的第二次发明”。1975 年，王选开始主持研制汉字激光

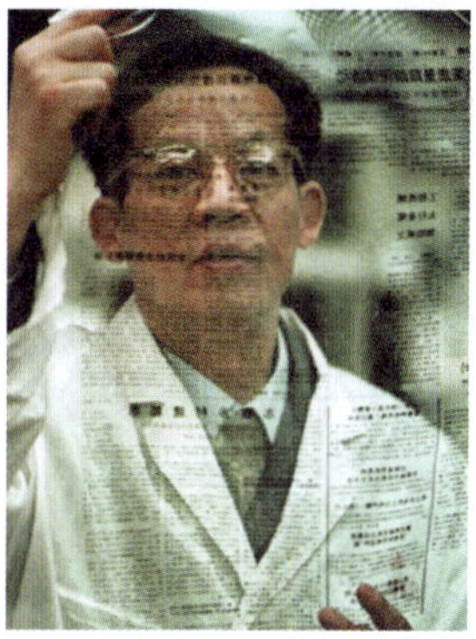
王选查看汉字激光照排系统输出的报纸胶片

照排系统，1979 年主体工程研制成功，输出了一张八开报纸底片。1981 年，王选主持研制的我国第一台计算机激光汉字照排系统原理性样机（华光Ⅰ型系统）通过部级鉴定。1985 年，王选等人发明的高分辨率汉字字形发生器、照排机和印字机共享的字形发生器和控制器获得 2 项国家专利，华光Ⅱ型系统通过国家鉴定，在新华社投入运行。1986 年，华光Ⅲ型系统获第 14 届日内瓦国际发明展览会金奖。1992 年，王选研制成功世界首套中文彩色照排系统。这些成果的产业化及应用替代了我国沿用上百年的铅字印刷，推动了我国报业和出版业的发展。王选教授本人被称为“当代毕昇”和“汉字激光照排之父”。

1980 年
有限单群分类定理证明完成

具有有限个元素的群称为有限群，其所含元素的个数称为有限群的阶。有限群中有一类叫做有限单群，它是除了单位元群和本身以外没有其他正规子群的有限群。正如素数是正整数的“原子”或“积木块”一样，有限单群宛如有限群的“原子”或“积木块”，用它们可以构造出千姿百态的有限群“大厦”。对有限群的研究可分为两大部分：一是确定出所有有限单群；二是探索有限群如何由这些单群结合而成。前一部分乃是有限群论中一项极庞大的工程——有限单群的分类。

有限单群分类定理可表述为：有限单群除了 18 个正则无限群族和 26 个散在群，再没有其他的有限单群了。有限单群分类定理的证明是由来自多个国家的 100 多位数学家协力完成的。德国—美国数学家布饶尔是现代有限单群分类工作的先驱，1942 年他和中国数学家段学复合作完成了 10 000 阶以下的单群分类，1954 年又证明了关于对合的中心化子定理，此定理提供了将任意给定单群纳入所提供的分类范畴的初步方法，因此成为单群分类工作的新起点。1962 年，美国数学家费特和约翰·汤普森迈出了关键的一步，证明了伯恩塞德猜想——所有非交换单群含有偶数个元素。1972 年，美国数学家戈伦斯坦提出了一个解决分类问题的 16 步纲领，发起了向有限单群分类定理的最后进攻。1980 年，美国数学家格里斯找到了 26 个散在单群中的最后一个也是最大的一个“魔群”，整个有限单群分类定理的证明宣告结束。有限单群分类定理可以说是数学史上最庞大的一条定理，整个结果由 500 多篇论文组成，在各种数学杂志上占了约 15 000 页版面。

1980 年
冯·克利青发现量子霍尔效应

在美国物理学家埃德温·霍尔于 1879 年发现了霍尔效应之后，1980 年，德国物理学家冯·克利青发现了量子霍尔效应。他用场效应管沟道区的二维电子系统作为样品，在极低温度（1.5 开）和极强磁场（18.9 特）下进行测量时发现，霍尔电阻随载流子浓度或磁场的变化呈现出一系列的台阶，台阶处的霍尔电导（即霍尔电阻的倒数）是以基本单位 e^2/h 的正整数倍量子化的，这里 e 是电子电荷值，h 是普朗克常量。由于这种效应中的霍尔电阻仅与基本常量有关，而与样品的尺寸无关，所以可应用于电阻标准、电磁计量基准，以及基本常量的精密测量等。冯·克利青由于发现量子霍尔效应获得了 1985 年诺贝尔物理学奖。

行星撞击致恐龙灭绝想象图

1980 年
阿耳瓦雷茨父子提出恐龙灭绝的小行星撞击假说

1980 年，诺贝尔物理学奖得主、美国物理学家路易斯·阿耳瓦雷茨和儿子瓦尔特·阿耳瓦雷茨等人，在白垩系与第三系地层交界之处发现铱元素异常，在有些地区该层位岩石的铱含量达到背景值的 30 倍甚至 130 倍。铱是地壳中含量很低的亲铁元素，但在大部分小行星和彗星中常发现较高的铱元素含量，因此阿耳瓦雷茨等认为，在白垩纪末曾有一颗直径约 10 千米的小行星撞击地球表面，引起一场大爆炸，继而引发大范围的海啸和大火。爆炸也将大量尘埃抛入大气层，形成遮天蔽日的尘雾，影响了光合作用的进行，以致植物枯死，大量生物物种包括恐龙走向灭绝，造成了地球生命演化史上重大的灾变事件。对这一时期生物的灭绝还有其他几种假说。

1980 年
国际岩石圈计划开始

国际岩石圈计划(ILP)是继国际地球动力学计划(IGP)之后的一项国际多学科研究计划。该计划由国际科学联合会理事会(ICSU)发起，由国际大地测量与地球物理学联合会(IUGG)和国际地质学联合会(IUGS)协商提出，1980 年获 ICSU 批准并开始实施。该计划旨在研究阐明地球岩石圈的性质、动力学、成因和演化，尤以大陆及其边缘作为重点，还可为进一步开发不可再生矿产资源和能源以及拓展它们的利用前景提供科学资料和先进技术，并关注天然的和人类活动诱发的地质灾害的评估、预测等。为开展国际性多学科合作研究，国际岩石圈计划由岩石圈科学委员会(SCL)领导，针对具体研究内容设立了任务组和协调委员会。1990 年后，每 5 年对研究内容进行必要的调整与更新，每年出版年度报告，并在互联网上发布。中国是最早的参加国之一，1982 年，在中国科学技术协会的领导下成立了国际岩石圈计划中国委员会。

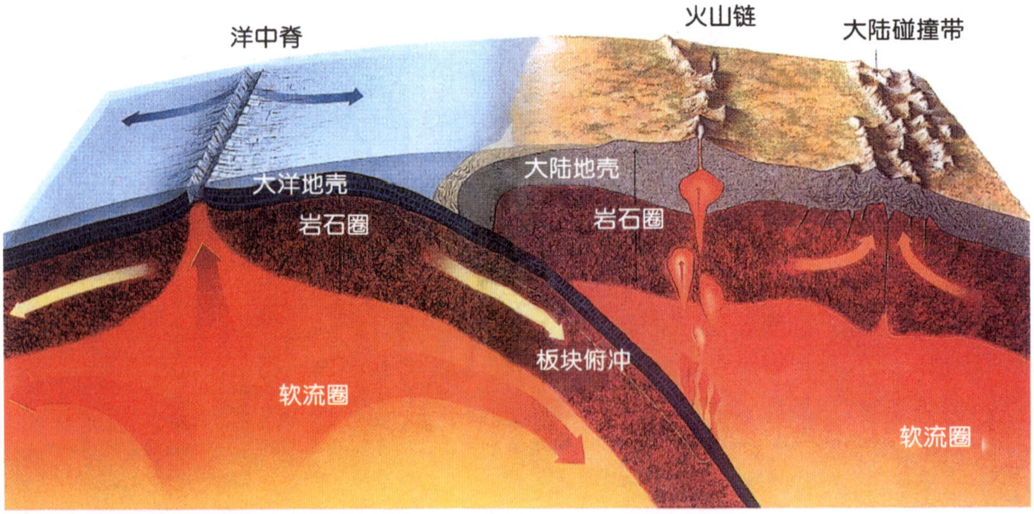

岩石圈边界

1980 年
《信息交换用汉字编码字符集（基本集）》发布

《信息交换用汉字编码字符集（基本集）》是由中国国家标准总局 1980 年发布、1981 年 5 月 1 日开始实施的我国第一个简体中文字符集的国家标准，标准号为 GB 2312。它是计算机可以识别的编码，适用于汉字处理、汉字通信等系统之间的信息交换。《信息交换用汉字编码字符集(基本集)》共收录汉字 6763 个，其中一级汉字 3755 个，二级汉字 3008 个；同时，它还收录了包括拉丁字母、希腊字母、日文平假名及片假名字母、俄语西里尔字母在内的非汉字图形字符 682 个。整个字符集分成 94 个区，每区有 94 个位，每个位上只有一个字符，因此可用所在的区和位来对汉字进行编码，称为区位码。中国大陆几乎所有的中文系统和国际化的软件都支持《信息交换用汉字编码字符集(基本集)》，它基本满足了汉字的计算机处理需要，所收录的汉字在中国大陆已经覆盖 99.75%的使用频率。新加坡等地也普遍采用此编码。由于 GB 2312 不能处理人名、古汉语等方面出现的罕用字，国家标准总局又陆续颁布了标准号为 GBK 及 GB 18030 的汉字编码字符集。

1980 年代
赫克拉等完成大天区中等深度星系红移巡天 CfA1

要了解星系在宇宙中的 3 维分布，除测定它们在天球上的 2 维位置外，还必须通过其光谱线的红移，借助哈勃定律确定它们的视向距离。1970 年代中期，电荷耦合器件在天文观测中的应用使这项费力耗时的工作得以提速。从 1977 年开始，美国哈佛大学史密松天体物理中心即 CfA 的天文学家赫克拉等用霍普金斯山口径 1.5 米的反射望远镜，花 5 年时间完成了北天高银纬区约 1400个亮于 14.5 等星系的红移测量——称为 CfA1，结合位置信息，第一次获得了中等深度近邻宇宙的大尺度结构图像。第二次 CfA 巡天称为 CfA2，由赫克拉和美国天文学家盖勒发起，于 1984 年冬开始，1995 年结束，通过红移测定了南天约 18 000 个亮星系的相对距离。1985 年，赫克拉等用 CfA1 巡天数据绘制了一幅“宇宙切片”图。那是分布在一片宽 6°、长 130°的扇形天区中近 1100 个星系的观测结果，银河系位于这个扇形的顶点，径向坐标是红移乘以哈勃常数，相当于视向速度，单位是千米/秒。图中显示的星系分布并不是真正随机的，而像是分布在一些“气泡”状巨大空洞的表面。更引人注目的是，图中位于赤经 8 时到 17 时方向之间，视向速度从 5000—10 000 千米/秒的区域内，有一片分布密集而均匀的星系形成了一个大尺度结构，仿佛一条由无数星系构成的巨大城墙横亘在天空中。它被称为星系“长城”或“巨壁”，可能是 CfA 巡天得到的最重要的结果。

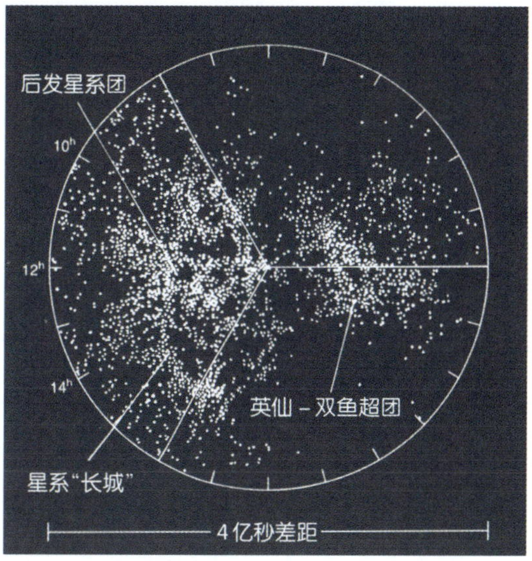

宇宙的大尺度结构 本图是几次星系红移巡天资料的组合，延伸到距离太阳 2 亿—3 亿秒差距的范围，共画出 4500 多个星系的位置，取哈勃常数为 65 千米/(秒·兆秒差距)。左侧扇形区域的相关资料主要来自 CfA1 巡天，其中的弧形结构是星系“长城”。图中上下两侧出现大块空白区域的原因主要是受到银河系的遮挡。

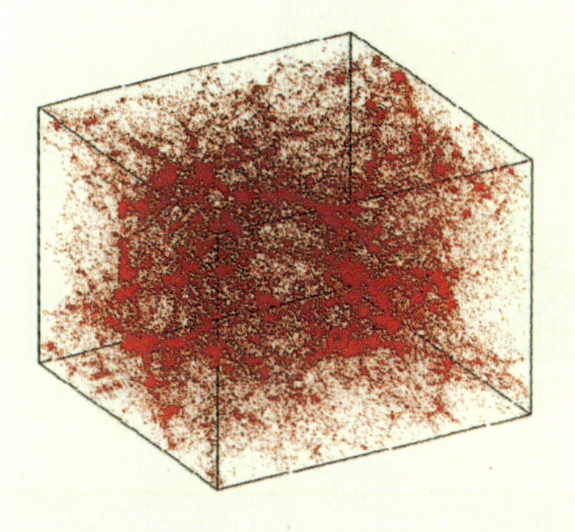

宇宙的三维结构 红移巡天令人惊奇地揭示，星系似乎聚集在许多硕大无朋的空心球的表面。这幅由计算机生成的图像所代表的范围约为整个可观测宇宙的 1/20。

1980

1980 年代
艾伦开创并行计算编译技术

弗朗西丝·艾伦是美国计算机科学家、IBM 终身研究员。作为一名编译器优化领域的先驱,她的成就主要包括编译器的基本原理、代码优化和并行编译等。艾伦在 1980 年代早期组织了 IBM 的并行翻译(PTRAN)研究组,致力研究并行计算机的编译问题。PTRAN 被认为是世界上最优秀的并行计算研究项目,其研究成果被广泛应用于目前工业界的商用编译器产品中。在理论创新的同时,艾伦还为 IBM 许多编译器的开发作出了重大贡献。她亲手实现了许多由她提出的优化算法,还实现了 IBM 的第一个优化程序符号调试器。艾伦由于在编译器优化理论和实践方面作出的开创性贡献,获得 2006 年度图灵奖,这是该奖第一次授予一位女性计算机科学家。

姚期智

1980 年代
姚期智提出关于计算复杂性的一系列理论

中国—美国物理学家、计算机科学家姚期智主要研究计算理论,他所发表的近百篇学术论文,几乎覆盖了计算复杂性的所有方面,也涉及算法设计与分析的许多重要问题。

1980 年代,姚期智提出了包括伪随机数生成、密码学与通信复杂性在内的一系列计算理论。如在 1982 年的论文《活板门函数的理论和应用》中,姚期智导出了随机数生成技术中的一个重要概念,即“随机性和难度”的折衷。该论文还首次定义了“计算熵”的概念,极大地推动了密码学的发展。在 1986 年的论文《如何产生和交换秘密信息》中,姚期智提出了一种称为“健忘的电路模拟”的密码技术,利用该技术能秘密而可靠地计算出任意函数。由于此方面的工作,姚期智获得 2000 年图灵奖,他是目前唯一一位获得此奖项的华人。

2004 年 9 月,姚期智辞去普林斯顿大学的终身教职,正式加盟清华大学,目前在其领导成立的清华大学理论计算机科学研究中心任职。

1981 年
古思提出暴胀宇宙模型

1980 年代前,大爆炸宇宙论因解释了大量天文观测事实而获得巨大成功,但仍留下了一些令人困惑的疑难问题。一是所谓“视界疑难”:宇宙中能够通过光信号发生因果联系的区域称视界,视界随宇宙膨胀而不断扩大;极早期宇宙的视界尺度极小,当时的宇宙应由无数彼此无关的区域构成,那又如何能实现今天观测到的高度各向同性呢?二是所谓“平性疑难”:按照标准宇宙模型,如果宇宙的密度参数 Ω 开始时不等于 1,那么随

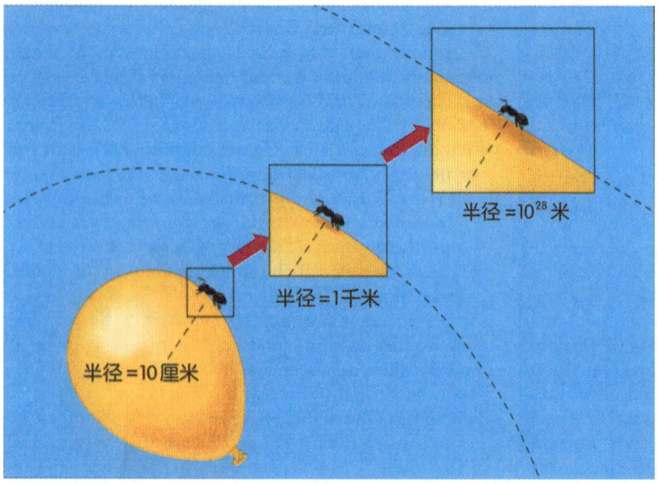

暴胀解决了宇宙平坦疑难

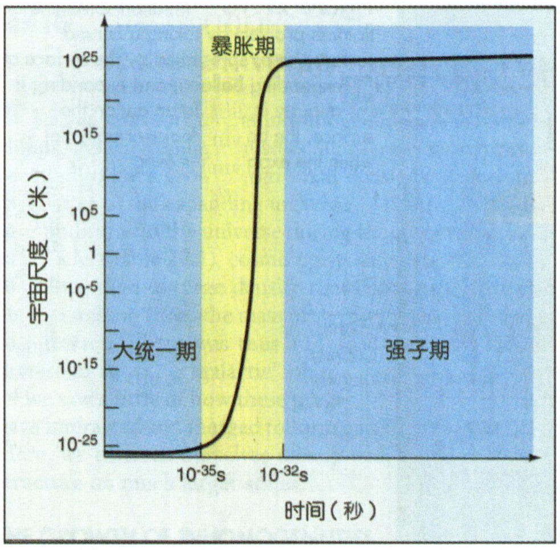

暴胀宇宙尺度剧增示意图

着宇宙膨胀 Ω 就会迅速偏离 1。既然今天的 Ω 值与 1 相差无几，那么在遥远的过去 Ω 若非正好等于 1——相应于平坦空间，就必须精确微调到与 1 之差小得微乎其微，这又如何得以实现呢？1981 年，美国物理学家古思提出了极早期宇宙的暴胀模型。他指出，如果早期宇宙在真空能量密度（负压强）驱动下曾发生指数式膨胀——即暴胀，则既可解决宇宙在大尺度上的各向同性问题，又可推动宇宙的空间几何趋于平坦。指数式膨胀的效应是使近邻粒子以指数式增加的速率分开，将它们远远推到局域视界之外，这就说明了暴胀期结束时宇宙的大尺度各向同性。这时，宇宙转换为标准的弗里德曼宇宙模型，它有非常精确的平坦几何，即必有 Ω = 1。该模型于 1982 年由苏联—美国物理学家安德列·林德修订，此后人们又对其进行了大量研究。宇宙暴胀期发生在大爆炸之后 10^{-35}—10^{-32} 秒，在此期间宇宙的尺度增大了 10^{50} 倍，并形成了主导宇宙的各种基本相互作用和丰富多彩的粒子世界。虽然对暴胀期物理的了解尚待继续深入，但其预言得到威尔金森微波各向异性探测器（WMAP）等的观测支持，其前景似乎相当广阔。

1981 年
霍西金斯和卡卢里成功解释大气环流的遥相关现象

1930 年代—1940 年代，瑞典—美国气象学家罗斯贝发现大气长波，中国大气物理学家叶笃正提出大气长波的频散理论，奠定了大气长波动力学的基础。此后 30 多年内，气象学家对于大气长波能量传播的研究一直停留在一维空间范围内，即只研究了波动能量在东西方向上的传播，而没有进一步研究波动在包括南北方向的一般二维空间中的传播。从 1970 年代开始，气象学家们在通过实验研究大气环流形成的基本理论时发现，大气对于像青藏高原这样的地形强迫作出响应时，通常会在地形的下游产生具有南北方向分量的波动响应，这种响应与叶笃正提出的东西方向大气长波的频散具有一定的相似性，但不限于东西方向上。几乎在同一时期，美国气象学家华莱士等提出了大气中的遥相关型，指出某一地区气象要素的变化与其他（相邻或不相邻）地区间气象要素的变化存在联系，而这些地区很多并不处于同一纬度上。为了解释这些观测和实验中发现的现象，1981 年，英国气象学家霍西金斯与他来自澳大利亚的博士生卡卢里通过实验和严格的数学推导，利用二维频散理论得出球面（地球表面）上大气长波能量传播的路径方程，成功解释了大气环流的遥相关现象，同时推广了叶笃正提出的大气长波在一维空间中的频散理论。这是气象学发展中的一个重要里程碑。由于这一重要理论贡献以及其他重要成果，霍西金斯于 1988 年被美国气象学会授予最高学术成就奖——罗斯贝奖。

1981 年
中国合成酵母丙氨酸 tRNA

转移核糖核酸即 tRNA 是一类特殊的小分子核酸，在蛋白质合成中处于关键地位。它可以结合特定的氨基酸，并准确地将氨基酸运送到合成蛋白质的“工厂”——核糖体上。1958 年，美国医学家扎梅克尼克等人在家兔肝细胞中首次发现 tRNA。1965 年，美国生物化学家霍利确定了酵母丙氨酸 tRNA 的核苷酸序列。同年，中国科学家继人工合成结晶牛胰岛素之后，开始了合成酵母丙氨酸 tRNA 的联合攻关。

tRNA 一般包含 70—90 个核苷酸，自动折叠成三叶草形状。其分子量约为 26 000 道尔顿，比牛胰岛素大 4 倍，结构比牛胰岛素复杂得多。中国科学家利用化学反应和酶促反应相结合的方法，先合成了几十个长度为 2—8 个核苷酸的寡核苷酸，然后将它们连接成 6 个大片段，再进一步连接，于 1981 年终于首次人工合成了包含 76 个核苷酸的酵母丙氨酸 tRNA。合成产物与天然分子具有完全相同的化学结构和生物活性。合成产物中包括 7 种 9 个稀有核苷酸,这不仅体现了我国合成技术的先进性,而且表明稀有核苷酸对 tRNA 的生物活性具有至关重要的意义。

用合成方法改变 tRNA 的结构,尔后观察其功能的改变,是研究 tRNA 结构与功能的最直接手段,意义重大(特别是对生命起源研究而言)。合成酵母丙氨酸 tRNA 获得了 1984 年中国科学院重大科技成果奖一等奖、1987 年国家自然科学奖一等奖和陈嘉庚生命科学奖。

1981 年
微软公司推出 MS-DOS 1.0 和 PC-DOS 1.0

1980 年,西雅图计算机产品公司开发了基于 8086 芯片的 86-DOS 操作系统。1981 年 7 月,微软公司买下 86-DOS 的版权,并将它更名为 MS-DOS 向市场发布。同年 8 月,IBM 推出第一台个人计算机 IBM PC。比尔·盖茨抓住这次绝佳机会,在 IBM PC 上安装 DOS 系统捆绑发售。1981 年 8 月 12 日,微软公司正式推出 MS-DOS 1.0 和 PC-DOS 1.0。其中 PC-DOS 是微软为 IBM PC 开发的专用版本,但与泛用版本 MS-DOS 相比,除了系统文件名及部分针对 IBM 机器设计的内核、外部命令与公用程序之外,其余代码其实差异不大。

MS-DOS 的主要命令包括磁盘操作、目录操作、文件操作和内存操作等。在 MS-DOS 上运行的主要软件有表处理软件 Lotus 1-2-3、字处理软件 Word Perfect、数据库软件 dBase 和 BASIC 语言等。MS-DOS 在 1995 年以前一直是 IBM PC 及其兼容机的基本操作系统。Windows 95 推出并迅速占领市场之后,微软逐渐放弃了这个操作系统,其最后一个版本为 DOS 8.0,于 2000 年 9 月发布。

IBM PC 5150

名称	大小	类型	日期
art.bas	1,920	BAS 文件	1982-5-7 12:00:00
astclock.com	813	MS-DOS 应用程序	1982-9-18 0:00:00
autoexec.bat	11	MS-DOS 批处理文件	1984-1-2 18:32:24
ball.bas	2,048	BAS 文件	1982-5-7 12:00:00
basic.com	11,392	MS-DOS 应用程序	1982-5-7 12:00:00
basica.com	16,768	MS-DOS 应用程序	1982-5-7 12:00:00
calendar.bas	3,840	BAS 文件	1982-5-7 12:00:00
chkdsk.com	1,720	MS-DOS 应用程序	1982-5-7 12:00:00
circle.bas	1,664	BAS 文件	1982-5-7 12:00:00
colorbar.bas	1,536	BAS 文件	1982-5-7 12:00:00
comm.bas	4,352	BAS 文件	1982-5-7 12:00:00
command.com	4,959	MS-DOS 应用程序	1982-5-7 12:00:00
comp.com	1,649	MS-DOS 应用程序	1982-5-7 12:00:00
copyiipc.exe	16,896	应用程序	1980-1-1 0:08:22
debug.com	5,999	MS-DOS 应用程序	1982-5-7 12:00:00
diskcomp.com	1,640	MS-DOS 应用程序	1982-5-7 12:00:00
diskcopy.com	2,008	MS-DOS 应用程序	1982-5-7 12:00:00
donkey.bas	3,584	BAS 文件	1982-5-7 12:00:00
dos1.imz	1,980	WinImage	2000-4-3 19:05:52
edlin.com	2,392	MS-DOS 应用程序	1982-5-7 12:00:00
exe2bin.exe	1,280	应用程序	1982-5-7 12:00:00
format.com	3,816	MS-DOS 应用程序	1982-5-7 12:00:00
link.exe	41,856	应用程序	1982-5-7 12:00:00
mode.com	2,509	MS-DOS 应用程序	1982-5-7 12:00:00
mortgage.bas	6,272	BAS 文件	1982-5-7 12:00:00
music.bas	8,704	BAS 文件	1982-5-7 12:00:00
piechart.bas	2,304	BAS 文件	1982-5-7 12:00:00
ramclear.com	67	MS-DOS 应用程序	1983-3-24 22:57:20
samples.bas	2,432	BAS 文件	1982-5-7 12:00:00
setclock.com	853	MS-DOS 应用程序	1982-9-19 0:00:00
space.bas	1,920	BAS 文件	1982-5-7 12:00:00
superdrv.com	3,771	MS-DOS 应用程序	1983-4-12 13:00:20
superspl.com	6,021	MS-DOS 应用程序	1983-4-12 13:00:22
sys.com	605	MS-DOS 应用程序	1982-5-7 12:00:00

DOS 1.0 的 34 个文件

1981 年
IBM公司推出 IBM PC

1981 年 8 月 12 日,IBM 公司推出为世人所熟知的个人计算机 IBM PC, 首台型号为 5150。它的中央处理器采用 Intel 公司的 x86 架构微处理器,操作系统采用微软公司的 PC-DOS,内存只有 16KB,可以使用盒式录音磁带下载和存储数据, 也可配备 5.25 英寸的软盘驱动器。IBM PC 首次采用开放性架构,使用通用组件,还附带了一本技术参考手册,宣称能够让一名普通消费者"在数小时内学会使用计算机"。这些举措让其他公司研制 IBM PC 的兼容机成为可能,但也让 IBM PC 迅速建立起一系列行业标准,并在全球范围内得到推广。IBM PC 不仅给 IBM 公司带来了丰厚的利润, 还造就了 PC 文化。由 Intel 公司推出的微处理器及微软公司推出的操作系统几乎伴随着 IBM PC 的历史一同发展。现在,台式计算机和笔记本电脑统称为个人计算机 (PC)。IBM PC 5150 及其后继产品成为了 PC 行业的主导力量,遍及大部分办公场所和家庭,因此业界普遍认为5150 是现代 PC 的鼻祖。这是一项影响世界进程的发明, 标志着个人计算机时代的来临。

1981 年
卡亨开发出高速高效的浮点运算部件 8087 芯片

计算机中处理的数有"定点数"和"浮点数"之分,如果约定所有数值的小数点隐含在某一个固定位置上,则称这样的数为定点数;如果小数点的位置可以浮动,则称之为浮点数。浮点数由一个尾数(有效数字)乘以某个基数(计算机中通常是 2)的整数次幂得到, 这种表示方法类似于基数为 10 的科学记数法。由于计算机中表示数的二进制位数(字长)是有限的,一些很大的数据无法用定点数表示。而浮点数所表示的数值范围就比定点数大多了。定点数的运算部件设计与实现都比较容易, 而浮点数的运算部件设计和实现却要复杂得多、困难得多。因此,许多较早的计算机都不配备浮点运算部件。当确实需要进行浮点运算时,曾经出现过两种解决办法:第一种是利用浮点运算子程序,在定点运算部件上实现浮点运算;第二种是冯·诺伊曼提出来的,即对定点数附加以"比例因子",使之成为实际上的浮点数。但这两种办法都是"权宜之计",因为前者使浮点运算的速度大大降低,后者则在数的取值范围和精度两方面都有很大限制,难以满足某些应用的需要。

Intel 8087 芯片

1981 年,在 Intel 工作的加拿大数学家、计算机科学家卡亨主持设计与开发了 8087 芯片,成功地实现了高速、高效的浮点运算。后来,在卡亨的主持下,二进制浮点运算标准 IEEE 754 及与基数无关的浮点运算标准 IEEE 854 相继出台。它们至今仍为绝大多数计算机厂商所遵守。卡亨由于在浮点运算部件设计和浮点运算标准制定方面的突出贡献,获得 1989 年度图灵奖。

1981 年
克拉克等分别提出模型检测概念

模型检测是一种很重要的自动验证技术。1981 年, 美国计算机科学家埃德蒙·克拉克、爱默生及法国计算机科学家斯发基斯分别提出了模型检测的最初概念,即通过显式状态搜索或隐式不动点计算来验证有穷状态并发系统的模态/命题性质。他们开发了一套用于判断硬件和软件设计的理论模型是否满足规范的方法。此外,当系统检测失败时,还能利用它确定代码中问题存在的位置。模型检测可以自动执行,并能在系统不满足性质时提供反例路径,因此在工业界比演绎证明更受推崇。

模型检测可以应用于许多非常重要的系统，如硬件控制器和通信协议。尽管限制在有穷系统上是一个缺点，但很多情况下可以把模型检测和各种抽象与归纳原则结合起来，验证非有穷状态系统(如实时系统)。目前，模型检测已被应用于计算机硬件、通信协议、控制系统、安全认证协议等方面的分析与验证，取得了令人瞩目的成功，并从学术界辐射到了产业界。克拉克、爱默生和斯发基斯由于开发模型检测技术，并使之成为一个广泛应用于软硬件工业中的非常有效的算法验证技术，获得 2007 年度图灵奖。

1981 年
日本开始研制第五代电子计算机

第五代电子计算机是把信息采集、存储、处理、通信同人工智能结合在一起的智能计算机系统。它的基本结构通常由问题求解与推理、知识库管理和智能化人机接口三个基本子系统组成。 问题求解与推理子系统相当于传统计算机的中央处理器。与该子系统打交道的程序语言称为核心语言，国际上都以逻辑型语言或函数型语言为基础进行这方面的研究，它是构成第五代电子计算机系统结构和各种超级软件的基础。 知识库管理子系统相当于传统计算机主存储器、虚拟存储器和文体系统的结合。与该子系统打交道的程序语言称为高级查询语言，用于知识的表达、存储、获取和更新等。这个子系统的通用知识库软件是第五代电子计算机系统基本软件的核心。智能化人机接口子系统使人能通过语言、文字、图形和图像等与计算机对话，用人类习惯的各种可能方式来交流信息。这里，自然语言是最高级的用户语言，它让非专业人员也能操作计算机，并从中获取所需的知识信息。

1981 年 10 月，日本在第一次“第五代电子计算机系统国际会议”上首先向世界宣告开始研制第五代电子计算机，并于 1982 年 4 月制订了为期 10 年的“第五代电子计算机技术开发计划”，总投资为 1000 亿日元。1984 年 11 月，第二次“第五代电子计算机系统国际会议”在东京召开，会上展示了第一阶段的研究成果。

1982 年
崔琦等发现分数量子霍尔效应

1982年，中国—美国物理学家崔琦、德国物理学家施特默等用 GaAs/GaAlAs 异质结二维电子系统作为样品，在更低温度(0.09 开)和更强磁场(150 特)下进行测量时发现，霍尔电导平台不仅可出现在量子 e^2/h 的某些整数倍处，也可能出现在某些简单的分数(如 1/3,2/3,2/5,3/5…)倍处。前者称为整数量子霍尔效应，后者称为分数量子霍尔效应。根据单电子的性质可说明整数量子霍尔效应，但无法说明分数量子霍尔效应。一年后，美国物理学家劳夫林对分数量子霍尔效应作出解释，他认为，分数量子霍尔效应是由于电子与电子之间的强关联所产生的一种集体效应。由于发现并解释了分数量子霍尔效应，崔琦、施特默和劳夫林共同获得了 1998 年诺贝尔物理学奖。

1982 年
弗里德曼证明四维庞加莱猜想

19世纪末，数学家们已经知道：任意一个二维单连通闭曲面都与二维球面同胚。二维球面是单连通曲面，环面则不是。这样，从拓扑等价的观点看，对闭曲面而言，单连通性完全是球面的特性。1904 年，法国数学家庞加莱猜测在三维应有同样的事实成立，即任意一个三维的单连通闭流形必与三维球面同胚。后人又在此基础上提出，当 $n \geq 4$ 时，如果 n 维单连通闭流形与 n 维球面有相同的同调群，则两者同胚。这就是(n 维)庞加莱猜想。庞加莱曾力图证明自己的三维猜想，但未能如愿。1960 年之前，所有证明庞

迈克尔·弗里德曼

佩雷尔曼

加莱猜想的尝试都归于失败。美国数学家斯梅尔取得了第一个突破，证明庞加莱猜想对五维和五维以上的情形成立，并因此荣获 1966 年菲尔兹奖。不过，他的方法用于解决三维和四维情形时却显得无能为力。

1982年，美国数学家迈克尔·弗里德曼发表《四维流形的拓扑》，宣告证明了四维庞加莱猜想。他的证明是关于四维流形的更一般结论的特殊情形。他给出了紧单连通拓扑四维流形的完全分类，其方法还可以推广到非紧四维流形。弗里德曼由于对拓扑学的杰出贡献，特别是证明了四维庞加莱猜想，获得 1986 年度菲尔兹奖。

2002 年 11 月起，Internet 上陆续发表俄罗斯数学家佩雷尔曼的 3 篇论文。他在里奇流理论框架基础上取得突破，最终彻底证明了庞加莱猜想。学术界经过近四年的论证，发现他的证明无懈可击。2006 年 5 月，国际数学联合会决定授予佩雷尔曼菲尔兹奖。同年 8 月，当澳大利亚数学家陶哲轩与其他两位获奖者在西班牙接受菲尔兹奖时，佩雷尔曼却始终没有出现。他对此的解释是："如果我的证明是正确的，别种方式的承认是不必要的。" 这是菲尔兹奖历史上第一次有获奖者拒绝领奖。

1982 年
宾尼希和罗雷尔发明扫描隧穿显微镜

扫描隧穿显微镜是利用量子隧道效应工作的新一代显微镜，简称 STM，由德国物理学家宾尼希和瑞士物理学家罗雷尔于 1982 年发明。在两块夹有绝缘层的导体间加上电压时，通常不会产生电流。但是，如果绝缘层极薄，按照量子力学理论，电子将有一定的概率透过势垒，形成电流。扫描隧穿显微镜的基本结构是，用一根极细的针尖接近被测样品的表面，针尖与样品间加上电压。当针尖和样品间的距离小于纳米量级时，由于量子隧道效应，其间就会产生隧道电流。隧道电流的大小强烈地依赖于针尖和样品间的距离。当探针在样品表面上方扫描时，通过检测隧道电流随间隔距离的变化，可得到样品表面原子排列的图象，甚至可分辨出单个原子。利用 STM 针尖，可对分子和原子进行切割、操纵、移动，以及重新布排。扫描隧穿显微镜在表面科学与材料科学等领域的研究中意义重大，被当时科学界公认为 1980 年代世界十大科技成就之一。宾尼希和罗雷尔因而荣获 1986 年诺贝尔物理学奖。

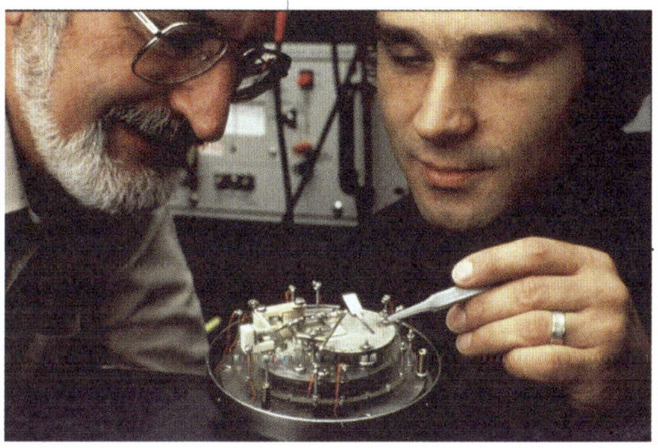

罗雷尔(左)、宾尼希与第一代扫描隧穿显微镜

1982 年
刘东生等测得中国黄土高原 240 万年前即开始堆积黄土

1982 年，中国地质学家刘东生和他的瑞士合作者在英国《自然》杂志上发表论文，报道了他们运用古地磁测年、同位素分析等多种手段建立的完整的黄土沉积序列。通过

1982

《刘东生——揭开黄土的奥秘》封面

与深海沉积物序列进行对比，他们认为中国黄土高原的黄土 240 万年前即开始堆积，其中保存着非常完整的黄土—古土壤堆积序列，它们的时间和空间分布规律有明显的区域性特征，可以揭示古气候信息。刘东生等的研究拉开了将中国黄土纳入研究全球环境演化框架的序幕，使中国黄土成为古气候变化记录的最重要档案库，同时也使中国第四纪地质学和环境地质学居于国际地球科学的前沿。

1982 年
普鲁西纳发现朊粒

朊粒是一类特殊的传染性蛋白质，曾被称为朊病毒，但它不含核酸，称为病毒并不妥当，故现在称为朊粒或朊毒体。朊粒可引起人类和动物的传染性海绵状脑病，这是一类累及中枢神经系统的退行性脑病，潜伏期长，致死率达 100%。常见的传染性海绵状脑病有疯牛病、羊瘙痒病以及人类的库鲁病（震颤病）和克—雅氏病等。1982 年，美国微生物学家普鲁西纳分离出一种特殊的致病粒子，它能通过细菌滤器，因而不是细菌；用各种灭活核酸的方法进行处理也不能改变其传染性，这说明它不含核酸，因而也不同于一般的病毒。普鲁西纳认为它应该是一种异常的蛋白质，并将其命名为朊粒。他用纯化的朊粒接种田鼠，再从田鼠脑组织中提取蛋白质，结果获得的蛋白质有两种，其中一种对蛋白酶敏感，另一种对蛋白酶有抗性，且具有致病性。实验证实，对蛋白酶敏感的蛋白质是人类细胞内的正常成分，而致病性蛋白质则是在朊粒的影响下转变而来的。朊粒往往先经一定传播途径（如食用患病动物的肉和内脏）侵入机体并进入脑组织，尔后沉积于不同的脑细胞内，致使被感染的细胞受损、坏死，释出的朊粒继续侵入其他脑细胞，使病变不断发展。脑细胞死亡后，脑组织中留下大量小孔，因而呈海绵状，受感染者则出现相应的临床症状，这就是海绵状脑病。

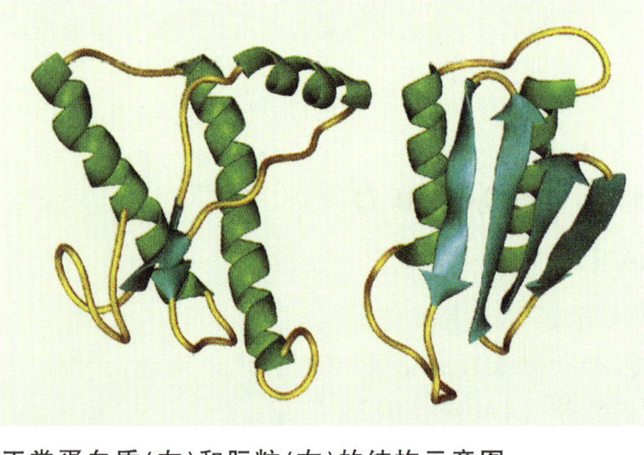

正常蛋白质（左）和朊粒（右）的结构示意图

普鲁西纳的理论曾遭到激烈反对，因为遗传学的“中心法则”已认定生物的遗传物质是核酸，在发现朊粒之前，人们普遍认为不存在没有核酸的病原体，而普鲁西纳却提出了不同的见解。经过 10 余年的研究，大量事实确证了朊粒的存在。1997 年，普鲁西纳因发现朊粒并提出一种解释感染的生物学新理论而荣获诺贝尔生理学医学奖。

1982 年
沃伦和马歇尔发现幽门螺杆菌可致胃病

人们曾经认为，由于胃酸的腐蚀性很强，因而根本不可能有细胞能在胃中存活，而胃酸过多会导致胃溃疡和十二指肠溃疡。但是自 1870 年代起，陆续有学者发现在人和狗的胃中有一种螺旋状细菌，并怀疑胃病与感染这种细菌有关，但当时无法证实。1979 年，澳大利亚医生沃伦用高倍显微镜观察一份胃黏膜活体标本时，发现其中存在许多细菌，而且所在部位都有炎症或溃疡。两年后，同一医院的马歇尔医生与沃伦合作，研究了上百例患者的胃活体组织切片，发现几乎所有胃炎、胃溃疡和十二指肠溃疡患者胃中都存在这种细菌。他们在 1982 年培养出这种细菌，并认为它们是导致慢性胃炎、十二指肠溃疡、胃溃疡的元凶。该细菌于 1983 年被命名为幽门弯曲菌，1989 年定名为幽门螺杆菌。1984 年，马歇尔和沃伦在医

位于瑞士和法国交界处的欧洲核子研究中心

学杂志《柳叶刀》上发表这项成果。由于未经实验验证,他们关于细菌与胃病有联系的观点遭到许多微生物学家的质疑。为了证明自己的观点,马歇尔不惜拿自己做实验品。他先让其他人取出他的胃黏膜样品,证明胃中没有幽门螺杆菌,随后吞下含幽门螺杆菌的培养液。一周后,他开始出现胃痛、恶心等症状。通过内窥镜检查和病理活检,证明马歇尔已患上胃炎,而且在发炎处存在幽门螺杆菌。他的一名同事也自告奋勇参与实验,并出现了相似症状,从而证明了幽门螺杆菌是导致绝大多数胃内炎症和溃疡的病因。马歇尔的胃病 10 多天后自然痊愈,他的同事则用了 5 年时间才将胃溃疡彻底治愈。他们还提出用抗生素可以治愈胃溃疡等疾病，为根治胃病提供了全新的思路。此后世界各国的研究进一步证实和完善了他们的发现。2005 年诺贝尔生理学医学奖授予沃伦和马歇尔,以表彰他们发现幽门螺杆菌及其导致胃炎和消化性溃疡的致病机制。

1982—1983 年
鲁比亚和范德梅尔发现 $W^{\pm}$粒子和 Z^0 粒子

史蒂文·温伯格和萨拉姆在 1967 年提出的电弱统一理论中,预言了三种传递弱相互作用的中间玻色子 $W^{\pm}$和 Z^0。它们的质量很大，大约分别是质子质量的 80 倍和 90 倍。1970 年代,世界上最高能量的加速器也无法产生如此大质量的粒子。1980 年,欧洲核子研究中心即 CERN 在 450 吉电子伏超级质子同步加速器的基础上，新建了一台“储存环”，以实现质子—反质子对撞实验，其质心系能量可达 540 吉电子伏,足以产生 $W^{\pm}$和 Z^0 粒子。意大利物理学家鲁比亚和荷兰物理学家范德梅尔将他们研制的大型探测器安装在质子—反质子对撞点的周围,以探测中间玻色子。1982 年,在连续运行 500 小时后,他们仅发现了 $W^{\pm}$粒子,没有发现 Z^0 粒子。在 1983 年 4—7 月的运行期间,他们将束流的强度提高 10 倍以上，终于发现了 Z^0 粒子。在这期间,他们还精确地测量了 $W^{\pm}$ 和 Z^0 的质量和寿命等性质，其结果与温伯格—萨拉姆理论很好符合。$W^{\pm}$和 Z^0 的发现使电弱统一理论获得了坚实的基础,鲁比亚和范德梅尔也因“发现 $W^{\pm}$粒子和 Z^0 粒子及对于导致建造发现它们的大型设备所作的贡献”而获得 1984 年诺贝尔物理学奖。

1983 年
法尔廷斯证明莫德尔猜想

英国数学家莫德尔出生于美国费城，1910 年毕业于剑桥大学，在数论中的不定方程、模形式、数的几何等领域都有杰出贡献。1922 年，他提出猜想：对于任何一个不可约的有理系数二元多项式 $f(x,y)$，如果它的亏格大于 1，那么方程 $f(x,y)=0$ 只有有限多个有理数解。该猜想后称莫德尔猜想，其中的“不可约”是指这个多项式不能被分解为次数较低的有理系数多项式之积；“亏格”则是代数几何学和代数拓扑学中的一个基本概念，可以较直观地解释如下。

将多项式方程 $f(x,y)=0$ 中 x,y 的取值范围扩大到复数域，那么这个方程就代表着二维复空间中的一条一维复曲线；在四维实空间中，这就是一个二维实曲面。这种曲面可能是球面，也可能是像救生圈那样的环面，等等。环面有一个“洞”，但球面没有“洞”，或者说有零个“洞”。一些比较复杂的曲面则会有多个“洞”。这种“洞”的个数就是 $f(x,y)$ 或者 $f(x,y)=0$ 的亏格。

莫德尔猜想与费马大定理有紧密联系。费马大定理是说方程 $x^n+y^n=z^n$ 当 $n>2$ 时没有非零正整数解，这等价于 $x^n+y^n-1=0$ 当 $n>2$ 时没有非零正有理数解。已经知道，$x^n+y^n-1=0$ 的亏格为 $\frac{(n-1)(n-2)}{2}$，当 $n\geqslant4$ 时，这个亏格大于 1。因此，如果莫德尔猜想成立，那么 $x^n+y^n-1=0$ 当 $n\geqslant4$ 时只有有限多个有理数解，即 $x^n+y^n=z^n$ 当 $n\geqslant4$ 时只有有限多组互素的整数解。这将是费马大定理研究的一个飞跃。

在莫德尔猜想提出后的半个多世纪中，数学家们把它从有理数域推广到一般的代数数域，甚至更广泛的数学构造上，并发现了它与其他一些数学猜想之间的联系，同时推进了相关领域如椭圆积分理论的研究，但莫德尔猜想本身却未能得到证明，以致专门研究费马大定理历史的巴西数学家里本博因在 1979 年评论道：“无论怎么说，有充分理由认为，莫德尔猜想的获证就目前情况来看还是遥远的事。”但就在 1983 年，29 岁的德国数学家法尔廷斯先是证明了其他一些有关的重要猜想，然后利用代数几何学和数论中的工具一举证明了莫德尔猜想。该猜想从此改称为法尔廷斯定理。它的证明被誉为 20 世纪数论最杰出的工作之一。法尔廷斯因此而荣获 1986 年的菲尔兹奖。

1983 年
红外天文卫星升空

自 1800 年威廉·赫歇尔发现太阳的红外辐射以后，由于缺乏有效的探测手段，红外天文学发展十分缓慢。在可见光波段，星际尘埃会遮蔽气体云和星系中许多最令人感兴趣的区域。对于红外波段，星际尘埃却比较透明。1950 年代，首批用于天文学的有效红外探测器诞生，它们用光电半导体材料制作，在地面上进行近红外波段的天文观测，可利用的大气窗口波长分别为 1.2、1.65、2.2、3.5、5、10 和 20 微米。1950 年代后期至 1960 年代前期，美国天文学家诺伊格鲍尔及其同事在加州理工学院用自制的口径 1.57 米红外望远镜在波长 2.2 微米巡视赤纬–33°以北的全部天空，发现了 5612 个红外源。红外观测的巨大潜力导致一批性能优异的红外望远镜问世。英国的红外望远镜(UKIRT)和美国的红外望远镜(IRTF)都位

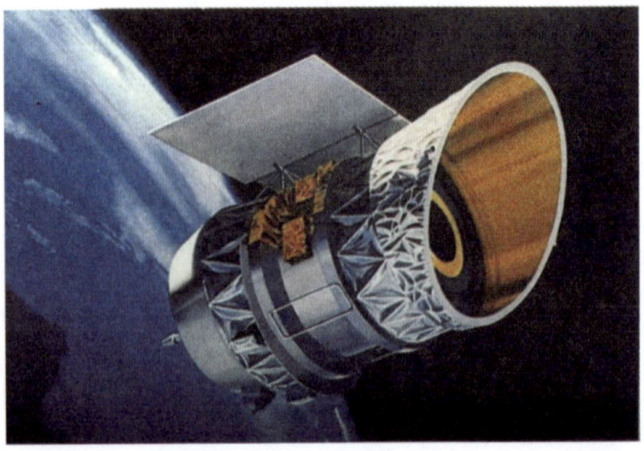

1983年 1 月发射的红外天文卫星

于夏威夷的莫纳克亚山顶，在1970年代后期开始运行，促使红外观测成为实测天体物理学必不可少的一部分。由于大气吸收，在地面上无法观测到天体的远红外区光谱。1970年代，在高空飞机和气球平台上进行了空间观测的先驱性实验。1983年1月，荷兰、美国和英国合作发射红外天文卫星(IRAS)，专门用于远红外巡天，在地面观测不能及的那些红外波段，即中心在12、25、60和100微米的诸波段绘制完整的天图。IRAS 10个月的观测对天文学的几乎所有分支都有重大影响。例如在火星和木星轨道之间发现3个绕太阳转动的尘粒环，它们可能是小行星互撞或与彗星碰撞留下的碎片；发现宇宙中许多地方正在形成恒星的证据；发现大批在远红外波段的辐射超过光学波段辐射的亮红外星系和极亮红外星系等。

1983年
穆利斯发明聚合酶链反应技术

1980年代，分子生物学开始进入快速发展时期，对人类基因的序列、结构和功能进行研究提上了议事日程。尽管人们已经了解DNA的结构及序列测定方法，但对某个基因或DNA片段进行测序仍异常困难，其“瓶颈”之一在于DNA的扩增技术。

1983年的某个夜晚，行驶在高速公路上的美国生物化学家穆利斯脑海中突然闪现出一个扩增DNA片段的思路，这就是后来被称为聚合酶链反应(PCR)技术的雏形。他的想法是在生物体外模拟DNA复制过程：先加热让目标DNA片段由双链变成两条单链(称为变性)，接着使人工合成的两段短DNA(称为引物)结合到DNA单链模板的两端，DNA聚合酶即可大量合成该目标片段。最终实现的PCR技术包括三个步骤：第一步“变性”，将样品加热至94—96℃，DNA双链变成单链；第二步“退火”，将温度降至50—65℃，引物即可结合到单链模板上；第三步“延伸”，将温度升至72℃，DNA聚合酶即可从引物端开始，利用4种核苷酸复制出新链。经过这样1个循环，1条DNA双链就变成了2条；再经过1个循环，就变成了4条……在由计算机控制的循环加热器上经过30个循环，就可将原来的样品扩增近2^{30}倍——即约10亿倍，所需时间仅为两三个小时。一般生物体内的DNA聚合酶在高温下会失去活性，PCR技术所使用的酶是从生活在热泉中的特殊细菌中提取并经遗传工程改造的，能耐受高温，高效而稳定。

今天，PCR技术已广泛应用于基因克隆和定向突变、DNA司法鉴定、遗传病和感染性疾病诊断以及新药开发等领域。它具有特异、敏感、产率高、快速、简便、重复性好和自动化等优点，堪称生命科学领域中的革命性创举，并为实施人类基因组计划立下了汗马功劳。1993年，穆利斯因发明PCR技术而荣获诺贝尔化学奖。

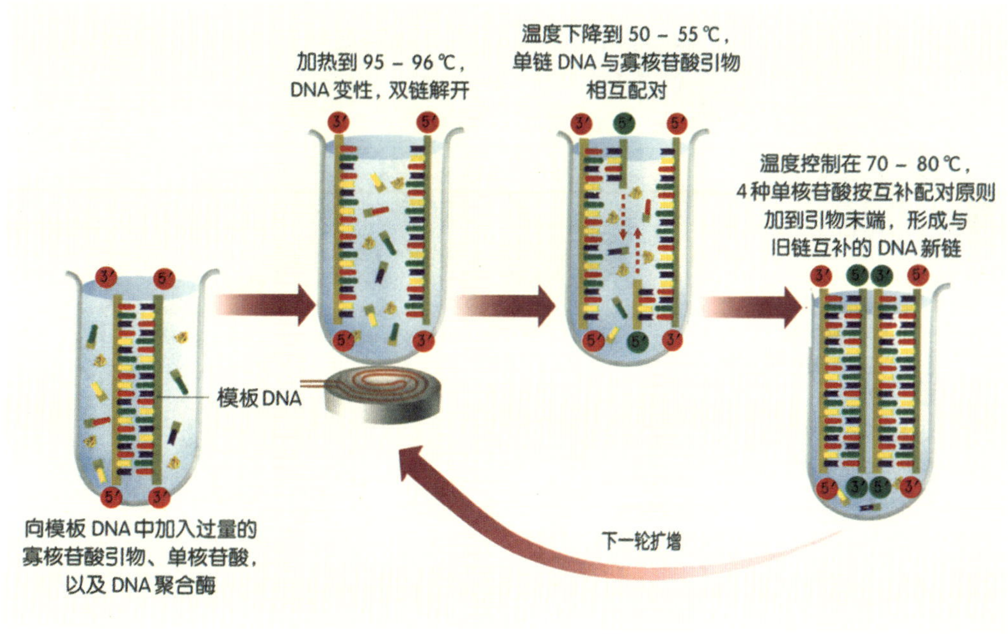

PCR技术的原理

1983

1983 年 植物转基因技术取得重大进展

植物转基因技术是指将一种生物的基因(称为外源基因)整合到一种植物(称为受体植物)基因组中的技术。基因组结构发生变化的受体植物及其后代统称为转基因植物。从 1980 年代起,转基因植物研究进展迅速。1983 年更是革命性的一年:美国孟山都公司的研究小组将卡那霉素抗性基因转入一株矮牵牛中,结果这株矮牵牛及其子代都表现出抗卡那霉素的性状;美国华盛顿大学圣路易斯分校的研究小组将卡那霉素抗性基因转入皱叶烟草;比利时遗传系统公司的研究小组将卡那霉素抗性基因和氨甲蝶呤抗性基因转入普通烟草;美国威斯康星大学的研究小组则将一种大豆基因转入向日葵。他们都是将目的 DNA 片段(外源基因)插入起载体作用的一段 DNA 中,然后用携带载体 DNA 的农杆菌感染受体植物,将外源基因送入受体植物组织,从而整合到受体植物基因组中,实现遗传转化。这 4 个小组采用不同植物独立工作,共同开创了植物基因工程的新纪元。

1994 年,美国的转基因延熟保鲜番茄“Flavr Savr”成为世界上第一个获许进行市场销售的转基因食品。1996 年,美国的转基因作物开始大量商业化种植。此后,转基因作物的商业化种植面积和经济效益在全球大踏步前进,全球转基因作物的种植面积已从 1996 年的 6 国 170 万公顷,增加到 2009 年的 25 国 1.34 亿公顷,其推广速度在整个农业发展史上是其他任何技术都望尘莫及的。目前全世界已有约 200 种转基因植物试验成功,投入生产最多的是转入抗除草剂基因和抗虫基因的农作物。植物转基因技术可使优良的生物基因在不同生物之间交流,从而弥补了单一植物种类在遗传资源方面存在的局限性,在提高植物抗性(抗虫和抗病害等)、改善植物品质(增加营养成分和减少腐烂等)以及利用植物作为生物反应器(生产药物等)诸多方面具有无可比拟的优势。然而,转基因技术除本身的转化效率还需要改进之外,转基因生物的安全性问题——对人类健康和生态环境的长期效应,也逐渐成为一个全球关注的重大课题。

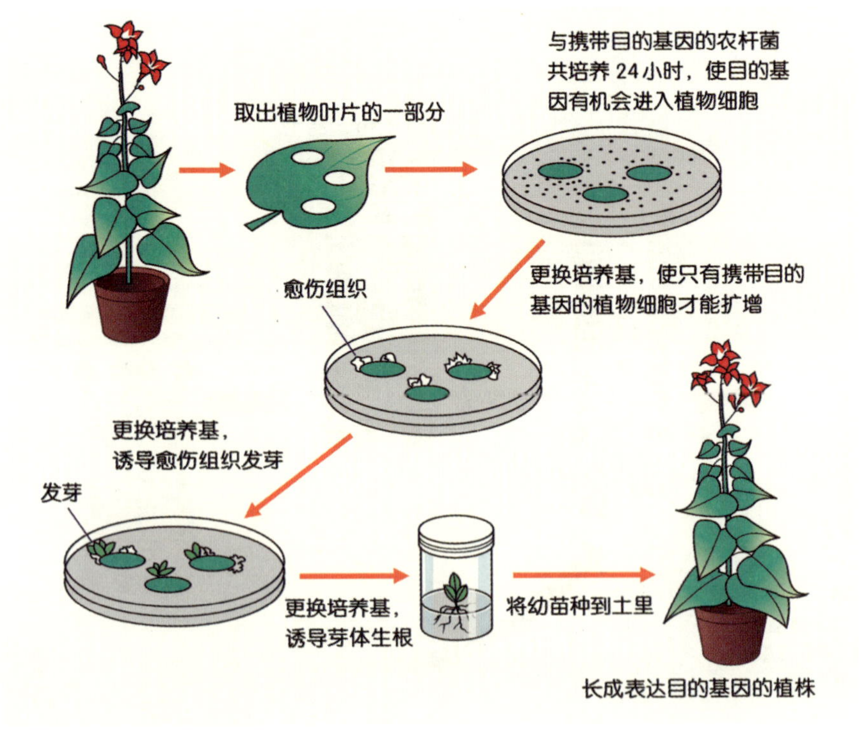

植物转基因技术示意图

1983 年 人胚胎转移成功

通常,在促超排卵药物刺激下,一个周期一次采卵可获得多个卵子,体外受精成功后可获得多个早期胚胎,而胚胎移植一次不宜超过 4 个,以避免多胎妊娠。如果多余胚胎可以冷冻储存,对于在刺激周期未获妊娠者,可于自然周期对胚胎复温后再次移植,从而增加妊娠机会。另外,为避免卵巢过度刺激综合征,也可以本刺激周期不移植,冷冻储存胚胎以备自然周期再移植。因此,冻融胚胎移植将为辅助生殖提供许多便利。1972 年有科学家报道小鼠冻融胚胎妊娠成功，产出鼠仔。后经多次实验，总结了胚胎冷冻和解冻所需的特殊方法和试剂。第一例人冷冻胚胎成功着床的报道见于 1983 年，使用了细胞期的冷冻胚胎，采用的是缓慢降温冷冻技术。这是首次成功的人胚胎转移。此后，人类冻融胚胎移植技术迅速发展，并广泛地应用于临床。1985 年，英国又用胚泡期胚胎成功进行了胚胎转移。

1983 年
蒙塔尼耶分离出 HIV

艾滋病最早是于 1980 年代初在美国被识别的，早期的病人都是年轻的男同性恋者，因此艾滋病一度被称做“同性恋病”，并被当时美国保守政府所忽视。但在美国疾病控制与预防中心有关医生与科学家的持续努力下，累积了大量令人信服的流行病学数据，显示艾滋病有一定的传染性病因；同时，因输血导致非同性恋者罹患艾滋病病例逐渐增多，许多科学家开始调查传染性病原。在法国巴黎巴斯德研究所专门研究逆转录病毒与癌症关系的法国病毒学家蒙塔尼耶及其研究组，于 1983 年首次从一位罹患晚期卡波西肉瘤的年轻男同性恋艾滋病病人的血液及淋巴结样品中，分离到一种新逆转录病毒；他们发现这种病毒不同于人类 T 细胞白血病病毒，而是一种慢病毒，并将其命名为“免疫缺陷相关病毒”。1986 年，该病毒的名称被统一为“人免疫缺陷病毒”，即 HIV，以更好地反映病毒导致免疫缺陷而不是导致癌症的性质。

1983 年
唐稚松发表可执行时态逻辑语言 XYZ/E

1970 年代中期，中国计算机科学家唐稚松分析总结了国际上结构程序设计研究方面的大量资料，完成了长篇论文《结构程序设计与结构程序语言》。在此基础上，他设计了一个广谱的结构程序语言，取名为系列化语言族，简称 XYZ 系统。1978 年，唐稚松在国际信息处理协会即 IFIP 专家组会议上介绍了 XYZ 系统的概念及设计思想，引起与会者的强烈反响。1983 年的 IFIP 巴黎大会上，唐稚松发表了世界上第一个可执行时态逻辑语言 XYZ/E。该语言第一次将状态转换的控制机制引入到逻辑系统之中，又第一次将这种时态逻辑形式化理论与最新软件技术结合起来。这一成果被国际计算机学界称为软件工程领域中发展可执行时态逻辑的先驱。由于在时态逻辑方面的研究成就，唐稚松荣获 1989 年国家自然科学奖一等奖。

1983 年
因特网正式诞生

1983 年，ARPANet 分裂为两部分：国际性网络 ARPANet 和纯军事用的 MILNet。当年 1 月，美国国防部高级研究计划署把 TCP/IP 协议作为 ARPANet 的标准协议，以取代原来的 NCP 协议。其后，人们称呼这个以 ARPANet 为主干网的国际互联网为 Internet，TCP/IP 协议簇便在 Internet 中进行研究。1984 年，美国国防部将 TCP/IP 协议作为所有计算机网络的标准。1985 年，Internet 架构理事会举行有 250 家厂商代表参加的关于计算产业使用 TCP/IP 协议的工作会议，帮助该协议推广并进入日渐增长的商业应用。

TCP/IP 协议有一个非常重要的特点就是开放性，即 TCP/IP 协议的规范和 Internet 的技术都是公开的，目的就是使任何厂家生产的计算机都能相互通信，使 Internet 成为一个开放的系统。这正是后来 Internet 得到飞速发展的重要原因。1986 年，美国国家科学基金会即 NSF 将分布在美国各地的 5 个为科研教育服务的超级计算机中心互联，并支持地区网络，形成 NSFnet。1988 年，NSFnet 替代 ARPANet 成为 Internet 的主干网。NSFnet 主干网利用在 ARPANet 中已被证明非常成功的 TCP/IP 技术，准许各大学、政府或私人科研机构的网络加入。1989 年，ARPANet 解散，Internet 正式转向民用。1993 年，Internet 开始商业化运行。

1983 年
IBM公司发布“DB2 for MVS”

1973 年，IBM 研究中心启动关系数据库系统研究项目 System R，旨在研究多用户与大量数据下关系数据库的实际可行性。1980 年，最初的 System R 项目首次实现了关系技术：集成到 System/38 服务器的数据库。1983 年，IBM 将 System R 系统原型以“DATABASE 2 for MVS”，即“DB2 for MVS”（内部代号为“Eagle”）的名称推向市场。它主要用于大型应用系统，具有较好的可伸缩性，支持范围从大型机一直到单用户环境。DB2 具有很好的网络支持能力，每个子系统可以连接十几万个分布式用户，可同时激活上千个活动线程，对大型分布式应用系统尤为适用。

1983 年
王永民发明五笔字型汉字编码

汉字编码的方案有很多，但基本依据都是汉字的读音和字形两种属性。1983 年前，主流的汉字编码思想是要专为汉字输入设计大键盘。中国工程师王永民用 5 年时间发明了“五笔字型”，并于 1983 年通过五笔字型汉字编码方案的鉴定。五笔字型完全依据笔画和字形特征对汉字进行编码，是典型的形码输入法。该方案运用、集成了多学科的最新成果并加以创造，提出了形码设计三原理，首创汉字字根周期表，发明了 25 键 4 码高效汉字输入法和字词兼容技术，在世界上首破电脑汉字输入每分钟 100 字大关，并获中、美、英三国专利。五笔字型的发明，开创了汉字输入像西文输入一样方便的新纪元，其最常用的版本是 86 版和 98 版，后来又出现了王码五笔、万能五笔等。经过多年推广普及，该输入法逐步覆盖了国内 90%以上的用户，成为专业录入人员使用最多的输入法。

1983 年
中国研制成功亿次巨型计算机“银河-Ⅰ”

1978 年 3 月，中国开始研制亿次巨型计算机。中国计算机科学家慈云桂担任这一任务的总指挥和总设计师。设计组充分利用对外开放的有利条件，设计出既符合中国国情又与国际主流巨型机兼容的中国亿次巨型机总体方案。1983 年 12 月 22 日，中国第一台每秒钟运算 1 亿次以上的“银河-Ⅰ”巨型计算机由国防科技大学计算机研究所在长沙研制成功。它比国际主流巨型机在 10 个方面有了创造性的发展，使中国成为世界

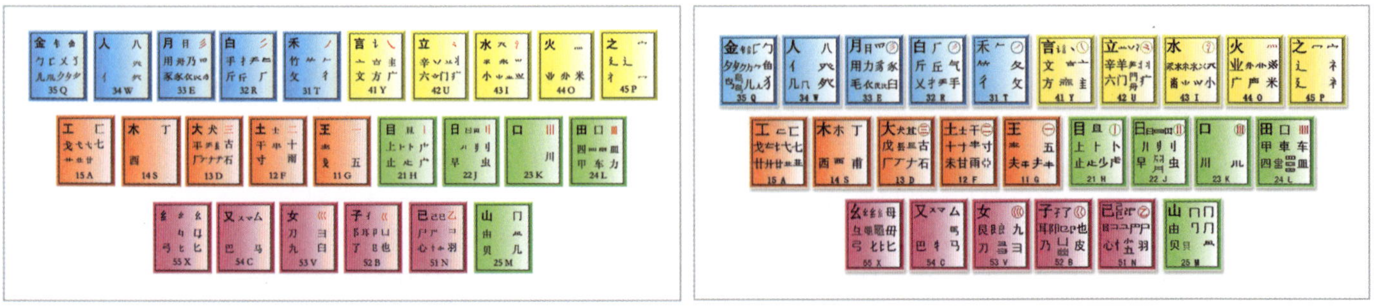

86版与 98 版五笔字型键位图

银河-Ⅰ

上少数几个拥有研制巨型计算机能力的国家之一，并在石油勘探、气象预报和工程物理研究等领域得到广泛应用。

1992 年 11 月，“银河-Ⅱ”十亿次通用并行巨型机问世，运算速度高达每秒 6600 万条次，仿真能力 10 倍于“银河-Ⅰ”，整体性能在当时处于国际领先地位。1997 年 6 月，“银河-Ⅲ”百亿次并行巨型机研制成功，其综合技术达到了当时国际先进水平。目前，世界上只有少数国家掌握了高性能巨型机的研制技术，“银河-Ⅲ”巨型机的研制成功，使中国在这个领域跨入了世界先进行列。

1983—1984 年
采用图形用户界面的苹果 Lisa、Macintosh 面世

随着 Apple Ⅱ 的大获成功，苹果计算机公司开始加紧了新产品的开发进程。其中最重要的两个项目是由乔布斯负责的 Lisa 和由拉斯金负责的 Macintosh。

乔布斯在参观施乐公司的 Alto 计算机时，见到了它的交叠窗口、小图标和弹出菜单，从中得到启发，随后在新推出的苹果计算机 Lisa 中使用了支持图形用户界面和多任务的操作系统。它具有 16 位的 CPU，配备了鼠标、硬盘，并随机捆绑了 7 个商用软件，是一款具有划时代意义的计算机。Lisa 在 1983 年 1 月以 9995 美元的身价初次露面。虽然它在技术上是先进的，但过于昂贵的价格和缺少软件开发商的支持，使苹果计算机公司再次失去了获得企业市场份额的机会。1986 年，Lisa 项目被终止。

1984 年，第一代 Macintosh 计算机面世。其所采用的操作系统 System 1.0 已经具有了桌面、窗口、图标、光标、菜单和卷动栏等项目，与当时采用 DOS 命令、纯文本用户界面的 IBM PC 形成了鲜明的对照。Macintosh 的出现引发了计算机世界的一场革命，开发 DOS 的微软公司立即投入巨资研发 Windows 操作系统，从此个人计算机的操作系统进入了图形用户界面的新时期。

苹果 Lisa

苹果 Macintosh

1984 年
琼斯多项式建立

纽结理论是拓扑学中研究绳结、链环等几何现象的一个分支。在数学中，纽结是三维空间中不与自己相交的封闭曲线。纽结理论的一个基本问题是如何区分不等价的纽结。1928 年，美国数学家亚历山大采用简洁的多项式来区分各种纽结，这类多项式被称为纽结的不变量。1984 年，美国加州大学伯克利分校的新西兰数学家琼斯建立了另一种新的纽结不变量，现在称为琼斯多项式，它完全可用极简明的组合逆推方式求出。琼斯因此获得 1990 年度菲尔兹奖。

1953 年，美国分子生物学家沃森和英国分子生物学家克里克发现了 DNA 的双螺旋结构，标志着分子生物学的诞生，同时也拉开了拓扑学与生物学结合的序幕。DNA 特别的双螺旋结构呈扭曲、绞拧、打结和圈套等形状，这正是纽结理论研究的对象。现

代实验技术使生物学家们能在电子显微镜下看到 DNA 双螺旋链的缠绕与纽结。而采用把 DNA 的纽结解开再把它们复制出来的办法去了解 DNA 的结构，则使代数拓扑学中的纽结理论有了用武之地。琼斯多项式让生物学家有了一种新的工具对在 DNA 结构中观察到的纽结进行分类。当分子生物学家用限制性内切酶与连接酶去切割与拼接链时，DNA 的短而环状的片段常以纽结的形式出现。在重组反应中，某些酶会造成特殊的纽结和链。分子生物学家确信能用纽结理论对酶促反应进行分类，从而弄清它们的结构方式，作出其他有关反应的预测，并证明某些酶的作用机理。1990 年，美国《科学》杂志以“数学打开了双螺旋的疑结”为题，详细阐述了纽结理论与分子生物学这两个相距遥远领域的同步成长，以及纽结理论在分子生物学领域的成功运用。

1984 年
乔平和史密斯发现含柯石英的陆壳岩石

1984年，法国地质学家乔平和挪威地质学家戴维·史密斯分别在西阿尔卑斯和挪威西部造山带的陆壳岩石中，发现超高压变质矿物柯石英，证明大陆碰撞时密度轻的大陆地壳可以俯冲至地幔深度。1987 年，中国地质学家许志琴报告了大别山榴辉岩含柯石英的初步证据。大别山榴辉岩中柯石英的拉曼光谱证据，证明华北和华南陆块碰撞时也发生了陆壳深俯冲。1989 年，中国地球化学家李曙光等发表了大别山榴辉岩的第一批同位素年龄，证明华北和华南陆块碰撞时代为三叠纪。这些工作使大别—苏鲁造山带成为国际大陆深俯冲研究的热点地区。1990年，俄罗斯地质学家索博列夫和沙斯基在北哈萨克斯坦陆壳岩石中发现金刚石。1992 年，中国地质学家徐树桐等在大别山陆壳岩石中发现金刚石。这些发现，证明陆壳俯冲深度可达 140 千米以上。

陆壳深俯冲

1984 年
发现澄江动物群

中国云南省澄江县城向东 8 千米处，有一座形如草帽的小山峰，当地人叫它“帽天山”。1984 年 7 月，中国科学院南京地质古生物研究所的研究人员在山上发现了纳罗虫——距今 5.3 亿年的无脊椎动物的化石。随着这块当今世界上最古老、最完整的软体动物的化石被确认，一大批寒武纪生物的化石陆续在帽天山被发现。1985 年，中国正式公布澄江动物群的消息，立即在国际地质古生物学界引起巨大轰动，被称为 20 世纪“最惊人的发现”之一。迄今来自世界各地的古生物学家已在帽天山采集 5 万余块动物化石，它们分属海绵动物、腔肠动物、棘皮动物、节肢动物、腕足动物等 40 余个门类，其中有寒武纪早期巨型食肉动物代表奇虾、节肢动物的原始类型抚仙湖虫、已知最古老的脊索动物云南虫等。澄江动物群生动展现了寒武纪早期最古老的带壳后生动物爆发事件。

澄江动物群对了解前寒武纪晚期到寒武纪早期生命的进化具有重大意义。它与 1910 年在加拿大北部发现的距今约 5.15 亿年中寒武纪的布尔吉斯生物群和 1947 年在澳大利亚南部发现的距今约 6.8 亿—6 亿年的埃迪卡拉生物群并称为地球早期生命起源和进化的三大奇迹，为揭开寒武纪生命大爆发的奥秘提供了科学证据，也丰富了人们对生物进化渐变与突变过程并存的认识。2001年，帽天山被批准为国家地质公园，随后又被列入联合国“全球地质遗址预选名录”，成为“代表地球重要历史阶段并包括生命记录的突出模式”。

澄江动物群复原图 (1)云南虫,海口虫的姐妹,是包括人类和恐龙在内一切脊椎动物的祖先;(2)—(7)多腿缓步类,分别为(2)心网虫、(3)微网虫、(4)爪网虫、(5)贫腿虫、(6)怪诞虫、(7)罗哩山虫,是现代节肢动物的远祖;(8)抚仙湖虫,节肢动物的祖先类群;(9)、(10)大附肢节肢动物,是包括蝎子、蜘蛛在内的现生螯肢动物祖先类群的代表;(11)奇虾,最古老的巨型捕食者;(12)川滇虫,奇虾的主要食物来源;(13)金壁虫,生活在软泥表面的微型节肢动物,是不少捕食者重要的食物来源;(14)三叶虫,其外骨骼为抵御捕食者的攻击提供了进化上的优势;(15)先光海葵,海葵最古老的代表;(16)帽天山栉水母,现代海葡萄的祖先;(17)海绵;(18)海豆芽,经历了5亿多年延续至今却形态变化不大的腕足动物;(19)曳鳃类,曳鳃动物门的祖先,与现代的曳鳃类形态相似;(20)古虫类,一类灭绝了的生物类群,与节肢动物具有密切亲缘关系;(21)火把虫,可能是现生的蚯蚓、沙蚕等环节动物的祖先类群;(22)依尔东钵。

1984 年
美国贝尔实验室开发中间件 Tuxedo

Tuxedo 的意思是由分布式操作扩展之后的 UNIX 事务系统。它具备分布式事务处理和应用通信功能,可提供各种完善的服务来建立、运行和管理关键任务应用系统。1983 年,贝尔实验室为了构建基于 UNIX 系统的业务支撑开发了 UNITS 系统。1984 年,UNITS 应用于 LMOS 项目,后者是一个跟踪电话电路维修事件的应用程序。由于用户数据量剧增,研究小组开发了 DUX 数据库系统;大量的用户查询又让研究小组引入了客户机/服务器框架结构,开发了 TUX 系统。当 UNITS 3.0 应用于 AT&T 内部的 3B4000 计算机时,被正式定名为 Tuxedo。Tuxedo 是一个客户机/服务器的“中间件”产品,能在客户机和服务器之间进行调节,以保证正确地处理事务。中间件是一种基础软件,处于操作系统和应用程序之间,为应用程序提供运行与开发的环境。业界一般把 Tuxedo 看作第一个严格意义上的中间件产品。1990 年代起,中间件技术开始迅速发展。

1985 年
发现新的碳单质 C_{60}

过去人们一直认为,自然界中的纯碳只存在两种同素异构体,即石墨和金刚石,但是,新的碳单质 C_{60} 分子的发现彻底打破了这个观念。这个发现是科学史上“无心插柳柳成荫”的典型事例。

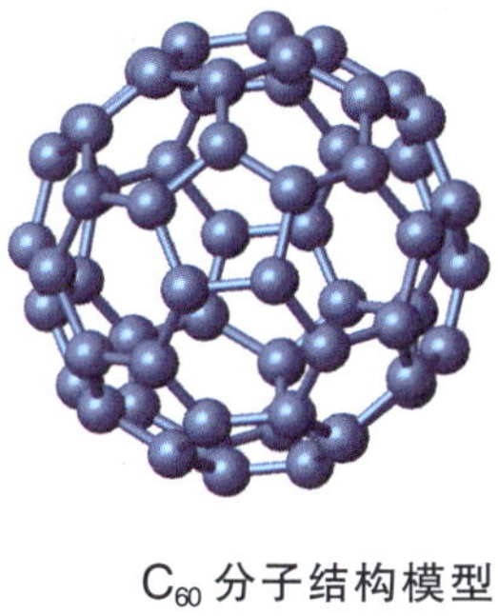

C_{60} 分子结构模型

1985 年,英国化学家克罗托、美国物理学家斯莫利和美国化学家柯尔在他们设计的激光超团簇发生器上用激光轰击石墨靶时，发现了 C_{60} 分子。这种分子由 60 个碳原子构成，是一个由 12 个五边形和 20 个六边形组成的空心 32 面体，半径为 0.355 纳米。这种结构很像美国建筑师富勒发明的笼形屋顶，所以这种分子又称为富勒烯。因其外形酷似足球，故又称为巴基球或足球烯。后来又相继发现了 C_{20}，C_{24}，C_{70}，C_{76}，…等，并通称为富勒烯。1991 年，日本物理学家饭岛澄南又发现了直径为 4—30 纳米、长度达微米量级的多壁碳管状结构，命名为巴基管或碳管。以 C_{60} 为代表的一系列富勒烯的发现开辟了材料科学的全新领域。这类材料所具有的独特性质，使它们可能在光学、半导体、超导及微电子等领域具有广阔的应用前景。克罗托、斯莫利和柯尔因 C_{60} 的发现而共同获得了 1996 年诺贝尔化学奖。

1985 年
朱棣文等用激光将原子冷却至 240微开的低温

操纵和控制单个原子一直是物理学家追求的目标。要实现这一目标，首先要将原子冷却到极低温度，使其热运动速度降到极小。1975 年，科学家首先提出激光冷却原子的思想。根据多普勒效应，将激光束调谐到略低于原子的共振跃迁频率后，逆着原子的运动方向照射原子，使其速度降低。原子吸收光子后跃迁到高能级，然后再跃迁到基态，并自发地、各向同性地辐射荧光光子，所以这种辐射不会改变原子的动量。1985 年，美国科学家朱棣文及其合作者首先在这一方向取得重大突破。他们用两两相对的 6 束激光，成功地将 0.2 立方厘米体积中的 10^5 个中性钠原子稀释气体冷却到 240 微开的低温。1988 年，美国物理学家威廉·菲利普斯证明，激光冷却的温度可以突破多普勒冷却的极限。1995 年，法国物理学家科昂-塔诺季等采用另一种激光冷却机制——相干布居陷阱法，将氦原子冷却到 180 纳开。他们的工作打开了研究极低温下稀薄原子蒸气量子行为的新道路。由于在激光冷却和陷俘原子技术作出突出贡献，朱棣文、菲利普斯和科昂-塔诺季共同获得了 1997 年诺贝尔物理学奖。

1985 年
戴森霍弗等发现光合作用反应中心的立体结构

在地球上成千上万种化学反应中，光合作用堪称“最重要的化学反应”。然而，光合作用反应中心的空间结构直到 1980 年仍未清楚。紫细菌的光合作用反应过程比藻类和高等植物的简单，其光合作用反应中心在结构上则与高等植物的含氧蛋白质复合物相去无几。德国生物化学家戴森霍弗、胡贝尔和哈特穆特·米歇尔用 X 射线衍射方法，于 1985 年解析出紫细菌光合成过程中能量转换反应中心蛋白质复合物的结构，揭示了复杂的光合成反应过程，并为膜蛋白的结晶和三维结构分析提供了首个成功的范例。1988 年，戴森霍弗、胡贝尔和米歇尔因成功解析细菌光合作用反应中心的立体结构并阐明其光合作用机制而荣获诺贝尔化学奖。

1985 年
CD-ROM 驱动器问世

CD-ROM 即只读光盘，是一种在计算机上使用的能够存储大量数据的外部存储媒体。一张压缩光盘的直径大约是 4.5 英寸，厚 1/8 英寸，能容纳约 660MB 的数据。这种光盘只能写入数据一次，记录在光盘上的数据呈螺旋状由中心向外散开。读取只读光盘的设备称为 CD-ROM 驱动器，它利用激光束扫描光盘，根据激光在盘片表面上的反射变化得到数字信息。CD-ROM 驱动器的速率以“倍速”表示，早期产品有 2 倍速、4 倍速、8 倍速等，目前可达到 50 倍速以上。CD 的格式最初是为音乐的存储和回放设计的。1985 年，由索尼和飞利浦两家公司制定的黄皮书标准使得这种格式能够适应各种二进制数据。这个标准的核心思想是：盘片上的数据以数据块的形式来组织，每个数据块都带有地址。这样做的好处是能从几百 MB 的存储空间上迅速找到所需的数据。为了降低误码率，标准中还增加了错误检测和错误校正方案。CD-ROM 驱动器诞生后，在全世界得到了迅速推广，逐渐成为计算机的标准配置。随着技术的发展，后来又出现了数字多功能光盘 DVD，它的存储容量更大，图像清晰度更好，高保真效果也更好。读取 DVD 的设备称为 DVD 驱动器。

1985 年
大洋钻探计划开始实施

当深海钻探计划进入最后阶段时，为了使深海钻探研究工作得以继续，地球深层取样联合海洋机构即 JOIDES 于 1981 年讨论制定一项更长期的国际性大洋钻探计划。1983 年，得克萨斯农工大学提出“大洋钻探计划”即 ODP，由 JOIDES 作为学术领导机构，得克萨斯农工大学作为执行和实施机构，哥伦比亚大学拉蒙特-多尔蒂地质研究所负责测井工作，并改装一艘石油钻探船用于执行大洋钻探任务，命名为“JOIDES 决心号”。“JOIDES 决心号”长 143 米，宽 21 米，钻塔高 61 米，排水量 16 862 吨，钻探能力为 9510 米，可钻探最大水深 8235 米。该船具有先进的动力定位系统、重返钻孔技术和升沉补偿系统，可在暴风巨浪条件下进行深海钻探作业。

大洋钻探计划由美国科学基金会和其他 22 个成员国共同资助，从 1985 年 1 月开始实施，2003 年结束，18 年间共实施 110 个航次，钻探孔位 597 个，钻取岩心累计长达 215 千米，钻探深度达到海底以下 2111 米。大洋钻探计划与深海钻探计划一起，构成了地球科学发展史上规模最大、延续最久、影响最为深远的国际合作计划。它揭示了地球洋壳结构和海底高原的形成机制，分析了汇聚于大陆边缘的深部流体的作用，发现了海底深部生物圈和天然气水合物，证实了全球气候演变的轨道周期理论和突变事件对地球环境的重要影响，促进了古海洋学作为一门新兴学科得到快速的发展。2003 年后，大洋钻探计划转入新阶段“综合大洋钻探计划”即 IODP，以地球系统科学思想为指导，计划打穿大洋地壳，揭示地震发生机制，查明海底深部生物圈的环境状况以及天然气水合物的形成和储藏机制，理解极端气候和快速气候变化的环境效应，为新世纪地球系统科学的发展提供研究平台，同时为深海新资源勘探与开发、环境预测以及防震减灾等应用研究目标服务。

执行大洋钻探计划的“JOIDES决心号”钻探船

1985 年
微软公司发布 Windows 1.0

1983 年，微软公司开始设计具有图形用户界面的 Windows 操作系统。Windows 1.0 的设计工作花费了 55 个开发人员整整一年的时间，直到 1985 年 11 月 20 日才正式发布。它基于 MS-DOS 2.0，其界面比纯文本的 DOS 大有改观。Windows 1.0 类似苹果计

Windows 1.0

Windows 95

算机的操作界面，以致被苹果计算机公司控告，该诉讼直到 1997 年 8 月才终止。继 Windows 1.0 之后，微软公司不断推出新的 Windows 版本。1995 年 8 月 24 日，微软公司发布 16/32 位多任务操作系统 Windows 95。该操作系统大大不同于以前的版本，可完全脱离 MS-DOS，但为照顾用户习惯仍保留了 DOS 模式。Windows 95 带来了更强大、更稳定、更实用的桌面图形用户界面，提供了更丰富的程序和附件，还使用了新的联网技术。Windows 操作系统已成为世界上用户最多、兼容性最强的操作系统。

1985 年
中国联机手写汉字识别系统问世

联机手写汉字识别是指将字符写在一块与计算机相连的专用设备上（如数字化仪、手写板等），计算机实时地将汉字书写的整个过程记录下来，转化为与时间有关的点序列，然后根据点与点之间的时间间隔长短及点与点之间的方向变化，由计算机进行自动识别，转化为汉字编码。1981 年，IBM 公司推出了第一套较为成熟的联机手写汉字识别系统。1984 年，中国科学院自动化研究所文字识别实验室开始进行联机手写汉字识别的研究，该项目由计算机科学家刘迎建主持。1985 年，中国第一套联机手写汉字识别系统研制成功，开创了全新的汉字手写识别领域。1988 年，联机手写汉字识别系统“汉王”第 3 版由中自智能系统公司正式推向市场，并于 1990 年获得国家发明专利。1993 年，汉王科技公司成立，刘迎建出任总裁。公司成立以来，汉王的手写识别技术得到了系统化提升，由最初只能识别工整的字体，发展为可以识别连笔、潦草的字体；从只能识别汉字，到能够识别英文、意大利文、俄文等语种。

刘迎建介绍汉王系统

1986 年
发现高临界温度超导材料

1911年发现超导现象以来，探索更高临界温度的超导体成为科学家一直努力追求的目标。人们先后找到了 27 种金属元素、数千种合金和化合物超导材料，但它们的临界温度 T_c 一直没有超过铌三镓（Nb_3Ga）薄膜中的 23.2 开。这种情况在 1986 年有了突破。1 月 27 日，瑞士物理学家卡尔·缪勒和他的学生、德国物理学家贝德诺尔茨发现一种称为镧钡铜氧化物的样品在 35 开开始出现超导电性。1986 年 4 月他们在论文《在 Ba-La-Cu-O 系中可能的高 T_c 超导电性》中正式报告这一发现，轰动了物理学界。在随后的几年间，各国科学家沿着这一方向研究和制备高 T_c 超导体材料，T_c 的记录不断更新，直到 133.8 开。这些新材料都可通过将少量特殊杂质掺入本来是绝缘材料的母化合物中制备出来。这些超导体在正常态时的电阻很高，电子间的关联很强。它们的正常态和超导态的性质与通常的金属和合金超导体有很大差别。缪勒和贝德诺尔茨因发现高临界温度超导材料获得了 1987 年诺贝尔物理学奖。

1986 年
开展对哈雷彗星的空间探测

哈雷彗星自 1910 年回归后，于 1986 年初再次回归。为此，国际天文学联合会组织了世界范围的联测。一些国家纷纷研制发射探测器，以就近窥探它的真实面貌。苏联于 1984 年 12 月 15 日和 21 日先后发射“维加 1 号”和“维加 2 号”金星—哈雷彗星探测器。1986 年 3 月 6 日，“维加 1 号”到达距哈雷彗核 8900 千米处，首次拍摄到彗核照片，显示其由冰和尘埃粒子组成。同年 3 月 9 日，“维加 2 号” 从距哈雷彗核 8200 千米处

1986年 3 月“乔托号”拍摄的哈雷彗核

越过，拍摄到更清晰的彗核照片。科学家们据此推断哈雷彗核形如花生壳，长约 11 千米，宽 4 千米。“维加号”探测器还首次发现彗核中存在二氧化碳，并找到了简单的有机分子。1985 年 7 月 2 日，欧洲空间局发射直径 1.8 米、高 3 米、重 950 千克的“乔托号”哈雷彗星探测器。它于 1986 年 3 月 14 日从离哈雷彗核约 600 千米处掠过，拍摄了 1480 张彗核照片。照片显示彗核形状凸凹不平，长约 15 千米，宽约 8 千米，比“维加号”测得的结果稍大。哈雷彗核的喷射物中 80%是水，10%是一氧化碳，2.5%是甲烷与氨的混合物，还有烃、钠、铁等其他物质。日本于 1985 年先后发射“先驱者号”和“彗星号”两个探测器，后者于 1986 年 3 月 8 日从距彗核约 15 万千米处掠过，拍摄到彗发周围的氢冕。这些探测使人们得到一幅比较完整的哈雷彗星图像，支持了美国天文学家惠普尔于 1949 年提出的彗核由冰冻的气体分子（H_2O、CO_2、HCN、CH_3、CN 等）夹杂细尘粒组成的“脏雪球”模型。

1986 年
美国国家标准学会公布标准 SQL 文本

SQL 是一种非过程化的数据库查询和编程语言，用于存取数据及查询、更新、管理关系数据库系统。1986 年，美国国家标准学会（ANSI）把 SQL 作为关系数据库语言的美国标准，同年公布了标准 SQL 文本。1987 年，美国赛贝斯（Sybase）公司发布 Sybase SQL Server 1.0，首次提出并实现了客户机/服务器数据库体系结构。客户机/服务器软件一般采用两层结构，具有极强的灵活性。此后，SQL Server 不断推出新版本。1998 年，微软公司发布 MS SQL Server 7.0，这是一个划时代的产品，SQL Server 从这一版本起得到了广泛应用。2000 年，可替代商业数据库的开放源代码数据库 My SQL 3.23 发布，促成开放源代码的 LAMP 平台与 J2EE 和.NET 架构形成三足鼎立之势。

1987 年
邓青云等制成有机电致发光器件

有机电致发光是指有机发光材料在电场作用下，受到电流和电场的激发而发光的现象，是一种直接将电能转换为光能的过程。有机电致发光器件的研究始于 20 世纪 60 年代。1963 年，美国纽约大学研究人员第一次发现了有机材料单晶蒽的电致发光现象，但其工作电压很高，未引起人们的研究兴趣。1987 年，日本东部柯达公司的邓青云等人，用荧光效率高、有电子传输特性的有机小分子 8-羟基喹啉铝（Alq_3）和具有空穴传输特性的芳香二胺制成高质量的有机电致发光器件，引起广泛注意，使人们看到了有机电致发光器件实用化和商业化的美好前景，将有机电致发光的研究工作推进到一个崭新的阶段。1990 年，英国剑桥大学的研究人员报道了在低电压下高分子聚合物的发光现象。他们用简单的旋涂方法将共轭高分子聚苯撑乙烯(PPV)的预聚体做成薄膜，在真空干燥下转化成 PPV 薄膜，成功地制成了发黄绿光的聚合物电致发光器件。从此，有机电致发光研究有了一个新的热点，建立了聚合物电致发光研究的新领域。

1987 年
泽维尔开创飞秒化学

1987 年，具有埃及和美国双重国籍的科学家泽维尔做了一系列试验，用激光闪光照相机拍摄到一百万亿分之一秒瞬间处于化学反应中的原子的化学键断裂和新形成的过程，创立了飞秒化学(飞秒即 10^{-15} 秒)。具体来说，就是用高速超短激光照相机拍摄化学反应过程中的每次原子或分子振荡的动态图像，然后以"慢动作"回放来观察处于化学反应过程中的原子和分子的转变状态。这从根本上改变了我们对化学反应过程的认识，即从基础化学反应动力学研究上升到动态学研究，该方法是物理化学研究中的先驱性工作。泽维尔因在飞秒光谱学方面的贡献获 1999 年诺贝尔化学奖。

1987 年
观测大麦云超新星 1987A

20 世纪超新星研究中最重要的事件，是银河系的一个矮伴星系——大麦云中一颗超新星的爆发。这颗超新星是 1987 年 2 月 24 日在光学波段首先观测到的，称为超新星 1987A。1987 年 5 月其视星等约 3 等。它的位置同一颗名叫桑杜利克 69202 的蓝超巨星重合，后者随超新星爆发而消失，这表明超新星 1987A 的前身星是一颗大质量 B3 型星。在该超新星爆发前一天，探测到来自大麦云的中微子爆发现象，脉冲持续时间约 12 秒。在可见光波段，超新星在中微子脉冲过后几小时才观测到，这与中微子基本上直接来自前身星的坍缩核，可见光信号则通过超新星包层扩散出来的图景一致。这次观测连同测得的中微子能量，为中微子的静止质量定出一个 20 电子伏的上限。观测来自超新星的中微子流量对于恒星演化理论具有特殊的重要性，超新星 1987A 的中微子流量与中子星形成理论所预期的量级相同。初始爆发后，该超新星的光度以 77 天的半衰期指数式衰减，直到约 800 天之后，光度下降速率减小。为了说明超新星 1987A 的光度，其包层中必须存储约 0.07 倍太阳质量的镍 56，这同爆发核合成的理论预期符合得很好。超新星爆发 6 个月内发现了钴 56 的 γ 射线谱线，指数衰减开始后也观测到其红外光谱中钴和镍谱线的精细结构。这些观测直接证实了超新星光变起源及其爆

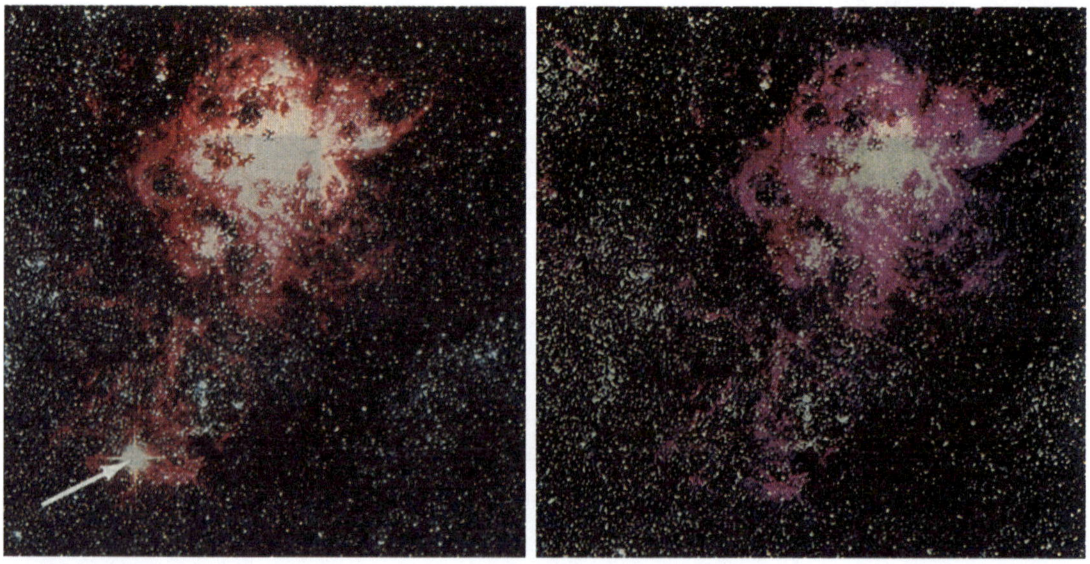

超新星 1987A　(左)超新星爆发(箭头所指)时拍摄的照片，(右)正常情况下同一天区的照片。

乞力马扎罗山峰顶的雪冠在加速消融(左图为1993年拍摄,右图为2000年拍摄)

发中形成铁峰元素的放射性理论。

1987 年
国际地圈—生物圈计划开始实施

为研究全球变化,国际科学联盟理事会于 1987 年组织发起了国际地圈—生物圈计划, 简称 IGBP。IGBP 着重研究人类系统与地球的生物学、化学和物理学过程的相互作用, 并与其他国际性科学计划相互协作,形成并推动人类应对全球变化所必需的科学认识。IGBP 提出的远景科学目标是为提高地球生存环境的可持续性提供科学认识,主要科学目标包括:描述和认识控制整个地球系统相互作用的物理学、化学和生物学过程;描述和理解支持生命的独特环境;描述和理解发生在地球系统中的变化以及人类活动对它们的影响方式。IGBP 共由 8 个核心研究计划和 3 个支撑计划组成。8 个核心研究计划分别为: 国际全球大气化学计划、全球海洋通量联合研究计划、过去的全球变化研究计划、全球变化与陆地生态系统、水文循环的生物学方面、海岸带的海陆相互作用、全球海洋生态系统动力学、土地利用与土地覆盖变化。3 个支撑计划分别为: 全球分析、解释与建模,全球变化分析、研究和培训系统,以及 IGBP 数据与信息系统。

IGBP的研究目标和内容具有高度综合和学科交叉的特点,标志着地球科学以及宏观生物学研究进入了新的深度和广度。其第一阶段任务已于 2003 年结束, 相关研究成果提高了人类对地球系统的系统性行为的认识,对地球系统在不同时间尺度上的可变性进行了量化,对生物圈在地球系统运行中的重要作用作了阐述,更清晰地描述了人类影响地球系统的变化程度。从 2004 年, IGBP 的工作进入第二阶段。

1987 年
哈克发表第二代海平面相对变化曲线

层序,是相对整合的、在成因上相互联系的地层的序列,也就是地层由老到新或由新到老的排列。尽管对于地层层序的基本认识早在 18 世纪晚期就已出现,但直到 1948 年,美国地质学家斯洛斯才明确提出层序的概念,将其定义为“主要大地构造旋回的地质记录”,并以层序不整合为界,将北美克拉通的显生宙地层划分为 6 个层。

1965 年,斯洛斯的学生、美国地质学家韦尔提出了第一代全球海平面相对变化曲线和地震地层学基本原理,成功解决了北海盆地的中生代地层划分,引起了石油地质学

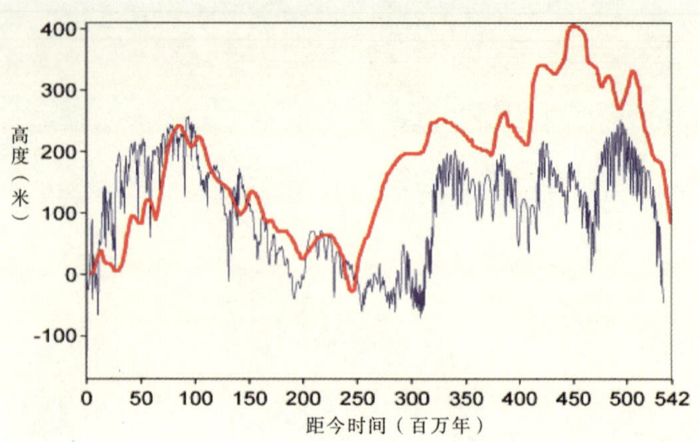

5亿年来海平面的变化曲线，蓝线为哈克等提出的第二代曲线

界的重视。1977 年，美国石油地质学家学会出版了《地震地层学在油气勘探中的应用》丛书，对地震地层学进行了全面分析。其中，韦尔等人提出按照全球海平面变化以及在海平面变化过程中形成的等时面来划分地层层序的思想，明确指出全球海平面变化是层序演化的驱动力，是控制陆地相对高度和沉积环境、沉积特征及沉积构造空间格局的基本因素。韦尔等人提出的"大多数地表地质学家普遍见到的旋回性沉积作用基本上或完全受全球海平面升降变化的控制"的思想，奠定了层序地层学的理论基础。

1980 年代初，以韦尔为首的埃克森石油公司的地质学家们进一步充实和分析了层序地层学的概念和理论框架。1987 年，巴基斯坦—美国海洋地质学家哈克等在论文《三叠纪以来海平面变化年代学》中发表第二代海平面相对变化曲线，系统地阐述了层序地层学的基本理论和概念，标志着该理论的发展成熟。

1987 年
威尔逊提出"线粒体夏娃"学说

现代人是从哪里来的？有关这个问题一直存在两种不同的假说：一是多起源说，认为现代人出现于世界任何有直立人群的地方；二是单一起源说，认为现代人起源于某个地区，再迁徙到其他地区，替代了居住在当地的其他古人类。1987 年，美国加利福尼亚大学伯克利分校的分子人类学家艾伦·威尔逊对世界不同种族的线粒体 DNA 样本进行分析后，发现现代人类的线粒体 DNA 基本相同，平均差异仅为 0.32%左右。线粒体 DNA 可以分成两大类，一类仅见于部分非洲人中；另一类则分布于包括其他非洲人在内的所有种族，而其源头也在非洲人中。线粒体存在于细胞质中，卵细胞携带线粒体，而精子不携带线粒体，所以每个人的线粒体都继承自母亲。由于线粒体 DNA 的遗传是严格的母系遗传，因此，从逻辑上讲，现代人类的线粒体 DNA 最终都是从一个共同的女性祖先那里遗传下来的。按线粒体 DNA 的核苷酸替换率推算，这位女性祖先应当生活在距今 20 万年之前，随后她的一些后代离开非洲四处迁徙，最终发

"线粒体夏娃"学说示意图 图中以不同的颜色表示不同的人携带着不同的线粒体 DNA。现代人（最下一排）的线粒体都遗传自同一位女性祖先，其他女性的线粒体由于某一世代没有女性继承而无法流传至今。

展为世界各地的现代人类。威尔逊诙谐地说："我们可以将这位幸运女性称为夏娃，她的世系一直延续至今。"1987 年威尔逊将其发现发表于《自然》杂志，这一新理论被称为现代人类起源的"线粒体夏娃"学说。

"线粒体夏娃"学说一经提出迅即引起强烈反响。对采用分子遗传学证据探讨人类起源问题，有人支持，有人反对。许多后续研究(如用 Y 染色体证据分析包括中国人在内的东亚人群起源问题)支持了"线粒体夏娃"学说；一批古人类学家则反对这一理论，认为化石记录已表明世界各地的现代人类是从当地的古人类发展而来的，并不存在"夏娃"后代对当地古人类的"完全替代"。目前争论仍在继续中。

1987 年
CANET建成中国第一个 Internet 电子邮件节点

中国使用 Internet 的历史可以追溯到 1986 年的 CANET(中国学术网)，它是北京计算机应用技术研究所实施的 Internet 项目，主持研究工作的是被誉为"中国 Internet 之父"的计算机科学家钱天白，项目合作伙伴是联邦德国卡尔斯鲁厄大学。1987 年 9 月，CANET 在北京计算机应用技术研究所内正式建成中国第一个 Internet 电子邮件节点，9 月 20 日由钱天白发出中国第一封电子邮件："Across the Great Wall we can reach every corner in the world."(越过长城，走向世界。)这封电子邮件通过意大利公用分组网 ITAPAC 设在北京的 PAD 机，经由意大利 ITAPAC 和联邦德国 DATEX-P 分组网，实现了和联邦德国卡尔斯鲁厄大学的连接，通信速率为 300位/秒，由此揭开了中国人使用 Internet 的序幕。1990 年 11 月，钱天白代表中国正式注册登记了中国的顶级域名 CN。1994 年 5 月，中国科学院计算机网络信息中心完成了中国国家顶级域名服务器的设置。

CANET现场照片

1987—1996 年
芬恩等发展生物大分子的质谱和核磁共振分析技术

质谱分析法是一种分析分子质量和结构的重要方法。然而，要将质谱分析法应用于生物大分子难度很大，因为首先要将成团的生物大分子拆成单个的生物大分子，并将其电离，再让它们在电场的作用下运动。在这个过程中，它们的结构和成分很容易被破坏。美国科学家芬恩与日本科学家田中耕一发明了殊途同归的两种方法。1987 年，田中耕一用激光轰击成团的生物大分子。1989 年，芬恩对成团的生物大分子施加强电场。这两种方法都成功地使生物大分子相互完整地分离，同时也被电离。它们的发明奠定了科学家对生物大分子进行进一步分析的基础。然而，要"看清"生物大分子的结构还须依靠核磁共振技术。这种技术最初只能分析小分子的结构，生物大分子分析起来难度很大。1996 年，瑞士科学家维特里希发明了一种新方法，他连续测定生物分子中所有相邻的两个质子之间的距离和方位，这些数据经计算机处理后就可形成生物大分子的三维结构图。芬恩、田中耕一和维特里希因上述贡献共获 2002 年诺贝尔化学奖。

1988 年
第一项哺乳动物专利诞生

专利权是指法律确认的专利权人对其发明创造在一定期限内所享有的专有权。在大多数国家的专利法中，动物品种通常不属于专利法保护的对象，其主要理由在于动物是有生命的物体，一般是依照生物学方法繁殖的，不是人工制造的，不应当授予专利。随着生物技术的发展，尤其是 DNA 重组技术的飞速发展，人们已可根据需要创造出各种转基因动物，这是立法者始料不及的，对于这种极有价值的发明，人们不得不考虑通过法律的解释来加以保护。其中，美国专利与商标局于 1988 年批准了世界上第一项哺乳动物专利，这是一只利用遗传工程方法改变特征的转基因鼠。哈佛大学的分子生物学家莱德和斯图尔特把一种致癌物质基因重组到非人类的哺乳动物小鼠体内，得到了一种对致癌物质极为敏感的，对检测致癌物质十分有效的实验动物模型。该专利的授予是美国在生物技术专利保护中的一个里程碑事件。尽管该专利权的授予在欧洲引起了轰动和不少抗议，但有一点是值得肯定的，即“正是这项举世瞩目的专利，为生物技术商品化树立了里程碑，此项专利的颁发，在深入发展遗传工程的道路上迈出了关键的一步。”其后，又有多种遗传工程动物相继获得专利。

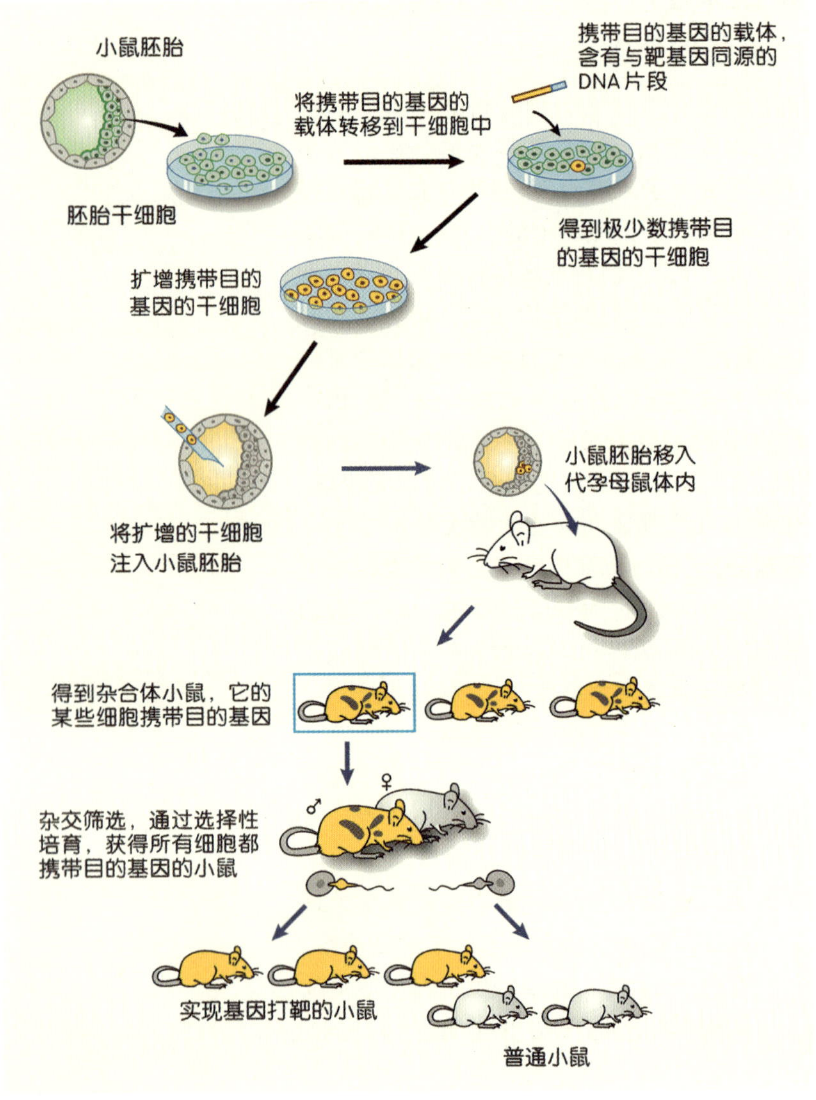

基因打靶技术示意图

1989 年
卡佩奇等创立小鼠的基因打靶技术

哺乳动物的基因打靶技术是指利用同源重组方法精确地改变哺乳动物体内的某一基因，从而能通过观察活体的表型，推测该基因的功能。此前，科学家只能使用随机突变基因的办法研究基因功能，而对有着几万个基因的哺乳动物而言，想以此研究特定的基因，犹如大海捞针。1980 年代，美国遗传学家卡佩奇和奥利弗·史密斯在人工打靶载体和哺乳动物基因的同源重组方面取得突破，所不同的是卡佩奇以敲除小鼠基因为目标，史密斯的技术路线是修饰已突变基因，恢复其原有功能。英国发育生物学家马丁·埃文斯则建立了胚胎干细胞技术。

1989 年，第一只以基因打靶技术敲除特定基因的小鼠诞生，其具体技术步骤为：(1)从小鼠胚胎中提取干细胞；(2)构建靶载体(含与靶基因同源的 DNA 片段)；(3)将靶载体转移到干细胞中；(4)扩增筛选获得的含靶载体的干细胞；(5)将扩增的干细胞注入小鼠胚胎；(6)胚胎发育为小鼠后，通过选择性培育，获得基因敲除小鼠。目前，人们已利用基因打靶技术研究了小鼠的上万个基因,并根据人类疾病(如心血管疾病、糖尿病和癌症)的相关基因,培育了 500 余种存在不同基因变异的小鼠。该技术的应用对象还扩大到大鼠、猪和羊等,为基因功能研究、生物制药等作出了巨大贡献。2007 年,卡佩奇、史密斯和埃文斯因建立基因打靶技术共同荣获诺贝尔生理学医学奖。

1989 年
计算机声卡问世

声卡是计算机进行声音处理的适配器,它有三个基本功能:一是音乐合成发音功能,二是混音器和数字声音效果处理器功能,三是模拟声音信号的输入和输出功能。声卡处理的声音信息在计算机中以文件的形式存储。声卡工作时应有相应的软件支持,包括驱动程序、混频程序和 CD 播放程序等。麦克风和喇叭所用的都是模拟信号,计算机所能处理的都是数字信号,两者不能混用,而声卡的作用就是实现两者的转换。从结构上,声卡可分为模数转换电路和数模转换电路两部分,模数转换电路负责将麦克风等声音输入设备采集到的模拟声音信号转换为计算机能处理的数字信号;而数模转换电路负责将计算机处理的数字声音信号转换为喇叭等设备能使用的模拟信号。

创建于 1981 年的新加坡创新科技有限公司是在世界多媒体及数码娱乐领域享有盛誉的厂商。1989 年,创新科技公司推出用于个人计算机的第一块声卡产品——声霸卡。1991 年,立体声声霸卡问世,很快被定为多媒体个人计算机的声卡标准。这些举措使创新科技公司成为多媒体个人计算机领域的知名品牌,它在声卡界的地位就如同 CPU 界的 Intel 及软件界的微软一样,是行业中的标准。

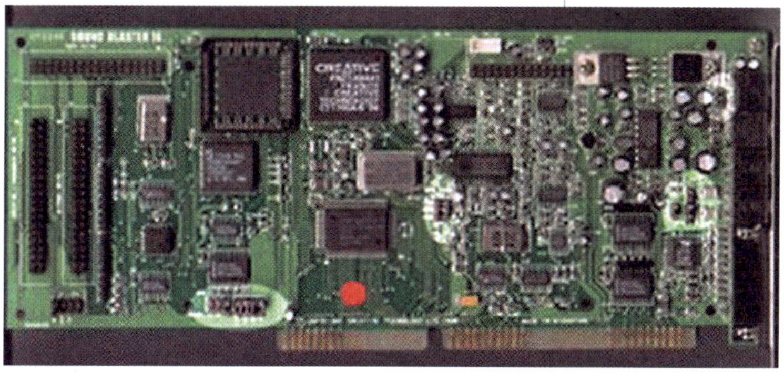
第一块声卡

1989 年
WPS文字处理软件问世

1988 年,金山软件公司开始开发中文文字处理系统。1989 年,中国第一套文字处理软件 WPS 1.0 发布。它运行于 DOS 操作系统,集编辑与打印为一体,具有丰富的全屏幕编辑功能,提供了各种控制输出格式及打印功能,使打印出的文稿基本上能满足文字工作者编辑、打印各种文件的需求。WPS 软件的问世填补了中国计算机文字处理软件的空白,超越了当时的 WordStar 等同类产品,并得到了极其广泛的应用。1990 年,WPS 占领了中文文字处理市场 90%的份额,并被指定为联合国五国语言的中文文字处理软件。1994 年,微软公司的 Office 办公软件套件进入中国市场。1996 年,随着 Windows 操作系统的普及,Office 逐渐取代了 WPS 在中国的霸主地位。面对这一形势,金山软件公司开发了运行于 Windows 操作系统的 WPS Office 办公软件和金山词霸、金山毒霸等优秀软件,为中国软件产业的发展作出了重要贡献。

WPS 1.2

1990 年
COBE测得宇宙微波背景辐射的黑体谱

宇宙微波背景辐射在 1965 年发现以后，科学家在各个波长作了许多测量，以确认它是否来自炽热的早期宇宙。然而，在关键性的毫米波段，由于大气吸收严重，观测非常困难，即使高山和气球观测的结果也差强人意。理想的方案是在太空中进行观测，1989 年 11 月美国宇航局发射“宇宙背景探测器”即 COBE 使之得以实现。1970 年，该项目负责人美国天文学家约翰·马瑟开始理论和设计工作，经过上千名科学家和工程师近 20 年的努力，COBE 终于发射成功。该卫星装载了三台仪器：弥漫红外背景探测器即 DIRBE，用于观测红外—微波背景辐射；远红外绝对分光计即 FIRAS，用于观测和比较宇宙微波背景辐射谱与黑体辐射谱的差异，马瑟参与指导了这项工作；较差微波辐射计即 DMR，用于探测宇宙微波背景谱中不同波段的各向异性行为，是美国天文学家斯穆特负责的子项目。1990 年，COBE 卫星的数据已精确给出微波背景辐射的当前温度是 2.725±0.010 开，且非常接近黑体辐射谱。1992 年，斯穆特宣布发现宇宙微波背景辐射在不同方向上的温差，其幅度仅为十万分之几。正是宇宙早期存在的这种微小不均匀性，导致了日后星系、恒星之形成。由于 COBE 卫星开辟了精确宇宙学的新时代，马瑟和斯穆特分享了 2006 年度诺贝尔物理学奖。

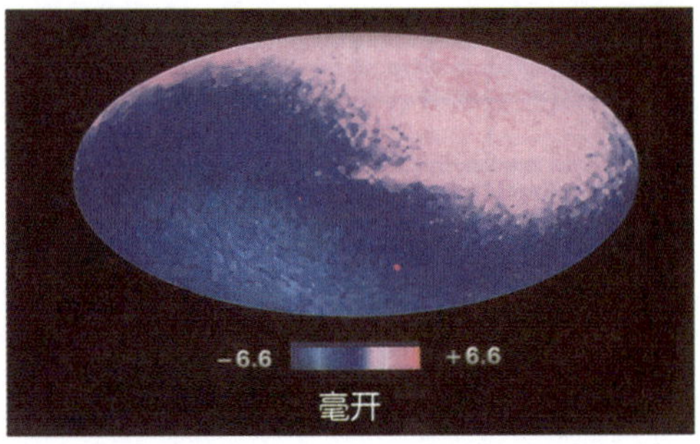

COBE测量的宇宙微波背景辐射 背景辐射的温度在狮子座方向略偏高，在相反的方向则略偏低，与平均温度的最大偏差为 0.0034 开。这相应于存在一个朝狮子座方向以 400 千米/秒运动的速度，其中应包含太阳在银河系内的运动、银河系在本星系群内的运动以及本星系群的运动。

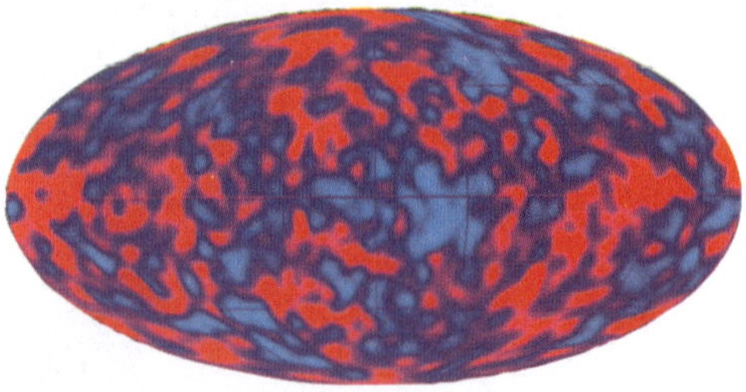

COBE观测到的微波背景辐射各向异性 这种各向异性的幅度仅为 10^{-5} 量级。它由宇宙原初扰动形成，原初扰动密度特别大的部分就是日后形成星系的“种子”。

1990 年
哈勃空间望远镜发射成功

地球大气湍流会使天文观测的星像变得模糊。口径 4 米的光学望远镜衍射极限约为 0.03″，但在地面获得的星像分辨率却约为 1″，这使观测的灵敏度大大降低。把望远镜置于地球大气之外，不但能解决这一问题，而且还能将观测波段向紫外和红外拓展。1960 年代，美国宇航局曾提出一些建造口径 3 米的大型空间望远镜的计划，但当决定用航天飞机作为发射和维护工具时，口径被减小到 2.4 米。这架空间望远镜长 13.3 米、重 11.6 吨，以美国天文学家哈勃的姓氏命名。其造价近 30 亿美元，15%由欧洲空间局分担。该项目于 1977 年得到批准，1981 年因经费问题几乎陷于停顿，1986 年“挑战者号”航天飞机失事更使其雪上加霜。1990 年 4 月，哈勃空间望远镜终于发射升空，但几周后发现主镜出现显著的球差，致使来自镜面边缘的反射光不能与镜面中央的反射光聚集到同一焦点，从而严重影响了成像质量。1993 年 12 月，对该镜的首次维护和更新获得成功，基本恢复了它的全部设计能力。哈勃空间望远镜最初携带的仪器包括：广角和行星照相机、戈达德高分辨摄谱仪、高速光度计、暗天体照相机和暗天体摄谱仪(FOS)。以后该镜又于 1997 年、1999 年、2002 年、2009 年 4 次维修和更新，计划于 2012 年退役。在运行 20 年间，哈勃空间望远镜对恒星的形成和死亡、星系的结构和演化、宇宙的尺度和年龄等几乎整个天文学领域作出了巨大贡献，并以空前的清晰度拍摄了大量精美的天体图片，令全世界公众叹为观止。

航天飞机将哈勃空间望远镜送入轨道

哈勃空间望远镜曝光 8 小时拍摄的深场照片　图中的旋涡星系 UGC10214 别名“蝌蚪星系”，距离地球约 4.2 亿光年。背景中还有成百上千的星系，其中有不少与地球相距几十亿光年。照片中最暗的天体为 29 等。

1990 年
人类基因组计划正式启动

1986 年，1975 年诺贝尔生理学医学奖得主杜尔贝科在《科学》杂志上发表《肿瘤研究的转折点——人类基因组测序》一文，指出如果想更多地了解肿瘤，从当下开始就必须关注细胞的基因组，只有详尽的 DNA 知识才能推动肿瘤研究。而要了解基因组，就应该从基因测序开始。

1990 年，人类基因组计划即 HGP 正式启动，美、英、法、德、日、中、印等国家的科学家先后参与，预计用 15 年时间测定由 30 多亿个碱基对构成的人类基因组序列，绘制遗传图谱、物理图谱、序列图谱和基因图谱，旨在破译基因组所包含的全部遗传密码，实现对人类自身认识的重大飞跃。人类基因组计划与曼哈顿计划和阿波罗计划并称为人类自然科学史上的三大科学计划。基因组信息不仅对疾病诊断及预防、环境干预、新药开发等有重要提示作用，还能推动细胞、胚胎、组织工程等技术产业的发展，为生物、农业和信息等国家支柱产业带来可观的社会与经济效益，同时也有助于我们了解生物多样性的起源和人类的进化史。2000 年 6 月，人类基因组计划参与国联合宣布，人类基因组草图提前绘制完成。

1990 年
布利兹等实施基因治疗

1980 年代后期，美国国立卫生研究院的布利兹、威廉·安德森与罗森堡等共同提出基因治疗的临床试验申请，治疗对象是一种罕见的遗传病——腺苷脱氨酶缺乏症患者。他们希望将病人的 T 细胞取出，利用经基因改造后的逆转录病毒，将正常的腺苷脱氨酶基因导入细胞，并将带有修复基因的自体细胞送回体内，以弥补体内缺乏的腺苷脱氨酶基因。这种方法引起了极大的争议，因为逆转录病毒会将外源基因随机地嵌入细胞内的基因组中。反对者认为：此法可能会将基因嵌入重要的基因部位而引发其他疾病，如癌症。最后安德森等赢得这场论战。1990 年，安德森等进行了首例基因治疗临床试验，获得初步成功。此试验证明，基因治疗是可行的。此后基因治疗的各种临床试验陆续开展，目标多为单一基因缺陷所造成的疾病，如遗传性肺气肿、血友病 A、血友病 B、纤维性囊肿、珠蛋白生成障碍性贫血、头颈鳞癌等。

1990 年
第一代多媒体个人计算机标准发布

多媒体个人计算机是在一般个人计算机的基础上，通过扩充使用视频、音频、图形处理软硬件来实现高质量的图形、立体声和视频处理能力。1990 年，微软、IBM 等计算机厂商成立了多媒体计算机市场协会，以进行多媒体标准的制定和管理。同年 11 月，第一代多媒体个人计算机(MPC)标准发布，对多媒体个人计算机及相应的硬件规定了必需的技术规格，要求所有使用 MPC 标志的多媒体产品都必须符合该标准的要求。MPC 标准规定多媒体计算机应包括 5 个基本组成部件：个人计算机、只读光盘驱动器(CD-ROM)、声卡、Windows 操作系统、音箱或耳机，同时对主机的 CPU 性能、内存(RAM)容量、外存(硬盘)容量及屏幕显示能力也有相应的限定。随着计算机和多媒体产品性能的不断提高，MPC 标准也不断更新。1993 年，MPC 2 标准发布。1995 年，MPC 3 标准发布。

屹立在夏威夷莫纳克亚山巅的凯克Ⅰ和凯克Ⅱ望远镜

1990 年代
美国建成口径 10 米的凯克望远镜

1990 年代，美国先后建成两架相同的望远镜“凯克Ⅰ”和“凯克Ⅱ”，它们因得到凯克基金会资助而冠名。凯克望远镜坐落在夏威夷海拔 4200 米的莫纳克亚山巅，那里具有得天独厚的地理和气候条件，非常适宜于天文观测。每架凯克望远镜有 8 层楼高，重 300 吨，主镜由 36 块口径 1.8 米的六角形镜片拼接而成，镜面整体直径为 10 米，而厚度仅为 10 厘米。与电脑相连的传感器和促动器构成的主动光学系统，能调整每一镜片和相邻镜片的位置偏差，准确度达到 4 毫米，每秒两次的调整可以有效地矫正重力造成的形变。每架凯克望远镜还装有自适应光学系统，供及时补偿大气抖动的影响。另外，相距 85 米的凯克Ⅰ和凯克Ⅱ还可组成光学干涉仪，联合作业时在特定方向上的分辨能力相当于口径 85 米的单一望远镜。凯克望远镜有三个主要设备：近红外摄像仪、高分辨率 CCD 探测器和高色散光谱仪。凯克Ⅰ望远镜于 1991 年 12 月举行开光典礼，1993 年投入天文观测；凯克Ⅱ于 1996 年投入使用。它们代表了 20 世纪末、21 世纪初地面光学—红外望远镜技术革命的新潮流，不断为高红移天体的证认、太阳系外行星的发现等天文学前沿研究作出新的贡献。

1991 年
氘—氚聚变反应成功实现

受控热核聚变的研究始于 1950 年代。核聚变指轻核在极高温下聚合成质量较大的核，并释放出大量能量的过程。产生聚变反应时温度非常高，这时物质处于等离子体的状态。实现受控核聚变的主要困难在于，如何设法将这种高温、高密度的等离子体约束在一定区域，以便核聚变得以发生。1960 年代，苏联科学家发明了一种利用磁约束实现受控核聚变的环状容器“托卡马克”(Tokamak)。其原理是，在弯成环状的线圈中通以巨大的电流，以产生环形的强磁场，使组成高温高密等离子体中的带电粒子绕着环形强磁场的力线作螺旋运动，以达到约束等离子体的目的。因这一过程与太阳产生能量的过程类似，因此这种实验装置也被称为“人造太阳”。1983 年 6 月，欧共体在英国牛津郡建成一个托卡马克装置，取名“欧洲联合环”，简称 JET。1991 年 11 月 9 日，科学家们在 JET 上将含有 86%氘(D)和 14%氚(T)的混合燃料加热到 3 亿摄氏度，首次成功实现了氘—氚等离子体聚变反应。2006 年，中国自主设计、建造的新一代热核聚变装置 EAST 首次成功完成放电实验，在同类装置中处于国际领先位置。

欧洲联合环 JET

1991 年
美国发射康普顿 γ 射线天文台

1991年美国宇航局发射的康普顿 γ 射线天文台艺术形象图

康普顿 γ 射线天文台即 CGRO，是美国宇航局继哈勃空间望远镜之后发射的第二个空间天文台，为纪念美国物理学家康普顿而命名，他曾因发现高能光子与电子的散射效应——“康普顿效应”而获得 1927 年度诺贝尔物理学奖。CGRO 重 17 吨，于 1991 年 4 月由“亚特兰蒂斯号”航天飞机发射升空，用以观测宇宙中 30 千电子伏至 30 吉电子伏谱区的高能 γ 射线。2000 年 6 月，在陀螺仪发生故障后，CGRO 按指令脱轨燃烧，以碎片再入大气层的方式安全地结束使命。CGRO 携有 4 台仪器：暴发和暂现源探测器即 BATSE、定向闪烁谱仪即 OSSE、康普顿成像望远镜即 COMPTEL 和高能 γ 射线望远镜即 EGRET。除了绘制弥漫 γ 射线背景辐射图、发现 γ 射线脉冲星、观测太阳耀斑和活动星系核，CGRO 特别对 γ 射线暴进行了全面系统的监视。BATSE 发现的 2700 余个 γ 射线暴随机出现在天空的各个方向上，与星系或类星体的分布很相似，而与银河系内天体

1991

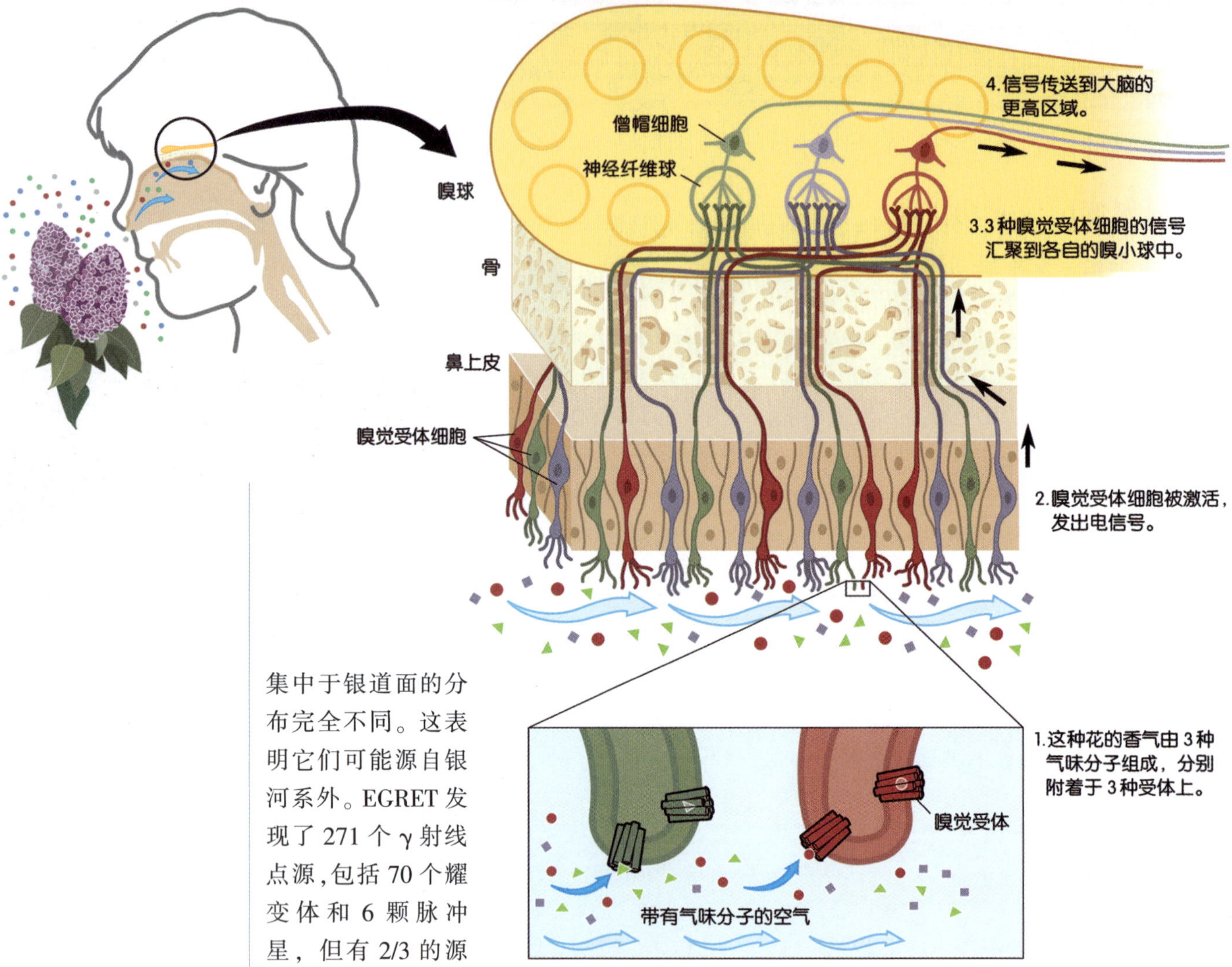

嗅觉受体及嗅觉系统识别气体机理

集中于银道面的分布完全不同。这表明它们可能源自银河系外。EGRET 发现了 271 个 γ 射线点源，包括 70 个耀变体和 6 颗脉冲星，但有 2/3 的源尚未能辨认。COMPTEL 测绘银河系内铝 26 的分布，展示了银河系的恒星形成区。OSSE 较先前更精确地测量了银心的正负电子对湮灭线，并发现了来自 X 射线双星与赛弗特星系的 γ 射线辐射。

1991 年
阿克塞尔和巴克解开人类嗅觉之谜

为什么我们能感受到森林中空气的清新和鲜花的芳香，而且这种美好记忆还能长久保存？多少年来，人类的嗅觉系统一直被视为一个神秘莫测的区域。曾有科学家提出，人和动物鼻子中的嗅觉神经细胞表面分布着受体蛋白，当受体蛋白与外界气体分子结合时，就产生神经信号，这一信号传递至大脑，使人“闻到气味”。但是，这仍无法解释为何我们能识别和记忆大约 1 万种不同的气味。

1991 年，美国哥伦比亚大学的分子生物学家巴克及其导师阿克塞尔发现了编码哺乳动物嗅觉受体蛋白的基因。这是一个庞大的基因家族，约有 1000 个成员，属于 G 蛋白偶联受体。他们的发现打开了以遗传学知识和分子分析方法研究嗅觉机制的大门。其后，阿克塞尔和巴克各自开展独立研究，他们和其他科学家的工作从分子层面到细胞组织层面进一步阐明了嗅觉系统的作用机理。原来,每种嗅觉受体能识别多种气味分子,每种气味分子也能被多个嗅觉受体识别,而多数气味是由多种气味分子组成的,这样在一种气味与嗅觉受体间就形成了一套专用的"气味密码",这就是有限受体分子识别上万种气味的基础。一个嗅觉受体细胞只表达一种受体蛋白,有着相同受体蛋白的嗅觉受体细胞会将收集的气体信号汇集到同一个嗅小球中。众多嗅觉受体细胞高度分工与合作,辨识嗅觉的信号逐级上传到大脑中负责嗅觉的区域,再经由这里形成各种气味的模式并记录下来。这样,当闻到某种气味时,就可能回想起曾经闻到的相同气味。阿克塞尔和巴克在嗅觉系统中发现的规律也适用于其他感官系统。例如,信息素是一种可以影响社会行为的分子,尤其是在动物身上,有两种 G 蛋白偶联受体就可探测信息素。2004 年,阿克塞尔和巴克因在气味受体和嗅觉系统组织方式研究中的杰出贡献荣获诺贝尔生理学医学奖。

1991 年
伯纳斯-李开发出万维网

1989 年,欧洲核子研究中心的英国计算机科学家伯纳斯-李发现,随着研究工作的进展和文件的不断更新,很难找到相关的最新资料。当年 3 月,伯纳斯-李撰写了《关于信息化管理的建议》一文,文中提及信息查询的方法,并且描述了一个精巧的信息管理模型。1990 年 11 月 12 日,他和比利时计算机科学家卡里奥合作提出了一个更加正式的关于开发万维网的建议。万维网即 World Wide Web,简称 WWW,是一个由许多互相链接的超文本标记语言即 HTML 文档组成的系统,通过 Internet 访问。在这个系统中,每个有用的事物被称为"资源",并且由一个全局"统一资源标识符"标识。这些资源通过超文本传送协议即 HTTP 传送给用户,而用户则通过点击链接来获得资源。

1990 年 11 月 13 日,伯纳斯-李在一台工作站上写下了第一个网页,以实现他文中的想法。在那年的圣诞假期,伯纳斯-李又制作了让一个网络工作所必需的工具:第一个万维网浏览器(同时也是编辑器)和第一个网页服务器。1991 年 8 月 6 日,伯纳斯-李在 alt.hypertext 新闻组上发布万维网项目简介的文章,标志着 Internet 上万维网公共服务的首次亮相。1993 年 4 月 30 日,欧洲核子研究中心宣布万维网对任何人免费开放。1994 年 10 月,万维网联盟成立。如今,万维网已成为全世界最大的电子资料库,几乎成了 Internet 的同义词。

万维网宣传画

1991 年
格雷《基准手册:数据库与事务处理系统》出版

美国计算机学家詹姆斯·格雷进入数据库领域时,关系数据库的基本理论已经成熟,但各大公司在关系数据库管理系统的实现和产品开发中都遇到了一系列技术问题,包括如何保障数据的完整性、安全性、并发性等。在解决这些重大技术问题的过程中,格雷发挥了十分关键的作用。格雷在事务处理技术上的创造性思维和开拓性工作,使他成为该技术领域公认的权威。1991 年,格雷的《基准手册:数据库与事务处理系统》出版;1993 年,他又出版了专著《事务处理:概念与技术》,这些是他多年研究成果的结晶。事务处理技术虽然诞生于数据库研究,但对于分布式系统、客户机/服务器结构中的数据管理与通信,以及容错和高可靠性系统,同样具有重要的意义。格雷由于数据库技术与事务处理方面的贡献获得 1998 年图灵奖。

1992

1992 年 发现柯伊伯带天体

1951 年，美国天文学家柯伊伯为解释海王星轨道的摄动变化，提出在海王星轨道以外离太阳 40—50 天文单位处有一个彗星带，后称“柯伊伯带”。如今一般认为，柯伊伯带的延伸范围实际上更大，离太阳约 30—100 天文单位，位于其中的大量小天体称为柯伊伯带天体，其中既有大量彗星和小行星，也有为数较少的矮行星。直到 1990 年代伊始，柯伊伯带还只是理论上的推测。1992 年 8 月，有两位天文学家发现与太阳相距约 44 天文单位处的一个小天体，称为 1992QB1，其直径约 160 千米，公转周期约 290 年。除了日后认定同属柯伊伯带天体的冥王星和冥卫一以外，1992QB1 乃是首次发现的柯伊伯带天体。到 2009 年底为止，已发现的柯伊伯带天体有 1000 多个，其中直径 1000 千米左右者约占总数的 1%，即有 10 来个。估计在柯伊伯带中，直径超过 50 千米的天体总数可能有 10 万之巨，直径 1—10 千米的则可能多达 10 亿个，尺度更小的数量将更多。

1993 年 发现首例微引力透镜

暗物质是什么？这个天体物理学和物理学的基本问题，有两类可能的答案。一类是弱相互作用有质量粒子，英语首字母缩略词为 WIMPs，即非重子暗物质；一类是大质量致密晕天体，英语首字母缩略词为 MACHOs，例如白矮星、中子星和黑洞，以及棕矮星和类木行星等极其暗淡的天体。1990 年代以来，有一系列天文试验致力于通过微引力透镜来探测 MACHOs。引力透镜是爱因斯坦广义相对论预言的光线经过天体时发生引力偏折的现象。“微”指引力透镜造成的光线偏折角远小于望远镜的分辨能力，但能观测到像的亮度变化。对于恒星级的引力透镜，像的亮度可在几个月时间内变化约30%，光变曲线形状在时间上对称且与颜色无关。1986 年，波兰—美国天文学家帕钦斯基建议利用该现象来探测银河系里的 MACHOs。从 1991 年开始，美国粒子天体物理中心和澳大利亚国立大学的天文学家合作实施了一项雄心勃勃的计划：通过对大麦云中约

艺术家画笔下的柯伊伯带

1200万颗恒星进行光度测量来寻找银河系中的 MACHOs。他们在 1993 年宣布发现了第一例微引力透镜。在近 6 年中，一共发现了十几个微引力透镜候选事件，光变时标从 34 天到 230 天不等，对应的 MACHOs 质量大致在 0.15 到 0.9 个太阳质量之间。由此推算的 MACHOs 总质量只占银河系暗晕质量的 20%左右。该实验在 95%的置信度上排除了银河系暗晕完全由 MACHOs 组成的可能性。

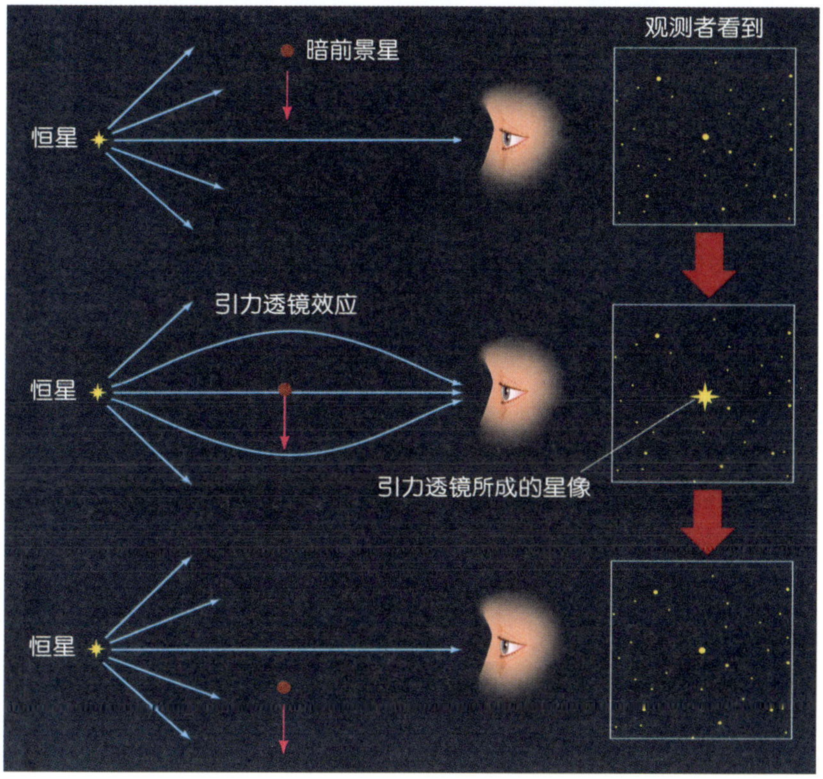

一颗暗前景星造成的微引力透镜成像

1993 年
安德里森等开发出浏览器软件 Mosaic

1993 年 1 月，全世界已有 50 个为人所知的万维网服务器，各种浏览器软件开始发行。同年 2 月，设立在美国伊利诺伊大学厄巴纳-尚佩恩分校的国家超级计算机应用中心 即 NCSA 发布了可以显示图片的浏览器软件 Mosaic。最初的 Mosaic 是该应用中心的学生、美国计算机科学家安德里森等在 UNIX 平台上开发的。同年发布的 1.0 正式版又实现了在 Macintosh 和 Windows 平台上运行，解决了万维网没有可靠浏览器的问题。Mosaic 是第一个被普遍接受的浏览器，对后来出现的各种浏览器产生了深远影响，它让许多人了解了 Internet。

1994 年 3 月，安德里森与美国计算机科学家詹姆斯·克拉克共同创立了美盛通讯公司，即 Mosaic 公司，继续开发新的浏览器。为避免与 NCSA 的法律纠葛，公司于当年 11 月更名为“网景”(Netscape Communication Corporation)。同年 12 月，第一个 Netscape Navigator 浏览器发布。它是最早被广泛应用于 Internet 的浏览器之一，包括一系列实用组件：浏览器、电子信箱客户程序、新闻组、简易网页编辑器和即时消息工具等。Netscape Navigator 推出之后立即成为市场主导浏览器。值得一提的是，日后称霸浏览器市场的微软 IE 也是基于 Mosaic 的核心技术开发的。

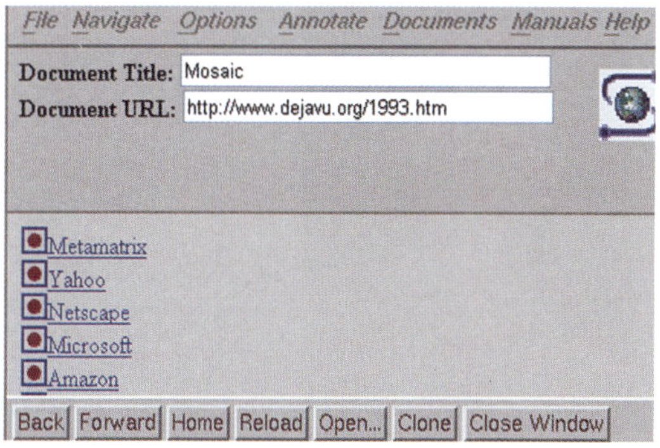

Mosaic 1.0 的界面

1993 年
博客原型诞生

博客一词源于“Web Log”，意为“网络日志”，是一种特别的网络个人出版形式，即在网络上发表文章。文章内容一般按照时间顺序排列，不断更新。任何人都可以像免费电子邮件的注册、写作和发送一样，用博客来完成个人网页的创建、发布和更新；可以充分利用超文本链接、网络互动、动态更新的特点，将个人工作过程、生活故事、思想历程、闪现的灵感等及时记录和发布；更可以以文会友，结识和汇聚朋友，进行深度交流沟通。

1993 年 6 月，美国国家超级计算机应用中心的一个小组用其开发的浏览器软件 Mosaic 建立了一个名为 "What's New Page" 的网页，罗列了当时万维网上新兴的网站索引，使用户能很容易地访问存储在 Internet 上的数据，这就是最古老的博客原型。1997 年 4 月，美国计算机科学家、Userland 公司首席执行官怀纳开始运作 Scripting News，这个网站具备了博客的基本重要特性。1997 年 12 月，美国人巴杰建立了"Robot Wisdom Weblog"，第一次正式使用 Weblog 这个名字。

1993—2006 年
IBM 公司进一步提升 DB2 的功能

1993 年，IBM 公司发布 "DB2 for OS/2 V1"和"DB2 for RS/6000 V1"，简写为 DB2/2 和 DB2/6000，这是 DB2 数据库第一次在 Intel 和 UNIX 平台上出现。1996 年，IBM 公司发布 DB2 V2.1.2，这是第一个真正支持 JAVA 和 JDBC(JAVA 数据库连接)的数据库产品。同年，IBM 将 DB2 数据库更名为 DB2 通用数据库，这是第一个能够对多媒体和 Web 进行支持的关系数据库管理系统。该系统具有很好的伸缩性，可以从桌面系统扩展到大型企业，适应单处理、对称多处理和大规模并行处理计算环境，并可以运行在所有主流操作系统和硬件平台上。1998 年，IBM 公司发布 DB2 UDB V5.2，增加了对 SQL、JAVA 存储过程和用户自定义函数的支持。2006 年 7 月 14 日，IBM 公司发布结合了关系数据库和层次数据库特点的混合型数据库 DB2 9，将数据库领域带入 XML(可扩展标记语言)时代。DB2 9 是使用行业标准接口的关系数据库，它在 XML 数据管理、数据压缩和 SAP 优化三个领域具有独到的创新。其中，最重要的功能是 XML 数据管理，它使用了 IBM 的"pureXML"解决方案来管理以 XML 格式存储的数据。

1994 年
怀尔斯证明费马大定理

17世纪法国数学家费马提出了一个猜想：方程 $x^n + y^n = z^n$ 当正整数 $n > 2$ 时没有非零正整数解。这就是费马猜想，又被称为费马大定理。费马在写下这一猜想的同时又写道："我对此命题给出了一个真正的非常奇妙的证明，只是此处的空白太小，写不下了。"费马这一猜想的叙述如此简单易懂，给人以容易证明的假象。很多数学大师都试图证明费马猜想，但进展不大。

1955 年，日本数学家谷山丰提出一个猜想：有理数域上所有椭圆曲线可以从一类特殊曲线(模曲线)通过某种变换得到。这个猜想后来经韦伊、志村五郎加以完善，成为谷山—韦伊—志村猜想。1980 年代，德国数学家弗雷证明了：若谷山—韦伊—志村猜想成立，则可以推出费马大定理。从 1986 年开始，英国数学家怀尔斯经过 8 年努力，完成了谷山—韦伊—志村猜想的证明，最终证明了费马大定理。1993 年 6 月，怀尔斯在英国剑桥大学新成立的牛顿数学研究所作了一系列演讲，题目是"椭圆曲线、模形式和伽罗瓦表示"。在 6 月 23 日的最后一次报告中，他阐述了：对有理数域上的一大类椭圆曲线(即半稳定曲线)，谷山—韦伊—志村猜想成立。在场的听众立刻意识到困扰数学界长达 350 多年的费马大定理终

怀尔斯

于得到了证明。但怀尔斯的报告送交审查时,人们发现他的证明仍有漏洞。又经过一年多的努力,1994 年 9 月,怀尔斯补上了全部漏洞,并通过了权威部门的严格审查。1995 年 5 月,美国《数学年刊》41 卷第 3 期登载了怀尔斯与他的学生合作的一篇旨在补上漏洞的论文与他本人关于费马大定理的一篇论文,问题终于圆满解决。怀尔斯因此获得 1996 年度沃尔夫奖和 1998 年度菲尔兹特别贡献奖。

1994 年
观测彗星—木星相撞

1993 年 3 月 24 日,美国天文学家尤金·休梅克和卡罗琳·休梅克夫妇俩以及加拿大天文学家利维,利用美国帕洛玛天文台的 46 厘米天文望远镜发现一颗彗星,后被命名为“休梅克—利维 9 号”彗星。这颗彗星于 1992 年 7 月 8 日越过木星时已分裂为 21 块碎片,其中最大的一块宽约 4 千米。1994 年 7 月,这些碎片连珠炮似地撞向木星南半球,成为天文望远镜发明以来,人类首次准确预报并目睹的太阳系天体重大撞击事件。当时正在空间轨道上运行的哈勃空间望远镜、“伽利略号”木星探测器、“旅行者 2 号”宇宙飞船、“国际紫外探测器”、“伦琴 X 射线天文台”等 8 个卫星和飞船,以及全世界无数地面望远镜在各个波段对它进行了观测。“休梅克—利维 9 号”彗星的第一块含岩石和冰块的碎片于格林尼治时间 7 月 16 日 20 时 15 分以接近 60千米/秒的速度落入木星大气层,释放出相当于 2000 亿吨 TNT 炸药的能量。撞击后产生的多个火球绵延近 1000 千米,发出强光。通过天文望远镜可以看到木星表面升腾起宽阔的尘云,高温气体直冲至 1000 千米的高度,木星上还留下了巨大的撞击痕迹,撞击溅落点温度瞬间升高到上万摄氏度。

“休梅克—利维 9 号”彗星撞击后的木星 从右边往左下方沿一直线排列的 4 个黑斑都是遭彗星碎块撞击后在木星表面留下的痕迹。

1995 年
威尔金斯提出蛋白质组的概念

基因组记载了生命的信息,而生命结构和功能的主要载体是蛋白质,且蛋白质特有的活动规律无法在基因组水平上获得。1995 年,澳大利亚遗传学家马克·威尔金斯提出了“蛋白质组”的概念,该词由蛋白质与基因组两词组合而成,指一种细胞、一类组织、一种器官甚至一种生物所表达的全部蛋白质。蛋白质组学就是研究生物体内所有蛋白质的表达特点、物理和化学特征、在生命活动中所起的作用等,以在蛋白质水平上获得关于生命活动规律以及疾病机理等问题的更

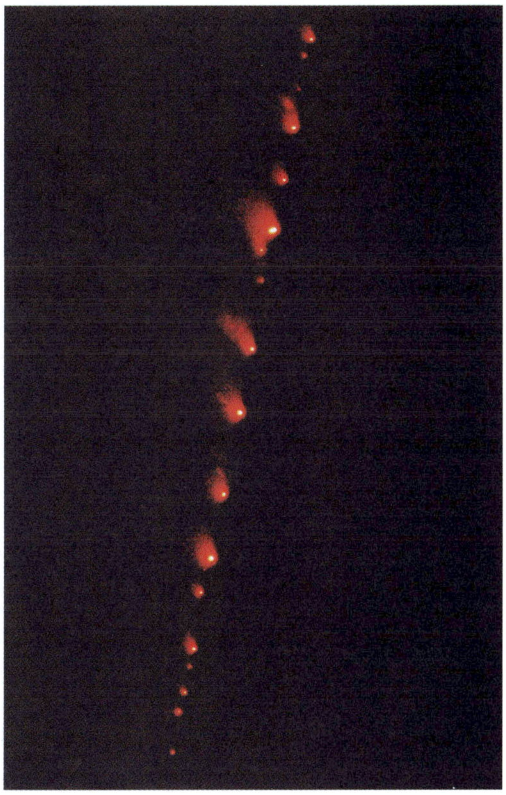

“休梅克—利维 9 号”彗星分裂成一串碎块

完整的认识。

随着人类基因组等大量生物全基因组序列的破译，人们已经获得生命的“天书”，如何解读天书成为功能基因组学研究的中心。2001 年 2 月，《自然》和《科学》杂志在公布人类基因组草图的同时，发表评论文章，将功能基因组学的分支之一蛋白质组学的地位提到了前所未有的高度。如今，蛋白质组学已进入蓬勃发展时期。

1995 年
发现顶夸克

1970年代，J/ψ 粒子和 Υ 粒子的发现使夸克家族增加了两位成员，即粲夸克 c 和底夸克 b。J/ψ 粒子是粲夸克和反粲夸克组成的束缚态，Υ 粒子则是底夸克和反底夸克组成的束缚态。从对称性考虑，物理学家相信还存在一种自旋为 1/2、电荷为 2/3 的夸克，并称它为“顶夸克”，用 t 表示。这种夸克的质量估计高达 176 吉电子伏，是质子质量的 180 倍。

为了找寻顶夸克，由世界各国 30 所院校和研究所、400 多位科学家组成的一个研究组，在美国费米国家实验室的能量可达 1800 吉电子伏的高能质子—反质子对撞机上进行了大量实验，利用一台三层楼高、重达 5000 吨的探测器 CDF 来收集数据。在近 10 个月的时间里，共记录到 20 亿个碰撞事例。其中有 43 个事例可能与顶夸克的存在有关，而被认为是由顶夸克产生的最清晰的事例有两个，这些事例属背景偶发的概率小于百万分之一。1995 年 4 月下旬费米国家实验室正式宣布在实验中找到了顶夸克存在的初步证据。

费米国家实验室鸟瞰

1995 年
玻色—爱因斯坦凝聚实现

1920年代，玻色和爱因斯坦指出：当一群玻色子靠得足够近、移动足够慢时，会聚集到最低的量子态上，即在绝对零度附近，玻色子系统会处于一种超流动状态。此种现象称为玻色—爱因斯坦凝聚，简称玻色凝聚。虽然超导态、超流态就是这种凝聚的反映，但要真正获得气体的玻色—爱因斯坦凝聚，就必须冷却到绝对零度附近。这在实验上十分困难，因此直到 1990 年代才得以实现。

1995 年，美国物理学家康奈尔和威曼采用朱棣文等发展的获得超低温的激光冷却和陷俘原子技术，首次成功地从实验上观测到稀薄铷原子气体的玻色—爱因斯坦凝聚。几乎同时，由德国物理学家克特勒领导的另一实验小组也用类似的方法实现了钠原子的玻色—爱因斯坦凝聚。玻色—爱因斯坦凝聚的实现除了理论上有重要意义外，在诸如芯片技术、精密测量和纳米技术等方面也有广泛的应用前景，将会大大提高集成电路的密度，从而提高电脑芯片的运算速度。因为实现了玻色—爱因斯坦凝聚以及对这种凝聚物的特性进行早期基础研究取得的成就，康奈尔、威曼和克特勒分享了 2001 年诺贝尔物理学奖。

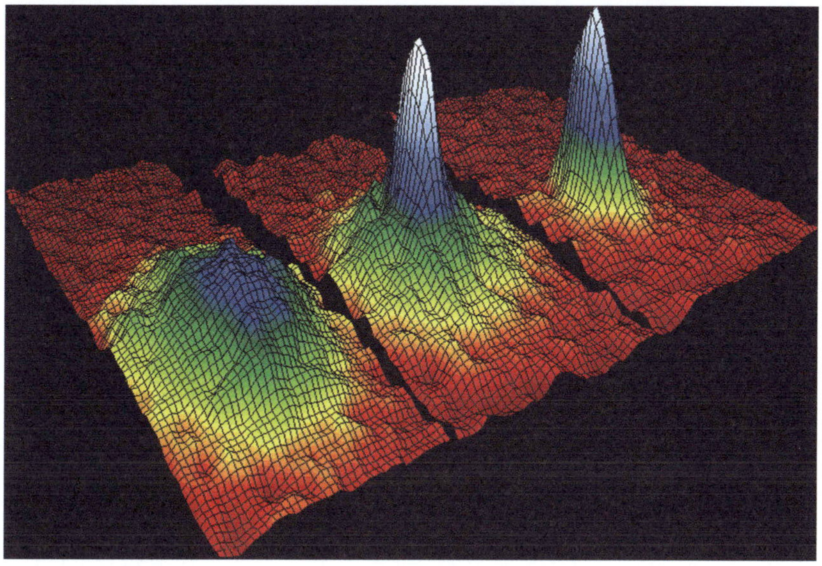

铷原子气体的玻色—爱因斯坦凝聚

1995 年
发现太阳系外主序星的行星

太阳系外行星简称系外行星，泛指在太阳系以外的行星。天文学家通常认为，在太阳系以外存在着绕其他恒星运行的行星，然而它们的普遍程度和具体性质则是一个谜。1990 年代，人类首次确认系外行星的存在。1992 年，波兰天文学家沃尔兹森和加拿大天文学家弗雷尔发现一颗环绕毫秒脉冲星 PSR 1257+12 运行、质量数倍于地球的行星。这一开创性发现迅速得到确认。1995 年 10 月 6 日，瑞士天文学家马约尔和奎洛兹宣布首次发现一颗 G 型主序星——飞马座 51 的行星，从此掀起了搜寻系外行星的热潮。高分辨率光谱，特别是高精度测光，大大加速了系外行星的发现。这些新技术使天文学家可以凭行星对母恒星引力摄动产生的微小视向速度变化，或者行星凌母恒星时导致后者光度减弱，间接地证认系外行星的存在。截至 2010 年 7 月 19 日，一共发现了 464 颗系外行星，其中许多都是由美国天文学家马西的团队在利克天文台以及用位于夏威夷的凯克望远镜发现的。1999 年他首次发现主序星仙女座 υ 拥有一个以上的行星，其 3 颗行星分别距母恒星 0.0695、0.830 和 2.54 天文单位，质量分别为木星的 0.69、1.97 和 3.93 倍。到 2010 年 5 月，已经发现 45 个多行星系统。2010 年 4 月，发现环绕红矮星

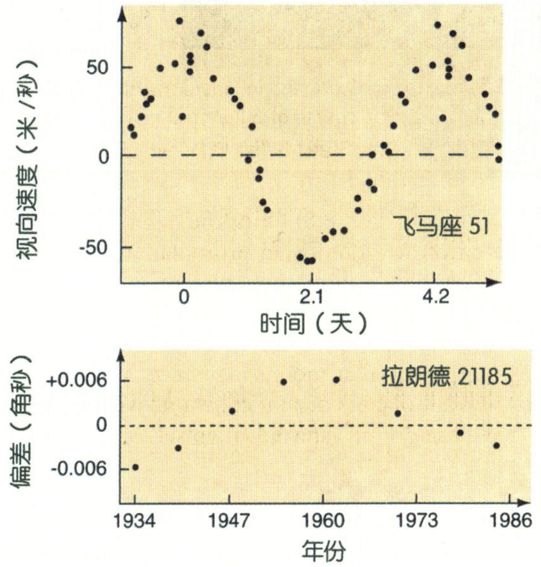

由飞马座 51 的视向速度曲线和拉朗德 21185 的位置偏差推测它们拥有各自的行星

Gliese581 的第 4 颗行星是一颗可能处于宜居带内的类地行星,这大大增强了人们探寻地外生命的兴趣。

1995 年
SUN公司推出 JAVA 语言

1991 年,SUN 公司的加拿大计算机科学家戈斯林和美国计算机科学家比尔·乔等人为一些消费性电子产品设计了一个通用环境,开发了一种独立于平台的 OAK 语言。起初,OAK 语言并没有引起人们的注意,甚至差点夭折。但是,Internet 和万维网的飞速发展改变了 OAK 的命运。

当时,Internet 上的信息内容都是一些静态的 HTML 文档,人们迫切希望能看到一些交互式的内容,开发人员也希望能够创建一类无需考虑软硬件平台就可以执行的应用程序,它们还要有极大的安全保障。对于这些要求,传统的编程语言显得无能为力。1994 年,研发团队决定将 OAK 技术应用于万维网。由于 OAK 恰好是另一家注册公司的名字,为避免纠葛,新推出的软件被更名为 HotJAVA。1995 年,SUN 公司正式以 JAVA 为名推出一种简单的、面向对象的、分布式的、解释型的、结构中立的、可移植的、性能优异的、多线程的编程语言。它吸引了全世界的万维网开发人员,成为应用程序中一颗耀眼的明星。

JAVA创始人戈斯林

1996 年
第一只体细胞克隆动物"多莉"羊诞生

1996 年,一只名叫"多莉"的绵羊在英国诞生了,它是世界上首例不经过精卵结合过程而发育成的动物,即克隆动物。人们一直认为,来自成年哺乳动物的体细胞无法再发育成其遗传学上的拷贝,换言之,除了同卵双(或多)胞胎,每个个体都是独一无二的。多莉的诞生打破了这一观念。克隆羊多莉的设计者是英国胚胎学家维尔穆特。他的小组首先从一只苏格兰黑面母羊的卵巢中取出未受精的卵细胞,吸去细胞核,随后从一只芬兰白面母羊的乳腺中取出乳腺细胞,分离出完整的细胞核,再将该细胞核植入已去除细胞核的卵细胞里,让融合细胞像受精卵一样分裂、分化、形成胚胎细胞,最后将胚胎细胞转移到另一只苏格兰黑面母羊的子宫内。经此过程而诞生的小羊,就是白面母羊多莉。它虽然产自一只黑面母羊腹中,但其遗传物质完全来自提供细胞核的白面母羊,在遗传学上与那只白面母羊完全相同。

多莉羊(左)与提供细胞核的白面母羊(右)

多莉引发了史无前例的反响,美国《科学》杂志将其评为当年世界十大科技成果第一名。克隆多莉的实验证明动物细胞与植物细胞一样,具有发育为完整个体的全能性,同时证明了动物克隆技术的可行性。随后,世界上不断有新的动物被克隆。虽然这一新技术为复制动物优良品种、生产转基因动物以及保护濒危物种等方面提供了广阔的应用前景,但人们还是感到不安与焦虑,特别是担心这项技术会被用于制造"克隆人"。许多国家宣布将会慎重对待克隆技术,并立法禁止任何克隆人的实验。针对克隆技术的相关伦理争论也一直如影随形。2003 年 2 月 14 日,由于患上了严重的肺部感染且病情不断恶化,多莉被实施了安乐死,平静地走完了一生。

1996 年
即时通信软件 ICQ 诞生

1996 年，以色列 Mirabilis 公司开发了一种能够使人与人在 Internet 上快速直接交流的软件 ICQ，即“I SEEK YOU（我找你）”的意思。ICQ 支持在 Internet 上聊天、发送消息、传递文件等功能，Mirabilis 公司向注册用户提供网上即时通信服务。6 个月后 ICQ 成为当时世界上用户数最大的即时通信软件，在第 7 个月的时候，正式用户数达到了 100 万。ICQ 一经上市，迅速取得了广阔的市场。1998 年，看到巨大商机的美国在线公司以 2.87 亿美元收购 ICQ，此时其用户数已超过 1000 万。

1999 年，中国国内出现了一大批模仿 ICQ的在线即时通信软件，如 Picq、Ricq、Ticq（TQ）、Qicq、Micq、PCicq、Oicq、OMMO 等，新浪、网易、搜狐等门户网站也开发了类似的软件。2000 年，为避免侵权，深圳市腾讯计算机系统有限公司将 Oicq 改名为 QQ。腾讯 QQ 支持在线聊天、视频电话、点对点断点续传文件、共享文件、网络硬盘、自定义面板、QQ 邮箱等多种功能，并可与移动通信终端等相连，其合理的设计、良好的易用性、强大的功能赢得了用户的青睐，目前已成为中国国内使用最广泛的即时通信软件。

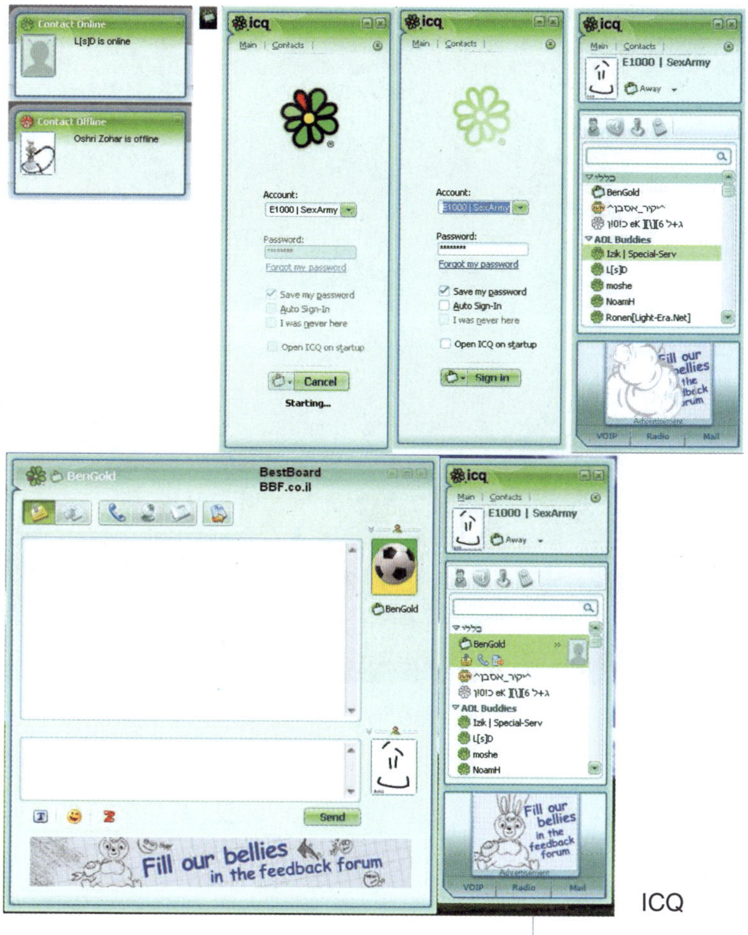

ICQ

1997 年
发现 γ 射线暴光学余辉

美国于 1991 年发射的康普顿 γ 射线天文台发现了数以千计的 γ 射线源，但其角分辨率太低，仅为 1°左右。1996 年，意大利和荷兰合作发射了“贝波 X 射线天文卫星”，简称 BeppoSAX，此处贝波（Beppo）是意大利物理学家奥基亚利尼的教名朱塞佩之昵称，SAX 是意大利语“X 射线天文卫星”的首字母缩略词。该卫星的定位精度约 1′，为寻找 γ射线暴的光学对应体提供了有力的手段。1997 年 2 月 28 日，天文学家发现了一个 γ 射线暴的光学对应体，又称为 γ 射线暴的“光学余辉”。后来，又陆续发现一些 γ 射线暴的射电余辉、X 射线余辉和光学余辉，并证认出 γ 射线暴的寄主星系。由寄主星系的红移证实，γ 射线暴远在银河系以外，是宇宙学距离上的天体。余辉的发现使人们能够在 γ 射线暴发生之后继续进行数月、甚至数年的观测。1997 年 12 月 14 日发生的 γ 射线暴距离地球 120 亿光年，释放的能量比超新星爆发还要大几百倍——有人称其为“超超新星”，在 50 秒内释放的 γ 射线能量相当于整个银河系 200 年的总辐射能量。在它附近几百千米的范围内，再现了宇宙大爆炸后约千分之一秒瞬间的高温高密情形。1999 年 1 月 23 日的 γ 射线暴释放的能量更是 1997 年那次的 10 倍。贝波 X 射线天文卫星于 2003 年脱离轨道坠入太平洋。2004 年 11

1997

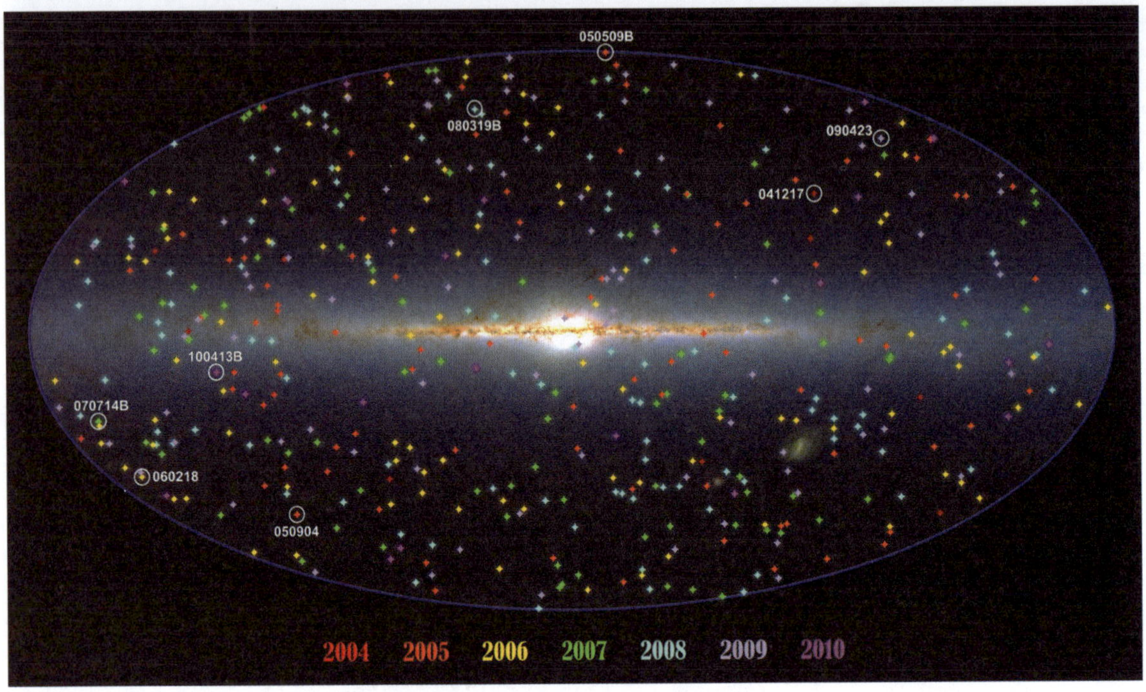

“雨燕号”卫星发现的 500 个 γ 射线暴在天空中的分布

月 20 日，美国成功发射“雨燕号”γ 射线暴卫星，可在 γ 射线、X 射线、紫外和可见光 4 个波段观测 γ 射线及其余辉，至 2010 年 10 月已发现 500 个 γ 射线暴。2009 年 4 月 23 日，“雨燕号”观测到一个距离地球 131 亿光年的 γ 射线暴，它发生在宇宙起源后不到 7 亿年。

1997 年 “火星探路者号”携火星车考察火星

美国于 1975 年发射的“海盗 1 号”和“海盗 2 号”火星探测器成果丰硕。但它们的着陆器只能停留在原地观测和摄影；其取样臂长仅 3 米，目标稍远即鞭长莫及。1997 年 7 月，美国“火星探路者号”着陆器携带的火星车“索杰纳”(Sojourner，一译“旅居者”)开启在火星上行走之先河，从此人类派往火星的机器人在那里实地考察的范围不断扩大。

“火星探路者号”到达火星上空时，创记录地未环绕火星运行就直接进入火星大气并投放着陆器，使之顺利降落到长 200 千米、宽 100 千米的椭圆形目的地内。在着陆前 2 分钟，高度 9.4 千米时打开降落伞；着陆前 10 秒钟，高度 330 米时着陆器周围的许多气囊按时充气，将着陆器团团裹住；最终着陆时，气囊裹着着陆器弹跳多次，然后稳稳停住。15 分钟后，气囊排气、收拢；80 分钟后着陆器的 3 块侧护板如花瓣状展开，外端搭在火星表面上，形成 3 条坡道。第二天，“索杰纳”从其中一条坡道驶上火星表面。“索杰纳”重约 10 千克，高 0.30 米，长 0.65 米，宽 0.48 米，貌似带有 6 个轮子的微波炉。它行动稳

“火星探路者号”着陆器拍摄的火星表面 360°全景照片 近处是着陆器自身的局部影像，3 条坡道和收拢后的气囊清晰可见。图中右侧的“索杰纳”正在考察一块被称为“瑜珈熊”的岩石，火星表面上留下了这辆火星车行驶的印痕。

健，速度仅 1 厘米/秒，活动范围不大，却是第一次在地球以外的行星上走动的人造器械。着陆地点表现出地质学上的多样性，大量迹象表明火星古代曾有洪水泛滥，气候也远比今天温暖，但仍未发现任何生命活动的迹象。

1997 年
游戏软件兴起带动图形加速卡发展

1997 年，“侠盗飞车”(Grand Theft Auto)、“雷神之锤Ⅱ”(Quake Ⅱ) 和 “银翼杀手”(Blade Runner) 等著名游戏软件发布。其中“雷神之锤Ⅱ”可以让 32 位玩家联网对战，支持 16 位的高彩分辨率图像，能提供从 320 × 200 × 256 色到 1222 × 1111 × 256 色的多种分辨率，并全面支持 3DFX，图像之流畅达到了一个新的高度。“银翼杀手”则是西木工作室根据一部电影制作的实时冒险游戏。这些 3D 游戏的画面质量和互动性，使游戏越来越逼真有趣。

随着这些游戏软件的发布，个人计算机的硬件技术得到了高速发展。尤其是微软公司 Direct 3D 的出台，更加快了图形加速卡的崛起。图形加速卡就是有图形加速功能的显示卡，它内置了常用的绘图功能，大大改善了系统的显示效果。以往只能在高档图形工作站和专用计算机中见到的图形加速卡，和游戏软件一起逐渐走进了办公室和家庭，成为继声卡和 CD -ROM 之后多媒体个人计算机的又一标准配置。

侠盗飞车

雷神之锤 II

银翼杀手

1997 年
“深蓝” 计算机战胜国际象棋世界冠军卡斯帕罗夫

1990 年代，IBM 公司推出 RS6000 服务器，许多著名的计算机都基于这一平台。1996 年，IBM 开发了基于 RS6000 的超级计算机“深蓝”，并对它输入了 100 年来所有国际象棋特级大师的开局和残局下法，让它挑战从 1985 年起就在国际象棋领域傲视群雄的苏联—俄罗斯世界冠军卡斯帕罗夫。这次的 6 局对抗赛卡斯帕罗夫获胜，成绩是三胜二和一负。1997 年，运算速度提高了一倍的新“深蓝”——它被非正式地称为“更深的蓝”——再次向卡斯帕罗夫发起挑战。比赛仍采用 6 局对抗制。首局比赛卡斯帕罗夫苦战 3 个多小时击败“深蓝”。次日，“深蓝”以明显优势扳回一局。后三局比赛双方下得异常激烈，鏖战数小时后均以平局收场。5 场比赛拖垮了卡斯帕罗夫的斗志和体力。最后关键一局，卡斯帕罗夫犯了一个低级错误，局势急转直下。挣扎了几步之后，他放弃了抵抗，于第 19 手弃子投降。深蓝以二胜三和一负击败了卡斯

卡斯帕罗夫与“深蓝”的人机大战

帕罗夫。

卡斯帕罗夫与“深蓝”的人机大战引起了全球媒体的密切关注,每天都有数千万人关注棋局的进展。正当世人对人机大战的胜负议论纷纷时,IBM 的一位科学家指出:谁胜谁负并不重要,重要的是进一步理解人脑的思维方式,以便将这类成果应用于研制处理能力更强的计算机,使之成为能够帮助人们决策的工具。

1997 年
布鲁克斯《计算机体系结构》出版

美国计算机科学家布鲁克斯师从设计出大型通用电磁式计算机 Mark Ⅰ的哈佛大学教授艾肯,1956 年获得博士学位,博士论文题目为《自动数据处理系统的分析设计》。他是世界上第一批获得计算机科学博士学位的少数学者之一,获得博士学位后进入 IBM 公司。1960 年代初,29 岁的布鲁克斯主持与领导了被称为人类从原子能时代进入信息时代标志的 IBM360 系列计算机的开发工作。IBM360 以其通用化、系列化和标准化的特点,对全世界计算机产业的发展产生了深远影响。1963 年,他和哈佛大学同学、IBM 公司同事艾弗森(APL 语言发明人,1979 年图灵奖获得者)合著了《自动数据处理》一书,这是该领域中最早的专著之一,1969 年再版时有一个版本就是专门论述在 IBM360 上的数据处理的。

IBM360 成功以后,布鲁克斯离开 IBM 到北卡罗来纳大学教堂山分校创建了计算机科学系。1975 年,他把历年所写有关软件工程和项目管理方面的文章汇集成《神话般的人—月:有关软件工程的随笔》一书。此书是他领导 IBM360 软件开发的经验结晶,内容丰富而生动,成为软件工程方面的经典之作。1997 年,布鲁克斯与荷兰计算机科学家勃劳夫合著的《计算机体系结构:概念与发展》一书出版。这本书是对计算机体系结构半个多世纪来发展变化的全面回顾和总结。布鲁克斯由于计算机体系结构、操作系统和软件工程方面的贡献,获得 1999 年图灵奖。

1998 年
小柴昌俊等发现中微子振荡现象

太阳核聚变反应中能产生大量电子型中微子。1960 年代,美国物理学家雷蒙德·戴维斯领导的小组在探测太阳中微子的实验中发现,中微子数量比理论预言少了很多,这称为“太阳中微子之谜”。此外,宇宙射线在地球大气上层会引起产生电子型中微子和 μ 子型中微子的反应,根据理论计算,这样产生的 μ 子型中微子比电子型中微子多一倍,但实验表明,两者数量差不多,这称为“大气中微子之谜”。为此,一些物理学家提出了“中微子振荡”假设,认为太阳放出的电子型中微子在到达地球前,由于振荡可能部分地变为其他类型的中微子;大气上层产生的 μ 子型中微子能够转换为电子型中微子,从而解释了上述问题。

1998 年,日本超级神岗实验以确凿的证据证实了中微子振荡的假设。由日本物理学家小柴昌俊领导的大约 120 名日本和美国研究人员组成的研究组,在神冈町地下 1 千米深处的废弃矿坑中建造了一个巨大水池,注入 5 万吨水,周围安置了 1.3 万个光电倍增探测器。通过检测中微子射入水后与水中氢核碰撞等反应所产生的光信号来计量中微子的数目。他们在 1998 年 6 月 12 日发表的论文中说,在 535 天的观测中捕获了 256 个从大气层进入水槽的 μ 子型中微子,只有理论值的 60%;在实验点地球背面大气层中产生,并穿过地球来到他们的实验装置的中微子有 139 个,只是理论值的一半。他们据此推断,中微子在通过大气和穿过地球时,发生了振荡现象,从一种类型转化为另一种类型,部分地变成了检测不到的 τ 子型中微子。中微子振荡是与中微子有质量相联系的,而根据现在的粒子物理理论,中微子却是没有质量的。因为在探测宇宙中微子方面的贡献，小柴昌俊和戴维斯获得 2002 年诺贝尔物理学奖。

1998 年
观测 I a 型超新星发现存在暗能量

按照大爆炸宇宙论，在暴胀阶段之后，宇宙膨胀的速度将因普通物质之间的引力制动作用而逐渐减慢。尽管多年来的观测结果并不很确定，但倾向于宇宙膨胀是减速过程。1998 年，美国物理学家珀尔马特和澳大利亚天文学家布赖恩·施密特分别领导的两个小组，通过搜寻遥远星系中的 Ia 型超新星，发现它们的视亮度和红移之间的实测关系表明宇宙其实是在加速膨胀，而不是像以前预期的那样处于减速状态。这一结果从根本上动摇了人们对宇宙的传统理解。究竟是什么力量促使所有的星系彼此加速远离？科学家们将这种与引力相反的斥力来源称为“暗能量”，并根据对 Ia 型超新星和微波背景辐射的观测得出一个关于宇宙物质—能量组成的“金字塔”图景：由普通原子构成的气体、行星、恒星、星系等仅占 4%，相当于金字塔顶；中间的 22%，由不参与电磁相互作用、因而无法看到，仅通过引力作用而被探测到的未知粒子——即“暗物质”构成；作为塔基的 74%，则由无时无处不在的暗能量构成。如今还不清楚这种具有负压强的暗能量究竟为何物，亦不知如何在实验室中验证其存在，唯一的途径仍是通过天文观测来探索其奥秘。目前最主要的手段是观测 Ia 型超新星的爆发。Ia 型超新星是由双星系统中的白矮星吸积伴星物质，致使自身质量增大到超过钱德拉塞卡极限——约 1.4 倍太阳质量，进而爆发形成的。这类超新星爆发时的极大光度几乎是恒定的，因此通过测量其视亮度，就可以推算出它们与地球的距离，并进而了解其速度如何随距离而变化。揭开暗能量之谜，可能催生宇宙学乃至物理学的革命。因此，1957 年度诺贝尔物理学奖获得者李政道断言，暗能量将是 21 世纪物理学面临的最大挑战。

1998 年
霍夫曼重新论证“雪球假说”

1992年，美国地质学家克什文克首次提出“雪球假说”，但当时未受到学术界足够重视。1998 年，加拿大地质学家保罗·霍夫曼在美国《科学》杂志发表文章，重新论证了雪球假说，引起了国际地球、环境及生命科学界的广泛关注。

雪球假说认为：在距今 10 亿—8 亿年前，格林威尔造山运动引起大规模剥蚀和沉积，使大气中二氧化碳的消耗量超过火山作用释放量，致使大气二氧化碳含量大幅降低，导致“冰室效应”；首先在地球南北两极形成冰盖，随着冰盖的面积扩大，冰面对阳光的反射增大，使得地球气温进一步下降，直至全球冻结，形成年平均气温只有 -50℃、海洋表面的冰层足有上千米厚的“大雪球”；此时，水循环基本停滞，消耗二氧化碳的化学风化基本停止。但地球上的火山作用依然活跃，不断产生的二氧化碳在大气中日积月累，持续了上千万年，最终达到足够高的浓度，产生强大的温室效应，才使地球迅速变暖。

冰盖厚度（米）

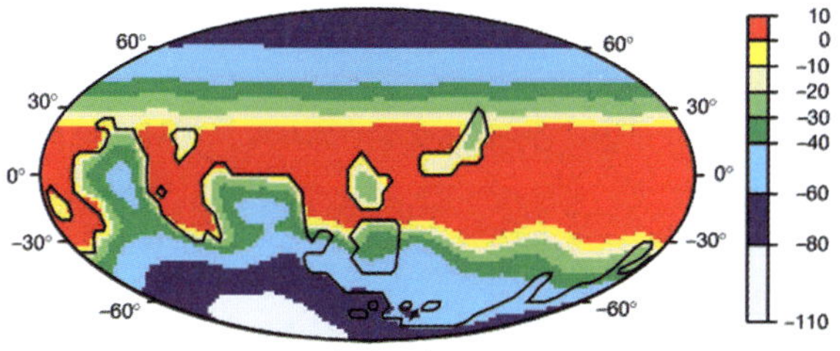

温度（℃）

计算机模拟的雪球假说冰盖厚度和全球温度

1998 年
国际水稻基因组测序计划启动

水稻是人类驯化的最重要的粮食作物之一，是全世界近一半人口的主要口粮。由于水稻的基因组在禾谷类作物中最小，在遗传上与其他禾谷类作物存在共线性，且易于遗传操作，因此目前水稻已成为遗传学和基因组学研究中的模式物种。

国际水稻基因组测序计划（IRGSP）始于 1998 年，由日、中、美、法、韩、印等 14 个国家和地区发起并参与，是继人类基因组计划后的又一重大国际合作基因组计划，其目的是测定水稻 12 条染色体的基因组序列（精度达 99.99%），绘制遗传图谱、物理图谱和全部基因图谱，了解每个基因的功能，为培育抗虫、抗病、抗自然灾害的高产优质水稻提供科学依据。2002 年 12 月，国际水稻基因组测序计划参与国宣布，水稻全基因组测序工作圆满完成，其中中国完成了第四号染色体序列的测定。该计划所有测序数据已全部公布于国际公共数据库，供各国科学家免费使用。此外，中国科学家于 1998—2001 年还构建了水稻亚种籼稻“93-11”品种的基因组工作框架图和“培矮 64S”品种的基因组草图，对国际水稻基因组测序计划起到了重要的补充作用。

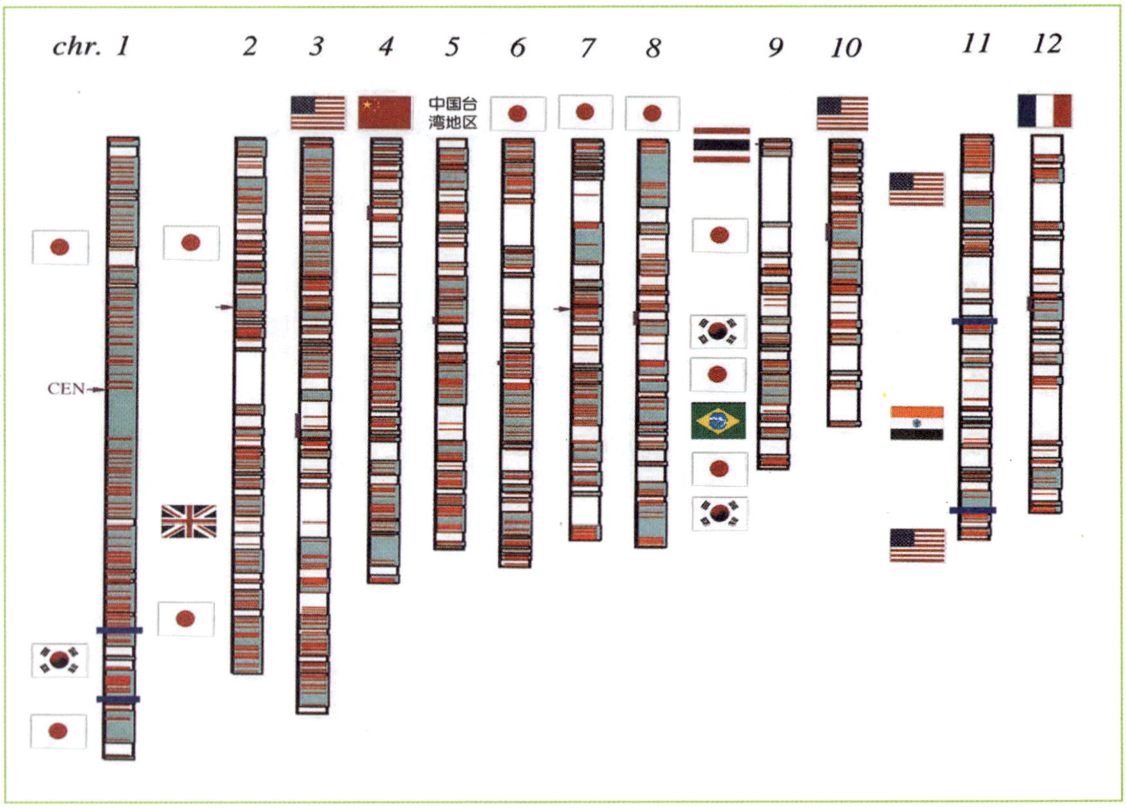

国际水稻基因组测序计划参与国在测定 12 条水稻染色体基因序列的工作中各自承担的任务

1998 年
汤姆森和吉尔哈特获得可体外培养的人胚胎干细胞

在高等动物细胞分化过程中，大多数细胞往往高度分化并丧失了再分裂能力，最终衰老死亡，但仍有一部分未分化的原始细胞具有自我更新和分化的潜能，这些细胞就是干细胞。1998 年底，美国发育生物学家汤姆森从人类体外受精发育的胚胎中获得了胚胎干细胞，它们能稳定地在体外培养。与此同时，美国发育生物学家吉尔哈特从中止妊娠的胎儿体内取出其卵巢或睾丸组织，获得了一种具有干细胞特性的原始生殖细胞（人类生殖干细胞）。这些工作标志着人们已经可以用不同方法获得具有无限增殖和全能分化潜力的人胚胎干细胞，打开了体外生产各类人体细

钱德拉 X 射线天文台发现星暴星系 M82 中存在中等质量黑洞的证据

发射前的钱德拉 X 射线天文台

胞、组织乃至器官的大门。

从理论上讲，人胚胎干细胞具有全能性，在一定的诱导条件下，既可发育、分化为感受和传导生物电信号的神经细胞，也可分化为携带氧的血细胞，还可分化为提供血液循环动力的心肌细胞，等等。无疑，干细胞研究与应用将对组织和器官移植、药物发现与筛选、细胞与基因治疗，以及发育生物学研究等诸多领域产生极为深远的影响。

1998 年
XML 1.0 标准发布

可扩展标记语言（XML）与超文本标记语言（HTML）都是标准通用标记语言（SGML）。两者设计上的差别是：XML 用来存储数据，重在数据本身；HTML 用来定义数据，重在数据的显示模式。XML 是一种简单的数据存储语言，使用一系列简单的标记描述数据，而这些标记可以用方便的方式建立。虽然 XML 占用的空间比二进制数据更多，但 XML 能更方便地在任何应用程序中读写数据，这就意味着程序可以更容易地与 Windows、Mac OS、LINUX 及其他平台下产生的信息结合，然后加载 XML 数据到程序中进行分析，并以 XML 格式输出结果。这使 XML 成为 Internet 环境中跨平台的、依赖于内容的、处理结构化文档信息的有力工具。1996年，XML 的雏形开始出现，并向全球信息网联盟（W3C）申报。1998 年 2 月 10 日，W3C正式发布 XML 1.0 标准。

1999 年
美国发射钱德拉 X 射线天文台

钱德拉 X 射线天文台即 CXO，是美国宇航局继哈勃空间望远镜和康普顿 γ 射线天文台之后发射的第 3 个大型天文卫星，曾名“先进 X 射线天文设备”（AXAF），1998 年为纪念印度—美国天体物理学家钱德拉塞卡——昵称钱德拉而更名。它总重约 4.8 吨，耗资 15.5 亿美元，1999 年 7 月 23 日由“哥伦比亚号”航天飞机搭载升空，运行在近地点 16 000 千米、远地点 133 000 千米、轨道周期 64.2 小时的椭圆轨道上。钱德拉 X 射线天文台对 0.1—10 纳米的波长灵敏，空间分辨率高达 0.5″，且有极高的谱分辨率，标志着 X 射线天文学从测光时代进入了测谱时代。它由 4 台掠射式 X 射线望远镜组成，每台口径 1.2 米，焦距 10 米，接收面积 400 平方厘米，与以往的 X 射线望远镜相比，能观测到暗 100 倍的源。其终端设备有：观测能段 0.2—10 千电子伏的高新电荷耦合器件成像摄谱仪(ACIS);观测能段 0.1—10 千电子伏的高分辨照相机(HRC);观测能段 0.4—10 千电子伏、谱分辨率 60—1000 的高能透射光栅摄谱仪(HETGS);观测能段 0.09—3 千电子伏、谱分辨率 40—2000 的低能透射光栅摄谱仪(LETGS)。钱德拉 X 射线天文台取得了大量科学成果,包括在星暴星系 M82 中发现中等质量黑洞的证据、发现 γ 射线暴 GRB 991216 中的 X 射线发射线、观测到银河系中心超大质量黑洞人马座 A* 的 X 射线辐射、物质从原恒星盘落入恒星时发出的 X 射线等。在 X 射线天文学发展史上,它是一座重要的里程碑。

1999 年
南海大洋钻探成功实施

1985 年启动的大洋钻探计划及其前身深海钻探计划,是 20 世纪地球科学领域规模最大、历时最久的国际合作研究计划,所取得的丰硕成果为地球科学理论发展带来了革命性的影响。中国于 1998 年正式加入大洋钻探计划。1999 年初,由中国海洋地质学家汪品先等提出的课题“东亚季风历史在南海的记录及其全球气候影响”,作为大洋钻探第 184 航次任务,在中国南海开始实施。从 1999 年 2 月 16 日至 4 月 12 日,“JOIDES 决心号”大洋钻探船在水深两三千米的南海海域 6 个深水站位完成 17 口钻孔,连续取岩心 5500 米,岩心采取率达 95%,超额完成了预定目标。随后,经过几年的航次后研究,取得数十万个高质量的古生物学、地球化学、沉积学数据。南海大洋钻探项目的成功实施,揭示了 3000 万年以来南海海盆扩张的历史,在不同时间尺度上建立了西太平洋区迄今为止最佳的深海地层剖面,揭示了气候周期演变中热带碳循环的作用,获得了东亚季风演变的深海记录,标志着中国已经快步进入深海地学研究的国际前沿。

汪品先

1999 年
人第 22 号染色体的遗传密码破译

人类有 22 对常染色体和 2 条性染色体。其中,第 22 号染色体是较小的一对,但它与许多人类疾病关系密切。按照人类基因组计划的设想,研究人员要用大约 15 年时间,对所有 46 条染色体中的全部基因进行序列测定和功能确定,以期揭开人类疾病的发病机理等奥秘。当时人们认为 22 号染色体最短小(实际上 21 号染色体更短小),因而首选第 22 号染色体作为突破口。

1999 年 12 月 1 日,人类基因组计划联合小组宣布,第 22 号染色体的遗传密码已全部被破译,这是人类首次成功地测定整条人染色体的 DNA 序列。科学家们分析测序结果之后,发现了 679 个基因(约 55%为首次发现),这些基因中很多与白血病等多种癌症、先天性心脏病、免疫功能低下、精神分裂症、智力低下等疾病密切相关。22 号染色

《自然》杂志报道人类第 22 号染色体测序成功的封面

体的 DNA 序列信息对人们认识疾病的遗传和分子机制、疾病的诊断及治疗有着重要的指导意义。第 22 号染色体的测序结果还修正了以前对人类基因平均长度的认识。此外，科学家还发现，679 个基因中 134 个为假基因(指与功能基因序列相似，但不具正常功能的基因)，160 个与小鼠基因具有高度相似性，这为研究人类进化提供了新的信息。

1999 年
疟疾疫苗试验成功

20 世纪 50 年代以来，科学家们在对疟疾控制方面，开始把重点放在减少病例数、严重病例数和死亡率上；在一次根除疟疾的尝试方面，把重点放在病媒控制上，即在疟疾流行地区大规模喷洒杀虫剂，以及用氯喹治疗疟疾。然而，仅仅过了 10 年，新的耐药寄生虫和耐药蚊子就出现了，科学家只得转而开始进行疫苗的研制。1999 年，美国疾病控制与预防中心和印度国立免疫学研究中心，从 2000 名肯尼亚儿童血液采样中找到了对抗疟疾的抗体。接着他们又利用基因工程研发出最新的疟疾疫苗，新疫苗在动物实验中显现了预防疟疾的良好成效。同年，他们发表论文《重组恶性疟原虫多级候选疫苗的免疫原性和体外保护效力》，标志着疟疾疫苗的试验成功。

1999 年
第 1 届 LINUX World 大会开幕

LINUX 是一个免费开放源代码的操作系统内核，可以运行在大多数硬件平台上。它最早是由芬兰程序员、黑客托沃兹为尝试在 Intel x86 架构上提供自由免费的类 UNIX 操作系统而开发的。1991 年 4 月，托沃兹设计了一个系统核心 LINUX 0.01，并在 Usenet 新闻组 comp.os.minix 上宣布这是一个免费系统，其源代码任人免费下载。当年 10 月 5 日，托沃兹发布了 LINUX 的第一个正式版本——0.02 版。那时的 LINUX 支持 386 处理器，没有软驱，并带有很多的 BUG。但许多专业用户自愿开发 LINUX 的应用程序，并借助 Internet 让大家一起修改，这让 LINUX 逐渐发展壮大起来。1999 年是 LINUX 取得突破的一年。1 月 25 日，LINUX Kernel 2.2.0 发布，这是一个正式、稳定的内核版本，性能卓越。3 月，第 1 届 LINUX World 大会开幕，象征着 LINUX 时代的来临。在此之后，许多大型商业软件包都可以在 LINUX 平台上使用了。

LINUX的企鹅标志

20 世纪末
纳米材料研究取得一系列进展

1 纳米是 1 米的十亿分之一 (1 纳米 = 10^{-9} 米)。纳米材料一般指基本颗粒在 1—100 纳米范围内的材料。构成纳米材料的基本单位称为结构基元。结构基元可为金属、陶瓷、聚合物或复合材料，可为晶态也可为非晶态。按维数组成，纳米材料的结构基元可分成：(1)零维，指其空间三维尺度均在纳米尺度；(2)一维，指其空间有二维处于纳米尺度；(3)二维，指在三维空间中有一维在纳米尺度。1959 年，美国物理学家费恩曼在美国物理年会上提出了纳米技术、单原子组装等构想。1984 年，德国科学家格莱特将一些极其细微的金属粉末压制成块，发现其内部结构和性能发生了奇异的变化，开创了纳米研究的先河。1989 年，IBM 更是成功进行了单原子操纵，标志着人类对物质世界的改造能力达到了一个前所未有的水平。纳米微粒

用氙原子拼出的“IBM”

具有量子尺寸效应、小尺寸效应、表面效应和宏观量子隧道效应,因而表现出很多奇特的性质。

纳米材料随着粒径的减小,表面积急剧变大,表面原子数相应增多。表面原子的电子态和键态与颗粒内部的原子不同,未使用的悬键多,反应活性高,如金属纳米粉在空气中便能燃烧。纳米材料的表面效应有可能使纳米催化剂在 21 世纪成为催化反应的主要角色。例如,粒径为 30 纳米的加氢和脱氢催化剂可使有机化合物的加氢和脱氢反应速率提高 15 倍;超细的 Fe、Ni 与 γ-Fe_2O_3 混合烧结体可以代替贵金属 Pt、Rh 作汽车尾气净化剂除去 NO、CO 等;纳米金属、半导体粒子具有热催化作用,在火箭燃料中加入 1%(质量)的纳米 Ag 和纳米 Ni 粉,燃烧效率可提高一倍。

碳纳米管具有神奇的电子特性。碳纳米管可以是导体,也可以是半导体;甚至在同一根纳米管的不同部位,可呈现出不同的导电性。IBM 的科学家用单根半导体碳纳米管和它两端的金属电极做成了一种场效应晶体管。1995 年,美国赖斯大学的研究人员发现,用碳纳米管发射电子可取代笨重的阴极射线管。尽管纳米材料大多处于研究阶段,但目前已有的成果使人们认识到,宏观物体的性质并不都是直接决定于微观的原子与分子的结构,当组成物质的尺度缩小到纳米级时,物质将出现独特的性能。

2000 年
发现 τ 子型中微子

1975 年实验发现 τ 子,在理论上意味着 τ 子型中微子的存在。1994 年,研究人员提出研制“τ 子型中微子直接观测器”的构想,1996 年该观测器建成。从 1997 年起,54 位来自多国的科学家在费米国家实验室合作探测 τ 子型中微子。他们用粒子加速器制造一股可能含有 τ 子型中微子的中微子束,然后让中微子束穿过 τ 子型中微子直接观测器内的一个约 1 米长的铁板靶。这一铁板靶被两层感光乳胶夹着,感光乳胶类似于胶卷,能够记录粒子与铁原子核的相互作用。他们用 3 年时间从得到的 600 多万条粒子径迹中鉴定出了 4 个表征 τ 子存在和衰变的痕迹,获得了 τ 子型中微子存在的关键线索。由此,科学家第一次找到了 τ 子型中微子存在的直接证据。2000 年 7 月 21 日,费米国家实验室宣布了这一重大成果。至此,粒子物理学标准模型中所包括的与 3 种轻子(电子、μ 子、τ 子)相伴的 3 种中微子(电子型中微子、μ 子型中微子、τ 子型中微子)全部发现。如今,研究人员正在探索中微子是否有质量,其结果有可能影响粒子物理学的标准模型,并使人们对宇宙的构成和演化等问题获得更为深入的认识。

2000 年
相对论重离子对撞机开始运行

位于美国纽约长岛的布鲁克海文国家实验室建立于 1947 年。随着加速器技术的发展,1960 年建成了直径为 250 米、能量达 33 吉电子伏的交变梯度同步加速器 AGS。科学家们利用 AGS 开展物理实验,其中有四项实验结果获诺贝尔物理学奖。1984 年,建造相对论重离子对撞机的方案提出,2000 年正式建成并投入运行。在该对撞机中,两束接近光速运行但方向相反的金原子核迎头相撞。两排共 870 块超导磁铁在数吨液氦

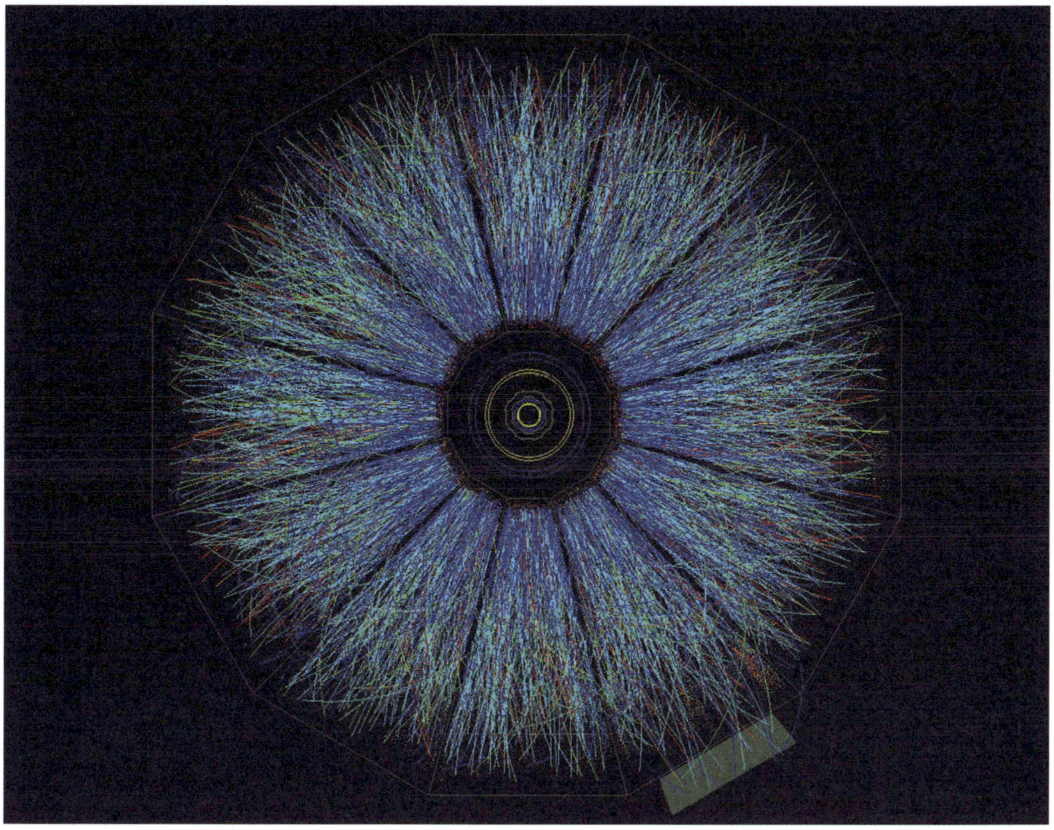

两个高速金核对撞事件

的冷却下，驾驭粒子束围绕着两个相互交错、全长约 3.8 千米的高真空环形通道旋转。这些粒子束会在环形通道交错的 4 个位置上发生碰撞。先进的粒子探测器安置在这些撞击点处进行探测和记录。金核—金核对撞时，其质心系能量达 200 吉电子伏。碰撞发生时的密度远远超过普通的核子物质，所引起的温度可能超过 5 万亿摄氏度。此时发生的不是只有几十个粒子飞散出来的小型核反应，而是一团包含着上千个粒子的沸腾火球。极其炽热致密的物质能量爆发模拟了宇宙大爆炸最初几微秒内发生的情况。这些短暂的微型大爆炸，给物理学家提供了近距离观察创世之初——那时夸克—胶子等离子体占据着绝对优势——的极佳机会。

2000 年
人类基因组草图完成

人类基因组好比一本内容丰富的“百科全书”，它可分为 24 章，每章为一条染色体；每条染色体上包含了上千个“故事”(基因)；每个故事由 A、C、G、T 四种基本“字母”排列组合而成。人类基因组计划的目标就是解读 30 亿个字母，即测定人类染色体上 30 亿个碱基对的排列顺序。

人类基因组计划是美国洛斯阿拉莫斯国家实验室和劳伦斯利弗莫尔国家实验室的科学家提出的，最初是想弄清广岛原子弹爆炸幸存者的后代是否发生了基因突变。最终科学家认为，只有将人体所有 30 亿个碱基对的序列弄清楚，才有可能判断一个人的基因是否发生了突变。1984 年，美国能源部科学家建议发动更多力量来完成人类基因组图谱分析工作，但依当时的技术水平，分析一个碱基对需 3—5 美元，筹集 150 亿美元巨资并不现实。1990 年，人类基因组计划在获得美国国会拨款 2790 万美元后正式启动。美、英、日、德、法及中国 6 个国家众多实验室的 1100 名生物学家、计算机专家及相关技术人员先后参加了这一计划。其中，中国作为参加该计划的唯一发展中国家承担了 1%(3 号染色体短臂上的 3000 万个碱基对)的测序任务。由于自动基因测序技术的发展、国际合作力度的加大，人类基因组草图于 2000 年提前完成，且费用低于预期值。同年 6 月 26 日，这一草图公布于世，被誉为人类继 1953 年发现 DNA 双螺旋结构后生物学领域一项最重大的突破，堪称生命科学中的阿波罗计划。此后，伴随精细测序结果的公布，以揭示基因组功能及调控机制为目

人类基因组计划精细测序年表

1999年 12 月,22 号染色体测序完成。
2000年 5 月,21 号染色体测序完成。
2001年 12 月,20 号染色体测序完成。
2003年 2 月,14 号染色体测序完成。
2003年 6 月,男性特有的 Y 染色体测序完成。
2003年 5 月和 7 月,7 号染色体测序完成。
2003年 10 月,6 号染色体测序完成。
2004年 4 月,13 号和 19 号染色体测序完成。
2004年 5 月,9 号和 10 号染色体测序完成。
2004年 9 月,5 号染色体测序完成。
2004年 12 月,16 号染色体测序完成。
2005年 3 月,X 染色体测序完成。
2005年 4 月,2 号和 4 号染色体测序完成。
2005年 9 月,18 号染色体测序完成。
2006年 1 月,8 号染色体测序完成。
2006年 3 月,11 号、12 号和 15 号染色体测序完成。
2006年 4 月,17 号和 3 号染色体测序完成。
2006年 5 月,1 号染色体测序完成。

2001年 2 月 15 日《自然》杂志纪念人类基因组草图完成的封面

标的功能基因组学以及疾病基因组学迅速发展,标志着人类在研究自身的过程中迈出了关键的一步,并为推动医学科学进步带来了空前的机遇。

2000 年 AMD公司打破 Intel 公司在微处理器市场的垄断地位

美国超微半导体公司即 AMD 公司成立于 1969 年，总部位于加利福尼亚州的森尼韦尔。创始人桑德斯第三曾任仙童半导体公司销售部主任。创办初期,AMD 公司的主要业务是为其他公司重新设计产品，提高它们的速度和效率。1975 年,AMD 公司开始生产微处理器。1976 年,AMD 公司与 Intel 公司签署专利相互授权协议。1982 年，AMD 公司与 IBM 公司签署协议,成为继 Intel 公司之后 IBM PC 机微处理器的第二供应源。1995 年,AMD 公司与康柏公司结成长期联盟，为康柏计算机提供 AMD 486 微处理器。这段时期,AMD 公司的产品一直追随着 Intel 公司的脚步。

1996 年,AMD 公司收购了 NexGen 公司,致力创建一种能在市场上引入竞争的微处理器系列。1997 年,AMD 公司推出 AMD-K6 微处理器,帮助将 PC 机的价格首次拉低到 1000 美元以下。1999 年,AMD 速龙处理器成为该公司首款自行研发的兼容 Windows 的微处理器。2000 年，凭借速龙处理器,AMD 公司历史性地先于 Intel 公司突破 1 吉赫(每秒 10 亿时钟周期)大关,同时在移动 AMD-K6-2 处理器中推出了 AMD PowerNow 节能技术。经过 30 多年的努力,AMD 公司终于打破 Intel 公司在微处理器市场的垄断地位,为个人计算机产业的发展和繁荣作出了重大贡献。

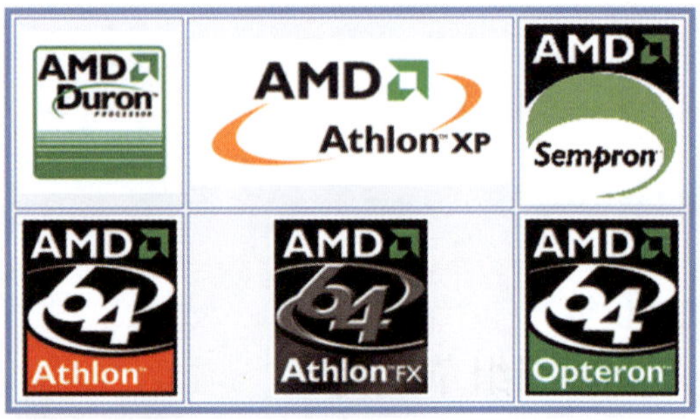

AMD微处理器系列

AMD速龙处理器

附录

学科词条总目

数学

约公元前 3000 年　埃及象形数字形成
约公元前 2400—前 1600 年　美索不达米亚数学形成
约公元前 1850—前 1700 年　两本埃及数学纸草书写成
约公元前 14 世纪　甲骨文中出现十进位值制记数法
约公元前 11 世纪　商高掌握勾三股四径五
约公元前 600 年　泰勒斯引入命题证明的思想
约公元前 540 年　毕达哥拉斯学派证明勾股定理,并发现不可公度量
约公元前 500 年　《绳法经》成书
约公元前 5 世纪　中国开始普遍使用算筹
约公元前 460 年　智人学派提出几何作图三大问题
约公元前 450 年　芝诺提出关于运动的悖论
约公元前 430 年　安蒂丰提出穷竭法
约公元前 387 年　柏拉图创办雅典学园
约公元前 370 年　欧多克斯创立比例论
公元前 4 世纪中后期　亚里士多德建立形式逻辑
约公元前 300 年　欧几里得写成《几何原本》
约公元前 300 年　欧几里得写成《光学》
公元前 3 世纪中后期　阿基米德取得一系列重要数学成果
约公元前 225 年　阿波罗尼乌斯写成《圆锥曲线论》
约公元前 170 年　《算数书》成书
约公元前 100 年　《周髀算经》成书
约公元 100 年　《九章算术》成书
约公元 100 年　门纳劳斯写成《球面学》
公元 2 世纪　托勒玫发展三角学
约公元 250 年　丢番图写成《算术》
公元 263 年　刘徽注《九章算术》
约公元 300 年　《孙子算经》成书
约公元 320 年　帕普斯写成《数学汇编》
公元 415 年　历史上首位女数学家希帕蒂娅被害
约公元 5 世纪下半叶　祖冲之计算出圆周率的高精度值
约公元 5 世纪下半叶　祖冲之和祖暅给出祖暅原理
公元 499 年　《阿耶波多文集》成书
约公元 600 年　刘焯首创等间距二次差内插法公式
公元 628 年　婆罗摩笈多写成《婆罗摩历算书》
公元 656 年　李淳风等为“算经十书”作注
约公元 700 年　印度形成包括零的数码及相应的十进位值制记数法
约公元 820 年　花拉子米写成《代数学》和《算法》
约 1050 年　贾宪写成《黄帝九章算术细草》
约 1100 年　海亚姆用圆锥曲线的交点确定三次方程的根
约 1150 年　婆什迦罗第二写成《莉拉沃蒂》和《算法本源》
1202 年　斐波那契写成《计算之书》
1247 年　秦九韶写成《数书九章》,发明大衍求一术和正负开方术
1248 年　李冶写成《测圆海镜》
约 1250 年　图西写成《论完全四边形》
14 世纪　珠算在中国普及
1303 年　朱世杰写成《四元玉鉴》
约 1325 年　布雷德沃丁将正切、余切引入三角计算
约 1360 年　奥雷姆引进坐标思想和分数指数、无理数指数的概念
约 1427 年　卡西写成《算术之钥》等
1464 年　雷格蒙塔努斯写成《论各种三角形》
1482 年　欧几里得《几何原本》的拉丁文译本出版
1545 年　卡尔丹《大术》出版,公布三次方程的解法
1572 年　邦贝利《代数学》前 3 卷出版
1591 年　韦达《分析方法入门》出版
1592 年　程大位《算法统宗》出版
1607 年　徐光启与利玛窦合作翻译的《几何原本》前 6 卷出版
1614 年　纳皮尔《奇妙的对数规则的说明》出版
1615 年　开普勒《酒桶的新立体几何学》出版
约 1629 年　费马得到解析几何学的要旨
1635 年　卡瓦列里发表不可分量原理
1637 年　笛卡儿《几何学》出版,解析几何学正式诞生
约 1637 年　费马大定理问世
1639 年　德萨格《试论处理圆锥与平面相交情况的初稿》出版
1640 年　帕斯卡《圆锥曲线论》出版
1642 年　帕斯卡发明机械式加法器
1655 年　沃利斯《无穷算术》出版
1657 年　惠更斯《论骰子游戏的推理》出版
1666 年　莱布尼茨发表《论组合术》,始创数理逻辑
1666—1671 年　牛顿完成一系列关于微积分的论文
1670 年　巴罗《几何学讲义》出版
1674 年　莱布尼茨发明乘法器
约 1680 年　关孝和为和算奠基
1684 年和 1686 年　莱布尼茨发表第一篇微分学论文和第一篇积分学论文
1697 年　伯努利解决最速降曲线问题
1707 年　牛顿《广义算术》出版
1713 年　伯努利《猜度术》出版
1715 年　泰勒《正的和反的增量方法》出版,开创有限差分理论
1722 年　棣莫弗基本推出棣莫弗公式

1731 年　克莱罗《关于双重曲率曲线的研究》出版
1734 年　贝克莱主教抨击牛顿等人的微积分学
1736 年　欧拉解决柯尼斯堡七桥问题
1742 年　麦克劳林《流数论》出版
1743 年　欧拉完整解决常系数线性齐次常微分方程的求解问题
1744 年　欧拉《寻求具有某种极大或极小性质的曲线的技巧》出版
1747 年　达朗贝尔《弦振动研究》发表，始创偏微分方程理论
1748 年　欧拉《无穷小分析引论》出版
1777 年　布丰提出投针问题
1779 年　贝祖《代数方程的一般理论》发表
1788 年　拉格朗日《分析力学》出版
1794 年　巴黎综合工科学校和巴黎师范学校建立
1795 年　蒙日《关于分析的几何应用的活页论文》发表
1797 年　拉格朗日《解析函数论》出版
1797 年　韦塞尔首创复数的几何表示
1799 年　蒙日《画法几何学》出版
1799 年　高斯证明代数基本定理
1799 年　拉普拉斯《天体力学》前 2 卷出版
1801 年　高斯《算术研究》出版
1802 年　蒙蒂克拉与拉朗德《数学史》出版
1807 年　傅里叶级数提出
1810 年　热尔岗创办《纯粹与应用数学年刊》
1812 年　拉普拉斯《概率的分析理论》出版
1814 年　柯西开创复变函数论
1817 年　波尔查诺《纯粹分析的证明》出版
1821—1823 年　柯西初步完成分析学的严格化
1821—1845 年　纳维—斯托克斯方程提出
1822 年　彭赛列《论图形的射影性质》出版
1822—1834 年　巴比奇设计差分机和分析机
1826 年　阿贝尔《关于一类极为广泛的超越函数的一个一般性质》发表
1826 年　克雷尔创办《纯粹与应用数学杂志》
1827 年　默比乌斯《重心的计算》出版
1828 年　高斯《关于曲面的一般研究》出版
1828 年　格林《数学分析在电磁理论中的应用》发表
1829 年　雅可比《椭圆函数论新基础》出版
1829 年　罗巴切夫斯基《论几何原理》发表
1829—1832 年　伽罗瓦确立群论基本概念
1832 年　波尔约独立提出非欧几何思想
1837 年　汪泽尔证明三等分角与倍立方体为不可能作图问题
1841—1856 年　魏尔斯特拉斯使数学分析严格化
1843 年　哈密顿发现四元数
1844 年　库默尔创立理想数理论
1844 年　格拉斯曼建立有 n 个分量的超复数几何学
1849—1854 年　凯莱提出抽象群概念
1851 年　黎曼《单复变函数的一般理论基础》发表
1854 年　黎曼几何学创立
1854 年　布尔创建逻辑代数
1855 年　凯莱定义矩阵的基本概念与运算
1859 年　黎曼假设提出
1859 年　《代微积拾级》和《代数学》中译本出版
1863 年　狄利克雷《数论讲义》出版
1866 年　切比雪夫提出关于独立随机变量序列的大数律
1868 年　贝尔特拉米建立第一个非欧几何模型
1868 年　黎曼《关于用三角级数表示函数的可能性》发表
1872 年　克莱因提出《埃尔朗根纲领》
1872 年　实数理论确立
1873 年　埃尔米特证明 e 是超越数
1874 年　康托尔创立集合论
1875 年　柯瓦列夫斯卡娅证明偏微分方程解的存在唯一性定理
1881 年　吉布斯创立向量分析
1881—1886 年　庞加莱创立微分方程定性理论
1882 年　林德曼证明 π 是超越数
1888—1893 年　李《变换群理论》出版
1894—1912 年　皮尔逊创立描述统计学
1895—1897 年　弗罗贝尼乌斯和伯恩塞德创立群表示论
1895—1904 年　庞加莱创立组合拓扑学
1896 年　闵可夫斯基《数的几何》出版
1896 年　阿达马和瓦莱-普桑证明素数定理
1897 年　第 1 届国际数学家大会召开
1898 年　波莱尔奠定测度论基础
1899 年　希尔伯特《几何基础》出版
1900 年　希尔伯特提出 23 个著名数学问题
1902 年　勒贝格积分建立
1903 年　罗素悖论提出
1906—1912 年　马尔可夫过程建立
1907 年　布劳威尔创立直觉主义数学学派
1912 年　希尔伯特《线性积分方程一般理论原理》出版
1918 年　外尔尝试建立统一场论
1918 年　哈代等提出圆法
1920 年　嘉当创立一般联络理论
1920 年代—1930 年代　费希尔为现代数理统计学奠基
1921 年　诺特奠定现代抽象代数学基础
1922 年　巴拿赫提出线性赋范空间
1927 年　希尔伯特等合作发表《论量子力学基础》
1928 年　霍普夫定义同调群
1929—1935 年　奈旺林纳理论创立
1930 年　霍奇理论创立
1931 年　哥德尔提出不完备性定理
1933 年　科尔莫戈罗夫建立概率论公理化体系
1934 年　希尔伯特和伯奈斯《数学基础》首卷出版
1936 年　第 1 届菲尔兹奖颁发

1936年　“图灵机”设想提出
1939年　布尔巴基学派《数学原理》开始出版
1939年　坎托罗维奇创立线性规划
1942年　塞尔贝格推进黎曼假设的研究
1944年　陈省身给出高斯—博内公式的内蕴证明
1944年　冯·诺伊曼和摩根斯坦建立博弈论理论体系
1944年　伊藤清创立随机分析
1945年　施瓦兹创立广义函数论
1945年　艾伦伯格和麦克莱恩创立范畴论
1945年　冯·诺伊曼提出存储程序通用电子计算机方案
1946年　韦伊《代数几何学基础》出版
1947年　瓦尔德创立序贯分析
1948年　维纳创立控制论
1948年　香农创立信息论
1950年　纳什提出非合作博弈理论
1954年　杨振宁和米尔斯提出非阿贝尔规范场论
1956年　发现米尔诺怪球
1956—1965 年　特纳等发展有限元方法
1958 年　华罗庚《多复变数典型域上的调和分析》出版
1960 年　鲁宾逊创立非标准分析
1963 年　阿蒂亚和辛格证明指标定理
1963 年　科恩证明连续统假设与 ZF 公理系统相互独立
1965 年　扎布斯基和克鲁斯卡尔定义孤立子
1965 年　扎德创立模糊数学
1966 年　陈景润等推进哥德巴赫猜想的研究
1970 年　马季亚谢维奇解决希尔伯特第十问题
1972 年　托姆创立突变理论
1973 年　布莱克—斯科尔斯公式发表
1975 年　芒德布罗创立分形几何
1976 年　阿佩尔和哈肯证明四色定理
1976 年　丘成桐证明卡拉比猜想
1977 年　吴文俊实现平面几何定理机器证明
1978 年　第 1 届沃尔夫数学奖颁发
1980 年　有限单群分类定理证明完成
1982 年　弗里德曼证明四维庞加莱猜想
1983 年　法尔廷斯证明莫德尔猜想
1984 年　琼斯多项式建立
1994 年　怀尔斯证明费马大定理

物理学

约公元前 11 世纪　箕子提出五行说
约公元前 950 年　《竹书纪年》最早记载北极光
约公元前 600 年　泰勒斯发现琥珀摩擦起电
约公元前 4 世纪　《墨经》问世
约公元前 300 年　欧几里得写成《光学》
约公元前 3 世纪　中国发明司南
公元前 3 世纪中后期　阿基米德著《论浮体》
公元前 2 世纪中后期　刘安等著《淮南子》
约公元 86 年　王充著成《论衡》
公元 2 世纪　托勒玫著《光学》
公元 3 世纪　张华撰写《博物志》
公元 10 世纪中后期　指南鱼问世
11 世纪初　海桑著《光学》
11 世纪末　沈括著《梦溪笔谈》
1119 年　中国最早记载在航海中使用指南针
1593 年　伽利略发明空气温度计
1600 年　吉伯《论磁石、磁体和地球大磁石》出版
1611 年　开普勒《折光学》出版
1621 年　斯涅耳提出光的折射定律
1632 年　伽利略提出力学相对性原理
1643 年　托里拆利发明水银气压计
1644 年　笛卡儿提出碰撞规则
1650 年　居里克发明抽气机
1653 年　帕斯卡提出流体压强传递定律
1654 年　居里克演示马德堡半球实验
1678 年　惠更斯解释双折射现象
1686 年　莱布尼茨引入动能概念
1687 年　牛顿《自然哲学的数学原理》出版
1690 年　帕潘发明活塞式蒸汽机
1697 年　伯努利解决最速降曲线问题
1698 年　萨弗里制成蒸汽泵
1701 年　牛顿提出冷却定律
1702 年　哈雷绘制第一幅磁偏角等值线图
1704 年　牛顿《光学》出版
1709 年　华伦海特发明酒精温度计
1712 年　纽科门蒸汽机成功安装
1723 年　施塔尔《化学基础》出版
1728 年　哈里森制成航海钟
1729 年　布格定律提出
1734 年　迪费提出双流质假说
1736 年　欧拉《力学或运动科学的分析解说》出版
1738 年　伯努利定理提出
1743 年　达朗贝尔发现自由质点运动规律
1745 年　罗蒙诺索夫提出热动说
1745 年　莫森布鲁克发明莱顿瓶
1748 年　欧拉提出光压概念
1752 年　富兰克林用风筝探测雷电
1755 年　欧拉流体力学方程提出
1757 年　布莱克提出比热容和潜热概念
1765 年　瓦特改良蒸汽机
1777 年　卡文迪什提出平方反比定律

学科词条总目

1782 年　蒙戈尔费耶兄弟发明热气球
1784 年　阿维提出晶体结构理论
1785 年　库仑定律提出
1786 年　伽伐尼发现生物电
1787 年　查理定律提出
1788 年　拉格朗日《分析力学》出版
1789 年　赫歇尔制成大型反射望远镜
1799 年　戴维解析真空摩擦实验
1800 年　伏打发明电堆
1800 年　赫歇尔发现红外辐射
1800 年　杨提出光的干涉概念
1802 年　盖-吕萨克定律提出
1803 年　道尔顿提出原子论
1815 年　惠更斯—菲涅耳定律提出
1819 年　杜隆—珀蒂定律提出
1820 年　奥斯特发现电流磁效应
1820 年　安培提出安培定则和电流相互作用定律
1820 年　施韦格尔和波根多夫发明电流计
1820 年　毕奥—萨伐尔定律提出
1821 年　发现塞贝克效应
1824 年　卡诺循环和卡诺定理提出
1826 年　欧姆定律提出
1827 年　发现布朗运动
1830 年　黑塞尔发现晶体的宏观对称性
1831 年　法拉第发现电磁感应现象
1832 年　亨利发现自感现象
1832 年　斯特金发明整流器
1834 年　哈密顿方程建立
1834 年　楞次定律提出
1834 年　法拉第提出电解定律
1840 年　泊肃叶定律提出
1840 年　焦耳定律提出
1840 年　高斯和韦伯绘出首张地球磁场图
1845 年　法拉第发现磁致旋光效应和抗磁性
1848 年　汤姆孙(开尔文勋爵)提出绝对温度和绝对温标
1850 年　焦耳《论热功当量》发表
1850 年　克劳修斯提出热力学第二定律
1850 年　布拉维提出晶体空间点阵学说
1851 年　菲佐测量光在流水中的速度
1851 年　热力学第二定律的开尔文说法提出
1852 年　发现焦耳—汤姆孙效应
1855 年　盖斯勒发明水银真空泵
1857—1858 年　亥姆霍兹提出流体涡旋运动理论
1858 年　克劳修斯提出气体分子自由程概念
1858 年　普吕克发现阴极射线
1859 年　基尔霍夫定律提出
1860 年　麦克斯韦提出分子速度分布律
1861 年　麦克斯韦《论物理力线》发表
1864 年　麦克斯韦方程组建立
1865 年　克劳修斯提出熵的概念和熵增加原理
1867 年　克劳修斯提出宇宙热寂说
1868 年　玻尔兹曼分布提出
1869 年　安德鲁斯测定二氧化碳的临界温度
1869 年　亥姆霍兹研制出 LC 振荡电路
1871 年　麦克斯韦提出“麦克斯韦妖”佯缪
1872 年　玻尔兹曼提出 H 定理
1873 年　史密斯发现光电导现象
1873 年　范德瓦尔斯方程提出
1873 年　麦克斯韦《电磁通论》出版
1875 年　发现克尔效应
1876 年　贝尔获得电话专利权
1876 年　洛施密特提出可逆性佯缪
1877 年　玻尔兹曼关系提出
1879 年　发现霍尔效应
1880 年　居里兄弟发现压电效应
1882 年　亥姆霍兹提出自由能概念
1883 年　发现爱迪生效应
1883 年　戴维南提出等效电源定理
1883 年　雷诺数提出
1883 年　《力学及其发展的批判历史概论》出版
1884 年　斯特藩—玻尔兹曼定律提出
1884 年　描述氢光谱的巴耳末公式提出
1887 年　测量“以太风”
1887 年　赫兹发现电磁波并观察到光电效应
1887 年　马赫发现气流特征数
1889—1907 年　茹科夫斯基奠定空气动力学基础
1892 年　洛伦兹建立经典电子论
1893 年　维恩位移律提出
1895 年　斐兹杰惹提出运动物体收缩假说
1895 年　居里发现磁化率与绝对温度的关系
1895 年　马可尼实现电磁波远距离传送
1895 年　X 射线发现
1896 年　塞曼发现磁场中的光谱线分裂
1896 年　贝克勒耳发现天然放射性
1896 年　兰利制成无人驾驶飞行器
1897 年　布劳恩发明阴极射线管
1897 年　汤姆孙发现电子
1898 年　威尔逊发明云室
1898 年　居里夫妇发现钋和镭
1899 年　卢瑟福发现 α 射线和 β 射线
1900 年　普朗克提出量子论
1901 年　里查孙提出热电子发射定律

1946 年　发现核磁共振现象
1947 年　鲍威尔发现 π 介子
1947 年　肖克利等发明晶体管
1948 年　量子电动力学重正化理论建立
1948 年　奈耳发现亚铁磁性
1948 年　伽柏发明全息术
1950 年　金兹堡—朗道理论提出
1950 年　弗勒利希揭示超导体的同位素效应
1952 年　发现共振态粒子
1953 年　盖尔曼和西岛和彦发现奇异数
1953 年　汤斯发明微波激射器
1954 年　杨振宁和米尔斯提出非阿贝尔规范场论
1954 年　西格巴恩提出 X 射线光电子能谱法
1955 年　发现反质子
1956 年　考恩和莱因斯探测到中微子
1956 年　宇称守恒定律被推翻
1956 年　朗道提出费米液体理论
1957 年　巴丁等提出 BCS 理论
1957 年　霍夫施塔特探知核子电磁结构
1957 年　苏联发射第一颗人造地球卫星
1957 年　发现穆斯堡尔效应
1958 年　汤斯和肖洛《红外与光激射器》发表
1960 年　梅曼研制出激光器
1961 年　美国开始实施阿波罗计划
1962 年　美国发射第一颗商业通信卫星
1962 年　约瑟夫森效应提出
1962 年　莱德曼等证实存在两种中微子
1964 年　盖尔曼提出夸克模型
1967 年　电弱统一理论问世
1968 年　弗里德曼等发现核子内部存在类点状结构
1969 年　普利高津建立耗散结构理论
1972 年　发现 ^3He 的超流动性
1973 年　量子色动力学建立
1974 年　尝试建立大统一理论
1974 年　发现 J/ψ 粒子
1975 年　发现重轻子 τ
1980 年　冯·克利青发现量子霍尔效应
1982 年　崔琦等发现分数量子霍尔效应
1982 年　宾尼希和罗雷尔发明扫描隧穿显微镜
1982—1983 年　鲁比亚和范德梅尔发现 $W^{\pm}$ 粒子和 Z^0 粒子
1985 年　发现新的碳单质 C_{60}
1985 年　朱棣文等用激光将原子冷却至 240 微开的低温
1986 年　发现高临界温度超导材料
1991 年　氘—氚聚变反应成功实现
1995 年　发现顶夸克
1995 年　玻色—爱因斯坦凝聚实现
1998 年　小柴昌俊等发现中微子振荡现象
2000 年　发现 τ 子型中微子
2000 年　相对论重离子对撞机开始运行

化学

约公元前 19 000—前 12 000 年　人类开始烧制陶瓷
约公元前 8000 年—公元 2 世纪　提取金和银
约公元前 6000 年　早期酿酒工艺出现
约公元前 3800 年　冶铜技艺出现
公元前 2400 年　埃及使用靛蓝染色
公元前 17 世纪　锡铅分别冶炼技术出现
约公元前 1500 年　冶铁技术出现
约公元前 1370 年　埃及制作玻璃器具
约公元前 11 世纪　发现与开采石油
公元前 7—前 5 世纪　朴素唯物主义物质观产生
约公元前 5 世纪　朴素原子论产生
约公元前 3 世纪　炼丹术产生
约公元前 2 世纪　中国发明造纸术
约公元 1 世纪　肥皂发明
公元 7 世纪　火药发明
16 世纪中叶　欧洲出版关于冶金的重要著作
17 世纪上半叶　海耳蒙特发现多种气体
17 世纪中叶　玻意耳使用植物色素作为酸碱指示剂
1661 年　玻意耳《怀疑派化学家》出版
约 1669 年　布兰德制取白磷
1704 年　迪斯巴赫发明普鲁士蓝
1723 年　施塔尔《化学基础》出版
1729 年　布格定律提出
1740 年　沃德用硝化法制取硫酸
1751—1789 年　发现镍、钨、铀等元素
1755—1772 年　发现二氧化碳、氢气和氮气
1756 年　斯米顿发现水硬性石灰
1757 年　布莱克提出比热容和潜热的概念
1770—1775 年　普里斯特利革新气体实验方法
1773—1774 年　发现氧气
1774—1785 年　发现氨气并确定其元素组成
1774—1824 年　发现卤素
1775 年　贝格曼《论选择性吸引》出版
1775 年　纯碱工业兴起
1776 年　伏打发现沼气
1777 年　拉瓦锡提出新的燃烧学说
1777 年　拉瓦锡确定空气组成并验证质量守恒定律
1780 年　贝格曼提出重量分析法
1781 年　卡文迪什测定水的组成
1781 年　拉瓦锡初步建立碳、氢元素定量分析法

1913 年　莫塞莱提出原子序数概念
1913 年　索迪和理查兹发现铅的同位素
1916 年　德拜创立 X 射线衍射粉末法
1916 年　柯塞尔提出离子键理论
1916 年　鲁齐卡发现麝香酮和香猫酮的结构
1916—1919 年　刘易斯与朗缪尔提出共价键学说
1916—1925 年　朗缪尔吸附公式和催化活性中心理论提出
1918 年　刘易斯提出分子碰撞理论
1919 年　阿斯顿发明质谱仪
1922 年　海洛夫斯基发明极谱法
1922—1932 年　施陶丁格建立高分子化学
1923 年　酸碱质子理论和广义酸碱理论提出
1923 年　德拜和休克尔提出强电解质溶液的离子互吸理论
1925—1934 年　霍沃思研究糖类和维生素 C 的结构
1925—1946 年　罗宾森确定多种生物碱的结构
1927 年　海特勒和伦敦运用量子力学理论解释氢分子的成因
1927 年　戈尔德施密特提出晶体化学定律
1927 年　谢苗诺夫建立链反应和支链反应理论
1928 年　第尔斯和阿尔德发现双烯合成
1932 年　鲍林提出杂化轨道理论
1932 年　马利肯和洪德提出分子轨道理论
1933 年　吉奥克突破 1 开超低温大关
1935 年　卡罗瑟斯合成聚己二酰己二胺
1935 年　艾林等提出过渡态理论
1936 年　哈金斯和鲍林提出氢键理论
1938 年　普伦基特发现聚四氟乙烯
1939 年　米勒发现 DDT 的杀虫功效
1939—1948 年　弗洛里等推进对高分子反应动力学和高分子溶液热力学的研究
1940 年　鲁宾和卡门发现碳 14
1941 年　马丁和辛格共创分配层析法
1941 年　温费尔特和狄克逊合成聚对苯二甲酸乙二酯
1944—1976 年　伍德沃德合成一系列复杂有机化合物
1945 年　施瓦岑巴赫发明络合滴定法
1948 年　维兰德等发明纸上电泳层析
1949 年　诺里什和波特发明闪光光解法
1949 年　利普斯科姆提出硼烷的拓扑结构
1950 年代　豪普特曼和卡尔勒建立测定晶体结构的直接法
1950 年代　平卡斯等发明口服避孕药
20 世纪中叶　哈塞尔等推进立体化学
20 世纪中后期　波普尔与科恩推进量子化学计算
20 世纪中后期　人工合成元素出现
1952 年　福井谦一提出前线轨道理论
1952 年　陶布提出无机配位化合物电子转移机理
1952 年　詹姆斯和马丁提出气液色谱法
1953 年　艾根建立测量化学反应速率的弛豫法
1953 年　费歇尔等确定二茂铁的结构
1953 年　沃尔什提出原子吸收分光光度法
1953 年　布朗发现硼氢化反应
1953 年　普雷洛格对立体化学的研究取得突破
1953 年　米勒实验模拟生命起源
1953—1954 年　发明齐格勒—纳塔催化剂
1954 年　发现维蒂希反应
1956—1965 年　马库斯提出溶液中的电子转移反应理论
1958 年　波拉尼发明红外发光技术
1960 年代　康福思提出酶—底物反应的立体化学理论
1960 年代—1970 年代　合成冠醚和穴醚
1961 年　米切尔提出化学渗透假说
1962 年　奥拉发现使碳正离子保持稳定的方法
1964 年　发现威尔金森均相催化剂
1965 年　卡斯珀和皮门塔尔研制成化学激光器
1965 年　伍德沃德和霍夫曼提出分子轨道对称守恒原理
1965 年　恩斯特发明脉冲傅里叶变换核磁共振波谱仪
1967 年　科里创立逆合成分析法
1967 年　赫施巴赫和李远哲发展交叉分子束方法
1968 年　诺尔斯实现手性催化氢化反应
1968 年　发现碳炔
1969 年　普利高津建立耗散结构理论
1970 年　克鲁岑提出氮氧化物破坏臭氧层
1970 年　肖万阐明烯烃复分解催化反应机理
1974 年　德热纳《液晶物理学》出版
1977 年　黑格等发现导电高聚物
1978 年　帕尔准确定义电负性
1979 年　IUPAC 命名法公布
1985 年　发现新的碳单质 C_{60}
1987 年　邓青云等制成有机电致发光器件
1987 年　泽维尔开创飞秒化学
1987—1996 年　芬恩等发展生物大分子的质谱和核磁共振分析技术
20 世纪末　纳米材料研究取得一系列进展

天文学

约公元前 30—前 16 世纪　美索不达米亚早期天文学萌芽
约公元前 27 世纪　埃及建立旬星体系和历法
约公元前 2000 年　英格兰南部建造巨石阵
公元前 14 世纪　中国留存最早的新星记录
公元前 14 世纪　埃及留存最古老漏壶
约公元前 13 世纪　殷商阴阳历开始使用
公元前 7 世纪　巴比伦发现日月交食的沙罗周期
公元前 7 世纪　中国创立十九年七闰的置闰法
公元前 687 年　中国留存最早的天琴座流星雨记录

地学

1972年　洛夫洛克提出盖娅假说
1972年　摩根提出地幔柱的概念
1972年　埃尔德里奇和古尔德提出间断平衡理论
1974年　《中国历史地图集》完成编撰
1975年　国际水文计划开始执行
1977年　柯里斯发现海底热液生物群
1977年　韦尔等创立地震地层学
1979年　厄尔创穿常压潜水服的最深潜水纪录
1980年　阿耳瓦雷茨父子提出恐龙灭绝的小行星撞击假说
1980年　国际岩石圈计划开始
1981年　霍西金斯和卡卢里成功解释大气环流的遥相关现象
1982年　刘东生等测得中国黄土高原240万年前即开始堆积黄土
1984年　乔平和史密斯发现含柯石英的陆壳岩石
1985年　大洋钻探计划开始实施
1987年　国际地圈-生物圈计划开始实施
1987年　哈克发表第二代海平面相对变化曲线
1998年　霍夫曼重新论证"雪球假说"
1999年　南海大洋钻探成功实施

生物学

公元前14—前3世纪　中国早期文字和典籍记述动植物知识
公元前4世纪中后期　亚里士多德撰写《动物志》等著作
公元前3世纪　狄奥弗拉斯图为植物学奠基
公元77—79年　普林尼著成《自然史》
1551—1558年　格斯纳《动物志》出版
1559—1621年　法布里修斯奠定胚胎学的基础
1583年　切萨皮诺开创植物形态分类学
17世纪上半叶　海耳蒙特完成柳树生理实验
1657—1679年　博雷利用力学原理解释肌肉运动和其他生理现象
1665—1681年　显微镜开始应用于生物学研究
1668年　雷迪通过实验挑战自然发生说
1682年　格鲁《植物解剖学》出版
1686年　雷提出物种分类新思想
1694年　卡默拉留斯发现植物有性别
17—18世纪　机械论与活力论相抗衡
17—18世纪　预成论和渐成论相抗衡
1727—1733年　黑尔斯将力学实验法导入生理学
1735年　林奈《自然系统》出版
18世纪下半叶　布丰《自然史》出版
1758年　林奈用双名法将人类归于动物界
1761—1766年　克尔罗伊特提出植物有性生殖观点
1775年　布鲁门巴赫开创体质人类学研究
1786年　伽伐尼发现生物电
1798年　马尔萨斯《人口论》出版
18世纪末　李元刊印《蠕范》
18世纪末19世纪初　洪堡考察美洲
1800—1805年　居维叶《比较解剖学讲义》出版
1804年　索叙尔阐述光合作用的过程
1809年　拉马克《动物哲学》出版
1813年　德堪多提出对生物采用自然分类法
1818—1822年　圣伊莱尔提出动物器官补偿原则和相互关系原则
1828年　维勒《论尿素的人工合成》发表
1828年　贝尔创立比较胚胎学
1830—1833年　赖尔《地质学原理》出版
1831年　布朗发现细胞核
1838—1839年　施莱登和施旺创立细胞学说
1839年　米尔德发现蛋白质的化学组成
1841年　克利克证明精子和卵子都是细胞
1845—1864年　迈尔等发现光合作用过程中物质和能量的转化
1848年　杜布瓦-雷蒙测定肌肉和神经受刺激时的电流变化
1848—1868年　华莱士创立动物地理学
1850—1855年　贝尔纳发现肝脏有合成及转化肝糖原的功能
1854—1897年　发现酵母发酵液中存在酶
1857年　萨克斯开创植物生理学
1857—1885年　巴斯德创立细菌学说
1859年　达尔文《物种起源》出版
1861年　舒尔兹提出细胞的原生质理论
1861年　布罗卡发现大脑皮层上的语言区
1863年　欧文描述始祖鸟化石
1863年　赫胥黎《人类在自然界中的位置》出版
1863年　谢切诺夫开创脑功能研究
1865年　孟德尔提出两大遗传学定律
1866年　海克尔绘制第一棵"生命之树"
1868—1871年　米歇尔发现核素
1872年　科恩《细菌研究》出版
1873年　高尔基创立神经细胞染色法
1875年　贝内登《动物界的共生与寄生》出版
1875年　地球生物圈概念提出
1875年　科瓦列夫斯基应用进化论解释马的种系发生
1877年　默比乌斯提出"生物群落"概念
1879—1907年　法布尔《昆虫记》出版
1882年　弗勒明《细胞质、细胞核与细胞分裂》出版
1882—1896年　费歇尔合成嘌呤类化合物和糖类
1883年　高尔顿创立优生学
1883—1890年　发现减数分裂
1885—1892年　魏斯曼系统提出种质学说
1886年　希斯发现神经纤维来自单一的神经细胞
1887年　维诺格拉茨创立土壤微生物学
1888年　瓦尔代尔-哈尔茨为染色体正式定名
1888—1891年　鲁和德里施开创实验胚胎学
1890年代　埃尔利希提出免疫机制的侧链理论

1891年　瓦尔代尔-哈尔茨提出神经元学说
1892—1898 年　伊万诺夫斯基和贝杰林克发现病毒
1893 年　赫特维希揭示细胞核的重要性
1894 年　贝特森提出非连续变异观点
1894—1912 年　皮尔逊创立描述统计学
1895—1898 年　瓦明和申佩尔创立植物生态学
1896 年　威尔逊《细胞发育与遗传》出版
19 世纪末 20 世纪初　生物学研究中还原论与整体论针锋相对
19 世纪末 20 世纪初　科塞尔和列文研究核酸及其组分
1901—1903 年　德弗里斯《突变理论》出版
1902 年　斯塔林和贝利斯发现促胰液素
1902 年　费歇尔和霍夫迈斯特分别提出蛋白质肽键理论
1902 年　伯恩斯坦提出生物电发生的膜学说
1902—1904 年　萨顿和博韦里提出染色体是遗传物质
1903 年　巴甫洛夫发现条件反射
1903 年　约翰森提出遗传学的纯系学说
1904 年　哈登发现辅酶
1905 年　威尔逊和史蒂文斯分别发现性染色体同性别的关系
1905—1913 年　维尔施泰特阐明叶绿素的化学结构
1906 年　谢灵顿《神经系统的整合作用》出版
1907—1908 年　哈里森和卡雷尔开创动物组织培养技术
1908 年　哈代和温伯格分别提出群体遗传平衡学说
1910 年　摩尔根证明基因位于染色体上
1910 年　沃尔科特发现布尔吉斯生物群
1910 年代　糖代谢中能量转化关系发现
1910 年代—1930 年代　弗里施等在动物行为学方面作出开创性贡献
1915—1917 年　特沃特和德雷勒分别发现噬菌体
1915—1929 年　费歇尔推进血红素研究
1916 年　克莱门茨提出植物群落演替中的“演替顶极”概念
1918—1924 年　施佩曼推进胚胎发育研究
1920 年代　基林研究生物氧化过程中的电子传递链
1920 年代—1930 年代　贝塔朗菲提出生物系统论
1921—1929 年　勒维和戴尔发现神经递质
1924 年　发现南方古猿化石
1925 年　斯韦德贝里发明高速离心机
1925 年　细胞膜脂双层模型建立
1925 年　赫斯对下丘脑的功能中心精确定位
1925—1934 年　霍沃思研究糖类和维生素 C 的结构
1926 年　萨姆纳制得结晶脲酶
1926 年　切特韦里科夫阐述遗传多态现象
1927 年　卡尔佩琴科培育出多倍体杂交植物
1927 年　缪勒证实 X 射线会诱发突变
1928 年　温特发现植物激素
1928 年　圣捷尔吉提取维生素 C
1928—1944 年　格里菲思和埃弗里证明遗传物质是 DNA 而非蛋白质
1929 年　裴文中发现北京猿人头盖骨
1929 年　菲斯克等分离出腺苷三磷酸
1929—1935 年　布特南特分离出性激素
1929 年—1940 年代　科里夫妇推进人体糖代谢研究
1930 年　费希尔《自然选择的遗传原理》出版
1930—1964 年　李森科垄断苏联生物学界
1930 年代　蒂塞利乌斯发明电泳法
1930 年代　米丘林学说创立
1930 年代　罗斯确定必需氨基酸
1930 年代　卡勒确定部分维生素的结构
1931 年　吴宪正式提出蛋白质变性学说
1931 年　赖特阐述遗传漂变问题
1932 年　霍尔丹《进化的原因》出版
1932 年　冯德培提出“冯氏效应”
1932 年　豪泽提出生态学中的“竞争排斥原理”
1932—1936 年　蔡翘和易见龙发现肝脏可合成糖原
1933 年　佩因特发现果蝇唾腺细胞多线染色体
1933—1937 年　特奥雷尔推进对生物氧化过程中关键酶类的研究
1935 年　斯坦利分离并结晶烟草花叶病毒
1935 年　坦斯利提出“生态系统”概念
1935 年　恩布登等阐明糖酵解过程
1935 年　舍恩海默应用同位素示踪技术研究脂肪代谢
1936 年　哈金斯和鲍林提出氢键理论
1937 年　克雷布斯提出三羧酸循环
1937 年　杜布赞斯基《遗传学和物种起源》出版
1940 年代　麦克林托克发现跳跃基因
1940 年代　克劳德等发现亚细胞结构
1940 年代—1950 年代　布洛赫和吕南研究研究胆固醇、脂肪酸的代谢机制
1941 年　比德尔和塔特姆提出“一基因一酶”假说
1941—1942 年　林德曼提出“食物链效率”和“能量金字塔”报告
1942 年　迈尔《分类学与物种起源》出版
1943 年　德尔布吕克和卢里亚发现细菌的自发突变现象
1943 年　钱斯发现酶—底物复合体
1944 年　薛定谔《生命是什么?》出版
1944 年　李普曼发现辅酶 A
1944—1953 年　埃克尔斯阐明神经细胞之间的信息传递机制
1946 年　莱德伯格和塔特姆发现细菌的有性繁殖
1946 年　谈家桢提出镶嵌显性理论
1946—1978 年　刘易斯等发现控制早期胚胎发育的遗传机理
1947 年　斯普里格发现埃迪卡拉生物群
1948 年　布瓦万发现同种生物细胞核中的 DNA 含量恒定
1949 年　霍奇金测定青霉素的结构
1949—1953 年　伯内特和梅达沃提出获得性免疫耐受学说
1950 年　查加夫发现 DNA 分子中嘌呤和嘧啶间的当量关系

医学

学科词条总目

公元前5世纪　恩培多克勒将呼吸与血液联系起来
约公元前5世纪后期　希波克拉底提出四体液病理学说
约公元前4世纪　扁鹊救治"尸厥"成功
公元前4世纪　《黄帝内经》编成
公元前3世纪　希罗菲卢斯提出人体器官的功能,并认为脑是神经系统的中心
公元前3世纪上半叶　爱拉吉斯拉特创立精气学说
公元前2世纪　淳于意撰《诊籍》
公元前1世纪　阿斯克雷庇亚斯提倡实体病理说
公元前1世纪　《妙闻集》撰成
公元前25—公元35年　塞尔苏斯撰《论医学》
公元77年　迪奥斯科里季斯《药物学》成书
公元98—117年　鲁弗斯撰写《论身体各部位名称》等著作
约公元1世纪　《神农本草经》成书
公元1世纪　阇罗迦著《阇罗迦集》
约公元2世纪　索拉努斯著《论妇女病》
约公元2世纪　华佗施行全身麻醉手术
公元2世纪　盖仑写成《论解剖》
约公元2世纪　《难经》成书
约公元3世纪初　张仲景著《伤寒杂病论》
公元259年　皇甫谧著成《针灸甲乙经》
公元266—282年　王叔和著《脉经》
约公元310—341年　炼丹书《抱朴子》问世
公元4世纪末　东罗马帝国建立最早的医院
公元5世纪　中药炮炙专著《雷公炮炙论》刊行
公元6世纪　《本草经集注》问世
公元6世纪　艾休斯编撰《四卷集》
约公元7世纪　炼丹家炼制成补牙剂——银锡汞剂
公元7世纪　保罗著《医学概要七卷》
公元610年　巢元方等编撰《诸病源候论》
公元652年　孙思邈著成《千金要方》
公元659年　苏敬等编撰《新修本草》
公元9世纪　萨拉诺医学校开始教授医学
公元9世纪初　伊本·伊舍克将希腊、罗马医书译成阿拉伯文
公元9世纪下半叶　拉齐鉴别天花与麻疹
11世纪　中国发明人痘接种术
11世纪初　阿维森纳著《医典》
1026—1027年　王惟一撰《铜人腧穴针灸图经》并铸针灸铜人
1057年　校正医书局成立
1123年　圣巴托罗缪医院建立
约12世纪中后期　迈蒙尼德著《论饮食和个人卫生》等
约1180年　弗鲁伽迪写成《外科实践》
约1180年　蒙彼利埃医学院建立
1247年　宋慈撰成《洗冤集录》
1330年　忽思慧著《饮膳正要》
1346—1353年　欧洲黑死病暴发
1353年　法国马赛建立海港检疫站
1363年　肖利亚克著《大外科》
1377年　拉古萨共和国实行海港检疫
约1490年　达·芬奇研究人体解剖
1498年　第一部欧洲药典在佛罗伦萨出版
1530年　帕拉塞尔苏斯用汞剂治疗梅毒,开创化学制药方法
1543年　维萨里《人体的构造》出版
1545年　巴雷改进枪伤治疗方法
1546年　弗拉卡斯托罗《论传染和传染病及其治疗》出版
1553年　塞尔维特阐述肺循环
1578年　李时珍著成《本草纲目》
1614年　桑克托留斯《静态学》出版
1628年　哈维《论动物心脏与血液运动的解剖学研究》出版
1629年　张伯伦发明产钳
1639年　金鸡纳树皮传入欧洲
1662年　西尔维斯提出生命活动的"发酵"学说
1665—1681年　显微镜开始应用于生物学研究
1666年　马尔皮基发现肾小体
1666年　西登哈姆《对热病的治疗法》出版
1700年　拉马齐尼《论手工业者的疾病》出版
1707年　弗洛耶《医生诊脉表》出版
1708年　布尔哈夫《疾病的诊断和治疗箴言》出版
1711年　黑尔斯测量动物血压
1717年　蒙塔古把人痘接种术带到英国
1728年　福夏尔《外科牙医学》出版
1742年　《医宗金鉴》编成
1742年　摄尔修斯发明摄氏温度计
1753年　林德《论坏血病的研究》出版
1757年　哈勒《人体生理学纲要》首卷出版
1761年　奥恩布鲁格发明叩诊法
1761年　莫尔加尼建立病理解剖学
1768年　绍瓦热斯《疾病分类学方法》出版
1773年　斯帕朗扎尼发现胃液的消化作用
1774年　亨特《妊娠子宫解剖》出版
1776年　多布森发现糖尿病是全身性疾病
1778年　梅斯梅尔发明催眠术
1785年　威瑟林《洋地黄及其医疗用途》发表
1786年　伽伐尼发现生物电
1796年　詹纳发明牛痘接种术
18世纪末　戴维研究吸入氧化亚氮的效应
1800年　比沙首创"组织"一词
1801年　皮内尔改革精神病治疗方法
1805年　泽蒂尔纳分离出吗啡
1811年　哈内曼推出顺势疗法
1811年　贝尔《脑解剖学的新概念》出版
1816年　拉埃内克发明听诊器

1817 年　帕金森《论震颤性麻痹》出版
1825 年　路易用数字与图表总结临床资料
1827 年　布赖特描述肾脏疾病
1831 年　格思里发现氯仿的麻醉作用
1832 年　霍奇金描述霍奇金病
1833 年　博蒙特《胃液的实验观察以及消化生理》出版
1841 年　亨勒《普通解剖学》出版
1844 年　韦尔斯用氧化亚氮施行无痛拔牙术
1846 年　莫顿用乙醚作为麻醉剂
1846 年　路德维希发明计波器
1847 年　塞麦尔维斯发现产褥热病因
1848 年　英国制定《公共卫生法案》
1849 年　艾迪生描述艾迪生病
19 世纪上半叶　罗比凯发现多种生物大分子物质
1851 年　亥姆霍兹发明检眼镜
1858 年　魏尔啸《细胞病理学》出版
1860 年　南丁格尔创建护士学校
1864 年　国际红十字会成立
1865 年　李斯特发明石炭酸消毒法
1865 年　贝尔纳提出“内环境”概念
1869 年　勒韦丹描述皮肤移植
1870 年　库斯茂发明胃镜
1873 年　奥斯勒描述血小板
1876 年　科赫分离出炭疽杆菌
1879 年　曼森发现蚊子传播丝虫病
1880 年　莱佛兰分离出疟原虫
1884 年　革兰氏染色法发明
1886—1896 年　艾克曼发现维生素 B_1
1890 年　贝林和北里柴三郎发明破伤风抗毒素和白喉抗毒素
1890 年　霍尔斯特德在手术中使用外科手套
1892—1898 年　伊万诺夫斯基和贝杰林克发现病毒
1896 年　埃利斯《性心理学研究》出版
1899 年　阿司匹林应用于临床
1900 年　弗洛伊德《梦的解析》出版
1901 年　里歇发现变态反应
1901 年　梅契尼科夫提出免疫机制的细胞理论
1901—1902 年　兰斯泰纳发现人的 ABO 血型
1902 年　斯塔林和贝利斯发现促胰液
1902 年　爱因托芬描述心电图
1905 年　墨菲发明人造髋关节
1909 年　加罗德《遗传代谢性疾病》出版
1910 年　埃尔利希发现“六零六”
1912 年　库欣《脑垂体及其疾病》出版
1912 年　霍普金斯确定维生素的存在
1913 年　埃布尔建造透析仪
1914 年　卡雷尔在狗身上施行首例心脏手术
1916 年　桑格夫人成立第一家节育诊所
1918 年　全球性大流感暴发
1922 年　班廷等提取胰岛素
1923 年　卡介苗应用于人类
1927 年　德林克和肖发明“铁肺”
1928 年　弗莱明发现青霉素
1929 年　福斯曼发明心脏导管检查术
1932 年　多马克发明第一种磺胺药物百浪多息
1935 年　莫尼斯发明额叶切除术
1935 年　达姆发现维生素 K
1937 年　第一个血库在美国建立
1937 年　泰累尔发明黄热病疫苗
1937 年　博韦发明抗组胺药
1937 年　奥塞《垂体前叶和胰岛之间功能的拮抗关系》发表
1940 年　弗洛里和钱恩制备浓缩青霉素提取液
1943 年　科尔夫将人工肾脏应用于临床
1943 年　瓦克斯曼等提取链霉素
1948 年　世界卫生组织(WHO)成立
1948 年　亨奇用可的松治疗风湿性关节炎
1949 年　鲍林阐明镰状红细胞贫血症病因
1949 年　恩德斯等发现脊髓灰质炎病毒可培养
1950 年代—1970 年代　希钦斯和埃利昂推进抗癌药物及其他相关药物的研究
1950 年代—1970 年代　默里和托马斯推进对人类器官和细胞移植的研究
1952 年　索尔克和萨宾研制成脊髓灰质炎疫苗
1956 年　汤飞凡等分离出沙眼衣原体
1957 年　心脏起搏器成功应用于临床
1957 年　盖达塞克发现“慢病毒”
1957 年　伊萨克斯和林德曼发现干扰素
1958 年　唐纳德将超声诊断应用于临床
1958 年　勒热纳发现先天愚型的病因
1958 年　马瑟用骨髓移植法治疗白血病
1963 年　斯塔泽尔施行肝脏移植
1963 年　陈中伟成功施行断肢再植
1965 年　霍普金斯发明可用于临床的内镜
1967 年　巴纳德施行心脏移植
1967 年　法瓦洛诺发明冠状动脉旁路术
1967 年　发现出血热病毒
1968 年　人工心脏开始进入临床
1972 年　CT 装置诞生
1975 年　米尔斯坦和科勒获得能稳定分泌单克隆抗体的杂交瘤细胞株
1976 年　分离出埃博拉病毒
1978 年　第一例试管婴儿诞生
1979 年　全世界消灭天花

1982 年　沃伦和马歇尔发现幽门螺杆菌可致胃病
1983 年　人胚胎转移成功
1983 年　蒙塔尼耶分离出 HIV
1990 年　布利兹等实施基因治疗
1999 年　疟疾疫苗试验成功

农学

约公元前 12 000—前 10 000 年　仙人洞和吊桶环出现类似栽培稻
约公元前 9000—前 8000 年　西亚新月形地带出现原始农业
约公元前 8000 年　玉蟾岩出现栽培稻
约公元前 7000 年　南庄头和甑皮岩出现家猪
约公元前 7000 年　两河流域出现绵羊、山羊等家畜
约公元前 6000 年　八十垱出现早期稻作农业
约公元前 6000 年　黄土高原地区出现锄耕农业
约公元前 5000 年　河姆渡出现较发达的史前稻作农业
约公元前 5000 年　古印第安人开始世界上最早的玉米栽培
约公元前 4500—前 4300 年　城头山和草鞋山出现水稻田
约公元前 4300 年　苏美尔人从游牧转入定居
约公元前 3900—前 3200 年　崧泽出现三角形石犁和直筒形水井
约公元前 3400 年　埃及用尼罗河洪水放淤灌溉
约公元前 3300—前 2600 年　钱山漾出现丝织品和麻织物
约公元前 2686—前 1085 年　埃及发展灌溉农业
约公元前 2350 年　印度河流域开始棉花栽培
约公元前 21 世纪　大禹治水
公元前 18 世纪　汉穆拉比兴修水利，开凿运河
约公元前 16—前 11 世纪　物候历《夏小正》出现
约公元前 13 世纪　殷商阴阳历开始使用
公元前 11—前 9 世纪　古希腊荷马时代农业发展
约公元前 1046—前 771 年　星象、物候、历法相结合确定农时
约公元前 8—前 6 世纪　古希腊城邦时期农业呈现新发展
约公元前 770—前 476 年　中国春秋时期农业进一步发展
约公元前 476—前 221 年　黄河流域开始形成传统的精耕细作技术
约公元前 256—前 251 年　李冰主持修建都江堰
约公元前 3 世纪　中国大豆传入朝鲜
约公元前 200 年　波斯人发明世界上最早的风力机——立轴式风车
约公元前 160 年　加图著《农业志》
公元前 139—前 115 年　张骞出使西域
约公元前 100 年　罗马帝国出现维特鲁维亚水磨
约公元前 90 年　赵过创制耧车
公元前 36 年　瓦罗著《论农业》
公元前 32—前 7 年　氾胜之著《氾胜之书》
约公元 60 年　科卢梅拉《论农业》成书
公元 227—239 年　马钧改进翻车和旧式绫机
公元 304 年　《南方草木状》成书
公元 533—544 年　贾思勰著《齐民要术》
公元 552 年　中国蚕种传入罗马
公元 640 年　马奶葡萄和葡萄酒酿制技术传入中原地区
公元 8 世纪　欧洲出现铧式犁
公元 8 世纪中叶—9 世纪中叶　阿拉伯帝国农业繁荣
公元 753 年　中国豆腐制作法传入日本
公元 760 年　陆羽著《茶经》
公元 805 年　中国茶籽传入日本
公元 829 年　日本仿制中国水车
公元 879—880 年　陆龟蒙著《耒耜经》
1012 年　中国引进越南占城稻
1096—1291 年　东方先进生产技术及多种作物传入西欧
1127—1162 年　中国南方形成水田耕作体系
1132—1134 年　楼璹制成《耕织图》
1149 年　陈旉著成《农书》
12 世纪下半叶　伊本·阿瓦木著《农书》
约 13 世纪　《亨利农书》撰成
约 1295 年　黄道婆推广棉纺织技术
1313 年　王祯《农书》成书
1492 年　甘薯由美洲传入西班牙
1493 年　辣椒由美洲传入欧洲
1494 年　玉米由美洲传入西班牙
16 世纪初　花生由南美洲传入非洲
1502 年　中国金鱼传入日本
1510 年　向日葵由北美洲传入欧洲
1519 年　墨西哥开始栽培烟草
1523 年　菲茨赫伯特著《农业全书》
16 世纪中叶　番茄由美洲传入欧洲
16 世纪中叶　西班牙美利奴羊传入美洲
1565 年　芜菁和三叶草引入英国
1570 年　马铃薯由南美洲传入西班牙
1612 年　徐光启和熊三拔合译《泰西水法》
1624—1644 年　太湖地区和珠江三角洲地区出现生态农业雏形
1639 年　徐光启《农政全书》问世
1658 年　张履祥《补农书》成书
1697 年　宫崎安贞编成《农业全书》
1701 年　塔尔发明马拉谷物条播机
1742 年　《授时通考》问世
1760 年　贝克韦尔开创家畜育种工作
1784 年　扬创办《农业年刊》
1786 年　米克尔发明脱粒机
1797 年　纽博尔德发明单面铸铁犁
1799 年　美国出现马拉圆盘割刀收割机
18 世纪末　诺福克轮作制在英格兰各地推行
约 18 世纪末　欧洲农业革命开始

1809—1812 年　泰尔《合理农业原理》刊行
1834 年　布森戈创办首个农事试验场
1840 年　李比希《化学在农业及生理学上的应用》出版
1841 年　法正林理论发展为完整学说
1842 年　劳斯生产过磷酸钙,开创化学肥料工业时代
1843 年　劳斯创立罗桑试验站
1853 年　白蜡虫由中国引入英国
1860 年　德国进行滴灌试验
1860 年　穆拉建成沼气发生器
1869 年　诺贝建立世界上第一个种子检验室
1870—1926 年　伯班克培育多个植物新品种
1874 年　哈尔蒂希《森林病害教科书》出版
19 世纪后期—20 世纪前期　威廉斯创立土壤统一形成学说
1880 年　可供实用的联合收割机诞生
1882 年　米亚尔代发现波尔多液的杀菌性质
1890 年　美国使用内燃拖拉机
1895—1898 年　瓦明和申佩尔创立植物生态学
1920 年代　森林航测开始应用
1926 年　丁颖育成野生稻与栽培稻的杂交水稻
1926 年　瓦维洛夫提出作物起源中心学说
1929 年　无土栽培技术应用于蔬菜生产
1935 年　弗格森创制农机具三点悬挂系统
1937 年　谢利亚尼诺夫作出世界农业气候区划
1938 年　黄昌贤育成无籽西瓜
1939 年　米勒发现 DDT 的杀虫功效
1942 年　发现六六六的杀虫功效
1942 年　有机化学除草剂 2, 4-D 诞生
1950 年代　三倍体甜菜育成
1958 年　挪威研制成离心式播种机
1960 年代　绿色革命兴起
1962 年　卡森《寂静的春天》出版
1971 年　生态农业提出
1973 年　袁隆平取得杂交水稻育种重大突破
1973 年　光稳定拟除虫菊酯研制成功
1974 年　农作物遥感估产研究开始进行
1983 年　植物转基因技术取得重大进展
1988 年　第一项哺乳动物专利诞生

计算机科学

公元前 3 世纪　二进制在中国萌芽
1642 年　帕斯卡发明机械式加法器
1674 年　莱布尼茨发明乘法器
1799 年　贾卡发明提花机
1822—1834 年　巴比奇设计差分机和分析机
1854 年　布尔创建逻辑代数
1886 年　霍勒瑞斯制造制表机
1935 年　IBM 公司推出穿孔卡片计算器
1936 年　“图灵机”设想提出
1937 年　里夫思提出脉冲编码调制原理
1937 年　斯蒂比兹设计电磁式计算机原型
1938—1945 年　楚泽制造电磁式计算机样机
1938—1949 年　斯蒂比兹研制电磁式计算机
1939 年　阿塔纳索夫与贝利开发出真空电子管计算机
1943—1958 年　研制第一代电子计算机
1944 年　艾肯研制成大型通用电磁式计算机
1944 年　莫奇利以水银延迟线作为计算机的存储器
1945 年　冯·诺伊曼提出存储程序通用电子计算机方案
1946 年　威尔克斯建造存储程序式电子计算机
1947 年　肖克利等发明晶体管
1948 年　王安开发磁芯存储器
1950 年　中松义郎发明软磁盘
1950 年　汉明码提出
1954 年　巴克斯开发 FORTRAN 语言
1954 年　贝尔实验室制成晶体管计算机
1955—1965 年　第一代操作系统出现
1956 年　麦卡锡提出人工智能概念
1956 年　明斯基等发起人工智能学术会议
1957 年　西蒙等开发 IPL 语言
1958—1964 年　研制第二代电子计算机
1959 年　霍珀开发 COBOL 语言
1959 年　拉宾和斯科特提出非确定性有限状态自动机理论
1959 年　诺依斯与基尔比发明集成电路
1959—1960 年　佩利等开发 ALGOL 60 语言
1960 年　威尔金森提出向后误差分析法
1960—1965 年　中国科学院计算技术研究所开发 BCY 语言
1961 年　巴赫曼开发网状数据库管理系统
1961 年　考巴脱开发分时系统
1961—1968 年　达尔和奈加特开发面向对象的编程语言
1962 年　克兰罗克提出分组交换技术
1962 年　艾弗森开发 APL 语言
1962 年　佩特里网概念提出
1963 年　萨瑟兰开发“画板”系统
1964 年　IBM 公司发布 PL/Ⅰ编程语言
1964 年　恩格尔巴特发明鼠标
1964 年　凯梅尼和卡茨开发 BASIC 语言
1964—1965 年　哈特马尼斯和斯特恩斯提出计算复杂性理论
1964—1972 年　研制第三代电子计算机
1964—1973 年　中国研制大型数字计算机
1965 年　摩尔定律发表
1965 年　费根鲍姆开发出专家系统程序
1965 年　科兹马和凯利提出计算全息方法

人 名 索 引

说明

一、本索引按汉语拼音字母的顺序并辅以汉字笔画、起笔笔形顺序排列。同音时,按汉字笔划由少到多的顺序排列。笔画数相同的按起笔笔形的顺序排列。第一字相同时,按第二字,余类推。

二、索引中人名一般附有人物的生卒年(或活动时代)及主要身份,外国人名还附有原文姓和名(或名的缩写字母)。

三、本索引附有"外国人名译名对照表",作为从外文查检中译名之用。

四、索引中人名之后的阿拉伯数字是该人名所在的条目年份。

A

人名索引

B

人名索引

C

D

E

F

G

H

J

K

人名索引

L

M

N

O

P

Q

R

S

T

W

X

Y

Z

外国人名译名对照表

A

Abbe, Cleveland 阿贝
Abel, John Tacob 埃布尔
Abel, Niels Henrik 阿贝尔
Abell, George Ogden 艾贝尔
Abelson, Philip Hauge 埃布尔森
Ackeret, Jakob 阿克莱特
Adams, John Couch 亚当斯，约翰
Adams, Leason H. 亚当斯，利森
Adams, Walter Sydney 亚当斯，沃尔特
Addison, Thomas 艾迪生
Adelard of Bath 阿德拉德
Adleman, Leonard Max 阿德勒曼
Adrian, Edgar Douglas 阿德里安
Aetius of Amida 艾休斯
Africanus, Constantinus 康斯坦丁诺斯
Agassiz, Jean Louis Rodolphe 阿加西
Agricola, Georgius 阿格里科拉
Ahlfors, Lars Valerian 阿尔福斯
Ahmes 或 Ahmose 阿赫摩斯
Aiken, Howard Hathaway 艾肯
Airy, George Biddell 艾里
al-Battānī, Muhammad 巴塔尼
Albrecht, William A. 阿尔布雷克特
Alcmaeon of Croton 阿尔克迈翁
Alder, Kurt 阿尔德
Aldrin, Buzz 奥尔德林
Alexander Ⅱ, James Waddell 亚历山大
Alexander the Great 亚历山大大帝
Alfonso X 阿尔方索十世
Alfrey, Turner 阿尔弗莱
al-Hajjāj ibn Yūsuf ibn Matar 哈贾杰
al-Hazen 海桑
Alick Isaacs 伊萨克斯
al-Ishibili, Jabir ibn Aflah 伊什比利
al-Kashi, Ghiyath al-Din Jamshid Mas'ud 卡西
al-Khwārizmi, Mohammed ibn Mūsā 花拉子米
Allen, Frances Elizabeth 艾伦，弗朗西丝
Allen, Paul Gardner 艾伦，保罗
Allendoerfer, Carl Barnett 艾伦多弗
al-Mamūn 马蒙
Alpher, Ralph Asher 阿尔弗
al-Rashid, Harun 拉希德
al-Sufi, Abd al-Rahman 苏菲
Altman, Sidney 奥尔特曼
Altmann, Richard 阿尔特曼
al-Tusi, Nasir al-Din 图西
Alvarez, Luis Walter 阿耳瓦雷茨，路易斯
Alvarez, Walter 阿耳瓦雷茨，瓦尔特
al-Zarqali 查尔卡利
Amenhotep Ⅲ 阿蒙霍特普三世
Americus, Vespucius 亚美利哥
Ammisaduqa 阿米萨杜卡
Amontons, Guillaume 阿蒙顿
Ampère, André-Marie 安培
Anaxagoras of Clazomenae 阿那克萨哥拉
Anaximenes 阿那克西米尼
Anderson, Carl David 安德森，卡尔
Anderson, Philip Warren 安德森，菲利普
Anderson, William French 安德森，威廉
Andreessen, Marc 安德里森
Andrews, Thomas 安德鲁斯
Anfinsen, Christian Boehmer 安芬森
Antiphon the Sophist 安蒂丰
Apollonius of Perga 阿波罗尼乌斯
Appel, Kenneth Ira 阿佩尔
Appleton, Edward Victor 阿普尔顿
Arago, Dominique François Jean 阿拉戈
Arber, Werner 阿尔伯
Archer, Frederick Scott 阿切尔
Archimedes of Syracuse 阿基米德
Arduino, Giovanni 阿尔杜伊诺
Argelander, Friedrich Wilhelm August 阿尔格兰德
Aristarchus of Samos 阿里斯塔克
Aristillus 阿里斯提鲁
Aristotle 亚里士多德
Armstrong, Neil Alden 阿姆斯特朗
Arnaldus de Villa Nova 阿诺尔德·德·比利亚·诺瓦
Arnold, Harold de Forest 阿诺德
Arp, Halton Christian 阿尔普
Arrhenius, Svante August 阿伦尼乌斯
Artin, Emil 阿廷
Aryabhata the Elder 阿耶波多
Asclepiades 阿斯克雷庇亚斯
Aston, Francis William 阿斯顿
Atanasoff, John Vincent 阿塔纳索夫
Atiyah, Michael Francis 阿蒂亚
Atkinson, Robert d'Escourt 阿特金森
Aubrey, John 奥布里
Auenbrugger, Joseph Leopold Edler von 奥恩布鲁格
Augustus, Gaius Julius Caesar 奥古斯都
Auzout, Adrien 奥佐
Avery, Oswald Theodore 埃弗里
Avicenna 阿维森纳
Avogadro, Amedeo 阿伏伽德罗
Axel, Richard 阿克塞尔
Axelrod, Julius 阿克塞尔罗德

B

Baade, Walter 巴德
Babbage, Charles 巴比奇
Bachman, Charles William 巴赫曼
Backus, John Warner 巴克斯
Baekeland, Leo Hendrik 贝克兰
Baeyer, Adolf von 拜耳
Bailey, Solon Irving 贝利，索伦
Baird, John Logie 贝尔德
Bakewell, Robert 贝克韦尔
Balard, Antoine Jerome 巴拉尔
Balbiani, Edouard-Gérard 巴尔比亚尼
Baldet, Fernand 巴尔代
Balmer, Johann Jakob 巴耳末
Baltimore, David 巴尔的摩
Banach, Stefan 巴拿赫
Banting, Frederick Grant 班廷

Barbier, Philippe A. 巴尔比耶
Bardeen, John 巴丁
Barents, William 巴伦支
Barger, Jorn 巴杰
Barlow, William Henry 巴洛
Barnard, Christiaan Neethling 巴纳德
Barrell, Joseph 巴雷尔
Barrett, Alan Hildreth 巴雷特
Barrow, Isaac 巴罗
Bartholin, Erasmus 巴托兰
Barton, Derek Harold Richard 巴顿,德里克
Barton, Frederick Otis 巴顿,弗雷德里克
Barton, John Rea 巴顿,约翰
Bateson, William 贝特森
Baum, William Alvin 鲍姆
Bayer, Johann 拜尔
Bayliss, William Maddock 贝利斯
Beadle, Clayton 比德尔,克莱顿
Beadle, George Wells 比德尔,乔治
Beaumont, William 博蒙特
Becher, Johann Joachim 贝歇尔
Beckmann, Ernst Otto 贝克曼
Becquerel, Antoine Henri 贝克勒耳
Bednorz, Johannes Georg 贝德诺尔茨
Beebe, Charles William 毕比
Behm, Alexander 贝姆
Behrend, Robert 贝伦德
Behring, Emil Adolf von 贝林
Beijerinck, Martinus Willem 贝杰林克
Bell, Alexander Graham 贝尔,亚历山大
Bell, Charles 贝尔,查尔斯
Bell, Jocelyn 贝尔,乔斯林
Bell, John Stewart 贝尔,约翰
Bell, Patrick 贝尔,帕特里克
Beltrami, Eugenio 贝尔特拉米
Benacerraf, Baruj 贝纳塞拉夫
Beneden, Édouard Joseph Louis Marie van 贝内登,爱德华
Beneden, Pierre-Joseph van 贝内登,皮埃尔-约瑟夫
Benioff, Hugo 贝尼奥夫
Berg, Paul Naim 伯格
Bergius, Friedrich Karl Rudolf 贝吉乌斯
Bergman, Torbern Olof 贝格曼
Bering, Vitus Jonassen 白令
Bering, Vitus Jonassen 珀令
Berkeley, George 贝克莱
Bernard, Claude 贝尔纳
Bernays, Paul Isaac 伯奈斯
Berners-Lee, Timothy John 伯纳斯-李
Bernoulli, Daniel 伯努利,丹尼尔
Bernoulli, Jacob 伯努利,雅各布
Bernoulli, Johann 伯努利,约翰
Bernstein, Julius 伯恩斯坦,尤利乌斯
Bernstein, Julius 伯恩斯坦,尤利乌斯
Berry, Clifford Edward 贝利,克利福德
Bert, Paul 伯特
Bertalanffy, Karl Ludwig von 贝塔朗菲
Berthelot, Marcellin Pierre Eugène 贝特洛
Berthollet, Claude Louis 贝托莱
Bertrand, Joseph Louis François 贝特朗
Berzelius, Jöns Jakob 贝采里乌斯
Bessel, Friedrich Wilhelm 贝塞尔
Bessemer, Henry 贝塞麦
Best, Charles Herbert 贝斯特
Bethe, Hans Albrecht 贝特
Bevan, Edward John 贝文
Bézout, Étienne 贝祖
Bhaskara Ⅱ 婆什迦罗第二
Bichat, Marie Francois Xavier 比沙
Bieberbach, Ludwig Georg Elias Moses 比伯巴赫
Billingsley, Henry 比林斯利
Binnig, Gerd 宾尼希
Biot, Jean-Baptiste 毕奥
Birch, Albert Francis 伯奇
Biringuccio, Vannoccio 比林古乔
Bishop, John Michael 毕晓普
Bjerknes, Jacob 皮叶克尼斯,雅各布
Bjerknes, Vilhelm 皮叶克尼斯,威廉
Blaauw, Adriaan 布洛乌
Blaauw, Gerrit Anne 勃劳夫
Black, Davidson 步达生
Black, Fischer Sheffey 布莱克,费希尔
Black, Greene Vardiman 布莱克,格林
Black, Joseph 布莱克,约瑟夫
Blackett, Patrick Maynard Stuart 布莱克特
Blaese, R. Michael 布利兹
Blobel, Günter 布洛贝尔
Bloch, Felix 布洛赫,费利克斯
Bloch, Konrad Emil 布洛赫,康拉德
Blum, Manuel 布卢姆
Blumberg, Baruch Samuel 布隆伯格
Blumenbach, Johann Friedrich 布鲁门巴哈
Bode, Johann Elert 波得
Bodenstein, Max 博登斯坦
Boerhaave, Hermann 布尔哈夫
Bohr, Niels 玻尔
Boivin, André 布瓦万
Bok, Bart Jan 博克,巴特
Bok, Priscilla Fairfield 博克,普丽西拉
Boltzmann, Ludwig 玻尔兹曼
Bolyai, Farkas 波尔约,福尔考什
Bolyai, János 波尔约,亚诺什
Bolzano, Bernard Placidus Johann Nepomuk 波尔查诺
Bombelli, Rafael 邦贝利
Bonaparte, Napoléon 拿破仑
Bond, George Foote 邦德,乔治·富特
Bond, George Phillips 邦德,乔治·菲利普
Bond, William Cranch 邦德,威廉
Bondi, Hermann 邦迪
Bonnet, Pierre Ossian 博内
Bonpland, Aimé Jacques Alexandre 邦普朗
Boole, George 布尔
Borel, Felix-Edouard-Justin-émile 波莱尔
Borelli, Giovanni Alfonso 博雷利
Borlaug, Norman Ernest 博洛格
Born, Max 玻恩
Bosch, Carl 博施
Bose, Satyendra Nath 玻色
Bothe, Walther Wilhelm Georg 博特
Bouguer, Pierre 布格
Boussingault, Jean Baptiste 布森戈
Boveri, Theodor Heinrich 博韦里
Bovet, Daniel 博韦
Bowen, Ira Sprague 鲍恩
Bowie, William 鲍威
Bowman, William 鲍曼
Boyce, Raymond 博伊斯
Boyer, Herbert Wayne 博耶,赫伯特
Boyer, Paul Delos 博耶,保罗
Boyle, Robert 玻意耳
Boyle, Willard Sterling 博伊尔
Boysen-Jensen, Peter 博伊森-詹森
Bozzini, Philipp 博齐尼
Bradley, James 布拉德雷
Bradwardine, Thomas 布雷德沃丁

Bragg, William Henry 布拉格，威廉·亨利
Bragg, William Lawrence 布拉格，威廉·劳伦斯
Brahmagupta 婆罗摩笈多
Bramlette, Milton Nunn 布拉姆莱特
Brand, Hennig 布兰德
Brandes, Heinrich Wilhelm 布兰德斯
Brattain, Walter Houser 布喇顿
Brauer, Richard Dagobert 布饶尔
Braun, Kari Ferdinand 布劳恩
Bravais, Auguste 布拉维
Bredig, Georg 布雷迪希
Brenner, Sydney 布伦纳
Brewer, Alan W. 布鲁尔
Bridges, Calvin Blackman 布里奇斯
Bridgman, Percy Williams 布里奇曼
Briggs, Henry 布里格斯
Bright, Richard 布赖特
Brillouin, Léon Nicolas 布里渊
Broca, Pierre Paul 布罗卡
Bronsted, Johannes Nicolaus 布朗斯特
Brooks, Frederick Phillips Jr. 布鲁克斯
Brouwer, Luitzen Egbertus Jan 布劳威尔
Brown, Ernest William 布朗，欧内斯特
Brown, Herbert Charles 布朗，赫伯特
Brown, Robert 布朗，罗伯特
Brunhes, Bernard 布容
Buchner, Eduard 布赫纳
Buck, Linda B. 巴克
Buckland, William 巴克兰
Buffon, Georges-Louis Leclerc Comte de 布丰
Bullard, Edward Crisp 布拉德
Bullen, Keith Edward 布伦
Bunsen, Robert Wilhelm Eberbard 本生
Burbank, Luther 伯班克
Burbidge, Eleanor Margaret 伯比奇，埃莉诺
Burbidge, Geoffrey Ronald 伯比奇，杰弗里
Burnell, Jocelyn Bell 伯内尔
Burnet, Frank Macfarlane 伯内特
Burnside, William 伯恩塞德
Butenandt, Adolf Friedrich Johann 布特南特

C

Caesar, Julius 恺撒
Cahn, Robert 卡恩，罗伯特
Cailliau, Robert 卡里奥
Cajal, Santiago Ramón y 卡扎尔
Calabi, Eugenio 卡拉比
Calcar, Jan Steven van 卡尔卡
Callaghan, John 卡拉汉
Callendar, Guy Stewart 卡伦德
Calmett, Albert 卡尔梅特
Calvin, Melvin Ellis 卡尔文
Camerarius, Rudolf Jakob 卡默拉留斯
Campanus of Novara, Johannes 坎帕努斯
Cancani, Adolfo 坎卡尼
Cannizzaro, Stanislao 坎尼扎罗
Cannon, Annie Jump 坎农
Cantor, Georg Ferdinand Ludwig Philipp 康托尔
Capecchi, Mario Renato 卡佩奇
Cardan, Girolamo 卡尔丹
Carlowitz, Hans Carl von 卡洛维茨
Carlsson, Arvid 卡尔松
Carnot, Nicolas Léonard Sadi 卡诺
Carothers, Wallace Hume 卡罗瑟斯
Carpenter, William Benjamin 卡彭特
Carrel, Alexis 卡雷尔
Carrington, Richard Christopher 卡林顿
Carson, Rachel Louise 卡森
Cartan, Élie Joseph 嘉当，埃利
Cartan, Henri Paul 嘉当，亨利
Cassini, Giovanni Domenico 卡西尼
Castner, Hamilton Young 卡斯特纳
Cato, Marcus Porcius 加图
Cauchy, Augustin-Louis 柯西
Cavalieri, Bonaventura Francesco 卡瓦列里
Cavendish, Henry 卡文迪什
Cayley, Arthur 凯莱
Cech, Thomas Robert 切赫
Celsius, Anders 摄尔修斯
Celsus, Aulus Cornelius 塞尔苏斯
Cerf, Vinton Gray 瑟夫
Cesalpino, Andrea 切萨皮诺
Chadwick, Edwin 查德威克，埃德温
Chadwick, James 查德威克，詹姆斯
Chain, Ernst Boris 钱恩
Chamberlain, Owen 张伯伦，欧文
Chamberlen, Peter 张伯伦，彼得
Chamberlin, Donald D. 钱柏林
Chance, Britton 钱斯
Chandler, Seth Carlo 钱德勒
Changeux, Jean-Pierre 尚热
Chapman, Sidney 查普曼
Chargaff, Erwin 查加夫
Charles V 查理五世
Charles, Jacques Alexandre César 查理
Charney, Jule Gregory 查尼
Chasles, Michel 沙勒
Chauliac 肖利亚克
Chauvin, Yves 肖万
Chinchon 金琼
Chopin, Christian 乔平
Chrana 阇罗迦
Christiansen, Wilbur Norman Chris 克里斯琴森
Clairaut, Alexis Claude 克莱罗
Clapeyron, Benoit Pierre Émile 克拉珀龙
Clark, Alvan 克拉克，阿尔万
Clark, Alvan Graham 克拉克，阿尔万·格雷厄姆
Clark, Brian F. C. 克拉克，布赖恩
Clark, James H. 克拉克，詹姆斯
Clarke, Edmund Melson 克拉克，埃德蒙
Clarke, Frank Wigglesworth 克拉克，弗兰克
Claude, Albert 克劳德
Claude, François Auguste 克洛德
Clausius, Rudolf Julius Emanuel 克劳修斯
Clavius, Christopher 克拉维乌斯
Clebsch, Rudolf Friedrich Alfred 克莱布什
Clements, Frederic Edward 克莱门茨
Clough, Ray William 克劳夫
Cobo, Barnabé de 科博
Cocke, John 科克
Codd, Edgar Frank 科德
Cohen, Paul Joseph 科恩，保罗
Cohen, Stanley 科恩，斯坦利
Cohen, Stanley Norman 科恩，斯坦利·诺曼
Cohen-Tannoudji, Claude 科昂-塔诺季
Cohn, Ferdinand Julius 科恩，费迪南德
Collins, Michael 科林斯
Collip, James Bertram 科利普
Colmerauer, Alain 科莫劳厄
Colombo, Cristoforo 哥伦布
Colonna, Fabio 科隆纳
Colton, Frank Benjamin 科尔顿
Columella, Lucius Junius Moderatus 科卢梅拉

Compton, Arthur Holly 康普顿
Comte, Auguste 孔德
Conrad, Victor 康拉德
Consden, Ralph 康斯登
Cook, James 库克, 詹姆斯
Cook, Stephen Arthur 库克, 斯蒂芬
Cooley, Denton 库利
Coolidge, William David 库利吉
Cooper, Leon 库珀, 利昂
Copernicus, Nicolaus 哥白尼
Corbató, Fernando José 考巴脱
Corey, Elias James 科里, 伊莱亚斯
Cori, Carl Ferdinand 科里, 卡尔
Cori, Gerty Theresa 科里, 格蒂
Coriolis, Gustave Gaspard de 科里奥利
Corliss, Jack 柯里斯
Cormack, Allan MacLeod 科马克
Cornell, Eric Allin 康奈尔
Cornforth, John Warcup 康福思
Corte-Real, Gaspar 考特-雷尔, 贾斯帕
Corte-Real, Miguel 考特-雷尔, 米格尔
Cottrell, Frederick Gardner 科特雷耳
Coulomb, Charles-Augustin de 库仑
Couper, Archibald Scott 库珀, 阿奇博尔德
Courant, Richard 柯朗
Cournand, André Frédéric 库尔南
Courtois, Bernard 库图瓦
Cousteau, Jacques-Yves 库斯托
Cowan, Clyde Lorrain 考恩
Cox, Allan V. 考克斯
Cram, Donald James 克拉姆
Cramer, Gabriel 克拉默
Crelle, August Leopold 克雷尔
Crick, Francis Harry Compton 克里克
Cronstedt, Axel Fredrik 克龙斯泰特
Cross, Charles Frederick 克罗斯
Cruquius, Nicolaus 克鲁圭
Crutzen, Paul Jozef 克鲁岑
Cullen, William 卡仑
Curie, Jacques 居里, 雅克
Curie, Marie Sklodowska 居里, 玛丽
Curie, Pierre 居里, 皮埃尔
Curl, Robert Floyd 柯尔
Curtis, Heber Doust 柯蒂斯
Cushing, Havey William 库欣
Cushman, Joseph Augustine 库什曼
Cuvier, Jean Léopold Nicolas Frédéric 居维叶

D

d'Alembert, Jean Le Rond 达朗贝尔
d'Herelle, Félix 德雷勒
d'Omalius d'Halloy, J. B. J. 奥马利达鲁瓦
da Gama, Vasco 达·伽马
da Vinci, Leonardo 达·芬奇
Daguerre, Louis Jacques Mandé 达盖尔
Dahl, Ole-Johan 达尔
Dale, Henry Hallett 戴尔
Dalrymple, G. Brent 达尔林普尔
Dalton, John 道尔顿
Daly, Reginald Aldworth 戴利
Dam, Carl Peter Henrik 达姆
Dana, James Dwight 丹纳
Daniel, John Frederic 丹尼尔
Danjon, André-Louis 丹戎
Darboux, Jean-Gaston 达布
Darcy, Henri Philibert Gaspard 达西
Darius Ⅰ 大流士一世
Dart, Raymond Arthur 达特
Darwin, Charles Robert 达尔文, 查尔斯
Darwin, Francis 达尔文, 弗朗西斯
Dausset, Jean-Baptiste-Gabriel-Joachim 多塞
Davenport, Harold 达文波特
Davis, Martin David 戴维斯, 马丁
Davis, Raymond 戴维斯, 雷蒙德
Davis, William Morris 戴维斯, 威廉
Davisson, Clinton Joseph 戴维孙
Davy, Humphry 戴维
de Broglie, Louis-Victor 德布罗意
de Candolle, Alphonse Louis Pierre Pyrame 德堪多, 阿方斯
de Candolle, Augustin Pyramus 德堪多, 奥古斯丁
de Duve, Christian René 德迪夫
De Forest, Lee 德福雷斯特
de Gennes, Pierre-Gilles 德热纳
de León, Juan Ponce 德·莱昂
de Medina, Pedro 德·梅迪纳
de Moivre, Abraham 棣莫弗
De Morgan, Augustus 德·摩根
de Saussure, Nicolas-Théodore 索叙尔
de Sitter, Willem 德西特
de Vries, Gustav 德弗里斯, 古斯塔夫
de Vries, Hugo Marie 德弗里斯, 胡戈
DeBakey, Michael Ellis 德贝基
Debye, Peter Joseph William 德拜
Dedekind, Julius Wilhelm Richard 戴德金
Defant, Albert 德凡特
Dehn, Max 德恩
Deisenhofer, Johann 戴森霍弗
Delbrück, Max Ludwig Henning 德尔布吕克
Deligne, Pierre René Viscount 德利涅
Democritus of Abdera 德谟克利特
Desargues, Girard 德萨格
Descartes, René 笛卡儿
Descroizilles, Henri 德克劳西
Desnoyers, Jules P. F. S. 德努瓦耶
Deville, Henri-Étienne Sainte-Claire 德维尔
Dicke, Robert Henry 迪克
Dickson, James Tennant 狄克逊
Diels, Otto Paul Hermann 第尔斯
Diesbach, Heinrich 迪斯巴赫
Dietz, Robert Sinclair 迪茨
Dieudonné, Jean Alexandre Eugène 迪厄多内
Dijkstra, Edsger Wybe 戴克斯特拉
Diophante of Alexandria 丢番图
Dioscorides, Pedanius Anazarbeus 迪奥斯科里季斯
Dippel, Johann Conrad 迪佩尔
Dirac, Paul Adrie Maurice 狄拉克
Dirichlet, Johann Peter Gustav Lejeune 狄利克雷
Dobereiner, Johann Wolfgang 德贝赖纳
Dobson, Gordon M. B. 多布森, 戈登
Dobson, Matthew 多布森, 马修
Dobzhansky, Theodosius Grygorovych 杜布赞斯基
Dodge, Harold French 道奇
Doell, Richard R. 多尔
Doisy, Edward Adelbert 多伊西
Domagk, Gerhard 多马克
Donald, Ian 唐纳德
Donati, Giovanni Battista 多纳蒂
Doppler, Christian Johann 多普勒
Douglas, Jesse 道格拉斯
Draper, Henry 德雷伯, 亨利
Draper, John William 德雷伯, 约翰
Dreyer, Johann Louis Emil 德雷尔

Driesch, Hans Adolf Eduard　德里施
Drinker, Philip　德林克
du Bois-Reymond, Emil　杜布瓦-雷蒙
du Fay, Charles François de Cisternay　迪费
du Toit, Alexander Logie　迪图瓦
du Vigneaud, Vincent　迪维尼奥
Dubois, Eugène　杜布瓦
Duffieux, Pirre Michel　迪菲厄
Dulbecco, Renato　杜尔贝科
Dulong, Pierre Louis　杜隆
Dumas, Jean Baptiste Andre　杜马
Dunant, Henry　杜南
Duncan, John Charles　邓肯
Dupain-Triel, Jean Louis　都彭-特里尔
Dussik, Karl Theo　达西科
Dutton, Clarence Edward　达顿

E

Earle, Sylvia Alice　厄尔
East, Edward M.　伊斯特
Eccles, John Carew　埃克尔斯
Eckert, John Presper　埃克特
Eddington, Arthur Stanley　爱丁顿
Eddy, John Allen　埃迪
Edelman, Gerald Maurice　埃德尔曼
Edison, Thomas Alva　爱迪生
Edwards, Robert Geoffrey　爱德华兹
Ehrenberg, Christian Gottfried　爱伦贝格
Ehrenfest, Paul　埃伦费斯特
Ehresmann, Charles　埃雷斯曼
Ehrlich, Paul　埃尔利希
Eigen, Manfred　艾根
Eijkman, Christiaan　艾克曼
Eilenberg, Samuel　艾伦伯格
Einstein, Albert　爱因斯坦
Einthoven, Willem　爱因托芬
Ekman, Vagn Walfrid　埃克曼
Eldredge, Niles　埃尔德雷奇
Elion, Gertrude Belle　埃利昂
Elliot, James Ludlow　埃里奥特
Ellis, Havelock　埃利斯
Ellison, Lawrence Joseph　埃里森
Embden, Gustav Georg　恩布登
Emerson, Ernest Allen　爱默生
Empedokles　恩培多克勒
Enders, John Franklin　恩德斯
Engelbart, Douglas C.　恩格尔巴特
Engels, Friedrich　恩格斯
Ephrussi, Boris　埃弗里西
Epicurus　伊壁鸠鲁
Erasistratus of Chios　爱拉吉斯拉特
Eratosthenes　埃拉托色尼
Erdös, Paul　爱尔特希
Ernst, Richard Robert　恩斯特
Eucken, Arnold　尤肯
Euclid of Alexandria　欧几里得
Eudoxus of Cnidus　欧多克斯
Euler, Leonhard　欧拉
Euler, Ulf Svante von　奥伊勒
Euler-Chelpin, Hans Karl August Simon von　奥伊勒-切尔平
Evans, Martin John　埃文斯，马丁
Evans, Meredith Gwynne　埃文斯，梅雷迪思
Ewen, Harold Irving　尤恩
Ewing, William Maurice　尤因
Eyring, Henry　艾林

F

Fabre, Jean-Henri Casimir　法布尔
Fabricius, David　法布里修斯，戴维
Fabricius, Hieronymus ab Aquapendente　法布里修斯，希罗尼穆斯
Fabricius, Johannes　法布里修斯，约翰
Fahrenheit, Daniel Gabriel　华伦海特
Falkenhagen, Hans Eduard Wilhelm　法尔肯哈根
Falloppio, Gabriele　法洛皮欧
Faltings, Gerd　法尔廷斯
Fantus, Bernard　范特斯
Faraday, Michael　法拉第
Farman, Joe　法曼
Fauchard, Pierre　福夏尔
Favaloro, René Gerónimo　法瓦洛诺
Fawcett, Eric William　福西特
Feigenbaum, Edward Albert　费根鲍姆
Feit, Walter　费特
Felipe Ⅱ　腓力二世
Fenn, John Bennett　芬恩
Ferdinand, Charles William　不伦瑞克公爵斐迪南
Ferguson, Harry George　弗格森
Fermat, Pierre de　费马
Fermi, Enrico　费米
Ferrari, Lodovico　费拉里
Ferrel, William　费雷尔
Ferro, Scipione del　费罗
Fessenden, Reginald Aubrey　费森登
Feynman, Richard Phillips　费恩曼
Fibonacci, Leonardo　斐波那契
Field, Cyrus West　菲尔德
Fields, John Charles　菲尔兹
Fior, Antonio Maria　菲奥尔
Fischer, Edmond H.　费希尔，埃德蒙
Fischer, Emil Hermann　费歇尔，埃米尔
Fischer, Ernst Gottfried　费歇尔，恩斯特·戈特弗里德
Fischer, Ernst Otto　费歇尔，恩斯特·奥托
Fischer, Hans　费歇尔，汉斯
Fisher, Ronald Aylmer　费希尔，罗纳德
Fiske, Cyrus Hartwell　菲斯克
FitzGerald, George Francis　斐兹杰惹
Fitzherbert, John　菲茨赫伯特
Fizeau, Armand Hippolyte Louis　菲佐
Flamsteed, Jonh　弗拉姆斯蒂德
Fleming, Alexander　弗莱明，亚历山大
Fleming, John Ambrose　夫累铭
Fleming, Williamina Paton Stevens　弗莱明，威廉明娜
Flemming, Walther　弗勒明
Fletcher, Walter Morley　弗莱彻
Flohn, Hermann　弗洛恩
Florey, Howard Walter　弗洛里，霍华德
Flory, Paul John　弗洛里，保罗
Floyd, Robert W.　弗洛伊德，罗伯特
Floyer, John　弗洛耶
Forbes, Edward　福布斯
Ford, Charles Edmund　福德
Forel, François-Alphonse　福勒，弗朗西斯-阿方斯
Forrest, Jay Wright　福里斯特
Forssman, Werner　福斯曼
Fourcroy, Antoine de　富尔克鲁瓦
Fourier, Jean Baptiste Joseph　傅里叶
Fourneau, Ernest　富尔诺
Fowler, Alfred　福勒，艾尔弗雷德
Fowler, William Alfred　福勒，威廉

Fox, Robert Were 福克斯
Fracastoro, Girolamo 弗拉卡斯托罗
Frail, Dale Andrew 弗雷尔
Francesco Ⅰ de' Medici 弗朗切斯科一世
Franck, James 弗兰克，詹姆斯
Frankland, Edward 弗兰克兰
Franklin, Benjamin 富兰克林，本杰明
Franklin, Rosalind Elsie 富兰克林，罗莎琳德
Fraunhofer, Joseph von 夫琅禾费
Fréchet, Maurice 弗雷歇
Frederick Ⅱ 腓特烈大帝
Frederick Ⅱ 腓特烈二世
Fredholm, Erik Ivar 弗雷德霍姆
Freedman, Michael Hartley 弗里德曼，迈克尔
Fresenius, Carl Remigius 弗雷泽纽斯
Fresnel, Augustin-Jean 菲涅耳
Freud, Sigmund 弗洛伊德，西格蒙德
Freundlich, Erwin Finlay 弗罗因德利希
Frey, Gerhard 弗雷
Friedman, Herbert 弗里德曼，赫伯特
Friedman, Jerome Isaac 弗里德曼，杰尔姆
Frisch, Karl Ritter von 弗里施，卡尔
Frisch, Otto Robert 弗里施，奥托
Frobenius, Ferdinand Georg 弗罗贝尼乌斯
Fröhlich, Herbert 弗勒利希
Frost, Edwin Brant 弗罗斯特
Frugardi, Roger 弗鲁伽迪
Fuller, Richard Buckminster 富勒
Fulton, John Farquhar 富尔顿
Funk, Kazimierz 芬克

G

Gabor, Dennis 伽柏
Gagnan, Émile 加尼安
Gajdusek, Daniel Carleton 盖达塞克
Galen, Claudius 盖仑
Galilei, Galileo 伽利略
Galle, Johann Gottfried 加勒
Galois, Évariste 伽罗瓦
Galton, Francis 高尔顿
Galvani, Luigi 伽伐尼
Gamow, George 伽莫夫
Garen, Alan 加伦
Garrod, Archbibald Edward 加罗德
Gascoigne, William 加斯科因
Gates, William Henry "Bill" 盖茨
Gauss, Johann Carl Friedrich 高斯
Gay-Lussac, Joseph Louis 盖-吕萨克
Gearhart, John 吉尔哈特
Geiger, Hans Wilhelm 盖革
Geiser, Karl Friedrich 盖泽
Geissler, Johann Heinrich Wilhelm 盖斯勒
Geller, Margaret Joan 盖勒
Gell-Mann, Murray 盖尔曼
Gentzen, Gerhard Karl Erich 根岑
Geoffroy, Etienne Francois 日夫鲁瓦
George Ⅲ 乔治三世
Georgi Ⅲ, Howard Mason 乔治第三
Gerard of Cremona 杰拉尔德
Gergonne, Joseph Diaz 热尔岗
Gerhardt, Charles-Frederic 热拉尔
Gericke, William Frederick 格里克
Gerlach, Walter 格拉赫
Germer, Lester Halbert 革末
Gessner, Conrad 格斯纳
Ghiorso, Albert 吉奥索
Giacconi, Riccardo 贾科尼
Giauque, William Francis 吉奥克
Gibbon, John Heysham 吉本
Gibbs, Josiah Willard 吉布斯
Gilbert, Joseph Henry 吉尔伯特，约瑟夫
Gilbert, Walter 吉尔伯特，沃尔特
Gilbert, William 吉伯
Gilman, Alfred Goodman 吉尔曼
Girard, Albert 吉拉尔
Glaisher, James 格莱舍
Glashow, Sheldon Lee 格拉肖
Glatzmaiers, Gary A. 格拉茨迈尔斯
Glauber, Johann Rudolf 格劳伯
Gleason, Andrew Mattei 格利森
Gleiter, Herbert 格莱特
Gödel, Kurt 哥德尔
Godement, Roger 戈德门特
Godwin-Austen, Robert A. C. 戈德温-奥斯汀
Gold, Thomas 戈尔德
Goldbach, Christian 哥德巴赫
Goldschmidt, Victor Moritz 戈尔德施密特
Goldstein, Eugen 戈尔德施泰因
Goldstine, Herman Heine 戈德斯坦
Golgi, Gamillo 高尔基
Gomberg, Moses 冈伯格
Goodricke, John 古德里克
Goodyear, Charles 古德伊尔
Gorenstein, Daniel E. 戈伦斯坦
Gorter, Evert 戈特
Gosling, James A. 戈斯林
Goudsmit, Samuel Abraham 古德斯密特
Gould, Benjamin Apthorp 古德
Gould, Stephen Jay 古尔德
Goursat, Édouard Jean-Baptiste 古尔萨
Graham, Thomas 格雷厄姆
Gram, Christain 革兰
Grassmann, Hermann Günther 格拉斯曼
Gray, James Nicholas 格雷，詹姆斯
Gray, Stephen 格雷，斯蒂芬
Green, George 格林
Greengard, Paul 格林加德
Greenstein, Jesse Leonard 格林斯坦
Gregory ⅩⅢ 格雷果里十三世
Grew, Nehemiah 格鲁
Griess, Robert L. 格里斯
Griffith, Frederick 格里菲思
Grignard, Victor 格利雅
Gross, David Jonathan 格罗斯
Grothendieck, Alexander 格罗滕迪克
Grove, Andrew Stephen 葛洛夫
Grubbs, Robert Howard 格拉布
Guericke, Otto von 居里克
Guérin, Camille 介朗
Guinand, Pierre Louis 吉南德
Guldberg, Cato Maximilian 古德贝格
Guldin, Paul 古尔丁
Gutenberg, Beno 古登堡
Guth, Alan Harvey 古思
Guthrie, Francis 格思里，弗朗西斯
Guthrie, Samuel 格思里，塞缪尔

H

Haber, Fritz 哈伯
Hadamard, Jacques Salomon 阿达马
Hadley, George 哈得来
Haeckel, Ernst Heinrich Philipp August 海克尔
Hagen, Gotthilf Heinrich Ludwig 哈根
Hahn, Otto 哈恩
Hahnemann, Samael 哈内曼

Haken, Wolfgang 哈肯
Haldane, John Burdon Sanderson 霍尔丹，约翰·伯登
Haldane, John Scott 霍尔丹，约翰·斯科特
Hale, George Ellery 海尔，乔治
Hales, Stephen 黑尔斯
Hall, Asaph 霍尔，阿萨夫
Hall, Charles Martin 霍尔，查尔斯·马丁
Hall, Edwin Herbert 霍尔，埃德温
Hall, James 霍尔，詹姆斯
Haller, Albrecht von 哈勒
Halley, Edmond 哈雷
Halsted, William Steward 霍尔斯特德
Hamilton, William Rowan 哈密顿
Hamming 汉明
Hammurabi 汉穆拉比
Hansen, Bjørn Helland 汉森
Haq, Bilal U. 哈克
Harden, Arthur 哈登
Hardy, Godfrey Harold 哈代
Harrison, John 哈里森，约翰
Harrison, Ross Granville 哈里森，罗斯
Hartig, Robert 哈尔蒂希
Hartmanis, Juris 哈特马尼斯
Harvey, William 哈维
Hasse, Helmut 哈塞
Hassel, Odd 哈塞尔
Hauptman, Herbert Aaron 豪普特曼
Hausen, Harald zur 豪森
Haüy, René-Just 阿维
Hawking, Stephen William 霍金
Haworth, Walter Norman 霍沃思
Hazard, Cyril 哈泽德
Heath, Thomas Little 希思
Heaviside, Oliver 赫维赛德
Heawood, Percy John 希伍德
Hecker, Oskar 黑克尔
Heeger, Alan Jay 黑格
Heezen, Bruce Charles 希曾
Heirtzler, James Ransom 海茨勒
Heisenberg, Werner 海森伯
Heiskanen, Veikko Aleksanteri 海伊斯卡宁
Heitler, Walter Heinrich 海特勒
Helmholtz, Hermann Ludwig Ferdinand von 亥姆霍兹
Helmont, Jan Baptist van 海耳蒙特
Hench, Philip Showalter 亨奇
Henderson, Thomas James Alan 亨德森
Henking, Hermann Paul August Otto 亨金
Henle, Jacob 亨勒
Henley, Walter of 亨利，沃尔特
Henri Ⅳ 亨利四世
Henry, Joseph 亨利，约瑟夫
Henry, William 亨利，威廉
Herakleitos 赫拉克利特
Herbart, Johann Friedrich 赫尔巴特
Herman, Robert 赫尔曼
Hermite, Charles 埃尔米特
Herodotos 希罗多德
Herophilus 希罗菲卢斯
Herschbach, Dudley 赫施巴赫
Herschel, Caroline Lucretia 赫歇尔，卡罗琳
Herschel, John Frederick William 赫歇尔，约翰
Herschel, William 赫歇尔，威廉
Hershey, Alfred Day 赫尔希
Hertwig, Oscar 赫特维希
Hertz, Gustav 赫兹，古斯塔夫
Hertz, Heinrich Rudolf 赫兹，海因里希
Hertzsprung, Ejnar 赫茨普龙
Herzberg, Gerhard 赫兹贝格
Hess, Germain Henri 赫斯，热尔曼
Hess, Harry Hammond 赫斯，哈里
Hess, Victor Francis 赫斯，维克托
Hess, Walter Rudolf 赫斯，瓦尔特
Hessel, Johann Friedrich Christian 黑塞尔
Hevelius, Johannes 赫维留斯
Hevesy, George 赫维西
Hewish, Antony 休伊什
Hey, James Stanley 海伊
Heyer, Carl Justus 海尔，卡尔
Heyrovsky, Jaroslav 海洛夫斯基
Hilbert, David 希尔伯特
Hill, Archibald Vivian 希尔，阿奇博尔德
Hill, George William 希尔，乔治
Hindman, Jim 欣德曼
Hinshelwood, Cyril Norman 欣谢尔伍德
Hipparchus 依巴谷
Hippias of Ells 希皮亚斯
Hippocratēs 希波克拉底
Hippocrates of Chios 希波克拉底(希俄斯的)
Hire, Philippe de la 拉伊尔
Hirst, Edmund Langley 赫斯特
His, Wilhelm 希斯
Hitchings, George Herbert 希钦斯
Hitler, Adolf 希特勒
Hjort, Johan 约尔特
Hoagland, Mahlon Bush 霍格兰
Hoare, Charles Antony Richard 霍尔，查尔斯·安东尼
Hodge, William Vallance Douglas 霍奇
Hodgkin, Alan Lloyd 霍奇金，艾伦
Hodgkin, Dorothy Mary Crowfoot 霍奇金，多萝西
Hodgkin, Thomas 霍奇金，托马斯
Hoff, Marcian Edward 霍夫
Hoffman, Felix 霍夫曼，费利克斯
Hoffman, Paul F. 霍夫曼，保罗
Hoffmann, Fritz 霍夫曼，弗里茨
Hoffmann, Roald 霍夫曼，罗阿尔德
Hofmeister, Franz 霍夫迈斯特
Hofstadter, Robert 霍夫施塔特
Hollerith, Herman 霍勒瑞斯
Holley, Robert William 霍利
Holmes, Arthur 霍姆斯
Homēros 荷马
Hooke, Robert 胡克，罗伯特
Hooker, John Daggett 胡克，约翰
Hopcroft, John Edward 霍普克洛夫特
Hopf, Heinz 霍普夫
Hopkins, Frederick Gowland 霍普金斯，弗雷德里克
Hopkins, Harold Horace 霍普金斯，哈罗德
Hopper, Grace Murray 霍珀
Hoppe-Seyler, Ernst Felix Immanuel 霍佩-赛勒
Horner, William George 霍纳
Horstmann, Augest Friedrich 霍斯特曼
Horvitz, Howard Robert 霍维茨
Hoskins, Brian John 霍西金斯
Hounsfield, Godfrey Newbold 豪斯菲尔德
Houssay, Bernardo 奥塞
Howard, Luke 霍华德
Hoyle, Fred 霍伊尔
Hsu, Kenneth J. 许靖华
Hubble, Edwin Powell 哈勃
Huber, Robert 胡贝尔
Huchra, John Peter 赫克拉

Huckel, Erich 休克尔
Huggins, Maurice Loyal 哈金斯, 莫里斯
Huggins, William 哈金斯, 威廉
Hulse, Russell Alan 赫尔斯
Humason, Milton La Salle 赫马森
Humboldt, Friedrich Wilhelm Heinrich Alexander Freiherr von 洪堡
Hunayn ibn Ishaq 伊本·伊舍克
Hund, Friedrich 洪德
Hundeshagen, Johann Christian 洪德斯哈根
Hunter, John 亨特, 约翰
Hunter, William 亨特, 威廉
Hurwitz, Adolf 赫尔维茨
Hussey, Obed 赫西
Hutton, Jemes 赫顿
Huxley, Andrew Fielding 赫胥黎, 安德鲁
Huxley, Thomas Henry 赫胥黎, 托马斯
Huygens, Christiaan 惠更斯
Hyatt, John Wesley 海厄特
Hyman, Albert S. 海曼
Hypatia of Alexandria 希帕蒂娅

I

Ibn Al-Awam 伊本·阿瓦木
Ibn Masawaih 伊本·马萨维
Ibn Sina 伊本·西拿
Ichbiah, Jean David 伊什比亚
Ingenhousz, Jan 英根豪茨
Ingold, Christopher Kelk 英戈尔德
Iverson, Kenneth Eugene 艾弗森

J

Jackson, Charles Thomas 杰克逊
Jacob, François 雅各布, 弗朗索瓦
Jacobi, Carl Gustav Jacob 雅可比
Jacobs, Patricia Ann 雅各布, 帕特里夏
Jacobsen, Carlyle 雅克布森
Jacquard, Joseph Marie 贾卡
James, Anthony Trafford 詹姆斯
Jansen, Zacharias 扬森
Jansky, Karl Guthe 央斯基
Janssen, Pierre Jules César 让桑
Jeffreys, Harold 杰弗里斯
Jenkins, Charles Francis 詹金斯
Jenner, Edward 詹纳
Jobs, Steven Paul 乔布斯
Johannsen, Wilhelm Ludvig 约翰森
Johnson, Martin Wiggo 约翰逊
Joliot-Curie, Frédéric 约里奥-居里, 弗雷德里克
Joliot-Curie, Irène 约里奥-居里, 伊雷娜
Jones, Vaughan Frederick Randal 琼斯
Jordan, Marie Ennemond Camille 若尔当
Jordan, Pascual 约尔旦
Josephson, Brian David 约瑟夫森
Joule, James Prescott 焦耳
Joy, Alfred Harrison 乔伊
Joy, William Nelson 乔
Justinianus 查士丁尼

K

Kahan, William M. 卡亨
Kahn, Robert Elltot 卡恩, 罗伯特·埃利奥特
Kamen, Martin David 卡门
Kandel, Eric Richard 坎德尔
Kant, Immanuel 康德
Kapteyn, Jacobus Cornelius 卡普坦
Karl V 查理五世
Karle, Jerome 卡尔勒
Karp, Richard Manning 卡普
Karrer, Paul 卡勒
Kasper, Jerome V. V. 卡斯珀
Katz, Bernard 卡茨, 贝尔纳德
Kay, Alan Curtis 凯
Keenan, Philip Childs 基南
Keilin, David 基林
Kekulé, Friedrich August 凯库勒
Keller, Andrew 凯勒
Kellman, Edith 凯尔曼
Kellner, Carl 克尔纳
Kelly, David Lee 凯利
Kelvin, Lord 开尔文勋爵
Kemeny, John George 凯梅尼
Kempe, Alfred Bray 肯普
Kendall, Edward Calvin 肯德尔, 爱德华
Kendall, Henry Way 肯德尔, 亨利
Kendrew, John Cowdery 肯德鲁
Kennedy, John F. 肯尼迪
Kepler, Johannes 开普勒
Kerr, John 克尔
Ketterle, Wolfgang 克特勒
Keynes, John Maynard 凯恩斯
Khorana, Har Gobind 科拉纳
Kilby, Jack Clair 基尔比
Kirchhoff, Gustav Robert 基尔霍夫, 古斯塔夫
Kirschvink, Joseph Lynn 克什文克
Klaproth, Martin Heinrich 克拉普罗特
Klein, Felix Christian 克莱因
Kleinrock, Leonard 克兰罗克
Kleist, Ewald von 克莱斯特
Klug, Aaron 克卢格
Knoll, Max 克内尔
Knowles, William Standish 诺尔斯
Knuth, Donald Ervin 克努特
Koble, Hermann 柯尔柏
Koch, Niels Fabian Helge von 柯克
Koch, Robert 科赫
Koebe, Paul 克贝
Köhler, Georges 科勒
Köhlschütter, Arnold 科尔许特
Kohn, Walter 科恩, 瓦尔特
Kolff, Willem Johan 科尔夫
Kölliker, Rudolph Albert von 克利克
Kölreuter, Josef Gottlieb 克尔罗伊特
Kompfner, Rudolf 康夫纳
Kornberg, Arthur 科恩伯格
Korteweg, Diederik Johannes 科特维格
Kossel, Ludwig Karl Martin Leonhard Albrecht 科塞尔
Kossel, Walther 柯塞尔
Kozma, Adam 科兹马
Krebs, Edwin Gerhard 克雷布斯, 埃德温
Krebs, Hans Adolf 克雷布斯, 汉斯
Kronecker, Leopold 克罗内克
Krönig, August Karl 克勒尼希
Kroto, Harold Walter 克罗托
Kruskal, Martin David 克鲁斯卡尔
Kuenen, Philip Henry 库宁
Kuenen, Philip Henry 奎年
Kuhn, Richard 库恩
Kuiper, Gerard Peter 柯伊伯
Kummer, Ernst Eduard 库默尔
Kunckel, Johann 孔克尔
Kurtz, Thomas Eugene 卡茨, 托马斯

Kussmaul, Adolph　库斯茂

L

L'Hôpital, Guillaume François Antoine Marquis de　洛必达
Lacroix, Sylvestre François　拉克鲁瓦
Laennec, Rene　拉埃内克
Lagrange, Joseph-Louis　拉格朗日
Lalande, Joseph-Jérôme Lefrançais de　拉朗德
Lamarck, Jean-Baptiste de　拉马克
Lambert, Johann Heinrich　兰伯特
Lambert, Johann Heinrich　朗伯
Lamont, Johann von　拉蒙特
Lampson, Butler Wright　兰普森
Landsteiner, Karl　兰斯泰纳
Langley, Samuel Pierpont　兰利
Langmuir, Irving　朗缪尔
Laplace, Pierre Simon Marquis de　拉普拉斯
Lattes, César　拉特斯
Laue, Max Theodor von　劳厄
Laughlin, Robert Betts　劳夫林
Laurent, Auguste　劳伦
Laussedat, Aimé　洛斯达
Laveran, Charles Louis Alphonse　莱佛兰
Lavoisier, Antoine-Laurent de　拉瓦锡
Lawes, John Bennet　劳斯
Lawrence, Ernest Orlando　劳伦斯
Le Bel, Joseph-Achille　勒贝尔
Le Chatelier, Henry Louis　勒夏特列
Le Pichon, Xavier　勒皮雄
Le Verrier, Urbain　勒威耶
Leakey, Louis Seymour Bazett　利基,路易斯
Leakey, Mary Douglas Nicol　利基,玛丽
Leavitt, Henrietta Swan　莱维特
Lebesgue, Henri Léon　勒贝格
Leblanc, Nicolas　吕布兰
Leder, Philip　莱德
Lederberg, Joshua　莱德伯格
Lederman, Leon Max　莱德曼
Lee, David Morris　李,戴维
Leeuwenhoek, Antonie Philips van　列文虎克
Lefschetz, Solomon　莱夫谢茨
Legendre, Adrien-Marie　勒让德
Lehmann, Inge　莱曼
Lehn, Jean-Marie　莱恩
Leibniz, Gottfried Wilhelm von　莱布尼茨
Lejeune, Jérôme　勒热纳
Leloir, Luis Federico　莱洛伊尔
Lemaître, Georges Henri Joseph Édouard　勒梅特
Lenard, Philipp Eduard Anton　勒纳
Lenz, Heinrich Friedrich Emil　楞次
Leopold George Duncan Albert　利奥波德王子
Leucippus　留基伯
Levene, Phoebus Aaron Theodore　列文
Levi-Civita, Tullio　列维–奇维塔
Levi-Montalcini, Rita　莱维–蒙塔尔奇尼
Levinson, Norman　莱文森
Levy, David Howard　利维
Lewis, Edward B.　刘易斯,爱德华
Lewis, Gilbert Newton　刘易斯,吉尔伯特
Lewis, William Cudmore McCullagh　刘易斯,威廉
Lexell, Andres Johan　莱克塞尔
Libby, Willard Frank　利比
Lick, James　利克
Lie, Marius Sophus　李,索弗斯
Liebig, Justus von　李比希
Lima, Almeida　利马
Lind, James　林德,詹姆斯
Lindblad, Bertil　林德布拉德
Linde, Andrei Dmitriyevich　林德,安德列
Lindeman, Raymond Laurel　林德曼,雷蒙德
Lindemann, Carl Louis Ferdinand von　林德曼,卡尔
Lindenmann, Jean　林德曼,让
Link, Edwin Albert　林克
Linnaeus, Carl　林奈
Liouville, Joseph　刘维尔
Lipmann, Fritz Albert　李普曼
Lippershey, Hans　利帕希
Lipscomb, William Nunn　利普斯科姆
Lister, Joseph　李斯特
Listing, Johann Benedict　利斯廷
Littlewood, John Edensor　李特尔伍德
Lockhart, William　雒魏林
Lockyer, Joseph Norman　洛克耶
Loewi, Otto　勒维
Lohmann, Hans Karl Heinrich Adolf　洛曼
London, Fritz Wolfgang　伦敦,弗里茨
London, Heinz　伦敦,海因茨
Loomis, Elias　罗密士
Lorentz, Hendrik Antoon　洛伦兹
Lorenz, Edward Norton　洛伦茨,爱德华
Lorenz, Konrad Zacharias　洛伦茨,康拉德
Loschmidt, Johann Jasef　洛施密特
Louis XVI　路易十六
Louis, Pierre Charles Alexandre　路易
Lovelace, Ada Byron　洛夫莱斯,阿达
Lovelock, James Ephraim　洛夫洛克
Lowell, Percival　洛厄尔
Lowry, Thomas Martin　劳莱
Ludwig, Karl　路德维希
Luria, Salvador Edward　卢里亚
Lyell, Charles　赖尔,查尔斯
Lynden-Bell, Donald　林登–贝尔
Lynen, Feodor Felix Konrad　吕南

M

MacDiarmid, Alan G.　麦克迪尔米德
Mach, Ernst　马赫
MacLane, Saunders　麦克莱恩
Maclaurin, Colin　麦克劳林
Macleod, John James Richard　麦克劳德
Mädler, Johann Heinrich　梅德勒
Magellan, Ferdinand　麦哲伦
Maiman, Theodore Harold　梅曼
Maimonides, Moses　迈蒙尼德
Mallet, Robert　马利特
Malpighi, Marcello　马尔皮基
Malthus, Thomas Robert　马尔萨斯
Malus, Etienne Louis　马吕斯
Mandelbrot, Benoît B.　芒德布罗
Manson, Patrick　曼森
Mantell, Gideon　曼特尔
Marconi, Guglielmo　马可尼
Marcus, Rudolph Arthur　马库斯
Marcy, Geoffrey William　马西
Marggraf, Andreas Sigismund　马格拉夫
Mariotte, Edme　马略特
Marsden, Ernest　马斯登
Marshall, Barry James　马歇尔
Martin, Archer　马丁
Marx, Karl Heinrich　马克思
Maskelyne, Nevil　马斯基林

Mason, Ronald G. 梅森，罗纳德
Mathé, Georges 马瑟，乔治
Mather, John Cromwell 马瑟，约翰
Matthews, Drummond Hoyle 马修斯，德拉蒙德
Matthews, Thomas Arnold 马修斯，托马斯
Mauchly, John William 莫奇利
Maunder, Edward Walter 蒙德
Maury, Antonia Caetana de Paiva Pereira 莫里，安东尼娅
Maury, Matthew Fontaine 莫里，马修
Maxwell, James Clerk 麦克斯韦
Mayall, Nicholas Ulrich 梅奥尔
Mayer, Johann Tobias 迈尔，约翰
Mayer, Julius Robert von 迈尔，尤利乌斯·罗伯特
Mayo, Frank R. 梅育
Mayor, Michel 马约尔
Mayow, John 梅奥
Mayr, Ernst Walter 迈尔，恩斯特
McCarthy, John 麦卡锡
McClintock, Barbara 麦克林托克
McClung, Clarence Erwin 麦克朗
McCormick, Cyrus Hall 麦考密克
McKenzie, Dan Peter 麦肯齐
McMillan, Edwin Mattison 麦克米伦
Medawar, Peter Brian 梅沃达
Meikle, Andrew 米克尔
Meissner, Fritz Walther 迈斯纳
Meitner, Lise 迈特纳
Menaechmus 门奈赫莫斯
Mencke, Otto 门克
Mendel, Gregor Johann 孟德尔
Menelaus of Alexandria 门纳劳斯
Menes 美尼斯
Mercalli, Giuseppe 麦卡利
Mercanton, Paul Louis 梅康通
Mercator, Gerardus 墨卡
Merrifield, Robert Bruce 梅里菲尔德
Mersenne, Marin 梅森，马兰
Merz, Alfred 梅尔茨
Meselson, Matthew Stanley 梅塞尔森
Mesmer, Franz Anton 梅斯梅尔
Messier, Charles 梅西叶
Meton 默冬
Meucci, Antonio 梅乌奇
Meydenbauer, Albrecht 迈登鲍尔
Meyer, Julius Lothar 迈尔，尤利乌斯·洛塔尔
Meyerhof, Otto Fritz 迈尔霍夫
Michel, Hartmut 米歇尔，哈特穆特
Michelson, Albert Abraban 迈克耳孙
Miescher, Johannes Friedrich 米歇尔，约翰内斯
Mikulicz-Radecki, Jan 米库利奇
Millardet, Pierre-Marie-Alexis 米亚尔代
Miller, Stanley Lloyd 米勒，斯坦利
Millikan, Robert Andrews 密立根
Mills, Robert L. 米尔斯
Milne, Edward Arthur 米尔恩，爱德华
Milne, John 米尔恩，约翰
Milner, Arthur John Robin Gorell 米尔纳
Milnor, John Willard 米尔诺
Milstein, César 米尔斯坦
Miner, Robert Nimrod 米勒，罗伯特
Minkowski, Hermann 闵可夫斯基，赫尔曼
Minkowski, Oskar 闵可夫斯基，奥斯卡
Minkowski, Rudolph Leo Bernhard 明科夫斯基
Minsky, Marvin Lee 明斯基
Minster, Sebastian 明斯特尔
Mirsky, Alfred Ezra 米尔斯基
Mitchell, Peter Dennis 米切尔
Mitscherlich, Eilhard 密切利希
Mittag-Leffler, Magnus Gustaf 米塔–列夫勒
Möbius, August Ferdinand 默比乌斯，奥古斯特
Möbius, Karl August 默比乌斯，卡尔
Mohl, Hugo von 莫尔
Mohorovicic, Andrija 莫霍洛维契奇
Moissan, Henri 穆瓦桑
Molina, Mario Jose 莫利纳
Molisch, Hans 莫利施
Monardes, Nicolús 莫纳德斯
Monck, William Henry Stanley 蒙克，威廉
Mondeville, Henri de 蒙德维勒
Monge, Gaspard 蒙日
Moniz, Antônio Egas 莫尼斯
Monod, Jacques Lucien 莫诺
Montagnier, Luc 蒙塔尼耶
Montagu, Mary Wortley 蒙塔古
Montgolfier, Jacques-Étienne 蒙戈尔费耶，雅克
Montgolfier, Joseph-Michel 蒙戈尔费耶，约瑟夫
Montgomery, Deane 蒙哥马利
Montucla, Jean étienne 蒙蒂克拉
Moore, Gordon Earle 摩尔
Moore, Stanford 穆尔
Mordell, Louis Joel 莫德尔
Morgagni, Giovanne Battista 莫尔加尼
Morgan, Thomas Hunt 摩尔根
Morgan, William Jason 摩根，威廉·贾森
Morgan, William Wilson 摩根，威廉·威尔逊
Morgenstern, Oskar 摩根斯坦
Morley, Edward Williams 莫雷
Morley, Lawrence Whitaker 莫利
Morse, Samuel Finley Breese 莫尔斯
Morton, William Thomas Green 莫顿
Morvean, Louis Bernard Guyton de 莫尔沃
Moseley, Henry Gwyn-Jeffreys 莫塞莱
Mössbauer, Rudolf Ludwig 穆斯堡尔
Mouras, Louis 穆拉
Mulder, Gerardus Johannes 米尔德
Muller, Christiaan Alexander Lex 米勒，克里斯蒂安
Muller, Hermann Joseph 缪勒，赫尔曼
Müller, Johannes Peter 弥勒
Müller, Karl Alex 缪勒，卡尔
Müller, Paul Hermann 米勒，保罗
Müller, Walther 米勒，瓦尔特
Mulliken, Robert Sanderson 马利肯
Mullis, Kary Banks 穆利斯
Mulvaney, Thomas James 莫万尼
Munk, Walter Heinrich 蒙克，沃尔特
Munzenberg, Gottfried 明岑贝格
Murphy, John Benjamin 墨菲
Murray, John 默里，约翰
Murray, Joseph E. 默里，约瑟夫
Musschenbroek, Pieter Van 莫森布鲁克

N

Nansen, Fridtjof 南森
Napier, John 纳皮尔
Nares, George Strong 奈尔斯
Nash, John Forbes 纳什
Nathans, Daniel 内森斯
Natta, Giulio 纳塔

Naur, Peter　诺尔
Navier, Claude Louis Marie Henri　纳维
Neddermeyer, Seth Henry　尼德迈耶
Needham, Noel Joseph Terence Montgomery　李约瑟
Néel, Louis Eugène Félix　奈耳
Nernst, Walther Hermann　能斯特
Neugebauer, Gerald Gerry　诺伊格鲍尔
Neumann, Ernst Christian　诺伊曼
Nevanlinna, Rolf Herman　奈旺林纳
Newbold, Charles　纽博尔德
Newcomb, Simon　纽康
Newcomen, Thomas　纽科门
Newell, Allen　纽厄尔
Newlands, John Alexander Reina　纽兰兹
Newton, Isaac　牛顿
Nicolle, Charles Jules Henry　尼科勒
Nicolson, Garth L.　尼科尔森
Nightingale, Florence　南丁格尔
Nirenberg, Marshall Warren　尼伦伯格
Nobbe, Friedrich　诺贝
Nobel, Alfred Bernhard　诺贝尔
Noether, Amalie Emmy　诺特
Nollet, Jean-Antoine　诺莱
Nordheim, Lothar Wolfgang　诺德海姆
Norrish, Ronald George Wreyford　诺里什
Northrop, John Howard　诺思罗普
Noyce, Robert Norton　诺依斯
Nüsslein-Volhard, Christiane　尼斯莱因-福尔哈德
Nygaard, Kristen　奈加特

O

Oates, Edward A.　奥茨
Occhialini, Giuseppe　奥基亚利尼
Ochsenfeld, Robert　奥克森费尔德
Oenopides of Chios　伊诺皮迪斯
Ohm, Georg Simon　欧姆
Olah, George Andrew　奥拉
Olbers, Heinrich Wilhelm Matthäus　奥伯斯
Oldham, Richard　奥尔德姆
Omar Khayyam　奥马·海亚姆
Onnes, Heike Kamerlingh　昂内斯
Onsager, Lars　昂萨格
Oort, Jan Hendrik　奥尔特
Öpik, Ernst Julius　奥皮克
Oppenheimer, Julius Robert　奥本海默
Oppolzer, Theodor Ritter von　奥伯尔泽
Ore, Oystein　奥尔
Oresme, Nicole　奥雷姆
Orsted, Hans Christian　奥斯特
Oscar Ⅱ　奥斯卡二世
Osheroff, Douglas Dean　奥谢罗夫
Osler, William　奥斯勒
Ostwald, Carl Wilhelm Wolfgang　奥斯特瓦尔德，卡尔
Ostwald, Friedrich Wilhelm　奥斯特瓦尔德，弗里德里希
Oughtred, William　奥特雷德
Overton, Charles Ernest　奥弗顿
Owen, Richard　欧文

P

Pacioli, Luca　帕乔利
Paczyński, Bohdan　帕钦斯基
Painter, Theophilus Shickel　佩因特
Palade, George Emil　帕拉德
Papin, Denis　帕潘
Pappus of Alexandria　帕普斯
Paracelsus　帕拉塞尔苏斯
Paré, Ambroise　巴雷
Parker, Robert L.　帕克
Parkinson, James　帕金森
Parmenides of Elea　巴门尼德
Parmenides　帕门尼德
Parr, Robert Ghormley　帕尔
Parry, William Edward　帕瑞
Parsons, William　帕森斯
Pascal, Blaise　帕斯卡
Pasteur, Louis　巴斯德
Paul of Aegina　保罗
Pauli, Wolfgang Ernst　泡利
Pauling, Linus Carl　鲍林
Peano, Giuseppe　佩亚诺
Pearson, Karl　皮尔逊，卡尔
Pearson, Ralph　皮尔逊，拉尔夫
Peary, Robert Edwin　皮尔里
Pedersen, Charles John　佩德森
Péligot, Eugène-Melchior　彼利高特
Penzias, Arno Allan　彭齐亚斯
Perkin, William Henry　珀金
Perl, Martin Lewis　佩尔
Perlis, Alan Jay　佩利
Perlmutter, Saul　珀尔马特
Perrier, Carlo　佩里埃
Perutz, Max Ferdinand　佩鲁茨
Petit, Alexis Thérèse　珀蒂
Petri, Carl Adam　佩特里
Petrie, Flinders　彼特力
Pfaff, Johann Friedrich　普法夫
Pfleumer, Fritz　普夫吕默
Pflüger, Eduard Friedrich Wilhelm　普夫吕格尔
Phillips, Norman A.　菲利普斯，诺曼
Phillips, Peregrine　菲利普斯，佩里格林
Phillips, William Daniel　菲利普斯，威廉
Piazzi, Giuseppe　皮亚齐
Picard, Jean　皮卡尔，让
Piccard, Auguste A.　皮卡尔，奥古斯特
Piccard, Jacques　皮卡尔，雅克
Piccioni, Oreste　皮乔尼
Pickard, Greenleaf Whittier　皮卡德
Pickering, Edward Charles　皮克林
Pierce, John Robinson　皮尔斯
Pimentel, George Claude　皮门塔尔
Pincus, Gregory Goodwin　平卡斯
Pinel, Philippe　皮内尔
Planck, Max　普朗克
Plante, Gaston　普朗特
Plato　柏拉图
Plücker, Julius　普吕克
Plunkett, Roy J.　普伦基特
Pnueli, Amir　伯努利，阿米尔
Poggendorff, Johann Christian　波根多夫
Pogson, Norman Robert　普森
Poincaré, Jules Henri　庞加莱
Poiseuille, Jean Louis Marie　泊肃叶
Poisson, Siméon Denis　泊松
Polanyi, John Charles　波拉尼，约翰
Polanyi, Michael　波拉尼，迈克尔
Politzer, Hugh David　波利策
Polo, Marco　马可·波罗
Poncelet, Jean Victor　彭赛列
Pople, John Anthony　波普尔
Porter, George Hornidge　波特，乔治
Porter, Rodney Robert　波特，罗德尼

Posidonius 波西冬尼斯
Pouillet, Claude Servais Mathias 普耶
Poulsen, Valdemar 浦耳生
Powell, Cecil Frank 鲍威尔
Pratt, John Henry 普拉特
Pregl, Fritz 普雷格尔
Prelog, Vladimir 普雷洛格
Prestet, Jean 普雷斯特
Priestley, Joseph 普里斯特利
Prigogine, Ilya Viscount 普利高津
Pritchard, Charles 普里查德
Proust, Joseph Louis 普鲁斯特
Prusiner, Stanley Ben 普鲁西纳
Ptolemy, Claudius 托勒玫
Purcell, Edward Mills 珀塞尔
Purkyně, Jan Evangelista 浦肯野
Putnam, Hilary Whitehall 普特南
Pythagoras of Samos 毕达哥拉斯
Pytheas 皮西亚斯

Q

Queloz, Didier 奎洛兹

R

Rabi, Isidor Isaac 拉比
Rabin, Michael Oser 拉宾
Raman, Chandrasekhara Venkata 拉曼
Ramanujan, Srinivasa Iyengar 拉马努金
Ramazzini, Bernardino 拉马齐尼
Ramsay, William 拉姆齐
Raoult, François-Marie 拉乌尔
Raskin, Jef 拉斯金
Ray, John 雷
Reber, Grote 雷伯
Reddy, Dabbala Rajagopal 雷迪，达巴拉
Redi, Francesco 雷迪，弗朗切斯科
Rees, Martin John 里斯，马丁
Reeves, Alec Harley 里夫思
Regiomontanus, Johann Müller 雷格蒙塔努斯
Reines, Frederick 莱因斯
Reinhardt, Karl 莱因哈特
Renard, Alphonse Francois 雷纳德
Revelle, Roger Randall Dougan 雷维尔
Reverdin, Jacques 勒韦丹
Reynolds, Osborne 雷诺
Rhazes 拉齐
Rhind, Alexander Henry 莱因德
Ribenboim, Paulo 里本博因
Ricci, Matteo 利玛窦
Richards, Dickinson Woodruff 理查兹，迪金森
Richards, Theodore William 理查兹，西奥多
Richardson, Owen Willans 里查孙
Richardson, Robert Coleman 理查森
Richet, Charles Robert 里歇
Richter, Burton 里克特，伯顿
Richter, Charles Francis 里克特，查尔斯
Richter, Jeremias Benjamin 里希特
Richthofen, Ferdinand von 李希霍芬
Riedel, William Rex 雷德尔
Riemann, Georg Friedrich Bernhard 黎曼
Riesz, Frigyes 里斯，弗里杰什
Riggs, John Mankey 里格斯
Ritchie, Dennis MacAlistair 里奇
Rivest, Ronald Linn 里维斯特
Robbins, Frederick C. 罗宾斯
Roberts, Lawrence G. 罗伯茨，劳伦斯
Roberts, Richard Brooke 罗伯茨，理查德·布鲁克
Roberts, Richard John 罗伯茨，理查德·约翰
Robinson, Abraham 鲁宾逊，亚伯拉罕
Robinson, Julia Hall Bowman 鲁宾逊，朱莉娅
Robinson, Robert 罗宾森
Robiquet, Pierre Jean 罗比凯
Rodbell, Martin 罗德贝尔
Roebuck, John 罗巴克
Roemer, Olaus 罗默
Röentgen, Wilhelm Conrad 伦琴
Rohrer, Heinrich 罗雷尔
Röhrl, Helmut 勒尔
Romig, Harry Gutelius 罗米格
Roosevelt, Franklin Delano 罗斯福
Rose, William Cumming 罗斯
Rosen, Nathan 罗森
Rosenberg, Steven 罗森堡
Rossby, Carl-Gustaf Arvid 罗斯贝
Rosse, the Third Earl 罗斯伯爵
Rossi, Michele Stefano Conte de 罗西
Rouelle, Hilaire 鲁埃勒
Rousseau, Jean-Jacques 卢梭
Roussel, Philippe 鲁赛尔
Roux, Wilhelm 鲁
Rowland, Frank Sherwood 罗兰
Rubbia, Carlo 鲁比亚
Ruben, Sam 鲁宾，萨姆
Ruben, Samuel 鲁宾，塞缪尔
Rubin, Vera Cooper 鲁宾，薇拉
Rudolf Ⅱ 鲁道夫二世
Ruffini, Paolo 鲁菲尼
Rufus of Ephesus 鲁弗斯
Ruska, Ernst August Friedrich 鲁斯卡
Russell, Bertrand Arthur William 罗素，伯特兰
Russell, Henry Norris 罗素，亨利
Russell, John Scott 罗素，约翰
Rutherford, Daniel 卢瑟福，丹尼尔
Rutherford, Ernest 卢瑟福，欧内斯特
Ruzicka, Leopold Stephen 鲁齐卡
Ryan, William B. F. 雷恩
Ryde, John Walter 赖德
Ryle, Martin 赖尔，马丁

S

Sabatier, Paul 萨巴蒂埃
Sabin, Albert Bruce 萨宾
Sachs, Julius von 萨克斯
Saha, Megh Nad 萨哈
Saint-Hilaire, Étienne Geoffroy 圣伊莱尔
Saint-Venant, Adhémar Jean Claude Barré de 圣韦南
Salam, Mohammad Abdus 萨拉姆
Salk, Jonas Edward 索尔克
Salpeter, Edwin Ernest 萨尔皮特
Sanctorius of Padua 桑克托留斯
Sandage, Allan Rex 桑德奇
Sanders Ⅲ, Walter Jeremiah 桑德斯第三
Sanger, Frederick 桑格
Sanger, Margret 桑格夫人
Santorio, Santorio 圣托里奥
Sauvages, François Boissier de 绍瓦热斯
Savart, Félix 萨伐尔
Savery, Thomas 萨弗里
Schatz, Albert 沙茨

Schawlow, Arthur Leonard 肖洛
Scheele, Karl Wilhelm 舍勒
Scheiner, Christopher 沙伊纳
Schiaparelli, Giovanni Virginio 斯基亚帕雷利
Schimper, Andreas Franz Wilhelm 申佩尔
Schindler, Rudolph 欣德勒
Schleiden, Matthias Jakob 施莱登
Schmidt, Bernhard Voldemar 施密特，伯恩哈德
Schmidt, Brian 施密特，布赖恩
Schmidt, Erhard 施密特，埃哈德
Schmidt, Johann Friedrich Julius 施密特，约翰
Schmidt, Maartten 施密特，马丁
Schmitt, Harrison Hagan 施密特，哈里森
Schneider, Theodor 施奈德
Schoenheimer, Rudolph 舍恩海默
Scholes, Myron Samuel 斯科尔斯
Schönbein, Christian Friedrich 舍恩拜因
Schooten, Frans van 斯霍滕
Schottky, Walter Hermann 肖特基
Schrieffer, John Robert 施里弗
Schrock, Richard Royce 施罗克
Schrödinger, Erwin Rudolf Josef Alexander 薛定谔
Schubert, Hermann Cäsar Hannibal 舒伯特
Schuftan, Paul 舒夫坦
Schultze, Max Johann Sigismund 舒尔兹
Schuster, Arthur 舒斯特
Schwabe, Heinrich Samual 施瓦贝
Schwann, Theodor 施旺
Schwartz, Laurent 施瓦兹
Schwartz, Melvin 施瓦茨
Schwarzenbach, Gerold 施瓦岑巴赫
Schwarzschild, Karl 史瓦西，卡尔
Schwarzschild, Martin 史瓦西，马丁
Schweigger, Johann S. C. 施韦格尔
Schwinger, Julian Seymour 施温格
Sclate, Philip Lutley 斯克雷特
Scoresby, William 斯科斯比
Scott, Dana Stewart 斯科特
Seaborg, Glenn Theodore 西博格
Secchi, Pietro Angelo 塞奇
Secundus, Gaius Plinius 普林尼
Seebeck, Thomas Johann 塞贝克
Seeliger, Hugo von 西利格
Segrè, Emilio Gino 塞格雷
Selberg, Atle 塞尔贝格
Semmelweis, Ignaz Philipp 塞麦尔维斯
Senderens, Jean Baptiste 桑德朗
Senebier, Jean 塞尼比耶
Sertürne, F. W. A. 赛提纳
Serturner, Frederick 泽蒂尔纳
Servetus, Michael 塞尔维特
Seyfert, Carl Keenan 赛弗特
Shah Rukh 沙哈鲁
Shamir, Adi 沙米尔
Shannon, Claude Elwood 香农
Shapley, Harlow 沙普利
Sharp, Phillip Allen 夏普
Sharpless, K. Barry 沙普利斯
Shaw, John Clifford 肖，约翰
Shaw, Louis Agassiz 肖，路易斯
Shepard, Francis Parker 谢泼德
Sherrington, Charles Scott 谢灵顿
Shockley, William Bradford 肖克利
Shoemaker, Carolyn Jean Spellmann 休梅克，卡罗琳
Shoemaker, Eugene Merle 休梅克，尤金
Shugart, Alan Field 舒加特
Siegbahn, Kai Manne Borje 西格巴恩，凯
Siegbahn, Karl Manne Georg 西格巴恩，卡尔
Siegel, Carl Ludwig 西格尔
Sifakis, Joseph 斯发基斯
Simha, Robert 西姆哈
Simon, Herbert Alexander 西蒙
Simpson, James Young 辛普森
Singer, Isadore Manuel 辛格，伊萨多
Singer, Seymour Jonathan 辛格，西摩
Skou, Jens Christian 斯科
Slater, John Clarke 斯莱特
Slipher, Vesto Melvin 斯莱弗
Sloss, Laurence L. 斯洛斯
Smale, Stephen 斯梅尔
Smalley, Richard Errett 斯莫利
Smeaton, John 斯米顿
Smith, David C. 史密斯，戴维
Smith, George Elwood 史密斯，乔治
Smith, Hamilton Othanel 史密斯，汉密尔顿
Smith, Henry John Stephen 史密斯，亨利
Smith, Michael 史密斯，迈克尔
Smith, William 史密斯，威廉
Smith, Willough 史密斯，威洛
Smithies, Oliver 史密斯，奥利弗
Smogolenski, Jean-Nicolas 穆尼阁
Smoot, George Fitzgerald 斯穆特
Snell, George Davis 斯内尔
Snellius, Willebrord 斯涅耳
Soberero, Ascanio 索布雷罗
Socrates 苏格拉底
Soddy, Frederick 索迪
Solvay, Ernest 索尔维
Sommerfeld, Arnold Johannes Wilhelm 索末菲
Sones, F. Mason 索尼斯
Soranus of Ephesus 索拉努斯
Sorby, Henry Clifton 索比
Sorensen, Soren Peter Lauritz 索伦森
Sosogenes 索西泽尼
Soubeiran, Eugène 索贝兰
Southworth, Georgl Clark 索思沃思
Spallanzani, Lazzaro 斯帕朗扎尼
Spemann, Hans 施佩曼
Sperry, Roger Wolcott 斯佩里
Spörer, Gustav Friedrich Wilhelm 斯波勒
Sprigg, Reginald Claude 斯普里格
Stahl, Franklin William 斯塔尔
Stahl, Georg Ernst 施塔尔
Stanley, Wendell Meredith 斯坦利
Starling, Ernest Henry 斯塔林
Starzl, Tohmas Earl 斯塔泽尔
Stas, Jean Servais 斯塔
Staudinger, Hermann 施陶丁格
Stearns, Richard Edwin 斯特恩斯
Stefan, Joseph 斯特藩
Stein, William Howard 斯坦
Steinberger, Jack 施泰因贝格尔
Steno, Nicolas 斯泰诺
Steptoe, Patrick Christopher 斯特普托
Stern, Otto 施特恩
Stevens, Nettie Maria 史蒂文斯
Stewart, Timothy A. 斯图尔特
Stibitz, George 斯蒂比兹
Stille, Wilhelm Hans 施蒂勒
Stokes, George Gabriel 斯托克斯
Störmer, Fredrik Carl Mülertz 斯托米

外国人名译名对照表

Walden, Paul 瓦尔登
Waldeyer-Hartz, Heinrich Wilhelm Gottfried von 瓦尔代尔-哈尔茨
Walker, Gilbert Thomas 沃克,吉尔伯特
Walker, John Ernest 沃克,约翰
Wallace, Alfred Russel 华莱士,艾尔弗雷德
Wallace, John Mike 华莱士,约翰
Wallach, Otto 瓦拉赫
Wallis, John 沃利斯
Walsh, Alan 沃尔什,阿兰
Walsh, Dennis 沃尔什,丹尼斯
Walsh, Don 沃尔什,唐
Wantzel, Pierre Laurent 汪泽尔
Warburg, Otto Heinrich 瓦尔堡
Ward, Joshua 沃德
Warming, Johannes Eugenius Bülow 瓦明
Warren, John Robin 沃伦
Washington, Henry Stephens 华盛顿
Watson, James Dewey 沃森
Watson-Watt, Robert Alexander 沃森-瓦特
Watt, James 瓦特
Weber, Wilhelm Eduard 韦伯
Wegener, Alfred 魏格纳
Weierstrass, Karl Theodor Wilhelm 魏尔斯特拉斯
Weil, André 韦伊
Weinberg, Steven 温伯格,史蒂文
Weinberg, Wilhelm 温伯格,威廉
Weinreb, Sander 温雷布
Weismann, Friedrich Leopold August 魏斯曼
Weiss, Pierre 外斯
Weizsäcker, Carl Friedrich Baron von 魏茨泽克
Weldon, Walter Frank Raphael 韦尔登
Weller, Thomas Huckle 韦勒
Wells, Horale 韦尔斯
Went, Frits Warmolt 温特
Werner, Abraham Gottlob 维尔纳,亚伯拉罕
Werner, Alfred 维尔纳,阿尔弗雷德
Wernicke, Carl 韦尼克
Wessel, Caspar 韦塞尔
Weyl, Hermann Klaus Hugo 外尔
Whinfield, John Rex 温费尔特
Whipple, Fred Lawrence 惠普尔
Whitehead, Alfred North 怀特海
Wieland, Heinrich Otto 维兰德
Wieman, Carl Edwin 威曼
Wien, Wilhelm Karl Werner 维恩
Wiener, Norbert 维纳
Wieschaus, Eric F. 维绍斯
Wilcke, Johan Carl 维尔克
Wilczek, Frank Anthony 维尔切克
Wiles, Andrew John 怀尔斯
Wilhelmy, Ludwig 威廉密
Wilkes, Maurice Vincent 威尔克斯,莫里斯
Wilkins, Marc R. 威尔金斯,马克
Wilkins, Maurice Hugh Frederick 威尔金斯,莫里斯
Wilkinson, Geoffrey 威尔金森,杰弗里
Wilkinson, James Hardy 威尔金森,詹姆斯
Wilks, Samuel 威尔克斯,塞缪尔
Williams, Charles Greville 威廉斯,查尔斯
Williams, Samuel B. 威廉姆斯
Williamson, Erskine Douglas 威廉逊
Willis, Thomas 韦利斯
Willstätter, Richard Martin 维尔施泰特
Wilmut, Ian 维尔穆特
Wilson, Allan Charles 威尔逊,艾伦
Wilson, Charles Thomson Rees 威尔逊,查尔斯
Wilson, Edmund Beecher 威尔逊,埃德蒙
Wilson, John Tuzo 威尔逊,约翰
Wilson, Robert Woodrow 威尔逊,罗伯特
Wilson, Thomas L. 威尔逊,托马斯
Windaus, Adolf 温道斯
Winer, Dave 怀纳
Wirth, Niklaus Emil 沃斯
Withering, William 威瑟林
Wittig, Georg 维蒂希
Wöhler, Friedrich 维勒
Wolf, Ricardo 沃尔夫,里卡多
Wolff, Caspar Friedrich 沃尔夫,卡斯帕
Wollaston, William Hyde 沃拉斯顿
Wolszczan, Aleksander 沃尔兹森
Wood, Jethro 伍德
Woodward, John 伍德沃德,约翰
Woodward, Robert Burns 伍德沃德,罗伯特
Wozniak, Stephen Gary 沃兹尼亚克
Wright, Wilbur 莱特,威尔伯
Wright, Sewall Green 赖特,休厄尔
Wright, Thomas 赖特,托马斯
Wright, Orville 莱特,奥维尔
Wurtz, Charles-Adolphe 武兹
Wuthrich, Kurt 维特里希
Wylie, Alexander 伟烈亚力
Wyman, Jeffries 怀曼

X

Xenophanes 色诺芬尼

Y

Yalow, Rosalyn Sussman 耶洛
Yates, Frank 耶茨
Yerkes, Charles Tyson 叶凯士
Young, Arthur 扬,阿瑟
Young, Thomas 杨,托马斯
Young, William John 扬,威廉

Z

Zabusky, Norman J. 扎布斯基
Zadeh, Lotfali Askar 扎德
Zamberti, Bartolomeo 赞贝蒂
Zamecnik, Paul Charles 扎梅克尼克
Zdansky, Otto 师丹斯基
Zeeman, Pieter 塞曼
Zeidler, Othmar 齐德勒
Zeno of Elea 芝诺
Zermelo, Ernst Friedrich Ferdinancl 策梅洛
Zernike, Frits 泽尔尼克
Zewail, Ahmed H. 泽维尔
Ziegler, K. Karl 齐格勒
Zippin, Leo 齐平
Zobell, Claude Ephraim 佐贝尔
Zoll, Paul Maurice 佐尔
Zöllner, Johann Karl Friedrich 策尔纳
Zsigmondy, Richard Adolf 席格蒙迪
Zuse, Konrad 楚泽
Zweig, George 茨维格
Zwicky, Fritz 兹威基

Амбарцумян, Виктор Амазаспович 安巴楚米扬
Арнольд, Владимир Игоревич 阿诺尔德,弗拉基米尔
Баранецкий, Осип Васильевич 巴拉涅茨

基
Басов,Николай Геннадиевич 巴索夫
Бернштейн,Сергей Натанович 伯恩斯坦,谢尔盖
Бредихии,Фёдор Александрович 勃列基兴
Бэр,Карл Эрнст фон 贝尔,卡尔
Вавилов,Николай Иванович 瓦维洛夫
Вернадский,Владимир Иванович 维尔纳茨基
Вильямс,Василий Робертович 威廉斯,瓦里西
Виноградов,Александр Павлович 维诺格拉多夫,亚历山大
Виноградов,Иван Матвеевич 维诺格拉多夫,伊万
Виноградский,Сергей Николаевич 维诺格拉茨
Витушкин,Анатолий Георгиевич 维图什金
Гагарин,Юрий Алексеевич 加加林
Галицын,Борис Борисович 伽利津
Гаузе,Георгий Францевич 豪泽
Гельфанд,Израиль Моисеевич 盖尔范德
Гинзбург,Виталий Лазаревич 金兹堡
Голенищев,Владимир Семёнович 戈列尼谢夫
Докучаев,Василий Васильевич 多库恰耶夫
Жуковский,Николай Егорович 茹科夫斯基,尼古拉
Жуковский,Пётр Михайлович 茹科夫斯基,彼得
Зворыкин,Владимир Козьмич 兹沃尔金
Зельдович,Яков Борисович 泽尔多维奇
Зинин,Николай Николаевич 济宁
Иваненко,Дмитрий Дмитриевич 伊凡年科
Ивановский,Дмитрий Иосифович 伊万诺夫斯基
Канторович,Леонид Витальевич 坎托罗维奇
Капица,Пётр Леонидович 卡皮查
Карпеченко,Георгий Дмитриевич 卡尔佩琴科
Карпинский,Александр Петрович 卡尔宾斯基
Каспаров,Гарри Кимович 卡斯帕罗夫
Кирхгофа,Готлиб Сигизмунд 基尔霍夫,戈特利布
Кленова,Мария Васильевна 克列诺娃
Ковалевская,Софья Васильевна 柯瓦列夫斯卡娅
Ковалевский,Владимир Онуфриевич 科瓦列夫斯基
Колмогоров,Андрей Николаевич 科尔莫戈罗夫
Королёв,Сергей Павлович 科罗廖夫
Ландау,Лев Давидович 朗道
Лебедев,Пётр Николаевич 列别捷夫,彼得
Лебедев,Сергей Васильевич 列别捷夫,谢尔盖
Ленин,Владимир Ильич 列宁
Лобачевский,Николай Иванович 罗巴切夫斯基
Ломоносов,Михаил Васильевич 罗蒙诺索夫
Лысенк,Трофим Денисович 李森科
Ляпунов,Александр Михайлович 李雅普诺夫
Маккавеев,В. М. 马卡韦耶夫
Маркарян,Бенинамин Егишевич 马卡良
Марков, Андрей Андреевич 马尔可夫
Марковников,Владимир Васильевиц 马尔科夫尼科夫
Матиясевич,Юрий Владимирович 马季亚谢维奇
Менделеев,Дмитрий Иванович 门捷列夫
Мечников,Илья Илъич 梅契尼科夫
Мичурин,Иван Владимирович 米丘林
Опарин,Александр Иванович 奥巴林
Павлов,Иван Петрович 巴甫洛夫
Парнас,Яков Оскарович 帕尔纳斯
Перельман,Григорий Яковлевич 佩雷尔曼
Петровский,Иван Георгиевич 彼得罗夫斯基
Подольский,Борис 波尔多斯基
Попов,Александр Степанович 波波夫
Прохоров,Александр Михайлович 普罗霍罗夫
Селянинов,Георгий Тимофеевич 谢利亚尼诺夫
Семёнов,Николай Николаевич 谢苗诺夫
Сеченов,Иван Михайлович 谢切诺夫
Соболев,Николай Владимирович 索博列夫
Сталин,Иосиф Виссарионович 斯大林
Струве,Василий Яковлевич 斯特鲁维,瓦西里
Сумгин,Михаил Иванович 苏姆金
Сюняев,Рашид Алиевич 苏尼阿耶夫
Тамм,Игорь Евгеньевич 塔姆
Фёдоров,Евграф Степанович 费多罗夫
Ферсман,Александр Евгеньевич 费尔斯曼
Франк,Илья Михайлович 弗兰克,伊利亚
Френкель,Яков Ильич 弗仑克尔
Фридман,Александр Александрович 弗里德曼,亚历山大
Хрущёв,Никита Сергеевич 赫鲁晓夫
Цвет,Михаил Семёнович 茨维特
Циолковский,Константин Эдуардович 齐奥尔科夫斯基
Чебышёв,Пафнутий Львович 切比雪夫
Черенков,Павел Алексеевич 切连科夫
Четвериков,Сергей Сергеевич 切特韦里科夫
Шакура,Николай Иванович 沙库拉
Шубников,Лев Васильевич 舒布尼科夫

主题词索引

说明

本索引中，斜杠(/)前为主题词，斜杠后为正文中出现该主题词的条目年代。例如，"浑象/前104,2世纪,1092"表示主题词"浑象"分别出现在"公元前104年"、"公元2世纪"和"1092年"的3个条目中，索引项中"公元"和"年"字样一律省略。

A

B

C

D

E

F

G

H

J

K

L

M

N

O

P

Q

R

T

W

X

Y

Z

主题词索引